辛의 한 수

매트랩과 함께하는 전자회로

제3판

신윤기 지음

GS인터비전

머리말

전자회로는 능동 소자인 반도체를 중심으로 꾸며진 회로로서 전자공학의 꽃이라 할 수 있다. TV, 라디오, 비디오, 컴퓨터, 인터넷, 스마트폰, 위성 통신, 전자 결재 등 우리는 이미 전자회로의 홍수 속에 살고 있으며 앞으로는 의공학과 로봇 공학, 인공 지능 등으로 그 영역이 더욱 확대될 추세이다. 이렇게 복잡하고 다양한 전자회로를 몇 개의 큰 가닥으로 분류하여 체계적으로 배울 수 있게 하는 것이 이 책의 목적이다. 전자회로는 아날로그 회로와 디지털 회로로 대별할 수 있으며 아날로그 전자 회로의 근간을 이루고 있는 것은 다름 아닌 증폭기이다. 기본 증폭기, 차동 증폭기, 다단 증폭기, 동조 증폭기, 궤환 증폭기, 연산 증폭기 등이 그 예이다. 이렇게 다양한 증폭기들을 체계적으로 이해하는 것이 전자회로를 공부하는데 있어서 매우 중요하다고 생각한다. 특히 전자회로의 위력은 집적화에 있다. 집적회로(IC)는 전자회로를 더욱 소형화, 경량화, 대용량화시킴으로써 이전에는 생각 할 수 없었던 정도로 집약된 기능의 시스템을 가능하게 하고 있다. 이상과 같은 내용들을 이 책에서는 다음과 같은 과정으로 전개하고 있다.

1장 반도체 다이오드: 반도체의 핵심인 다이오드의 기본 원리와 그 응용에 대해 설명하며 반도체 물성론에서는 가능한 복잡한 수식을 사용하지 않고 도식적으로 설명하고자 하였다.

2장 쌍극성 접합 트랜지스터: 쌍극성 접합 트랜지스터의 물성과 증폭 원리 및 바이어스 회로에 대해 설명한다. 특히 바이어스 회로가 BJT 증폭기에 필요한 이유를 알기 쉽게 설명하였다. 바이어스 회로는 올바른 교류 증폭을 위한 보조적인 수단임을 인식시키면서 동작점의 중요성에 대해 설명한다.

3장 BJT 소신호 증폭기: 증폭기는 전자 회로의 핵심을 차지한다 해도 과언이 아니다. 이 장에서는 소신호를 증폭하는 BJT 소신호 증폭기에 대해 설명하며 각 종 증폭기의 구성을 등가회로로서 쉽게 이해할 수 있도록 하였다. 그리고 각 구성의 특성을 등가회로를 통해 충분히 이해할 수 있도록 하였다. 또한 말미에는 이들 기본 구성을 조합한 혼성 증폭기에 대해 설명한다.

4장 전계효과 트랜지스터: FET는 BJT와 더불어 대표적인 능동 소자이며 이 소자의 구조와 물성 및 증폭기로서의 특성에 대해 설명한다. 그리고 여러 가지 바이어스 방법에 대해 설명한다.

5장 FET 소신호 증폭기: FET 증폭기 역시 기본 구성을 단순한 형태로 등가화함으로써 그 특성을 쉽게 비교, 이해할 수 있게 하였다.

6장 연산 증폭기: 전자 전공을 전공하지 않는 사람들도 쉽게 접근할 수 있도록 한 연산 증폭기는 범용 IC로서 매우 중요하다. 이 장에서는 먼저 연산 증폭기의 수월성을 인식시킨 다음 다양한 응용에 대해 설명하였다. 그 후에 연산 증폭기를 구성하고 있는 차동 증폭기의 원리와 회로 및 해석 방법에 대해 설명하였다.

7장 증폭기의 주파수 응답: 증폭기의 동작 주파수가 제한되는 이유에 대해 설명하며 그 해석 방법에 대해 설명한다. 증폭기의 이득과 대역폭 곱은 일정하다는 중요한 개념을 설명하며 광대역 증폭기에 대해 설명한다.

8장 동조 증폭기: 제한된 협대역의 신호를 증폭하는 동조 증폭기 원리에 대해 설명하며 이를 위해 다양한 주파수 선택성 회로 및 결합 회로들에 대해 언급하였다. 특히 동조 증폭기는 다중 통신에서는 필수적이므로 이에 대한 이해를 고취시킨다.

9장 전력 증폭기: 소신호가 충분히 증폭된 대신호는 최종적으로 큰 전력을 필요로 한다. 이 장에서는 대신호를 다루는 전력 증폭기에 대해 설명하며 특히 증폭기의 여러 가지 급에 대해 설명한다.

10장 궤환 증폭기: 궤환 이론은 상당히 복잡한 면이 있지만 이 책에서는 매우 간단한 형태로 설명하였으며 특히 간단한 궤환 회로를 이용하여 증폭기의 특성을 쉽게 조정할 수 있는 점을 이해시키고자 하였다. 그리고 실제 사용되는 여러 유형의 궤환 증폭기를 정형화하여 소개하였다. 그리고 말미에는 궤환에 의해 발생할 수 있는 안정성 문제와 이를 보상하는 방법에 대해 언급하였다.

11장 발진기: 정궤환을 이용하여 발진 신호를 얻는 발진기 역시 현대 무선 통신에서 필수적이다. 그러나 복잡한 발진기 이론을 지양하고 기본 회로를 통해 쉽게 이해할 수 있도록 노력하였으며 진폭 변조기와 주파수 변조기 회로에 대해서도 설명한다.

12장 전원 공급기: 발진기는 직류로부터 교류를 얻는 것이라면 전압 공급원은 교류로부터 직류를 얻는 것이라는 것을 이해시킨다. 그리고 보다 우수한 전원 공급기를 얻기 위한 다양한 기술에 대해 설명한다.

13장 펄스 및 스위칭 회로: 디지털 회로를 위한 펄스 및 스위칭 회로에 대해 설명한다. 트랜지스터의 스위칭 동작에 대해 먼저 이해시킨 다음 게이트, 다중 바이브레이터 순으로 설명하였다. 그리고 디지털 신호 발생을 위한 펄스 발진기에 대해서도 소개하였다.

14장 집적 회로: 집적 회로는 전자 공학을 전공하는 사람이라면 어느 정도 익숙해야 된다고 생각한다. 따라서 이 책에서는 대표적인 연산 증폭기인 741과 MC1530을 소개하고 해석해 봄으로써 집적 회로의 특징을 이해시키고자 하였다. 그리고 연산 증폭기 못지 않게 범용화되고 있는 PLL에 대해서도 집적 회로를 소개하였다.

이 책에서는 각 장마다 매트랩 함수를 활용해 회로를 쉽게 풀어볼 수 있게 하였으며 프로그램들을 수록하여 독자들이 스스로 공부할 수 있게 배려하였다. 이 책이 나오기까지 수고해주신 GS인터비젼 송 기수 사장님께 감사 드린다. 그리고 무엇보다도 아내 김 미림과 딸 신 지원 그리고 사위 김 대희에게 나의 사랑을 전한다.

2015년 3월 1일 旺方山 大眞大學校에서 辛潤焏

차례

1장 반도체 다이오드

2장 쌍극성 접합 트랜지스터

3장 BJT 소신호 증폭기

4장 전계효과 트랜지스터

5장 FET 소신호 증폭기

6장 연산 증폭기

7장 증폭기의 주파수 응답

11장 발진기

12장 전원 공급기

13장 펄스 및 스위칭 회로

14장 집적 회로

1장 반도체 다이오드

오늘날과 같은 전자 공학의 발전상은 반도체 소자의 등장 없이는 힘들었을 것이다. 1940년대에 출현한 반도체 트랜지스터는 현대와 같은 대용량화, 고속화 및 저렴화를 통해 사회 전반에 걸쳐 깊은 영향력을 발휘하고 있다. 1장에서는 이러한 반도체의 물성과 대표적인 소자인 반도체 다이오드에 대해 알아본다. 반도체의 물성을 제대로 이해하기 위해서는 물리학의 양자역학, 통계역학 등 고도의 지식이 요구되지만 이 책에서는 전자 회로를 이해하는데 필요한 수준으로만 세한하여 설명하기로 한다. 특히 다이오드는 모든 반도체 소자들을 구성하는 기본 요소이므로 이에 대한 이해가 중요하다. 다이오드는 일반적인 선형 소자와는 달리 비선형 소자이다. 즉 다이오드는 양단 전압의 극성에 따라 전류가 잘 전도되는 도체가 되거나 전류가 흐르지 않는 부도체가 되는 양면성을 가지며 그 주된 기능은 전자 스위치이다. 1 장에서는 다이오드가 이러한 전기적 특성을 갖는 원리와 그 응용에 대해 설명한다.

목차

1-1 반도체

물질의 전기적 특성은 크게 도체와 부도체로 나눈다. 도체는 양단에 인가된 전압에 대해 높은 전류 전도를 보이는 것이며 반대로 부도체는 매우 낮은 전류 전도를 보이는 것이다. 전류의 전도는 저항으로 표현한다. 전류 전도가 좋을수록 그 물질의 저항은 낮으며 저항은 그림 1-1과 같이 정의되는 고유저항(resistivity)으로 비교하여 나타내는 것이 보통이다. 즉 고유저항 ρ는 A=1cm^{2}의 단위 면적과 l=1cm의 단위 길이를 갖는 단위 체적의 저항으로 정의되며 단위는 Ω-cm이다. 따라서 고유저항이 ρ이고 면적이 A이며 길이가 l인 재료의 저항 R은 다음과 같다.

$$R = \rho \frac{l}{A} [\Omega] \qquad \textbf{(1-1-1)}$$

반도체는 전도도가 도체와 부도체의 중간 정도인 재료로서 원소 주기율표에서 4족에 속하는 게르마늄(Ge), 실리콘(Si) 등이 이에 속한다. 표 1-1은 도체, 반도체, 부도체의 세 범주로 분류되는 전형적인 물질들의 고유저항 값을 비교하여 보여주고 있다. 전기 전도가 훌륭한 구리와 같은 도체에서는 그림 1-2와 같은 금속 결합으로 이루어진다. 즉 원자의 최외각에 있는 가전자가 외부로부터의 작은 에너지에도 쉽게 자유 전자가 되어 원자들 사이를 떠돌아 다니게 되며(이를 전자 구름이라 한다) 원자는 양

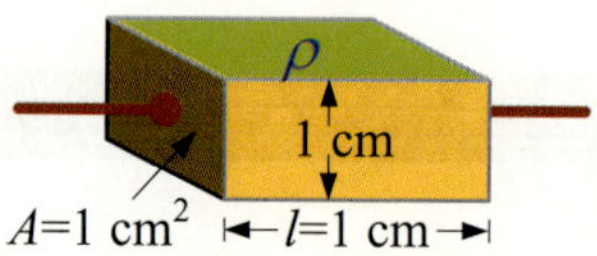

그림 1-1
고유저항의 정의.

표 1-1
전형적인 물질들의 고유저항 값

도체	반도체	부도체
$\rho \cong 10^6$ Ω-cm (구리)	$\rho \cong 50$ Ω-cm(Ge) $\rho \cong 50\times10$ Ω-cm(Si)	$\rho \cong 10$ Ω-cm (운모)

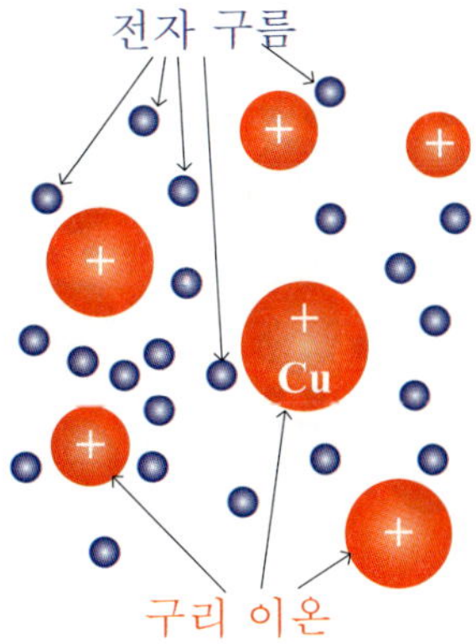

그림 1-2
구리의 금속 결합.

이온이 된다. 따라서 원자들이 자유 전자들을 서로 공유하는 형태가 되며 이를 금속 결합이라 한다. 이와 같이 금속 결합을 이루는 물질에서는 자유 전자가 매우 풍부하기 때문에 전도도가 높은 도체가 되는 것이다. 이와 반대로 부도체에서는 자유 전자의 생성이 거의 미미하기 때문에 전도도가 매우 낮아지는 것이다. 이상의 사실은 여러분들이 이미 익히 알고 있는 내용이다. 문제는 반도체 성질이며 지금부터 이에 대해 알아보기로 한다.

진성 반도체

반도체 소자의 재료인 게르마늄과 실리콘은 원소 주기율표에서 4족에 속하며 공유결합을 이룬다. 그림 1-3은 실리콘 원자와 공유결합을 보여준다. 실리콘 원자는 그림 1-3(a)와 같이 최외각에 4개의 전자가 있으며 이들은 그림 (b)와 같이 이웃 원자들과 전자를 공유함으로써 최외각이 8개의 전자로 채워지도록 한다. 일반적으로 공유결합에서는 원자들간에 결합하는 힘이 크다. 그러나 주위의 열 에너지에 의해 열적으로 생성되는 자유 전자가 발생하며 자유 전자가 이탈하고 남은 빈자리를 홀(hole)이라 한다. 자유 전자는 일정한 시간이 지나면 다시 홀과 재결합(recombination)하여 소멸되며 자유 전자와 홀은 열적 평형 상태에서 일정한 농도를 유지한다. 이와 같이 순수 4족 원소로만 된 반도체를 진성 반도체라 하고 진성 반도체에서는 자유 전자와 홀의 농도가 동일하다. 반도체에서는 자유 전자와 홀 모두가 전류의 전도에 기여하며, 이는 자유 전자만 전도에 기여하는 도체와 가장 큰 차이점이다. 즉 도체의 경우 자유 전자가 이탈하고 남

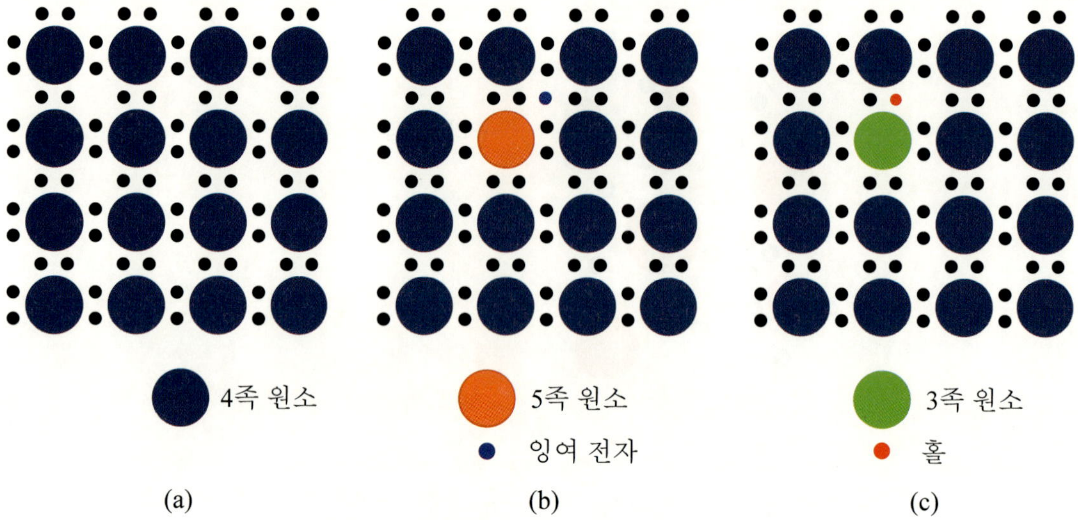

그림 1-3 (a) 진성 반도체; (b) *n*형 반도체; (c) *p*형 반도체

은 빈자리는 다른 자유 전자로써 채우고자 하지 않지만 반도체에서는 홀도 이동하게 된다. 따라서 반도체에서 이동할 수 있는 전하는 음전하의 자유 전자와 양전하의 홀 두 종류가 있으며 이 점이 반도체의 가장 중요한 특징이다.

n형 반도체

4족의 진성 반도체는 단지 부도체보다 저항이 낮다는 것뿐이므로 회로소자로서 큰 의미는 없다. 그러나 진성 반도체에 3족 또는 5족의 원소를 적절히 섞어줌으로써 성질이 서로 정반대인 *p*-형 반도체와 *n*-형 반도체라는 두 종류를 얻을 수 있으며 실제 모든 반도체 소자들은 바로 *p*-형 반도체와 *n*-형 반도체를 결합하여 사용한다. 진성 반도체에 섞는 3족 또는 5족 원소를 불순물이라 하고 불순물을 섞는 작업을 도우핑(doping)이라 한다. 5족 원소로는 안티몬(Sb), 비소(As), 인(P) 등이 있으며 그림 1-3(b)는 진성 반도체에 5족 불순물을 첨가한 경우이다. 그 결과 5족 원소의 최외각 전자들 중 4개는 주위의 4족 원소와 결합하지만 남은 전자 한 개는 공유결합 대상에서 제외된다. 이 경우 5족 원소는 남은 전자를 방출해버림으로써 안정된 결합을 이루고자 한다. 따라서 주위로부터 약간의 에너지만 주어져도 남은 하나의 전자는 원자의 구속을 받지 않는 자유 전자가 된다. 그러나 자유 전자가 이탈한 빈자리는 다른 전자로 채워지지 않으려고 하기 때문에 홀은 생성되지 않는다. 이와 같이 5족 원소는 주위에 하나의 자유 전자만 공급하므로 도우너(donor)라 하며 도우너가 첨가된 반도체를 *n*-형 반도체라 한다.

도우너로부터는 자유 전자만 생성될 뿐 홀은 생성되지 않는다. 홀은 다만 열적으로 생성된 것만 존재하며 이에 대해 자유 전자도 동일한 농도로 생성된다. 따라서 *n*-형 반도체에서는 자유 전자의 농도가 홀의 농도보다 높기 때문에 전자를 다수 캐리어(carrier)라 하고 홀을 소수 캐리어라 한다. 이상으로 *n*-형 반도체에서는 대부분의 전류 전도가 전자에 기인한다. 5족 불순물의 도우핑 농도는 4족 원소 농도의 수 백만 분의 1정도이다.

p형 반도체

진성 반도체에 3족의 불순물을 첨가하면 5족을 첨가한 경우와 정반대 현상이 일어나며 3족 원소에는 보론(boron), 칼륨, 인디움(In) 등이 있다. 그림 1-3(c)는 진성 반도체에 3족 불순물을 도우핑한 것을 보여준다. 3족 원소의 최외각 전자 3개는 주위의 4족 원소들과 공유결합을 이루지만 완전한 공유결합을 위해서는 전자 하나가 더 필요하게 된다. 따라서 필요로 하는 전자의 빈자리에 다른 전자를 적극적으로 끌어들이고자 하므로 이 빈자리는 홀이 된다. 따라서 3족 원소로부터 양전하의 홀이 한 개씩 생성되므로 3족 원소를 도우핑한 반도체를 *p*-형 반도체라 한다. 그리고 3족 원소는 전자를 적극적으로 받아들이고자 하므로 억셉터(acceptor)라 한다.

억셉터로부터는 홀만 생성되며 자유 전자는 다만 열적으로 생성된 것만 존재한다. 따라서 *p*-형 반도체에서는 홀의 농도가 자유 전자의 농도보다 높기 때문에 홀이 다수 캐리어가 되고 전자는 소수 캐리어가 된다. 이상으로 *p*-형 반도체에서는 전류 전도는 대부분 홀에 기인한다. 3족 불순물의 도우핑 농도 역시 4족 원소 농도의 수 백만 분의 1정도로 한다. 불순물 반도체 내의 자유 전자와 홀은 한 번 생성된 후 영원히 지속되는 것이 아니라 일정한 시간이 경과하면 홀과 자유 전자가 쌍으로 재결합하여 소멸된다. 재결합의 결과 홀과 자유 전자의 농도는 일정한 온도하에서 그 곱이 일정하도록 열적 평형 상태를 유지한다. 자유 전자-홀 쌍이 생성된 후 재결합에 의해 소멸되는 평균 시간인 수명(life time)은 결정 구조의 견고성에 따라 수 ns에서 μs까지다.

5족 원소인 도우너와 3족 원소인 억셉터는 원래는 전기적으로는 중성이다. 그러나 4족 원소와 결합하면 도우너는 전자를 잃으면서 양이온이 되고자 하며 억셉터는 홀을 잃으면서(전자를 받아들이면서) 음이온이 되고자 한다. 이러한 성질은 차후에 반도체의 동작 원리를 이해하는데 중요한 내용이다.

1-2 pn-접합 다이오드

그림 1-4(a)와 같이 *p*-형 반도체와 *n*-형 반도체를 접합시킨 구조를 *pn* 접합 다이오드(diode)라 하며 *p*-형 반도체 쪽의 단자를 애노드(anode)라 하고 *n*-형 반도체 쪽의 단자를 캐소드(cathode)라 부른다. *pn* 접합 다이오드(이하 다이오드)의 회로 기호는 그림 1-4(b)와 같다. 다이오드의 *n*-형 반도체와 *p*-형 반도체는 모든 면에서 반대 성질이다. 따라서 이 두 재료를 접합시키면 경계를 이루는 *pn* 접합부(이하 접합부)에서 특이한 경계 조건이 형성되며 이 현상이 반도체 동작의 핵심이 되는 내용이다. 이제 그림 1-5를 통해 다이오드 내부에서 일어나는 현상에 대해 알아보자.

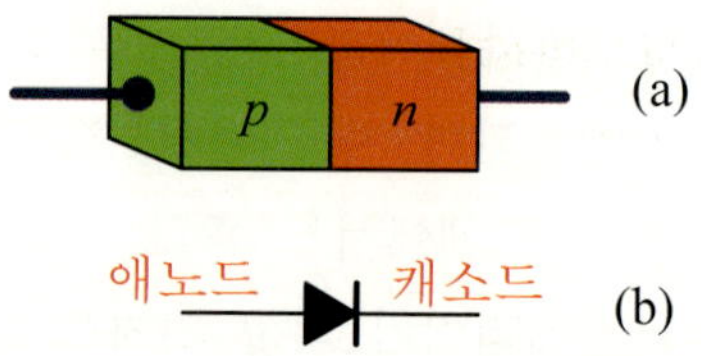

그림 1-4
pn-접합 다이오드의
(a) 구조; (b) 기호.

전위 장벽 그림 1-5(a)는 *p*-형 반도체와 *n*-형 반도체를 막 접합시킨 후의 현상을 도식적으로 표현한 것이며 소수 캐리어는 표현하지 않았다. 접합이 이루어지면 *p* 영역에는 과잉 홀이 존재하고 *n* 영역에는 과잉 전자가 존재하므로 두 영역의 농도차에 의해 자연계 보편적인 현상인 확산(diffusion)이 유발된다. 즉 *p* 영역의 홀은 접합부를 통해 *n* 영역으로 주입되며 *n* 영역의 전자는 접합부를 통해 *p* 영역으로 주입되기 시작한다. 그러나 이 확산은 *p* 영역과 *n* 영역이 완전히 중성화될 때까지 지속되는 것이 아니다. 확

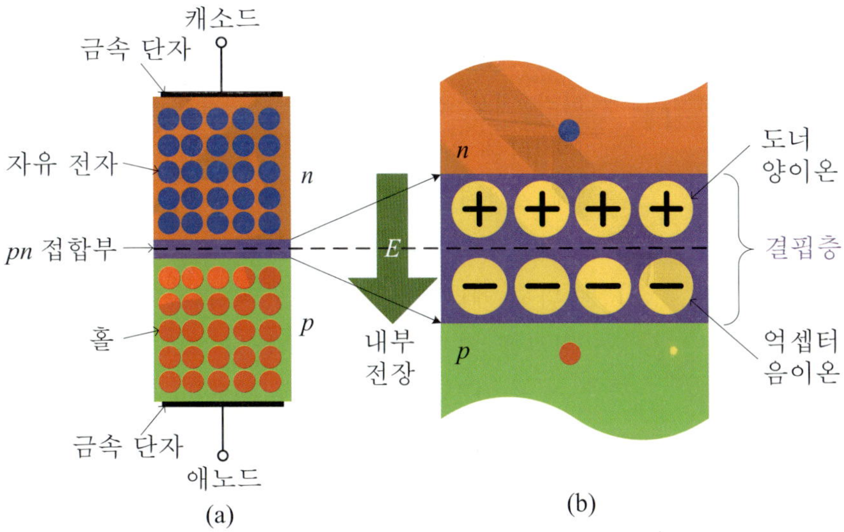

그림 1-5
pn-접합 다이오드 내부 현상.

산이 진행될수록 역으로 확산을 저지하는 힘이 늘어나며 이는 *pn* 접합부에서 일어난다. 홀이 떠난 억셉터는 음이온이 되고 전자가 떠난 도우너는 양이온이 되며 이들은 이동할 수 없는 이온들이며 그림 1-5(b)가 이를 보여준다.

홀과 전자의 확산은 부동의 이온을 만들게 된다. 그리고 상식적으로 생각하면 접합부로부터 멀리 떨어진 캐리어보다 접합부에 가까운 캐리어들이 먼저 상대 영역으로 확산될 것이다. 따라서 접합부의 캐리어들이 상태 영역으로 주입됨에 따라 그림 1-5(b)와 같이 접합부 부근에는 부동의 이온들이 쌓이는 영역이 형성된다. 이 영역은 캐리어가 없는 영역이므로 결핍층이라 하며, 이온들에 의해 순수 전하가 축적되는 영역이기도 하므로 공간전하 영역이라 하기도 한다. 여기서 중요한 것은 공간전하 영역의 기능이다. 공간전하 영역을 제외한 *p* 영역과 *n* 영역은 총 전하가 0이므로 전기적으로 중성이다. 그러나 *p* 영역 쪽의 공간전하 영역에는 억셉터 음이온의 축적으로 전기적으로 음이 되며, *n* 영역 쪽의 공간전하 영역은 도우어 양이온의 축적으로 전기적으로 양인 영역이 된다. 따라서 그림 1-5(b)에서 표시된 바와 같이 공간전하 영역에는 *n* 영역에서 *p* 영역으로 내부 전장(E)이 형성되게 되며 이는 다수 캐리어들의 확산이 진행될수록 더욱 강해진다. 이때 내부 전장은 양전하인 *p* 영역의 홀이 *n* 영역으로 확산되는 것을 저지하고 음전하인 n 영역의 전자가 p 영역으로 확산되는 것을 저지하는 방향으로 형성된다는 점이 중요하다. 따라서 확산이 진행됨에 따라 내부 전장이 어느 정도 강해지면 다수 캐리어의 확산력과 내부 전장에 의한 저지력이 상쇄되어 확산은 중지된다. 따라서 다이오드는 부도체에 가깝게 되며 이상의 내용을 도식적으로 표현한 것이 그림 1-6이다.

그림 1-6에서 내부 전장에 의해 공간전하 영역 양단에 형성되는 전압 V_γ는 다수 캐리어들의 확산을 저지하는 역할을 하므로 전위 장벽이라 한다. 실리콘 다이오드의 경우는 $V_\gamma \cong 0.7V$ 정도이며 게르마늄 다이오드의 경우는 $V_\gamma \cong 0.3V$ 정도이다. 외부로부터 다이오드 양단에 전압을 가하여 내부의 전위 장벽을 조절하면 다이오드의 전도도를 크게 조정할 수 있으며 이 때 외부 전압을 바이어스(bias)라 한다. 즉 내부 전위 장벽이 제거되는 방향으로 바이어스 전압을 인가하면 다이오드는 도체가 되며 전위 장벽을 강화시키는 쪽으로 바이어스 전압을 가해주면 다이오드는 더욱 부도체가 되는 것이다.

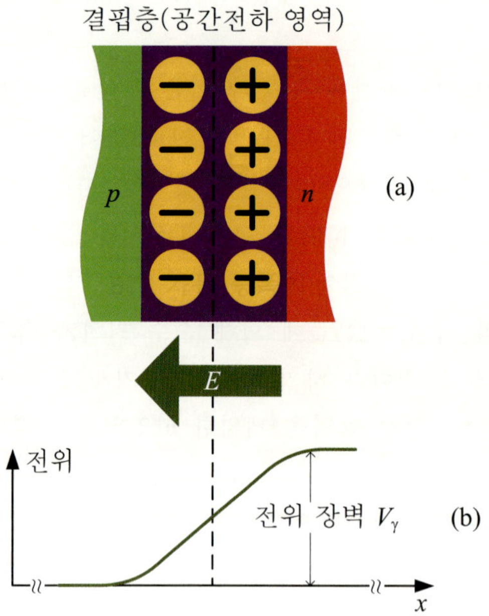

그림 1-6
결핍층 내부의 전위장벽

순방향 바이어스

그림 1-7(a)와 같이 *p*-형 반도체 단자인 애노드가 *n*-형 반도체 단자인 캐소드에 비해 전위가 높도록 인가한 외부 바이어스 전압 V_F를 순방향 바이어스(forward bias)라 한다. 그림에서 보는 바와 같이 *p*-형 반도체와 공간전하 영역 및 *n*-형 반도체는 직렬로 결합된 형태이며 *p*-형 반도체와 *n*-형 반도체는 비교적 양호한 도체이다. 따라서 순방향 바이어스 전압 V_F의 대부분은 전압 분배 법칙에 의해 공간전하 영역 양단에 인가된다. 그 결과 바이어스 전압 V_F에 의해 공간전하 영역에 형성되는 외부 전장은 전위 장벽을 이루는 내부 전장과 반대 방향이 되므로 $V_F>V_\gamma$이면 홀과 전자의 확산을 저지하는 전위 장벽이 제거된다. 따라서 다수 캐리어인 *p* 영역의 홀과 *n* 영역의 전자는 상대 영역으로 주입되어 전류가 흐르기 시작한다. 이와 같이 순방향 바이어스에 의해 다이오드가 전류를 전도할 수 있는 상태를 도통(導通)이라 하며 이 때의 전류 I_F를 순방향 전류라 한다. 전위 장벽을 완전히 제거하기 위해서는 실리콘의 경우는 약 0.7 V, 게르마늄의 경우는 약 0.3 V 이상의 순방향 전압이 필요하다. 순방향 바이어스에 의한 또 하나의 변화는 공간전하 영역의 폭이 좁아진다는 것이다. 그 이유는 *p* 영역의 홀은 바이어스 전압의 양극에 의해 공간전하 영역 쪽으로 밀려가며, *n* 영역의 전자도 바이어스 전압의 음극에 의해 공간전하 영역 쪽으로 밀려가기 때문이다. 그림 1-7(a)를 회로적으로 표현한 것이 그림 (b)이다.

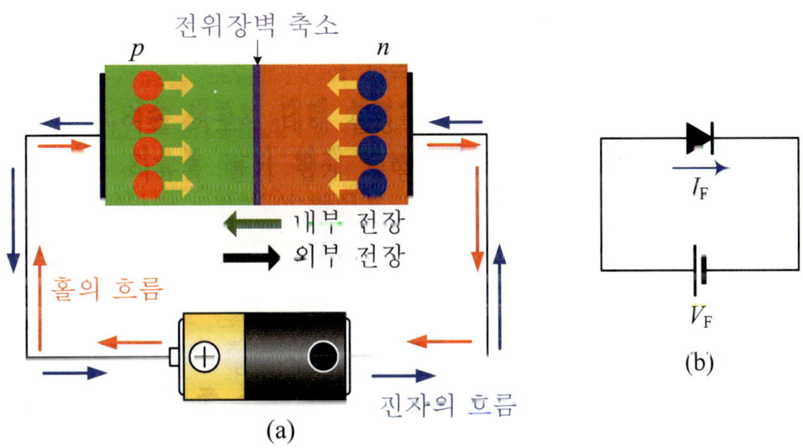

그림 1-7
순방향 바이어스:
(a) 내부 현상;
(b) 기호.

역방향 바이어스

역방향 바이어스는 순방향 바이어스와는 반대로 다이오드의 전위 장벽을 더욱 강화시켜 부도체로 동작하게 한다. 즉 그림 1-8(a)와 같이 역방향 바이어스 전압 V_R의 극성은 애노드 쪽이 음이고 캐소드 쪽이 양이 되게 함으로써 V_R에 의해 공간전하 영역 내부에 형성되는 외부 전장은 전위 장벽에 의한 내부 전장과 같은 방향이 되어 합해진다. 따라서 전위 장벽이 V_γ에서 $V_\gamma+V_R$로 강화되는 셈이 되어 다이오드는 더욱 부도체로 동작하게 될 것이다. 그리고 역방향 바이어스에서는 p 영역의 홀이 바이어스 전압원의 음극에 의해 애노드 단자 쪽으로 이끌려 가며, n 영역의 전자는 전압원의 양극에 의해 캐소드 쪽으로 이끌려 가므로 중간에 있는 공간전하 영역의 폭이 확대된다. 역방향 바이어스에서도 실제로 매우 약한 전류가 흐르게 된다. 그 이유는 p 영역의 다수 캐리어인 홀은 n 영역으로 주입되지 않지만 소수 캐리어인 전자는 n 영역으로 주입될 수 있기 때문이다. 마찬가지로 n 영역의 다수 캐리어인 전자는 p 영역으로 주입될 수 없지만 소수 캐리어인 홀은 p 영역으로 주입될 수 있기 때문이다. 역방향 바이어스에서의 다이오드 전류 I_R을 **역방향 전류**라 한다. 그러나 일반적으로 소수 캐리어의 농도는 다수 캐리어에 비해 수 백만 분의 일 이하이므로 소수 캐리어에 의한 역방향 전류는 다수 캐리어에 의한 순방향 전류에 비해 거의 무시할 수 있다. 실제로 역방향 전류는 μA 수준 이하이며 역방향 전류가 완전히 0이 되는 것이 이상적인 다이오드이므로 역방향 전류를 **누설 전류**라 부른다.

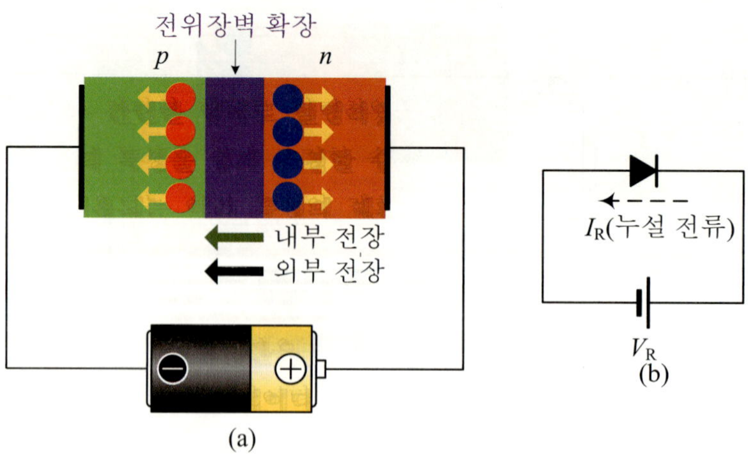

그림 1-8
역방향 바이어스: (a) 내부 현상; (b) 기호.

다이오드의 전압-전류 특성

실리콘 다이오드의 실제 전압-전류 특성 곡선을 예로 들면 그림 1-9와 같다. 여기서 유의할 점은 순방향 바이어스에서의 전압-전류 척도와 역방향 바이어스에서의 전압-전류 척도이다. 즉 전류의 경우 순방향 바이어스에서는 mA 단위이지만 역방향 바이어스에서는 μA 단위이며, 전압의 경우는 순방향 바이어스에서는 0.1V 단위이지만 역방향 바이어스에서는 10V 단위이다. 따라서 역방향 바이어스에서는 매우 큰 전압에서도 전류는 거의 μA 단위로 변함이 없음을 알 수 있다. 다이오드의 전압과 전류 관계식은 다음과 같은 다이오드 방정식으로 알려져 있다.

$$i_D = I_S\left[\exp\left(\frac{v_D}{kT/q}\right)-1\right] = I_S\left[\exp\left(\frac{v_D}{V_T}\right)-1\right] \tag{1-2-1}$$

단 $V_T=kT/q$이며 각 상수는 다음과 같이 정의된다.

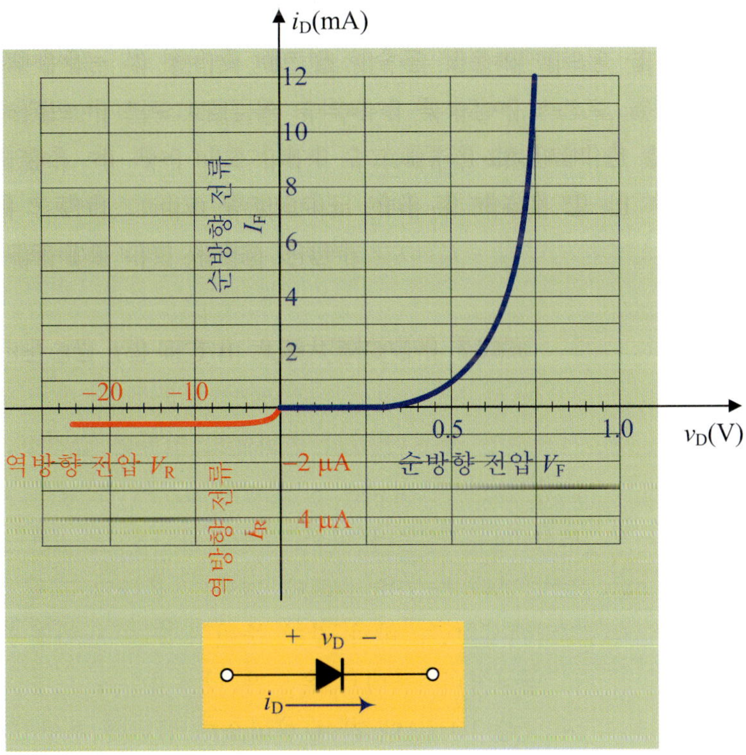

그림 1-9
다이오드의 전압-전류 특성 곡선의 예
(실리콘의 경우)

k=볼쯔만(Boltzman) 상수(k=1.381×10^{-23} J/K)

q=전자 하나의 전하(q=1.6×10^{-19} C)

T=물체의 절대 온도(0°K)

I_S=다이오드의 역포화 전류(10^{-9}~10^{-15} A)

특히 상온(25°C)에서는

$$V_T = \frac{kT}{q} \cong 26\,\text{mV} \tag{1-2-2}$$

이므로 다이오드 전압 v_D가 십 분의 수 볼트만 넘어도 식 (1-2-1)은

$$i_D \cong I_S \exp\left(\frac{v_D}{V_T}\right) \tag{1-2-3}$$

로 근사화할 수 있다. 실제로 실리콘 다이오드에서는 그림 1-9에서 보듯이 약 V_γ=0.7 V의 전압을 전후하여 전류가 급격히 증가하기 시작하므로 이 전압을 **문턱 전압**, **도통 전압** 또는 **무릎 전압** 등 여러 가지로 부른다. 이 책에서는 도통 전압으로 통일하고 특별한 조건이 없는 한 상온에서는 V_γ=0.7 V로 한다. 그리고 식 (1-2-1)에서 상온에서 다이오드 전압이 약간의 음이 되어도

$$i_D = I_S\left[\exp\left(\frac{v_D}{V_T}\right) - 1\right] \cong -I_S \tag{1-2-4}$$

로 거의 일정하게 유지된다.

식 (1-2-3)에서 알 수 있듯이 도통 전압을 넘어 다이오드가 도통하기 시작하면 작은 전압의 변화에도 전류는 급격한 변화를 보인다. 예를 들어 그림 1-9에서 다이오드 전압이 0.75V 이상이 되어도 예측할 수 없는 과도한 전류가 흘러 다이오드가 파괴될 수 있다. 뿐만 아니라 다이오드의 전압-전류 특성은 온도에 매우 민감하며 그림 1-10이 한 예를 보여준다. 그림에서 보는 바와 같이 주변 온도가 높아질수록 다이오드의 도통 전압은 낮아지며, 반대로 온도가 낮아질수록 도통 전압은 높아진다. 예를 들어 그림 1-11(a)와 같이 다이오드 양단에 전압 V_D=0.7 V를 직접 인가할 경우 다이오드 전류는 그림 1-11(b)에서 보듯이 온도의 변화에 따라 약 0.7 mA에서 12 mA까지 심한 변동을 보이게 된다. 따라서 다이오드를 이용한

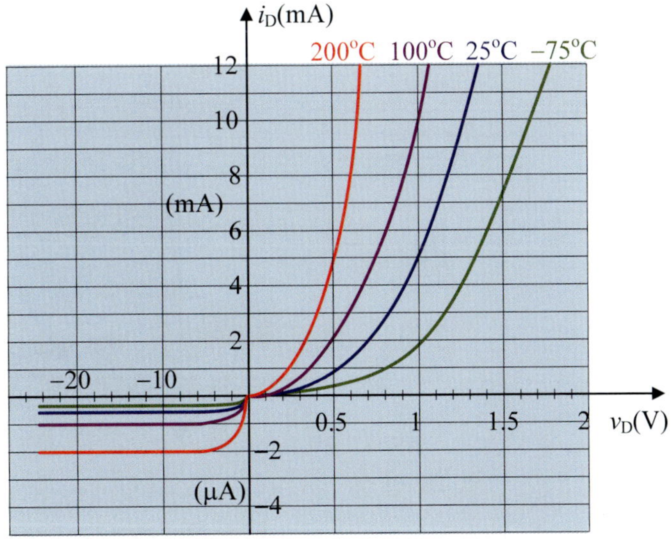

그림 1-10
온도 변화에 따른 다이오드 특성 변화의 예.

실제 회로에서는 다이오드 전류를 제어하기 위해 그림 1-12(a)와 같이 적절한 저항을 다이오드와 직렬로 연결하여 사용하는 것이 상식이다. 그림 1-12(a)에 키르히호프 전압법칙(KVL)을 적용하면

$$v_D + Ri_D = V_D \tag{1-2-5}$$

이다. 이 식은 그림 1-12(b)에서 기울기가 $-1/R$인 직선 그래프로 표현되며

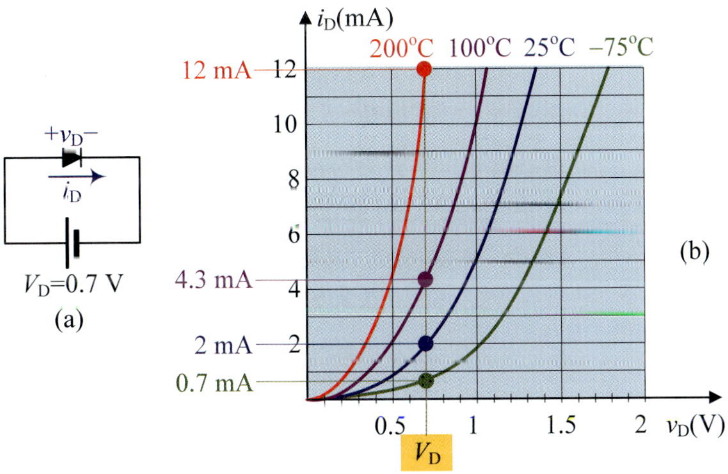

그림 1-11
(a) 다이오드 회로와 (b) 온도 변화에 따른 전류 변화.

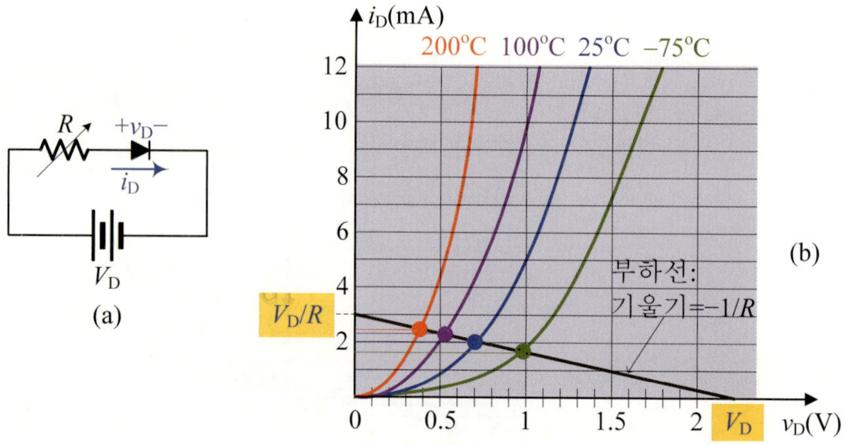

그림 1-12
(a) 저항과 결합한 다이오드 회로와 (b) 온도 변화에 따른 전류 변화.

이를 부하선(load line)이라 한다. 부하선이 v_D 축과 만나는 점은 V_D이며 i_D 축과 만나는 점은 V_D/R이다. 그리고 부하선이 다이오드 특성 곡선과 만나는 점이 다이오드의 전압과 전류로 결정된다. 그 결과 그림 1-12(b)에서 온도에 따라 다이오드의 특성 곡선이 변할 때 다이오드 전류는 2 mA를 중심으로 적은 변화만 보일 뿐이며 저항을 크게 할수록 전류 변화는 더욱 줄어들게 된다. 이상으로 그림 1-12와 같이 다이오드와 직렬로 저항을 결합하여 사용하면 온도에 대해 전류가 매우 안정되므로 대개의 경우 이러한 방법을 사용한다.

다이오드가 갖추어야 할 이상적인 특성은 그림 1-13(a)와 같다. 즉 이상적인 다이오드는 도통 전압이 0 V이며 순방향 전류에 대해서는 단락과 같고 역방향 전류에 대해서는 개방과 같다. 따라서 이상적인 다이오드는 그림 1-13(b)와 같이 이상적인 스위치로 등가화할 수 있으며, 순방향 전류에 대해서는 스위치가 닫히며 역방향 전류에 대해서는 스위치가 열린다. 일반적으로 다이오드의 도통 전압은 주위 회로의 동작 전압에 비해 무시할 수 있을 정도로 작다. 그러나 도통 전압 V_γ를 무시할 수 없는 상황에서는 다이오드 특성을 그림 1-14(a)와 같이 근사화하며 이에 대한 등가회로는 그림 1-14(b)와 같다(S는 이상적인 스위치). 다이오드는 그림 1-13 및 1-14와 같이 비선형 소자이다. 따라서 다이오드가 있는 회로의 해석은 기존의 선형 소자만 있는 회로와는 다른 점이 있으며 다음의 예제를 통해 알아보도록 한다.

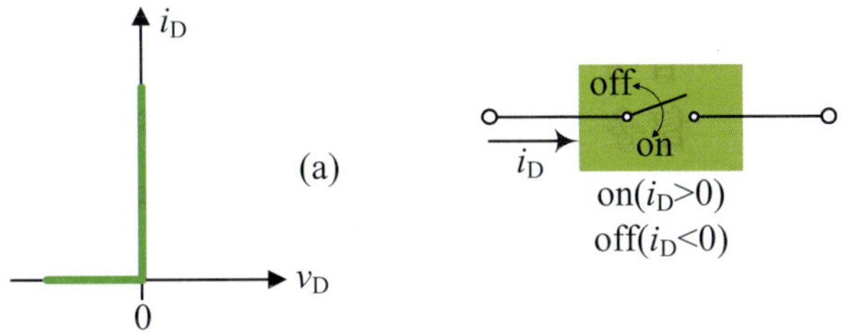

그림 1-13
이상적인 다이오드의
(a) 전압-전류 특성;
(b) 등가 회로.

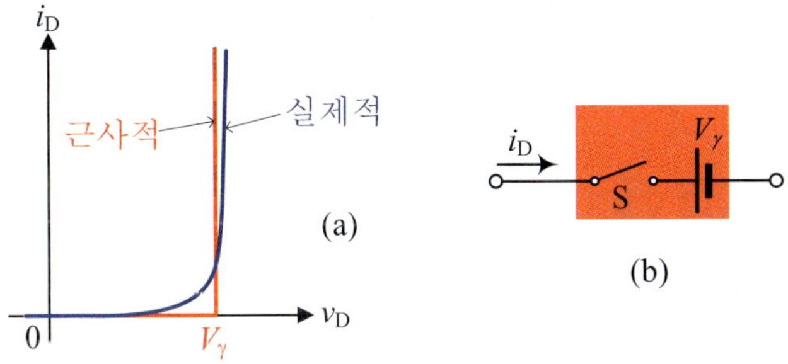

그림 1-14
실제 다이오드에
대한 근사적인 특성:
(a) 전압-전류 특성;
(b) 등가 회로.

예제 1-1

그림 1-15의 회로에서 다이오드에 전류가 흐르는지 알아보고 전류가 흐를 경우 전류를 구하라. 단 다이오드는 이상적인 것으로 가정한다.

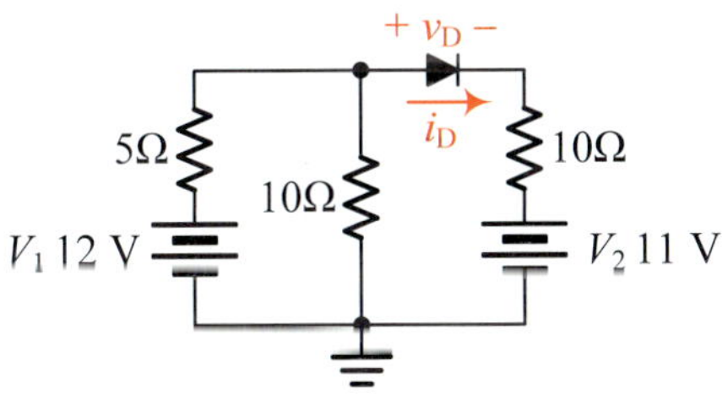

그림 1-15
예제 1-1의 그림.

풀이 다이오드에 전류가 흐르는지 또는 안 흐르는지 쉽게 판단할 수 없으므로 먼저 가정을 해야 한다. 만일 전류가 흐르지 않는다고 가정하면 그림 1-15는 그림 1-16(a)와 같이 등가화할 수 있으며 흐른다고 가정하면 그림 1-16(b)로 등가화할 수 있다

(a) 그림 1-16(a)에서 11 V와 직렬로 결합된 10 Ω에는 전류가 흐르지 않으므로 또 다른 10 Ω에 걸리는 전압은

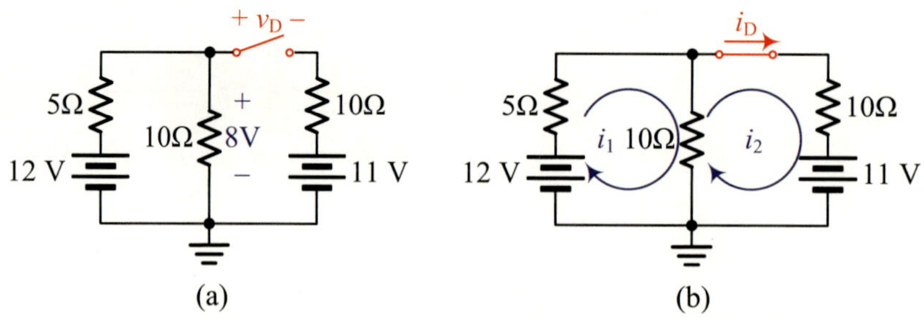

그림 1-16 그림 1-15에서 다이오드에 전류가 (a) 흐르지 않는다고 가정한 등가회로; (b) 흐른다고 가정한 등가회로.

$$\frac{10}{5+10} \times 12\text{ V} = 8\text{ V}$$

이다. 따라서 다이오드 양단 전압은

$$v_D = 8 - 11 = -3\text{ V}$$

로 역방향 바이어스이므로 전류가 흐르지 않는다는 가정이 맞다.

(b) 전류가 흐른다고 가정한 그림 1-16(b)에서는 루프 전류 i_1, i_2를 이용하여 KVL을 적용하면

$$\begin{cases}(10+5)i_1 + (-10)i_2 = 12 \\ (-10)i_1 + (10+10)i_2 = -11\end{cases}$$

이로부터

$$i_2 = i_D = -0.225\text{ A}$$

이다. 따라서 다이오드에는 역방향 전류가 흐른다는 결론이므로 전류가 흐른다는 가정과 모순이 된다. 이상으로 다이오드에는 전류가 흐르지 않는다.

다이오드의 항복

다이오드의 역방향 전압이 클수록 전위 장벽의 전장이 강해지기 때문에 p 영역의 소수 캐리어인 전자가 공간전하 영역을 통과하는 과정에서 많은 에너지를 받아 가속된다. 그리고 공간전하 영역의 폭이 넓어지므로 가속되는 시간 또한 길어진다. 따라서 역방향 전압의 크기가 어느 한도를 넘게 되면 전자는 공간전하 영역 내의 결정 격자를 파괴할 수 있을 정도

로 가속된다. 이처럼 충분히 가속된 전자는 공간전하 영역 내의 결정 격자들과 충돌하여 격자를 파괴시킴으로써 다시 다수의 홀-전자 쌍들을 새로 생성시키게 되며, 새로 생성된 전자들 역시 전장에 의해 가속되어 다른 결정 격자들과 충돌함으로써 또 다른 홀-전자 쌍들을 만들게 된다. 이와 같은 과정이 연속적으로 반복됨으로써 결국 접합부를 흐르는 역방향 전류는 급격히 증가하게 되며, 이러한 현상을 눈사태(avalanche)에 비유하여 애발란시 항복(avalanche breakdown)이라 한다. 항복은 보통 수십 V의 역방향 전압에서 발생하며 다이오드의 전체 특성은 그림 1-17과 같다.

그림 1-17
항복을 고려한 다이오드의 전체 특성

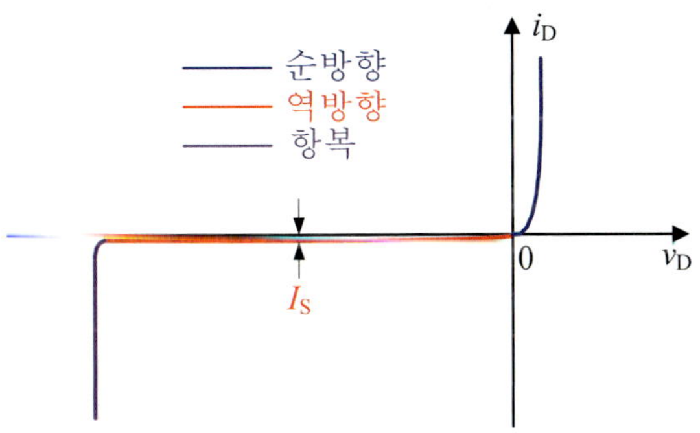

다이오드의 동저항

다이오드는 비선형 소자이므로 회로 해석을 간단히 하기 위한 직류 및 교류 등가회로에 대해 알아본다. 전자 회로에서는 직류와 교류가 섞인 파형을 주로 접하게 된다. 특히 교류의 진폭이 직류 크기의 10분의 1 이하일 때 이 교류를 소신호(small signal)이라 부른다. 여기서 이 책에서 통용될 기호 표기에 대해 잠깐 언급하기로 한다. 앞으로 직류를 나타내는 기호는 머리글자와 첨자를 모두 대문자로 한다. 예를 들면 V_D, I_D 등이다. 반면에 소신호는 머리글자와 첨자를 모두 소문자로 하여 v_d, i_d 등으로 나타낸다. 그리고 직류와 소신호의 합은 머리글자는 소문자로 하고 첨자는 대문자로 하여 v_D, i_D 등으로 하기로 한다.

그림 1-18(a)와 같이 다이오드 전압 v_D가 직류 V_D와 소신호 v_d의 합인 $v_D=V_D+v_d$로 주어지는 경우를 생각해 보자. 전압 V_D에 의한 다이오드 전류 성분을 I_D라 하고 v_d에 의한 전류 성분을 i_d라 하면 다이오드 전체 전류는 중첩 원리에 의해 $i_D=I_D+i_d$이다. 이 때 v_D와 i_D의 관계를 다이오드

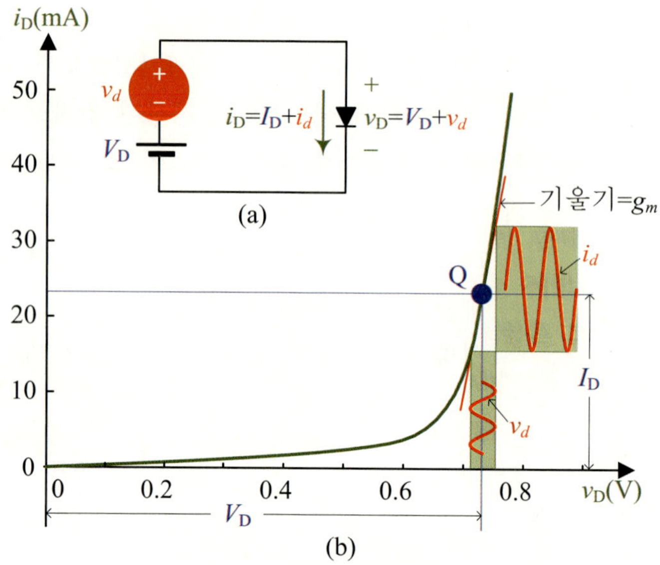

그림 1-18
(a) 다이오드에 직류 전압과 소신호를 합해 인가한 회로; (b) 소신호에 대한 다이오드 특성.

특성 곡선상에서 알아보면 그림 1-18(b)와 같다. 그림에서 직류 전압 V_D와 직류 전류 I_D를 나타내는 점을 정점(靜点) 또는 Q점(Quiescent point)이라 한다. 이 그림에서 우리가 알고자 하는 것은 소신호 전압과 전류의 관계이다. Q점인 V_D를 중심으로 변동하는 소신호 전압 v_d는 그림과 같이 Q점인 I_D를 중심으로 변동하는 소신호 전류 i_d를 일으킨다. 특성 곡선의 기울기가 직선이 아니기 때문에 Q점의 위치에 따라 v_d와 i_d의 관계가 변하게 된다. 그러나 v_d는 진폭이 매우 작은 소신호이다. 따라서 소신호의 변동폭에 대해 특성 곡선은 거의 직선으로 근사화할 수 있으며 그 기울기는 Q점을 통과하는 접선의 기울기 g_m으로 하면 된다. 순방향 바이어스(V_D>0)의 다이오드 방정식은 식 (1-2-3)으로 근사화되므로 Q점의 접선 기울기 g_m은 다음과 같이 구할 수 있다.

$$g_m = \left.\frac{di_D}{dv_D}\right|_Q = \left.\frac{i_D}{V_T}\right|_Q = \frac{I_D}{V_T} \tag{1-2-6}$$

특히 상온에서는 $V_T \cong 26$ mV이므로(식 (1-2-2))

$$g_m \cong \frac{I_D}{26\text{ mV}} \quad \text{(상온에서)} \tag{1-2-7}$$

로 주어진다. 여기서 g_m의 역을 r_e라 하면

$$r_e \cong \frac{26\ \text{mV}}{I_\text{D}}[\Omega] \quad \text{(상온에서)} \tag{1-2-8}$$

이며 r_e를 다이오드의 동저항(dynamic resistance)이라 한다. 따라서 다이오드의 소신호 전압과 전류 관계는 다음과 같이 선형화할 수 있다.

$$v_d \cong r_e i_d \tag{1-2-9}$$

저항 r_e는 다이오드의 직류 전류에 의해 영향을 받는다. 이상으로 다이오드의 직류 및 소신호에 대한 등가회로를 정리하면 그림 1-19와 같다.

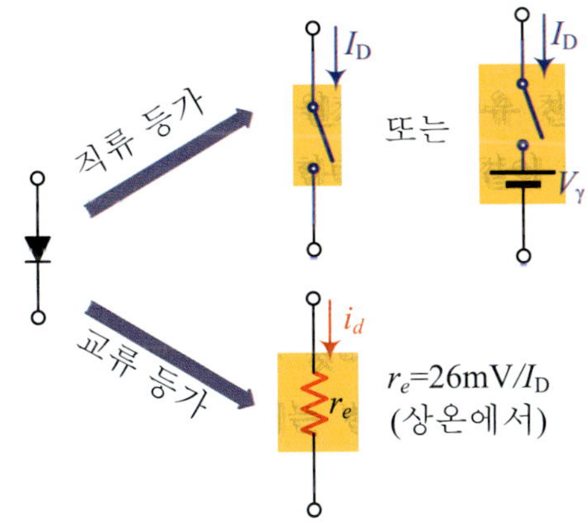

그림 1-19 다이오드의 등가회로.

1-3 특수 다이오드

다이오드의 주된 용도는 전자 스위치이며 항복 영역에서는 동작하지 않도록 한다. 그러나 일반 다이오드 외에도 특수한 용도로 사용되는 여러 종류의 다이오드들이 있으며 이에 대해 알아본다.

제너 다이오드

다이오드의 항복에는 앞서 설명한 애발란시 항복 외에 제너(Zener) 항복이 있다. 다이오드는 불순물 농도가 강하게 도우핑될수록 공간전하 영역의 폭이 좁아지는 성질이 있다. 따라서 동일한 역방향 전압하에서 공간전하 영역의 폭이 충분히 좁아지면, 즉 불순물 도우핑이 충분히 높아지면,

공간전하 영역 내에 형성되는 전장의 세기가 매우 강해진다. 이러한 환경에서는 공간전하 영역 내의 원자 결합이 직접 파괴되어 다수의 홀-전자 쌍이 생기고 이들이 다시 전장의 힘을 받아 다른 결합들을 파괴하는 과정이 반복됨으로써 결국 항복에 이르게 되며 이를 제너 항복이라 한다. 제너 항복을 이용하는 다이오드를 제너 다이오드라 하며 그 특성에 대한 예는 그림 1-20과 같다. 그림 1-20에서 V_Z는 제너 항복이 일어나는 전압으로 제너 전압이라 한다. 제너 영역에서는 전류가 큰 폭으로 변하더라도 다이오드 전압은 제너 전압으로 거의 일정하게 유지되는 점이 제너 다이오드의 큰 특징이다. 그리고 전류 I_{ZK}는 제너 항복이 일어나기 위한 최소의 전류로서 무릎 전류(knee current)라 한다. 전류 I_{ZM}은 다이오드가 감내할 수 있는 최대 전류의 20% 정도로 정한다.

그림 1-20
제너 다이오드의 전압-전류 특성.

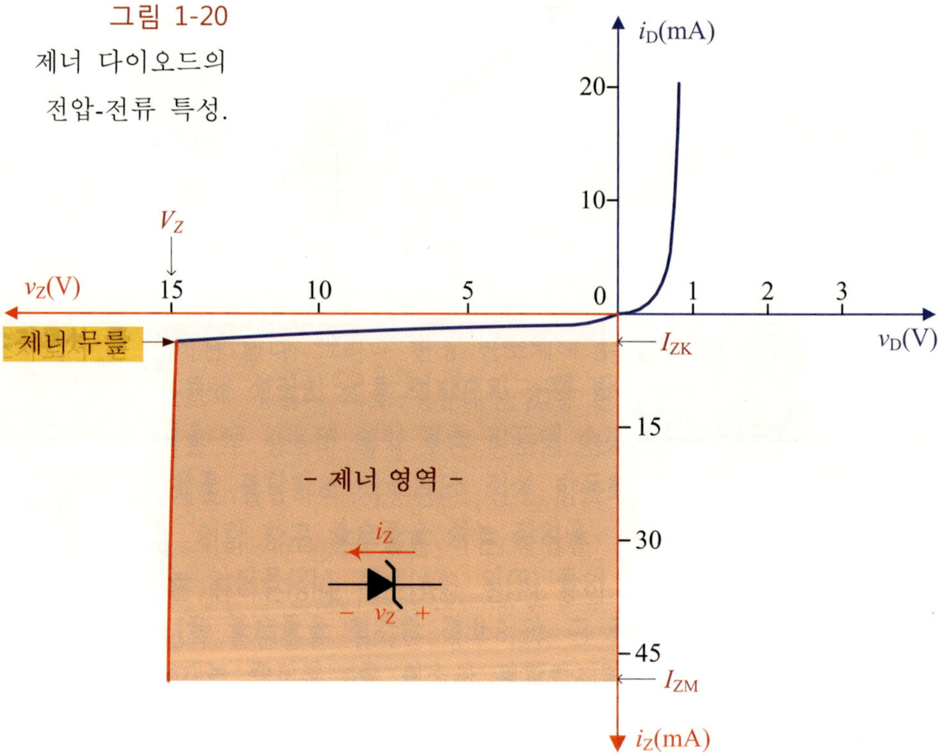

이상으로 일반 다이오드와 제너 다이오드의 특성을 등가적으로 표현한 것이 그림 1-21이다. 일반 다이오드는 순방향 바이어스(i_D>0)에서는 그림 1-21(a)와 같이 크기가 V_γ인 정전압원으로 등가화할 수 있다. 반면 제너 다이오드는 제너 영역(i_Z>I_{ZK})에서는 그림 1-21(b)와 같이 크기가 V_Z인 정전압원으로 등가화할 수 있다. 이 때 일반 다이오드는 거의 $V_\gamma \cong 0.7$ V 정도로 고정된다. 이에 비해 제너 다이오드에서는 V_Z가 1.4 V에서 2000 V에 이르기까지 매우 다양하게 제조할 수 있으며 오차는 1%에서 20% 사이에 있다. 제너 다이오드는 전압을 일정하게 유지하는 정전압원으로 사용되며 이러한 기능을 **전압 조정**이라 한다.

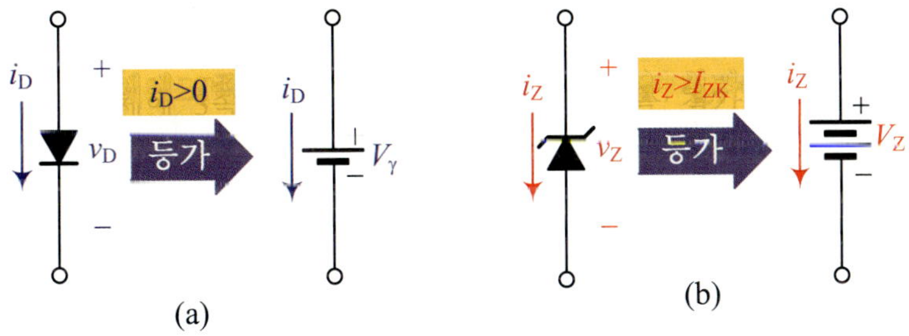

그림 1-21 등가 회로; (a) 일반 다이오드; (b) 제너 다이오드.

그림 1-22는 제너 다이오드의 전압 조정 기능을 알 수 있는 간단한 회로이다. 입력 전압 V_i는 크기가 변하는 가변 전압으로 **미조정 전압**이라 한다. 입력 전압의 크기가 변하더라도 제너 다이오드에 흐르는 전류가 I_{ZK}<i_Z<I_{ZM} 범위에 있으면 제너 영역에서 동작하므로 출력 전압은 v_o=V_Z로 일정하게 유지될 수 있다. 여기서 전압 조정이 가능하기 위한 V_i의 최소값 $V_{i(min)}$과 최대값 $V_{i(max)}$을 구해보자. 먼저 V_i=$V_{i(min)}$일 때 i_Z가 최소로서 i_Z>I_{ZK}가 되어야 하므로

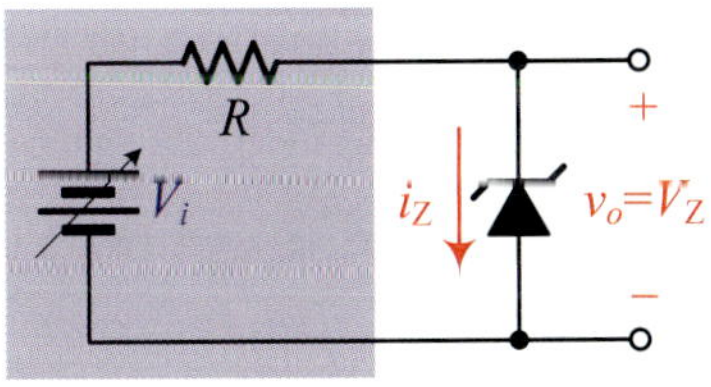

그림 1-22 제너 다이오드의 전압조정 기능

$$\frac{V_{i(\min)} - V_Z}{R} > I_{ZK} \qquad \textbf{(1-3-1)}$$

를 만족하여야 한다. 그리고 $V_i = V_{i(\max)}$일 때 i_Z가 최대로서 $i_Z < I_{ZM}$이 되어야 하므로

$$\frac{V_{i(\max)} - V_Z}{R} < I_{ZM} \qquad \textbf{(1-3-2)}$$

를 만족하여야 한다. 따라서 위의 두 식으로부터 전압 조정이 가능한 입력 전압의 범위는

$$RI_{ZK} + V_Z < V_i < RI_{ZM} + V_Z \qquad \textbf{(1-3-3)}$$

로 주어진다. 따라서 그림 1-22의 전압 조정기는 입력 전압이 식 (1-3-3)의 범위로 변동하더라도 출력 전압은 V_Z로 일정하게 유지될 수 있는 것이다. 만일 $V_i < V_{i(\min)}$일 때는 제너 다이오드는 제너 영역을 벗어나 일반 다이오드로 동작하게 되며 $V_i > V_{i(\max)}$일 때는 과도한 전류로 제너 다이오드가 손상될 위험이 있다.

예제 1-2

그림 1-22의 조정기에서 R=100 Ω이며 제너 다이오드의 특성이 다음과 같을 때 조정이 가능한 입력 전압의 범위를 구하라: V_Z=5 V, I_{ZK}=1 mA, I_{ZM}=100 mA

풀이 식 (1-3-3)으로부터

$$V_{i(\min)} = RI_{ZK} + V_Z = 100 \times 10^{-3} + 5 = \mathbf{5.1\ V}$$

$$V_{i(\max)} = RI_{ZM} + V_Z = 100 \times 10^{-1} + 5 = \mathbf{15\ V}$$

발광 다이오드

발광 다이오드(LED; light-emitting diode)는 *pn* 접합 다이오드로서 순방향으로 동작할 때 특정 파장의 빛을 방출하며 그 구조는 그림 1-23(a)와 같다. LED는 빛을 효율적으로 방출하기 위해 그림(b)와 같이 투명한 렌즈가 있으며 빛이 발생하는 *pn* 접합부에 초점이 맞추어져 있다. 그림(a)에서와 같이 LED에 순방향 바이어스가 가해지면 *n* 영역의 전자가 접합부를 통과

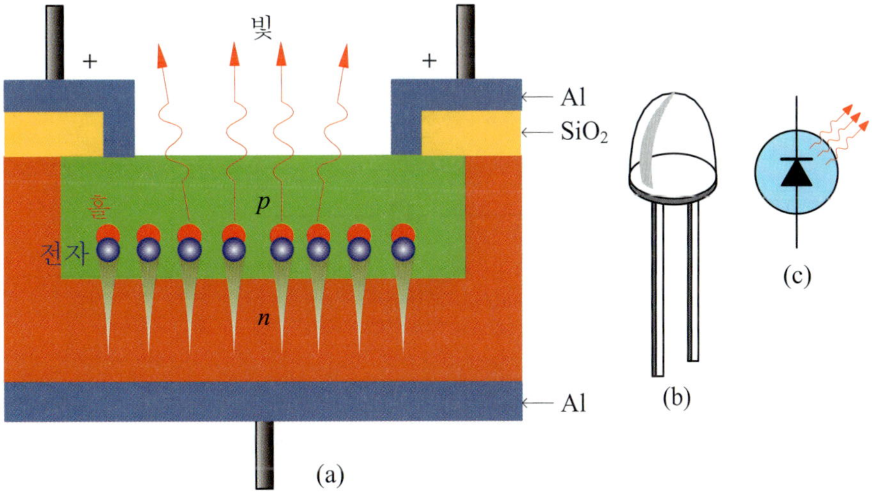

그림 1-23
발광 다이오드의
(a) 구조;
(b) 패키지;
(c) 기호.

하여 p 영역에 주입되며 이 과정에서 p 영역의 홀과 재결합하게 된다. 전자가 홀과 재결합한다는 것은 높은 에너지의 전도대(conduction band)에 있던 전자가 에너지를 방출하면서 보다 낮은 에너지의 가전자대(valence band)로 떨어진다는 것이다. 이 과정에서 전자가 방출하는 에너지가 열 또는 빛 에너지 형태로 나타나는 것이다. 그림 (c)는 LED 기호이다.

특히 갈륨 아시나이드(GaAs)나 갈륨 포스파이드(GaP) 등과 같은 특수 물질을 다이오드 재료로 사용하면 전자가 방출하는 에너지가 빛으로 나타난다. GaAs는 적외선 빛을 방출하며 GaAsP는 적색이나 황색의 가시 광선을 방출한다. 또한 GaP의 경우는 적색이나 녹색의 가시 광선을 방출하며 적색이 보통이다. 이외에도 불순물 도우핑 과정에서 다양한 불순물을 첨가함으로써 방출되는 빛의 색상을 조절할 수 있다. 다만 실리콘이나 게르마늄은 원천적으로 열을 방출하며 빛을 방출하는 데는 매우 비효율적이기 때문에 LED 소재로 사용하지 않는나. LED의 순방향 바이어스 전압은 실리콘 다이오드에 비해 상당히 크며 보통 1.2 V에서 3.2 V에 이른다. LED는 그림 1-24(a)와 같이 충분한 순방향 전류 I_F에 반응하여 빛을 방출하며 출력의 빛 에너지는 그림 (b)와 같이 순방향 전류 I_F에 직접 비례한다.

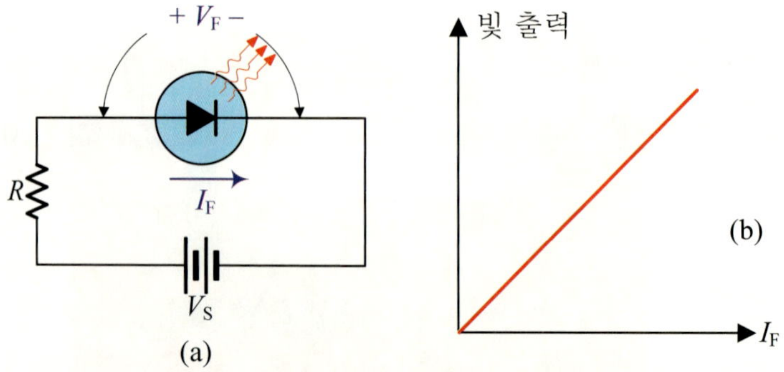

그림 1-24
LED의 동작:
(a) 순방향 바이어스;
(b) 전류와 빛 방출과의 관계.

LED는 컴퓨터로부터 과학 장비들에 이르기까지 많은 계측기에서 지시 램프나 수치 표시기로 사용되고 있을 뿐 아니라 조명까지 확장되고 있다. 대표적인 응용이 그림 1-25(a)의 LED 표시관(seven-segment display)이다. 이는 모두 7개 부분의 LED 조합으로 되있으며 각 LED를 선택적으로 조합하여 순방향 바이어스를 가함으로써 소수점을 포함하여 0에서 9까지의 수를 표현할 수 있다. 이는 우리 일상 생활에서 가장 많이 접할 수 있는 LED 응용이며 LED 소자의 전형적인 외관은 그림 1-25(b)와 같다.

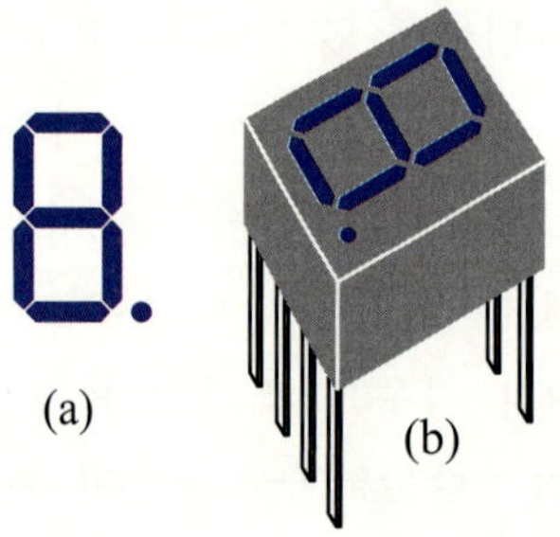

그림 1-25
(a) LED 수치 표시관;
(b) 전형적인 외관.

광 다이오드

광다이오드(photodiode)는 역방향 바이어스로 동작하는 *pn* 접합 다이오드로서 빛 에너지를 받아 전류를 만드는 소자이다. 따라서 이 소자는 역방향 바이어스용 외부 전원이 필요하다. 광다이오드는 그림 1-26(a)와 같은 구조이며 기호는 그림 (b)와 같다. 역방향 동작에서 다이오드는 매우 작은 누설 전류만 흐르며 이 누설 전류는 온도에 따라 증가하는 특성이 있다. 이 때 온도인 열 에너지 대신에 빛 에너지를 가해도 누설 전류가 증가하는 효과를 얻을 수 있으며 이 점이 광다이오드의 기본 원리이다.

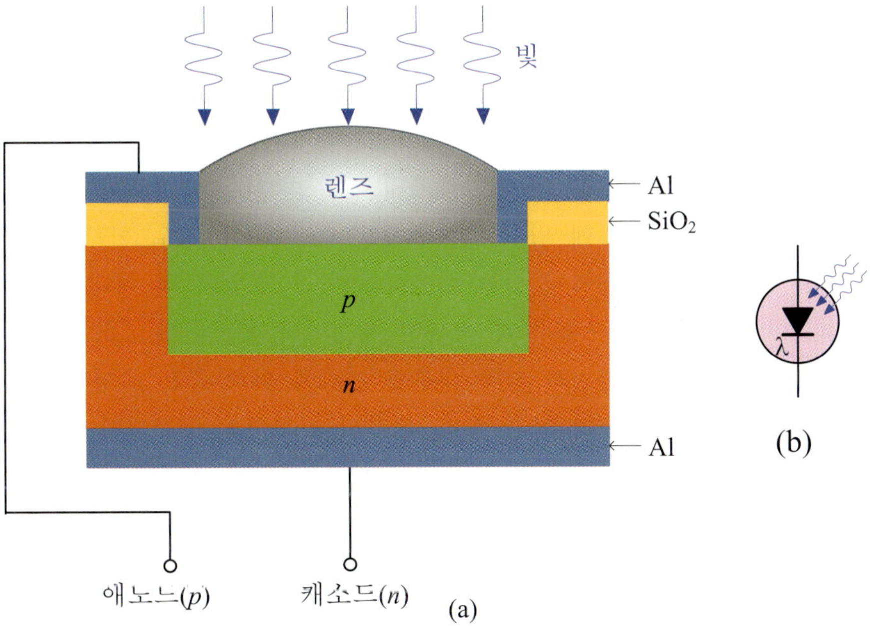

그림 1-26 광다이오드의 (a) 구조; (b) 기호.

광다이오드의 기본 동작은 그림 1-27(a)와 같으며 역방향으로 바이어스된 다이오드에 빛을 쬐면 그림 (b)와 같이 빛의 세기에 비례하여 누설 전류가 증가한다.

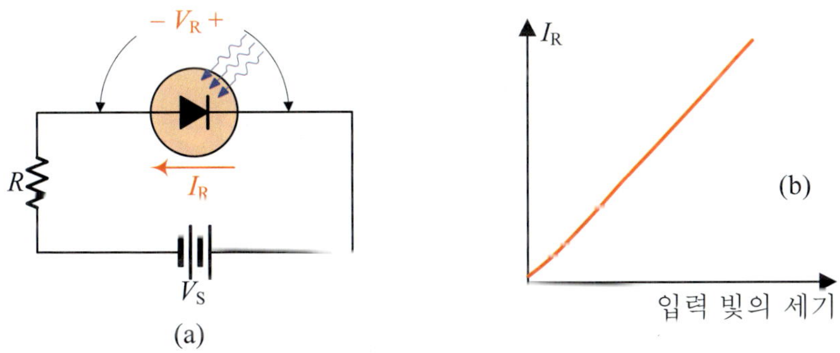

그림 1-27 광다이오드의 (a) 역방향 동작; (b) 입사 빛과 누설 전류의 관계.

태양 전지 전기 에너지를 빛 에너지로 변환시켜 주는 LED 기능과 반대로 태양 전지는 빛 에너지를 전기 에너지로 변환시켜 주는 소자이며, 이는 외부 전원 없이 전류를 만들 수 있으므로 무공해 전원으로 각광을 받고 있다. 특히 무진장한 빛 에너지로부터 전기 에너지를 얻을 수 있으므로 대단한 가치가 있으며 개발의 소지가 많다. 더욱이 인공 위성과 같이 전원 교체나 재충전이 어려운 환경에서는 태양 전지의 가치성은 매우 높다.

그림 1-28은 태양 전지의 기본 구조와 동작 원리를 보여주며 기본 구조는 *pn* 접합 다이오드와 같다. 다이오드에는 외부 바이어스 전압이 없으므로 빛이 가해지지 않으면 전류가 흐르지 않는다. 그러나 빛이 *pn* 접합부에 입사되면 접합부 양단에 전압(V_{PH})이 발생한다. 그 이유는 공간전하 영역에 있는 이온들의 공유 결합이 빛 에너지에 의해 파괴됨으로써 새로운 홀-전자 쌍들이 생성되기 때문이다. 그리고 생성된 전자와 홀들은 공간전하 영역 내부의 전장에 의해 홀은 *p* 영역으로, 전자는 *n* 영역으로 이끌려 가게 된다. 따라서 *n* 영역의 공간전하 영역에는 음의 캐리어인 전자가 축적되고, *p* 영역의 공간전하 영역에는 양의 캐리어인 홀이 축적되어 *pn* 접합부는 하나의 축전지와 같은 역할을 하게 되는 것이다. 그리고 빛이 쪼이고 있는 한 축전지 기능은 유지되므로 다이오드 양단에 부하를 연결하면 전류(I_{PH})가 지속적으로 흐르는 것이다. 태양 전지의 효율은 약 10%에서 15% 정도이며 효율을 높이기 위해 그림 1-28과 같이 렌즈를 통해 빛 에너지를 *pn* 접합부에 집중시킨다.

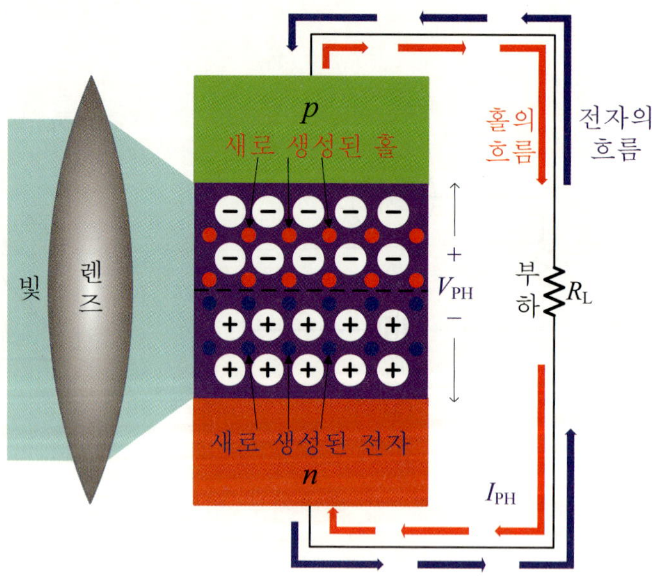

그림 1-28
태양 전지의 구조와 동작 원리.

1-4 정류 회로

반파 정류기

거의 모든 전자 장비들은 직류 전원을 전력 공급원으로 사용하며, 큰 전력을 필요로 하지 않는 휴대용 장비들은 전력 공급원으로 배터리가 유용하다. 그러나 배터리는 수명 등 여러 면에서 한계가 있을 뿐 아니라 비교적 큰 전력을 내기에는 역부족인 경우가 대부분이다. 따라서 회로의 전력 공급을 위해 교류 전원으로부터 직류 전원을 얻는 방법이 널리 사용되고 있으며 이를 정류기(整流器)라 한다. 정류기의 기본 원리는 다이오드의 스위칭 기능을 이용하여 양방성 교류를 일방성 맥류로 바꾸는데 있다.

평균, 즉 직류 성분이 0인 교류로부터 0이 아닌 평균을 갖는 맥류를 얻는 반파 정류기의 기본 회로는 그림 1-29(a)와 같다. 교류 전원의 전압 v_s는 변압기의 권선비 N_1:N_2에 의해 필요한 진폭의 교류 v_i로 승압 또는 강압된다. 다이오드 입력 전압을 $v_i=V_p\sin\omega t$ 및 $V_p>>V_\gamma$로 가정하고 다이오드는 이상적인 것으로 가정한다. 교류의 양의 반주기 동안에는 다이오드에 순방향 바이어스가 가해지므로 $v_o=v_i$이다. 그러나 음의 반주기 동안에는 다이오드 바이어스가 역방향이 되어 부하 R_L에는 전류가 흐르지 않으며 $v_o=0$이다. 따라서 출력 전압 v_o의 파형은 그림 1-29(b)와 같이 양의 반파만 나타나므로 반파 정류기(half-wave rectifier)라 한다. 출력 맥류의 평균인 직류 성분 V_{DC}는 다음과 같다.

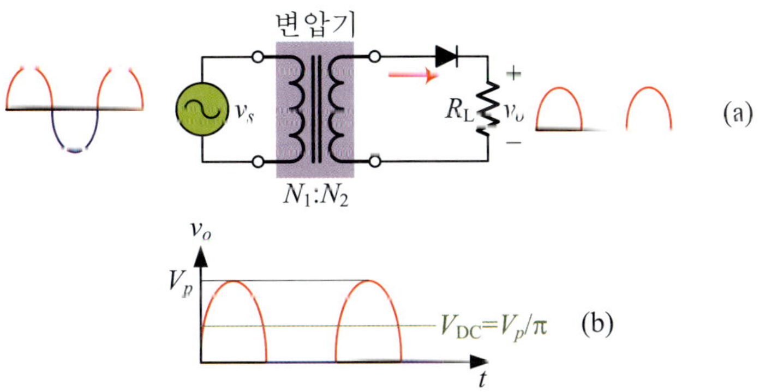

그림 1-29 반파 정류기의 (a) 기본 회로; (b) 출력 파형.

$$V_{\text{DC}} = \frac{1}{2\pi}\int_0^{2\pi} v_o(t)d(\omega t) = \frac{1}{2\pi}\int_0^{\pi} V_p \sin\omega t d(\omega t) = \frac{V_p}{\pi} \tag{1-4-1}$$

시간에 따라 변하는 파형의 자승 평균을 나타내는 또 다른 방법으로 실효치가 있다. 실효치는 파형의 자승 평균 제곱근(rms; root mean square)으로서 다음과 같이 정의된다.

$$V_{\text{rms}} \equiv \sqrt{\frac{1}{2\pi}\int_0^{2\pi} v^2(t)d(\omega t)} \tag{1-4-2}$$

따라서 그림 1-29(b)의 v_o에 대한 V_{rms}는

$$V_{\text{rms}} = \sqrt{\frac{1}{2\pi}\int_0^{\pi} V_p^2 \sin^2\omega t d(\omega t)} = \frac{V_p}{2} \tag{1-4-3}$$

전파 정류기

반파 정류기는 교류의 반파만 이용하므로 비효율적이다. 이에 비해 그림 1-30(a)는 교류의 전체 파형을 이용하는 전파 정류기 모습이다. 변압기 이차 권선의 중간 탭(center tap) 단자 CT가 접지이므로 다이오드 D_1과 D_2의 애노드 전압 파형은 서로 역상이다. 따라서 입력 교류의 양의 반주기 동안은 다이오드 D_1이 도통되고 D_2는 차단되며, 음의 반주기에 대해서는 D_1이 차단되고 D_2가 도통된다. 따라서 전류는 그림에서 표시한 화살표 방향으로 흐르게 되며 부하 전압은 그림과 같다. 즉 입력의 양의 반파는 그대로 출력에 나타나고 음의 반파는 위상이 반전되어 양의 반파로 출력에 나타나므로 전체 출력 파형은 그림 1-30(b)와 같다. 따라서 출력 전압의

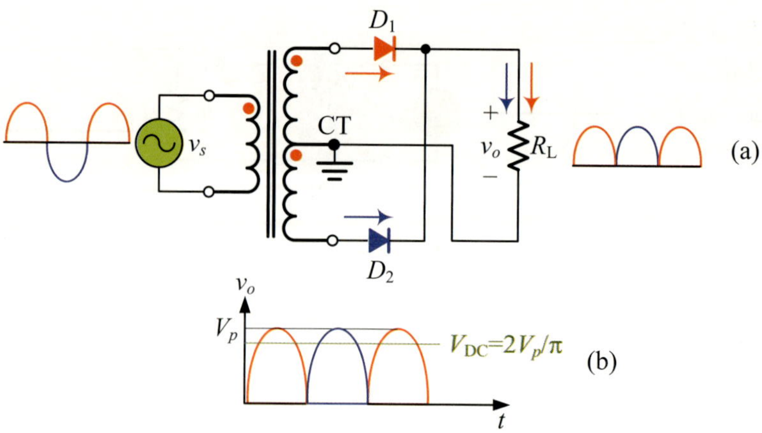

그림 1-30
전파 정류기의
(a) 기본 회로;
(b) 출력 파형.

평균과 rms 값은 반파 정류기 경우를 참조하면 다음과 같음을 쉽게 알 수 있다.

$$V_{DC} = \frac{2V_p}{\pi}, \quad V_{rms} = \frac{V_p}{\sqrt{2}} \tag{1-4-4}$$

브리지 정류기 전파 정류기에는 여러 가지 형태가 있을 수 있지만 가장 대표적인 것이 그림 1-31(a)의 브리지 정류기이다. 양의 반주기 동안에는 D_1과 D_2가 도통되고 D_3와 D_4는 차단되어 Ⓐ→D_1→R_L→D_2→Ⓑ 순서로 전류가 흐른다(붉은 화살표). 즉 출력 전압은 입력을 그대로 추종한다. 음의 반주기 동안에는 D_1과 D_2가 차단되고 D_3와 D_4가 도통되므로 Ⓑ→D_4→R_L→D_3→Ⓐ 순서로 전류가 흐른다(푸른 화살표). 즉 출력은 입력의 역상이다. 이상으로 브리지 정류기는 전파 정류기이다.

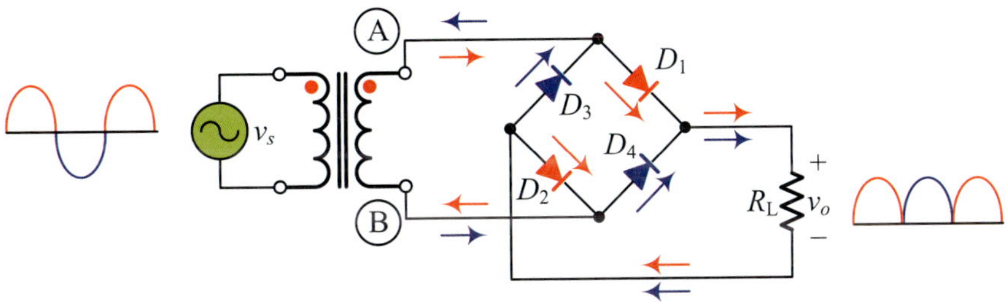

그림 1-31
브리지 정류기.

평활 회로 반파 정류기와 전파 정류기의 맥류에는 직류 외에 고조파 교류 성분들이 포함되어 있으므로 완전한 직류 전원으로는 미흡하다. 그림 1-29의 반파 정류기의 경우 맥류에 포함된 고조파 성분들을 제거 내지는 완화시키기 위해 그림 1-32(a)와 같이 충분한 용량의 커패시터 C를 부하 저항과 병렬로 결합하여 사용한다. 커패시터 C는 전원으로부터 부하로 전류가 공급되는 동안에는 에너지를 비축하였다가 공급 전류가 차단되는 동안에는 저장된 에너지를 부하로 공급함으로써 부하 전압을 평활시키는 작용을 하므로 평활 회로라 한다. 그림 (a)에서 다이오드는 애노드 전압 v_i와 캐소드 전압 v_o의 상대적인 크기에 의해 개방과 단락이 결정된다. 그림 (b)는 $v_i > v_o$인 경우이며 다이오드가 단락되어 커패시터 전압 v_o는 입력 v_i에

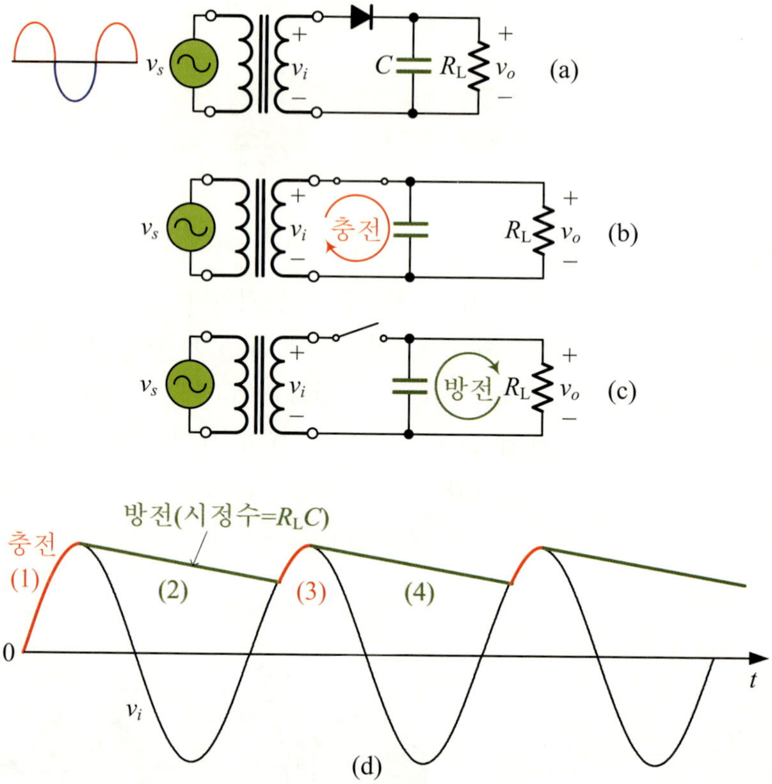

그림 1-32
평활 회로가 있는 반파 정류기:
(a) 구성;
(b) 충전 모드;
(c) 방전 모드;
(d) 출력 파형.

따라 충전된다. 즉 출력은 입력을 그대로 추종한다. 그리고 $v_i<v_o$인 경우는 그림 1-32(c)처럼 다이오드가 개방되므로 커패시터 전압인 출력 v_o는 입력 v_i와 상관없이 부하 R_L을 통해 방전된다. 이상의 동작을 종합하면 입력과 출력 파형의 관계는 그림 1-32(d)와 같다.

그림 1-32(d)에서 (1)은 커패시터 전압이 입력의 최대치까지 충전되는 과정이다($v_o=v_i$). 그러나 최대치 이후부터는 입력은 하강하지만 출력은 커패시터의 작용으로 거의 변함이 없다. 따라서 $v_i<v_o$가 되므로 다이오드는 차단되고 커패시터 전압 v_o는 (2)처럼 시정수 R_LC로 서서히 방전하기 시작한다. 커패시터 전압이 방전하는 동안 입력은 다시 음의 반주기를 지나 상승하다가 방전하는 전압과 같아지는 순간 이후로는 다이오드가 다시 도통하여 단락이 된다. 따라서 (3)처럼 충전 동작이 다시 시작된다. 이와 같은 과정을 반복하여 결과적으로 그림 1-32(d)와 같이 평활된 파형을 얻을 수 있다.

그림 1-33은 평활 회로의 시정수 R_LC가 출력 전압의 파형에 미치는 영향을 비교하여 보여준다. 시정수가 상대적으로 큰 그림 (a)의 경우는 방전 속도가 느리므로 출력 전압의 파형이 보다 직류에 가깝다. 그러나 그림 (b)와 같이 시정수가 작은 경우는 방전 속도가 빠르므로 잔물결 모양의 파형이 심하게 나타나며 이를 리플(ripple)이라 한다. 물론 리플이 작을수록 정류가 잘 이루어진 것이다. 브리지 정류기에 평활 회로를 사용한 것이 그림 1-34이다. 그림 1-35는 평활 회로가 있는 반파 정류기와 전파 정류기의 출력 파형을 비교한 것으로 동일한 시정수에 대해 전파 정류기의 리플이 더 작다는 것을 알 수 있다.

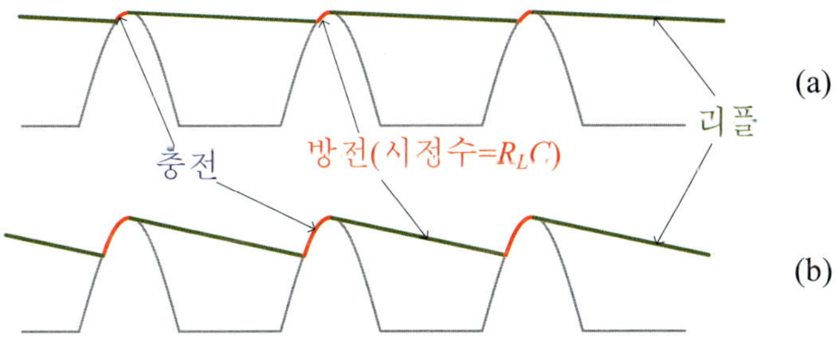

그림 1-33
평활 회로의 시정수가 (a) 큰 경우; (b) 작은 경우

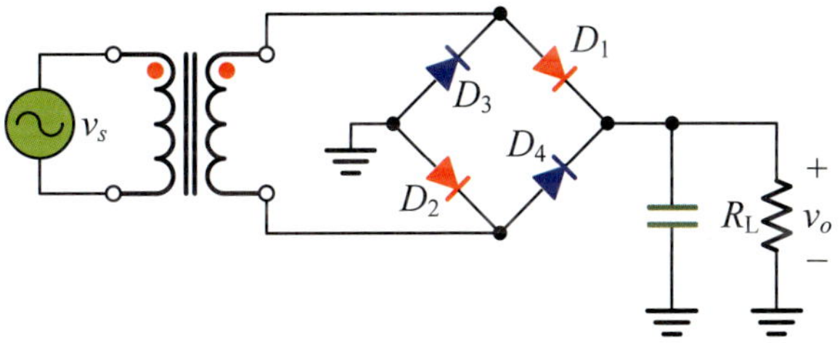

그림 1-34
평활 회로가 있는 브리지 정류기.

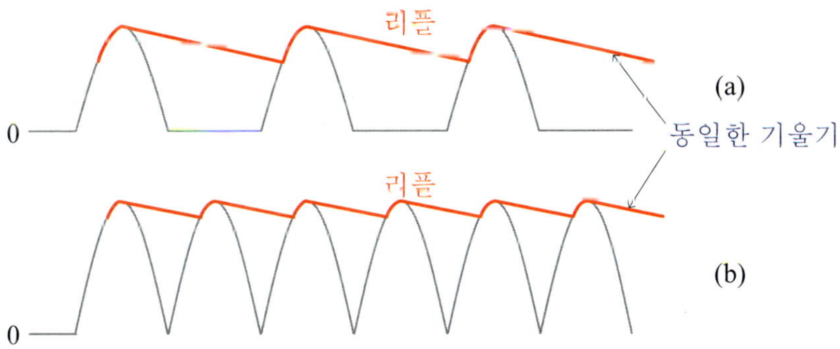

그림 1-35
정류기의 리플: (a) 반파 정류기; (b) 전파 정류기.

리플 계수 평활 회로에 의한 정류 효과를 나타내는 것을 리플 계수라 하며 그림 1-36에서 다음과 같이 정의된다.

$$r \equiv \frac{V_{r(\text{rms})}}{V_{\text{DC}}} \tag{1-4-5}$$

단 $V_{r(\text{rms})}$는 리플의 첨두치(peak-to-peak) v_r의 rms 값이며 V_{DC}는 직류 성분이다. 리플 계수가 작을수록 잘된 정류이며 리플 계수를 줄이기 위해서는 커패시터 용량이나 부하 저항 값을 크게 하여 시정수를 늘려야 한다. 평활 회로의 용량이 충분히 커 정류가 잘 이루어지는 전파 정류기의 경우 V_{DC}와 $V_{r(\text{rms})}$ 및 리플 계수 r은 다음과 같이 근사적으로 주어진다(부록 A 참조).

$$\begin{cases} V_{\text{DC}} \cong \left(\dfrac{4fR_LC}{4fR_LC+1}\right)V_p \\ V_{\text{rms}} \cong \dfrac{V_{\text{DC}}}{4\sqrt{3}fR_LC} \\ r \cong \dfrac{1}{4\sqrt{3}fR_LC} \end{cases} \tag{1-4-6}$$

단 위의 식에서 V_p는 교류 입력의 최대값이며 f는 교류의 주파수이다.

그림 1-36
전파 정류기의 직류와 리플.

1-5 다이오드의 기타 응용 회로

클리퍼 (clipper)

교류 파형에서 어느 경계 값을 기준으로 그 이상 또는 이하의 파형만 절단하고 나머지 부분만 통과시키는 회로를 **클리퍼**라 한다. 클리퍼는 다이오드의 일방성을 이용하여 구현한다. 그림 1-37(a), (b)는 클리퍼의 기본 구조를 보여주며 그림 (a)의 경우를 **직렬형**, 그림 (b)의 경우를 **병렬형 클리퍼**라 한다. 그림 (a)의 직렬형 클리퍼에서 입력 전압이 $v_i<V_R$일 경우 다이오드는 차단되므로 출력 전압은 $v_o=V_R$로 고정된다. 그리고 입력이 $v_i>V_R$일 경우는 다이오드가 도통되므로 출력은 $v_o=v_i$로 입력을 추종한다. 따라서 직렬형 클리퍼는 전달 특성은 그림 (c)와 같다. 다음으로 그림 (b)의 병렬형 클리퍼에서는 애노드 전압이 V_R로 고정된다. 따라서 $v_i<V_R$이면 캐소드는 애노드에 비해 전압이 높으므로 다이오드는 도통되고 출력은 $v_o=V_R$로 고정된다. 그리고 $v_i>V_R$일 경우는 캐소드 전압이 애노드에 비해 높기 때문에 다이오드가 차단되어 출력은 개방된다. 따라서 $v_o=v_i$로 입력을 추종하게 된다. 이상으로 그림 (b)의 전달 특성도 그림 (c)와 동일하다. 그림 (d)는 삼각파 입력에 대한 클리퍼의 출력 파형을 예로 들어 보여 주고 있다.

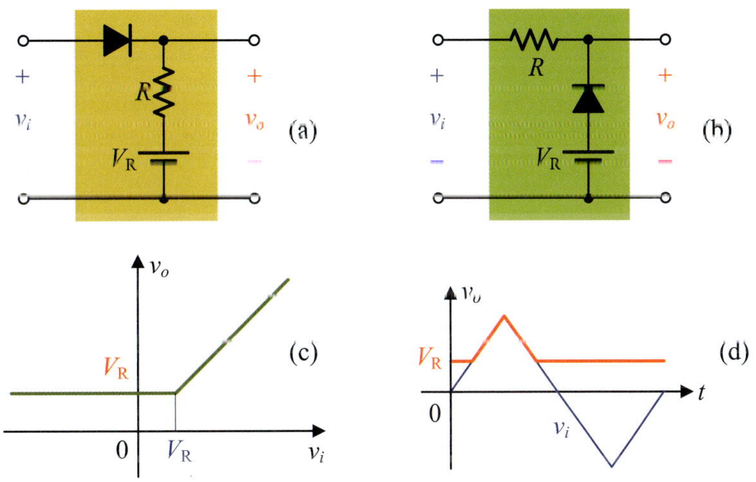

그림 1-37 클리퍼: (a) 직렬형; (b) 병렬형; (c) 전달 특성; (d) 파형 관계.

그림 1-37(a)와 (b)에서 기준 전압 V_R의 극성을 반대로 하거나 또는 다이오드 방향을 반대로 함으로써 그림 1-38, 1-39 및 1-40과 같은 여러 종류의 클리퍼를 구현할 수 있다. 먼저 그림 1-38(a), (b)의 클리퍼는 그림 1-37의 전달 특성에서 V_R 대신에 $-V_R$을 대입하면 되므로 전달 특성은 그림 1-38(c)와 같고 파형은 그림 (d)와 같다. 그림 1-39(a), (b)의 클리퍼는 그림 1-37에서 다이오드 방향을 반대로 한 것이므로 절단되는 부분과 남는 부분이 서로 바뀌게 된다. 따라서 전달 특성은 그림 1-39(c)와 같고 파형은

그림 1-38

그림 1-37의 클리퍼와 V_R의 극성이 반대인 경우.

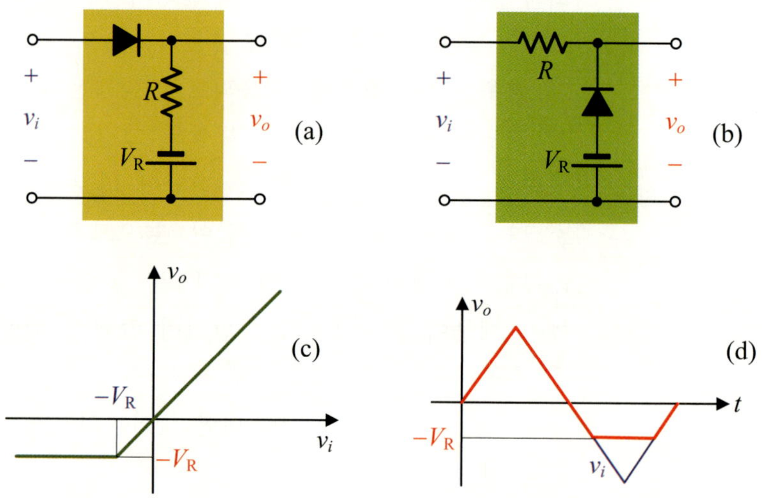

그림 1-39

그림 1-37의 클리퍼와 다이오드 방향이 반대인 경우.

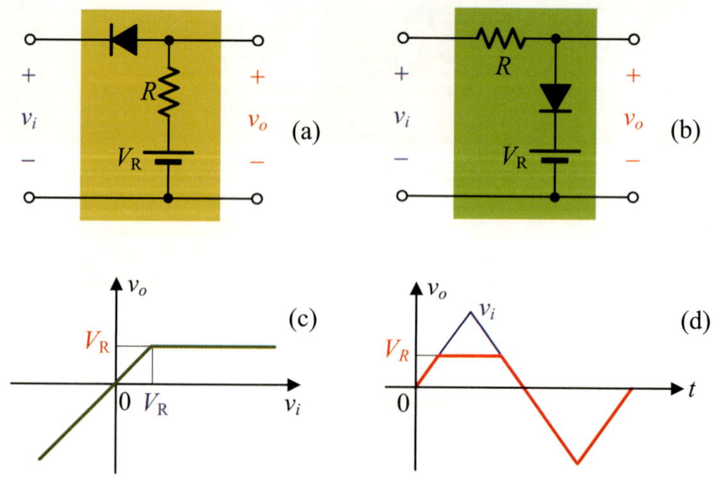

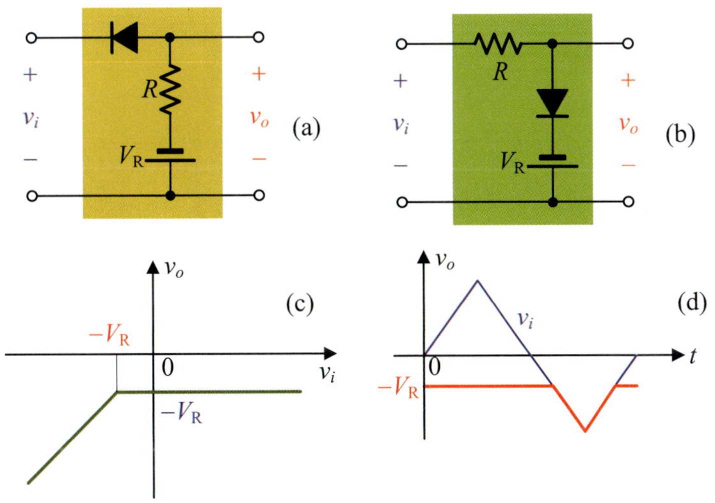

그림 1-40
그림 1-39의 클리퍼와 V_R의 극성이 반대인 경우.

그림 (d)와 같다. 그리고 그림 1-40(a), (b)의 클리퍼는 그림 1-39의 클리퍼에서 V_R의 극성을 반대로 한 것이므로 그림 1-39(c)의 전달 특성에서 V_R 대신에 $-V_R$을 대입하면 전달 특성은 그림 1-40(c)와 같고 파형은 그림 (d)와 같다.

이상의 클리퍼들은 정해진 기준 이상 또는 이하의 입력만 절단한다. 이에 비해 상한선과 하한선 두 기준을 정하여 상한선 이하와 하한선 이상, 또는 상한선 이상과 하한선 이하의 전압만 절단하는 방식을 센터 클리퍼(center clipper)라 한다. 그림 1-41(a)는 직렬형 센터 클리퍼이다. 회로에서 다이오드 D_1의 애노드 전압은 v_i-V_{R1}이며 캐소드는 저항 R을 통해 접지되어 있다. 따라서 D_1은 $v_i>V_{R1}$인 경우에만 도통된다. 이와 반대로 D_2의 경우는 애노드가 저항 R을 통해 접지되어 있으며 캐소드 전압은 v_i+V_{R2}이므로 D_2는 $v_i<-V_{R2}$인 경우에만 도통된다. 따라서 나머지의 $-V_{R2}<v_i<V_{R1}$의 범위에서는 D_1과 D_2 모두 차단된다. 이상으로 그림 1-41(a) 클리퍼의 동작 및 출력은 다음과 같다:

$v_i<-V_{R2}$ (D_1 차단, D_2 도통); $v_o=v_i+V_{R2}$

$v_i>V_{R1}$ (D_1 도통, D_2 차단); $v_o=v_i-V_{R1}$

$-V_{R2}<v_i<V_{R1}$ (D_1과 D_2 모두 차단); $v_o=0$

위의 결과로부터 그림 1-41(a) 클리퍼의 전달 특성은 그림 (b)와 같으며 그림 (c)는 파형의 예를 보여준다.

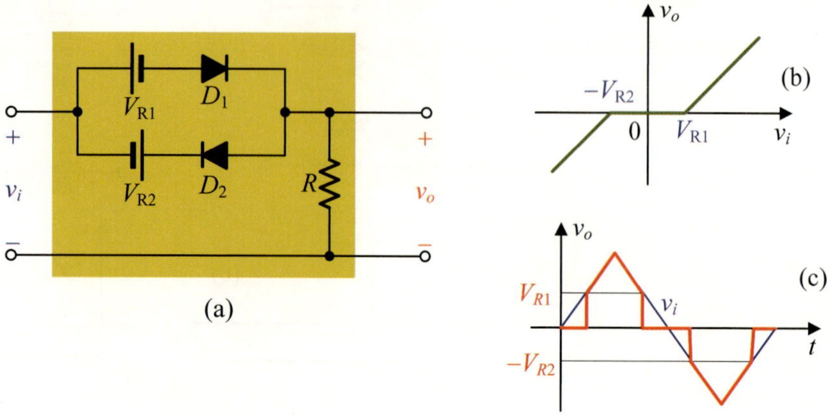

그림 1-41
직렬형 센터 클리퍼:
(a) 회로 구성;
(b) 전달 특성;
(c) 파형 관계.

그림 1-41의 직렬 클리퍼는 상한선과 하한선 사이의 파형을 절단하는데 비해 그림 1-42의 병렬 클리퍼는 상한선과 하한선이 정하는 구역 외의 파형을 절단한다. 그림 1-42(a)의 동작 영역과 출력의 관계는 다음과 같음을 알 수 있다:

$v_i > +V_{R1}$ (D_1 도통, D_2 차단); $v_o = V_{R1}$

$v_i > -V_{R2}$ (D_1 차단, D_2 도통); $v_o = -V_{R2}$

$-V_{R2} < v_i < V_{R1}$ (D_1과 D_2 모두 차단); $v_o = v_i$

이상으로 전달 특성은 그림 1-42(b)와 같으며 파형에 대한 예는 그림 (c)와 같다.

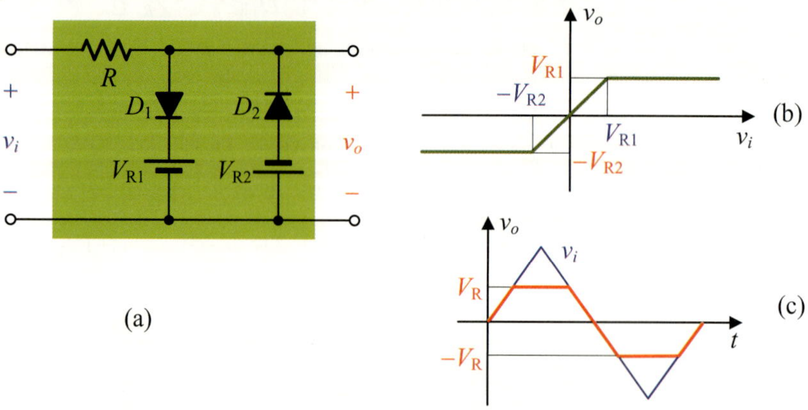

그림 1-42
병렬형 센터 클리퍼:
(a) 회로 구성;
(b) 전달 특성;
(c) 파형 관계.

클램퍼 (clamper)

클램퍼는 파형의 전체적인 형태는 그대로 유지시키면서 파형의 최대 또는 최소 값을 일정한 수준으로 묶는 역할을 한다. 그림 1-43의 경우는 입력 파형의 최대치를 0 V로 묶어주며 이해를 돕기 위해 입력 파형은 그림과 같이 구형 펄스열로 한다. 그림 1-43에서 입력이 v_i=$+V_{P1}$인 경우 캐소드보다 애노드 전압이 높아지므로 다이오드는 도통되며 그림 1-44(a)와 등가이다. 따라서 커페시터 C는 순간적으로 v_C=$+V_{p1}$으로 충전되며(다이오드는 이상적인 스위치로 가정) 출력은 단락되어 v_o=0이다. 다음으로 입력이 v_i=$-V_{p2}$가 되면 다이오드 양단 전압은 v_i-v_C=$-V_{p2}-V_{p1}$로 음이 되어 다이오드가 차단되므로 그림 1-44(b)와 등가이다. 따라서 그림 (b)에서 C의 전압 v_C는 초기 전압 $+V_{p1}$으로부터 최종치인 $-V_{p2}$를 향해 시정수 RC로 방전된다. 그러나 R을 충분히 크게 하면 음의 반주기 동안의 방전량은 거의 무시할 수 있으므로 $v_C \cong V_{p1}$로 거의 일정하게 유지된다. 따라서 R이 매우 클 때 그림 1-44(b)의 등가회로에 KVL을 적용하면

그림 1-43
클램퍼 회로.

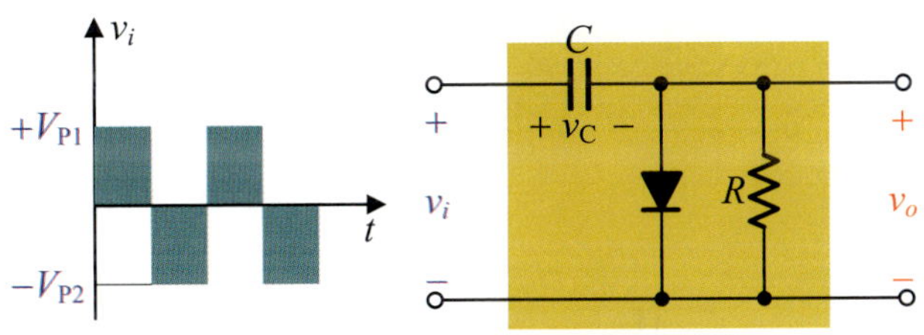

그림 1-44
그림 1-43 회로의
(a) 양의 반주기 등가회로;
(b) 음의 반주기 등가회로;
(c) 입력과 출력 파형.

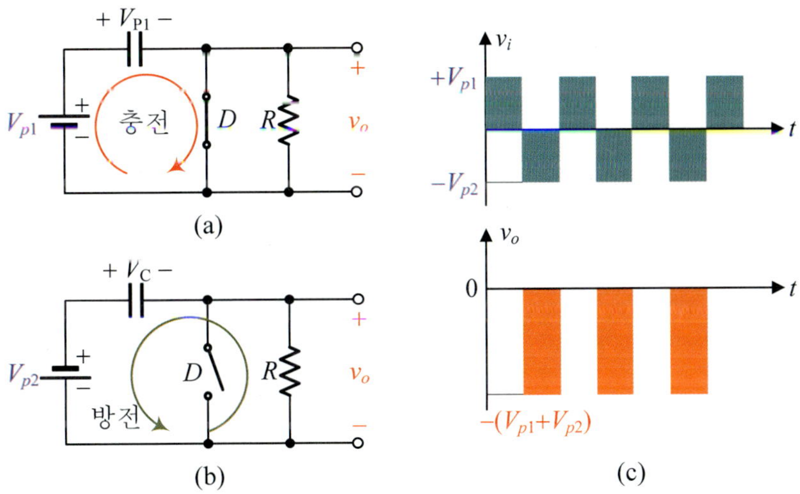

$$v_o \cong v_i - V_{p1} = -(V_{p1} + V_{p2}) \qquad \textbf{(1-5-1)}$$

와 같다. 이상으로 출력은 그림 1-44(c)와 같이 입력의 최대치를 0 V로 묶은 형태가 된다.

그림 1-43의 클램퍼를 응용하면 다음의 그림 1-45와 같은 여러 가지 클램퍼를 구현할 수 있다. 그림 1-45(a)의 경우는 그림 1-43과 다이오드의 방향이 다르므로 최대치 대신 최소치가 0으로 묶임을 유추할 수 있다. 그리고 그림 1-45(b)는 그림 1-43에서 다이오드에 바이어스 전압 V_R을 가한 형태로서 최대치가 0이 아닌 $+V_R$로 묶이게 된다. 끝으로 그림 1-45(c)는 그림 1-45(a)의 다이오드에 바이어스 전압 V_R을 가한 것이므로 최소치가 0이 아닌 $+V_R$로 묶이게 된다.

그림 1-45
기타 클램퍼:
(a) 최소치를 0으로
(b) 최대치를 V_R로
(c) 최소치를 V_R로
묶는 클램퍼.

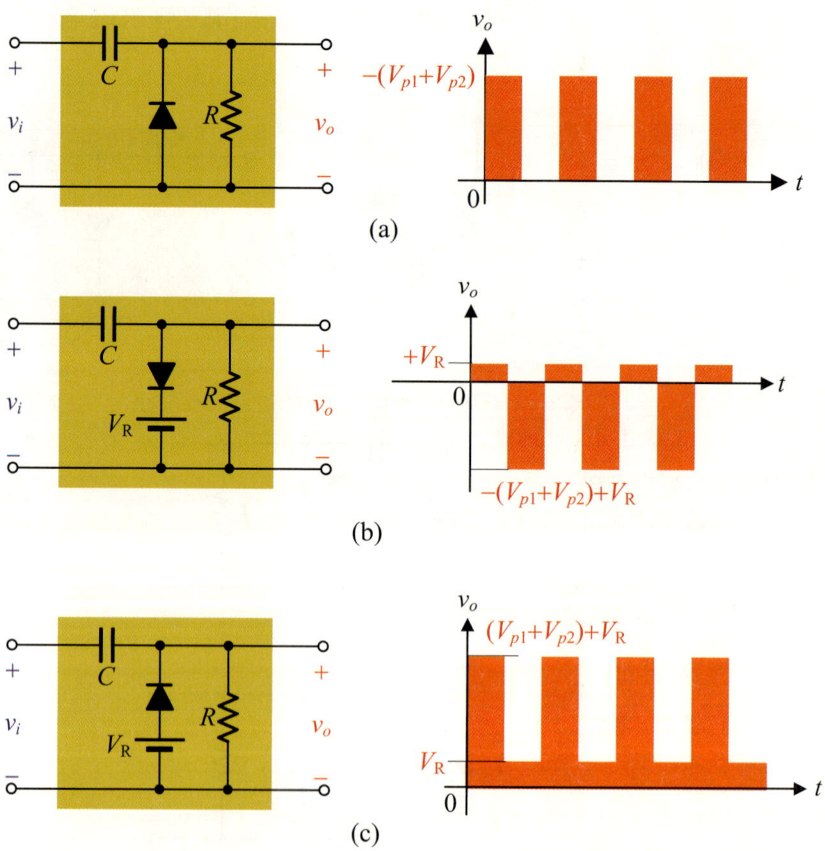

배전압기

클램퍼 회로는 입력 파형의 최대치 또는 최소치를 검출할 수 있는 능력이 있으며 이를 피크 검출기(peak detector)라 한다. 피크 검출기를 응용한 회로 중 하나가 그림 1-46(a)의 반파 배전압기(half-wave voltage doubler)이며 이는 입력 교류로부터 진폭의 두 배에 해당하는 직류를 만든다. 그림 1-46(a)의 회로에서 입력의 양의 반주기 동안에는 다이오드 D_1은 순방향으로 바이어스되고 D_2는 역방향으로 바이어스되므로 등가회로는 그림 1-46(b)와 같다. 따라서 커패시터 C_1은 닫힌 스위치 D_1을 통해 순간적으로 피크 전압 V_p로 충전된다. 다음으로 음의 반주기 동안에는 그림 1-46(c)의 등가회로에서와 같이 D_1이 차단되고 D_2가 도통되며 회로상 C_1은 방전할 수 없다. 따라서 그림 (c)에서 C_2는 닫힌 스위치 D_2를 통해 급속히 충전되며 그 전압은 다음과 같이 유지된다(전압 극성 관계에 유의).

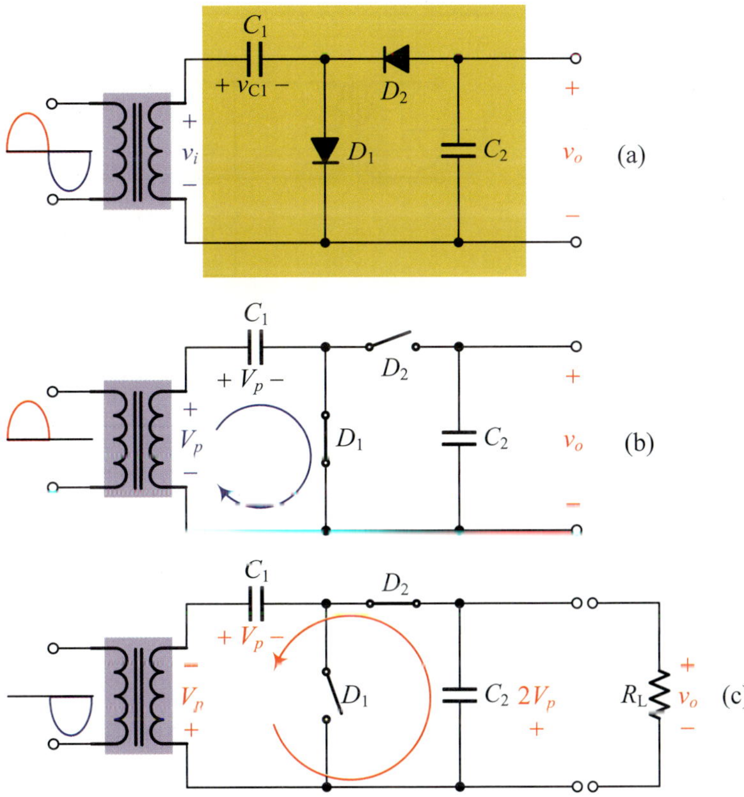

그림 1-46
(a) 반파 배전압기; (b) 양의 반주기 등가 회로; (c) 음의 반주기 등가 회로.

$$v_o = -V_p - V_p = -2V_p \qquad \textbf{(1-5-2)}$$

부하가 없을 때는 C_2 양단 전압은 $2V_p$로 유지된다. 그러나 그림 1-46(c)에 표시된 바와 같이 부하가 결합될 때는 C_2의 전압은 다음 양의 반주기 동안 부하를 통해 서서히 방전되다가 다음 음의 반주기 동안 다시 $2V_p$로 충전된다. 따라서 출력 전압에는 리플이 포함되며 이를 줄이기 위해 시정수 $R_L C_2$을 교류 주기의 5배 이상이 되도록 설정하고 있다.

그림 1-47(a)는 전파 배전압기이다. 양의 반주기 동안에는 그림 1-47(b)의 등가회로와 같이 D_1만 도통되므로 C_1은 전압 V_p로 충전된다. 그리고 음의 반주기 동안에는 그림 1-47(c)의 등가회로와 같이 D_2만 도통되므로 C_2도 전압 V_p로 충전된다. 따라서 출력 전압은 두 커패시터 전압의 직렬 결합인 $2V_p$로 유지된다.

그림 1-47
(a) 전파 배전압기;
(b) 양의 반주기 등가 회로;
(c) 음의 반주기 등가 회로.

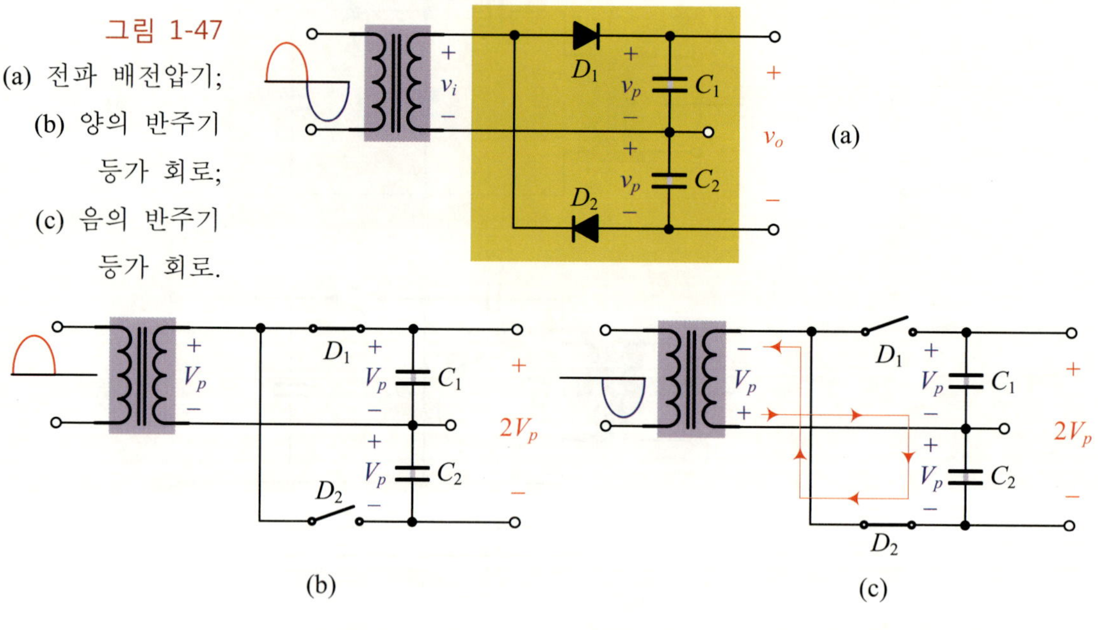

그림 1-46의 반파 배전압기에 여분의 다이오드-커패시터 쌍을 덧붙이면 그림 1-48과 같이 4배 전압까지 얻을 수 있는 회로를 구성할 수 있다. 첫 번째 양의 반주기 동안에는 D_1만 도통되어 C_1은 D_1을 통해 전압 V_p로 충전된다. 첫 번째 음의 반주기 동안에는 D_2만 도통되어 C_2는 D_2를 통해

그림 1-48
4배 전압까지 얻을 수 있는 회로.

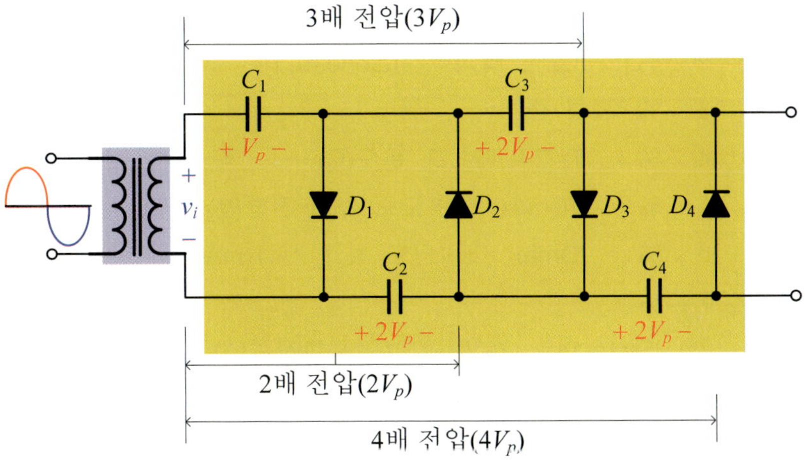

$2V_p$로 충전된다. 다음으로 두 번째 양의 반주기 동안에는 D_3만 도통되어 C_3는 D_3를 통해 전압 $2V_p$로 충전된다. 두 번째 음의 반주기 동안에는 D_4만 도통되어 C_4는 D_4를 통해 전압 $2V_p$로 충전된다. 그리고 세 번째 사이클 이후로부터는 모든 다이오드가 차단되므로 커패시터들에 충전된 전압은 그대로 유지되게 되는 것이다.

1-6 매트랩

다이오드 특성곡선

다음의 함수 diode.m은 온도 T에 따른 다이오드 특성곡선을 보여준다. 입력 변수는 온도 T, 다이오드 최대 전압 VDmax, 다이오드 최대 전류 VDmax이며 온도 T는 벡터로 하여 한꺼번에 여러 가지 온도에 따른 특성을 볼 수 있다.

예제 M1-1

온도(T) −50°C, −25°C, 0°C, 25°C, 50°C에서의 특성곡선을, 다이오드 전압(VDmax)은 최대 1 V까지 다이오드 전류(IDmax)는 최대 30 mA까지 그려보자. 단 앞으로 모든 단위는 저항은 kΩ으로, 전압은 V로, 전류는 mA로 약속한다.

```
>> diode([-50, -25, 0, 25, 50], 1, 30)
```

```
function diode(T, VDmax, IDmax)
% [다이오드 특성곡선(diode.m) ]
% <입력 변수>
%      T=[T1, T2, ...]; 온도(C)
%      VDmax; 다이오드 최대 전압(V)
%      IDmax; 다이오드 최대 전류(mA)
%
IS=1e-14;     % 다이오드 포화전류(A)
VT=26e-3;  % 상온에서의 kT/q(V)
VD=0:VDmax/1000:VDmax;  % 전압 축
ID=IS*(exp(VD/VT) -1)*1e3;  % 상온(25도)에서의 다이오드 전류(mA)
%
% 특성곡선
clf
for i=1:length(T)
     DV=(T(i) -25)*2.5e-3;                % 상온과의 온도 차
     plot(VD-DV, ID, 'r')                 % 다이오드 특성곡선
     axis([0  VDmax  0  IDmax])  % 전압, 전류의 범위
     hold on
end
title('다이오드 특성곡선')
xlabel('VD (V)')
ylabel('ID (mA)')
```

실행 결과는 그림 M1-1과 같다. 물론 왼쪽에 있는 그래프일수록 온도가 높은 경우이다.

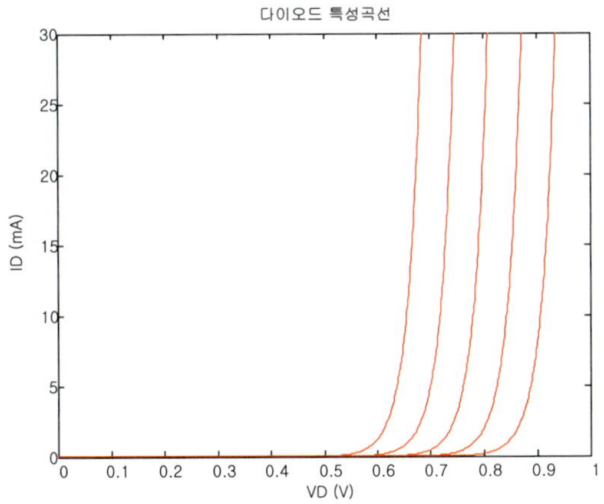

그림 M1-1 예제 M1-1의 실행 결과.

정류기

함수 rect.m은 주파수가 fo의 교류(진폭은 1로 고정)를 시정수 Tau로 정류하며, type는 반파 정류('h')와 전파 정류('f')를 구별한다.

예제 M1-2

주파수(fo)가 60 Hz이고 시정수(Tau)가 0.1초인 반파 정류('h') 파형과 전파 정류('f') 파형을 그려보자. 먼저 반파 정류는 다음처럼 실행한다.

```
>> rect(60, 0.1, 'h')
```

그 결과는 그림 M1-2(a)와 같다. 다음으로 전파 정류는

```
>> rect(60, 0.1, 'f')
```

로 실행하며 그 결과는 그림 M1-2(b)와 같다.

```
function    rect(fo, Tau, type)
% [정류기(rect.m) ]
% <입력 변수>
%       fo; 교류 주파수[Hz]
%       Tau; 정류기 시정수[sec]
%       type='h'; 반파 정류
%            ='f'; 전파 정류
```

```
% 시간 축
DT=1/(100*fo);   % 시간 간격
T=4/fo;          % 시간 길이(한 주기의 4배)
t=0:DT:T;        % 시간 벡터
D=exp(-DT/Tau);  % 시정수에 의한 방전률
% 정류기 입력
ac_sig=sin(2*pi*fo*t);                          % 반파 정류기
if type=='f'  ac_sig=abs(ac_sig);  end  % 전파 정류기
% 정류(포락선 검파)
rect_sig=zeros(1, length(ac_sig));
for n=2:length(ac_sig)
    env=rect_sig(n-1)*D;
    rect_sig(n)=(ac_sig(n)>=env)*ac_sig(n)+(ac_sig(n)<env)*env;
end
% 파형
clf
line([0, T], [0, 0])
hold on
plot(t, ac_sig, 'b')     % 입력 파형
plot(t, rect_sig, 'r')   % 정류된 파형
axis([0, T, -1.2, 1.2])
title('정류기'),  xlabel('시간(초)'),  ylabel('전압(V)')
```

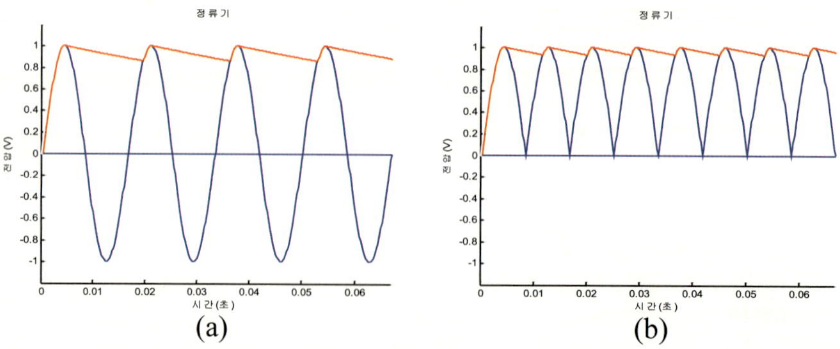

그림 M1-2
예제 M1-2의 그림:
(a) 반파 정류;
(b) 전파 정류.

연습 문제

1-1 공유결합 방식에 대해 설명하라.

1-2 p-형 반도체와 n-형 반도체의 차이를 설명하라.

1-3 도우너와 억셉터가 반도체의 전기적 특성에 미치는 영향을 설명하라.

1-4 pn 접합 다이오드에서 전위 장벽이 형성되는 원리와 그 작용을 설명하라.

1-5 다이오드의 바이어스 원리에 대해 설명하라.

1-6 pn 접합 다이오드에서 순전하의 축적이 이루어지는 곳은 공간전하 영역뿐임을 설명하라.

1-7 전위 장벽과 바이어스 및 전류 전도 사이의 관계에 대해 설명하라.

1-8 다이오드의 항복 현상에 대해 설명하라.

1-9 그림 P1-9의 각 회로에서 (a) 다이오드의 동작점을 구하고 상온에서의 동저항을 구하라. (b) 출력 v_o의 직류 및 교류 성분을 구하라.

그림 P1-9

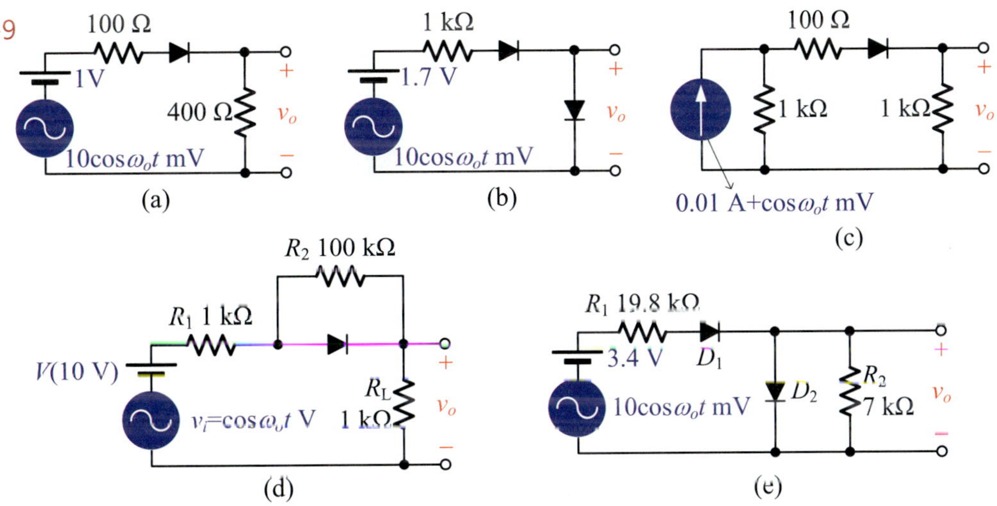

1-10 그림 P1-10에서 v_i=10+cos$\omega_o t$ V일 때 출력 v_o를 구하라.

1-11 그림 P1-11에서 $i_i=5\times10^{-3}+10^{-6}\cos\omega_o t$ A이며 $v_i=10^{-3}\sin\omega_o t$ V일 때 다이오드 전류 i_D를 구하라.

그림 P1-10

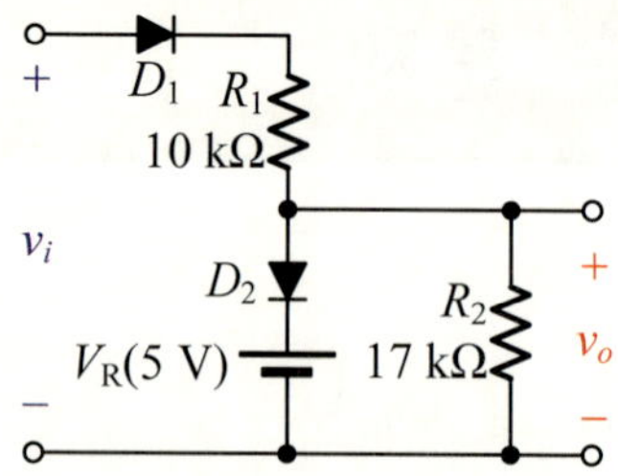

그림 P1-11

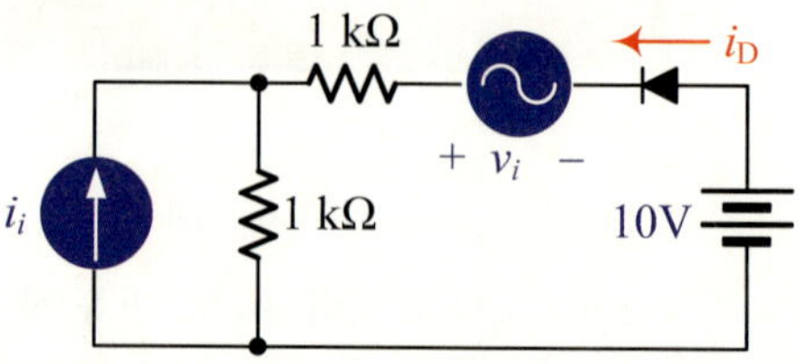

1-12 그림 P1-12에서 V=2 V, v_i=0.1sin$\omega_o t$ V이다.

(a) 다이오드 측에서 바라본 테브닌 등가회로를 구하라.

(b) 다이오드의 직류 전류와 동저항을 구하라.

(c) 출력 전압 v_o를 구하라.

1-13 그림 P1-13의 회로에서 커패시터 C의 용량을 무한대로 가정할 때

(a) 다이오드의 직류 전류와 동저항을 구하라.

(b) 출력 전압 v_o를 구하라 (힌트: C는 교류 성분에 대해 단락과 같다).

그림 P1-12

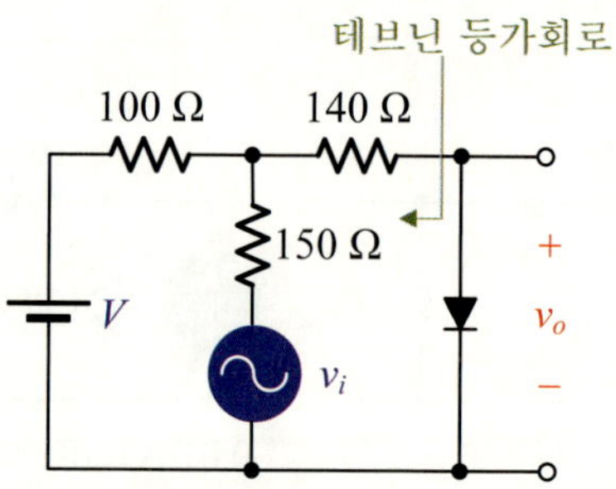

그림 P1-13

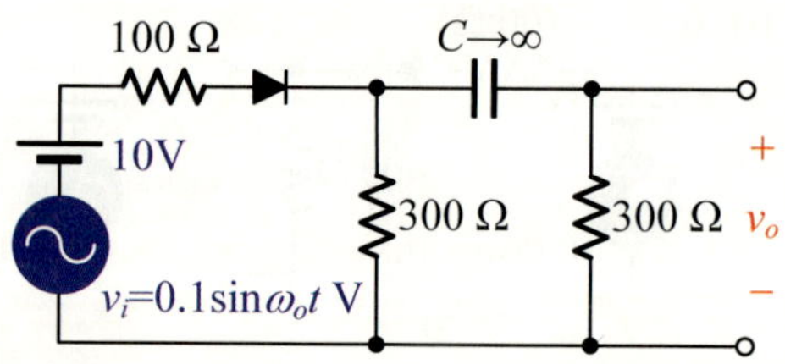

1-14 애발란시 항복과 제너 항복에 대해 설명하라.

1-15 제너 다이오드의 정전압원 기능에 대해 설명하라.

1-16 그림 P1-16 회로에서 제너 다이오드의 특성은 다음과 같다: V_Z=12 V, I_{ZK}=1 mA, I_{ZM}=50 mA. 제너 다이오드의 전압 조정 기능이 유지될 수 있기 위해서는 부하 전류 I_L의 최대값은 얼마이어야 하는가? 이를 위한 부하 R_L의 최소 값은 얼마인가?

1-17 그림 P1-17 회로에서 제너 다이오드의 특성은 다음과 같다: V_Z=20 V, I_{ZK}=1 mA, I_{ZM}=60 mA. 제너 다이오드가 제너 영역에서 동작할 수 있기 위한 V_{in}의 범위를 구하라.

그림 P1-16

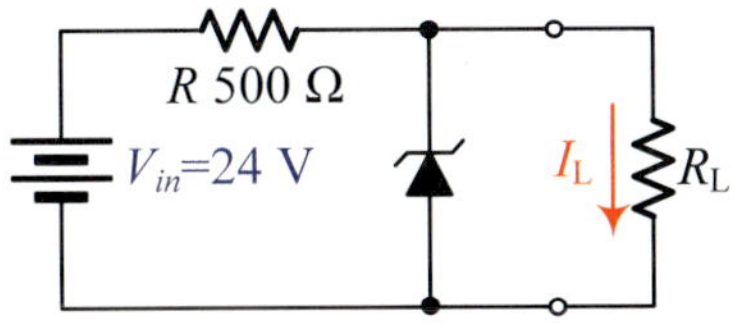

그림 P1-17

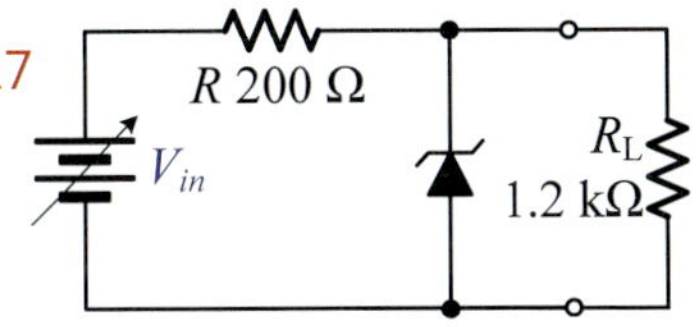

1-18 그림 P1-18에서 각 회로의 입력과 출력 관계가 그림과 같음을 보여라(힌트: 제너 다이오드는 제너 영역 밖에서는 일반 다이오드와 같다).

그림 P1-18

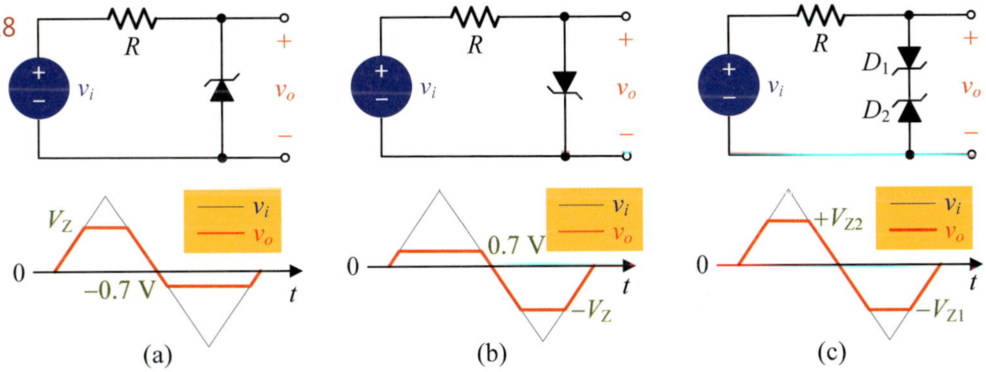

1-19 발광 다이오드와 광다이오드의 바이어스 차이에 대해 설명하라.

1-20 태양전지에서 *pn* 접합부가 축전지와 같은 기능이 있음을 설명하라.

1-21 그림 P1-21의 두 회로에 대한 출력 전압 v_o를 구하고 그 평균을 계산하라.

그림 P1-21

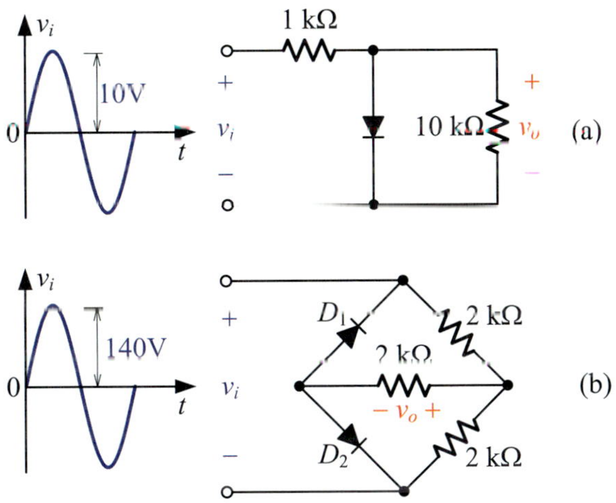

1-22 그림 1-34의 브리지 정류기에서 C=100 μF, R_L=6 kΩ이며 입력 교류의 주파수가 f=60 Hz일 때 리플 계수를 구하라.

1-23 그림 P1-23의 회로 (a), (b)에 대한 입력 파형이 그림 (c)와 같을 때 각각의 출력 파형을 구하라.

그림 P1-23

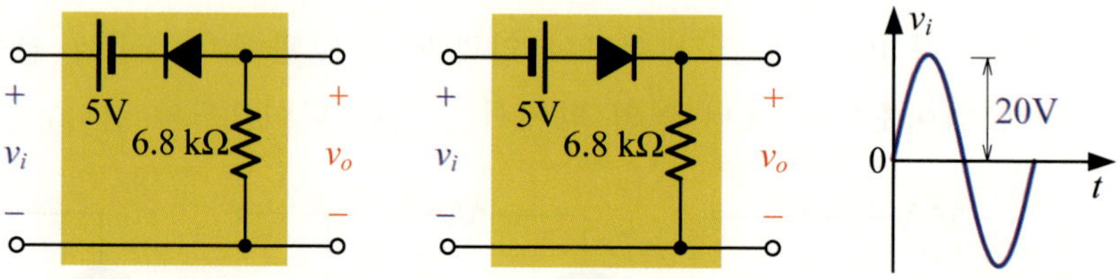

(a) (b) (c)

1-24 그림 P1-24의 클리퍼에 대한 전달 특성을 도시하라.

1-25 그림 P1-25의 클리퍼에 대한 전달 특성을 도시하라.

그림 P1-24

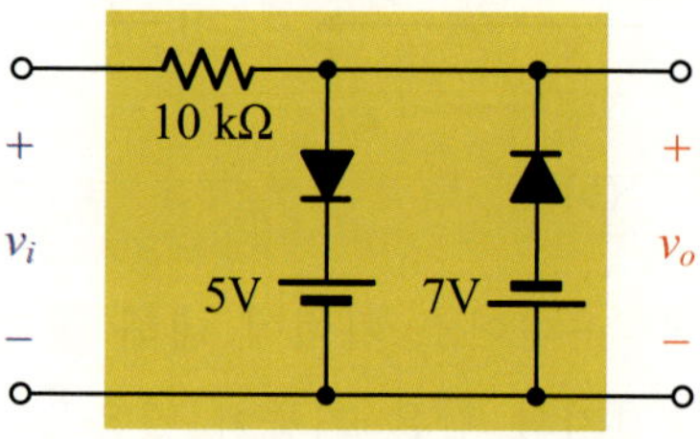

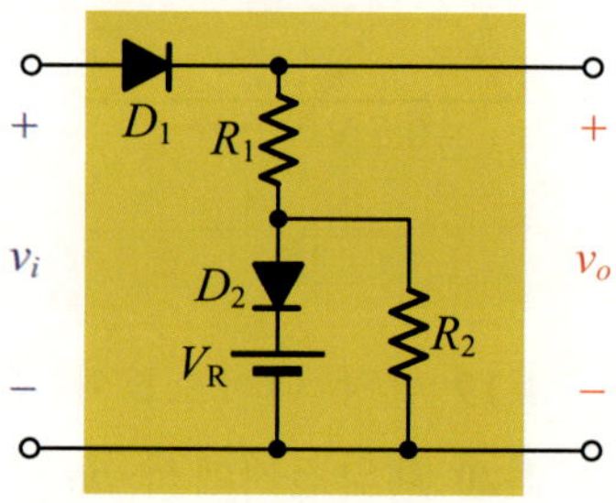

그림 P1-25

1-26 그림 P1-26의 (a)와 (b) 회로에서 입력 v_i가 0 V에서 140 V 사이를 변할 때 전달 특성을 구하라.

그림 P1-26

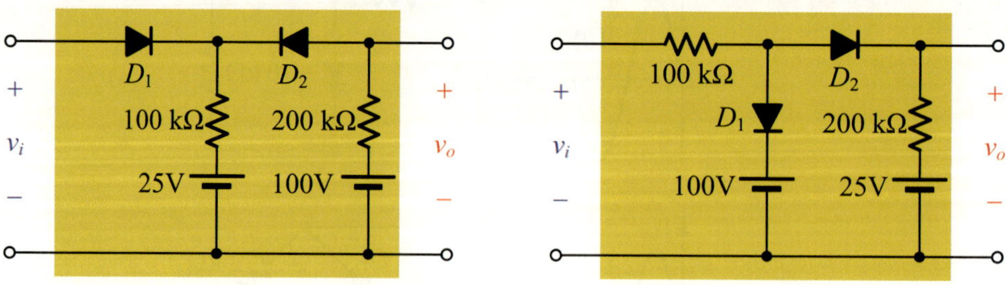

(a) (b)

1-27 그림 P1-27의 두 회로에 대한 전달 특성을 도시하라.

1-28 그림 P1-28에서 회로 (a)와 (b)의 입력 파형이 그림 (c)와 같을 때 출력 파형을 도시하라.

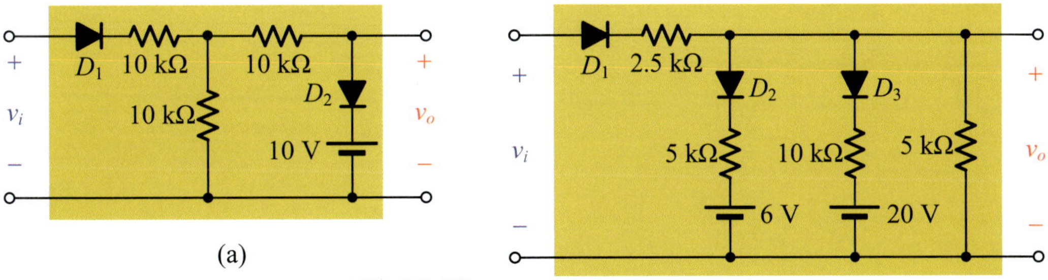

(b)

그림 P1-27

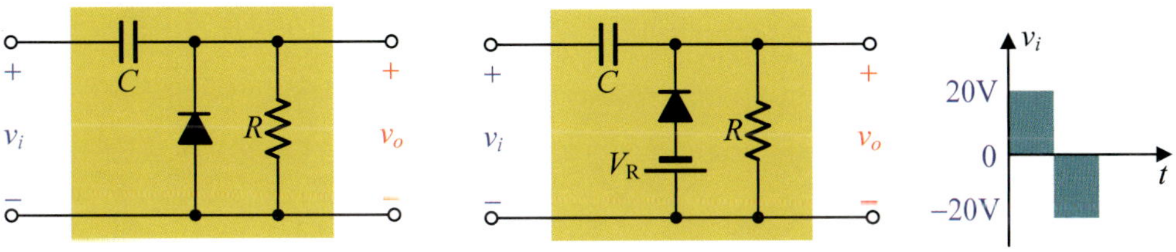

(c)

그림 P1-28

1-29 그림 P1-29의 배전압 회로에서 주어진 입력 파형에 대해 각 다이오드 양단의 전압을 구하여 도통과 차단 상태를 판단하고 이로부터 출력 전압을 구하라. 단 부하 저항 R_L은 무한대로 가정한다.

그림 P1-29

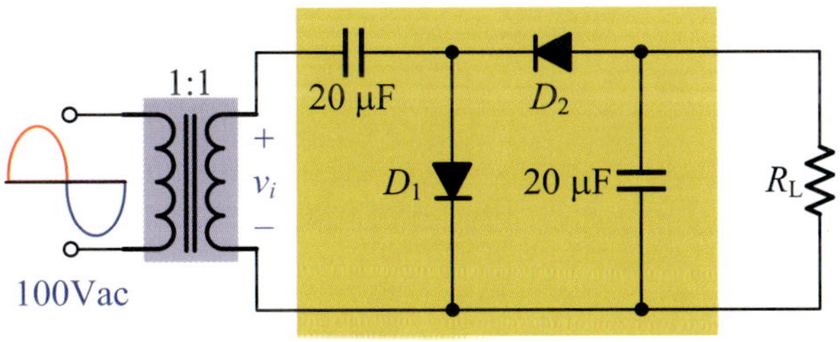

1-30 그림 P1-30의 배전압 회로에서 대해 문제 1-29를 반복하라.

그림 P1-30

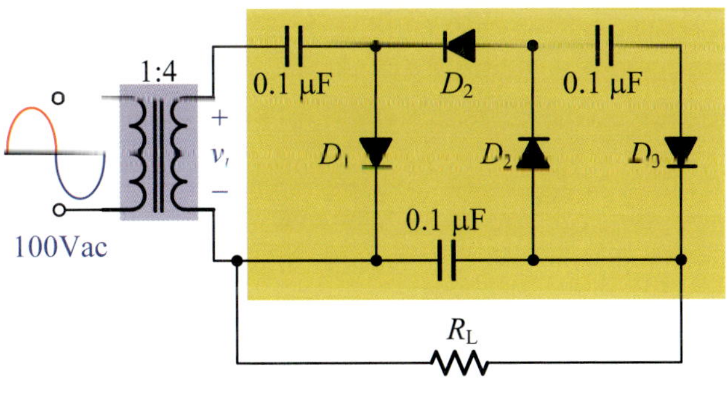

2장 쌍극성 접합 트랜지스터

트랜지스터는 반도체 소자들 중에서도 가장 핵심적인 소자이다. 다이오드 경우는 단자가 두 개이므로 키르히호프의 원리에 의해 두 단자의 전류가 같을 수밖에 없으며 다만 전류의 흐름을 제어하는 스위치 기능만 있는 것이다. 이에 비해 트랜지스터는 단자가 세 개로서 증폭 작용이 가능하며 이로 인해 가장 중요한 능동 소자로 군림하게 된 것이다. 트랜지스터는 크게 쌍극성 트랜지스터와 단극성 트랜지스터로 두 종류로 나누며 단극성 트랜지스터는 보통 전계효과 트랜지스터로 부른다. 쌍극성 접합 트랜지스터는 *pn* 접합 다이오드에 또 하나의 반도체를 더하여 *p*-형 반도체와 *n*-형 반도체 세 개를 교대로 접합한 형태이며, 세 단자는 각각 베이스, 이미터 및 컬렉터로 부른다. 세 단자들 중 임의의 한 단자를 선택하여 접지로 하고 나머지 두 단자 중 하나를 입력 단자로 나머지 하나는 출력 단자로 한다. 이 때 입력 단자와 출력 단자의 전압 또는 전류 간에는 비례 관계가 있으며 이 비례 상수를 증폭률이라 한다. 이 장에서는 쌍극성 트랜지스터의 증폭 기능과 기본 증폭기 회로에 대해 배운다.

목차

2-1 쌍극성 접합 트랜지스터

쌍극성 접합 트랜지스터(BJT; bipolar junction transistor)는 그림 2-1과 같이 *p*-형 반도체와 *n*-형 반도체 세 개를 서로 교대로 결합한 구조이다. 그림 (a)의 경우는 *n*-형 반도체, *p*-형 반도체, *n*-형 반도체 순서로 접합한 형태이므로 *npn* 트랜지스터라 한다. 이와 반대로 그림 (b)의 경우는 *p*-형 반도체, *n*-형 반도체, *p*-형 반도체 순서로 접합한 형태이므로 *pnp* 트랜지스터라 한다. 그리고 홀과 전자가 동시에 전류의 전도에 기여하므로 쌍극성이란 용어를 사용한다. 그림 2-1에서 *p*-형 반도체와 *n*-형 반도체의 접합부에는 두 개의 결핍층이 생기는 것을 보여준다. 쌍극성 접합 트랜지스터(이하 BJT)는 세 개의 단자가 있으며 이들은 각각 베이스(base), 이미터(emitter) 및 컬렉터(collector)로 구별해 부른다. BJT는 세 단자의 전류 관계를 이용한 증폭 기능이 있으며 절에서는 BJT의 증폭 기능에 대해 먼저 알아본다.

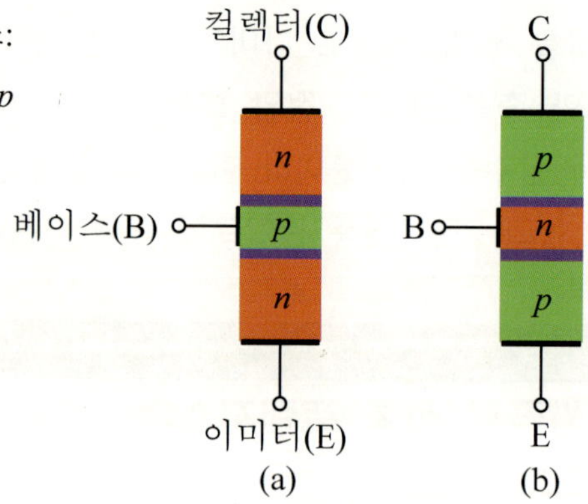

그림 2-1 BJT의 구조: (a) *nnp*; (b) *pnp*

BJT의 원리 그림 2-2는 *npn* 트랜지스터에 관한 내용으로 그림 (a)는 구조를, 그림 (b)는 기호를 나타낸다. 그림 (b)의 구조를 살펴보면 베이스와 이미터 사이 및 베이스와 컬렉터 사이는 각각 하나의 *pn* 접합 다이오드를 이루고 있으므로 구조적으로는 그림 (c)와 등가이다. 그림 (c)는 두 개의 다이오드가 반대 방향으로 결합된 형태이므로 하나가 순방향이면 다른 하나는 반

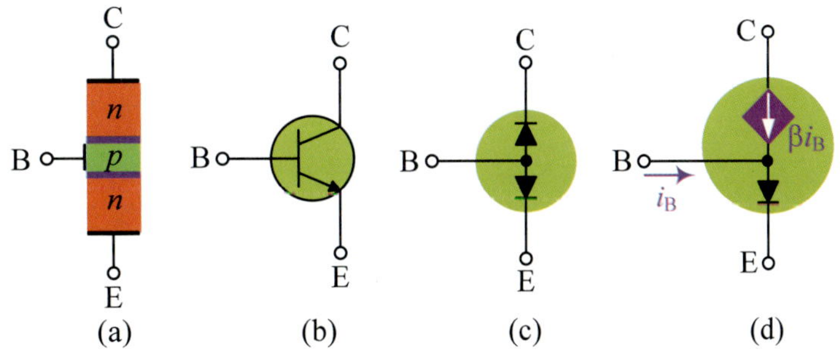

그림 2-2
npn 트랜지스터:
(a) 구조; (b) 기호;
(c) 구조상 등가회로
(d) 동작상 등가회로

드시 역방향이 되어 회로적으로 의미가 없는 것처럼 보일 것이다. 그러나 실제로는 베이스-이미터간의 다이오드는 일반적인 다이오드로 동작하지만 베이스-컬렉터간 다이오드는 특이하게 하나의 종속 전류원으로 동작한다. 따라서 동작상의 등가회로는 그림 2-2의 (d)와 같으며 이를 이해하는 것이 앞으로 우리가 할 일이다. 그림 2-2(d)에서 전류 i_B는 베이스 전류이며 컬렉터 측의 종속 전류원은 βi_B로 i_B에 비례한다. 비례 상수 β는 보통 수십에서 수백에 이르며 컬렉터에는 베이스 전류가 β배로 증폭되어 나타나므로 β를 전류 증폭률이라 한다. 이와 같이 BJT는 확대 복사기나 환등기, 영사기 등과 같이 주어진 원판을 확대시켜 나타내는 원리가 들어있다. *pnp* 트랜지스터 경우는 *npn* 트랜지스터와 완전한 역상이므로 그 내용은 그림 2-3과 같다. 그림 (a)와 (b)는 *pnp* 트랜지스터의 구조와 기호이며 그림 (b)는 구조상 그림 (c)와 같다. 그림 2-3의 (c)는 그림 2-2의 (c)와 다이오드 방향이 반대이므로 *pnp* 트랜지스터의 실제적인 등가회로는 그림 2-3(d)와 같다.

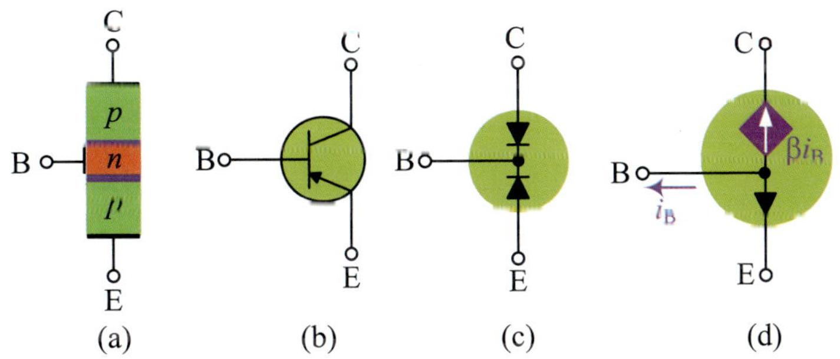

그림 2-3
pnp 트랜지스터:
(a) 구조; (b) 기호;
(c) 구조상 등가회로
(d) 동작상 등가회로

pnp 트랜지스터는 *npn* 트랜지스터와 완전히 역상이므로 앞으로 *npn*

트랜지스터를 위주로 설명하기로 하며 *npn* 트랜지스터의 내부 구조는 그림 2-4와 같다. BJT의 이미터와 컬렉터는 같은 유형의 반도체이므로 기능상 서로 전도될 수 있다. 따라서 이 둘을 차별화하기 위해 이미터의 다수 캐리어 농도(n^{++})가 컬렉터의 다수 캐리어 농도(n^{+})에 비해 훨씬 높도록 한다. 그리고 베이스 영역의 다수 캐리어 농도(p)는 이미터나 컬렉터에 비해 가장 낮도록 한다. 즉 $n^{++}>>n^{+}>>p$이며 첨자 '+'는 농도의 강함을 암시한다.

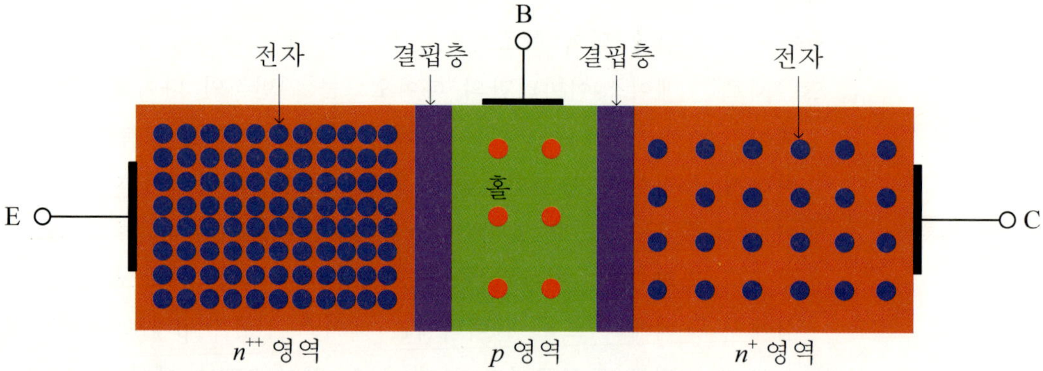

그림 2-4 *npn* 트랜지스터의 내부 구조.

BJT의 활성화

npn 트랜지스터와 *pnp* 트랜지스터가 각각 그림 2-2(d) 및 2-3(d)와 같은 동작 특성을 갖기 위해서는 외부로부터 적절한 바이어스가 필요하며 이때 트랜지스터는 '활성화되었다'라 한다. 이를 위해 먼저 바이어스가 없을 때의 상태에 대해 먼저 알아보면 그림 2-5(a)와 같다. *npn* 트랜지스터 동작의 핵심은 이미터 전자가 컬렉터로 이동하는 과정에 있으며 이는 두 종류의 전위장벽에 의해 영향을 받는다. 그 첫 번째는 베이스-이미터간(B-E) 결핍층의 전위장벽에 의한 전장 E_{BE}이며 두 번째는 컬렉터-베이스간(C-B) 결핍층의 전위장벽에 의한 전장 E_{CB}이다. 그림에서 알 수 있듯이 E_{BE}는 전자의 이동을 방해하지만 E_{CB}는 전자의 이동을 도와준다. 따라서 이미터 전자가 컬렉터로 이동하기 위해서는 외부 바이어스를 이용해 E_{BE}는 제거하고 E_{CB}는 강화 내지는 유지시켜야 하며 그림 2-5(b)가 이를 보여준다. 즉 그림 2-5(b)에서 B-E 다이오드에는 순방향 바이어스 V_{BE}를 이용해 E_{BE}를 제거하고($V_{BE}>V_{\gamma}$) C-B 다이오드에는 역방향 바이어스 V_{CB}를

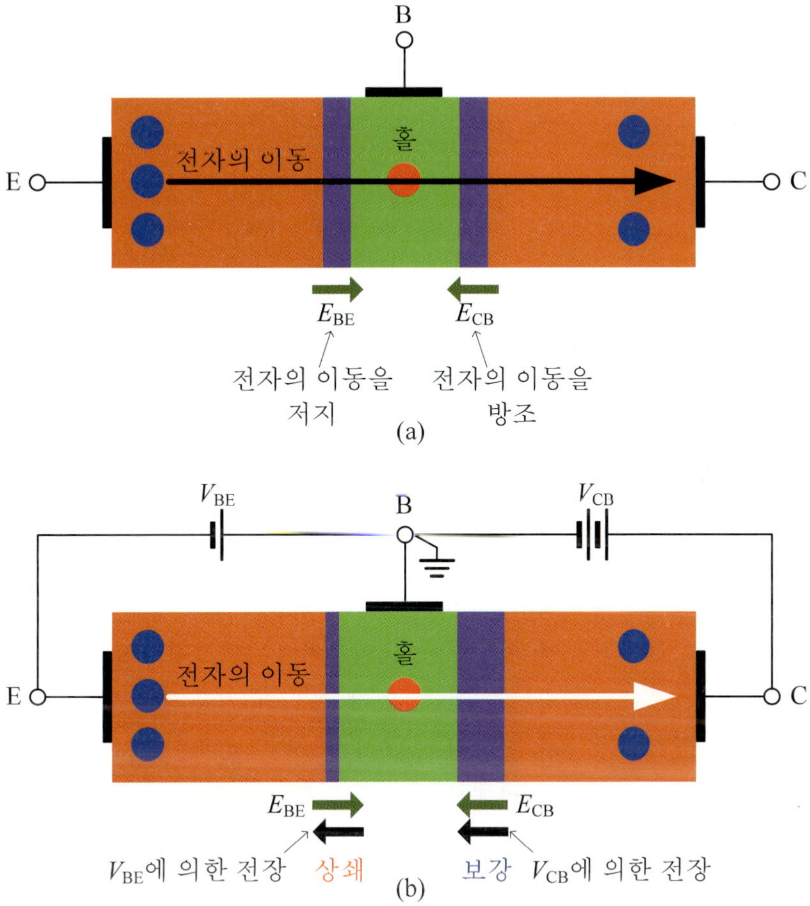

그림 2-5
pnp 트랜지스터의 전도:
(a) 바이어스가 없을 때
(b) 활성화 되었을 때.

이용해 E_{CB}를 강화시켜준다. 이 상태에서는 이미터와 컬렉터에 전류가 흐르기 시작하여 트랜지스터는 활성화된다. 특히 그림 2-5(b)에서 베이스-이미터간 결핍층은 순방향 바이어스에 의해 폭이 축소되고 베이스-컬렉터간 결핍층은 역방향 바이어스로 인해 폭이 늘어남을 알 수 있다.

그림 2-5(b)에서 이미터의 전자가 컬렉터로 이동하는 과정에서 베이스를 통과하여야 하며 그림 2-6이 이를 보여준다. 이 과정에서 일부 전자들은 베이스 영역의 다수 캐리어인 홀들과 재결합하면서 소멸되며, 함께 소멸된 홀은 전원 V_{BE}가 베이스 단자를 통해 보충해 준다. 그 결과로 이미터에서 베이스로 주입된 전자의 농도는 이미터 쪽 접합부에 가까울수록 높고 컬렉터 쪽 접합부로 갈수록 낮게 분포한다. 따라서 베이스 영역의

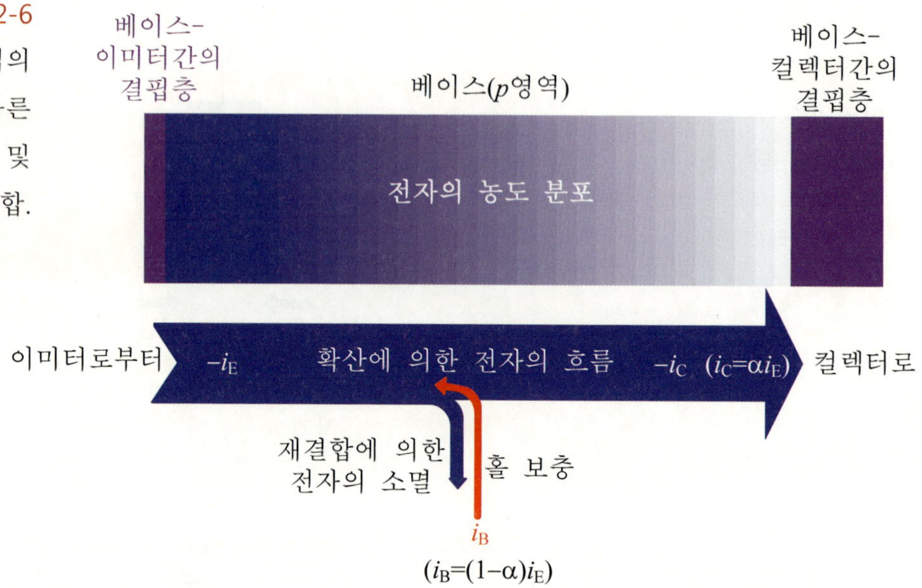

그림 2-6 베이스 영역의 농도 변화에 따른 확산 전류 및 재결합.

전자 농도는 균일하지 않고 그림 2-6에 표시된 바와 같이 기울기가 형성되는 것이다. 전자 농도의 기울기에 의해 베이스에는 컬렉터 쪽으로 전자의 확산이 일어나며 이를 **확산 전류**라 한다. 전자의 이동은 전류의 방향과 반대이므로 그림에서 이미터 전류와 컬렉터 전류는 $-i_E$, $-i_C$로 표현하였다. 그리고 홀의 이동은 전류 방향과 일치하므로 베이스 전류는 i_B로 표현된다.

그림 2-5와 2-6의 내용을 종합하여 *npn* BJT의 전류 전도를 설명하면 그림 2-7과 같다. 그림 2-7(a)는 전류 전도를 주도하는 이미터 전자가 베이스로 **주입(injection)**되고 베이스에서 **확산(diffusion)**된 다음 컬렉터로 **수집(collection)**되는 세 과정을 요약해서 보여준다. 특히 베이스 확산 과정에서 전자의 극히 일부가 홀과 재결합함으로써 베이스에 전류가 흐르게 되는 것이 BJT 증폭 기능을 이해하는 데 핵심적인 것이다(추후 설명). 그림 2-7(b)는 주입과 확산에 의한 소수 캐리어 농도 변화를 보여준다. 즉 n_p는 이미터의 전자가 p영역(베이스)에 주입된 뒤 거리에 따른 농도 분포이며 $n_p(0)$는 그 초기 조건이다. 마찬가지로 p_n은 베이스의 홀이 n영역(이미터)에 주입된 뒤 거리에 따른 농도 분포이며 $p_n(0)$는 초기 조건이다. 전류 전도에 핵심이 되는 것은 베이스 영역의 전자 농도 n_p이다.

그림 2-7
npn BJT의
(a) 바이어스와
전류 전도;
(b) 소수 캐리어의
농도 분포.

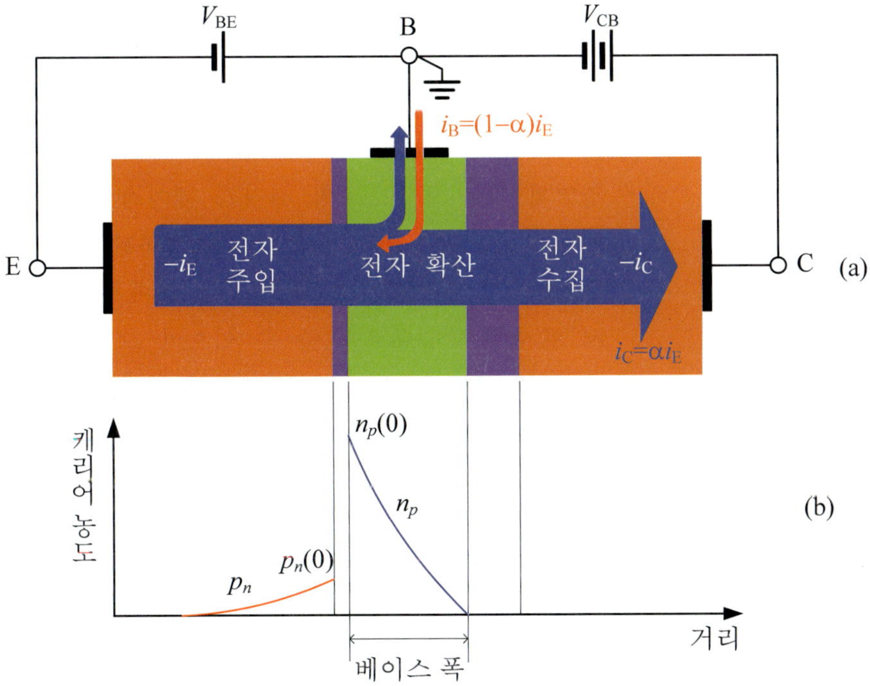

그림 2-7(a)에서 이미터로부터 출발한 전자는 베이스에서 일부 재결합되고 나머지가 컬렉터 도달한다. 따라서 i_E와 i_C 및 i_B의 관계는 $\alpha(<1)$의 상수로써

$$i_C = \alpha i_E, \quad i_B = (1-\alpha) i_E \tag{2-1-1}$$

로 나타낼 수 있으며 이로부터 i_C와 i_B의 관계는 다음과 같다.

$$i_C = \frac{\alpha}{1-\alpha} i_B = \beta i_B \tag{2-1-2}$$

여기서 상수 β는

$$\beta \equiv \frac{\alpha}{1-\alpha} \tag{2-1-3}$$

로 정의되며 전류 증폭률이라 한다. 전류 증폭률 β는 보통 수십에서 수백에 이른다. 예를 들어 $\alpha=0.9$이면 $\beta=9\cong10$이며, $\alpha=0.99$이면 $\beta=99\cong100$이다. 이상으로 활성화된 BJT에서는 컬렉터 전류와 베이스 전류가 식 (2-1-2)와 같이 일정한 비율의 증폭 관계가 있다. 상수 α를 크게 하기 위해서는 베이스 영역 내에서의 재결합 확률을 줄여야 한다. 이를 위해 베이스 영역의 홀 농도를 가능한 한 작게 하는 것이 유리하다. 따라서 앞서 설명한 바와 같이 *npn* 트랜지스터의 다수 캐리어 농도 관계는 $n^{++} >> n^{+} >> p$를 유지하도록 하는 것이다. 재결합 확률을 줄이는 또 하나의 방법은 베이스 영역의 폭을 줄임으로써 전자가 베이스 영역을 통과하는 시간을 단축시키는 것이다. 이상을 종합하면 활성화된 BJT의 동작은 그림 2-8과 같이 등가적으로 표현할 수 있다. 그림 2-8에서 유의할 점은 각 전류는 그림에서 표시된 방향으로 흐를 수 있으며 그 반대 방향으로는 허용되지 않는다는 것이다. 그리고 베이스-이미터간 *pn* 접합은 실제 다이오드 기능을 하지만 컬렉터-베이스간 *pn* 접합은 형태는 다이오드지만 실제 기능은 종속 전류원임을 이해하여야 한다.

그림 2-8
활성화된 BJT에 대한 등가회로: (a) *npn*; (b) *pnp*.

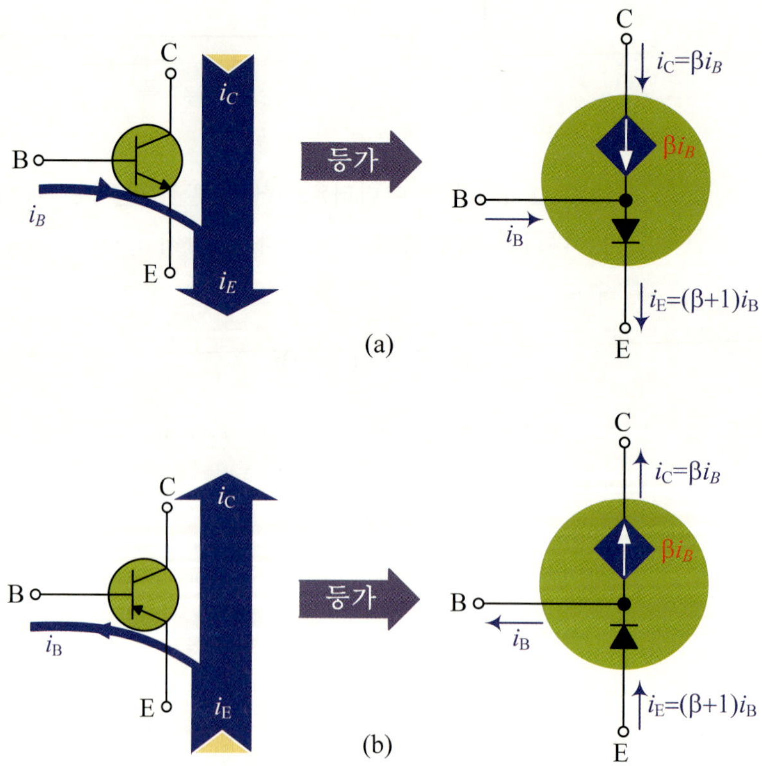

BJT 바이어스

그림 2-9는 BJT를 활성화시키는 전형적인 방법들을 보여준다. 먼저 그림 2-9(a)는 그림 2-7(a)와 같은 내용이며 베이스 단자를 공통(접지) 단자로 한 형태이므로 베이스-공통(common base)이라 한다. 그림 2-9(b)는 (a)를 변형시킨 형태로 이미터 단자를 공통으로 하므로 이미터-공통(common emitter)이라 한다. 그림 (b)에서 $V_{CE}>V_{BE}$로 하면 $V_{CB}=V_{CE}-V_{BE}>0$이므로 그림 (a)와 같은 바이어스 회로가 된다. 따라서 이 두 방법은 접지 위치만 다를 뿐 내용은 동일하다. 일반적으로 베이스 공통 방식보다는 이미터 공통 방식이 유리하며 이에 대해서는 차차 설명된다.

그림 2-9(b)에서 베이스 전류와 컬렉터 전류를 제어할 필요가 있다. 즉 베이스-이미터간은 일반 다이오드와 같으며 다이오드는 온도에 매우 민감하다. 따라서 그림 (c)와 같이 베이스에 저항 R_B를 직렬로 결합하여 베이스 전류 I_B가 안정되게 제어될 수 있도록 한다(그림 1-11과 1-12를 비교하여 참조). 그리고 그림 (c)에서 컬렉터 저항 R_C는 컬렉터 전류 제어용이다. 컬렉터에는 베이스에 비해 매우 큰 전류가 흐르므로 트랜지스터 전력 소비의 대부분은 컬렉터-이미터간에서 일어난다. 따라서 R_C를 통해 컬렉터

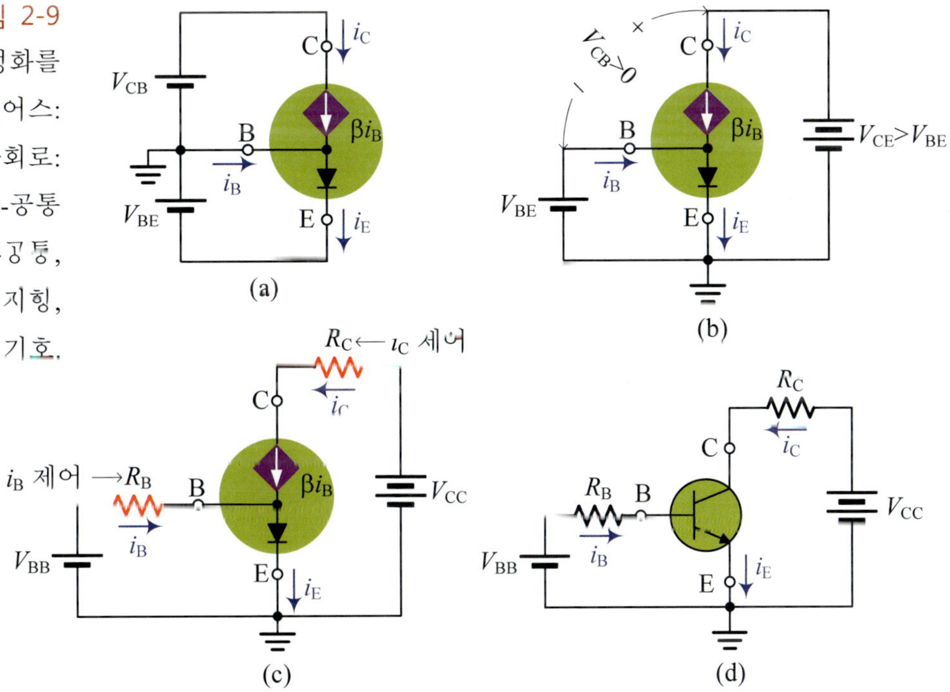

그림 2-9
npn BJT 활성화를 위한 바이어스: 대한 등가회로: (a) 베이스-공통 (b) 이미터-공통, (c) 전류 제한 저항, (d) 회로 기호.

전류를 제한함으로써 지나친 컬렉터 전류에 의한 트랜지스터의 파괴를 방지한다. 이상으로 그림 2-9(c)가 가장 기본이 되는 바이어스 회로이며 이를 회로적으로 표현한 것이 그림 (d)이다. 이상을 *pnp* 트랜지스터에 적용하면 그림 2-10과 같다.

그림 2-10
(a) *pnp* BJT의 활성화 바이어스: (b) 회로 기호.

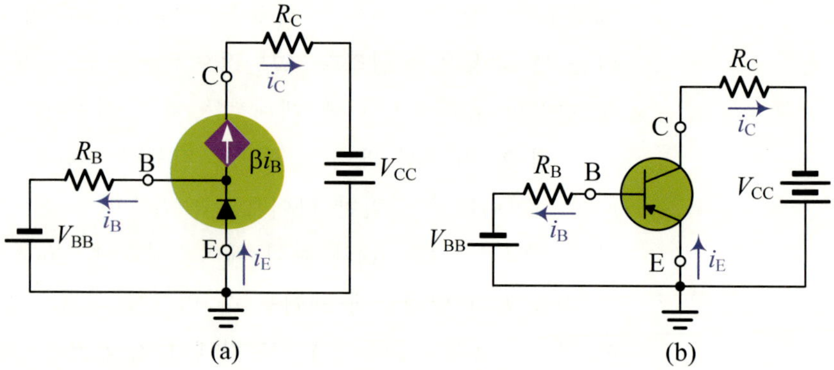

BJT의 포화

그림 2-9와 2-10에서 트랜지스터가 파괴되는 경우를 제외하더라도 BJT의 증폭 기능이 언제나 성립되는 것은 아니며 주어진 범위 내에서만 가능하다. 그 이유는 컬렉터-이미터간의 전압이 항상 $V_{CE}>0$을 만족시켜야 하기 때문이며 이는 그림 2-11을 통해 알 수 있다. 먼저 그림 (a)와 같은 전압 극성과 전류 방향의 경우를 수동 부호 규정이라 하며 소자에 의한 소비 전력은 $P_D=vi$로 정의된다(수동 소자). 그러나 그림 (a)에 비해 그림 (b)와 같이 전압의 극성만 다르든지 또는 그림 (c)와 같이 전류의 방향만 다른 경우는 소자에 의한 소비 전력이 $P_D=vi<0$이므로 공급 전력이 된다. 즉 소자는 전력을 공급하는 전원에 해당한다. 물론 그림 (a)에서 전압의 극성과 전류의 방향이 동시에 변할 경우는 수동 부호 규정을 만족하므로, 수동 소자이다.

그림 2-11
소비전력 P_D:
(a) $P_D>0$(저항);
(b), (c) $P_D<0$(전원).

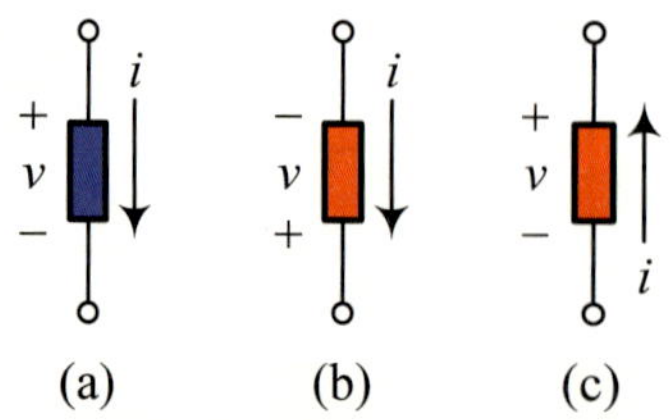

이상으로 그림 2-9(c)나 2-10(b)는 모두 수동 부호 규정을 만족하므로 트랜지스터는 전력을 소비하는 수동 소자이며 이는 당연한 이야기이다. 그러나 이 두 회로에서 $V_{CE}<0$이 된다면 트랜지스터는 스스로 전력을 생산하는 전원이 되는 셈이므로 불가능한 일이다(트랜지스터는 돌이다). 따라서 그림 2-9의 *npn* 경우는 항상 $V_{CE}>0$이며 그림 2-10의 *pnp* 경우는 항상 $V_{EC}>0$이 되어야 한다. 그림 2-9(d) 회로의 컬렉터-이미터 루프에 KVL을 적용하면 $V_{CC}=R_C I_C+V_{CE}$이다. 여기서 $V_{CE}>0$를 만족하기 위한 I_C의 최대값 $I_{C(max)}$은 다음과 같다.

$$I_{C(max)}=\frac{V_{CC}}{R_C} \tag{2-1-4}$$

그림 2-9(d)에서 V_{BB}를 증가시켜 I_B를 증가시키는 경우를 생각해 보자. I_C가 $I_{C(max)}$에 이를 때까지는 $I_C=\beta I_B$의 관계를 만족하여 증폭 기능이 유지된다. 그러나 이 이상에서는 I_C가 더 이상 베이스 전류의 증가에 반응을 보이지 않고 $I_C=I_{C(max)}$로 고정되므로 증폭 기능이 상실되며 이를 포화라 한다. 따라서 BJT의 증폭 기능이 유지되는 컬렉터 전류의 동작 범위는 식 (2-1-4)와 같이 R_C에 의해 제어된다.

2-2 BJT의 동작

특성 곡선

컬렉터는 베이스 전류로 제어되는 종속 전류원과 같으며 그 전압-전류 특성은 그림 2-12와 같다($v_{CE}>0$임을 유념하라). 그림(b)에서 종속 전류원의 크기 $\beta_o i_B$는 i_B의 함수이므로 i_B를 매개 변수로 하여 v_{CE}와 i_C의 관계를 그리면 그림 2-13(a)와 같다. 여기서 모든 특성곡선은 기울기가 0인 수평선이다. 이웃한 두 곡선 사이의 베이스 전류 차이는 $i_{B2}-i_{B1}=i_{B3}-i_{B2}=\cdots=\Delta i_B$로 일정하며 특성곡선간의 간격인 ΔI_C도 일정하다. 따라서 BJT의 전류 증폭률 $\beta_o(\beta)$는 전압과 전류에 무관하게 일정하게 유지된다. 그러나 그림 2-13(a)는 이상적인 특성이며 실제 특성은 그림 (b)와 같다. 그림 2-13(b)의 실제 특성에서는 특성곡선들이 수평적이지 않고 기울기가 있으며 전류의

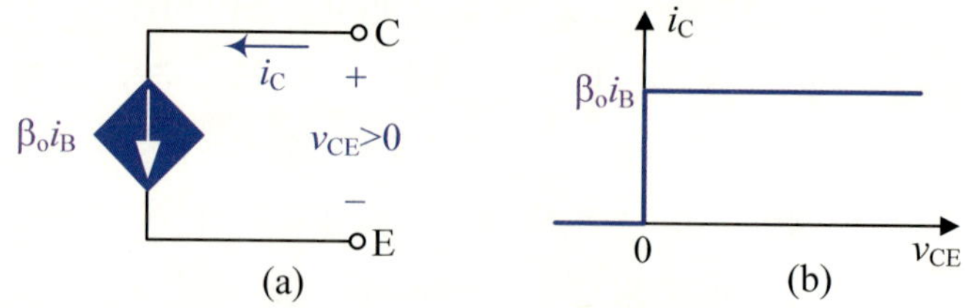

그림 2-12 컬렉터의 (a) 종속 전류원 기능; (b) 전압-전류 특성.

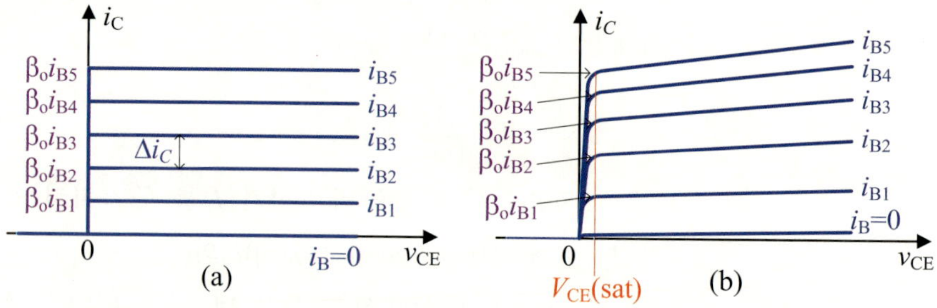

그림 2-13 컬렉터 전류-전압의 (a) 이상적 특성곡선; (b) 실제 특성곡선.

증가에 따라 기울기도 약간씩 증가한다. 뿐만 아니라 특성곡선들간의 간격이 일정하지 않으며, 이는 동일한 베이스 전류의 변화 Δi_B에 대한 컬렉터 전류의 변화 Δi_C는 전압과 전류의 크기에 따라 변한다는 것을 의미한다(보다 상세한 것은 3장에서 설명한다). 그림 (b)에서 $V_{CE(sat)}$을 포화 전압이라 하며 약 0.2 V 정도이다. BJT의 포화는 v_{CE}=0에서 일어나지 않고 $V_{CE(sat)} \cong 0.2$ V에서 이미 일어나기 시작하며 이 때부터 컬렉터 전류가 0을 향해 급격히 줄어든다. 그림 2-14를 통해 그 이유에 대해 알아보자.

세 가지 동작

그림 2-14는 바이어스 상태에 따른 BJT의 세 가지 동작을 나타낸다. 그림에서 푸른 색 다이오드는 일반 다이오드로 동작한다는 뜻이며 붉은 색 다이오드는 일반 다이오드가 아닌 종속 전류원으로 동작한다는 뜻이다.

선형 동작 그림 2-14(a)는 순방향 바이어스인 베이스-이미터는 일반 다이오드로 동작하고 역방향 바이어스인 컬렉터-베이스 다이오드는 종속 전류원으로 동작한다. 따라서 컬렉터 전류가 베이스 전류에 비례하는 선형 동작을 이룬다.

차단 동작 그림 2-14(b)는 베이스-이미터가 역방향 바이어스로 차단되어

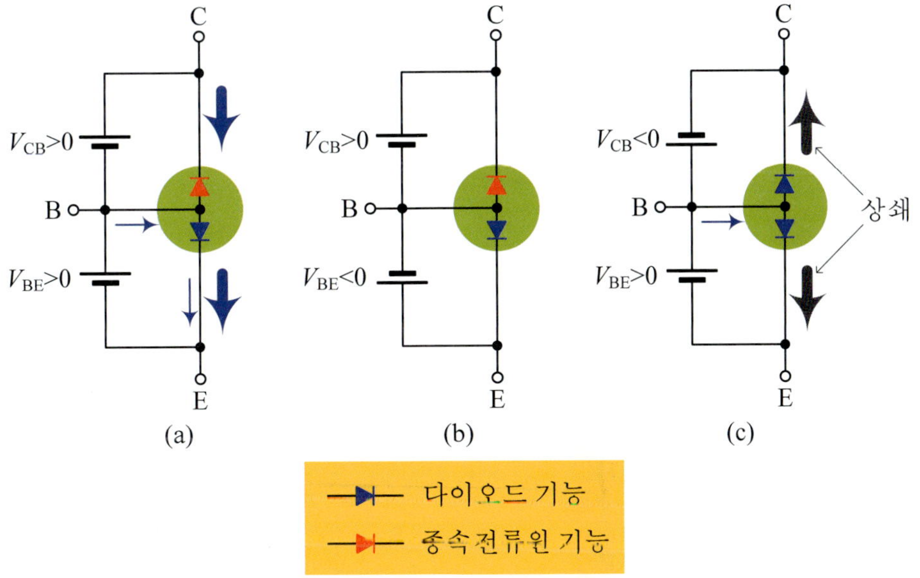

그림 2-14
npn BJT의
(a) 선형 동작;
(b) 차단 동작;
(c) 포화 동작.

전류가 흐르지 않는 차단 동작이다.

포화 동작 그림 2-14(c)는 베이스-이미터 뿐 아니라 컬렉터-베이스도 순방향 바이어로 일반 다이오드로 동작한다($v_{BE}=v_{CB}\cong V_{\gamma}$). 그 결과 베이스 전류는 흘러도 두 다이오드 전류가 상쇄된다. 따라서 베이스 전류와 상관없이 컬렉터 전류는 0이며, 컬렉터-이미터 전압은 $v_{CE}=v_{BE}-v_{CB}\cong 0$이 되는 포화 동작이 된다. 실제로 포화는 $V_{CE(sat)}\cong 0.2$ V에서 일어나기 시작한다. 이상의 실제 특성에 대한 한 예를 보여주는 것이 그림 2-15이다.

동작점

그림 2-16(a)와 같은 BJT 기본 증폭기에서 컬렉터 특성곡선이 그림 (b)와 같다고 하자. 컬렉터-이미터 루프에 KVL을 적용하면 다음과 같다.

$$V_{CE}+R_C I_C=V_{CC} \tag{2-2-1}$$

위의 식을 만족하는 V_{CE}, I_C 쌍을 컬렉터 특성곡선상에 나타내면 그림 2-16(b)의 직선과 같으며 이를 부하선(load line)이라 한다. 일단 그림 (a)의 베이스-이미터 루프로부터 베이스 전류가 $I_B=I_{BQ}$로 결정되면(그림상에서는 120 μA) 선택된 특성곡선과 부하선이 만나는 점에 의해 회로의 V_{CE}

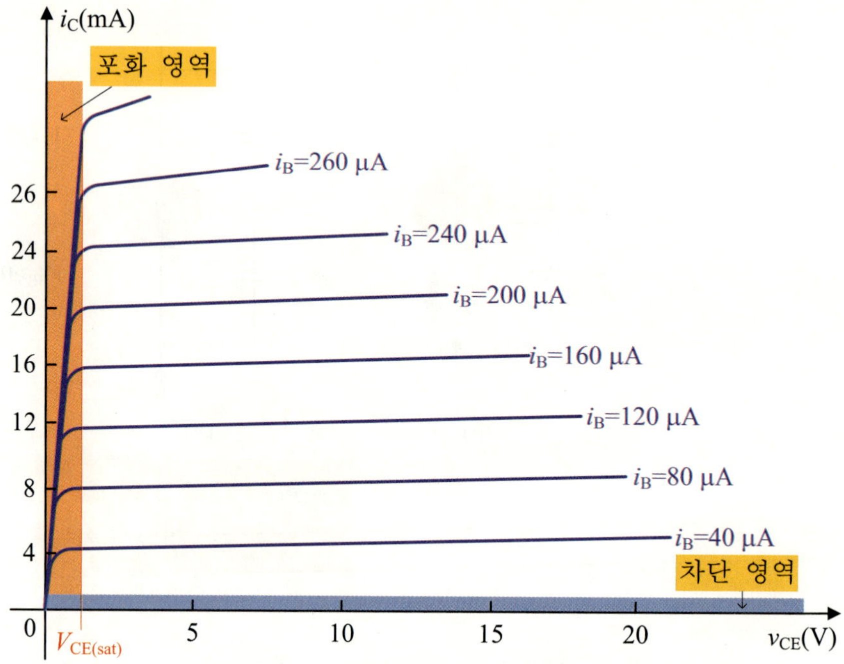

그림 2-15
npn BJT의 실제 특성곡선의 예

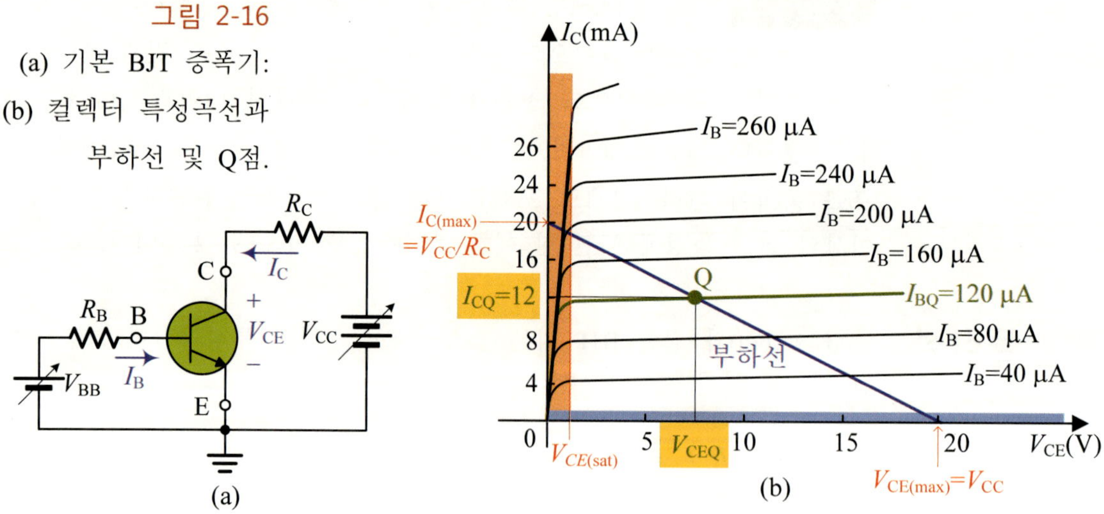

그림 2-16
(a) 기본 BJT 증폭기:
(b) 컬렉터 특성곡선과 부하선 및 Q점.

및 I_C의 값이 정해진다(그림상에서는 V_{CEQ}=7.5 V, I_{CQ}=12 mA). 이 때 부하선과 선택된 특성곡선이 만나는 점을 동작점 또는 Q(Quiescent)점이라 하며, 동작점상의 직류 전압과 전류는 첨자 Q를 이용해 I_{BQ}, I_{CQ}, V_{CEQ} 등으로 강조한다. 그리고 V_{CE}, I_C 쌍은 반드시 특성곡선상의 부하선상에만 존재함을 유념하여야 한다. 또한 식 (2-2-1)로부터 V_{CE}의 최대치 $V_{CE(max)}$은 I_C=0일 때로 $V_{CE(max)}=V_{CC}$이며, I_C의 최대치 $I_{C(max)}$은 V_{CE}=0일 때로 $I_{CE(max)}=V_{CC}/R_C$로 주어진다.

BJT 증폭기는 신호인 교류를 증폭하는 것이며 이를 위해서는 직류 바이어스의 도움이 필수적이다. 그림 2-17(a)에서 직류 성분인 I_{BQ}, I_{CQ}, V_{CEQ}는 바이어스 전압원 V_{BB}와 V_{CC}에 의해 결정되는 동작점이다. 그리고 i_b, i_c, v_{ce}는 교류 전압원(또는 신호원) v_s에 의해 형성되는 교류 성분들로서 그림

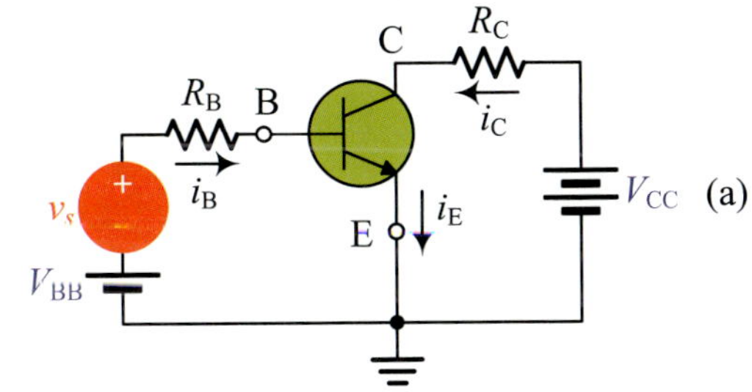

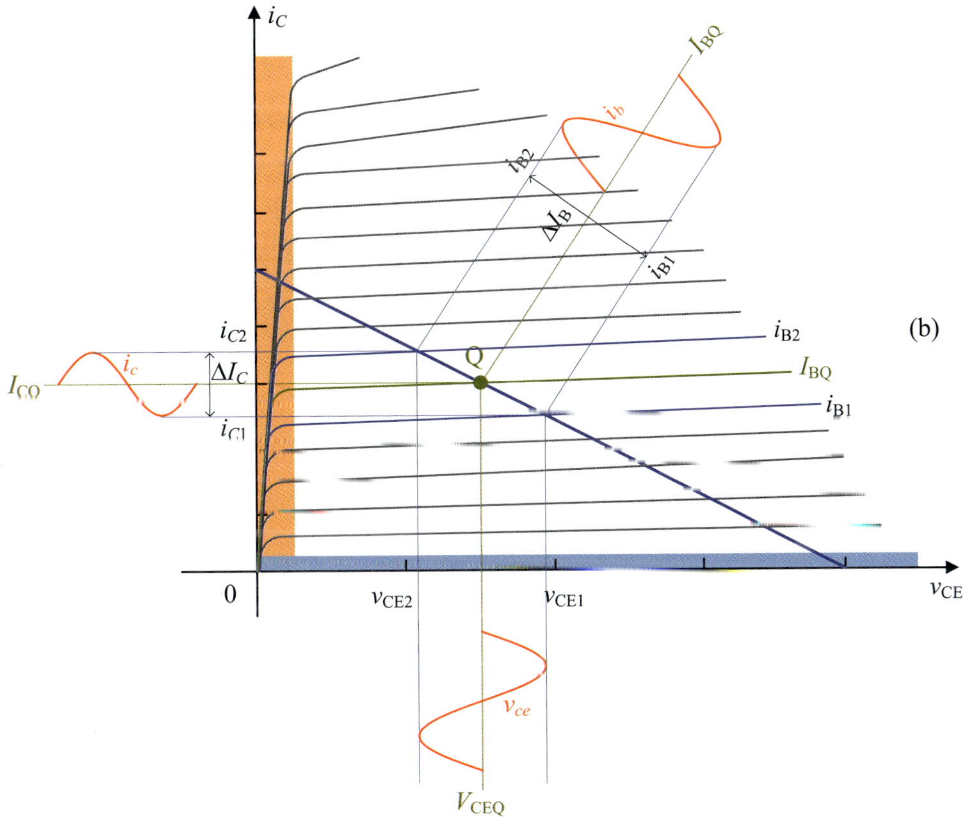

그림 2-17
(a) BJT 증폭기:
(b) 동작점에 따른 교류 특성의 변화

(b)에서 보는 바와 같이 동작점을 중심으로 변동한다. 실제 BJT는 컬렉터 특성곡선 사이의 간격이 일정하지 않으므로 동작점 위치에 따라 i_b의 진폭과 i_c의 진폭간의 비율이 달라지게 된다. 동작점에서의 직류 증폭률 β_o는 다음과 같이 정의된다.

$$\beta_o = \left.\frac{I_C}{I_B}\right|_Q = \frac{I_{CQ}}{I_{BQ}} \tag{2-2-2}$$

그리고 교류 증폭률 β는

$$\beta = \left.\frac{i_c}{i_b}\right|_Q \tag{2-2-3}$$

로 정의된다. 두 증폭율은 모두 동작점의 위치에 따라 변하게 된다.

선형 동작

그림 2-18(a)는 *npn* BJT의 기본 등가 회로이다. 트랜지스터는 직류와 교류에 대한 특성이 다르므로 한 가지 등가 회로로는 미흡하다. 그림 (b)는 그림 (a)의 직류 등가 회로이며 그림 (c)는 교류 등가 회로이다. 베이스-이미터간의 다이오드는 그림 1-19를 이용하여 등가화한다. 먼저 직류에 대해서는 그림 2-18(b)와 같이 정전압원 V_γ로 등가화하고 교류(소신호)에 대해서는 식 (1-2-8)의 동저항 r_e로 등가화한다. 즉

$$r_e \cong \frac{26\ \text{mV}}{I_E}[\Omega] \tag{2-2-4}$$

그러나 그림 2-18(c)의 등가회로는 아직도 미진함이 있다. 그 이유는 저항 r_e가 컬렉터-이미터 루프와 베이스-이미터 루프에 공유되어 있으므로 회로 방정식을 구할 때 불편한 점이 있다. 이를 피하기 위해 먼저 그림 2-19(b)와 같은 모델로 바꾸면 편리하다. 이제부터 그림 2-19(b)가 직류 및 교류 모두에 대해 (a)와 등가가 될 조건을 그림 2-20을 통해 구해본다.

그림 2-20(a)의 직류 등가 회로는 그림 2-20(b)이며 이는 그림 2-18(b)와 등가이다. 즉 베이스-이미터 사이는 전압이 같으며, 전압원은 전류와 무관하게 전압만 같으면 등가가 되기 때문이다. 그리고 컬렉터 전류원도 서로 같으며, 전류원은 전압과 무관하게 전류만 같으면 등가이다. 따라서

그림 2-18

npn BJT의
(a) 단일 등가회로;
(b) 직류 등가회로;
(c) 교류 등가회로.

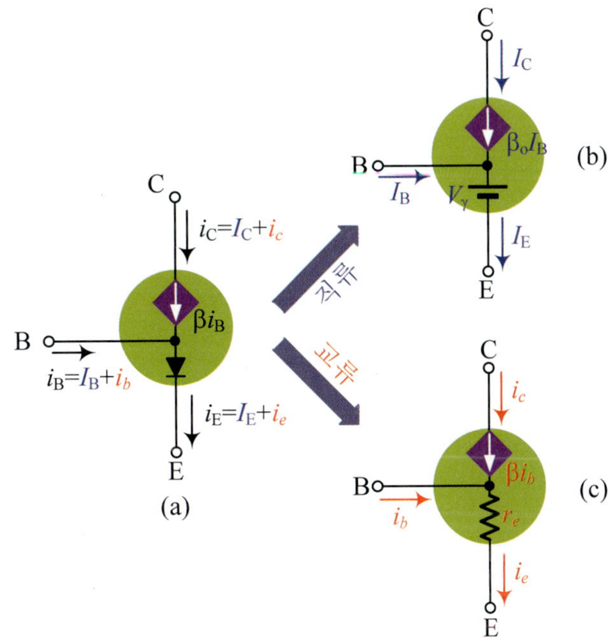

그림 2-19

npn BJT의
두 가지 등가 모델.

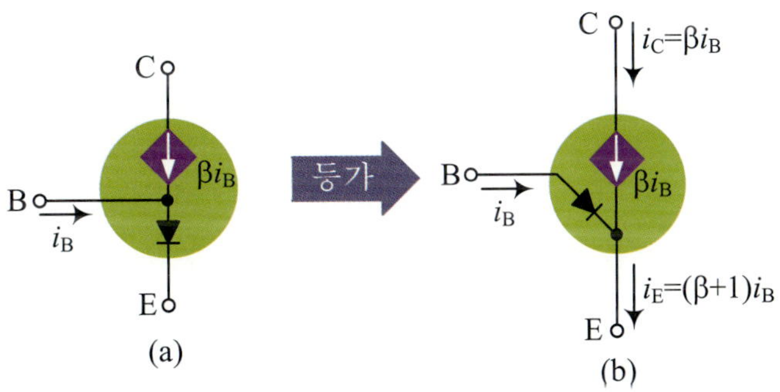

그림 2-20(b)는 그림 2-18(b)와 등가이다. 다음으로 교류에 대해 살펴보자. 그림 2-20(c)의 r_π의 양단 전압 $r_\pi i_b$와 그림 2-18(c)의 r_e의 양단 전압 $r_e i_e$가 서로 같으면 등가가 된다. 즉

$$r_e i_e = r_e(\beta+1)i_b = r_\pi i_b \qquad \textbf{(2-2-5)}$$

로부터 다음 관계를 구할 수 있다.

$$r_\pi = (\beta+1)r_e \qquad \textbf{(2-2-6)}$$

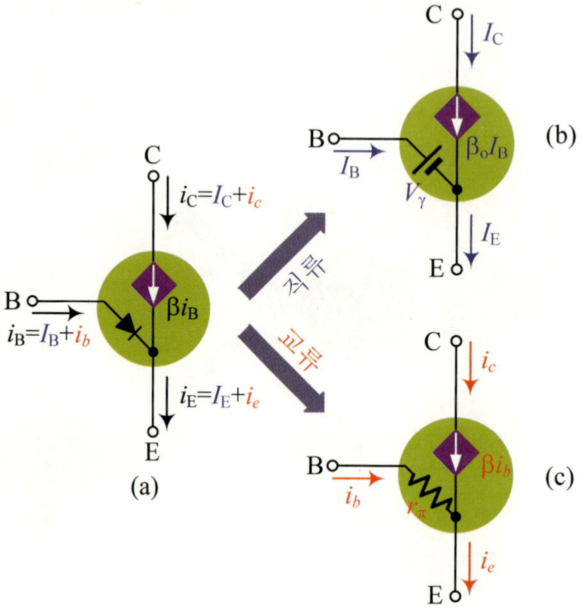

그림 2-20
npn BJT의
(a) 단일 등가회로;
(b) 직류 등가회로;
(c) 교류 등가회로.

앞으로 BJT의 선형 동작에 대한 등가회로는 그림 2-20을 바탕으로 한다.

증폭기 개념

그림 2-20의 등가회로를 이용하여 그림 2-21(a)의 BJT 기본 증폭기를 해석해 보자. 그림 2-21(a)의 증폭기에서 중첩의 원리를 적용하여 직류 및 교류를 따로 해석한 다음 두 결과를 합한다. 이 때 직류를 해석하기 위한 회로를 **직류 회로**라 하고(그림 2-21(b)) 교류 해석을 위한 회로는 **교류 회로**(그림 2-21(c))라 한다. 직류 회로는 교류 전원을 0으로 하여(v_s=0) 구하고 교류 회로는 직류 전원을 0으로 하여(V_{BB}=V_{CC}=0) 구한다. 먼저 직류 회로인 그림 (b)의 베이스-이미터 루프에 KVL을 적용하면

$$I_B = \frac{V_{BB} - V_\gamma}{R_B} = \frac{V_{BB} - 0.7}{R_B} \tag{2-2-7}$$

이며 이로부터 다음을 쉽게 구할 수 있다.

$$I_C = \beta_o I_B, \quad V_{CE} = V_{CC} - R_C I_C \tag{2-2-8}$$

다음으로 그림 2-21(c)에서 동저항 r_π는 식 (2-2-8)에서 구한 I_C를 식 (2-2-4)에 대입하여 r_e를 구한 다음($I_E \cong I_C$) 식 (2-2-6)으로 구한다. 다음으로 그

그림 2-21
BJT 증폭기:
(a) 전체 회로;
(b) 직류 회로;
(c) 교류 회로.

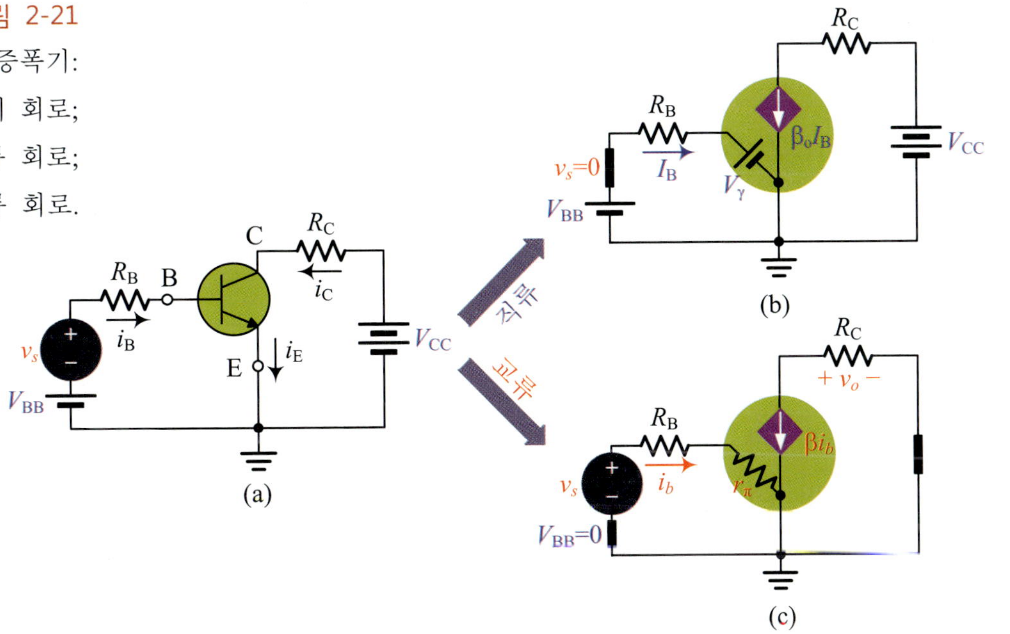

림 (b)의 베이스-이미터 루프로부터

$$i_b = \frac{v_b}{R_B + r_\pi} \tag{2-2-9}$$

이로부터

$$i_c = \beta i_b = \frac{\beta v_b}{R_B + r_\pi} \tag{2-2-10}$$

이다. 따라서 컬렉터 저항 R_C 양단에 형성되는 교류 전압 v_o는

$$v_o = -R_C i_c = \left(-\frac{\beta R_C}{R_B + r_\pi}\right) v_b \tag{2-2-11}$$

와 같으며 이를 출력 전압이라 한다. 여기서 입력 전압 v_b에 대한 출력 전압 v_o의 비율 $A_v = v_o/v_b$를 전압 이득이라 하며

$$A_v = -\frac{\beta R_C}{R_B + r_\pi} \tag{2-2-12}$$

로 주어진다. 이득이 음인 것은 출력은 입력과 위상이 반전된다는 뜻이며, 저항 R_C와 전류 증폭률 β를 크게 함으로써 원하는 크기의 이득을 얻을 수 있다.

예제 2-1

그림 2-21(a)의 회로에서 소자들이 다음과 같다.

$\beta_o=\beta=100$, $V_{BB}=1.45$ V, $V_{CC}=15$ V, $R_B=10$ kΩ, $R_C=1$ kΩ.

(a) 동작점을 구하라. (b) 전압 이득을 구하라.

풀이

(a) 동작점은 식 (2-2-7), (2-2-8)로부터

$$I_B = \frac{V_{BB}-0.7}{R_B} = \frac{1.45-0.7}{10}\text{ mA} = \mathbf{75\ \mu A}$$

$$I_C = \beta_o + I_B = 100\times 75\ \mu\text{A} = \mathbf{7.5\ mA}$$

$$V_{CE} = V_{CC} - R_C I_C = 15\text{ V} - 7.5\text{ mA}\times 1\ \text{k}\Omega = \mathbf{7.5\ V}$$

(b) 전압 이득은 먼저 r_π를 구하면

$$r_\pi = \frac{26\text{ mV}}{I_C}\times(\beta+1) = \frac{26\text{ mV}}{7.5\text{ mV}}\times 101 \cong 0.34\ \mathbf{k\Omega}$$

$$\therefore A_v = -\frac{\beta R_C}{R_B + r_\pi} = -\frac{100\times 1}{10+0.34} \cong \mathbf{-9.7}$$

2-3 BJT 바이어스 회로

Q점의 중요성 BJT 증폭기에서 직류 바이어스, 즉 동작점의 중요성에 대해 종합적으로 보여주는 것이 그림 2-22이다. 먼저 Q점이 부하선의 중앙 근처에 설정된 Q_2의 경우는 교류가 왜곡 없이 증폭되고 있음을 보여준다. 그러나 포화 영역에 가까운 동작점 Q_1의 경우는 컬렉터 전류의 위 부분이 포화에 의해 절단되며, 차단 영역에 가까운 동작점 Q_3의 경우는 반대로 컬렉터 전류의 아래 부분이 차단되는 왜곡이 생긴다. 이와 같이 Q점의 설정은 교류 증폭에 매우 중요하며 이 절에서는 BJT에 대한 여러 가지 바이어스

방법에 대해 알아본다.

그림 2-22 동작점이 교류에 미치는 영향

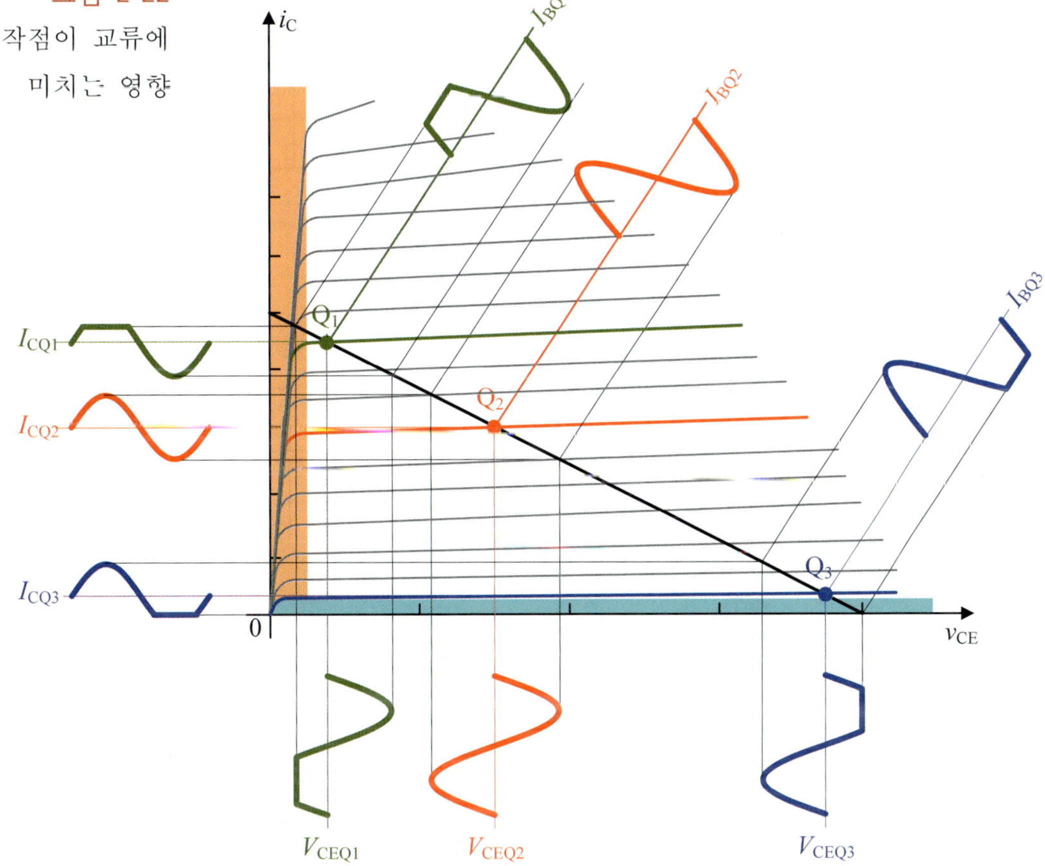

이미터 안정화 바이어스

BJT의 동작점은 일단 정해지면 변동이 없어야 한다. 예를 들어 그림 2-21(a)의 경우 동작점은 식 (2-2-7), (2-2-8)로부터

$$I_{BQ} = \frac{V_{BB} - V_\gamma}{R_B}, \quad I_{CQ} = \beta_o I_{BQ} \tag{2-3-1}$$

이다. 그러나 반도체 소자들은 특성이 열에 민감하므로 도통 전압 V_γ, 전류 증폭률 β_o, β 등의 온도에 따른 변동이 심하며 표 2-1은 이러한 변동의 한 예를 보여준다. 따라서 온도에 따라 I_{BQ}, I_{CQ} 등이 변동하므로 안정된 동작점을 확보하기 위한 조치가 있어야 한다. 그림 2-23(a)는 이미터에 저항을 R_E를 삽입하여 동작점 안정을 꾀하는 바이어스 방법으로서 이미터 안정화 바이어스라 한다. 직류 등가회로인 그림 (b)에서 저항 R_E에 흐르

표 2-1
온도 변화에 따른 실리콘 BJT의 특성 변화의 예.

주위 온도	전류 증폭률(β_o)	도통 전압(V_γ)
−65°C	20	0.85 V
25°C	50	0.65 V
100°C	80	0.48 V
175°C	120	0.3 V

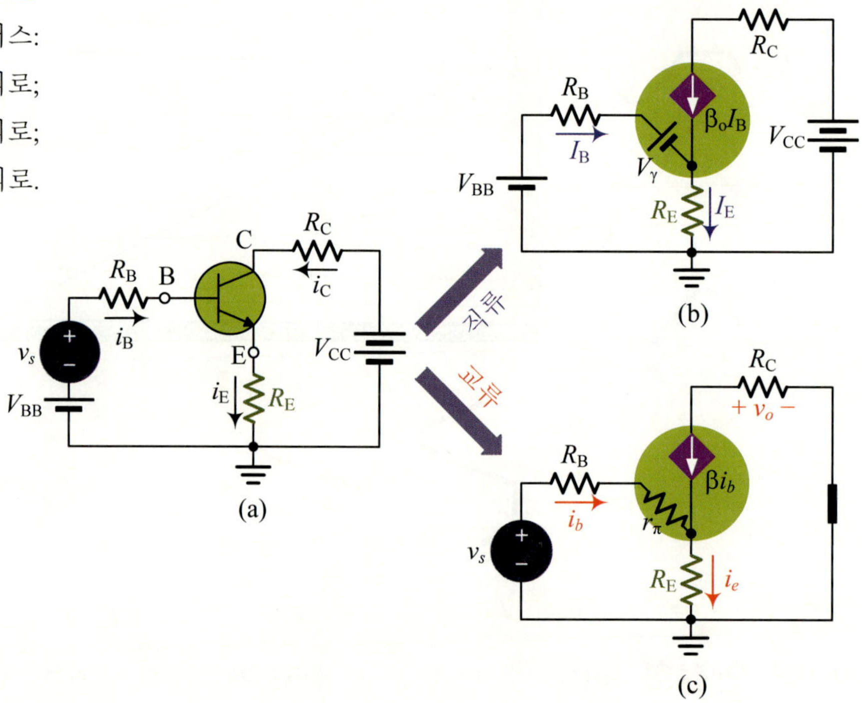

그림 2-23
이미터 안정화 바이어스:
(a) 전체 회로;
(b) 직류 회로;
(c) 교류 회로.

는 전류가 $I_E=(\beta_o+1)I_B$임을 유의하여 KVL을 적용하면 다음과 같다.

$$V_{BB} = R_B I_B + V_\gamma + R_E I_E = R_B I_B + V_\gamma + R_E(\beta_o + 1)I_B \quad \textbf{(2-3-2)}$$

따라서 베이스 및 컬렉터 전류는

$$I_B = \frac{V_{BB} - V_\gamma}{R_B + (\beta_o + 1)R_E} \quad \textbf{(2-3-3)}$$

및

$$I_C = \frac{\beta_o(V_{BB} - V_\gamma)}{R_B + (\beta_o + 1)R_E} \quad \text{(2-3-4)}$$

여기서 $V_{BB} >> V_\gamma$ 및 $(\beta_o+1)R_E >> R_B$를 만족하도록 소자 값들을 설정하면 컬렉터 바이어스 전류는 $\beta_o >> 1$을 이용하면

$$I_C \cong \frac{\beta_o V_{BB}}{(\beta_o + 1)R_E} \cong \frac{V_{BB}}{R_E} \quad \text{(2-3-5)}$$

와 같이 거의 V_γ와 β_o에 무관하게 할 수 있다. 따라서 이미터 안정화 저항 R_E의 역할은 컬렉터 전류에 대한 β_o의 영향을 억제함으로써 온도에 의한 변동이 무시되게 만드는 것이다.

이미터 안정화 바이어스 방법은 동작점을 안정시키는 대가로 교류 이득이 희생되며 그림 2-23(c)로부터 이를 알 수 있다. 여기서 저항 R_E에 흐르는 전류가 $i_e=(1+\beta)i_b$임을 유의하여 베이스-이미터 루프에 KVL을 적용하면 다음과 같다.

$$i_b = \frac{v_b}{R_B + r_\pi + (\beta + 1)R_E} \quad \text{(2-3-6)}$$

이로부터 출력 전압이

$$v_o = -R_C \beta i_b = -\frac{R_C}{R_B + r_\pi + (\beta + 1)R_E} v_b \quad \text{(2-3-7)}$$

이므로 전압 이득은 다음과 같다.

$$A_v = -\frac{\beta R_C}{R_B + r_\pi + (\beta + 1)R_E} \quad \text{(2-3-8)}$$

위의 식은 이미터 안정화 저항 R_E가 없을 경우인 식 (2-2-12)와 비교하면 분모에 $(\beta+1)R_E$ 항에 의해 전압 이득이 저하됨을 알 수 있다.

고정 바이어스

그림 2-23(a)의 회로는 베이스 전류를 공급하는 V_{BB}와 컬렉터 전류를 공급하는 V_{CC}의 두 가지 전원이 필요하다는 단점이 있다. 실제 여러분들이 사용하는 휴대용 전자기기에 두 가지 전지가 필요하다면 얼마나 번거롭겠는가? 그림 2-24(a)는 V_{CC} 하나로서 V_{BB}와 V_{CC}의 기능을 겸하며 이를 고정 바이어스라 한다. 그림 2-24(a)는 베이스에서 바라본 등가회로를 이용하면 그림 (b)와 등가이며 이는 그림 2-23(a)에서 V_{BB} 대신 V_{CC}를 대체한 것과 동일하다. 따라서 베이스 바이어스 전류는 식 (2-3-3)에서 V_{BB} 대

그림 2-24
(a) 고정 바이어스 회로;
(b) 등가 회로.

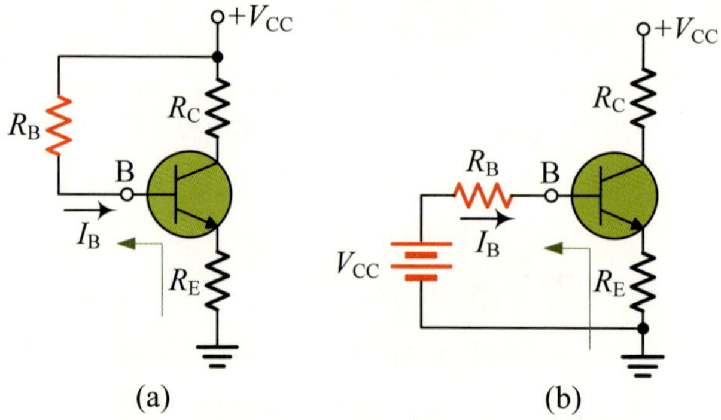

신 V_{CC}를 대입하면 다음과 같다.

$$I_B = \frac{V_{CC} - V_\gamma}{R_B + (\beta_o + 1)R_E} \tag{2-3-9}$$

그림 2-23(a)에서 베이스 전류는 컬렉터 전류에 비해 충분히 작기 때문에 V_{BB}는 V_{CC}에 비해 충분히 작은 것이 보통이다. 그러나 고정 바이어스는 베이스 전압원을 V_{CC}로 고정시켜 버리기 때문에 알맞은 수준의 베이스 전류를 얻기 위해 베이스 저항 R_B를 매우 크게 하여야 한다. R_B의 크기는 통상 수백 kΩ 수준에 이른다.

예제 2-2

그림 2-24(a)의 회로에서 소자들이 다음과 같을 때 동작점을 구하라:

β_o=50, V_{CC}=20 V, R_B=400 kΩ, R_C=2 kΩ, R_E=1 kΩ.

풀이

$$I_B = \frac{V_{CC} - V_\gamma}{R_B + (\beta_o + 1)R_E} = \frac{20 - 0.7}{400 + 51 \times 1}\text{mA} = \mathbf{42.8\ \mu A}$$

$$I_C = \beta_o I_B = 50 \times 42.8\ \mu\text{A} \cong \mathbf{2.14\ mA}$$

$$\begin{aligned} V_{CE} &= V_{CC} - R_C I_C - R_E I_E \\ &\cong V_{CC} - (R_C + R_E) I_C \\ &= 20\text{ V} - 3\text{ k}\Omega \times 2.14\text{ mA} = \mathbf{13.58\ V} \end{aligned}$$

전압분배 바이어스

그림 2-25(a)의 전압분배 바이어스는 단일 전원 V_{CC}로써 컬렉터와 베이스 바이어스 전류를 모두 공급하되, V_{CC}를 베이스에 직접 공급하는 대신 전압분배기 저항인 R_1과 R_2로써 분배하여 전압을 낮춘 다음 베이스 전원으로 공급한다. 그림 2-25(a)는 베이스에 대한 테브닌 등가회로를 이용하면 그림 (b)와 등가이며 등가 전압 V_{BB}와 등가 저항 R_B는 다음과 같이 주어진다.

$$V_{BB} = \left(\frac{R_2}{R_1 + R_2}\right)V_{CC}, \quad R_B = R_1 \| R_2 = \frac{R_1 R_2}{R_1 + R_2} \tag{2-3-10}$$

따라서 전압분배 바이어스는 베이스에 공급되는 전압을 자유로 조정할 수 있으며 고정 바이어스 경우와 같이 베이스에 매우 큰 저항을 사용하지 않아도 된다. 전압분배 바이어스 회로의 동작점은 식 (2-3-10)를 식 (2-3-3)에 대입하여 구할 수 있다. 전압분배 바이어스는 가장 널리 사용되는 바이어스이다.

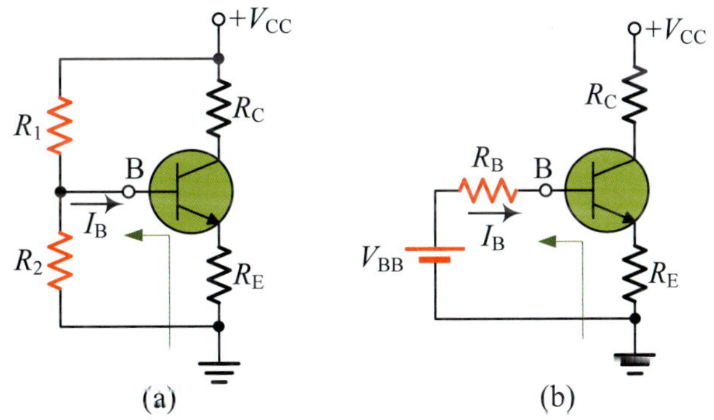

그림 2-25
(a) 전압분배 바이어스 회로; (b) 등가 회로.

예제 2-3

그림 2-25(a)의 회로에서 소자들이 다음과 같을 때 동작점을 구하라:

β_o=75, V_{CC}=20 V, R_1=5 kΩ, R_2=500 Ω, R_C=500 Ω, R_E=100 Ω.

풀이 식 (2-3-10)으로부터

$$V_{BB} = \left(\frac{R_2}{R_1+R_2}\right)V_{CC} = \frac{0.5}{5+0.5}\times 20\text{ V} = \mathbf{1.82\ V},$$

$$R_B = \frac{R_1R_2}{R_1+R_2} = \frac{5\times 0.5}{5+0.5}\text{k}\Omega = \mathbf{455\ \Omega}.$$

식 (2-3-3)으로부터

$$I_B = \frac{V_{BB}-V_\gamma}{R_B+(\beta_o+1)R_E} = \frac{1.82-0.7}{455+76\times 100} = \mathbf{0.14\ mA}$$

$$I_C = \beta_o I_B = 75\times 0.14\text{ mA} = \mathbf{10.6\,mA}$$

$$V_{CE} \cong V_{CC}-(R_C+R_E)I_C = 20\text{ V}-600\,\Omega\times 10.6\text{ mA} = \mathbf{13.6\ V}$$

컬렉터 궤환 바이어스

그림 2-26은 컬렉터 저항 R_C의 궤환 작용으로써 바이어스를 안정화시키는 컬렉터-궤환 바이어스 회로이다. 컬렉터-베이스-이미터로 이루어진 루프에 KVL을 적용하면(저항 R_C에는 이미터 전류 I_E가 흐른다).

$$\begin{aligned} V_{CC} &= (R_C+R_E)I_E + R_BI_B + V_{BE} \\ &= [(\beta_o+1)(R_C+R_E)+R_B]I_B + V_\gamma \end{aligned} \qquad \textbf{(2-3-11)}$$

위의 식으로부터 동작점은

$$I_B = \frac{V_{CC}-V_\gamma}{R_B+(\beta_o+1)(R_C+R_E)} \qquad \textbf{(2-3-12)}$$

$$V_{CE} = V_{CC}-(R_C+R_E)I_E = V_{CC}-(\beta_o+1)(R_C+R_E)I_B \qquad \textbf{(2-3-13)}$$

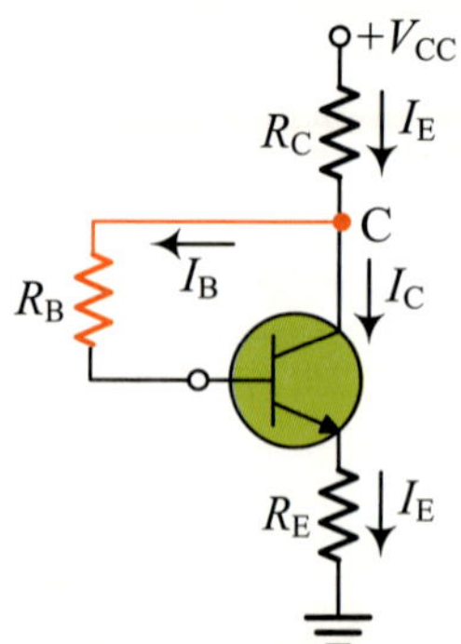

그림 2-26 컬렉터 궤환 바이어스 회로.

컬렉터 궤환 바이어스는 트랜지스터가 포화되지 않는다는 장점이 있다. 그림 2-26에서 컬렉터-베이스 전압은 R_B 양단 전압과 같다. 즉

$$V_{CB} = R_B I_B > 0 \tag{2-3-14}$$

로 항상 양이므로

$$V_{CE} = V_{CB} + V_\gamma > V_\gamma \tag{2-3-15}$$

가 되어 V_{CE}는 $V_{CE(sat)} \cong 0.2\ \mathrm{V}$보다 항상 크기 때문이다.

정전류원 바이어스

트랜지스터는 온도 변화에 약하므로 이에 대한 적절한 보상이 필요하다. 그림 2-27은 정전압원 바이어스 회로(그림 (a))와 정전류원 바이어스 회로(그림 (b))의 온도 변화에 따른 변동을 비교한 것이다. 먼저 그림 (a)의 정전압원에 의한 바이어스 경우는 직류 전압원에 의해서만 바이어스가 결정되며 V_{BE}는 온도가 변하더라도 약 0.7 V를 중심으로 수십 분의 일 볼트 정도의 변동만 있다. 반면에 바이어스 전류는 트랜지스터를 파괴할 수 있을 정도의 큰 폭으로 변동할 수 있다. 이에 비해 그림 (b)의 정전류원 바이어스 경우는 바이어스 전류가 정전류원에 의해 강제로 고정된다. 따라서 주위 온도가 변하더라도 정해진 바이어스 전류에 맞도록 V_{BE}가 자체적으로 조정되며 그 변동 폭은 그림 (a)에서 전류가 변동하는 폭에 비하면 거의 문제가 되지 않는다. 이상으로 트랜지스터 회로에 정전류원을 활

그림 2-27
(a) 정전압 바이어스의 온도에 의한 변화;
(b) 정전류원 바이어스의 온도에 의한 변화.

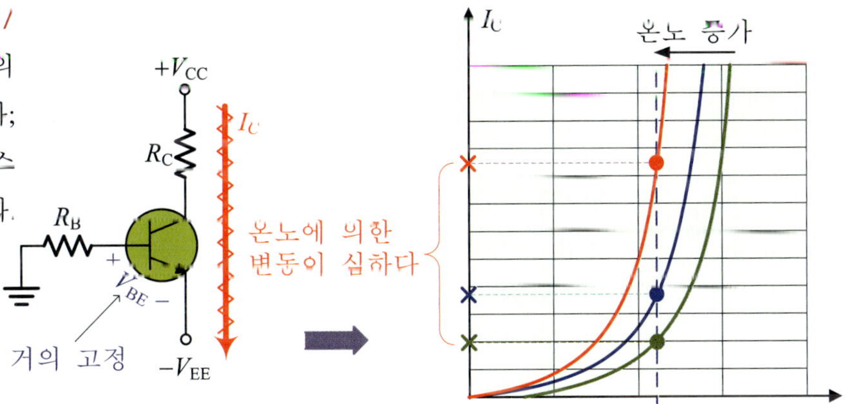

(a)

그림 2-27
(계속).

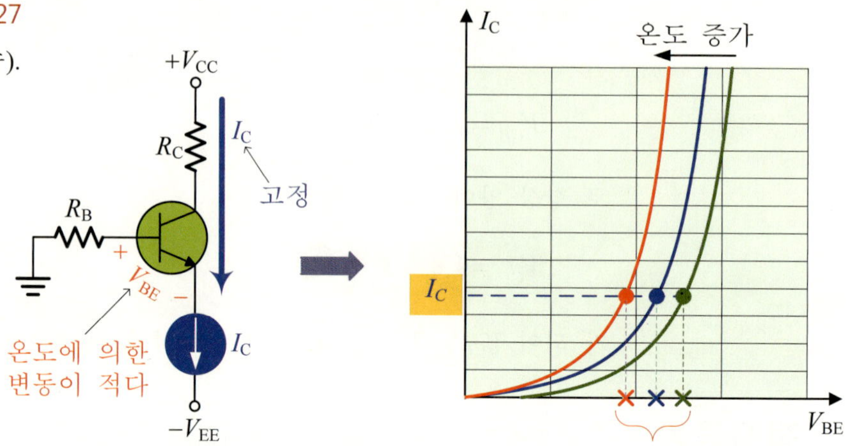

(b)

용하면 정전압원만 사용하는 경우에 비해 매우 유리함을 알 수 있다. 다만 정전류원은 개별 소자로서는 이루기 쉽지 않고 집적 회로에서만 제조 공정 특성상 용이하다. 따라서 그림 2-27(b)의 전류원 바이어스는 주로 집적 회로에서 사용되며 이에 대해서는 6장과 14장에서 자세히 설명한다.

2-4 매트랩

함수 bjtQ.m은 고정 바이어스(2-24(a))와 전압분배 바이어스(그림 2-25(a)) 및 컬렉터 궤환 바이어스(그림 2-26)에 대한 바이어스 해석이다. 물론 전압의 단위는 V, 저항의 단위는 kΩ, 전류의 단위는 mA로 한다. 입력 변수 VCC는 전압원 V_{CC}이며, betao는 β_o이다. 그리고 바이어스 저항 Rbias는 전압 분배 바이어스의 경우는 그림 2-25(a)에 맞추어

Rbias=[R1, R2, RC, RE]

의 순서이며 고정 바이어스(2-24(a))나 컬렉터 궤환 바이어스(그림 2-26)는

Rbias=[RB, RC, RE]

의 순서임을 유의하여야 한다. 바이어스 유형은 type로 결정한다.

```
function   [Q, re, rc]=bjtQ(VCC, betao, Rbias, type)
% [BJT의 Q점 해석]
% <입력 변수>
%      VCC; 전압원
%      betao; 직류 전류 증폭률
%      Rbias=[R1, R2, RC, RE]; 전압분배 바이어스의 저항(k Ohm)
%            =[RB, RC, RE]; 고정 및 컬렉터 궤환 바이어스 저항(k Ohm)
%      type='vd'; 전압분배(voltage divider) 바이어스
%           ='fx'; 고정(fixed) 바이어스
%           ='fb'; 컬렉터 궤환(collector feedback) 바이어스
% <출력 변수>
%      Q=[ICQ, VCEQ]; 동작점
%      re; 입력 저항(k Ohm)
%      rc; 출력 저항(k Ohm)
if  type=='vd'  % 전압분배 바이어스
    R1=Rbias(1); R2=Rbias(2); RC=Rbias(3); RE=Rbias(4);
    VBB=VCC*R2/(R1+R2); RB=R1*R2/(R1+R2)
    IBQ=(VBB-0.7)/(RB+(betao+1)*RE);
elseif  type=='fx'  % 고정 바이어스
    RB=Rbias(1); RC=Rbias(2); RE=Rbias(3);
    IBQ=(VCC-0.7)/(RB+(betao+1)*RE);
elseif  type=='fb'  % 컬렉터 궤환 바이어스
    RB=Rbias(1); RC=Rbias(2); RE=Rbias(3);
    IBQ=(VCC-0.7)/(RB+(betao+1)*(RC+RE));
else  error('없는 유형!')
end
% 동작점
ICQ=betao*IBQ;   VCEQ=VCC-(RC+RE)*ICQ;
Q=[ICQ, VCEQ];
re=26e-3/ICQ;   rc=100/ICQ;
```

예제 M2-1

예제 2-2를 bjtQ.m으로 실행하면 다음과 같다.

```
>> [Q, re, rc]=bjtQ(20, 50, [400, 2, 1], 'fx')
Q=
   2.1397   13.5809
re=
   0.0122
rc=
   46.7358
```

즉 I_{CQ}=2.1397 mA, V_{CEQ}=13.5809 V이며 r_e=0.0122 kΩ, r_c=46.73 kΩ이다.

예제 M2-1

예제 2-3을 bjtQ.m으로 실행하면 다음과 같다.

```
>> [Q, re, rc]=bjtQ(20, 75, [5, 0.5, 0.5, 0.1], 'vd')
VBB=
     1.8182
RB=
     0.4545
Q=
   10.4120   13.7528
re=
   0.0025
rc=
   9.6043
```

즉 식 (2-3-10)으로부터

V_{BB}=1.81 V, R_B=0.4545 kΩ

이며 동작점은

I_{CQ}=2.1397 mA, V_{CEQ}=13.5809 V

그리고 입출력 등가 저항은

r_e=0.0122 kΩ, r_c=9.6043 kΩ

연습 문제

2-1 BJT를 활성화시키는 바이어스 방법에 대해 설명하라.

2-2 BJT에서 컬렉터는 베이스 전류에 의해 제어되는 종속 전류원임을 설명하라.

2-3 BJT의 포화 현상에 대해 설명하라.

2-4 BJT가 교류를 올바르게 증폭하기 위해서는 직류의 도움이 필수적인 이유를 설명하라.

2-5 이상적인 BJT의 컬렉터 특성곡선에 대해 설명하라.

2-6 실제 BJT의 교류 증폭률이 동작점에 따라 변동하는 이유는 무엇인가?

2-7 BJT의 등가회로에 대해 설명하라.

2-8 그림 P2-8 회로의 동작점을 구하라.

그림 P2-8

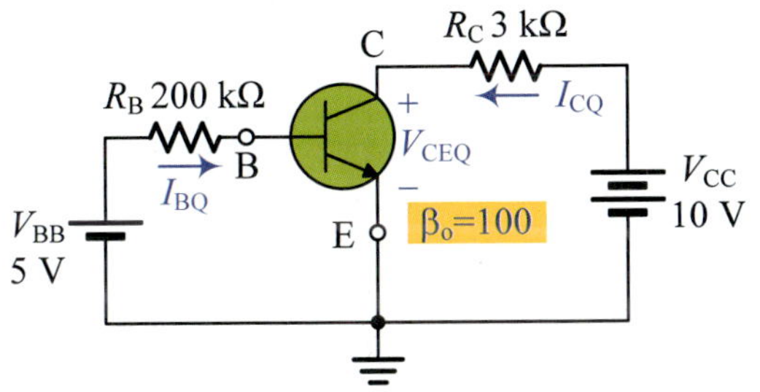

2-9 그림 P2-9에서 β_o가 50~200 사이에 걸쳐 변할 때 동작점의 변동을 구하라.

그림 P2-9

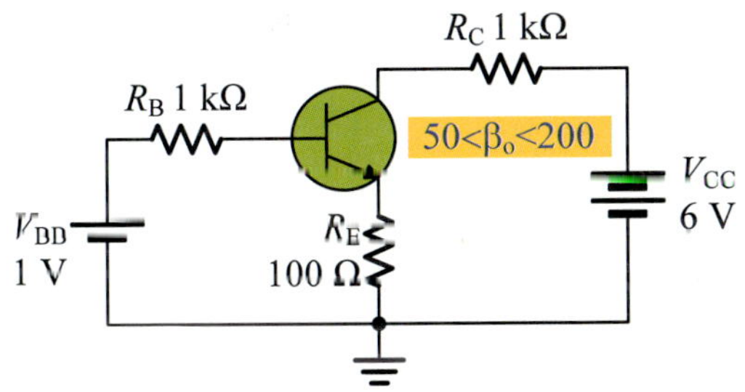

2-10 그림 P2-10의 동작점을 구하라.

2-11 그림 P2-11은 이미터 단자에 음의 바이어스 전원을 걸어준 형태이다. 이 회로의 동작점이 그림 P2-10과 동일함을 보여라.

2-12 그림 P2-12의 동작점을 구하라.

2-13 그림 P2-13은 *pnp* BJT에 대한 바이어스 회로이다. 동작점을 구하라.

그림 P2-10

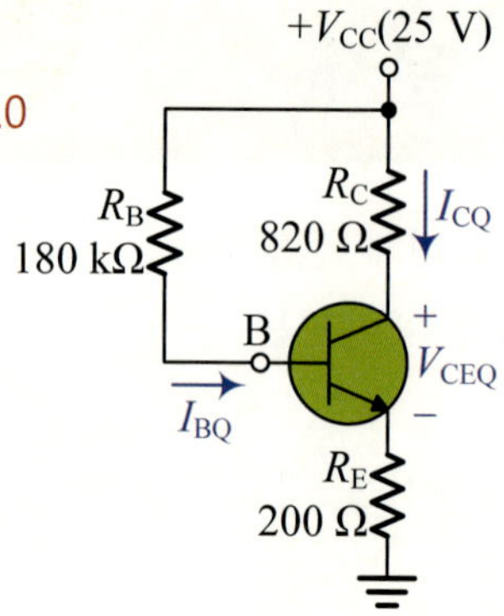

그림 P2-11

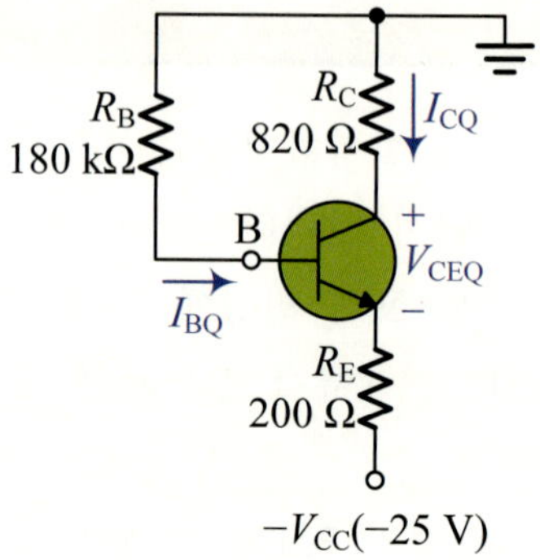

그림 P2-12

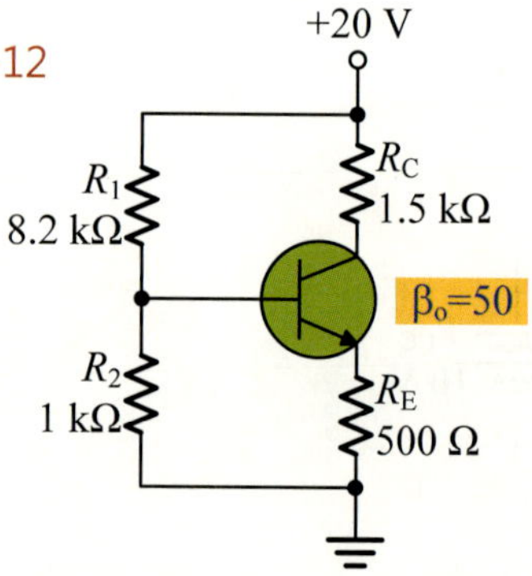

그림 P2-13

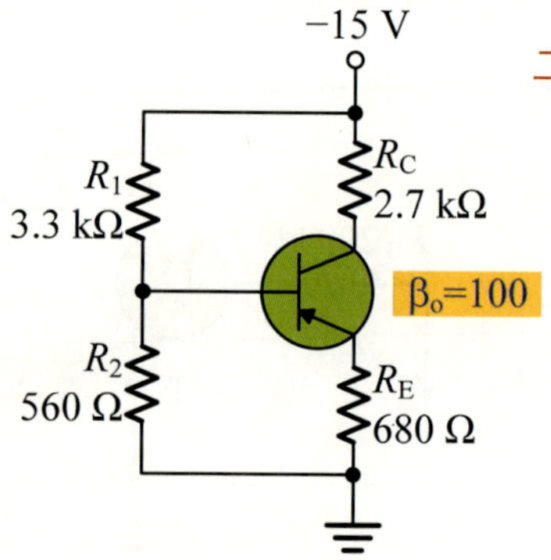

2-14 그림 P2-14에서 다이오드 D_1, D_2, D_3의 양단 전압이 트랜지스터의 베이스-이미터 전압과 같이 0.7V일 때 이미터 전류는 β_o와 무관하게 정해짐을 보여라.

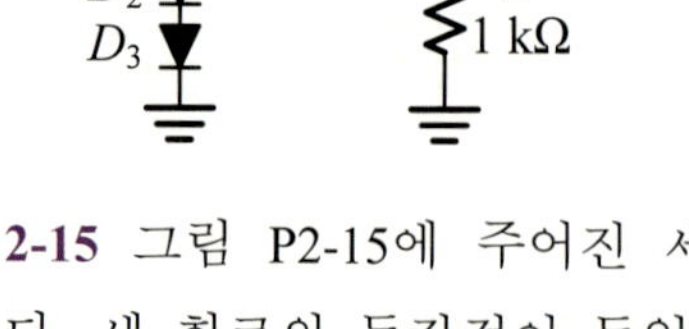

그림 P2-14

2-15 그림 P2-15에 주어진 세 회로는 트랜지스터의 특성이 동일하며 β_o=120이다. 세 회로의 동작점이 동일함을 보여라.

그림 P2-15

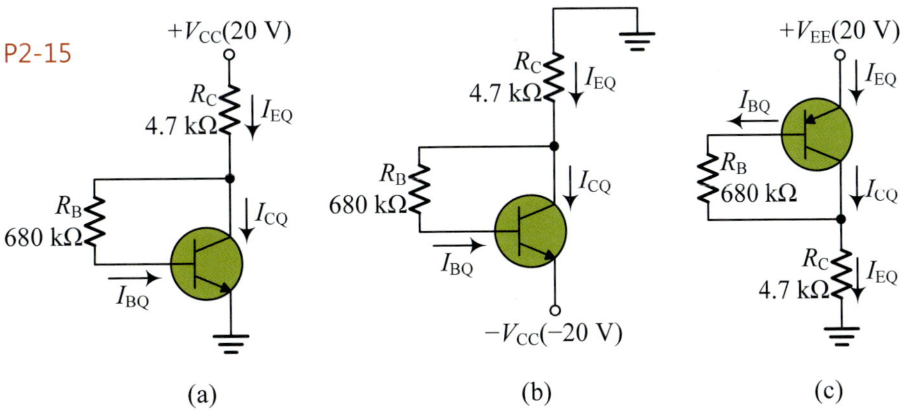
+VCC(20 V)
RC
4.7 kΩ
IEQ
RB
680 kΩ
ICQ
IBQ
(a)
RC
4.7 kΩ
IEQ
RB
680 kΩ
ICQ
IBQ
−VCC(−20 V)
(b)
+VEE(20 V)
IEQ
IBQ
RB
680 kΩ
ICQ
RC
4.7 kΩ
IEQ
(c)

3장 BJT 소신호 증폭기

약한 신호(소신호)를 증폭해 주는 증폭기는 전자 회로에서 가장 중요한 부분을 차지하는 시스템이다. 특히 증폭기는 신호의 종류와 사용 용도에 따라 다양한 형태가 있으며 각 유형의 증폭기의 특징을 이해하는 것이 전자 회로를 이해하는 지름길이다. 증폭기는 BJT와 FET를 이용한 개별 소자 증폭기와 집적 회로로 구성된 연산 증폭기 등이 있다. 연산 증폭기는 기실 여러 단의 BJT 증폭기나 FET 증폭기, 또는 그 결합으로 이루어진 것이므로 기본 BJT 증폭기와 FET 증폭기를 이해하는 것이 매우 중요하다. 증폭기는 소신호를 증폭하는 소신호 증폭기와 이미 충분히 증폭된 대신호를 증폭하는 전력 증폭기로 대별할 수 있으며 이 장에서는 BJT 소신호 증폭기에 대해 설명한다. BJT 증폭기는 세 가지 기본 유형이 있으며 이들을 조합함으로써 더욱 다양한 증폭기를 구성할 수 있다.

목차

3-1 BJT 증폭기의 유형

BJT 증폭기 구성 BJT의 세 단자 중 하나는 입력 단자로 하고 또 다른 하나를 출력 단자로 하며 나머지 한 단자는 공통(접지) 단자로 한다. 그러나 BJT의 컬렉터는 기능상 종속 전류원 역할을 하므로 입력 단자로 사용하지 않는다. 따라서 BJT 증폭기의 구성은 그림 3-1과 같은 세 가지 기본 형태로 이루어진다. 그림 (a)는 베이스를 입력단으로, 컬렉터를 출력단으로 하고 이미터를 공통 단자로 하므로 이미터-공통(common emitter; CE) 구성이라 한다. 그림 (b)는 이미터를 입력단으로, 컬렉터를 출력단으로 하고 베이스를 공통 단자로 하므로 베이스-공통(common base; CB)이라 한다. 그리고 그림 (c)의 경우는 베이스를 입력단으로, 이미터를 출력단으로 하고 컬렉터를 공통 단자로 하는 컬렉터-공통(common collector; CC) 이라 한다. 이 세 가지 구성은 각기 고유한 특성이 있으며 이들을 잘 이해하는 것이 중요하다.

그림 3-1
BJT의 구성:
(a) 이미터-공통;
(b) 베이스-공통;
(c) 컬렉터-공통.

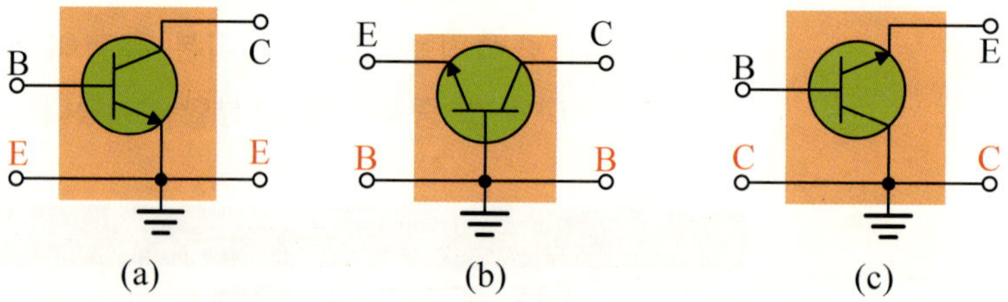

소신호 등가회로 그림 3-2(a) 이미터-공통 구성의 소신호 등가회로는 그림 2- 에서 소개한 소신호 등가회로를 4단자 회로망 형태로 표현하면 그림 3-2(b)와 같다. 여기서 입력 저항 r_π는

그림 3-2
(a) 이미터-공통 구성
(b) 소신호 등가회로

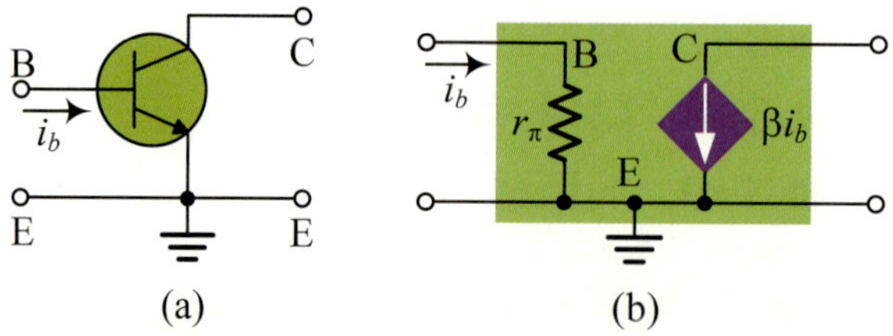

$$r_\pi = (\beta + 1)r_e \tag{3-1-1}$$

이며 저항 r_e는

$$r_e = \frac{26\ \text{mV}}{I_{\text{EQ}}} \tag{3-1-2}$$

이다. 소신호 등가회로는 교류 등가회로라 하기도 하며 앞으로는 이렇게 부르기로 한다. 그림 3-3(a)와 같이 이미터에 저항이 있는 이미터-공통 구성을 자주 접하게 되므로 이를 간단히 등가화하는 작업이 필요하다. 그림 (a)의 등가회로는 그림 (b)이며 이를 간소화한 것이 그림 (c)이다. 즉 그림 (b)의 입력 전압 v_b를 i_b로 표현해보면

$$v_b = r_b i_b + R_\text{E}(\beta + 1)i_b = [r_\pi + (\beta + 1)R_\text{E}]i_b \tag{3-1-3}$$

이다. 여기서 베이스-이미터간의 전체 저항을 r_π'라 하면

$$r_\pi' = r_\pi + (\beta + 1)R_\text{E} \tag{3-1-4}$$

이며 그림 (c)의 입력단과 등가가 됨을 알 수 있다. 그리고 그림 (b)와 (c)의 출력단은 전류원이므로 서로 전류만 같으면 등가가 된다. 따라서 그림 (b)와 (c)는 입력단과 출력단에 대해 모두 등가이다. 따라서 그림 3.5의 (b)는 (c)와 등가이다. 그 결과 이미터에 있는 저항 R_E는 베이스에서 바라보면 (β+1)배로 확대된 $(\beta+1)R_\text{E}$로 보이게 되며 이를 임피던스 반사(impedance reflection)이라 한다.

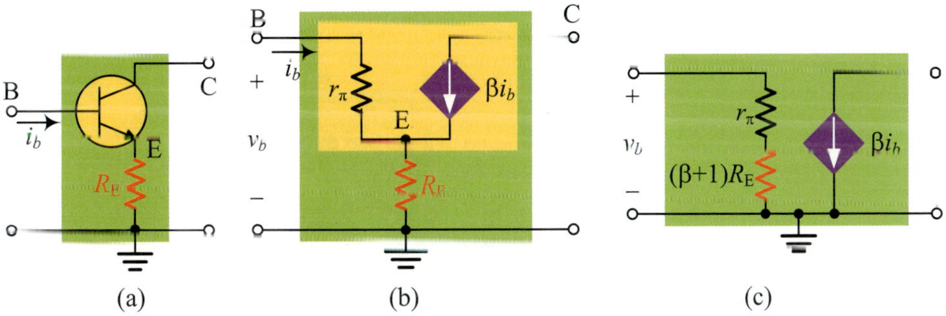

그림 3-3 (a) 이미터 저항이 있는 이미터-공통 구성과 (b) 교류 등가 회로 및 (c) 간소화한 등가회로.

3-2 이미터-공통(CE) 증폭기

그림 3-4(a)는 전압분배 바이어스 회로에 교류 및 부하를 결합한 회로이다. 바이어스 회로에 교류와 부하를 직접 결합하게 되면 바이어스 회로의 동작점이 변한다. 따라서 직류에 영향을 주지 않도록 교류는 입력 결합 커패시터 C_{in}을 통해, 부하는 출력 결합 커패시터 C_{out}를 통해 각각 회로와 결합된다. 그리고 이미터 안정화 저항 R_E는 교류 증폭률을 저하시키므로 측로(bypass) 커패시터 C_E를 통해 교류적으로 단락시킨다(그림 2-25 참조). 물론 각 커패시터는 용량을 충분히 크게 하여 교류에 대해서는 단락회로로 동작하게 하므로 당분간 모든 결합 커패시터 및 측로 커패시터 용량은 무한대로 가정한다. 그림 3-6의 (a)에 대한 교류 회로를 얻기 위해 모든 커패시터와 직류 전압원을 단락시키면 그림 (b)의 교류 회로를 구할 수 있다. 그리고 그림 (b)를 이해하기 쉽게 정리한 것이 그림 (c)이며

그림 3-4
이미터-공통 증폭기
(a) 전체 회로
(b), (c) 교류회로
(d) 간소화된 교류회로
(e) 교류 등가회로

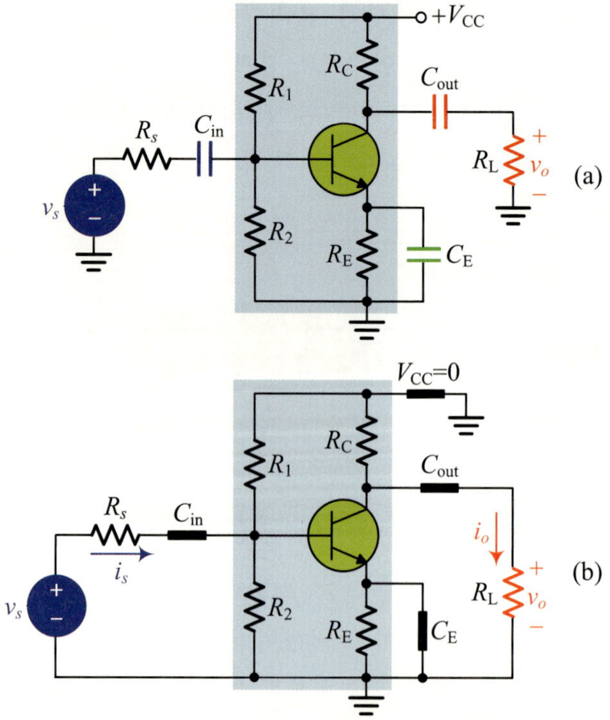

그림 3-4 (계속)

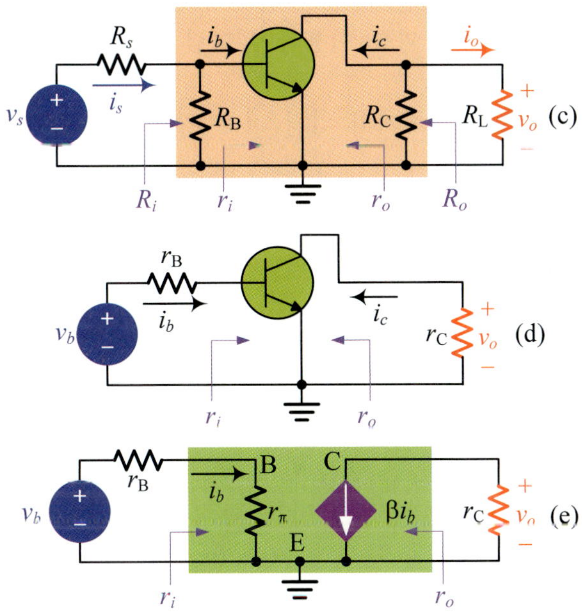

R_B는 다음과 같다.

$$R_{\mathrm{B}} = R_1 \| R_2 = \frac{R_1 R_2}{R_1 + R_2} \quad \textbf{(3-2-1)}$$

테브닌 정리를 이용하여 그림 3-6(c)를 더욱 간단히 하면 그림 (d)가 되며 v_b, r_B, r_C는 다음과 같다.

$$\begin{cases} v_b = \dfrac{R_{\mathrm{B}}}{R_s + R_{\mathrm{B}}} v_s, \\ r_{\mathrm{B}} = R_s \| R_B = \dfrac{R_s R_{\mathrm{B}}}{R_s + R_{\mathrm{B}}}, \\ r_{\mathrm{C}} = R_{\mathrm{C}} \| R_{\mathrm{L}} = \dfrac{R_{\mathrm{C}} R_{\mathrm{L}}}{R_{\mathrm{C}} + R_{\mathrm{L}}} \end{cases} \quad \textbf{(3-2-2)}$$

최종적인 교류 회로인 그림 (d)를 교류 등가회로로 나타낸 것이 그림 (e)이다. 여기서 $G_v = v_o / v_b$라 하면

$$G_v = \frac{v_o}{v_b} = -\frac{\beta r_{\mathrm{C}}}{r_{\mathrm{B}} + r_\pi} \quad \textbf{(3-2-3)}$$

임을 쉽게 알 수 있다. 그리고 BJT의 입력 저항 r_i 및 출력 저항 r_o는

$$r_i = r_\pi, \quad r_o = \infty \tag{3-2-4}$$

이다. 이상의 결과를 이용하여 그림 3-6(c)의 특성을 알아본다.

입력 저항 증폭기의 입력 저항 R_i는 다음과 같다.

$$R_i = R_B \| r_i = R_B \| r_\pi \tag{3-2-5}$$

출력 저항 증폭기의 출력 저항 R_o는 다음과 같다.

$$R_o = r_o \| R_C = R_C \tag{3-2-6}$$

전압 이득 증폭기의 전압 이득 $A_v = v_o/v_s$는 식 (3-2-3)의 G_v를 이용하면

$$A_v = \frac{v_o}{v_s} = \left(\frac{v_o}{v_b}\right)\left(\frac{v_b}{v_s}\right) = G_v\left(\frac{v_b}{v_s}\right) \tag{3-2-7}$$

로 표현된다. 따라서 식 (3-2-3)의 첫 번째 식을 이용하면 A_v는

$$A_v = G_v\left(\frac{R_B}{R_s + R_B}\right) = -\left(\frac{\beta r_C}{r_B + r_\pi}\right)\left(\frac{R_B}{R_s + R_B}\right) \tag{3-2-8}$$

전류 이득 전류 이득 $A_i = i_o/i_s$는 전압 이득 A_v를 이용하여 다음과 같이 표현할 수 있다.

$$A_i = \frac{i_o}{i_s} = \left(\frac{v_s}{i_s}\right)\left(\frac{v_o}{v_s}\right)\left(\frac{i_o}{v_o}\right) = A_v\left(\frac{v_s}{i_s}\right)\left(\frac{i_o}{v_o}\right) \tag{3-2-9}$$

그리고 그림 3-4(c)에서

$$\frac{v_s}{i_s} = R_s + R_i, \quad \frac{i_o}{v_o} = \frac{1}{R_L}$$

이므로 전류 이득은 다음과 같다.

$$A_i = A_v\left(\frac{R_s + R_i}{R_L}\right) = -\left(\frac{\beta r_C}{r_B + r_\pi}\right)\left(\frac{R_B}{R_s + R_B}\right)\left(\frac{R_s + R_i}{R_L}\right) \tag{3-2-10}$$

예제 3-1

그림 3-4(a)의 회로에서 $\beta_o=\beta=160$이며 소자들의 값이 다음과 같다:

$V_{CC}=12$ V, $R_s=600\ \Omega$, $R_1=47$ kΩ, $R_2=10$ kΩ, $R_C=4.7$ kΩ, $R_E=1$ kΩ, $R_L=4.7$ kΩ

(a) 동작점을 구하라. (b) 입력 저항, 출력 저항 및 전압 이득, 전류 이득을 구하라.

풀이 각 직류를 구하면 다음과 같다.

(a) $$V_{BB}=\frac{R_2}{R_1+R_2}V_{CC}=\frac{10}{47+10}\times 12=\mathbf{2.1\ V}$$

$$R_B=R_1\|R_2=\frac{47\times 10}{47+10}\text{k}\Omega=\mathbf{8.25\ k\Omega}$$

$$I_B=\frac{V_{BB}-V_\gamma}{R_B+(1+\beta_O)R_E}=\frac{2.1-0.7}{8.25+161\times 1}\text{mA}=\mathbf{8.3\ \mu A}$$

$$I_E\cong I_C=\beta_o I_B=160\times 8.3\ \mu\text{A}=\mathbf{1.33\ mA}$$

$$V_{CE}\cong V_{CC}-(R_C+R_E)I_C=12-5.7\times 1.33=\mathbf{4.42\ V}$$

(b) (a)의 결과로부터

$$r_\pi=\frac{26\text{ mV}}{I_{EQ}}\times(\beta+1)=\frac{26\text{ mV}}{1.33\text{ mA}}\times 161=\mathbf{3.13\ k\Omega}$$

$$R_i=R_B\|r_\pi=8.25\text{ k}\Omega\|3.13\text{ k}\Omega=\mathbf{2.27\ k\Omega}$$

$$R_o=R_C=\mathbf{4.7\ k\Omega}$$

$$r_B=R_s\|R_B=\frac{0.6\times 8.25}{0.6+8.25}\text{k}\Omega=0.56\text{ k}\Omega$$

$$r_C=R_C\|R_L=\frac{4.7\times 4.7}{4.7+4.7}\text{k}\Omega=2.35\text{ k}\Omega$$

$$G_v=-\frac{\beta r_C}{r_B+r_\pi}=\frac{160\times 2.35}{0.56+3.13}\cong -102$$

$$A_v=G_v\left(\frac{R_B}{R_s+R_B}\right)=-102\times\frac{8.25}{0.6+8.25}=\mathbf{-95}$$

$$A_i = A_v\left(\frac{R_s + R_i}{R_L}\right) = -95 \times \frac{0.6 + 2.27}{4.7} = \mathbf{-58}$$

예제 3-2

그림 3-5(a)의 회로에서 $\beta_o=\beta=100$, $r_\pi=1.3\ \text{k}\Omega$이다. 입력 저항, 출력 저항 및 전압 이득과 전류 이득을 구하라.

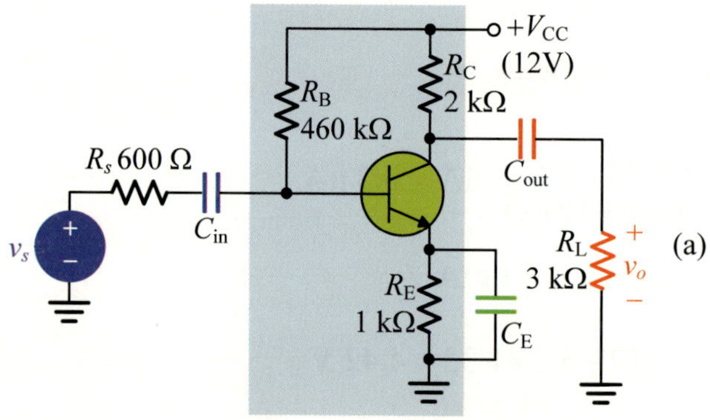

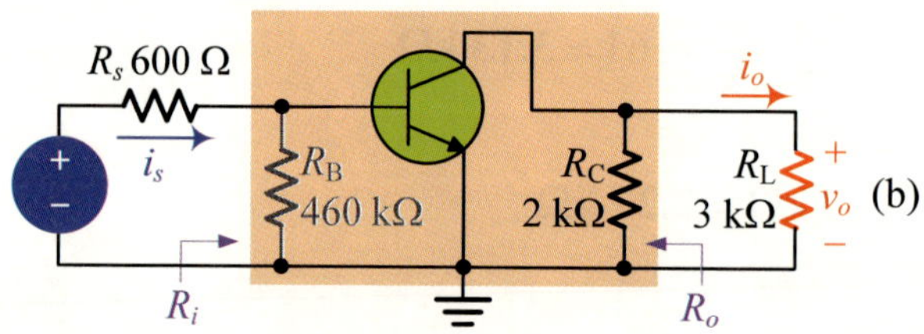

그림 3-5

(a) 예제 3-2의 회로;

(b) 교류회로.

풀이 그림 3-5(a)에 대한 교류회로는 그림 (b)와 같으며 R_B는 R_s나 r_π에 비해 충분히 크므로 회로에서 무시할 수 있다(개방 회로로 간주).

$$R_i = R_B \| r_\pi \cong r_\pi = \mathbf{1.3\ k\Omega}$$

$$R_o = R_C = \mathbf{2\ k\Omega}$$

$$r_B = R_s \| R_B \cong R_s = 0.6\ \text{k}\Omega$$

$$r_C = R_C \| R_L = \frac{2 \times 3}{2+3}\text{k}\Omega = 1.2\ \text{k}\Omega$$

$$G_v = -\frac{\beta r_C}{r_B + r_\pi} = -\frac{100 \times 1.2}{0.6 + 1.3} \cong -63$$

$$A_v = G_v\left(\frac{R_B}{R_s + R_B}\right) \cong G_v = \mathbf{-63}$$

$$A_i = A_v\left(\frac{R_s + R_i}{R_L}\right) = -63 \times \frac{0.6 + 1.3}{3} = \mathbf{-40}$$

예제 3-3

그림 3-6(a)의 회로에서 다음을 구하라:

(a) 이미터 직류 전류; (b) 입력 및 출력 저항; (c) 전압 및 전류 이득.

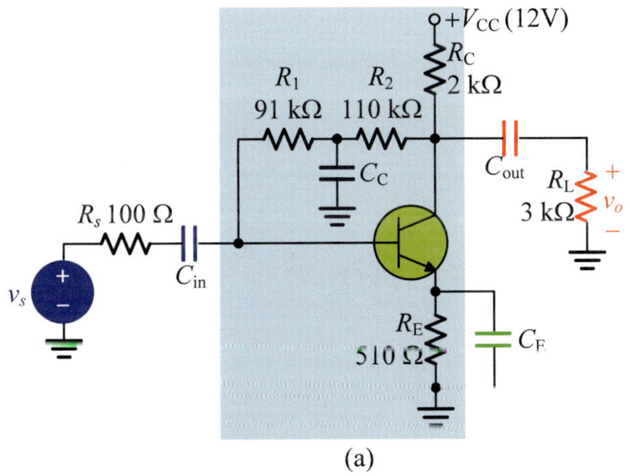

(a)

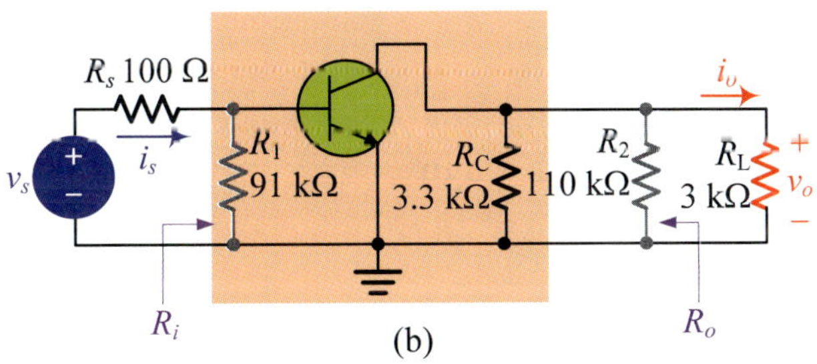

(b)

그림 3-6

(a) 예제 3-3의 회로;

(b) 교류회로.

풀이

(a) 직류에 대해 모든 커패시터는 개방 회로이므로 영향을 주지 않는다. 따라서 그림 3-6(a)의 바이어스 회로는 이미터 저항이 있는 컬렉터 궤환 바이어스 회로이며 저항 R_1과 R_2에는 베이스 직류 전류가 흐른다. KVL에 의해

$$V_{CC} = (R_C + R_E)I_E + (R_1 + R_2)I_B + V_\gamma = \left(R_C + R_E + \frac{R_1 + R_2}{\beta + 1}\right)I_E + V_\gamma$$

이로부터 이미터 직류 전류는 다음과 같다.

$$I_E = \frac{V_{CC} - V_\gamma}{R_C + R_E + \dfrac{R_1 + R_2}{\beta + 1}} = \frac{18 - 0.7}{3.3 + 0.51 + \dfrac{201}{76}} \cong \mathbf{2.7\ mA}$$

(b) 그림 3-6(a)의 교류 회로는 그림 (b)와 같으며 $R_1 >> R_s$, $R_2 >> R_L$이므로 무시할 수 있다.

$$r_\pi = \frac{26\text{ mV}}{I_{EQ}} \times (\beta + 1) = \frac{26\text{ mV}}{2.7\text{ mA}} \times 76 = \mathbf{722\ \Omega}$$

$$R_i = R_B \| r_\pi \cong r_\pi = \mathbf{722\ \Omega}$$

$$R_o = R_C \| R_2 \cong R_C = \mathbf{3.3\ k\Omega}$$

(c)

$$r_B = R_s \| R_1 \cong R_S = 0.1\text{ k}\Omega$$

$$r_C = R_C \| R_2 \| R_L \cong R_C \| R_L = \frac{3.3 \times 3}{3.3 + 3}\text{k}\Omega = 1.57\text{ k}\Omega$$

$$G_v = -\frac{\beta r_C}{r_B + r_\pi} = -\frac{75 \times 1.57}{0.1 + 0.722} \cong -143$$

$$A_v = G_v\left(\frac{R_1}{R_s + R_1}\right) \cong G_v = \mathbf{-143}$$

$$A_i = A_v\left(\frac{R_s + R_i}{R_L}\right) = -143 \times \frac{0.1 + 0.722}{3} = \mathbf{-39}$$

3-3 베이스-공통(CB) 증폭기

CB 등가회로 베이스-공통 구성은 그림 3-7(a)와 같으며 이에 대한 교류 등가회로는 그림 (b)와 같음을 알 수 있다(그림 3-2(b) 참조). 그림 3-7(b)의 등가회로를 그림 3-2(b)와 동일한 형태로 만드는 과정이 그림 3-7의 (c)와 (d)이다. 먼저 그림 3-7의 (b)와 (c)가 세 단자에 대해 등가가 되기 위해서는 이미터-베이스 전압 v_{eb}가 서로 같고, 컬렉터 전류 i_c가 서로 같으면 된다. 그림 3-7(b)의 v_{eb}는

$$v_{eb} = r_b i_b = r_b\left(\frac{i_e}{\beta+1}\right) = \left(\frac{r_b}{\beta+1}\right)i_e \qquad \textbf{(3-3-1)}$$

이며 우변 마지막 등식은 그림 3-7(c)의 v_{eb}와 같음을 알 수 있다. 다음으로 그림 3-9(b)의 컬렉터 전류 i_c는

그림 3-7
(a) 베이스-공통 구성;
(b) 교류 등가회로 1;
(c) 교류 등가회로 2;
(d) 최종 등가회로.

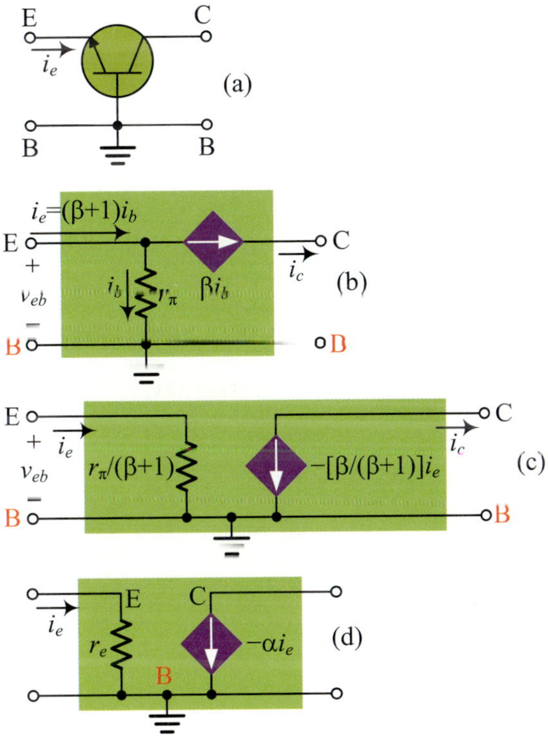

$$i_c = \beta i_b = \left(\frac{\beta}{\beta+1}\right) i_e \quad \textbf{(3-3-2)}$$

이므로 그림 3-7(c)의 컬렉터 전류 i_c와 동일하다. 따라서 그림 (c)는 그림 (b)와 등가이다. 그리고

$$r_e = \frac{r_\pi}{\beta+1}, \quad \alpha = \frac{\beta}{\beta+1} \quad \textbf{(3-3-3)}$$

의 관계를 이용하면 그림 3-7(c)는 그림 (d)와 같다. 또한 β>>1이므로 CB 증폭기의 전류 증폭률 크기는 α≅1이며 입력 저항 r_e도 이미터-공통 증폭기의 r_π에 비해 매우 낮다.

CB 증폭기

그림 3-8(a)는 베이스-공통 증폭기이며 입력은 C_{in}을 통해 이미터로 결합되며 출력은 C_{out}을 통해 컬렉터와 결합된다. 그리고 측로 커페시터 C_B에 의해 베이스는 교류적으로 접지된다. 그림 (a)에서 모든 커페시터들과 직류 전압원 V_{CC}를 단락시키면 교류 회로는 그림 (b)와 같이 구할 수 있다. 베이스-공통 형태가 분명해지도록 그림 (b)를 고쳐 그리면 그림 (c)와 같으며 이를 테브닌 정리로써 최종적으로 간소화하면 그림 (d)가 된다. 단 v_e, r_E, r_C는 다음과 같이 주어진다.

$$v_e = \frac{R_E}{R_s + R_E} v_s, \quad r_E = R_s \| R_E, \quad r_C = R_C \| R_L \quad \textbf{(3-3-4)}$$

마지막으로 그림 3-8(d)에 대한 교류 등가회로는 그림 (e)와 같으며 이는 그림 3-4(e)의 이미터-공통 증폭기 교류 등가회로와 형태가 동일임을 알 수 있다. 따라서 이미터-공통 증폭기에 대한 해석에서 파라미터만 바꾸면 베이스-공통 증폭기에 대한 해석 결과를 쉽게 얻을 수 있다. 그림 3-8(e)에서 α≅1임을 이용하여 $G_v=v_o/v_e$를 구하면

$$G_v = \frac{v_o}{v_e} = \frac{\alpha r_C}{r_E + r_e} \cong \frac{r_C}{r_E + r_e} \quad \textbf{(3-3-5)}$$

이며 입력 저항 r_i 및 출력 저항 r_o는

$$r_i = r_e, \quad r_o = \infty \quad \textbf{(3-3-6)}$$

이다. 이상의 결과를 이용하여 그림 3-8(c)의 특성을 알아본다.

그림 3-8
베이스-공통 증폭기
(a) 전체 회로
(b), (c) 교류회로
(d) 간소화된 교류회로
(e) 교류 등가회로

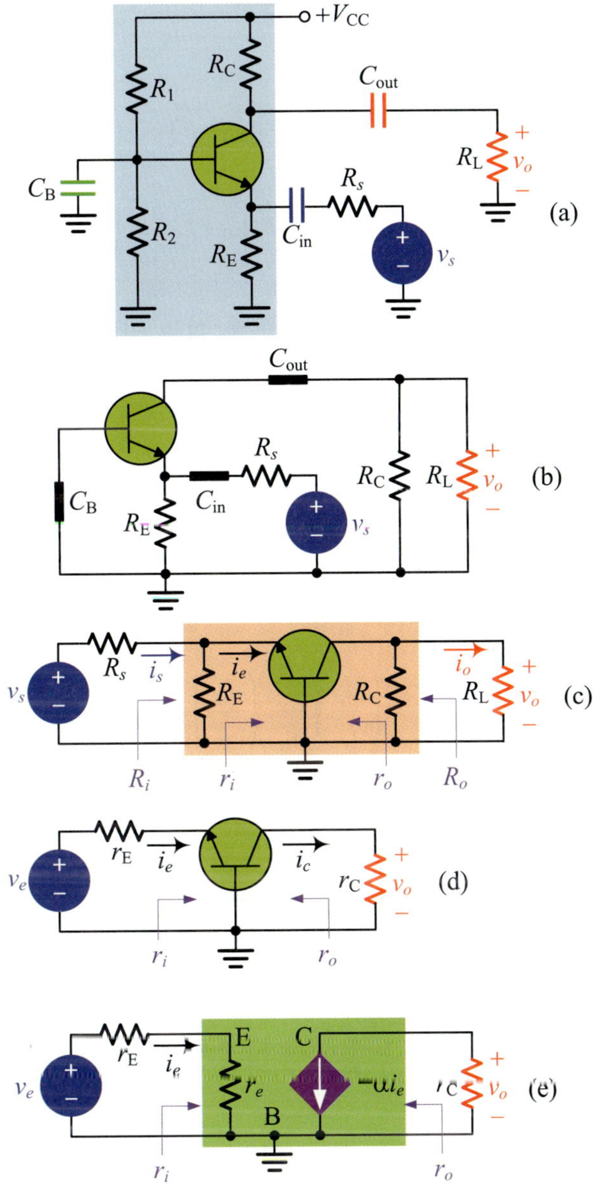

입력 저항 일반적으로 r_e는 매우 작기 때문에 증폭기의 입력 저항 R_i는 다음과 같이 근사적으로 주어진다.

$$R_i = R_E \| r_i = R_E \| r_e \cong r_e \tag{3-3-7}$$

출력 저항 증폭기의 출력 저항 R_o는

$$R_o = r_o \| R_C = R_C \tag{3-3-8}$$

전압 이득 전압 이득 $A_v = v_o/v_s$는 식 (3-3-5)의 G_v를 이용하면

$$A_v = \frac{v_o}{v_s} = \left(\frac{v_o}{v_e}\right)\left(\frac{v_e}{v_s}\right) = G_v\left(\frac{v_e}{v_s}\right) \tag{3-3-9}$$

따라서 식 (3-3-4)의 첫 번째 식을 이용하면 A_v는 다음과 같다.

$$A_v = G_v\left(\frac{R_E}{R_s + R_E}\right) \cong \left(\frac{r_C}{r_E + r_e}\right)\left(\frac{R_E}{R_s + R_E}\right) \tag{3-3-10}$$

베이스-공통 증폭기는 전압 이득이 양임을 알 수 있다.

전류 이득 전류 이득 $A_i = i_o/i_s$는 전압 이득 A_v를 이용하여 다음과 같이 표현할 수 있다.

$$A_i = \frac{i_o}{i_s} = \left(\frac{v_s}{i_s}\right)\left(\frac{v_o}{v_s}\right)\left(\frac{i_o}{v_o}\right) = A_v\left(\frac{v_s}{i_s}\right)\left(\frac{i_o}{v_o}\right) \tag{3-3-11}$$

그리고 그림 3-8(c)에서

$$\frac{v_s}{i_s} = R_s + R_i, \quad \frac{i_o}{v_o} = \frac{1}{R_L} \tag{3-3-12}$$

이므로 전류 이득은 다음과 같다.

$$A_i = A_v\left(\frac{R_s + R_i}{R_L}\right) \cong \left(\frac{r_C}{r_E + r_e}\right)\left(\frac{R_E}{R_s + R_E}\right)\left(\frac{R_s + R_i}{R_L}\right) \tag{3-3-13}$$

특히 위의 식은 식 (3-3-4)의 r_E와 r_C 및 식 (3-3-7)의 R_i를 이용하면 다음과 같이 표현됨을 알 수 있다.

$$A_i = \frac{R_E R_C}{(R_E + r_e)(R_C + R_L)} < 1 \tag{3-3-14}$$

따라서 베이스-공통 증폭기는 전류 이득은 항상 1 이하이다.

예제 3-4

그림 3-9(a) 회로에서 입력과 출력 저항, 전압 이득, 전류 이득을 구하라.

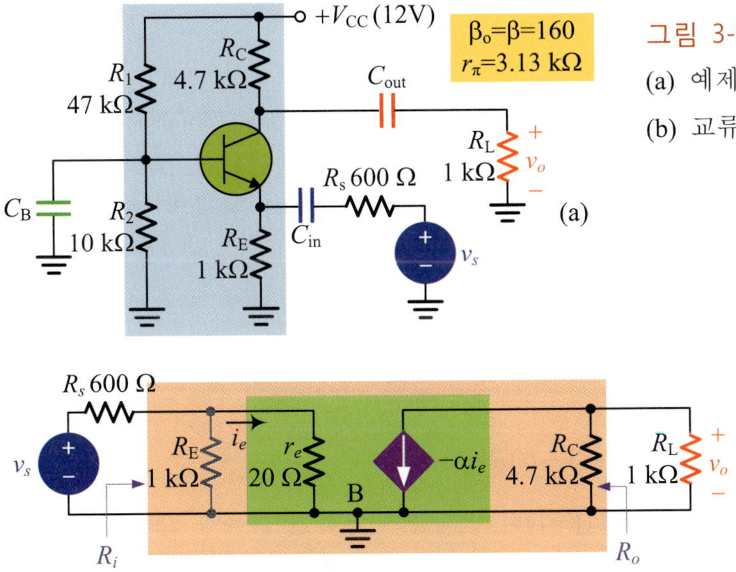

(b)

그림 3-9

(a) 예제 3-4의 회로;

(b) 교류회로.

풀이

그림 3-9(a) 회로의 교류 등가회로는 그림 (b)이며

$$r_e = \frac{r_\pi}{\beta + 1} = \frac{3.13\ \text{k}\Omega}{161} \cong 21\,\Omega$$

따라서 $R_E >> r_e$이므로 R_E는 회로에서 무시할 수 있다(개방 회로로 간주)

$$R_i = R_E \| r_e \simeq r_e = \mathbf{20\ \Omega}$$

$$R_o = R_C = \mathbf{4.7\ k\Omega}$$

$$r_E = R_s \| R_E = 0.6\ \text{k}\Omega \| 1\ \text{k}\Omega = 0.375\ \text{k}\Omega$$
$$r_C = R_C \| R_L = 4.7\ \text{k}\Omega \| 1\ \text{k}\Omega = 0.825\ \text{k}\Omega$$

$$G_v = \frac{r_C}{r_E + r_e} = \frac{0.825}{0.375 + 0.02} \cong 2.1$$

$$A_v = G_v\left(\frac{R_E}{R_s + R_E}\right) = 2.1\times\frac{1}{0.6+1} \cong \mathbf{1.3}$$

$$A_i = A_v\left(\frac{R_s + R_i}{R_L}\right) = 1.3\times\frac{0.6+0.02}{1} = \mathbf{0.8}$$

임피던스 반사 이미터에 있는 저항을 베이스 측에서 바라보면 β+1배로 확대돼 보인다(그림 3-3 참조). 이와 같은 임피던스 반사 현상은 베이스에 있는 저항을 이미터 측에서 바라볼 때도 일어나며 그림 3-10이 이를 보여준다. 그림 3-10의 (a)는 베이스에 저항이 있는 베이스-공통 구성이며 교류 등가회로는 그림 (b)이다. 그림 (b)는 그림 (c)와 같이 등가화할 수 있다. 즉 그림 (b)에서 전압 v_e는

$$v_e = r_e i_e + (1-\alpha)R_B i_e \tag{3-3-15}$$

이며 이는 α=β/(β+1)의 관계를 이용하면 다음과 같다.

$$v_e = r_e i_e + \left(1-\frac{\beta}{\beta+1}\right)R_B i_e = \left(r_e + \frac{R_B}{\beta+1}\right)i_e \tag{3-3-16}$$

따라서 위의 식 우변은 그림 3-10(c)의 v_e와 일치하므로 그림 (c)는 (b)와 등가이다. 따라서 베이스 저항을 이미터에서 바라보면 β+1배로 축소된다.

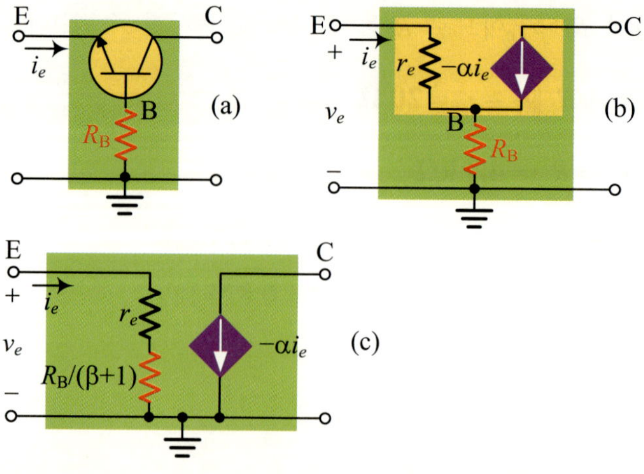

그림 3-10
(a) 베이스 저항이 있는 베이스-공통 구성; (b) 등가회로; (c) 최종 등가회로

이상으로 그림 3-3의 이미터-공통에서의 임피던스 반사와 그림 3-10의 베이스-공통에서의 임피던스 반사를 요약하면 그림 3-11과 같다.

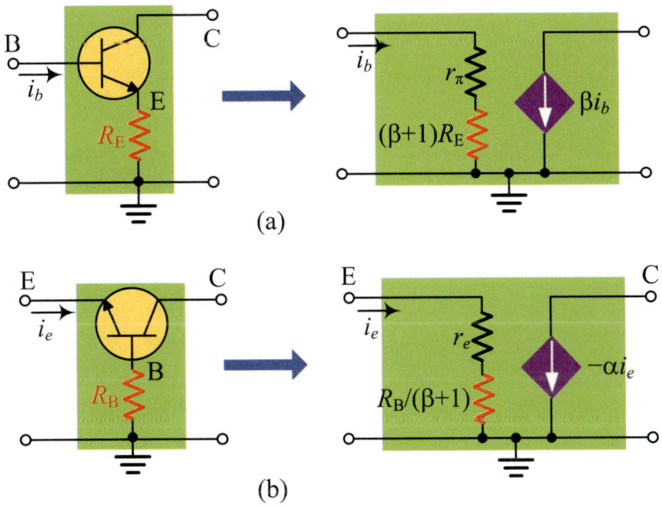

그림 3-11 임피던스 반사: (a) 이미터 저항이 있는 이미터-공통 구성; (b) 베이스 저항이 있는 베이스-공통 구성.

3-4 컬렉터-공통(CC) 증폭기

CC 등가회로

그림 3-12는 컬렉터-공통 구성과 그에 대한 교류 등가회로를 구하는 과정을 보여준다. 그림 3-12(a)의 교류 등가회로는 그림 3-2(b)의 이미터-공통 등가회로를 재배치하면 그림 3-12(b)와 같음을 알 수 있다. 그림 (b)에서 베이스-컬렉터 사이의 전압은 $r_bi_b+v_{ec}$이며 이는 그림 (c)의 베이스-컬렉터 간 전압과 같다. 그리고 그림 (b)와 (c)의 이미터 전류 i_e도 역시 서로 같다. 따라서 그림 (c)는 그림 (b)와 등가임을 알 수 있다. 그러나 그림 (c)의 등가회로는 출력 전압 v_{ec}가 입력으로 궤환되는 형태이므로 실제로 사용하기에는 아직 번거로운 점이 많다. 특히 출력 전압 v_{ec}는 출력단인 이미터와 컬렉터 간에 연결될 부하에 의해 영향을 받기 때문에 그림 3-12(c)의 등가회로는 입력 회로와 출력 부하 모두에 의해 영향을 받는다. 따라서 컬렉터-공통 구성은 그림 3-13과 같이 입력과 부하가 모두 결합한 상태에서 등가회로를 구하는 것이 편리하다.

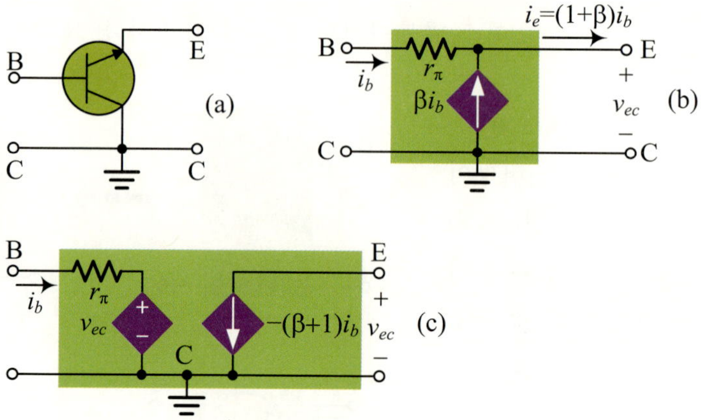

그림 3-12
(a) 컬렉터-공통 구성;
(b) 교류 등가회로;
(c) 최종 교류 등가회로.

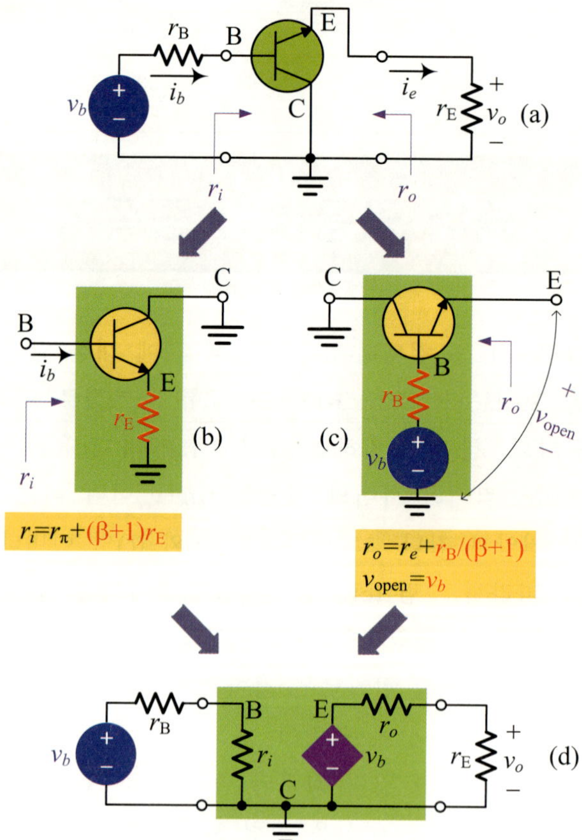

그림 3-13
입력과 부하가 결합된 컬렉터-공통 구성:
(a) 기본적인 교류회로;
(b) 입력단에 대한 등가;
(c) 출력단에 대한 등가;
(d) 전체 등가회로.

그림 3-13(a)에서 입력단인 베이스에서 들여다본 회로는 그림 (b)이며 이는 그림 3-11(a)와 같다. 즉 입력 저항 r_i는 임피던스 반사에 의해

$$r_i = r_\pi + (\beta + 1) r_E \quad \textbf{(3-4-1)}$$

이다. 그리고 그림 3-13(a)의 출력단인 이미터에서 들여다본 회로는 그림 (c)이며 이는 그림 3-11(b)에서 전압원을 더한 것과 같다. 즉 입력 저항 r_o는 임피던스 반사에 의해

$$r_o = r_e + \frac{r_B}{\beta + 1} \quad \textbf{(3-4-2)}$$

이다. 그리고 이미터 단자를 개방한 상태에서의 개방 전압 v_{open}은

$$v_{open} = v_b \quad \textbf{(3-4-3)}$$

이므로 출력단에 대한 테브닌 등가회로는 전압원 v_b와 저항 r_o의 직렬결합으로 표현된다. 이상을 종합하면 최종 등가회로는 그림 3-13(d)임을 알 수 있다. 그림 3-13(d)에서 알 수 있듯이 컬렉터-공통 구성은 입력 저항이 매우 높고 출력 저항이 매우 낮으며(베이스-공통과 반대) 입력 전압은 출력 측으로 그대로 전달된다. 즉 전압 증폭은 이루어지지 않는다.

결론적으로 말하자면 컬렉터-공통 구성은 이미터-공통과 베이스-공통 구성의 임피던스 반사를 모두 갖춘 것이며 이를 보여주는 것이 그림 3-14이다. 그림 (a)는 입력단에 대한 등가로 이미터-공통의 임피던스 확장 기능이며 그림 (b)는 출력단에 대한 등가로 베이스-공통의 임피던스 축소 기능에 해당한다. 컬렉터-공통은 증폭기라기 보다 임피던스 변환기라는 의미가 더 크며 이는 시스템간의 임피던스 정합(整合)에 매우 중요하다.

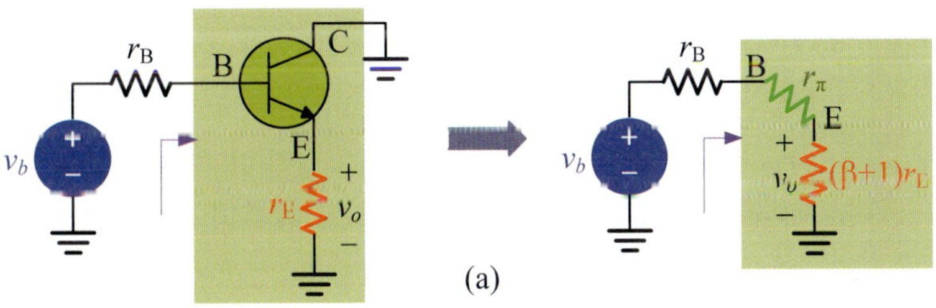

그림 3-14
컬렉터-공통의 임피던스 반사:
(a) 입력단의 임피던스 확장;
(b) 출력단의 임피던스 축소.

그림 3-14
(계속)

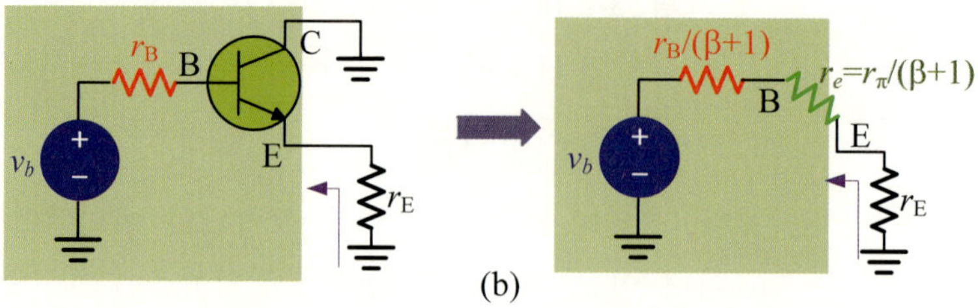

(b)

임피던스 정합 시스템간의 결합에 있어서 전력이나 신호를 효율적으로 전달하기 위해서는 임피던스 정합이 매우 중요하다. 한 예로 그림 3-15와 같이 전원 내부 저항이 R_s인 전압원에 부하 R_L이 결합되었을 때 출력 전압은

$$v_o = \frac{R_L}{R_s + R_L} v_s \tag{3-4-4}$$

이므로 전원 저항은 낮을수록, 부하 저항은 클수록 전압 전달이 효율적이다. 따라서 그림 3-15에서 큰 R_s와 작은 R_L는 임피던스 정합이 제대로 이루어지지 않은 경우인 것이다.

그림 3-15
전원 저항과 부하 저항의 임피던스 정합

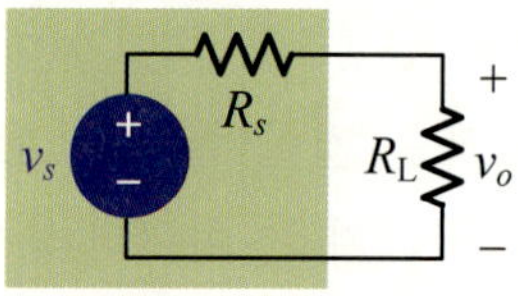

예제 3-5

그림 3-16(a)는 내부 저항이 900 Ω인 전압원에 100 Ω의 부하가 결합된 것이다. 전압 이득은

$$\frac{v_o}{v_s} = \frac{R_L}{R_s + R_L} = \frac{100}{900 + 100} = 0.1$$

로 매우 빈약하다. 임피던스 정합을 이루기 위해 컬렉터-공통 구성을 사용하여 그림 (b)와 같이 교류회로를 구성하였다 하자. 그 결과 부하에서 바라본 등가회로는 그림 (c)와 같으며 출력 저항 r_o는

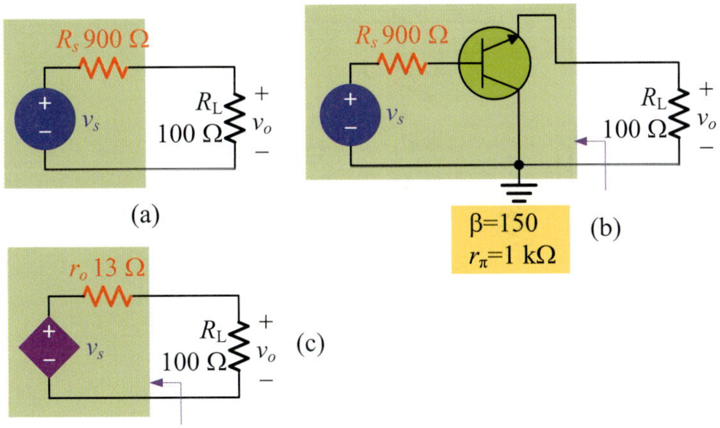

그림 3-16
예제 3-5의 그림:
(a) 주어진 전압원;
(b) 컬렉터-공통 구성에 의한 임피던스 정합;
(c) 임피던스 정합 결과.

$$r_o = r_e + \frac{R_s}{\beta+1} = \frac{r_\pi + R_s}{\beta+1} = \frac{1900}{151} = \mathbf{13\,\Omega}$$

$$\therefore \frac{v_o}{v_s} = \frac{R_L}{r_o + R_L} = \frac{100}{13+100} = \mathbf{0.9}$$

즉 그림 3-16의 (b)는 (a)에 비해 전압 이득이 약 9배이다. 컬렉터-공통 증폭기의 자체 전압 이득은 1 미만이지만 전압원의 내부 저항을 100 Ω에서 13 Ω으로 대폭 낮추는 효과를 냄으로써 간접적인 전압 이득을 얻을 수 있는 것이다.

CC 증폭기

컬렉터-공통 증폭기의 전체 구성은 그림 3-17(a)와 같으며 입력은 C_{in}을 통해 베이스에 결합되고 출력은 C_{out}을 통해 이미터로 결합된다. 그리고 측로 커패시터 C_C에 의해 컬렉터는 교류적으로 접지된다. 그림 3-17(a)에서 모든 커패시터들과 직류 전압원 V_{CC}를 단락시키면 그림 (b)의 교류 회로를 얻을 수 있으며 알기 쉽게 재배치한 것이 그림 (c)이다(R_B=$R_1\|R_2$). 그리고 그림 (c)의 입력단을 테브닌 정리로써 간소하면 그림 (d)가 되며

$$v_b = \frac{R_B}{R_s + R_B} v_s, \quad r_B = R_s \| R_B, \quad r_E = R_E \| R_L \qquad \textbf{(3-4-5)}$$

이다. 그림 (d)의 등가회로인 (e)의 출력단에서

$$G_v = \frac{v_o}{v_b} = \frac{r_E}{r_o + r_E} \qquad \textbf{(3-4-6)}$$

그림 3-17
컬렉-공통 증폭기
(a) 전체 회로
(b), (c) 교류회로
(d) 간소화된 교류회로
(e) 교류 등가회로

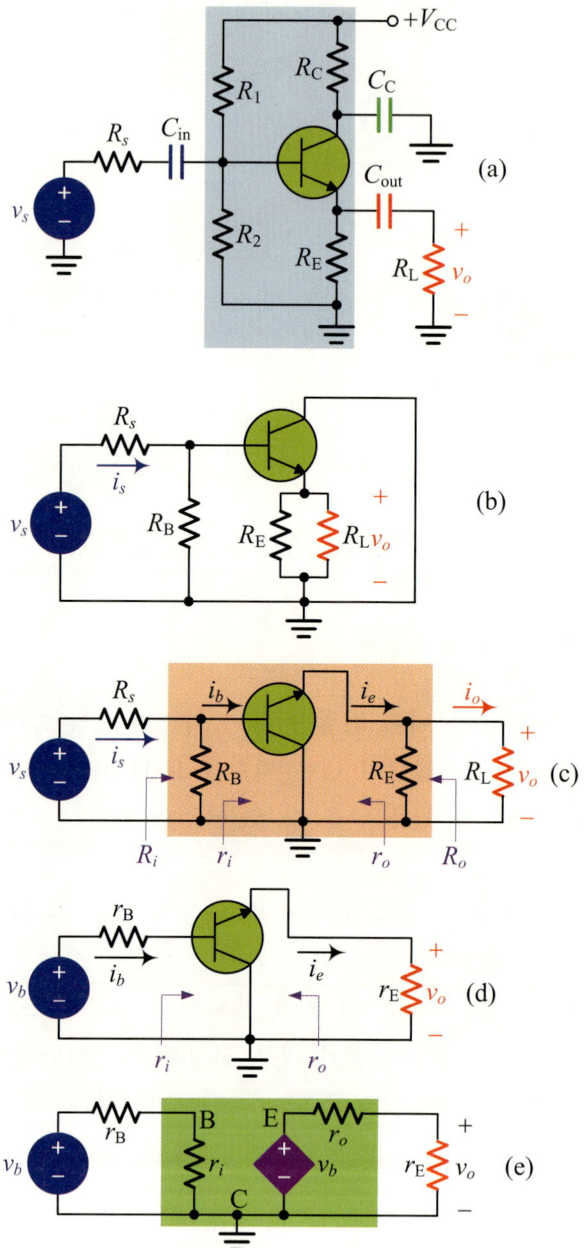

그리고 입력 저항 r_i 및 출력 저항 r_o는 식 (3-4-1), (3-4-2)로부터

$$r_i = r_\pi + (\beta + 1)r_E, \quad r_o = r_e + \frac{r_B}{\beta + 1} \tag{3-4-7}$$

이상의 결과를 이용하여 그림 3-17(c)의 제반 특성을 알아본다.

입력 저항 그림 (c)에서 증폭기의 입력 저항 R_i는

$$R_i = R_B \| r_i = R_B \| \{r_\pi + (\beta+1) r_E\} \tag{3-4-8}$$

트랜지스터 입력 저항 r_i의 임피던스 반사 효과는 바이어스 저항 R_B에 의해 제한되고 만다. 즉 입력 저항 R_i는 최대 R_B로 제한된다. 컬렉터-공통 증폭기의 입력 저항을 더욱 높이는 방법에 대해서는 추후에 설명하기로 한다.

출력 저항 그림 (c)에서 증폭기의 출력 저항 R_o는

$$R_o = r_o \| R_E = \left(r_e + \frac{r_B}{\beta+1} \right) \Bigg\| R_E \tag{3-4-9}$$

그러나 트랜지스터의 출력 저항 r_o가 매우 작은 것이 보통이며 이 경우는

$$R_o \cong r_o = r_e + \frac{r_B}{\beta+1} \tag{3-4-10}$$

전압 이득 그림 (c)에서 증폭기의 전압 이득 $A_v=v_o/v_s$는 식 (3-4-6)의 G_v를 이용하면

$$A_v = \frac{v_o}{v_s} = \left(\frac{v_o}{v_b}\right)\left(\frac{v_b}{v_s}\right) = G_v\left(\frac{v_b}{v_s}\right) \tag{3-4-11}$$

이며 식 (3-4-5)의 첫 번째 식을 이용하면 A_v는

$$A_v = G_v\left(\frac{R_B}{R_s+R_B}\right) = \left(\frac{r_E}{r_o+r_E}\right)\left(\frac{R_B}{R_s+R_B}\right) < 1 \tag{3-4-12}$$

따라서 컬렉터-공통 증폭기는 전압 이득이 항상 1 이하이며, 이는 베이스-공통 증폭기의 전류 이득이 항상 1 이하인 것과 대조를 이룬다. 그리고 r_E>>r_o, R_E>>R_s이면 A_v≅1로 이미터 전압이 입력 전압을 그대로 추종하므로 컬렉터-공통 증폭기를 보통 이미터-폴로어(emitter follower)라 부른다.

전류 이득 전류 이득 $A_i=i_o/i_s$는 전압 이득 A_v를 이용하여 다음과 같이 표현할 수 있다.

$$A_i = \frac{i_o}{i_s} = \left(\frac{v_s}{i_s}\right)\left(\frac{v_o}{v_s}\right)\left(\frac{i_o}{v_o}\right) = A_v\left(\frac{v_s}{i_s}\right)\left(\frac{i_o}{v_o}\right)$$

그리고 그림 3-17(c)에서 역시

$$\frac{v_s}{i_s} = R_s + R_i, \quad \frac{i_o}{v_o} = \frac{1}{R_L}$$

이므로 전류 이득은 다음과 같다.

$$A_i = A_v\left(\frac{R_s + R_i}{R_L}\right) \cong \left(\frac{r_E}{r_o + r_E}\right)\left(\frac{R_B}{R_s + R_B}\right)\left(\frac{R_s + R_i}{R_L}\right) \quad \text{(3-4-13)}$$

컬렉터-공통 증폭기에서는 종종 그림 3-18과 같이 컬렉터 저항을 생략하는 경우가 많다. 그렇게 되면 측로 커패시터 C_C가 필요 없을 뿐 아니라 컬렉터 저항에 의한 전력 손실도 없앨 수 있다. 그리고 바이어스 동작점은 이미터 저항 R_E에 의해서 정해진다. 직류 전압원 V_{CC}는 교류에 대해서는 접지와 같으므로 자연히 컬렉터-공통 구성이 되는 것이다.

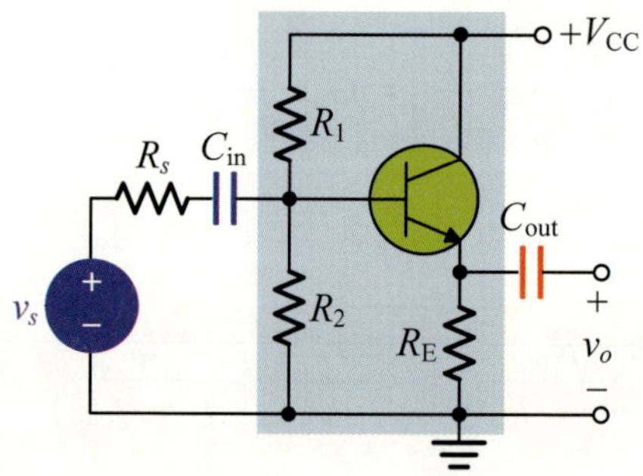

그림 3-18
컬렉터 저항을 생략한 컬렉터-공통 증폭기

예제 3-6

그림 3-19(a) 회로에서 입력과 출력 저항, 전압 이득, 전류 이득을 구하라.

풀이 그림 3-19(a)에 대한 교류 회로는 그림 (b)이다. 먼저 저항 r_e를 구하면

$$r_e = \frac{r_\pi}{\beta + 1} = \frac{1.73\ \text{k}\Omega}{151} \cong 11.5\ \Omega$$

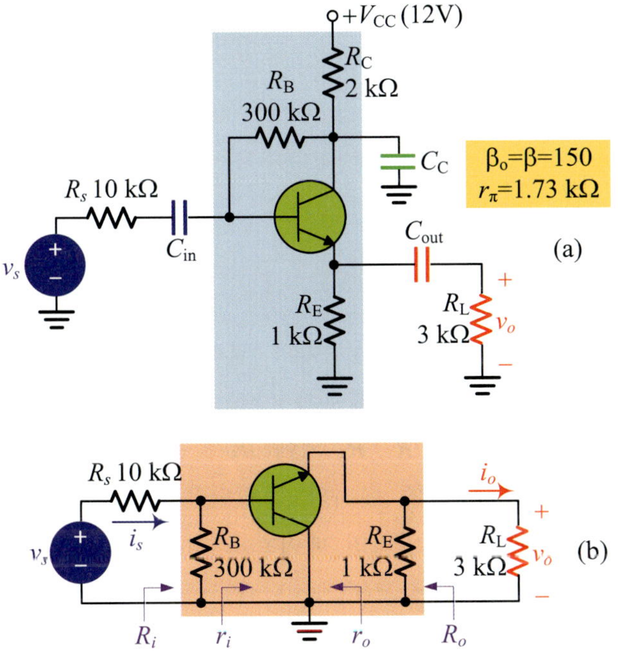

그림 3-19

(a) 예제 3-6의 그림;

(b) 교류회로.

베이스 전체 저항과 이미터 전체 저항이 각각

$$r_B = R_s \| R_B = 10\ \text{k}\Omega \| 300\ \text{k}\Omega \cong 10\ \text{k}\Omega$$

$$r_E = R_E \| R_L = 1\ \text{k}\Omega \| 3\ \text{k}\Omega = 0.75\ \text{k}\Omega$$

이로부터

$$r_i = r_\pi + (\beta + 1) r_E = 1.73 + 151 \times 0.75\ \text{k}\Omega \cong 115\ \text{k}\Omega$$

$$\therefore R_i = R_B \| r_i = 300\ \text{k}\Omega \| 115\ \text{k}\Omega = 83.1\ \text{k}\Omega$$

$$r_o = r_e + \frac{r_B}{\beta + 1} = 11.5\ \Omega + \frac{10\ \text{k}\Omega}{151} = 77.7\ \Omega$$

$$\therefore R_o = R_E \| r_o = 1\ \text{k}\Omega \| 77.7\ \Omega \simeq \mathbf{77\ \Omega}$$

전압 이득과 전류 이득은

$$G_v = \frac{r_E}{r_o + r_E} = \frac{750}{77.7 + 750} \cong 0.9$$

$$\therefore A_v = G_v\left(\frac{R_B}{R_s + R_B}\right) \cong G_v = \mathbf{0.9}$$

$$A_i = A_v\left(\frac{R_s + R_i}{R_L}\right) = 0.9 \times \frac{10+83}{3} = \mathbf{28}$$

부트스트랩 (bootstrap)

컬렉터-공통 증폭기, 즉 이미터-폴로어의 입력 저항을 더욱 높이기 위해 그림 3-18의 바이어스를 개선한 회로가 그림 3-20(a)이며 이를 부트스트랩 회로라 한다. 바이어스 저항 R_1, R_2 외에 R_3가 더해졌으며 용량이 충분히 큰 커패시터 C_{bs}가 R_3의 왼쪽 단자와 출력단을 연결하고 있다. 즉 출력 전압이 R_3를 통해 증폭기의 입력인 베이스로 궤환되는 모습이다. 그림 (a)의 교류 회로는 그림 (b)와 같고(C_{bs}는 단락) 이로부터 입력 저항 $R_i = v_b/i_i$를 구해본다. 그림 (b)는 그림 (c)와 등가이며 이미터에 연결된 회로에 임피던스 반사를 적용하면 그림 (d)가 됨을 알 수 있다. 즉 R_3와 r_E가 (β+1)배로 증가하면서 각 전류는 (β+1)배로 감소한다(전압은 변하지 않는다).

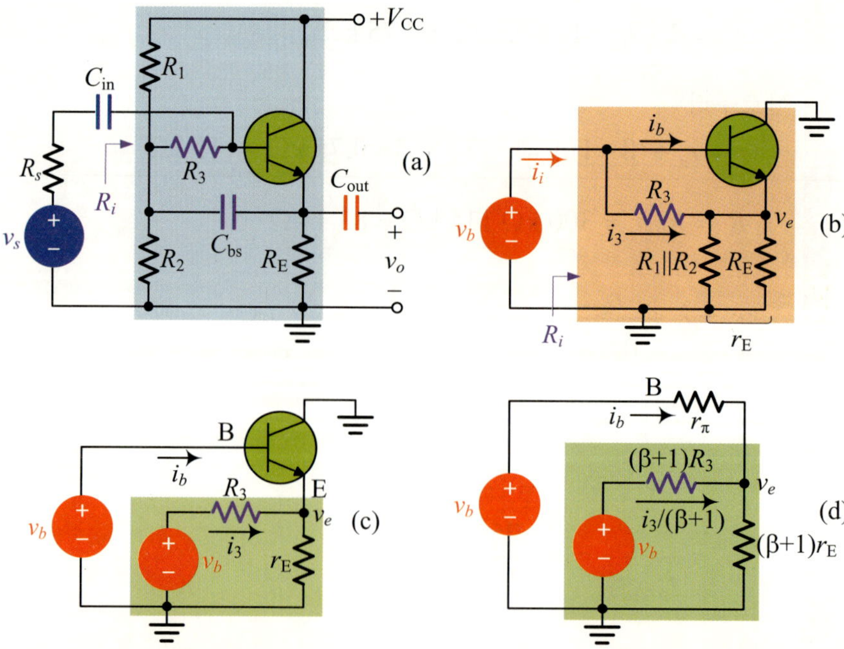

그림 3-20
부트스트랩 회로:
(a) 전체 회로;
(b) 교류 회로;
(c) 교류 회로;
(d) 임피던스 반사.

그림 3-20(d)에서 저항 r_π와 $(\beta+1)R_3$의 양단 전압이 같아야 하므로

$$r_\pi i_b = R_3 i_3 \tag{3-4-14}$$

즉

$$i_3 = \frac{r_\pi}{R_3} i_b \tag{3-4-15}$$

이다. 여기서 $R_3 >> r_\pi$로 하면 $i_3 << i_b$인 관계가 있다. 따라서 당연히

$$i_b >> \frac{i_3}{\beta+1}$$

이므로 그림 3-20(d)에서 $(\beta+1)r_E$의 전류는 거의 i_b와 같다. 이로부터

$$v_b \cong i_b r_\pi + i_b(\beta+1)r_E \tag{3-4-16}$$

또는

$$i_b \cong \frac{v_b}{r_\pi + (\beta+1)r_E} \tag{3-4-17}$$

그 결과 i_3는 식 (3-4-15)로부터

$$i_3 = \frac{r_\pi}{R_3} i_b = \frac{r_\pi / R_3}{r_\pi + (\beta+1)r_E} v_b \tag{3-4-18}$$

이제 그림 (b)로 돌아가서 위의 두 식으로부터 $i_i = i_b + i_3$를 이용하여 $R_i = v_b / i_i$를 구해보면

$$R_i = \frac{r_\pi + (\beta+1)r_E}{1 + r_\pi / R_3} \tag{3-4-19}$$

여기서 $R_3 >> r_\pi$로 하면

$$R_i \cong r_\pi + (\beta+1)r_E, \quad (r_E = R_1 \| R_2 \| R_E) \tag{3-4-20}$$

로 매우 높은 입력 저항을 얻을 수 있음을 알 수 있다. 한 예로 r_π=1 kΩ, $R_1 \| R_2$=1 kΩ, R_E=1 kΩ이며 β=99, R_3=47 kΩ이라면 $R_3 >> r_\pi$이므로

$$R_i \cong r_\pi + (\beta+1)(R_1 \| R_2 \| R_E) = 1 + 100 \times 0.5\,\text{k}\Omega = 51\,\text{k}\Omega$$

에 이른다. 만일 부트스트랩 바이어스를 사용하지 않는다면 식 (3-4-8)로부터

$$R_i = R_1 \| R_2 \| \{r_\pi + (\beta+1)R_E\} = 1 \| 100\ \text{k}\Omega \cong 1\ \text{k}\Omega$$

에 불과하다.

위상분리 회로 그림 3-21은 이미터-공통 출력 v_1과 이미터-폴로어 출력 v_2를 동시에 얻을 수 있으며 이 두 신호는 위상이 180 차이가 난다. 여기서 $R_C=R_E$가 되게 하면 v_1과 v_2는 입력 v_s와 크기가 같아진다. 이 회로는 크기가 같고 위상이 반전되는 두 신호를 얻을 수 있으므로 위상분리 회로라 한다.

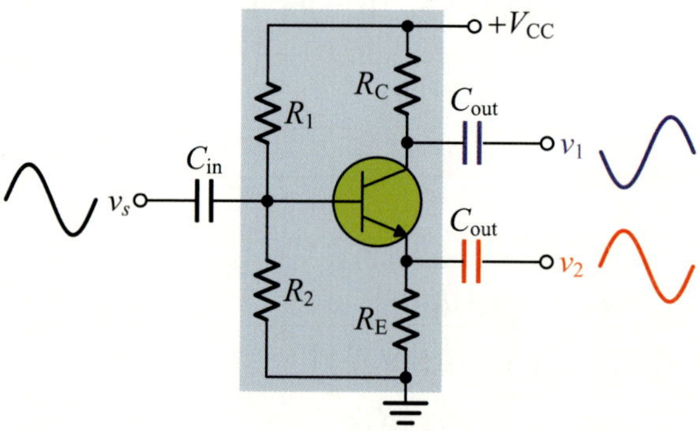

그림 3-21
위상분리 회로.

3-5 스왐핑 이미터-공통(SCE) 증폭기

BJT의 β는 온도에 민감하므로 증폭기의 이득 역시 온도에 많은 영향을 받게 된다. 예를 들어 이미터-공통 증폭기가 $R_B >> r_\pi >> R_s$의 조건을 만족하는 경우를 보자(이러한 조건은 통상 만족된다). 이 경우 식 (3-2-8)로 주어지는 전압 이득인

$$A_v = -\left(\frac{\beta r_C}{r_B + r_\pi}\right)\left(\frac{R_B}{R_s + R_B}\right) \tag{3-5-1}$$

에서

$$r_B + r_\pi = R_s \| R_B + r_\pi \cong R_s + r_\pi \cong r_\pi \quad \textbf{(3-5-2)}$$

를 만족하므로 전압 이득은 다음과 같이 근사화할 수 있다.

$$A_v = -\left(\frac{\beta r_C}{r_B + r_\pi}\right)\left(\frac{R_B}{R_s + R_B}\right) \cong -\frac{\beta r_C}{r_\pi} \quad \textbf{(3-5-3)}$$

따라서 온도에 따라 r_π나 β가 변하면 전압 이득은 직접 영향을 받는다. 이러한 영향을 줄이는 방법이 그림 3-22(a)의 회로이다. 이 회로는 이미터 저항의 전부(R_E)를 측로 커패시터로 단락시키지 않고 일부인 $(1-\alpha)R_E$는 남겨 둠으로써 r_π나 β의 변동에 의한 영향을 억제한다. 따라서 저항 $(1-\alpha)R_E$를 스왐핑(swamping) 저항이라 하고 그림 (a)의 증폭기를 스왐핑

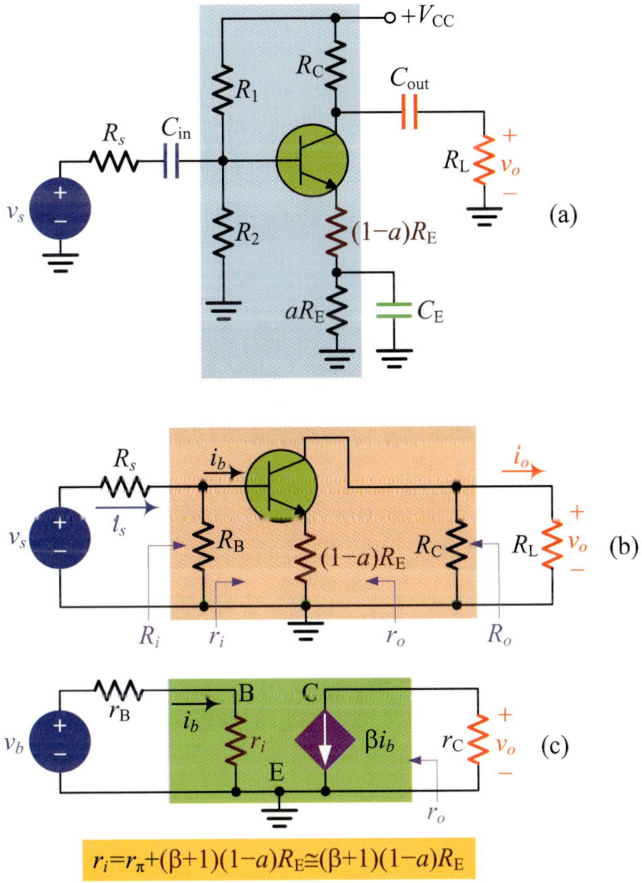

그림 3-22
스왐핑 이미터-공통 증폭기:
(a) 전체 회로;
(b) 교류 회로;
(c) 등가 회로.

이미터-공통(SCE) 증폭기라 부른다. 저항 $(1-\alpha)R_E$는

$$(\beta+1)(1-\alpha)R_E >> r_\pi \tag{3-5-4}$$

를 만족하는 한도 내에서 가능한 한 작게 정한다. 그림 3-22(a)에 대한 교류 회로는 그림 (b)이며 그 교류 등가회로는 그림 (c)와 같다(그림 3-3(c) 참조). 따라서 식 (3-5-3)에서 r_π 대신에

$$r_\pi \to r_\pi + (\beta+1)(1-\alpha)R_E \tag{3-5-5}$$

로 대체하고 식 (3-5-4)의 조건을 이용하면 다음과 같이 근사적으로 주어진다.

$$A_v = -\frac{\beta r_C}{r_\pi + (\beta+1)(1-\alpha)R_E} \cong -\frac{\beta r_C}{(\beta+1)(1-\alpha)R_E} \tag{3-5-6}$$

위의 식에서 $\beta >> 1$이므로 스왐핑 이미터-공통 증폭기의 전압 이득은

$$A_v \cong -\frac{r_C}{(1-\alpha)R_E} \tag{3-5-7}$$

이며 전압 이득은 r_π나 β의 영향이 배제되고 전적으로 두 저항의 비로써만 결정된다. 다만 스왐핑 저항은 전압 이득을 감소시키는 작용을 하므로 식 (3-5-4)를 만족하는 한도 내에서 가능한 한 작게 하여야 유리하다.

3-6 완전한 등가 모델

얼리 효과

그림 3-23은 실제 BJT의 출력 특성곡선이다. 컬렉터 전류 i_C가 컬렉터-이미터 간 전압 v_{CE}에 무관하여 특성곡선이 수평이 되어야 이상적이다. 그러나 그림에서 보는 바와 같이 컬렉터 특성곡선은 컬렉터 전류에 따라 증가하는 기울기를 가지며 이를 얼리(Early) 효과라 한다. 전압 V_A를 얼리 전압이라 하며 v_{CE}와 i_C는 다음과 같은 선형적인 관계로 근사화된다.

$$i_C \cong I_{CQ}\left(1+\frac{v_{CE}}{V_A}\right) = I_{CQ} + \frac{I_{CQ}}{V_A}v_{CE} \tag{3-6-1}$$

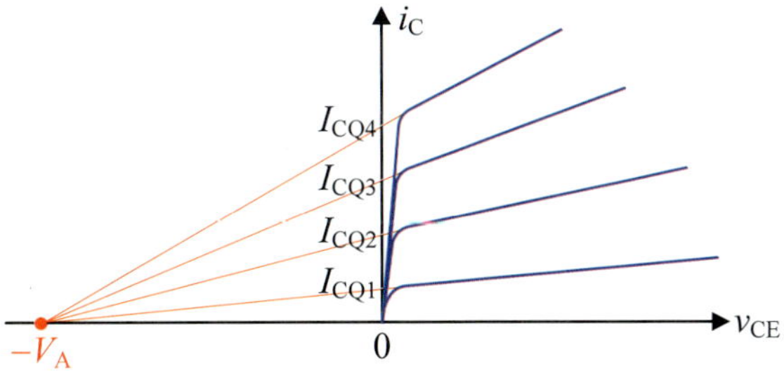

그림 3-23
BJT 출력 특성 곡선의 얼리 효과

식 (3-6-1)의 두 번째 등식의 두 번째 항에서

$$r_c \equiv \frac{V_A}{I_{CQ}} \qquad \textbf{(3-6-2)}$$

로 정의하면 $i_c=v_{ce}/r_c$로 표현되므로 이미터-공통 구성의 교류 등가회로는 그림 3-24와 같이 표현할 수 있다. 즉 r_c는 트랜지스터의 출력 저항에 해당하며 이를 결정하는 얼리 전압 V_A는 약 100 V 정도로 알려져 있다. 예를 들어 컬렉터 직류 전류 I_{CQ}=0.1 mA, 1 mA, 10 mA에 대한 출력 저항은 r_c=1 MΩ, 100 kΩ, 10 kΩ 순서로 된다. 이미터-공통 구성이나 컬렉터-공통 구성의 경우는 앞에서 설명한 등가회로에서 이미터와 컬렉터 사이에 출력 저항 r_c만 더해주면 된다. 이제 r_c가 베이스-공통 구성의 출력 저항에 미치는 영향에 대해 살펴보도록 한다.

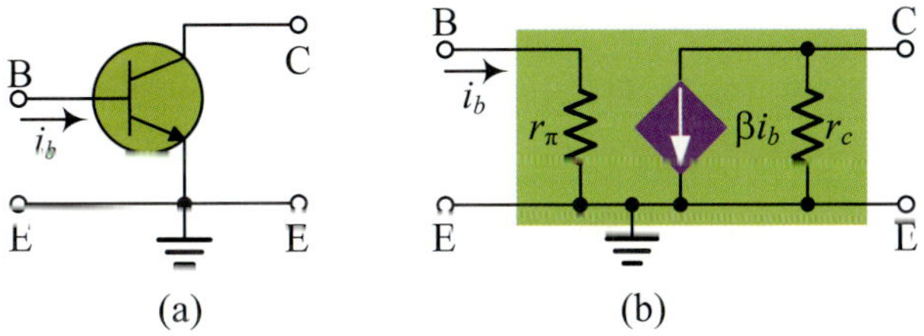

그림 3-24
출력 저항을 고려한 이미터-공통 교류 등가회로

그림 3-25(a)는 베이스-공통 구성이며 그림 (b)는 이미터-공통 구성의 등가회로인 그림 3-24(b)를 베이스-공통 구성에 맞도록 재배치한 것이다. 입력단인 이미터-베이스간을 개방한 상태에서 출력단에 가상의 전압원 v_x를 연결하여 전류 i_x를 구하면 출력 저항 r_o는 $r_o=v_x/i_x$로 구할 수 있다. 그림 3-25(b)에서 $i_x=i_b$이다. 그리고 저항 r_c에 흐르는 전류는 $\beta i_b+i_x=(\beta+1)i_x$이며 방향은 전류원 βi_b와 반대이다. 따라서

그림 3-25
(a) 베이스-공통 구성;
(b) 출력 저항을 고려한 교류 등가회로;
(c) 최종 교류 등가회로.

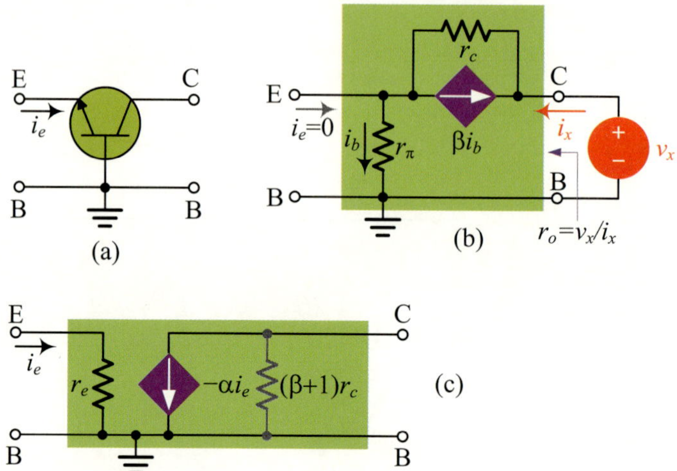

$$v_x = r_\pi i_b + r_c(\beta+1)i_x = \{r_c(\beta+1)+r_\pi\}i_x \quad \textbf{(3-6-3)}$$

이므로 r_o=v_x/i_x는 다음과 같이 근사화된다.

$$r_o = (\beta+1)r_c + r_\pi \cong (\beta+1)r_c \quad \textbf{(3-6-4)}$$

즉 베이스-공통의 출력저항 r_o는 매우 높기 때문에 실제 상황에서는 항상 개방 회로로 간주할 수 있다. 이상으로 베이스-공통 구성의 보다 완전한 교류 등가회로는 그림 3-25(c)와 같다. 여기서 r_e와 α 역시 r_c의 영향으로 약간의 변동이 있지만 거의 무시할 정도이다. 이상으로 출력 저항 r_o를 고려한 등가 회로는 그림 3-26과 같이 표현할 수 있으며 각 BJT는 출력 저항이 무한대인 이상적인 트랜지스터를 의미한다. 그림 3-26(c)의 등가회로는 그림 3-12(c)를 참고하기 바란다. 특히 그림 3-27은 이미터 저항이 있는 이미터-공통 구성과 베이스 저항이 있는 베이스-공통 구성에 대해 출력 저항을 고려한 등가회로를 나타낸 것이다. 물론 각 BJT는 출력저항이 무한대인 이상적인 것을 의미한다. 그림 3-27에 대한 증명은 부록 B를 참조하기 바란다. 그림 이미터-공통인 그림 (a)의 경우 출력 저항 r_c'는

$$r_c' = r_c + \frac{\beta r_c}{1+(r_\pi/R_E)} = r_c\{1+g_m(r_\pi \| R_E)\} \quad \textbf{(3-6-5)}$$

이며(g_m=β/r_π) r_c보다 큰 값이므로 실제로는 개방회로로 무시할 수 있다. 그리고 베이스-공통인 그림 (b)의 경우는 출력 저항이 대단히 크기 때문

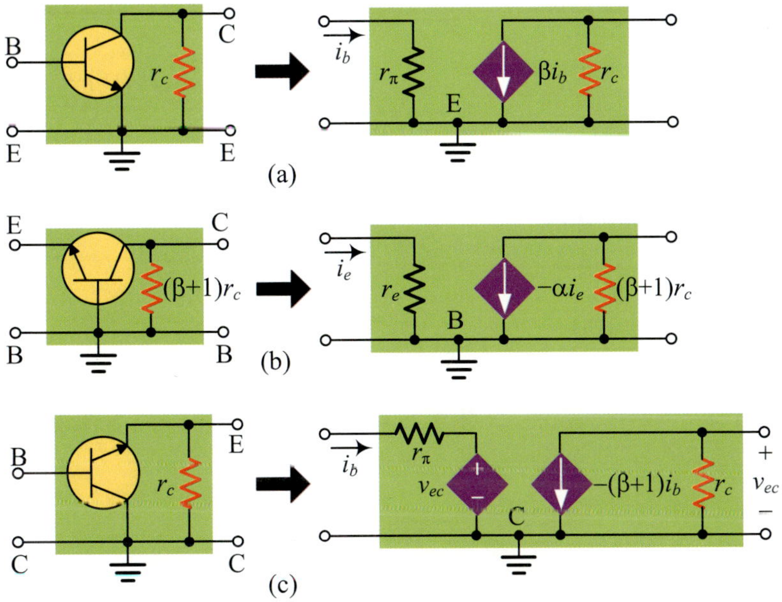

그림 3-26
출력 저항을 고려한 등가 회로: (a) 이미터-공통; (b) 베이스-공통; (c) 컬렉터-공통.

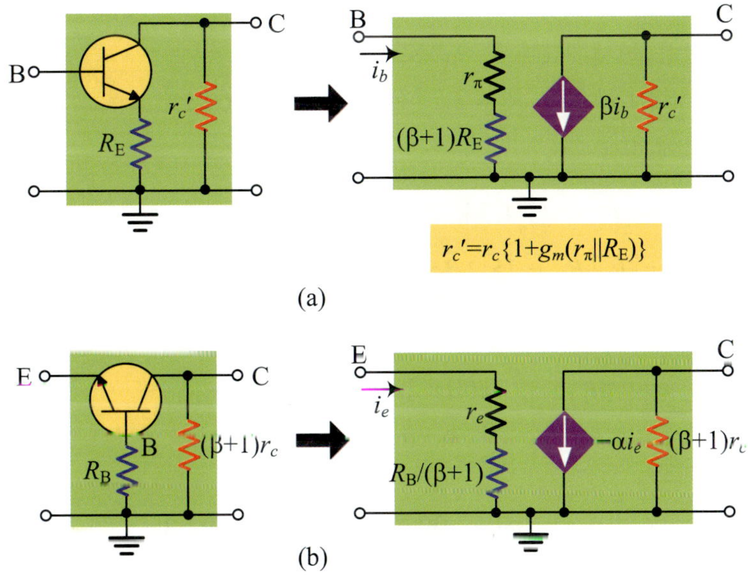

그림 3-27
출력 저항을 고려한 등가 회로: (a) 이미터 저항이 있는 이미터-공통; (b) 베이스 저항이 있는 베이스-공통.

에 개방회로처럼 무시할 수 있다. 이상으로 BJT에서 출력저항 r_c의 영향을 받는 경우는 그림 3-26(a)인 이미터-공통과 (b)인 베이스-공통 정도이며 이들도 r_c에 대해 별도의 언급이 없으면 무시하는 것이 보통이다.

예제 3-7

예제 3-1에서 V_A=100 V로 할 때 출력 저항 r_c를 고려하여 다시 해석하라.

풀이 이미터 직류 전류가

$$I_E = \mathbf{1.33\ mA}$$

이므로 출력 저항 r_c는

$$r_c = \frac{100}{1.33\times10^{-3}} \cong 75\ \text{k}\Omega$$

따라서 교류 회로는 그림 3-28과 같다.

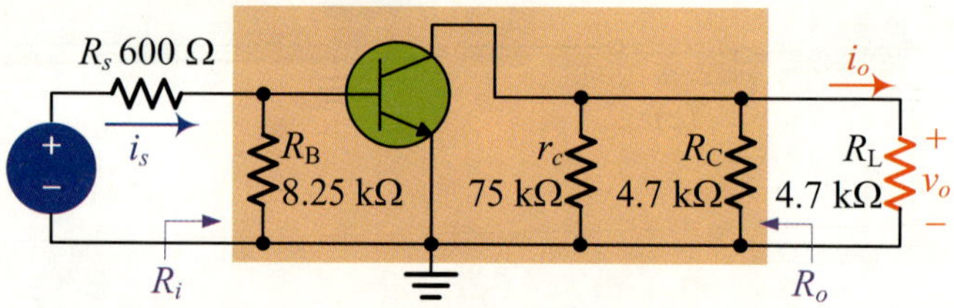

그림 3-28
예제 3-7의 교류회로

입력단은 예제 3-1과 같으므로

$$r_\pi = 3.13\ \text{k}\Omega,\quad R_i = 2.27\ \text{k}\Omega,\quad r_B = 0.56\ \text{k}\Omega$$

출력단에서는

$$R_o = r_c \| R_C = 75 \| 4.7\ \text{k}\Omega \cong \mathbf{4.4\ k\Omega}$$

$$r_C = r_c \| R_C \| R_L = 75 \| 2.35\ \text{k}\Omega \cong \mathbf{2.28\ k\Omega}$$

따라서

$$G_v = -\frac{\beta r_C}{r_B + r_\pi} = -\frac{160\times2.28}{0.56+3.13} \cong -99$$

$$A_v = G_v\left(\frac{R_B}{R_s + R_B}\right) = -99\times\frac{8.25}{0.6+8.25} = \mathbf{-92.3}$$

$$A_i = A_v\left(\frac{R_s + R_i}{R_L}\right) = -92.3\times\frac{0.6+2.27}{4.7} = \mathbf{-56.4}$$

h-파라미터

실제로 트랜지스터 특성은 하이브리드-파라미터(간단히 h-파라미터)로 표현되며 이미터-공통 구성의 경우가 그림 3-29(a)이다. 이를 앞에서 유도한 r_b, β, r_{ce}로 표현한 등가회로와 대조시키면 다음과 같다.

$$h_{ie} \leftrightarrow r_\pi, \quad h_{fe} \leftrightarrow \beta, \quad h_{oe} \leftrightarrow 1/r_c$$

파라미터 h_{re}는 출력 전압 v_{ce}가 입력인 베이스로 궤환되는 정도를 나타내며 약 10^{-4} 수준으로 통상 무시된다. 그리고 베이스-공통 및 컬렉터-공통도 그림 3-29 (b), (c)와 같이 이미터-공통의 경우와 동일한 형태로 표현할 수 있다. 단 이미터-공통의 경우는 h-파라미터에 첨자 e를, 베이스-공통의 경우는 h-파라미터에 첨자 b를, 컬렉터-공통의 경우는 h-파라미터에 첨자 c를 사용하여 구별한다.

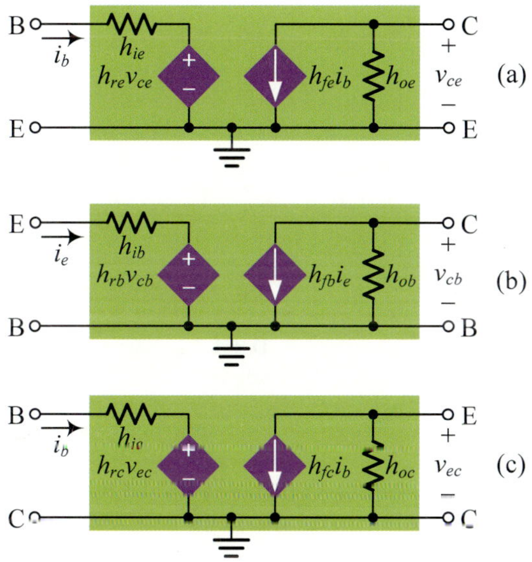

그림 3-29
하이브리드 등가회로:
(a) 이미터-공통 구성;
(b) 베이스-공통 구성;
(c) 컬렉터-공통 구성.

이미터-공통 파라미터를 기준으로 베이스-공통과 컬렉터-공통의 파라미터를 유도할 수 있으며 베이스-공통의 경우 변환식은 표 3-1과 같다. 여기에서 h_{re}=0으로 가정하면 다음과 같이 근사화할 수 있다. 먼저 파라미터 h_{ib}는

$$h_{ib} \cong \frac{h_{ie}}{h_{fe}+1+h_{ie}h_{oe}} \cong \frac{h_{ie}}{h_{fe}+1} \tag{3-6-6}$$

표 3-1
베이스-공통
파라미터 변환식

$$h_{ib} = \frac{h_{ie}}{(h_{fe}+1)(1-h_{re})+h_{ie}h_{oe}}$$

$$h_{fb} = \frac{-h_{fe}(1-h_{re})-h_{ie}h_{oe}}{(h_{fe}+1)(1-h_{re})+h_{ie}h_{oe}}$$

$$h_{rb} = \frac{h_{ie}h_{oe}-h_{re}(h_{fe}+1)}{(h_{fe}+1)(1-h_{re})+h_{ie}h_{oe}}$$

$$h_{ob} = \frac{h_{oe}}{(h_{fe}+1)(1-h_{re})+h_{ie}h_{oe}}$$

파라미터 h_{fb}는

$$h_{fb} \cong \frac{-h_{fe}-h_{ie}h_{oe}}{h_{fe}+1+h_{ie}h_{oe}} \cong -\frac{h_{fe}}{h_{fe}+1} \tag{3-6-7}$$

파라미터 h_{ob}는

$$h_{ob} \cong \frac{h_{oe}}{h_{fe}+1+h_{ie}h_{oe}} \cong \frac{h_{oe}}{h_{fe}+1} \tag{3-6-8}$$

그 결과 식 (3-6-6)으로부터

$$h_{ib} \cong \frac{h_{ie}}{h_{fe}+1} \longleftrightarrow r_e \cong \frac{r_\pi}{\beta+1} \tag{3-6-9}$$

식 (3-6-7)으로부터

$$h_{fb} \cong -\frac{h_{fe}}{h_{fe}+1} \longleftrightarrow \alpha \cong \frac{\beta}{\beta+1} \tag{3-6-10}$$

식 (3-6-8)로부터는

$$\frac{1}{h_{ob}} \cong \frac{h_{fe}+1}{h_{oe}} \longleftrightarrow (\beta+1)r_c \tag{3-6-11}$$

이상으로 우리가 앞서 r_π, β, r_c로 유도한 등가회로와 일치한다. 컬렉터-공통의 경우에 대한 변환식은 표 3-2와 같다. 여기에서도 h_{re}=0으로 가정하면 h_{rc}=1이므로 그림 3-26(c)와 일치함을 알 수 있다.

표 3-2
컬렉터-공통 파라미터 변환식

$$h_{ic} = h_{ic}$$
$$h_{fc} = -(h_{fe} + 1)$$
$$h_{rc} = 1 - h_{re}$$
$$h_{oc} = h_{oe}$$

전달컨덕턴스 모델

BJT의 기능은 βi_b, αi_e 등과 같이 근본적으로는 전류로 제어되된다. 그러나 전압으로 제어되는 종속 전류원 형태로 표현하면 해석상에서 많은 편리함을 도모할 수 있으며 이를 전달컨덕턴스(transconductance) 모델이라 한다. 그림 3-30(a)의 왼쪽 그림은 앞서 유도한 이미터-공통 구성의 등가회로이며 전달컨덕턴스 모델로 표현하면 오른쪽 그림과 같다. 여기서 베이스 전류가 $i_b = v_\pi / r_b$이므로 종속 전류원 βi_b를 v_π의 함수로 표현하면

$$\beta i_b = \frac{\beta}{r_\pi} v_\pi = g_m v_\pi \tag{3-6-12}$$

이며 여기서 g_m은

$$g_m \equiv \beta / r_\pi \tag{3-6-13}$$

로 정의되며 단위는 지멘스이고 전달컨덕턴스라 부른다. 그림 3-30(b)는 베이스-공통 구성에 대한 전달컨덕턴스 모델이다. 여기서는 $i_e = v_\pi / r_e$이므로 종속 전류원 αi_e를 v_π의 함수로 표현하면

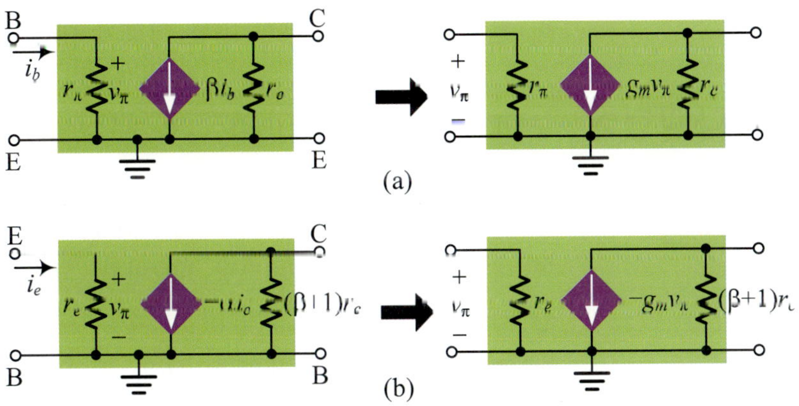

그림 3 30
전달컨덕턴스 모델:
(a) 이미터-공통 구성;
(b) 베이스-공통 구성;

$$\alpha i_e = \frac{\alpha}{r_e} v_\pi \qquad \textbf{(3-6-14)}$$

이며 $\alpha=\beta/(\beta+1)$ 및 $r_e=r_\pi/(\beta+1)$의 관계를 이용하면

$$\frac{\alpha}{r_e} = \frac{\beta/(\beta+1)}{r_\pi/(\beta+1)} = \frac{\beta}{r_\pi} = g_m \qquad \textbf{(3-6-15)}$$

따라서 그림 3-30(b)의 오른쪽 그림과 같이 된다. 즉 베이스-공통 구성의 전달컨덕턴스는 이미터-공통의 경우와 크기는 같고 부호만 반대이다.

3-7 복합 회로

BJT는 구성 방식에 따라 특성이 달라지며 각기 고유한 성질을 가지고 있다. 즉 이미터-공통의 경우는 전압 이득과 전류 이득 모두에서 유리하며 베이스-공통 경우는 전류 이득이 1 이하이며 입력 저항은 매우 낮고 출력 저항은 매우 높다. 그리고 컬렉터-공통의 경우는 전압 이득이 1 이하며 입력 저항은 매우 높고 출력 저항은 매우 낮아 베이스-공통과 정 반대 성질을 보인다. 따라서 다른 트랜지스터끼리 서로 결합시키거나 다른 증폭기를 서로 결합함으로써 각 구성의 장점을 취합할 수 있다. 전자의 경우는 두 개 이상의 트랜지스터를 결합하여 하나의 단일 소자로 제조한 복합 소자이며 여기는 다링턴쌍(Darlington pair), 궤환쌍 등이 대표적이다. 이 절에서는 복합 소자와 복합 회로에 대해 알아본다.

다링턴쌍 두 개의 이미터-공통 BJT를 그림 3-31의 (a) 또는 (b)와 같이 결합한 것을 다링턴 결합 또는 다링턴쌍이라 하며 Q_1과 Q_2의 결합을 하나의 단일 BJT Q로 간주할 수 있다. 이 중 그림 (a)의 다링턴쌍에 대한 등가인 Q의 특징에 대해 알아보는 것이 그림 3-32이다. 그림 (a)로부터 Q의 베이스-이미터간 직류 전압은 $V_{BE}=2V_\gamma$임을 알 수 있다(Q_1과 Q_2는 동일한 것으로 간주한다). 다음으로 그림 (b)에서 Q_1의 베이스 전류를 i_b라 할 때 Q_1 이미터 전류는 $i_{e1}\cong\beta i_b$이며 이 전류가 다시 Q_2의 베이스 전류가 되므로 Q_2의 컬렉터 전류는 $i_{c2}=\beta^2 i_b$가 된다. 따라서 컬렉터 전류 i_c는

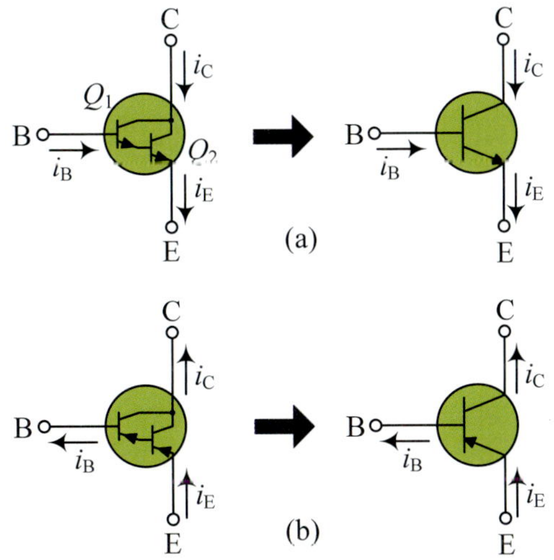

그림 3-31
다링턴쌍:
(a) *npn*; (b) *pnp*.

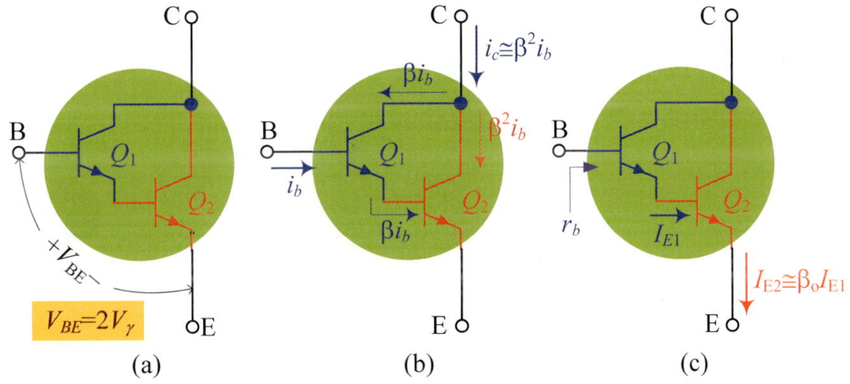

그림 3-32
npn 다링턴쌍:
(a) 직류전압 V_{BE};
(b) 전류 증폭률;
(c) 입력 저항.

$$i_c = \beta i_b + \beta^2 i_b \cong \beta^2 i_b \tag{3-7-1}$$

이 되어 다링턴쌍의 전류 증폭률은 약 β^2으로서 대단히 높다. 물론 직류 전류 증폭률 역시 β_o^2이며 이처럼 높은 전류 증폭률을 얻는 것이 다링턴 접합의 목적이자 특성이다. 그림 3-32(c)에서 Q_1과 Q_2의 r_π를 각각 $r_{\pi1}$, $r_{\pi2}$라 하면 $r_{\pi1}$=26mV/I_{E1} 및 이미터 전류 $I_{E2}=\beta_o I_{E1}$의 관계로부터

$$r_{\pi2} = \frac{26\text{ mV}}{I_{E2}} = \frac{26\text{ mV}}{(\beta+1)I_{E1}} = \frac{r_{\pi1}}{\beta+1} \tag{3-7-2}$$

그러나 위의 $r_{\pi2}$는 그림 (c)에서 보듯이 Q_1의 이미터에 연결되어 있다. 따

라서 Q_1의 입력 저항 r_π는 임피던스 반사에 의해 다음과 같다.

$$r_\pi = r_{\pi 1} + (\beta + 1) r_{\pi 2} = \left(1 + \frac{\beta + 1}{\beta_o + 1} \right) r_{\pi 1} \quad \textbf{(3-7-3)}$$

여기서 $\beta_o = \beta$로 하면 입력 저항은 다음과 같다.

$$r_\pi = 2 r_{\pi 1} \quad \textbf{(3-7-4)}$$

다링턴쌍은 전류 증폭률이 매우 높기 때문에 증폭 회로에서 많이 사용되고 있으며 하나의 패키지로 제공되고 있다. 다링턴쌍으로 구성한 증폭기를 예로 들면 그림 3-33과 같으며 그림 (a)는 이미터-공통이고 그림 (b)는 컬렉터-공통(이미터-폴로어)이다.

그림 3-33
다링턴 증폭기:
(a) 이미터-공통;
(b) 컬렉터-공통.

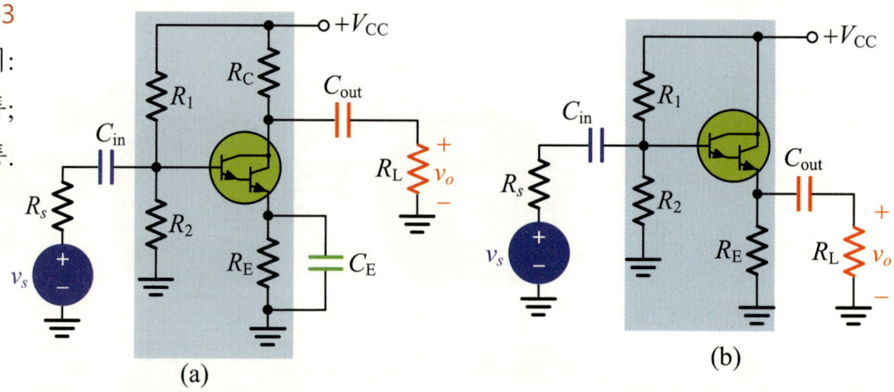

예제 3-8

그림 3-33(b) 이미터 폴로어에서 두 트랜지스터는 동일한 특성 $\beta_o = \beta = 90$이며 기타 소자들은 다음과 같다: $R_s = 1\,\text{k}\Omega$, $R_1 = 3.3\,\text{M}\Omega$, $R_2 = \infty$(개방), $R_E = 390\,\Omega$, $R_L = 1\,\text{k}\Omega$, $V_{CC} = 18\,\text{V}$.
증폭기의 입력 저항, 출력 저항 및 전압 이득을 구하라.

풀이 직류 해석부터 먼저 한다. Q_1의 베이스 전류를 I_{B1}이라 하면 다음 KVL 방정식을 만족한다.

$$R_1 I_{B1} + \beta^2 R_E I_{B1} + 2V_\gamma = V_{CC}$$

$$\therefore I_{B1} = \frac{V_{CC} - 2V_\gamma}{R_1 + \beta_o^2 R_E} = \frac{18 - 1.4}{3.3\ \text{M}\Omega + 8100 \times 390\ \Omega} \cong \mathbf{2.58\ \mu A}$$

$$I_{E1} = \beta_o^2 I_{B1} = 8100 \times 2.58\ \mu\text{A} \cong \mathbf{21\ mA}$$

이로부터

$$r_{b1} = \frac{26\ \text{mV}}{I_{E1}} \times \beta_o^2 = \frac{26\ \text{mV}}{21\ \text{mA}} \times 8100 = \mathbf{10\ k\Omega}$$

$$\therefore r_\pi = 2r_{\pi 1} = \mathbf{20\ k\Omega}$$

$R_1 >> R_s$를 이용하면 그림 3-33(b)의 교류 회로 및 교류 등가회로는 그림 3-34와 같으며

$$r_E = R_E \| R_L = 390\ \Omega \| 1\ \text{k}\Omega \cong \mathbf{280\ \Omega}$$

따라서 그림 3-34(b)에서

$$r_i = r_\pi + (\beta^2 + 1) r_E = 20\ \text{k}\Omega + 8100 \times 280\ \Omega \cong \mathbf{2.3\ M\Omega}$$

$$r_o = \frac{R_s + r_\pi}{\beta^2 + 1} = \frac{1\ \text{k}\Omega + 20\ \text{k}\Omega}{8100} = \mathbf{2.6\ \Omega}$$

$$R_i = R_1 \| r_i = 3.3\ \text{M}\Omega \| 2.3\ \text{M}\Omega \cong \mathbf{1.35\ M\Omega}$$

$$R_o = r_o \| R_E = 2.6\ \Omega \| 390\ \Omega \cong \mathbf{2.6\ \Omega}$$

$$\therefore A_v \cong \frac{r_E}{r_o + r_E} = \frac{280\ \Omega}{2.6\ \Omega + 280\ \Omega} = \mathbf{0.99}$$

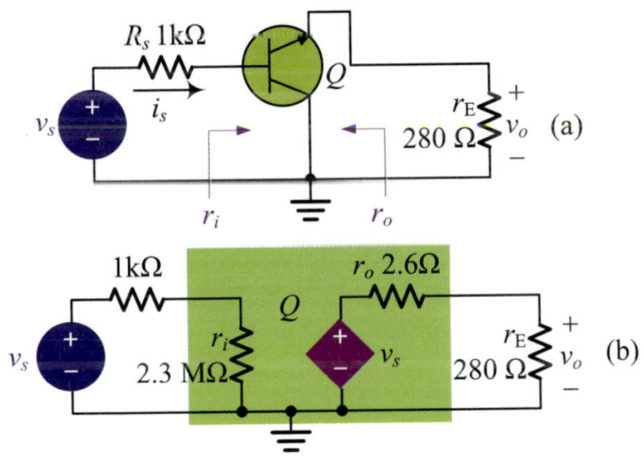

그림 3-34
예제 3-8 증폭기에 대한
(a) 교류 회로;
(b) 교류 등가회로.

궤환쌍 궤환쌍은 *npn* 트랜지스터와 *pnp* 트랜지스터를 그림 3-35와 같이 결합한 것으로 실제로 하나의 *pnp* 트랜지스터로 동작한다. 다링턴쌍과 마찬가지로 궤환쌍의 전류 증폭률도 두 트랜지스터의 전류 증폭률을 곱한 것과 같다. 다링턴쌍과 궤환쌍은 그림 3-36과 같은 조합을 이루면서 서로 상보적으로 동작할 수 있으며 이에 대해서는 9장에서 설명한다.

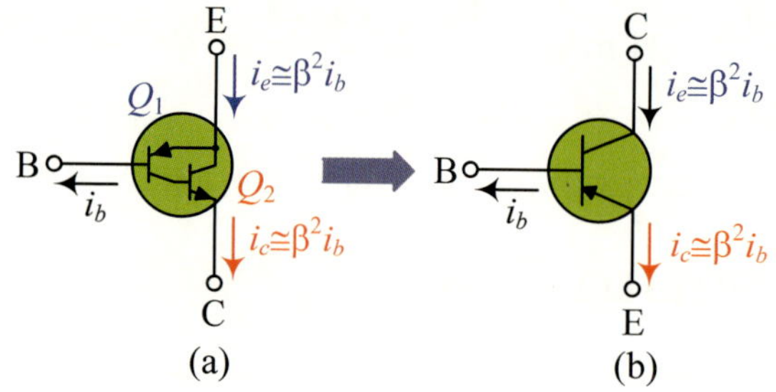

그림 3-35 궤환쌍과 등가회로

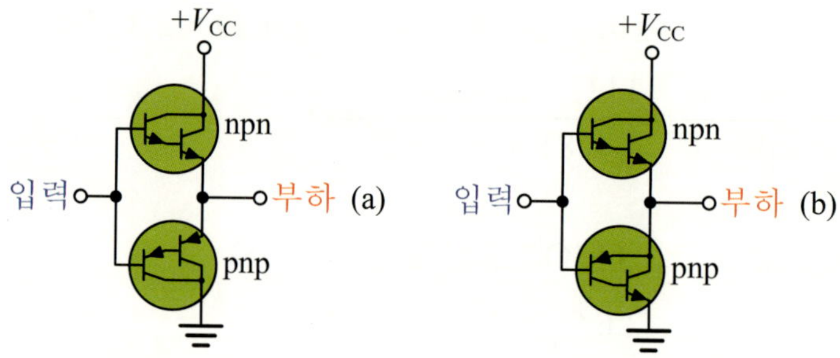

그림 3-36 (a) 다링턴쌍의 조합; (b)다링턴쌍과 궤환쌍의 조합.

3-8 다단 증폭기

이미터-공통 증폭기의 높은 이득과 베이스-공통 증폭기의 낮은 입력 저항과 높은 출력 저항 및 컬렉터-공통 증폭기의 높은 입력 저항과 낮은 출력 저항 등과 같은 각 증폭기의 고유한 특징을 상황에 따라 취합해 사용하는 것이 다단 증폭기이다. 다양한 특성의 증폭기들을 결합함에 있어서 증폭기의 특성을 제대로 이해하는 것이 필요하다.

이미터-공통/이미터-공통

이득이 상대적으로 높은 이미터-공통 증폭기를 다단으로 결합하면 매우 높은 전체 이득을 얻을 수 있다. 그림 3-37(a)는 두 개의 이미터-공통 증폭기를 종속 결합한 교류 회로이며 그림 (b)는 전달컨덕턴스 형 등가회로이다. 소자들이 병렬로 결합되므로 전달컨덕턴스 형 등가회로가 유리하다. 저항들의 병렬 결합을 등가저항으로 표시하면 그림 (b)는 그림 (c)와 같이 간소화된다. 저항 r_{B1}은 Q_1의 베이스 등가 저항이고 r_{C1}과 r_{C2}는 각각 Q_1과 Q_2의 컬렉터 총 저항이다. 트랜지스터 Q_1의 컬렉터 부하는 r_{C1}이므로 Q_1에 의한 전압 이득은

$$G_{v1} = \frac{v_{\pi 2}}{v_{\pi 1}} = -g_{m1} r_{C1} \tag{3-8-1}$$

마찬가지 방법으로 트랜지스터 Q_2에 의한 전압 이득은

$$G_{v2} = \frac{v_o}{v_{\pi 2}} = -g_{m2} r_{C2} \tag{3-8-2}$$

그리고

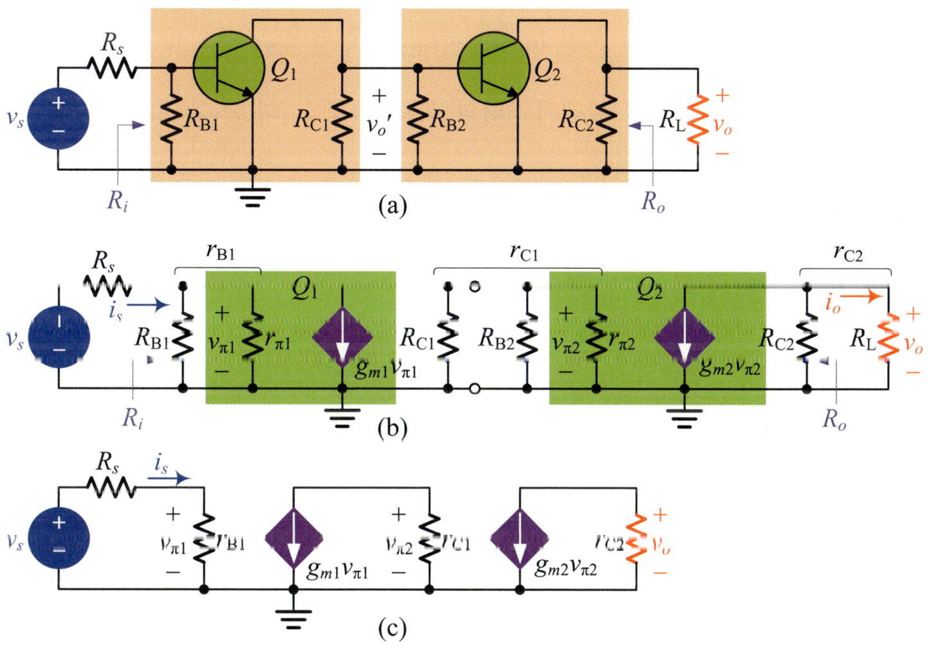

그림 3-37 2단 이미터-공통 증폭기: (a) 교류회로; (b) 등가회로; (c) 간소화된 등가회로

$$\frac{v_{\pi 1}}{v_s} = \frac{r_{B1}}{R_s + r_{B1}} \tag{3-8-3}$$

이상의 식 (3-8-1)~(3-8-3)을 종합하면

$$A_v = \frac{v_o}{v_s} = \left(\frac{r_{B1}}{R_s + r_{B1}}\right) G_{v1} G_{v2} = \frac{g_{m1} g_{m2} r_{B1} r_{C1} r_{C2}}{R_s + r_{B1}} \tag{3-8-4}$$

전체 전압 이득은 두 전달컨덕턴스의 곱에 비례한다. 그리고 전류 이득을 구하기 위해 그림 3-37(b), (c)에서 i_s를 v_s로, i_o를 v_o로 표현하면

$$i_s = \frac{v_s}{R_s + r_{B1}}, \quad i_o = \frac{v_o}{R_L}$$

이므로 전류 이득 $A_i = i_o/i_s$는 전압 이득 A_v로부터

$$A_i = \frac{i_o}{i_s} = A_v \left(\frac{R_s + r_{B1}}{R_L}\right) \tag{3-8-5}$$

로 구할 수 있다. 그리고 입력 저항과 출력 저항은

$$R_i = R_{B1} \| r_{\pi 1} = r_{B1}, \quad R_o = R_{C2} \tag{3-8-6}$$

만일 트랜지스터의 출력 저항 r_{c1}과 r_{c2}를 고려하고자 하면

$$r_{C1} \to r_{C1} \| r_{c1}, \quad r_{C2} \to r_{C2} \| r_{c2}$$

로 대체하면 되며 출력 저항은 다음과 같이 변경된다.

$$R_o = r_{c2} \| R_{C2}$$

2단 이미터-공통 증폭기의 전체 회로의 한 예가 그림 3-38이다. 증폭기는 결합 커페시터 C_{cp}를 통해 결합되므로 각 증폭단의 동작점은 서로 독립적이며 영향을 주지 않는다. 그림 3-38에서

$$R_{B1} = R_1 \| R_2, \quad R_{B2} = R_3 \| R_4$$

로 하면 그 교류 회로가 그림 3-37(b)와 같음을 알 수 있다.

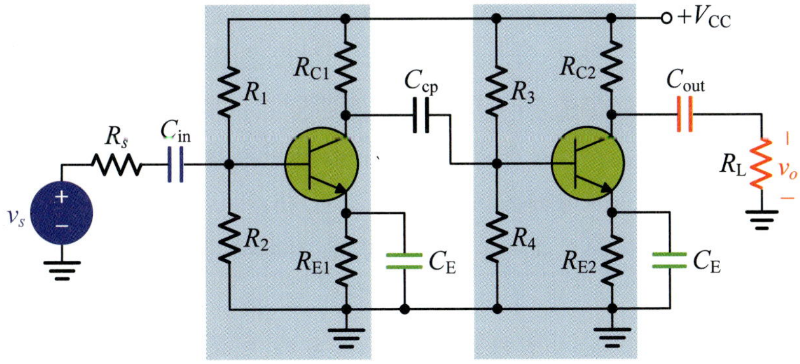

그림 3-38
2단 이미터-공통 증폭기의 전체 회로의 예

예제 3-9

그림 3-38의 회로에서 $\beta_1=\beta_2=160$, $r_{\pi1}=r_{\pi2}=3.13\ \text{k}\Omega$이며 저항들의 값은 다음과 같다:

$R_s=600\ \Omega$, $R_1=R_3=47\ \text{k}\Omega$, $R_2=R_4=10\ \text{k}\Omega$, $R_{C1}=R_{C2}=R_L=4.7\ \text{k}\Omega$.

입력 저항, 출력 저항 및 전체 전압 이득과 전류 이득을 구하라.

풀이 전달컨덕턴스를 구하면

$$g_{m2}=g_{m1}=\frac{\beta_1}{r_{\pi1}}=\frac{160}{3.13\times10^3}=\mathbf{0.05\ S}$$

베이스 저항들은

$$R_{B1}=R_1\|R_2=\mathbf{8.24\ k\Omega},\quad R_{B2}=R_3\|R_4=\mathbf{8.24\ k\Omega}$$

이로부터 각 저항들은

$$r_{B1}=R_{B1}\|r_{\pi1}=8.24\|3.13\ \text{k}\Omega=\mathbf{2.27\ k\Omega}$$

$$r_{C1}=R_{C1}\|R_{B2}\|r_{\pi2}=4.7\|8.24\|3.13=\mathbf{1.53\ k\Omega}$$

$$r_{C2}=R_{C2}\|R_L=4.7\|4.7=\mathbf{2.35\ k\Omega}$$

식 (3-8-4)와 식 (3-8-5)로부터

$$A_v=\frac{g_{m1}g_{m2}r_{B1}r_{C1}r_{C2}}{R_s+r_{B1}}=\frac{0.05^2(2.27\times10^3)(1.53\times10^3)(2.35\times10^3)}{(0.6+2.27)\times10^3}=\mathbf{7110}$$

$$A_i=A_v\left(\frac{R_s+r_{B1}}{R_L}\right)=7110\times\frac{0.6+2.27}{4.7}=\mathbf{4340}$$

이미터-공통/컬렉터-공통

그림 3-39(a)는 단일 이미터-공통 증폭기의 교류 회로이다. 여기서 높은 전압 이득을 얻기 위해서는 전원 저항 R_s는 작을수록, 부하 저항 R_L은 클수록 유리하다. 즉 임피던스 정합이 잘 이루어진 상태이다. 그러나 R_s가 지나치게 크거나 R_L이 지나치게 작을 경우 이득 저하가 심해진다. 이를 보상하는 방법으로 그림 (b)와 같이 이미터-공통 증폭기의 입력단과 전원 사이에, 출력단과 부하 사이에 완충기인 컬렉터-공통 증폭기(이미터-폴로어)를 종속 결합시킨다. 그 결과 그림 (c)와 같이 이미터-폴로어의 임피던스 변환기능에 의해 훌륭한 임피던스 정합을 이룰 수 있다. 다만 그림 (b)에서 보듯이 출력단의 이미터 폴로어 Q_2를 거치면서

$$\frac{v_o}{v_o'} = \frac{(\beta+1)R_L}{r_\pi + (\beta+1)R_L} \tag{3-8-7}$$

와 같이 이득이 약간 감소하지만 대부분의 경우는 무시할 수 있다.

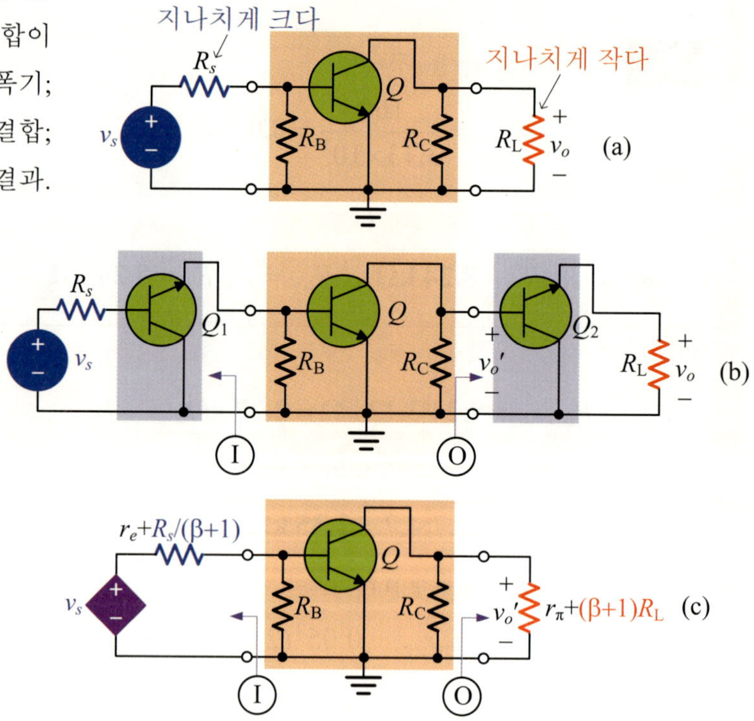

그림 3-39
(a) 임피던스 정합이 필요한 이미터-공통 증폭기;
(b) 이미터-폴로어 결합;
(c) 임피던스 변환 결과.

예제 3-10

그림 3-40의 회로는 CC/CE/CC의 3단 증폭기이며 사양은 다음과 같다.

Q_1, Q_3: $\beta_1=\beta_3=100$, $r_{\pi1}=r_{\pi3}=1.3$ kΩ

Q_2: $\beta_2=160$, $r_{\pi2}=3.13$ kΩ

(a) 입력 저항, 출력 저항 및 전압 이득을 구하라.

(b) 단일 이미터-공통 증폭기 Q_2만 사용할 경우 (a)를 반복하고 두 결과를 비교하라.

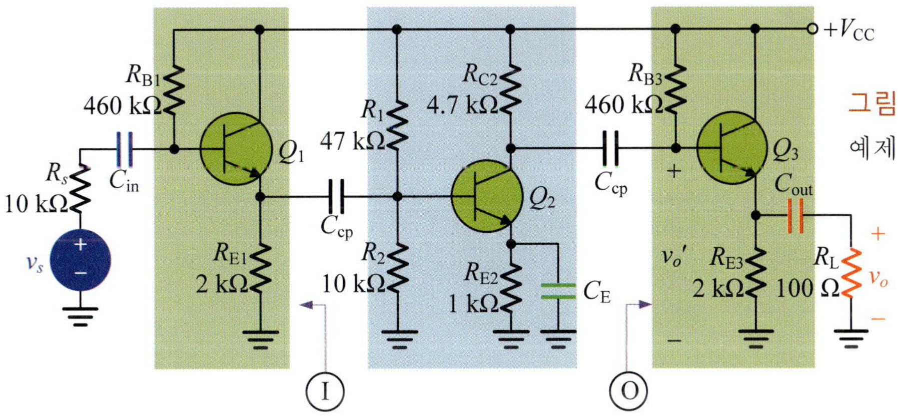

그림 3-40
예제 3-10의 그림

풀이 그림 3-40의 교류회로를 구하면 그림 3-41(a)와 같으며 각 저항들은 다음과 같다.

$$r_{B2}=R_{E1}\|R_1\|R_2=1\|47\|10\text{ k}\Omega=\mathbf{0.89\text{ k}\Omega}$$

$$r_{C2}=R_{C2}\|R_{B3}=4.7\|460\text{ k}\Omega\cong\mathbf{4.7\text{ k}\Omega}$$

$$r_{E3}=R_{E3}\|R_L=1\|0.1\text{ k}\Omega=\mathbf{91\ \Omega}$$

(a) 그림 3-41(a)에서 Q_1의 이미터 총 저항을 r_{E1}이라 하면

$$r_{E1}=r_{B2}\|r_{\pi2}=0.89\|3.13\text{ k}\Omega=\mathbf{0.69\text{ k}\Omega}$$

이로부터 입력 저항을 구하면

$$r_i=r_{\pi1}+(\beta_1+1)r_{E1}=1.3+(101)\times0.69\text{ k}\Omega=\mathbf{71\text{ k}\Omega}$$

$$\therefore R_i=R_{B1}\|r_i=460\|71\text{ k}\Omega=\mathbf{61.5\text{ k}\Omega}$$

출력 저항은

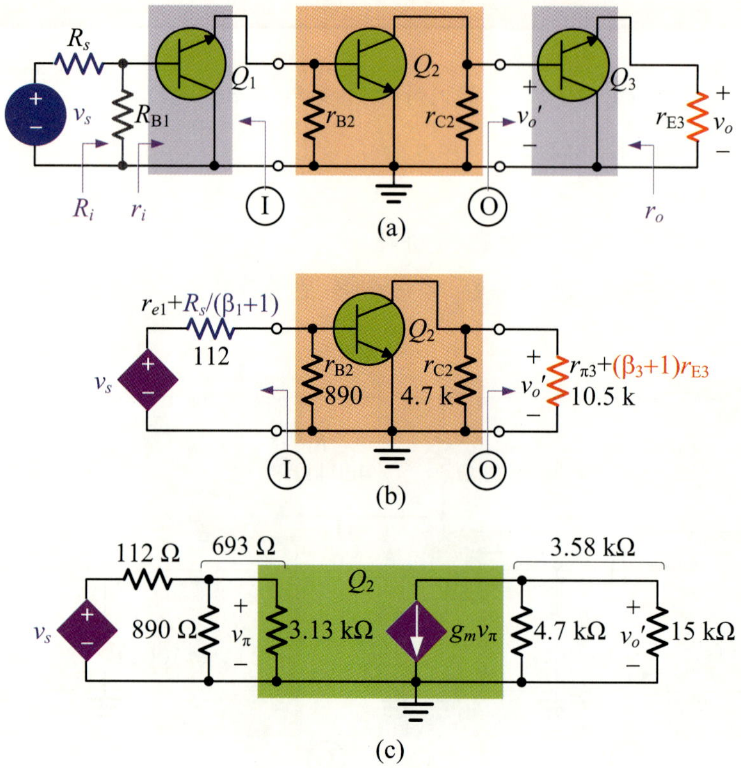

그림 3-41
그림 3-40에 대한
(a) 교류 회로;
(b) 임피던스 반사로 정리한 교류 회로;
(c) 교류 등가회로

$$r_o = \frac{r_{C2} + r_{\pi3}}{\beta_1 + 1} = \frac{4.7 + 1.3}{101}\ \text{k}\Omega = \mathbf{59\ \Omega}$$

$$\therefore R_o = r_o \| R_{E3} = 59 \| 1000\ \Omega = \mathbf{56\ \Omega}$$

그림 3-41(a)에서 Q_1과 Q_3에 임피던스 반사를 적용하여 트랜지스터 Q_2를 중심으로 정리하면 그림 (b)와 같다. 단 $R_{B1}(460\ \text{k}\Omega) >> R_s(10\ \text{k}\Omega)$이므로 상대적으로 무시하며

$$r_{e1} + \frac{R_s}{\beta_1 + 1} = \frac{1.3 + 10}{101}\ \text{k}\Omega = \mathbf{112\ \Omega}$$

$$r_{\pi3} + (\beta_3 + 1) r_{E3} = 1300 + 101 \times 91\ \Omega = \mathbf{10.5\ k\Omega}$$

그림 (b)의 전달컨덕턴스 등가회로는 그림 (c)와 같으며 전달컨덕턴스는

$$g_m = \frac{\beta_2}{r_{\pi2}} = \frac{160}{3.13}\ \text{mS} = 51\ \text{mS}$$

따라서

$$A_v' = \frac{v_o'}{v_s} = -\left(\frac{693}{112 + 693}\right)(51 \times 10^{-3})(3.58 \times 10^{3}) = -157$$

끝으로

$$\frac{v_o}{v_o'} = \frac{(\beta_3+1)r_{E3}}{r_{\pi 3}+(\beta_3+1)r_{E3}} = \frac{101\times 0.09}{1.3+101\times 0.09} = 0.88$$

이므로 최종 전압 이득을 다음과 같이 구할 수 있다.

$$A_v = A_v'\left(\frac{v_o}{v_o'}\right) = -157\times 0.88 = -138$$

(b) 그림 3-40에서 이미터-폴로어들을 제외시킨 단일 이미터-공통 증폭기에서는 다음의 그림 3-42와 같다. 입력 및 출력 저항은

$$R_i = \mathbf{2.27\ k\Omega},\quad R_o = \mathbf{4.7\ k\Omega}$$

전압 이득은

$$A_v = \frac{v_o}{v_s} = -\left(\frac{2.27}{10+2.27}\right)(51\times 10^{-3})(0.098\times 10^{3}) = \mathbf{-0.92}$$

이미터 폴로어를 사용함으로써 입력 저항은 높아지고 출력 저항은 낮아지며 전압 이득은 높아짐을 확인할 수 있다. 이는 이미터 폴로어의 증폭 기능이 아니라 임피던스 변환 기능에 의한 것이다.

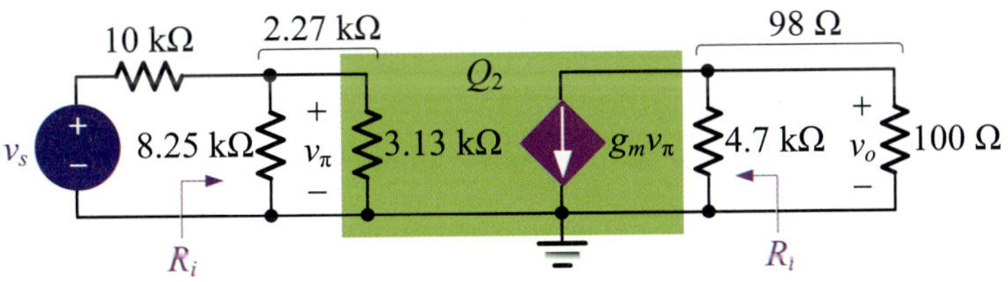

그림 3-42
그림 3-40에서 이미터-공통 증폭기만 사용할 때의 등가회로.

이미터-공통/베이스-공통

이미터-공통 증폭기와 베이스-공통 증폭기의 장점을 취합한 것이 그림 3-43(a)의 캐스코드(cascode) 결합이다. 캐스코드 결합은 이미터-공통 구성(Q_1)을 입력단으로 하고 베이스-공통 구성(Q_2)을 출력단으로 하여 종속 결합한 형태이다. 캐스코드 결합의 등가회로는 그림 (b)이며 $r_{o1}>>r_{\pi 2}$이므로

$$i_{e2} \cong -\beta_1 i_{b1} \tag{3-8-8}$$

이다. 따라서

$$-\alpha_2 i_{e2} \cong \beta_1\alpha_2 i_{b1} \cong \beta_1 i_{b1} \tag{3-8-9}$$

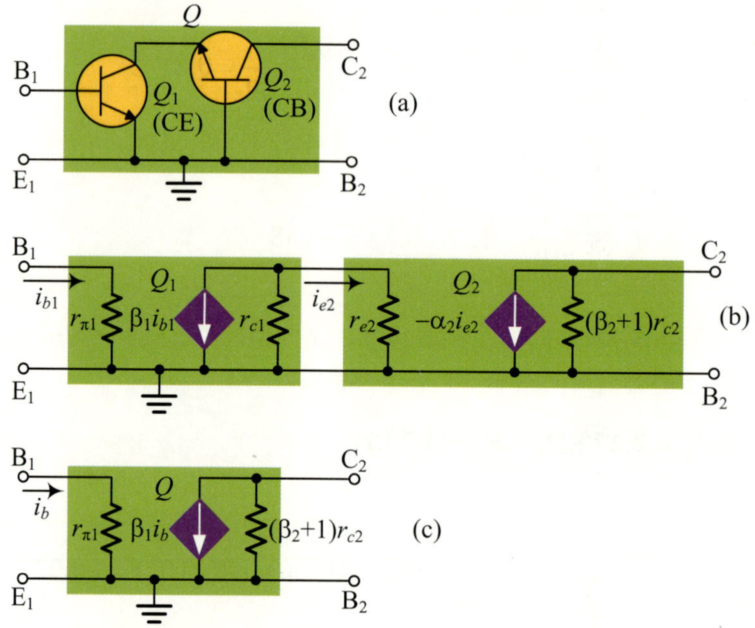

그림 3-43
(a) 캐스코드 결합; (b) 전체 등가회로; (c) 단일화한 등가회로.

이상으로 캐스코드 결합을 단일 트랜지스터로 환산할 때 그 등가회로는 그림 3-43(c)와 같음을 알 수 있다. 즉 캐스코드 결합은 이미터-공통의 높은 증폭율과 베이스-공통의 매우 높은 출력 저항을 겸비하게 된다. 그러나 캐스코드 결합의 가장 큰 장점은 **광대역 주파수 특성**이지만 이에 대해서는 7장에서 설명한다.

캐스코드 증폭기의 전체 회로는 그림 3-44(a)와 같이 구성된다. 여기서 Q_1은 측로 커패시터 C_E에 의해 이미터가 단락되므로 이미터-공통이며 Q_2는 측로 커패시터 C_B에 의해 베이스가 단락되므로 베이스-공통임을 알 수 있다. 전체 회로에 대한 직류 회로는 그림 (b)와 같으며 교류 회로는 그림 (c)와 같으므로 Q_1과 Q_2가 캐스코드 결합을 이루고 있음이 명백히 드러난다. 그림 3-44(c) 교류 회로의 해석은 그림 3-43(c)의 등가회로를 이용하면 된다.

그림 3-44(b)의 직류 회로에서 Q_1과 Q_2의 베이스 전류를 상대적으로 무시하면 쉽게 해석할 수 있다. 즉 전압분배 저항인 R_1, R_2, R_3에 의해 Q_1과 Q_2의 베이스 전압 V_{B1}과 V_{B2}는 각각 다음과 같이 주어진다.

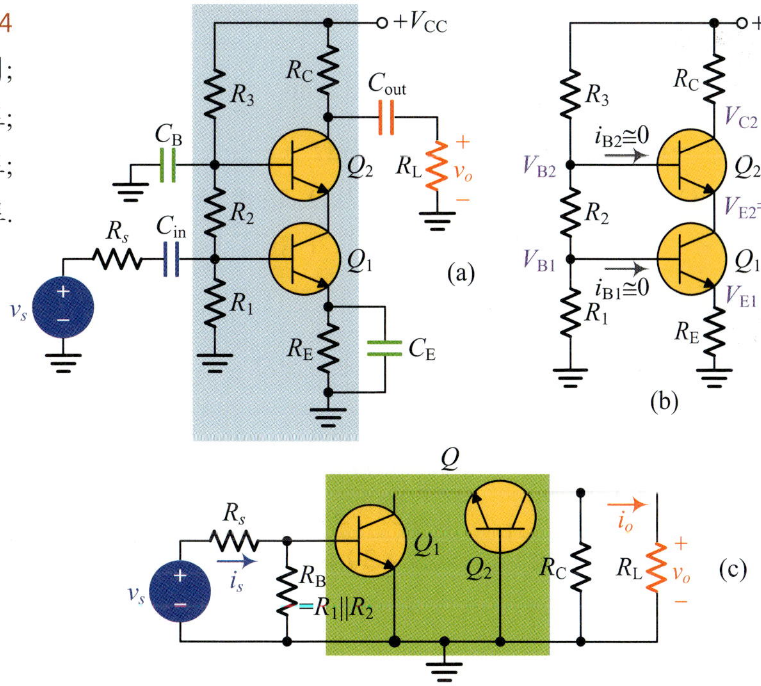

그림 3-44
캐스코드 증폭기;
(a) 전체 회로;
(b) 직류 회로;
(c) 교류 회로.

$$V_{\mathrm{B1}} = \frac{R_1}{R_1 + R_2 + R_3} V_{\mathrm{CC}} \tag{3-8-10}$$

및

$$V_{\mathrm{B2}} = \frac{R_1 + R_2}{R_1 + R_2 + R_3} V_{\mathrm{CC}} \tag{3-8-11}$$

이로부터 Q_1의 이미터 전압 V_{E1}과 Q_2의 이미터 전압 V_{E2}는

$$V_{\mathrm{E1}} = V_{\mathrm{B1}} - V_\gamma, \quad V_{\mathrm{E2}} = V_{\mathrm{B2}} - V_\gamma \tag{3-8-12}$$

따라서 Q_1의 이미터 전류 I_{E1}은

$$I_{\mathrm{E1}} = \frac{V_{\mathrm{E1}}}{R_{\mathrm{E}}} = \frac{V_{\mathrm{B1}} - V_\gamma}{R_{\mathrm{E}}} \tag{3-8-13}$$

이며 Q_2의 이미터 전류 I_{E2}는 I_{E1}과 같다.

예제 3-11

그림 3-44(a)의 증폭기에서 두 트랜지스터는 동일한 특성으로 다음과 같다.

$\beta_{o1}=\beta_{o2}=140$, $\beta_1=\beta_2=125$, $r_{c1}=r_{c2}=50\text{ k}\Omega$

$R_s=1\text{ k}\Omega$, $R_1=47\text{ k}\Omega$, $R_2=39\text{ k}\Omega$, $R_3=27\text{ k}\Omega$, $R_C=1.8\text{ k}\Omega$, $R_E=R_L=1\text{ k}\Omega$, $V_{CC}=12\text{ V}$.

(a) 직류 이미터 전류를 구하라. (b) 등가 단일 트랜지스터 Q의 특성을 구하라.

풀이

(a) 베이스 직류 전류는 모두 무시한다. 베이스 전압은

$$V_{B1}=\frac{R_1}{R_1+R_2+R_3}V_{CC}=\frac{27}{27+39+47}\times 12=\mathbf{2.87\ V}$$

$$V_{B2}=\frac{R_1+R_2}{R_1+R_2+R_3}V_{CC}=\frac{27+39}{27+39+47}\times 12=\mathbf{7.01\ V}$$

그리고 이미터 전압은

$$V_{E1}=V_{B1}-V_\gamma=2.87-0.7=\mathbf{2.17\ V}$$

$$V_{E2}=V_{B2}-V_\gamma=7.01-0.7=\mathbf{6.41\ V}$$

따라서 이미터 전류는

$$I_{E2}=I_{E1}=\frac{V_{E1}}{R_E}=\frac{2.17\text{ V}}{1\text{ k}\Omega}=\mathbf{2.17\ mA}$$

(b) (a)에서 구한 직류 특성을 이용하면

$$r_{\pi1}=r_{\pi2}=\frac{26\text{ mV}}{I_{E1}}\times(\beta_1+1)=\frac{26\text{ mV}}{2.17\text{ mA}}\times 126=\mathbf{1.5\ k\Omega}$$

$$r_{e2}=\frac{r_{\pi2}}{\beta_2+1}=\frac{1.5\text{ k}\Omega}{126}=\mathbf{12\ \Omega}$$

여기서

$$r_{c2}(\beta_2+1)=50\times 126\text{ k}\Omega=6.3\text{ M}\Omega>>R_L(=1\text{ k}\Omega)$$

으로 상대적으로 무시된다. 이상으로 등가 단일 트랜지스터 Q의 특성은 다음과 같다.

$$\beta=125,\quad r_\pi=1.5\text{ k}\Omega,\quad r_c\cong\infty$$

컬렉터-공통/ 베이스-공통

그림 3-45(a)는 소위 차동(差動) 증폭기로 불리우는 매우 중요한 회로이다(차동 증폭기에 대해서는 6장에서 자세히 설명한다). 차동 증폭기의 두 트랜지스터는 특성이 같아야 하며 이에 따라 동작점도 같다. 즉 그림 (a)에서 입력을 v_s=0으로 하면 두 트랜지스터의 베이스 직류 전압이 같고 이미터 직류 전압도 같기 때문에 동작점이 같아진다. 따라서 Q_1과 Q_2는 β뿐 아니라 r_b도 같다. 그림 (a)의 교류 회로를 구해보면 그림 (b)와 같으며 Q_1

그림 3-45
차동 증폭기;
(a) 전체 회로;
(b) 교류 회로;
(c) 임피던스 반사;
(d) 등가 회로.

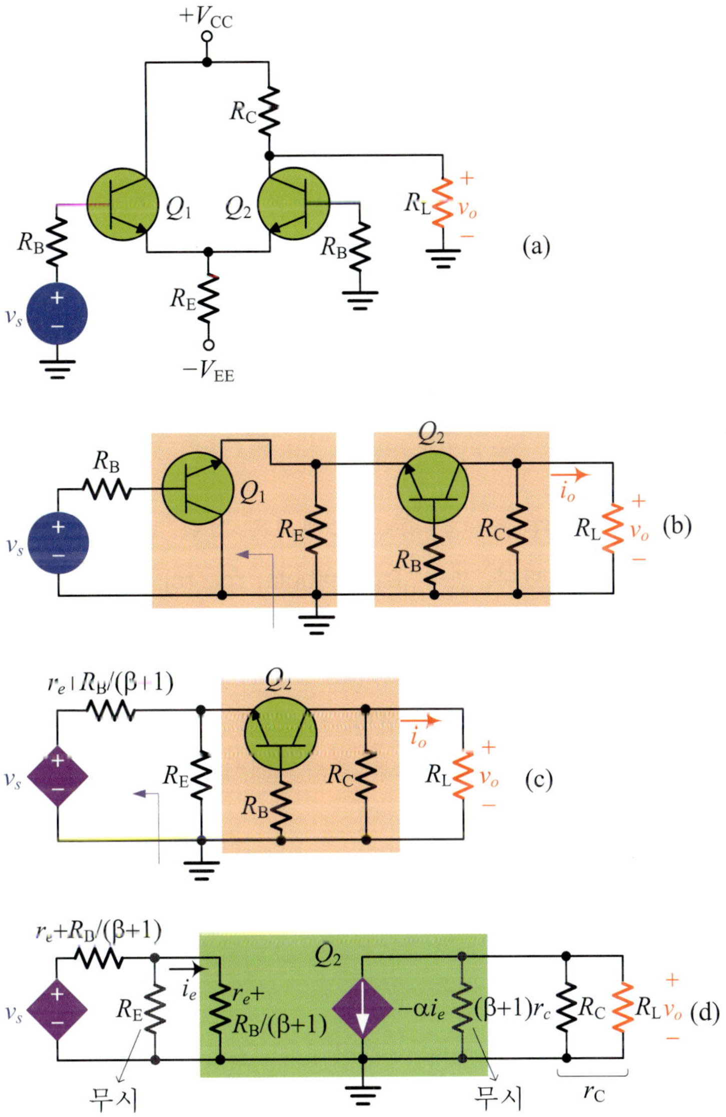

은 컬렉터-공통, Q_2는 베이스-공통 구성임이 드러난다. 그리고 이미터-폴로어인 Q_1의 임피던스 반사 기능에 의해 그림 (c)처럼 표현할 수 있다. 이제 베이스-공통인 그림 (c)에 대한 교류 등가회로는 그림 (d)가 되며 이미터 저항 R_E는 상대적으로 개방회로로 무시할 수 있다. 따라서

$$i_e = \frac{v_s}{2\{r_e + R_B/(\beta+1)\}} \quad \textbf{(3-8-14)}$$

그리고 Q_2의 출력단에서도 $(\beta+1)r_c >> r_C$를 만족하므로

$$v_o = \alpha i_e r_C = \frac{\alpha r_C}{2\{r_e + R_B/(\beta+1)\}} v_s \quad \textbf{(3-8-15)}$$

따라서 전압 이득 $A_v = v_o/v_s$는 $\alpha \cong 1$임을 이용하면 다음과 같다.

$$A_v \cong \frac{0.5 r_C}{r_e + R_B/(\beta+1)} = \frac{0.5\beta r_C}{r_\pi + R_B} \quad \textbf{(3-8-16)}$$

3-9 매트랩

BJT 소신호 증폭기 해석은 그림 3-46의 교류 회로에 맞추어 bjtA.m을 실행한다. 변수 Tspec=[beta, rpi, rc]는 트랜지스터 사양으로 beta는 β, rpi는 r_π, rc는 r_c이다. 이미터-공통(그림 (a))의 R_E와 베이스-공통(그림 (b))의 R_B와 컬렉터-공통(그림 (c))의 R_C는 측로 커패시터에 의해 바이패스되는 경우에는 0으로 한다. 즉 입력 변수 Rbias=[RB, RC, RE]에서 R_E가 바이패스되는 이미터-공통 증폭기에서는

Rbias=[RB, RC, 0]

이며 R_B가 바이패스되는 베이스-공통 증폭기에서는

Rbias=[0, RC, RE]

이며 R_C가 바이패스되는 컬렉터-공통 증폭기에서는

Rbias=[RB, 0, RE]

이다. 이미터 저항이 r_E인 스왐핑 이미터-공통의 경우에는 다음과 같다.

Rbias=[RB, RC, rE]

그림 3-46
bjtA.m의 기준이 되는 교류 회로:
(a) 이미터-공통;
(b) 베이스-공통;
(c) 컬렉터-공통.

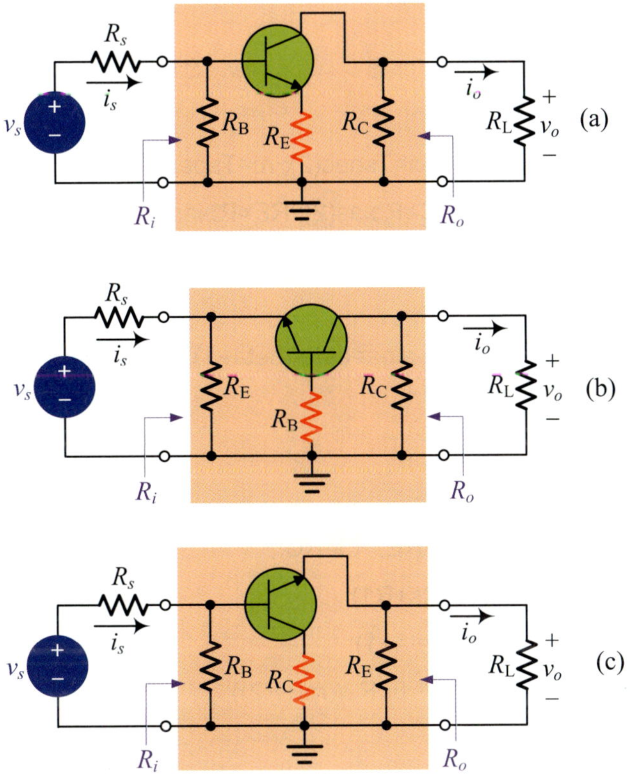

BJT에 접속되는 외부 저항은 Rext=[Rs, RL]이며 R_s는 전원 저항, R_L은 부하 저항이다. 그리고 증폭기 유형은 type로 결정하며 CE는 'e', CB는 'b', CC는 'c'로 한다.

```
function  [Avi,Rio]=bjtA(Tspec, Rbias, Rext, type)
% [BJT 소신호 증폭기]
% <입력 변수>
%     Tspec=[beta, rpi, rc]; 전류 증폭률 beta, 입력 저항 rpi, 출력 저항 rc
%     Rbias=[RB, RC, RE]; 바이어스 저항
%     Rext=[Rs, RL]; 전원 저항 Rs, 부하 RL
%     type='e'; CE
%          ='b'; CB
%          ='c'; CC
```

```
% <출력 변수>
%     Avi=[Av, Ai]; 전압 이득 Av, 전류 이득 Ai
%     Rio=[Ri, Ro]; 증폭기 입력 저항 Ri, 출력 저항 Ro
beta=Tspec(1); rpi=Tspec(2); rc=Tspec(3);
RB=Rbias(1); RC=Rbias(2); RE=Rbias(3);
Rs=Rext(1); RL=Rext(2);
%
re=rpi/(beta+1);   alpa=beta/(beta+1);   gm=1/re;
%
% 트랜지스터의 입력 저항과 출력 저항
if  type=='e' % CE
     R1=RB; R2=RE; R3=RC;
     r1=Rs*R1/(Rs+R1);
     ri=rpi+R2*(beta+1);
     ro=rc*(1+gm*rpi*R2/(rpi+R2));
     gain=-beta;
elseif  type=='b' % CB
     R1=RE; R2=RB; R3=RC;
     r1=Rs*R1/(Rs+R1);
     ri=re+R2/(beta+1);
     ro=(beta+1)*rc;
     gain=alpa;
elseif  type=='c' % CC
     R1=RB; R2=RC; R3=RE;
     r1=Rs*R1/(Rs+R1);
     ri=rpi+(beta+1)/(1/rc+1/R3+1/RL);
     ro=re+r1/(beta+1);
else error('없는 유형')
end
```

```
% 증폭기의 입력 저항과 출력 저항
Ri=R1*ri/(R1+ri);
Ro=R3*ro/(R3+ro);
Rio=[Ri, Ro];
% 전압 이득과 전류 이득
if  type=='c'    % CC
     Rtotal=1/(1/rc+1/R3+1/RL);
     Av=(R1/(Rs+R1))*(Rtotal/(ro+Rtotal));
else             % CE, CB
     Av=gain*R1*Ro*RL/((Rs+R1)*(r1+ri)*(Ro+RL));
end
Ai=Av*(Rs+Ri)/RL;  % 전류 이득
Avi=[Av, Ai];
```

예제 M3-1

예제 3-1의 이미터-공통 증폭기 경우에는

β=160, r_π=3.13, r_c=∞,

R_B=$R_1 \| R_2$=8.25 kΩ, R_C=4.7 kΩ, R_E=1 kΩ,

R_s=0.6 kΩ, R_L=4.7 kΩ

매트랩에서 eps는 2.22×10^{-16}으로 매우 작은 값이다. 따라서 앞으로 ∞는 1/eps로 한다. 즉 이 예제에서 r_c=∞이므로 rc=1/eps로 한다. 이상으로 bjtA.m을 다음과 같이 실행한다(RE=0).

```
>> [Avi, Rio]=bjtA([160, 3.13, 1/eps], [8.25, 4.7, 0], [0.6, 4.7], 'e')

Avi=
   -95.1765    -58.0301
Rio=
   2.2656    4.7000
```

즉 전압 이득은 −95이고 전류 이득은 −58이며, 입력 저항은 R_i=2.2656 kΩ이고 출력 저항은 R_o=4.7 kΩ이다.

예제 M3-2

예제 3-4의 베이스-공통 증폭기 경우에는

β=160, r_π=3.13 kΩ, r_c=∞,

R_B=R_1||R_2=8.25 kΩ, R_C=4.7 kΩ, R_E=1 kΩ,

R_s=0.6 kΩ, R_L=1 kΩ

베이스-공통으로 R_B가 바이패스되므로 RB=0이다. 따라서

```
>> [Avi, Rio]=bjtA([160, 3.13, 1/eps], [0, 4.7, 1], [0.6, 1], 'b')

Avi=

   1.2980    0.8037

Rio=

   0.0191    4.7000
```

즉 전압 이득은 약 1.3이고 전류 이득은 0.8이며, 입력 저항은 R_i=19 Ω이고 출력 저항은 R_o=4.7 kΩ이다.

예제 M3-3

예제 3-6의 컬렉터-공통 증폭기 경우에는 그림 3-19(b)로부터

β=150, r_π=1.73 kΩ, r_c=∞,

R_B=300 kΩ, R_C=0, R_E=1 kΩ,

R_s=10 kΩ, R_L=3 kΩ

```
>> [Avi, Rio]=bjtA([150, 0.0115, 1/eps], [300, 0, 1], [10, 3], 'c')

Avi=

   0.8792    27.2900

Rio=

   83.1255    0.0703
```

즉 전압 이득은 약 0.88이고 전류 이득은 27이며, 입력 저항은 R_i=83.1 kΩ이고 출력 저항은 R_o=70.3 Ω이다.

연습 문제

* 이후 모든 문제에서는 커페시터 용량을 무한대로 가정하고 V_γ=0.7 V로 하며 동작 온도는 상온으로 한다.

3-1 BJT 증폭기의 구성 방식에 대해 설명하라.

3-2 베이스와 이미터간에는 임피던스 반사가 일어나는 이유를 설명하라.

3-3 그림 P3-3의 회로에서 다음을 구하라.

(a) 동작점과 r_π (b) 입력 저항과 출력 저항 (c) 전압 이득과 전류 이득.

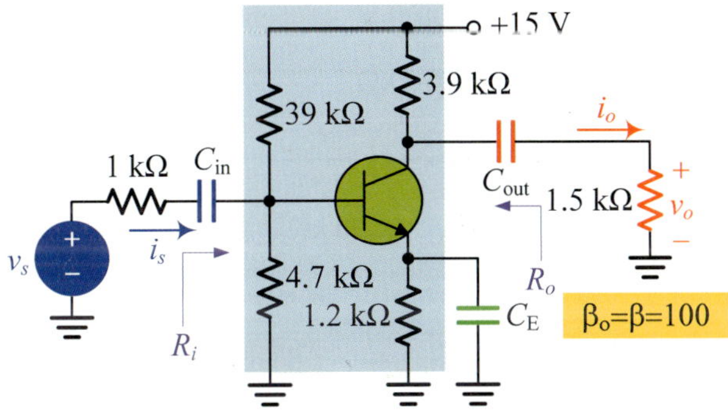

그림 P3-3

3-4 그림 P3-3의 회로에서 온도 등의 이유로 컬렉터 바이어스 전류가 문제 3-2에서 구한 값을 기준으로 ±10%의 변동을 보일 때

(a) 파라미터 r_π의 변동폭을 구하라.

(b) (a)의 결과를 이용하여 전압 이득의 변동률을 구하라.

3-5 그림 P3-5의 회로에 대해 문제 3-3을 반복하라.

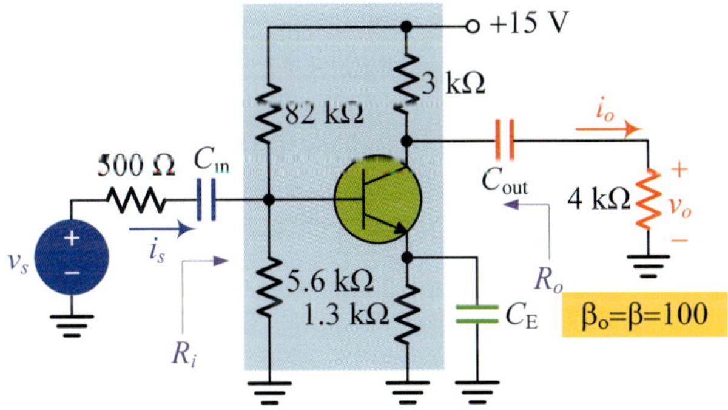

그림 P3-5

3-6 그림 P3-6의 회로에 대해 문제 3-3을 반복하라.

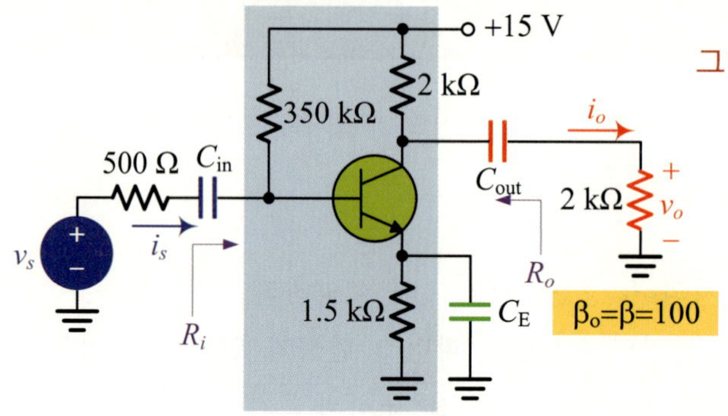

그림 P3-6

3-7 그림 P3-7의 회로에 대해 문제 3-3을 반복하라.

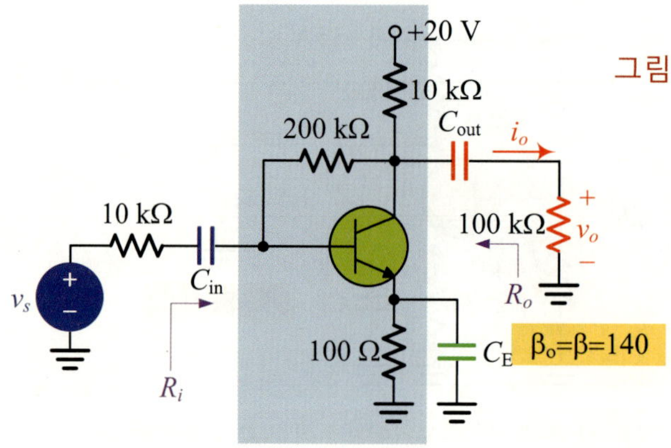

그림 P3-7

3-8 그림 P3-7의 회로에서 이미터 저항 100 Ω이 바이어스 전류에 미치는 영향에 대해 알아보라.

3-9 그림 P3-9에 대해 문제 3-3을 반복하라.

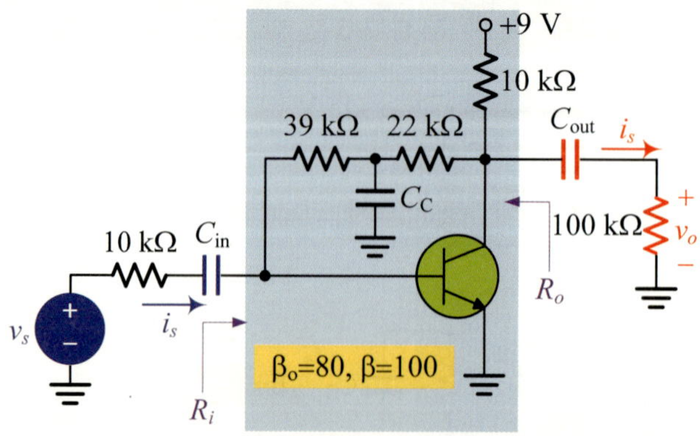

그림 P3-9

3-10 그림 P3-10에 대해 문제 3-3을 반복하라.

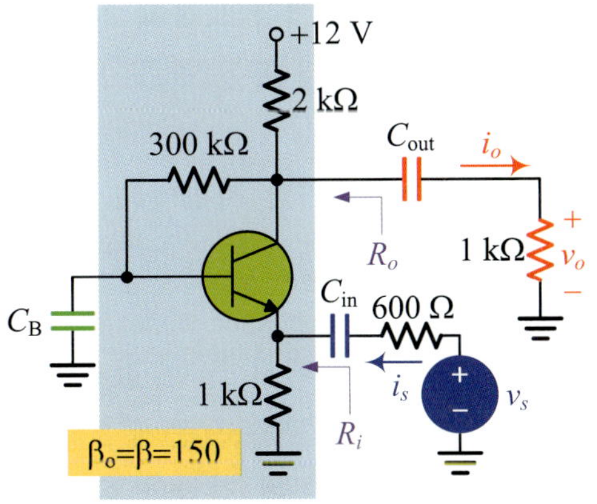

그림 P3-10

3-11 그림 P3-11의 회로에 대해 문제 3-3을 반복하라.

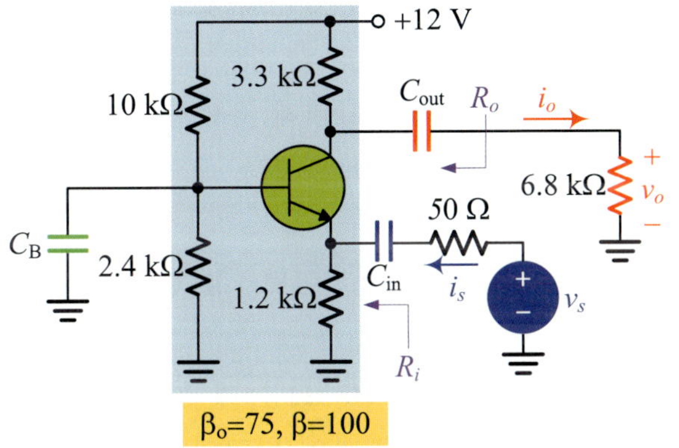

그림 P3-11

3-12 그림 P3-12의 회로에 대해 문제 3-3을 반복하라.

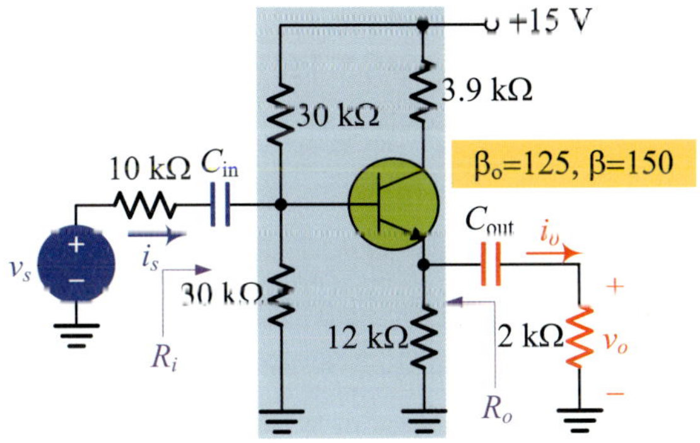

그림 P3-12

3-13 그림 P3-12에서 컬렉터 저항 3.9 kΩ이 없을 경우(단락) 문제 3-3을 반복하고 그 결과를 문제 3-12의 결과와 비교하라.

3-14 그림 P3-12에서 컬렉터 저항 3.9 kΩ을 측로 커페시터로써 교류적으로 단락시켰을 경우에 대해 문제 3-3을 반복하라. 이상의 문제 3-12, 3-13, 3-14의 결과를 서로 비교해봄으로써 컬렉터 저항이 컬렉터-공통 증폭기에 미치는 영향에 대해 설명해 보아라.

3-15 그림 P3-3의 증폭기에서 1.2 kΩ의 이미터 저항에서 200 Ω을 제외한 나머지의 1kΩ만 측로 커패시터로 단락시킬 때

(a) 전압 이득을 구하라.

(b) 온도 등의 이유로 바이어스 전류가 (a)에서 구한 값을 중심으로 ±10%의 변동을 보일 때 r_π 및 전압 이득의 변동률을 구하고 문제 3-4와 비교하라.

3-16 하이브리드 파라미터가 BJT를 표현하기에 적합한 이유에 대해 알아보라.

3-17 이미터-공통 하이브리드 파라미터를 결정하는 물성적 이유를 설명하라.

3-18 베이스-공통 하이브리드 파라미터들의 특징을 이미터-공통과 비교 설명해 보아라.

3-19 베이스-공통 구성이 이미터-공통에 비해 유리한 점을 들어보아라.

3-20 컬렉터-공통 하이브리드 파라미터의 가장 큰 특징은 무엇인가? 그 이유를 설명하라.

3-21 증폭기의 부하가 작을 때는 출력 컨덕턴스를 0으로 무시할 수 있는 이유를 설명하라.

3-22 그림 P3-3의 트랜지스터에서 r_c=50 kΩ일 때 입력 저항, 출력 저항, 전압 이득, 전류 이득을 구하고 문제 3-3의 결과와 비교해 보아라.

3-23 그림 P3-5의 트랜지스터에서 r_c=25 kΩ 일 때 입력 저항, 출력 저항, 전압 이득, 전류 이득을 구하고 문제 3-5의 결과와 비교해 보아라.

3-24 그림 P3-9의 트랜지스터에서 r_c=25 kΩ 일 때 입력 저항, 출력 저항, 전압 이득, 전류 이득을 구하고 문제 3-9의 결과와 비교해 보아라.

3-25 그림 P3-25의 다링턴쌍 컬렉터-공통 증폭기에서 두 트랜지스터의 특성은 동일하며 β_o=β=90일 때 다음을 구하라.

(a) 동작점 (b) 입력 저항, 출력 저항, 전압 이득.

3-26 그림 P3-26의 다링턴쌍 컬렉터-공통 증폭기에서 두 트랜지스터의 특성은 동일하며 β_o=β=120일 때 문제 3-25를 반복하라:

3-27 그림 P3-27은 궤환쌍 이미터-공통 증폭기이다. Q_1의 특성은 $\beta_{o1}=\beta_1$=140이며 Q_2는 $\beta_{o2}=\beta_2$=180이다. 증폭기의 입력 저항과 출력 저항 및 전압 이득을 구하라.

그림 P3-25

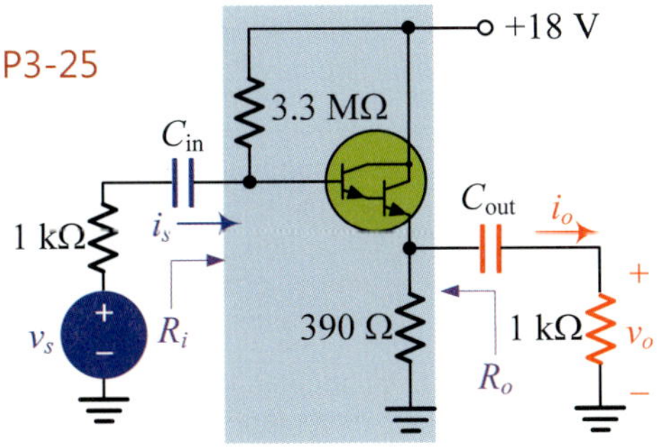

그림 P3-26

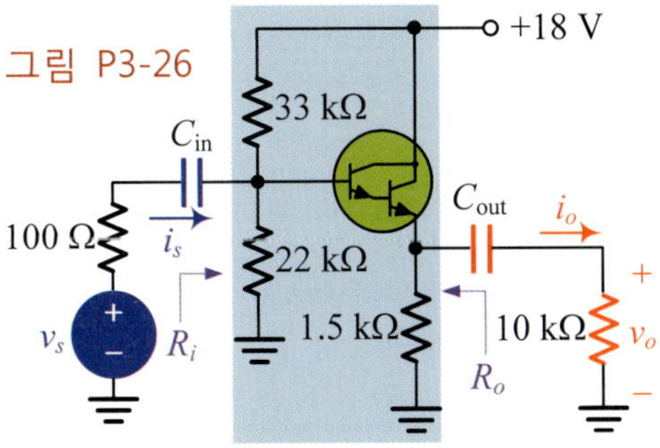

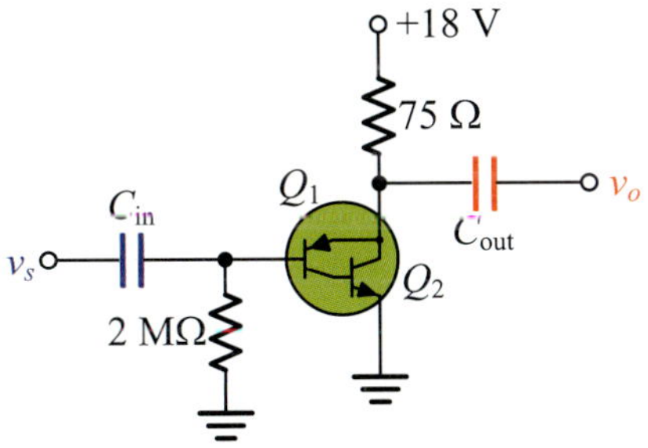

그림 P3-27

3-28 그림 P3-28의 캐스코드 증폭기에서 Q_1과 Q_2는 같은 특성이며 $\beta_{o1}=\beta_1=120$, $r_{\pi1}=2$ kΩ, $r_{c2}=25$ kΩ이다. 전체적인 교류 특성을 해석하라.

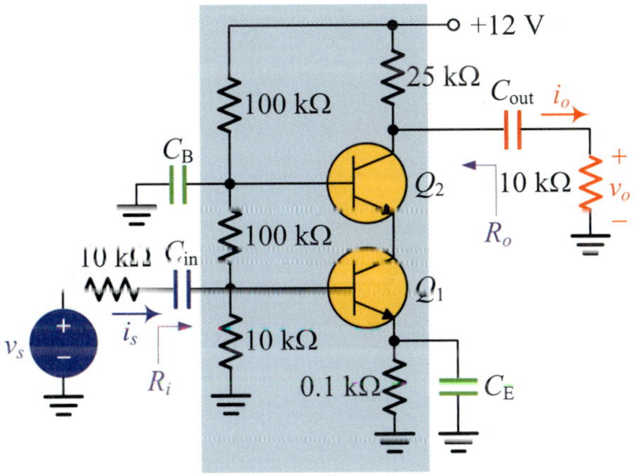

그림 P3-28

4장 전계효과 트랜지스터

전계효과 트랜지스터(FET)는 BJT와 더불어 증폭 기능을 갖춘 대표적인 반도체 소자이다. FET의 전류 전도는 전자면 전자, 홀이면 홀 한 가지 캐리어로만 이루어지므로 단극성 트랜지스터(unipolar transistor)라 하기도 한다. 따라서 BJT에 비해 동작 원리는 간단하지만 여러 종류의 구조가 있다. FET 종류에는 접합 FET(JFET), MOSFET가 있으며 MOSFET는 공핍형 MOSFET(D-MOSFET), 증가형 MOSFET(E-MOSFET)의 두 종류가 있다. 그리고 JFET 및 MOSFET에는 각각 *n*-채널과 *p*-채널의 두 종류가 있다. 특히 MOSFET의 경우는 전력 소모가 매우 낮기 때문에 디지털 소자로서 각광을 받고 있다. FET와 BJT간의 가장 중요한 차이점은, BJT는 전류로 제어되는 종속 전류원으로 동작하지만 FET는 전압으로 제어되는 종속 전류원으로 동작한다는 점이다. 이 장에서는 여러 종류의 FET에 대해 그 구조와 동작 원리를 알아보며 이를 이용하여 구성한 기본적인 FET 증폭 회로에 대해 알아본다. 그리고 각 FET에 대한 바이어스 방법에 대해서도 알아본다.

목차

4-1 접합 전계효과 트랜지스터

전계효과 트랜지스터는 전압에 의해 형성되는 전계(電界)로써 전류의 흐름을 제어하므로 전계효과 트랜지스터(Field Effect Transistor)라 하며 간단히 FET라 한다. 특히 FET는 홀과 전자 중 한 가지 캐리어로만 전류가 이루어지므로 단극성(unipolar) 트랜지스터라 하기도 하며 접합 FET(JFET; junction FET)와 MOSFET 두 가지가 있다. 그리고 BJT가 *npn* 및 *pnp*의 두 가지가 있듯이 각 FET도 *n*-채널 FET와 *p*-채널 FET 두 유형이 있다. 이 절에서는 JFET에 대해 알아본다.

JFET 구조 그림 4-1은 *n*-채널 JFET와 *p*-채널 JFET의 구조 및 기호이며 두 소자는 구조가 완전히 반대이므로 *n*-채널 JFET에 대해 먼저 설명한다. 그림 4-1(a)에서 소스(source)와 드레인(drain) 사이를 연결해 주고 있는 *n*-형 반도체는 소스와 드레인간에 전류를 전도하는 채널 구실을 하므로 *n*-채널이라 한다. 게이트(gate)와 소스 및 게이트와 드레인간의 *pn* 접합부에는 결핍층

그림 4-1
JFET의 구조와 기호:
(a) *n*-채널 JFET;
(b) *p*-채널 JFET.

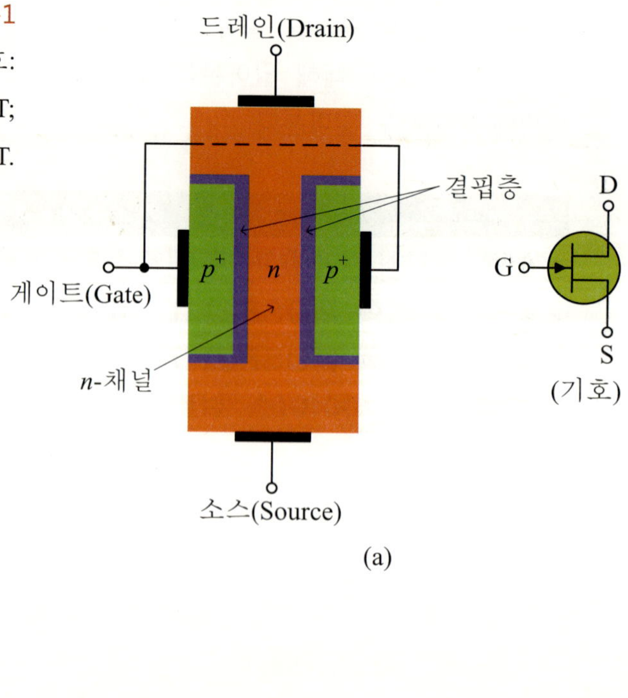

(a)

그림 4-1
(계속).

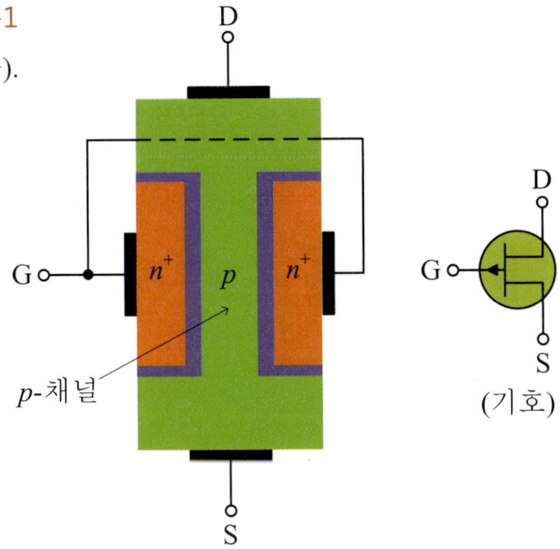

(b)

이 형성되며 이 결핍층의 폭에 따라 채널의 폭을 가변시킬 수 있다. 따라서 소스와 게이트 사이에 적절한 역방향 바이어스 전압을 인가하여 *pn* 접합부의 결핍층 폭을 조절하면 *n*-채널의 폭이 따라서 조절되므로 채널을 통해 흐르는 전류가 제어되는 것이 JFET의 기본 원리이다. 채널 조정 효과를 높이기 위해 게이트인 *p*-형 반도체의 불순물 농도를 *n*-형 반도체에 비해 충분히 높게 함으로써 결핍층의 대부분이 *n*-채널 영역에 형성되도록 한다. 이상의 원리를 적용해 JFET는 그림 4-2(a)와 같은 형태로 외부 바이어스를 형성시킨다.

그림 4-2(a)에서 드레인 전원 V_{DS}는 소스를 출발한 전자들을 드레인으로 이끌어 가는 역할을 하므로 드레인 전류 I_D는 드레인에서 소스 쪽으로 흐른다. 한편 게이트 전원 V_{GS}는 게이트와 소스간의 결핍층에 역방향 바이어스를 인가하여 결핍층의 폭을 조절하는 역할을 한다. 게이트는 단지 채널의 폭을 조절하는 역할만 담당하게 하고 게이트를 통해 전류는 흐르지 않도록 한다. 따라서 게이트와 소스간에는 반드시 역방향 바이어스만 허락됨을 유념하여야 한다. 그리고 드레인 쪽이 소스에 비해 전위가 V_{DS} 만큼 높기 때문에 게이트-소스간에 비해 게이트-드레인간의 역방향 바이어스가 더 깊다. 따라서 그림 4-2(a)에서 보듯이 게이트-소스간의 결핍층 폭이 게이트-드레인에 비해 상대적으로 넓다.

그림 4-2
n-채널 JFET의
(a) 바이어스 회로;
(b) (a)의 등가회로;
(c) 등가적인 표현.

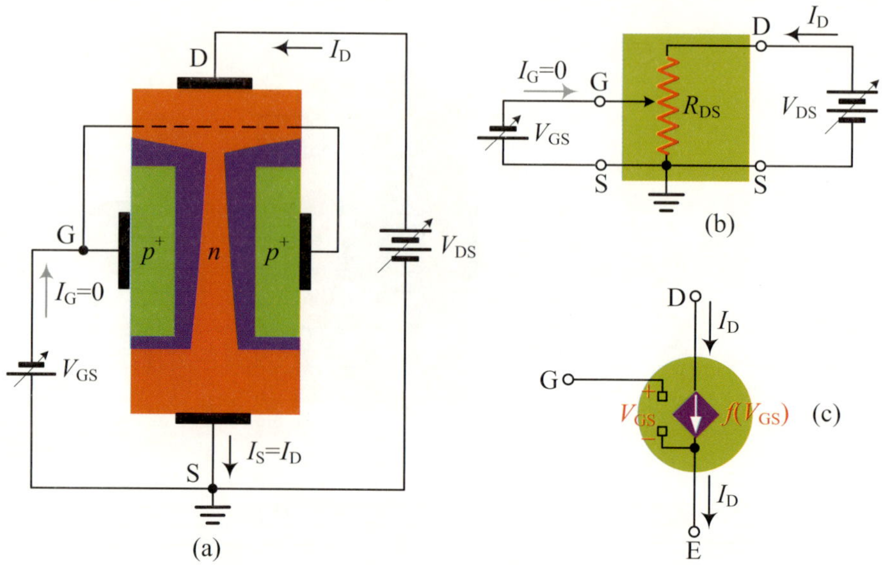

그림 4-2(a)에서 드레인-소스 사이의 n-채널은 하나의 저항과 같으므로 그림 (b)와 같이 저항 R_{DS}로 표현할 수 있다. 저항 R_{DS}는 게이트-소스 전압 V_{GS}에 의해 변하는 가변 저항과 같으며 그 크기는 채널의 길이에는 비례하고 폭에는 반비례한다. 즉 전압 V_{GS}의 증가는 채널의 폭을 좁혀 R_{DS}를 증가시키므로 드레인 전류 I_D는 감소한다. 반대로 V_{GS}를 줄이면 채널의 폭이 넓어져 R_{DS}가 줄어들므로 드레인 전류 I_D는 증가하게 된다. 그리고 게이트-소스 사이에는 역방향 바이어스에 의해 전류가 흐르지 않으므로 드레인 전류와 소스 전류는 같다. 게이트 전류가 0인 것이 FET의 장점 중 하나이다. 이상으로 그림 4-2(b)로부터 n-채널 JFET의 동작은 그림 (c)와 같이 종속전류원으로 표현할 수 있으며 남은 일은 전달 특성인 $I_D=f(V_{GS})$와 드레인 특성인 V_{DS}와 I_D의 관계를 알아보는 것이다.

JFET의 전달 특성

그림 4-3은 n-채널 JFET의 전달 특성인 $I_D=f(V_{GS})$의 관계를 설명해 주며 전달 특성은 다음과 같다.

$$I_D = I_{DSS}\left(1 - \frac{V_{GS}}{V_{GS(off)}}\right)^2 \tag{4-1-1}$$

그림 4-3
n-채널 JFET의
(a) 전달 특성;
(b) A점의 동작(포화);
(c) B점의 동작(차단).

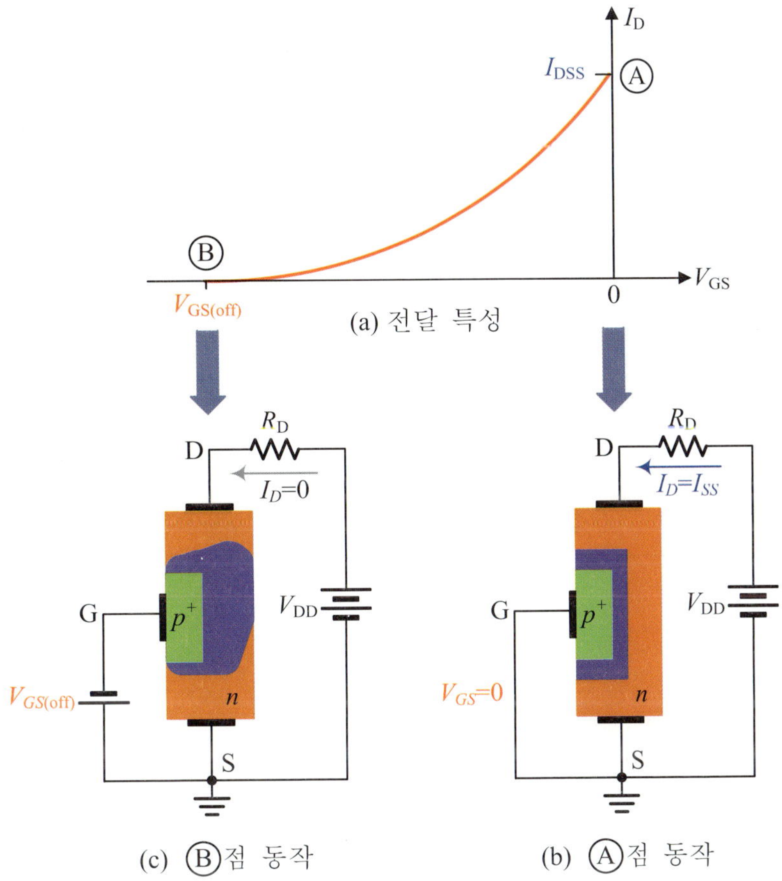

식 (4-4-1)에서 V_{GS}와 I_D는 변수이다. 그리고 I_{DSS}와 $V_{GS(off)}$는 주어진 상수로서 각각 포화전류, 차단 전압이라 부른다. 그림 4-3(a)에서 Ⓐ 점의 동작 전압과 전류는 $V_{GS}=0$, $I_D=I_{DSS}$인 경우이며 JFET의 상태는 그림 (b)와 같다. 이 때는 게이트-소스간의 역방향 전압이 0으로 채널 폭이 가장 넓기 때문에 드레인 전류는 I_{DSS}로 최대가 된다. 한편 Ⓑ 점에서의 동작을 나타내는 그림 4-3(c)의 경우는 게이트-소스간의 심한 역방향 바이어스 전압에 의해 채널이 완전히 닫혀버린 상태를 보여준다. 따라서 드레인 전류는 차단되어 0이 되며 이 때의 게이트-소스 전압을 차단 전압이라 하여 $V_{GS(off)}$로 나타낸다. 이상으로 n-채널 JFET는 $V_{GS(off)} \leq V_{GS} \leq 0$의 범위 내에서 동작하여야 하며 드레인 전류의 범위는 $0 \leq I_D \leq I_{DSS}$이다.

드레인 특성 곡선

드레인-소스간의 전압-전류 특성은 V_{GS}의 영향을 받으며, 이는 BJT에서 컬렉터-이미터간의 전압-전류 특성이 베이스 전류 I_B의 영향을 받는 것과 같다. 먼저 V_{GS}=0일 때의 드레인 특성곡선에 대해 알아보자. 그림 4-4(a)는 V_{GS}=0인 JFET 바이어스 회로이며 이로부터 V_{DS}-I_D 관계에 대해 알아본다. 드레인과 소스간은 하나의 가변 저항으로 볼 수 있으며 그림 (b)로 표현할 수 있다. 그림 (b)에 표시된 바와 같이 I_D에 의한 전압 강하로 드레인 측으로 갈수록 소스에 비해 상대적인 전위가 높아진다($V_1<V_2<V_{DD}$). 따라서 소스에서 드레인 쪽으로 갈수록 결핍층의 폭은 넓어지며 채널 폭은 좁아지는 형태가 된다. 그림 4-4(b)에서 V_{DS}의 증가에 따른 I_D의 변화는 그림 (c)와 같은 네 가지 영역으로 나누어 설명할 수 있다.

A 영역 V_{DS}가 어느 수준 이하로 낮을 경우는 게이트-드레인간의 결핍층 폭은 거의 변화를 보이지 않는다. 따라서 채널 저항 R_{DS}는 일정하며 V_{DS}와 I_D의 관계는 선형적이다.

그림 4-4
n-채널 JFET:
(a) V_{GS}=0인 바이어스;
(b) 드레인-소스간의 전위 변화;
(c) V_{DS}-I_D의 관계.

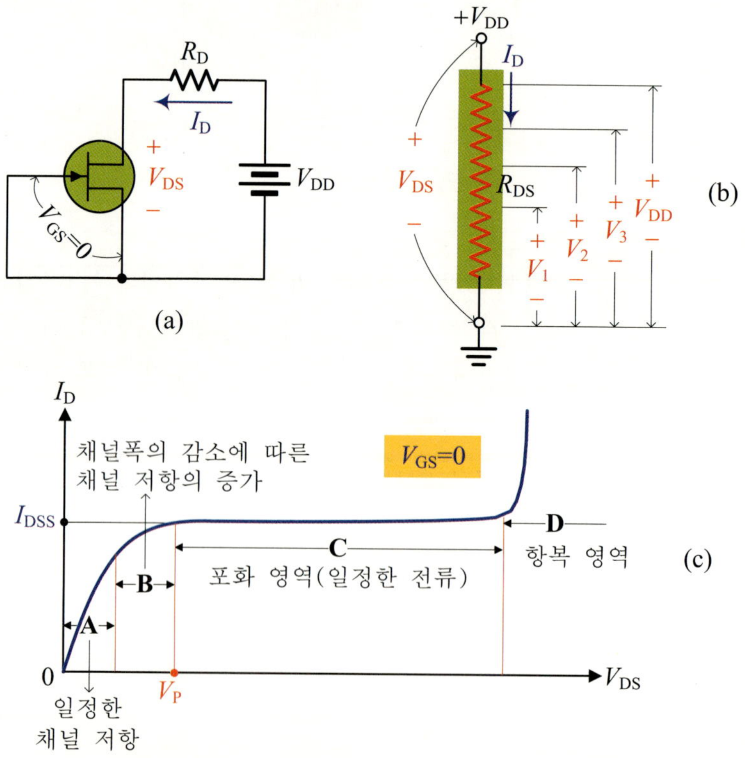

B 영역 이 영역에서와 같이 V_{DS}가 어느 수준을 넘어 커지면 게이트-드레인간의 역방향 바이어스에 의해 채널 폭이 감소하는 효과가 나타나기 시작한다. 따라서 채널 저항 R_{DS}가 증가하기 시작하므로 전압-전류 곡선은 기울기가 감소하기 시작한다.

C 영역 B 영역을 넘어 V_{DS}가 더욱 증가하면 드레인 측의 채널이 완전히 닫혀 버리는 핀치-오프(pinch off) 현상이 일어나게 되며 그림 4-5(a)가 이를 보여준다. 핀치-오프가 일어날 때의 V_{DS}를 핀치-오프 전압이라 하고 V_P로 나타낸다. 전압 V_P 이상에서는 드레인 측의 채널이 완전히 닫히므로 I_D=0이 될 수 있을 것이다. 그러나 실제로는 핀치-오프 이후에는 채널 폭이 완전히 닫히는 대신 그림 4-5(b)에서 보는 바와 같이 매우 좁은 폭의 채널이 길이로만 형성되기 시작한다. 즉 이 채널은 V_{DS}가 증가해도 폭은 일정하게 유지되면서 길이로만 늘어난다. 따라서 이 영역에서는 V_{DS}의 변화에 불구하고 I_D는 일정하게 유지되므로(그림 4-4(c)의 C 영역) 포화전류라 하여 I_{DSS}로 표시한다. JFET에서 핀치-오프 전압은 대개 수 볼트 정도에 이른다.

D 영역 C 영역을 넘어 V_{DS}가 계속 증가하면 게이트-드레인 쪽 결핍층은 매우 큰 역방향 바이어스에 의해 그림 4-4(c)의 D 영역과 같이 항복 현상이 일어나며 드레인 전류는 급격히 증가한다. 물론 항복 영역에서의 동작은 피해야 한다.

그림 4-5
(a) n-채널 JFET의 핀치-오프 현상;
(b) 핀치-오프 이후의 실제 현상.

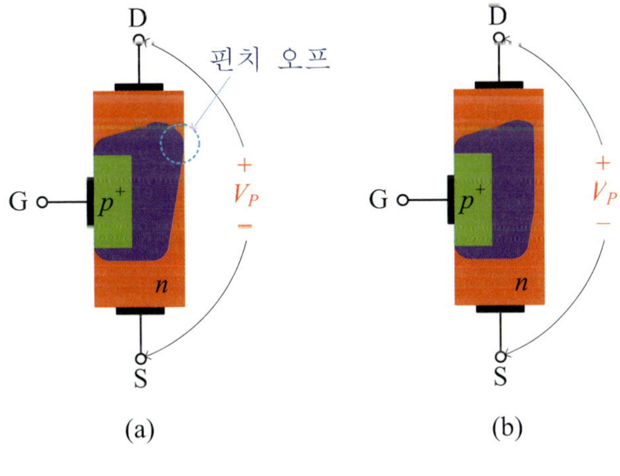

그림 4-2(a)에서 $V_{GS}<0$의 방향으로 증가할수록 $V_{GS}=0$의 경우에 비해 채널의 폭이 전반적으로 좁아진다. 따라서 $V_{GS}=0$에 비해 상대적으로 낮은 V_{DS}에서 핀치-오프 현상이 일어날 뿐 아니라 포화전류 I_{DSS}도 상대적으로 감소한다. 따라서 JFET의 드레인 특성곡선은 그림 4-6의 형태로 주어지게 된다. 이상으로 그림 4-3(a)의 전달 특성과 그림 4-6의 드레인 특성곡선을 결합하면 전체 특성곡선을 얻을 수 있으며 그 한 예를 들면 그림 4-7과 같다.

그림 4-6
(a) n-채널 JFET의 드레인 특성 곡선.

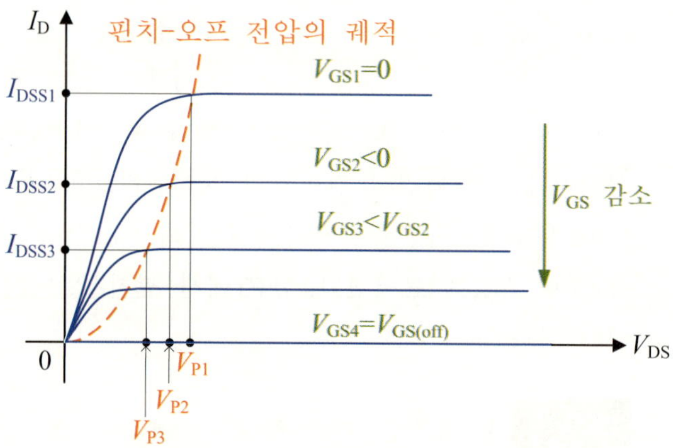

그림 4-7
n-채널 JFET의 전체 특성 곡선.

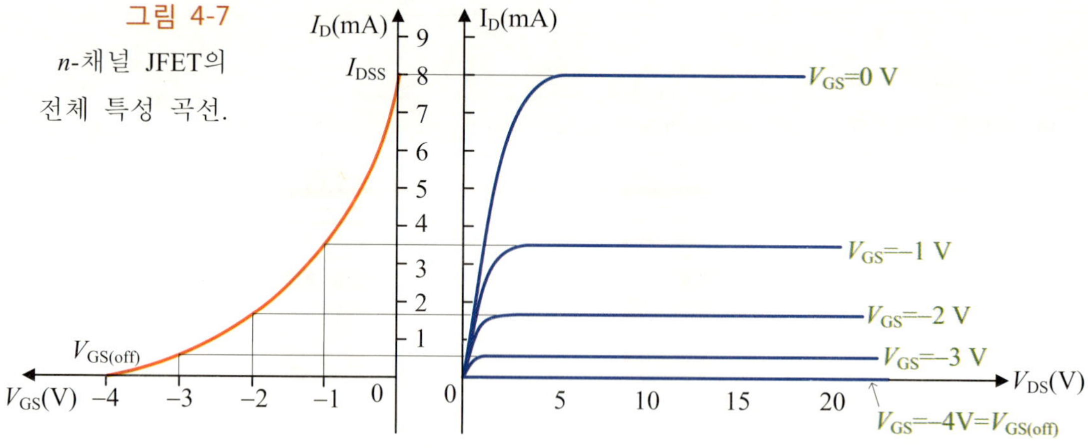

지금까지 설명한 JFET의 동작 원리를 2장에서 설명한 BJT의 동작 원리와 등가회로상으로 비교하면 그림 4-8과 같다. 두 소자의 공통점은 컬렉터나 드레인 모두 종속 전류원으로 나타낼 수 있다는 점이다. 그러나 BJT의 경우는 전류로 제어되며 JFET의 경우는 전압으로 제어된다는 점이 다르다. 그리고 BJT의 경우는 베이스 전류가 흐르지만 JFET의 경우는 게이트 전류가 흐르지 않는다. 그리고 BJT가 종속 전류원 기능을 수행하는 조건은 $v_{CE}>V_{CE(sat)}$이며 JFET의 경우는 $v_{DS}>V_P$이다.

그림 4-8
(a) *npn* BJT와
(b) *n*-채널 JFET의
등가회로 비교.

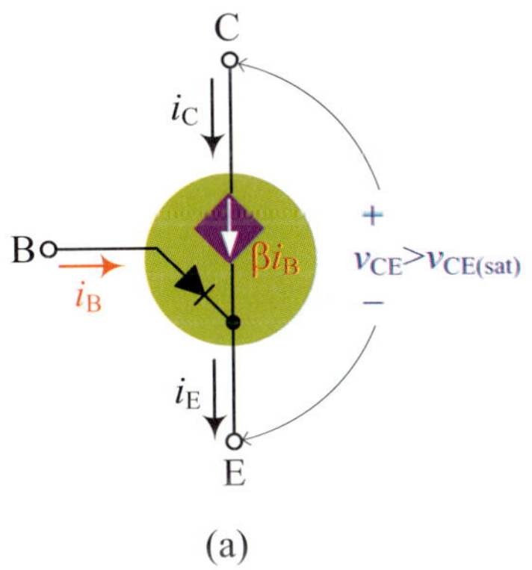

이상으로 JFET의 바이어스 회로는 그림 4-9와 같다. 그림 (a)의 *n*-채널 JFET의 경우 드레인-소스 루프의 KVL 방정식은

$$V_{DS} = V_{DD} - R_D I_D \tag{4-1-2}$$

이다. 따라서 V_{GS}에 의해 I_D가 결정되면 위의 식에 의해 R_D의 값에 따라

그림 4-9
JFET 바이어스 회로:
(a) *n*-채널 JFET;
(b) *p*-채널 JFET.

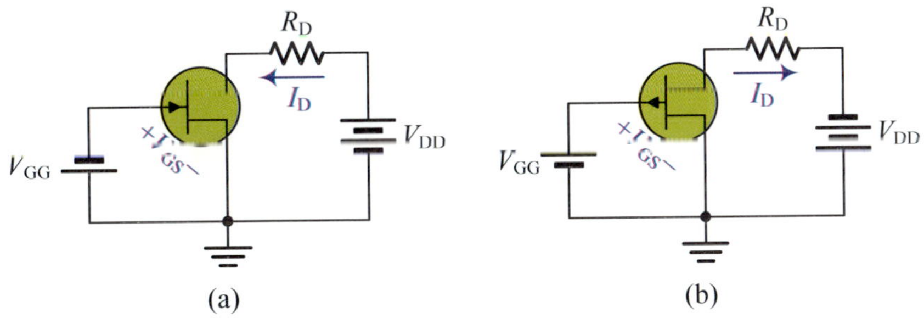

네 가지 동작 영역 중 하나가 선택되며(그림 4-4 참조) 올바른 증폭 작용을 위해서는 $V_{DS} > V_P$를 만족하도록 한다. 그리고 항상 $V_{DS} > 0$이므로 I_D의 최대 전류 $I_{D(max)}$는 식 (4-1-2)로부터

$$I_{D(max)} = \frac{V_{DD}}{R_D} \quad \textbf{(4-1-3)}$$

로 R_D에 의해 제한된다.

4-2 공핍형 MOSFET(D-MOSFET)

구조 금속-산화막-반도체(metal oxide semiconductor: MOS) FET는 JFET와는 달리 전류를 제어하는데 pn 접합을 이용하지 않는다. 그 대신 절연체인 산화막에 의해 채널로부터 절연되어 있는 게이트를 이용하여 전류를 제어하며 이와 같은 구조로 인해 IGFET(insulated gate FET)로 부르기도 한다. MOSFET에는 공핍형 MOSFET(depletion MOSFET; D-MOSFET)와 증가형 MOSFET(enhancement MOSFET; E-MOSFET)의 두 유형이 있다. 그 중 D-MOSFET의 구조는 그림 4-10과 같다. 그림 (a)는 n-채널 D-MOSFET이고 그림 (b)는 p-채널 D-MOSFET이다. p-채널 D-MOSFET는 n-채널 D-MOSFET와 반대 꼴이므로 앞으로는 n-채널 D-MOSFET를 중심으로 설명하기로 한다.

그림 4-10
D-MOSFET 구조와 기호:
(a) n-채널 D-MOSFET;
(b) p-채널 D-MOSFET.

(a)

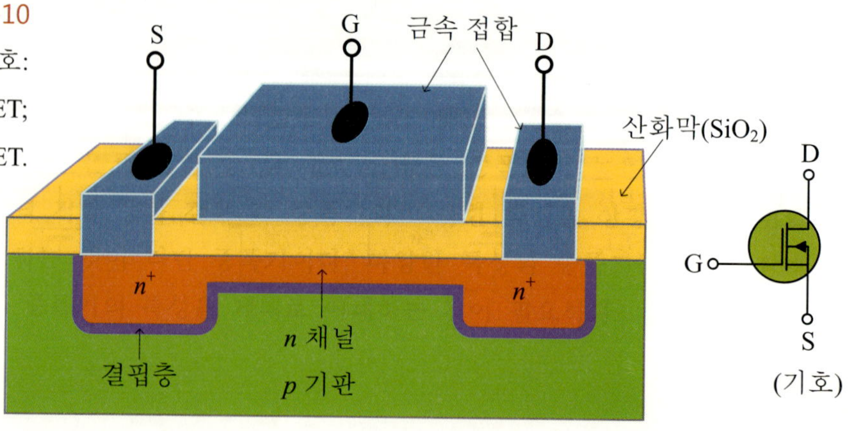

그림 4-10
(계속).

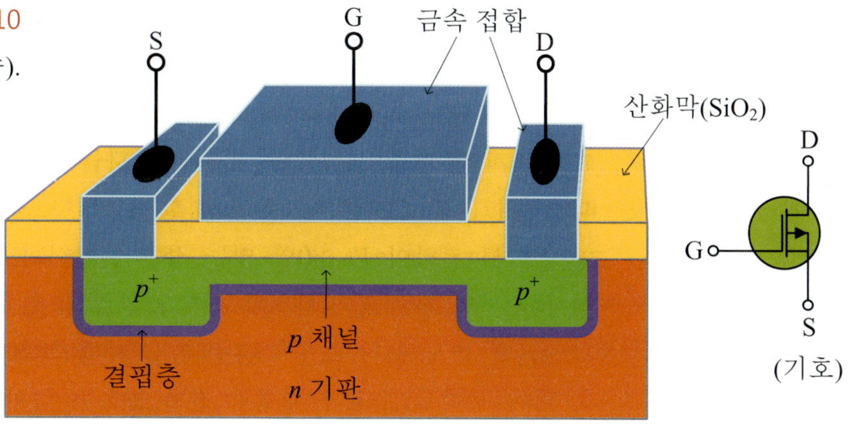

(b)

전달 특성

그림 4-11(a)는 n-채널 D-MOSFET의 동작 원리를 보여준다. 소스를 기준 전위로 할 때 드레인 전위는 $+V_{DD}$만큼 높으므로 소스를 출발한 전자는 드레인 양 전극에 의해 수집된다. 이 때 드레인-소스간의 n-채널은 그림 4-11(b)와 같이 하나의 가변 저항 R_{DS}로 생각할 수 있으며 R_{DS}는 다음과 같이 주어진다.

$$R_{DS} \propto \frac{\text{채널의 길이}}{\text{채널의 폭} \times \text{채널 캐리어의 농도}} \tag{4-2-1}$$

JFET의 경우는 채널을 그림 4-4(b)와 같이 저항 R_{DS}로 할 때 이 저항은

그림 4-11
n-채널 D-MOSFET의
(a) 동작 원리
(b)등가 회로.

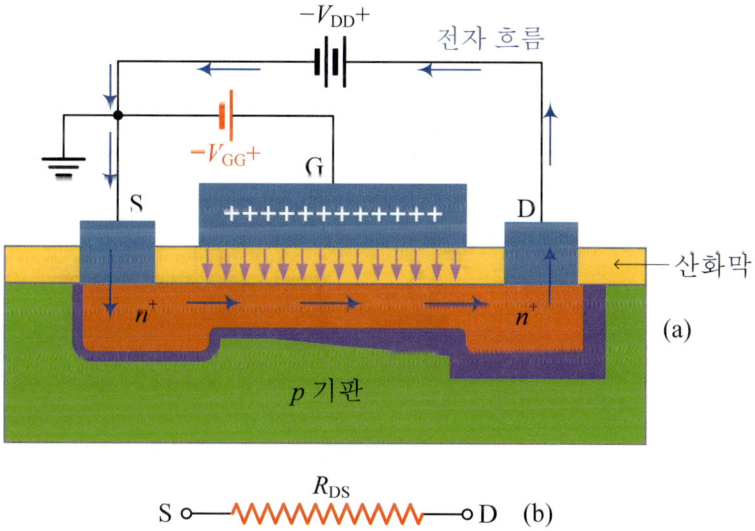

채널의 폭과 길이에 의해서만 가변된다. 그러나 그림 4-11의 D-MOSFET의 경우는 식 (4-2-1)이 나타내는 바와 같이 채널의 폭과 길이뿐 아니라 채널의 캐리어 농도(n-채널인 경우는 전자의 농도, p-채널인 경우는 홀의 농도)까지 조절됨으로써 R_{DS}가 가변된다는 점이 다르다. 그 이유는 그림 4-11(a)의 구조로부터 간단히 설명할 수 있다. 즉 그림에 표시된 바와 같이 게이트 전압이 $V_{GG}>0$일 때는 절연체인 산화막 내부의 전계 방향은 그림에 표시된 화살표 방향으로 형성된다. 따라서 정전 유도 현상에 의해 p 기판(p-형 반도체)의 소수 캐리어인 전자들이 전위장벽을 넘어 채널로 더욱 많이 모여들게 되어 채널의 전자 농도는 증가한다.

그림 4-11(a)와 반대로 바이어스가 $V_{GG}<0$일 때가 그림 4-12(a)이다. 이 경우는 그림 4-12(b)와 같이 산화막의 전계에 의해 n-채널에 있는 전자들이 채널로부터 축출된다. 뿐만 아니라 p 기판의 홀이 채널로 모여들면서 채널의 전자와 재결합하므로 채널의 전자 농도가 감소하게 되는 것이다. 이상으로 그림 4-11과 같이 $V_{GG}>0$에 의해 채널의 전자 농도가 증가되는 것을 **증가형 동작**이라 하며 그림 4-12와 같이 $V_{GG}<0$에 의해 채널의 전자 농도가 감소하는 것을 **공핍형 동작**이라 한다. 공핍형 동작에서 게이트 전압이 충분한 음이 되면 채널의 전자가 완전히 축출된다. 따라서 채널이 사라지면서 드레인 전류도 0으로 차단되며 이 때의 게이트 전압이 차단 전압 $V_{GS(off)}$가 된다. D-MOSFET의 전달 특성을 나타내는 식은 JFET의 경우와 동일하다. 즉

그림 4-12
n-채널 D-MOSFET의 공핍형 동작 원리
(a) 바이어스;
(b) 채널 변화.

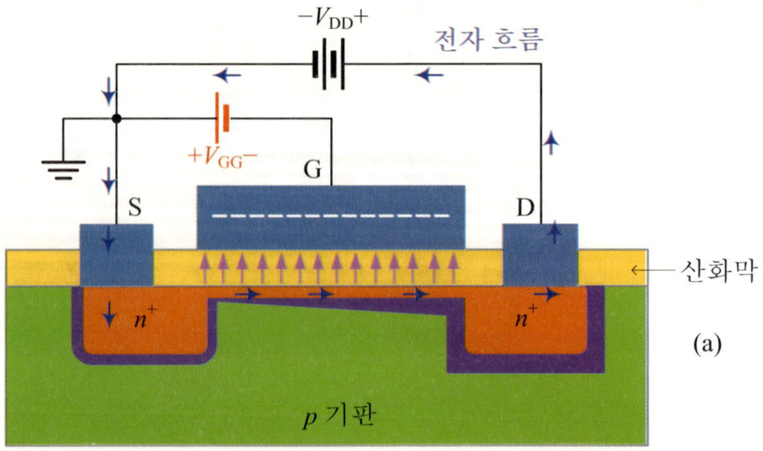

그림 4-12
(계속).

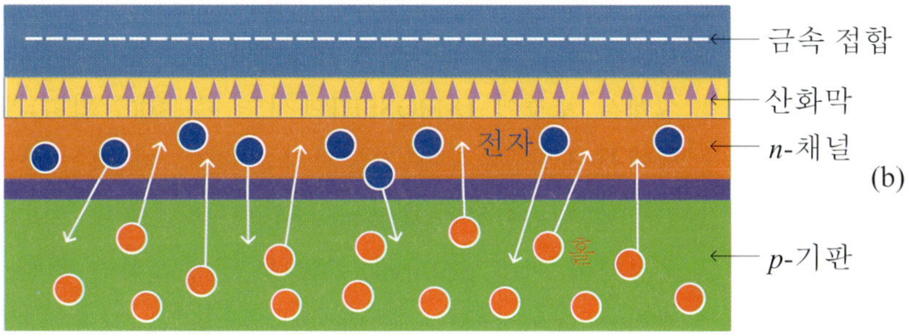

$$I_D = I_{DSS}\left(1-\frac{V_{GS}}{V_{GS(off)}}\right)^2 \qquad \textbf{(4-2-2)}$$

드레인 특성 곡선

D-MOSFET에서도 JFET에서와 같이 핀치-오프 현상이 발생하며 그림 4-13이 이를 보여준다. 소스와 드레인인 n^+형 반도체와 기판인 p형 반도체는 전원 V_{DD}로 역방향으로 바이어스된다(기판은 접지). 그러나 드레인 쪽의 역방향 바이어스가 더 심하므로 드레인 쪽으로 갈수록 채널의 폭은 좁아진다. 따라서 V_{DD}가 어느 한도를 넘게 되면($V_{DD}=V_P$) 그림 4-13에서 표시된 바와 같이 드레인 쪽 채널에 핀치-오프 현상이 일어난다. 이 상태에서는 더 이상 V_{DD}가 증가해도 드레인 전류는 포화전류 I_{DSS}로 일정하게 유지된다. 따라서 D-MOSFET의 드레인 특성곡선은 JFET의 경우와 동일하다.

그림 4-13
D-MOSFET의
핀치-오프.

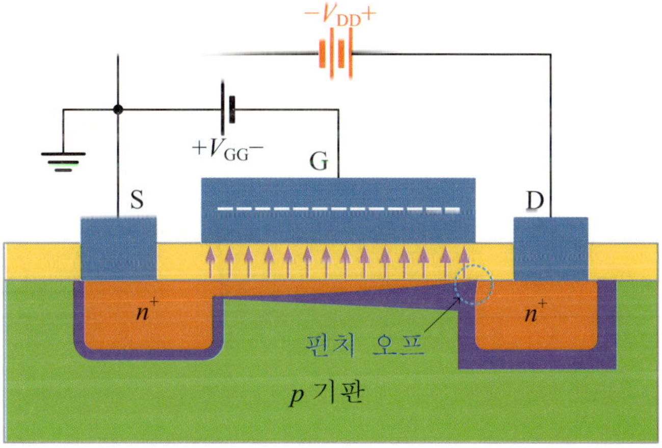

이상으로 n-채널 D-MOSFET의 바이어스 회로 및 전체 특성곡선은 그림 4-14와 같다. JFET에서는 $V_{GS}<0$에서만 동작하지만 그림 4-14(b)의 전달 특성에서 보듯이 D-MOSFET에서는 $V_{GS}<0$(공핍형)과 $V_{GS}>0$(증가형)의 두 영역에서 모두 동작이 가능하다는 점이 다르다. 따라서 게이트 바이어스 전압은 그림 4-15와 같이 증가형과 공핍형의 경계인 $V_{GS}=0$으로 하는 것이 보통이며 이를 normally ON 동작 방식이라 한다. 특히 normally ON 동작에서는 게이트에 따로 바이어스 전원을 사용하지 않아도 되기 때문에 유리하다. 공핍형 MOSFET는 공핍형 뿐 아니라 증가형 동작까지 가능하지만 굳이 공핍형 MOSFET라고 한 이유는, 다음에 소개할 증가형 MOSFET는 증가형으로만 동작하므로 이와 구별하기 위해 공핍형 MOSFET라 하는 것이다.

그림 4-14
n-채널 D-MOSFET의
(a) 바이어스 회로;
(b) 특성곡선의 예.

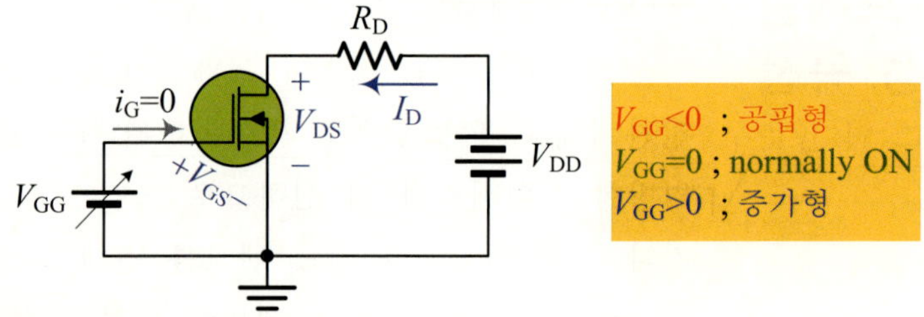

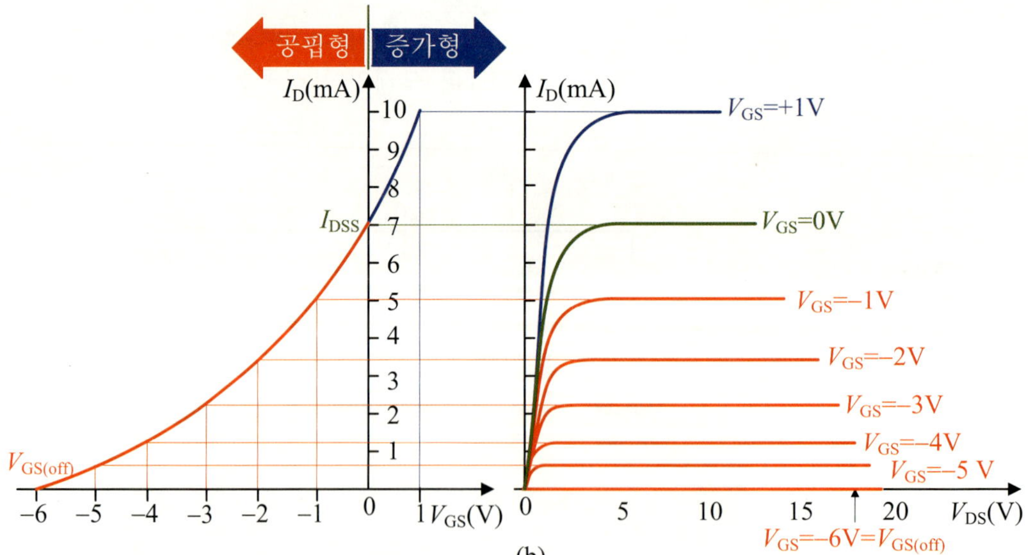

(b)

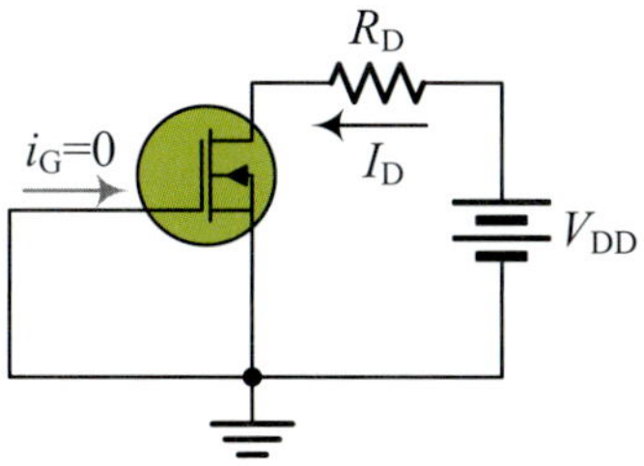

그림 4-15
n-채널 D-MOSFET의 normally ON 동작.

4-3 증가형 MOSFET(E-MOSFET)

구조 그림 4-16(a)는 n-채널 증가형 MOSFET(E-MOSFET)의 구조와 기호를 나타내며 그림 (b)는 p-채널 E-MOSFET의 구조와 기호이다. 그림의 구조에서 보는 바와 같이 E-MOSFET는 D-MOSFET와 달리 제조시부터 드레인-소스 간에 채널이 없으므로 반드시 D-MOSFET의 증가형 동작과 같은 방식으로 동작해야 한다.

그림 4-16
(a) n-채널 E-MOSFET의 구조와 기호;
(b) p-채널 E-MOSFET의 구조의 기호.

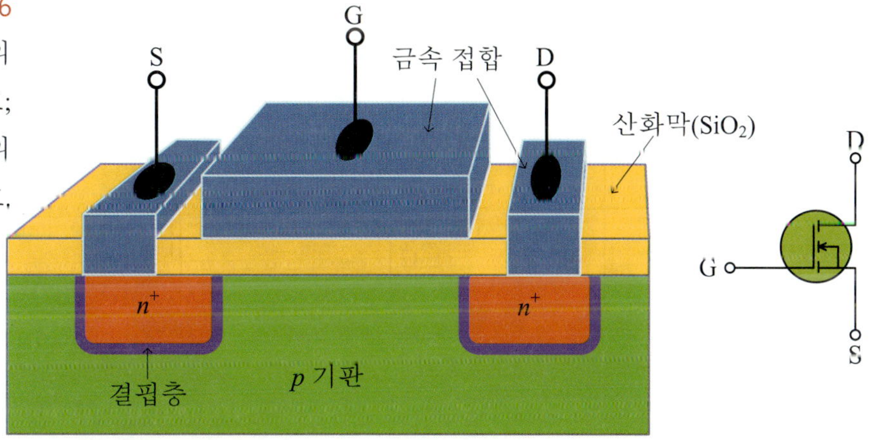

(a)

그림 4-16
(계속).

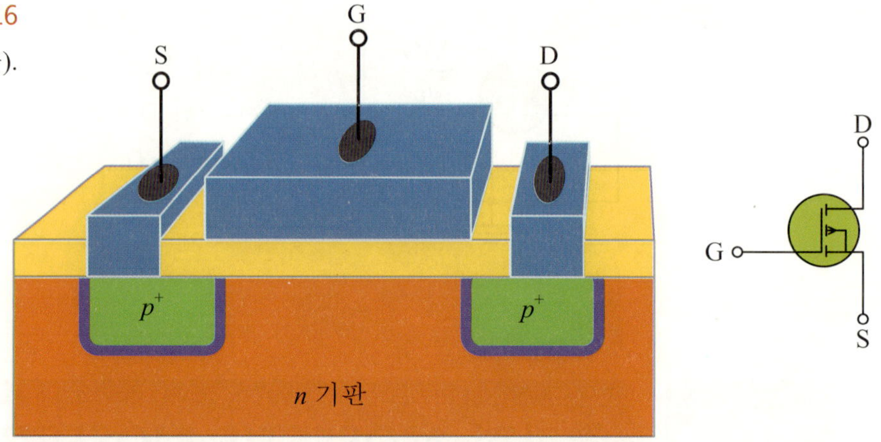

(b)

전달 특성

그림 4-17(a)는 증가형으로 동작하는 n-채널 E-MOSFET이며 게이트 전압은 $V_{GG}>0$으로 한다. 절연층의 전계 효과에 의해 p-형 기판의 소수 캐리어인 전자들이 소스와 드레인 사이에 모여들어 채널이 만들어진다. 이 상태에서 드레인 전압 V_{DD}에 의해 소스 영역의 전자가 드레인 영역으로 전도되어 전류가 흐르기 시작한다. 그림 4-17(a)에서 채널이 형성되기 위해서는 게이트 전압 V_{GG}가 어느 값 이상이어야 하며 이 전압을 문턱 전압이라 하고 $V_{GS(th)}$로 나타낸다. 일단 채널이 형성된 후는 드레인-소스 전압

그림 4-17
n-채널 E-MOSFET의 (a) 증가형 동작; (b) 전달 특성.

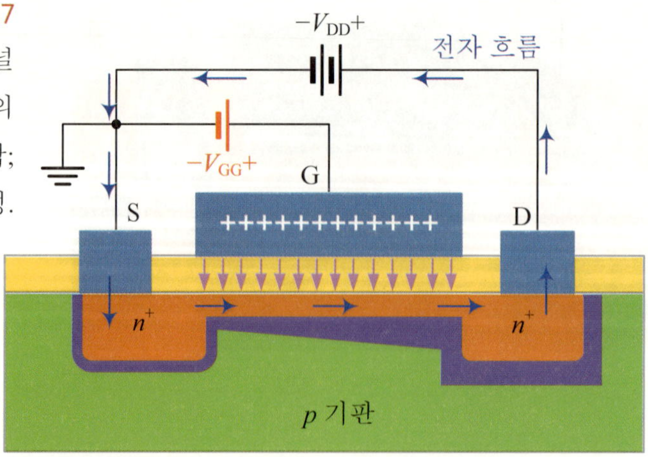

(a)

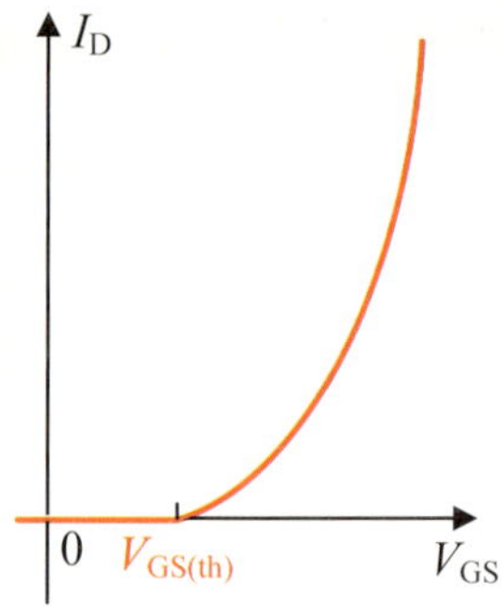

(b)

V_{DS}와 드레인 전류 I_D의 관계는 D-MOSFET와 같으며

$$I_D = k(V_{GS} - V_{GS(th)})^2, \quad V_{GS} > V_{GS(th)} \qquad \text{(4-3-1)}$$

와 같다. 여기서 상수 k는 주어진 데이터로부터 구해 쓰며 이를 위해 특정 드레인 전류 $I_{D(on)}$과 이에 대응하는 게이트-소스 전압 $V_{GS(on)}$의 값을 제조사 측에서 명시해 준다. 이상으로 n-채널 E-MOSFET의 전달 특성은 그림 4-17(b)와 같다.

드레인 특성 곡선

E-MOSFET는 일단 채널이 형성되면 D-MOSFET와 동일한 구조이므로 D-MOSFET와 같이 핀치-오프 현상이 생기며 그림 4-18(a)가 이를 보여준다. 핀치-오프에 의해 드레인 전류가 포화되므로 드레인 특성곡선은 그림 (b)와 같은 형태가 된다. 이상으로 n-채널 E-MOSFET의 바이어스 회로 및 전체 특성은 그림 4-19와 같다.

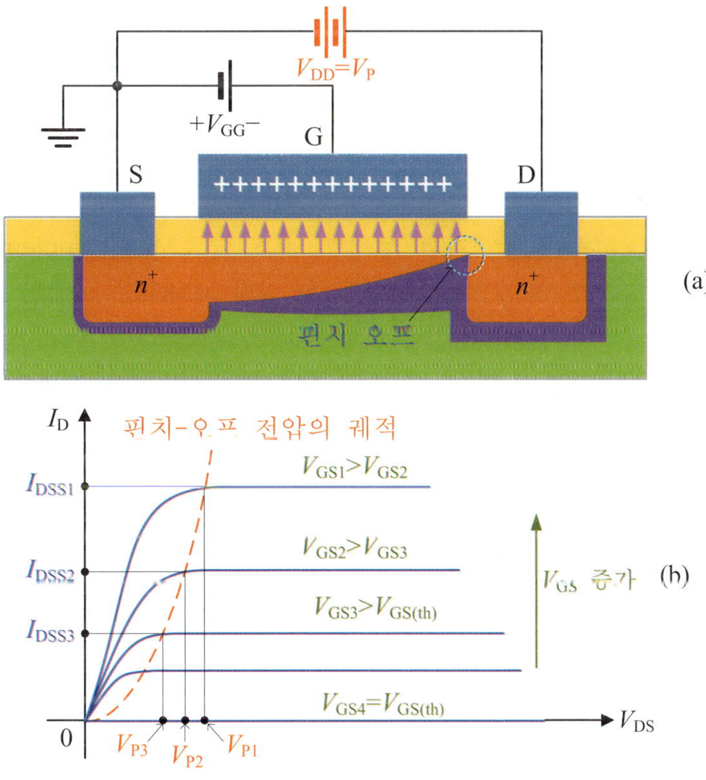

그림 4-18 n-채널 E-MOSFET의 (a) 핀치-오프 현상; (b) 드레인 특성곡선.

그림 4-19
n-채널 E-MOSFET의
(a) 바이어스 회로;
(b) 특성곡선의 예.

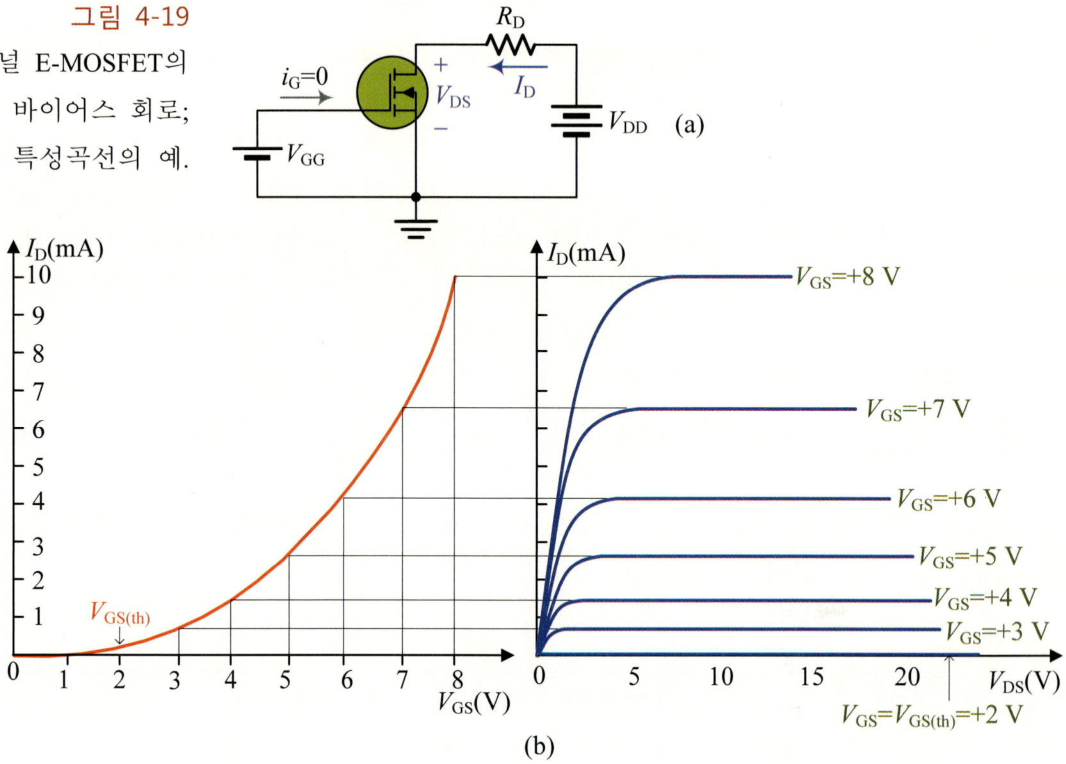

CMOS

그림 4-20과 같이 n-채널 E-MOSFET와 p-채널 E-MOSFET를 동일한 기판 위에 구성하면 상보형 MOS 즉 CMOS(complementary MOS)라는 효율적인 논리 소자를 만들 수 있다. CMOS는 n-채널 E-MOSFET(NMOS)와 p-채널 E-MOSFET(PMOS)가 한 조를 이루어 서로 상보적인 기능을 하는 데서 비롯된 용어이다. CMOS는 높은 입력 저항과 빠른 스위칭 속도 및 낮은 동작 전압과 저전력 소모 등 다양한 특징이 있으므로 논리 소자의 설계에 널리 사용되고 있다. 여기서는 CMOS의 대표적 기능인 인버터(inverter)에 대해 알아본다.

그림 4-20의 CMOS는 두 E-MOSFET의 드레인은 드레인끼리, 게이트는 게이트끼리 서로 연결한 형태이며, 게이트 접속 단자를 입력으로 하고 드레인 접속 단자를 출력으로 한다. 이러한 구조를 회로적으로 표현하면 그림 4-21(a)와 같음을 알 수 있다. 그림 4-21(a)에서 입력이 $V_i=V_{SS}$(HIGH 또는 **1**)이면 PMOS인 Q_2는 게이트-소스 전압이 V_{GS2}=0이므로 Q_2는 채널이

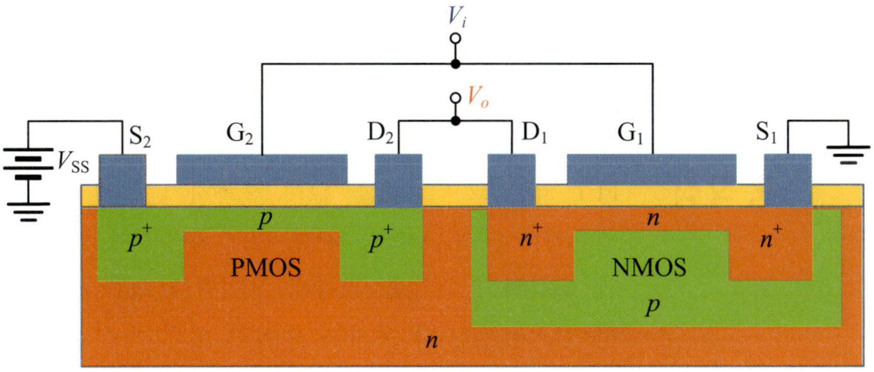

그림 4-20
CMOS의 구조.

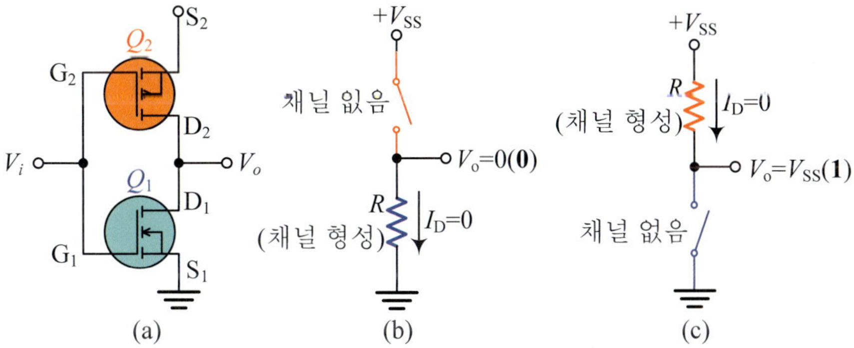

그림 4-21
CMOS 인버터:
(a) 회로 기호;
(b) $V_i=V_{SS}$(**1**);
(c) V_i=0(**0**).

형성되지 않는다. 반면에 NMOS인 Q_1은 게이트-소스 전압이 $V_{GS1}=+V_{SS}$이므로 Q_1에는 채널이 만들어지며 형성된 채널은 등가 저항 R로 표현할 수 있다. 따라서 입력이 $V_i=V_{SS}$(HIGH 또는 **1**)인 경우는 그림 4-21(b)의 등가회로도 나타낼 수 있으며 출력은 V_o=0(LOW 또는 **0**)가 된다. 이와 반대로 입력이 V_i=0(LOW 또는 **0**)이면 Q_1은 게이트-소스 전압이 V_{GS1}=0이므로 채널이 형성되지 않지만 Q_2는 $V_{GS2}=+V_{SS}$이므로 채널이 형성된다. 따라서 이 경우에 대한 등가회로는 그림 4-21(c)와 같으며 출력은 $V_o=V_{SS}$(HIGH 또는 **1**)가 된다. 이상으로 입력이 **1**이면 출력은 **0**, 입력이 **0**이면 출력은 **1**이 되므로 인버터로 동작한다. 그리고 어느 경우에서나 드레인 전류가 0이므로 전력 소모가 없다는 것이 큰 장점이다.

4-4 FET 바이어스 회로

동작점

FET 역시 교류를 왜곡 없이 증폭하기 위해서는 직류 바이어스의 도움이 필요하다. 그림 4-22는 각종 FET 증폭기에 대한 바이어스 회로와 동작점과 교류와의 관계를 종합해 보여준다(모두 n-채널 FET). 각 전달 곡선에서 동작점(Q점)의 위치는 주어진 입력 소신호 전압 v_g에 대한 교류 전류 i_d의 파형과 크기에 영향을 준다. 그림 4-22(a)는 $v_{GS}<0$에서만 동작하는 JFET의 경우이며 그림 (b)는 공핍형($v_{GS}<0$)과 증가형($v_{GS}>0$) 모두로 동작하는 D-MOSFET이다. 그리고 그림 (c)는 증가형($v_{GS}>0$)만으로 동작하는 E-MOSFET이다. 각 경우에 소신호 전압 v_g와 전류 i_d의 관계는 동작점을 지나는 접선 기울기 g_m을 이용하여 $i_d \cong g_m v_g$로 선형화할 수 있으며 g_m을 **전달 컨덕턴스(transconductance)**라 한다. 먼저 JFET와 D-MOSFET의 경우는 v_{GS}와 i_D의 관계가 다음과 같이 같은 식으로 주어진다.

$$i_D = I_{DSS}\left(1 - \frac{v_{GS}}{V_{GS(off)}}\right)^2 \qquad \textbf{(4-4-1)}$$

따라서 Q점에서의 g_m은 다음과 같다.

$$\begin{aligned} g_m &= \left.\frac{di_D}{dv_{GS}}\right|_Q = \left.\frac{d}{dv_{GS}}\left\{I_{DSS}\left(1 - \frac{v_{GS}}{V_{GS(off)}}\right)\right\}\right|_Q \\ &= -\frac{2I_{DSS}}{V_{GS(off)}}\left(1 - \frac{V_{GSQ}}{V_{GS(off)}}\right) \end{aligned} \qquad \textbf{(4-4-2)}$$

여기서

$$g_{mo} \equiv -\frac{2I_{DSS}}{V_{GS(off)}} \qquad \textbf{(4-4-3)}$$

로 정의하면 식 (4-4-2)의 g_m은 다음과 같이 표현된다.

$$g_m = g_{mo}\left(1 - \frac{V_{GSQ}}{V_{GS(off)}}\right) \qquad \textbf{(4-4-4)}$$

그림 4-22
각 FET의 동작점:
(a) JFET;
(b) D-MOSFET;
(c) E-MOSFET.

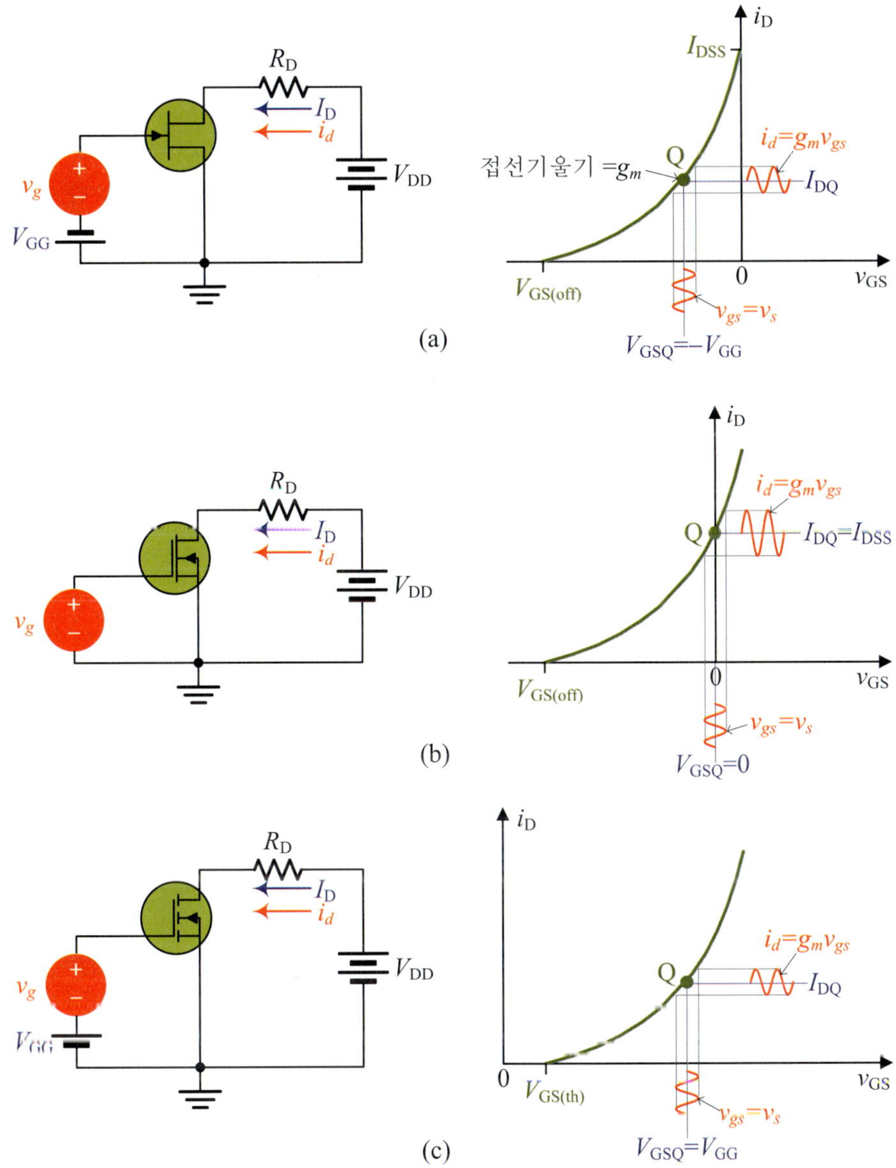

그림 4-22(c)의 E-MOSFET의 g_m은 식 (4-3-1)로부터 다음과 같이 구해진다

$$g_m = \left. \frac{d\{k(v_{GS} - V_{GS(th)})^2\}}{dv_{GS}} \right|_Q = 2k(V_{GSQ} - V_{GS(th)}) \qquad \textbf{(4-4-5)}$$

이상으로 FET의 직류 및 교류 등가회로는 그림 4-23과 같이 나타낼 수 있으며 이는 모든 유형의 FET에 통한다. 직류 등가회로인 그림 4-23(a)에서 함수 $f(V_{GS})$는 FET 유형에 따라 식이 달라지지만 그림 (b)의 교류회로는 FET 종류에 상관 없이 동일하게 사용할 수 있다. 예를 들어 그림 4-22(a)의 JFET 경우 모든 직류 전원을 0으로 단락시키면 그림 4-24(a)의 교류 회로를 얻을 수 있다. 여기서 그림 4-23(b)의 등가회로를 이용하면 그림 4-24(a)에 대한 교류 등가회로는 그림 (b)와 같으며 출력 전압 v_o는

$$v_o = -R_D i_d = -g_m R_D v_g \tag{4-4-6}$$

이로부터 전압 이득은

$$A_v = \frac{v_o}{v_g} = -g_m R_D \tag{4-4-7}$$

FET의 g_m의 보편적인 범위는 수 mS 수준이며 수십~수백 mS 에 이르는 BJT에 비해 매우 열악하다.

그림 4-23

FET의:

(a) 직류 등가회로;

(b) 교류 등가회로.

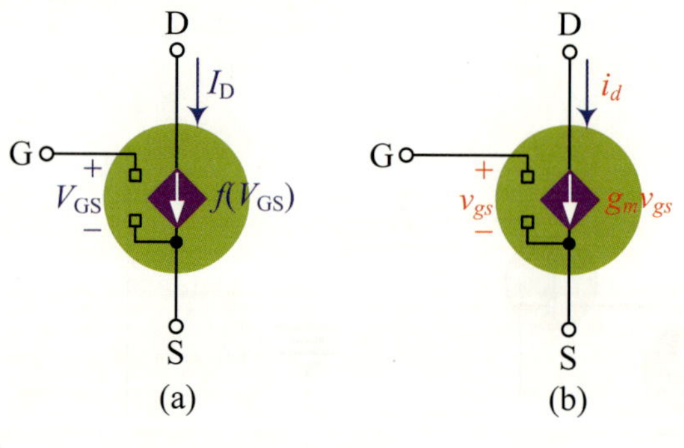

그림 4-24

그림 4-22(a) 회로의

(a) 교류 회로;

(b) 교류 등가회로.

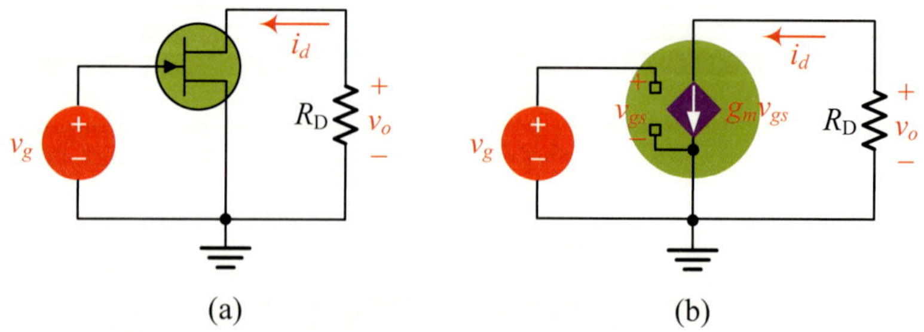

식 (4-4-1)로 주어지는 JFET와 D-MOSFET의 동작점 (V_{GSQ}, I_{DQ})는 몇 가지 대표적인 V_{GSQ}에 대해 간단한 방법으로 구할 수 있다. 먼저 $V_{GSQ}=V_{GS(off)}/2$일 경우는

$$I_{DQ}=I_{DSS}\left(1-\frac{V_{GS(off)}/2}{V_{GS(off)}}\right)^2=I_{DSS}\left(1-\frac{1}{2}\right)^2=\frac{I_{DSS}}{4} \qquad \textbf{(4-4-8)}$$

즉

$$I_{DQ}\Big|_{V_{GSQ}=0.5V_{GS(off)}}=\frac{I_{DSS}}{4} \qquad \textbf{(4-4-9)}$$

또 하나의 예로서 $I_{DQ}=I_{DSS}/2$로 하면 V_{GSQ}는 역시 식 (4-4-1)로부터

$$V_{GSQ}=V_{GS(off)}\left(1-\sqrt{\frac{I_{DQ}}{I_{DSS}}}\right)=V_{GS(off)}\left(1-\sqrt{\frac{I_{DSS}/2}{I_{DSS}}}\right) \qquad \textbf{(4-4-10)}$$
$$\cong 0.293V_{GS(off)}$$

즉

$$I_{DQ}\Big|_{V_{GSQ}=0.3V_{GS(off)}}=\frac{I_{DSS}}{2} \qquad \textbf{(4-4-11)}$$

예제 4-1

그림 4-22(a) JFET 회로에서 트랜지스터의 특성은 I_{DSS}=10 mA, $V_{GS(off)}$=−8 V이며 각 소자 값은 다음과 같다: V_{GG}=2 V, V_{DD}=20 V, R_D=2 kΩ
(a) 동작점을 구하라. (b) 선압 이득을 구하라

풀이

(a) $V_{GSQ}=-V_{GG}=-2\text{ V}$

$$\therefore I_{DQ}=I_{DSS}\left(1-\frac{V_{GSQ}}{V_{GS(off)}}\right)^2=10\text{ mA}\times\left(1-\frac{-2}{-8}\right)^2=\mathbf{5.625\text{ mA}}$$

$$V_{DSQ}=V_{DD}-R_DI_{DQ}=20\text{ V}-5.625\text{ mA}\times 2\text{ k}\Omega=\mathbf{8.75\text{ V}}$$

(b) 식 (4-4-3)으로부터

$$g_{mo} = -\frac{2I_{DSS}}{V_{GS(off)}} = -\frac{20\text{ mA}}{-8\text{ V}} = 2.5\text{ mS}$$

$$\therefore g_m = g_{mo}\left(1 - \frac{V_{GSQ}}{V_{GS(off)}}\right) = 2.5\text{ mS} \times \left(1 - \frac{-2}{-8}\right) = 1.9\text{ mS}$$

$$A_v = -g_m R_D = -1.9\text{ mS} \times 2\text{ k}\Omega = \mathbf{-3.8}$$

게이트 바이어스

그림 4-22와 같이 게이트에 바이어스 전압을 직접 걸어주는 방법을 게이트 바이어스라 한다. FET는 온도에 따라 전달 특성의 변화가 심하며 한 가지 예로써 2N5459 JFET의 전달 특성은 표 4-2와 같은 변화를 보일 수 있다. 즉 게이트 바이어스는 Q점의 변동이 심하며 그림 4-25가 이를 보여 준다. Q점의 V_{GSQ}는 바이어스 전압에 의해 $-V_{GG}$로 일정하므로 전달 특성 곡선이 변할 때 드레인 전류 I_{DQ}가 큰 폭으로 변한다. 물론 이러한 현상은 MOSFET에 대해서도 같다. 따라서 게이트 바이어스는 FET 바이어스 방법들 중 가장 열악한 방법이며 아울러 전원도 두 가지가 요구된다.

표 4-2
JFET 2N5459의 특성 변화.

	I_{DSS}	$V_{GS(off)}$
최소값	4 mA	–2 V
최대값	16 mA	–8 V

그림 4-25
게이트 바이어스 특성

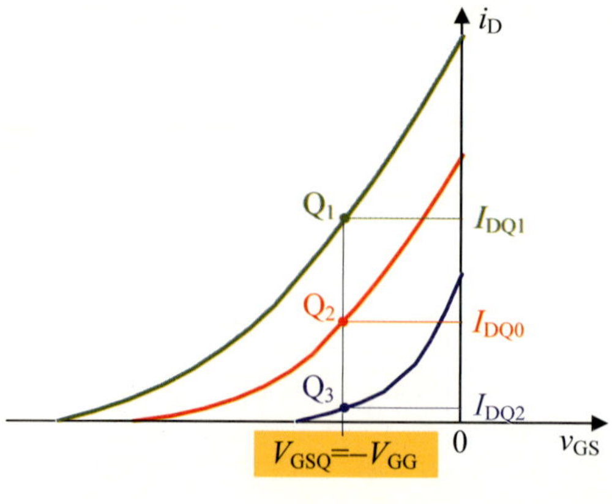

자기 바이어스 그림 4-26은 게이트 바이어스를 위해 전원을 따로 사용하지 않고 소스 저항 R_S를 사용하여 자체적으로 게이트-소스간의 바이어스 전압을 공급하는 방식이다. 이 방법을 **자기 바이어스**라 하며 단일 전원으로만 구동된다. 그림 4-26의 두 회로에서 전압 V_{GSQ}와 전류 I_{DQ}에 관한 방정식은 전달 특성인

$$I_{DQ} = I_{DSS}\left(1 - \frac{V_{GSQ}}{V_{GS(off)}}\right)^2 \qquad \textbf{(4-4-12)}$$

이며 또 하나의 방정식은 그림의 회로로부터

$$V_{GSQ} = 0 - R_S I_{DQ} = -R_S I_{DQ} \qquad \textbf{(4-4-13)}$$

로 주어진다(게이트 전압이 0이므로). 따라서 위의 두 식을 연립하면 I_{DQ}에 관한 다음의 2차 방정식을 얻을 수 있다.

$$I_{DQ} = I_{DSS}\left(1 + \frac{R_S I_{DQ}}{V_{GS(off)}}\right)^2 \qquad \textbf{(4-4-14)}$$

그림 4-26
FET의 자기 바이어스와 동작점:
(a) JFET;
(b) D-MOSFET;

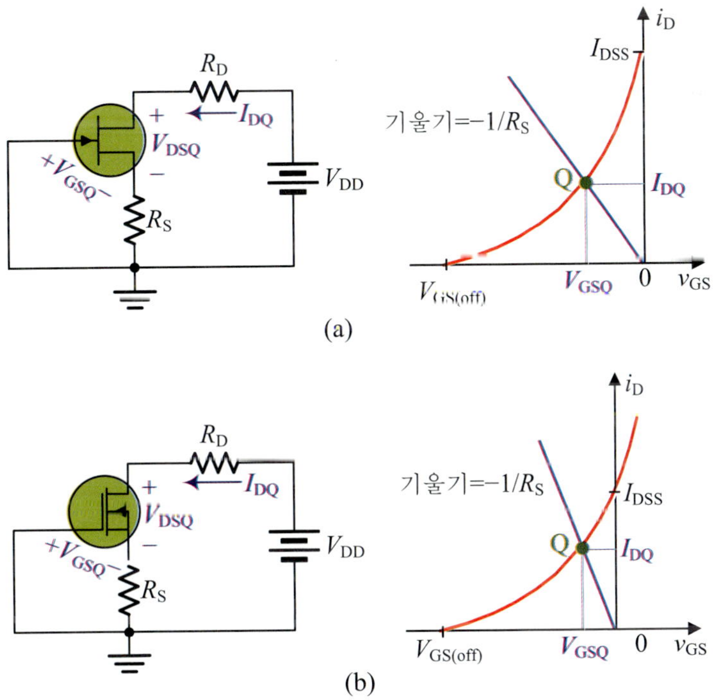

식 (4-4-14)를 풀어 I_{DQ}를 구하고 나면 V_{DSQ}는 다음과 같이 구해진다.

$$V_{DSQ} = V_{DD} - (R_D + R_S)I_{DQ} \tag{4-4-15}$$

다만 식 (4-4-14)에서 구한 두 근 중 하나는 식 (4-4-15)에 대입하면 $V_{DSQ}<0$을 초래하므로 취할 수 없게 되어 있다. 이상의 해석을 그래프로 풀면 각각 그림 4-26(a), (b)의 오른쪽 그래프와 같으며 기울기가 $-1/R_S$인 직선은 방정식 (4-4-13)에 대한 그래프이다. 특성 곡선과 직선이 만나는 점이 Q점으로 정해지며 이는 R_S를 조절함으로써 원하는 값으로 설정할 수 있다. 그림 4-27은 JFET 자기 바이어스에서의 Q점 변동을 보여주며 그림 4-25의 게이트 바이어스에 비해 Q점 변동이 상대적으로 작다는 것을 알 수 있다. 특히 저항 R_S가 클수록 Q점은 더욱 안정된다. 자기 바이어스는 식 (4-4-13)에서와 같이 $V_{GSQ}<0$이므로 E-MOSFET에서는 사용할 수 없다.

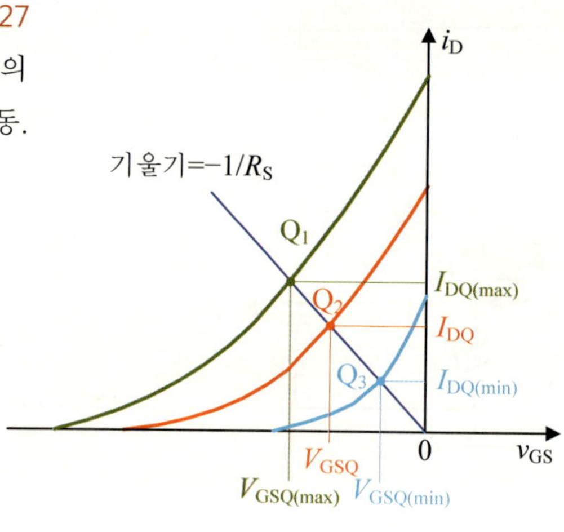

그림 4-27
JFET 자기 바이어스의 온도에 따른 Q점 변동.

예제 4-2

그림 4-26(a) JFET 회로에서 JFET의 특성은 I_{DSS}=8 mA, $V_{GS(off)}$=−6 V이며 각 소자 값은 다음과 같다: V_{DD}=20 V, R_D=3 kΩ, R_S=1.3 kΩ. 이 회로의 동작점을 구하라.

풀이 식 (4-4-14)로부터

$$I_{DQ} = I_{DSS}\left(1 + \frac{R_S I_{DQ}}{V_{GS(off)}}\right)^2 = 8\text{ mA} \times \left(1 + I_{DQ}\frac{1.3\text{ k}\Omega}{-6\text{ V}}\right)^2 = 8 \times 10^{-3}(1 - 217 I_{DQ})^2$$

$$\therefore 217^2 I_{DQ}^2 - 559 I_{DQ} + 1 = 0$$

위의 방정식을 풀면

$$I_{DQ} = 9.7\text{ mA} \quad \text{또는} \quad 2.19\text{ mA}$$

그러나 I_{DQ}=9.7 mA의 경우는

$$V_{DSQ} = V_{DD} - (R_D + R_S)I_{DQ} = 20\text{ V} - 4.3\text{ k}\Omega \times 9.7\text{ mA} = -21.7\text{ V} < 0$$

이므로 취할 수 없다(항상 $v_{DS}>0$이나). 반면에 I_{DQ}=2.19 mA의 경우는

$$V_{DSQ} = V_{DD} - (R_D + R_S)I_{DQ} = 20\text{ V} - 4.3\text{ k}\Omega \times 2.19\text{ mA} = 10.58\text{ V}$$

$$\therefore V_{GSQ} = -R_S I_{DQ} = 1.3\text{ k}\Omega \times 2.19\text{ mA} = -2.85\text{ V}$$

이상으로 동작점은 다음과 같다.

$$I_{DQ} = \mathbf{2.19\ mA}, \quad V_{DSQ} = \mathbf{10.58\ V}, \quad V_{GSQ} = \mathbf{-2.85\ V}$$

전압분배 바이어스

그림 4-28은 FET에 대한 전압분배 바이어스 회로와 동작점 설정을 보여준다. FET는 게이트-소스간이 개방 회로와 같으므로(게이트 전류가 0) 그림 4-28의 각 바이어스 회로에서 게이트 전압 V_{GG}는 저항 R_1과 R_2에 의한 전압 분배에 의해 다음과 같이 간단히 주어진다.

$$V_{GG} = \left(\frac{R_2}{R_1 + R_2}\right)V_{DD} \qquad \textbf{(4-4-16)}$$

따라서 게이트-소스 루프의 KVL에 의한 방정식은

$$V_{GSQ} = V_{GG} - R_S I_{DQ} \qquad \textbf{(4-4-17)}$$

이므로 이를 식 (4-4-12)와 연립하면 I_{DQ}에 관한 다음 식을 구할 수 있다.

그림 4-28
FET 전압분배 바이어스:
(a) JFET;
(b) D-MOSFET;
(c) E-MOSFET.

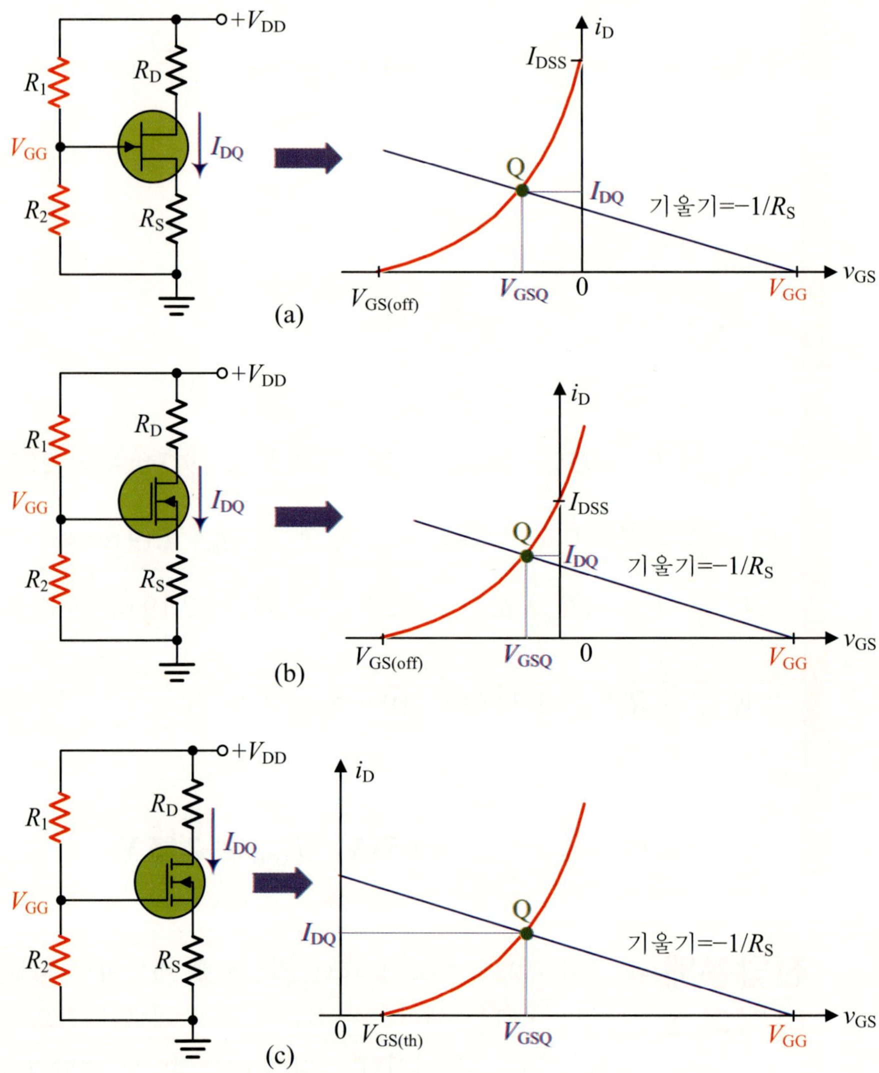

$$I_{DQ} = I_{DSS}\left(1 - \frac{V_{GG} - R_S I_{DQ}}{V_{GS(off)}}\right)^2 \tag{4-4-18}$$

위의 식을 풀어 I_{DQ}를 구하면 V_{DSQ}는 다음과 같이 구한다.

$$V_{DSQ} = V_{DD} - (R_D + R_S) I_{DQ} \tag{4-4-19}$$

이상의 해석을 그래프로 푼 것이 그림 4-28(a), (b), (c)의 오른쪽 그림이며 직선은 식 (4-4-17)에 해당한다. 따라서 특성 곡선과 직선이 만나는 점이 동작점으로 정해진다. JFET 전압분배 바이어스인 그림 4-28(a) 그래프를 자기 바이어스 경우의 그래프인 그림 4-26(a)의 그래프와 비교해 보면, 자기 바이어스 경우는 직선이 v_{GS}축과 원점에서 교차하지만 전압분배 바이어스의 경우는 $v_{GS}=V_{GG}$에서 만난다. 따라서 동일한 동작점을 얻는데 있어서 전압분배 바이어스 경우는 자기 바이어스에 비해 저항 R_S를 더 크게 할 수 있으므로 전달 특성의 변동으로부터 동작점을 더 안정되게 보호할 수 있다. 자기 바이어스는 E-MOSFET에 사용할 수 없지만 전압분배 바이어스는 모든 유형의 FET에 적용될 수 있다. 뿐만 아니라 전압분배 바이어스에서는 전원이 하나이며 동작점의 안정도도 우수하므로 대표적인 바이어스로 채택되고 있다.

예제 4-3

그림 4-28(a) JFET 회로에서 JFET의 특성은 I_{DSS}=8 mA, $V_{GS(off)}$=–4 V이며 각 소자 값은 다음과 같다: V_{DD}=16 V, R_1=2.1 MΩ, R_2=270 kΩ, R_D=2.4 kΩ, R_S=1.5 kΩ. 회로의 동작점을 구하라.

풀이 식 (4-4-16)으로부터

$$V_{GG} = \left(\frac{R_2}{R_1 + R_2}\right)V_{DD} = \frac{270\ \text{k}\Omega}{2.1\ \text{M}\Omega + 270\ \text{k}\Omega} \times 16\ \text{V} = \mathbf{1.82\ V}$$

따라서 식 (4-4-18)로부터

$$I_{DQ} = I_{DSS}\left(1 - \frac{V_{GG} - R_S I_{DQ}}{V_{GS(off)}}\right)^2 = 8\times10^{-3}(1.455 - 375I_{DQ})^2$$

$$\cdot\ 375^2 I_{DQ}^2 - 1216 I_{DQ} + 2.117 = 0$$

위의 방정식의 두 근은

$$I_{DQ} = 6.23\ \text{mA} \quad \text{또는} \quad 2.4\ \text{mA}$$

그러나 I_{DQ}=6.23 mA의 경우는 $V_{DSQ}<0$이므로 불가하다. 따라서

$$V_{DSQ} = V_{DD} - (R_D + R_S)I_{DQ} = 16\text{ V} - 3.9\text{ k}\Omega \times 2.4\text{ mA} = 6.64\text{ V}$$
$$V_{GSQ} = V_{GG} - R_S I_{DQ} = 1.82\text{ V} - 1.5\text{ k}\Omega \times 2.4\text{ mA} = -1.8\text{ V}$$

이상으로 동작점은 다음과 같다.

$$I_{DQ} = \mathbf{2.4\ mA},\quad V_{DSQ} = \mathbf{6.64\ V},\quad V_{GSQ} = \mathbf{-1.8\ V}$$

궤환 바이어스 그림 4-29(a)는 드레인 전압을 게이트 전압으로 궤환시키는 궤환 바이어스로 E-MOSFET에 주로 사용된다. 궤환 바이어스는 원리상 BJT의 컬렉터 궤환 바이어스와 일치한다. 그림 (a)에서 게이트 전류가 0이므로 항상 $V_{GSQ}=V_{DSQ}>0$를 만족하여 E-MOSFET에 적합한 바이어스이다. 대신 항상 $V_{GSQ}>0$이므로 JFET에는 사용할 수 없다. 그림 (a)의 회로에서 V_{GSQ}와 I_{DQ}에 관한 방정식은 전달 특성인

$$I_{DQ} = k(V_{GSQ} - V_{GS(th)})^2 \tag{4-4-20}$$

과 드레인-소스간의 KVL에 의한 또 하나의 방정식인

$$V_{GSQ} = V_{DSQ} = V_{DD} - R_D I_{DQ} \tag{4-4-21}$$

이 있다. 따라서 식 (4-4-20)과 (4-4-21) 두 식을 연립한 I_{DQ}의 2차 방정식

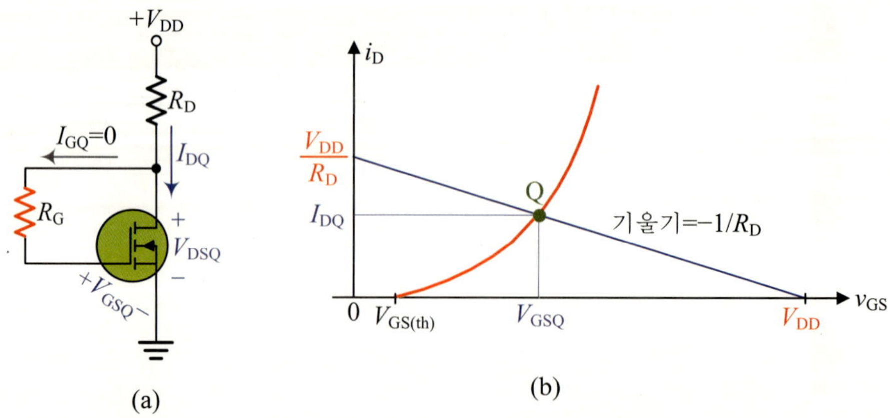

그림 4-29 E-MOSFET에 대한 (a) 궤환 바이어스; (b) 그래프 풀이.

으로부터 I_{DQ}를 구한 다음 식 (4-4-21)로부터 V_{GSQ}를 구할 수 있다. 물론 I_{DQ}의 타당한 해는 식 (4-4-21)을 만족해야 하므로 $I_{DQ} < V_{DD}/R_D$를 만족하여야 한다. 이상의 해법을 그래프로 풀면 그림 4-29(b)와 같다.

예제 4-4

그림 4-29(a)의 회로에서 E-MOSFET의 특징 및 소자들의 값이 다음과 같을 때 동작점을 구하라: $V_{GS(th)}$=4 V, $I_{D(on)}$=5 mA, $V_{GS(on)}$=8 V, V_{DD}=12 V, R_D=2 kΩ, R_G=10 MΩ.

풀이 식 (4-4-20)의 상수 k는

$$I_{D(on)} = k(V_{GS(on)} - V_{GS(th)})^2$$

로부터 다음과 같이 구해진다.

$$k = \frac{I_{D(on)}}{(V_{GS(on)} - V_{GS(th)})^2} = \frac{5\text{ mA}}{(8\text{ V} - 4\text{ V})^2} = \mathbf{0.31 \times 10^{-3}\ A/V^2}$$

드레인 전류는 식(4-4-20)과 (4-4-21)을 연립하면

$$I_{DQ} = k(V_{GSQ} - V_{GS(th)})^2 = k(V_{DD} - R_D I_{DQ} - V_{GS(th)})^2 = 0.31 \times 10^{-3}(8 - 2 \times 10^3 I_{DQ})^2$$

$$\therefore 4 \times 10^6 I_{DQ}^2 - 3522 I_{DQ} + 64 = 0$$

위의 방정식을 풀면

$$I_{DQ} = 6.24\text{ mA} \quad \text{또는} \quad 2.56\text{ mA}$$

두 근 중에서 $I_{DQ} < V_{DD}/R_D$=12 V/2 kΩ=6 mA를 만족하는 것은 I_{DQ}=2.56 mA 뿐이므로

$$V_{GSQ} = V_{DSQ} = V_{DD} - R_D I_{DQ} = 12\text{ V} - 2\text{ k}\Omega \times 2.56\text{ mA} = 6.88\text{ V}$$

이상으로 동작점은 다음과 같다.

$$I_{DQ} = \mathbf{2.56\ mA}, \quad V_{DSQ} = V_{GSQ} = \mathbf{6.88\ V}$$

전류원 바이어스

FET에서 V_{GS} 전압에 무관하게 드레인 전류를 공급할 수 있다면 고정된 동작점을 얻을 수 있을 것이며 그림 4-30이 이를 보여준다. 그림 4-30(a)는 +전압원인 $+V_{DD}$와 −전압원인 $-V_{EE}$ 두 개로서 바이어스 회로를 구동하는 **전류원 바이어스** 회로이다. 여기서 BJT인 Q_2의 이미터 및 컬렉터 바이어스 전류는

$$I_{CQ} \cong I_{EQ} = \frac{V_{EE} - V_{\gamma}}{R_B} \tag{4-4-22}$$

로 일정하다. 그리고 컬렉터 단자는 종속 전류원과 같으므로 Q_2의 컬렉터는 크기가 식 (4-4-22)인 **정전류원** 역할을 한다. 따라서 그림 4-30(a)는 그림 (b)와 같이 등가화할 수 있으며 이로부터 FET Q_2의 I_{DQ} 역시 식 (4-4-22)로 주어지는 I_{CQ}로 일정하게 고정된다. 그림 (b)의 동작점 설정을 그림으로 보여주는 것이 그림 (c)이다. 그림 (c)에서 알 수 있듯이 FET의 전달 특성이 변해도 동작점의 전류는 아무런 변동이 없다. 전류원 바이어스는 동작점의 전류 I_{DQ}가 고정되고 전압 V_{GSQ}가 정해지지 않지만, 자기 바이어스의 경우는 그림 4-26에서 보듯이 동작점 전압 V_{GSQ}가 고정되고 전압 I_{DQ}가 정해지지 않는다. 따라서 전류원 바이어스는 게이트 바이어스와 반대임을 알 수 있다. 그리고 전류원 바이어스는 전압분배 바이어스인 그림 4-28에서 전압 V_{GG}를 무한대로 한 것과 같은 좋은 효과를 얻을 수 있다.

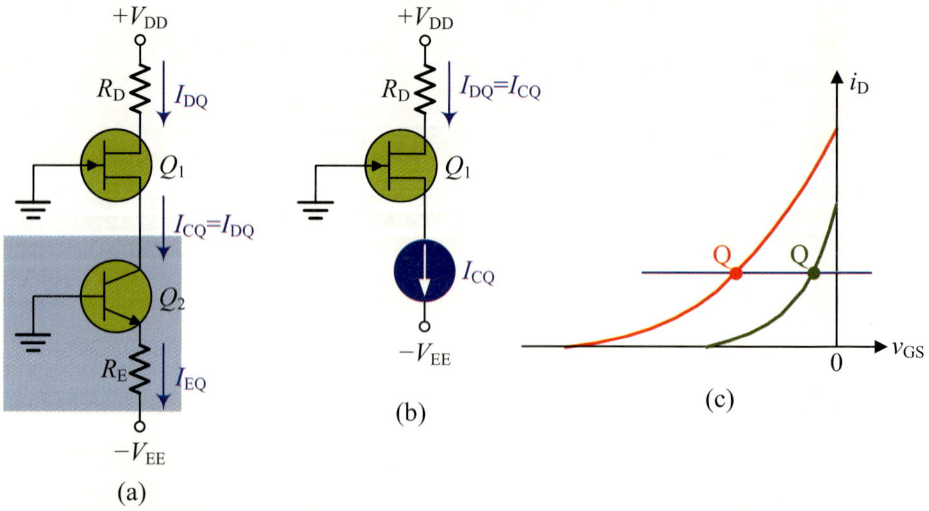

그림 4-30
(a) FET 전류원 바이어스; (b) (a)의 등가회로; (c) 동작점 변동.

4-5 매트랩

FET 바이어스 회로의 매트랩 해석은 그림 4-31을 기준으로 한다. 그림 (a)의 전압분배 바이어스와 그림 (b)의 자기 바이어스는 함수 fetQ1.m으로 해석한다. 특히 그림 (b)는 그림 (a)를 기준으로 삼아 $R_1=\infty$, $R_2=0$으로 한다. 그림 (c)의 궤환 바이어스는 함수 fetQ2.m으로 해석한다. 트랜지스터의 특성을 지정하는 입력 변수 Tspec은 JFET와 E-MOSFET에 대해서는

Tspec=[IDSS, VGSoff]

이며 IDSS는 I_{DSS}, VGSoff는 $V_{GS(off)}$에 해당한다. 그리고 D-MOSFET는

Tspec=[IDon, VGSon, VGSth]

이며 IDon은 $I_{D(on)}$, VGSon은 $V_{GS(on)}$, VGSth는 $V_{GS(th)}$에 해당한다.

그림 (a)의 전압분배 바이어스 저항은

Rbias=[R1, R2, RD, RS]

이며 그림 (b)의 경우는 (a)를 기반으로 하여

Rbias=[1/eps, 0, RD, RS]

로 한다(1/eps은 무한대 대신 사용). 그림 (c)의 경우는

Rbias=[RG, RD, RS]

변수 type는 FET 종류를 나타내며 JFET는 'j', D-MOSFET는 'd', E-MOSFET는 'e'로 구별한다. 출력 변수는 동작점 Q와 전달컨덕턴스 gm이다.

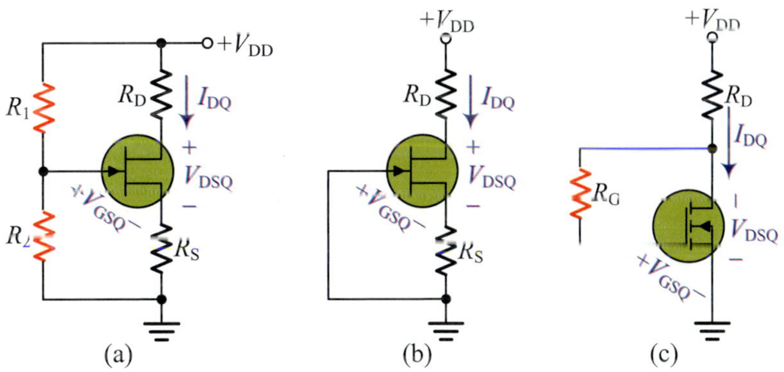

그림 4-31
FET 바이어스 회로: (a) 전압분배 바이어스; (b) 자기 바이어스 ($R_1=\infty$, $R_2=0$); (c) 궤환 바이어스.

```
function   [Q, gm]=fetQ1(VDD, Tspec, Rbias, type)
% [FET 자기/전압분배 바이어스]
% <입력 변수>
%      VDD; 전압원
%      Tspec=[IDSS, VGSoff]; JFET 또는 D-MOSFET의 특성
%            =[IDon, VGSon, VGSth]; E-MOSFET의 특성
%      Rbias=[R1, R2, RD, RS]; 전압분배 바이어스 저항(k Ohm)
%            =[1/eps, 0, RD, RS]; 자기 바이어스 저항(k Ohm)
%      Type='j'; JFET
%           ='d'; D-MOSFET
%           ='e'; E-MOSFET
% <출력 변수>
%      Q=[VGSQ, IDQ, VDSQ]; 동작점
%      gm; 전달컨덕턴스(mS)
R1=Rbias(1); R2=Rbias(2); RD=Rbias(3); RS=Rbias(4);
VGG=VDD*R2/(R1+R2);  % 게이트 전압
%
% 동작점을 구하는 2차 방정식
if  type=='e'    % E-MOSFET
    IDon=Tspec(1); VGSon=Tspec(2); VGSth=Tspec(3);
    k=IDon/(VGSon-VGSth)^2;
    a=k*RS^2;
    b=-2*k*RS*(VGG-VGSth)-1;
    c=k*(VGG-VGSth)^2;
else                 % JFET, D-MOSFET
    IDSS=Tspec(1); VGSoff=Tspec(2);
    a=IDSS*RS^2;
    b=2*IDSS*RS*(VGSoff-VGG)-VGSoff^2;
    c=IDSS*(VGSoff-VGG)^2;
end
```

```
% 동작점
ID=roots([a, b, c]);
VDS=VDD-(RD+RS)*ID;
IDQ=ID(find(VDS>0));
VDSQ=VDD-(RD+RS)*IDQ;
VGSQ=VGG-RS*IDQ;
Q=[VGSQ, IDQ, VDSQ];
% 전달컨덕턴스 gm
if   type=='e'       % E-MOSFET
     gm=2*k*(VGSQ-VGSth);
else                  % JFET, D-MOSFET
     gmo=-2*IDSS/VGSoff;
     gm=gmo*(1-VGSQ/VGSoff);
end
```

다음은 궤환 바이어스를 해석하는 함수 fetQ2.m이다.

```
function   [Q, gm]=fetQ2(VDD, Tspec, Rbias, type)
% [FET 드레인 궤환 바이어스]
% <입력 변수>
%     VDD; 전압원
%     Tspec=[IDSS, VGSoff]; D-MOSFET
%            =[IDon, VGSon, VGSth]; E-MOSFET
%     Rbias=[RG, RD, RS]; 바이어스 저항(k Ohm)
%     Type='d'; D-MOSFET
%           ='e'; E-MOSFET
% <출력 변수>
%     Q=[VGSQ, IDQ]; 동작점
%     gm; 전달컨덕턴스(mS)
```

```
RG=Rbias(1); RD=Rbias(2); RS=Rbias(3);
%
% 동작점을 구하는 2차 방정식
if   type=='e'
     IDon=Tspec(1);   VGSon=Tspec(2);   VGSth=Tspec(3);
     k=IDon/(VGSon-VGSth)^2;
     a=k*(RD+RS)^2;
     b=-2*k*(RD+RS)*(VDD-VGSth)-1;
     c=k*(VDD-VGSth)^2;
else
     IDSS=Tspec(1); VGSoff=Tspec(2);
     a=IDSS*(RD+RS)^2;
     b=2*IDSS*(RD+RS)*(VGSoff-VDD)-VGSoff^2;
     c=IDSS*(VGSoff-VDD)^2;
end
% 동작점
ID=roots([a, b, c]);
VDS=VDD-(RD+RS)*ID;
IDQ=ID(find(VDS>0));
VDSQ=VDD-(RD+RS)*IDQ;
Q=[IDQ, VDSQ];
%
% 전달컨덕턴스 gm
if   type=='e'
     gm=2*k*(VDSQ-VGSth);
else
     gmo=-2*IDSS/VGSoff;
     gm=gmo*(1-VDSQ/VGSoff);
end
```

예제 M4-1

예제 4-3의 동작점을 매트랩으로 해석해 보자. JFET의 특성이 I_{DSS}=8 mA, $V_{GS(off)}$=−4 V이므로(전류의 기본 단위는 mA)

```
Tspec=[8, -4]
```

저항이 R_1=2.1 MΩ, R_2=270 kΩ, R_D=2.4 kΩ, R_S=1.5 kΩ이므로

```
Rbias=[2.1e3, 270, 2.4, 1.5]
```

그리고 V_{DD}=16 V이다. 따라서 매트랩 실행은 다음과 같다.

```
>> [Q, gm]=fetQ1(16, [8, -4], [2.1e3, 270, 2.4, 1.5], 'j')
Q=
  -1.8017    2.4163    6.5764
gm=
    2.1938
```

즉 V_{GSQ}=−1.8017 V, I_{DQ}=2.4163 mA, V_{DSQ}=6.5764 V, g_m=2.1938 mS이다(전달컨덕턴스의 단위는 mS).

예제 M4-2

예제 4-2를 매트랩으로 풀어보자. JFET의 특성이 I_{DSS}=8 mA, $V_{GS(off)}$=−6 V이므로

```
Tspec=[8, -6]
```

그리고 R_D=3 kΩ, R_S=1.3 kΩ이므로

```
Rbias=[1/eps, 0, 3, 1.3]
```

전압원은 V_{DD}=20 V이다. 따라서 매트랩 실행은 다음과 같다.

```
>> [Q, gm]=fetQ1(20, [8, -6], [1/eps, 0, 3, 1.3], 'j')
Q=
  -2.8559    2.1968    10.5537
gm=
    1.3974
```

즉 V_{GSQ}=−2.8559 V, I_{DQ}=2.1968 mA, V_{DSQ}=10.5537 V, g_m=1.3974 mS이다.

예제 M4-3

예제 4-4의 E-MOSFET 특성이 $I_{D(on)}$=5 mA, $V_{GS(on)}$=8 V, $V_{GS(th)}$=4 V이므로

```
Tspec=[5, 8, 4]
```

바이어스 저항은 R_G=10 MΩ, R_D=2 kΩ, R_S=0이므로

```
Rbias=[10e3, 2, 0]
```

전원은 V_{DD}=12 V이다. 따라서 다음과 같이 실행한다.

```
>> [Q, gm]=fetQ2(12, [5, 8, 4], [10e3, 2, 0], 'e')
Q=
  2.5670    6.8661
gm=
   1.7913
```

즉 I_{DQ}=2.567 mA, V_{GSQ}=V_{DSQ}=6.8661 V, g_m=1.7913 mS이다.

연습 문제

4-1 JFET에서 드레인 전류의 포화와 차단에 대해 설명하라.

4-2 핀치-오프 현상에 대해 설명하고 핀치-오프 전압과 게이트의 차단 전압과의 유사점과 차이점에 대해 설명하라.

4-3 BJT에서의 결핍층과 JFET의 결핍층 역할간의 근본적인 차이를 설명하라.

4-4 JFET의 동작 원리가 BJT와 근본적으로 다른 점을 설명하라.

4-5 D-MOSFET의 공핍형 동작과 증가형 동작에 대해 설명하라.

4-6 D-MOSFET의 'normally ON' 동작에 대해 설명하라.

4-7 E-MOSFET에서 채널이 생성되기 위한 바이어스에 대해 설명하라.

4-8 E-MOSFET의 문턱 전압에 대해 설명하라.

4-9 FET 바이어스 방식에 대해 열거하고 각각의 장단점에 대해 설명하라.

4-10 그림 4-28(a) 회로가 다음과 같다. 동작점을 구하라.

I_{DSS}=10 mA, $V_{GS(off)}$=–3.5 V, V_{DD}=20 V, R_1=0.9 MΩ, R_2=100 kΩ, R_D=2.2 kΩ, R_S=1.1 kΩ.

4-11 그림 4-28(b) 회로가 다음과 같다. 동작점을 구하라.

I_{DSS}=10 mA, $V_{GS(off)}$=–8 V, V_{DD}=22 V, R_1=1 MΩ, R_2=220 kΩ, R_D=220 Ω, R_S=400 Ω.

4-12 그림 4-28(c) 회로가 다음과 같다. 동작점을 구하라.

$V_{GS(th)}$=3 V, $I_{D(on)}$=5 mA, $V_{GS(on)}$=6 V, V_{DD}=20 V, R_1=10 MΩ, R_2=5 MΩ, R_D=2 kΩ, R_S=800 Ω.

4-13 그림 4-29(a)의 회로가 다음과 같다. 동작점을 구하라: $V_{GS(th)}$=3 V, $I_{D(on)}$=4 mA, $V_{GS(on)}$=7 V, V_{DD}=16 V, R_D=2 kΩ, R_G=1 MΩ.

4-14 그림 P4-14의 회로에서 접지에 대한 드레인 전압이 10 V일 때 R_S를 구하라.

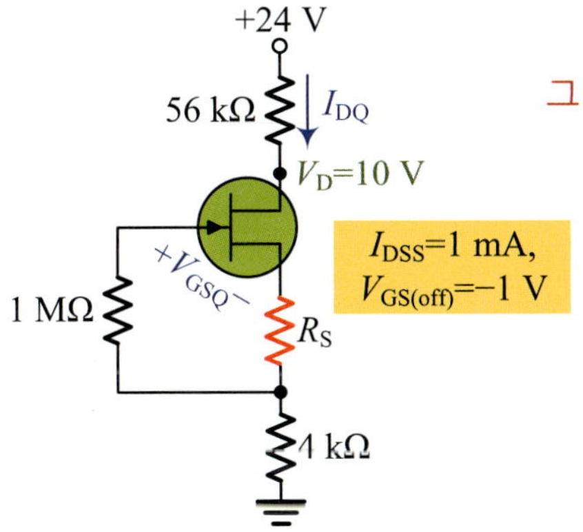

그림 P4-14

5장 FET 소신호 증폭기

FET는 BJT와 더불어 중요한 증폭 소자이며 이 역시 세 가지 구성이 있다. 즉 소스를 접지로 한 상태에서 게이트에 입력을 결합하고 드레인에서 출력을 얻는 소스-공통 구성과, 게이트를 접지로 한 상태에서 소스에 입력을 가하고 드레인에서 출력을 얻는 게이트-공통 구성과, 드레인을 접지로 하여 게이트에 입력을 가하고 소스에서 출력을 얻는 드레인-공통 방식이 있다. 이들은 각각 이는 BJT의 이미터-공통, 베이스-공통, 컬렉터-공통애 대응된다. 즉 소스-공통 방식은 이미터-공통과 같이 이득면에서 유리하며 게이트-공통은 베이스-공통 방식과 같이 낮은 입력 저항과 높은 출력 저항을 갖는다. 그리고 드레인-공통 방식은 컬렉터-공통과 같이 높은 입력 저항과 낮은 출력 저항 및 1 이하의 전압 이득을 갖는다.

목차

5-1 FET 증폭기의 유형

FET 증폭기 구성

FET의 세 단자 중 하나는 입력 단자로 하고 또 다른 하나를 출력 단자로 하며 나머지 한 단자는 공통 단자로 한다. 그러나 BJT의 컬렉터를 입력 단자로 사용하지 않는 것과 마찬가지로 FET의 드레인은 입력단으로 하지 않는다. 따라서 FET 증폭기의 구성 역시 그림 5-1과 같은 세 가지 기본 형태로 이루어진다. 그림 (a)는 소스를 공통으로 하면서 게이트를 입력단으로 하고 드레인을 출력단으로 하는 소스-공통(common source; CS) 구성이다. 그림 (b)는 소스를 입력단으로 하고 드레인을 출력단으로 하며 게이트를 공통 단자로 하는 게이트-공통 구성(common gate; CG) 방식이다. 그리고 그림 (c)의 경우는 게이트를 입력단으로, 소스를 출력단으로 하고 드레인을 공통 단자로 하는 드레인-공통(common drain; CD) 방식이다. 이 세 가지 구성 역시 각기 고유한 특성이 있으므로 이들을 잘 이해하는 것이 중요하다.

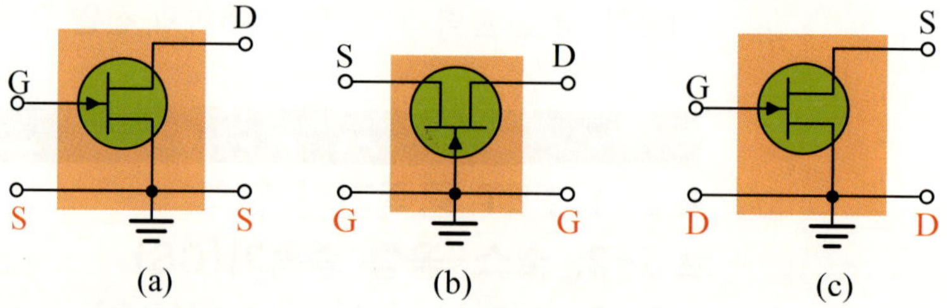

그림 5-1
FET의 구성:
(a) 소스-공통;
(b) 게이트-공통;
(c) 드레인-공통.

교류 등가회로

FET의 소스-공통 교류 등가회로는 그림 5-2와 같다. 그림에서와 같이 FET는 게이트와 소스 단자는 개방 회로와 같으며 이는 FET의 장점 중 하나이다. 앞으로의 일은 그림 5-2의 소스-공통 교류 등가회로를 바탕으로

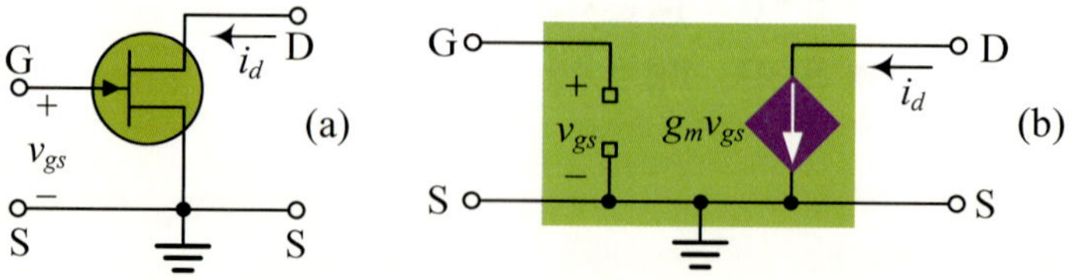

그림 5-2
(a) 소스-공통 구성
(b) 교류 등가회로

게이트-공통과 드레인 공통 구성에 대해서도 동일하거나 내지는 유사한 형태의 등가회로를 유도하는 것이다. 이를 위해 먼저 그림 5-3(a)와 같이 소스에 저항이 있는 소스-공통 구성에 대한 등가회로에 대해 알아보기로 한다.

그림 5-2를 참조하면 그림 5-3(a)의 교류 등가회로는 그림 (b)와 같으며 이를 그림 5-2(b)와 동일한 형태인 그림 5-3(c)로 표현하고자 한다. 그림 5-3(b)에서 접지에 대한 게이트 전압 v_g는 다음과 같다.

$$v_g = v_{gs} + R_S i_d = v_{gs} + R_S g_m v_{gs} = (1 + g_m R_S) v_{gs} \qquad \textbf{(5-1-1)}$$

이로부터

$$v_{gs} = \frac{v_g}{1 + g_m R_S} \qquad \textbf{(5-1-2)}$$

이다. 그리고 그림 5-3(c)의 종속 전류원 $g_{ms}v_g$가 그림 (b)의 종속 전류원 $g_m v_{gs}$와 같으면 두 회로는 게이트와 드레인 단자에 모두에 대해 등가가 될 것이다. 즉

$$g_{ms} v_g = g_m v_{gs} = \left(\frac{g_m}{1 + g_m R_S} \right) v_g \qquad \textbf{(5-1-3)}$$

를 만족해야 하므로 구하고자 하는 g_{ms}는

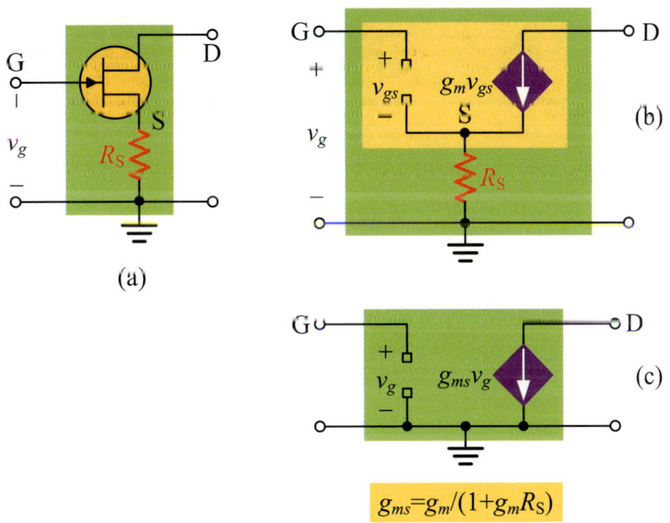

그림 5-3
(a) 소스 저항이 있는 소스-공통 구성; (b) 교류 등가회로; (c) 최종 등가회로.

$$g_{ms} = \frac{g_m}{1 + g_m R_S} \qquad \text{(5-1-4)}$$

이상으로 소스 저항의 영향은 FET의 전달 컨덕턴스를 감소시키는 것임을 알 수 있다. 차후로는 FET 교류 등가회로에서 표기의 번잡함을 피하기 위해 FET의 모든 입력 전압은 v_π로 통일하기로 하며 그림 5-4가 이를 보여준다.

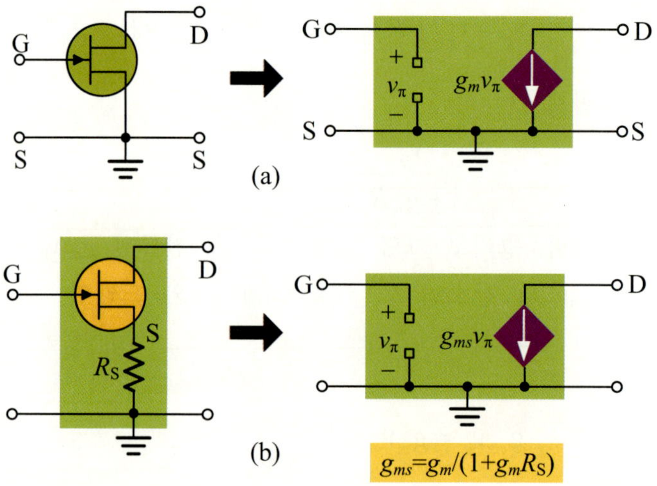

그림 5-4
교류 등가회로:
(a) 소스-공통 구성;
(b) 소스 저항이 있는 소스-공통 구성.

5-2 소스-공통(CS) 증폭기

그림 5-5(a)는 소스-공통 증폭기의 전체 회로이며 소스는 측로 커패시터 C_S에 의해 교류적으로 접지된다. 그리고 입력은 결합 커패시터 C_{in}을 통해 게이트에 결합되고 부하는 C_{out}을 통해 드레인에 결합된다. 그림 (a)에 대한 교류 회로가 그림 (b)임을 알 수 있으며 $R_G=R_1 || R_2$이다. 여기서 중요한 점은 게이트에는 전류가 흐르지 않기 때문에 R_G의 전체 크기는 고려할 필요가 없고 R_1과 R_2에 의한 분배 전압 $V_{GG}=R_2/(R_1+R_2)$만 중요하다. 따라서 R_1과 R_2는 그 상대적인 비율만 중요하며 그 크기는 임의대로 크게 할 수 있기 때문에 앞으로 FET의 모든 게이트 저항 R_G는 회로의

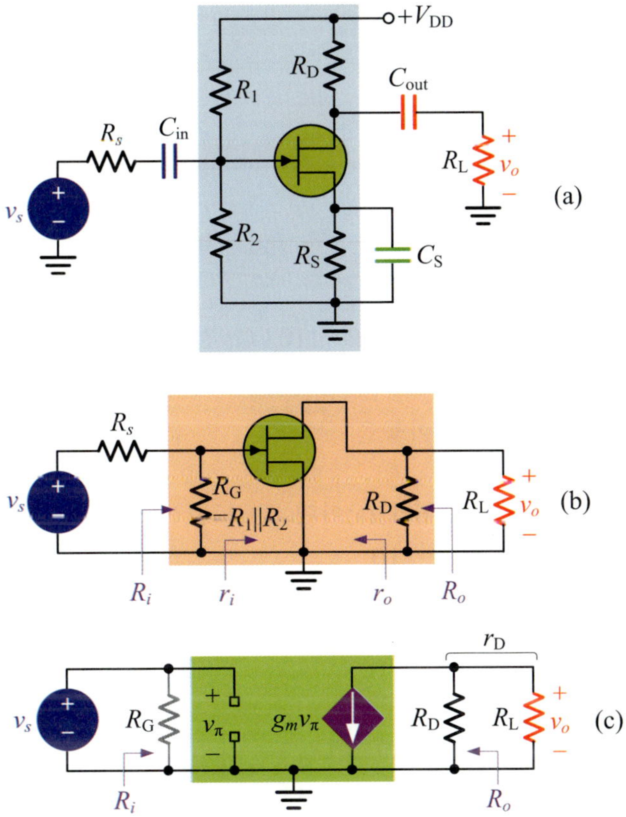

그림 5-5
소스-공통 증폭기:
(a) 전체 회로;
(b) 교류 회로;
(c) 등가 회로.

다른 저항들에 비해 무한대(개방회로)로 간주한다. 그 결과 그림 5-5(b)에서 R_G는 전원 내부저항 R_s에 비해 무시할 수 있으며 게이트 전류가 흐르지 않으므로 R_s 역시 의미가 없다. 따라서 그림 (b)의 교류 등가회로는 그림 (c)와 같이 간단해진다.

입력 저항 그림 5-5(b)로부터 증폭기의 입력 저항 R_i는

$$R_i = R_G \tag{5-2-1}$$

출력 저항 그림 5-5(c)로부터 증폭기의 출력 저항 R_o는

$$R_o = R_D \tag{5-2-2}$$

전압 이득 그림 5-5(c)에서 $v_{gs}=v_s$이므로 전압 이득 A_v는

$$A_v = \frac{v_o}{v_s} = -g_m r_D, \quad (r_D = R_D \| R_L) \tag{5-2-3}$$

예제 5-1

그림 5-5(a)의 회로에서 JFET의 특성은 I_{DSS}=10 mA, $V_{GS(off)}$=−3.5 V이며 소자들의 값이 다음과 같다.

V_{DD}=20 V, R_s=50 Ω, R_1=910 kΩ, R_2=110 kΩ, R_D=2.2 kΩ, R_S=1.1 kΩ, R_L=1 MΩ

(a) 동작점을 구하라. (b) 측로 커패시터 C_S가 없을 때 전압 이득을 구하라. (c) 측로 커패시터 C_S가 있을 때의 전압 이득을 구하라.

풀이 직류 회로는 그림 5-6의 (a)이며 C_S가 없을 때의 교류 회로는 그림 (b)이다.

(a) $$V_{GG} = \frac{R_2}{R_1 + R_2} V_{DD} = \frac{110}{910 + 110} \times 20 = \mathbf{2.15\ V}$$

식 ()으로부터

$$\begin{cases} I_{DQ} = I_{DSS}\left(1 - \dfrac{V_{GSQ}}{V_{GS(off)}}\right)^2 = 10^{-2}\left(1 + \dfrac{V_{GSQ}}{3.5}\right)^2 \\ V_{GSQ} = V_{GG} - R_S I_{DQ} = 2.15 - (1.1 \times 10^3) I_{DQ} \end{cases}$$

위의 연립 방정식을 풀어 동작점을 구하면

$$I_{DQ} = \mathbf{3.3\ mA}, \quad V_{GSQ} = \mathbf{-1.48\ V}$$

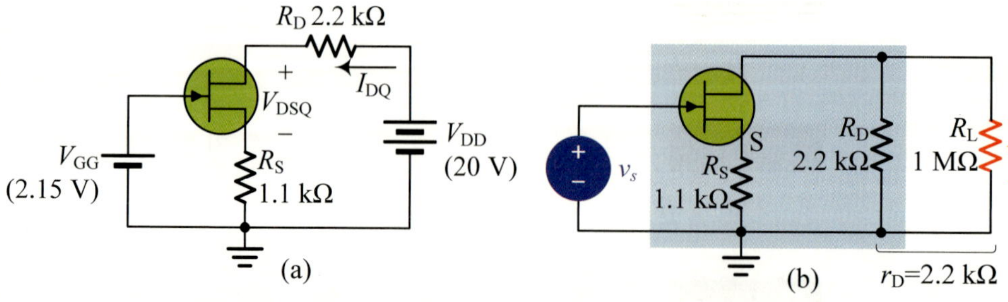

그림 5-6 예제 5-1의 (a) 직류 회로; (b) 교류 회로(C_S가 없을 때)

따라서 전달컨덕턴스는

$$g_m = -\frac{2I_{\rm DSS}}{V_{\rm GS(off)}}\left(1-\frac{V_{\rm GSQ}}{V_{\rm GS(off)}}\right) = \frac{2\times10^{-2}}{3.5}\left(1-\frac{1.48}{3.5}\right) \cong \mathbf{3.3\ mS}$$

(b) 측로 커패시터 C_S가 없는 경우는 식 (5-1-4)으로부터

$$g_{ms} = \frac{g_m}{1+g_m R_{\rm S}} = \frac{3.3\ \text{mS}}{1+(3.3\times10^{-3})(1.1\times10^{3})} \cong \mathbf{0.7\ mS}$$

$$\therefore A_v = -g_{ms} r_D = -(0.7\times10^{-3})(2.2\times10^{3}) = \mathbf{-1.5}$$

측로 커패시터 C_S가 있는 경우는

$$A_v = -g_{ms} r_D = -(3.3\times10^{-3})(2.2\times10^{3}) = \mathbf{-7.26}$$

예제 5-2

그림 5-7(a)의 회로에서 D-MOSFET는 $I_{\rm DSS}$=6 mA, $V_{\rm GS(off)}$=–4V이다. 전압 이득을 구하라.

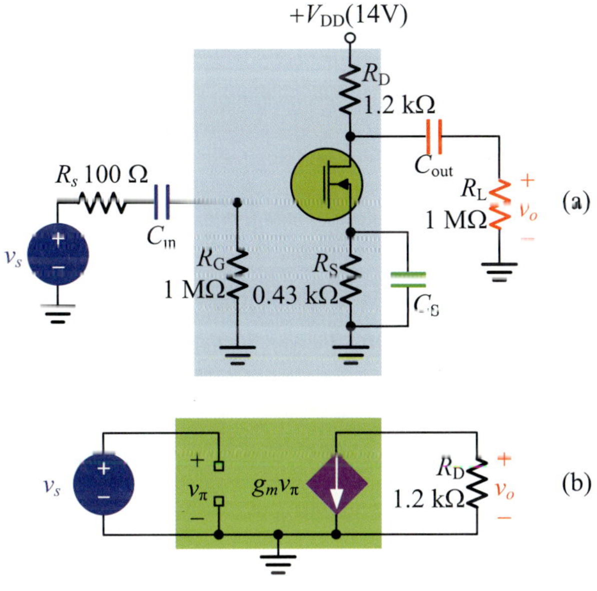

그림 5-7 예제 5-2의
(a) 전체 회로;
(b) 교류 등가회로;

풀이 다음의 관계에서 바이어스를 구한다.

$$\begin{cases} I_{DQ} = I_{DSS}\left(1 - \dfrac{V_{GSQ}}{V_{GS(off)}}\right)^2 = 6^{-3}\left(1 + \dfrac{V_{GSQ}}{4}\right)^2 \\ V_{GSQ} = -R_S I_{DQ} = -(0.43\times 10^3)I_{DQ} \end{cases}$$

그 결과 동작점은

$$I_{DQ} = \mathbf{3\ mA},\quad V_{GSQ} = \mathbf{-1.3\ V}$$

따라서 전달 컨덕턴스와 전압 이득은 다음과 같다.

$$g_m = -\frac{2I_{DSS}}{V_{GS(off)}}\left(1 - \frac{V_{GSQ}}{V_{GS(off)}}\right) = \frac{1.2\times 10^{-2}}{4}\left(1 - \frac{1.3}{4}\right) \cong \mathbf{2\ mS}$$

$$A_v = -g_m R_D = -(2\times 10^{-3})(1.2\times 10^3) = \mathbf{-2.4}$$

예제 5-3

그림 5-8(a) 회로의 전압이득과 입출력 저항의 식을 유도하라. 단 $R_G >> R_D$이다.

풀이 교류 등가회로는 그림 (b)이며 $v_\pi = v_s$이다. 출력 전압 v_o와 입력 전류 i_s는 다음의 연립방정식을 만족한다.

$$\begin{cases} v_o = (i_s - g_m v_s)r_D \\ i_s = \dfrac{v_s - v_o}{R_G} \end{cases} \qquad \cdots\cdots\cdots\cdots\text{(i)}$$

위의 식을 풀면

$$A_v = \frac{v_o}{v_s} = -\frac{1 - g_m r_D R_G}{R_G + r_D} \cong -\frac{g_m r_D R_G}{R_G + r_D} = -g_m(r_D \| R_G)$$

여기서 $R_G >> R_D > r_D$이므로 $r_D \| R_G \cong r_D$를 만족한다.

$$\therefore A_v \cong -g_m r_D \quad \cdots\cdots\text{(ii)}$$

식 (i)의 두 번째 식과 식 (ii)를 연립하면

$$i_s = \frac{v_s - v_o}{R_G} \cong \frac{v_s + g_m r_D v_s}{R_G} = \left(\frac{1 + g_m r_D}{R_G}\right)v_s$$

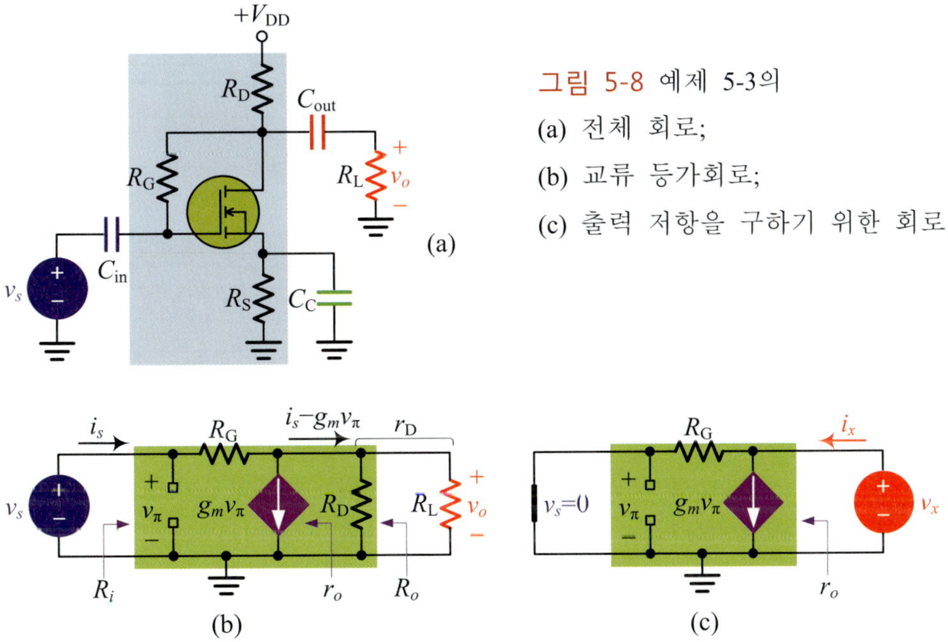

그림 5-8 예제 5-3의
(a) 전체 회로;
(b) 교류 등가회로;
(c) 출력 저항을 구하기 위한 회로.

$$\therefore R_i = \frac{v_s}{i_s} \cong \frac{R_G}{1 + g_m r_D}$$

출력 저항 r_o는 입력을 단락시킨 그림 5-8(c)로부터 구한다. 입력이 $v_\pi = v_s = 0$이므로 종속 전류원도 $g_m v_\pi = 0$이다(개방 회로). 이로부터 $i_x = v_x / R_G$이므로 $r_o = v_x / i_x = R_G$이다.

$$\therefore R_o = r_o \| R_D = R_G \| R_D \cong R_D$$

5-3 게이트-공통(CG) 증폭기

게이트-공통 등가회로 그림 5-9(a)의 게이트-공통 구성에 대한 교류 등가회로를 그림 5-2의 소스-공통 등가회로를 재배치하여 구하면 그림 5-9(b)와 같음을 알 수 있다. 여기서 $v_{sg} = -v_{gs}$이며 $i_s = -g_m v_{gs} = g_m v_{sg}$이므로 입력 저항 $r_i = v_{sg} / i_s$는

$$r_i = \frac{1}{g_m} \qquad \textbf{(5-3-1)}$$

그림 5-9
(a) 게이트-공통 구성;
(b) 교류 등가회로;
(c) 재정리된 등가회로.

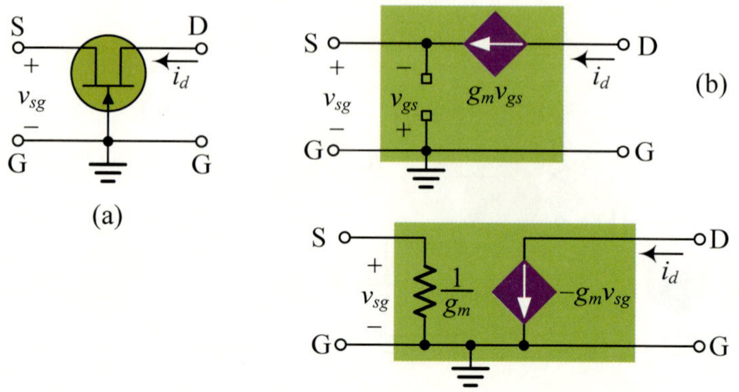

이다. 그리고 그림 (b)와 (c)의 출력단의 전류도 같다. 따라서 그림 5-9(c)가 앞으로 우리가 사용할 게이트-공통 등가회로이며 게이트-공통 구성의 입력 저항이 더 이상 무한대가 아닌 $1/g_m$이다. 일반적으로 FET의 g_m은 1~5 mS 수준이다. 따라서 게이트-공통 구성의 입력 저항은 수백 Ω 정도에 불과하며 이는 베이스-공통 구성의 입력 저항이 r_e로 낮은 것과 같은 성질이다. 그리고 베이스-공통의 전달컨덕턴스가 $-g_m$인 것과 같이(그림 3-30(b) 참조) 게이트-공통 역시 $-g_m$이다. 앞으로 그림 5-9의 등가회로도 입력 전압을 v_π로 표현하여 그림 5-10처럼 표현하기로 한다.

그림 5-10
게이트-공통 구성의 교류 등가회로

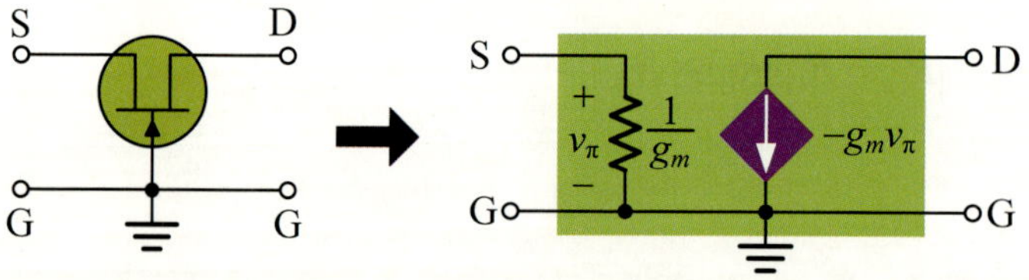

게이트-공통 증폭기

그림 5-11(a)는 게이트-공통 증폭기의 전체 회로이다. 게이트는 측로 커페시터 C_G에 의해 교류적으로 접지되며 입력은 C_{in}을 통해 소스로 결합되고 부하는 C_{out}을 통해 드레인에 결합된다. 따라서 그림 (a)에 대한 교류 회로는 그림 (b)와 같으며 이의 등가회로는 그림 (c)임을 알 수 있다. 이상으로 그림 (c)로부터 게이트-공통 증폭기의 제반 특성을 해석하면 다음과 같다.

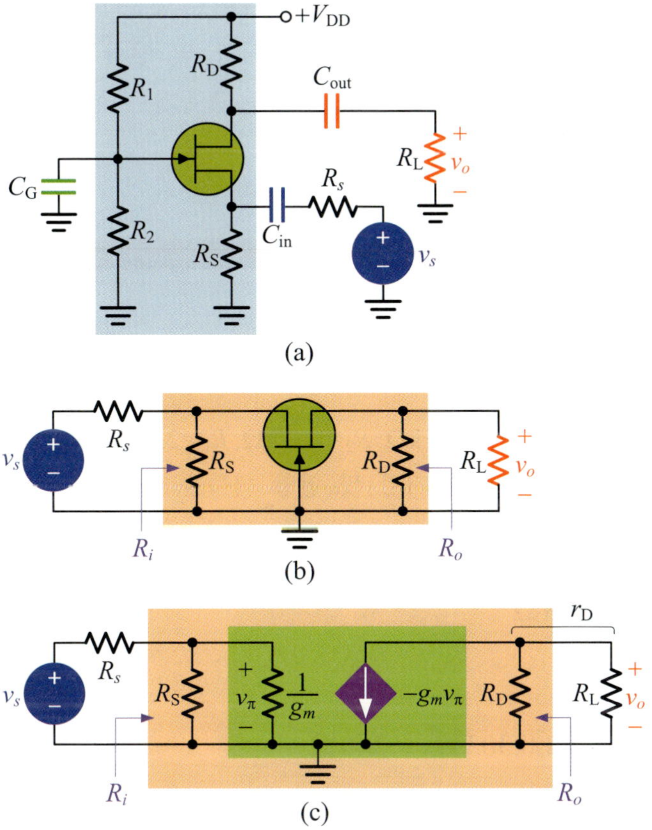

그림 5-11
게이트-공통 증폭기:
(a) 전체 회로;
(b) 교류 회로;
(c) 등가 회로.

입력 저항 입력 저항 R_i는

$$R_i = R_S \| \frac{1}{g_m} = \frac{R_S}{1+g_m R_S} \tag{5-3-2}$$

출력 저항 출력 저항 R_o는

$$R_o = R_D \tag{5-3-3}$$

전압 이득 전압 이득 A_v는 다음과 같이 구한다.

$$A_v = \frac{v_o}{v_s} = \frac{v_\pi}{v_s} \cdot \frac{v_o}{v_\pi} = \left(\frac{R_i}{R_s + R_i} \right) g_m r_D, \quad (r_D = R_D \| R_L) \tag{5-3-4}$$

게이트-공통 증폭기의 전압 이득은 0보다 크며 이 역시 베이스-공통 증폭기의 경우와 같다. 따라서 게이트-공통 증폭기와 베이스-공통 증폭기는 낮은 입력 저항, 높은 출력 저항 및 양의 전압 이득이라는 공통점이 있다. 물론 앞서 설명한 소스-공통 증폭기는 이미터-공통 증폭기와 유사한 특성이 있다.

예제 5-4

그림 5-11(a)의 회로에서 JFET의 전달 컨덕턴스는 g_m=3.3 mS이며 소자들의 값은 다음과 같다.

V_{DD}=20 V, R_s=50 Ω, R_1=910 kΩ, R_2=110 kΩ, R_D=2.2 kΩ, R_S=1.1 kΩ, R_L=1 MΩ
증폭기의 입력 저항과 출력 저항 및 전압 이득을 구하라.

풀이

$$r_i = 1/g_m = \mathbf{303\ \Omega}$$

이로부터

$$R_i = R_S \left\| \frac{1}{g_m} \right. = 1 \| 0.303\ \text{k}\Omega = \mathbf{240\ \Omega}$$

$$R_o = R_D = \mathbf{2.2\ k\Omega}$$

$$r_D = R_D \| R_L \cong R_D = \mathbf{2.2\ k\Omega}$$

$$A_v = g_m r_D \left(\frac{R_i}{R_s + R_i} \right) = (3.3 \times 10^{-3})(2.2 \times 10^3) \times \frac{250}{50 + 250} \cong \mathbf{6}$$

예제 5-5

그림 5-12(a)의 회로에서 E-MOSFET의 전달 컨덕턴스는 g_m=4.3 mS이다. 증폭기의 입력 저항과 출력 저항 및 전압 이득을 구하라.

풀이

$$r_i = 1/g_m = \mathbf{232\ \Omega}$$

이로부터

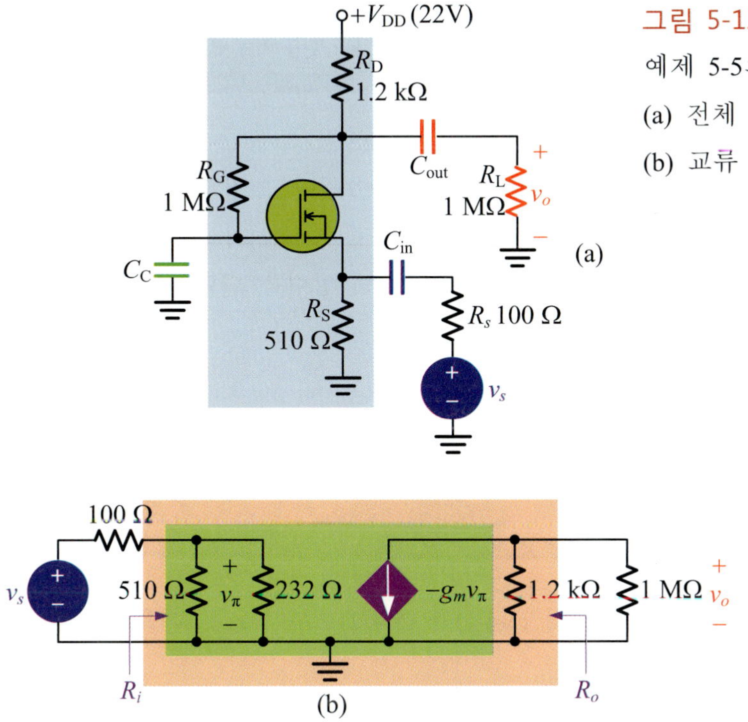

그림 5-12
예제 5-5의
(a) 전체 회로;
(b) 교류 등가회로.

$$R_i = R_S \| \frac{1}{g_m} = 510 \| 232\ \Omega = \mathbf{160\ \Omega}$$

$$R_o = R_D \| R_G \cong R_D = \mathbf{1.2\ k\Omega}$$

$$r_D = R_o \| R_L \cong R_D \| R_L \cong R_D = \mathbf{1.2\ k\Omega}$$

$$A_v = g_m r_D \left(\frac{R_i}{R_s + R_i} \right) = (4.3 \times 10^{-3})(1.2 \times 10^{3}) \times \frac{160}{100 + 160} \cong \mathbf{3.2}$$

이상의 예제들을 통해 관찰할 수 있듯이 FET 증폭기는 BJT 증폭기에 비해 전압 이득이 대체적으로 매우 낮다. 그러나 FET의 장점은 입력 저항이 높다는 것과 단극성이므로 잡음에 강하다는 것, 또한 전력 소모가 적다는 것 등의 장점이 있다.

5-4 드레인-공통(CD) 증폭기

드레인-공통 등가회로

드레인-공통 구성인 그림 5-13(a)를 그림 5-2의 등가회로를 바탕으로 재배치하면 그림 5-13(b)와 같다. 그리고 그림 (b)를 그림 5-2의 등가 회로와 유사한 형태로 재정리하면 그림 5-13(c)가 되며 이를 증명해보도록 한다. 먼저 그림 (b)의 출력 저항 r_o는 입력을 단락시킨 상태(v_{gd}=0)에서

$$r_i = \left.\frac{v_{sd}}{i_s}\right|_{v_{gd}=0} \tag{5-4-1}$$

로 구한다. 입력을 v_{gd}=0로 하면 $v_{sd}=v_{gd}-v_{gs}=-v_{gs}$이므로 전류 i_s는

$$\left. i_s \right|_{v_{gd}=0} = -g_m v_{gs} = g_m v_{sd} \tag{5-4-2}$$

이다. 따라서 식 (5-4-1)과 (5-4-2)로부터 r_o는 다음과 같다.

$$r_o = \frac{1}{g_m} \tag{5-4-3}$$

그리고 그림 5-13(c)의 출력 저항도 $1/g_m$로 일치한다. 다음으로 그림 (b)의 출력을 단락시킨 상태(v_{sd}=0)에서의 전류 i_s를 구해보면 $i_s=-g_m v_{gs}$이다. 그리고 v_{sd}=0이면 $v_{gs}=v_{gd}$이므로 단락 전류는 $i_s=-g_m v_{gs}=-g_m v_{gd}$이며 이는 그림 (c)의 단락 전류와 같다. 이상으로 그림 (c)는 (b)와 출력 단자에 대해 서로 등가이며 입력단 역시 서로 개방회로이므로 등가이다. 앞으로 우리

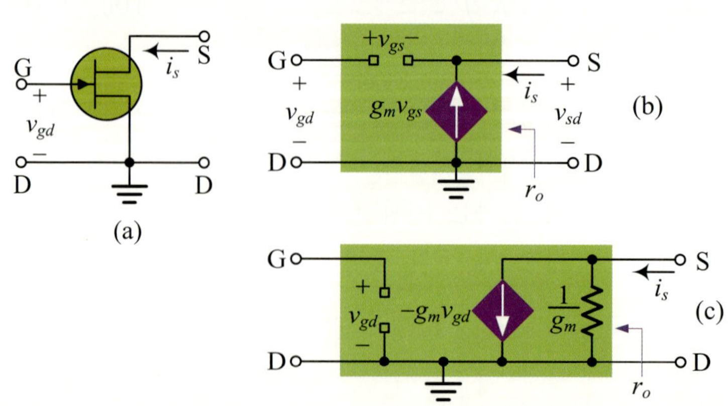

그림 5-13
(a) 드레인-공통 구성;
(b) 교류 등가회로;
(c) 재정리된 등가회로.

가 사용할 등가회로는 그림 5-14이다.

그림 5-14
드레인-공통 구성의 교류 등가회로

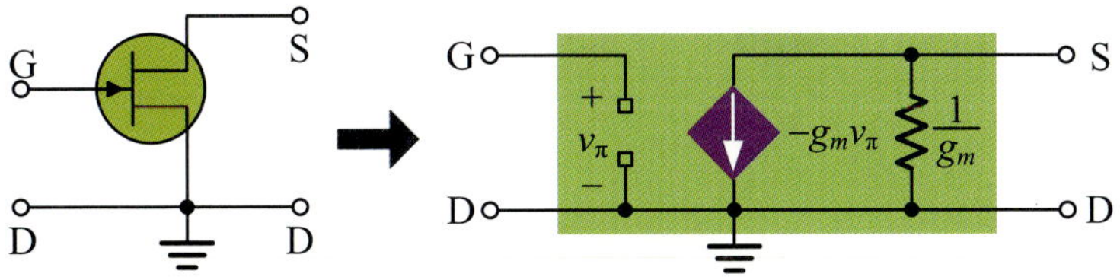

드레인-공통 증폭기

드레인-공통 증폭기의 전체 회로는 그림 5-15(a)와 같으며 결합 커페시터를 통해 입력은 게이트로, 부하는 소스로 결합되며 드레인은 측로 커페시터에 의해 교류적으로 접지된다. 그림 (b)는 교류 회로이며 이를 알기 쉽게 정리하면 그림 (c)가 된다. 그림 (c) 역시 게이트 저항 R_G가 매우 커 무시하면 R_s도 무시된다. 따라서 그림 5-14의 등가회로를 사용하면 그림 5-15(c)의 교류 등가회로는 그림 (d)와 같이 나타낼 수 있다.

입력 저항 입력 저항 R_i는

$$R_i = R_G \tag{5-4-4}$$

그림 5-15
드레인-공통 증폭기:
(a) 전체 회로;
(b), (c) 교류 회로;
(d) 교류 등가회로.

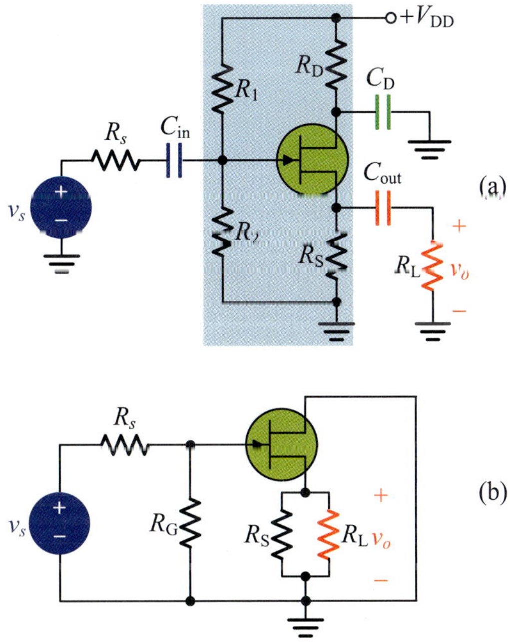

그림 5-15 (계속)

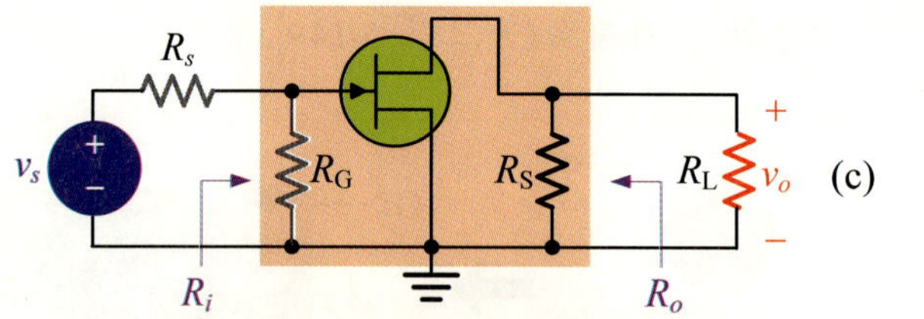

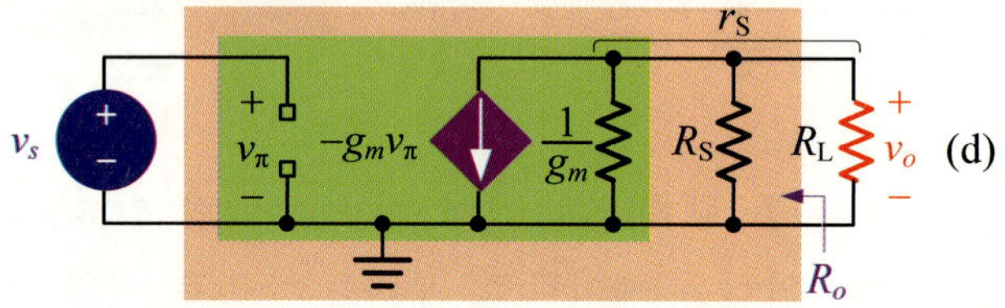

출력 저항 출력 저항 R_o는

$$R_o = \frac{1}{g_m} \| R_S = \frac{R_S}{1 + g_m R_S} \tag{5-4-5}$$

전압 이득 소스의 총 부하 저항을 r_S라 하면

$$r_S = \frac{1}{g_m} \| R_S \| R_L \tag{5-4-6}$$

이므로 전압 이득 $A_v = v_o / v_s$는 다음과 같다.

$$A_v = g_m r_S \tag{5-4-7}$$

그러나 식 (5-4-6)에서 $r_S < 1/g_m$이므로 전압 이득은 항상

$$A_v = g_m r_S < 1 \tag{5-4-8}$$

이며 이는 컬렉터-공통 증폭기의 특성과 같다. 따라서 컬렉터-공통 증폭기를 이미터-폴로어(emitter follower)라 하듯이 드레인-공통 증폭기를 소스-폴로어(source follower)라 한다. 이상으로 드레인-공통 증폭기는 컬렉터-공통 증폭기의 특성인 높은 입력 저항, 낮은 출력 저항 및 1 이하의 전압 이득 등을 모두 갖추고 있다.

예제 5-6

그림 5-15(a)의 회로에서 JFET의 전달 컨덕턴스는 g_m=3.3 mS이며 소자들의 값은 다음과 같다.

V_{DD}=20 V, R_s=50 Ω, R_1=910 kΩ, R_2=110 kΩ, R_D=2.2 kΩ, R_S=1.1 kΩ, R_L=1 MΩ.

증폭기의 입력 저항과 출력 저항 및 전압 이득을 구하라.

풀이 출력 저항과 입력 저항은

$$r_o = 1/g_m = \mathbf{303\ \Omega}$$

$$\therefore R_o = \frac{1}{g_m} \| R_S = 0.303 \| 1.1\ \text{k}\Omega = \mathbf{238\ \Omega}$$

$$R_i = R_G = R_1 \| R_2 = 910 \| 110\ \text{k}\Omega = \mathbf{98\ k\Omega}$$

소스 총 저항 및 전압 이득은

$$r_S = \frac{1}{g_m} \| R_S \| R_L \cong \frac{1}{g_m} \| R_S = \mathbf{238\ \Omega}$$

$$\therefore A_v = g_m r_S = (3.3 \times 10^{-3}) \times 238 \cong \mathbf{0.8}$$

드레인-공통 증폭기는 대부분 그림 5-16처럼 드레인 저항을 생략하는 경우가 많다.

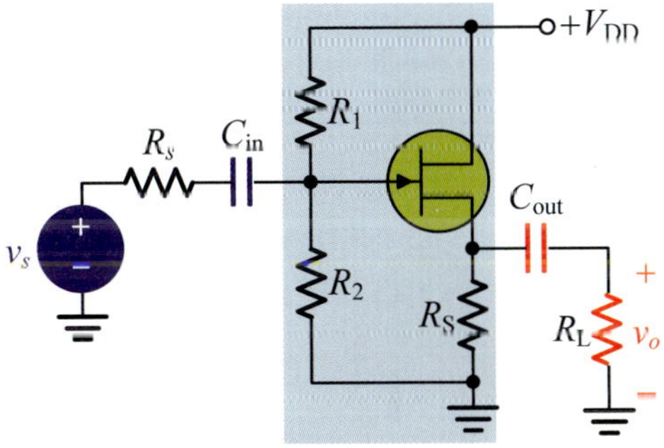

그림 5-16
드레인 저항을 생략한 드레인-공통 증폭기

부트스트랩 그림 5-17(a)는 E-MOSFET의 부트스트랩 회로이다. 이 회로의 입력 저항 R_i를 구하기 위한 교류 회로가 그림 (b)이며 이에 대한 등가 회로가 그림 (c)이다. 저항 R_3의 양단 전압이 v_π이며 $v_\pi = R_3 i_x$이므로 입력 전압 v_x는 다음과 같다.

$$v_g = v_\pi + r_S(g_m v_\pi + i_x) = \{(1+g_m r_S)R_3 + r_S\}i_x \qquad \textbf{(5-4-9)}$$

여기서 $r_S = R_1 \| R_1 \| R_S \cong R_S$이며 $R_3 >> R_S$로 하므로 식 (5-4-10)으로부터 입력 저항은 다음과 같다.

$$R_i \cong (1+g_m r_S)R_3 \cong (1+g_m R_S)R_3 \qquad \textbf{(5-4-10)}$$

이제 부트스트랩의 원리를 전압 이득으로 설명해 보자. 먼저 그림 5-17(c)에서 전압 이득 $A_v = v_o/v_s$를 구해보면($r_S \cong R_S$)

$$A_v = \frac{r_S(1+g_m R_3)}{R_3 + r_S(1+g_m R_3)} \cong \frac{R_S(1+g_m R_3)}{R_3 + R_S(1+g_m R_3)} \qquad \textbf{(5-4-11)}$$

이며 $g_m R_3 >> 1$을 이용하면 다음과 같이 근사화할 수 있다.

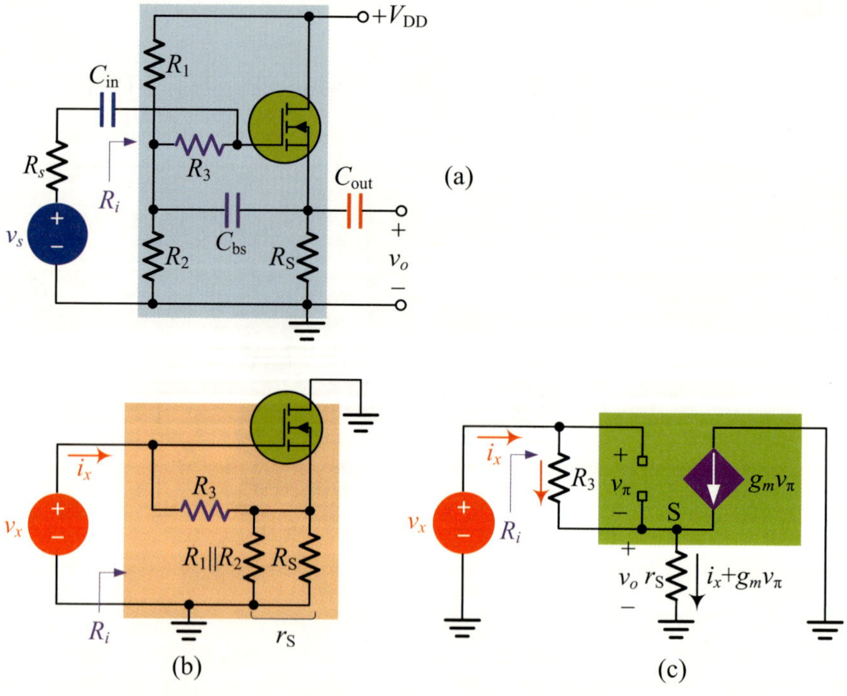

그림 5-17
부트스트랩 회로:
(a) 전체 회로;
(b) 교류 회로;
(c) 등가 회로.

$$A_v \cong \frac{g_m R_S R_3}{R_3 + g_m R_S R_3} = \frac{g_m R_S}{1 + g_m R_S} \tag{5-4-12}$$

따라서 식 (5-4-10)은 다음과 같이 A_v를 이용해 표현할 수 있다.

$$R_i \cong \frac{R_3}{1 - A_v} \tag{5-4-13}$$

위의 식은 소스-폴로어의 부트스랩 원리를 보여준다. 즉 소스-폴로어의 전압이득은 A_v<1이며 A_v를 1에 가깝게 할수록 입력저항은 크게 증가하게 되는 것이며 이미터-폴로어의 동작 원리도 이와 같다.

5-5 기타 FET 증폭기

스왐핑 소스-공통 증폭기

BJT의 h-파라미터들이 온도에 따라 변동이 있는 것과 같이 FET의 전달 컨덕턴스 g_m도 마찬가지다. 그림 5-18(a)는 g_m의 변동이 증폭기 특성에 미치는 영향을 줄이기 위해 소스-공통 증폭기의 소스 저항 중 일부만 단락시킨 스왐핑 증폭기이다. 교류 회로에 대한 소스 저항이 $(1-\alpha)R_S$이므로 교류 회로는 그림 (b)와 같다. 따라서 그림 5-4(b)의 등가회로와 식 (5-1-4)를 이용하면 교류 등가 회로는 그림 5-18(c)와 같으며 전달컨덕턴스는

$$g_{ms} = \frac{g_m}{1 + g_m(1-\alpha)R_S} \tag{5-5-1}$$

그림 5-18
스왐핑 소스-공통 증폭기:
(a) 전체 회로,
(b) 교류 회로;
(c) 교류 등가 회로.

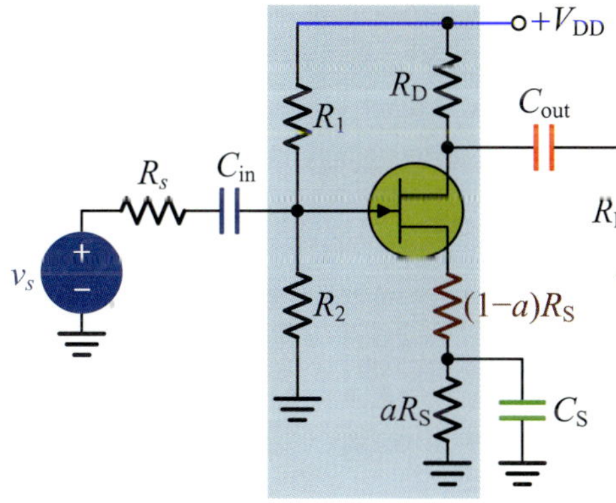

(a)

그림 5-18
(계속)

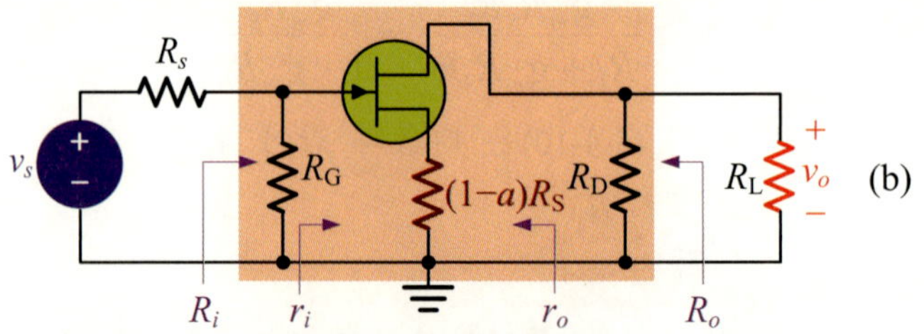

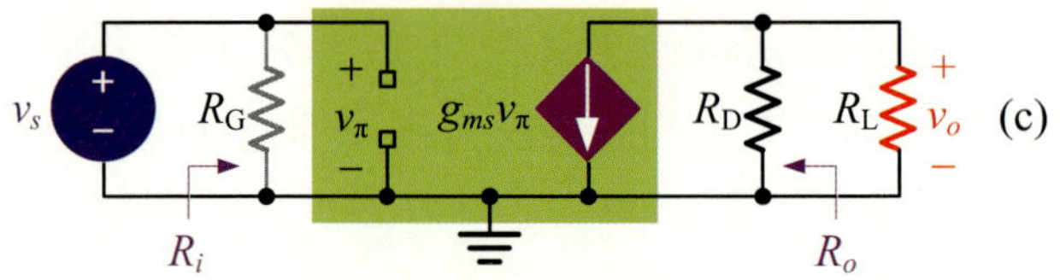

따라서 전압 이득은 다음과 같다.

$$A_v = -g_{ms}r_D = -\frac{g_m r_D}{1+g_m(1-\alpha)R_S} \tag{5-5-2}$$

여기서 $(1-\alpha)g_m R_S >> 1$의 조건을 만족하도록 하면 전압 이득은

$$A_v \cong \frac{r_D}{(1-\alpha)R_S} \tag{5-5-3}$$

와 같이 g_m의 영향이 거의 배제된다.

캐스코드 증폭기

FET 캐스코드 결합은 그림 5-19(a)와 같이 소스-공통과 게이트-공통을 종속 결합한 형태이며 그 교류 등가회로는 그림 (b)와 같다. FET 캐스코드 결합은 이미터-공통과 베이스-공통을 결합한 BJT 캐스코드 결합에 대응

그림 5-19
(a) FET 캐스코드 결합;
(b) 등가 회로

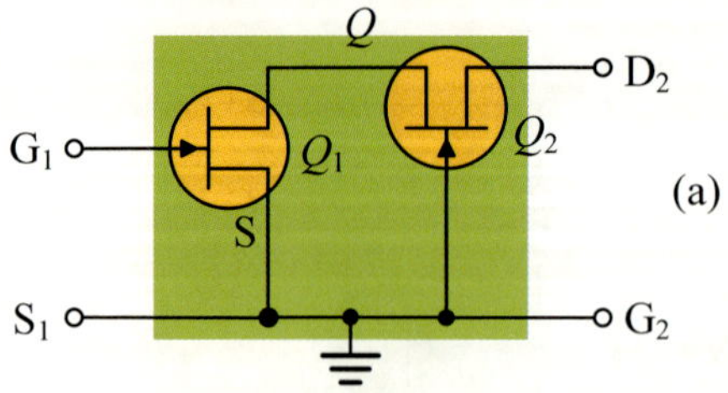

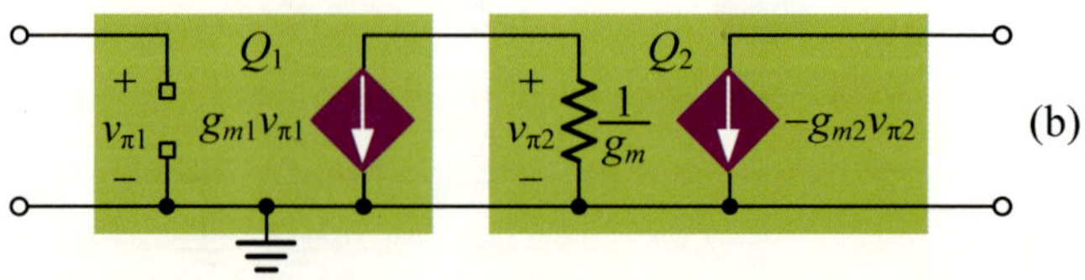

된다. 그림 5-19(b)에서

$$v_{\pi 2} = -g_m v_{\pi 1} \times \frac{1}{g_m} = -v_{\pi 1} = -v_s$$

이므로 결국 소스-공통 증폭기 Q_1의 이득은 −1이다. 따라서 캐스코드 결합에 의한 전체 전압 이득은 게이트-공통 증폭기의 이득과 같다. 즉 Q_2의 드레인 총 부하 r_D가 주어지면 전체 전압 이득은 다음과 같다.

$$A_v = -g_m r_D \quad \textbf{(5-5-4)}$$

그림 5-20(a)는 FET 캐스코드 증폭기의 전체 회로이다. Q_1은 소스가 C_S에 의해 교류적으로 접지되고 Q_2는 게이트가 C_G에 의해 교류적으로 접지된다. 따라서 분배 저항 R_1과 R_2는 양단이 접지되어 교류 회로에서 배제되며 Q_1과 Q_2는 그림 (b)의 교류 회로와 같이 캐스코드 결합을 이루게 된다.

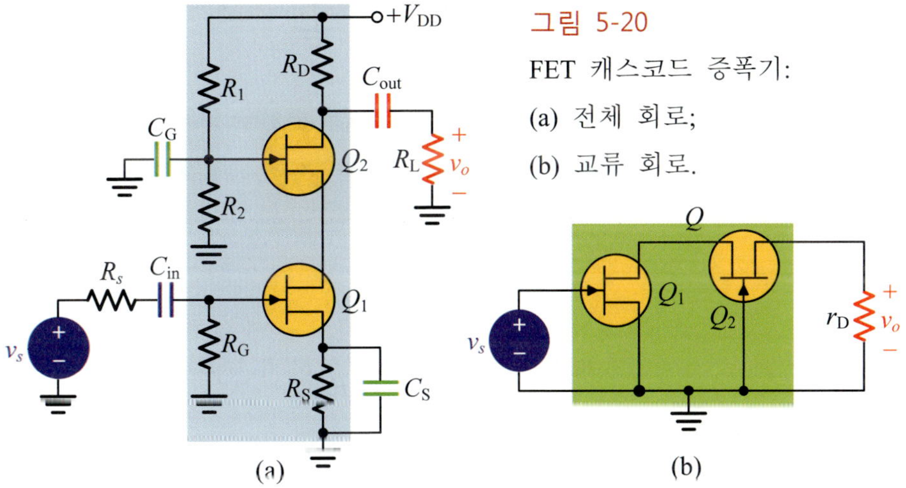

그림 5-20
FET 캐스코드 증폭기:
(a) 전체 회로;
(b) 교류 회로.

FET 차동 증폭기

그림 5-21(a)는 FET 차동 증폭기를 보여준다(차동 증폭기에 대해서는 6장에서 자세히 설명한다). 두 트랜지스터는 모두 동일한 특성이 되도록 하며 교류 회로는 그림 (b)와 같다. 다만 게이트-공통 구성에서의 게이트 저항은 게이트 전류가 0이므로 무의미하다. 따라서 교류 등가 회로는 그림 (c)와 같다. 저항의 병렬 결합은 각각

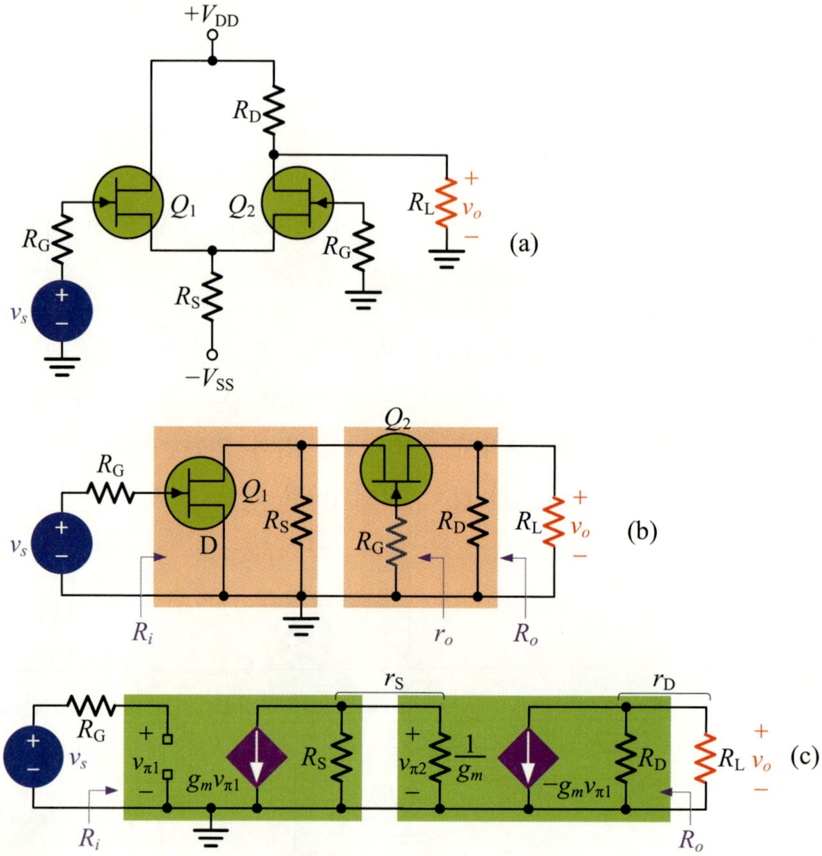

그림 5-21
FET 차동 증폭기:
(a) 전체 회로;
(b) 교류 회로;
(c) 등가 회로.

$$r_S = R_S \Big\| \frac{1}{g_m} = \frac{R_S}{1+g_m R_S}, \quad r_D = R_D \| R_L$$

이다. 그리고 $v_{\pi1}=v_s$이므로 전압 이득은

$$A_v = \frac{v_o}{v_s} = g_m^2 r_S r_D = \left(\frac{g_m R_S}{1+g_m R_S}\right) g_m r_D \tag{5-5-5}$$

여기서 $g_m R_S >> 1$을 만족하면

$$A_v \cong g_m r_D \tag{5-5-6}$$

로 근사화할 수 있다.

FET 입력단

FET 증폭기는 BJT 증폭기에 비해 증폭률은 낮지만 높은 입력 저항과 저잡음의 장점으로 다단 증폭기의 입력단으로 자주 사용된다. 그림 5-22(a)는 입력단의 소스-공통 증폭기가 높은 입력 저항을 제공하고 다음 단의 이미터-공통 증폭기가 증폭률을 주도하는 회로이다. 교류 회로는 그림 (b)이며 그림 (c)는 등가 회로이다. 입력 저항은 R_G이며 이 저항은 임의로 크게 할 수 있다. 그림 (c)를 정리한 것이 그림 (d)이며 전압 이득은

$$A_v = g_{m1}g_{m2}r_D r_C \quad \textbf{(5-5-7)}$$

이며 이득은 BJT의 g_{m2}가 주도한다.

그림 5-22
소스-공통/이미터-공통 증폭기:
(a) 전체 회로;
(b) 교류 회로;
(c) 등가 회로;
(d) 정리된 등가회로.

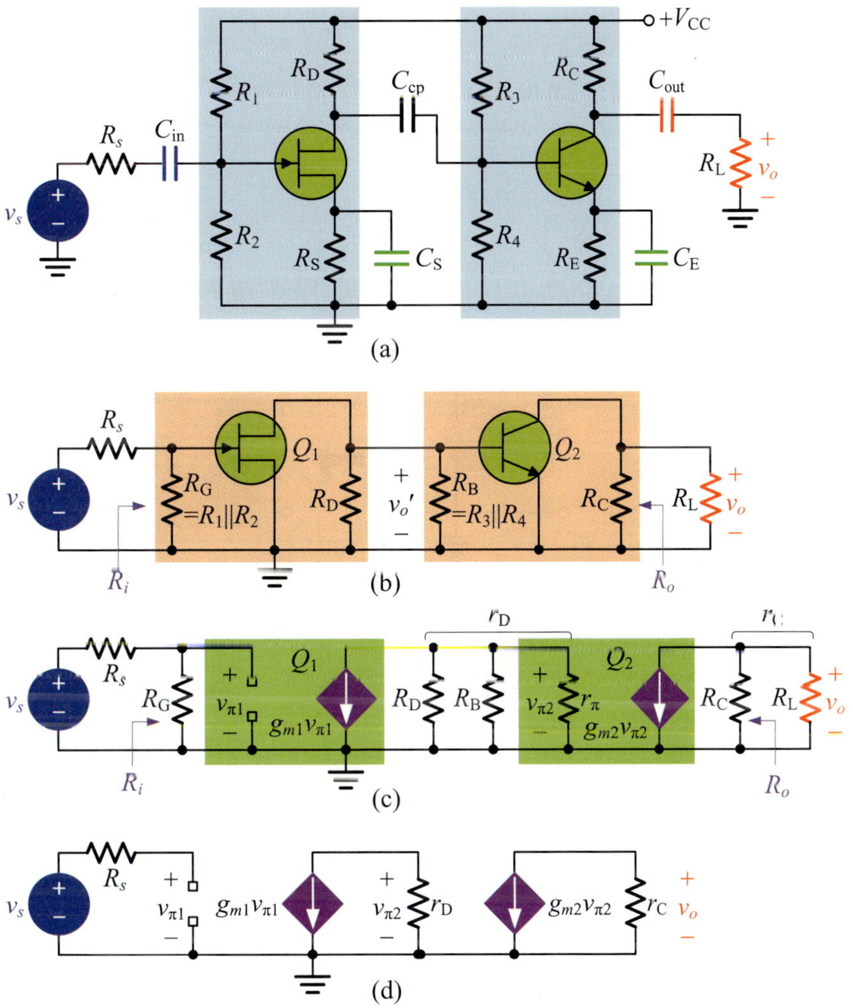

5-6 완전한 등가 모델

FET 출력 저항

지금까지 설명한 FET 등가회로들을 정리하면 그림 5-23과 같다. 그러나 이 등가회로들은 이상적인 형태이며 실제 특성은 이와 차이가 있다. FET의 실제 드레인 특성곡선은 그림 5-24와 같이 완전한 수평이 아니고 약간의 기울기가 있다. 그림에서 Q점을 중심으로 한 특성 곡선의 기울기 r_d는 다음과 같이 정의된다.

$$r_d = \frac{v_{ds}}{i_d}\bigg|_Q = \frac{\Delta v_{\text{DS}}}{\Delta i_{\text{D}}}\bigg|_{V_{\text{GSQ}}} = \frac{v_{\text{DS2}} - v_{\text{DS1}}}{i_{\text{D2}} - i_{\text{D1}}} \qquad \textbf{(5-6-1)}$$

일반적으로 r_d는

$$r_d \propto \frac{1}{I_{\text{DQ}}} \qquad \textbf{(5-6-2)}$$

와 같이 드레인의 바이어스 전류에 반비례한다. 일반적으로 JFET의 r_d는 대략 0.1~1 MΩ 범위 내에 있으며 MOSFET의 경우는 약 1~50 kΩ 범위

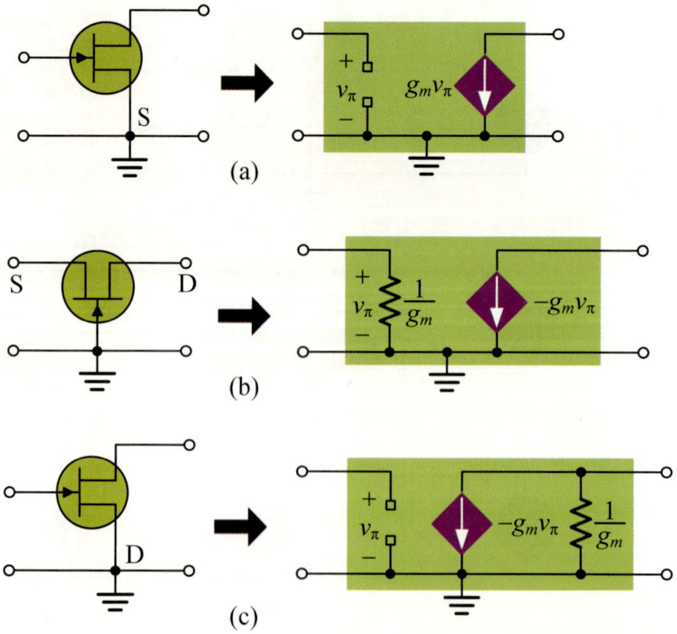

그림 5-23
FET 등가회로:
(a) 소스-공통;
(b) 게이트-공통;
(c) 드레인-공통.

그림 5-24
드레인 특성곡선상 에서의 기울기

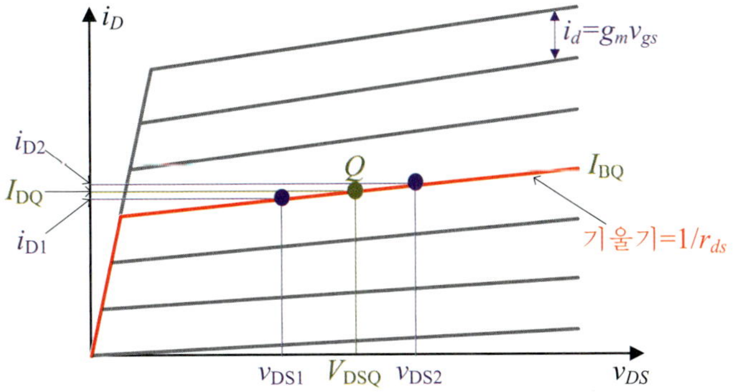

내에 있다. 따라서 JFET의 경우는 r_d에 의한 부하 효과를 거의 무시할 수 있지만 MOSFET의 경우는 반드시 그런 것은 아니다.

소스-공통 등가회로

FET 출력 저항 r_d를 고려한 소스-공통 등가회로는 그림 5-23(a)의 등가회로에서 드레인과 소스 사이에 r_d를 결합하면 되므로 그림 5-25와 같다. 따라서 r_d는 드레인-소스 사이에 연결될 부하와 병렬로 결합함으로써 전압 이득을 감소시키는 역할을 한다.

그림 5-25
출력저항을 고려한 소스-공통 구성의 교류 등가회로

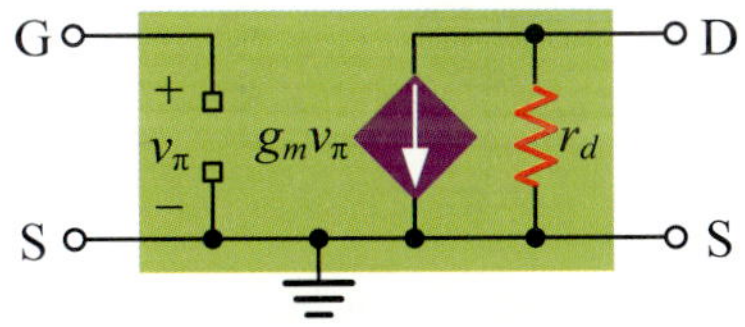

드레인-공통 등가회로

출력 저항을 고려한 드레인-공통 등가회로는 그림 5-23(c)의 출력단에 r_d만 결합하면 되므로 그림 5-26(a)와 같다. 따라서 최종 등가회로는 그림 (b)가 되며 출력 저항은

그림 5-26
출력저항을 고려한 드레인-공통 구성의 교류 등가회로

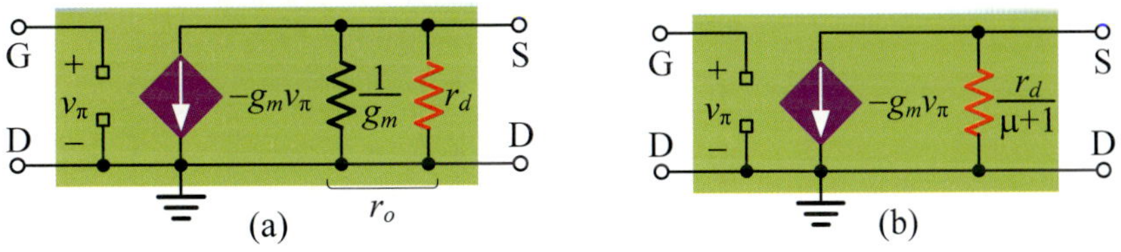

$$r_o = r_d \left\| \frac{1}{g_m} = \frac{r_d}{g_m r_d + 1} = \frac{r_d}{\mu + 1} \right. \qquad \textbf{(5-6-3)}$$

이며 상수 μ는 다음과 같이 정의된다.

$$\mu \equiv g_m r_d \qquad \textbf{(5-6-4)}$$

게이트-공통 등가회로

출력 저항을 고려한 게이트-공통 등가 회로를 그림 5-27(b)와 같은 형태의 등가 회로로 표현해본다. 이를 위해 그림 5-28(a)처럼 입력 전압원 v_i와 부하 R_D를 결합한 상태에서 해석한다.

그림 5-27
출력저항을 고려한 게이트-공통 구성의 교류 등가회로

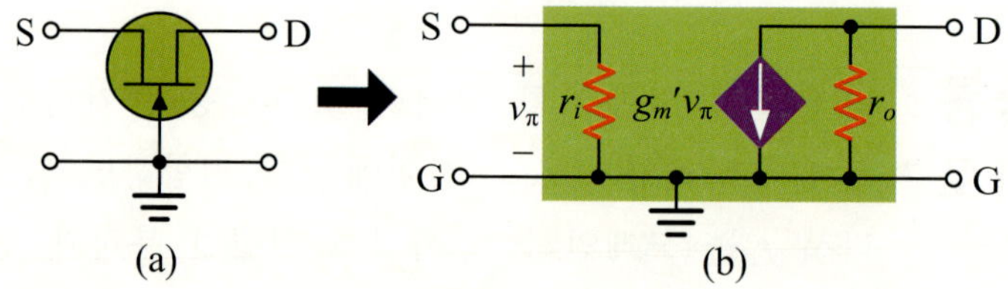

그림 5-28
(a) 게이트-공통 교류회로;
(b) 등가 회로;
(c) 전원변환을 적용한 등가 회로;
(d) 출력 저항을 구하기 위한 회로.

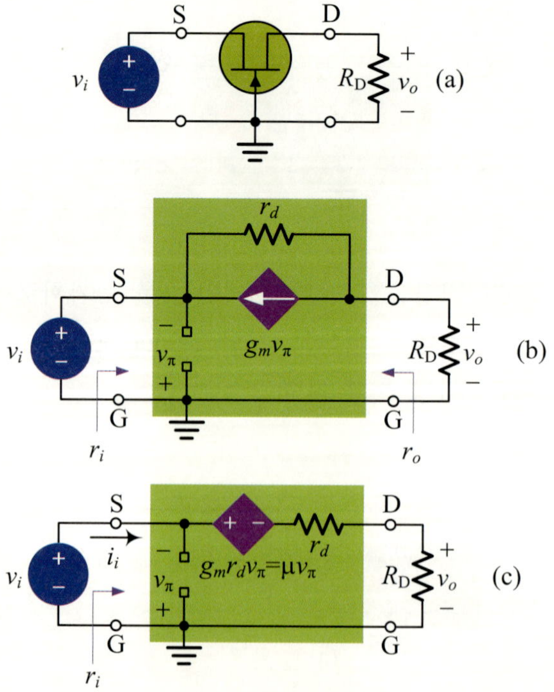

그림 5-28
(계속)

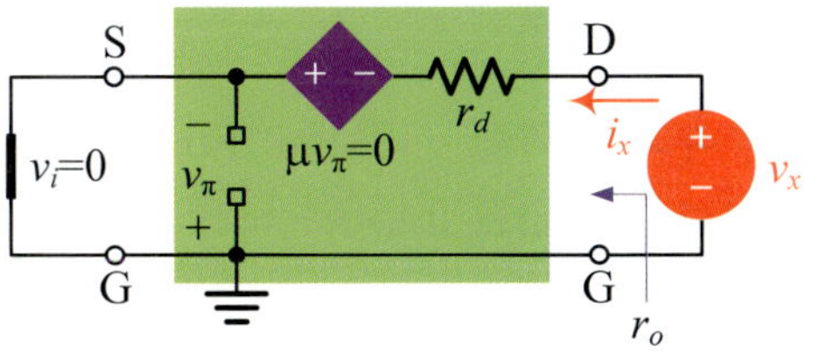

(d)

그림 5-25를 재배치하여 그림 5-28(a)의 등가회로를 구하면 그림 5-28(b)가 된다. 그림 (b)에서 전류원과 저항 r_d의 병렬결합을 전원변환시키면 그림 (c)가 된다(전원 변환에 대해서는 부록 ( )를 참조). 그림 (c)에서 $v_\pi = -v_i$이므로 전류 i_i를 구하면

$$i_i = \frac{v_i - \mu v_\pi}{r_d + R_D} = \frac{v_i + \mu v_i}{r_d + R_D} = \left(\frac{\mu + 1}{r_d + R_D}\right) v_i \tag{5-6-5}$$

이로부터 입력 저항 $r_i = i_i / v_i$는

$$r_i = \frac{r_d + R_D}{\mu + 1} \tag{5-6-6}$$

여기서 일반적인 경우인 $r_d >> R_D$로 가정하면

$$r_i \cong \frac{r_d}{\mu + 1} \tag{5-6-7}$$

로 근사화된다. 다음으로 그림 5-28(c)에서 $v_o = R_D i_i$는

$$v_o = R_D i_i = \frac{(\mu + 1) R_D}{r_d + R_D} v_i \tag{5-6-8}$$

이므로 전압 이득 $A_v = v_o / v_i$는

$$A_v = \frac{(\mu + 1) R_D}{r_d + R_D} \tag{5-6-9}$$

여기서 일반적인 경우인 $\mu = g_m r_d >> 1$로 가정하면

$$A_v \cong \frac{\mu R_D}{r_d + R_D} = \frac{g_m r_d R_D}{r_d + R_D} = g_m (r_d \| R_D) \tag{5-6-10}$$

출력 저항은 그림 5-28(d)처럼 입력 전압원을 단락시키고($v_i = -v_\pi = 0$) 출력단에 가상의 전압원 v_x를 결합하여 $r_o = v_x / i_x$로 구한다. 그 결과 종속 전압원이 $\mu v_\pi = 0$이므로 $i_x = v_x / r_d$이다. 따라서

$$r_o = r_d \qquad (5\text{-}6\text{-}11)$$

한편 우리가 구하고자 하는 그림 5-27(b)에서 드레인과 게이트 사이에 저항 R_D를 연결했다고 생각하고 전압 이득을 구하면

$$A_v = -g_m'(r_o \| R_D) = -g_m'(r_d \| R_D) \qquad (5\text{-}6\text{-}12)$$

이며 이는 식 (5-6-10)의 A_v와 같아야 한다. 따라서 우리가 구하고자 하는 전달컨덕턴스는

$$g_m' \cong -g_m \qquad (5\text{-}6\text{-}13)$$

이상의 결과인 식 (5-6-7), (5-6-11), (5-6-13)을 결합하면 그림 5-27(b)의 등가 회로는 그림 5-29와 같다. 이상으로 FET 출력 저항을 고려한 교류 등가회로는 그림 5-30과 같이 정리할 수 있다.

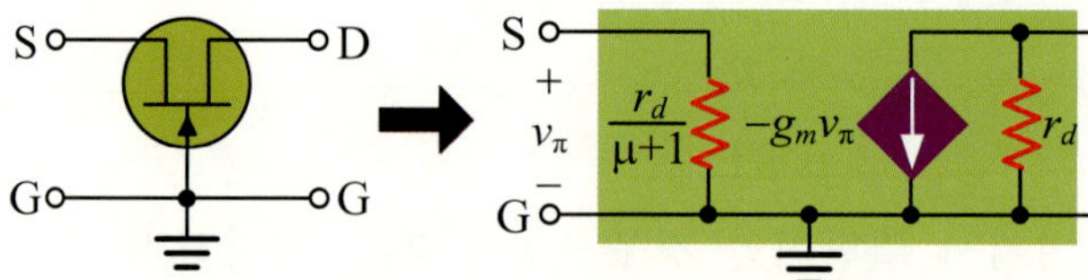

그림 5-29 출력저항을 고려한 게이트-공통 구성의 교류 등가회로.

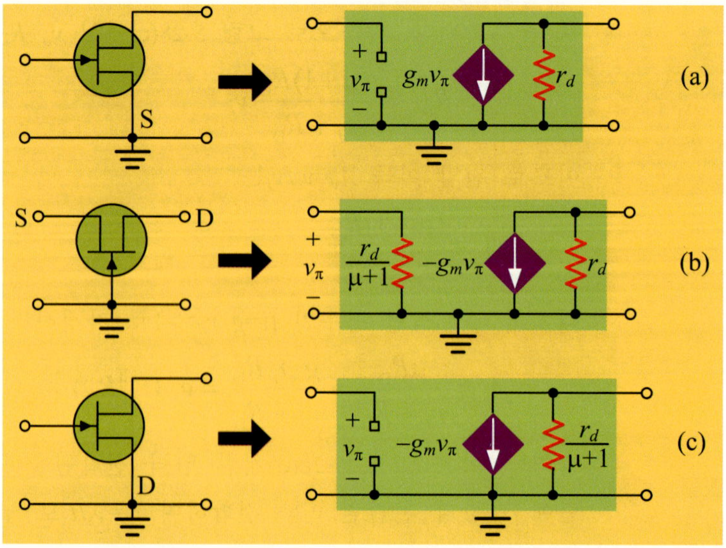

그림 5-30 FET의 실제적인 교류 등가회로: (a) 소스-공통; (b) 게이트-공통; (c) 드레인-공통.

그림 5-30에서 만일 $r_d \to \infty$로 하면

$$\frac{r_d}{\mu+1} \cong \frac{r_d}{\mu} = \frac{r_d}{g_m r_d} = \frac{1}{g_m} \tag{5-6-14}$$

이므로 그림 5-23의 등가 회로가 된다.

5-7 임피던스 반사

BJT 증폭기에서 이미터와 베이스 간에 임피던스 반사가 일어나듯이 FET에서도 임피던스 반사 현상이 있다. 그러나 게이트에 전류가 흐르지 않으므로 소스와 드레인 간에 임피던스 반사가 일어난다.

소스 저항의 반사

그림 5-31(a)는 소스에 저항이 있는 소스-공통 구성이며 이를 그림 (b)처럼 등가화해보기로 한다. 그림 5-31(a)에서 입력 전압원 v_i와 부하 R_D를 결합했을 때의 등가회로가 그림 5-32(a)이다. 여기서 종속전류원과 r_d의 병렬 결합을 전원변환시키면 그림 (b)가 된다. 출력 저항 i_o는

$$i_o = -\frac{\mu}{R_S + R_D + r_d} v_\pi \tag{5-7-1}$$

이며 이로 인해 v_π는 다음과 같다.

$$v_\pi = v_i + R_S i_o \tag{5-7-2}$$

위의 두 식을 연립하면

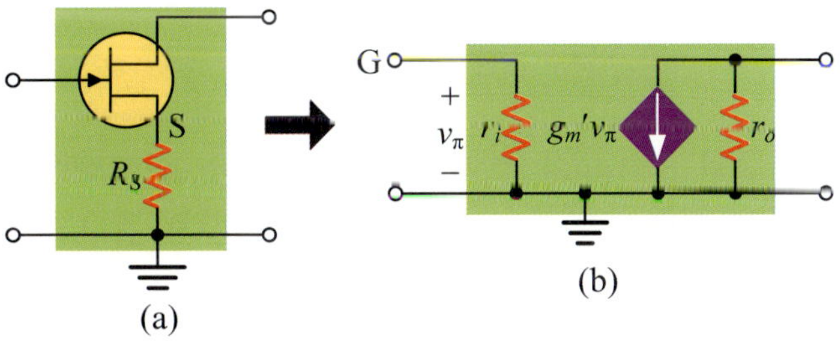

그림 5-31 소스 저항이 있는 소스-공통 구성과 구하고자 하는 교류 등가회로

그림 5-32
(a) 소스 저항이 있는 소스-공통 등가회로;
(b) 전원변환을 적용한 등가 회로;
(c) 출력 저항을 구하기 위한 회로.

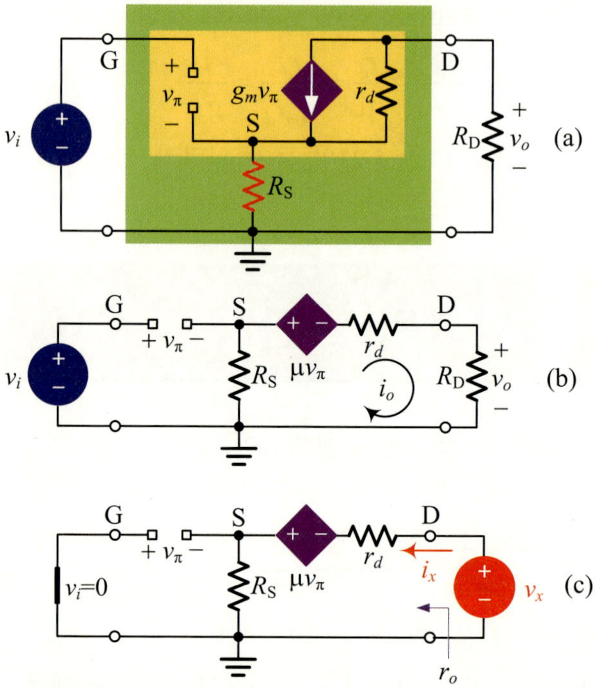

$$i_o = -\frac{\mu}{(\mu+1)R_S + R_D + r_d} v_i \tag{5-7-3}$$

이며 출력 전압은 $v_o=i_oR_D$이다. 따라서 전압 이득 $A_v=v_o/v_i$는 다음과 같다.

$$A_v = -\frac{\mu R_D}{(\mu+1)R_S + R_D + r_d} \tag{5-7-4}$$

다음으로 출력 저항은 그림 (c)로부터 구한다. 이 회로에서 $v_\pi=i_xR_S$이므로

$$i_x = \frac{v_x + \mu v_\pi}{R_S + r_d} = \frac{v_x - \mu i_x R_S}{R_S + r_d} \tag{5-7-5}$$

위의 식을 풀면 출력 저항 $r_o=v_x/i_x$는 다음과 같다.

$$r_o = r_d + (\mu+1)R_S \tag{5-7-6}$$

그림 5-31(b)의 드레인에 부하 R_D를 연결했다고 하고 r_o에 위의 식을 대입한 다음 전압 이득을 구하면 다음과 같다.

$$A_v = -g_m'(r_o \| R_D) = -g_m' \frac{\{(\mu+1)R_S + r_d\}R_D}{(\mu+1)R_S + R_D + r_d} \tag{5-7-7}$$

위의 식은 식 (5-7-4)와 같아야 하므로

$$g_m{}'\frac{\{(\mu+1)R_S+r_d\}R_D}{(\mu+1)R_S+R_D+r_d}=\frac{\mu R_D}{(\mu+1)R_S+R_D+r_d} \quad \textbf{(5-7-8)}$$

위의 식에서 $\mu=g_m r_d>>1$로 가정하면

$$g_m{}'\cong\frac{\mu}{\mu R_S+r_d}=\frac{g_m}{1+g_m R_S} \quad \textbf{(5-7-9)}$$

이는 그림 5-4(b)의 g_{ms}인 식 (5-1-4)와 같다. 이상으로 그림 5-33과 같은 등가 회로를 얻을 수 있다. 이로부터 소스 저항이 $\mu+1$ 배로 확장되어 드레인으로 반사됨을 알 수 있다.

그림 5-33
소스 저항이 있는 소스-공통 구성의 교류 등가회로

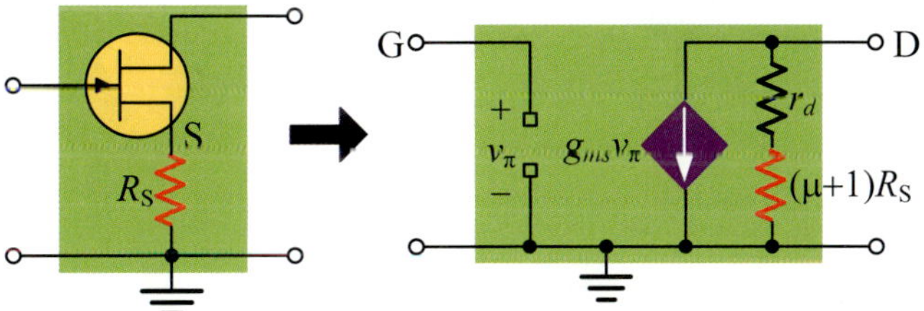

드레인 저항의 반사

이번에는 그림 5-34(a)의 드레인에 저항이 있는 드레인-공통 구성을 역시 그림 (b)의 형태로 등가화하기로 한다. 소스에 부하 저항 R_S를 연결한 상태에서의 등가 회로가 그림 5-35(a)이며 전원 변환을 적용하면 그림 (b)와 같다. 출력 전류 i_o는

$$i_o=\frac{\mu}{R_S+R_D+r_d}v_\pi \quad \textbf{(5-7-10)}$$

이며

$$v_\pi - v_i - R_S i_o \quad \textbf{(5-7-11)}$$

그림 5-34
드레인 저항이 있는 드레인-공통 구성과 구하고자 하는 교류 등가회로

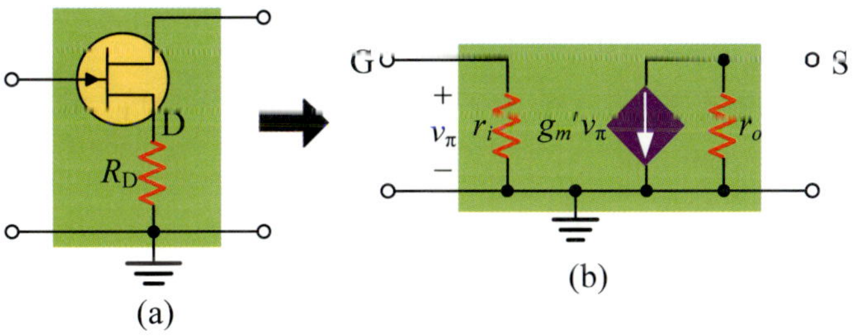

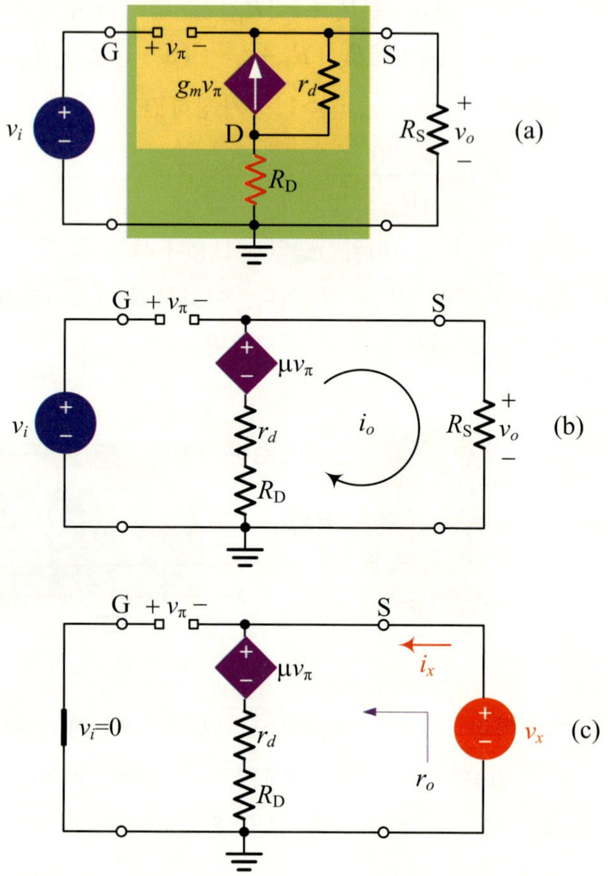

그림 5-35
(a) 드레인 저항이 있는 드레인-공통 등가회로; (b) 전원변환을 적용한 등가 회로; (c) 출력 저항을 구하기 위한 회로.

식 (5-7-10)과 (5-7-11)로부터

$$i_o = \frac{\mu}{(\mu+1)R_S + R_D + r_d} v_i \tag{5-7-12}$$

그리고 $v_o = i_o R_S$이므로 전압 이득 $A_v = v_o/v_i$는

$$A_v = \frac{\mu R_S}{(\mu+1)R_S + R_D + r_d} \tag{5-7-13}$$

그리고 출력 저항 r_o는 5-35(c)로부터 구한다. 여기서 $v_\pi = -v_x$이므로

$$i_x = \frac{v_x - \mu v_\pi}{R_S + r_d} = \frac{v_x + \mu v_x}{R_S + r_d} = \frac{\mu+1}{R_S + r_d} v_x \tag{5-7-14}$$

따라서 출력 저항 $r_o = v_x/i_x$는 다음과 같다.

$$r_o = \frac{R_S + r_d}{\mu + 1} \qquad \textbf{(5-7-15)}$$

따라서 위의 식을 그림 5-34(b)의 r_o에 대입하고 소스에 저항 R_S를 결합한 다음 전압 이득을 구하면 다음과 같다.

$$A_v = -g_m'(r_o \| R_D) = -g_m' \frac{(R_D + r_d)R_S}{(\mu+1)R_S + R_D + r_d} \qquad \textbf{(5-7-16)}$$

위의 식은 식 (5-7-13)과 같아야 하므로

$$-g_m' \frac{(R_D + r_d)R_S}{(\mu+1)R_S + R_D + r_d} = \frac{\mu R_S}{(\mu+1)R_S + R_D + r_d} \qquad \textbf{(5-7-17)}$$

위의 식으로부터

$$g_m' = -\frac{\mu}{R_D + r_d} \cong -\frac{\mu}{R_D + r_d} \qquad \textbf{(5-7-18)}$$

만일 $r_d >> R_D$라 하면

$$g_m' \cong -\frac{\mu}{r_d} = -g_m \qquad \textbf{(5-7-19)}$$

이상으로 그림 5-36의 등가 회로를 얻을 수 있다. 이로부터 드레인 저항이 소스로 반사될 때는 $\mu+1$ 배로 축소됨을 알 수 있다.

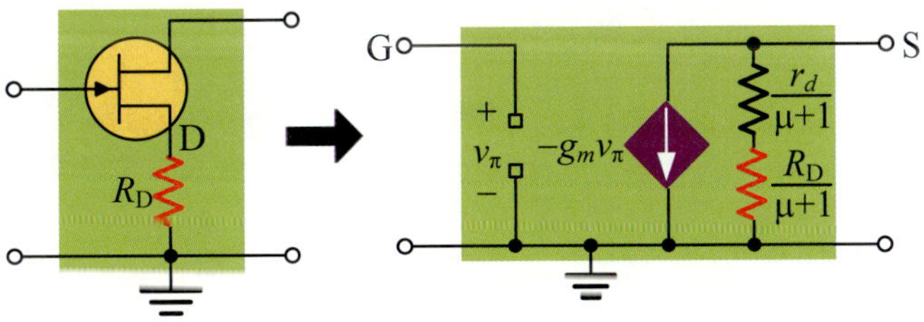

그림 5-36
소스 저항이 있는 소스-공통 구성의 교류 등가회로

지금까지 소개한 FET 교류 등가회로를 종합하여 정리한 것이 그림 5-37이다. 어느 경우나 $\mu = g_m r_d >> 1$을 만족하면

$$\frac{r_d}{\mu+1} \cong \frac{1}{g_m} \qquad \textbf{(5-7-20)}$$

로 근사화하여 사용할 수 있으며(그림 (c), (d), (e)) r_d가 충분히 크면 개방회로로 한다(그림 (a), (b), (c)).

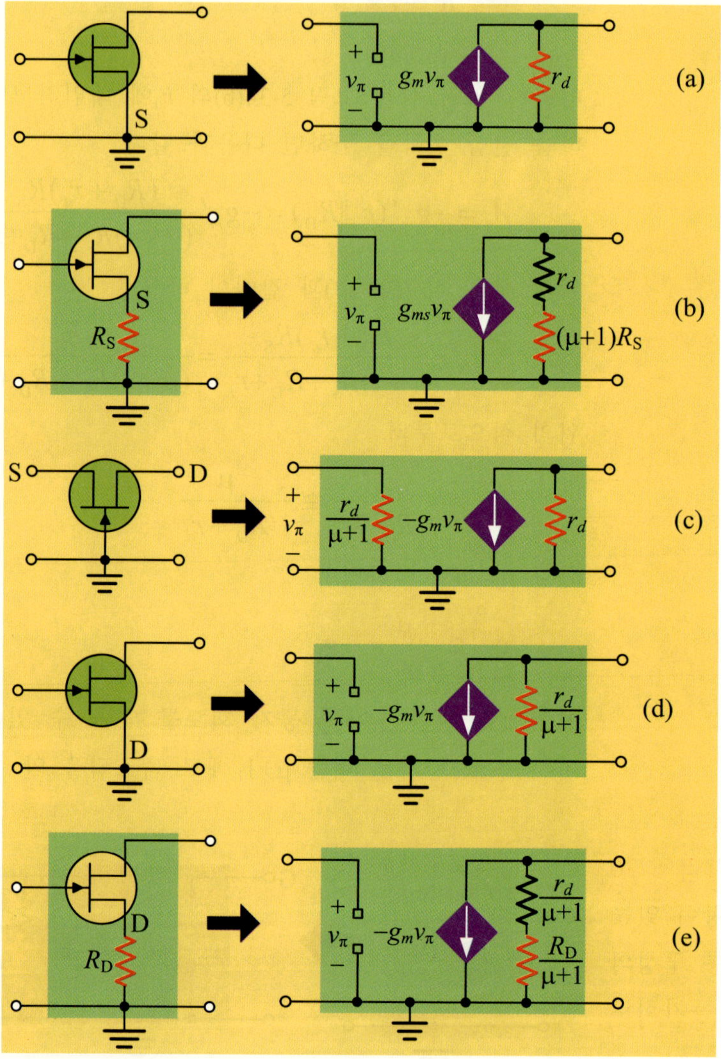

그림 5-37
FET 교류 등가회로:
(a) 소스-공통;
(b) 소스 저항이 있는 소스-공통;
(c) 게이트-공통;
(d) 드레인-공통;
(b) 드레인 저항이 있는 드레인-공통;

5-8 궤환이 있는 회로

시스템의 출력의 일부를 다시 입력으로 되먹이는 것을 궤환(饋還)이라 한다. 그러나 초보자들에게는 궤환 해석이 쉬운 일이 아니다(궤환에 대해서는 10장에서 자세히 설명한다). 여기서는 근사적이지만 간단한 방법으로 궤환 시스템을 해석할 수 있는데 대해 설명한다.

밀러 정리

그림 5-38(a)에서 임피던스가 Z인 임의의 소자가 단자 1과 2 사이에 연결되어 있으며 N은 접지 단자이다. 그림 (a)에서 단자 1의 전압 v_1과 단자 2의 전압 v_2의 비를 $K=v_2/v_1$라 한다. 그러면 그림 (a)는 단자 1과 2에 대해 그림 (b)와 등가가 되며 각 임피던스 관계는 다음과 같고 이를 밀러 정리라 한다.

$$Z_1=\frac{Z}{1-K},\quad Z_2=\frac{Z}{1-1/K}=\frac{KZ}{K-1} \tag{5-8-1}$$

이에 대한 증명은 간단하다. 먼저 그림 (a)에서 마디 1으로부터 흘러 나가는 전류 i_1은

$$i_1=\frac{v_1-v_2}{Z}=\frac{v_1(1-K)}{Z}=\frac{v_1}{Z/(1-K)}=\frac{v_1}{Z_1} \tag{5-8-2}$$

이며 이는 그림 (b)의 i_1과 같다. 또한 그림 (a)에서 마디 2의 전류 i_2는

$$i_2=\frac{v_2-v_1}{Z}=\frac{v_2(1-1/K)}{Z}=\frac{v_2}{KZ/(K-1)}=\frac{v_2}{Z_2} \tag{5-8-3}$$

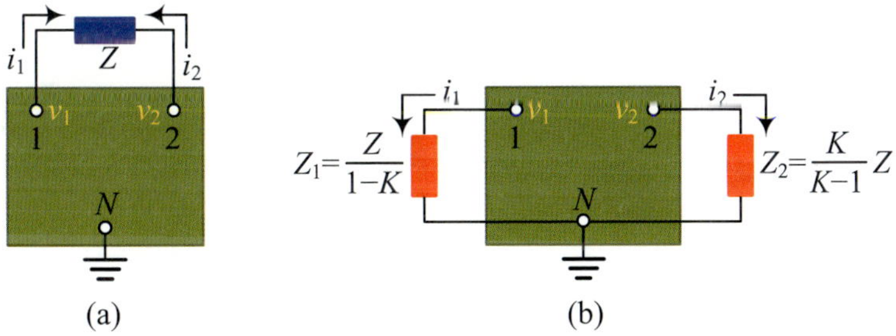

그림 5-38 밀러 정리

이며 이 역시 그림 (b)의 i_2와 같다. 이상으로 그림 5-38(a)와 (b)는 단자 1, 2에 대해 등가이다. 그림에서 단자 1이 입력 단자이고 단자 2가 출력 단자이라면 임피던스 Z는 궤환을 일으키므로 궤환 회로가 되는 것이다. 따라서 밀러 정리를 이용하면 그림 (b)와 같이 궤환이 없는 회로로 쉽게 변환시킬 수 있어 편리하다. 단 이 방법은 전압비 $K=v_2/v_1$를 구할 수 있거나 내지는 근사적으로라도 구할 수 있는 경우에만 가능하다.

컬렉터-궤환 바이어스

그림 5-39(a)는 컬렉터-궤환 바이어스를 채용한 이미터-공통 증폭기의 전체 회로이며 일반적으로 R_B는 매우 크게 한다. 그림 (a)에 대한 교류 등가회로가 그림 (b)이며 여기에 밀러 정리를 적용하면 그림 (c)이며 $K=v_o/v_\pi$이다. 일반적으로 이미터-공통 증폭기는 전압 이득이 부호는 음이

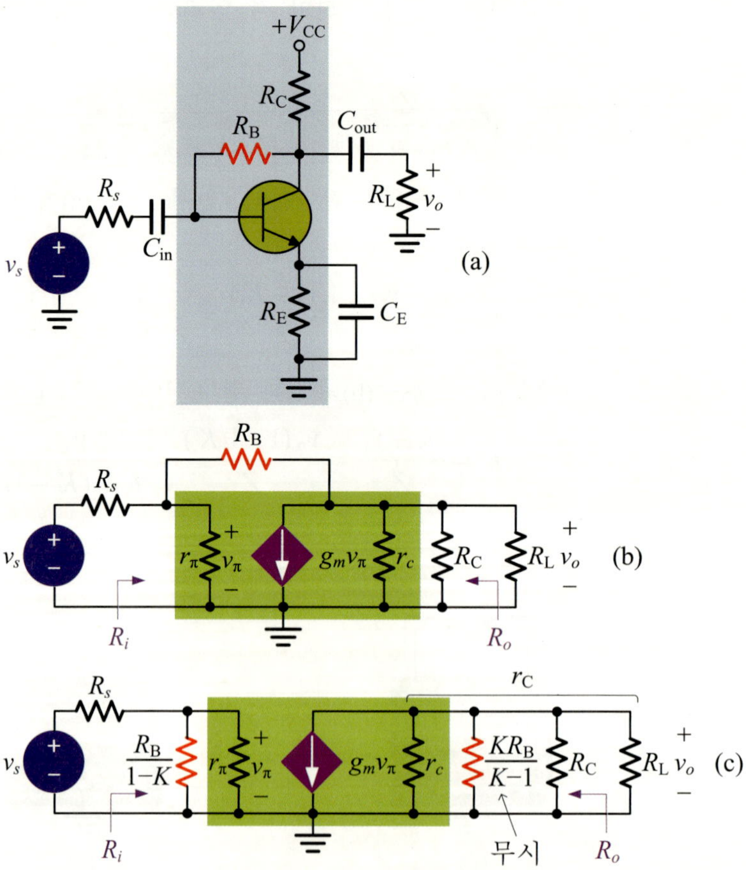

그림 5-39 컬렉터-궤환 바이어스를 채용한 이미터-공통 증폭기의 (a) 전체 회로; (b) 교류 등가회로; (c) 밀러 정리를 적용한 등가회로.

며 크기는 1보다 충분히 크다. 따라서 그림 5-39(c)에서 출력단의 밀러 저항은

$$\frac{K}{K-1}R_B \cong R_B \quad \text{(5-8-4)}$$

로 R_C, R_L에 비해 충분히 크므로 무시할 수 있다. 즉 컬렉터 총 저항 r_C가

$$r_C \cong r_c \| R_C \| R_L \quad \text{(5-8-5)}$$

이며 $v_o=-g_m v_\pi r_C$이므로 $K=v_o/v_\pi$는

$$K=-g_m r_C \quad \text{(5-8-6)}$$

따라서 입력 저항 R_i는

$$R_i=\frac{R_B}{1-K}\Bigg\| r_b=\frac{R_B}{1+g_m r_C}\Bigg\| r_b \quad \text{(5-8-7)}$$

이며 이로부터 전압 이득은

$$A_v=\frac{v_o}{v_s}=\left(\frac{v_\pi}{v_s}\right)\left(\frac{v_o}{v_\pi}\right)=-\left(\frac{R_i}{R_s+R_i}\right)g_m r_C \quad \text{(5-8-8)}$$

이다. 물론 출력 저항은 다음과 같다.

$$R_o \cong r_c \| R_C \quad \text{(5-8-9)}$$

드레인-궤환 바이어스

그림 5-40(a)는 드레인-궤환 바이어스를 채용한 소스-공통 증폭기의 전체 회로이며 R_B는 임의대로 매우 크게 할 수 있다(게이트 전류가 0이므로). 교류 등가회로가 그림 (b)이며 밀러정리를 적용한 것이 그림 (c)이다. 이 역시 출력단의 밀러 용량을 무시하면(개방 회로) 드레인 총 저항 r_D는

$$r_D \cong r_c \| R_D \| R_L \quad \text{(5-8-10)}$$

이며 $v_o=-g_m v_\pi r_D$이므로 $K=v_o/v_\pi$는

$$K=-g_m r_D \quad \text{(5-8-11)}$$

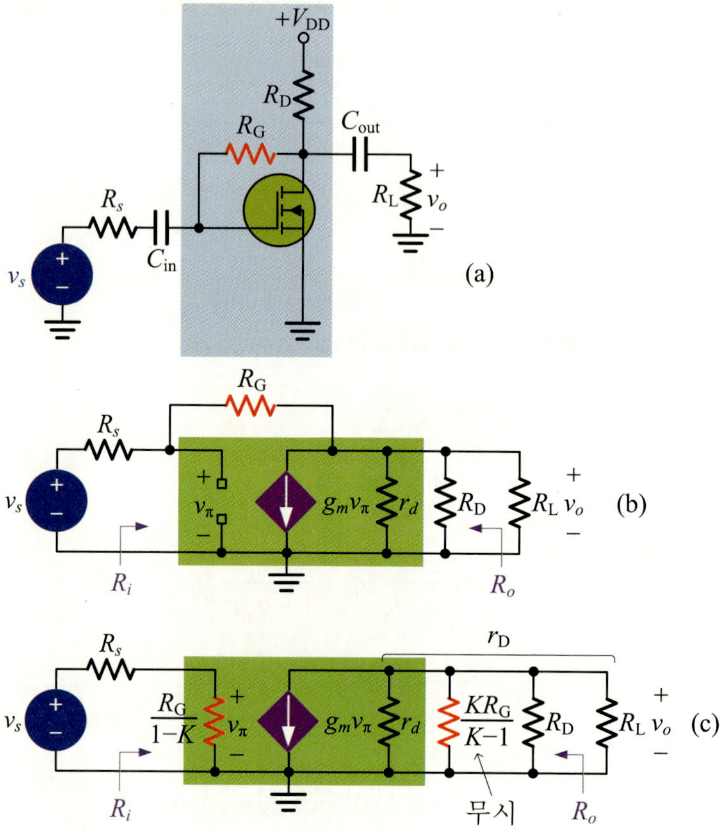

그림 5-40 드레인-궤환 바이어스를 채용한 소스-공통 증폭기의 (a) 전체 회로; (b) 교류 등가회로; (c) 밀러 정리를 적용한 등가회로.

따라서 입력 저항 R_i는

$$R_i = \frac{R_G}{1-K} = \frac{R_G}{1+g_m r_D} \tag{5-8-12}$$

이며 이로부터 전압 이득 $A_v=v_o/v_s$는 다음과 같다.

$$A_v = -\left(\frac{R_i}{R_s + R_i}\right) g_m r_D \tag{5-8-13}$$

그리고 출력 저항은 다음과 같다.

$$R_o \cong r_d \| R_D \tag{5-8-14}$$

소스-폴로어

그림 5-41(a)는 JFET를 사용한 소스-폴로어 회로이며 게이트 저항 R_G는 상대적으로 무한대로 간주할 수 있을 정도로 충분히 크게 한다. 이 회로의 특징은 게이트 저항 R_G의 한 쪽 단자를 접지시키는 대신 두 소스 저항 사이에 연결하고 있다는 점이다. 그리고 바이어스는 게이트-소스 전압이 자동적으로 음이 되도록 되어 있으므로 공핍형 MOSFET도 사용할 수 있다. 출력의 직류 방정식이

$$V_{DD} = V_{DS} + I_D(R_{S1} + R_{S2}) \tag{5-8-15}$$

이며 저항 R_G의 직류 전류가 0이므로 게이트-소스 직류 전압은

$$V_{GSQ} = -I_{DQ}R_{S1} \tag{5-8-16}$$

이다. 그림 5-41(a)의 교류 회로는 그림 (b)이고 등가 회로는 그림 (c)임을 알 수 있다. R_G의 왼쪽 단자는 전압이 v_π이고 오른쪽 단자의 전압은 v_o'이며 $K=v_o'/v_\pi$이며 밀러 정리를 적용하면 그림 (d)가 된다. 이 회로는 소스-폴로어이므로 전체 전압 이득은 부호가 +이고 크기는 1보다 작으면서 1에 가깝다. 따라서 $|K/(K-1)|>1$이므로 출력단의 밀러 저항은 R_G보다 크므로 역시 개방회로로 간주하여 무시할 수 있다. 따라서 최종 등가 회로인

그림 5-41
소스-폴로어의
(a) 전체 회로;
(b) 교류 회로;
(c) 등가 회로;
(d) 밀러 정리를 적용한 등가회로;
(e) 최종 등가회로.

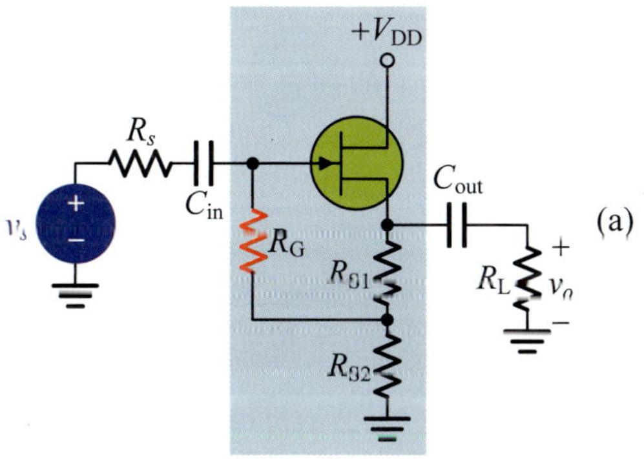

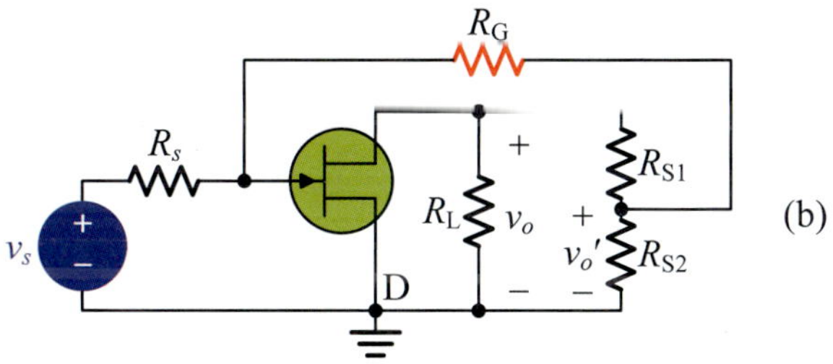

그림 5-41
(계속)

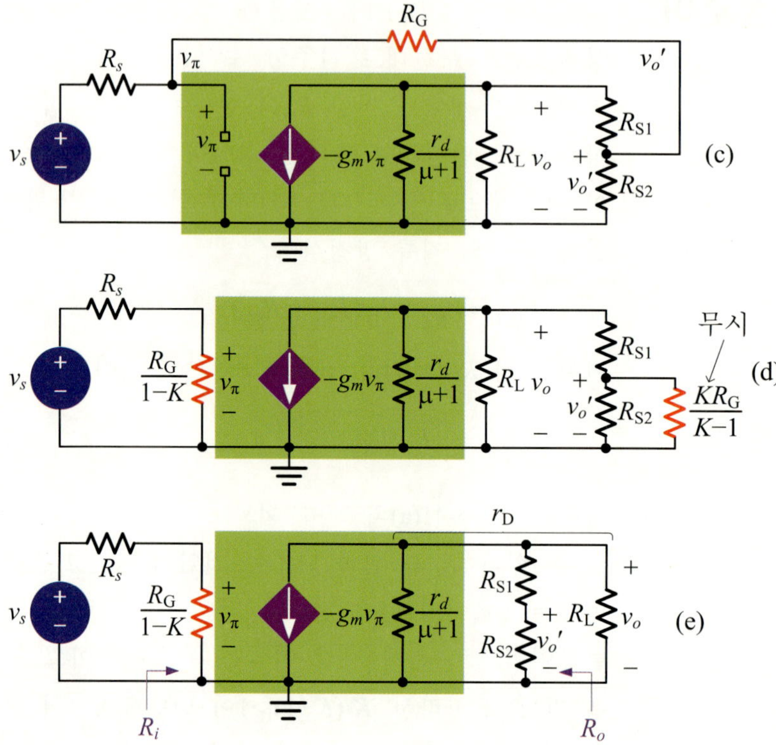

그림 5-41(e)에서 드레인 총 저항이

$$r_D \cong \frac{r_d}{\mu+1} \Big\| (R_{S1}+R_{S2}) \| R_L \tag{5-8-17}$$

이며 $v_o = g_m r_D$이므로

$$K = \frac{v_o'}{v_\pi} = g_m r_D \left(\frac{R_{S2}}{R_{S1}+R_{S2}} \right) \tag{5-8-18}$$

식 (5-8-17)에서 $\mu = g_m r_d >> 1$이라면

$$r_D < \frac{r_d}{\mu+1} \cong \frac{r_d}{\mu} = g_m \tag{5-8-19}$$

이므로 $g_m r_D < 1$이다. 따라서 식 (5-8-18)은

$$K = g_m r_D \left(\frac{R_{S2}}{R_{S1}+R_{S2}} \right) < 1 \tag{5-8-20}$$

따라서 입력 저항

$$R_i = \frac{R_G}{1-K} > R_G \tag{5-8-21}$$

가 되며 나아가 $R_{S2} >> R_{S1}$으로 하면 K가 더욱 1에 가까워지므로 입력 저항은 더욱 증가한다. 전압 이득 $A_v = v_o/v_s$는 다음과 같다.

$$A_v = \left(\frac{R_i}{R_s + R_i}\right) g_m r_D \cong g_m r_D < 1 \tag{5-8-22}$$

만일 $R_L = \infty$(출력단 개방)로 하고 $R_{S1} + R_{S2} >> 1/g_m$으로 설정하면

$$r_D \cong \frac{r_d}{\mu + 1} \tag{5-8-23}$$

이며 $\mu = g_m r_d$이므로

$$A_v \cong g_m r_D \cong \frac{\mu}{\mu + 1} \tag{5-8-24}$$

및

$$K = g_m r_D \left(\frac{R_{S2}}{R_{S1} + R_{S2}}\right) \cong \frac{\mu}{\mu + 1}\left(\frac{R_{S2}}{R_{S1} + R_{S2}}\right) \tag{5-8-24}$$

따라서 식 (5-8-21)의 R_i는

$$R_i \cong \frac{R_G}{1 - \frac{\mu}{\mu + 1}\left(\frac{R_{S2}}{R_{S1} + R_{S2}}\right)} \tag{5-8-25}$$

만약 $R_{S2} >> R_{S1}$으로 하면

$$R_i \cong (\mu + 1) R_G \tag{5-8-26}$$

이상으로 그림 5-41(a)에서와 같이 게이트 저항 R_G의 한 쪽 단자를 접지시키는 대신 두 소스 저항 사이에 연결하면 입력 저항을 훨씬 더 크게 할 수 있음을 알 수 있다.

예제 5-7

그림 5-41(a)의 회로의 사양이 다음과 같다.

g_m=2 ms, r_d=20 kΩ, R_1=100 kΩ, R_{S1}=400 Ω, R_{S2}=1.2 kΩ, R_L=10 kΩ.

입력 저항을 구하라.

풀이 출력 저항과 입력 저항은

$$\mu = g_m r_d = (2\times10^{-3})(20\times10^{3}) = \mathbf{40}$$

$$\frac{r_d}{\mu+1} \cong \frac{1}{g_m} = \mathbf{500\ \Omega}$$

드레인 총 저항이

$$r_D = \frac{r_d}{\mu+1}\Big\|(R_{S1}+R_{S2})\Big\|R_L = 0.5\|1.6\|10\ \text{k}\Omega = \mathbf{367\ \Omega}$$

이로부터

$$K = g_m r_D\left(\frac{R_{S2}}{R_{S1}+R_{S2}}\right) = (2\times10^{-3})(0.367\times10^{3})\left(\frac{1.2}{0.6+1.2}\right) = \mathbf{0.49}$$

$$\therefore R_i = \frac{R_G}{1-K} = \frac{100}{1-0.49} = \mathbf{196\ k\Omega}$$

5-9 매트랩

FET 증폭기 FET 소신호 증폭기 해석은 그림 5-42의 교류 회로에 맞추어 fetA.m을 실행한다. 변수 Tspec=[gm, rd]는 트랜지스터 사양으로 gm은 g_m, rd는 r_d이다. 소스-공통(그림 (a))의 R_S와 게이트-공통(그림 (b))의 R_G와 드레인-공통(그림 (c))의 R_D는 측로 커패시터에 의해 바이패스되는 경우에는 0으로 한다. 즉 입력 변수 Rbias=[RG, RD, RS]에서 R_S가 바이패스되는 소스-공

그림 5-42
fetA.m의 기준이 되는 교류 회로:
(a) 소스-공통;
(b) 게이트-공통;

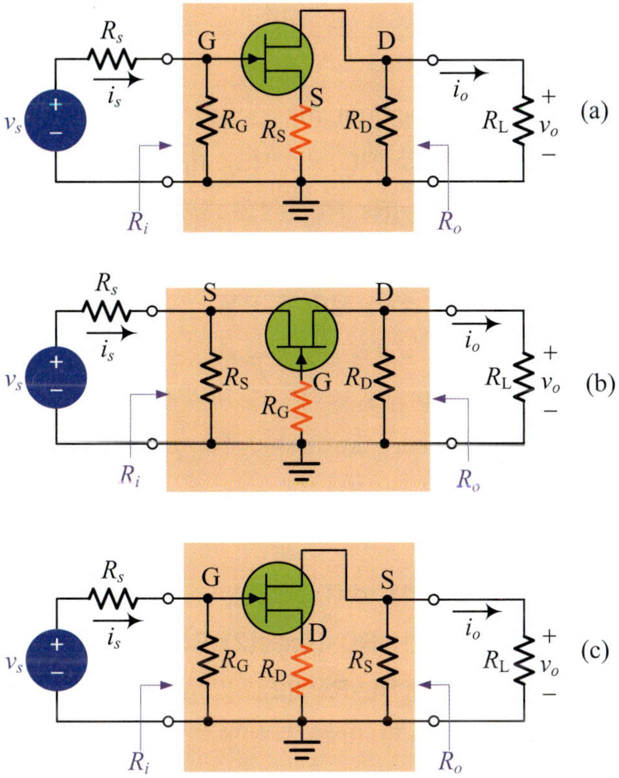

통 증폭기에서는

Rbias=[RG, RD, 0]

이며 R_G가 바이패스되는 게이트-공통 증폭기에서는

Rbias=[0, RD, RS]

이며 R_D가 바이패스되는 드레인 공통 증폭기에서는

Rbias=[RG, 0, RS]

이다. 소스 저항이 r_S인 스왐핑 소스-공통의 경우에는 다음과 같다.

Rbias=[RG, RD, rS]

FET에 접속되는 외부 저항은 Rext=[Rs, RL]이며 R_s는 전원 저항, R_L은 부하 저항이다. 그리고 증폭기 유형은 type로 결정하며 CS는 's', CG는 'g', CD은 'd'로 한다.

```
function  [Avi,Rio]=fetA(Tspec, Rbias, Rext, type)
% [FET 소신호 증폭기]
% <입력 변수>
%     Tspec=[gm, rd]; 전달컨덕턴스gm, 트랜지스터 출력 저항 rd
%     Rbias=[RG, RD, RS]; 바이어스 저항
%     Rext=[Rs, RL]; 전원 저항 Rs, 부하 저항 RL
%     type='s'; 소스-공통
%          ='g'; 게이트-공통
%          ='d'; 드레인-공통
% <출력 변수>
%     Avi=[Av, Ai]; 전압 이득 Av와 전류 이득 Ai
%     Rio=[Ri, Ro]; 입력 저항 Ri, 출력 저항 Ro
%
gm=Tspec(1); rd=Tspec(2);
RG=Rbias(1); RD=Rbias(2); RS=Rbias(3);
Rs=Rext(1); RL=Rext(2);
% 트랜지스터 입력 저항과 출력 저항
mu=gm*rd;
if  type=='s'  % 소스-공통
    R1=RG; R2=RS; R3=RD;
    ri=1/eps;   ro=rd+(mu+1)*R2;   gain=-gm/(1+gm*R2);
elseif  type=='g'  % 게이트-공통
    R1=RS; R2=RG; R3=RD;
    ri=rd/(mu+1);   ro=rd;   gain=gm;
elseif  type=='d' % 드레인-공통
    R1=RG; R2=RD; R3=RS;
    ri=1/eps;   ro=(rd+R2)/(mu+1);   gain=gm;
else error('없는 유형이다')
end
```

```
r1=Rs*R1/(Rs+R1);
% 증폭기 입력 저항과 출력 저항
Ri=R1*ri/(R1+ri);
Ro=R3*ro/(R3+ro);
Rio=[Ri, Ro];
% 전압 이득과 전류 이득
Av=gain*R1*ri*Ro*RL/((Rs+R1)*(r1+ri)*(Ro+RL));
Ai=Av*(Rs+Ri)/RL;
Avi=[Av, Ai];
```

예제 M5-1

예제 5-1의 소신호 해석을 매트랩으로 실행한다. JFET 특성이 g_m=3.3 mS, r_d=∞이므로

Tspec=[3.3, 1/eps]

저항은 $R_G=R_1||R_2$=98.13 kΩ, R_D=2.2 kΩ, R_S=1.1 kΩ이므로

Rbias=[98.13, 2.2, 1.1]

외부 결합 저항은 R_s=50 Ω, R_L=1 MΩ이므로

Rext=[0.05, 1e3]

(b) 측로 커패시터가 없는 경우는

```
>> [Avi, Rio]=fetA([3.3, 1/eps], [98.13, 2.2, 1.1], [0.05, 1e3], 's')
Avi=
    -1.5638     -0.1535
Rio=
    98.13    2.200
```

즉 전압 이득은 전류 이득은 A_v=−1.56, A_v=−0.1535, 입력 및 출력 저항은 R_i=98.13 kΩ, R_o=2.2 kΩ이다

(c) 측로 커패시터에 의해 R_S가 바이패스되므로(RS=0)

Rbias=[98.13, 2.2, 0]

따라서 fetA.m을 다음과 같이 실행한다.

```
>> [Avi, Rio]=fetA([10, -3.5], [98.13, 2.2, 0], [0.05, 1e3], 's')
Avi=
```

```
    -7.24      -0.7109
Rio=
    98.13    2.200
```

즉 전압 이득은 전류 이득은 A_v=−7.24, A_i=−0.7109이다.

예제 M5-2

예제 5-2에서는 D-MOSFET이며 I_{DSS}=6 mA, $V_{GS(off)}$=−4, V_{DD}=14 V이다. 저항은 전압분배 바이어스를 기준으로 하면 $R_1=\infty$, $R_2=R_G$=1 MΩ, R_D=1.2 kΩ, R_S=0.43 kΩ이므로 이를 바탕으로 fetQ1.m을 실행하면

```
>> [Q, gm]=fetQ1(14, [6, -4], [1/eps, 1e3, 1.2, 0.43], 'd')
Q=
   -1.2338      2.8694      9.3229
gm=
   2.0746
```

즉 g_m≅2mS이다. 이로부터 소신호를 해석하기 위해 fetA.m을 실행하면, R_S가 바이패스되므로(RS=0)

```
>> [Avi, Rio]=fetA([2, 1/eps], [1e3, 1.2, 0], [0.1, 1e3], 's')
Avi=
    -2.3969      -2.3971
Rio=
    1000.000    1.200
```

즉 전압 이득은 전류 이득은 A_v=−2.4, A_i=−2.4이며, 입력 및 출력 저항은 R_i=1 MΩ, R_o=1.2 kΩ이다.

예제 M5-3

예제 5-4의 게이트-공통 증폭기에서 JFET의 특성이 g_m=3.3 mS, $r_d=\infty$이며 $R_G=R_1\|R_2$=98.14 kΩ, R_D=2.2 kΩ, R_S=1.1 kΩ 및 R_s=50 Ω, R_L=1 MΩ 이며 R_G가 바이패스된다(RG=0). 따라서

```
>> [Avi, Rio]=fetA([3.3, 1/eps], [0, 2.2, 1.1], [0.05, 1e3], 'g')
Avi=
    5.9846      0.0017
Rio=
    0.2376    2.2000
```

전압 이득은 전류 이득은 $A_v \cong 6$, $A_i \cong 0$이며 입력 및 출력 저항은 R_i=237 Ω, R_o=2.2 kΩ이다.

예제 M5-4

예제 5-6의 드레인-공통 증폭기는 JFET의 특성이 g_m=3.3 mS, $r_d=\infty$이며 $R_G=R_1||R_2$=98.14 kΩ, R_D=2.2 kΩ, R_S=1.1 kΩ 및 R_s=50 Ω, R_L=1 MΩ 이며 R_D가 바이패스된다(RD=0). 따라서

```
>> [Avi, Rio]=fetA([3.3, 1/eps], [98.14, 0, 1.1], [0.05, 1e3], 'd')
Avi=
     0.7834     0.0769
Rio=
     98.14    0.2376
```

전압 이득은 전류 이득은 A_v=0.78, $A_i \cong 0.08$이며 입력 및 출력 저항은 R_i=98.14 kΩ, R_o=237.6 Ω이다.

다단 증폭기

고유한 특성이 있는 각 증폭기를 다단으로 결합하면 보다 원하는 특성을 얻을 수 있다. 그림 3-47의 BJT 증폭기 교류 회로와 그림 5-42의 FET 증폭기 교류 회로를 종합해보면, 임의의 증폭기 교류 회로는 그림 5-43(a)와 같이 공통된 형태로 표현할 수 있음을 알 수 있다. 따라서 임의의 다단 증폭기는 그림 (b)를 기본 요소로 하여 결합된 것으로 볼 수 있다. 여기서

그림 5-43
증폭기 교류회로의 공통적인 형태.

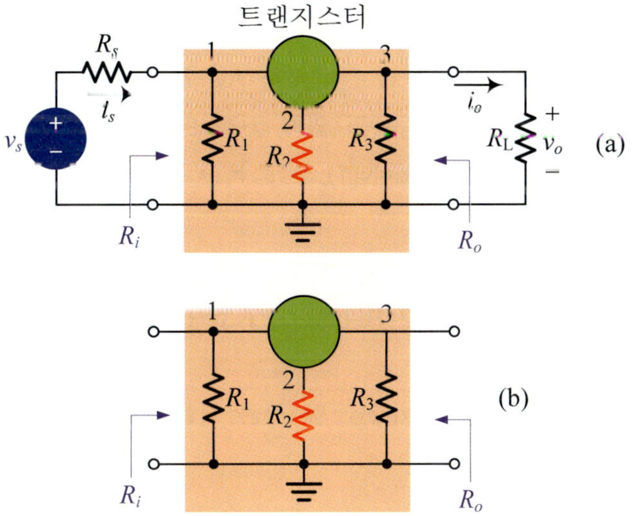

단자 1은 트랜지스터의 입력단이고 3는 출력이며 2는 접지될 공통 단자이다. 예를 들어 게이트-공통의 경우는 단자 1이 S(소스), 단자 3이 D(드레인), 단자 2가 G(게이트)에 해당한다. 그리고 측로 커패시터와 결합하는 저항은 단자 2의 R_2이며 바이패스될 경우는 0이 된다. 그림 5-43(b)를 기본으로 다단 증폭기의 소신호를 해석하는 함수가 다음의 multiA.m이다. 단 이 함수에서 컬렉터-공통은 제외된다. 그 이유는 컬렉터-공통은 증폭기라 하기 보다는 임피던스 변환기가 주가 되기 때문이다.

```
function  [Avi,Rio]=multiA(Tspec, Rbias, Rext, type)
% [BJT/FET 다단 증폭기]
% <입력 변수>
%      Tspec=[gm, ri, ro; ...];트랜지스터 사양 행렬
%      Rbias=[R1, R2, R3; ...]; 바이어스 저항 행렬
%      Rext=[Rs, RL];전원 저항 Rs, 부하 RL
%      type=['e', 'b', ...]; 증폭기 유형 벡터
%      type='e'; 이미터-공통(BJT)
%           ='b'; 베이스-공통(BJT)
%           ='s'; 소스-공통(FET)
%           ='g'; 게이트-공통(FET)
%           ='d'; 드레인-공통(FET)
% <출력 변수>
%      Avi=[Av, Ai]; 전체 전압이득 Av, 전체 전류이득 Ai
%      Rio=[Ri, Ro]; 증폭기 입력 저항 Ri, 출력 저항 Ro
N=size(Tspec); Nstage=N(1); % 증폭단 수
for n=1:Nstage
    gm=Tspec(:,1); ri=Tspec(:,2); ro=Tspec(:,3); % °¢ Æ®·£Áö½ºÅÍ »ç¾ç
    R1=Rbias(:,1); R2=Rbias(:,2); R3=Rbias(:,3); % °¢ ¹ÙÀÌ¾î½º Àú×
end
Rs=Rext(1);   RL=Rext(2);   % 전원 저항 Rs, 부하 저항 RL
```

```
% 각 단의 트랜지스터 특성의 표준화
for n=1:Nstage
    if type(n)=='e' % 이미터-공통
        beta=gm(n)*ri(n);
        rri=ri(n)+(beta+1)*R2(n);   rro=ro(n)*(1+beta*R2(n)/(ri(n)+R2(n)));
        ggm=beta/rri;
    elseif type(n)=='b'   % 이미터-공통
        beta=gm(n)*ri(n);
        rri=(ri(n)+R2(n))/(beta+1);   rro=ro(n)*(beta+1);
        ggm=-beta/((beta+1)*rri);
    elseif type(n)=='s'   % 소스-공통
        mu=gm(n)*ro(n);
        rri=ri(n);   rro=ro(n)+(mu+1)*R2(n);
        ggm=gm(n)/(1+gm(n)*R2(n));
    elseif type(n)=='g'   % 게이트-공통
        mu=gm(n)*ro(n);
        rri=ro(n)/(mu+1);   rro=ro(n);
        ggm=-gm(n);
    elseif type(n)=='d'   % 드레인-공통
        mu=gm(n)*ro(n);
        rri=ri(n);   rro=(ro(n)+R2(n))/(mu+1);
        ggm=-gm(n);
    else error('없는 유형!')
    end
    rri=rri*R1(n)/(rri+R1(n));   rro=rro*R3(n)/(rro+R3(n));
    ri(n)=rri;   ro(n)=rro;   gm(n)=ggm;
end
% 증폭기 입력 저항과 출력 저항
Ri=ri(1);   Ro=ro(Nstage);
Rio=[Ri, Ro];
```

```
% 전압 이득과 전류 이득
rL=ro(Nstage)*RL/(ro(Nstage)+RL); % 마지막 단의 총 부하
Av=-gm(Nstage)*rL; % 마지막 단의 전압 이득
if Nstage>=2   % 2단 증폭기 이상
    for n=1:Nstage-1
        Av=-Av*gm(n)*ro(n)*ri(n+1)/(ro(n)+ri(n+1));
    end
end
Av=Av*Ri/(Rs+Ri);   Ai=Av*(Rs+Ri)/RL;
Avi=[Av, Ai]; % 전체 전압 이득과 전류 이득
```

그림 5-43(b)에서 측로 커패시터에 의해 바이패스될 경우는 R_2가 없어지므로(단락) R2=0이다. 그리고 입력의 R_1이나 출력의 R_3가 없으면(개방) R1=1/eps 또는 R2=1/eps이다. 변수 Tspec과 Rbias는 행렬이며 각 행은 각 단의 특성이다. BJT 1단인 경우 Tspec=[gm, rpi, rc]이며 FET 1단인 경우 Tspec=[gm, 1/eps, rd]이다(FET은 입력 저항이 무한대이므로). 예를 들어 첫 번째 단이 소스-공통이고 두 번째 단이 이미터-공통인 경우는

```
Tspec=[ gm1, 1/eps, rd;   gm2, rpi, rc]
```

그리고 유형을 나타내는 변수 type는 소스-공통, 이미터-공통 순이므로

```
type=['s', 'e']
```

로 한다. 그리고 바이어스 저항 행렬은

```
Rbias=[R11, R12, R13;   R21, R22, R23]
```

의 형태가 된다.

예제 M5-5

예제 3-9를 multiA.m으로 해석해 보자. 먼저 두 BJT의 특성이

$$g_m=50 \text{ ms}, r_\pi=3.13 \text{ k}\Omega, r_c=\infty$$

이므로

```
>> Tspec=[50, 3.13, 1/eps;   50, 3.13, 1/eps];
```

그리고 두 트랜지스터 모두 이미터-공통이므로

```
>> type=['e', 'e'];
```

그리고

R_B=8.24 kΩ, R_E=0(C_E로 바이패스됨), R_C=4.7 kΩ이므로

```
>> Rbias=[8.24, 0, 4.7;   8.24, 0, 4.7];
```

또한

R_s=0.6 kΩ, R_L=4.7 kΩ

이므로

```
>> Rext=[0.6, 4.7];
```

로 하여 multiA.m을 실행하면

```
>> [Avi, Rio]=multiA(Tspec, Rbias, Rext, type)
Avi=
  1.0e003*
    7.1083    4.3381
Rio=
   2.2684    4.7000
```

즉 전체 전압 이득은 7108, 전류 이득은 4338, 입력 저항은 2.268 kΩ, 출력 저항은 4.7 kΩ이다.

예제 M5-6

그림 5-22(b)의 교류 회로를 다시 옮겨보면 그림 5-44와 같다. 여기서 FET인 Q_1의 특성이 g_m, r_d이고 BJT인 Q_2의 특성이 β, r_π, r_c라 하면 다음과 같이 실행한다(모든 값이 주어졌다고 가정).

```
>> Tspec=[gm, 1/eps, rd;   beta/rpi, rpi, rc];
>> Rbias=[RG, 0, RD;   RB, 0, RC];
>> Rext=[Rs, RL];
>> type=['s', 'e'];
>> [Avi, Rio]=multiA(Tspec, Rbias, Rext, type)
```

그림 5-44
예제 M5-6의 그림.

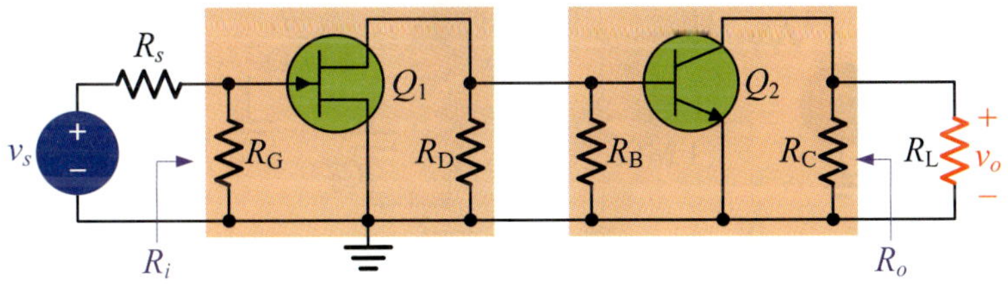

연습 문제

* 이후 모든 문제에서는 커패시터 용량을 무한대로 가정한다.

5-1 FET 증폭기의 구성 방식에 대해 설명하라.

5-2 드레인을 입력으로 하지 않는 이유를 설명하라.

5-3 그림 P5-3에서

(a) 동작점을 구하고 전달 컨덕턴스를 구하라.

(b) 입력 저항, 출력 저항 및 전압 이득을 구하라.

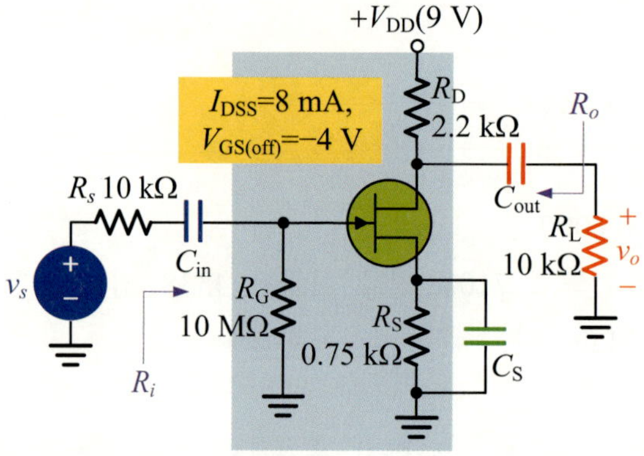

그림 P5-3

5-4 그림 P5-3에서 증폭기 특성이 I_{DSS}=12 mA, $V_{GS(off)}$=−3 V이며 소자들이 다음과 같을 때 문제 5-3을 반복하라: V_{DD}=20 V, R_s=10 kΩ, R_G=5 MΩ, R_D=820 Ω, R_S=100 Ω, R_L=10 kΩ.

5-5 그림 P5-5에 대해 문제 5-3을 반복하라.

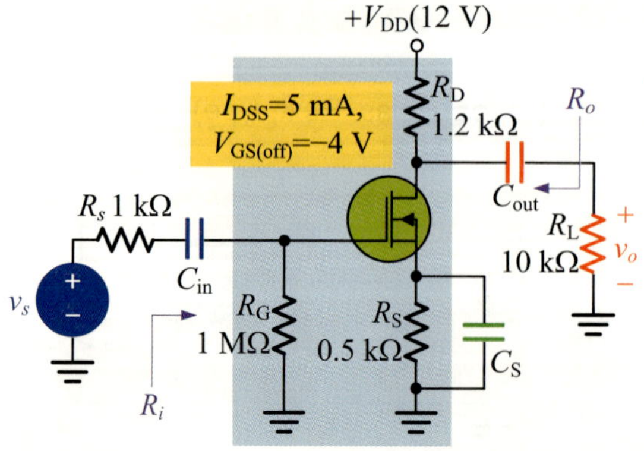

그림 P5-5

5-6 그림 P5-5에 증폭기 특성이 I_{DSS}=12 mA, $V_{GS(off)}$=−3.5 V이며 소자들이 다음과 같을 때 문제 5-3을 반복하라: V_{DD}=25 V, R_s=10 kΩ, R_G=10 MΩ, R_D=2 kΩ, R_S=100 Ω, R_L=10 kΩ.

5-7 그림 P5-7의 회로에서 전압 이득과 입력 및 출력 저항을 구하라.

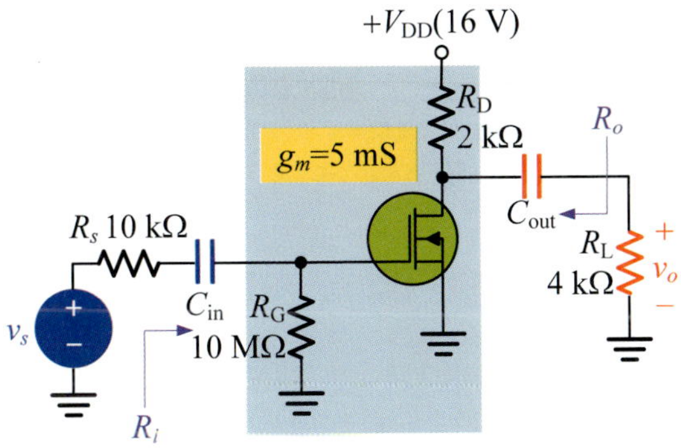

그림 P5-7

5-8 그림 P5-8에 대해 문제 5-3을 반복하라.

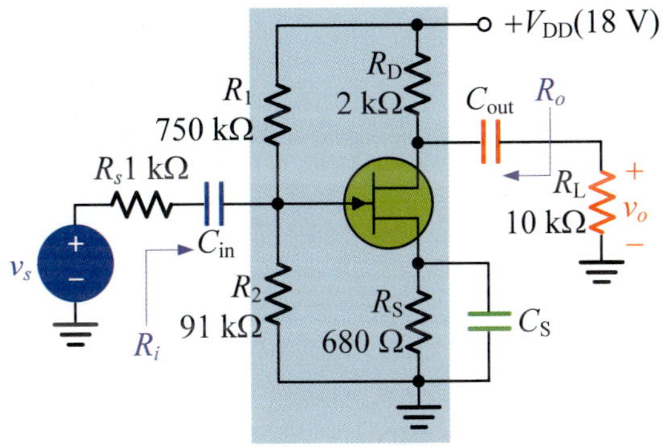

그림 P5-8

5-9 그림 P5-8에서 증폭기 특성이 I_{DSS}=12 mA, $V_{GS(off)}$=−3 V이며 소자들이 다음과 같을 때 문제 5-3을 반복하라: V_{DD}=20 V, R_s=10 kΩ, R_1=82 kΩ, R_2=11 kΩ, R_D=2 kΩ, R_S=610 Ω, R_L=5 kΩ.

5-10 그림 P5-10의 회로에서 전압 이득과 입력 및 출력 저항을 구하라.

5-11 그림 P5-11의 회로에서 전압 이득을 구하라.

5-12 그림 P5-12의 회로에서 전압 이득과 입력 저항을 구하라.

5-13 그림 P5-13의 회로에서 전압 이득과 입력 저항을 구하라.

5-14 그림 P5-14의 회로에서 전압 이득과 입력 및 출력 저항을 구하라.

5-15 그림 P5-15의 회로에서 전압 이득과 입력 및 출력 저항을 구하라.

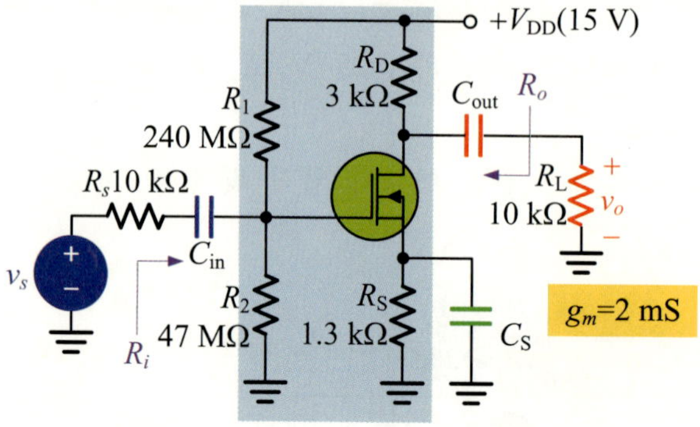

그림 P5-10

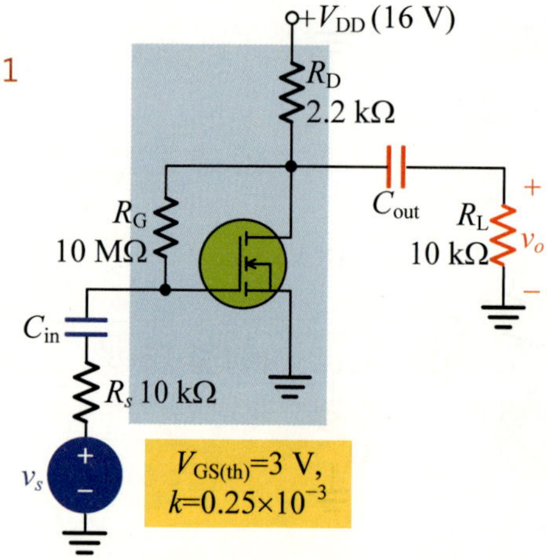

그림 P5-11

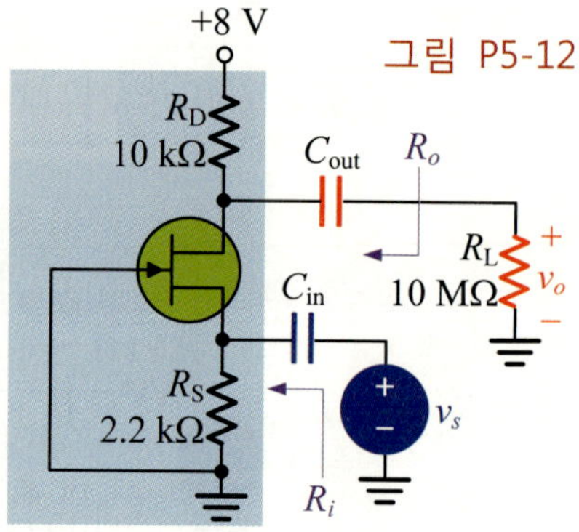

그림 P5-12

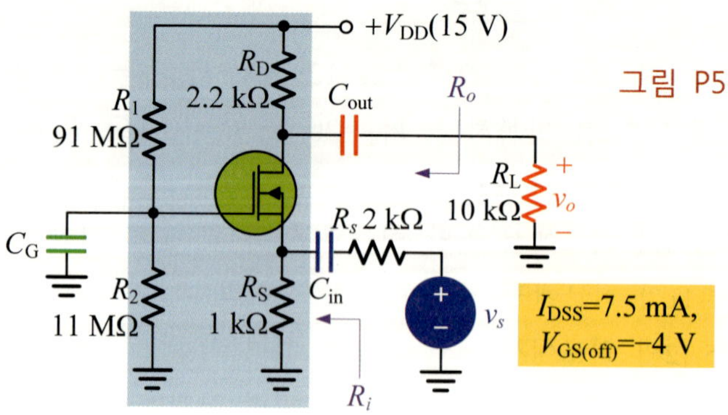

그림 P5-13

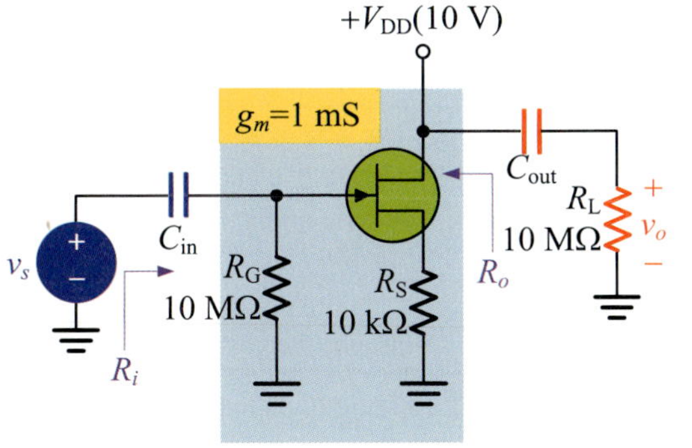

그림 P5-14

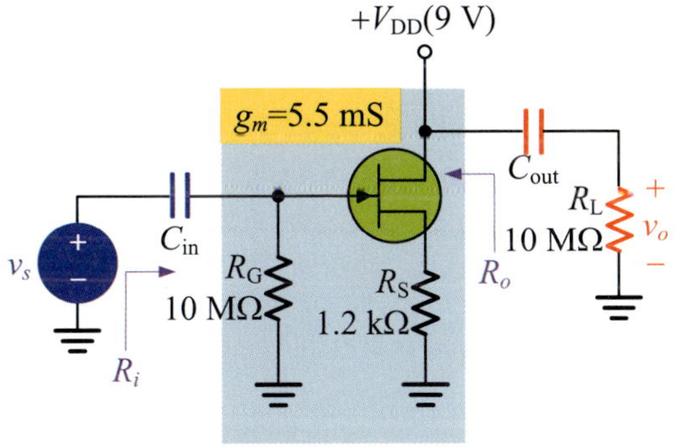

그림 P5-15

5-16 그림 P5-16은 BJT와 FET를 혼합한 캐스코드 증폭기이다.

(a) 교류 회로를 그려 보아라. (b) 전체 전압 이득이 다음과 같음을 보여라.

(R_G>>R_s): $A_v = -g_m \alpha R_L \cong -g_m R_L$

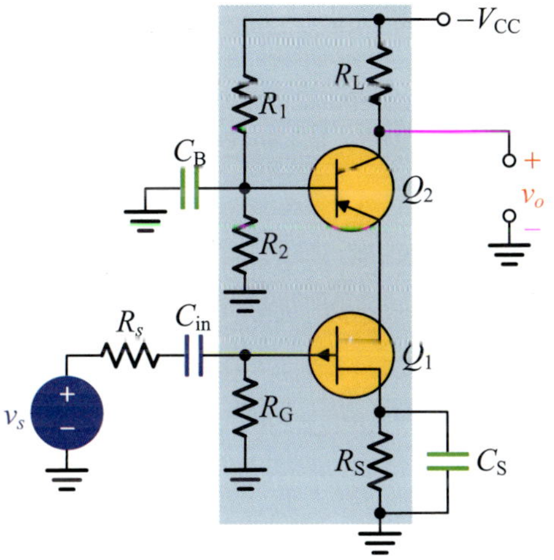

그림 P5 16

6장 연산 증폭기

하나 하나의 소자를 모아서 구성한 회로를 개별 소자 회로라 하며 대단히 좁은 반도체 칩 속에 많은 소자들을 집적시킨 회로를 집적 회로(integrated circuit; IC)라 한다. 아날로그 IC에서 가장 보편적인 것이 연산 증폭기(operational amplifier)이다. 연산 증폭기는 많은 소자들을 사용하여 이상적인 증폭기 특성에 기깝도록 제작한 것이며 사용하기도 편리하다. 뿐만 아니라 집적화에 의해 소형화, 높은 신뢰성 및 저렴한 가격 등에 힘입은 경제성 등의 장점으로 인해 아날로그 시스템의 기본 구성 요소로 널리 사용되는 중요한 소자이다. 이 장에서는 연산 증폭기의 구성과 특징 및 그 응용에 대해 설명하고 나아가 연산 증폭기의 기본 구성 요소인 차동 증폭기에 대해 알아본다.

목차

6-1 기본 연산 증폭기

증폭기 유형

증폭기의 유형을 대별하면 그림 6-1과 같이 네 가지가 있다. 그림 (a)는 전류 증폭기로서 출력단은 입력 전류 i_i에 의해 제어되는 종속 전류원($A_i i_i$)과 같으며 비례 상수 A_i는 전류 이득이다. 이 유형에 해당하는 것이 BJT이다. 전류 증폭기는 i_i를 크게 하기 위해서 R_i가 작을수록 유리하다. 그리고 출력 저항 R_o가 클수록 $A_i i_i$의 많은 부분이 부하로 흐르게 되므로 R_o는 클수록 유리하다. 이상으로 이상적인 전류 증폭기의 특성은 다음과 같다.

$$A_i = \infty, \quad R_i = 0, \quad R_o = \infty \tag{6-1-1}$$

그림 6-1(b)의 전달컨덕턴스(transconductance) 증폭기는 입력 전압에 의해 제어되는 종속 전류원 형태로서 이득은 전달 컨덕턴스인 G_m으로 표현한다. FET가 바로 이 유형에 속한다. 이 증폭기는 v_i를 크게 하기 위해서 R_i가 클수록 유리하다. 그리고 출력 저항 R_o가 클수록 $G_m v_i$의 많은 부분이 부하로 흐르게 되므로 R_o는 클수록 유리하다. 이상으로 이상적인 전달컨덕턴스 증폭기의 특성은 다음과 같다.

$$G_m = \infty, \quad R_i = \infty, \quad R_o = \infty \tag{6-1-2}$$

전류 증폭기와 반대가 그림 (c)의 전압 증폭기이며 출력단은 입력 전압 v_i에 의해 제어되는 종속 전압원($A_v v_i$)과 같으며 비례 상수 A_v는 전압

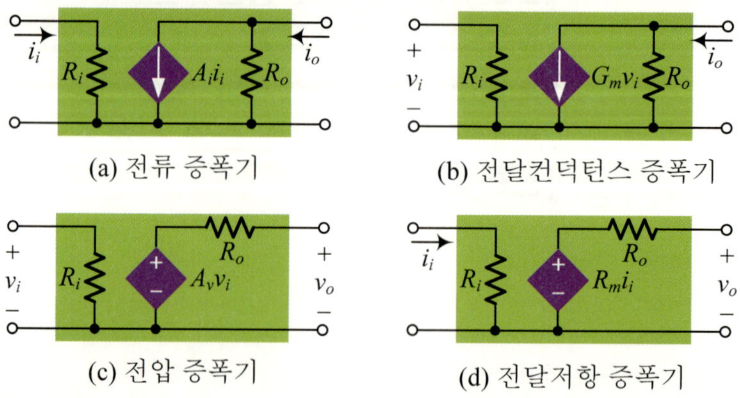

그림 6-1 증폭기 유형: (a) 전류 증폭기; (b) 전달컨덕턴스 증폭기; (c) 전압 증폭기; (d) 전달저항 증폭기

이득이다. 이 유형에 속하는 것이 이 장에서 설명할 연산 증폭기이다. 전압 증폭기는 v_i를 크게 하기 위해서 R_i가 클수록 유리하며 부하에 더 많은 전압이 제공되기 위해서는 출력 저항 R_o는 작을수록 유리하다. 이상으로 이상적인 전압 증폭기의 특성은 다음과 같다.

$$A_v = \infty, \quad R_i = \infty, \quad R_o = 0 \qquad \textbf{(6-1-3)}$$

그림 (d)의 전달저항(transresistance) 증폭기는 입력 전류에 의해 제어되는 종속 전압원 형태로서 이득은 전달 저항인 R_m으로 표현한다. 전달저항 증폭기는 아직 구현되지 않고 있다. 전달저항 증폭기의 이상적인 특성은 다음과 같음을 알 수 있다.

$$R_m = \infty, \quad R_i = 0, \quad R_o = 0 \qquad \textbf{(6-1-4)}$$

연산 증폭기

연산 증폭기의 기호는 그림 7-2(a)와 같다. 연산 증폭기는 두 개의 입력단과 하나의 출력단으로 구성되며 전원은 $+V_{CC}$(source)와 $-V_{EE}$(sink)의 이중 전원을 사용하는 것이 보통이다. 여기서 (+) 단자와 (–) 단자의 입력을 각각 v_+, v_-라 하면 출력 v_o는

$$v_o = A_o(v_+ - v_-) \qquad \textbf{(6-1-5)}$$

와 같이 두 입력의 차이에 비례하며 비례 상수 A_o는 연산 증폭기의 개루프(open loop) 이득이다. (+) 단자의 입력 v_+는 위상 변화 없이 증폭되며 (–) 단자의 입력 v_-는 위상이 반전되어 증폭된다. 따라서 (+) 단자를 비반전(noninverting) 입력단이라 하고 (–) 단자는 반전(inverting) 입력단이라 한다. 출력은 공급 전원에 의해 $-V_{EE} < v_o < +V_{CC}$로 제한되며 이 범위를 벗어날 때는 $+V_{CC}$ 또는 $-V_{EE}$로 포화된다(연산 증폭기 기호에서는 전원을 대부분 생략한다). 실제 연산 증폭기의 수 십 개의 트랜지스터로 이루어진

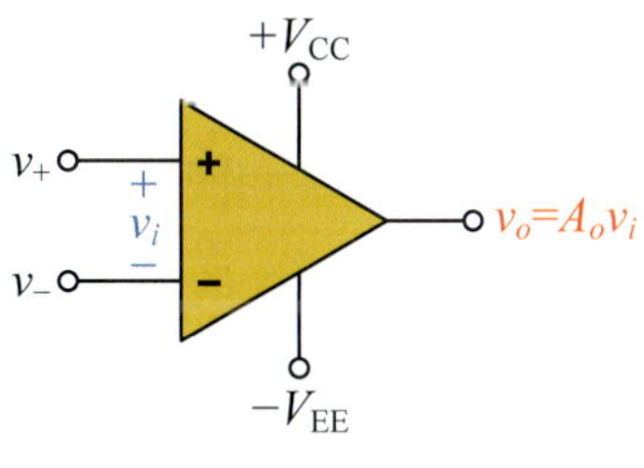

그림 6-2
연산 증폭기의 기호

복잡한 집적 회로이며 이에 힘입어 개루프 이득 A_o는 10^5 수준으로 대단히 높다. 따라서 연산 증폭기는 식 (6-1-3)과 같이 이득이 매우 높은 이상적인 전압 증폭기에 가깝다.

연산 증폭기의 등가회로는 그림 6-3(a)와 같이 전압 증폭기로 나타낼 수 있다. 실제로 입력 저항 R_i는 수 MΩ에서 수십 MΩ 사이이고 출력 저항 R_o는 수십 Ω 수준에 불과하며 이득 A_o는 10^5 수준 정도이므로 이상적인 전압 증폭기에 가깝다. 그림 7-3(b)는 연산 증폭기의 전달 특성이며 입력과 출력이 선형적인 관계인 선형 영역을 벗어나면 출력은 포화된다. 그러나 연산 증폭기의 개루프 이득이 매우 높기 때문에 선형 영역의 폭이 대단히 좁아진다. 예를 들어 A_o가 100,000이라면 1 V의 출력 전압을 얻기 위한 입력 차의 전압 v_i는 10 μV에 불과하다. 따라서 포화 전압이 ±10 V이라면 입력 차의 전압이 ±100 μV만 초과해도 출력은 포화된다. 그러나 실제 회로에서 μV 단위의 전압은 주위 전압에 비해 무시할 수 있는 정도이며 앞으로는 0 V로 간주한다. 따라서 연산 증폭기를 실용성 있는 증폭기로 사용하기 위해서는 선형 동작 영역을 넓히기 위한 조치가 필요하며 그림 7-4가 이를 보여준다.

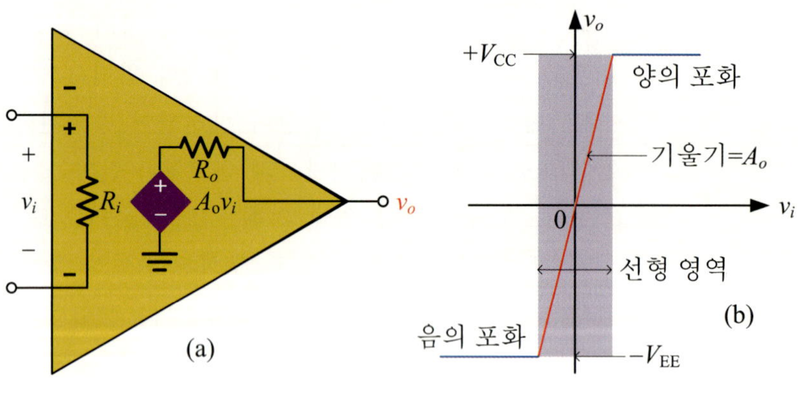

그림 6-3
연산 증폭기의
(a) 등가 회로;
(b) 전달 특성.

그림 7-4(a)는 두 입력을 반전 및 비반전 입력단에 직접 결합한 경우이다. 이 경우 $v_{s1}>v_{s2}$이면 출력은 $+V_{CC}$로 포화되며 반대로 $v_{s2}>v_{s1}$이면 출력은 $-V_{EE}$로 포화된다. 따라서 그림 7-4(a)는 비선형적으로 동작하는 비교기와 같다. 연산 증폭기를 선형적인 증폭기로 사용하고자 할 때는 그림

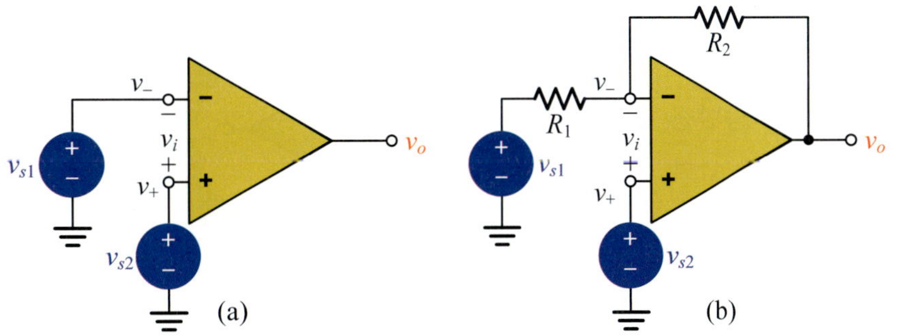

그림 6-4
연산 증폭기의 동작
(a) 비선형(비교기);
(b) 선형(증폭기).

6-4(b)과 같이 부궤환(negative feedback)을 이용한다. 그림에서 출력 v_o의 일부가 반전 입력단으로 궤환되며 궤환 전압은 분배 저항 R_1과 R_2의 비에 의해 결정된다. 반전 입력단으로 궤환된 전압이 출력에 나타날 때는 원래 출력 v_o와 위상이 반대이므로 두 성분은 서로 빼지는 쪽으로 합해진다. 따라서 전체적인 전압 이득은 개루프 이득보다 낮아지므로 그림 6-3(b)의 선형 영역이 넓어지게 된다.

가상 단락

그림 6-4(a)에서는 전원으로부터 공급되는 전류가 두 입력단으로 흘러 들어갈 수 밖에 없다. 그러나 그림 (b)와 같이 입력단이 아닌 다른 경로를 통해 전류가 흐를 수 있는 선택의 여지가 있으면 상황은 달라진다. 후자의 상황을 일반적인 형태로 보인 것이 그림 6-5(a)이다. 여기서 연산 증폭기는 전체 회로의 한 부분으로 사용되며 선형적으로 동작한다고 가정한다. 연산 증폭기의 입력 저항이 주위의 다른 저항들보다 충분히 크므로 반전 및 비반전 입력단으로 전류가 흘러 들지 않게 된다. 즉 $i_+=i_-\cong 0$이므로 주위에 대해 두 입력단은 개방 회로와 같다. 그리고 연산 증폭기가 선형적으로 동작하기 위해서는 v_o가 포화되지 않아야 하며 또한 개루프 이득 A_o가 매우 크므로 $v_i\cong 0$으로 볼 수 있다. 따라서 주위에 볼 때 두 입력단 사이는 단락 회로와 같다. 이상으로 연산 증폭기의 두 입력단은 개방과 단락의 상반된 성질이 동시에 있으며 이를 가상 단락(virtual short)이라 한다. 앞으로 가상 단락은 그림 6-5(b)에서 표시한 것처럼 두 입력단 사이에 양방향의 화살표로 나타내기로 한다. 선형적으로 동작하는 연산 증폭기 해석은 가상 단락을 이용하면 매우 편리하며 대부분의 연산 증폭기 해석은 이 원리를 이용한다.

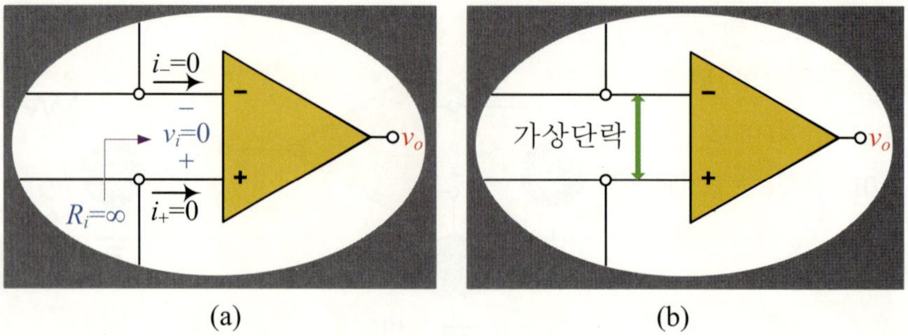

그림 6-5
연산 증폭기 입력의
(a) 양면성;
(b) 가상 단락.

반전 증폭기

그림 6-4(b)에서 비반전 입력단을 접지시키고(v_+=0) 반전 입력단에만 입력을 가하는 방식을 반전 증폭기라 하며 그림 6-6(a)와 같다. 이 증폭기를 가상 단락을 이용하여 해석하는 것이 그림 (b)이며 이로부터 반전 증폭기 특성을 해석한다.

전압 이득 비반전 입력이 v_+=0이므로 가상 단락의 단락 성질에 의해 $v_-=v_+=0$이 된다. 따라서 저항 R_1에 흐르는 전류 i는

$$i = \frac{v_s}{R_1} \tag{6-1-6}$$

가 된다. 그리고 이 전류는 가상 단락의 개방 성질에 의해 반전 입력단으로 흘러 들어가지 않고 모두 저항 R_2를 통해 흐르게 된다. 따라서 출력 전압은

$$v_o = v_- - R_2 i = -R_2 i \tag{6-1-7}$$

이므로 위의 두 식으로부터 폐루프 이득 $A_v=v_o/v_s$는 다음과 같다.

그림 6-6
반전 증폭기와
가상 단락.

$$A_v = -\frac{R_2}{R_1} \tag{6-1-8}$$

폐루프 이득의 부호가 음이므로 출력 전압과 입력 전압의 위상은 서로 반전된 관계이다. 따라서 반전 증폭기라 한다. 식 (6-1-8)과 같이 반전 증폭기 이득은 단지 두 저항 R_1과 R_2의 비만 조절하여 쉽게 가변시킬 수 있어 매우 편리하다.

입력 저항 그림 6-6의 반전 증폭기에 밀러 정리를 적용하면 그림 6-7과 같다. 즉 출력 저항 R_o는 매우 작아 무시할 수 있으므로 $K=v_o/v_- \cong -A_o$이다. 따라서 궤환을 일으키는 저항 R_2는 그림 6-7과 같은 크기로서 입력 및 출력단에 환산되며 이로부터 입력 저항 R_{if}는

$$R_{if} = R_1 + \left(R_i \middle\| \frac{R_2}{1+A_o} \right) \tag{6-1-9}$$

로 주어진다. 그러나 A_o와 R_i가 매우 크므로 R_{if}는 다음과 같이 근사화된다.

$$R_{if} \cong R_1 + \frac{R_2}{A_o} \cong R_1 \tag{6-1-10}$$

출력 저항 그림 6-7의 출력단으로부터 출력 저항 R_{of}는

$$R_{of} = R_o \left\| \frac{A_o R_2}{1+A_o} \cong R_o \right\| R_2 \tag{6-1-11}$$

그림 6-7
반전 증폭기에 밀러 정리를 적용한 회로.

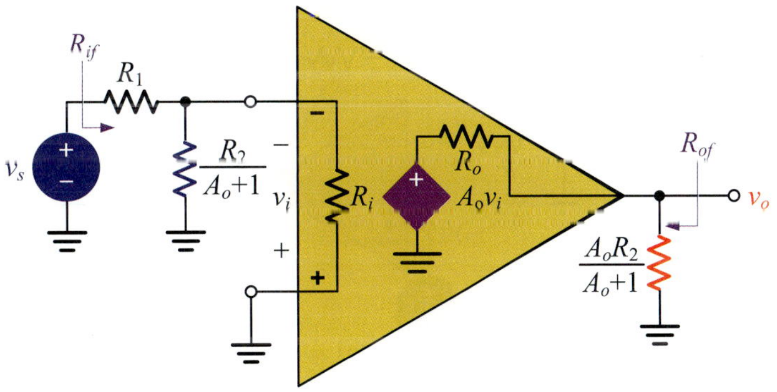

그러나 R_o가 매우 작아 $R_o << R_2$이므로

$$R_{of} \cong R_o \tag{6-1-12}$$

예제 6-1

그림 6-6에서 연산 증폭기의 특성은 다음과 같다: A_o=50,000, R_i=4 MΩ, R_o=50 Ω. 여기서 R_1=1 kΩ, R_2=100 kΩ일 때 전압 이득과 입력 및 출력 저항을 구하라.

풀이

$$A_v = -\frac{R_2}{R_1} = -\frac{100}{1} = \mathbf{-100}$$

$$R_{if} = R_1 = \mathbf{1\ k\Omega}$$

$$R_{of} = R_o = \mathbf{50\ \Omega}$$

비반전 증폭기

그림 6-4(b)에서 반전 입력을 단락시킨(v_{s2}=0) 비반전 증폭기는 그림 6-8(a)와 같다.

전압 이득 먼저 비반전 입력이 $v_+=v_s$이므로 가상 단락의 단락 성질에 의해 $v_-=v_+=v_s$가 된다. 따라서 저항 R_1에 흐르는 전류 i는

$$i = \frac{v_s}{R_1} \tag{6-1-13}$$

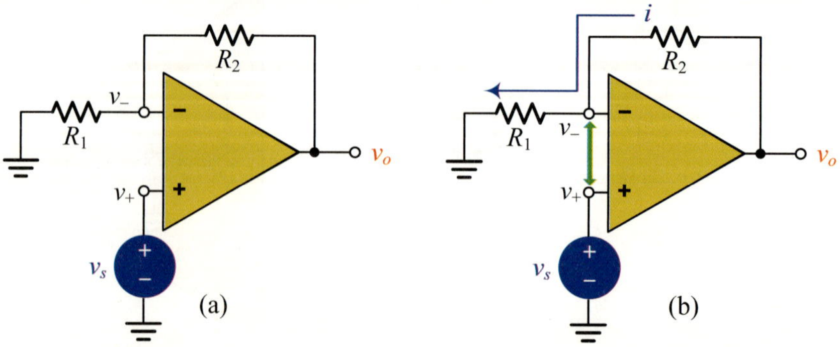

그림 6-8 비반전 증폭기와 가상 단락.

이며 이 전류는 가상 단락의 개방 성질에 의해 반전 입력단으로 흘러 들어가지 않고 모두 저항 R_2를 통해 흐르게 된다. 따라서 출력 전압은

$$v_o = v_- + R_2 i = v_s + R_2 i \tag{6-1-14}$$

이므로 식 (6-1-13)과 (6-1-14)로부터 폐루프 이득 $A_v=v_o/v_s$는 다음과 같다.

$$A_v = \frac{R_1 + R_2}{R_1} = 1 + \frac{R_2}{R_1} \tag{6-1-15}$$

따라서 폐루프 이득의 부호가 양이므로 비반전 증폭기라 한다.

입력 저항 그림 6-9는 비반전 증폭기의 입력 저항과 출력 저항을 구하는 등가회로이다. 먼저 입력 저항을 구하는 그림 (a)에서는 R_i를 고려하여야 하므로 가상 단락 개념을 사용하지 않는다. 그림에서 궤환 진압 v_f는 $R_1 << R_i$이므로 단순한 전압 분배에 의해

$$v_f = \frac{R_1}{R_1 + R_2} v_o = \beta v_o \tag{6-1-15}$$

로 주어진다. 여기서 상수 β는

$$\beta \equiv \frac{R_1}{R_1 + R_2} \tag{6-1-16}$$

로 정의되는 궤환 이득(feedback gain)이다. 그리고 $v_s=v_f+v_i$이며 출력 저항 R_o가 매우 작아 $v_o \cong A_o v_i$이므로 다음의 관계식을 얻을 수 있다.

$$v_s = v_f + v_i = \beta v_o + v_i \cong \beta A_o v_i + v_i = (1 + \beta A_o) v_i \tag{6-1-17}$$

이제 위의 식에 $v_i=R_i i_s$를 대입하면 전체 입력 저항 $R_{if}=v_s/i_s$는

$$R_{if} = (1 + \beta A_o) R_i \tag{6-1-18}$$

출력 저항 그림 6-9(b)로부터 비반전 증폭기의 출력 저항을 구할 수 있다. 입력 전원은 $v_s=0$으로 하고 출력에 가상의 시험 전원 v_x를 인가한 다음 $R_{of}=v_x/i_x$로 구한다. 이 상태에서 입력 차의 전압 v_i는

$$v_i = -v_f = -\beta v_x \tag{6-1-19}$$

이며 β는 식 (6-1-16)으로 주어지는 궤환 이득이다. 따라서 전류 i_o와 i_f 및

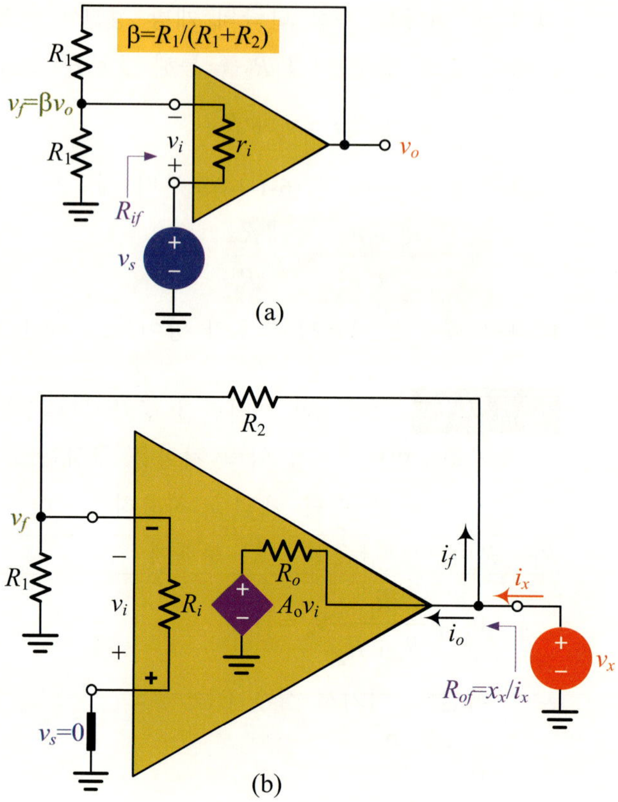

그림 6-9
비반전 증폭기의
(a) 입력 저항을 구하는 회로;
(b) 출력 저항을 구하는 회로.

i_x는 각각 다음과 같이 주어짐을 알 수 있다.

$$i_o = \frac{v_x - A_o v_i}{R_o} = \frac{v_x + \beta A_o v_x}{R_o} = \frac{(1+\beta A_o)v_x}{R_o} \tag{6-1-20}$$

$$i_f = \frac{v_x}{R_1 + R_2} \tag{6-1-21}$$

$$i_x = i_o + i_f = \left(\frac{1+\beta A_o}{R_o} + \frac{1}{R_1 + R_2}\right)v_x \tag{6-1-22}$$

그러나 위의 식에서 R_o는 매우 작고 A_o는 매우 크므로

$$i_x \cong \left(\frac{1+\beta A_o}{R_o}\right)v_x \tag{6-1-23}$$

로 근사화할 수 있다. 따라서 비반전 증폭기의 출력 저항은 다음과 같다.

$$R_{of} \cong \frac{R_o}{1+\beta A_o} \qquad (6\text{-}1\text{-}24)$$

비반전 증폭기는 연산 증폭기에 비해 입력 저항은 더욱 높아지고 출력 저항은 더욱 낮아진다.

예제 6-2

그림 6-8에서 연산 증폭기의 특성은 다음과 같다: A_o=200,000, R_i=2 MΩ, R_o=75 Ω. 여기서 R_1=10 kΩ, R_2=220 kΩ일 때 전압 이득과 입력 및 출력 저항을 구하라.

풀이 식 (6-1-16)으로부터

$$\beta = \frac{R_1}{R_1+R_2} = \frac{10}{10+220} = \mathbf{0.043}$$

$$1+\beta A_o = 1+200{,}000\times 0.043 = 8600$$

따라서

$$A_v = 1+\frac{R_2}{R_1} = 1+\frac{220}{10} = \mathbf{23}$$

$$R_{if} = (1+\beta A_o)R_i = 8600\times 2\ \text{M}\Omega = \mathbf{17{,}200\ M\Omega}$$

$$R_{of} = \frac{R_o}{1+\beta A_o} = \frac{75\ \Omega}{8600} = \mathbf{8.7\ m\Omega}$$

단위이득 폴로어

그림 6-10은 단위 이득 폴로어이며 BJT의 이미터 폴로어, FET의 소스 폴로어와 더불어 완충기로 사용된다. 단위 이득 폴로어는 그림 6-8의 비반전 증폭기에서 R_1=∞, R_2=0으로 한 것이며 β=1이다. 따라서 비반전 증폭기의 모든 특성에서 R_1=∞, R_2=0, β=1로 하면 단위이득 폴로어의 특성은 다음과 같다.

$$A_v = 1, \quad R_{if} = (1+A_o)R_i, \quad R_{of} = \frac{R_o}{1+A_o} \qquad (6\text{-}1\text{-}25)$$

단위 이득 폴로어는 이상적인 완충기에 가깝다.

그림 6-10
단위이득 폴로어.

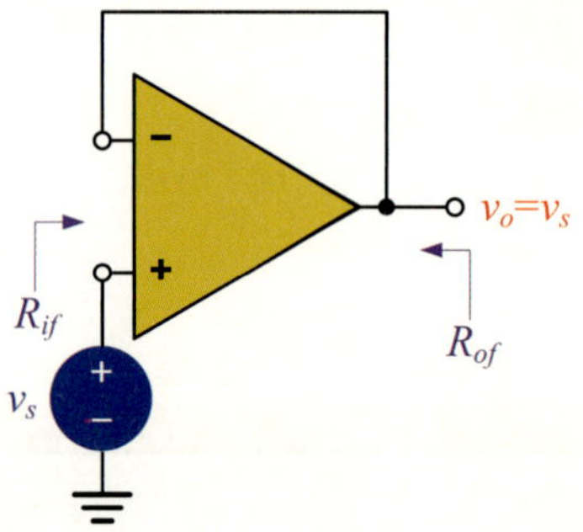

6-2 연산 증폭기의 선형 응용

연산 증폭기는 성능상의 우수성과 사용상의 편의성 등으로 비단 선형 시스템뿐 아니라 비선형 시스템에 이르기까지 매우 넓은 분야에서 응용되고 있다. 연산 증폭기의 대표적인 응용 분야는 앞에서 설명한 선형 증폭기 외에 미분, 적분, 더하기, 빼기 등을 수행하는 연산기, 크기를 비교하는 비교기, 파형 조성에 사용되는 파형 발생기 등이 있다.

미분기와 적분기

그림 6-11은 그림 6-6의 반전 증폭기에서 저항 R_1 대신 커패시터 C를 사용한 것으로 미분 기능이 있다. 전류 i는 가상 단락의 단락 성질에 의해

$$i = C\frac{dv_s}{dt} \qquad \textbf{(6-2-1)}$$

이며 또한 가상 단락의 개방 성질에 의해 $v_o = -Ri$이다. 따라서

그림 6-11
미분기.

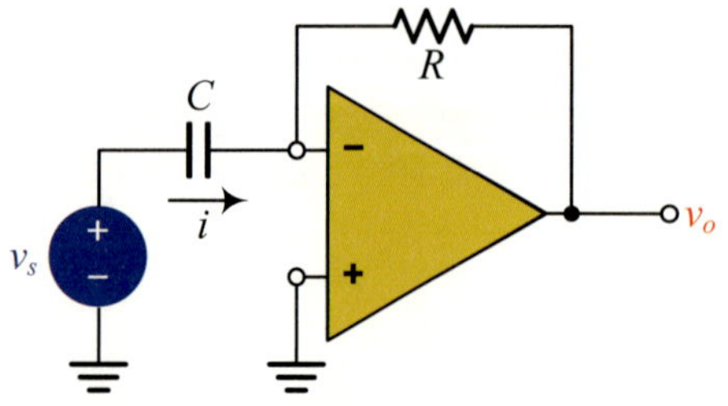

$$v_o = -RC\frac{dv_s}{dt} \qquad \textbf{(6-2-2)}$$

와 같이 미분기로 동작한다.

그림 6-11에서 저항과 커페시터의 위치를 맞바꾼 그림 7-12의 회로는 적분기가 된다. 저항 R에 흐르는 i는 가상 단락에 의해 $i=v_o/R$이며 이는 모두 커페시터를 통해 흐르게 되므로 출력 전압은 다음과 같다.

$$v_o = -\frac{1}{C}\int_0^t i(\tau)d\tau + v_o(0) = -\frac{1}{RC}\int_0^t v_s(\tau)d\tau + v_o(0) \qquad \textbf{(6-2-3)}$$

단 여기서 $v_o(0)$는 v_o의 초기 전압이며 편의상 $v_o(0)=0$으로 하면

$$v_o = -\frac{1}{RC}\int_0^t v_s(\tau)d\tau \qquad \textbf{(6-2-4)}$$

의 적분기가 된다.

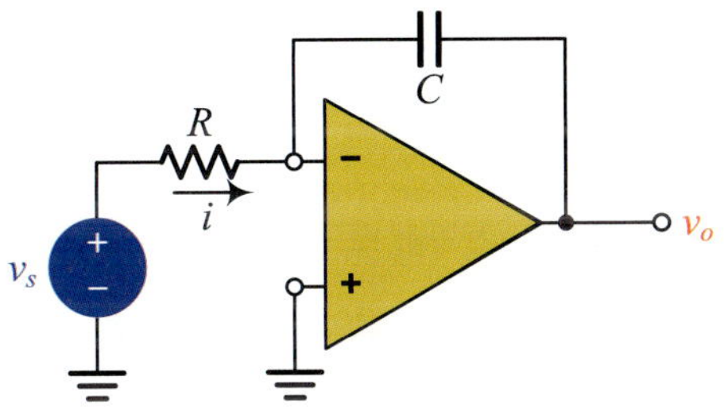

그림 6-12
적분기.

가산기와 감산기

연산 증폭기로 더하기와 빼기도 수행할 수 있다. 그 중 그림 6-13은 여러 개의 신호를 선형합하여 증폭하는 가산 증폭기이며 간단히 가산기(adder)라 한다. 가상 단락에 의해 반전 입력단은 전압이 0 V이므로 각 저항에 흐르는 전류는

$$i_k = \frac{v_k}{R_k}, \quad k = 1, 2, \cdots, n \qquad \textbf{(6-2-5)}$$

이며 이들 전류를 합한 i는 가상 단락에 의해 모두 저항 R을 통해 흐르게 되므로 출력 전압 $v_o=-Ri$는 다음과 같다.

$$v_o = -\sum_{k=1}^{n}\left(\frac{R}{R_k}\right)v_k \qquad \textbf{(6-2-6)}$$

그림 6-13
가산기.

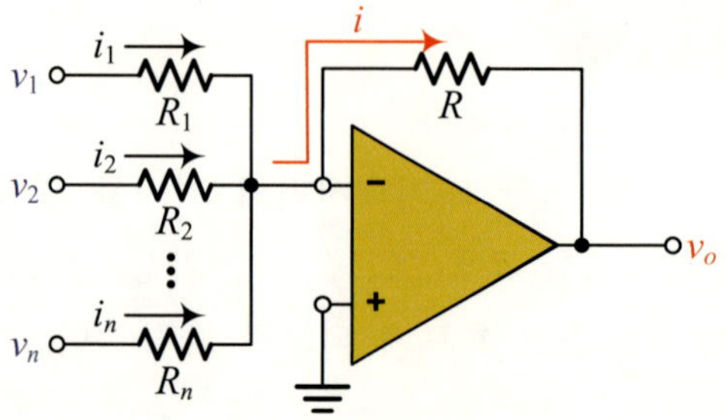

식 (6-2-6)에서 위에서 만일 모든 저항을 R_1=⋯=R_n=R로 하면

$$v_o = -\sum_{k=1}^{n} v_k \quad (R_1 = \cdots = R_n = R) \tag{6-2-7}$$

이며 R_1=⋯=R_n=nR로 하면

$$v_o = -\frac{1}{n}\sum_{k=1}^{n} v_k \quad (R_1 = \cdots = R_n = nR) \tag{6-2-8}$$

그림 6-14는 두 신호를 빼는 감산기이다. 먼저 비반전 입력단으로 흐는 전류는 가상 단락에 의해 0이 되며 또한 반전 비력단의 전압은 비반전 입력단 전압과 같아지므로

$$v_- - v_+ = \frac{R_3}{R_1 + R_3} v_1 \tag{6-2-9}$$

따라서 그림 6-14에 표시된 전류 i는 다음과 같이 표현된다.

그림 6-14
감산기.

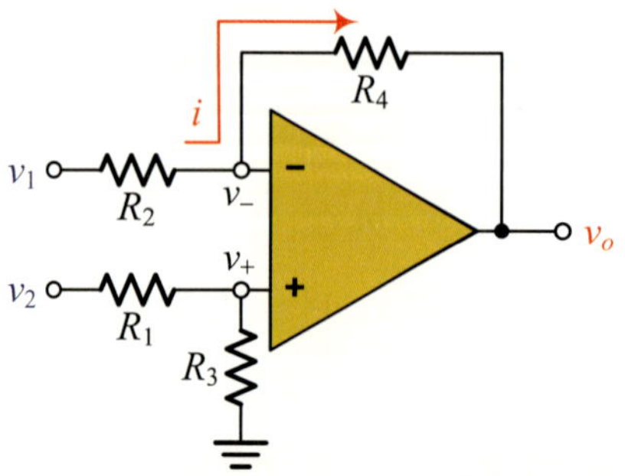

$$i = \frac{v_2 - v_-}{R_2} = \left(\frac{1}{R_2}\right)v_2 - \left(\frac{R_3}{R_2(R_1 + R_3)}\right)v_1 \quad \textbf{(6-2-10)}$$

이로부터 출력 전압 $v_o = v_- - R_4 i$는 약간의 계산을 거치면 다음과 같이 주어짐을 알 수 있다(연습문제).

$$v_o = \left(\frac{R_3(R_2 + R_4)}{R_2(R_1 + R_3)}\right)v_1 - \left(\frac{R_4}{R_2}\right)v_2 \quad \textbf{(6-2-11)}$$

위의 식에서 저항을 모두 같은 것으로 하면 다음과 같아진다.

$$v_o = v_1 - v_2 \quad (R_1 = R_2 = R_3 = R_4) \quad \textbf{(6-2-12)}$$

부 임피던스 변환기(NIC)

임피던스는 에너지를 소비하지만 부(負) 임피던스(negative impedance)는 오히려 회로에 에너지를 제공한다. 부 임피던스는 수동 소자로는 구현할 수 없지만 연산증폭기 같은 능동 소자로는 가능하다. 임의의 임피던스를 부 임피던스로 바꿔주는 것을 부 임피던스 변환기, 간단히 NIC(negative impedance converter)라 하며 그림 6-15가 이를 보여준다. 그림 (a)에서 입력 저항 R_i는 임피던스 $-Z$에 비례하며 그림 (b)를 통해 알아본다. 전압 v_o는 가상 단락의 개방 성질에 의해

$$v_o = v_s - i_s Z \quad \textbf{(6-2-13)}$$

이며 반전 입력 v_- 역시 가상 단락의 개방 성질에 의해

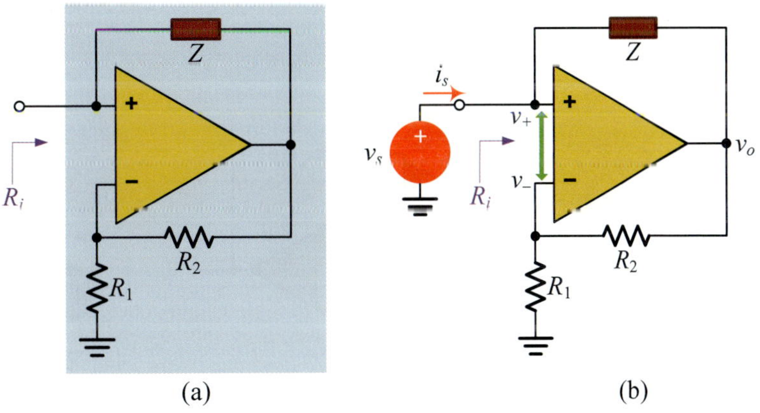

그림 6-15
(a) 연산 증폭기 NIC; (b) 입력 저항을 구하는 회로.

$$v_- = \frac{R_1}{R_1 + R_2} v_o = \frac{R_1}{R_1 + R_2}(v_s - i_s Z) \qquad \textbf{(6-2-14)}$$

또한 가상 단락의 단락 성질에 의해 $v_+=v_-$이며 $v_+=v_s$이므로

$$v_s = \frac{R_1}{R_1 + R_2}(v_s - i_s Z) \qquad \textbf{(6-2-15)}$$

따라서 입력 저항 $R_i=v_s/i_s$는 다음과 같다

$$R_i = -Z\frac{R_1}{R_2} \qquad \textbf{(6-2-16)}$$

6-3 연산 증폭기의 비선형 응용

포화와 같은 비선형적 동작을 이용한 응용에 대해 알아본다.

로그 증폭기

출력 전압이 입력 전압의 로그에 비례하는 로그 증폭기를 그림 6-16과 같이 구성할 수 있다. 그림 (a)에서 전류 i가

$$i = \frac{v_s}{R} \qquad \textbf{(6-3-1)}$$

이며 이는 다이오드 전류와 같다. 다이오드 전압이 $-v_o$이므로 다이오드 전압-전류 특성에 의해

$$i = I_S(e^{-v_o/V_T} - 1) \cong I_S e^{-v_o/V_T} \qquad \textbf{(6-3-2)}$$

따라서 위의 두 식으로부터

그림 6-16
로그 증폭기

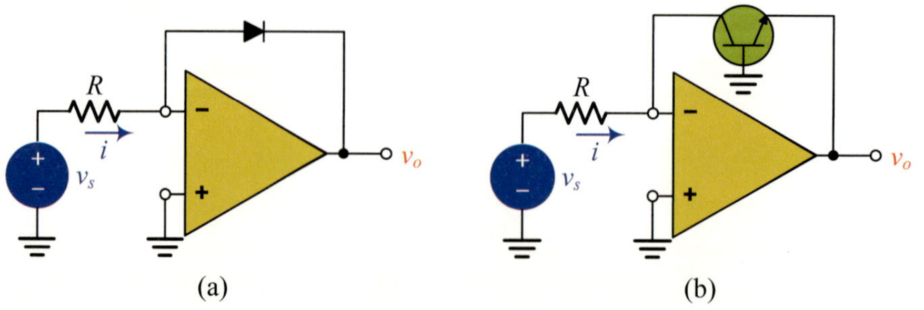

$$v_o = -V_T \ln\left(\frac{v_s}{RI_S}\right) \tag{6-3-3}$$

와 같다. 그림 6-16(b)의 경우는 BJT의 베이스-이미터 전압이 출력 $-v_o$이므로 BJT의 전압-전류 특성에 의해

$$i = I_{SO}(e^{v_{BE}/V_T} - 1) \cong I_{SO}e^{v_{BE}/V_T} = I_{SO}e^{-v_o/V_T} \tag{6-3-4}$$

그리고 $i=v_s/R$이므로

$$v_o = -V_T \ln\left(\frac{v_s}{RI_{SO}}\right) \tag{6-3-5}$$

다만 로그 증폭기가 제대로 동작하기 위해서는 v_s가 항상 양이어야 한다.

지수 증폭기 로그 증폭기와 반대 기능인 지수 증폭기가 그림 6-17이다. 먼저 그림 (a)에서 다이오드 양단 전압이 v_s이므로

$$i = I_S(e^{v_s/V_T} - 1) \cong I_S e^{v_s/V_T} \tag{6-3-6}$$

그리고 출력 전압이 $v_o=-Ri$이므로

$$v_o \cong -RI_S e^{v_s/V_T} \tag{6-3-7}$$

그림 (b)에서는 BJT의 베이스-이미터 전압이 입력 $-v_s$이므로

$$i \cong I_{SO}e^{v_{BE}/V_T} = I_{SO}e^{-v_s/V_T} \tag{6-3-8}$$

그림 6-17
지수 증폭기

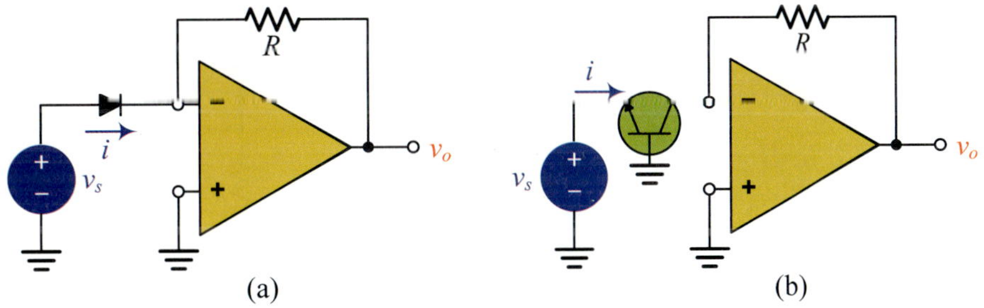

그리고 출력 전압이 $v_o=-Ri$이므로

$$v_o \cong -RI_{SO}e^{-v_s/V_T} \tag{6-3-9}$$

그림 6-17(a)에서는 v_s가 항상 양이어야 하지만 그림 (b)에서는 v_s가 항상 음이어야 한다.

비교기

그림 6-18(a)는 궤환이 없이 동작함으로써 포화를 이용한 비교기로 작동하며 이러한 경우는 가상 단락이 적용되지 않는다. 입력이 비반전에 연결되므로 $v_s>0$이면 출력은 양의 포화값이 되며 $v_s<0$이면 출력은 음의 포화값이 된다. 그림 6-18(b)는 파형의 한 예이다. 이 회로는 비교의 기준이 되는 전압이 0이므로 영준위(zero-level) 비교기라 한다.

비교 기준이 되는 전압이 0이 아닌 비교기는 그림 6-19와 같이 쉽게 구성할 수 있다. 그림 6-19(a)는 직류 전압원으로 기준 전압을 정하는 방법이다. 이보다 더 실제적으로 전압 분배기를 이용하여 구성한 것이 그림 (b)이며 반전 입력단 전류를 무시하면 기준 전압은 다음과 같이 조정할 수 있다.

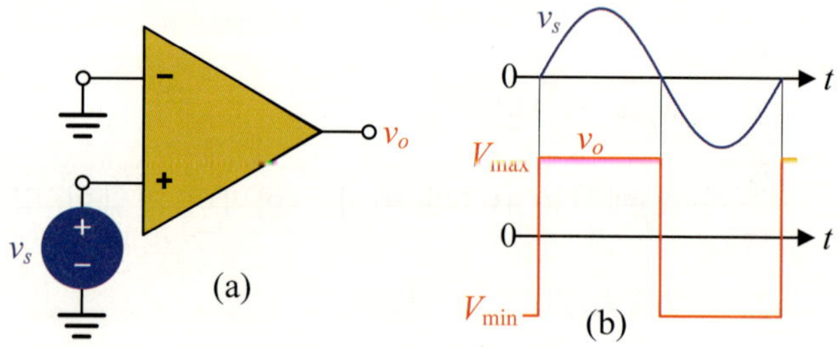

그림 6-18
(a) 영준위 비교기;
(b) 파형의 예.

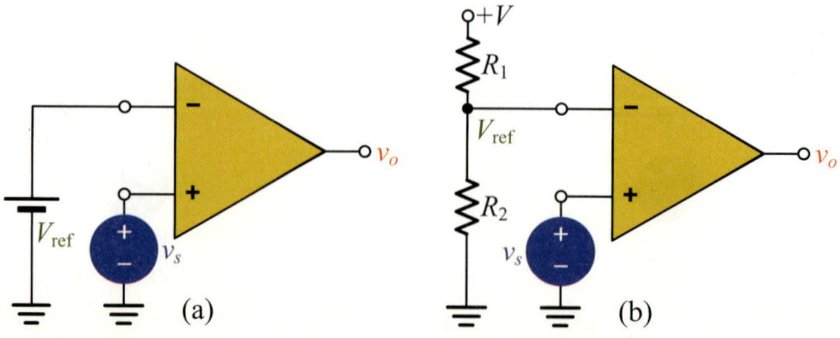

그림 6-19
비교 전압이
(a) 직류 전압원;
(b) 전압 분배기;
(c) 제너다이오드.

그림 6-19 (계속)

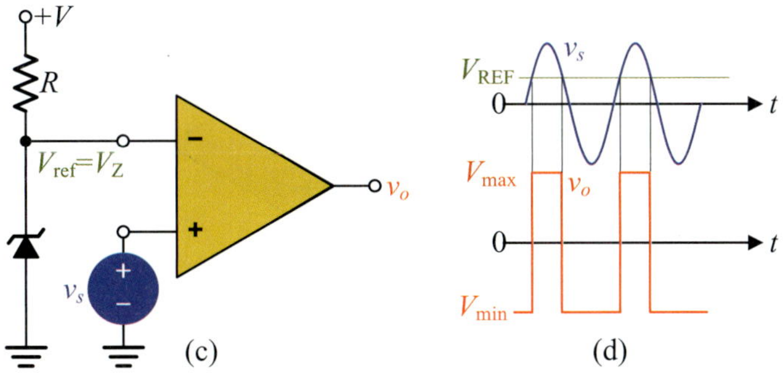

$$V_{REF} = \left(\frac{R_2}{R_1 + R_2}\right)V \qquad \textbf{(6-3-10)}$$

그림 6-19(c)는 제너 다이오드를 정전압원으로 이용한 것으로 $V_{REF}=V_Z$이며 그림 (d)는 파형 관계를 예로 보여준 것이다.

제한기

비교기의 출력이 연산 증폭기의 포화 전압이 아닌 값으로 제한시킬 필요가 있을 때는 제너 다이오드를 이용하여 그림 6-20과 같이 간단히 구성할 수 있다. 제너 다이오드는 순방향 바이어스에서는 일반 다이오드와 같지만 제너 항복이 일어나는 역방향 바이어스에서는 정전압원 특성의 제너 다이오드로 동작한다. 먼저 그림 6-20(a)의 경우는 출력 전압이 –0.7 V에 이르는 순간 제너 다이오드는 순방향 바이어스에 의해 일반 다이오드로 동작한다. 따라서 출력 전압은 –0.7 V로 제한되며 그 이하로는 내려갈 수 없다. 반대로 출력이 증가하여 제너 전압 V_Z에 이르는 순간 다이오드는 제너 다이오드로 동작한다. 따라서 출력 전압은 V_Z로 제한되며 그 이상 증가할 수 없다. 그림 (b)의 경우는 그림 (a)와 제너 다이오드 방향이 반대이므로 출력은 +0.7 V 이상 증가할 수 없고 $-V_Z$ 이하로 내려갈 수 없다. 그림 6-20(c)의 경우는 두 개의 제너 다이오드가 서로 반대로 동작하게 되어 있다. 즉 D_1이 제너 다이오드로 동작하면 D_2는 일반 다이오드로 동작하고, D_2가 제너 다이오드로 동작하면 D_1이 일반 다이오드로 동작한다. 따라서 출력 전압은 제너 전압과 일반 다이오드의 도통 전압을 합한 것에 의해 제한되며 그림에서 표시된 바와 같다.

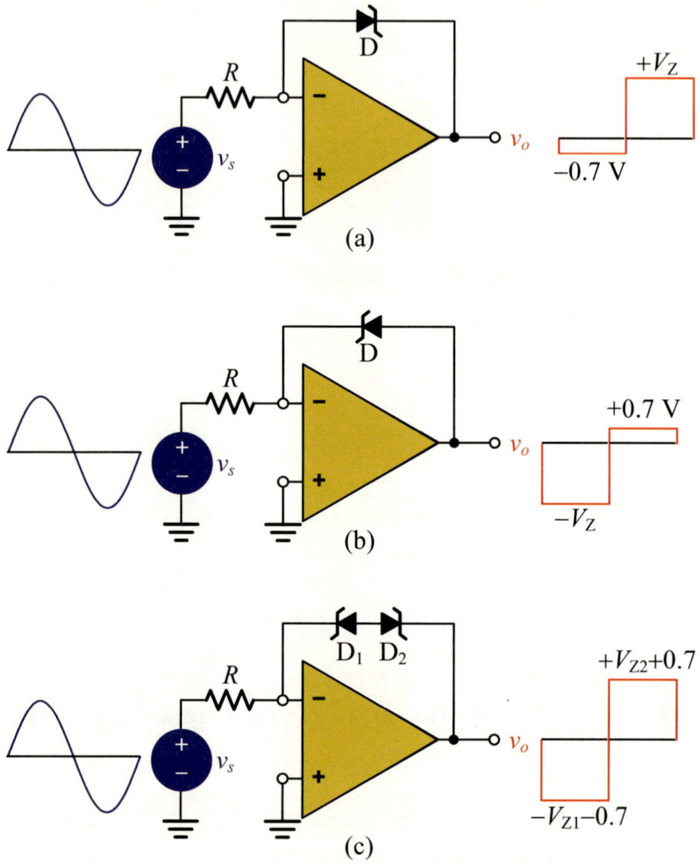

그림 6-20
제너 다이오드를 이용한 제한기.

절단기

특정 전압을 기준으로 파형을 절단하는 절단기(clipper)의 한 예가 그림 6-21(a)이다. 먼저 다이오드가 차단된 경우를 생각해 보면 부하 R_L에 흐르

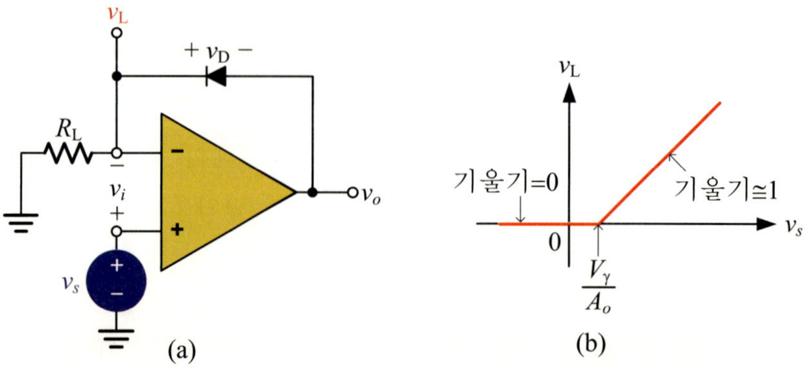

그림 6-21
(a) 절단기;
(b) 입출력 특성.

는 전류가 0이다. 따라서 R_L 양단 전압 v_L=0이므로 v_D=v_o이다. 따라서 이 상태에서는 v_o<V_γ인 한 다이오드는 차단 상태를 계속 유지한다. 즉

$$v_s = v_L + v_i = v_i = \frac{v_o}{A_o} < \frac{V_\gamma}{A_o} \qquad \textbf{(6-3-11)}$$

입력 전압 v_s가 V_γ/A_o를 넘어서게 되면 다이오드는 도통하며 그 결과

$$v_o = v_L + 0.7 \qquad \textbf{(6-3-12)}$$

을 만족하므로 v_s는 다음을 만족하게 된다.

$$v_s - v_L = v_i = \frac{v_o}{A_o} = \frac{v_L + 0.7}{A_o} \qquad \textbf{(6-3-13)}$$

위의 식을 v_s에 대해 풀면

$$v_s = v_L\left(1 + \frac{1}{A_o}\right) + \frac{0.7}{A_o} \qquad \textbf{(6-3-14)}$$

일반적으로 매는 10^5 이상의 수준이므로 $v_L \cong v_s$임을 알 수 있다. 따라서 입출력 특성은 그림 6-21(b)와 같다. 절단기의 기준을 임의의 V_{REF}로 조절한 회로가 그림 6-22(a)이며 입출력 특성은 그림 (b)와 같다.

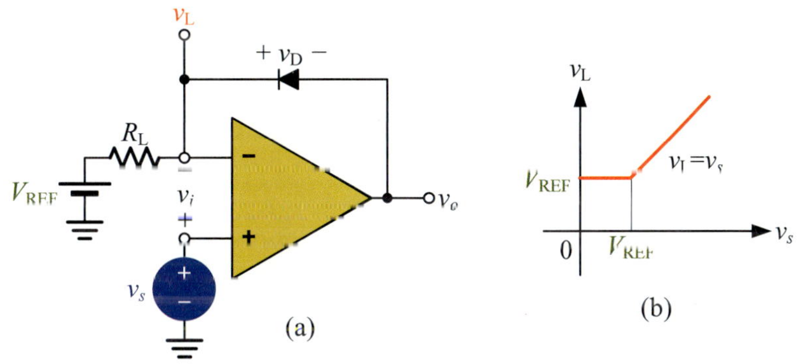

그림 6-22
(a) 기준 접압 절단기;
(b) 입출력 특성.

6-4 정전압과 정전류원

연산 증폭기를 위시로 하여 많은 아날로그 집적 회로에서는 정전압원(定電壓源)과 정전류원(定電流源) 기술이 많이 활용되고 있다.

정전압원

전자 회로에는 직류 공급 전원이 반드시 필요하며 때때로 공급 전원으로부터 또 다른 수준의 직류 전압을 만들어 쓸 필요가 생긴다. 일정한 직류 전압을 유지시켜 주는 회로를 정전압원이라 하며 그림 6-23과 같이 구성된다. 먼저 그림 (a)의 경우는 n개의 다이오드를 직렬로 결합한 형태로서 전체 다이오드의 양단 전압은 전류 I에 거의 무관하게 nV_γ이므로 정전압원과 같다. 그러나 정전압의 크기가 V_γ의 정수 배만 가능하다. 그림 (b)는 제너 다이오드를 이용한 것으로 V_Z의 정전압을 얻을 수 있다. 이에 비해 그림 (c)는 저항 R_1과 R_2의 비로써 $V_{BE}(=V_\gamma)$의 정수배가 아닌 정전압도 얻을 수 있다. 그림 (c)에서 트랜지스터는 활성 영역에서 동작하며 컬렉터 전류 I_C는 저항 R_1에 흐르는 전류 I_1에 비해 충분히 크다고 가정하면 전체 전류 I는

$$I = I_1 + I_C \cong I_S(e^{-V_{BE}/V_T} - 1) \cong I_S e^{-V_{BE}/V_T} \tag{6-4-1}$$

그리고

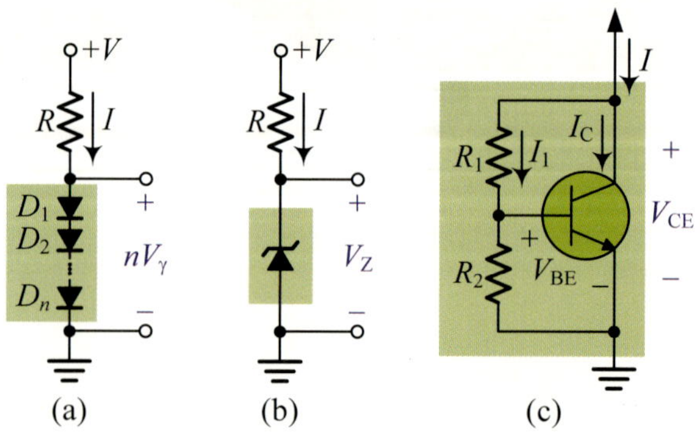

그림 6-23
정전압원:
(a) 다이오드 직렬;
(b) 제너 다이오드;
(c) V_{BE}-증배기.

$$V_{BE} = \frac{R_2}{R_1 + R_2} V_{CE} \quad \textbf{(6-4-2)}$$

이므로 식 (6-4-1)과 (6-4-2)로부터 다음의 식을 얻을 수 있다.

$$I \cong I_C \cong I_S \exp\left[\frac{V_{CE}}{V_T}\left(\frac{R_2}{R_1 + R_2}\right)\right] \quad \textbf{(6-4-3)}$$

이상으로 위의 식에 자연 대수를 취하여 정리하면

$$V_{CE} \cong \left(1 + \frac{R_1}{R_2}\right) V_T \ln \frac{I}{I_S} = \left(1 + \frac{R_1}{R_2}\right) V_{BE} \quad \textbf{(6-4-4)}$$

따라서 다음과 같이 V_{BE}의 일반적인 배율인

$$V_{CE} = \left(1 + \frac{R_1}{R_2}\right) V_{BE} \quad \textbf{(6-4-5)}$$

의 정전압원을 얻을 수 있으며 그림 6-23(c)를 V_{BE}-증배기라 한다. 한 예를 들어 R_1=900Ω, R_2=10kΩ으로 하면 전압 V_{CE}는

$$V_{CE} \cong \left(1 + \frac{900\ \Omega}{10\ \text{k}\Omega}\right) V_{BE} = 1.09 V_{BE}$$

정전류원 우리가 실제로 접할 수 있는 것은 전압원이지 전류원이 아니다. 예를 들어 발전소로부터 공급되는 교류 전원도 전압원이며 가게에서 구할 수 있는 건전지도 전압원이다. 따라서 외부에 일정한 전류를 공급하는 정전류원은 트랜지스터 등과 같은 능동 소자를 전압원과 결합하여 만들며 그림 6-24가 가장 간단한 예를 보여준다. 그림 6-24의 (a)는 베이스에 대한 테브닌 등가회로를 이용하면 그림 (b)와 등가이다. 그림 (b)에서 베이스 전류를 이미터 전류에 비해 상대적으로 무시하면 저항 R_B 양단 전압은 R_E 양단 전압에 비해 무시할 수 있다. 따라서 이미터 전압이 $-V_{BB}-V_\gamma+V_{EE}$이므로 R_E를 통해 흐르는 이미터 전류 I_E는 다음과 같다.

$$I_E = \frac{-V_{BB} - V_\gamma + V_{EE}}{R_E} = \frac{\frac{R_1}{R_1 + R_2} V_{EE} - 0.7}{R_E} \quad \textbf{(6-4-6)}$$

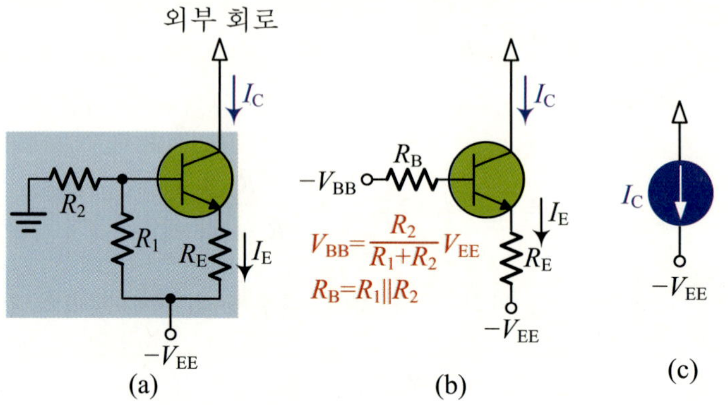

그림 6-24
BJT로 구성된 (a) 정전류원과 (b) 등가 회로.

따라서 컬렉터 전류 I_C는 $I_C \cong I_E$로 하면 다음과 같이 결정된다.

$$I_C \cong I_E = \frac{\frac{R_1}{R_1+R_2}V_{EE} - 0.7}{R_E} \tag{6-4-7}$$

위의 식과 같이 컬렉터 전류 I_C는 컬렉터에 결합된 소자와는 무관하게 정해지므로(단 $V_{CE}>V_{CE(sat)}$의 범위에서) 컬렉터에 있는 소자 입장에서는 그림 6-24(c)와 같이 하나의 정전류원처럼 보이게 되는 것이다. 따라서 그림 6-24(a)의 컬렉터에 그림 6-25(a)와 같이 임의의 회로망을 결합하면 그림 (b)와 같은 기능을 한다. 따라서 회로망은 정전압원과 정전류원 모두에 의해 구동되며 이와 같은 방식은 집적 회로에서 특히 폭 넓게 활용되고 있다.

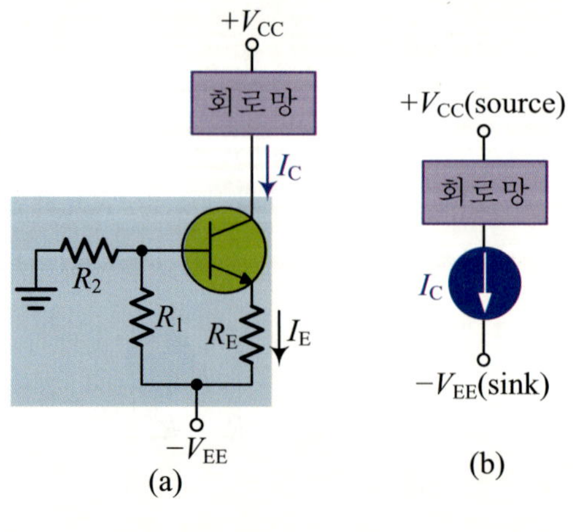

그림 6-25
정전압원과 정전류원을 이용한 회로 구동

전류 거울

보다 정밀한 정전류원을 얻기 위해 그림 6-26(a)와 같이 구성한 것을 전류 거울(current mirror)이라 한다. 특히 전류 거울을 이용하면 하나의 정전류원을 여러 개로 복제할 수 있어 매우 편리하므로 집적 회로에 널리 사용된다. 먼저 그림 (a)에서 두 트랜지스터의 특성이 완전히 일치한다고 가정하면 베이스 전류가 I_B로 같다. 따라서 $I_{C1}=\beta I_B$이며 $2I_B=2I_{C1}/\beta$이므로

$$I_{REF} = I_{C1} + 2\frac{I_{C1}}{\beta_o} \quad \textbf{(6-4-8)}$$

트랜지스터의 베이스 전류가 같으므로 $I_O=I_{C2}=I_{C1}$이며 위의 식으로부터

$$I_O = \frac{I_{REF}}{1+2/\beta_o} \cong I_{REF}\left(1-\frac{2}{\beta_o}\right) \quad \textbf{(6-4-9)}$$

그리고 Q_1의 베이스와 이미터가 연결되어 있으므로 Q_1의 컬렉터-이미터 전압은 베이스-이미터 전압 V_γ=0.7 V와 같다. 따라서 전류 I_{REF}는

$$I_{REF} = \frac{V_{EE}-0.7}{R_O} \quad \textbf{(6-4-10)}$$

이며 β_o>>1을 이용하면 위의 두 식으로부터 Q_2의 컬렉터 전류 I_O는

$$I_O = \frac{V_{EE}-0.7}{R_O}\left(1-\frac{2}{\beta_o}\right) \cong I_{REF} \quad \textbf{(6-4-11)}$$

이상과 같이 전류 I_O는 항상 I_{REF}를 거울처럼 따르므로 전류 거울이라 하

그림 6-26
(a) 전류 거울;
(b) 직류 등가회로;
(c) 교류 등가회로.

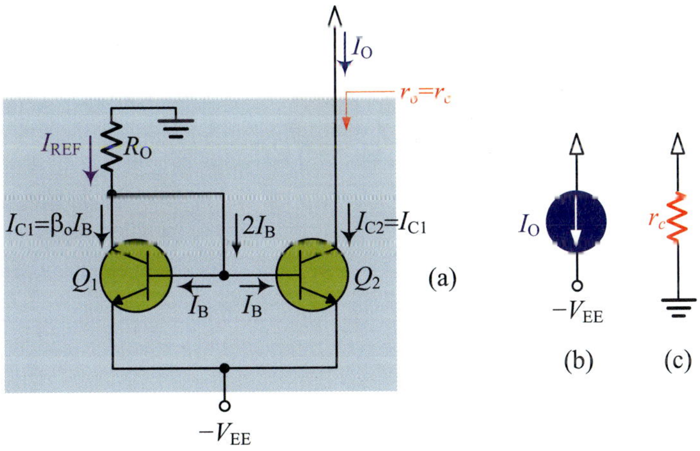

며 I_{REF}는 식 (6-4-10)과 같이 V_{EE}와 R_O에 의해서만 정해진다. 이상으로 그림 6-26(a)의 직류에 대한 등가회로는 그림 (b)이다. 그리고 Q_2의 컬렉터에서 들여다 본 출력 저항 r_o는 이미터-공통의 출력저항 r_c이다. 따라서 정전류원은 교류에 대해 그림 (c)와 같이 하나의 저항과 같다. 일반적으로 r_c는 충분히 크다. 이상으로 그림 6-26의 전류 거울은 일정한 직류 전류와 높은 내부 저항으로써 충실한 정전류원 역할을 수행할 수 있다(전류원의 내부 저항은 클수록 유리하다). 이러한 특성으로 전류 거울은 집적 회로에서 대단히 중요하게 쓰이고 있다. 뿐만 아니라 그림 6-27(a)처럼 복수 전류 거울들을 간단하게 확장할 수 있어 편리하며 모든 트랜지스터들은 특성이 일치하여야 한다. 그리고 그림 (b)의 예처럼 전류 거울을 여러 개 묶음으로써 전류의 크기도 조절할 수 있다. 그림 (b)에서 I_{REF}는

$$I_{REF} = \frac{V_{CC} + V_{EE} - 1.4}{R_O}$$

임을 알 수 있다. 정전류원의 전류 거울 I_O와 I_{REF}의 오차를 더욱 줄임과 동시에 출력 저항을 더욱 높이기 위해 여러 가지 개선된 전류원들이 있으며 그림 6-28이 이를 보여준다.

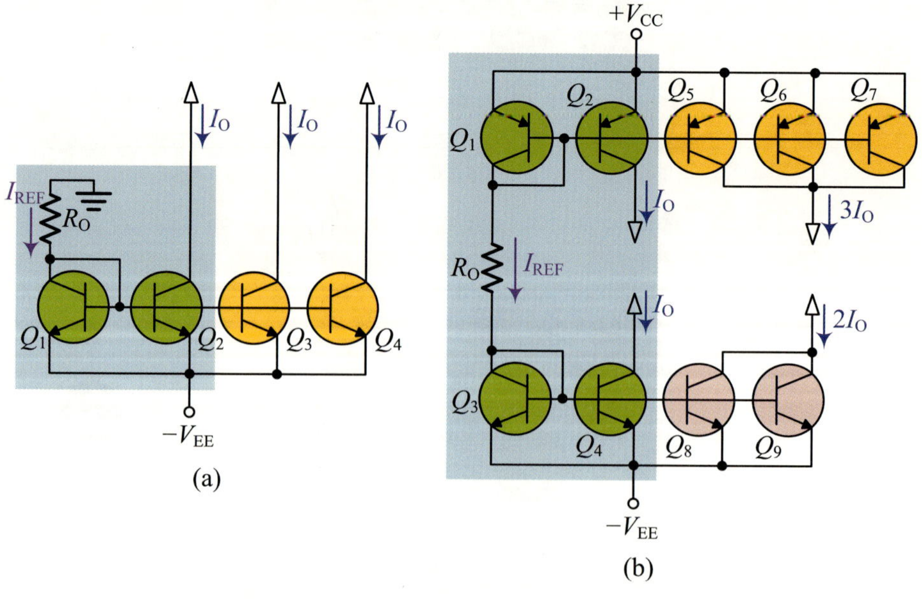

그림 6-27 복수 전류 거울

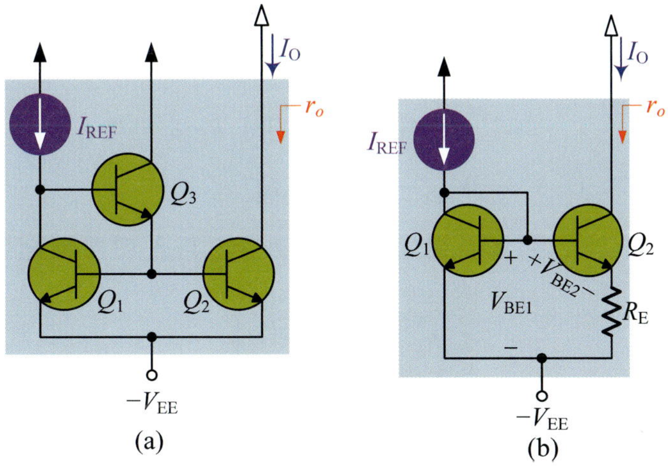

그림 6-28
(a) 베이스 전류를 보상한 전류 거울;
(b) Widlar 전류 거울.

그림 6-28(a)는 트랜지스터 Q_3로 Q_1과 Q_2의 베이스 전류를 보상하는 방식이다. Q_1과 Q_2의 베이스 전류를 I_B라 하면 Q_3의 이미터 전류는 $2I_B$이다. 따라서 Q_3의 베이스 전류는 $2I_B/(\beta_o+1)$이고 Q_1의 컬렉터 전류가 $\beta_o I_B$이므로 이 둘의 합인 I_{REF}는

$$I_{REF} = \frac{2I_B}{\beta_o + 1} + \beta_o I_B = \frac{\beta_o^2 + \beta_o + 2}{\beta_o + 1} I_B \tag{6-4-12}$$

그리고 Q_2의 컬렉터 전류는 $I_O=\beta_o I_B$이므로

$$\frac{I_O}{I_{REF}} = \frac{\beta_o(\beta_o + 1)}{\beta_o^2 + \beta_o + 2} = \frac{1}{1 + 2/(\beta_o^2 + \beta_o)} \cong \frac{1}{1 + 2/\beta_o^2} \tag{6-4-13}$$

위의 결과를 식 (6-4-9)와 비교해보면 두 전류 사이의 오차가 훨씬 줄었음을 알 수 있다. 그러나 그림 6-28(a)의 출력 저항은 $r_o=r_c$로서 그림 6-26에 비해 개선된 것이 없다. 다음으로 그림 6-28(b)의 Widlar 전류 거울에 대해 알아본다. Q_2의 이미터 저항 R_E로 인해 V_{BE1}과 V_{BE2}는 서로 다르다. 두 트랜지스터의 베이스 전류를 상대적으로 무시하고 두 트랜지스터가 서로 정합되어 있다고 하면

$$V_{BE1} = V_T \ln(I_{REF}/I_S) \tag{6-4-14}$$

및

$$V_{BE2} = V_T \ln(I_O/I_S) \tag{6-4-15}$$

위의 두 식으로부터

$$V_{BE1} - V_{BE2} = V_T \ln\left(\frac{I_{REF}}{I_O}\right) \tag{6-4-16}$$

그리고 Q_2의 이미터 저항 R_E로 인해

$$V_{BE1} - V_{BE2} = I_O R_E \tag{6-4-17}$$

이므로 위의 두 식으로부터 다음 관계를 얻을 수 있다.

$$I_O R_E = V_T \ln\left(\frac{I_{REF}}{I_O}\right) \tag{6-4-18}$$

즉 원하는 I_{REF}와 I_O가 정해지면 필요한 R_E 값을 구할 수 있는 것이다. Widlar 전류거울은 주어진 I_{REF}에 대해 저항 R_E를 조절하여 I_O를 가변시킬 수 있다. Widlar 전류 거울의 출력 저항은 그림 3-27(a)와 식 (3-6-5)를 참조하면

$$r_o = r_c\{1 + g_m(r_\pi \| R_E)\} \tag{6-4-19}$$

으로 출력 저항이 증가한다.

예제 6-3

그림 6-29의 두 회로에서 모두 I_O=10 μA로 하고자 하며 (b)에서 I_{REF}=1 mA로 한다. 트랜지스터의 특성이 β_o=100, V_A=100 V로 할 때 저항 R_1, R_2, R_E 및 출력 저항을 구하라.

풀이 먼저 그림 (a)에서

$$I_{REF} = \frac{10 - 0.7}{R_1} = 10^{-5}$$

$$\therefore R_1 = \mathbf{930\ k\Omega}$$

그리고 그림 (b)에서

$$I_{REF} = \frac{10 - 0.7}{R_2} = 10^{-3}$$

$$\therefore R_2 = \mathbf{9.3\ k\Omega}$$

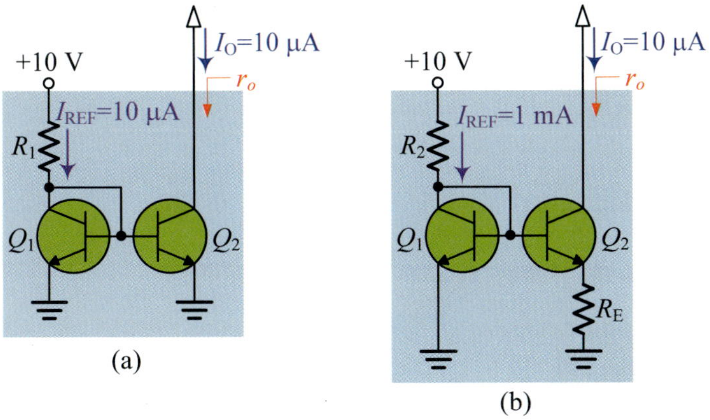

그림 6-29
예제 6-3의 그림.

저항 R_E는 식 (6-4-18)에서 I_O=10 μA, I_{REF}=1 mA로 하면

$$10^{-5} R_E = (26\times10^{-3})\ln\left(\frac{1\,\text{mA}}{1\,\mu\text{A}}\right)$$

$$\therefore R_E = \mathbf{11.5\ k\Omega}$$

트랜지스터 Q_2의 r_π, g_m, r_c를 구하면

$$r_\pi = \frac{V_T}{I_O}(\beta_o + 1) = \frac{26\times10^{-3}}{10^{-5}}\times101 = 262\ \text{k}\Omega$$

$$g_m = \frac{\beta_o}{r_b} = \frac{100}{262\times10^3} = 3.8\times10^{-4}\ \text{mS}$$

$$r_c = \frac{V_A}{I_O} = \frac{100}{10^{-5}} = 10\ \text{M}\Omega$$

따라서 그림 (a) 회로의 출력 저항은

$$r_o = r_c = \mathbf{10\ M\Omega}$$

그림 (b) 회로의 출력 저항은 식 (6-4-19)로부터

$$r_\pi \| R_E = 262 \| 11.5\ \text{k}\Omega = 11\ \text{k}\Omega$$

$$1 + g_m(r_\pi \| R_E) = 1 + (3.8\times10^{-4})(11\times10^3) = 5.2$$

$$\therefore r_o = 5.2 r_c = \mathbf{52\ M\Omega}$$

그림 6-30(a)는 증가형 MOSFET로 구성한 정전류원이다. 트랜지스터 Q_1과 Q_2는 게이트-소스 전압이 같으므로

$$I_{\text{REF}} = k_1(V_{\text{GS}} - V_t)^2 \tag{6-4-20}$$

$$I_{\text{O}} = k_2(V_{\text{GS}} - V_t)^2 \tag{6-4-21}$$

따라서 두 전류의 관계는 다음과 같다.

$$I_{\text{O}} = I_{\text{REF}}\left(\frac{k_2}{k_1}\right) \tag{6-4-22}$$

그리고 Q_2의 드레인에서 들여다 본 출력 저항은 r_d이다. 따라서 직류 및 교류 등가 회로는 그림 6-30의 (b), (c)와 같다.

그림 6-30
(a) FET 전류 거울;
(b) 직류 등가회로;
(c) 교류 등가회로.

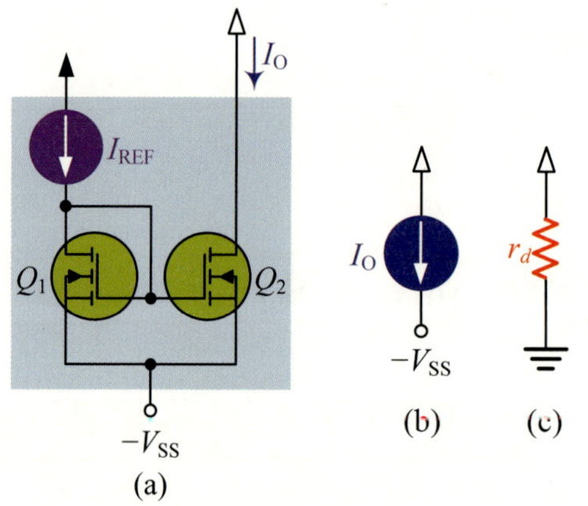

레벨 변환기

그림 6-31은 직류의 수준만 바꾸어주며 교류에는 영향을 주지 않는 레벨 변환기(level shifter)이다. 교류에 영향을 주지 않기 위해 그림과 같이 이미터-폴로어 형태를 취한다. 저항 R과 R_x를 적절히 선정하여 직류 I_x를 적절한 수준으로 정하면 Q의 출력 직류 전압을 0으로 만들 수 있다. 즉

$$V_o = V_i - 0.7 - RI_x = 0 \tag{6-4-23}$$

을 만족하도록 R과 I_x를 잘 선정하면 된다. 그러나 Q는 이미터-폴로어로 행세하지만 저항 R과 R_x에 의한 전압 분배에 의해 교류 전압 이득이 감

그림 6-31
레벨 변환기

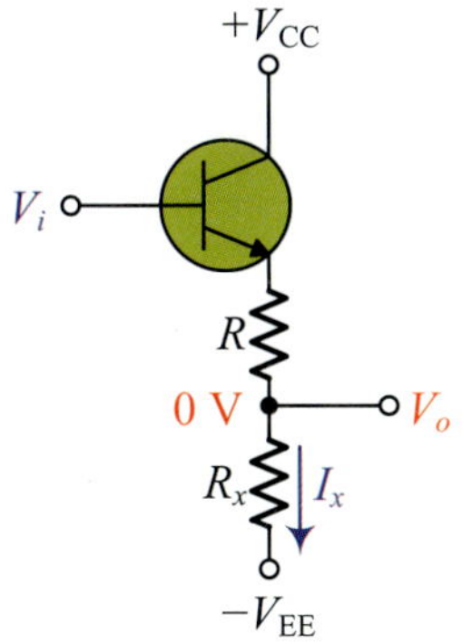

소힐 수 있다. 이에 대한 해결책으로 그림 6 32와 같이 정전류원을 사용하는 것이다. 정전류원은 직류에 대해서는 I_O가

$$V_o = V_i - 0.7 - RI_O = 0 \tag{6-4-24}$$

이 되도록 하며 교류에 대해서는 매우 큰 등가 저항 r_c 역할을 한다.

그림 6-32
(a) 정전류원을 사용한 레벨 변환기;
(b) 등가 회로

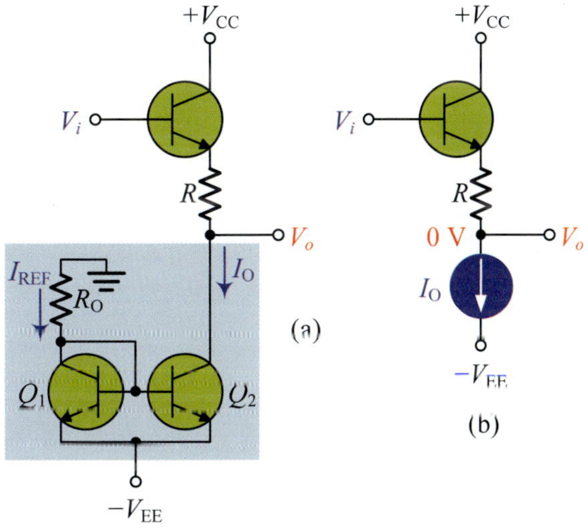

6-5 차동 증폭기

BJT 차동 증폭기

연산 증폭기와 같이 두 입력 전압의 차에 의해 구동되는 증폭기를 차동 증폭기(differential amplifier)라 한다. BJT 차동 증폭기의 기본 구조는 그림 6-33과 같으며 Q_1과 Q_2는 특성이 같게 하여 완전 좌우 대칭을 이루게 한다. 특히 두 트랜지스터는 이미터가 결합되어 있으므로 일명 이미터 결합 쌍(emitter coupled pair; ECP)이라 하기도 하며 두 트랜지스터의 이미터 전압 v_E는 항상 같다. BJT에서는 베이스 전압과 컬렉터 전압은 서로 위상이 반전되므로 그림에서 표시된 방향으로 출력 전압 v_o를 정하면 Q_1의 베이스가 비반전 입력단이 되고 Q_2의 베이스가 반전 입력단이 된다. 두 트랜지스터는 이미터 전압이 같기 때문에 $v_1>v_2$이면 $v_{C1}<v_{C2}$이다. 따라서 $v_o=v_{C2}-v_{C1}>0$가 되어 v_1이 비반전 입력이 된다. 반대로 $v_2>v_1$이면 $v_{C2}<v_{C1}$이므로 $v_o=v_{C2}-v_{C1}<0$가 되어 v_2는 반전 입력이 된다. 그리고 $v_1=v_2$이면 $v_o=0$이다. 이와 같이 그림 6-33의 차동 증폭기는 두 입력 전압의 차에 비례하여 출력 전압이 형성되며 특히 $v_1=v_2$로 두 입력이 같을 경우는 저울이 평형을 이루는 상태와 같으므로 평형(balanced) 차동 증폭기라 한다.

그림 6-33의 직류 회로는 $v_1=v_2=0$으로 하면 그림 6-34(a)와 같다. 회로의 대칭성에 의해 두 트랜지스터의 베이스-이미터 전압이 동일하므로 이미터 전류 I_E도 서로 같고 이미터 저항 R_E에 흐르는 전류는 $2I_E$가 된다.

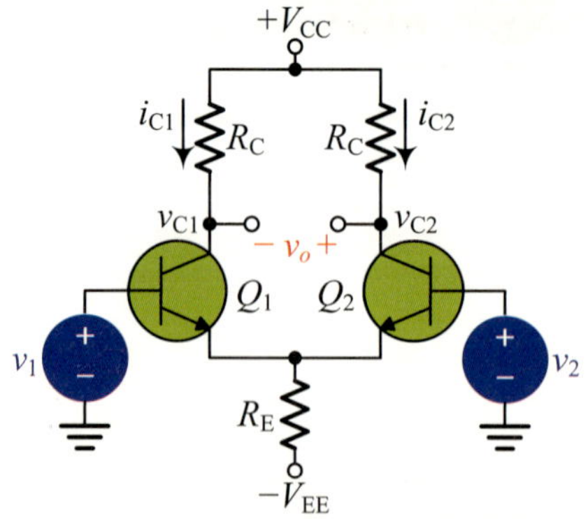

그림 6-33
BJT 차동 증폭기.

그림 6-34
그림 6-33의
(a) 직류 회로;
(b) 등가 회로.

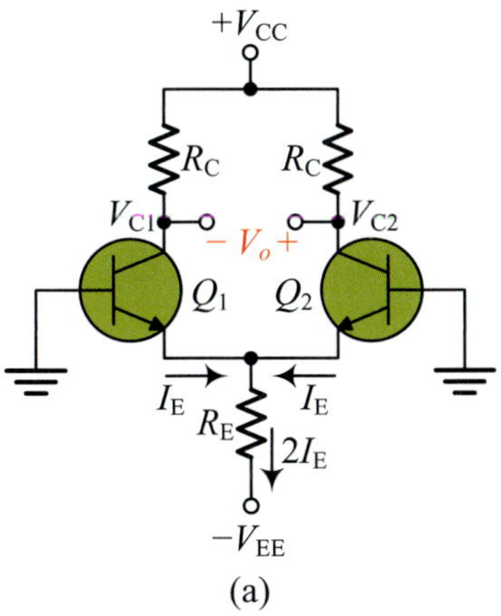

즉 그림 6-34(a)는 그림 (b)와 같이 서로 분리된 형태로 등가하할 수 있으며 이로부터 이미터 전류 I_E는 KVL에 의해 다음과 같이 주어지게 된다.

$$I_E = \frac{V_{EE} - V_\gamma}{2R_E} = \frac{V_{EE} - 0.7}{2R_E} \tag{6-5-1}$$

차동 증폭기의 부하는 그림 6-35와 같이 두 가지로 결합할 수 있다. 먼저 그림 6-35(a)는 그림 6-33에서 설명한 바와 같으며 Q_1과 Q_2의 컬렉터 전압 차를 출력으로 하는 방법이다. 즉 $v_o = v_{C2} - v_{C1}$이다. 이 방법은 $v_1 = v_2$일 때 출력은 $v_o = 0$으로 평형을 이루기 때문에 평형 차동 증폭기라 한다. 그러나 대부분의 경우 부하의 한 쪽 단자를 접지시키는 것이 일반적이지만 그림

그림 6 35
(a) 평형 차동증폭기;
(b) 불평형 차동증폭기.

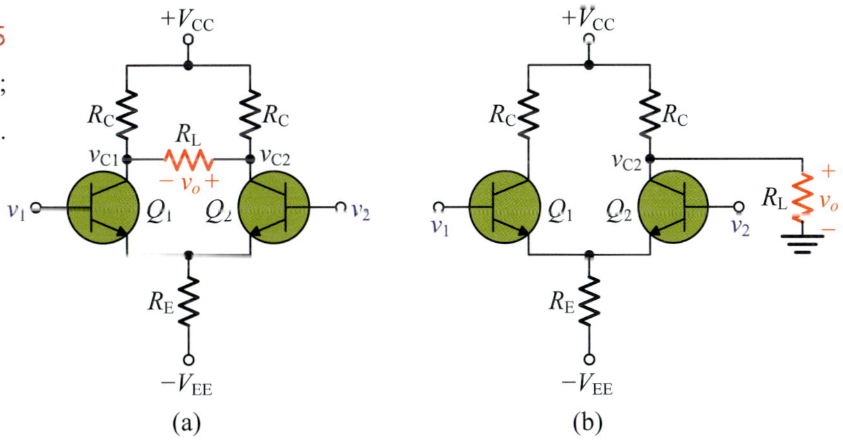

6-35(a) 경우는 부하가 부동 상태이다. 따라서 그림 (b)는 Q_2의 컬렉터를 출력단으로 하여 부하를 접지시킬 수 있도록 한 방법이며(물론 Q_1의 컬렉터를 출력으로 할 수 있다) $v_o=v_{C2}$이다. 이 방법은 부하를 결합하기는 좋으나 $v_1=v_2$일 때도 $v_o\neq 0$으로 평형을 이루지 않기 때문에 **불평형(unbalanced) 차동 증폭기**라 한다. 평형 및 불평형 차동 증폭기는 상황에 따라 선택해 사용할 수 있다.

차동 증폭기는 원칙적으로 두 입력의 차에 의해 구동된다. 따라서 두 입력의 공통 성분과 차의 성분으로 분리해 해석한 다음 중첩시키면 해석이 편리해진다. 두 입력 v_1과 v_2의 공통 성분을 v_a라 하고 차의 성분을 v_d라 하면 다음과 같이 정의된다.

$$v_a = \frac{v_1 + v_2}{2}, \quad v_d = v_1 - v_2 \qquad \textbf{(6-5-2)}$$

따라서 두 입력 v_1과 v_2를 공통 성분 v_a와 차의 성분을 v_d로 나타내면

$$v_1 = v_a + \frac{v_d}{2}, \quad v_2 = v_a - \frac{v_d}{2} \qquad \textbf{(6-5-3)}$$

차동 증폭기가 두 입력의 공통 성분에 의해 구동되는 상태를 **공통 모드**라 하고 차의 성분에 의해 구동되는 상태를 **차동 모드**라 한다. 이제 차동 증폭기의 교류 해석을 공통 모드와 차동 모드로 분리해 간단히 수행하는 방법에 대해 알아본다.

공통 모드

그림 6-35(b)의 불평형 차동 증폭기에 대한 교류 회로 중 공통 모드에 해당하는 것은 그림 6-36(a)이다. 두 트랜지스터의 베이스 전압이 v_a로 같고 이미터 전압도 같으므로 이미터 전류도 i_e로 서로 같다. 따라서 이미터 저항 R_E에 흐르는 전류가 $2i_e$이므로 그림 6-36의 (a)는 (b)와 등가이다. 그림 (b)에서 출력이 연결된 Q_2에 관한 회로만 보인 것이 그림 (c)이며 이는 이미터 저항이 있는 이미터-공통 증폭기의 교류 회로이다. 따라서 임피던스 반사를 이용해 i_e를 구하면 다음과 같음을 알 수 있다(그림 3-3 참조).

$$i_e = \left\{ \frac{\beta + 1}{r_\pi + 2(\beta + 1)R_\text{E}} \right\} v_a \cong \left\{ \frac{\beta}{r_\pi + 2\beta R_\text{E}} \right\} v_a \qquad \textbf{(6-5-4)}$$

따라서 두 컬렉터 전압 $v_{c1}=v_{c2}=-R_C i_e$는

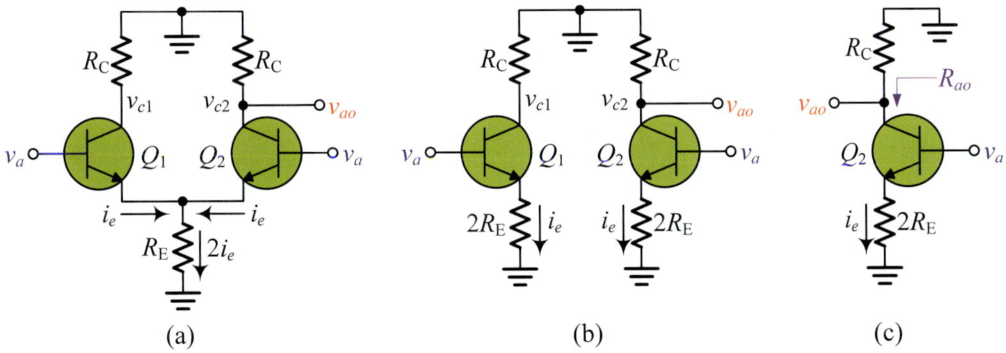

그림 6-36 불평형 차동증폭기의 공통 모드에 대한 (a) 교류회로와 (b) 등가 회로 및 (c) 절반 회로.

$$v_{c1} = v_{c2} = -\left\{\frac{\beta R_C}{r_\pi + 2\beta R_E}\right\}v_a \tag{6-5-5}$$

따라서 불평형 차동 증폭기에서는 공통 모드 출력이 $v_{ao}=v_{c2}$이므로 공통 이득을 $A_a=v_{ao}/v_a$로 정의하면 다음과 같다.

$$A_a = -\frac{\beta R_C}{r_\pi + 2\beta R_E} \quad \text{(불평형)} \tag{6-5-6}$$

그러나 평형 차동 증폭기의 경우는 그림 6-36에서 $v_{ao}=v_{c2}-v_{c1}=0$이므로

$$A_a = 0 \quad \text{(평형)} \tag{6-5-7}$$

그림 6-36(c)에서 불평형 차동 증폭기의 공통 모드에 대한 출력 저항 R_{ao}는 다음과 같다(그림 3-27(a)와 식 (3-6-5) 참조).

$$R_{ao} = r_c\{1 + g_m(r_\pi \| 2R_E)\} \tag{6-5-8}$$

만일 R_{ao}를 고려한다면 식 (6-5-6)에 R_C 대신에 $R_C \| R_{ao}$를 대입한다.

차동 모드

그림 6-35(b)의 교류 회로 중 차동 모드에 대한 회로는 그림 6-37(a)와 같다. 이 경우는 이미터 전압은 공통이지만 Q_1의 베이스 전압은 $v_d/2$이고 Q_2의 베이스 전압은 $-v_d/2$로서 크기는 같고 부호가 반대이다. 따라서 그 중간인 이미터 전압은 $v_e=0$이 될 수밖에 없다. 즉 Q_1의 이미터 전류와 Q_2

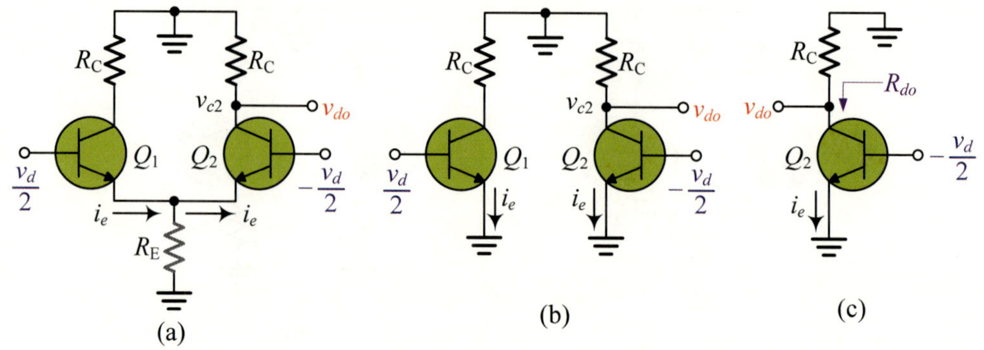

그림 6-37 불평형 차동증폭기의 차동 모드에 대한 (a) 교류회로와 (b) 등가 회로 및 (c) 절반 회로.

의 이미터 전류는 크기는 같지만 방향은 그림에서 표시된 바와 같으므로 저항 R_E에는 전류가 흐르지 않게 된다. 따라서 그림 6-37(a)는 (b)와 등가이며 이미터 저항은 단락된 것과 같으며 그림 (c)는 (b)의 절반 회로이다. 이상으로 우리는 다음과 같은 결론을 얻을 수 있다: 이미터 저항은 공통 모드에서는 각 트랜지스터에 대해 두 배가 되며 차동 모드에서는 단락과 같다. 이를 이용하면 이미터를 통한 두 트랜지스터간의 결합을 풀어버릴 수 있으므로 해석이 간편해진다. 그림 6-37(c)에 대한 해석은 공통 모드인 그림 6-36(c)에 대한 모든 해석 결과에서 R_E=0으로 하고 v_a 대신 $v_d/2$를 대입하면 간단히 구할 수 있다. 따라서 식 (6-5-4)로부터

$$i_e = \frac{\beta}{2r_\pi} v_d \quad \textbf{(6-5-9)}$$

이며 $v_{c2}=-v_{c1}=R_C i_e$이므로

$$v_{c1} = v_{c2} = -\frac{\beta R_C}{2r_\pi} v_d \quad \textbf{(6-5-10)}$$

이상으로 불평형 차동 증폭기의 경우 차동 모드 출력이 $v_{do}=v_{c2}$이므로 차동 이득을 $A_d=v_{do}/v_d$로 정의하면 다음과 같다.

$$A_d = \frac{\beta R_C}{2r_\pi} \quad \text{(불평형)} \quad \textbf{(6-5-11)}$$

그리고 평형 차동 증폭기에 대한 차동 이득은 $v_{do}=v_{c2}-v_{c1}=2v_{c2}$이므로 불평형에 비해 두 배가 된다. 따라서

$$A_d = \frac{\beta R_C}{r_\pi} \quad (\text{평형}) \tag{6-5-12}$$

그리고 출력 저항 R_{do}는 식 (6-5-8)에서 R_E=0으로 하면

$$R_{do} = r_c \tag{6-5-13}$$

로 공통 모드에 비해 낮아진다. 만일 R_{do}를 고려한다면 식 (6-5-12)에 R_C 대신에 $R_C \| r_c$를 대입한다. 이상으로 BJT 차동 증폭기의 공통 및 차동 이득을 종합하면 다음의 표 6-1과 같다.

표 6-1
BJT 차동 증폭기의 이득

	불평형	평형
공통 모드	$A_a = -\frac{\beta R_C}{r_\pi + 2\beta R_E}$	$A_a = 0$
차동 모드	$A_d = \frac{\beta R_C}{2r_\pi}$	$A_d = \frac{\beta R_C}{r_\pi}$

차동 증폭기의 전체 출력은 공통 모드 출력과 차동 모드 출력을 더한 $v_o = v_{ao} + v_{do}$이므로 다음과 같이 표현된다.

$$v_o = A_a v_{ao} + A_d v_{do} \tag{6-5-14}$$

실제로 차동 증폭기에서 원하는 것은 가능한 한 높은 차동 이득이며 공통 이득은 0에 가까울수록 좋다. 따라서 이를 나타내는 지표인 **공통 모드 제거비(common mode rejection ratio; CMRR)**를 다음과 같이 정의한다.

$$\text{CMRR} \equiv \left| \frac{A_d}{A_a} \right| \tag{6-5-15}$$

따라서 표 6-1로부터 불평형 차동 증폭기의 CMRR은 다음과 같다.

$$\text{CMRR} = \frac{r_\pi + 2\beta R_E}{2r_\pi} \tag{6-5-16}$$

물론 평형 차동 증폭기에서는 공통 모드 출력이 없으므로 CMRR=∞이다. 그리고 그림 6-35에서 두 입력단에서 들여다 본 입력 저항 R_i는 R_E를 충분히 크게 하면 다음과 같다.

$$R_i = 2r_\pi \quad (6\text{-}5\text{-}17)$$

스왑핑 이미터-공통 증폭기와 같이 차동 증폭기에서도 그림 6-38(a)와 같이 스왑핑 저항 r_E를 사용하여 증폭기의 안정성을 향상시킨다. 이 회로에 대한 해석은 위의 해석들에서 r_π 대신 $r_\pi+(1+\beta)r_E \cong \beta r_E$를 대입하면 된다. 그러나 일반적으로 $(1+\beta)r_E >> r_\pi$를 만족하도록 하므로 $r_\pi+(1+\beta)r_E \cong \beta r_E$만 대입하면 된다. 그림 6-38(a)에서 이미터 저항 r_E의 또 다른 역할은 두 트랜지스터의 직류 바이어스를 정합시키는 것이다. 즉 이상적인 차동 증폭기가 되기 위해서는 쌍을 이루는 두 트랜지스터의 특성이 완전히 정합되어야 한다. 그러나 완전한 일치가 어려울 경우에는 두 트랜지스터의 이미터 저항 r_E를 다르게 함으로써 균형을 맞출 수 있다. 이는 마치 천칭에서의 영점 조정과 같다. 그림 6-38(b)는 전류 증폭률이 매우 높은 다링턴 쌍을 이용한 차동 증폭기로서 매우 큰 이득과 입력 저항을 얻을 수 있다.

그림 6-38
(a) 스왑핑 차동증폭기;
(b) 다링턴 차동증폭기.

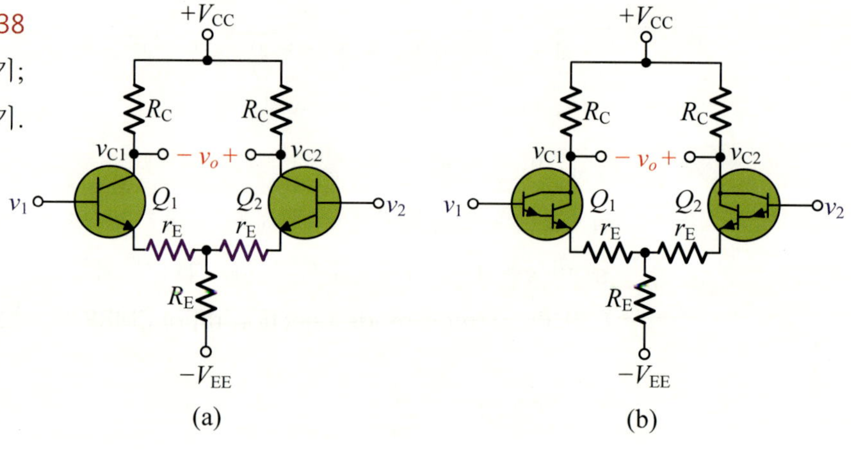

차동 증폭기의 출력 저항을 높이는 방법의 하나가 그림 6-39(a)의 캐스코드 구성을 사용한 차동 증폭기이다. 트랜지스터 Q_1, Q_3 및 Q_2, Q_4가 각각 캐스코드를 이루고 있다. 이는 이 회로의 차동 모드에 대한 절반 회로인 그림 (b)를 보면 명백하게 드러난다. 베이스-공통의 출력 저항을 설명하는 그림 3-26(b)를 참조하면 그림 6-39(b)의 출력 저항은

$$R_{do} = (\beta+1)r_c \quad (6\text{-}5\text{-}18)$$

로 매우 큰 값을 가지게 된다.

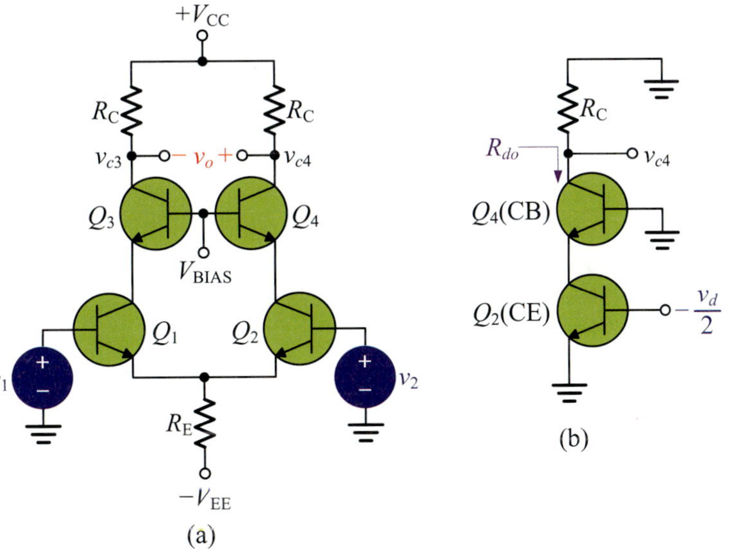

그림 6-39
(a) 캐스코드를 이용한 차동증폭기;
(b) 차동 모드 절반 회로

지금까지의 차동 증폭기 회로는 *npn* 위주로 설명하였다. 그림 6-40은 *pnp* 차동 증폭기 회로를 이해하는 과정을 보여준다. 먼저 앞서 설명하였던 *npn* 차동 증폭기 회로의 상하를 뒤집으면 그림 6-40(a)가 된다. 나아가 모든 전원의 극성을 반대로 함과 동시에 *npn* 트랜지스터를 *pnp* 트랜지스터로 대체하면 그림 (b)의 *pnp* 차동 증폭기 회로를 구할 수 있다.

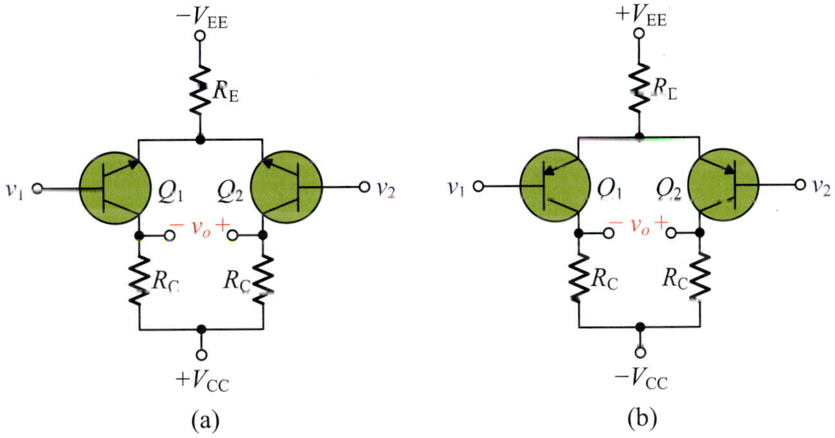

그림 6-40
(a) *npn* 차동증폭기;
(b) *pnp* 차동증폭기.

예제 6-4

그림 6-35의 두 차동 증폭기에서 R_E=4.7 kΩ, R_C=2.2 kΩ, V_{CC}=V_{EE}=10 V, β_o=β=100일 때 각 회로에 대한 공통 이득, 차동 이득, CMRR 및 입력 저항을 구하라.

풀이 이미터 바이어스 전류는 식 (6-5-1)로부터

$$I_E = \frac{V_{EE} - 0.7}{2R_E} = \frac{10 - 0.7}{2 \times 4.7}\,\text{mA} = \mathbf{0.99\ mA}$$

$$r_\pi = \frac{26\ \text{mV}}{I_E} \times (\beta + 1) = \frac{26\ \text{mV}}{0.99\ \text{mA}} \times 101 = \mathbf{2.63\ k\Omega}$$

(a) 그림 6-35(a)에서는 표 (6-1)로부터

$$A_a = \mathbf{0}$$

$$A_d = \frac{\beta R_C}{r_\pi} = \frac{100 \times 2.2}{2.63} \cong \mathbf{84}$$

$$\text{CMRR} = \infty$$

(b) 그림 6-35(b)에서는

$$A_a = -\frac{\beta R_C}{r_\pi + 2\beta R_E} = -\frac{100 \times 2.2}{2.63 + 200 \times 4.7} = \mathbf{-0.23}$$

$$A_d = \frac{\beta R_C}{2r_\pi} = \frac{100 \times 2.2}{2 \times 2.63} \cong \mathbf{42}$$

$$\text{CMRR} = \frac{42}{0.23} \cong \mathbf{181}$$

FET 차동 증폭기

FET는 높은 입력 임피던스란 이점 때문에 연산증폭기의 입력단으로 널리 사용되고 있다. 그림 6-41(a)는 FET 불평형 차동 증폭기이며 (b)는 그 직류 등가 회로로서 바이어스는 자기 바이어스이다. 그림 6-41 회로에 대한 공통 모드 해석은 그림 6-42와 같다. 그림 (a)는 공통 모드 등가회로이며 그 절반 회로인 그림 (b)의 등가 회로가 그림 (c)이다(그림 5-33과 식 (5-7-9) 참조). 즉 출력 저항은

$$R_{ao} = r_d + (\mu + 1)2R_S \tag{6-5-19}$$

그림 6-41
FET 불평형 차동증폭기;
(a) 전체 회로;
(b) 직류 회로.

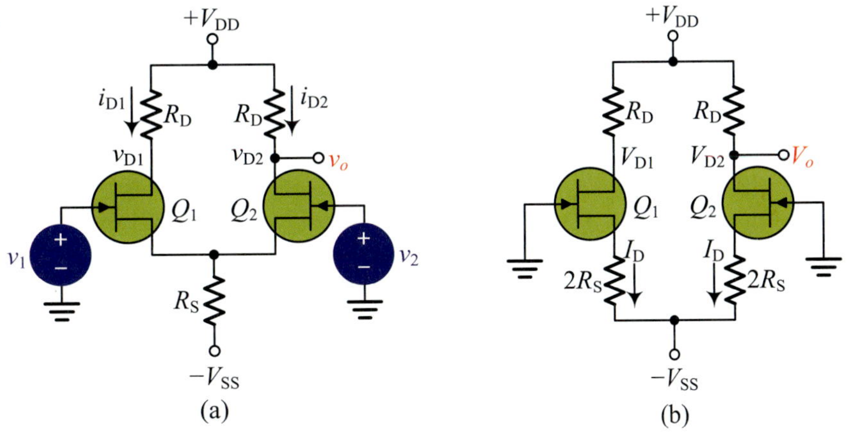

그림 6-42
그림 6-41 증폭기의
(a) 공통 모드
교류회로;
(b) 절반 회로;
(c) 등가 회로.

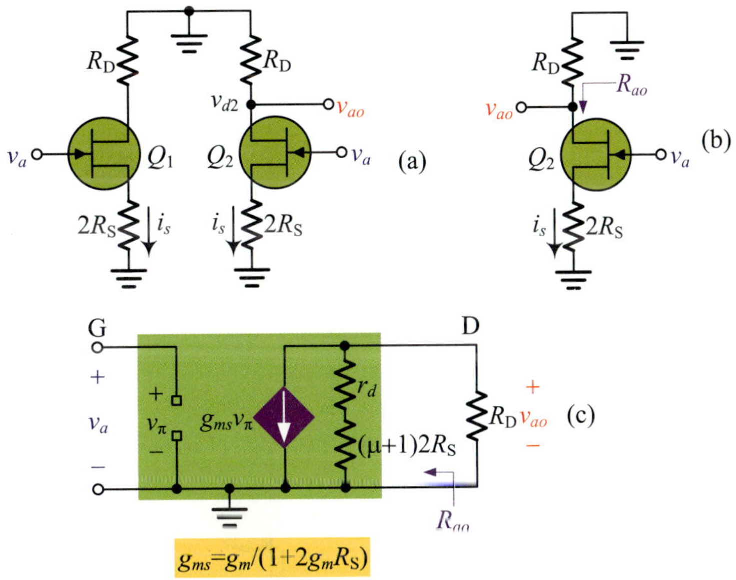

전달컨덕턴스는

$$g_{ms} = \frac{g_m}{1 + 2g_m R_S} \tag{6-5-20}$$

따라서 공통 모드 이득은

$$A_a = -g_{ms}(R_{ao} \| R_D) \tag{6-5-21}$$

이며 여기서 $R_{ao} >> R_D$로 가정하면

$$A_a \cong -g_{ms}R_D = \frac{g_m R_D}{1+2g_m R_S} \quad \text{(불평형)} \tag{6-5-22}$$

차동 모드는 그림 6-43과 같으며 공통 모드에서 R_S=0으로 하고 v_a 대신 $-v_d/2$를 대입하면 되므로 식 (6-5-19)로부터 출력 저항은

$$R_{do} = r_d \tag{6-5-23}$$

그리고 식 (6-5-22)에서 $g_{ms}=g_m$으로 하고 위의 식을 이용하면 차동 모드 전압 이득은

$$A_d = \tfrac{1}{2}g_m(r_d \| R_D) \cong \tfrac{1}{2}g_m R_D \quad \text{(불평형)} \tag{6-5-24}$$

두 식 (6-5-22)와 (6-5-24)로부터 CMRR은 다음과 같다.

$$\text{CMRR} = \frac{1+2g_m R_S}{2} \tag{6-5-25}$$

물론 평형 차동 증폭기인 경우는 공통 이득이 A_a=0이며 차동 이득은 불평형의 두 배이므로 다음과 같다.

$$A_d \cong g_m R_D \quad \text{(평형)} \tag{6-5-26}$$

이상 FET 차동 증폭기의 공통 및 차동 이득을 종합하면 표 6-2와 같다.

그림 6-43
그림 6-41 증폭기의 차동 모드 교류회로

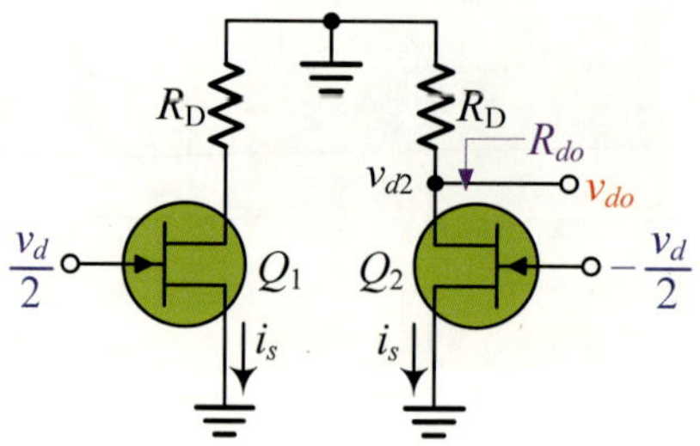

표 6-2
FET 차동 증폭기의 이득

	불평형	평형
공통 모드	$A_a = -\frac{g_m R_D}{1+2g_m R_S}$	$A_a = 0$
차동 모드	$A_d = \frac{1}{2}g_m R_D$	$A_d = g_m R_D$

6-6 차동 증폭기의 직결

차동 증폭기는 연산 증폭기를 이루는 기본 구성 요소이다. 그러나 단일 차동 증폭기로는 충분한 이득을 얻을 수 없으므로 그림 6-44와 같이 여러 단을 직결로 결합한다. 그림 6-44는 전형적인 연산 증폭기의 구성 형태이며 첫 번째 단은 차동 이득과 CMRR이 상대적으로 유리한 평형 차동 증폭기로 하고 두 번째 단은 부하 접속에 유리한 불평형 차동 증폭기로 한다. 그리고 증폭기 출력단과 부하간의 임피던스 정합을 위해 최종적으로 이미터 폴로어를 통해 부하와 결합되게 한다. 특히 이미터 폴로어인 Q_5의 입력 저항이 충분히 높기 때문에 Q_4의 컬렉터에 미치는 부하 효과는 무시할 수 있다. 물론 Q_1은 Q_2와 정합되며 Q_3는 Q_4와 정합되어야 한다.

그림 6-44의 두 차동 증폭기에 대한 공통 모드 등가회로는 그림 6-45와 같다. 평형 차동 증폭단인 Q_1과 Q_2의 입력이 공통 모드이므로 Q_1과 Q_2의 등가 이미터 저항은 $2R_{E1}$이 된다. 그리고 Q_1과 Q_2의 컬렉터 전압이 동일하며 이는 다음 단의 Q_3와 Q_4의 입력이 되므로 Q_3와 Q_4 역시 공통 모드로 동작하게 된다. 따라서 Q_3와 Q_4는 등가 이미터 저항이 r_E+R_{E2}가 된다. 그리고 Q_3와 Q_4의 입력 저항 r_{ai}는 임피던스 반사에 의해

$$r_{ai} = r_{\pi 3} + (r_E + 2R_{E2})\beta_3 \qquad \textbf{(6-6-1)}$$

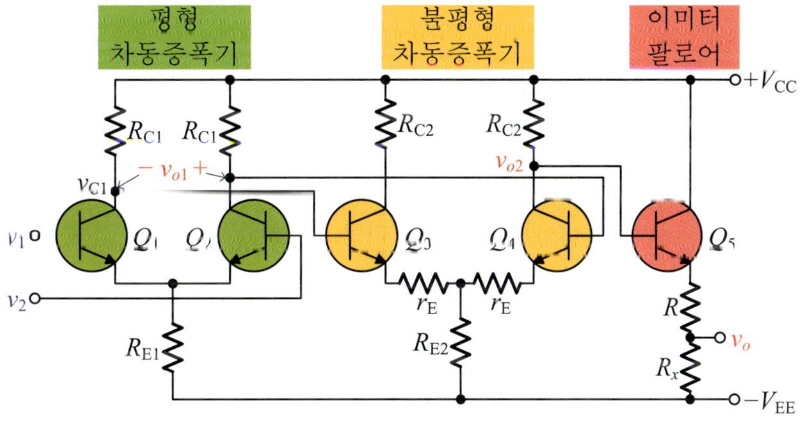

그림 6-44 연산 증폭기의 기본 구성

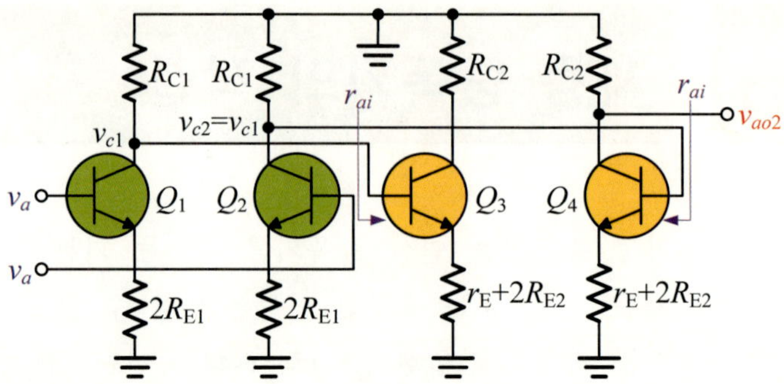

그림 6-45
그림 6-44 회로의 공통 모드 등가회로.

이며 Q_1과 Q_2의 컬렉터에 부하로 작용한다. 따라서 Q_1과 Q_2의 컬렉터 총 저항을 r_{C1}이라 하면 다음과 같다(식 6-5-8 참조).

$$r_{C1} = [r_{c1}\{1 + g_m(r_\pi \| 2R_{E1})\}] \| R_{C1} \| r_{ai} \tag{6-6-2}$$

만일 $r_{c1} >> R_{C1}$이라면 간단히

$$r_{C1} \cong R_{C1} \| r_{ai} \tag{6-6-3}$$

로 근사화할 수 있다. 평형 차동 증폭기 Q_1과 Q_2의 컬렉터 전압 v_{C1}과 v_{C2}는 다음과 같이 주어짐을 알 수 있다.

$$v_{c1} = v_{c2} = -\left(\frac{\beta_1 r_{C1}}{r_{\pi1} + 2\beta_1 R_{E1}}\right) v_a, \quad (r_{C1} \cong R_{C1} \| r_{ai}) \tag{6-6-4}$$

그리고 Q_1과 Q_2의 컬렉터 전압 v_{C1}과 v_{C2}는 다음 단인 Q_3와 Q_4의 공통 입력이 되므로 출력 v_{ao2}는 식 (6-6-4)의 원리와 같이

$$v_{ao2} = -\left(\frac{\beta_3 R_{C2}}{r_{\pi3} + \beta_3(r_E + 2R_{E2})}\right) v_{c1} \tag{6-6-5}$$

로 주어진다($r_{c2} >> R_{C2}$로 가정). 따라서 전체 공통 이득 $A_a = v_{ao2}/v_a$는 위의 두 결과를 곱하면 다음과 같다.

$$A_a = \left(\frac{\beta_1 r_{C1}}{r_{\pi1} + 2\beta_1 R_{E1}}\right)\left(\frac{\beta_3 R_{C2}}{r_{\pi3} + \beta_3(r_E + 2R_{E2})}\right)$$
$$, r_{C1} = R_{C1} \| r_{ai}, \quad r_{ai} = r_{\pi3} + \beta_3(r_E + 2R_{E2}) \tag{6-6-6}$$

다음으로 그림 6-44에 대한 차동 모드 등가회로는 그림 6-46과 같으며 평형 차동 증폭단인 Q_1과 Q_2의 입력이 차동 모드이므로 이미터 저항 R_{E1}이 단락된다. 그리고 Q_1과 Q_2의 컬렉터 전압은 크기가 같고 부호가 반대이며 다음 단인 Q_3와 Q_4의 입력이 된다. 따라서 Q_3와 Q_4 역시 차동 모드로 동작하게 되므로 Q_3와 Q_4의 이미터 저항 R_{E2}도 단락된다. Q_3와 Q_4의 입력 저항 r_{di}는 임피던스 반사에 의해

$$r_{di} = r_{\pi 3} + (\beta_3 + 1)r_E \cong r_{\pi 3} + \beta_3 r_E \tag{6-6-7}$$

이며 Q_1과 Q_2의 컬렉터에 부하로 작용한다. 따라서 Q_1과 Q_2의 컬렉터 총 저항 r_{C1}은

$$r_{C1} = r_{c1} \| R_{C1} \| r_{di} \tag{6-6-8}$$

따라서 평형 차동 증폭기 Q_1과 Q_2에 의한 차동 이득은

$$A_{d1} = \frac{v_{do1}}{v_d} = \frac{\beta_1 r_{C1}}{r_{\pi 1}} \tag{6-6-9}$$

다음 단인 불평형 차동 증폭기 Q_3와 Q_4에 의한 차동 이득은

$$A_{d1} = \frac{v_{do2}}{v_{do1}} = \frac{1}{2} \frac{\beta_3 r_{C2}}{r_{\pi 3} + \beta_3 r_E} \tag{6-6-10}$$

단 Q_3와 Q_4의 컬렉터 총 저항 r_{C2}는

$$r_{C2} = [r_{c3}\{1 + g_m(r_{\pi 3} \| r_E)\}] \| R_{C2} \tag{6-6-11}$$

따라서 전체 차동 이득 $A_d = v_{do2}/v_d$는 위의 두 결과를 곱하면 다음과 같다.

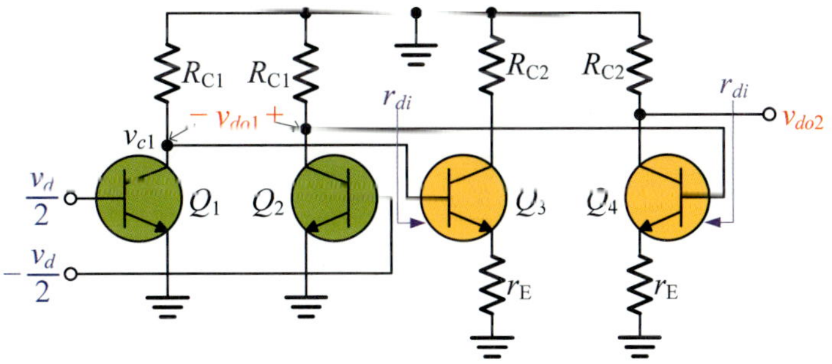

그림 6-46
그림 6-44 회로의 차동 모드 등가회로.

$$A_d = \frac{1}{2}\left(\frac{\beta_1 r_{C1}}{r_{\pi 1}}\right)\left(\frac{\beta_3 r_{C2}}{r_{\pi 3} + \beta_3 r_E}\right)$$
$$, r_{C1} = r_{c1} \| R_{C1} \| r_{di}, \quad r_{C2} = [r_{c3}\{1 + g_m(r_{\pi 3} \| r_E)\}] \| R_{C2} \qquad \text{(6-6-12)}$$
$$, r_{di} = r_{\pi 3} + \beta_3 r_E$$

보통의 경우처럼 $r_{c1} >> R_{C1}$, $r_{c3} >> R_{C2}$이라면

$$r_{C1} \cong R_{C1} \| r_{di}, \quad r_{C2} \cong R_{C2}$$

로 근사화한다.

예제 6-5

그림 6-47의 2단 차동 증폭기에서 모든 트랜지스터 특성은 동일하며 $\beta_o = \beta = 100$이다.
(a) 그림에 표시된 직류를 증명하라. 단 모든 베이스 전류는 상대적으로 무시한다.
(b) 공통 이득과 차동 이득 및 CMRR을 구하라(단 모든 r_c는 무한대로 간주한다).

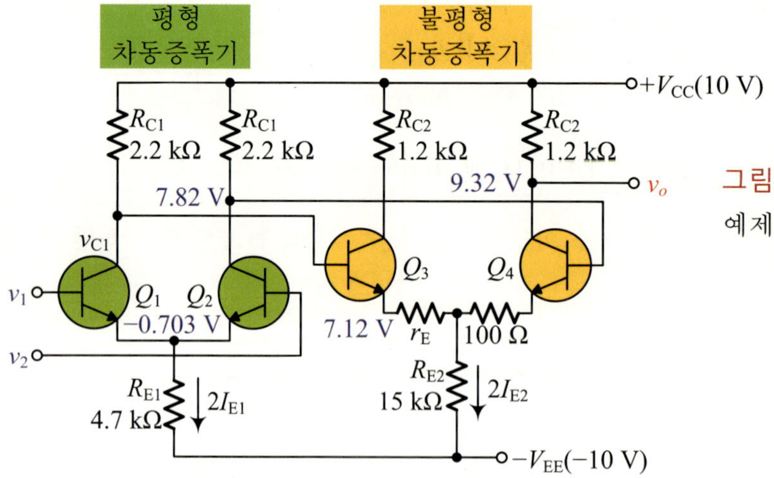

그림 6-47
예제 6-5의 그림.

풀이

(a) Q_1과 Q_2의 컬렉터 및 이미터 바이어스 전류는

$$I_{C1} \cong I_{E1} = \frac{V_{EE} - 0.7}{2R_{E1}} = \frac{10 - 0.7}{2 \times 4.7} \text{mA} = \mathbf{0.99\ mA}$$

Q_1과 Q_2의 컬렉터 전압은

$$V_{C1} = V_{C2} = V_{CC} - I_{C1}R_{C1} = 10 - (0.99 \times 10^{-3})(2.2 \times 10^{3}) = \mathbf{7.824\ V}$$

Q_3와 Q_4의 이미터 전압은

$$V_{E4} = V_{E3} = V_{C2} - 0.7 = 7.824 - 0.7 = \mathbf{7.124\ V}$$

따라서 Q_3와 Q_4의 이미터 전류 I_{E2}는

$$I_{E2} = \frac{V_{E3} + V_{EE}}{r_E + 2R_{E2}} = \frac{17.124}{30.1} \text{mA} = \mathbf{0.569\ mA}$$

출력 전압인 Q_4의 컬렉터 전압은

$$V_{C4} = V_{CC} - R_{C2}I_{E2} = 10 - 1.2 \times 0.569 = \mathbf{9.317\ V}$$

(b) Q_1과 Q_2의 입력 저항을 $r_{\pi1}$이라 하고 Q_3와 Q_4의 입력 저항을 $r_{\pi3}$라 하면

$$r_{\pi1} = \frac{26\text{ mV}}{I_{E1}} \times (\beta + 1) = \frac{26\text{ mV}}{0.989\text{ mA}} \times 101 = \mathbf{2.63\ k\Omega}$$

$$r_{\pi3} = \frac{26\text{ mV}}{I_{E3}} \times (\beta + 1) = \frac{26\text{ mV}}{0.569\text{ mA}} \times 101 = \mathbf{4.57\ k\Omega}$$

공통 이득은 식 (6-6-6)으로부터 다음 과정을 거쳐 구한다.

$$r_{ai} = r_{\pi3} + \beta_3(r_E + 2R_{E2}) = 4.57 + 100 \times 30.1 \cong \mathbf{3\ M\Omega}$$

$$r_{C1} = R_{C1} \| r_{ai} = 2.2\text{ k}\Omega \| 3\text{ M}\Omega \cong \mathbf{2.2\ k\Omega}$$

$$r_{C2} \cong R_{C2}$$

$$\therefore A_a = \left(\frac{\beta_1 r_{C1}}{r_{\pi1} + 2\beta_1 R_{E1}}\right)\left(\frac{\beta_3 R_{C2}}{r_{\pi3} + \beta_3(r_E + 2R_{E2})}\right)$$

$$= \left(\frac{100 \times 2.2}{2.63 + 200 \times 4.7}\right)\left(\frac{100 \times 1.2}{4.57 + 100 \times 30.1}\right)$$

$$= \mathbf{0.0091}$$

차동 이득은 식 (6-6-12)로부터 다음 과정을 거쳐 구한다.

$$r_{di} = r_{\pi 3} + (\beta_3 + 1) r_E = 4.57 + 101 \times 0.1 = \mathbf{14.67\ k\Omega}$$
$$r_{C1} = R_{C1} \| r_{di} = 2.2\ k\Omega \| 4.67\ k\Omega \cong \mathbf{1.91\ k\Omega}$$
$$r_{C2} \cong R_{C2}$$

$$\therefore A_d = \frac{1}{2}\left(\frac{\beta_1 r_{C1}}{r_{\pi 1}}\right)\left(\frac{\beta_3 R_{C2}}{r_{\pi 3} + \beta_3 r_E}\right)$$
$$= \frac{1}{2} \times \left(\frac{100 \times 1.91}{2.63}\right)\left(\frac{100 \times 1.2}{4.57 + 100 \times 0.1}\right)$$
$$= \mathbf{297}$$

이상으로

$$\text{CMRR} = \frac{297}{0.0091} = \mathbf{32{,}637}$$

6-7 정전류원과 능동부하

BJT 불평형 차동 증폭기에 레벨 변환기(그림 6-31 참조)를 결합한 그림 6-48에서 차동 이득과 CMRR은 다음과 같다.

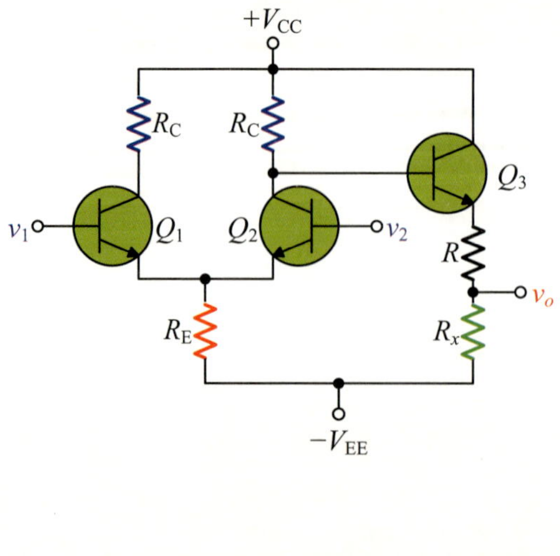

그림 6-48
레벨 변환기와 결합한 불평형 차동 증폭기.

$$A_d = \frac{\beta R_C}{2r_\pi}, \quad \text{CMRR} = \frac{r_\pi + 2\beta R_E}{2r_\pi} \tag{6-7-1}$$

위의 식으로부터 우리가 바라는 바대로 차동 이득을 크게 하기 위해서는 R_C가 클수록 유리하며 CMRR을 크게 하기 위해서는 R_E가 클수록 유리함을 알 수 있다. 그리고 이미터-폴로어인 레벨 변환기의 저항 R_x 역시 클수록 유리하다. 그러나 위의 요구는 교류에 대한 것이며 이를 만족시키기 위해서는 직류가 희생되어야 한다. 즉 저항 R_C와 R_E가 증가하면 트랜지스터 Q_1과 Q_2가 쉽게 포화되며 R_x가 증가하면 트랜지스터 Q_3가 쉽게 포화돼 버린다. 따라서 직류 바이어스에는 영향을 주지 않으면서 저항 R_C와 R_E 및 R_x를 교류에 대해서만 증가시킨 효과를 얻을 수 있는 방법이 필요하다. 직류와 교류에 대한 두 조건을 동시에 만족시켜줄 수 있는 것이 바로 정전류원이다. 즉 정전류원은 직류에 대해서는 안정된 전류를 제공하는 전류원 역할을 하면서 동시에 교류에 대해서는 매우 큰 저항으로 작용하기 때문이다.

그림 6.48에서 저항 R_C와 R_E 및 R_x를 정전류원으로 대체하면 그림 6-49(a)와 같다. 그림 (a)에서 각 트랜지스터들의 바이어스 전류는 주어진 정전류원에 의해 결정되며 이에 맞추어 각 바이어스 전압이 정해진다. 한편 교류에 대해서는 각 정전류원이 하나의 등가 저항으로 행세하므로 교류 등가회로는 그림 6-49(b)와 같다. 따라서 직류에 대해서는 영향을 주지

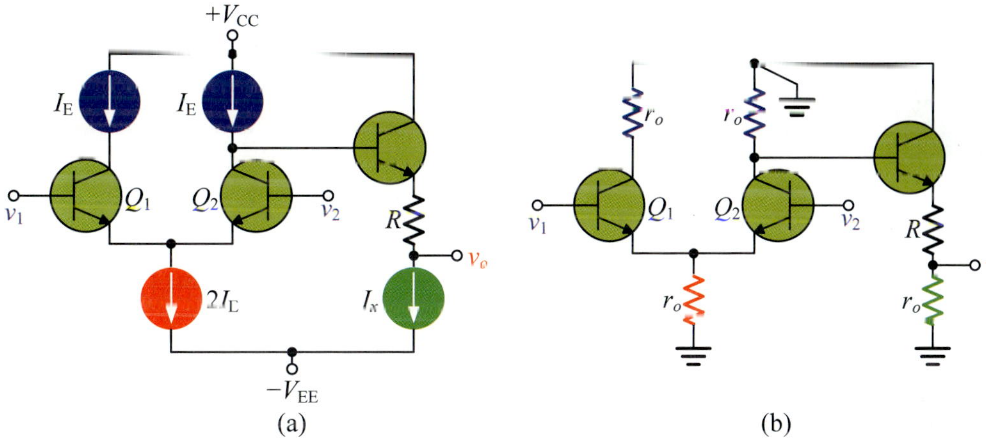

그림 6-49 (a) 정전류원을 사용한 차동 증폭기와 (b) 교류 등가회로

않으면서 교류에 대해서는 R_C와 R_E 및 R_x를 증가시킨 효과를 얻을 수 있다. 컬렉터 저항 R_C를 대신하는 정전류원을 능동 부하(active load)라 한다.

그림 6-50(a)는 이미터 저항 R_E와 두 컬렉터 저항 R_C를 정전류원으로 대체한 것이며 그림 (b)는 개요도이다. 정전류원 Q_3, Q_4는 일정한 직류를 제공하는 정전류원 바이어스 기능을 한다. 그리고 능동 부하 전류원인 Q_5, Q_6, Q_7은 이중 전류 거울을 형성하고 있으며 $I_{O2}=I_{O1}/2$이 되게 하여야 한다. 전류 I_{O1}과 I_{O2}는 각각 다음과 같다.

$$I_{O1}=\frac{V_{CC}+V_{EE}-0.7}{R_{O1}},\quad I_{O2}=\frac{V_{CC}+V_{EE}-0.7}{R_{O2}} \tag{6-7-2}$$

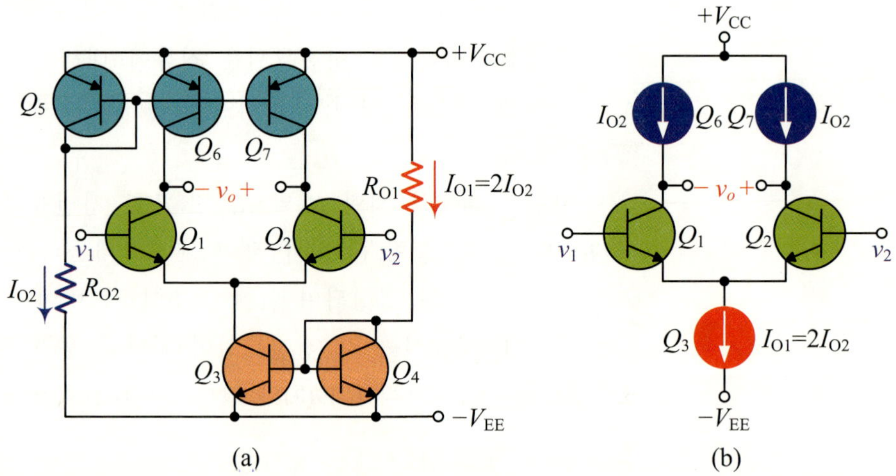

그림 6-50
(a) 정전류원 바이어스와 능동 부하를 사용한 회로; (b) 개요도.

예제 6-6

그림 6-51(a)의 2단 차동 증폭기에서 모든 트랜지스터의 전류 증폭률은 $\beta_o=\beta=100$으로 동일하며 Q_5, Q_6, Q_7, Q_8만 $r_c=100\ \text{k}\Omega$으로 한다(나머지는 무한대로 가정).

(a) 직류를 해석하라. 단 모든 베이스 전류는 상대적으로 무시한다.

(b) 공통 이득과 차동 이득 및 CMRR을 구하라.

풀이

(a) 먼저 Q_5, Q_6, Q_7, Q_8이 이루고 있는 전류 거울의 전류를 구하면

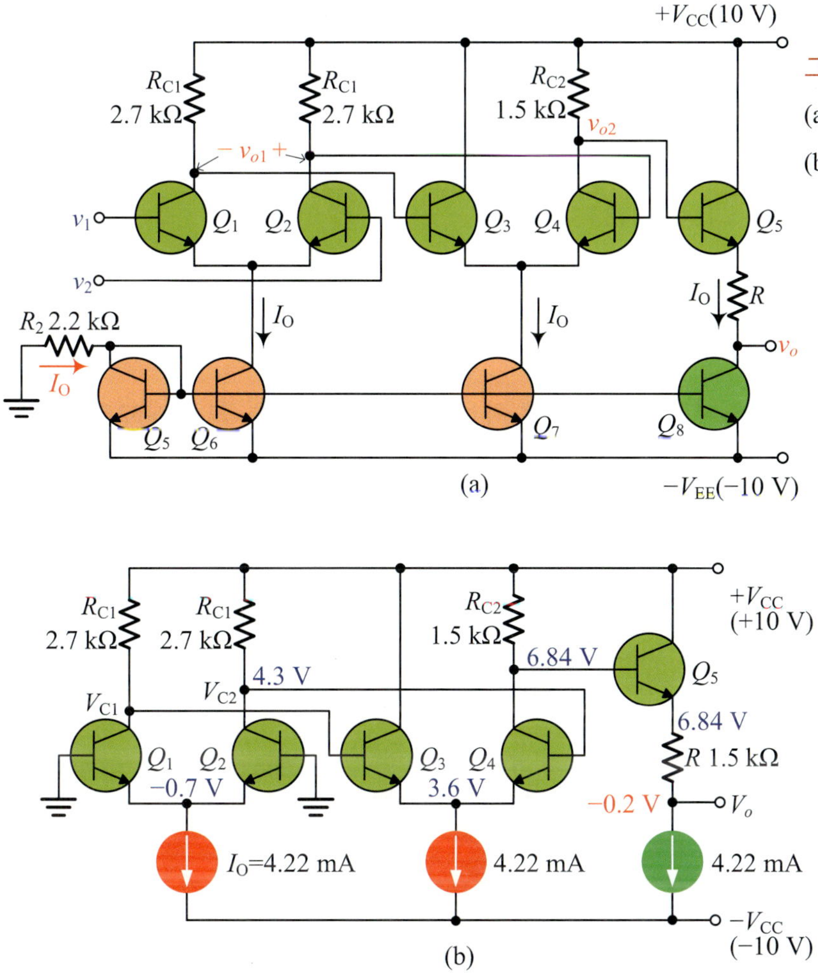

그림 6-51

(a) 예제 6-6 그림;

(b) 개요도.

$$I_O = \frac{V_{EE} - 0.7}{R_2} = \frac{9.3}{2.2}\text{mA} = \mathbf{4.22\ mA}$$

따라서 Q_1, Q_2, Q_3, Q_4의 이미터 바이어스 전류는 $I_O/2$=2.11 mA이다. 그림 6-51(a)의 개요도는 그림 (b)와 같으며 표시된 전압, 전류는 바이어스 값이다. 이들을 증명하면 다음과 같다.

$$V_{C1} = V_{C2} = V_{CC} - R_{C1}(I_O/2) = 10 - 2.7 \times 2.11 \cong \mathbf{4.3\ V}$$

$$V_{E3} = V_{C2} - 0.7 = 4.3 - 0.7 = \mathbf{3.6\ V}$$

$$V_{C4} = V_{CC} - R_{C2}(I_O/2) = 10 - 1.5 \times 2.11 \cong \mathbf{6.84\ V}$$
$$V_{E9} = V_{C4} - 0.7 = 6.84 - 0.7 = \mathbf{6.14\ V}$$
$$V_o = V_{E9} - RI_O = 6.14 - 1.5 \times 4.22 \cong \mathbf{-0.2\ V}$$

(b) Q_1, Q_2, Q_3, Q_4의 바이어스 전류가 동일하므로 베이스-이미터 저항은

$$r_\pi = \frac{26\ \text{mV}}{2.11\ \text{mA}} \times 100 = \mathbf{1.23\ k\Omega}$$

그리고 평형 및 불평형 차동 증폭기의 교류에 대한 이미터 저항은 모두

$$R_E = r_c = \mathbf{100\ k\Omega}$$

이상으로 그림 6-51의 공통 모드 및 차동 모드 등가회로는 그림 6-52의 (a), (b)와 같다.

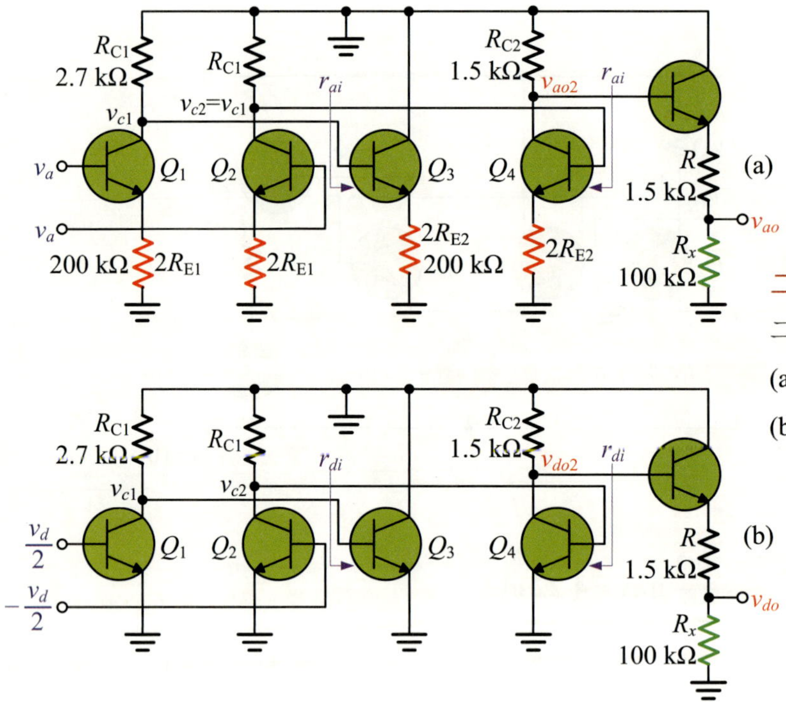

그림 6-52
그림 6-51에 대한
(a) 공통 모드 회로;
(b) 차동 모드 회로.

<공통 모드 해석>

그림 6-52(a)의 해석은 식 (6-6-6)으로부터 다음과 같다(r_E=0).

$$r_{ai} = r_\pi + 2\beta R_{E2} = 1.23 + 200 \times 100 \cong \mathbf{20\ M\Omega}$$
$$r_{C1} = R_{C1} \| r_{ai} = 2.7\ \text{k}\Omega \| 20\ \text{M}\Omega \cong \mathbf{2.7\ k\Omega}$$

$$\therefore A_a = \left(\frac{\beta r_{C1}}{r_\pi + 2\beta R_{E1}}\right)\left(\frac{\beta R_{C2}}{r_\pi + 2\beta R_{E2})}\right) = \frac{10^4 \times 2.7 \times 1.5}{(1.23 + 200 \times 100)^2} = \mathbf{10^{-4}}$$

<차동 모드 해석>

그림 6-52(b)의 해석은 식 (6-6-12)로부터 다음과 같다(r_E=0).

$$r_{di} = r_\pi = \mathbf{1.23\ k\Omega}$$

$$r_{C1} = R_{C1} \| r_{di} = 2.7\ \text{k}\Omega \| 1.23\ \text{k}\Omega \cong \mathbf{0.845\ k\Omega}$$

$$\therefore A_d = \frac{1}{2}\left(\frac{\beta r_{C1}}{r_\pi}\right)\left(\frac{\beta R_{C2}}{r_\pi}\right) = \frac{10^4 \times 0.845 \times 1.5}{2 \times 1.23^2} = \mathbf{4215}$$

이상으로 CMRR은 다음과 같다.

$$\text{CMRR} = \left|\frac{A_d}{A_a}\right| = \frac{4215}{10^{-4}} = \mathbf{4.215 \times 10^7}$$

레벨 변환기인 이미터-폴로어는 이미터 저항이 매우 크므로 부하 영향을 무시하였다.

FET는 입력 임피던스가 매우 높으며 잡음 특성이 좋아 증폭기의 입력단으로 많이 사용된다. 그림 6-53(a)는 n-채널 증가형 MOSFET 차동 증폭기에 p-채널 MOSFET로 정전류원을 구성한 회로이다. 그리고 FET는 게이트

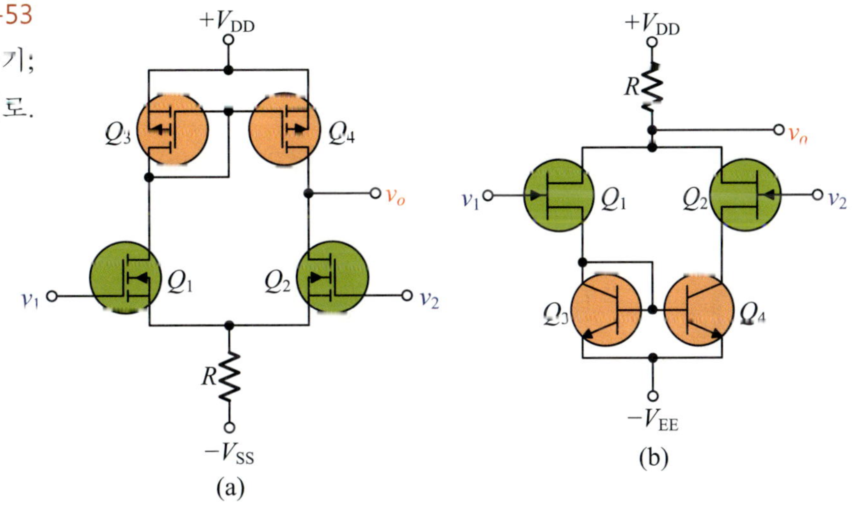

그림 6-53
(a) FET 차동 증폭기;
(b) BiFET 회로.

에 전류가 흐르지 않기 때문에 FET를 차동 증폭기의 입력단으로 하면 바이어스 전류에 의한 문제가 없어진다. FET의 이러한 장점과 BJT를 결합한 형태가 그림 6-53(b)이다. 이 회로는 동일 칩 상에 BJT(Bi)와 FET를 서로 양립해서 제조하므로 BiFET 회로라 한다.

6-8 매트랩

BJT 차동 증폭기

BJT 차동 증폭기는 그림 6-54에 맞추어 bjtD.m을 실행한다.

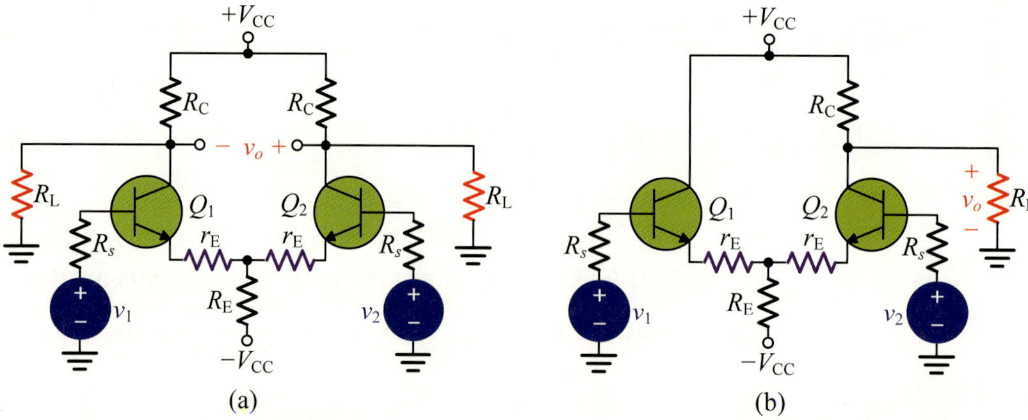

그림 6-54 BJT 차동 증폭기: (a) 평형; (b) 불평형.

```
function  Av=bjtD(Tspec, Rbias, Rext, type)
% [BJT 차동 증폭기]
% <입력 변수>
%      Tspec=[beta, rpi, rc]; 트랜지스터 사양
%      Rbias=[RC, RE, rE]; 바이어스 저항(k Ohm)
%      Rext=[Rs, RL]; 외부 결합 저항(k Ohm)
%      type='b'; 평형 차동 증폭기
%           ='u'; 불평형 차동 증폭기
```

```
% <출력 변수>
%     Av=[Aa, Ad, CMRR]; 공통 이득 Aa, 차동 이득 Ad, CMRR
beta=Tspec(1); rpi=Tspec(2); rc=Tspec(3);
RC=Rbias(1); RE=Rbias(2); rE=Rbias(3);
Rs=Rext(1); RL=Rext(2);
% 교류 해석
gm=beta/rpi;  % 전달컨덕턴스
Ria=rpi+(2*RE+rE)*(beta+1);  % 입력 저항(공통 모드)
Rid=rpi+rE*(beta+1);         % 입력 저항(차동 모드)
rca=rc*(1+gm*rpi*(2*RE+rE)/(rpi+2*RE+rE));
rcd=rc*(1+gm*rpi*rE/(rpi+rE));
Roa=rca*RC/(rca+RC);         % 출력 저항(공통 모드)
Rod=rcd*RC/(rcd+RC);         % 출력 저항(차동 모드)
% 불평형 전압 이득
Aa=-beta*Roa*RL/((Rs+Ria)*(Roa+RL));     % 공통 이득
Ad=0.5*beta*Rod*RL/((Rs+Rid)*(Rod+RL));  % 차동 이득
% 평형 전압 이득
if  type=='b'   Aa=0;   Ad=2*Ad;   end
Av=[Aa, Ad, abs(Ad/Aa)];  % 출력 변수
```

예제 M6-1

예제 6-4의 교류 해석을 bjt.m으로 실행해 보자.

$\beta=100,\ r_\pi=2.63\ \text{k}\Omega,\ r_c=\infty$

및

$R_C=2.2\ \text{k}\Omega,\ R_E=4.7\ \text{k}\Omega,\ r_E=0,$

$R_s=0,\ R_L=\infty$

이므로 불평형 차동 증폭기 특성은

```
>> Av=bjtD([100, 2.63, 1/eps], [2.2, 4.7, 0], [0, 1/eps], 'u')
Av=
   -0.2311     41.8251     180.9943
```

즉 공통 이득은 −0.23, 차동 이득은 42, CMRR은 181이다.

평형 차동 증폭기 특성은

```
>> Av=bjtD([100, 2.63, 1/eps], [2.2, 4.7, 0], [0, 1/eps], 'b')
Av=
      0    83.65    inf
```

즉 공통 이득은 0, 차동 이득은 83.65, CMRR은 ∞이다.

FET 차동 증폭기

FET 차동 증폭기는 그림 6-55에 맞추어 fetD.m을 실행한다.

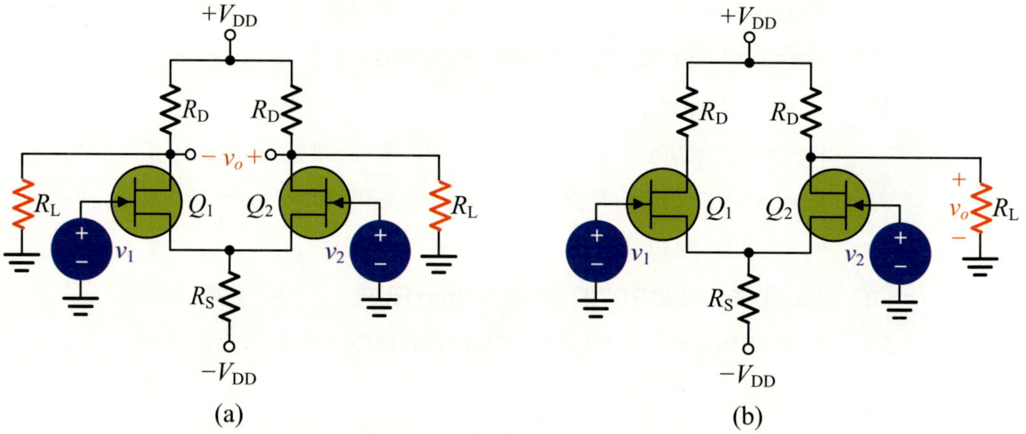

그림 6-55 FET 차동 증폭기: (a) 평형; (b) 불평형.

```
function  Av=fetD(Tspec, Rbias, RL, type)
% [FET 차동 증폭기]
% <입력 변수>
%     Tspec=[gm, rd]; 트랜지스터 사양
%     Rbias=[RD, RS]; 바이어스 저항
%     RL; 부하 저항
%     type='b'; 평형 차동 증폭기
%          ='u'; 불평형 차동 증폭기
% <출력 변수>
%     Av=[Aa, Ad, CMRR]; 공통 이득 Aa, 차동 이득 Ad, CMRR
```

```
gm=Tspec(1);   rd=Tspec(2);
RD=Rbias(1);   RS=Rbias(2);
% 교류 해석
mu=gm*rd;
gma=gm/(1+2*gm*RS);        % 전달컨덕턴스(공통 모드)
gmd=gm;                    % 전달컨덕턴스(차동 모드)
roa=rd+2*(mu+1)*RS;
Roa=roa*RD/(roa+RD);       % 출력 저항(공통 모드)
Rod=rd*RD/(rd+RD);         % 출력 저항(차동 모드)
% 불평형 전압 이득
Aa=-gma*Roa*RL/(Roa+RL);      % 공동 이득
Ad=0.5*gmd*Rod*RL/(Rod+RL);   % 차동 이득
% 평형 전압 이득
if  type=='b'  Aa=0;  Ad=2*Ad;  end
Av=[Aa, Ad, abs(Ad/Aa)]; % 출력 변수
```

연습 문제

6-1 연산 증폭기에서 가상 단락의 개념에 대해 설명하라.

6-2 그림 P6-2의 반전 증폭기에서 전압 이득을 구하라.

그림 P6-2

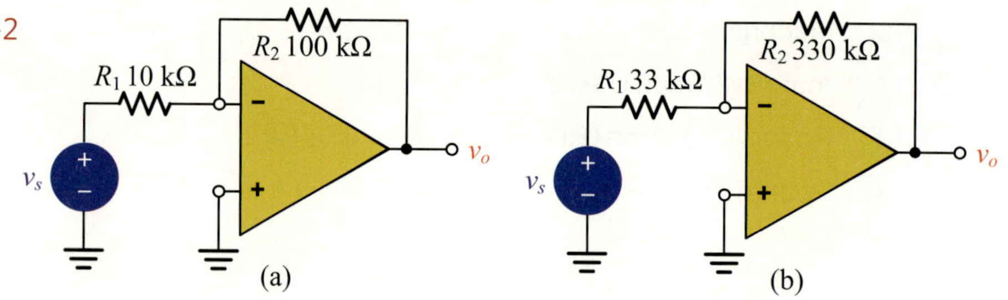

6-3 그림 P6-3의 반전 증폭기에서 전류 i_1, i_2 및 출력 v_o를 구하라.

6-4 그림 P6-4는 그림 P6-3에서 22 kΩ의 부하를 연결한 경우이다. 그림에 표시된 각 전류 및 출력 v_o를 구하라.

그림 P6-3

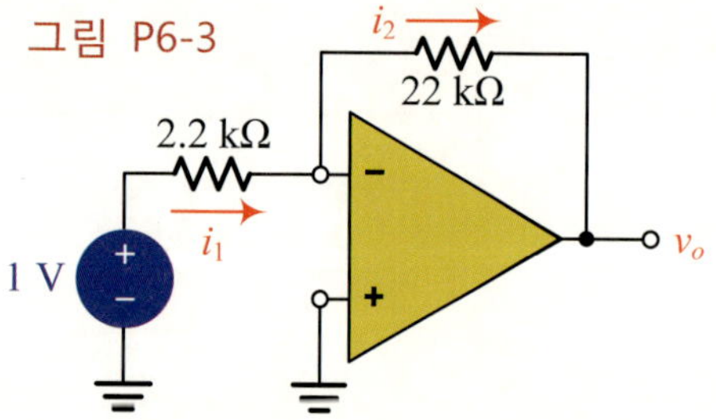

그림 P6-4

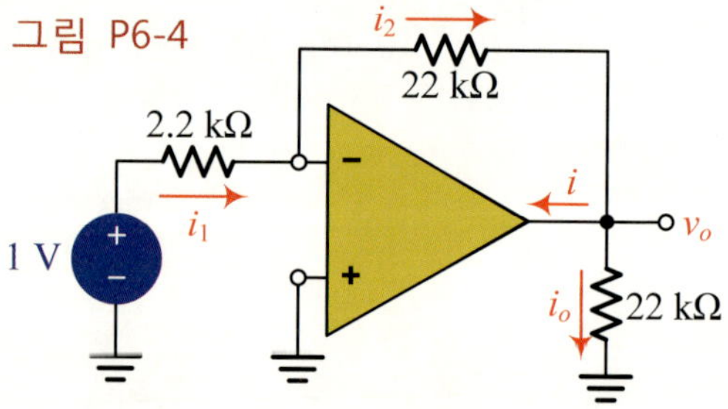

6-5 그림 P6-5에서 전압 이득 A_v를 그림에 표시된 바와 같이 하고자 할 때 저항 R_2를 구하라.

그림 P6-5

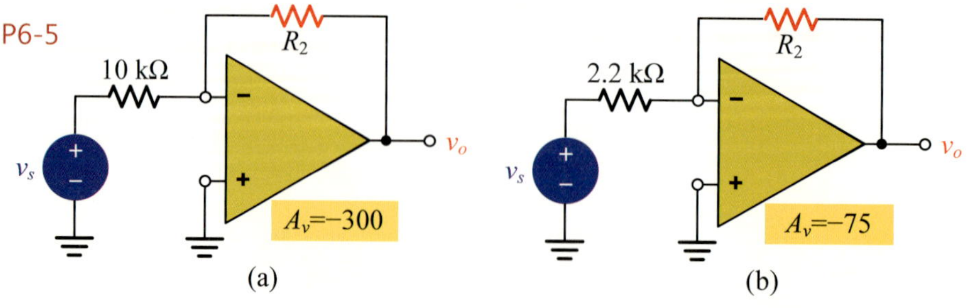

6-6 그림 P6-6의 각 반전 증폭기에서 입력 저항과 출력 저항을 구하라.

그림 P6-6

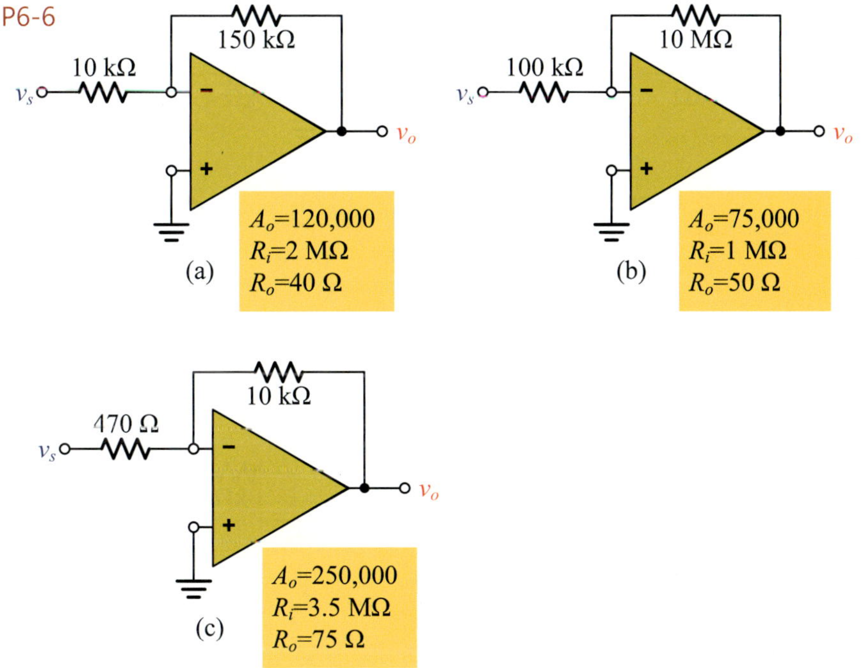

6-7 그림 P6-7의 각 비반전 증폭기에 대한 전압 이득을 구하라.

그림 P6-7

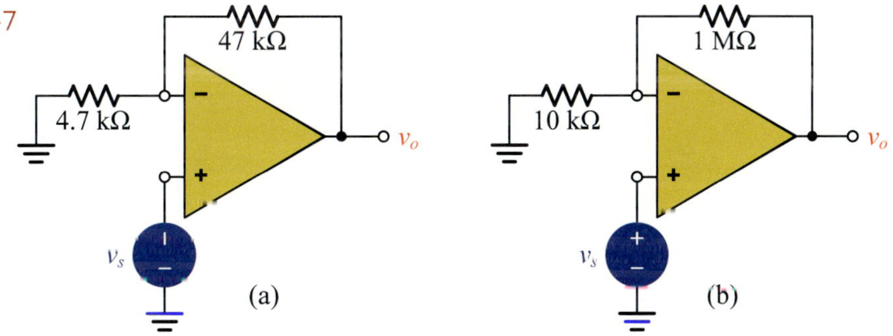

6-8 그림 P6-8에서 전압 이득 A_v를 그림에 표시된 바와 같이 하고자 할 때 저항 R_2를 구하라.

6-9 그림 P6-9의 각 비반전 증폭기에서 입력 저항과 출력 저항을 구하라.

6-10 그림 P6-10의 각 단위-이득 폴로어에 대한 입력 및 출력 저항을 구하라.

6-11 그림 P6-11에서 각 증폭기의 출력 전압을 구하라.

그림 P6-8

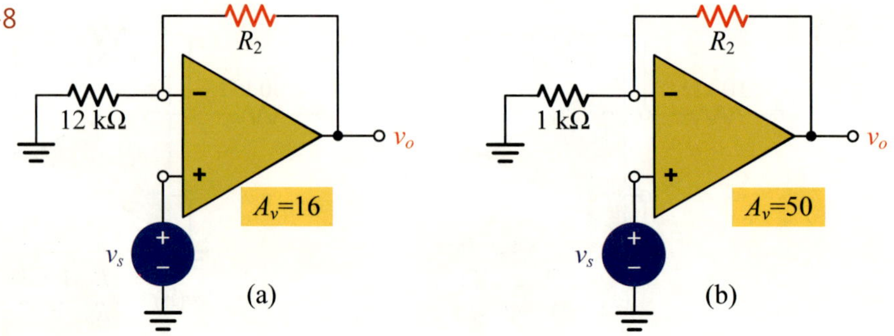

그림 P6-9

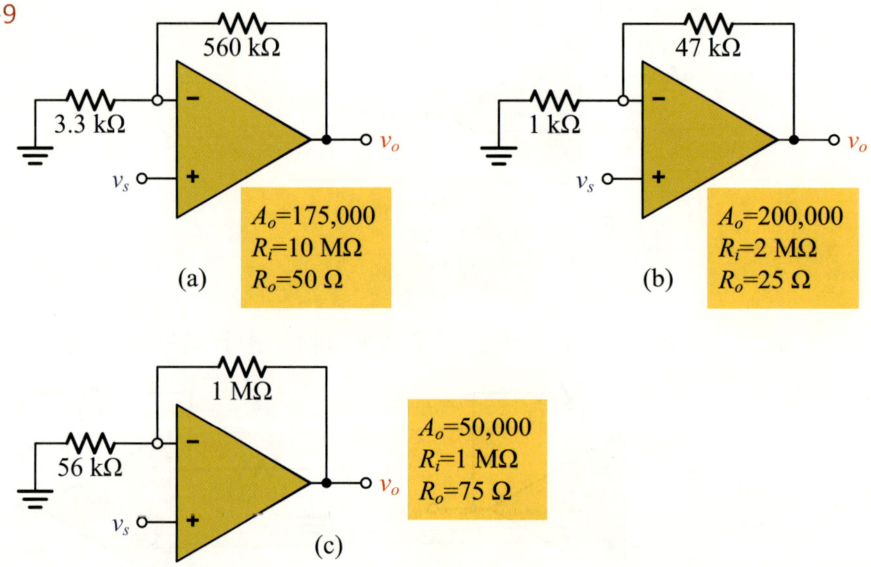

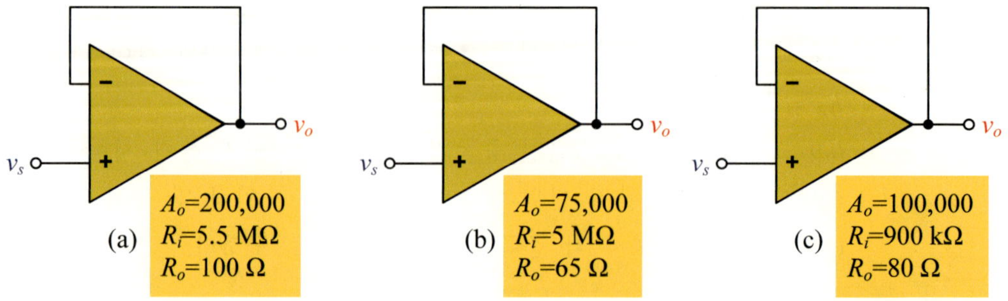

그림 P6-10

그림 P6-11

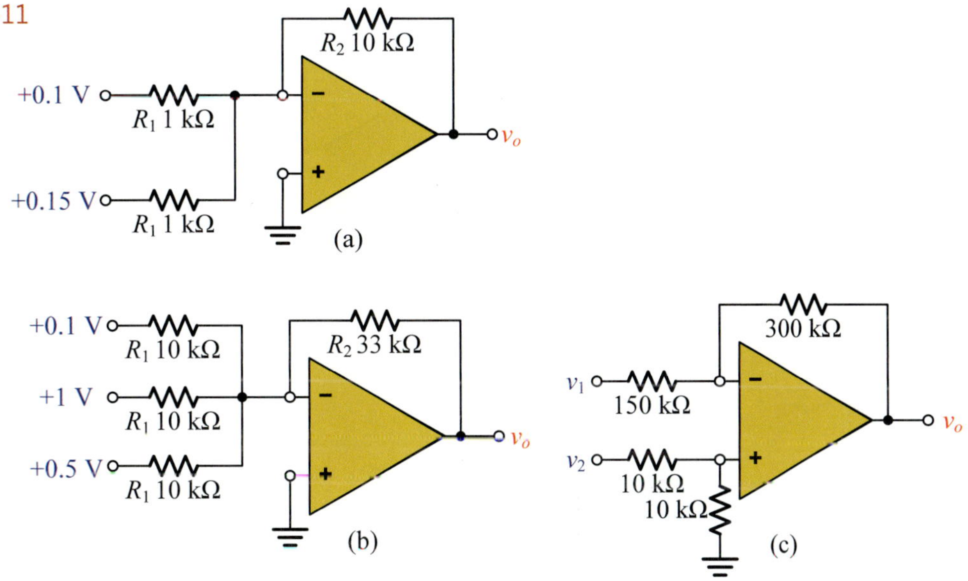

6-12 그림 P6-12의 회로에서 입력과 출력의 관계를 구하라.

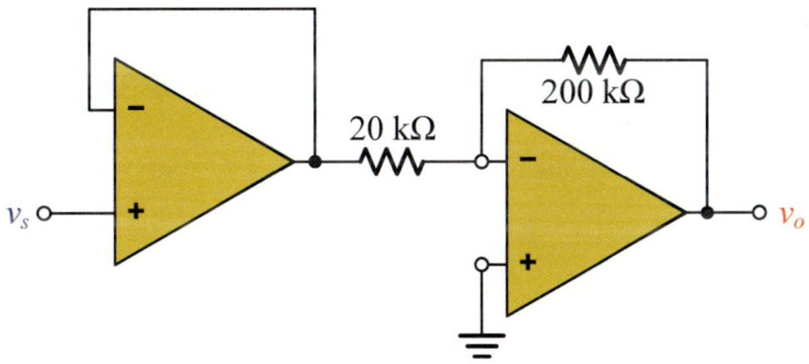

그림 P6-12

6-13 식 (6-2-11)를 증명하라.

6-14 그림 P6-14의 미분기에서 주어진 입력에 대한 출력 파형을 그려라.

그림 P6-14

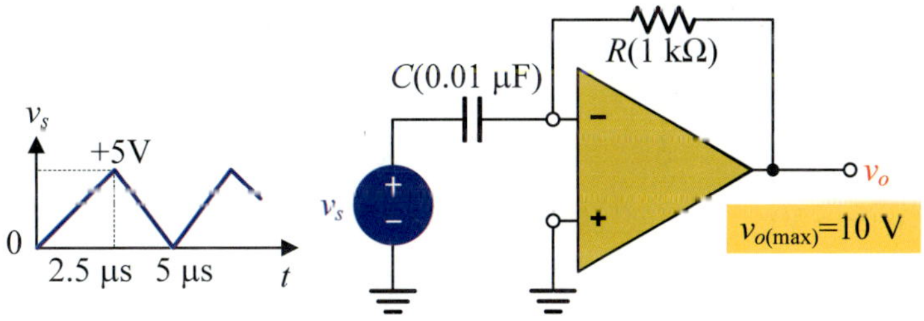

6-15 그림 P6-15의 적기에서 주어진 입력에 대한 출력 파형을 그려라.

6-16 그림 P6-16의 출력 전압을 구하라.

그림 P6-15

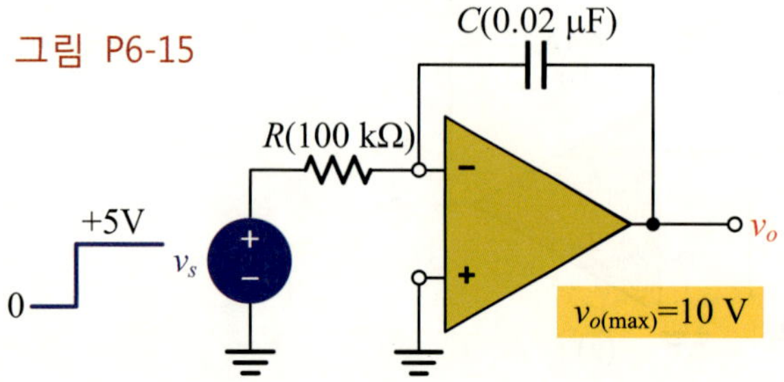

그림 P6-16

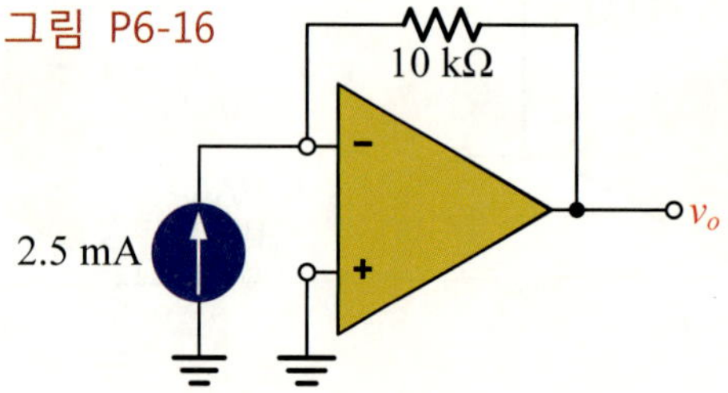

6-17 그림 P6-17에서 Q_1과 Q_2는 정합되어 있다. 다음을 구하라.

(a) 동작점 (b) 차동 이득.

6-18 그림 P7-18에서 Q_1과 Q_2는 정합되어 있다. (a) 동작점과 (b) 차동 이득, 공통 이득 및 CMRR을 구하라.

그림 P6-17

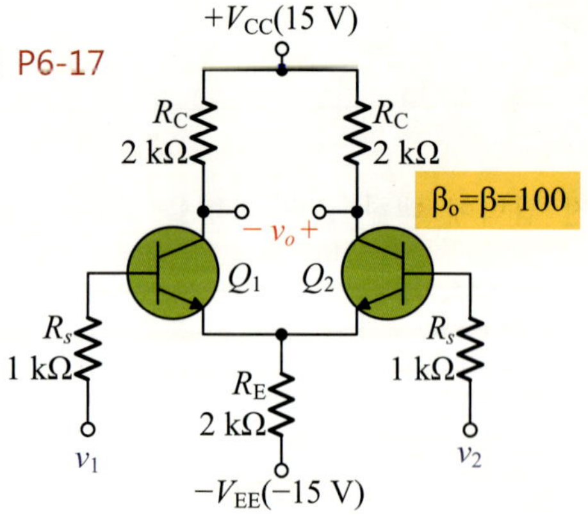

그림 P6-18

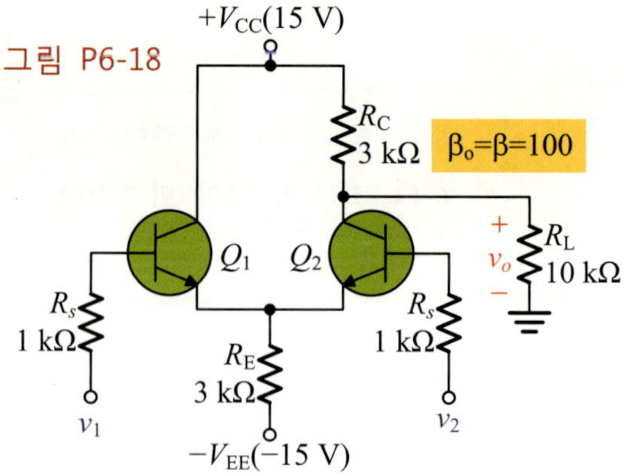

6-19 그림 P6-19에서 Q_1과 Q_2는 그림에 표시된 바와 같다. 저항이 $r_{E1}+r_{E2}=100$ Ω의 한도 내에서 두 트랜지스터의 베이스 바이어스 전류를 정합시키고자 한다. (a) r_{E1}과 r_{E2}를 구하라. (b) $R_L=10\text{k}\Omega$일 때 CMRR을 구하라.

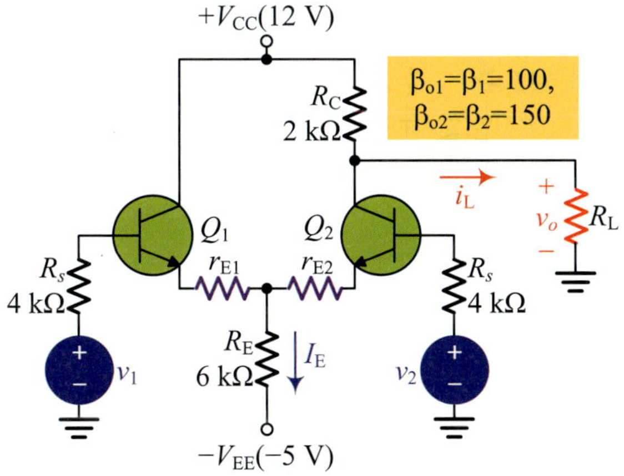

그림 P6-19

6-20 그림 P6-20은 JFET 불평형 차동 증폭기이다. Q_1과 Q_2의 동작점이 $V_{GSQ}=-3$ V, $I_{DQ}=1$ mA이며 $g_m=1$ ms이다.

(a) 소스 바이어스 전류 I_S 및 전압 V_S를 구하라.

(b) 공통 모드에서 전압 이득과 게이트에서 바라본 입력 저항을 구하라.

(c) 차동 모드에서 전압 이득과 게이트에서 바라본 입력 저항을 구하라.

(d) CMRR을 구하라.

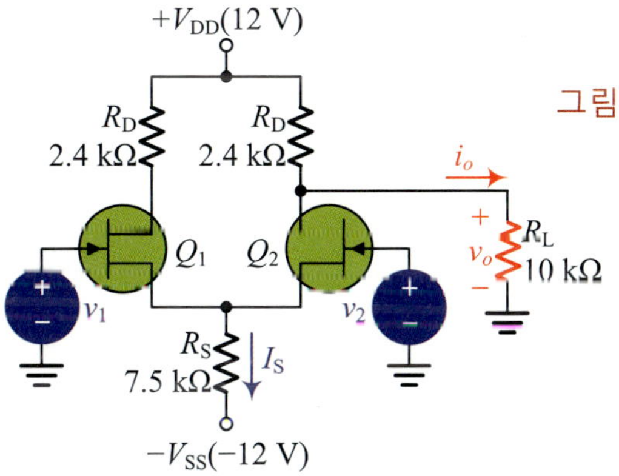

그림 P6-20

6-21 그림 P6-21의 다링턴 차동 증폭기에서 모든 트랜지스터 특성은 같다.

(a) I_{E1}, V_{E1}, V_{C1}, V_{E2}를 구하라.

(b) (a)의 결과로부터 Q_2, Q_4, Q_5의 r_π를 구하라.

(c) 전압 이득 $A_{v1}=v_{o1}/v_s$, $A_{v2}=v_{o2}/v_s$를 구하고 R_i, R_{o1}, R_{o2}를 구하라.

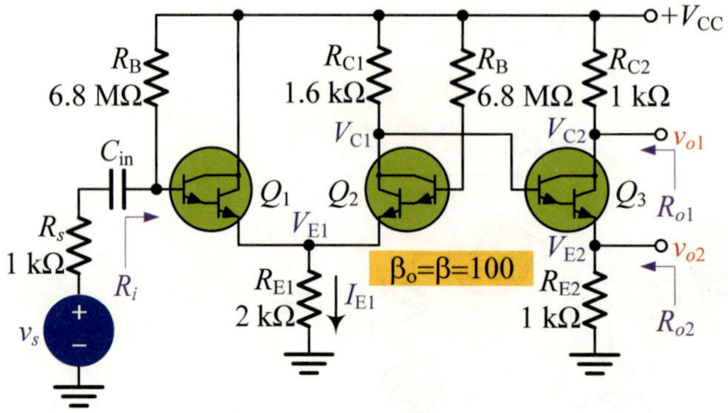

그림 P6-21

6-22 그림 P6-22(a)는 높은 입력 저항을 얻기 위해 입력단에 FET를 설치한 차동 증폭기이다. $R_G >> R_{E1}$, R_{E2}로 하고 $R_{C1}=R_{C2}$이며 Q_2와 Q_3는 정합된 것으로 한다. Q_1의 파라미터 g_m, r_d 및 Q_2와 Q_3의 파라미터 β, r_π로써 다음의 사항을 구하라: (a) 입력 저항 R_i, 출력 저항 R_o. (b) 전압 이득 $A_v=v_o/v_s$.
(힌트: 그림 P6-22(b)의 교류 회로를 이용할 것).

그림 P6-22

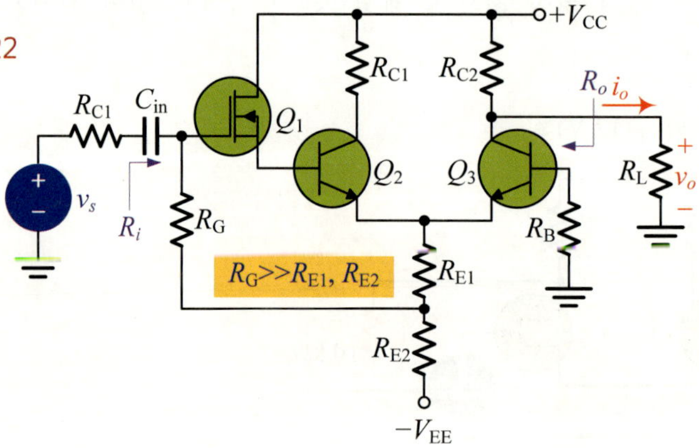

(a)

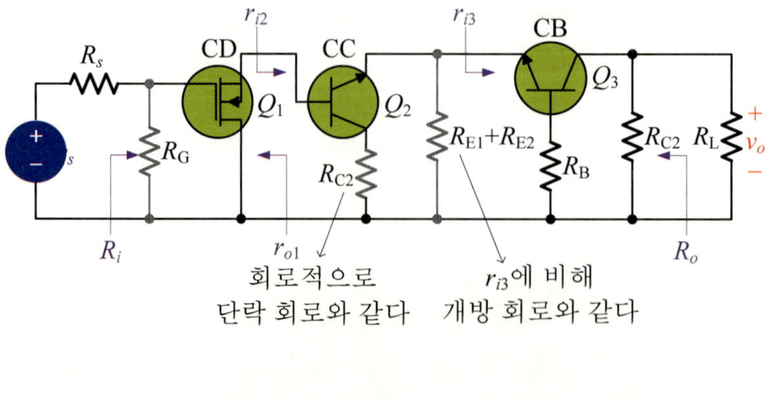

(b)

6-23 그림 P6-23에서 다음을 구하라: (a) 바이어스 전류 (b) 공통 이득과 차동 이득 및 CMRR.

그림 P6-23

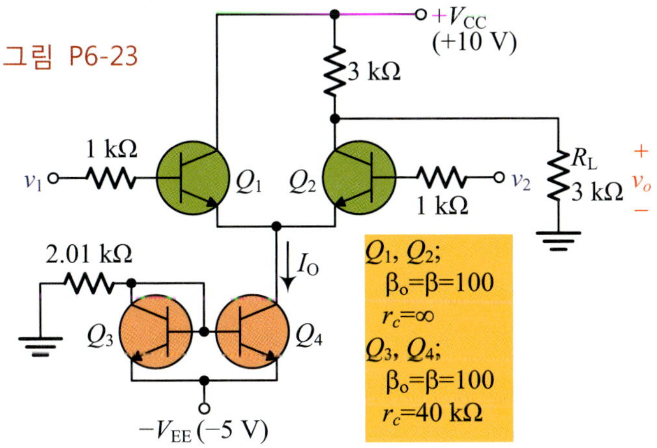

6-24 그림 P6-24에서 다음을 구하라: (a) 각 증폭단의 바이어스 (b) 전체 전압 이득과 입력 저항, 출력 저항.

그림 P6-24

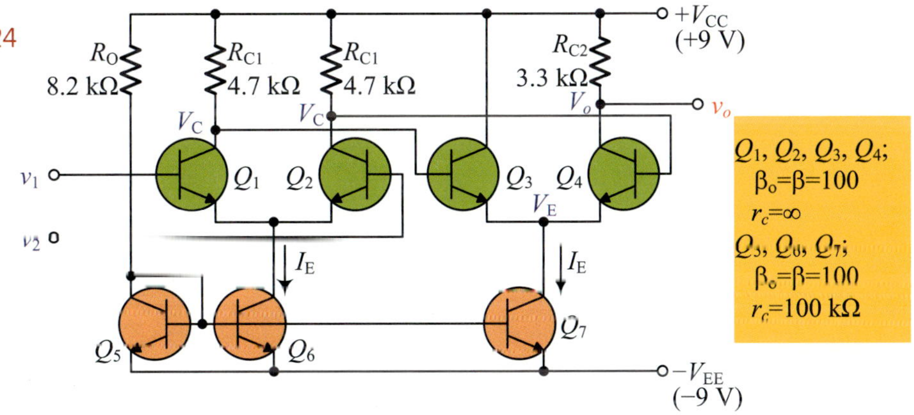

7장 증폭기의 주파수 응답

지금까지의 내용에서는 주파수에 따른 증폭기의 특성 변화는 고려하지 않았다. 그러나 실제 증폭기를 구성하는 능동 소자들은 자체 내부에 기생하는 부유(浮流) 용량(혹은 기생 용량)이 있을 뿐 아니라 결합 커패시터와 측로 커패시터 등 외부적으로 연결되는 용량성 소자들로 인하여 증폭기가 중간 주파수 영역에서 동작할 때는 나타나지 않는 현상들이 저주파 및 고주파 영역에서는 나타나게 된다.

능동 소자 내부에 기생하는 부유 용량은 용량이 pF 단위이기 때문에 저주파 영역에서는 거의 개방과 같아 고주파 영역에서만 영향을 나타낸다. 반면에 외부적으로 접속되는 커패시터들은 용량이 μF 수준이므로 고주파 영역에서는 거의 단락과 같으므로 저주파 영역에서만 영향을 미친다. 그러나 중간주파 영역에서는 pF 단위의 부유 커패시터는 거의 개방과 같고 μF 수준의 외부 결합 커패시터들은 거의 단락과 같으므로 커패시터들에 의한 영향은 무시할 수 있다. 즉 지금까지 공부한 내용들은 중간주파 영역에서의 증폭기 동작 특성으로 보면 된다. 이 장에서는 증폭기의 근간을 이루고 있는 BJT와 FET 증폭기의 주파수 응답에 대해 알아본다.

목차

7-1 주파수 응답

결합 및 측로 커패시터

용량이 C인 커패시터의 리액턴스는 $X_C=1/\omega C$로서 주파수에 반비례한다. 그림 7-1과 같이 커패시터로 결합된 RC 결합 증폭기에서 고주파에서는 결합 커패시터 및 측로 커패시터를 단락으로 간주할 수 있다. 그러나 저주파-예를 들어 수십 Hz 정도의 가청 주파수-에서는 리액턴스가 무시할 수 없는 수준이 되므로 더 이상 단락 회로로 볼 수 없다. 따라서 커패시터들의 양단 전압 강하로 인해 증폭기의 이득이 저하된다. 즉 그림 7-1의 BJT 증폭기와 FET 증폭기가 저주파 영역에서 동작할 때는 결합 커패시터 C_{in}과 C_{out}의 양단에 전압 강하가 생기므로 전압 이득이 상대적으로 낮아진다. 그리고 측로 커페시터 C_E와 C_S의 리액턴스가 무시 못할 수준이 되면 이미터와 소스 단자는 더 이상 교류적으로 접지되지 않으므로 역시 이득이 저하된다. 저주파 영역에서의 커패시터의 리액턴스를 줄이기 위해서는 용량이 충분히 커야 하지만 그 크기 문제로 제한될 수 밖에 없다. 따라서 낮은 주파수 대역일수록 증폭기의 이득은 더욱 낮아지게 된다.

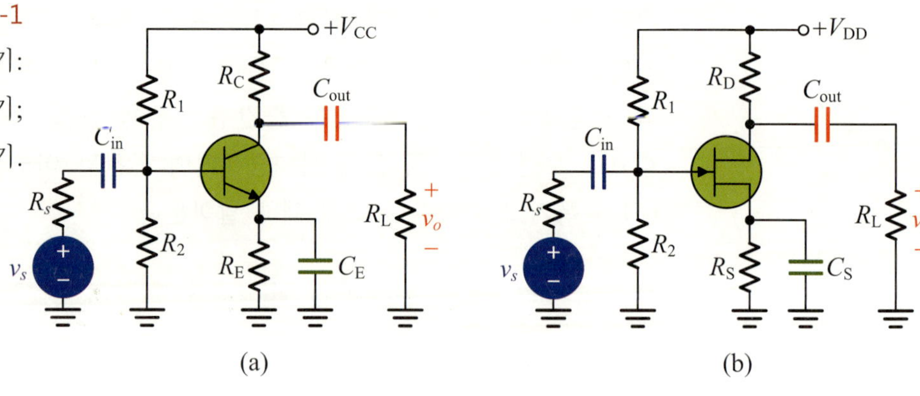

그림 7-1
RC 결합 증폭기:
(a) BJT 증폭기;
(b) FET 증폭기.

부유 용량의 영향

저주파 대역을 벗어난 중간 주파 대역에서는 결합 커패시터와 측로 커패시터들의 리액턴스는 무시되기 시작하므로 이들의 영향은 없어진다. 그러나 중간 대역을 지나 고주파 대역으로 들어서면 소자 내부의 부유 용량의 영향이 나타나기 시작한다. 그림 7-2는 BJT와 FET의 내부에 기생하는 부유 용량을 표현한 것이며 부유 용량들은 pF 수준이기 때문에 저주파

그림 7-2
트랜지스터의 내부 부유 용량: (a) BJT; (b) FET.

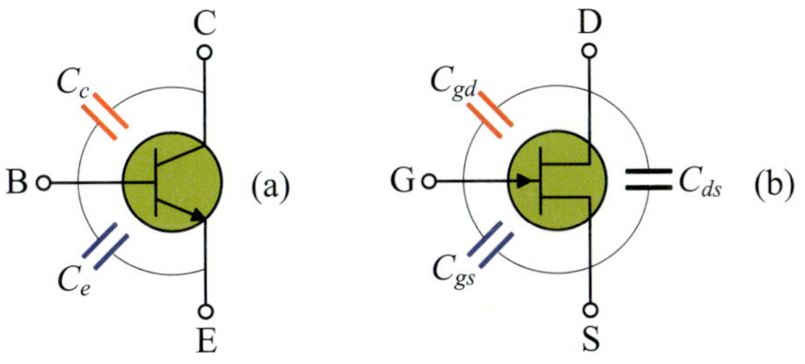

대역에서는 개방 특성이므로 영향이 나타나지 않지만 고주파 영역에서는 리액턴스가 낮아지기 시작하므로 그 영향을 무시할 수 없게 된다.

그림 7-2의 BJT에서 C_π와 C_μ는 각각 베이스-이미터, 베이스-컬렉터 사이에 있는 부유 용량을 나타낸다. *pn* 접합 다이오드의 공간전하 영역은 진하를 축적히므로 커패시터 기능이 생기게 된다. 따라서 BJT의 경우는 그림 7-3(a)와 같이 베이스-이미터간의 접합부와 베이스-컬렉터간의 접합부에서 각각 부유 용량이 생기게 되는 것이며 이에 대한 등가회로는 그림 7-3(b)와 같다. 그림 (b)는 BJT의 고주파 등가회로이며 그 형태를 본따 하이브리드-π 등가회로라 한다. 순방향으로 바이어스되는 베이스-이미터의 부유 용량 C_π는 수십 pF 수준이며 역방향으로 바이어스되는 베이스-컬렉터의 부유 용량 C_μ는 수 pF 수준이다.

그림 7-3
BJT의 (a) *pn* 접합부; (b) 고주파 등가회로.

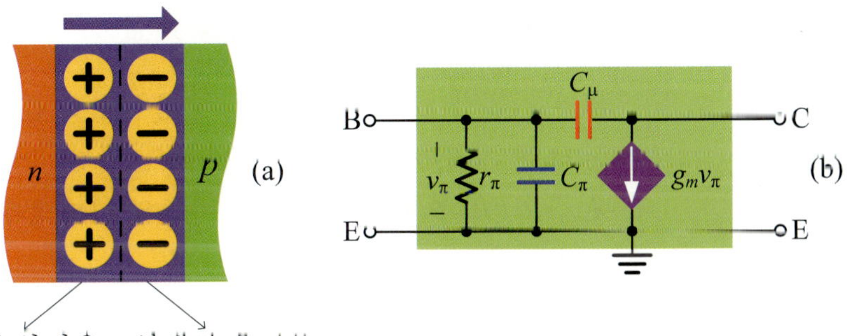

그림 7-4는 FET 내부의 부유 용량과 FET 고주파 등가회로를 보여준다. 게이트-소스의 부유 용량 C_{gs}와 게이트-드레인의 부유 용량 C_{gd}는 모두 게이트-소스, 게이트-드레인의 *pn* 접합부에서의 역방향 바이어스에 의한 공간전하 용량에 의해 형성된다. 또한 게이트-드레인의 역방향 바이어스

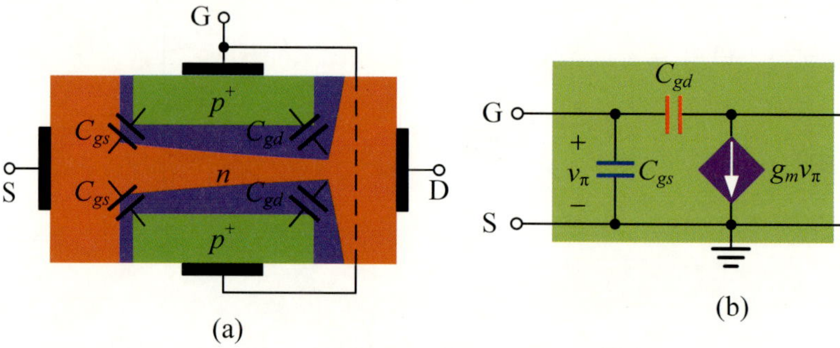

그림 7-4
FET의
(a) *pn* 접합부;
(b) 고주파 등가회로.

가 게이트-소스의 역방향 바이어스에 비해 크므로 $C_{gs}>C_{gd}$이다. 그림 7-4(b)는 FET의 고주파 등가회로이며 FET의 부유 용량은 보통 수 pF 수준이다(그림 7-2(b)의 C_{ds}는 매우 작아 보통 무시한다).

저역통과/고역통과 필터

그림 7-5는 *RC* 결합 증폭기의 저주파수 특성 해석에서 자주 만나게 되는 일차 고역통과 필터 및 그 주파수 특성이다. 그림 7-5(a)의 회로는 주파수 $\omega=0$에서 C가 개방 회로이므로 출력 전압은 $v_o=0$이 된다. 반면에 주파수 $\omega=\infty$에서는 C가 단락 회로이므로 전압 이득은 $A_v=v_o/v_s=R_L/(R_s+R_L)$로 최대가 된다. 따라서 주파수 응답의 크기 특성은 그림 (b)와 같다. 여기서 전압 이득의 크기가 최대의 1/2이 되는 하위 차단주파수 ω_L은 다음과 같이 결정된다.

$$\omega_L = \frac{1}{\tau}, \quad (\tau = (R_s + R_L)C) \tag{7-1-1}$$

위의 식에서 τ는 시정수이다. 시정수는 그림 7-5(a)에서 $v_s=0$로 한 상태에서 C와 결합하는 등가 저항을 C와 곱한 것이다. 그리고 그림 7-5(b)에서 $A_{mid}=R_L/(R_s+R_L)$는 최대 전압 이득을 나타내며 중간대역 이득이라 한다.

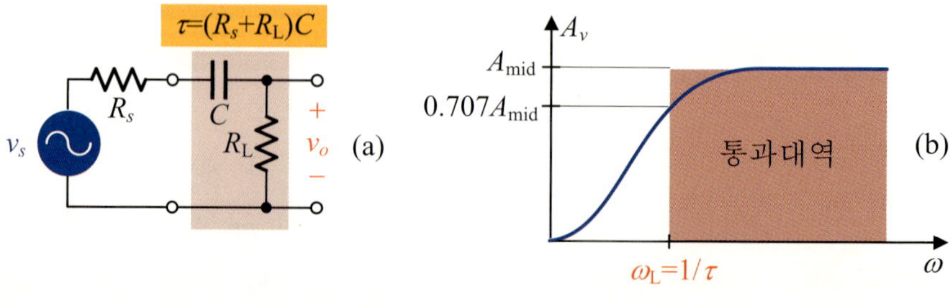

그림 7-5
고역통과 필터:
(a) 회로;
(b) 주파수 특성.

그림 7-6(a)는 일차 저역통과 필터 회로이다. 이 회로는 주파수 ω=0에서 C가 개방 회로이므로 전압 이득은 $A_v=v_o/v_s=R_L/(R_s+R_L)$로 최대가 된다. 반면에 주파수 $\omega=\infty$에서는 C가 단락 회로이므로 출력 전압은 v_o=0이 된다. 따라서 주파수 응답의 크기 특성은 그림 (b)와 같으며 **상위 차단주파수** ω_H는 다음과 같이 결정된다.

$$\omega_H = \frac{1}{\tau}, \quad (\tau = (R_s \| R_L)C) \qquad \textbf{(7-1-2)}$$

위의 식에서 시정수 τ는 그림 7-6(a)에서 v_s=0로 한 상태에서 C와 결합하는 등가 저항을 C와 곱한 것이다.

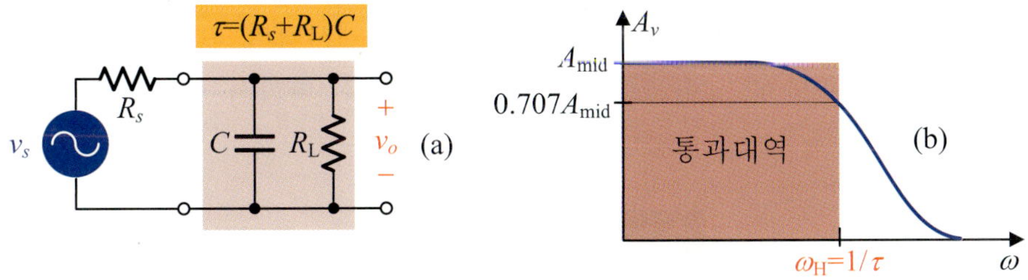

그림 7-6
저역통과 필터:
(a) 회로;
(b) 주파수 특성.

7-2 증폭기의 저주파 응답

RC 결합 이미터-공통 증폭기에서 모든 커패시터들의 영향을 고려한 회로는 그림 7-7과 같다. 이 회로의 동작은 다음과 같은 세 가지 주파수 대역으로 나누어 설명할 수 있다.

저주파 대역 부유 커패시터 C_π, C_μ(pF 수준)는 리액턴스가 충분히 높기 때문에 개방 회로와 같지만 결합 커패시터 C_{in}과 C_{out} 및 측로 커패시터 C_E(μF 수준)는 리액턴스가 무시할 수 없는 크기이므로 단락 회로로 간주할 수 없다. 따라서 이 대역에서는 **결합 커패시터와 측로 커패시터의 영향만 나타난다.**

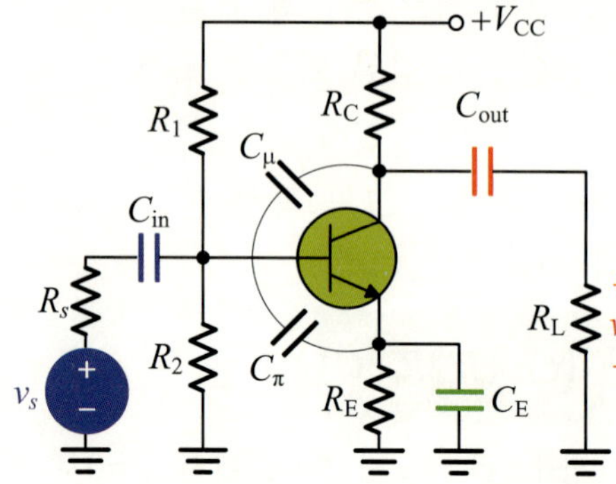

그림 7-7
모든 커패시터를 고려한 이미터-공통 증폭기 회로

고주파 대역 주파수가 높아 결합 및 측로 커패시터는 단락 회로로 간주할 수 있지만 부유 커패시터의 리액턴스는 다른 저항과 비교해 무시할 수 있을 정도로 크지 않다. 따라서 이 대역에서는 부유 용량의 영향만 나타난다.

중간 대역 결합 및 측로 커패시터는 단락 회로와 같을 정도로 주파수가 높으면서도 한편으로는 부유 커패시터가 개방 회로와 같을 정도로 주파수가 낮다. 따라서 이 대역에서는 모든 커패시터들의 영향이 무시된다.

이미터-공통 증폭기

그림 7-7의 모든 부유 커패시터들을 개방시킨 교류 회로가 그림 7-8(a)이며 커패시터들을 위주로 표현한 것이 그림 (b)이다. 여기서 각 커패시터와 결합하는 등가 저항들을 구하면 시정수들을 구할 수 있다. 즉 전원을 끈 상태에서 C_{in}과 C_{out} 및 C_E 측에서 각각 들여다 본 등가 저항을 R_{in}과 R_{out} 및 R_{iE}라 하면 각각의 RC 결합에 의한 시정수 τ_{in}, τ_{out}, τ_E는 그림 (b)에 표시된 바와 같다. 이렇게 구한 시정수를 이용하면 식 (7-7-1) 또는 식 (7-1-2)로부터 세 가지의 차단 주파수를 구할 수 있다. 그러나 C_{in}, C_{out}, C_E가 미치는 영향을 한꺼번에 알아보는 것은 번거로울 뿐 아니라 각각의 커패시터가 증폭기의 주파수 응답에 미치는 영향을 따로 알아보기 어려운 점이 있다. 따라서 각 커패시터들에 의한 영향을 따로 분석한 다음 그 결과를 비교하기로 한다. 이를 위해 결합 커패시터의 영향을 해석할 때는 측

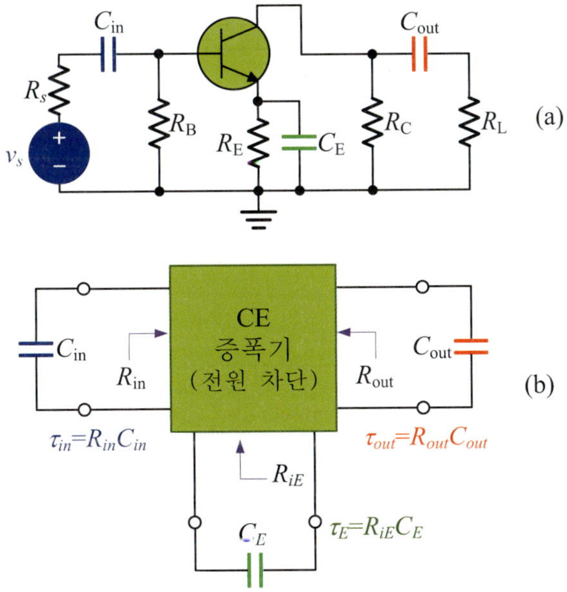

그림 7-8
그림 7-7의
(a) 저주파 교류회로;
(b) 커패시터를
위주로 한 그림.

로 커패시터를 무한대로 가정하여 단락시키고 반대로 측로 커패시터의 영향을 분석할 때는 결합 커패시터들을 모두 무한대로 가정하여 단락시킨다. 이렇게 함으로써 커패시터 서로간의 영향을 배제하고 독립적으로 해석할 수 있으며 해석도 간편해진다. 이상으로 그림 7-8(a)에 대한 저주파 해석 방법은 그림 7-9와 같다.

그림 7-9(a)로부터 결합 커패시터에 의한 차단 주파수를 구하며 입력단과 출력단에 형성된 *RC* 회로는 고역통과 필터임을 알 수 있다(그림 7-5 참조). 베이스 입력 저항 R_i와 컬렉터 출력 저항 R_o가

$$R_i = R_B \| r_\pi, \quad R_o = R_C \tag{7-2-1}$$

이므로 C_{in} 및 C_{out}와 결합되는 등가 저항 R_{in}과 R_{out}는 각각 다음과 같다.

$$R_{in} = R_s + R_B \| r_\pi, \quad R_{out} = R_C + R_L \tag{7-2-2}$$

따라서 입력단과 출력단에서 형성된 하위 차단주파수 ω_{in}과 ω_{out}는 식 (7-1-1)로부터 다음과 같다.

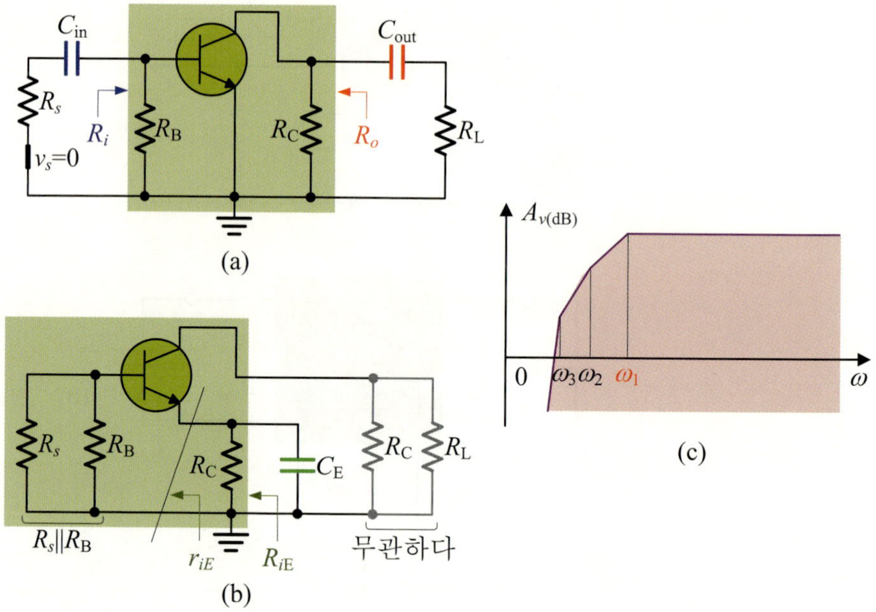

그림 7-9 그림 7-8(a)의 (a) 결합 커패시터에 의한 차단 주파수; (b) 측로 커패시터에 의한 차단 주파수; (c) 전체 주파수 응답.

$$\left.\begin{aligned} \omega_{\text{in}} &= \frac{1}{\tau_{\text{in}}} \quad \left(\tau_{\text{in}} = R_{\text{in}}C_{\text{in}} = (R_s + R_{\text{B}} \| r_\pi)C_{\text{in}}\right) \\ \omega_{\text{out}} &= \frac{1}{\tau_{\text{out}}} \quad \left(\tau_{\text{out}} = R_{\text{out}}C_{\text{out}} = (R_{\text{C}} + R_{\text{L}})C_{\text{out}}\right) \end{aligned}\right\} \tag{7-2-3}$$

만일 트랜지스터의 출력 저항 r_c를 고려해야 할 경우는

$$R_{\text{out}} = r_c \| R_{\text{C}} + R_{\text{L}} \tag{7-2-4}$$

로 수정하면 된다. 다음으로 그림 7-9(b)로부터 이미터에서 들여다 본 입력 저항 $r_{i\text{E}}$는 임피던스 반사에 의해

$$r_{i\text{E}} = \frac{R_s \| R_{\text{B}} + r_\pi}{\beta + 1} \tag{7-2-5}$$

이로부터 C_{E}와 결합하는 등가 저항 $R_{i\text{E}}$는 다음과 같다.

$$R_{i\text{E}} = r_{i\text{E}} \| R_{\text{E}} = \left(\frac{R_s \| R_{\text{B}} + r_\pi}{\beta + 1}\right) \Big\| R_{\text{E}} \tag{7-2-6}$$

따라서 측로 커패시터 C_E에 의해 형성되는 하위 차단주파수 ω_E는

$$\omega_E = \frac{1}{\tau_E} \quad \left(\tau_E = R_{iE} C_E,\ R_{iE} = \left(\frac{R_s \| R_B + r_\pi}{\beta + 1} \right) \middle\| R_E \right) \tag{7-2-7}$$

이상의 식 (7-2-3)의 ω_{in}과 ω_{out} 및 식 (7-2-7)의 ω_E 중 가장 높은 주파수가 우세 하위 차단주파수로 최종 결정되며 크기 특성은 그림 7-9(c)와 같은 형태가 된다. 여기서 ω_1, ω_2, ω_3는 ω_{in}, ω_{out}, ω_E를 작은 순서대로 한 것이다.

예제 7-1

그림 7-7의 증폭기는 β=150, r_π=3.55 kΩ이다. 소자 값들이 다음과 같을 때 우세 하위 차단주파수를 구하라: C_{in}=0.47 μF, C_{out}=2.2 μF, C_E=20 μF, R_s=1 kΩ, R_B=1.8 kΩ, R_C=3.6 kΩ, R_E=1 kΩ, R_L=1.5 kΩ.

풀이

각 등가 저항들을 구하면 다음과 같다.

$$R_{in} = R_s + R_B \| r_\pi = 1\,\text{k}\Omega + (1.8\,\text{k}\Omega \| 3.55\,\text{k}\Omega) = \mathbf{2.2\,k\Omega}$$

$$R_{out} = R_C + R_L = 3.6\,\text{k}\Omega + 1.5\,\text{k}\Omega = \mathbf{5.1\,k\Omega}$$

$$R_{iE} = \left(\frac{R_s \| R_B + r_\pi}{\beta + 1} \right) \Bigg\| R_E = \left(\frac{(1\,\text{k}\Omega \| 1.8\,\text{k}\Omega) + 3.55\,\text{k}\Omega}{151} \right) \Bigg\| 1\,\text{k}\Omega = \mathbf{28\,\Omega}$$

각 시정수는 다음과 같다.

$$\tau_{in} = R_{in} C_{in} = 2.2\,\text{k}\Omega \times 0.47\,\mu\text{F} = \mathbf{10^{-3}\,s}$$

$$\tau_{out} = R_{out} C_{out} = 5.1\,\text{k}\Omega \times 2.2\,\mu\text{F} = \mathbf{10^{-2}\,s}$$

$$\tau_E = R_{iE} C_E = 28\,\Omega \times 20\,\mu\text{F} = \mathbf{5.6 \times 10^{-4}\,s}$$

따라서 각 하위 차단주파수들은 다음과 같다.

$$f_{in} = \frac{1}{2\pi\tau_{in}} = \frac{1}{2\pi \times 10^{-3}} = \mathbf{154\,Hz}$$

$$f_{out} = \frac{1}{2\pi\tau_{out}} = \frac{1}{2\pi \times 10^{-2}} = \mathbf{15\,Hz}$$

$$f_E = \frac{1}{2\pi\tau_E} = \frac{1}{2\pi(5.6\times10^{-4})} = \mathbf{294\ Hz}$$

이상으로 우세 하위 차단주파수는 f_L=284 Hz로 결정된다. 위의 결과를 살펴보면 C_E와 결합하는 R_{iE}가 R_{in}이나 R_{out}에 비해 매우 작기 때문에 f_E가 f_{in} 또는 f_{out}와 같은 수준이 되기 위해서는 결합 커패시터 C_{in}과 C_{out}에 비해 측로 커패시터 C_E가 상대적으로 커야 된다는 것을 알 수 있다.

베이스-공통 증폭기

그림 7-10(a)는 결합 커패시터와 측로 커패시터를 고려한 베이스-공통 증폭기의 교류 회로이다. 이 중에서 결합 커패시터만 고려한 저주파 회로가 그림 (b)이며(C_B=∞) 측로 커패시터만 고려한 저주파 회로가 그림 (c)이다(C_{in}=C_{out}=∞). 그림 7-10(b)에서 입력 저항 R_i가

$$R_i = R_E \| r_e \tag{7-2-8}$$

이므로 C_{in} 및 C_{out}와 결합되는 등가 저항 R_{in}과 R_{out}는 각각

$$R_{in} = R_s + R_E \| r_e, \quad R_{out} = R_C + R_L \tag{7-2-9}$$

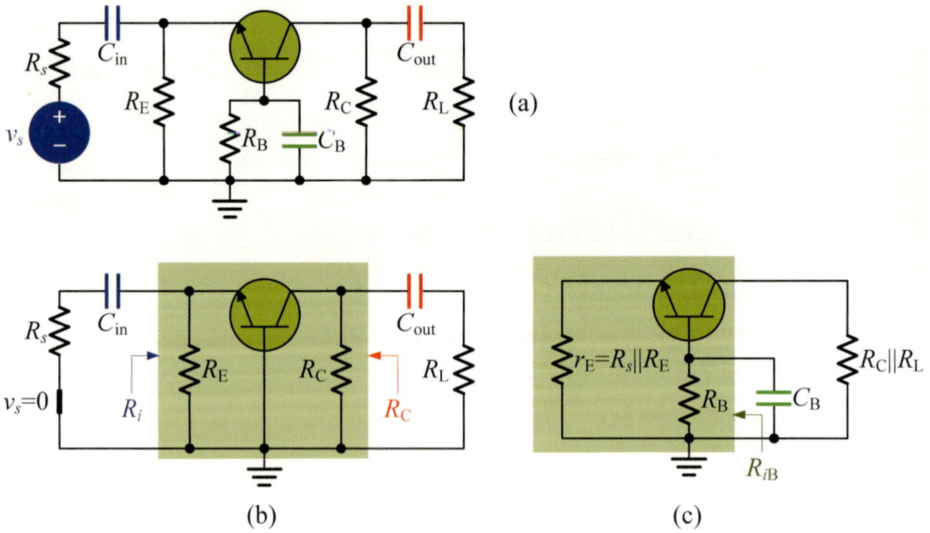

그림 7-10 베이스-공통 증폭기의 (a) 저주파 교류 회로; (b) 결합 커패시터 영향; (b) 측로 커패시터의 영향.

따라서 입출력단에서 형성된 차단 주파수 ω_{in}과 ω_{out}는 다음과 같다.

$$\left.\begin{aligned}\omega_{\text{in}} &= \frac{1}{\tau_{\text{in}}} \quad \left(\tau_{\text{in}} = R_{\text{in}}C_{\text{in}} = (R_s + R_{\text{E}} \| r_e)C_{\text{in}}\right) \\ \omega_{\text{out}} &= \frac{1}{\tau_{\text{out}}} \quad \left(\tau_{\text{out}} = R_{\text{out}}C_{\text{out}} = (R_{\text{C}} + R_{\text{L}})C_{\text{out}}\right)\end{aligned}\right\} \tag{7-2-10}$$

다음으로 그림 7-10(c)에서 C_{B}와 결합하는 등가 저항 $R_{i\text{B}}$는 임피던스 반사에 의해

$$R_{i\text{B}} = \{(\beta+1)r_{\text{E}} + r_\pi\} \| R_{\text{B}} \quad (r_{\text{E}} = R_s \| R_{\text{E}}) \tag{7-2-11}$$

이므로 C_{B}에 의한 차단 주파수 ω_{B}는 다음과 같다.

$$\omega_{\text{B}} = \frac{1}{\tau_{\text{B}}} \quad \left(\tau_{\text{B}} = R_{i\text{B}}C_{\text{B}},\ R_{i\text{B}} = \{(\beta+1)(R_s \| R_{\text{E}}) + r_\pi\} \| R_{\text{B}}\right) \tag{7-2-12}$$

이미터-공통 증폭기와 베이스-공통 증폭기 모두 임피던스 반사에 의해 이미터에서 바라본 등가 저항은 베이스에서 바라본 등가 저항보다 충분히 작다. 따라서 같은 수준의 차단 주파수를 형성하기 위해서는 이미터에 결합되는 커패시터는 베이스에 결합되는 커패시터보다 충분히 커야 한다.

소스-공통 증폭기

그림 7-11(a)는 소스-공통 증폭기의 저주파 교류 회로이며 그림 (b)는 결합 커패시터만의 영향을, 그림 (c)는 측로 커패시터만의 영향을 나타낸다. 그림 (b)에서는 R_i=R_{G}이므로 C_{in} 및 C_{out}와 결합하는 등가 저항은 각각

$$R_{\text{in}} = R_s + R_{\text{G}}, \quad R_{\text{out}} = R_{\text{D}} + R_{\text{L}} \tag{7-2-13}$$

따라서 입력단과 출력단에 형성되는 하위 차단주파수들은 다음과 같다.

$$\left.\begin{aligned}\omega_{\text{in}} &= \frac{1}{\tau_{\text{in}}} \quad \left(\tau_{\text{in}} = R_{\text{in}}C_{\text{in}} = (R_s + R_{\text{G}})C_{\text{in}}\right) \\ \omega_{\text{out}} &= \frac{1}{\tau_{\text{out}}} \quad \left(\tau_{\text{out}} = R_{\text{out}}C_{\text{out}} = (R_{\text{D}} + R_{\text{L}})C_{\text{out}}\right)\end{aligned}\right\} \tag{7-2-14}$$

그림 7-11(c)의 측로 커패시터 C_{S}만 고려한 회로에서 소스에서 들여다본 등가 저항 $r_{i\text{S}}$는 그림 5-30의 (b), (c)로부터

$$r_{i\text{S}} = \frac{r_d}{\mu + 1} \tag{7-2-15}$$

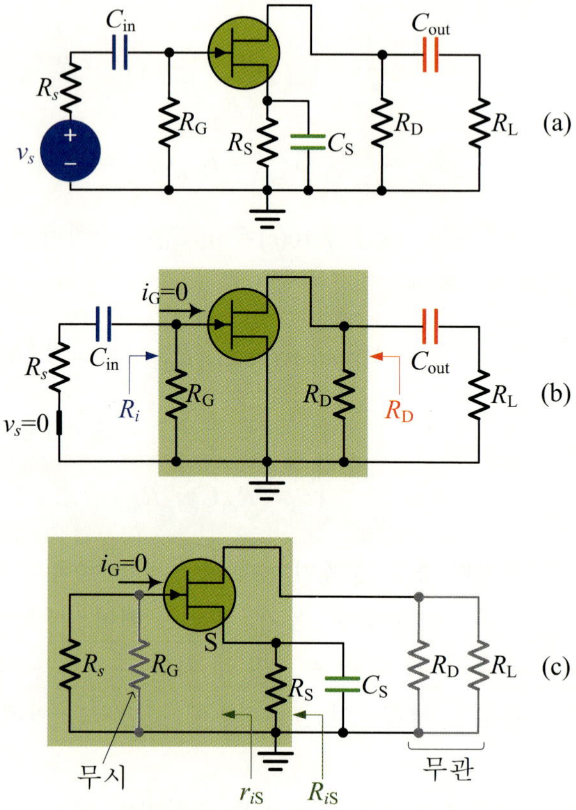

그림 7-11 소스-공통 증폭기의 (a) 저주파 교류회로; (b) 결합 커패시터 영향; (c) 측로 커패시터 영향.

이며 $\mu = g_m r_d >> 1$을 만족하면

$$r_{iS} \cong \frac{r_d}{\mu} \cong \frac{1}{g_m} \tag{7-2-16}$$

로 근사화할 수 있다(그림 5-23(b), (c) 참조). 따라서

$$R_{iS} = r_{iS} \| R_S \cong \frac{R_S}{1+g_m R_S} \tag{7-2-17}$$

이므로 이와 결합하는 C_S에 의한 하위 차단주파수는 다음과 같다.

$$\omega_S = \frac{1}{\tau_S} \quad \left(\tau_S = R_{iS} C_S \cong \frac{R_S C_S}{1+g_m R_S} \right) \tag{7-2-18}$$

식 (7-2-14)와 (7-2-18)에서 게이트에서 본 등가 저항 R_{in}과 드레인에서 본 등가 저항 R_{out} 및 소스에서 본 등가 저항 R_{iS} 중 R_{in}이 가장 높고 R_{iS}가

가장 낮다. 따라서 세 커패시터 중에서 게이트에 결합되는 C_{in}의 용량을 가장 작게 할 수 있고 소스에 결합되는 C_S의 용량은 충분히 크게 하여야 한다. 이는 BJT 증폭기에서 베이스에 결합되는 용량에 비해 이미터에 결합되는 용량을 충분히 크게 하는 것과 같다.

예제 7-2

그림 7-11(a)의 증폭기는 $g_m=5\times10^{-3}$이다. 이 증폭기의 우세 하위 차단주파수가 $f_L=10$ Hz가 되도록 C_{in}, C_{out}, C_S의 값을 결정하라. 단 각 저항들의 값은 다음과 같다.

$R_s=5$ kΩ, $R_G=0.1$ MΩ, $R_D=5$ kΩ, $R_S=5$ kΩ, $R_L=0.1$ MΩ.

풀이

각 등가 저항을 구하면 다음과 같다.

$$R_{in} = R_S + R_G = 5\text{ k}\Omega + 100\text{ k}\Omega = \mathbf{105\text{ k}\Omega}$$

$$R_{out} = R_D + R_L = 5\text{ k}\Omega + 100\text{ k}\Omega = \mathbf{105\text{ k}\Omega}$$

$$R_{iS} = \frac{R_S}{1+g_m R_S} = \frac{5\text{ k}\Omega}{1+(5\times10^{-3}\text{ S})(5\text{ k}\Omega)} \cong \mathbf{200\ \Omega}$$

따라서 각 하위 차단주파수들은 다음과 같이 표현된다.

$$f_{in} = \frac{1}{2\pi R_{in} C_{in}} = \frac{1}{2\pi(105\times10^3)C_{in}}$$

$$f_{out} = \frac{1}{2\pi R_{out} C_{out}} = \frac{1}{2\pi(105\times10^3)C_{out}}$$

$$f_S = \frac{1}{2\pi R_{iS} C_S} = \frac{1}{2\pi\times200\times C_S}$$

위의 세 주파수가 모두 10 Hz를 넘지않기 위해서는 C_S의 용량이 가장 커야 한다. 따라서 f_S가 10 Hz가 되기 위한 C_S의 용량은 다음과 같다.

$$C_S = \frac{1}{2\pi\times200\times f_S} = \frac{1}{2\pi\times200\times10} = \mathbf{80\ \mu F}$$

그리고 $C_{in}=C_{out}>$**0.15 μF**로 정하면 된다.

게이트-공통 증폭기

게이트-공통 증폭기의 저주파 교류 회로는 그림 7-12(a)와 같으며 게이트에는 전류가 흐르지 않는다. 따라서 게이트에 결합된 측로 커패시터 C_G는 주파수 응답에 영향이 없으며 결합 커패시터를 고려한 저주파 회로는 그림 (b)와 같다. 소스에서 바라본 입력 저항은 $1/g_m$이므로 C_{in}과 결합하는 등가 저항 R_{in}은

$$R_{in} = \frac{1}{g_m} \bigg\| R_S = \frac{R_S}{1+g_m R_S} \tag{7-2-19}$$

따라서 입력단과 출력단의 차단 주파수는 다음과 같이 주어진다.

$$\left.\begin{aligned} \omega_{in} &= \frac{1}{R_{in}C_{in}} \quad \left(R_{in} = \frac{R_S}{1+g_m R_S}\right) \\ \omega_{out} &= \frac{1}{R_{out}C_{out}} \quad \left(R_{out} = R_D + R_L\right) \end{aligned}\right\} \tag{7-2-20}$$

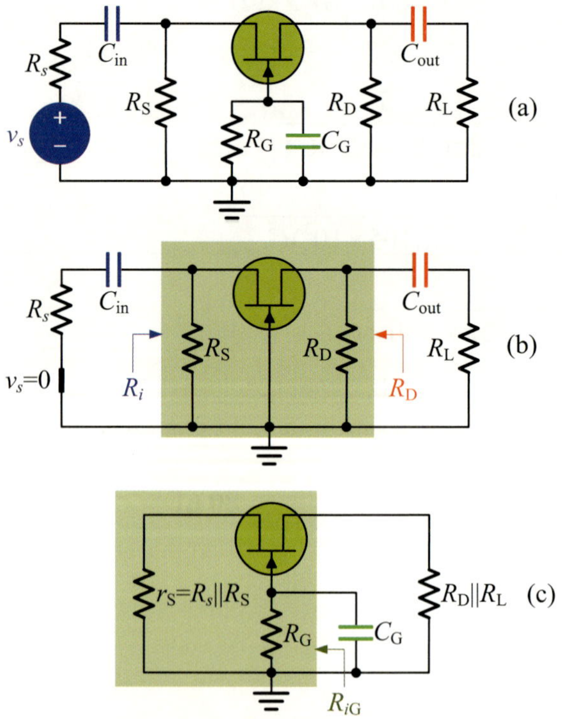

그림 7-12 게이트-공통 증폭기의 (a) 저주파 교류회로; (b) 결합 커패시터 영향; (c) 측로 커패시터 영향.

7-3 BJT 증폭기의 고주파 응답

밀러 용량

고주파 영역에서는 모든 결합 커패시터와 측로 커패시터의 영향은 사라지고 부유 커패시터에 의한 영향만 나타나게 된다. 그림 7-2에서 보는 바와 같이 BJT에서는 입력단인 베이스와 출력단인 컬렉터 사이에 있는 C_μ가 궤환을 일으키며 FET에서는 입력단인 게이트와 출력단인 드레인 사이에 있는 C_{gd}에 의해 궤환이 생긴다. 이를 일반화된 형태로 나타낸 것이 그림 7-13(a)이고 C는 C_μ 또는 C_{gd}를 나타내며 $-K=v_o/v_i$는 전압 이득이다. 그림 7-13(a)는 밀러 정리를 통해 그림 (b)와 같이 등가적으로 변환시킬 수 있으며(그림 5-38과 식 (5-8-1) 참조) 입력단과 출력단의 등가 용량을 밀러 용량이라 한다. 앞으로는 입력단의 밀러 용량은 C_{M1}으로, 출력단의 밀러 용량은 C_{M2}로 표현하기로 약속하면 그림 7-13(b)에서 다음과 같다.

$$C_{M1} \equiv C(K+1), \quad C_{M2} \equiv C\left(\frac{K+1}{K}\right) \tag{7-3-1}$$

위의 식에서 한 예를 들어 $K=50$이고(실제 이득은 -50) $C=6$ pF라 하면 $C_{M1}=306$ pF이고 $C_{M2}\cong 6$ pF가 된다. 따라서 입력단에는 실제 C보다 매우 큰 밀러 용량이 나타나며 출력단 밀러 용량은 거의 C로 거의 변함이 없다. 따라서 그림 7-2의 C_μ와 C_{gd}는 수 pF 수준에 불과하지만 실제로는 충분히 큰 용량이 되어 회로에 영향을 미친다는 것을 알 수 있다.

만약 전압 이득이 $K<0$인 경우는 밀러 용량의 부호가 음일 수 있다. 음의 용량은 실재할 수 없지만 등가 회로상이라 가능한 것이다. 이미터-공통의 경우는 $K>0$이지만 베이스-공통과 컬렉터-공통의 경우는 $K<0$이다.

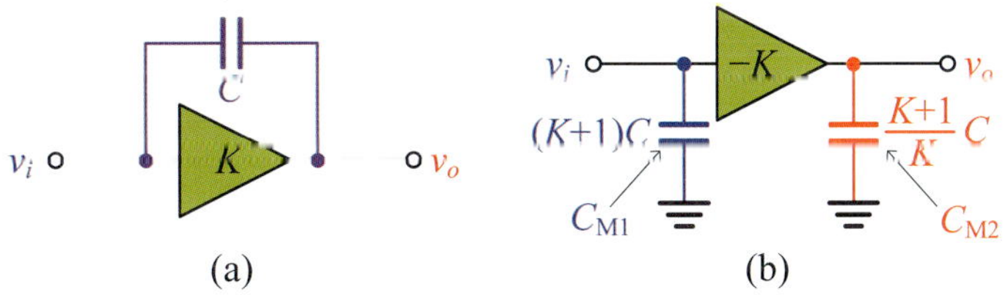

그림 7-13
밀러 용량.

이미터-공통 증폭기

그림 7-14(a)는 그림 7-7의 고주파 교류 회로이며(모든 결합 및 측로 커패시터는 단락) 이에 대한 하이브리드-π 등가회로는 그림 (b)와 같다. 그림 (b)에 밀러 정리를 적용하면 그림 (c)가 되며 $-K=v_o/v_\pi$이다. 앞에서 언급한 바와 같이 전압 이득 K가 어느 정도만 커도 출력단의 밀러 용량 C_{M2}는 C_μ와 거의 변함이 없다. 일반적으로 고주파 회로에서는 컬렉터 총 저항 r_C가 C_μ의 리액턴스에 비해 충분히 작게 하므로 전류 $g_m v_\pi$는 거의 대부분 r_C를 통해서 흐르게 된다. 따라서 출력 전압은

$$v_o \cong -g_m v_\pi r_C \tag{7-3-2}$$

이므로 K는 다음과 같이 주어진다(K는 실제 이득과 부호가 반대).'

$$K \cong -g_m r_C \tag{7-3-3}$$

그림 7-14(c)에서 $K=g_m r_C>>1$인 경우 각 밀러 용량은 다음과 같이 근사적으로 주어진다.

$$C_{M1} \cong KC_\mu, \quad C_{M2} \cong C_\mu \tag{7-3-4}$$

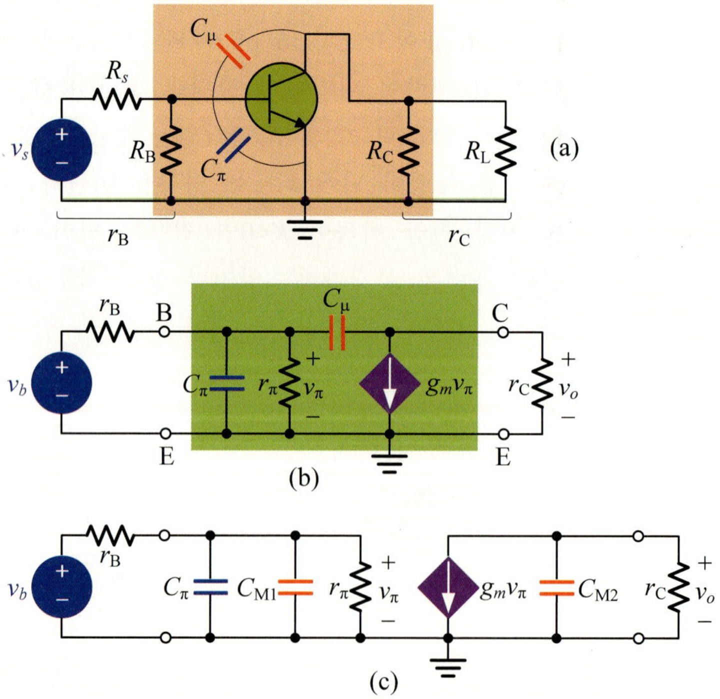

그림 7-14
이미터-공통 증폭기의
(a) 고주파 교류회로;
(b) 고주파 등가회로;
(c) 밀러 정리로 정리한 회로.

그림 7-14(c)에서 입력단과 출력단의 RC 회로는 저역통과 필터를 이루고 있다(그림 7-6 참조). 따라서 입력단의 상위 차단주파수와 출력단의 상위 차단주파수를 각각 ω_{H1}, ω_{H2}라 하면 다음과 같이 결정된다.

$$\omega_{H1} = \frac{1}{(r_B \| r_\pi)(C_\pi + C_{M1})}, \quad \omega_{H2} = \frac{1}{r_C C_{M2}} \tag{7-3-5}$$

위의 식에서 우세 상위 차단주파수 ω_H는 ω_{H1}과 ω_{H2} 중 낮은 쪽으로 정해진다. 이상으로 이미터-공통 증폭기에 대한 전체 주파수 응답은 그림 7-15와 같이 대역통과 형태가 된다. 일반적으로 $\omega_H >> \omega_L$이므로 대역폭 B는 근사적으로 다음과 같다.

$$B = \omega_H - \omega_L \cong \omega_H \tag{7-3-6}$$

그리고 그림 7-14(a)의 중간대역 이득인 A_{mid}는 $C_\mu = C_\pi = 0$일 때의 이득으로 다음과 같다(식 (3-2-8) 참조).

$$A_{mid} = \frac{\beta R_B r_C}{(r_B + r_\pi)(R_s + R_B)} = \frac{g_m r_\pi R_B r_C}{(r_B + r_\pi)(R_s + R_B)} \tag{7-3-7}$$

위의 식 우변은 $\beta = g_m r_\pi$의 관계를 이용한 결과이며 나아가 $K = g_m r_C$을 이용하면 다음과 같이 표현할 수 있다.

$$A_{mid} = \frac{K r_\pi R_B}{(r_B + r_\pi)(R_s + R_B)} \tag{7-3-8}$$

식 (7-3-4)로 인해 그림 7-14(c)에서 $C_{M1} >> C_{M2}$이므로 $C_\pi + C_{M1} >> C_{M2}$를 만족한다. 따라서 식 (7-3-5)의 두 차단 주파수는 $\omega_{H1} << \omega_{H2}$를 만족하는 것이 거의 일반적이며 이로부터 우세 상위 차단주파수는 $\omega_H = \omega_{H1}$으로 결정되며 대역폭은 $B = \omega_{H1}$이 된다. 또한 식 (7-3-5)의 ω_{H1}에서

그림 7-15
이미터-공통 증폭기의 전체 주파수 응답

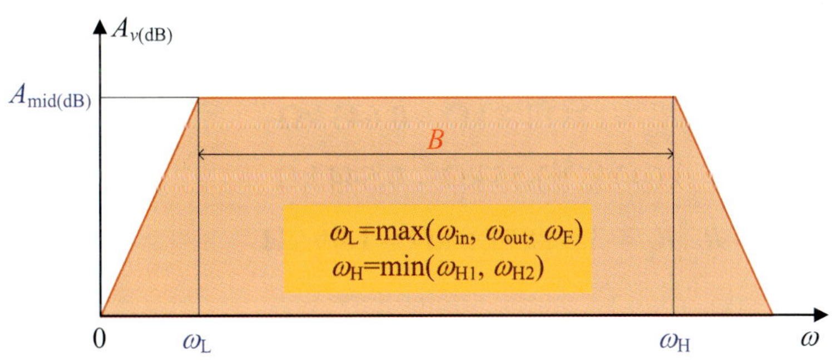

$$C_\pi + C_{M1} \cong C_\pi + KC_\mu \cong KC_\mu \quad \textbf{(7-3-9)}$$

로 근사화할 수 있다. 이 조건에서는 대역폭 $B=\omega_{H1}$은 다음과 같이 근사적으로 표현된다.

$$B \cong \omega_{H1} \cong \frac{1}{(r_B \| r_\pi)KC_\mu} \quad \textbf{(7-3-10)}$$

따라서 B는 K에 반비례하지만 중간대역 이득인 식 (7-3-8)의 A_{mid}는 K에 비례한다. 중간대역 이득 A_{mid}와 대역폭 B의 곱을 GBW(Gain-Bandwidth)로 정의하면 다음과 같은 중요한 관계를 얻을 수 있다($r_B=R_s \| R_B$).

$$\text{GBW} = A_{mid} \times B = \frac{1}{R_s r_\pi C_\mu} = \text{일정} \quad \textbf{(7-3-11)}$$

위의 식이 의미하는 바는 증폭기의 이득과 대역폭을 곱한 것은 일정하다는 것이다. 따라서 높은 이득을 얻고자 하면 대역폭을 희생시켜야 하며 반대로 넓은 대역폭을 얻고자 하면 이득을 희생시켜야 한다. 즉 두 마리 토끼를 쫓을 수 없다. 이 법칙은 이미터-공통 증폭기뿐 아니라 일반적인 증폭기에도 적용되는 보편적인 법칙으로 증폭기 특성을 이해하는데 대단히 중요하다.

예제 7-3

예제 7-1의 증폭기에서 부유 용량이 C_π=36 pF, C_μ=4 pF이다. 증폭기의 전체 주파수 응답과 GBW를 구하라.

풀이 예제 7-1로부터 하위 차단주파수는 f_L=284 Hz이다. 고주파 특성을 구하기 위해 필요한 사항을 먼저 구하면 다음과 같다.

$$r_B = R_s \| R_B = 1\ \text{k}\Omega \| 1.8\ \text{k}\Omega = \mathbf{0.643\ k\Omega}$$

$$r_B \| r_\pi = 0.643\ \text{k}\Omega \| 3.55\ \text{k}\Omega = \mathbf{0.544\ k\Omega}$$

$$r_C = R_C \| R_L = 3.6\ \text{k}\Omega \| 1.5\ \text{k}\Omega = \mathbf{1.06\ k\Omega}$$

전달 컨덕턴스는

$$g_m = \frac{\beta}{r_\pi} = \frac{150}{3.55\ \text{k}\Omega} = \mathbf{42.3\ mS}$$

커페시터 C_μ의 양단 전압의 비 K는

$$K = g_m r_C = 42.3\ \text{mS} \times 1.06\ \text{k}\Omega = \mathbf{45}$$

따라서 입력단과 출력단의 밀러 용량은

$$C_{M1} = (K+1)C_\mu = 46 \times 4\ \text{pF} = \mathbf{184\ pF}$$
$$C_{M2} \cong C_\mu = \mathbf{4\ pF}$$

식 (7-3-5)로부터

$$f_{H1} = \frac{1}{2\pi(r_B \| r_\pi)(C_\pi + C_{M1})} = \frac{1}{2\pi(0.544\ \text{k}\Omega)(220\ \text{pF})} = \mathbf{1.3\ MHz}$$

$$f_{H2} = \frac{1}{2\pi r_C C_{M2}} = \frac{1}{2\pi(1.06\ \text{k}\Omega)(4\ \text{pF})} = \mathbf{36.8\ MHz}$$

이로부터 우세 상위 차단주파수는 f_H=1.3 MHz이며 B=1.3 MHz이다. 그리고 식 (7-3-8)에서 중간대역 이득은

$$A_{mid} = \frac{K r_\pi R_B}{(r_B + r_\pi)(R_s + R_B)} = \frac{45(3.55\ \text{k}\Omega)(1.8\ \text{k}\Omega)}{(4.188\ \text{k}\Omega)(2.8\ \text{k}\Omega)} \cong \mathbf{24}$$

따라서 GBW는 다음과 같이 주어진다.

$$\text{GBW} = A_{mid} \times B = 24(1.3 \times 10^6) = \mathbf{3.12 \times 10^7}$$

베이스-공통 증폭기

그림 7-16(a)는 베이스-공통 증폭기의 고주파 교류 회로이며 그 등가 회로는 그림 (b)와 같다. 여기서 중요한 점은 출력에서 입력으로 궤환을 일으키는 부유 용량이 없어 밀러 효과가 일어나지 않는다는 것이다. 따라서 입력단에 큰 밀러 용량이 형성되는 이미터-공통 증폭기에 비해 상위 차단주파수가 매우 높을 수 밖에 없다. 그림 (b)의 입력단과 출력단에 형성되는 상위 차단주파수 ω_{H1}, ω_{H2}는 다음과 같다.

$$\omega_{H1} = \frac{1}{(r_E \| r_e)C_\pi}, \quad \omega_{H2} = \frac{1}{r_C C_\mu} \tag{7-3-12}$$

입력단에서는 $r_e = r_\pi/(\beta+1)$로 매우 낮기 때문에 ω_{H1}이 매우 높아진다. 그리

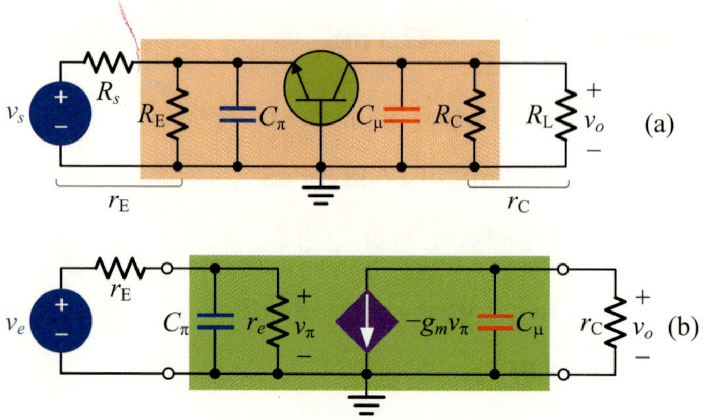

그림 7-16
베이스-공통 증폭기의
(a) 고주파 교류 회로;
(b) 고주파 등가 회로.

고 출력단에서는 C_μ가 작기 때문에 ω_{H2}도 역시 높다. 이상으로 베이스-공통 증폭기는 이미터-공통 증폭기에 비해 상위 차단주파수가 매우 높은 **광대역(wideband) 증폭기**라는 장점이 있다.

예제 7-4

그림 7-16(a)의 증폭기에서 β=80, r_π=762 Ω이다. 소자 값들이 다음과 같을 때 우세 상위 차단 주파수를 구하라.

R_s=0.1 kΩ, R_B=7.87 kΩ, R_C=3.3 kΩ, R_E=1.2 kΩ, R_L=4.7 kΩ, C_π=36 pF, C_μ=4 pF.

풀이 고주파 특성을 구하기 위해 필요한 사항을 먼저 구하면 다음과 같다.

$$r_E = R_s \| R_E = 0.1\ \text{k}\Omega \| 1.2\ \text{k}\Omega = \mathbf{92\ \Omega}$$

$$r_C = R_C \| R_L = 3.4\ \text{k}\Omega \| 4.7\ \text{k}\Omega = \mathbf{1.94\ k\Omega}$$

$$r_e = \frac{r_\pi}{\beta+1} = \frac{762\ \Omega}{81} = \mathbf{9.4\ \Omega}$$

식 (7-3-12)로부터

$$f_{H1} = \frac{1}{2\pi(r_E \| r_e)C_\pi} = \frac{1}{2\pi(92\ \Omega \| 9.4\ \Omega)(36\ \text{pF})} = \mathbf{518\ MHz}$$

$$f_{H2} = \frac{1}{2\pi r_C C_\mu} = \frac{1}{2\pi(1.94\ \text{k}\Omega)(4\ \text{pF})} = \mathbf{20\ MHz}$$

이상으로 우세 상위 차단주파수는 f_H=**20 MHz**로 정해진다.

컬렉터-공통 증폭기

컬렉터-공통 증폭기의 고주파 교류 회로는 그림 7-17(a)와 같고 그림 (b)는 등가 회로이다. 그리고 밀러 정리를 이용하여 그림 (b)를 정리하면 그림 (c)가 된다. 컬렉터-공통 증폭기의 전압 이득 $-K=v_o/v_b$는 1에 가까운 1 이하이므로(예를 들면 $K=-0.9$) 밀러 용량 $C_{M1}=(K+1)C_\pi$, $C_{M2}=C_\pi(K+1)/K$는 C_π보다 매우 작다. 따라서 그림 (c)에서 종속 전류원이 대부분 r_E를 통해 흐르므로 $v_o \cong g_m v_\pi r_E$이다. 이로부터 $-K=v_o/v_b$를 구해보면

$$-K=\frac{v_o}{v_b}=\frac{g_m v_\pi r_E}{v_\pi + g_m v_\pi r_E}=\frac{g_m r_E}{1+g_m r_E} \tag{7-3-14}$$

즉

$$K=-\frac{g_m r_E}{1+g_m r_E} \tag{7-3-15}$$

이다. 따라서 입출력의 밀러 용량은

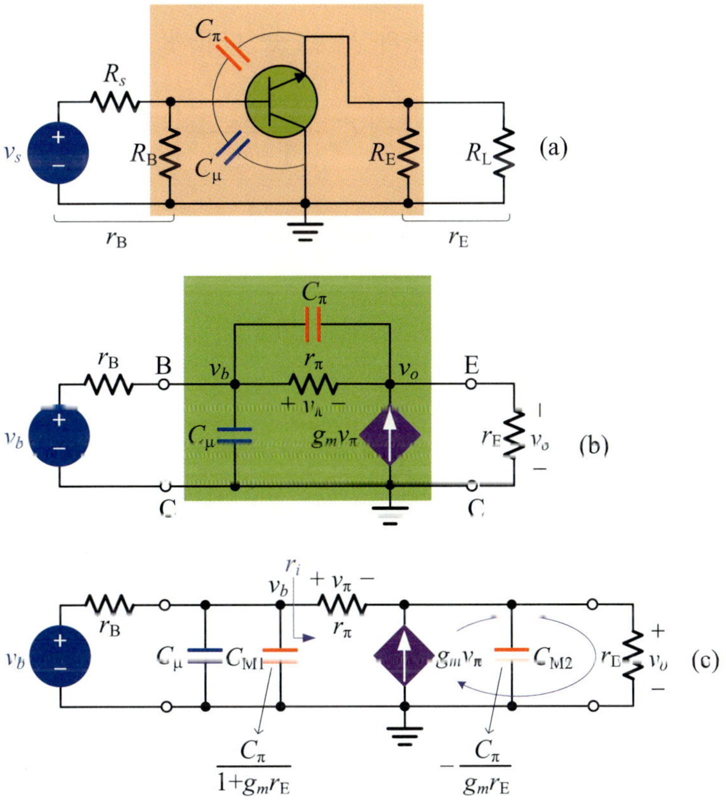

그림 7-17
컬렉터-공통 증폭기의
(a) 고주파 교류 회로;
(b) 고주파 등가 회로;
(c) 정리된 등가 회로.

$$C_{M1} = (1+K)C_\pi = \frac{C_\pi}{1+g_m r_E} \tag{7-3-16}$$

및

$$C_{M2} = \left(\frac{K+1}{K}\right)C_\pi = -\frac{C_\pi}{g_m r_E} \tag{7-3-17}$$

일반적으로 $g_m r_E$>>1이므로 밀러 용량이 매우 작다. 즉 컬렉터-공통 증폭기의 상위 차단 주파수가 높을 것임을 예견할 수 있다. 다만 식 (7-3-17)에서 $C_{M2}<0$이며 이는 실제적으로는 불가능하며 등가 회로상에서만 가능한 일이다. 그림 7-17(c)에서

$$v_b = v_\pi + v_o = (1+g_m r_E)v_\pi \tag{7-3-18}$$

이며 v_π는 r_π 양단의 전압이다. 따라서 베이스에서 들여다 본 입력 저항 r_i는

$$r_i = (1+g_m r_E)r_\pi \tag{7-3-19}$$

따라서 입력단의 시정수는 다음과 같다.

$$\begin{aligned} \tau_1 &= (r_B \| r_i)\left(C_\mu + \frac{C_\pi}{1+g_m r_E}\right) \\ &= \left(r_B \| (1+g_m r_E)r_\pi\right)\left(C_\mu + \frac{C_\pi}{1+g_m r_E}\right) \end{aligned} \tag{7-3-20}$$

이에 해당하는 차단 주파수는

$$\omega_H = 1/\tau_1 \tag{7-3-21}$$

이다. 이제 출력단에서의 주파수 특성을 해석하기 위해 그림 7-17(b)의 이미터 단자로 돌아간다. 전압 v_b, v_π, v_o의 라플라스 변환을 각각 $V_b(s)$, $V_\pi(s)$, $V_o(s)$라 하고 이미터 단자에 KCL을 적용하여 마디 방정식을 세우면

$$r_E(sC_\pi + g_m + 1/r_\pi)V_\pi(s) = V_o(s) \tag{7-3-22}$$

그리고 (7-3-18)로부터

$$V_b(s) = (1+g_m r_E)V_\pi(s) \tag{7-3-23}$$

따라서 위의 두 식으로부터 전달 함수 $V_o(s)/V_b(s)$는 다음과 같이 구해진다.

$$\frac{V_o(s)}{V_b(s)} = \frac{C_\pi}{g_m}\left(s + \frac{g_m + 1/r_\pi}{C_\pi}\right) \tag{7-3-24}$$

즉 출력단에서는 극점이 아니라 영점이 생기며 이로 인한 주파수를 ω_z라 하면

$$\omega_z = \frac{g_m + 1/r_\pi}{C_\pi} \tag{7-3-25}$$

이며 $g_m=1/r_e>>1/r_\pi$이므로

$$\omega_z \cong \frac{1}{C_\pi r_e} \tag{7-3-26}$$

이 주파수는 충분히 높기 때문에 고주파 특성을 결정짓는 데 미미한 역할을 한다. 즉 컬렉터-공통 증폭기의 상위 차단 주파수는 식 (7-3-20), (7-3-21)로 결정된다.

예제 7-4

그림 7-18의 컬렉터-공통 증폭기에서 $R_B=R_1||R_2=17$ kΩ, $C_\pi=20$ pF, $C_\mu=1$ pF이다. 상위 차단 주파수를 구하라.

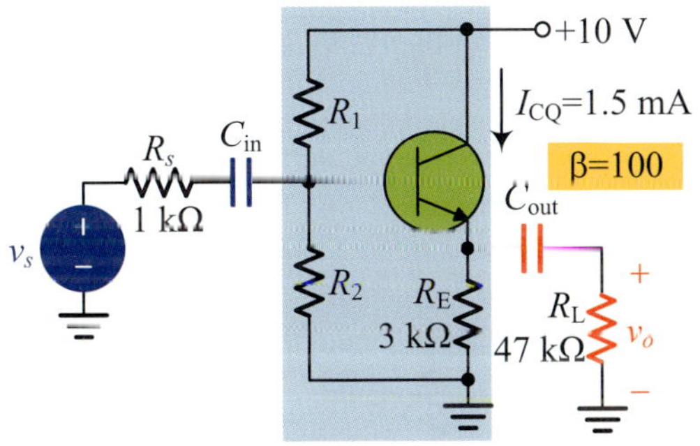

그림 7-18
예제 7-4의 그림

풀이 트랜지스터의 특성은

$$r_\pi = \frac{V_T}{I_{CQ}} \times (\beta + 1) = \frac{26}{1.5} \times 101\ \text{k}\Omega = \mathbf{1.67\ k\Omega}$$

$$g_m = \beta / r_\pi = 100/1.67 = \mathbf{60\ mS}$$

베이스와 이미터의 총 저항을 구하면

$$r_B = R_s \| R_B = 1\|17\ \text{k}\Omega = \mathbf{0.94\ k\Omega}$$
$$r_E = R_E \| R_L = 3\|47\ \text{k}\Omega = \mathbf{2.82\ k\Omega}$$

따라서

$$g_m r_E = 60 \times 2.82 = 169$$
$$r_i = (1 + g_m r_E) r_\pi = 170 \times 1.67\ \text{k}\Omega = \mathbf{284\ k\Omega}$$
$$r_B \| r_i = 0.94 \| 284\ \text{k}\Omega \cong \mathbf{0.94\ k\Omega}$$

그리고 용량은

$$C = C_\mu + \frac{C_\pi}{1 + g_m r_E} = 1 + \frac{20}{170}\ \text{pF} = 1.12\ \mathbf{pF}$$

따라서

$$f_H = \frac{1}{2\pi (r_B \| r_i) C} = \frac{1}{2\pi(0.94 \times 10^3)(1.12 \times 10^{-12})} = \mathbf{150\ MHz}$$

캐스코드 증폭기

이미터-공통 구성의 고이득과 베이스-공통 구성의 광대역 특성을 겸하는 캐스코드 구성은 그림 7-19와 같다. 해석을 간결하게 하기 위해 두 트랜지스터 Q_1과 Q_2는 정합된 것으로 한다. 그림 7-19의 고주파 교류 회로는

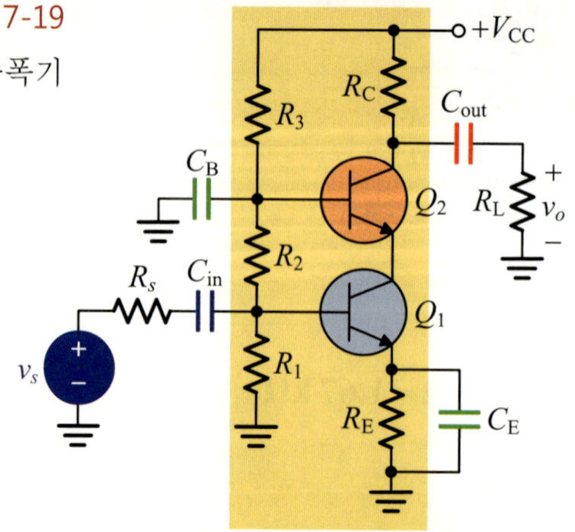

그림 7-19
BJT 캐스코드 증폭기

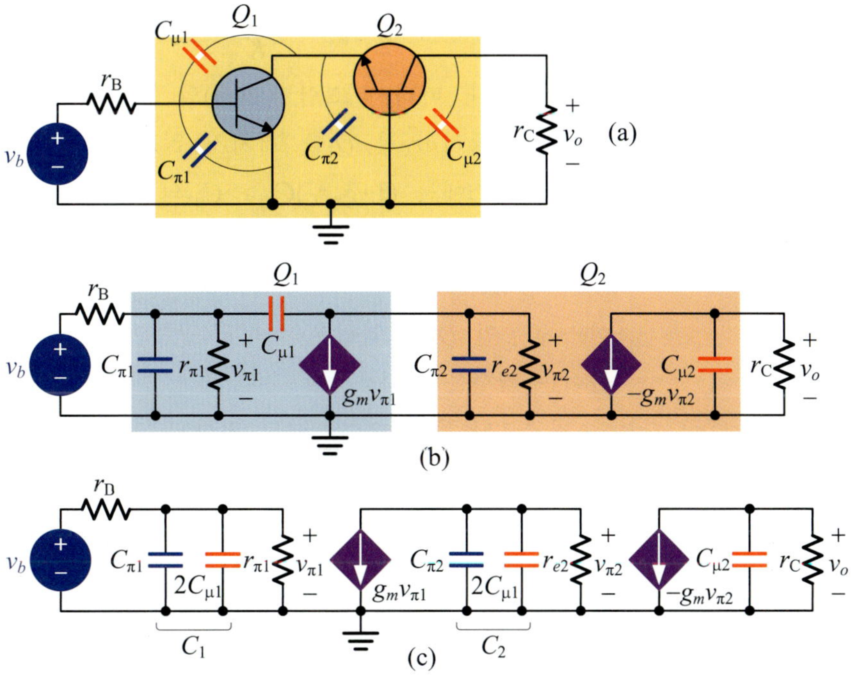

그림 7-20
그림 7-19의
(a) 고주파 교류회로;
(b) 고주파 등가회로;
(c) 밀러 정리로써 정리한 등가회로.

그림 7-20(a)이며

$$r_B = R_s \| R_1 \| R_2, \quad r_C = R_C \| R_L$$

이다. 그림 (a)의 고주파 등가회로는 그림 (b)이며 첫 번째 단의 C_μ는 그 왼쪽 단자와 오른쪽 단자의 전압이 각각 $v_{\pi1}$, $v_{\pi2}$이다. C_μ에 밀러 정리를 적용하면 그림 (c)와 같다. 그 이유는 $v_{\pi2}$는 근사적으로

$$v_{\pi2} \simeq -g_m v_{\pi1} r_{e2} \tag{7-3-27}$$

이며 두 트랜지스터가 정합되었다면 $g_m r_{e2} = g_m r_{e1} = 1$이므로

$$v_{\pi2} \cong -v_{\pi1} \tag{7-3-28}$$

이로부터 C_μ의 양단 전압의 비는

$$-K = \frac{v_{\pi2}}{v_{\pi1}} \cong -1 \tag{7-3-29}$$

즉 K=1이다. 따라서 C_μ에 의해 첫 번째 단의 입력과 출력에 형성되는 밀

러 용량은

$$(K+1)C_{\mu 1} = 2C_{\mu 1}, \quad \frac{K+1}{K}C_{\mu 1} = 2C_{\mu 1} \tag{7-3-30}$$

로 동일하다. 따라서 그림 7-20(c)의 등가 회로를 얻을 수 있다. 만일 그림 7-20(a)에서 r_C를 Q_2를 거치지 않고 Q_1의 컬렉터에 바로 결합시키면 Q_1의 베이스에는 $(1+g_m r_C)C_{\mu 1} >> C_{\mu 1}$의 큰 밀러 용량이 나타날 것이다. 그러나 캐스코드 결합에서는 베이스-공통인 Q_2의 입력 저항 r_e가 r_C 대신 Q_1의 컬렉터 부하가 되므로 $(1+g_m r_e)C_{\mu 1} = 2C_{\mu 1}$이 되는 것이다. 따라서 베이스-공통인 Q_1의 역할은 이미터-공통인 Q_1의 입력단 밀러 용량을 크게 줄이는 역할을 한다.

지금부터 두 트랜지스터는 정합된 것으로 보고 r_π, C_π , C_μ에서 첨자 1, 2를 생략한다. 그림 7-20(c)에서 Q_1의 출력단 용량 $C_\pi+2C_\mu$는 r_e에 비해 리액턴스가 매우 크므로 상대적으로 무시할 수 있다. 따라서 Q_1의 입력단과 Q_2의 출력단에 의해 형성되는 상위 차단주파수는 각각 다음과 같다.

$$\omega_{H1} = \frac{1}{(r_B \| r_\pi)(C_\pi + 2C_\mu)}, \quad \omega_{H2} = \frac{1}{r_C C_\mu} \tag{7-3-31}$$

이상으로 캐스코드 증폭기의 특성을 종합하면 다음과 같다.

첫째, 이미터-공통 증폭기의 높은 이득을 그대로 누리면서
둘째, 고주파 대역의 차단 주파수가 매우 높은 광대역이며
셋째, 대역폭이 전압 이득에 거의 무관하다.

오니오 신호는 대역폭이 수 kHz 수준이지만 영상 신호는 수 MHz에 이른다. 따라서 캐스코드 증폭기는 비디오 증폭기(video amplifier)로 널리 사용된다.

예제 7-5

그림 7-19의 증폭기에서 $R_B=R_1\|R_2=1.8$ kΩ으로 하며 Q_1과 Q_2의 특성은 동일하다. 그리고 그 외의 모든 조건들은 다음과 같다(예제 7-3과 동일)

β=150, r_π=3.55 kΩ, R_s=1 kΩ, R_C=3.6 kΩ, R_E=1 kΩ, R_L=1.5 kΩ, C_π=36 pF, C_μ=4 pF

증폭기의 고주파 특성을 해석하라.

풀이 고주파 특성을 구하기 위해 필요한 사항은 예제 7-3의 결과를 인용하면

$$r_{\mathrm{B}} = 0.643\ \mathrm{k\Omega}$$

$$r_{\mathrm{B}} \| r_\pi = 0.544\ \mathrm{k\Omega}$$

$$r_{\mathrm{C}} = 1.06\ \mathrm{k\Omega}$$

$$g_m = \frac{\beta}{r_\pi} = \frac{150}{3.55\ \mathrm{k\Omega}} = \mathbf{42.3\ mS}$$

식 (7-3-31)로부터

$$f_{\mathrm{H1}} = \frac{1}{2\pi(r_{\mathrm{B}} \| r_\pi)(C_\pi + 2C_\mu)} = \frac{1}{2\pi(544\ \Omega)(44\ \mathrm{pF})} = \mathbf{6.6\ MHz}$$

$$f_{\mathrm{H2}} = \frac{1}{2\pi r_{\mathrm{C}} C_\mu} = \frac{1}{2\pi(1.06\ \mathrm{k\Omega})(4\ \mathrm{pF})} = \mathbf{37.5\ MHz}$$

따라서 고주파 차단주파수는 f_{H}=**6.6 MHz**로 정해지며 예제 7-3의 결과인 f_{H}=1.3 MHz에 비해 약 5배 정도 높다.

차동 증폭기

그림 7-21은 단일 입력으로 구동되는 차동 증폭기이며 정전류원 I_{O}로 바이어스하고 있다. 트랜지스터 Q_1과 Q_2는 정합되어야 하며 Q_1은 컬렉터 저항이 단락되어 컬렉터-공통으로 동작하며 Q_2는 입력이 단락되어 베이스-공통으로 동작한다. 그림 7-21의 고주파 교류 회로가 그림 7-22(a)이며 그림 (b)는 등가 회로이다. C_π 양단의 전압 비는

그림 7-21
BJT 차동 증폭기

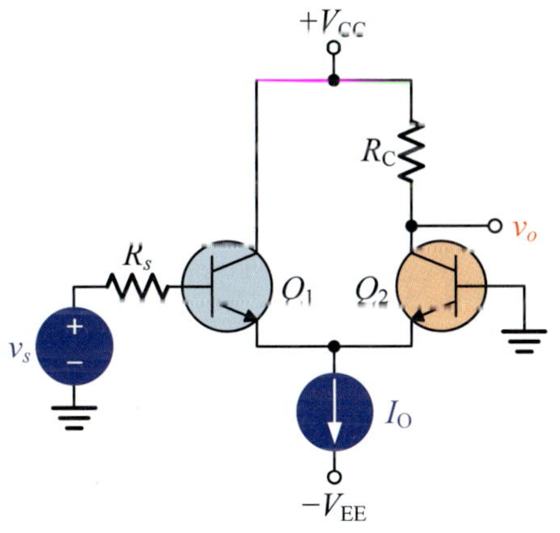

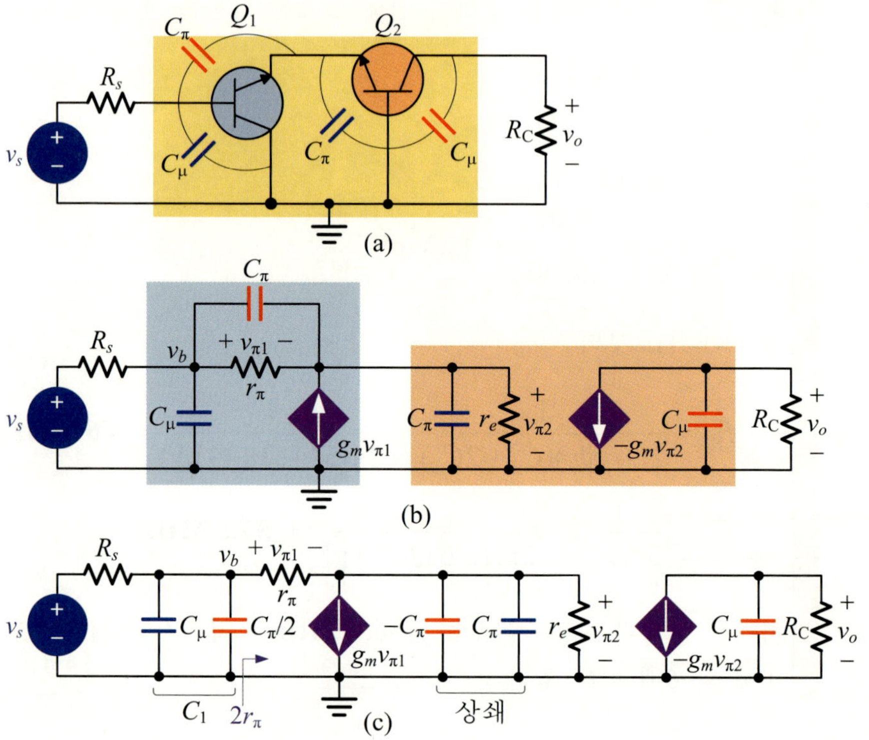

그림 7-22
그림 7-21의
(a) 고주파 교류회로;
(b) 고주파 등가회로;
(c) 밀러 정리로써 정리한 등가회로.

$$-K = \frac{v_{\pi 2}}{v_b} = \frac{v_{\pi 2}}{v_{\pi 1} + v_{\pi 2}} \quad \textbf{(7-3-32)}$$

이며

$$v_{\pi 2} \cong g_m v_{\pi 1} r_e = v_{\pi 1} \quad \textbf{(7-3-33)}$$

로 근사화되므로

$$-K \cong \frac{1}{2} \quad \textbf{(7-3-34)}$$

이로부터 C_π에 의해 생기는 밀러 용량은 각각

$$(K+1)C_\pi = 0.5C_\pi, \quad \frac{K+1}{K}C_\pi = -C_\pi \quad \textbf{(7-3-35)}$$

따라서 그림 7-22(c)의 등가회로를 얻을 수 있으며 Q_1의 이미터에 있는 두 용량은 서로 상쇄되게 된다. 그리고 $v_b = v_{\pi 1} + v_{\pi 2} = 2v_{\pi 1}$이므로 Q_1의 베이스에서 들여다 본 입력 저항은 $2r_\pi$이다. 따라서 7-22(c)의 입력단에 형성

되는 차단 주파수는

$$\omega_{H1} = \frac{1}{(R_s \| 2r_\pi)(0.5C_\pi + C_\mu)} \tag{7-3-36}$$

이며 출력단에 형성되는 차단 주파수는

$$\omega_{H2} = \frac{1}{R_C C_\mu} \tag{7-3-37}$$

이 두 주파수 중 낮은 쪽이 우세 상위 차단 주파수가 된다.

차동 증폭기 역시 캐스코드 결합을 이용하여 그림 7-23처럼 구성할 수 있으며 트랜지스터 Q_1과 Q_3 및 Q_2와 Q_4는 각각 캐스코드쌍을 이루고 있다. 그리고 저항 R_1과 R_2는 전압 V_{CC}와 $-V_{EE}$를 분배하여 Q_3와 Q_4의 베이스 바이어스 전압을 제공한다. 따라서 Q_3와 Q_4의 베이스 바이어스 전류를 상대적으로 무시하면 Q_3와 Q_4의 베이스 전압 V_B는

$$V_B = \frac{R_2}{R_1 + R_2} V_{CC} - \frac{R_1}{R_1 + R_2} V_{EE} \tag{7-3-38}$$

로 주어짐을 알 수 있다.

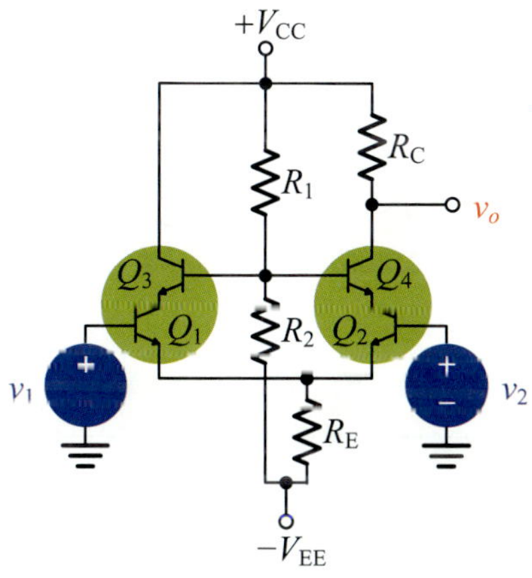

그림 7-23
캐스코드 차동 증폭기

7-4 FET 증폭기의 고주파 응답

소스-공통 증폭기

그림 7-24(a)는 소스-공통 증폭기의 고주파 회로이다. 게이트 저항은 $R_G >> R_s$이므로 무시하면 등가회로는 그림 (b)가 된다. 그리고 C_{ds}와 C_{gd}의 리액턴스가 r_D에 비해 충분히 크므로 무시하면 전압비 K는

$$-K = \frac{v_o}{v_{gs}} \cong -g_m r_D \tag{7-4-1}$$

이로부터 밀러 용량을 이용한 등가회로인 그림 7-24(c)에서

$$C_{M1} = (K+1)C_{gd} = (1 + g_m r_D)C_{gd} \tag{7-4-2}$$

및

$$C_{M2} = \frac{K+1}{K}C_{gd} = \frac{1+g_m r_D}{g_m r_D}C_{gd} \cong C_{gd} \tag{7-4-3}$$

이상으로 입력단과 출력단의 상위 차단주파수는 다음과 같다.

그림 7-24
소스-공통 증폭기의
(a) 고주파 교류회로;
(b) 고주파 등가회로;
(c) 밀러 정리로 정리한 회로.

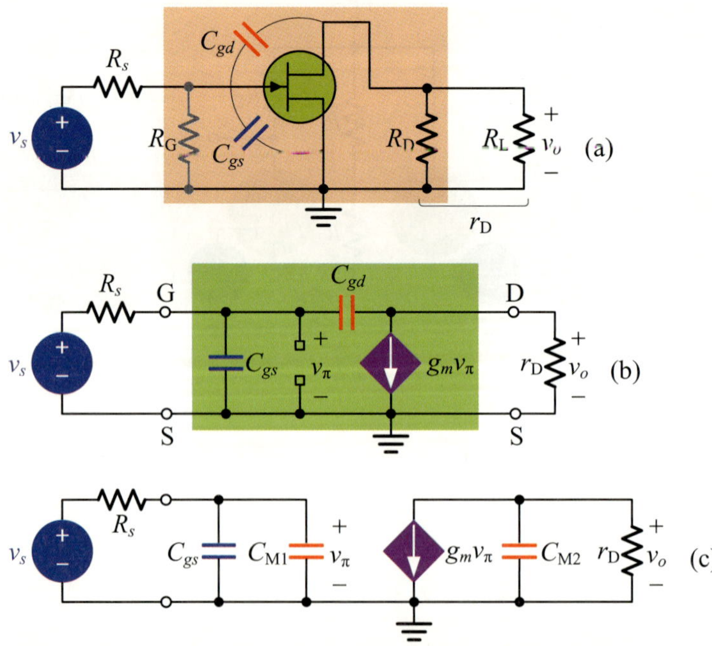

$$\omega_{H1} = \frac{1}{R_s(C_{gs} + C_{M1})}, \quad \omega_{H2} = \frac{1}{r_D C_{M2}} \tag{7-4-4}$$

소스-공통 증폭기에서도 전압비 K가 증가하면 밀러 용량 C_{M1}도 증가하므로 대역폭은 이득에 비례하여 좁아진다.

게이트-공통 증폭기

그림 7-25(a)는 게이트-공통 증폭기의 고주파 교류 회로이며 그림 (b)는 등가 회로이다. 이 역시 베이스-공통과 마찬가지로 밀러 용량의 영향이 없으므로 광대역 특성을 지닐 수 있다. 그림 7-25(b)를 그림 7-16(b)와 비교해보면

$$r_E \to R_s, \quad r_C \to r_D, \quad r_e \to 1/g_m, \quad C_\pi \to C_{gs}, \quad C_\mu \to C_{gd}$$

따라서 그림 7-25(b)의 차단 주파수는 식 (7-3-12)를 수정하면 다음과 같다.

$$\omega_{H1} = \frac{1}{(R_s \| 1/g_m)C_{gs}}, \quad \omega_{H2} = \frac{1}{r_D C_{gd}} \tag{7-4-5}$$

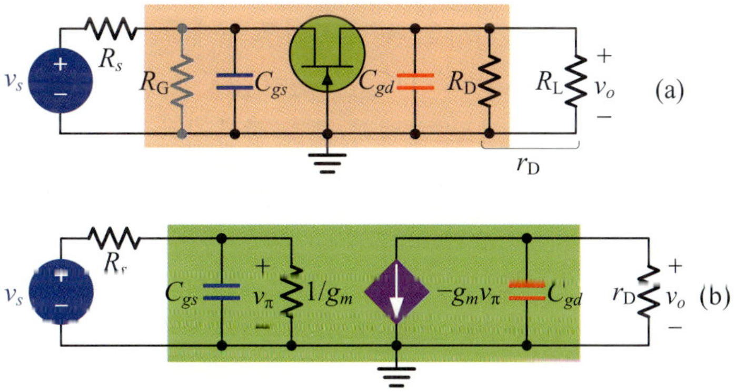

그림 7-25
게이트-공통 증폭기의
(a) 고주파 교류회로;
(b) 고주파 등가회로.

드레인-공통 증폭기

드레인-공통 증폭기의 고주파 교류 회로가 그림 7-26(a)이며 그림 (b)는 등가 회로이다. 여기서 소스 총 저항이

$$r_S = \frac{1}{g_m} \Big\| R_S \| R_L < \frac{1}{g_m} \tag{7-4-6}$$

이므로 $g_m r_S < 1$이다. 따라서 C_{gs} 양단 전압의 비는

그림 7-26
드레인-공통 증폭기의
(a) 고주파 교류 회로;
(b) 고주파 등가 회로;
(c) 정리된 등가 회로.

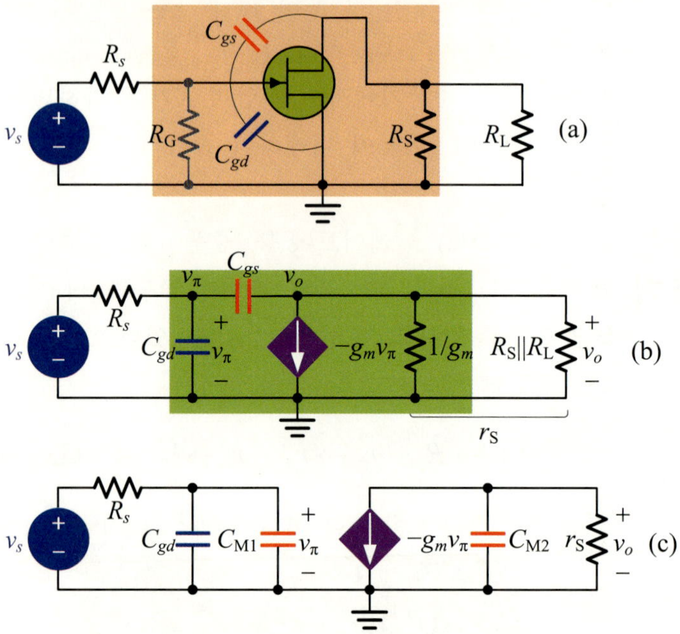

$$-K = \frac{v_o}{v_\pi} = \frac{g_m v_\pi r_S}{v_\pi} = g_m r_S < 1 \qquad \textbf{(7-4-7)}$$

로 1에 가까운 1 이하이므로(예를 들면 K=−0.8) 그림 7-26(c)에서 밀러 용량 $C_{M1}=(K+1)C_{gs}$, $C_{M2}=C_{gs}(K+1)/K$는 C_{gs}보다 매우 작다. 즉 드레인-공통 증폭기도 컬렉터-공통 증폭기와 같이 밀러 용량이 매우 작기 때문에 상위 차단 주파수가 매우 높을 수 있다.

FET 캐스코드 증폭기

그림 7-27은 FET로 구성한 캐스코드 증폭기이며 그 고주파 교류 회로 및 등가 회로는 그림 7-28과 같다. 그림 7-28(b)에서

$$v_{\pi 2} \cong -g_m v_{\pi 1} \times \frac{1}{g_m} = -v_{\pi 1} \qquad \textbf{(7-4-8)}$$

따라서 C_{gd1}의 양단 전압비가

$$-K = \frac{v_{\pi 2}}{v_{\pi 1}} \cong -1 \qquad \textbf{(7-4-9)}$$

이므로 $K \cong 1$이다. 이로부터 밀러 용량은

$$(K+1)C_{gd1} = 2C_{gd1}, \quad \left(\frac{K+1}{K}\right)C_{gd1} = 2C_{gd1} \qquad \textbf{(7-4-10)}$$

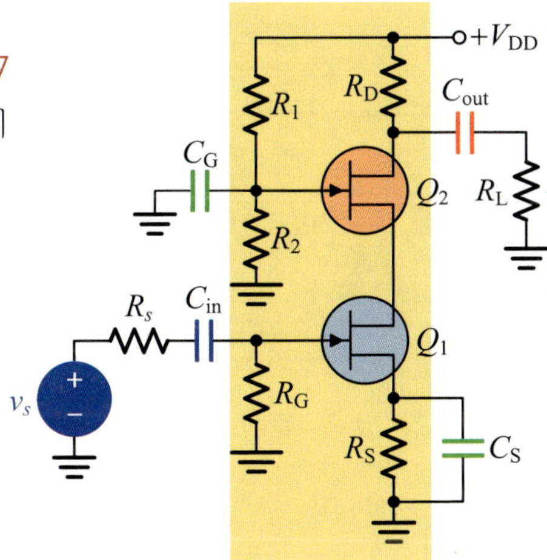

그림 7-27
FET 캐스코드 증폭기

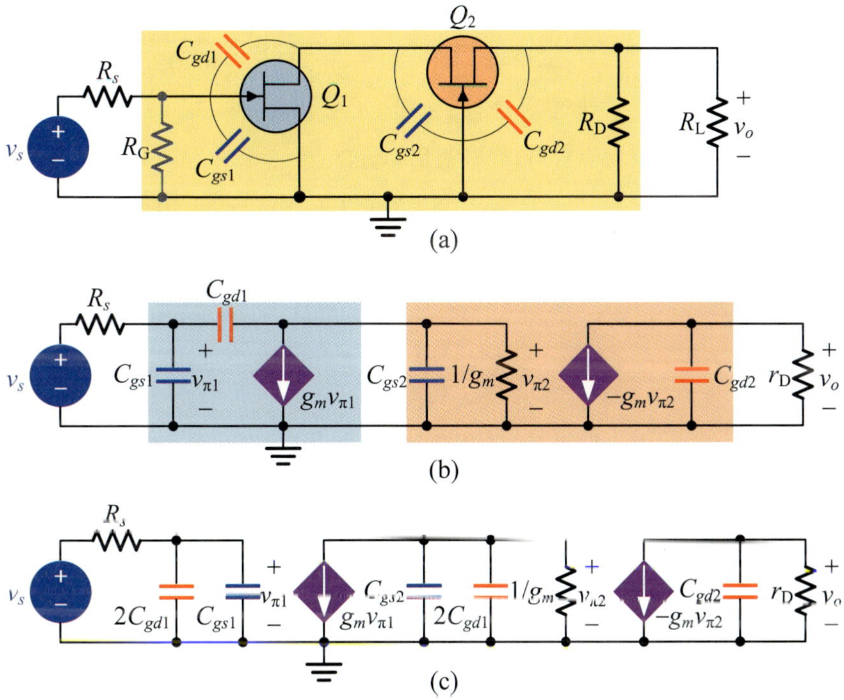

그림 7-28
그림 7-27의
(a) 고주파 교류회로;
(b) 고주파 등가회로;
(c) 밀러 정리로써 정리한 등가회로.

이상으로 그림 7-28(c)의 등가 회로를 구할 수 있으며 차단 주파수는 각각 다음과 같다.

$$\left.\begin{aligned} \omega_{\mathrm{H1}} &= \frac{1}{R_s(C_{gs1}+2C_{gd1})} \\ \omega_{\mathrm{H2}} &= \frac{1}{(1/g_m)(C_{gs2}+2C_{gd1})} \\ \omega_{\mathrm{H3}} &= \frac{1}{r_{\mathrm{D}}C_{gd2}} \end{aligned}\right\} \tag{7-4-11}$$

세 주파수 중에서 가장 낮은 쪽이 우세 상위 차단 주파수가 된다.

FET 차동 증폭기

그림 7-29는 단일 입력으로 구동되는 FET 차동 증폭기이며 트랜지스터 Q_1과 Q_2는 정합되어야 한다. Q_1은 드레인 저항이 단락되어 드레인-공통으로 동작하며 Q_2는 입력이 단락되어 게이트-공통으로 동작한다. 그림 7-29의 고주파 교류 회로가 그림 7-30(a)이며 그림 (b)는 그 등가 회로이다. 드레인-공통의 출력 저항 $1/g_m$과 게이트-공통의 입력 저항 $1/g_m$이 병렬로 결합하므로 전압 $v_{\pi2}$는

$$v_{\pi2} \cong g_m v_{\pi1} \times \frac{1}{2g_m} = 0.5v_{\pi1} \tag{7-4-12}$$

이로부터 C_{gs}의 양단 전압의 비는

$$-K = \frac{v_{\pi2}}{v_{\pi1}} \cong 0.5 \tag{7-4-13}$$

따라서 그림 7-30(c)의 등가 회로를 얻을 수 있으며 밀러 용량은 각각

그림 7-29
FET 차동 증폭기

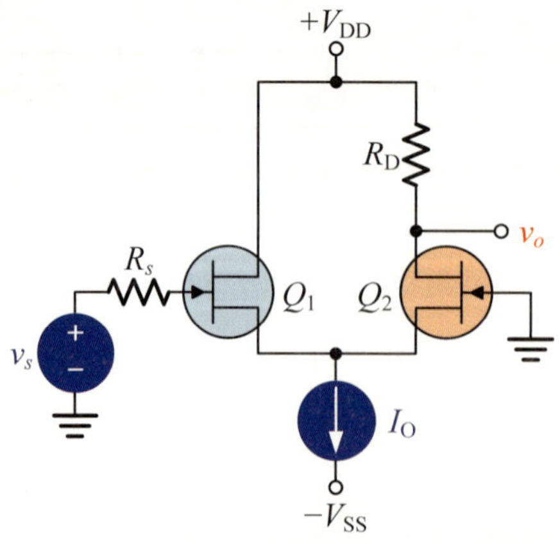

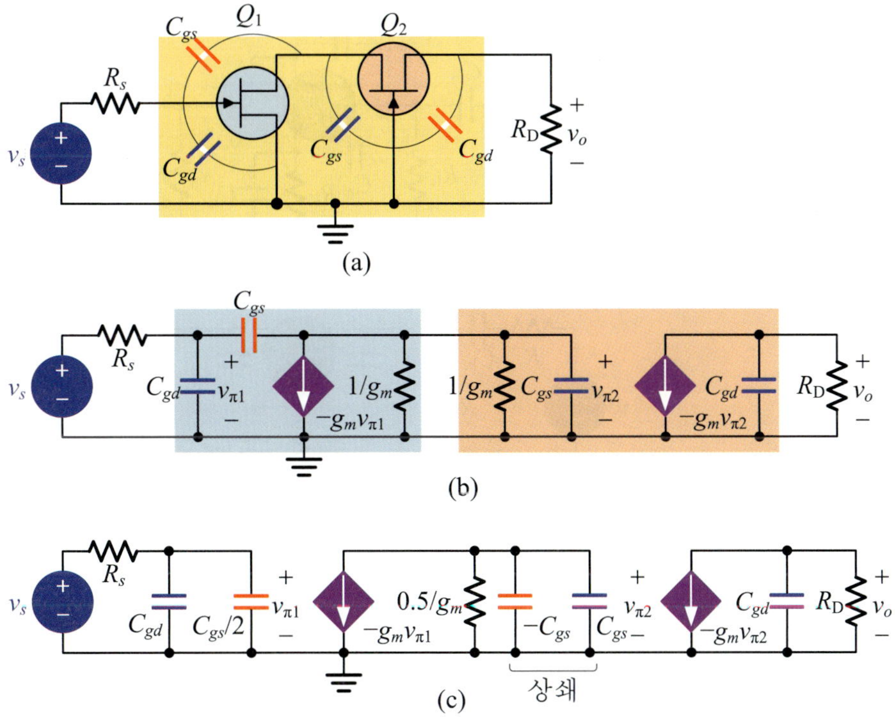

그림 7-30
그림 7-29의
(a) 고주파 교류회로;
(b) 고주파 등가회로;
(c) 밀러 정리로써 정리한 등가회로.

$$(K+1)C_{gs} = 0.5C_{gs}, \quad \frac{K+1}{K}C_{gs} = -C_{gs} \tag{7-4-14}$$

따라서 7-30(c)의 입력단과 출력단에 형성되는 차단 주파수는

$$\omega_{\mathrm{H1}} = \frac{1}{R_s(0.5C_{gs} + C_{gd})}, \quad \omega_{\mathrm{H2}} = \frac{1}{R_{\mathrm{D}}C_{gd}} \tag{7-4-15}$$

이며 두 주파수 중 낮은 쪽이 우세 상위 차단 주파수가 된다

7-5 매트랩

BJT 증폭기

함수 bjtF.m은 이미터-공통 및 베이스-공통 증폭기의 주파수 특성을 해석하며 그림 7-31에 맞추어 수행한다. 변수 Cin은 입력 결합 커패시터 C_{in}, Cout는 출력 결합 커패시터 C_{out}, Cby는 측로 결합 커패시터(C_{E}, C_{B})를 나타낸다. 그리고 Cpi는 부유용량 C_π, Cmu는 부유용량 C_μ를 나타낸다. 커패시터 단위는 μF이며 저항은 kΩ이며 주파수는 kHz이다.

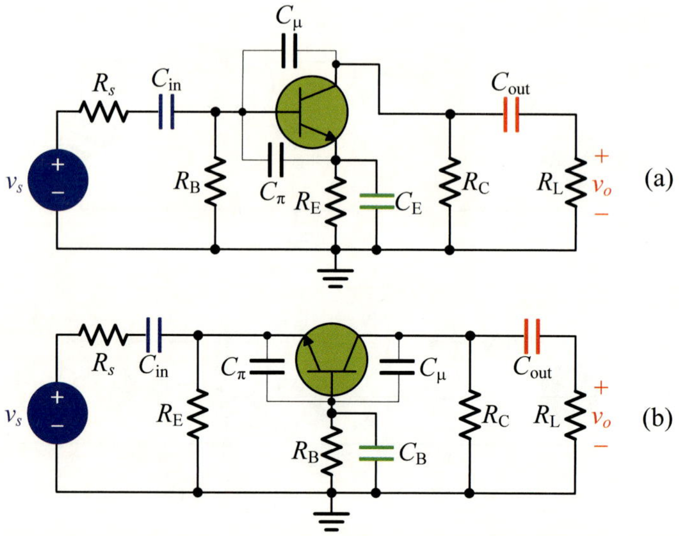

그림 7-31
BJT 증폭기의 주파수 해석을 위한 교류 회로: (a) 이미터-공통; (b) 베이스-공통.

```
function  [freqL, freqH, freqC, Amid]=bjtF(Tspec, Rbias, Rext, Cext, Cint, type)
% [BJT 증폭기의 주파수 응답]
% <입력 변수>
%     Tspec=[beta, rpi, rc]; BJT 사양
%     Rbias=[RB, RC, RE]; 바이어스 저항(k Ohm)
%     Rext=[Rs, RL]; 전원 저항 Rs, 부하 저항 RL(k Ohm)
%     Cext=[Cin, Cout, Cby]; 입력 결합, 출력 결합, 측로 커패시터(micro F)
%     Cint=[Cpi, Cmu]; 내부 부유 용량(micro F)
%     type='e'; 이미터-공통
%          ='b'; 베이스-공통
% <출력 변수>
%     freqL=[fin, fout, fby]; 하위 차단 주파수 그룹(kHz)
%     freqH=[fH1, fH2]; 상위 차단 주파수 그룹(kHz)
%     freqC=[fL, fH]; 우세 하위 및 우세 상위 차단 주파수(kHz)
%     Amid; 중간 대역 이득
beta=Tspec(1);   rpi=Tspec(2);   rc=Tspec(3);
RB=Rbias(1);   RC=Rbias(2);   RE=Rbias(3);
Rs=Rext(1);   RL=Rext(2);
```

```
Cin=Cext(1);   Cout=Cext(2);   Cby=Cext(3);
Cpi=Cint(1);   Cmu=Cint(2);
re=rpi/(beta+1);   gm=1/re;
rC=RC*RL/(RC+RL);   rE=Rs*RE/(Rs+RE);   rB=Rs*RB/(Rs+RB);
% 저주파 응답
if  type=='e'
      Rin=Rs+(RB*rpi)/(RB+rpi);
      Rout=RL+(rc*RC)/(rc+RC);
      ro=(rB+rpi)/(beta+1);
      Rby=(ro*RE)/(ro+RE);
elseif type=='b'
      Rin=Rs+(RE*re)/(RE+re);
      Rout=RC+RL;
      ro=(beta+1)*rE+rpi;
      Rby=(ro*RB)/(ro+RB);
else error('없는 유형!')
end
fin=1/(Rin*Cin);                % Cin에 의한 차단 주파수
fout=1/(Rout*Cout);             % Cout에 의한 차단 주파수
fby=1/(Rby*Cby);                % Cby에 의한 차단 주파수
freqL=[fin, fout, fby]/(2*pi); % 하위 차단 주파수 그룹
fL=max(freqL);                  % 우세 하위 차단 주파수
% 고주파 응답
if  type=='e'  % 이미터-공통
      K=gm*rC;
      CM1=(K+1)*Cmu;                    % 입력단 밀러 용량
      CM2=Cmu*(K+1)/K;                  % 출력단 밀러 용량
      ri=rB*rpi/(rB+rpi);
      fH1=1/(ri*(Cpi+CM1));             % 입력단 차단 주파수
      fH2=1/(rC*CM2);                   % 출력단 차단 주파수
      Amid=K*rpi*RB/((rB+rpi)*(Rs+RB)); % 중간 대역 이득
```

```
elseif  type=='b' % 베이스-공통
     ri=(rE*re)/(rE+re);
     fH1=1/(ri*Cpi);                    % 입력단 차단 주파수
     fH2=1/(rC*Cmu);                    % 출력단 차단 주파수
     Amid=rC*RE/((rE+re)*(Rs+RE));  % 중간 대역 이득
else error('없는 유형!')
end
%
freqH=[fH1, fH2]/(2*pi);  % 상위 차단 주파수 그룹
fH=min(freqH);            % 우세 상위 차단 주파수
freqC=[fL, fH];           % 최종 차단 주파수
```

예제 M7-1

예제 7-1과 예제 7-3을 한꺼번에 수행해 보자. 주어진 값은 다음과 같다.

β=150, r_π=3.55 kΩ, r_c=∞,

R_B=1.8 kΩ, R_C=3.6 kΩ, R_E=1 kΩ,

R_s=1 kΩ, R_L=1.5 kΩ,

C_{in}=0.47 μF, C_{out}=2.2 μF, C_E=20 μF,

C_π=36 pF, C_μ=4 pF.

```
>> Tspec=[150, 3.55, 1/eps];
>> Rbias=[1.8, 3.6, 1];
>> Rext=[1, 1.5];
>> Cext=[0.47, 2.2, 20];
>> Cint=[36e-6, 4e-6];
>> [freqL, freqH, freqC, Amid]=bjtF(Tspec, Rbias, Rext, Cext, Cint, 'e')
freqL=
    0.1543    0.0142    0.2945
freqH=
    1328    36762
```

```
freqC=
     0.3    1328.2
Amid=
    24.51
```

주파수 단위가 kHz이므로 우세 하위 차단 주파수는 0.3 kHz, 우세 상위 차단 주파수는 1328.2 kHz(=1.328 MHz)이다.

FET 증폭기

함수 fetF.m은 그림 7-32에 맞추어 소스-공통 및 게이트-공통 증폭기의 주파수 특성을 해석한다. 변수 Cin은 입력 결합 커패시터 C_{in}, Cout는 출력 결합 커패시터 C_{out}, Cby는 측로 결합 커패시터(C_S, C_G)를 나타낸다. 그리고 Cgs는 부유용량 C_{gs}, Cgd는 부유용량 C_{gd}를 나타낸다. 변수 Rbias는

```
Rbias=[RG, RD, RS]
```

그리고 Cint는

```
Cint=[Cgs, Cgd]
```

이다.

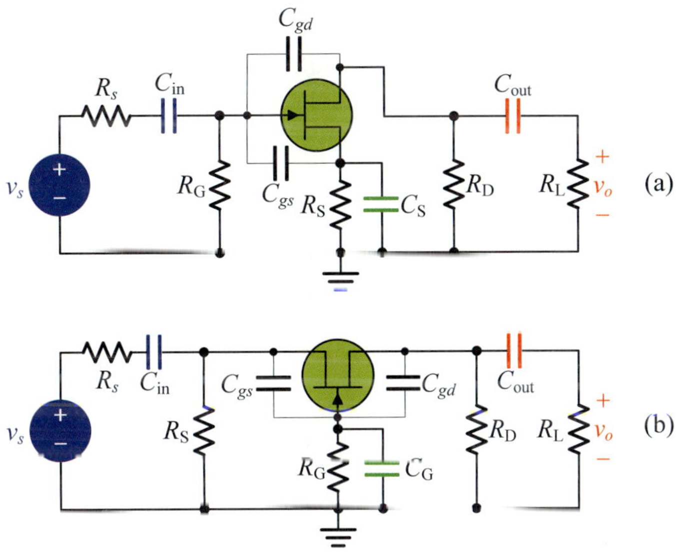

그림 7-32
FET 증폭기의 주파수 해석을 위한 교류 회로:
(a) 소스-공통;
(b) 게이트-공통.

```
function [freqL, freqH, freqC, Amid]=fetF(Tspec, Rbias, Rext, Cext, Cint, type)
% [FET 증폭기의 주파수 응답]
% <입력 변수>
%      Tspec=[gm, rd]; FET 사양
%      Rbias=[RG, RD, RS]; 바이어스 저항
%      Rext=[Rs, RL]; 전원 저항 Rs, 부하 RL
%      Cext=[Cin, Cout, Cby]; 입력 결합, 출력 결합, 측로 커패시터
%      Cint=[Cgs, Cgd]; 내부 부유 용량
%      type='s'; 소스-공통
%          ='g'; 게이트-공통
% <출력 변수>
%      freqL=[fin, fout, fby]; 하위 차단 주파수 그룹
%      freqH=[fH1, fH2]; 상위 차단 주파수 그룹
%      freqC=[fL, fH]; 차단 주파수
gm=Tspec(1); rd=Tspec(2);
RG=Rbias(1); RD=Rbias(2); RS=Rbias(3);
Rs=Rext(1); RL=Rext(2);
Cin=Cext(1); Cout=Cext(2); Cby=Cext(3);
Cgs=Cint(1); Cgd=Cint(2);
rD=RD*RL/(RD+RL);
% 저주파 응답
if  type=='s' % 소스-공통 증폭기
    Rin=Rs+RG;
    Rout=RD+RL;
    Rby=RS/(1+gm*RS);
elseif  type=='g' % 게이트-공통 증폭기
    Rin=RS/(1+gm*RS);
    Rout=RD+RL;
    Rby=1/eps;
else error('없는 유형!')
end
```

```
fin=1/(Rin*Cin);                % Cin에 의한 차단 주파수
fout=1/(Rout*Cout);             % Cout에 의한 차단 주파수
fby=1/(Rby*Cby);                % Cby에 의한 차단 주파수
freqL=[fin, fout, fby]/(2*pi);  % 하위 차단 주파수 그룹
fL=max(freqL);                  % 우세 하위 차단 주파수
% 고주파 응답
K=gm*rD;
if  type=='s' % 소스-공통 증폭기
    CM1=(K+1)*Cgd;              % 입력단 밀러 용량
    CM2=Cgd*(K+1)/K;            % 출력단 밀러 용량
    fH1=1/(Rs*(Cgs+CM1));       % 입력단 차단 주파수
    fH2=1/(rD*CM2);             % 출력단 차단 주파수
    Amid=K;
elseif  type=='g' % 게이트-공통 증폭기
    ri=Rs/(1+gm*Rs);
    fH1=1/(ri*Cgs);             % 입력단 차단 주파수
    fH2=1/(rD*Cgd);             % 출력단 차단 주파수
    Amid=K/(1+gm*Rs);           % 중간 대역 이득
else error('없는 유형!')
end
%
freqH=[fH1, fH2]/(2*pi);        % 상위 차단 주파수 그룹
fH=min(freqH);                  % 우세 상위 차단 주파수
freqC=[fL, fH];                 % 최종 차단 주파수
```

연습 문제

7-1 BJT의 고주파 등가회로가 저주파 등가회로와 다른 점을 설명하라.

7-2 BJT 내부에 부유 용량이 생기는 원인은 무엇인가?

7-3 FET의 고주파 등가회로가 저주파 등가회로와 다른 점을 설명하라.

7-4 커패시터는 주파수 0에서는 개방 회로가 되고 무한대 주파수에서는 단락 회로가 된다. 이를 이용하여 그림 7-5(a)의 고역통과 필터와 그림 7-6(a)의 저역통과 필터에 대한 개념을 간단히 설명해 보아라.

7-5 그림 P7-5는 교류 회로이다.

(a) 결합 커패시터 C_{in}, C_{out}에 의한 하위 차단주파수를 구하라.

(b) 측로 커패시터 C_E에 의한 차단 주파수가 (a)에서 구한 두 차단 주파수보다 낮기 위해서는 C_E의 용량이 얼마 이상이어야 하는가?

그림 P7-5

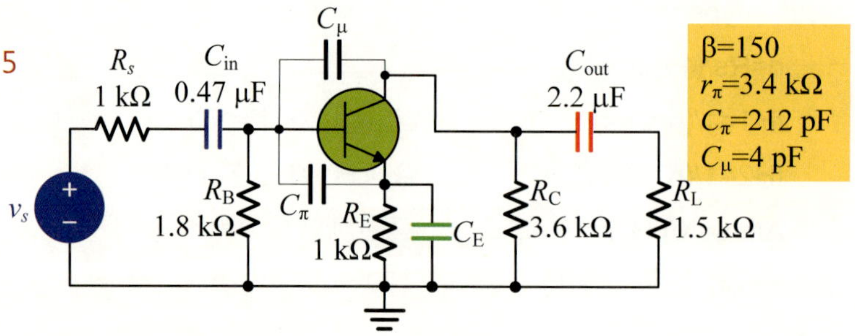

7-6 그림 P7-6에 대한 우세 하위 차단주파수를 구하라.

그림 P7-6

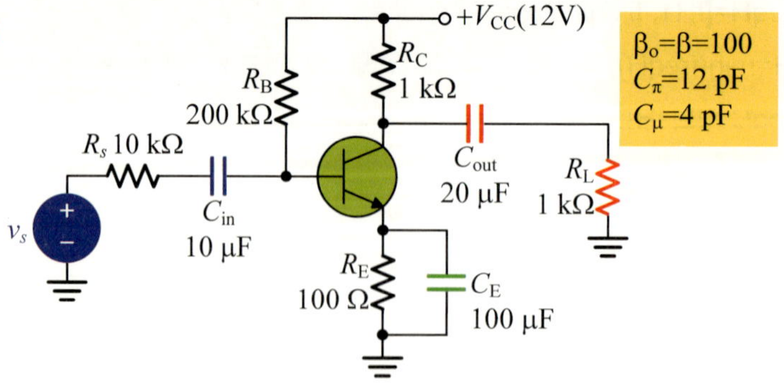

7-7 그림 P7-6의 회로에서 부하 R_L이 1 kΩ에서 10 kΩ으로 바뀌면 우세 하위 차단주파수는 어떻게 바뀌는가?

7-8 그림 P7-6의 회로에서 전원 저항 R_s가 10 kΩ에서 1 kΩ으로 바뀌면 우세 하위 차단주파수는 어떻게 바뀌는가?

7-9 그림 P7-9에서 C_E에 의한 차단 주파수를 구하고 스왑핑 저항 r_E가 저주파 특성에 미치는 영향을 설명하라.

그림 P7-9

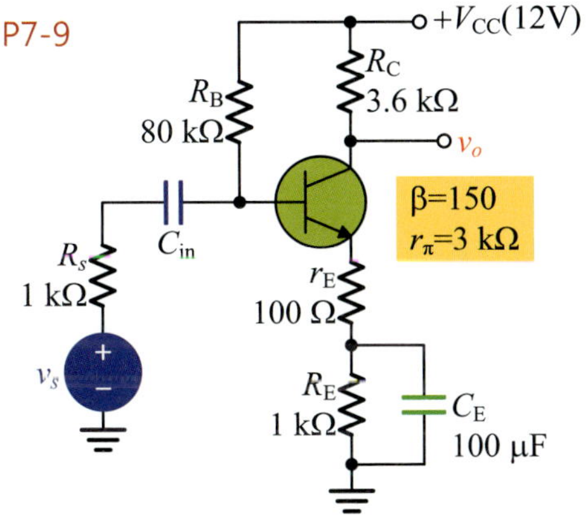

7-10 그림 P7-10에서 다음의 각 경우에 대한 우세 하위 차단주파수를 구하라.

(a) R_L=1kΩ (b) R_L=10kΩ (c) R_L=100kΩ

그림 P7-10

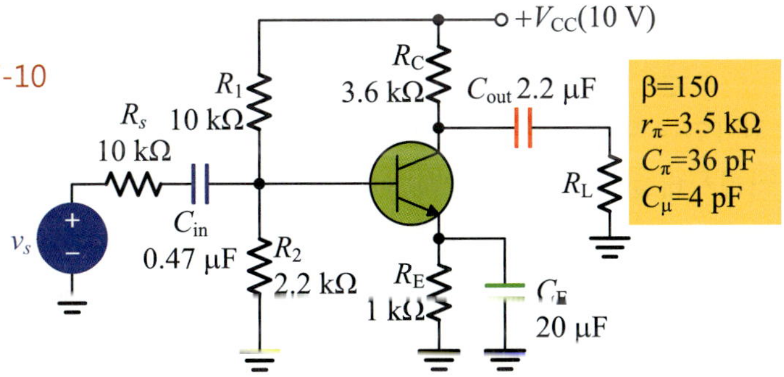

7-11 그림 P7-11에서 우세 하위 차단주파수를 구하라.

그림 P7-11

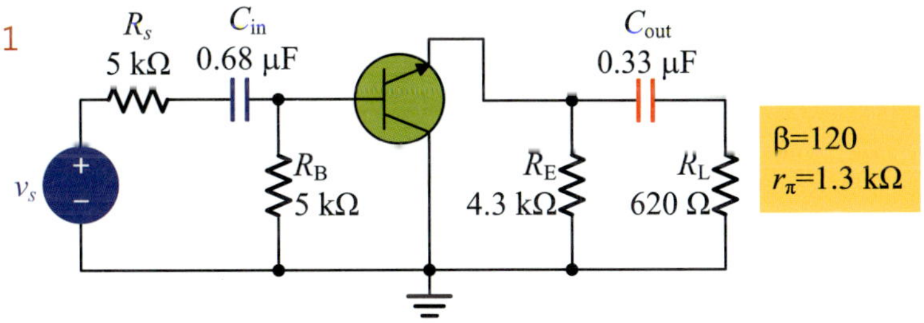

7-12 그림 P7-12에 대한 저주파 특성을 해석하라.

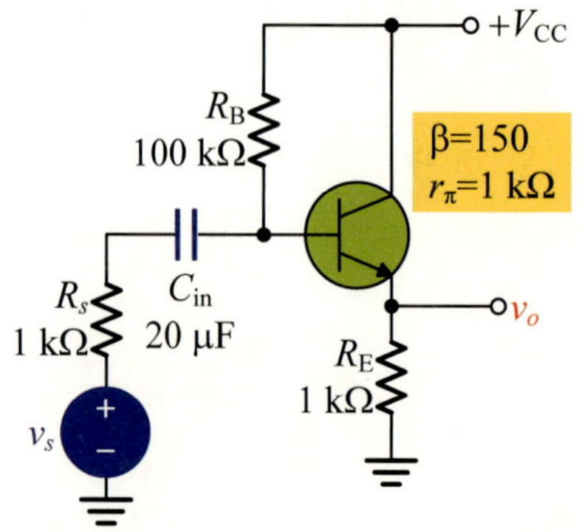

그림 P7-12

7-13 그림 P7-13의 베이스-공통 증폭기에서 우세 하위 차단주파수를 10 Hz로 정하고자 한다. 용량 C_{in}, C_{out}, C_B의 크기를 결정하고 서로 비교해 보아라.

그림 P7-13

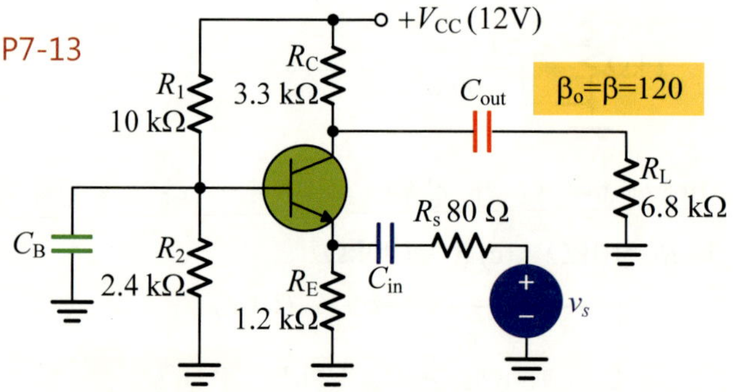

7-14 그림 P7-14의 회로에서 우세 하위 차단주파수가 50 Hz 이하가 되기 위해서는 각 커패시터들의 용량은 얼마가 되어야 하는가? 각 용량의 상대적인 차이에 대해 설명하라.

그림 P7-14

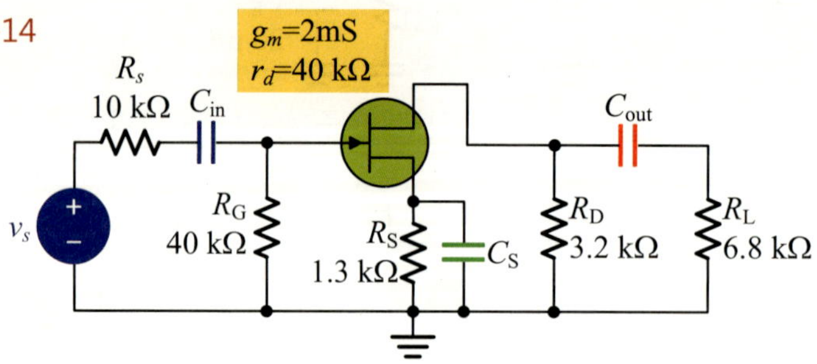

7-15 그림 P7-15 회로의 우세 하위 차단주파수를 구하라.

7-16 그림 P7-15의 회로에서 부하 R_L이 10 MΩ에서 1 kΩ으로 변할 경우 문제 7-15을 반복하라.

그림 P7-15

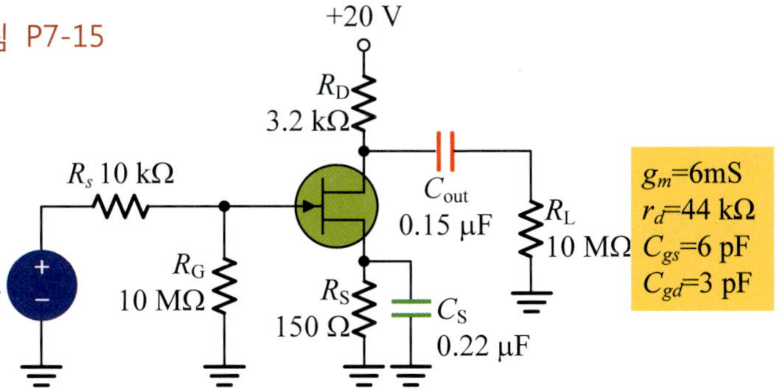

7-17 그림 P7-5 증폭기의 우세 상위 차단주파수를 구하고 문제 7-5의 결과와 종합하여 전체 주파수 특성을 구하라(중간대역 이득도 포함).

7-18 그림 P7-6 증폭기의 우세 상위 차단주파수를 구하고 문제 7-6의 결과와 종합하여 전체 주파수 특성을 구하라(중간대역 이득도 포함).

7-19 그림 P7-6에서 부하 R_L이 1 kΩ에서 10 kΩ으로 변할 때 우세 상위 차단주파수는 문제 7-18의 경우와 어떻게 달라지는가?

7-20 그림 P7-6에서 전원 저항 R_s가 10 kΩ에서 1 kΩ으로 변할 때 우세 상위 차단주파수는 문제 7-18의 경우와 어떻게 달라지는가?

7-21 그림 P7-10에서 다음 각 경우에 대한 우세 상위 차단주파수를 구하라.

(a) R_L=1kΩ (b) R_L=10kΩ (c) R_L=100kΩ

7-22 그림 P7-22에서 C_π=156 pF일 때 입력단과 출력단에 형성되는 상위 차단주파수를 계산하라. 단 C_i는 다음 단의 입력 커패시터를 의미한다.

그림 P7-22

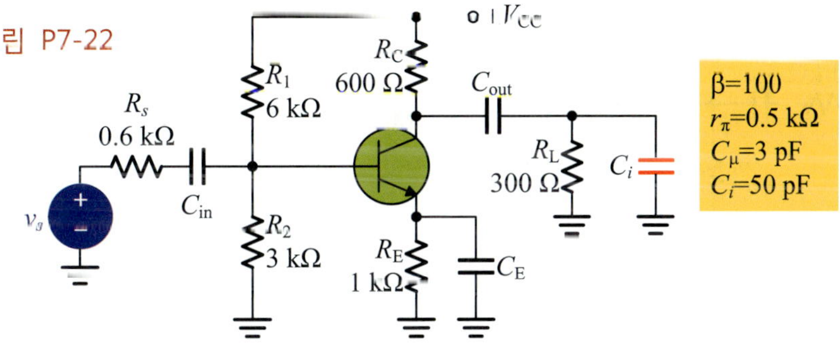

7-23 그림 P7-22에서 다음과 같을 때 문제 7-22를 반복하라.

β=50, r_π=250 Ω, C_π=62 pF, C_μ=2 pF, C_i=100 pF

7-24 그림 P7-15의 증폭기에 대한 우세 상위 차단주파수를 구하고 문제 7-15의

결과와 종합하여 전체 주파수 응답을 구하라.

7-25 그림 P7-15의 증폭기에서 부하 R_L이 10 MΩ에서 1 kΩ로 변할 때 문제 7-24를 반복하고 두 결과를 비교하라.

7-26 그림 P7-26 증폭기의 사양이 다음과 같을 때 전체 주파수 응답을 구하라.
g_m=3.75 mS, r_d=50 kΩ, R_s=10 kΩ, R_G=10 MΩ, R_D=2.2 kΩ, R_S=180 Ω, R_L=10 MΩ, C_{in}=0.1 μF, C_{out}=0.1 μF, C_S=40 μF, C_{gs}=5 pF, C_{gd}=2 pF

그림 P7-26

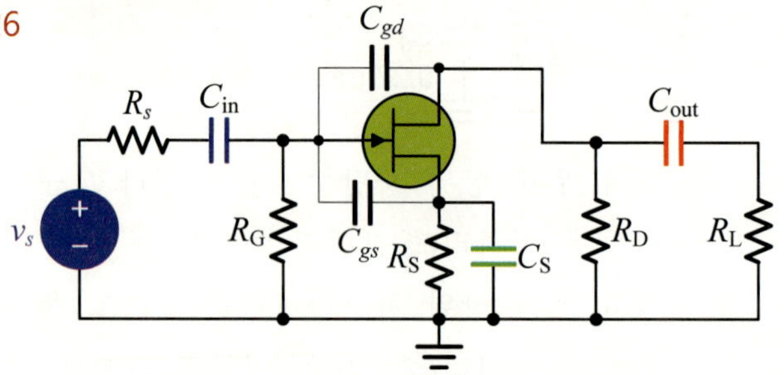

7-27 그림 P7-26 회로의 사양이 다음처럼 변할 때 전체 주파수 응답을 구하라.
g_m=6 mS, r_d=44 kΩ, R_s=100 kΩ, R_G=5 MΩ, R_D=820 Ω, R_S=100 Ω, R_L=10 kΩ, C_{in}=0.5 μF, C_{out}=5 μF, C_S=20 μF, C_{gs}=56 pF, C_{gd}=3 pF

7-28 그림 P7-28에서 그림 (a)와 (b)의 JFET는 그림에 표시된 바와 같이 특성이 동일하다. 두 회로의 고주파 차단주파수를 비교해 보아라.

그림 P7-28

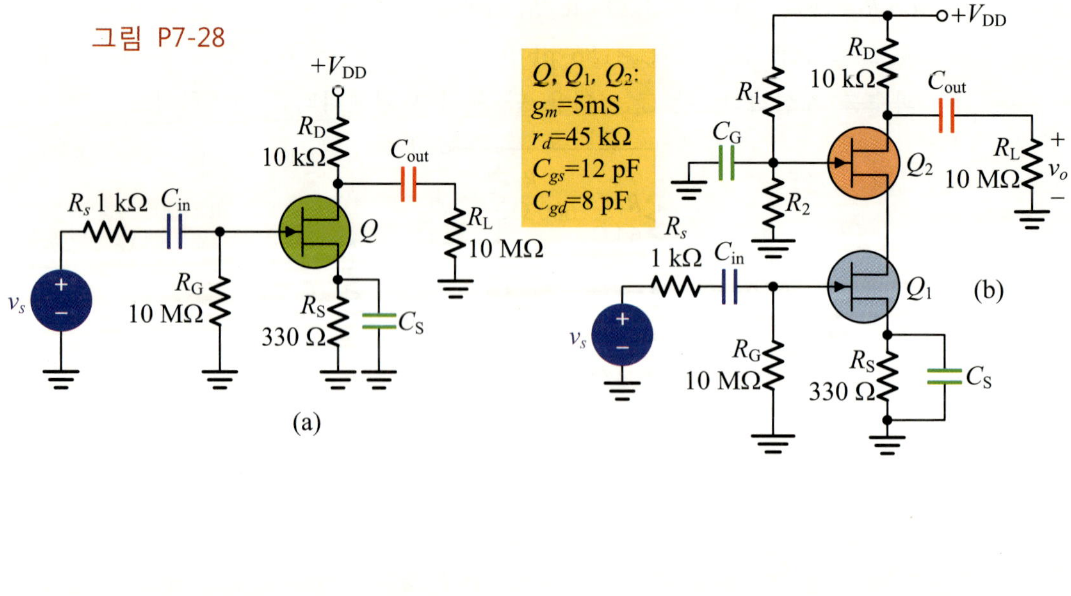

8장 동조 증폭기

일반적인 증폭기에 대한 바람직한 상은 가능한 한 넓은 주파수 대역에 걸쳐 크고 균일한 이득을 갖는 고이득 광대역 증폭기였다. 그러나 용도에 따라, 특히 무선 통신의 경우에서는 취급하는 신호가 특정 주파수를 중심으로 한 좁은 대역에 국한된 협대역 신호(narrowband signal)일 경우가 있다. 이러한 경우는 증폭기의 대역폭을 신호가 분포하는 특정 대역으로 국한하고 그 밖의 주파수 성분은 가능한 한 감쇄시킬 필요가 있다. 예를 들면 라디오 또는 TV 수상기에서는 원하는 국(局)의 신호만 선별하여 증폭하고 인접한 나머지 국들의 신호는 제거하여야 한다. 이 뿐만 아니라 모든 전자 회로에서는 원하지 않는 여러 가지 잡음이 존재하며 이들에 의한 증폭기의 출력 잡음은 증폭기의 대역폭에 비례하여 전력이 증가한다. 따라서 불필요한 대역에 대한 감쇄는 필수 요건이다. 이와 같이 특정 대역의 신호만 선별하여 증폭하는 것을 동조 증폭기라 한다. 이 장에서는 동조 증폭기의 원리와 여러 가지 구성 방법에 대해 알아본다.

목차

8-1 동조 증폭기의 개념

주파수 선택성

그림 8-1(a)는 바이어스 회로를 제외한 이미터-공통 증폭기의 기본 회로이며 전압 이득은 $A_v=-g_mZ$와 같이 Z에 비례한다. 여기서 부하 Z가 그림 8-1(b)와 같은 주파수 선택성 소자라 하자. 즉

$$Z=\begin{cases} R_\mathrm{O}, & f_\mathrm{L} \le f \le f_\mathrm{H} \\ 0, & \text{그외} \end{cases} \tag{8-1-1}$$

이에 비례하는 증폭기의 전압 이득의 크기는

$$|A_v|=\begin{cases} g_mR_\mathrm{O}, & f_\mathrm{L} \le f \le f_\mathrm{H} \\ 0, & \text{그외} \end{cases} \tag{8-1-2}$$

로서 주파수 특성은 그림 8-1(c)와 같다. 따라서 주어진 증폭기는 주파수 f_o를 중심으로 대역폭 B의 성분만 균일한 이득으로 증폭한다. 이와 같은 증폭기를 **동조 증폭기(tuned amplifier)**라 하며 이는 특정 주파수에 동조하여 제한된 대역만 증폭하는 **협대역(narrowband) 증폭기**이다.

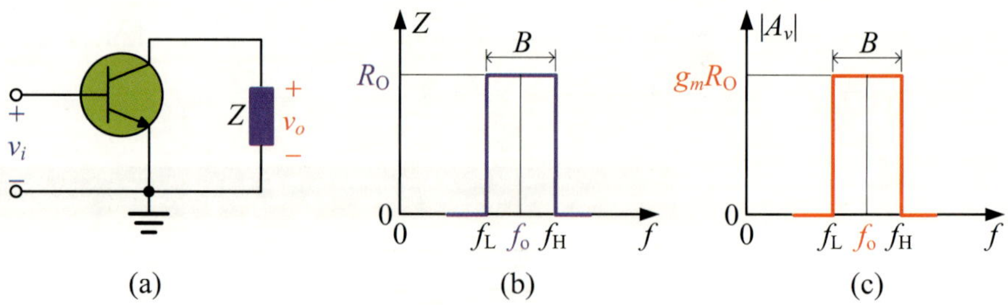

그림 8-1 출력단에 주파수 선택성 소자를 결합한 증폭기: (a) 기본 회로; (b) 부하 특성; (c) 이득 특성.

그림 8-1(a)는 주파수 선택성 소자를 증폭기의 출력단에 결합한 형태이지만 그림 8-2(a)와 같이 입력단에 결합할 수도 있다. 이 역시 부하 Z의 주파수 특성이 식 (8-1-1)과 같을 때 전류 이득은 다음과 같이 주어지게 된다.

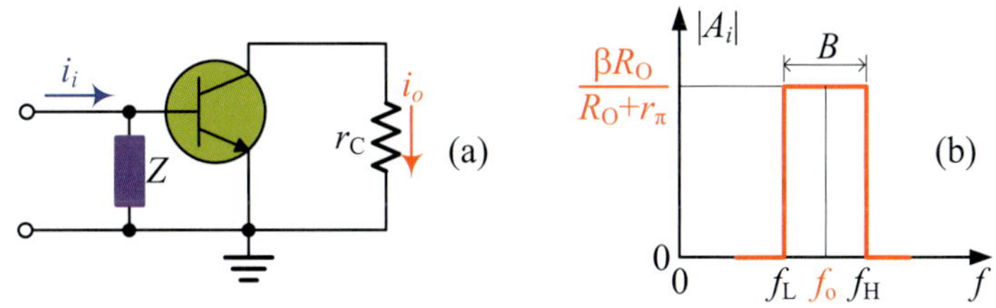

그림 8-2 입력단에 주파수 선택성 소자를 결합한 증폭기: (a) 기본 회로; (b) 이득 특성.

$$A_i = \frac{i_o}{i_i} = -\beta\left(\frac{Z}{r_\pi + Z}\right) \qquad \textbf{(8-1-3)}$$

따라서 전류 이득의 크기는 다음 특성과 같다.

$$|A_i| = \begin{cases} \beta\dfrac{R_O}{r_\pi + R_O}, & f_L \le f \le f_H \\ 0, & \text{그 외} \end{cases} \qquad \textbf{(8-1-4)}$$

즉 전류 이득의 주파수 특성은 그림 8-2(b)와 같으므로 이 역시 동조 증폭기로 동작한다.

동조 증폭기의 특성은 중간대역의 이득 A_{mid}, 중심 주파수 f_o, 대역폭 B의 세 요소로 성능이 결정된다. 여기서 또 하나 중요한 개념이 선택도(selectivity) 또는 양호도(quality factor)이며 Q로 표시하고 다음과 같이 정의된다.

$$Q = \frac{f_o}{B} \qquad \textbf{(8-1-5)}$$

선택도 Q는 동조 증폭기가 주파수를 선택하는 능력을 나타낸다. 즉 같은 중심 주파수에 대해 대역폭이 좁을수록 Q가 높아지며, 같은 대역폭에 대해서는 중심 주파수가 높을수록 Q가 높다.

병렬 공진회로

식 (8-1-1)과 같은 이상적인 주파수 선택성 소자는 구현이 불가능하지만 LC 공진 회로를 이용하면 근사적인 특성을 얻을 수 있다. 그림 8-5(a)는 동조 증폭기에서 가장 많이 활용되는 RLC 병렬 공진회로이며 전체 임피던스 $\mathbf{Z}(\omega)$는 다음과 같다.

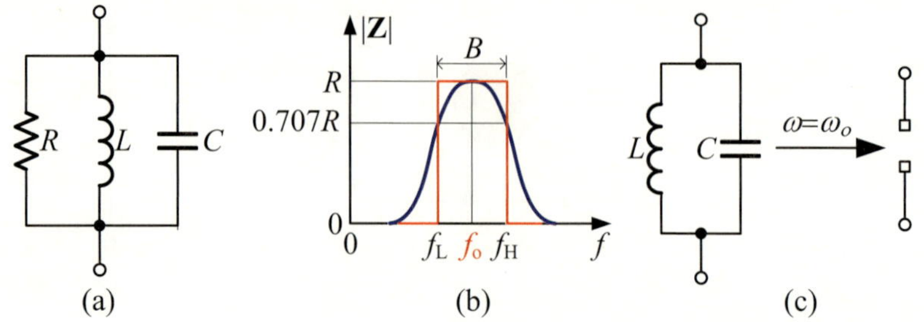

그림 8-3
(a) RLC 병렬 공진 회로;
(b) 임피던스 특성;
(c) 공진시의 개방특성.

$$\mathbf{Z}(\omega)=\frac{1}{\dfrac{1}{R}+j\omega\omega+\dfrac{1}{j\omega\omega}}=\frac{1}{\dfrac{1}{R}+j\omega\omega\left(1-\dfrac{1}{\omega^2 LC}\right)} \quad \textbf{(8-1-6)}$$

위의 식에서 분모의 허수부가 0이 되는 주파수를 공진 주파수라 하며 이 때는 L과 C의 리액턴스는 크기가 같고 부호만 다르므로 서로 상쇄된다. 따라서 공진 주파수 ω_o는

$$\omega_o=\frac{1}{\sqrt{LC}} \quad \textbf{(8-1-7)}$$

공진에서는 L과 C의 리액턴스 크기 X_o가 $X_o=\omega_o L=1/\omega_o C$로 같아지면서 부호는 반대이다. 따라서 LC 병렬 결합은 공진시의 임피던스가 무한대가 되므로 그림 8-3(c)처럼 개방 회로로 나타낼 수 있다. RLC 병렬 공진회로의 선택도 Q는 다음과 같다.

$$Q=\frac{R}{X_o} \quad \textbf{(8-1-8)}$$

코일 권선저항

실제 인덕터는 리액턴스뿐 아니라 코일 자체의 권선 저항도 포함되어 있다. 권선 저항 r_s는 수 Ω 수준이며 그림 8-4(a)와 같이 L과 직렬 결합 형태로 등가화한다. L의 리액턴스 X_L에 비해 r_s가 충분히 작을 경우 그림 8-4(b)와 같이 r_s는 등가 병렬저항 R_p로 근사화할 수 있다. 이 때 r_s와 R_p 사이의 환산 관계는 다음과 같다(부록 C 참조).

$$r_s R_p = X_o^2 \quad \textbf{(8-1-9)}$$

따라서 r_s가 작을수록 R_p는 커지는 것이다. 그림 8-4(b)의 R_p는 외부 부하 없이 자체 코일의 권선 저항에 의한 등가 저항이다. 따라서 그림 (b) 공진

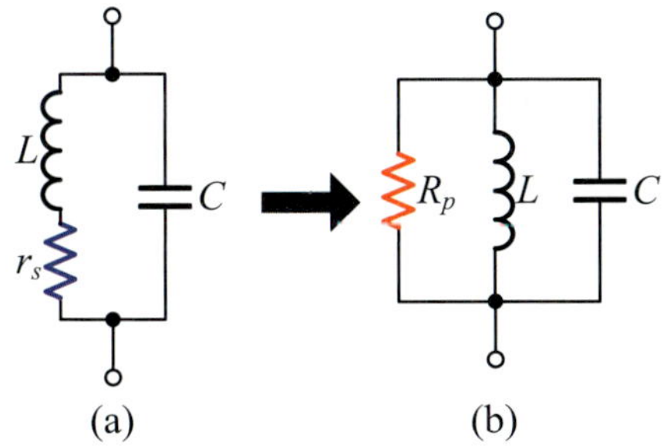

그림 8-4 코일의 직렬 권선저항과 병렬 등가저항간의 환산.

회로의 선택도를 무부하 선택도라 하고 Q_o로 표시한다. 식 (8-1-8)로부터

$$Q_o = \frac{R_p}{X_o} \qquad \textbf{(8-1-10)}$$

또는

$$R_p = Q_o X_o \qquad \textbf{(8-1-11)}$$

제품화된 LC 공진회로의 사양은 무부하 선택도 Q_o를 통해 설명하는 경우가 많으므로 식 (8-1-11)은 필요한 관계식이다. 만일 그림 8-4의 양 단자에 부하 R_L을 병렬로 접속하면 공진 회로의 전체 부하 R_T는

$$R_T = R_p \| R_L = (Q_o X_o) \| R_L \qquad \textbf{(8-1-12)}$$

따라서 식 (8-1-10)으로부터 부하가 있을 때의 Q는 다음과 같다.

$$Q = \frac{R_p \| R_L}{X_o} = \frac{(Q_o X_o) \| R_L}{X_o} \qquad \textbf{(8-1-13)}$$

위 식은 부하가 없을 때와 있을 때의 선택도 관계로서 유용한 식이다.

예제 8-1

그림 8-4(a) 공진 회로의 사양은 다음과 같다: C=0.01 μF, L=6.9 μH, r_s=2 Ω.

(a) 공진 주파수 f_o, 무부하 선택도 Q_o, 대역폭 B를 구하라.

(b) 200 Ω의 저항을 병렬로 결합할 때 선택도와 대역폭을 구하라.

풀이 식 (8-1-7)로부터

$$f_o = \frac{1}{2\pi\sqrt{LC}} = \frac{1}{2\pi\sqrt{(6.9\times10^{-6})(0.01\times10^{-6})}} = \mathbf{465\,kHz}$$

$$X_o = \omega_o L = 2\pi(465\times10^3)(6.9\times10^{-6}) = \mathbf{20\,\Omega}$$

$$X_o(=20) >> r_s(=2)$$

(a) 식 (8-1-8)로부터

$$R_p \cong \frac{X_o^2}{r_s} = \frac{400}{4} = \mathbf{200\,\Omega}$$

$$Q_o = \frac{R_p}{X_o} = \frac{200}{20} = \mathbf{10}$$

$$B = \frac{f_o}{Q_o} = \frac{465\,\text{kHz}}{10} = \mathbf{46.5\,kHz}$$

(b) 식 (8-1-13)으로부터

$$Q = \frac{R_p \| R_L}{X_o} = \frac{200\,\Omega \| 200\,\Omega}{20\,\Omega} = \mathbf{5}$$

$$B = \frac{f_o}{Q} = \frac{465\,\text{kHz}}{5} = \mathbf{93\,kHz}$$

8-2 결합회로

변압기 두 소자 또는 두 시스템간의 결합은 전압, 전류 및 전력의 최대 전달 문제뿐 아니라 신호의 선택적인 전달을 위해서도 매우 중요하며 이러한 회로를 통칭하여 결합 회로라 한다. 동조 증폭기에서는 특히 다양한 결합 회로가 사용되므로 보다 다양한 결합 회로에 대한 이해가 필수적이다. 동조 증폭기에서 공진 회로와 더불어 중요한 역할을 하는 소자가 변압기이다. 변압기는 전압 또는 전류의 증감뿐 아니라 임피던스 변환기로서도 매우 중요하며 특히 임피던스 정합에 필요하다. 이상적인 변압기의 전기적 특성은 그림 8-5(a)와 같다. 일차 코일의 권선수 n_1과 이차 코일의 권선수 n_2의 권선비 $N=n_1/n_2$에 의해 일차 코일과 이차 코일의 전압과 전류 관계는 다음과 같이 정해진다.

$$\frac{v_2}{v_1}=\frac{n_2}{n_1}=\frac{1}{N},\quad \frac{i_2}{i_1}=\frac{n_1}{n_2}=N \tag{8-2-1}$$

위의 관계는 일차측과 이차측에 결합되는 외부 소자와 무관하게 고정된다. 앞으로는 이상적인 변압기를 그림 8-5(b)와 같이 간단한 기호로 표현하기로 한다. 이상적인 변압기의 특성을 보여주는 회로가 그림 8-6이다. 즉 전압은 권선비에 비례하고 전류는 권선비에 반비례하여 변환되며 저항은 권선비의 자승에 비례하여 변환된다. 이상적인 변압기는 실제 구현이 불가능하며 실제 사용되는 여러 가지 변압기는 그림 8-7이 보여준다.

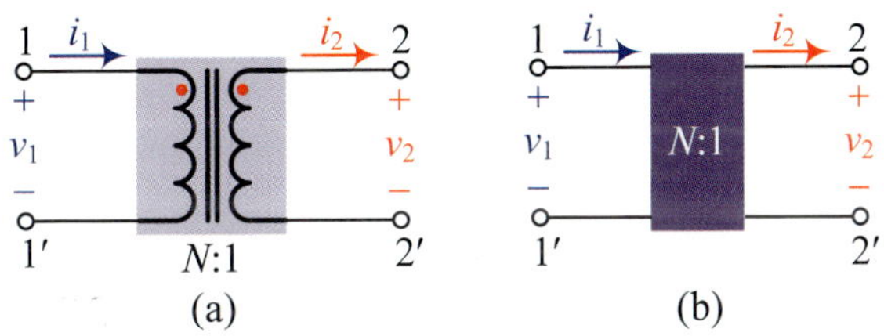

그림 8-5
이상적인 변압기의
(a) 기호;
(b) 간단한 기호.

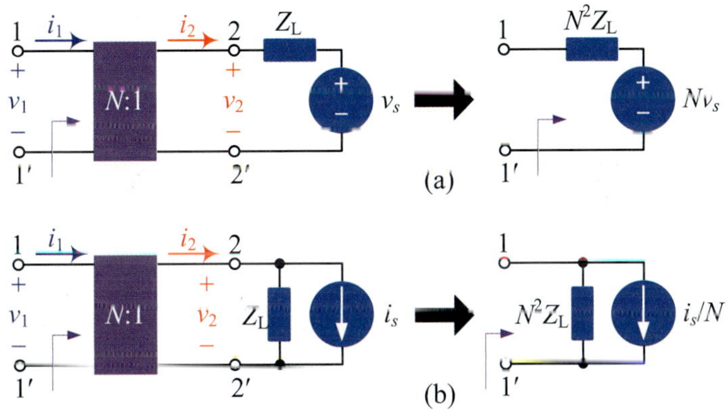

그림 8-6
이상적인 변압기의
변환 기능.

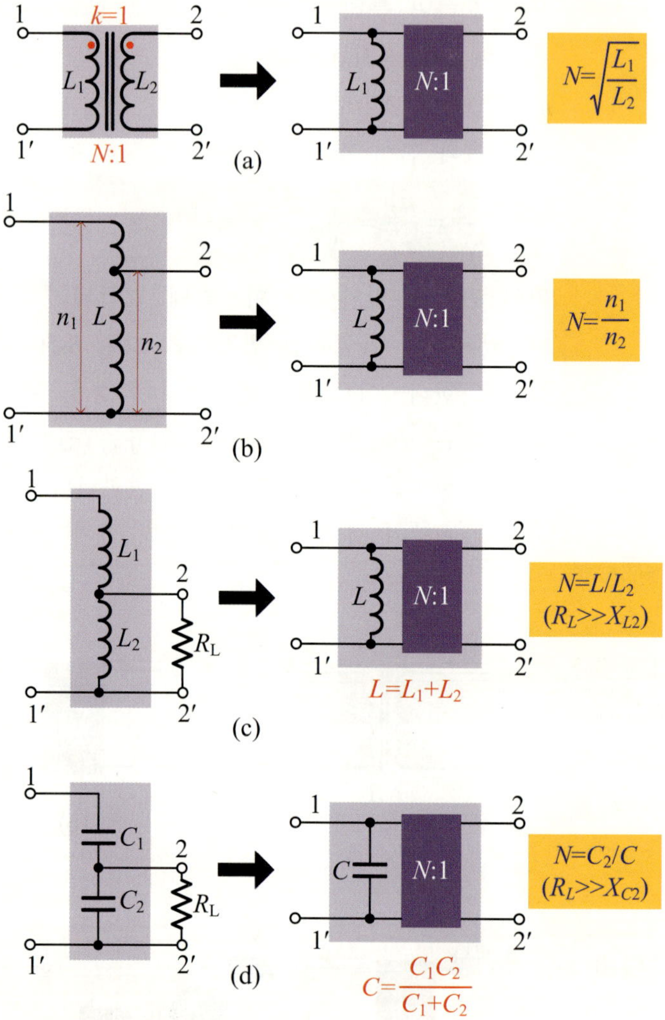

그림 8-7
여러 가지 변압기와 등가 회로.
(a) 완전결합;
(b) 단권;
(c) 코일 분할형;
(d) 용량 분할형;

완전 결합 변압기 그림 8-7(a)의 왼쪽 그림에서 두 코일간의 상호 인덕턴스 M은 각 코일의 자기 인덕턴스 L_1, L_2로부터 다음과 같이 결정된다.

$$M = k\sqrt{L_1 L_2}, \quad 0 < k < 1 \tag{8-2-2}$$

여기서 상수 k는 두 코일간의 자기적 결합 정도를 나타내므로 결합 계수라 한다. 결합 계수가 k=1인 경우를 완전 결합이라 하며 현재의 자성체 제조 기술로는 거의 1에 가까운 결합 계수를 얻을 수 있다. 완전 결합을 이루고 있는 실제 변압기인 그림 8-7(a)의 왼쪽 변압기는 이상적인 변압기를 빌어 오른쪽과 같이 간단히 등가화할 수 있다. 코일의 인덕턴스는 권선수의 자승에 비례하므로 권선비 N은 두 코일의 인덕턴스 비의 제곱근과 같다. 즉

$$N = \sqrt{L_1/L_2} \tag{8-2-3}$$

단권 변압기 두 코일간의 완전 결합을 이루는데 유리한 방식이 그림 8-7(b) 왼쪽의 단권 변압기이다. 단권 변압기는 그림에서와 같이 일차 코일의 중간에 탭(tap) 단자를 내어 이차 단자로 사용한다. 단권 변압기 저항을 적절히 변환시키고자 할 때 편리하므로 자동 변압기(autotransformer)라 하기도 한다. 단권 변압기의 등가회로 역시 그림 8-7(b)의 오른쪽과 같이 이상적인 변압기 형태로 간단히 등가화할 수 있다. 여기서 권선비는

$$N = n_1/n_2 \tag{8-2-4}$$

코일 분할형 변압기 변압기는 자기적인 결합을 바탕으로 하며 일반적으로 자기 결합은 조정이 용이하지 않다. 그림 8-7의 (c)와 (d)는 자기 결합을 통하지 않고서도 변압기와 같은 기능을 나타낼 수 있는 유사 변압기들을 보여준다. 먼저 그림 8-7(c)의 왼쪽 회로는 마치 하나의 인덕터 L을 두 개의 코일 L_1과 L_2로 분할한 것과 같은 형태를 취하므로 코일 분할형 변압기라 한다. 물론 두 코일은 자기적으로 결합되지 않는다. 그림 8-7(c)의 왼쪽 회로에서 단자 2-2′에 연결되는 부하 R_L이 L_2의 리액턴스 X_{L2}에 비해 충분히 큰 경우 그림 8-7(c)의 오른쪽 그림과 같이 이상적인 변압기를 빌어 등가화할 수 있다(부록 C 참조). 그리고 권선비 N은 다음과 같다.

$$N = L/L_2 \quad (L = L_1 + L_2) \tag{8-2-5}$$

용량 분할형 변압기 그림 8-7(d)의 왼쪽 회로는 두 개의 용량 C_1과 C_2를 분할하여 변압기 효과를 얻기 때문에 용량 분할형 변압기라 한다. 이 경우도 역시 단자 2-2′에 연결되는 부하 R_L이 C_2의 리액턴스 X_{C2}에 비해 매우 클 경우에는 오른쪽 그림과 같이 이상적인 변압기로써 등가화할 수 있으며 권선비 N은 다음과 같다(부록 C 참조).

$$N = \frac{C_2}{C} \quad \left(C = \frac{C_1 C_2}{C_1 + C_2} \right) \tag{8-2-6}$$

공진회로의 부하

예제 8-1을 통해 확인한 바와 같이 공진 회로에 부하가 결합되면 선택도가 떨어지므로 대역폭이 증가한다. 동조 증폭기에서는 이득도 중요하지만 적절한 대역폭을 얻는 것이 일차적인 문제이다. 그림 8-8을 통해 동조 증폭기에서 부하가 미치는 영향에 대해 알아본다. 그림 8-8(a)의 회로는 증폭기와 공진 회로 및 부하의 결합을 등가적으로 나타낸 것으로 종속 전류원 $g_m v_i$는 BJT의 컬렉터 전류이거나 FET의 드레인 전류로 생각하면 된다. 즉 전자의 경우는 $v_i = v_{be}$이며 후자의 경우는 $v_i = v_{gs}$이다. 공진 회로의 전체 부하는

$$R_{\mathrm{T}} = R_p \| R_{\mathrm{L}} \tag{8-2-7}$$

그리고 공진 주파수 $\omega_o = (LC)^{-1/2}$에서는 LC 병렬 결합은 개방 회로와 같다(그림 8-3(c) 참조). 따라서 공진시의 전압 이득, 즉 중간대역 이득 A_{mid}는

$$A_{\mathrm{mid}} = g_m R_{\mathrm{T}} \tag{8-2-8}$$

이며 선택도 및 대역폭은 다음과 같이 주어진다.

$$Q = \frac{R_T}{X_o}, \quad B = \frac{f_o}{Q} = \frac{X_o f_o}{R_T} \tag{8-2-9}$$

따라서 이득과 대역폭을 곱한 GBW는 다음과 같이 일정하다.

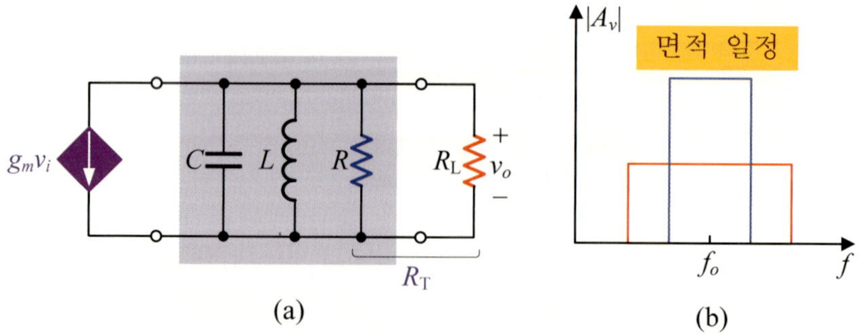

그림 8-8
(a) 기본 동조증폭기;
(b) 주파수 특성.

$$\mathrm{GBW} = A_{\mathrm{mid}}B = g_m R_{\mathrm{T}}\left(\frac{X_o f_o}{R_{\mathrm{T}}}\right) = g_m X_o f_o \tag{8-2-10}$$

이상으로 그림 8-8(a)는 그림 (b)와 같은 주파수 특성이 있다. 여기서 부하 R_L이 작아지면 R_T가 감소하여 식 (8-2-8)에 의해 이득이 감소하므로 대역폭은 넓어지게 된다. 따라서 공진 회로에 작은 부하가 결합될 경우 대역폭을 원하는 크기로 제한시키기 위해 결합 회로를 통해 부하를 접속한다.

그림 8-9(a)는 변압기를 통해 공진 회로에 부하를 결합한 형태이며 이에 대한 등가회로는 그림 (b)와 같다. 이상적인 변압기의 일차 단자에서 보면 부하 저항은 N^2R_L로 N^2배 증가하며 출력 전압 v_o는 N배로 증가한다. 따라서 부하를 직접 결합할 때보다 공진 회로의 이득과 Q는 증가한다. 그러나 공진 회로의 양단 전압 v_o'가 출력단인 이차측으로 진달될 때 N배 감소하게 된다. 따라서 Q는 증가하지만 이득은 증가하는 요인과 감소하는 요인 두 가지가 있게 된다. 전체 이득은 상황에 따라 계산해 보아야 알 수 있다. 그림 8-10은 단권 변압기와 유사 변압기를 통한 부하 결합을 보여준다. 각 경우에 대한 등가회로는 모두 그림 8-9(b)와 같은 형태이며 다만 이상적인 변압기의 권선비가 결정되는 양식만 다를 뿐이다.

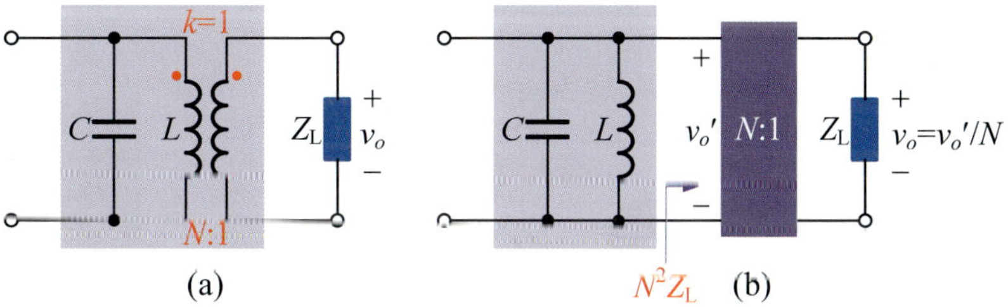

그림 8-9
(a) 변압기를 통한 부하 결합;
(b) 등가 회로.

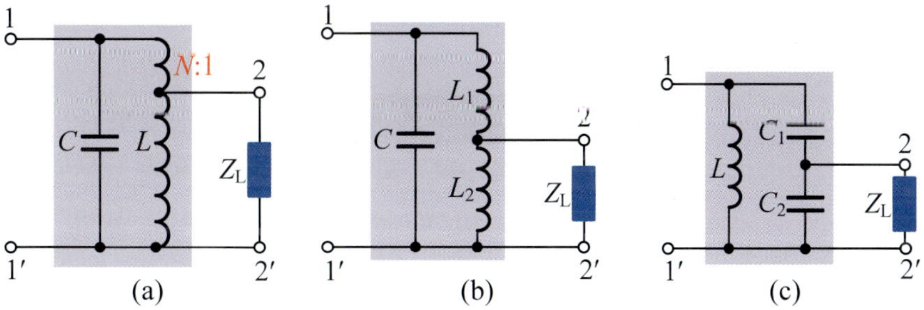

그림 8-10
(a) 단권 결합;
(b) 코일 분할형 결합;
(c) 용량 분할형 결합.

8-3 단동조 증폭기

출력단-공진 단동조 증폭기 동조 증폭기는 공진 회로와 증폭기를 결합하여 구성한다. 공진 회로는 증폭기의 입력단 또는 출력단에 설치하며 하나의 공진 회로만 설치한 것을 단동조 증폭기라 한다. 그림 8-11(a)는 이미터-공통 증폭기의 출력단에 공진 회로를 두는 단동조 증폭기의 기본 회로이며 C_π와 C_μ는 BJT 내부의 부유 용량이다. 그림 8-8을 통해 설명한 바와 같이 동조 증폭기는 대역폭이 좁게 제한되므로 중간대역 이득이 증가한다. 따라서 일반 증폭기에 비해 부유 용량에 의한 밀러 용량이 충분히 크므로 이들이 공진 주파수에 미치는 영향을 무시할 수 없다. 그림 8-11(a)에 대한 고주파 등가회로는 그림 (b)와 같으며 C_{M2}는 C_μ에 의한 출력단 밀러 용량이다. 그리고 BJT의 출력 저항 r_c는 공진 회로에 부하로 작용하므로 고려한 것이다. 이득이 높을 경우 출력단의 밀러 용량 C_{M2}는 거의 C_μ와 같으므로 무시할 수 있다. 그리고 출력 저항 r_c 역시 수십 kΩ 수준이므로 공진 회로에 대한 부하 효과가 그리 심하지 않다. 그러나 공진 회로를 증폭기 입력단에 두는 경우는 상황이 이와는 다르다.

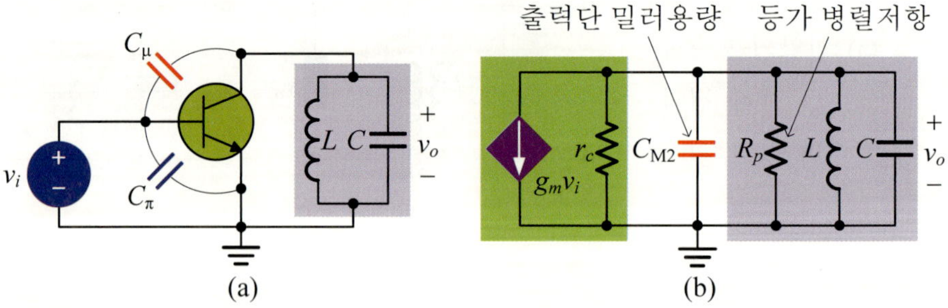

그림 8-11 출력단-공진 단동조 증폭기: (a) 기본 회로; (b) 등가 회로.

입력단-공진 단동조 증폭기 그림 8-12(a)는 입력단에 공진 회로를 둔 동조 증폭기의 기본 회로이며 그림 (b)는 그 등가회로이다. 여기서 종속 전류원 $g_m v_i$는 앞 단 증폭기의 출력으로 보면 된다. 그림 (b)의 등가회로에서 알 수 있듯이 BJT의 입력 저항 r_π는 공진 회로의 부하가 되며 입력단

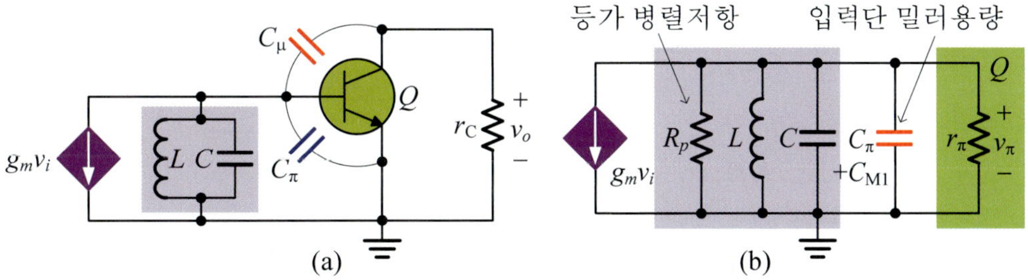

그림 8-12 입력단-공진 단동조 증폭기: (a) 기본 회로; (b) 등가 회로.

밀러 용량을 포함한 전체 부유 용량 $C_\pi+C_{M1}$은 공진 주파수에 영향을 준다. 특히 r_π는 r_c에 비해 충분히 작기 때문에 공진 회로에 큰 부담이 된다. 뿐만 아니라 동조 증폭기의 이득에 비례하여 입력단 밀러 용량 C_{M1}이 증가한다. 따라서 입력단에 공진 회로를 두는 경우는 출력단에 두는 경우에 비해 작은 부하와 큰 부유 용량으로 단점이 많다.

출력단-공진 단동조 증폭기

그림 8-13(a)는 공진 회로와 증폭기가 단권 변압기로 결합된 출력단-공진 동조 증폭기의 기본 회로이며 그림 (b)는 등가회로이다. 여기서 저항 R_p는 코일의 등가 병렬저항이다. 이상적인 변압기를 통해 증폭기의 출력단 회로를 공진 회로 측으로 변환시키면 그림 (c)와 같다. 변환 과정에서 저항은 N^2배로 증가하고 용량은 $1/N^2$로 감소하며 전류원은 $1/N$로 감소한다(그림 8-6 참조). 그림 (c)에서 공진 회로의 전체 부하 저항 R_T는

$$R_T = N^2 r_o \| R_p \tag{8-3-1}$$

이다. 전압 이득 v_o/v_i의 공진시의 크기 A_{mid}는 모든 커패시터와 인덕터의 병렬 결합을 개방회로 하여 구하면 되며 식 (8-3-1)을 이용하면

$$A_{mid} = \frac{g_m R_T}{N} \tag{8-3-2}$$

다음으로 밀러 용량 C_{M2}를 구하기 위해 공진시의 v_o'/v_i를 구하면

$$-K = \frac{v_o'}{v_i} = \frac{v_o/N}{v_i} = -\frac{A_{mid}}{N} \tag{8-3-3}$$

즉 $K=A_{mid}/N$이므로 C_{M2}는

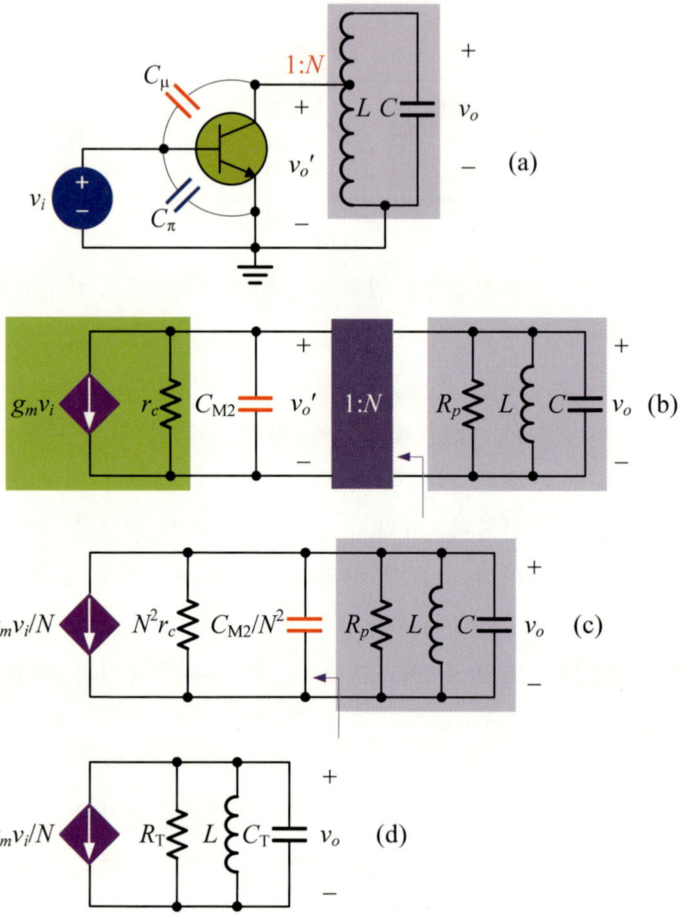

그림 8-13
변압기로 결합된 출력단-공진 동조 증폭기: (a) 기본 회로; (b) 등가 회로; (c) 임피던스 변환; (d) 최종 등가회로.

$$C_{M2} = \left(\frac{A_{mid}/N + 1}{A_{mid}/N} \right) C_\pi = \left(\frac{A_{mid} + N}{A_{mid}} \right) C_\pi \tag{8-3-4}$$

따라서 공진 회로를 이루는 전체 용량 C_T는

$$C_T = C + \frac{C_{M2}}{N^2} = C + \left(\frac{A_{mid} + N}{N^2 A_{mid}} \right) C_\pi \tag{8-3-5}$$

이상으로 최종 등가회로는 그림 8-13(d)와 같으며 공진 주파수는

$$\omega_o = \frac{1}{\sqrt{LC_T}} \tag{8-3-6}$$

출력단-공진 단동조 증폭기의 전체 회로를 예로 들면 그림 8-14와 같다. 여기서 그림 8-14(a)의 교류 회로는 그림 8-11(a)이며 그림 8-14(b)의 교류 회로는 그림 8-13(a)임을 쉽게 알 수 있다.

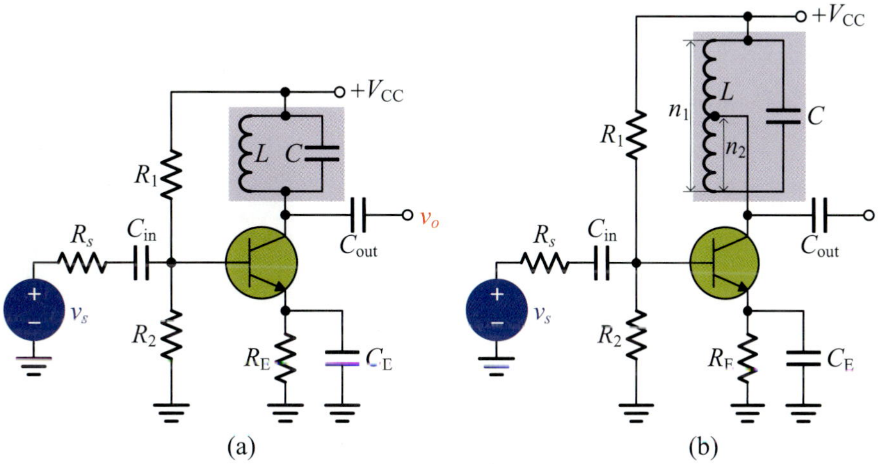

그림 8-14 출력단-공진 동조 증폭기 회로에 대한 예: (a) 직접 결합; (b) 단권 변압기 결합.

입력단-공진 단동조 증폭기

그림 8-15(a)는 입력단-공진 단동조 증폭기의 기본 회로이다. 등가 회로는 그림 (b)이며 C_i는 밀러 용량을 포함한 BJT 입력의 전체 부유 용량이다. 그리고 출력단에 형성되는 밀러 용량은 1보다 충분히 큰 전압 이득으로 거의 C_μ와 같다. 따라서 r_C에 비해 C_μ와 r_c를 무시한다. 이상으로 그림 8-15(b)에 임피던스 변환을 적용하면 그림 (c)의 등가회로가 되며 공진 회로의 전체 부하 저항 R_T는 다음과 같다.

$$R_T = R_p \| N^2 r_\pi \quad (8\text{-}3\text{-}7)$$

트랜지스터 입력단의 밀러 용량 C_{M1}이

$$C_{M1} = (g_m r_C + 1)C_\mu \quad (8\text{-}3\text{-}8)$$

이므로 입력단의 전체 부유 용량은 다음과 같다.

$$C_i = C_\pi + C_{M1} = C_\pi + (g_m r_C + 1)C_\mu \quad (8\text{-}3\text{-}9)$$

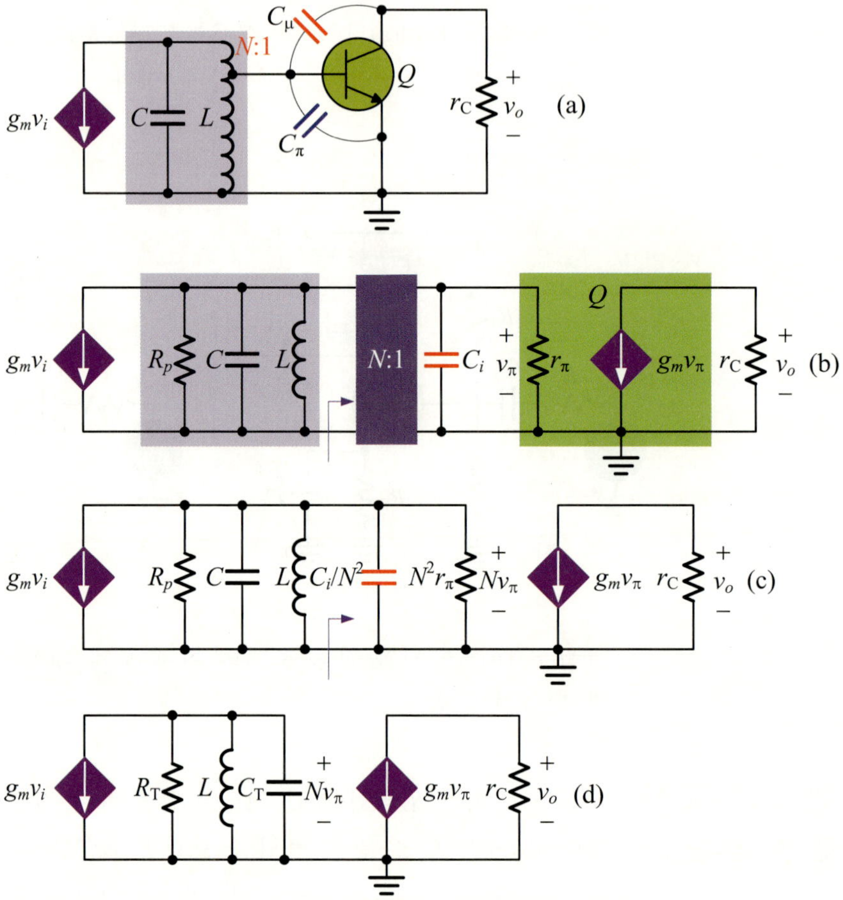

그림 8-15
변압기로 결합된 입력단-공진 동조 증폭기: (a) 기본 회로; (b) 등가 회로; (c) 임피던스 변환; (d) 최종 등가회로.

따라서 공진 회로를 이루는 전체 용량 C_T는

$$C_T = C + \frac{C_\pi + (g_m r_C + 1)C_\mu}{N^2} \tag{8-3-10}$$

이상으로 최종 등가 회로는 그림 8-15(d)와 같다. 이로부터 공진시의 이득의 크기는 C_T와 L의 병렬 회로를 개방시켜 구하면

$$A_{mid} = g_m R_T \left(\frac{g_m r_C}{N} \right) = \frac{g_m^2 R_T r_C}{N} \tag{8-3-11}$$

그림 8-16은 입력단-공진 단동조 증폭기의 전체 회로의 예를 보여준다. 그림 (a)의 BJT 경우는 트랜지스터의 입력 저항 r_π가 공진 회로의 Q에 부담이 되므로 변압기 결합이 필수적이다. 그리고 베이스 바이어스 저항

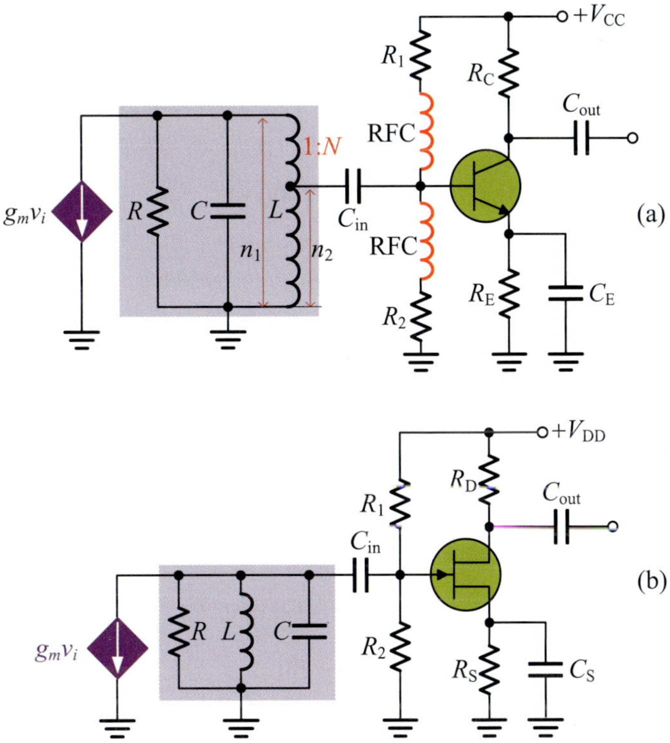

그림 8-16
입력단-공진
동조 증폭기 회로:
(a) BJT; (b) FET.

R_1과 R_2의 부하 효과마저 줄이기 위해 RFC(radio-frequency choke)를 각 저항과 직렬로 연결한다. 이 RFC는 공진 주파수 부근에서 매우 큰 임피던스를 갖는다. 이에 비해 그림 8-16(b)의 FET 증폭기에서는 입력 저항이 매우 크므로 공진 회로에 대한 부하 효과가 거의 무시된다. 따라서 FET 증폭기에서는 결합 회로가 필요 없다는 이점이 있다.

다시 한번 더 강조하지만 공진 회로를 입력단에 두는 것은 출력단에 두는 것보다 불리하다. 따라서 입력단-공진 동조 증폭기에서는 변압기의 권선비를 충분하게 하여 임피던스 정합에 신경을 써야 한다. 다만 FET 증폭기를 이용하면 높은 입력 저항으로 인해 변압기 등의 결합 회로를 거의 사용하지 않아도 되므로 더 유리하다. 반면에 출력단에 공진 회로를 둘 경우는 BJT의 출력 저항 r_c가 FET의 r_d보다 비교적 크며 특히 전압 이득에서 BJT가 압도적이므로 BJT가 유리하다.

예제 8-2

그림 8-16(a) 회로에서 공진 주파수가 f_o=455 kHz이고 대역폭이 B=10 kH인 특성을 얻고자 한다. 증폭기의 사양이 다음과 같을 때 커패시터 C의 필요한 용량과 단권 변압기의 권선비를 구하라: L=6.9 μH, C_π=1000 pF, C_μ=4 pF, g_m=0.1 S, $R_B=R_1\|R_2$=2 kΩ, R_p=1.4 kΩ, $r_C=R_C\|R_L$=0.5 kΩ, r_π=2 kΩ.

풀이 BJT의 입력 저항이

$$R_B \| r_\pi = \frac{2\times 2}{2+2}\,\text{k}\Omega = \mathbf{1\ k\Omega}$$

공진 회로의 전체 부하는

$$R_T = R_P \| N^2(R_B \| r_\pi) = 1.43\ \text{k}\Omega \| (N^2\ \text{k}\Omega) = \frac{10N^2}{7N^2+10}\,\text{k}\Omega$$

공진시에 부유 용량 C_μ의 양단 전압비의 크기가

$$K = g_m r_C = (0.1\,\text{S})(500\,\Omega) = \mathbf{50}$$

공진 회로의 전체 용량은

$$C_T = C + \frac{C_\pi + (g_m r_C + 1)C_\mu}{N^2} = C + \frac{1000 + 51\times 4}{N^2}\,\text{pF} = C + \frac{10204}{N^2}\,\text{pF}$$

공진 주파수는

$$\omega_o^2 = \frac{1}{LC_T} = \frac{1}{(6.9\times 10^{-6})\left(C + \dfrac{10204}{N^2}\times 10^{-12}\right)} = 4\pi^2(455\times 10^3)^2$$

$$\therefore C + \frac{10204}{N^2}\times 10^{-12} = \frac{10^{-6}}{57.2} \cong 0.017\times 10^{-6}$$

위의 식에서 N>1이므로

$$C \cong \mathbf{0.017\ \mu F}$$

전체 부하 R_T를 대역폭으로부터 구하면

$$R_T = \frac{X_o f_o}{B} = \frac{2\pi(455\times 10^3)(6.9\times 10^{-6})(455\times 10^3)}{10^4} \cong \mathbf{0.93\ k\Omega}$$

따라서

$$R_{\mathrm{T}} = \frac{10N^2}{7N^2+10} = 0.93$$

위의 식을 풀면 권선비 N은

$$N = \mathbf{1.63}$$

8-4 동조 증폭기의 결합

동조 증폭기를 다단으로 결합하는 데는 다양한 결합 회로를 이용한다. 이 절에서는 이러한 동조 증폭기의 결합 방식에 대해 알아본다.

용량 결합

용량 결합 방식은 그림 8-17(a)와 같이 동조 증폭기의 출력단을 결합 커패시터 C_{cp}를 통해 다음 단의 입력으로 결합시키는 것이며 C_{cp}의 용량은 충분히 크게 한다. 그림 (a)의 등가회로는 그림 (b)와 같으며 전체 부하는

$$R_{\mathrm{T}} = r_c \| R_p \| R_{\mathrm{B}} \| r_{\pi 2} \qquad \textbf{(8-4-1)}$$

그리고 C_{M2}는 Q_1의 출력단 밀러 용량이고 C_{i2}는 Q_2의 입력단 전체 용량

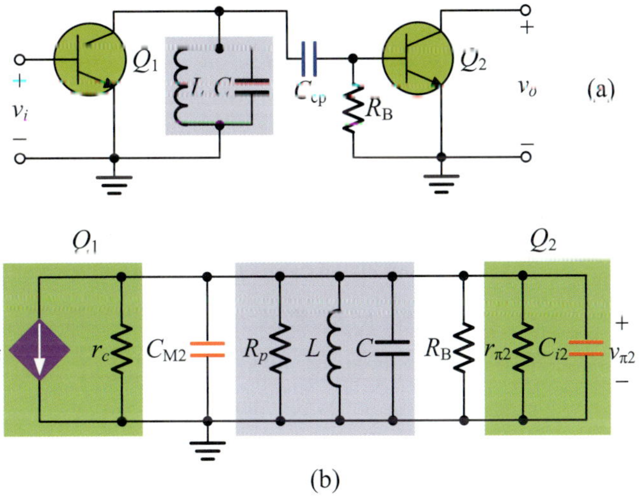

그림 8-17 동조 증폭기의 용량 결합: (a) 기본 회로; (b) 등가 회로.

이며 전체 용량 C_T는 다음과 같다.

$$C_T = C + C_{M2} + C_{i2} \quad \textbf{(8-4-2)}$$

그림 8-18은 용량 결합을 보여주는 전체 회로의 예이다.

그림 8-18
용량 결합
동조 증폭기
회로의 예.

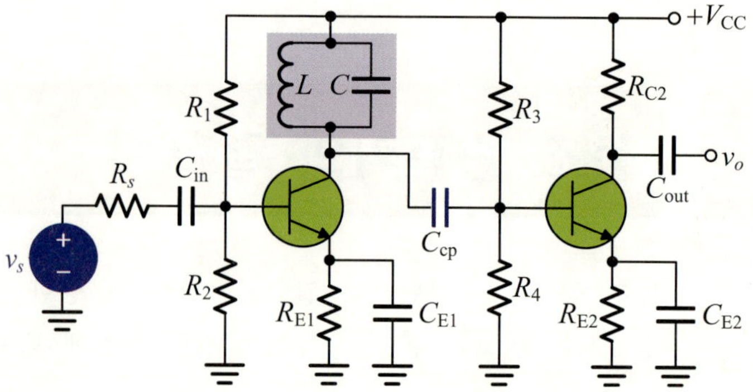

유도 결합

유도 결합은 동조 증폭기의 출력단과 부하의 결합, 또는 출력단과 다음단 입력과의 결합에 변압기를 사용하는 것으로 그 기본 회로는 그림 8-19(a)와 같다. 공진회로는 Q_1의 출력단과는 단권 변압기로 결합되며 Q_2의 입력단과는 결합 계수 1의 변압기로 결합된다. 따라서 이상적인 변압기로 표현하면 그림 (b)와 같으며 이에 대한 등가회로는 그림 (c)이다. 그림 (c)에서 Q_1의 출력단 회로와 Q_2의 입력단 회로를 각각 공진 회로 측으로 환산하면 전체 부하 저항은

$$R_T = N_1^2 r_c \| R_p \| N_2^2 r_{\pi 2} \quad \textbf{(8-4-3)}$$

및 전체 용량은

$$C_T = C + \frac{C_{M2}}{N_1^2} + \frac{C_{i2}}{N_2^2} \quad \textbf{(8-4-4)}$$

그림 8-19(a)에서 변압기 L_1과 L_2의 일차측에 공진 회로를 두고 있으므로 유도결합 1차 동조 증폭기라 한다. 그림 8-20은 유도결합 1차 동조 증폭기의 전체 회로를 보여준다. 이 회로의 바이어스 회로는 코일은 모두 단락시키고 용량은 모두 개방시키면 간단히 얻을 수 있으며 Q_1은 R_1과 R_2에 의해, Q_2는 R_3와 R_4에 의해 모두 전압 분배 바이어스임을 알 수 있다.

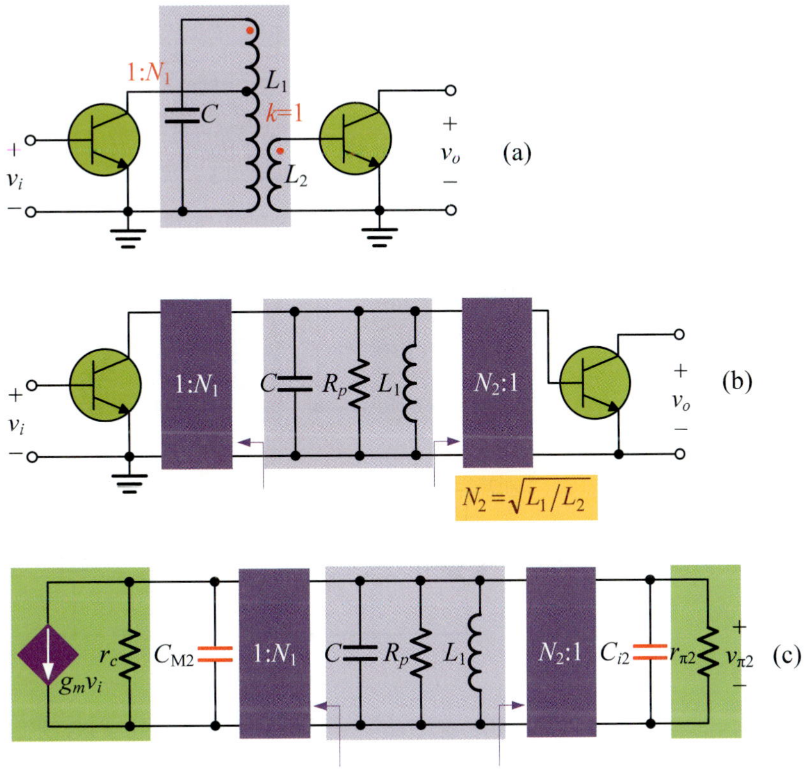

그림 8-19
동조 증폭기의 유도 결합: (a) 기본 회로; (b) 등가 회로; (c) 최종 등가 회로.

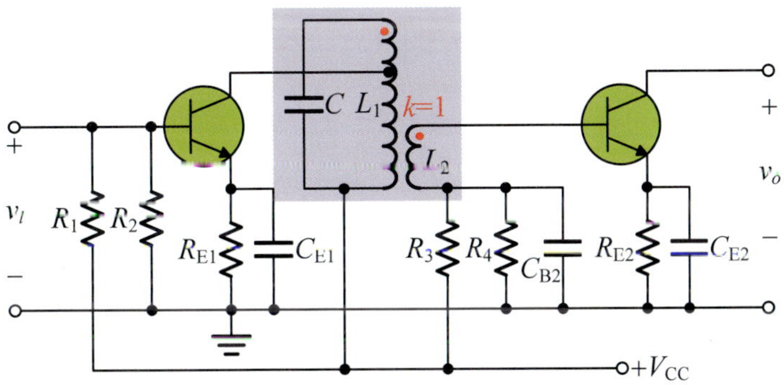

그림 8-20
유도 결합 1차 동조 증폭기의 예.

그림 8-19(a)에서 공진 회로의 C를 변압기의 2차 코일인 L_2 측에 둘 수도 있으며 이를 유도결합 2차 동조 증폭기라 한다. 그러나 BJT에서는 입력 저항이 작고 밀러 용량이 크므로 이 방법은 피하는 게 좋으며 다만 입력 저항이 매우 높은 FET 경우에는 효과적으로 동작할 수 있다. FET로 구성한 유도결합 2차 동조 증폭기의 기본 회로는 그림 8-21의 (a)와 같다.

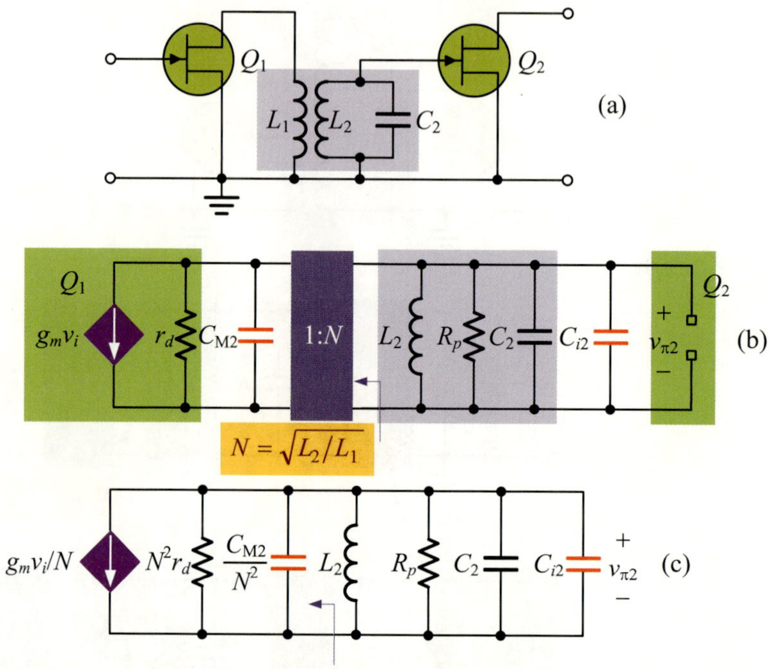

그림 8-21
유도 결합 2차 동조 증폭기:
(a) 기본 회로;
(b) 등가 회로;
(c) 최종 등가 회로.

트랜지스터 Q_2 입력 저항이 매우 높기 때문에 공진 회로에 대한 부담이 없으며 등가회로는 그림 8-21(b)와 같다. 임피던스 변환에 의해 그림 (b)는 그림 (c)와 같으며 전체 부하 저항은

$$R_T = N^2 r_d \| R_p \quad \textbf{(8-4-5)}$$

그리고 전체 용량은

$$C_T = C_2 + \frac{C_{M2}}{N^2} + C_{i2} \quad \textbf{(8-4-6)}$$

예제 8-3

그림 8-22(a) 동조 증폭기에서 두 트랜지스터 특성은 g_m=30 mS, r_π=4 kΩ, r_c=100 kΩ으로 동일하다. 공진 회로의 무부하 선택도가 Q_o=100일 때 다음을 구하라.
(a) 공진 주파수; (b) 선택도; (c) 대역폭; (d) 공진시의 전압 이득.

풀이 그림 8-22(a)의 등가 회로는 그림 (b)와 같고 권선비 N은

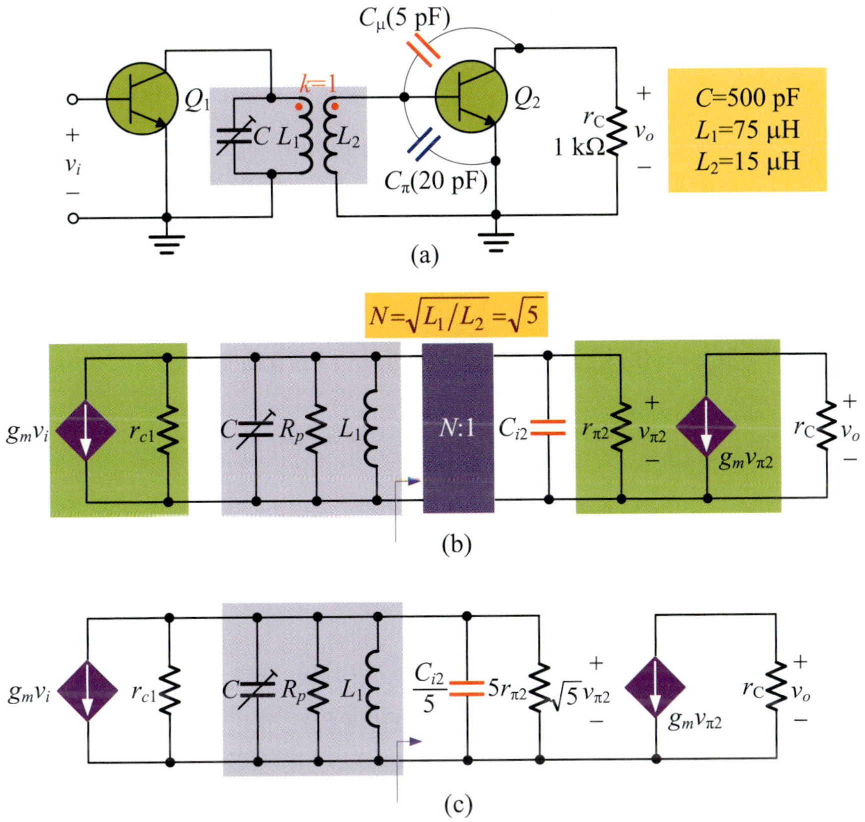

그림 8-22 (a) 예제 8-3의 그림; (b) 등가 회로; (c) 최종 등가 회로.

$$N=\sqrt{\frac{L_1}{L_2}}=\sqrt{\frac{75}{15}}=\sqrt{\mathbf{5}}$$

그림 (b)는 그림 (c)와 등가이며 Q_2 입력의 총 부유 용량 C_{i2}와 공진 회로의 전체 용량 C_T를 구하면 다음과 같다.

$$C_{i2}=C_\pi+(g_m r_C+1)C_\mu=20+31\times5=\mathbf{175\ pF}$$

$$C_T=C+\frac{C_{i2}}{N^2}=500+\frac{175}{5}=\mathbf{535\ pF}$$

(a) 공진 주파수 f_o는

$$f_o = \frac{1}{2\pi\sqrt{LC_T}} = \frac{1}{2\pi\sqrt{(75\times10^{-6})(535\times10^{-12})}} = \mathbf{794\ kHz}$$

(b) 코일 L_1의 등가 병렬 저항 R_p는 식 (8-1-11)로부터

$$R_p = Q_o X_o = Q_o(\omega_o L_1) = 100(2\pi\times794\times10^3)(75\times10^{-6}) = \mathbf{37.4\ k\Omega}$$

따라서 공진 회로의 전체 부하 및 선택도는

$$R_T = r_{c1}\|R_p\|5r_{\pi2} = 100\ k\Omega\|37.4\ k\Omega\|20\ k\Omega = \mathbf{11.5\ k\Omega}$$

$$Q = \frac{R_T}{X_o} = \frac{11.5\ k\Omega}{374\ \Omega} = \mathbf{30.7}$$

(c) 대역폭 B는

$$B = \frac{f_o}{Q} = \frac{794\ kHz}{30.7} = \mathbf{26\ kHz}$$

(d) 공진시의 전압 이득은 모든 커패시터와 인덕터를 개방시켜 구하면

$$A_{mid} = g_m R_T\left(\frac{g_m r_C}{\sqrt{5}}\right) = \frac{(0.03\ S)^2(11.5\ k\Omega)(1\ k\Omega)}{\sqrt{5}} = \mathbf{4657}$$

분할형 결합

그림 8-23(a)는 코일-분할형 결합 방식이다. 입력 저항 r_{i2}가 L_2의 리액턴스보다 충분히 크면 L_1과 L_2는 변압기 역할을 하며 등가 권선비 N은

$$N = \frac{L}{L_2} = \frac{L_1 + L_2}{L_2} > 1 \qquad \textbf{(8-4-7)}$$

따라서 N은 항상 1보다 크다. 그림 8-23(a)의 등가회로는 그림 (b)이다. 그림 8-24(a)는 용량-분할형 결합 방식을 보여주며 입력 저항 r_{i2}가 C_2의 리액턴스보다 충분히 크면 C_1과 C_2는 역시 변압기 역할을 한다. 등가 권선비 N은 다음과 같다.

$$N = \frac{C_2}{C} = \frac{C_1 + C_2}{C_1} > 1 \qquad \textbf{(8-4-8)}$$

따라서 이 역시 등가회로는 그림 8-24(b)와 같다.

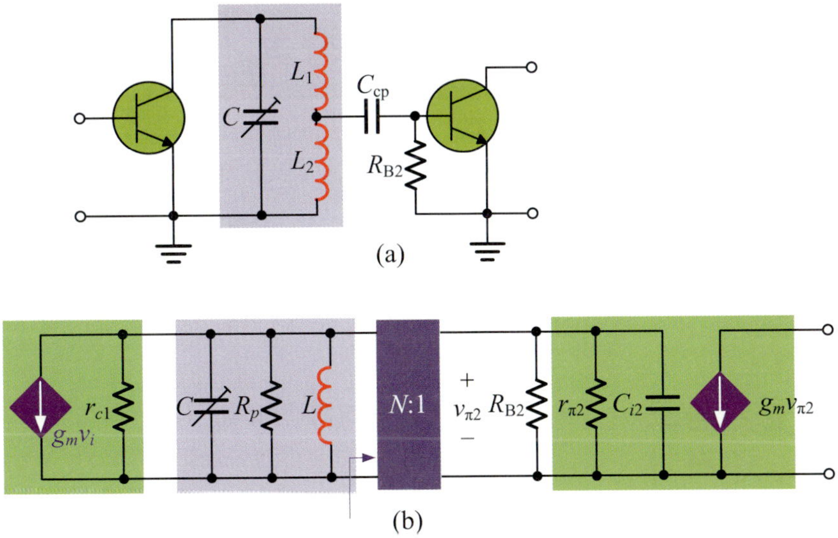

그림 8-23
코일-분할형 결합 동조 증폭기: (a) 기본 회로; (b) 등가 회로.

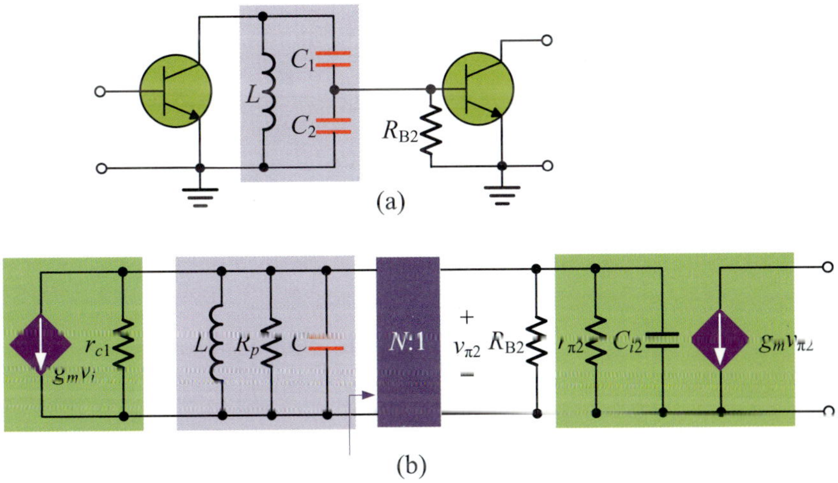

그림 8-24
용량-분할형 결합 동조 증폭기: (a) 기본 회로; (b) 등가 회로.

8-5 기타 동조 증폭기

단일 동조 증폭기만으로는 원하는 충분한 이득과 알맞은 대역폭을 얻기 어려운 경우가 있다. 이를 위해 동조 증폭기에는 단동조 증폭기 외에 동기동조(synchronously tuned) 증폭기, 복동조(doubly tuned) 증폭기, 스태거(stagger) 동조 증폭기 등 여러 종류가 사용된다.

동기동조 증폭기

그림 8-25는 동기동조(同期同調) 증폭기의 기본 회로의 한 예이며 두 동조 증폭단의 특성은 동일하게 한다. 두 공진 회로에 대한 부하를 R_T라 하면 RLC 병렬 공진 회로의 임피던스 $\mathbf{Z}(\omega)$는 식 (8-1-6)으로부터

$$\mathbf{Z}(\omega)=\frac{R_T}{1+j\omega\omega C_T\left(1-\dfrac{1}{\omega^2 LC}\right)}=\frac{R_T}{1+jQ\left(\dfrac{\omega}{\omega_o}-\dfrac{\omega_o}{\omega}\right)} \tag{8-5-1}$$

단 위의 식 우변은 다음의 두 관계를 이용한 결과이다.

$$\omega_o=\frac{1}{\sqrt{LC}},\quad Q=\frac{R_T}{\omega_o L}=\omega_o R_T C \tag{8-5-2}$$

각 증폭단의 전압 이득은 $\mathbf{Z}(\omega)$에 비례하므로 전체 전압 이득은 다음과 같은 형태로 표현된다.

$$A_v=\frac{A_{\text{mid}}^2}{\left[1+jQ\left(\dfrac{\omega}{\omega_o}-\dfrac{\omega_o}{\omega}\right)\right]^2} \tag{8-5-3}$$

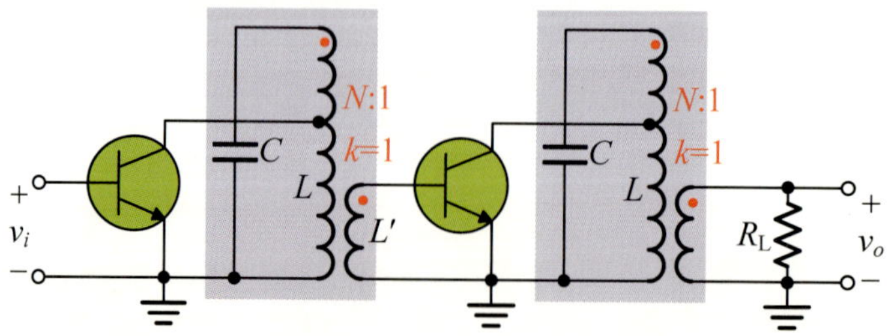

그림 8-25
동기동조 증폭기의 기본 회로.

각 증폭단의 대역폭은 $B=f_o/Q$이며 전체 대역폭 B_T는 위의 식에서 다음과 같이 구할 수 있다.

$$B_{\mathrm{T}} = \frac{f_o}{Q}\sqrt{2^{1/2}-1} = B\sqrt{2^{1/2}-1} \tag{8-5-4}$$

만일 N단의 동기동조 증폭기라면 전체 특성은 다음과 같다.

$$A_{\mathrm{mid,T}} = A_{\mathrm{mid}}^{N}, \quad B_{\mathrm{T}} = B\sqrt{2^{1/N}-1} \tag{8-5-5}$$

AM 수신기

동기동조 증폭기의 대표적인 응용 사례가 무선 수신기이다. 그림 8-26(a)는 AM 중간주파(IF) 증폭기를 3단 동기동조 증폭기로 구현한 트랜지스터 회로이다. 공진 회로 겸 변압기인 $\mathrm{IFT_1}$, $\mathrm{IFT_2}$, $\mathrm{IFT_3}$는 모두 AM IF 중심 주파수인 455 kHz에 동조된다. 그리고 저항 R_1과 R_2 및 R_3와 R_4는 각각 V_{CC}와 더불어 이미터-공통 증폭기인 Q_1과 Q_2에 대한 전압분배 바이어스 회로를 구성하고 있다. 커패시터 C_{B1}, C_{E1} 및 C_{B2}, C_{E2}는 모두 측로 커패시터들이므로 교류에 대해서는 단락과 같다. 또한 다이오드와 R_{D}, C_{D}로 구성된 반파 정류기는 포락선 검파기이다. 이상으로 그림 8-26(a)에서 모든 측로 커패시터들을 단락시키면 그림 (b)의 교류 회로를 구할 수 있다.

그림 8-26(a)에서 $\mathrm{IFT_3}$의 출력은 L_3'에 의해 다이오드와 R_{D}, C_{D}로 이루어진 포락선 검파기의 입력에 유도 결합된다. 그리고 검파 회로에 의해 복조된 신호를 나타내는 전압 v_{D}는 저항 R_2와 커패시터 C_{B1}으로 이루어진 저역통과 필터를 거침으로써 v_{D}의 직류 성분(반송파 성분) V_{D}만 Q_1의 베이스 바이어스 전압으로 첨가된다(그림 8-26(c)). 따라서 그림 (c)의 Q_1에 대한 바이어스 회로에서 Q_1의 베이스 바이어스 전압 V_{BB}는

$$V_{\mathrm{BB}} = -\frac{R_2}{R_1+R_2}V_{\mathrm{CC}} + \frac{R_1}{R_1+R_2}V_{\mathrm{D}} \tag{8-5-6}$$

이며 이로부터 Q_1의 이미터 바이어스 전류 I_{E1}은

$$\begin{aligned} I_{\mathrm{E1}} &\cong -\frac{V_{\mathrm{BB}}+0.7}{R_{\mathrm{E1}}} \\ &= \frac{R_2}{R_{\mathrm{E1}}(R_1+R_2)}V_{\mathrm{CC}} - \frac{R_1}{R_{\mathrm{E1}}(R_1+R_2)}V_{\mathrm{D}} - \frac{0.7}{R_{\mathrm{E1}}} \end{aligned} \tag{8-5-7}$$

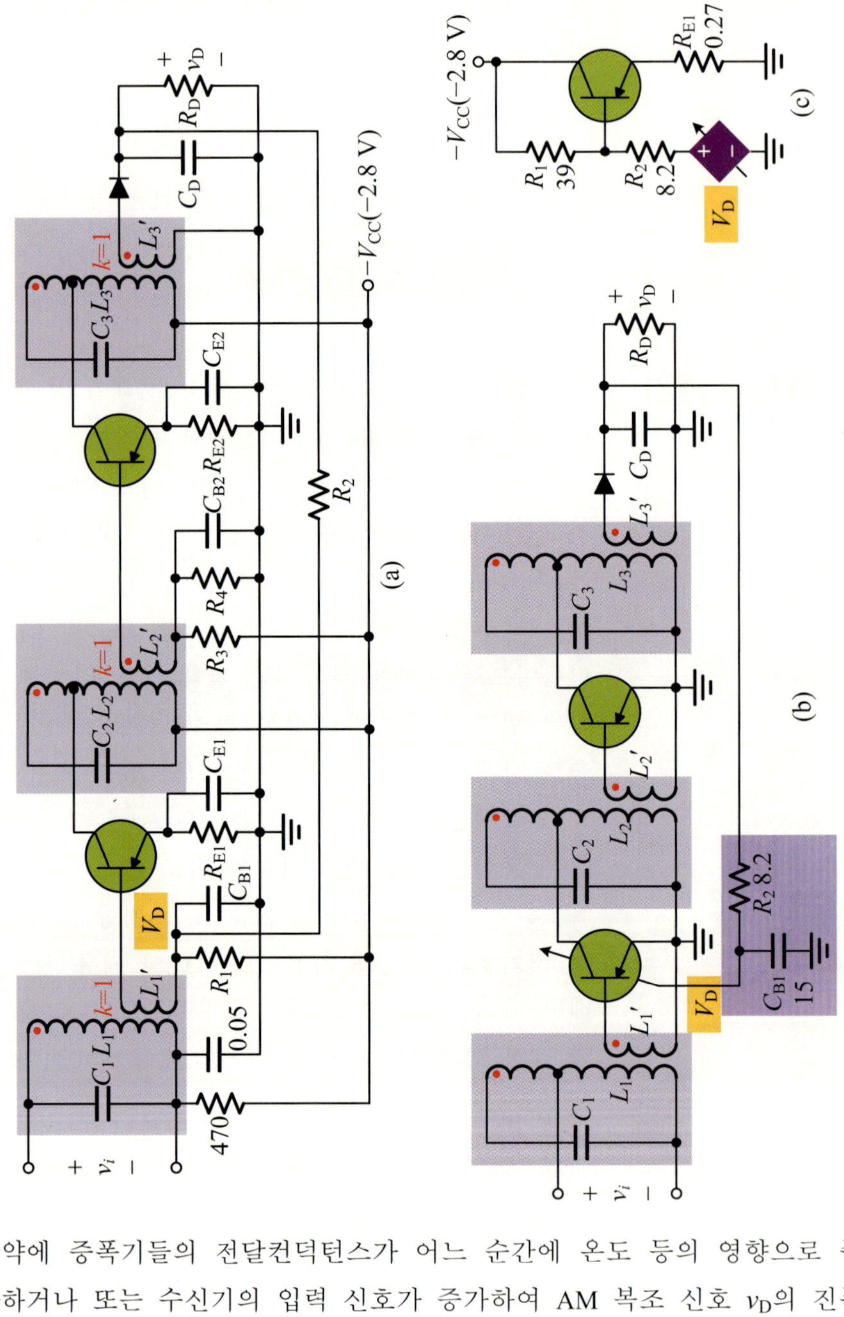

그림 8-26
3단 동기동조 증폭기로 구성된 AM IF 수신기:
(a) 전체 회로;
(b) 교류 회로;
(c) AGC 회로;
(*저항: kΩ, 용량: μF)

만약에 증폭기들의 전달컨덕턴스가 어느 순간에 온도 등의 영향으로 증가하거나 또는 수신기의 입력 신호가 증가하여 AM 복조 신호 v_D의 진폭이 커졌다고 하면 직류 성분인 V_D도 증가한다. 식 (8-5-7)에 의해 V_D의 증가는 I_{E1}을 감소시키며 I_{E1}의 감소는 Q_1의 r_π를 증가시키게 된다. 따라서 $g_m=\beta/r_\pi$의 관계에 의해 Q_1의 전달컨덕턴스가 작아지므로 전체 이득은 줄어드는 방향으로 유도되게 된다. 즉 V_D에 의해 Q_1의 전달 컨덕턴스 변화를 상쇄하는 방향으로 조정되며 이러한 기능을 자동 이득제어(automatic gain control; AGC)라 한다.

복동조 증폭기

복동조 증폭기는 그림 8-27(a)처럼 변성기의 1차측과 2차측에 모두 공진 회로를 설치하며, 전체 주파수 응답이 중심 주파수를 중심으로 대칭이 되도록 두 공진 회로의 공진 주파수를 같게 한다. 복동조 증폭기의 특징은 단동조 증폭기에 비해 넓은 대역폭을 얻을 수 있으며 통과대역 이외에서는 급격한 감쇠를 이룰 수 있다는 점이다. 따라서 TV나 레이더(radar) 등에 사용된다. 그림 8-27(a)에서 저항 R_3와 R_4는 V_{CC}와 더불어 Q_2에 대한 전압 분배 바이어스를 형성하며 C_{E1}, C_{B2}, C_{E2}는 모두 측로 커패시터이며

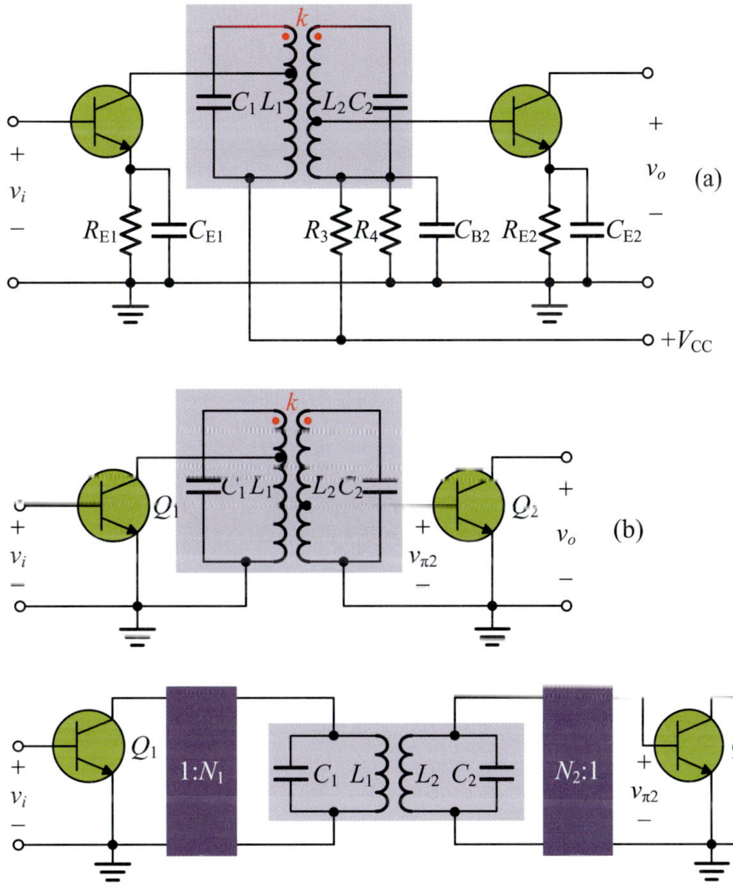

그림 8-27
복동조 증폭기:
(a) 전체 회로;
(b) 교류 회로;
(c) 등가 회로.

교류에 대해서는 단락이다. 따라서 그림 8-27(a)에 대한 교류 회로는 그림 (b)와 같으며 그림 (c)는 등가 회로이다. 여기서 첫 번째의 이상적인 변성기와 두 번째의 이상적인 변성기의 권선비 N_1과 N_2는 각각 단권 변성기 L_1과 L_2의 권선비로 모두 1보다 크다.

일반적으로 복동조 증폭기는 조정이 용이하지 않기 때문에 오실로스코프 등을 이용하여 시각적으로 조정하는 것이 보통이다. 그리고 충분한 선택도를 얻기 위해서는 결합 계수 k가 1보다 충분히 작아야 하며 이는 결합 계수가 1에 가까울수록 유리한 단동조 증폭기 경우와 다른 점이다. 복동조 회로를 구성하는 두 공진 회로의 선택도가 Q_o로서 서로 같을 경우 복동조 증폭기의 주파수 특성은 결합 계수 k에 따라 다음과 같이 분류되며 이를 그림으로 나타내면 그림 8-28과 같다:

밀 결합: $kQ_o>1 \rightarrow$쌍봉 특성,
임계 결합: $kQ_o=1 \rightarrow$단봉 특성,
소 결합: $kQ_o<1 \rightarrow$이득 저하.

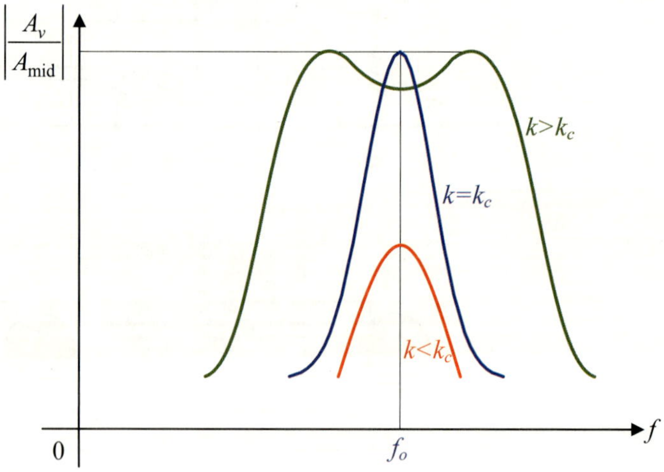

그림 8-28 복동조 증폭기의 주파수 응답 ($k_c=1/Q_o$).

스태거 동조 증폭기

무선 통신에서 IF 동조 증폭기는 소신호를 증폭하는 증폭 기능 외에도 인접한 채널들로부터 원하는 국(局; station)의 채널을 정확히 선별해내는 대역통과 필터의 기능도 겸하여야 한다. AM 상업 방송에서는 IF 동조 증폭기의 중심 주파수는 455 kHz로 하며 대역폭은 음성 신호를 아우를 수 있

는 10 kHz로 정하고 있다. 그러나 FM 방송의 경우는 IF 증폭기의 대역폭이 약 200 kHz가 요구되며 TV나 마이크로웨이브 통신 등에서는 6~12 MHz의 광대역이 요구된다. 참고로 표 8-1에는 여러 가지 통신 방식에 따른 IF의 중심 주파수와 및 대역폭 및 Q의 범위를 소개하고 있다.

표 8-1 대표적인 통신방식에 대한 IF 특성.

통신 방식	IF 주파수 f_o	대역폭 B	선택도 Q
AM 라디오	455 kHz	±10 kHz	약 50
FM 라디오	10.7 MHz	±120 kHz	약 90
TV 음성신호	4.5 MHz	±60 kHz	약 75
TV 영상신호	26.75 MHz	2.5~3.5 MHz	약 10

IF 증폭기가 넓은 대역폭을 필요로 할 때는 여러 개의 동조 증폭기를 종속으로 연결하되 각 동조 증폭기의 중심 주파수들이 서로 조금씩 차이가 나게 함으로써 전체의 대역폭을 넓히는 방법을 쓰며 이러한 방식을 스태거(stagger) 동조 증폭기라 한다. 그림 8-29는 스태거 동조 증폭기의 한 예를 보여주고 있다. 그림 8-29(a)에서 각 복동조 증폭기는 임계 결합 이하로 결합되어 쌍봉 특성이 안되도록 하여 서로간의 주파수 특성들이 서로 독립적으로 분리되도록 한다. 따라서 각 복동조 회로의 대역폭은 전체 대역폭에 비해 매우 협소하다. 그리고 그림 (b)에서 보듯이 첫 번째와 마지막 공진 회로는 IF 중심 주파수 f_o에 동조되도록 하고($f_1=f_6=f_o$) 공진 회로 2와 3은 각각 중심 주파수로부터 각각 $+\Delta f$, $-\Delta f$만큼 차이를 두게 하고($f_2=f_o-\Delta f$, $f_3=f_o+\Delta f$), 공진 회로 4와 5는 중심 주파수로부터 각각 $+2\Delta f$, $-2\Delta f$만큼 차이를 두고 동조되게 한다($f_4=f_o-2\Delta f$, $f_5=f_o+2\Delta f$). 각 동조 증폭기의 주파수 특성은 서로 분리되어 있고 독립적이므로 전체 주파수 응답(dB)은 각 복동조 증폭기의 주파수 응답(dB)를 서로 합함으로써 그림 8-29(c)와 같이 된다. 따라서 결과적으로 대역폭은 넓어지게 되며 통과대역과 차단대역 경계에서 매우 급격한 감쇠 특성을 얻을 수 있다. 스태거 동조 증폭기의 단수는 보통 2단에서 5단 사이로 하며 TV 영상신호의 IF 증폭기에 사용된다. 스태거 동조 방식의 장점은 다음과 같다.

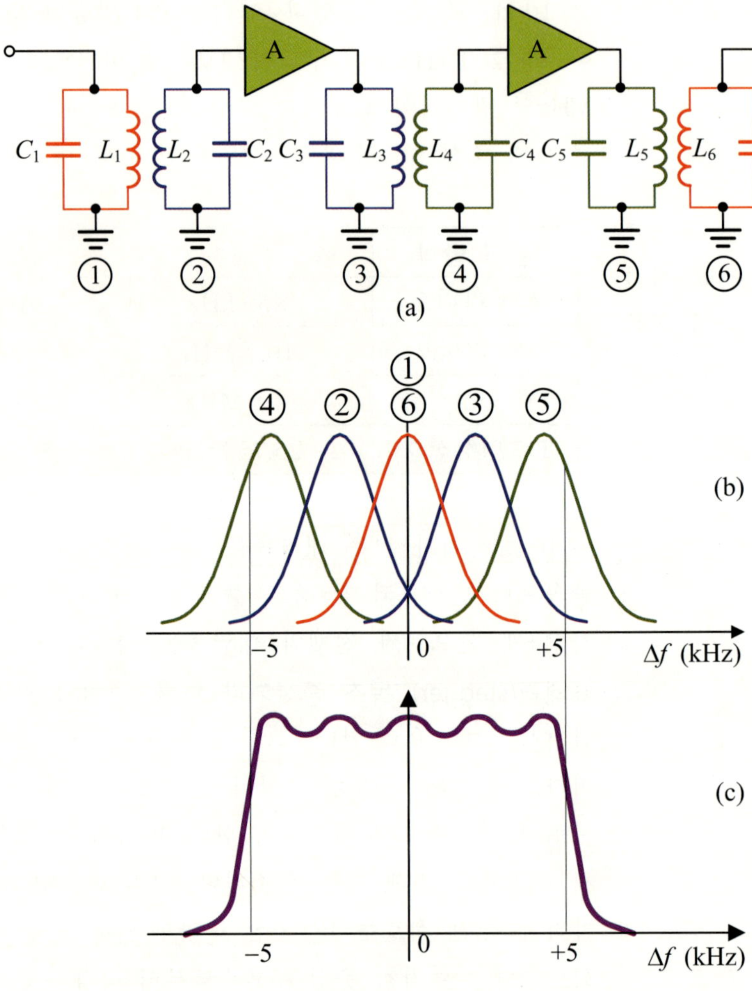

그림 8-29 스태거 동조 증폭기의 (a) 구성; (b) 개별 응답; (c) 전체 응답.

첫째, 조정이 용이하며

둘째, 동조 주파수가 서로 다르므로 궤환에 의한 발진 가능성이 희박하여 안정된 증폭이 가능하다.

중화 회로

동조 증폭기의 중심 주파수가 높아지면 증폭기의 입력단과 출력단 사이에 있는 부유 용량의 궤환 작용으로 임의의 공진점에서 발진이 일어날 가능성이 높아진다. 이를 막기 위해 내부 궤환을 상쇄할 수 있도록 고의적으로 외부 궤환을 만들어 주며 이를 중화(中和) 회로라 한다. 그림 8-30은 외부 커패시터 C_N을 통한 궤환을 이용해 내부 궤환을 상쇄시키는 유

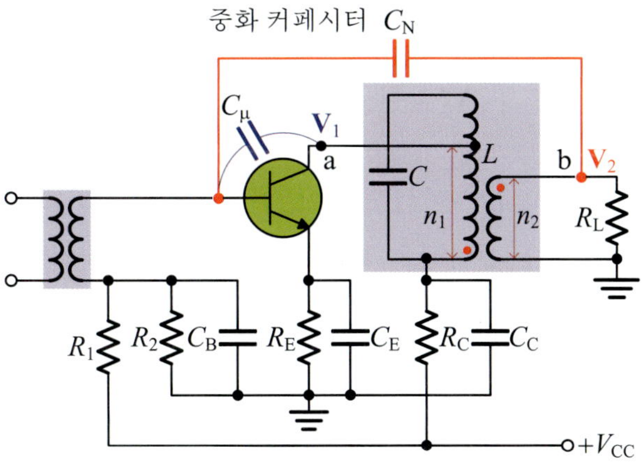

그림 8-30
중화 회로를 채용한
유도결합 1차 동조 증폭기

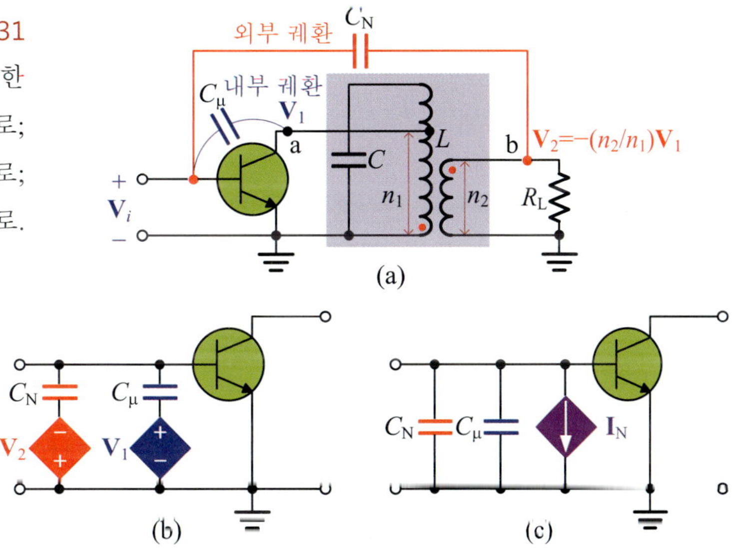

그림 8-31
그림 8-30에 대한
(a) 교류 회로;
(b) 입력단 등가회로;
(c) 그림 (b)의 등가회로.

도결합 1차 동조 증폭기이며 C_N을 중화 커패시터라 한다. 용량 C_μ는 내부 궤환을 일으키는 베이스 컬렉터간의 부유 용량이며 커패시터 C_B, C_E, C_C는 모두 측로 커패시터들로서 교류에 대해서는 단락이다. 따라서 그림 8-30에 대한 교류 회로는 그림 8-31(a)와 같으며 여기서 변성기의 권선 방향을 나타내는 점표식을 유념하여야 한다. 즉 C_μ에 의해 베이스로 궤환되는 전압 $\mathbf{V}_1$과 중화 커패시터 C_N에 의해 베이스로 궤환되는 전압 $\mathbf{V}_2$가 서로 반대 위상이 되도록 되어있다. 따라서 C_N을 통한 궤환 전압 $\mathbf{V}_2$는

$\mathbf{V}_1$과 다음의 관계가 있다.

$$\mathbf{V}_2 = -\left(\frac{n_2}{n_1}\right)\mathbf{V}_1 \tag{8-5-8}$$

이상으로 그림 8-31(a)에서 일어나는 궤환은 그림 (b)로 나타낼 수 있으며 각 전압원을 전류원으로 전원 변환하면 그림 (c)와 같이 하나의 전류원 $\mathbf{I}_N$으로 나타낼 수 있다. 이 때 $\mathbf{I}_N$은 식 (8-5-8)을 이용하면 다음과 같이 표현된다.

$$\mathbf{I}_N = j\omega\omega_\mu\mathbf{V}_1 + j\omega\omega_N\mathbf{V}_2 = j\omega\left[C_\mu - \left(\frac{n_2}{n_1}\right)C_N\right]\mathbf{V}_1 \tag{8-5-9}$$

따라서 궤환 전류 $\mathbf{I}_N$이 0이 되기 위해서는

$$\frac{C_\mu}{C_N} = \frac{n_2}{n_1} \tag{8-5-10}$$

의 관계만 만족하면 되며 그 결과 C_μ에 의한 내부 궤환은 C_N에 의한 외부 궤환으로 완전히 중화된다.

그림 8-31에서는 변성기의 2차측에서 궤환 전압 $\mathbf{V}_2$를 얻고 있으며 변성기의 권선 방향을 조정하여 두 전압 $\mathbf{V}_1$과 $\mathbf{V}_2$가 서로 역상이 되도록 하였다. 이와는 다른 방법으로 그림 8-32(a)에서는 변성기의 중간 탭 단자를 사용하여 역상 관계인 두 전압을 얻고 있다. 즉 그림 8-32(a)에서 1차 코일에 중간 탭을 내어 이 단자를 측로 커패시터 C_C를 통해 교류적으로 접지시킴으로써 교류 회로는 그림 (b)와 같이 구성된다. 그리고 그림 (b)의 교류 회로에서 입력으로 궤환되는 전압을 표현하면 그림 (c)이며 이는 그림 8-31(b)와 동일한 형태이다. 따라서 이 회로의 중화 조건은 식 (8-5-10)과 동일하다.

캐스코드 동조 증폭기

캐스코드 증폭기는 여러 면에서 정점을 가지고 있어 앞에서 자세히 설명한 바 있다. 높은 중심 주파수와 광대역을 필요로 하는 비디오 증폭기에서는 그림 8-33(a)와 같은 캐스코드 동조 증폭기가 매우 유리하며 전압 역전달비가 거의 0이므로 중화 회로가 따로 필요 없다. 저항 R_1과 R_2 및 R_3와 R_4는 각각 Q_1과 Q_2에 대한 전압 분배 바이어스 저항이며 커패시터

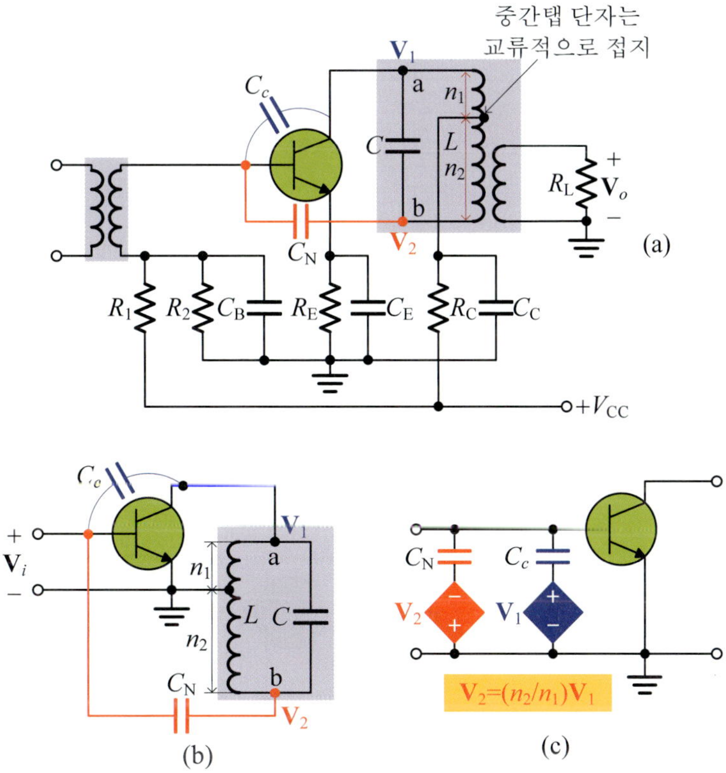

그림 8-32
중간 탭을 이용하여 위상반전을 이루는 중화 방식:
(a) 전체 회로;
(b) 교류 회로;
(c) 등가 회로.

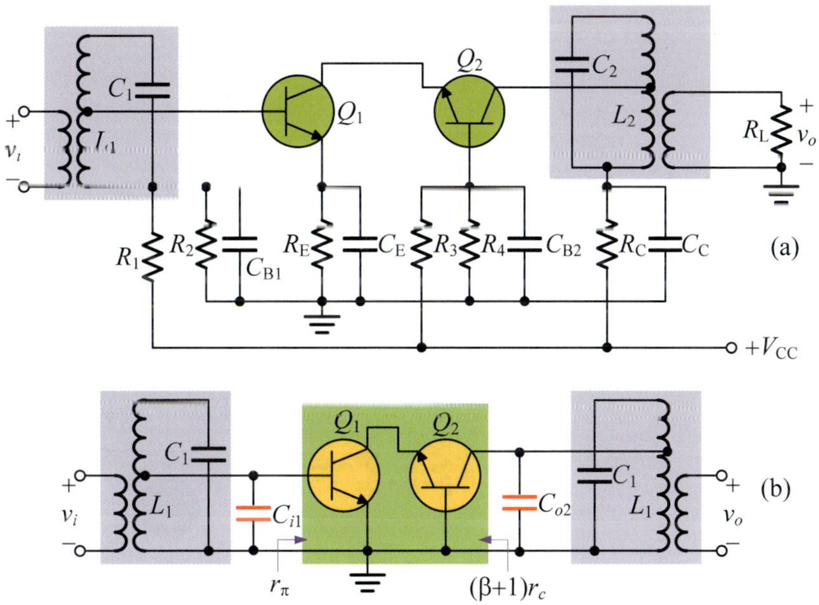

그림 8-33
BJT 캐스코드 동조 증폭기:
(a) 전체 회로;
(b) 교류 회로.

C_{B1}, C_{E1}, C_{B2}, C_{C2}는 측로 커페시터이다. 그림 8-33(a)의 교류 회로는 그림 (b)와 같다. 캐스코드 결합의 특징에 의해 Q_1의 입력단 밀러 용량이 매우 작을 뿐 아니라 Q_2의 출력 저항은 $(\beta+1)r_c$로 매우 높기 때문에 출력단 공진 회로에 대한 부하 효과도 무시된다. FET를 이용한 캐스코드 동조 증폭기도 그림 8-34와 같이 구성할 수 있다. 특히 Q_1의 입력단 공진 회로 T_1은 FET의 매우 높은 입력 저항을 부하로 하므로 굳이 변압기를 사용하여 임피던스를 정합시킬 필요가 없다. 커페시터 C_G, C_S는 측로 커페시터이며 C_d는 감결합(decoupling) 회로이다. 그림 8-35는 BJT 차동 증폭기로 구성한 복동조 증폭기이다. 컬렉터-공통과 베이스-공통의 결합으로 밀러 용량이 매우 작으며 특히 IC 회로로는 캐스코드보다 유리하다.

그림 8-34
FET 캐스코드 동조 증폭기.

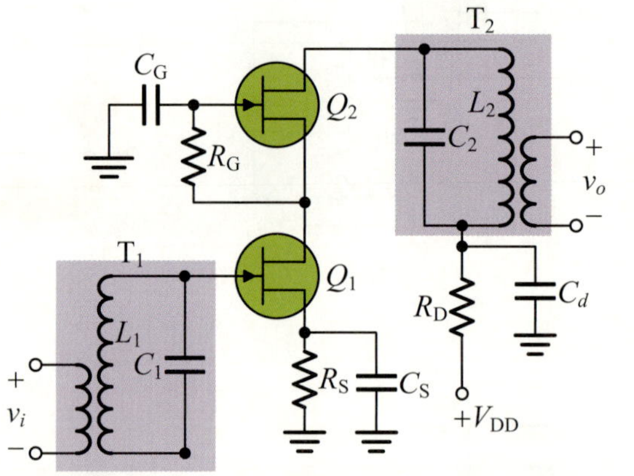

그림 8-35
BJT 차동 증폭기로 구성한 동조 증폭기.

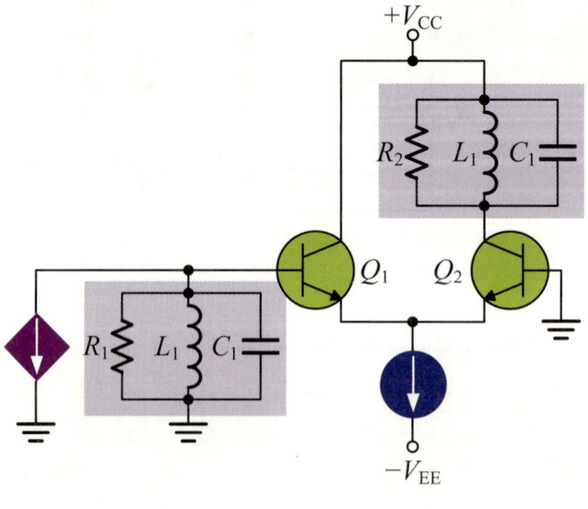

8-6 매트랩

BJT 단동조 증폭기 BJT 단동조 증폭기는 그림 8-36에 맞추어 bjtT1.m을 실행시킨다. 변수 Qo는 무부하시의 선택도이며 N1과 N2는 첫 번째와 두 번째 변압기의 권선비이다. 만일 트랜지스터 Q_2를 거치지 않고 코일 L' 양변에 부하 R_L을 직접 연결할 때의 이득을 구하고자 하면, Q_2의 입력 저항 rpi대신에 RL을 대입한 다음 A_{mid1}의 크기인 Amid1을 취한다. 유의할 것은 저항의 단위는 kΩ이며 커패시터 단위는 μF이고 코일의 단위는 mH이라는 것이다.

그림 8-36
bjtT1.m의 기준이 되는 BJT 단동조 증폭기의 교류 회로.

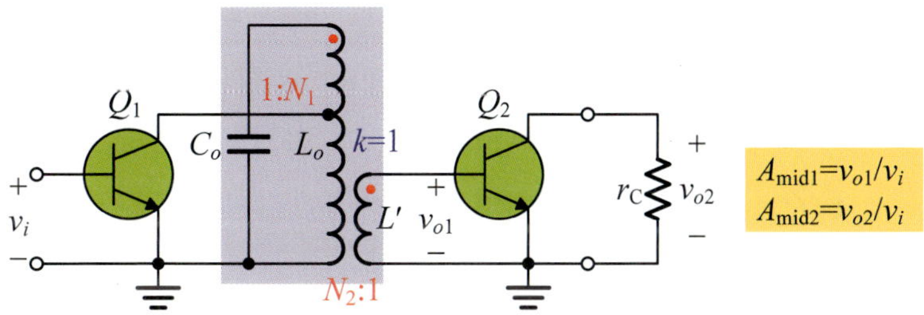


```
function  [fo, BW, Amid]=bjtT1(T1spec, T2spec, Tunspec, Turn, rC)
% [BJT 단동조 증폭기(유도 결합)]
% <입력 변수>
%      T1spec=[gm1, rpi1, rc1]; 입력단 트랜지스터의 사양
%      T2spec=[gm2, rpi2, rc2]; 출력단 트랜지스터의 사양
%      Tunspec=[Lo, Co, Qo]; 동조회로 사양(Lo mH, Co microF)
%      Turn=[N1, N2]; 변압기 권선비
%      rC; 총 부하 저항(k Ohm)
% <출력 변수>
%      fo; 중심 주파수(kHz)
%      BW; 대역폭(kHz)
%      Amid=[Amid1, Amid2]; 공진시의 이득
```

```
gm1=T1spec(1);   rpi1=T1spec(2)*1e3;   rc1=T1spec(3)*1e3;
gm2=T2spec(1);   rpi2=T2spec(2)*1e3;   rc2=T2spec(3)*1e3;
Lo=Tunspec(1)*1e-3;   Co=Tunspec(2)*1e-6;   Qo=Tunspec(3);
N1=Turn(1); N2=Turn(2);
%
wo=1/sqrt(Lo*Co);                       % 중심 주파수(rad/sec)
Rp=Qo*wo*Lo;                            % 무부하시의 등가 병렬저항
rc1=N1^2*rc1;   rpi2=N2^2*rpi2;         % 임피던스 변환
RT=1/(1/rc1+1/Rp+1/rpi2);               % 전체 저항
QT=RT/(wo*Lo);                          % 선택도
fo=wo/(2*pi)*1e-3; BW=fo/QT;            % 중심 주파수와 대역폭(kHz)
%
Amid1=gm1*RT/(N1*N2);      % 중간 전압 이득
Amid2=Amid1*gm2*rC;        % 전체 전압 이득
Amid=[Amid1, Amid2]*1e-3;
```

예제 M8-1

그림 8-36에서 트랜지스터 Q_1과 Q_2는 다음과 같이 특성이 동일하다.

β=100, r_π=3 kΩ, r_c=30 kΩ,

그리고 동조 회로의 특성이

L_o=1 mH, C_o=122 pF, Q_o=100, N_1=2, N_2=4

이며 부하는 r_C=1 kΩ으로 한다. 전달컨덕턴스가 $g_m=\beta/r_\pi$이므로

```
>> T1spec=[100/3, 3, 30];   T2spec= T1spec;
>> Tunspec=[1, 122e-6, 100];   Turn=[2, 4];
>> rC=1;
>> [fo, BW, Amid]=bjtT1(T1spec, T2spec, Tunspec, Turn, rC)
fo=
  455.6593
BW=
   42.6059
Amid=
```

```
  1.0e+003*
     0.1276    4.2526
```

즉 f_o=455.65 kHz, B=42.6 kHz이며 공진시의 이득은 $A_{mid2}=4.25\times10^3$이다.

예제 M8-2

예제 M8-1에서 $N_1=2$, $N_2=1$로 하고, Q_2를 거치지 않고 R_L=1 MΩ을 바로 접속할 때를 해석해 보자. 즉 Q_2의 r_π 대신에 R_L을 대입하고 Amid1만 취한다. 이 때 Q_2의 β와 r_c 및 r_C는 임의로 하며(예를 들면 0) Amid2는 무시한다.

```
>> T1spec=[100/3, 3, 30];
>> T2spec=[0, 1e3, 0];
>> Tunspec=[1, 122e-6, 100];    Turn=[2, 1];
>> rC=0;
>> [fo, BW, Amid]=bjtT1(T1spec, T2spec, Tunspec, Turn, rC)
fo=
  455.6593
BW=
   16.7324
Amid=
  1.0e+003*
     1.2994    0
```

즉 B=14.45 kHz이며 공진시의 이득은 $A_{mid1}=1.3\times10^3$이다.

FET 단동조 증폭기

함수 bjtT1.m은 FET 단동조 증폭기인 그림 8-37에도 그대로 사용할 수 있다. 즉 트렌지스터 시앙 T1spec, T2spec에서 rpi 대신에 1/eps(∞)을 대입

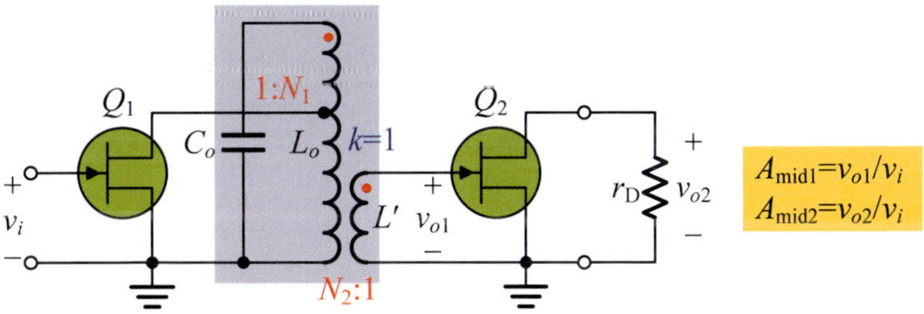

그림 8-37
bjtT1.m의 기준이 되는 FET 단동조 증폭기의 교류 회로.

하고 rc는 rd를 대입하면 된다.

예제 M8-3

그림 8-37에서 트랜지스터 Q_1과 Q_2는 다음과 같이 특성이 동일하다.

g_m=5 mS, r_d=30 kΩ,

그리고 동조 회로의 특성이

L_o=1 mH, C_o=122 pF, Q_o=100, N_1=2, N_2=1

이며 부하는 r_D=1 kΩ으로 한다(g_m의 단위가 mS임을 유념하여야 한다).

```
>> T1spec=[5, 1/eps, 30];   T2spec= T1spec;
>> Tunspec=[1, 122e-6, 100];   Turn=[2, 1];
>> rD=1;
>> [fo, BW, Amid]=bjtT1(T1spec, T2spec, Tunspec, Turn, rD)
fo=
  455.6593
BW=
   15.42
Amid=
  1.0e+003*
    0.2114    1.0570
```

즉 B=15.42 kHz이며 공진시의 이득은 $A_{mid1}=1.05\times10^3$이다.

만일 그림 8-37에서 Q_1이 BJT(g_{m1}, $r_{\pi1}$, r_{c1})이고 Q_2가 FET(g_{m2}, r_{d2})이면

```
>> T1spec=[gm1, rpi1, rc1];
>> T2spec=[gm2, 1/eps, rd2];
```

로 하면 된다.

연습 문제

8-1 동조 증폭기의 선택도에 대해 설명하라.

8-2 그림 P8-2의 병렬 공진 회로에서

(a) 공진 주파수를 구하라.

(b) 공진 주파수에서의 인덕터 리액턴스에 비해 저항 r_s가 충분히 작을 경우 r_s에 대한 병렬 환산 저항 R_p를 L, C 및 r_s로 나타내어라.

(c) 선택도와 대역폭을 L, C 및 r_s로 나타내어라.

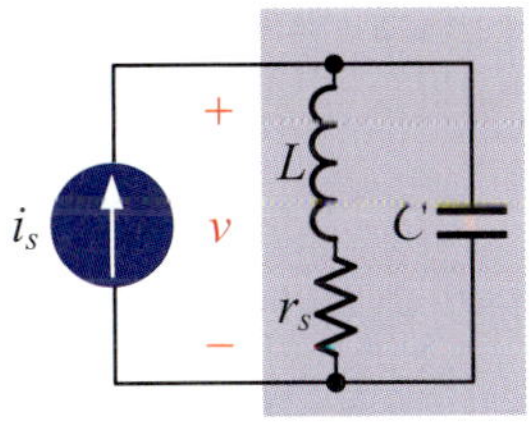

그림 P8-2

8-3 이상적인 변압기 특성에 대해 설명하고 1차 코일에 전달된 전력과 2차 코일에 전달된 전력은 항상 같음을 보여라.

8-4 코일-분할형 결합 회로가 변압기와 같은 역할을 하기 위한 조건을 설명하라.

8-5 용량-분할형 결합 회로가 변압기와 같은 역할을 하기 위한 조건을 설명하라.

8-6 그림 P8-6의 단동조 증폭기에서 $C_{in}=C_{out}=C_E=\infty$로 간주한다.

(a) 회로가 30 MHz에 동조되도록 L의 값을 정하라.

(b) 증폭기의 대역폭과 공진시의 전압 이득을 구하라.

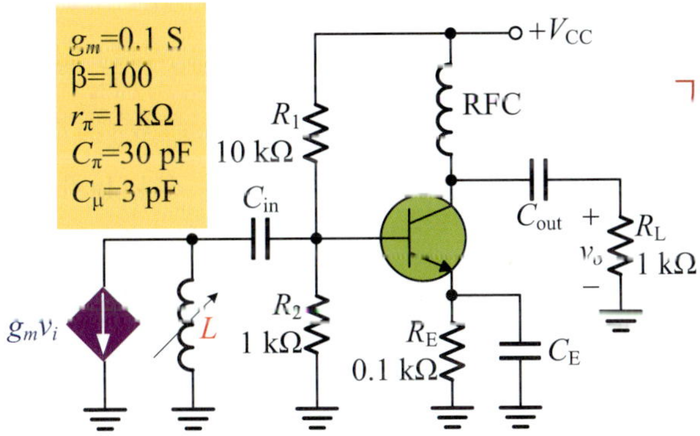

그림 P8-6

8-7 그림 P8-7에서 $R_1 \| R_2$=10 kΩ으로 주어지며 $C_{in}=C_{out}=C_E=\infty$로 간주한다.

(a) 회로가 1 MHz에 동조되도록 C의 값을 정하라.

그림 P8-7

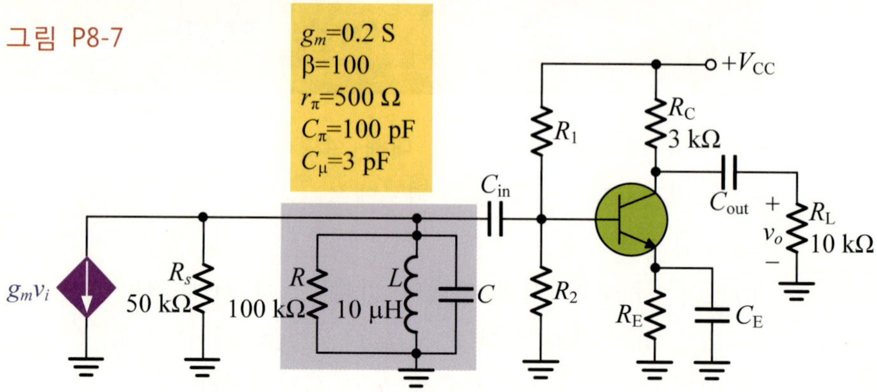

(b) 증폭기의 대역폭과 선택도 및 공진시의 전압 이득을 구하라.

8-8 그림 8-14(a)의 동조 증폭기에서 트랜지스터의 특성이 β=100, r_π=1 kΩ, r_c=100 kΩ이다. C_c=5 pF, L=100 μH이고 권선 저항은 2 Ω이다. 증폭기를 455 kHz에 동조시키고자 할 때 C의 값을 구하고 대역폭을 계산하라.

8-9 그림 8-16(a)에서 단권 변성기의 권선비는 N=10이며 그 외의 조건은 그림 P8-7과 같다.

(a) 회로가 1 MHz에 동조되도록 C를 결정하라.

(b) 증폭기의 대역폭과 선택도 및 공진시의 전압 이득을 구하고 문제 10-8의 결과와 비교하라.

8-10 그림 P8-10에서 공진 주파수, 공진시의 전압 이득, 선택도, GBW를 구하라.

8-11 그림 P8-11에 대해 문제 8-10을 반복하라.

8-12 그림 P8-12에 대해 문제 8-10을 반복하라.

8-13 그림 P8-13에 대해 문제 8-10을 반복하라.

8-14 그림 P8-14의 동기동조 증폭기에서 두 트랜지스터는 특성이 같으며

β=100, r_π=1 kΩ, C_π=153 pF, C_μ=2 pF

이다. 이 증폭기는 455 kHz에 동조되고 대역폭이 6 kHz가 되도록 설계되어 있다고 할 때 다음을 구하라.

(a) C_1, L_1, C_2, L_2, R_1. (b) 전압 이득 $A_v=v_o/v_1$의 공진시의 크기.

8-15 그림 8-32(a)에서 C_μ=2 pF, C_N=10 pF일 때 C_μ를 중화시키는데 필요한 권선비 $N=n_1/n_2$을 구하라.

그림 P8-10

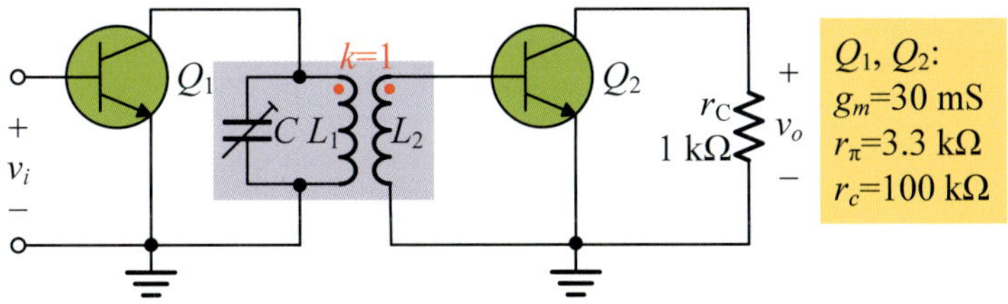

그림 P8-11

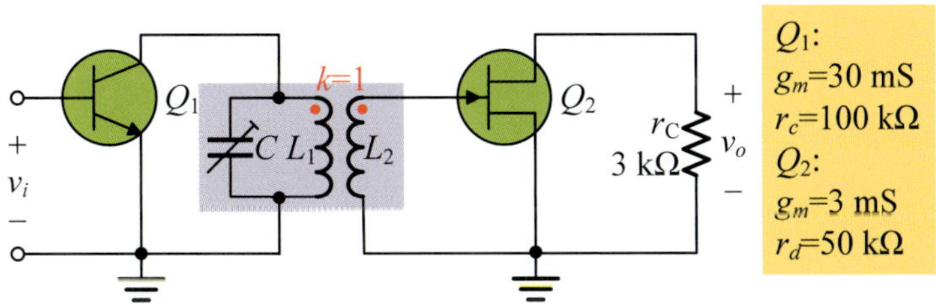

그림 P8-12

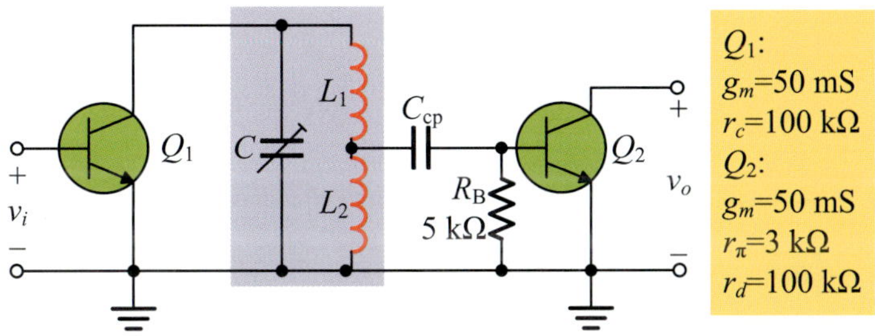

그림 P8-13

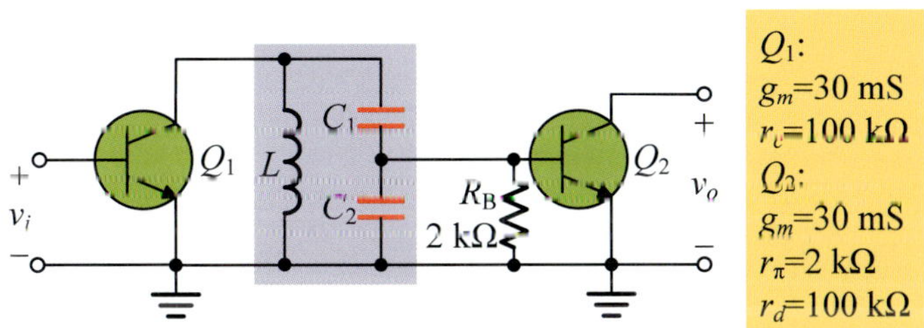

그림 P8-14

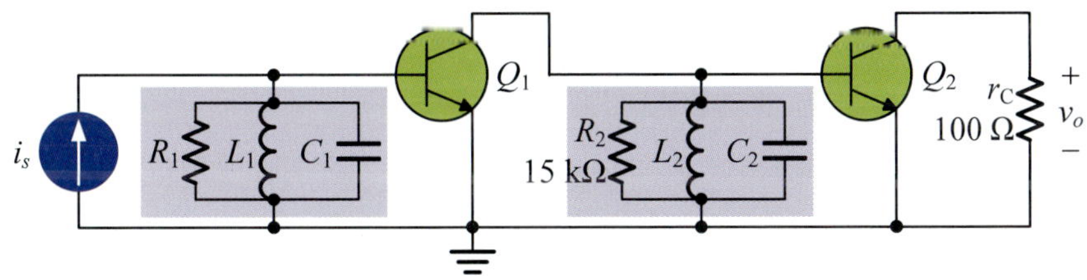

9장 전력 증폭기

실제 증폭기는 여러 단의 증폭기를 다단으로 결합하여 전체적으로 큰 이득을 얻는다. 이러한 다단 증폭기의 앞 단에 있는 증폭기들은 무선 안테나에 유기된 μV 수준의 전압이나 카세트의 헤드에 유도되는 mV 수준의 전압 등 소신호 전압을 증폭하는 소신호 증폭기이다. 소신호 증폭기에서는 신호 수준이 매우 낮기 때문에 증폭기의 전력 용량이나 전력 효율 등은 문제시되지 않는다. 그러나 여러 단을 거치면서 증폭된 신호는 이미 대신호(large signal) 차원이 되므로 다단 증폭기의 마지막 단에서는 신호의 스윙(swing)이 부하선 전체에 걸치게 된다. 이러한 대신호를 증폭하는 것을 전력 증폭기라 하며 전력 증폭기에서는 신호의 최대 스윙을 얻기 위해 동작점의 위치 선정이 매우 중요하다. 전력 증폭기의 성능을 나타내는 요소로는 증폭기의 전력 효율, 최대 전력 용량 및 부하와의 임피던스 정합 등이다. 일반적으로 소신호용 트랜지스터의 전력 정격은 1/2 watt 이하이고 전력용 트랜지스터는 전력 정격이 1/2 watt 이상이다. 전력 증폭기에서는 전력 효율이 매우 중요하다. 전력 효율이란 전원으로부터 공급된 전체 전력과 부하에 공급된 교류 전력의 비를 말하며 전력 증폭기는 전력 효율을 기준으로 한 '급(class)'으로 분류한다. 전력 증폭기의 급에는 A급, B급, AB급, C급, D급 등이 있다.

목차

9-1 RC 결합 A급 전력 증폭기

소신호 증폭기에서는 그림 9-1(a)와 같이 취급하는 신호의 진폭이 작기 때문에(동작점의 1/10 이하 수준) 증폭기의 동작점 위치 선정이 크게 문제되지 않는다. 그러나 대신호의 경우는 그림 (b)와 같이 신호의 스윙폭이 크므로 부하선을 최대로 이용하기 위해서는 Q점의 위치 선정이 중요하다. 즉 대신호의 경우 가장 유리한 Q점의 위치는 부하선의 정중앙이다. 그러나 부하선에는 직류 부하선뿐 아니라 교류 부하선도 있으며 이에 대해 먼저 알아본다.

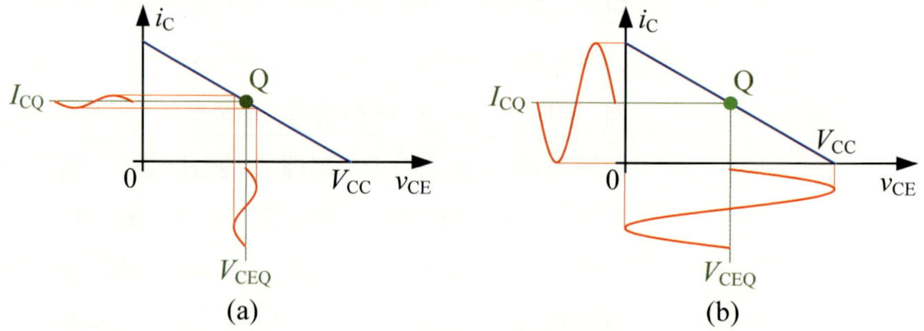

그림 9-1 부하선과 신호의 스윙폭: (a) 소신호; (b) 대신호.

부하선

그림 9-2는 RC 결합 이미터-공통 증폭기이며 하나의 트랜지스터가 교류의 전주기를 담당하는 A급 증폭기이다. 여기서 측로 커패시터와 결합 커패시터에 의해 직류가 흐르는 길과 교류가 흐르는 길이 달라지며 그림 9-3이 이를 보여준다. 즉 그림 9-2의 출력단의 직류 회로는 그림 9-3(a)와 같으며 교류 회로는 그림 (b)이다.

직류 부하선 그림 9-3(a)에서 이미터 전류와 컬렉터 전류는 거의 같으므로 직류 전류 I_C가 거치는 총 저항을 R_{DC}라 하면 다음과 같다.

$$R_{DC} = R_C + R_E \tag{9-1-1}$$

따라서 컬렉터-이미터 루프에서의 KVL로부터

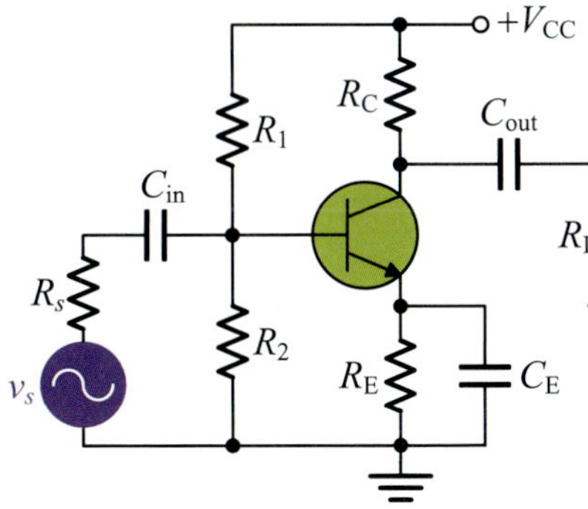

그림 9-2
RC 결합
A급 전력 증폭기.

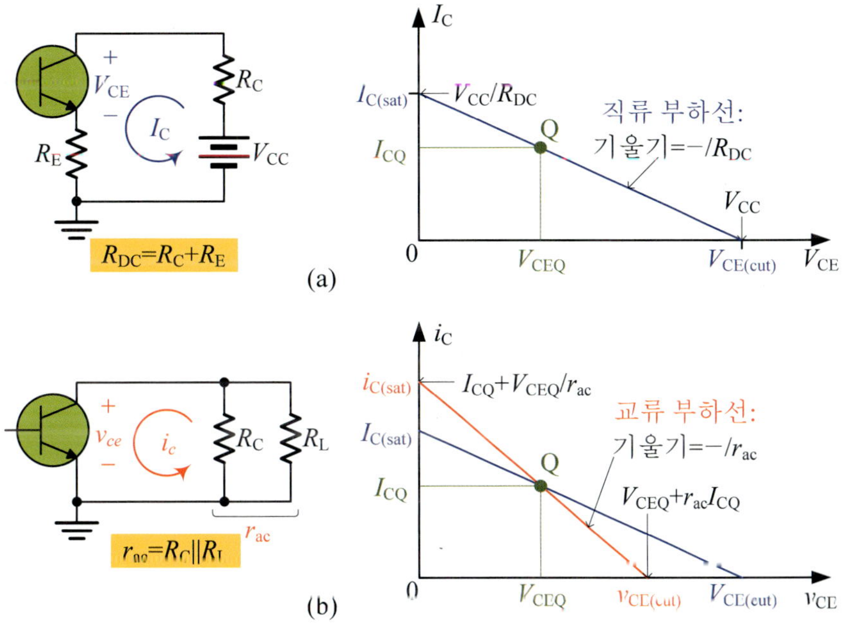

그림 9-3
그림 9-2 회로의 출력단에 대한 (a) 직류 회로와 직류 부하선; (b) 교류 회로와 교류 부하선.

$$V_{CE}+R_{DC}I_C=V_{CC} \tag{9-1-2}$$

의 관계가 있으며 이를 직류 부하 방정식이라 한다. 식 (9-1-2)에서 $V_{CE}=0$일 때 I_C는 최대가 되며 이를 직류 포화전류라 하고 $I_{C(sat)}$로 나타낸다. 즉

$$I_{C(sat)}=\frac{V_{CC}}{R_{DC}} \tag{9-1-3}$$

반면에 식 (9-1-2)에서 $I_C=0$일 때 V_{CE}는 최대가 되며 이를 직류 차단전압

이라 하고 $V_{CE(cut)}$로 나타내며

$$V_{CE(cut)} = V_{CC} \tag{9-1-4}$$

이상으로 식 (9-1-2), (9-1-3) 및 (9-1-4)를 컬렉터 특성 곡선상에서 그래프로 나타낸 것을 직류 부하선이라 하며 그림 9-3(a)의 그래프와 같다. 물론 Q점은 직류 부하선 위의 한 점으로 정해진다.

교류 부하선 그림 9-3(b)의 교류 회로에서도 이미터 및 컬렉터 교류 전류가 거의 같은 것으로 한다. 따라서 교류에 대한 총 부하를 r_{ac}라 하면

$$r_{ac} = R_C \| R_L \tag{9-1-5}$$

이며 이는 식 (9-1-1)의 직류 부하와는 다르다. 교류 회로에서는 KVL이

$$v_{ce} + r_{ac} i_c = 0 \tag{9-1-6}$$

이며 여기서

$$i_c = i_C - I_{CQ}, \quad v_{ce} = v_{CE} - V_{CEQ} \tag{9-1-7}$$

의 관계를 이용하면 식 (9-1-6)으로부터 다음의 방정식을 얻을 수 있다.

$$v_{CE} + r_{ac} i_C = V_{CEQ} + r_{ac} I_{CQ} \tag{9-1-8}$$

위의 방정식은 직류와 교류를 합한 전체 전류 i_C와 전체 전압 v_{CE}의 관계를 나타내며 이를 교류 부하 방정식이라 한다. 특히 교류 성분이 0일 때 (신호가 없을 때) 교류 부하 방정식은 $i_C=I_{CQ}$, $v_{CE}=V_{CEQ}$를 만족하므로 Q점은 반드시 교류 부하 방정식의 한 해가 될 수밖에 없다. 그리고 식 (9-1-8)에서 $v_{CE}=0$일 때 i_C는 최대가 되며 이를 교류 포화전류하고 $i_{C(sat)}$로 나타내기로 한다. 즉

$$i_{C(sat)} = I_{CQ} + \frac{V_{CEQ}}{r_{ac}} \tag{9-1-9}$$

그리고 식 (9-1-8)에서 $i_C=0$일 때 v_{CE}는 최대가 되며 이를 교류 차단전압이라 하고 $v_{CE(cut)}$로 나타내면 다음과 같다.

$$v_{CE(cut)} = V_{CEQ} + r_{ac} I_{CQ} \tag{9-1-10}$$

이상의 식 (9-1-8), (9-1-9) 및 (9-1-10)을 그림으로 표현하면 그림 9-3(b)의 그래프와 같으며 이를 **교류 부하선**이라 한다. 교류 부하선은 직류 부하선에 의해 결정되는 Q점을 반드시 통과하며 기울기는 $-1/r_{ac}$이다. 그리고 교류 부하 r_{ac}와 직류 부하 R_{DC}의 관계는

$$r_{ac}(=R_C \| R_L) < R_{DC}(=R_C+R_E) \tag{9-1-11}$$

로 항상 r_{ac}가 작기 때문에 그림 9-3(b)에서 보듯이 교류 부하선의 기울기가 더 크게 된다. 이상으로 직류 부하선과 교류 부하선의 성질을 종합하면 다음의 표 9-1과 같다.

표 9-1
부하선

	방정식	포화전류	차단전압
직류 부하선	$V_{CE}+R_{DC}I_C=V_{CC}$	$I_{C(sat)}=\dfrac{V_{CC}}{R_{DC}}$	$V_{CE(cut)}=V_{CC}$
교류 부하선	$v_{CE}+r_{ac}i_C=V_{CEQ}+r_{ac}I_{CQ}$	$i_{C(sat)}=I_{CQ}+\dfrac{V_{CEQ}}{r_{ac}}$	$v_{CE(cut)}=V_{CEQ}+r_{ac}I_{CQ}$

정중앙 Q점

Q점을 중심으로 왜곡 없이 진동할 수 있는 교류의 최대 진폭을 **스윙폭**이라 한다. 교류는 Q점을 중심으로 변하되 직류 부하선을 따라 변하는 것이 아니라 교류 부하선을 따라 변한다. 따라서 스윙폭이 최대가 되기 위해서는 Q점이 직류 부하선이 아닌 교류 부하선의 중앙에 오도록 설정해야 한다. 이를 알아보기 위해 그림 9-4를 보자. 그림 (a)는 Q점이 직류 부하선의 중앙에 위치한 경우이며 그림 (b)는 교류 부하선의 중앙에 위치한 경우이다.

그림 9-4(a)의 경우는 Q점을 중심으로 교류 부하선을 따라 진동하는 교류 전압 v_{ce}의 왜곡 없는 스윙폭은 $I_{CQ}r_{ac}(<V_{CEQ})$이며 최대가 될 수 없다. 이에 비해 그림 (b)는 Q점을 교류 부하선의 중앙인 Q′점에 오도록 조정한 것이다. 그 결과 Q′점을 중심으로 최대의 스윙폭을 얻을 수 있음을 알 수 있으며 v_{ce}의 왜곡 없는 스윙폭은 $I_{CQ}r_{ac}=V_{CEQ}$로서 최대가 된다. 이상으로 그림 9-2의 A급 증폭기의 교류 출력 전압 $v_L=v_{ce}$(그림 9-3(b) 참조)의 첨두치를 PP라 하면 그림 9-4(a)로부터 다음과 같이 결정된다.

그림 9-4
Q점의 위치와 스윙폭:
(a) 직류 부하선의 중앙;
(b) 교류 부하선의 중앙.

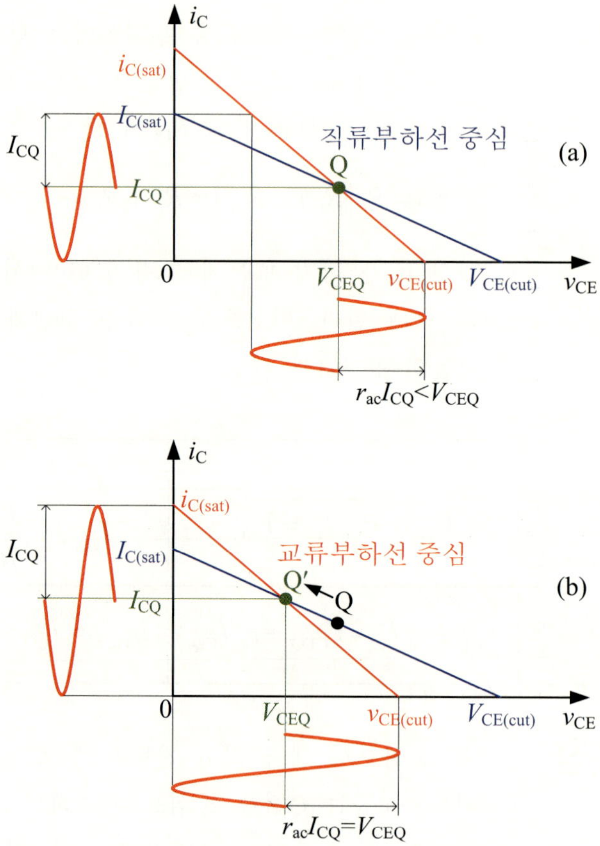

$$\mathrm{PP}=\begin{cases}2r_{ac}I_{CQ} & (V_{CEQ}>r_{ac}I_{CQ})\\ 2V_{CEQ} & (V_{CEQ}<r_{ac}I_{CQ})\end{cases} \tag{9-1-12}$$

즉 Q점이 교류 부하선의 중앙에 위치할 때 출력의 최대 PP를 얻을 수 있음을 알았으며 그 조건은 그림 9-4(b)로부터

$$r_{ac}I_{CQ}=V_{CEQ} \tag{9-1-13}$$

이다. 여기서

$$V_{CEQ}=V_{CC}-R_{DC}I_{CQ} \tag{9-1-14}$$

이므로 식 (9-1-13)과 (9-1-14)의 두 식으로부터 최대 출력 PP를 얻을 수

있는 동작점은 다음과 같이 결정된다.

$$I_{CQ} = \frac{V_{CC}}{R_{DC} + r_{ac}}, \quad V_{CEQ} = \frac{r_{ac}}{R_{DC} + r_{ac}} V_{CC} \tag{9-1-15}$$

또는

$$I_{CQ} = \frac{V_{CC}}{R_{DC} + r_{ac}}, \quad V_{CEQ} = r_{ac} I_{CQ} \tag{9-1-16}$$

예제 9-1

그림 9-5에서 (a) 직류 부하선과 교류 부하선을 그리고 출력 교류 전압의 PP를 계산하라. (b) PP가 최대가 되지 않는다면 PP가 최대가 되도록 Q점의 위치를 재조정하고 이를 위한 R_2의 값을 새로 정하라. (c) 바이어스 저항을 바꾸지 않고 부하만 바꾸어 출력의 최대 PP를 얻고자 할 때 부하는 얼마로 조정하여야 하는가? 단 β_o=100이다.

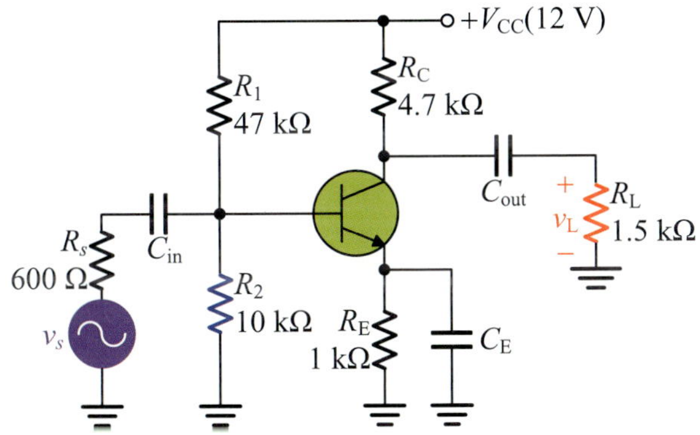

그림 9-5
예제 9-1의 그림.

풀이

(a) 베이스 바이어스 전압 V_{BB} 및 비이어스 저항 R_B는

$$V_{BB} = \frac{R_2}{R_1 + R_2} V_{CC} = \frac{10}{47+10} \times 12 = \mathbf{2.1\ V}$$

$$R_B = \frac{R_1 R_2}{R_1 + R_2} = \frac{47 \times 10}{47+10} \text{k}\Omega = \mathbf{8.25\ k\Omega}$$

따라서 Q점은 다음과 같이 정해진다.

$$I_{CQ} \cong I_{EQ} = \frac{2.1-0.7}{1+8.25/101}\text{ mA} = \mathbf{1.3\ mA}$$

$$V_{CEQ} = V_{CC} - (R_C + R_E)I_{CQ} = \mathbf{4.6\ V}$$

출력단의 직류 부하 저항, 직류 포화전류, 직류 차단전압은 각각

$$R_{DC} = R_C + R_E = \mathbf{5.7\ k\Omega}$$

$$I_{C(sat)} = \frac{V_{CC}}{R_{DC}} = \frac{12}{5.7}\text{ mA} = \mathbf{2.1\ mA}$$

$$V_{CE(cut)} = V_{CC} = \mathbf{12\ V}$$

출력단의 교류 부하 저항, 교류 포화전류, 교류 차단전압은 각각

$$r_{ac} = R_C \| R_L = \mathbf{1.14\ k\Omega}$$

$$i_{C(sat)} = I_{CQ} + \frac{V_{CEQ}}{r_{ac}} = \mathbf{5.33\ mA}$$

$$v_{CE(cut)} = V_{CEQ} + r_{ac}I_{CQ} = \mathbf{6.08\ V}$$

이상으로 직류 및 교류 부하선은 그림 9-6과 같으며 이로부터 교류 출력 전압의 PP는

$$\text{PP} = 2\times(6.08-4.6) = \mathbf{2.96\ V}$$

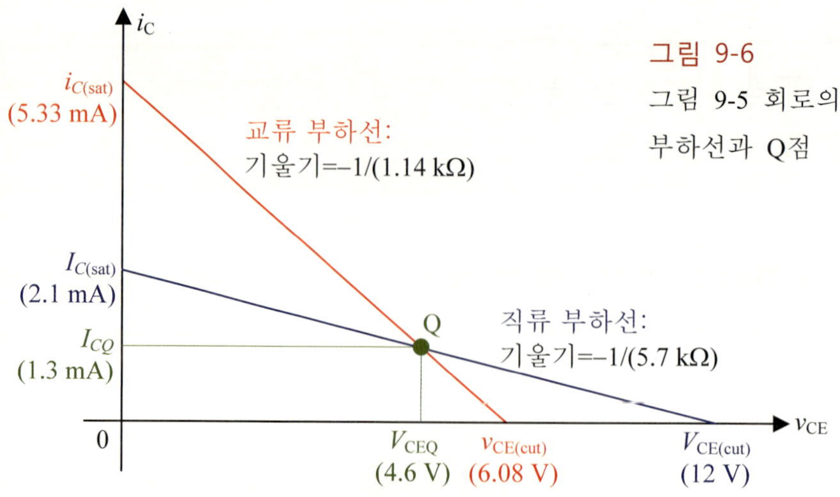

그림 9-6
그림 9-5 회로의 부하선과 Q점

(b) R_{DC}와 r_{ac}가

$$R_{DC} = 5.7\ \text{k}\Omega, \quad r_{ac} = 1.14\ \text{k}\Omega$$

이므로 새로운 컬렉터 바이어스 전류는 식 (9-1-15)로부터

$$I_{CQ} = \frac{V_{CC}}{R_{DC} + r_{ac}} = \frac{12}{5.7 + 1.14}\ \text{mA} = \mathbf{1.75\ mA} \ \ldots\ldots\text{(i)}$$

R_2의 단위를 kΩ으로 하면

$$\left.\begin{aligned} V_{BB} &= \frac{R_2}{R_1 + R_2} V_{CC} = \frac{12R_2}{47 + R_2} \\ R_B &= \frac{R_1 R_2}{R_1 + R_2} = \frac{47R_2}{47 + R_2} \end{aligned}\right\} \ldots\ldots\text{(ii)}$$

식 (ii)는 (i)을 만족해야 하므로

$$I_{CQ} = \frac{V_{BB} - 0.7}{R_E + R_B/101} = \frac{V_{BB} - 0.7}{1 + R_B/101} = 1.75$$

$$\therefore V_{BB} - 0.7 = 1.75 + \frac{1.75}{101} R_B \quad \ldots\ldots\text{(iii)}$$

식 (iii)을 (ii)에 대입하여 R_2에 대해 풀면

$$R_2 = \mathbf{13.18\ k\Omega}$$

그 결과

$$V_{CEQ} = V_{CC} - R_{DC} I_{CQ} = 12 - 5.7 \times 1.75 = \mathbf{2\ V}$$

$$r_{ac} I_{CQ} = 1.14 \times 1.75 = 2\ \text{V} = V_{CEQ}$$

$$\therefore \text{PP} = 2V_{CEQ} = \mathbf{4\ V}$$

(c) R_{DC}와 r_{ac}가

$$R_{DC} = 5.7\ \text{k}\Omega, \quad r_{ac} = R_C \| R_L = 4.7\ \text{k}\Omega \| R_L$$

이므로 다음을 만족해야 한다.

$$I_{CQ} = \frac{V_{CC}}{R_{DC} + r_{ac}} = \frac{12\ \text{V}}{5.7\ \text{k}\Omega + r_{ac}} = 1.3\ \text{mA}$$

따라서 R_L의 단위를 kΩ으로 하면

$$r_{ac} = 4.7 \| R_L = \frac{12}{1.3} - 5.7 = 3.53$$

이로부터 새로운 부하 저항은

$$\frac{4.7 R_L}{4.7 + R_L} = 3.53 \quad \therefore R_L = \mathbf{14.2\ k\Omega}$$

그 결과

$$V_{CEQ} = V_{CC} - R_{DC} I_{CQ} = 12 - 5.7 \times 1.3 = \mathbf{4.6\ V}$$

$$r_{ac} I_{CQ} = 3.53 \times 1.3 = 4.6\ \text{V} = V_{CEQ}$$

$$\therefore\ \text{PP} = 2V_{CEQ} = \mathbf{9.2\ V}$$

전력 그림 9-7과 같이 전압과 전류가 직류와 교류의 합으로 주어질 때 그 평균 전력은 직류 전력과 교류 평균전력의 중첩으로 구할 수 있다. 그림 9-7(a)에서 $v = V_{DC} + V_{(P)} \cos \omega t$, $i = I_{DC} + I_{(P)} \cos \omega t$라 하면 순시 전력 p는 다음과 같다.

$$\begin{aligned} p &= vi \\ &= (V_{DC} + V_{(P)} \cos \omega t)(I_{DC} + I_{(P)} \cos \omega t) \\ &= V_{DC} I_{DC} + V_{DC} I_{(P)} \cos \omega t + I_{DC} V_{(P)} \cos \omega t + V_{(P)} V_{(P)} \cos^2 \omega t \end{aligned}$$

위의 식에서 세 번째 등식의 두 번째 및 세 번째 항은 평균이 0이므로 순시 전력 p의 평균 전력 P는 다음과 같다.

$$P = V_{DC} I_{DC} + \frac{V_{(P)} I_{(P)}}{2} = P_{(DC)} + P_{(ac)} \qquad \textbf{(9-1-17)}$$

단

$$P_{(DC)} \equiv V_{DC} I_{DC}, \quad P_{(ac)} \equiv \frac{V_{(P)} I_{(P)}}{2} \qquad \textbf{(9-1-18)}$$

이며 각각 직류 전류와 교류 평균전력을 의미한다. 이상으로 직류와 단일 교류의 합으로 된 신호의 전력은 직류 전력과 교류 평균전력을 따로 구하여 중첩시키면 된다. 그리고 그림 9-7(b)의 경우와 같이 교류 전압과 전류의 위상이 180°일 경우는 다음과 같음을 쉽게 알 수 있다.

$$P = V_{DC} I_{DC} - \frac{V_{(P)} I_{(P)}}{2} = P_{(DC)} + P_{(ac)} \qquad \textbf{(9-1-19)}$$

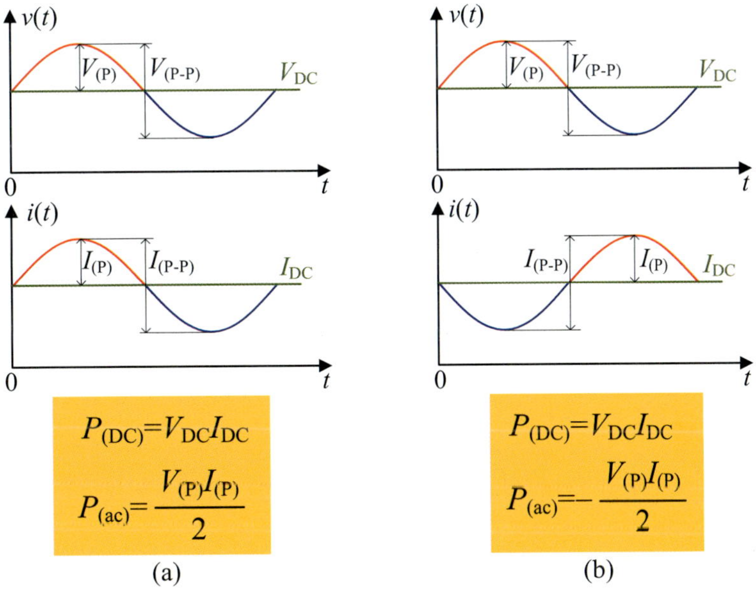

그림 9-7 직류와 교류의 합에 대한 전력 중첩.

이상의 전력 중첩 관계를 이용하면 그림 9-2의 A급 전력 증폭기에 대한 전력 관계를 그림 9-8로부터 쉽게 구할 수 있다(그림 9-3 참조). 그림 9-8(a)의 직류 회로로부터 트랜지스터에 의해 소비되는 직류 전력 $P_{T(DC)}$는 $P_{T(DC)}=V_{CEQ}I_{CQ}$이다. 그리고 그림 9-8(b)의 교류 회로에서 교류 전압 v_{ce}와 전류 i_c의 관계는 $v_{ce}=-r_{ac}i_c$이므로 그림 9-7(b)에 해당한다. 따라서 트랜지스터에 의해 소비되는 교류 평균전력 $P_{T(ac)}$는 $P_{T(ac)}=-V_{CE(P)}I_{C(P)}/2$이다. 이상으로 트랜지스터 전체 소비전력 P_T는 다음과 같다.

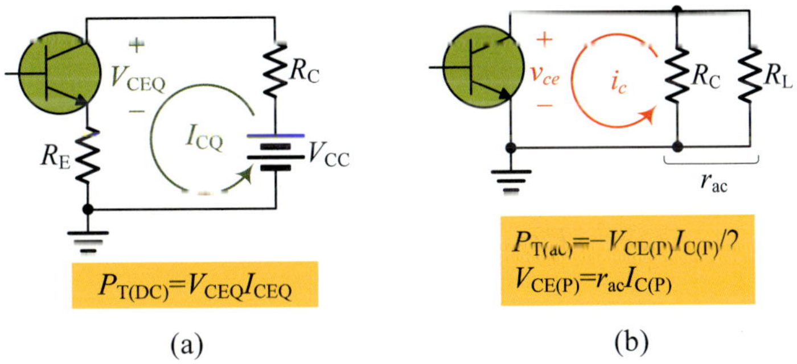

그림 9-8 RC 결합 A급 전력 증폭기의 트랜지스터 소비전력; (a) 직류 전력; (b) 교류 전력.

$$P_{\mathrm{T}} = P_{\mathrm{T(DC)}} + P_{\mathrm{T(ac)}} = V_{\mathrm{CEQ}} I_{\mathrm{CQ}} - \frac{V_{\mathrm{CE(P)}} I_{\mathrm{C(P)}}}{2} \tag{9-1-20}$$

여기서 $V_{\mathrm{CE(p)}} = r_{\mathrm{ac}} I_{\mathrm{C(p)}}$이므로

$$P_{\mathrm{T}} = V_{\mathrm{CEQ}} I_{\mathrm{CQ}} - \frac{V_{\mathrm{CE(P)}}^2}{2r_{\mathrm{ac}}} \tag{9-1-21}$$

그리고 결합 커패시터에 의해 부하에는 직류 전류가 흐르지 않으므로 부하에 공급되는 전력은 교류 전력뿐이다. 따라서 그림 9-8(b)에서 $v_{ce} = v_{\mathrm{L}}$이므로 부하 평균전력 P_{L}은 다음과 같다.

$$P_{\mathrm{L}} = \frac{V_{\mathrm{CE(P)}}^2}{2R_{\mathrm{L}}} \tag{9-1-22}$$

교류 평균전력을 나타내는 데는 진폭 $V_{\mathrm{(P)}}$, $I_{\mathrm{(P)}}$ 뿐 아니라 첨두치인 $V_{\mathrm{(P\text{-}P)}}$, $I_{\mathrm{(P\text{-}P)}}$를 이용하거나 또는 실효치 $V_{\mathrm{(rms)}}$, $I_{\mathrm{(rms)}}$를 이용하여 표현하기도 한다. 이들 관계는 다음과 같다.

$$P_{\mathrm{(ac)}} = \frac{V_{\mathrm{CE(P)}} I_{\mathrm{C(P)}}}{2} = \frac{V_{\mathrm{CE(P\text{-}P)}} I_{\mathrm{C(P\text{-}P)}}}{8} = V_{\mathrm{CE(rms)}} I_{\mathrm{C(rms)}} \tag{9-1-23}$$

RC결합 A급 전력 증폭기

A급 전력 증폭기는 하나의 트랜지스터로써 교류의 전주기를 담당하므로 트랜지스터는 도통각(conduction angle)이 360°가 된다. 그림 9-9는 A급으로 동작하는 RC 결합 증폭기의 전류 관계를 보여주며 이로부터 증폭기의 특성에 대해 알아본다.

전원 공급전력 그림 9-9에서 전원 V_{CC}로부터 증폭기 전체에 공급되는 전력에 대해 알아보자. 전류 I_1은 V_{CC}로부터 분배기 저항 R_1과 R_2에 공급되는 전류이며 베이스에 흐르는 전류를 무시하면

$$I_1 \cong \frac{V_{\mathrm{CC}}}{R_1 + R_2} \tag{9-1-24}$$

이다. 그리고 전류 i_{CC}는 V_{CC}로부터 트랜지스터의 컬렉터 회로로 공급되는 총 전류이며 그 평균치는 I_{CQ}이다. 따라서 V_{CC}에 의해 증폭기에 공급되는 전체 평균 전류 I_{DC}는 다음과 같다.

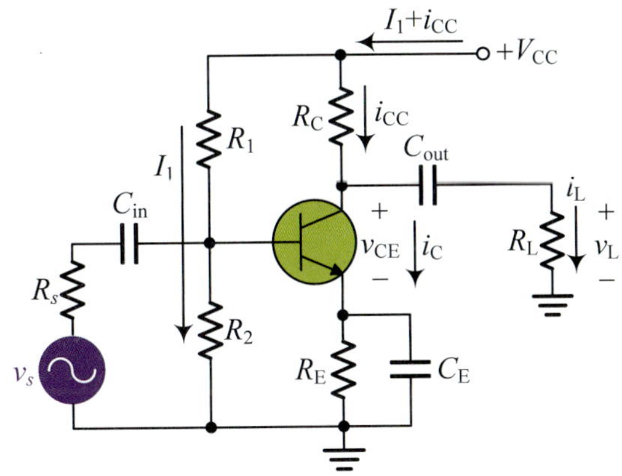

그림 9-9
RC 결합 A급
전력 증폭기의 전류.

$$I_{DC} = I_1 + I_{CQ} = \frac{V_{CC}}{R_1 + R_2} + I_{CQ} \tag{9-1-25}$$

이상으로 전원 공급전력은 다음과 같다.

$$P_S = V_{CC} I_{DC} = V_{CC}\left(\frac{V_{CC}}{R_1 + R_2} + I_{CQ}\right) \tag{9-1-26}$$

부하 소비전력 부하 소비전력은 식 (9-1-22)와 (9-1-23)으로부터

$$P_L = \frac{V_{CE(P)}^2}{2R_L} = \frac{V_{CE(P\text{-}P)}^2}{8R_L} \tag{9-1-27}$$

출력 PP는 식 (9-1-14)로 주어지며 이 때 부하 소비전력이 최대가 되므로

$$(P_L)_{max} = \frac{\mathrm{PP}^2}{8R_L} \tag{9-1-28}$$

트랜지스터 소비전력 트랜지스터 소비전력은 식 (9-1-21)로부터

$$P_T = V_{CEQ} I_{CQ} - \frac{V_{CE(P)}^2}{2r_{ac}} = V_{CEQ} I_{CQ} - \frac{V_{CE(P\text{-}P)}^2}{8r_{ac}} \tag{9-1-29}$$

따라서 증폭기를 구동하는 교류가 없을 때 트랜지스터의 소비전력이 최

대가 됨을 알 수 있으며 이 때의 최대 소비전력은

$$(P_T)_{max} = V_{CEQ}I_{CQ} \quad \textbf{(9-1-30)}$$

전력 효율 전원으로부터 공급되는 전력이 얼마나 많이 부하 전력으로 전달되었는가를 나타내는 전력 효율은 다음과 같이 정의된다.

$$\eta = \frac{(P_L)_{max}}{P_S} \times 100\,\% \quad \textbf{(9-1-31)}$$

예를 들어 $(P_L)_{max}$=50 mW이고 P_S=500 mW일 경우 증폭기의 효율은 10%이며 이는 전원 공급전력의 10%만 부하전력으로 전달된다는 것을 의미한다. 그리고 공급전력 중 나머지 90%는 부하 이외의 트랜지스터나 바이어스 저항 등에 의해 소비된 것이다.

성능 지수 부하의 최대 소비전력에 대한 트랜지스터의 최대 소비전력의 비를 성능 지수(performance index)라 하며 다음과 같이 정의된다.

$$\text{성능 지수} = \frac{(P_T)_{max}}{(P_L)_{max}} \quad \textbf{(9-1-32)}$$

따라서 성능 지수가 작을수록 효율적인 증폭기이다. RC 결합 A급 전력 증폭기의 성능 지수는 식 (9-1-28)과 (9-1-30)으로부터 다음과 같다.

$$\frac{(P_T)_{max}}{(P_L)_{max}} = \frac{V_{CEQ}I_{CQ}}{\text{PP}^2/8r_{ac}} \quad \textbf{(9-1-33)}$$

따라서 PP가 최대일 때 성능 지수는 가장 낮으며 $V_{CEQ}=r_{ac}I_{CQ}$일 때 PP가 최대이므로 다음의 관계를 구할 수 있다.

$$\frac{(P_T)_{max}}{(P_L)_{max}} > \frac{2R_L}{r_{ac}} > 2 \quad \textbf{(9-1-34)}$$

여기서 $r_{ac}=R_C \| R_L < R_L$이므로 RC 결합 A급 전력 증폭기의 성능 지수는 항상 2보다 크게 되는 것이다.

예제 9-2

예제 9-1의 그림 9-5 증폭기에서 전원 공급전력 P_S, 부하의 최대 소비전력 $(P_L)_{max}$, 트랜지스터의 최대 소비전력 $(P_T)_{max}$, 전력 효율 및 성능 지수를 구하라.

풀이 그림 9-5의 부하선인 그림 9-6으로부터

$$I_{CQ} = 1.3\ \text{mA},$$
$$V_{CEQ} = 4.6\ \text{V},$$
$$\text{PP} = 2.96\ \text{V}$$

그리고 전압 분배기 저항에 흐르는 전류와 V_{CC}로부터 공급되는 평균 전류는

$$I_1 = \frac{V_{CC}}{R_1 + R_2} = \frac{12}{57}\ \text{mA} = \mathbf{0.21\ mA}$$

$$I_{DC} = I_1 + I_{CQ} = 0.21\ \text{mA} + 1.3\ \text{mA} = \mathbf{1.51\ mA}$$

이상으로 전력 관계는 다음과 같다.

$$P_S = V_{CC} I_{DC} = 12 \times 1.51\ \text{mW} = \mathbf{18\ mW}$$
$$(P_L)_{max} = \frac{\text{PP}^2}{8R_L} = \frac{2.96^2}{8 \times 1.5}\ \text{mW} = \mathbf{730\ \mu W}$$
$$(P_T)_{max} = V_{CEQ} I_{CQ} = 4.6 \times 1.3\text{mW} = \mathbf{5.98\ mW}$$

따라서 전력 효율과 성능 지수는 각각 다음과 같다.

$$\eta = \frac{(P_L)_{max}}{P_S} = \frac{0.73}{18} = \mathbf{4.1\%}$$
$$\frac{(P_T)_{max}}{(P_L)_{max}} = \frac{5.98}{0.73} = \mathbf{8.2}$$

9-2 변압기 결합 A급 전력 증폭기

인덕터 결합 A급 전력 증폭기

그림 9-10(a)는 RC 결합 A급 전력 증폭기에서 컬렉터 저항 R_C 대신 리액턴스가 충분히 큰 RFC를 사용한 인덕터 결합 A급 증폭기이다. 이 회로의 동작 주파수에서는 RFC의 리액턴스는 상대적으로 무한대로 간주하여 교류에 대해서는 개방 회로와 같다. 이와 반대로 RFC의 직류 저항은 0으로 보고 직류에 대해서는 단락 회로로 간주한다. 그 결과 그림 (a)의 출력단에 대한 직류 및 교류 회로는 각각 그림 (b), (c)와 같아진다. 이 두 그림으로부터

$$R_{DC} = R_E, \quad r_{ac} = R_L \tag{9-2-1}$$

따라서 그림 9-10(a)의 모든 특성은 RC 결합 A급 전력 증폭기의 R_{DC}와 r_{ac}에 식 (9-2-1)을 대입하기만 하면 쉽게 해석된다.

그림 9-10에서 이미터 저항 R_E는 Q점을 안정화시켜 주는 것이 목적이며 이 목적을 이룸과 동시에 R_E에 의한 바이어스 회로의 전력 손실을 최소화하기 위해 가능한 R_E를 작게 한다. 따라서 직류 부하선은 그림 9-11(a)와 같이 거의 수직선에 가까운 형태가 된다. 그리고 식 (9-2-1)로부터 교류 포화전류와 교류 차단전압은 각각 다음과 같다.

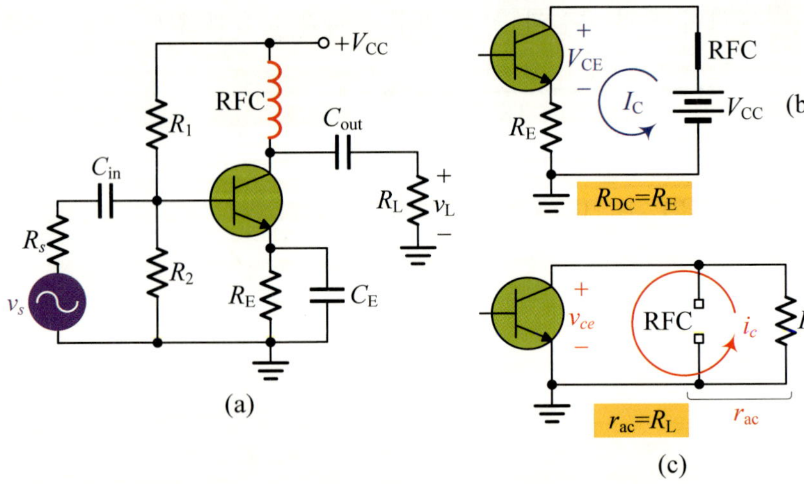

그림 9-10 인덕터 결합 A급 전력 증폭기: (a) 전체 회로; (b) 출력단 직류 회로; (c) 출력단 교류 회로.

$$\left.\begin{aligned} i_{C(sat)} &= I_{CQ} + \frac{V_{CEQ}}{r_{ac}} = I_{CQ} + \frac{V_{CEQ}}{R_L} \\ v_{CE(cut)} &= V_{CEQ} + r_{ac} I_{CQ} = V_{CEQ} + R_L I_{CQ} \end{aligned}\right\} \quad \textbf{(9-2-2)}$$

그림 9-10(a) 회로의 Q점이 교류 부하선의 정중앙에 위치하기 위해서는 식 (9-1-16)에 식 (9-2-1)을 대입하여 다음과 같이 구할 수 있다.

$$I_{CQ} = \frac{V_{CC}}{R_E + R_L}, \quad V_{CEQ} = \frac{R_L}{R_E + R_L} V_{CC} \quad \textbf{(9-2-3)}$$

여기서 만일 $R_E << R_L$의 조건을 만족한다고 가정하면 위의 식으로부터 Q점은 다음과 같이 근사화할 수 있다.

$$I_{CQ} \cong \frac{V_{CC}}{R_E + R_L}, \quad V_{CEQ} \cong V_{CC} \quad \textbf{(9-2-4)}$$

따라서 그림 9-10(a)의 부하선인 그림 9-11(a)는 $R_E << R_L$의 조건에서는 그림 (b)와 같이 근사화할 수 있다. 그림 (b)에서 특이한 점은 공급된 전원은 V_{CC}이지만 교류 차단전압은 거의 $2V_{CC}$까지 나올 수 있다는 것이며 이는 그림 9-12로 설명할 수 있다.

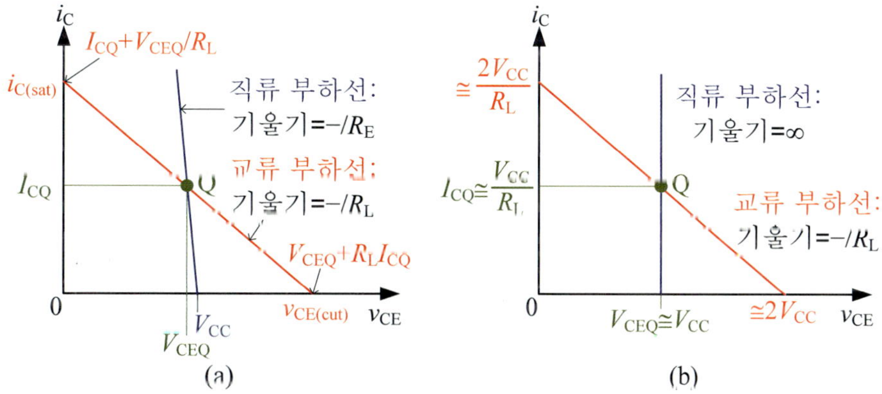

그림 9-11
그림 9-10 회로의 (a) 부하선; (b) 근사적인 부하선.

그림 9-12(a)는 교류가 증폭기를 구동하지 않는 상태(v_s=0)에서의 출력단 회로이며 RFC 양단의 직류 전압은 0이고 부하 R_L의 양단 전압도 0이다. 따라서 v_s=0일 때 커패시터 C_{out}은 그림에서 표시된 전압 극성으로 $+V_{CC}$까지 충전되어 있다. 이제 교류의 음의 반주기 동안에는 그림 (b)와

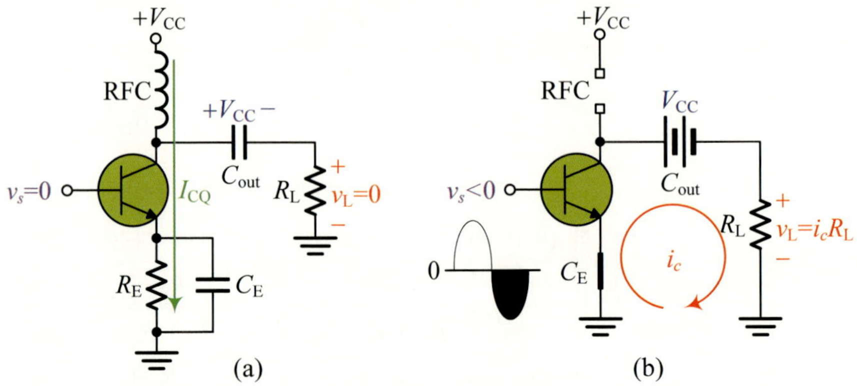

그림 9-12
그림 9-10(a) 출력단의 등가회로: (a) v_s=0일 때; (b) v_s<0일 때 (음의 반주기).

같이 컬렉터 교류 전류 i_c는 그림에서 표시된 방향으로 흐르며 $+V_{CC}$까지 충전되어 있던 C_{out}은 직류 전압원으로 행세한다. 따라서 컬렉터-이미터 전압 v_{CE}는

$$v_{CE}=V_{CC}+R_Li_c \tag{9-2-5}$$

로 주어지며 i_c의 최대 진폭은 그림 9-11(b)로부터 $(i_c)_{max}=I_{CQ}\cong V_{CC}/R_L$이다. 따라서 v_{CE}의 최대치인 $v_{CE(cut)}$는 식 (9-2-5)로부터

$$v_{CE(cut)}=V_{CC}+R_LI_{CQ}\cong 2V_{CC} \tag{9-2-6}$$

이상으로 그림 9-10(a)의 인덕터 결합 A급 전력 증폭기에서 R_E<<R_L일 때 Q점 및 교류 출력 전압의 PP는 그림 9-11(b)로부터 다음과 같이 주어진다.

$$I_{CQ}\cong\frac{V_{CC}}{R_L},\quad V_{CEQ}\cong V_{CC},\quad \mathrm{PP}\cong 2V_{CC} \tag{9-2-7}$$

인덕터 결합 A급 전력 증폭기는 RC 결합 A급 전력 증폭기에 비해 전력 효율이 높은 이점이 있지만 트랜지스터의 컬렉터-이미터 전압이 최대 $2V_{CC}$까지 인가될 수 있다는 약점이 있다.

변압기 결합 A급 전력 증폭기

그림 9-10(a)의 인덕터 결합 A급 증폭기의 직류 부하선이 그림 9-11(b)와 같이 거의 수직인 형태가 되기 위해서는 R_L>>R_E을 만족하여야 한다. 그러나 전력 증폭기의 실제 부하는 저항이 매우 낮은 경우가 많기 때문에 R_L>>R_E의 조건을 만족시키기 어렵다. 인덕터 결합의 이러한 문제점을 해

결하는 것이 그림 9-13(a)의 변압기 결합 전력 증폭기이다. 그림 9-13의 (b)와 (c)는 그림 (a)의 출력단 직류 회로 및 교류 회로이다. 그림 (b)의 직류 회로에서는 변압기 일차 코일의 직류 저항을 무시하고 그림 (c)의 교류 회로에서는 임피던스 변환을 이용하면 직류 부하 저항 R_{DC}와 교류 부하 저항 r_{ac}는 각각 다음과 같음을 알 수 있다.

$$R_{DC} = R_E, \quad r_{ac} = R_L' = N^2 R_L \tag{9-2-8}$$

즉 변압기의 권선비 N을 적절히 조정하여 교류 부하 저항이 $R_L' >> R_E$를 만족시킬 수 있다. 이상으로 변성기 결합 전력 증폭기의 특성은 인덕터 결합 전력 증폭기의 특성에서 R_L 대신 R_L'를 대입하여 구할 수 있다. 여기서 한 가지 유의할 점은 변압기가 이상적일 경우 변압기의 일차측에 전달된 전력은 손실 없이 모두 이차측으로 전달된다는 점이다. 이를 증명하기 위해 그림 9-14에서 일차측에 전달된 전력 P_L'와 이차측에 전달된 전력 P_L의 관계를 구해보면

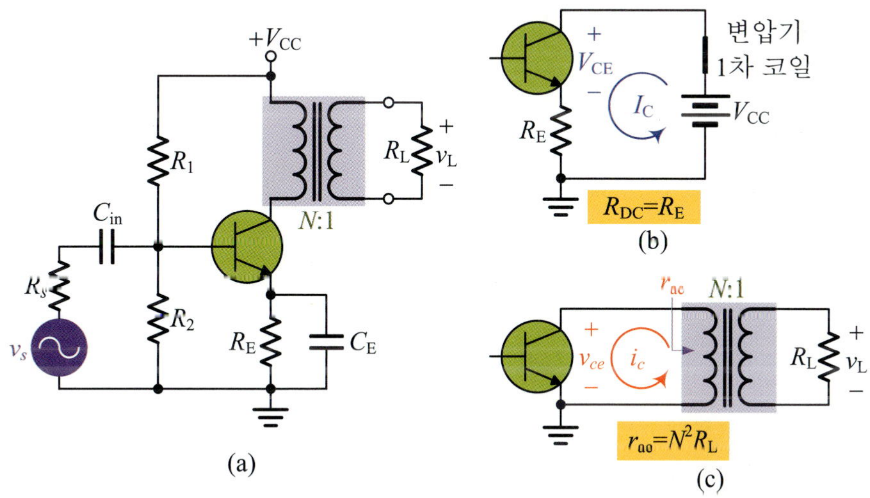

그림 9-13
변압기 결합 A급 전력 증폭기: (a) 전체 회로; (b) 출력단 직류회로; (c) 출력단 교류회로.

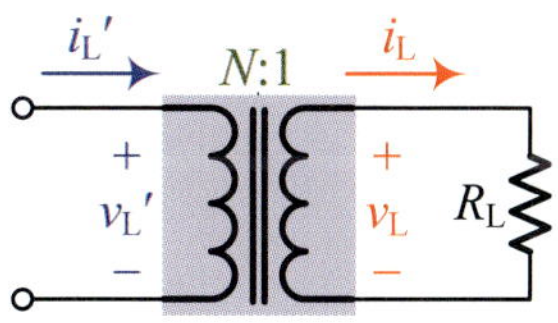

그림 9-14
변압기의 전력 관계

$$P_L' = v_L' i_L' = (N v_L)\left(\frac{i_L}{N}\right) = v_L i_L = P_L \quad \textbf{(9-2-9)}$$

즉 일차측 전력과 이차측에 전달된 전력은 같다. 변압기 결합 전력 증폭기는 증폭기의 출력단과 부하를 변압기를 통해 결합하므로 부하에 직류 전류가 흐르지 않는다. 따라서 부하의 직류 소비전력을 없앨 수 있을 뿐 아니라 변압기의 권선비를 조절하여 그림 9-11(b)에 가까운 부하선을 얻을 수 있다.

예제 9-3

그림 9-13(a)의 증폭기에서 베이스 바이어스 전류가 I_{BQ}=6mA가 되도록 저항 R_1, R_2 및 R_E를 정했다고 하고 이미터 저항 R_E는 충분히 작다고 가정한다. V_{CC}=10 V, R_L=5 Ω, β_o=25, N=4로 할 때 부하에 전달되는 최대 전력을 구하라.

풀이 Q점을 구하면

$$I_{CQ} = \beta_o I_{BQ} = 25 \times 6\text{ mA} = \mathbf{150\ mA}$$
$$V_{CEQ} \cong V_{CC} = \mathbf{10\ V}$$

반사된 임피던스가

$$R_L' = N^2 R_L = 4^2 \times 5\,\Omega = \mathbf{80\ \Omega}$$

따라서 교류 포화전류와 교류 차단전압은 각각 다음과 같다.

$$i_{C(sat)} = I_{CQ} + \frac{V_{CEQ}}{r_{ac}} = I_{CQ} + \frac{V_{CEQ}}{R_L'} = 150\text{ mA} + \frac{10\text{ V}}{80\,\Omega} = \mathbf{275\ mA}$$
$$v_{CE(cut)} = V_{CEQ} + r_{ac} I_{CQ} = V_{CEQ} + R_L' I_{CQ} = 10\text{ V} + 80\,\Omega \times 150\text{ mA} = 22\text{ V} \cong \mathbf{20\ V}$$

이상으로 부하선은 그림 9-15와 같으며 출력 v_L'의 PP는

$$\text{PP} \cong 2 \times 10\text{ V} = \mathbf{20\ V}$$

따라서 부하에 전달될 수 있는 최대 전력은 다음과 같다.

$$(P_L)_{max} = \frac{\text{PP}^2}{8R_L'} = \frac{20^2}{8 \times 80}\text{ W} = \mathbf{625\ mW}$$

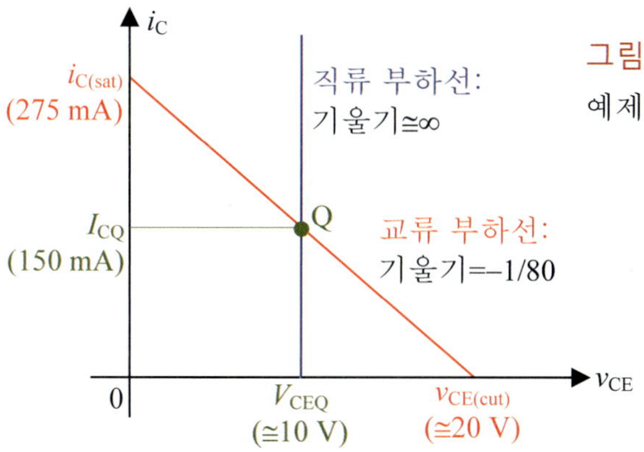

그림 9-15
예제 8-3의 부하선.

이상으로 A급 전력 증폭기에 대해 알아보았다. A급 증폭기는 교류의 전주기에 걸쳐 증폭이 가능하므로 선형 회로에서 트랜지스터를 동작시키는데 가장 많이 사용된다. 그러나 트랜지스터의 동작 효율면에서는 A급 증폭기가 가장 우수한 것은 아니다.

9-3 B급 및 AB급 푸시-풀 증폭기

B급 푸시-풀

트랜지스터 동작에 있어서 Q점을 직류 부하선과 교류 부하선의 차단점에 위치하게 하면 교류에 의해 트랜지스터가 구동되지 않는 동안이거나 또는 교류의 음의 반주기 동안에는 트랜지스터가 차단 상태에 있게 된다. 그리고 트랜지스터는 양의 반주기 동안에만 활성 영역에서 동작하게 되며 이러한 동작 방식을 **B급**이라 한다. B급 동작에서는 교류 사이클 중 180° 동안에만 트랜지스터가 도통되므로 도통각은 180°가 된다.

그림 9-16(a)는 B급으로 동작하는 가장 간단한 회로이며 제로 바이어스 상태이므로 양의 반주기 중에서도 0.7 V 이상에서만 트랜지스터가 도통된다. 따라서 B급 동작으로 전주기에 대한 출력을 얻기 위해서는 그림 9-16(b)와 같이 서로 반대의 반주기 동안에 분리되어 동작하는 두 개의 트랜지스터가 필요하다. 그림 9-16(b)에서 *npn* 트랜지스터인 Q_1과 *pnp* 트랜지스터인 Q_2는 모두 제로 바이어스 상태이다. 따라서 양의 반주기 동안

그림 9-16
(a) B급 증폭기;
(b) B급 푸시-풀 동작.

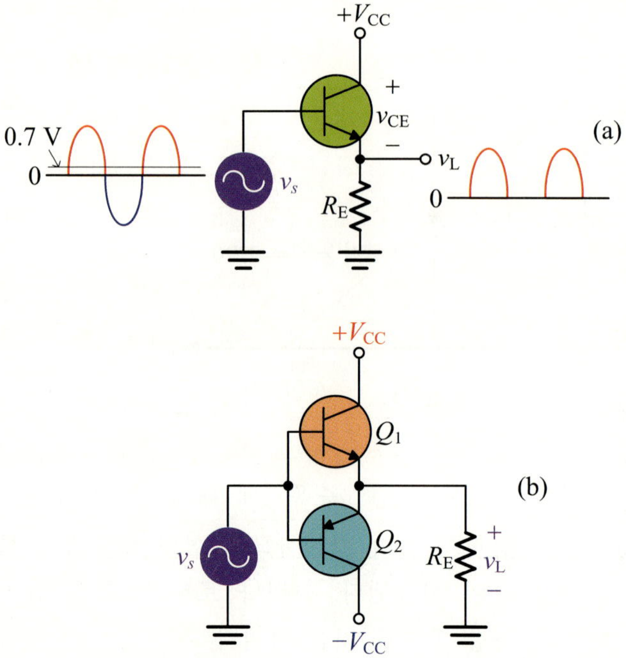

에는 Q_1만 도통하고 Q_2는 차단되며, 음의 반주기 동안에는 이와 반대로 Q_2만 도통하고 Q_1은 차단된다. 따라서 두 트랜지스터가 반주기씩 분담하여 출력시켜주며 이러한 방식을 푸시-풀(push-pull) 동작이라 한다. 그림 9-16(b)의 구체적인 동작 원리를 보여주는 것이 그림 9-17이다.

그림 9-17의 (a)는 양의 반주기 동안의 동작이며 그림 (b)는 음의 반주기 동안의 동작이다. 양의 반주기인 그림 (a)에서는 *npn* 트랜지스터 Q_1이 도통되고 *pnp* 트랜지스터 Q_2는 차단되므로 그림에서 보는 바와 같이 소스(source)인 $+V_{CC}$로부터 부하 전류가 공급된다(push). 반면에 음의 반주기 동안인 그림 (b)에서는 *npn* 트랜지스터 Q_1은 차단되고 *pnp* 트랜지스터 Q_2만 도통되므로 그림에서 보는 바와 같이 싱크(sink)인 $-V_{CC}$로부터 부하 전류가 공급된다(pull). B급 푸시-풀 증폭기에서는 입력 전압이 ±0.7 V 이내일 때는 Q_1과 Q_2 모두 차단 상태이다. 따라서 이 기간 동안은 (c)에 표시된 바와 같이 출력이 나타나지 않으며 이 왜곡은 교류가 영점을 교차하는 부근에서 발생하므로 교차(crossover) 왜곡이라 한다. 교차 왜곡을 없애는 방법에 대해서는 조금 뒤에 설명한다.

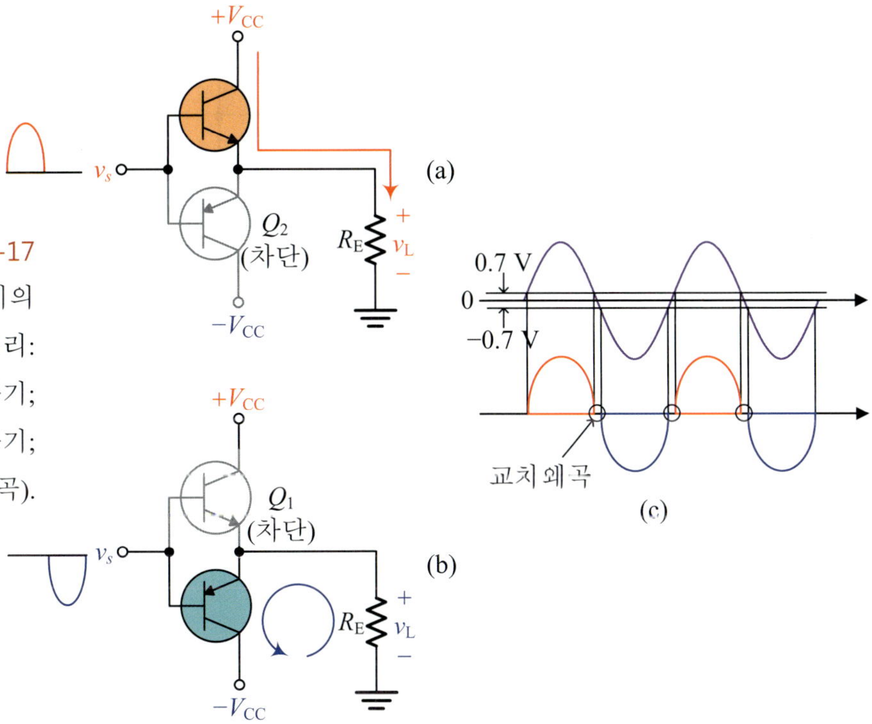

그림 9-17
B급 푸시-풀 증폭기의 동작 원리:
(a) 양의 반주기;
(b) 음의 반주기;
(c) 파형(교차왜곡).

변압기 결합 B급 푸시-풀

그림 9-18(a)는 입력단과 출력단이 모두 변압기로 결합되는 변압기 결합 푸시-풀 증폭기이며 제로 바이어스인 B급으로 동작한다. 각각의 트랜지스터에 대한 부하선을 알아보기 위해 양의 반주기에 대한 등가회로를 보면 그림 8-18(b)와 같다. 양의 반주기 동안에는 Q_1만 도통되므로 그림 8-18(b)의 상태와 같으며 일차 코일 양단 전압 v_L'는 그림에 표시된 극성으로 나타난다 따라서 코일의 권선 방향에 의해(변압기의 점표식을 참고할 것) 부하 전압 v_L은 v_L'와 극성이 반대가 되어 양의 전압으로 나타난다. 물론 음의 반주기 동안에는 이와 반대가 된다.

그림 9-18(b)에서 일차 코일의 직류 저항을 무시하면 직류 및 교류 부하 저항은 다음과 같다.

$$R_{DC} = 0, \quad r_{ac} = R_L' = N^2 R_L \tag{9-3-1}$$

그리고 제로 바이어스에 의해 Q점은 다음과 같음을 알 수 있다.

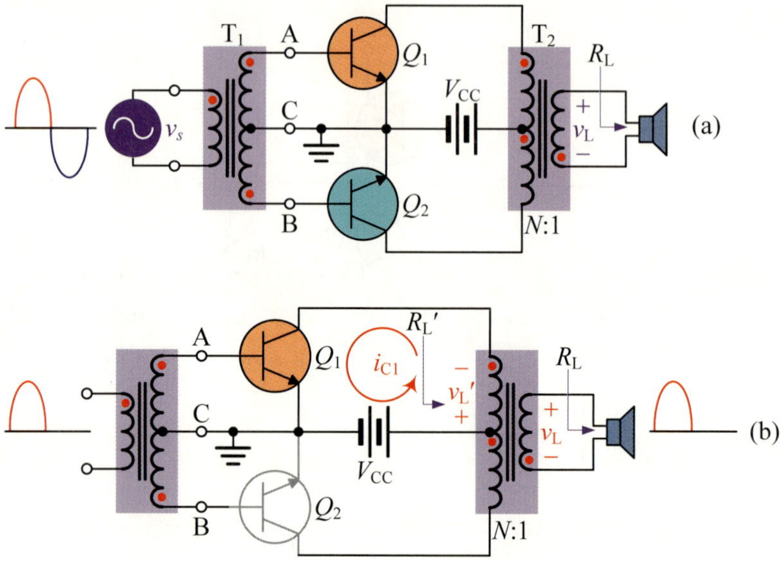

그림 9-18 변압기 결합 푸시-풀 증폭기: (a) 전체 회로; (b) 절반 회로.

$$I_{CQ} = 0, \quad V_{CEQ} = V_{CC}, \quad PP' = 2V_{CC} \ (PP = PP'/N) \qquad \textbf{(9-3-2)}$$

단 PP′는 변압기 T_2의 일차측 전압 v_L'의 첨두치이며 PP는 이차측의 부하 전압 v_L의 첨두치이다. 이상 위의 두 식으로부터 부하선은 그림 9-19(a)와 같으며 교류 부하선에서 특이한 부분은 (B) 영역이다. (B) 부분은 트랜지스터 Q_1이 차단된 상태에 대한 부하선이며 그 이유는 그림 9-19(b)가 설명해 준다.

그림 9-19(b)에서 Q_2의 컬렉터 전류 i_{C2}에 의해 유도되는 일차측 전압 v_L'에 의해 이차측인 부하측에서는 그림에서 표시된 극성으로 $v_L=v_L'/N$가 유도되며 이는 다시 Q_1의 컬렉터에 있는 일차 코일에 v_L'로 유도된다. 따라서 Q_1의 컬렉터-이미터 전압은 $v_{CE1}=V_{CC}+v_L'$가 된다. 그리고 $0 \le v_L' \le V_{CC}$이므로

$$V_{CC} < v_{CE1} < 2V_{CC} \qquad \textbf{(9-3-3)}$$

물론 위의 식은 Q_1이 차단된 때이므로 $i_{C1}=0$이 되어 그림 9-19(a)의 (B) 부분과 같다. 이상을 바탕으로 그림 9-18(a)의 변압기 결합 푸시-풀 증폭기의 특성에 대해 알아보자.

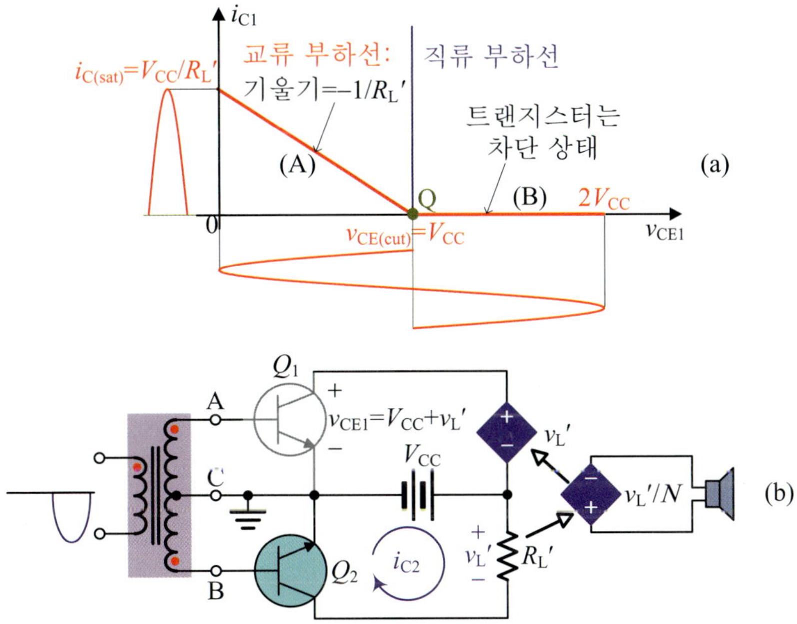

그림 9-19
그림 9-18 회로의
(a) 부하선과
(b) 음의 반주기
동안의 등가회로.

전원 공급 전력 Q_1과 Q_2는 각각 반주기 씩 분담하여 처리하므로 전원 V_{CC}로부터 공급되는 전류 i_C의 파형은 그림 9-20과 같이 전파 정류된 맥류와 같다. 따라서 전원 공급전력 P_S는 다음과 같다.

$$P_S = V_{CC} I_{DC} = \frac{2V_{CC} I_{C(P)}}{\pi} \tag{9-3-4}$$

그리고 $I_{C(P)}$의 최대값은 그림 9-19(a)의 교류 부하선에서 $i_{C(sat)}=V_{CC}/R_L'$에 해당하므로 P_S의 최대값은 다음과 같이 주어진다.

$$(P_S)_{max} = \frac{2V_{CC} i_{C(sat)}}{\pi} - \frac{2}{\pi}\left(\frac{V_{CC}^2}{R_L'}\right) \tag{9-3-5}$$

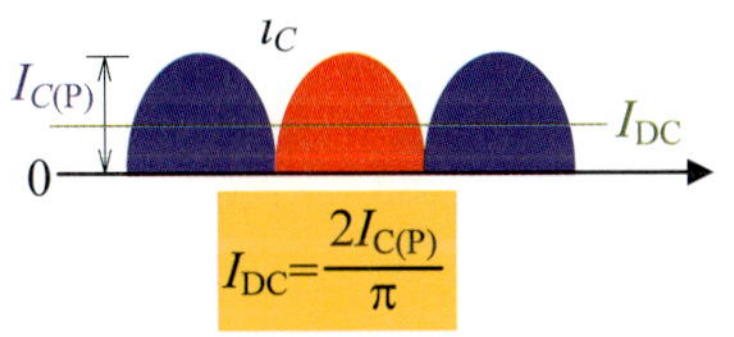

그림 9-20
그림 9-18(a)에서 전원으로부터 공급되는 전류의 파형.

부하 소비 전력 출력 변압기 T_2의 일차측에 전달된 전력은 이차측의 부하 전력과 같으므로 부하 소비전력은 다음과 같다.

$$P_L = \frac{I_{C(P)}^2 R_L'}{2} \tag{9-3-6}$$

그리고 $I_{C(P)}$의 최대값은 $i_{C(sat)}=V_{CC}/R_L'$이므로 부하의 최대 소비전력은

$$(P_L)_{max} = \frac{V_{CC}^2}{2R_L'} \tag{9-3-7}$$

전력 효율 전력 효율은 식 (9-3-4)와 (9-3-7)로부터 다음과 같다.

$$\eta = \frac{(P_L)_{max}}{P_S} = \frac{V_{CC}^2/(2R_L')}{2V_{CC}I_{C(P)}/\pi} = \frac{\pi}{4}\left(\frac{V_{CC}/R_L'}{I_{C(P)}}\right) \tag{9-3-8}$$

여기서 $I_{C(P)}$가 최대값 $i_{C(sat)}=V_{CC}/R_L'$일 때 전력 효율은 최대로서

$$\eta = \frac{\pi}{4} = 78.5\% \tag{9-3-9}$$

트랜지스터 소비 전력 트랜지스터 Q_1과 Q_2가 소비하는 전력은 동일하다. 따라서 각각의 소비전력 P_T의 합은 전원 공급전력에서 부하 소비전력을 제외한 $2P_T=P_S-P_L$이므로 식 (9-3-4)과 (9-3-6)으로부터 다음의 관계를 얻을 수 있다.

$$2P_T = \frac{2V_{CC}I_{C(P)}}{\pi} - \frac{I_{C(P)}^2 R_T'}{2} \tag{9-3-10}$$

위의 식은 $I_{C(P)}$에 대한 2차 방정식이므로 P_T를 최대로 하는 $I_{C(P)}$는 미분에 의해 다음과 같이 구할 수 있다.

$$2\frac{dP_T}{dI_{C(P)}} = \frac{2V_{CC}}{\pi} - R_L' I_{C(P)} = 0 \tag{9-3-11}$$

위의 식으로부터 P_T를 최대로 하는 $I_{C(P)}$는

$$I_{C(P)}\Big|_{\max P_T} = \frac{2}{\pi}\left(\frac{V_{CC}}{R_L'}\right) = \frac{2}{\pi} i_{C(sat)} \tag{9-3-12}$$

이 때의 각 트랜지스터당 최대 소비전력 P_T는 다음과 같이 주어진다.

$$(P_T)_{max} = \frac{1}{\pi^2}\left(\frac{V_{CC}^2}{R_L'}\right) \cong 0.1\left(\frac{V_{CC}^2}{R_L'}\right) \qquad \textbf{(9-3-13)}$$

성능 지수 식 (9-3-7)과 (9-3-13)으로부터

$$\frac{(P_T)_{max}}{(P_L)_{max}} = \frac{V_{CC}^2/(\pi^2 R_L')}{V_{CC}^2/(2R_L')} = \frac{2}{\pi^2} \cong 0.2 \qquad \textbf{(9-3-14)}$$

A급 증폭기에서 RC 결합 전력 증폭기의 경우는 성능 지수가 항상 2보다 크며 인덕터 결합의 경우는 성능 지수가 2이다. 이에 비해 B급의 성능 지수는 식 (9-3-14)에서 보듯이 0.2에 불과하며 이 점이 B급의 장점이다. 알기 쉽게 예를 들자면, 부하에 최대 25W의 전력을 공급하고자 하면 B급의 경우는 각 트랜지스터의 정격 전력이 5 W 정도면 되지만 같은 경우에 대해 A급의 경우는 50 W 이상의 정격이 요구된다. A급에 비해 B급 동작이 이러한 유리한 점이 있는 이유는, B급에서는 입력이 증폭기를 구동하지 않는 순간에는 전원으로부터 전류가 공급되지 않지만 A급에서는 입력이 없을 때도 바이어스 전류가 계속 흐르기 때문이다. 이는 자동차가 정지시에도 엔진이 공회전을 계속하는 것에 비유할 수 있다.

변압기 결합 AB급 푸시-풀

B급 증폭기에서는 A급에 없는 교차 왜곡이 생긴다. B급 동작에서의 교차 왜곡을 없애기 위해 그림 9-21(a)와 같이 베이스-이미터 다이오드가 막 도통되기 직전의 상태로 바이어스 전압을 걸어주며(예를 들어 0.65 V 정도) 이와 같은 동작을 AB급이라 한다(바이어스 전류는 여전히 0이 되게 한다). 그림 9-21(a)에서 모든 코일의 직류 저항을 무시하면 직류 회로는 그림 (b)의 전압분배 바이어스 회로가 된다. 여기서 베이스-이미터 바이어스 전압이 도통 직전의 전압 수준인 약 0.65 V가 되도록

$$V_{BEQ} = \frac{R_2}{R_1 + R_2} V_{CC} = 0.65\ \text{V} \qquad \textbf{(9-3-15)}$$

로 하여 I_{BQ}=0이 되게 한다. 그리고 그림 9-21(a)에서 커패시터 C_B의 역할은 저항 R_1과 R_2가 교류에 영향을 주지 않도록 하는 것이다.

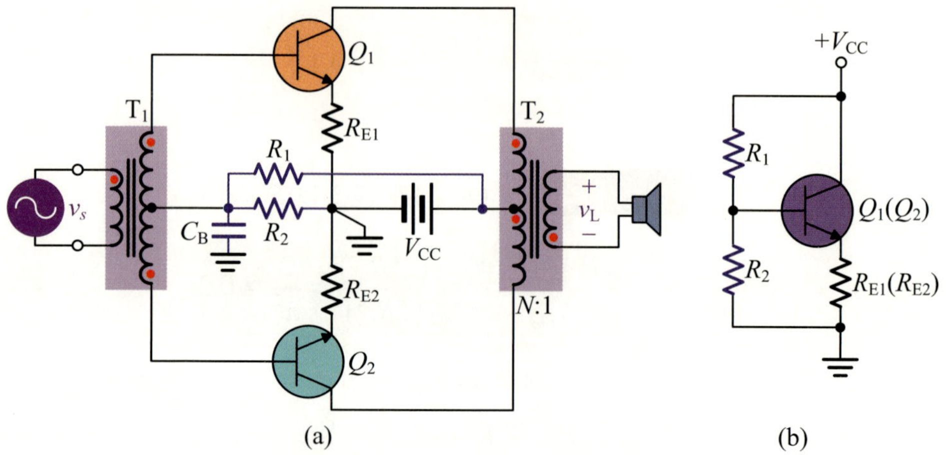

그림 9-21 AB급 푸시-풀 증폭기: (a) 전체 회로; (b) 바이어스 회로.

열폭주 온도가 높아지면 다이오드 도통 전압이 낮아지며 V_{BE}의 온도에 대한 변화는 일반적으로 $\Delta V_{BE}/\Delta T = -2.5$ mV/°C이다. 즉 주어진 컬렉터 전류하에서 온도가 1°C씩 증가할 때마다 V_{BE}는 약 2.5 mV씩 감소해 나간다. 역으로 V_{BE}를 고정시키면 온도 상승에 따라 컬렉터 전류는 증가하게 된다. 따라서 그림 9-21의 경우는 전압 분배 바이어스에 의해 V_{BE}가 고정되므로 온도 상승에 따라 컬렉터 전류가 증가한다. 뿐만 아니라 컬렉터-이미터 전압이 거의 V_{CC}로 고정되어 있으므로 컬렉터 바이어스 전류의 증가에 비례하여 트랜지스터의 소비전력도 증가하게 된다. 이러한 소비전력의 증가로 발생하는 열은 다시 컬렉터 전류의 증가를 유발시키며 이는 다시 열의 발생을 증가시키는 악순환이 일어나게 된다. 결국 이러한 연속적인 상황은 트랜지스터를 파괴할 수 있는 과부하 전력에 이를 때까지 Q점이 직류 부하선을 따라 올라가는 열폭주(thermal runaway)의 가능성을 유발한다. 더구나 직류 부하선이 거의 수직이므로 열폭주에 의해 컬렉터 전류는 매우 심각한 수준까지 증가할 수 있다.

열폭주를 피하기 위해 그림 9-22(a)와 같이 온도 보상용 다이오드를 채용한 바이어스를 이용할 수 있으며 이에 대한 바이어스 회로는 그림 (b)와 같다. 그림 (b)에서 다이오드 D의 특성 곡선이 트랜지스터의 V_{BE}-I_E 특성 곡선과 일치하도록 정합시키면 전류 거울이 된다(그림 6-26 참조). 따라서 저항 R_1에 흐르는 전류와 트랜지스터의 이미터 전류는 같다. 그리

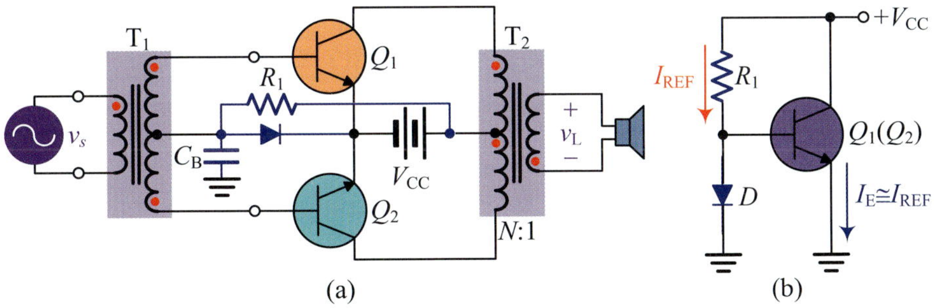

그림 9-22 온도 보상용 다이오드를 바이어스로 한 AB급 푸시-풀 증폭기: (a) 전체 회로; (b) 바이어스 회로(*npn* 전류 거울).

고 온도의 변화로 V_{BE}가 변하더라도 R_1 양단 진압 변화는 기의 무시할 수 있으므로 전류 $I_E = I_{REF}$는 거의 일정하다.

상보형 AB급 푸시-풀

그림 9-23(a)의 증폭기는 *npn* 트랜지스터 Q_1과 *pnp* 트랜지스터 Q_2를 한 조로 하여 *npn* 트랜지스터는 교류의 양의 반주기를 담당하고 *pnp* 트랜지스터는 음의 반주기를 담당하게 한다. 따라서 Q_1과 Q_2가 교대로 동작하여 서로를 보조하는 형태가 되므로 그림 9-23(a)를 **상보형(相補形) 푸시-풀 회로**라 한다. 이 회로는 AB급으로 동작하며 바이어스 회로는 그림 (b)와 같다. 앞서 설명한 변압기 결합 푸시-풀 증폭기는 B급 내지는 AB급의 이

그림 9-23
이미터-폴로어로 구성된 상보형 푸시-풀 증폭기:
(a) 전체 회로;
(b) 바이어스 회로.

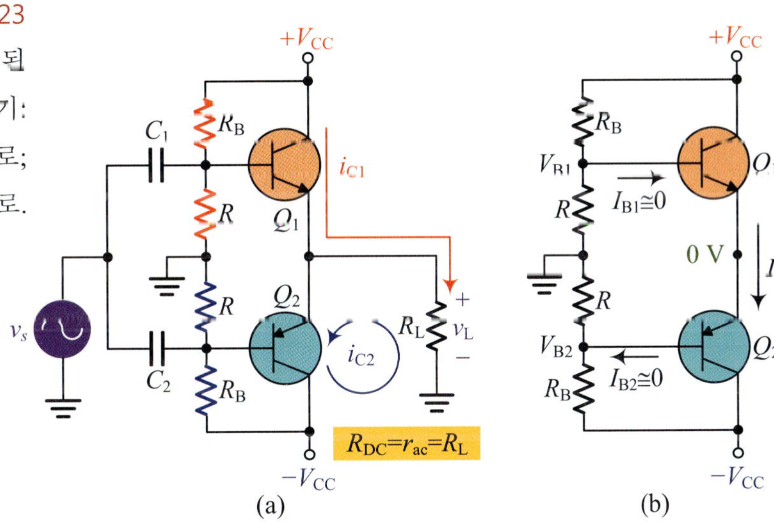

미터-공통 증폭기이므로 전압 이득과 전류 이득을 모두 1 이상으로 할 수 있다. 그러나 출력단에 변압기가 필요한 단점이 있다. 이에 비해 그림 9-23(a)의 상보형 푸시-풀 증폭기는 컬렉터-공통으로 동작하므로 전류 이득은 β에 가깝지만 전압 이득은 최대 1이다. 그러나 출력단에 변압기가 필요 없는 이점이 있어 OTL(output transformerless) 증폭기로 부르기도 한다. 그림 9-23(b)의 바이어스 회로에서 $+V_{CC}$ 전원과 저항 R 및 R_B는 *npn* 트랜지스터 Q_1이 도통 직전의 상태가 되도록 바이어스를 제공한다. 그리고 $-V_{CC}$ 전원과 저항 R 및 R_B는 *pnp* 트랜지스터 Q_2가 도통 직전의 상태가 되도록 바이어스를 제공한다. 그리고 각 트랜지스터의 바이어스 전류는 모두 0이므로 Q_1과 Q_2의 이미터 직류 전압은 0 V가 된다. 따라서 베이스-이미터 바이어스 전압은 다음과 같다.

$$V_{BE1} = V_{B1} = \frac{R}{R+R_B}V_{CC}, \quad V_{BE2} = V_{B2} = -\frac{R}{R+R_B}V_{CC} \tag{9-3-16}$$

위의 두 전압이 각각 0.65 V 및 –0.65 V 정도가 되도록 함으로써 AB급으로 동작하도록 한다. 그림 (a)에서 직류 부하 저항 및 교류 부하 저항이

$$R_{DC} = r_{ac} = R_L \tag{9-3-17}$$

로 동일하다. 그리고 Q점이

$$I_{CQ} = 0, \quad V_{CEQ} = V_{CC} \tag{9-3-18}$$

이므로 직류 및 교류 부하선은 같으며 그림 9-24(a)와 같다. 따라서 직류 및 교류 포화전류, 차단전압은

$$I_{C(sat)} = i_{C(sat)} = \frac{V_{CC}}{R_L} \tag{9-3-19}$$

및

$$V_{CE(cut)} = v_{CE(cut)} = V_{CC} \tag{9-3-20}$$

이며 출력의 PP는

$$PP = 2V_{CC} \tag{9-3-21}$$

그림 9-24
그림 9-23(a) 회로의 (a) 부하선; (b) Q_1이 차단일 때의 등가 회로.

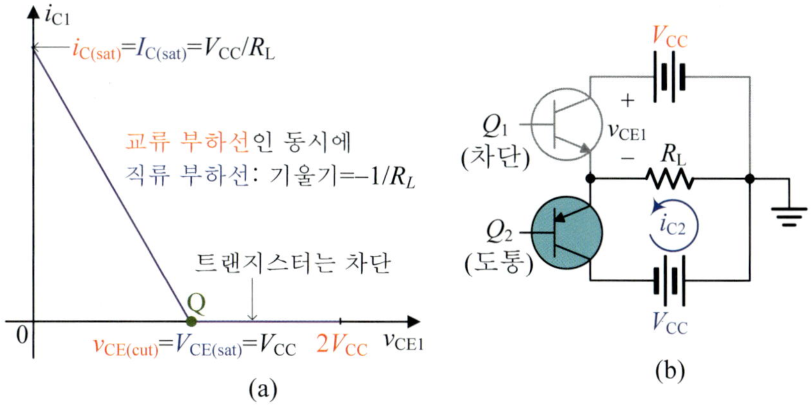

그림 9-24(a)에서 Q_1이 차단($i_{C1}=0$)의 상태에서 v_{CE1}은 $V_{CC}<v_{CE1}<2V_{CC}$의 범위에서 동작하며 이는 그림 (b)로써 설명할 수 있다. 즉 그림 (b)에서 i_{C2}에 의한 R_L의 양단 전압 R_Li_{C2}와 전원 V_{CC}의 합이 v_{CE1}이며 i_{C2}의 범위는 $0<i_{C2}<V_{CC}/R_L$이다. 따라서 $V_{CC}<v_{CE1}<2V_{CC}$의 범위에 있게 된다. 상보형 푸시-풀 증폭기의 제반 특성들은 그림 9-18의 변압기 결합 B급 전력 증폭기에서 R_L' 대신 R_L만 대입하면 된다.

그림 9-23의 상보형 푸시-풀 증폭기는 변압기가 필요 없는 이점이 있지만 두 개의 전원이 필요하다. 이를 개선하여 하나의 전원만 사용하도록 한 것이 그림 9-25(a)이며 그림 (b)는 바이어스 회로이다. 그림 (a)에서 직류 및 교류 부하 저항은 다음과 같음을 알 수 있다.

그림 9-25
단일 전원을 사용하는 상보형 푸시-풀 증폭기: (a) 전체 회로; (b) 바이어스 회로.

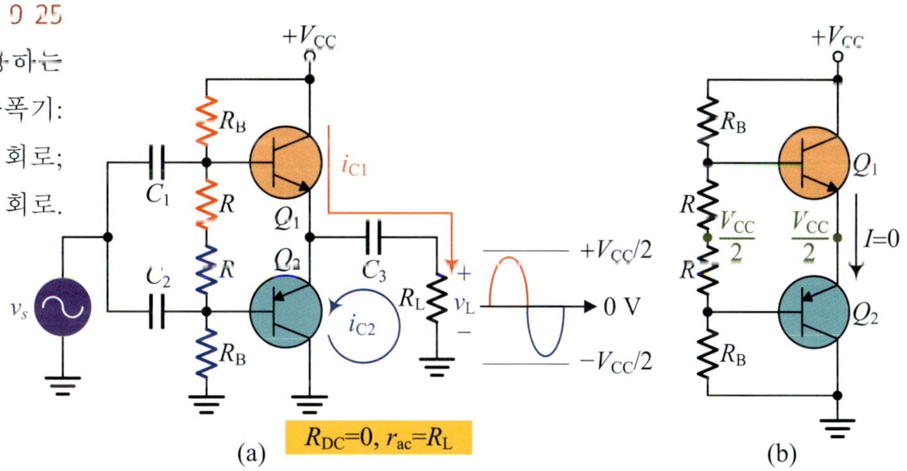

$$R_{DC} = 0, \quad r_{ac} = R_L \qquad \textbf{(9-3-22)}$$

그리고 그림 9-25(b)의 바이어스 회로에서 두 트랜지스터는 도통 직전 상태로 바이어스되므로 Q점은 다음과 같다.

$$I_{CQ} = 0, \quad V_{CEQ} = \frac{V_{CC}}{2} \qquad \textbf{(9-3-23)}$$

그림 9-25(a)의 커패시터 C_3는 출력의 직류 전류를 차단하기 위한 것이다. 이상으로 그림 9-25의 부하선은 그림 9-26(a)와 같다. 이 역시 Q_1이 차단(i_{C1}=0)인 상태에서 v_{CE1}은 $V_{CC}/2<v_{CE1}<V_{CC}$의 범위에서 동작하며 이는 그림 9-26(b)로써 설명할 수 있다. 단 그림에서 전원 $V_{CC}/2$는 그림 (a)의 커패시터 C_3에 충전된 직류 전압을 등가화한 것이다. 그림 (b)에서 i_{C2}에 의한 R_L의 양단 전압 R_Li_{C2}와 두 전원의 차인 $V_{CC}-V_{CC}/2=V_{CC}/2$의 합이 v_{CE1}이며 i_{C2}의 범위는 $0<i_{C2}<V_{CC}/(2R_L)$이다. 따라서 $V_{CC}/2<v_{CE1}<V_{CC}$의 범위에 있게 된다. 그림 9-25의 상보형 푸시-풀 증폭기의 특성은 그림 9-23(a)의 특성에서 V_{CC} 대신 $V_{CC}/2$만 대입하면 된다.

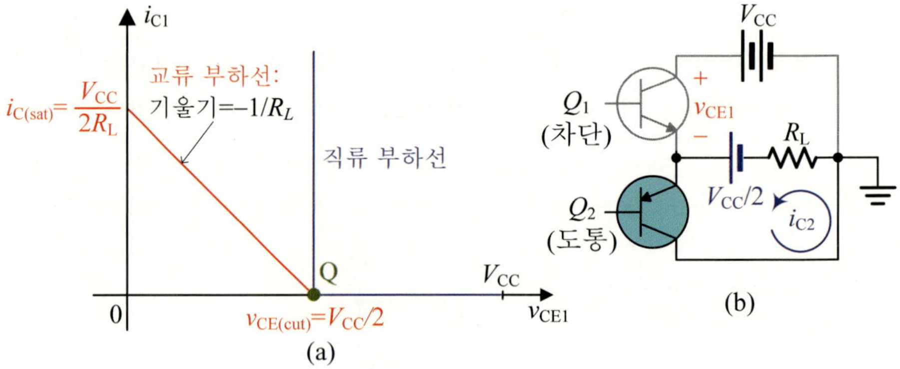

그림 9-26
그림 9-25(a)의 (a) 부하선; (b) Q_1이 차단일 때의 등가 회로.

상보형 푸시-풀 증폭기에서도 열폭주가 발생할 수 있으며 그림 9-27의 바이어스 회로를 통해 살펴본다. 먼저 그림 9-27(a)의 경우는 열폭주가 발생할 수 있으며 이를 해결하기 위해 전류 거울을 이용한 바이어스가 그림 (b)이다. 여기서 Q_1, D_1, R_B가 이루는 위쪽 절반 회로는 *npn* 전류 거울이며 Q_2, D_2, R_B가 이루는 아래쪽 절반 회로는 *pnp* 전류 거울이다. 따라서 다이오드 전류 I_D와 트랜지스터의 컬렉터 바이어스 전류 I_{CQ}는 같으며 베

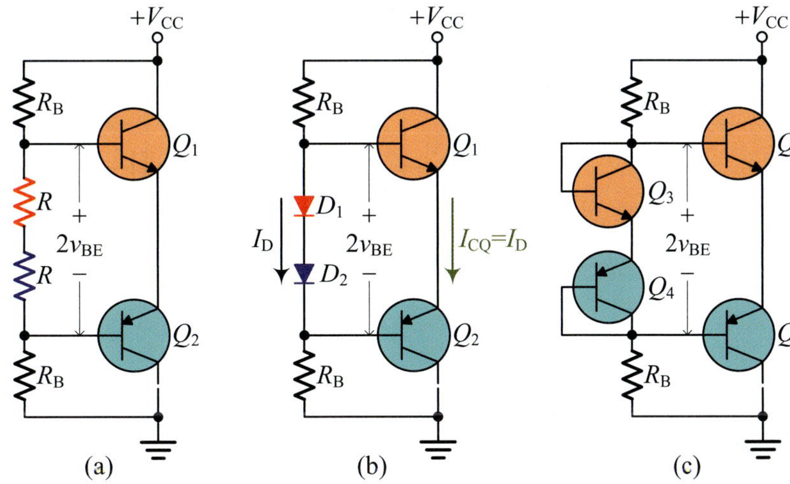

그림 9-27
상보형 푸시-풀 증폭기의 바이어스: (a) 전압 분배; (b) 전류 거울; (c) BC-E 다이오드 전류 거울.

이스 전류를 무시하면

$$I_D = I_{CQ} \cong \frac{V_{CC} - 2V_{BE}}{2R_B} = \frac{V_{CC} - 1.4}{2R_B} \tag{9-3-24}$$

여기서 V_{CC}의 크기에 비해 V_{BE}의 변동은 무시되므로 I_{CQ}는 온도에 무관하게 거의 일정하게 유지된다. 그림 9-27(b)에서 트랜지스터 V_{BE}의 특성 곡선과 다이오드의 특성 곡선이 일치해야 하지만 개별 소자로서는 오차가 있다. 반면에 집적 회로상에서는 같은 칩 내의 소자들은 특성이 거의 동일하므로 그림 9-27(c)와 같이 BC-E 다이오드 결선을 이용한다. BC-E 다이오드란 트랜지스터의 베이스와 컬렉터 단자를 묶어 다이오드로 사용하는 것이다. 그림에서 트랜지스터 Q_3와 Q_4는 BC-E 다이오드로서 Q_3는 Q_1과, Q_4는 Q_2와 각각 정합된다. 이와 같이 트랜지스터를 다이오드로 사용하는 이유는 다이오드의 특성 곡선을 트랜지스터의 특성 곡선에 일치시키는 것보다 두 트랜지스터의 특성곡선을 정합시키는 편이 더 낫기 때문이다. 이상으로 전류 거울로써 온도 보상된 상보형 푸시-풀 증폭기는 그림 9-28과 같다.

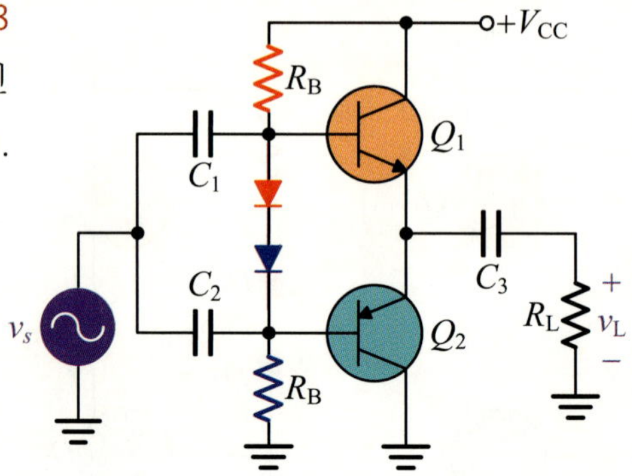

그림 9-28
전류 거울로 온도 보상시킨 상보형 푸시-풀 증폭기.

예제 9-4

그림 9-28의 회로에서 V_{CC}=20 V, R_L=8 Ω이며 트랜지스터는 거의 차단점 근처로 바이어스 되 있다고 할때($I_{CQ}\cong 0$) 다음을 구하라.

(a) 최대 전원 공급전력, (b) 최대 부하 소비전력, (c) 최대 트랜지스터 소비전력, (d) 출력 전압과 전류의 최대 진폭.

풀이

$$(P_S)_{max} = \frac{1}{2\pi}\frac{V_{CC}^2}{R_L} = \frac{20^2}{2\pi \times 8} = \mathbf{7.95\ W}$$

$$(P_L)_{max} = \frac{V_{CC}^2}{8R_L} = \frac{20^2}{8 \times 8} = \mathbf{6.25\ W}$$

$$(P_T)_{max} = \frac{1}{4\pi^2}\frac{V_{CC}^2}{R_L} \cong \frac{20^2}{40 \times 8} = \mathbf{1.25\ W}$$

그림 9-26(a)의 부하선으로부터

$$I_{C(P)} = i_{C(sat)} = \frac{V_{CC}}{2R_L} = \frac{20}{16} = \mathbf{1.25\ A}$$

$$V_{CE(P)} = v_{CE(cut)} = \frac{V_{CC}}{2} = \mathbf{10\ V}$$

상보형 푸시-풀 증폭기는 이미터-폴로어이다. 따라서 부하 저항이 매우 작을 경우는 푸시-풀 이미터 폴로어가 부하에 대해 충분히 안정되지 못하므로 그림 9-29와 같이 다링턴쌍과 궤환쌍을 이용하여 해결한다. 다링턴쌍(그림 3-31 참조)과 궤환쌍(그림 3-35 참조)은 전류 증폭률이 매우 높기 때문에 충분한 전류 이득을 얻을 수 있을 뿐 아니라 입력 저항은 매우 높고 출력 저항은 매우 낮아 안정된 이미터-폴로어를 구성할 수 있다. 그림 9-29의 (a)는 *npn*과 *pnp* 다링턴쌍으로 구성된다. 그러나 실제 전력 증폭기에서는 고(高)전력의 트랜지스터가 요구되며 고전력용으로는 *npn* 트랜지스터가 선호되고 있다. 따라서 그림 (a)를 개선한 형태가 그림 (b)이다. 이 회로의 푸시-풀 동작은 *npn* 다링턴쌍과 궤환쌍으로 이루어지며 출력 트랜지스터인 Q_2와 Q_4는 모두 고전력의 *npn* 트랜지스터를 사용할 수 있다. 그리고 그림 (a)의 경우는 다이오드가 4개 필요하지만 그림 (b)는 3개만 필요하다.

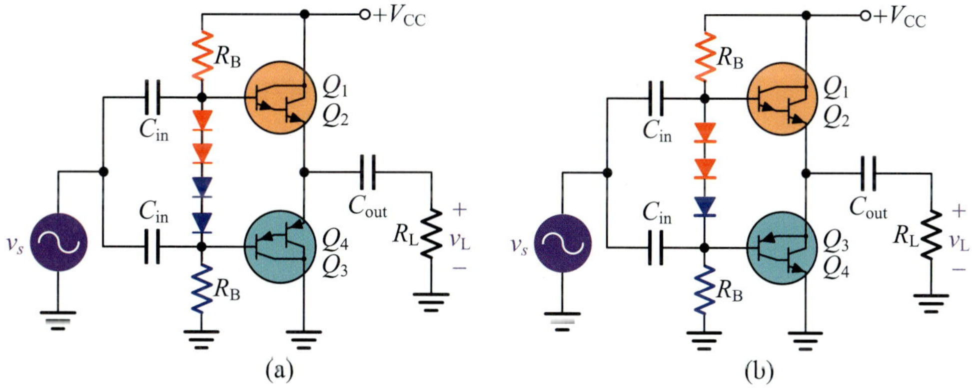

그림 9-29 다링턴 AB급 푸시-풀 증폭기: (a) 다링턴쌍; (b) 다링턴쌍과 궤환쌍.

B급 드라이버

그림 9-28의 증폭기는 결합 커패시터를 통해 교류 입력을 증폭기의 입력단에 바로 결합시키기 때문에 임피던스 정합 등과 같은 문제로 효율적인 결합은 아니다. 그림 9-30(a)는 입력이 이미터-공통의 A급 증폭기 Q_1을 거친 다음 AB급 증폭기인 Q_2, Q_3를 구동시키는 방법이다. 여기서 A급인 Q_1은 AB급 증폭기를 구동시키므로 B급 드라이버(driver)라 한다. B급 드라이

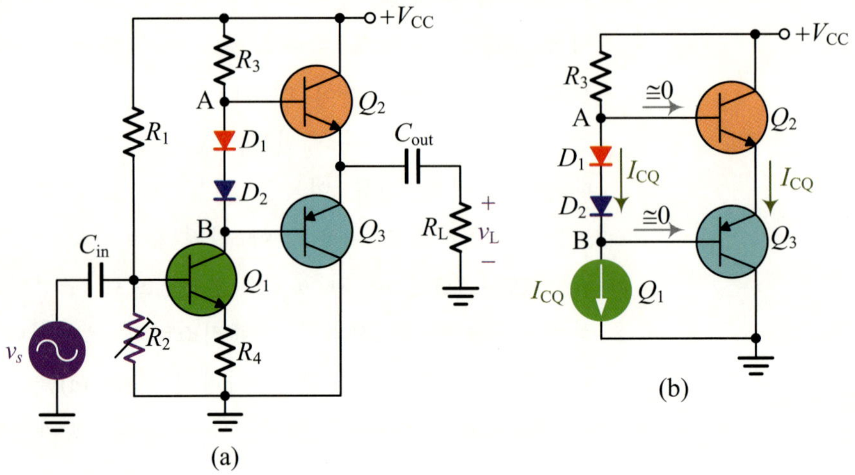

그림 9-30 B급 드라이버로 구동되는 AB급 상보형 푸시-풀 증폭기: (a) 전체 회로; (b) 바이어스 회로.

버는 다음 증폭단인 AB급 푸시-풀 증폭기에 전주기에 걸친 교류 신호를 제공해야 하므로 Q_1 자체는 A급으로 동작해야 한다.

그림 9-30(a)의 직류 등가회로는 그림 (b)와 같으며 Q_1은 정전류원 역할을 한다(I_{CQ}는 R_2를 통해 조정한다). 즉 Q_1은 직류적으로는 Q_2와 Q_3에 대해 정전류원 바이어스를 제공하면서 교류적으로는 A급 증폭기 역할을 겸한다. 그림 (b)에서 베이스 전류를 상대적으로 무시하면 두 다이오드에 흐르는 전류는 I_{CQ}이며 전류 거울 기능에 의해 Q_2와 Q_3의 컬렉터 바이어스 전류도 I_{CQ}가 된다. 그리고 Q_1은 A급으로 동작해야 하므로 I_{CQ}는 교류 부하선의 중앙에 위치하도록 설정한다. 다음으로 그림 9-30(a)에서 B급 드라이버 Q_1의 출력단에 대한 직류 및 교류 회로를 구해보면 각각 그림 9-31의 (a), (b)와 같다.

그림 9-31(a)에서 1.4 V 전압원은 다이오드 D_1과 D_2의 양단 전압 합을 등가적으로 나타낸 것이며 이로부터 직류 부하저항은

$$R_{DC} = R_3 + R_4 \tag{9-3-25}$$

이며 포화전류, 차단전압은 각각

$$I_{C(sat)} = \frac{V_{CC} - 1.4}{R_{DC}}, \quad V_{CE(cut)} = V_{CC} - 1.4 \tag{9-3-26}$$

다음으로 그림 9-31(b)의 교류 회로에서 r_d는 다이오드의 동저항이며 r_i는

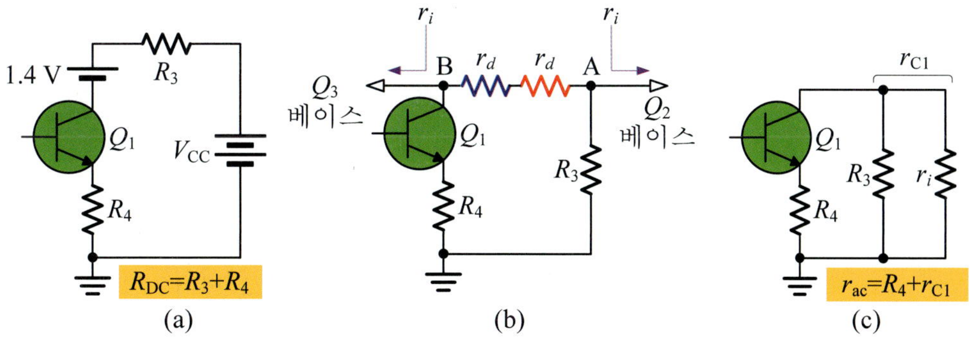

그림 9-31 그림 9-30(a) 출력단의 (a) 직류 회로; (b) 교류 회로. (c) 근사적인 교류 회로.

이미터-폴로어인 Q_2와 Q_3의 입력 저항이다. 여기서 r_d는 충분히 작기 때문에 무시할 수 있으므로 그림 9-31(c)의 회로로 근사화할 수 있다. 여기서 $r_{C1}=R_3\|r_i$로 하면 교류 부하저항은

$$r_{ac} = r_{C1} + R_4 \quad \textbf{(9-3-27)}$$

이며 포화전류 및 차단전압은 각각

$$i_{C(sat)} = I_{CQ} + \frac{V_{CEQ}}{r_{ac}}, \qquad v_{CE(cut)} = V_{CEQ} + r_{ac} I_{CQ} \quad \textbf{(9-3-28)}$$

위의 두 결과로부터 B급 드라이버 Q_1의 부하선은 그림 9-32와 같다. 여기서 $r_{C1}=R_3\|r_i<R_3$로부터 $r_{ac}<R_{DC}$이므로 교류 부하선의 기울기가 직류 부하선에 비해 약간 큰 정도이다.

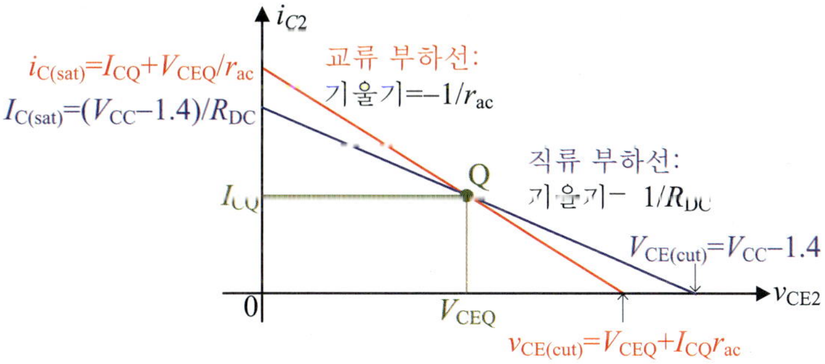

그림 9-32 그림 8-30(a)의 B급 드라이버의 부하선.

그림 9-30의 전력 증폭기는 낮은 왜곡과 높은 출력 PP 및 높은 증폭단 효율 등으로 가장 많이 활용되고 있는 전력 증폭기 유형이다. 그러나 이 회로에서 개선해야 할 점은 AB급인 Q_2와 Q_3의 동작점 전류가 전류 거울에 의해 A급인 Q_1의 I_{CQ}와 같아지므로 0으로 떨어지지 않는다는 점이다. Q_2와 Q_3의 동작점 전류를 0의 수준으로 떨어뜨리기 위한 조치가 그림 9-33이다. 즉 이 저항 R_5를 조절하여 다이오드에 흐르는 전류를 줄여줌으로써 Q_2와 Q_3의 동작점 전류를 0의 수준으로 떨어뜨릴 수 있다. 이외에도 그림 9-29의 다링턴쌍이나 궤환쌍을 사용하면 매우 작은 부하 저항에서도 동작이 우수한 B급 드라이버를 구현할 수 있다.

그림 9-33
그림 9-30(a)를 개선시킨 회로

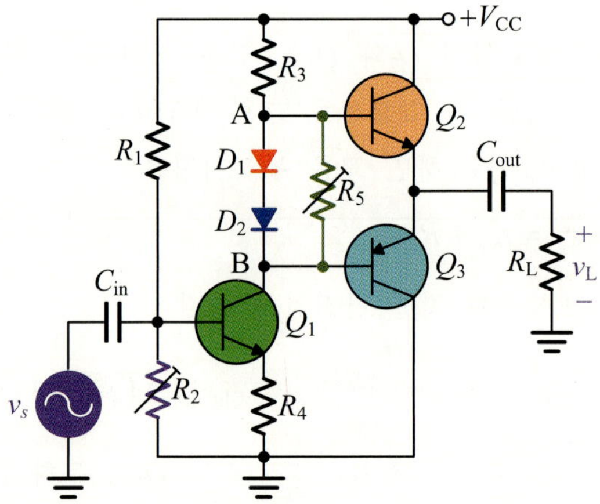

9-4 C급 전력 증폭기

C급 기본동작 A급이나 B급에 비해 전력 효율이 뛰어난 것이 C급이며 그 기본 구성은 그림 9-34(a)와 같다. 그림에서와 같이 트랜지스터의 베이스-이미터는 V_{BB}에 의해 역방향으로 바이어스되어 있다. 따라서 그림 (b)와 같이 입력 교류가 V_{BB}+0.7보다 클 경우만 도통되므로 도통각은 180° 이하가 된다. 그 결과 컬렉터 전류는 폭이 좁은 펄스열 형태로 왜곡된다. 이와 같이 C급

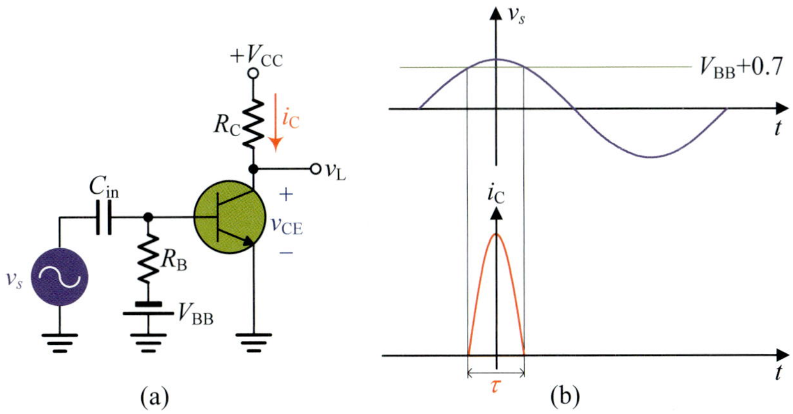

그림 9-34
C급 전력 증폭기의
(a) 기본 구성;
(b) 파형 관계.

동작에서는 베이스의 역방향 바이어스를 깊게 하여 컬렉터 전류를 의도적으로 왜곡시키며 그 목적과 용도는 차차 설명한다.

C급 증폭기에서는 트랜지스터가 좁은 도통각 동안에만 도통되므로 트랜지스터의 소비전력이 낮다. 그림 9-35(a)는 입력에 대한 컬렉터 전류의 실질적인 파형이다. 그러나 번거로운 수학적인 해석을 피하기 위해 컬렉터 전류와 전압을 그림 (b)와 같이 이상적인 펄스열로 근사화한다. 즉 교류의 진폭이 트랜지스터를 포화시키기에 충분히 크다고 가정하면 트랜지스터는 차단과 포화 상태로만 동작하므로 그림 (b)와 같이 근사화할 수 있는 것이다. 트랜지스터가 차단 상태에서는 전류가 0이므로 트랜지스터 소비전력도 0이다. 그리고 포화 상태에서의 전력 소비는

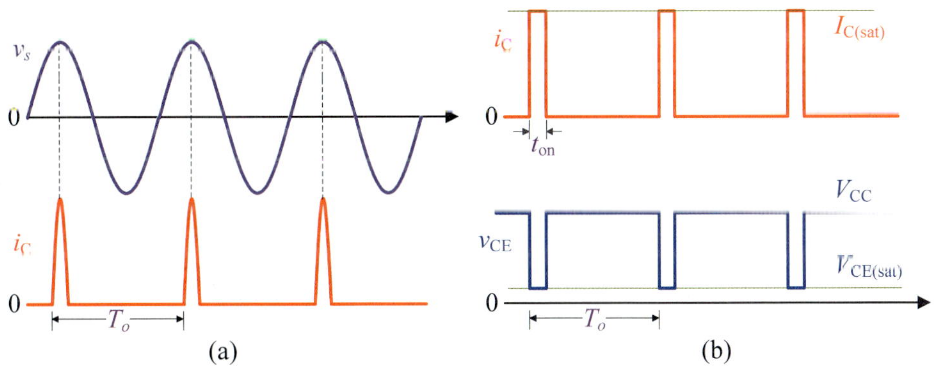

그림 9-35 C급 파형: (a) 실제 파형; (b) 이상적인 파형.

$$P_{T(on)} = V_{CE(sat)} I_{C(sat)} \tag{9-4-1}$$

이므로 트랜지스터에 의해 소비되는 평균 전력은 다음과 같다.

$$P_T = \left(\frac{t_{on}}{T_o}\right) P_{T(on)} = \left(\frac{t_{on}}{T_o}\right) V_{CE(sat)} I_{C(sat)} \tag{9-4-2}$$

컬렉터-이미터 포화전압 $V_{CE(sat)}$는 약 0.2V 수준으로 낮으며 도통 시간 t_{on}은 베이스의 역방향 바이어스를 깊게하여 단축시킬 수 있다. 따라서 트랜지스터에서 소비되는 전력은 충분히 낮아 전력 효율이 좋아진다.

그림 9-35에서 보는 바와 같이 C급 증폭기는 출력 파형이 입력과 달리 왜곡된 형태이므로 저항을 부하로 할 경우 선형 증폭기로 사용할 수 없다. 따라서 그림 9-36과 같이 C급 증폭기에 LC 공진 회로를 함께 사용하며 이를 **C급 동조 증폭기**라 한다. 컬렉터 전류 i_C는 역시 펄스열 형태이며 주기는 입력 교류의 주기 T_o와 같다. 따라서 i_C에는 기본 주파수 $f_o=1/T_o$의 고조파들이 포함되며 다음처럼 푸리에 급수로 표현할 수 있다.

$$i_C(t) = I_0 + \sum_{k=1}^{\infty} I_k \cos k\omega_o t = I_0 + i_k(t) \tag{9-4-3}$$

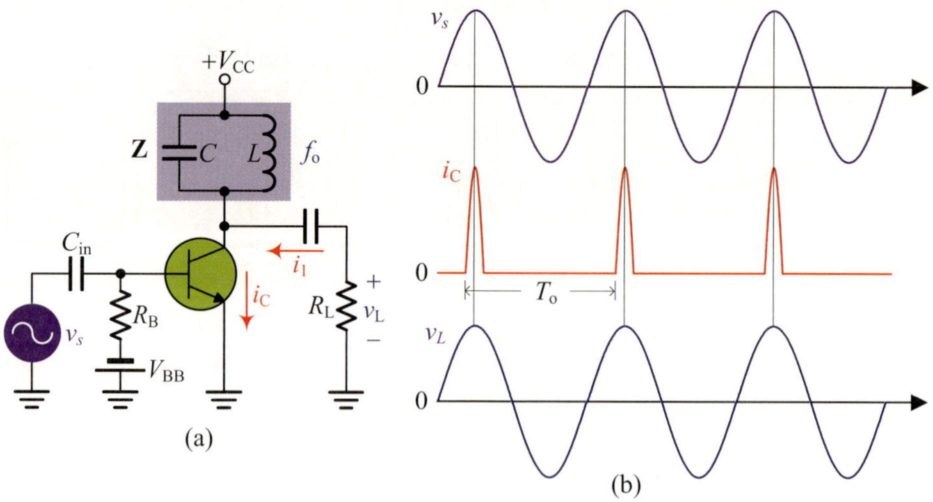

그림 9-36 C급 동조 증폭기: (a) 회로; (b) 파형

식 (9-4-3)의 주파수 성분들 중에서 입력 v_s의 주파수 f_o에 해당하는 기본 주파수 성분인 $i_1(t)=I_1\cos\omega_o t$만 추출하기 위해 LC 공진 회로를 그림 9-37과 같이 주파수 f_o에 동조시키면 된다. 그리고 공진 회로는 주파수 f_o에서는 임피던스가 매우 커 개방과 같고 그 외의 모든 고조파들 kf_o, $k\geq2$에 대해서는 거의 단락과 같다. 따라서 그림 9-36(a)의 출력단의 주파수에 따른 등가 교류 회로는 그림 9-38과 같다.

먼저 그림 9-38(a)의 경우는 컬렉터 전류 i_C의 성분 중 주파수가 f_o인 i_1에 대한 등가회로이며 공진 회로는 거의 개방 회로와 같다($\mathbf{Z}\to\infty$). 따라서 i_1는 모두 부하 R_L을 통해 흐르므로 출력 전압 v_L은 최대가 된다. 그러나 기본 주파수 외의 고조파 성분 i_k, $k\geq2$에 대한 등가회로는 그림9-38(b)와 같으며 공진 회로는 단락과 같다($\mathbf{Z}=0$). 따라서 부하 R_L에 전류가 흐르지 않으므로 출력 전압은 $v_L=0$이 된다. 이상으로 그림 9-36(a)의 C급 동조 증폭기의 출력 v_L에는 주파수 f_o의 교류 성분만 나타나며 고조파 성분들은 나타나지 않는다.

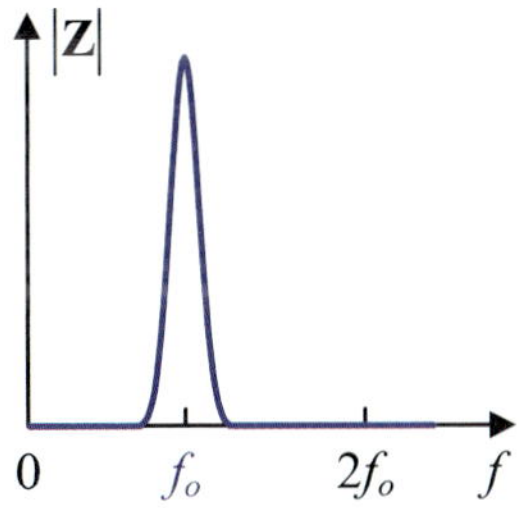

그림 9-37
LC 공진 회로의 임피던스 특성

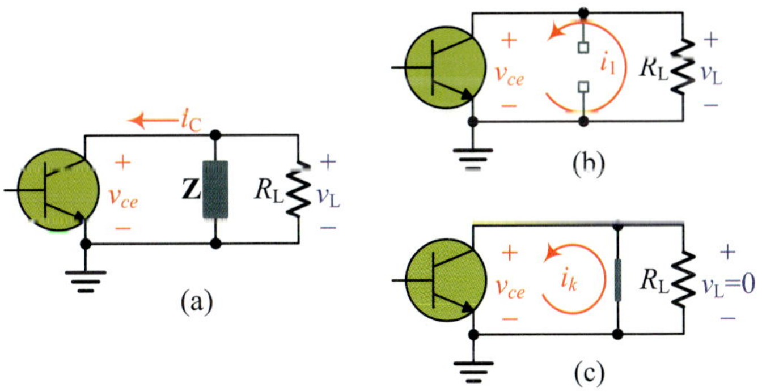

그림 9-38
그림 9-36(a)의 출력단에 대한 (a) 교류 회로; (b) 기본 주파수에서의 등가회로; (c) 고조파에서의 등가회로.

그림 9-38(a)로부터 i_1 성분에 대한 KVL 방정식이

$$v_{ce} + R_L i_1 = 0 \quad \textbf{(9-4-4)}$$

이며 Q은 그림 9-36(a)로부터

$$I_{CQ} = 0, \quad V_{CEQ} = V_{CC} \quad \textbf{(9-4-5)}$$

따라서 위의 두 식으로부터 i_1에 대한 교류 부하 방정식은 다음과 같다.

$$v_{CE} + R_L i_1 = V_{CC} \quad \textbf{(9-4-6)}$$

여기서 전류 $i_1 = I_1 \cos\omega_o t$인 정현파이므로 식 (9-4-6)에 대한 교류 부하선은 그림 9-39와 같다. 그리고 진폭 I_1의 최대값 $I_{1(P)}$가

$$I_{1(P)} = \frac{V_{CC}}{R_L} \quad \textbf{(9-4-7)}$$

이므로 최대 부하 전력은

$$(P_L)_{max} = \frac{I_{1(P)}^2 R_L}{2} = \frac{V_{CC}^2}{2R_L} \quad \textbf{(9-4-8)}$$

LC 공진 회로는 전력을 소비하지 않으므로 전원으로부터 증폭기에 공급되는 전체 전력은

$$P_S = P_T + P_L \quad \textbf{(9-4-9)}$$

이며 P_T는 식 (9-4-2)로 주어지는 트랜지스터 평균 소비전력이다. 따라서 C급 동조 증폭기의 전력 효율은 다음과 같다.

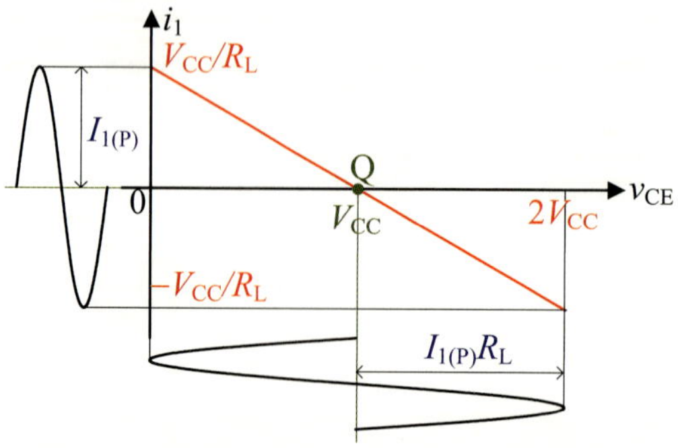

그림 9-39
그림 9-36(a)에서 i_1과 v_{CE}의 교류 부하선.

$$\eta = \frac{(P_L)_{max}}{P_S} = \frac{(P_L)_{max}}{P_T + (P_L)_{max}} \tag{9-4-10}$$

위의 식에서 $(P_L)_{max} >> P_T$이므로 전력 효율은 거의 100%에 가깝게 된다.

예제 9-5

그림 9-36(a)의 회로에서 V_{CC}=24 V, R_L=100 Ω이며 교류 입력의 주파수는 200 kHz이다. 트랜지스터가 도통되는 시간이 t_{on}=1 μs이며 $I_{C(sat)}$=100 mA, $V_{CE(sat)}$=0.2 V일 때 다음을 구하라: (a) 트랜지스터 소비전력; (b) 전력 효율.

풀이

(a) 입력 교류의 수기가

$$T_o = \frac{1}{200\text{ kHz}} = \mathbf{5\ \mu s}$$

이므로 트랜지스터 평균 소비전력은 식 (9-4-2)로부터

$$P_T = \left(\frac{t_{on}}{T_o}\right) V_{CE(sat)} I_{C(sat)} = (0.2)(0.2\text{ V})(100\text{ mA}) = \mathbf{4\ mW}$$

부하 최대 전력은 식 (9-4-8)로부터

$$(P_L)_{max} = \frac{V_{CC}^2}{2R_L} = \frac{24^2}{200}\text{ W} = \mathbf{2.88\ W}$$

따라서 전력 효율은 식 (9-4-10)으로부터

$$\eta = \frac{(P_L)_{max}}{P_T + (P_L)_{max}} == \frac{2.88\text{ W}}{4\text{ mW} + 2.88\text{ W}} = \mathbf{0.999}$$

9-5 매트랩

A급 증폭기

함수 powerA.m은 A급 증폭기의 RC 결합(그림 9-2), 인덕터 결합(그림 9-10) 및 변압기 결합(그림 9-13)을 해석한다. 입력 변수 중 Rbias는 전압 분배 바이어스 저항의 순서와 같다. 변압기 권선비 N은 변압기 결합에서만 필요므로 RC 결합이나 인덕터 결합에서는 임의의 값으로 하면 된다. 출력 변수의 Q와 PP는 동작점과 출력의 피크-피크 값이며 power은 여러 가지 전력들에 관한 사항들이다(전류는 mA, 전력은 mW).

```
function  [Q, PP, power]=powerA(VCC, betao, Rbias, Rext, N, type)
% A급 전력 증폭기(RC 결합/인덕터 결합/변압기 결합)
% <입력 변수>
%     VCC; 전원
%     betao; 직류 전류 증폭률
%     Rbias=[R1, R2, RC, RE]; 바이어스 저항(k Ohm)
%     Rext=[Rs, RL]; 전원 저항 Rs, 부하 저항 RL(k Ohm)
%     N; 변압기 권선비(RC 및 인덕터 결합에서는 임의의 값)
%     type='r'; RC 결합
%         ='i'; 인덕터 결합
%         ='t'; 변압기 결합
% <출력 변수>
%     Q=[ICQ(mA), VCEQ(V)]; 동작점
%     PP; 출력의 peak-to-peak (V)
%     power=[PS, PLmax, PTmax, Peff, Pindex];
%             PS; 전원 공급 전력(mW)
%             PLmax; 부하 최대 소비전력(mW)
%             PTmax; 트랜지스터 최대 소비 전력(mW)
%             Peff; 전력 효율
%             Pindex; 성능 지수
```

```
R1=Rbias(1);   R2=Rbias(2);   RC=Rbias(3);   RE=Rbias(4);
Rs=Rext(1);   RL=Rext(2);
% 동작점
RB=R1*R2/(R1+R2);
VBB=VCC*R2/(R1+R2);
IBQ=(VBB-0.7)/(RB+(betao+1)*RE);
ICQ=betao*IBQ;
VCEQ=VCC-(RC+RE)*ICQ;
Q=[ICQ, VCEQ];
% 직류 등가 저항 RDC 및 교류 등가 저항 rac
RDC=RC+RE;
if type=='r'                    % RC 결합
     rac=RC*RL/(RC+RL);
elseif type=='i'                % 인덕터 결합
     rac=RL;
elseif type=='t'                % 변압기 결합
     rac=N^2*RL;
else error('없는 유형!')
end
% 부하선
VCEcut=VCC;                     % 직류 차단 전압
ICsat=VCC/RDC;                  % 직류 포화 전류
vCEcut=VCEQ+rac*ICQ;            % 교류 차단 전압
iCsat=ICQ+VCEQ/rac;             % 교류 포화 전류
PP=min(VCEQ, vCEcut-VCEQ)*2; % 피크-피크
% 부하선 그래프
Vmax=max(VCEcut, vCEcut);   Imax=max(ICsat, iCsat);
V=0:Vmax/1000:Vmax;
clf
plot(V, ICsat-V/RDC, 'b');   % 직류 부하선
```

```
hold on
plot(V, iCsat-V/rac, 'r');   % 교류 부하선
axis([0 Vmax 0 Imax]),   grid,   title(['load line'])
% 전력 관계
PS=VCC*(VCC/(R1+R2)+ICQ); % 전원 공급 전력(mW)
PLmax=PP^2/(8*RL);             % 부하 최대 소비 전력(mW)
PTmax=VCEQ*ICQ;                % 트랜지스터 최대 소비 전력(mW)
Peff=(PLmax/PS)*100;           % 전력 효율(%)
Pindex=PTmax/PLmax;            % 성능 지수
power=[PS, PLmax, PTmax, Peff, Pindex]; % 모든 전력 관계
```

인덕터 결합이나 변압기 결합에서는 컬렉터에 연결된 코일의 직류 저항이 거의 0이므로 Rbias의 RC는 0으로 하여야 한다. 물론 코일의 저항이 주어질 경우는 RC에 그 값을 대입하면 된다.

예제 M9-1

예제 9-1을 수행해 보자. 먼저 (a)의 경우는(N은 임의 값인 0으로 함).

```
>> [Q, PP, power]=powerA(12, 100, [47, 10, 4.7, 1], [0.6, 1.5], 0, 'r')
Q=
    1.2863    4.6679
PP=
    2.9254
power=
     17.9623    0.7132    6.0045    3.9703    8.4197
```

즉 동작점은 I_{CQ}=1.29 mA, V_{CEQ}=4.68 V이며 출력 전압의 PP는 2.92 V이다. 그림창에 나타나는 그래프는 그림 M9-1의 (a)와 같다. 다음으로 문제 (b)에서는 R_L=14.2 kΩ으로 바뀌므로

```
>> [Q, PP, power]=powerA(12, 100, [47, 10, 4.7, 1], [0.6, 14.2], 0, 'r')
Q=
    1.2863    4.6679
PP=
    9.0846
```

power=

17.9623 0.7265 6.0045 4.0446 8.2649

따라서 출력 전압의 PP는 (a)의 2.92 V에서 9.1 V로 늘어나며 부하선은 그림 M9-1의 (b)와 같다.

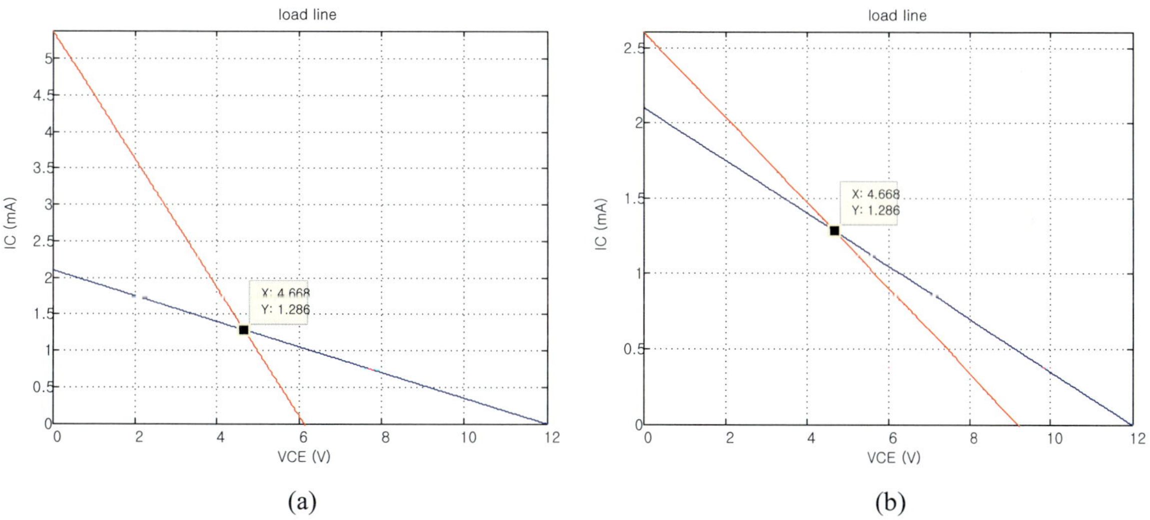

그림 M9-1 예제 8-1의 실행 결과: (a) R_L=1.5 kΩ; (b) R_L=14.2 kΩ.

예제 M9-2

그림 M9-2의 변압기 결합 A급 증폭기에서 R_s=0, R_L=5Ω이며 컬렉터의 코일 저항이 2 Ω이므로 Rbias=[0.47, 0.11, 2e-3, 12e-3], Rext=[0, 5e-3]이다.

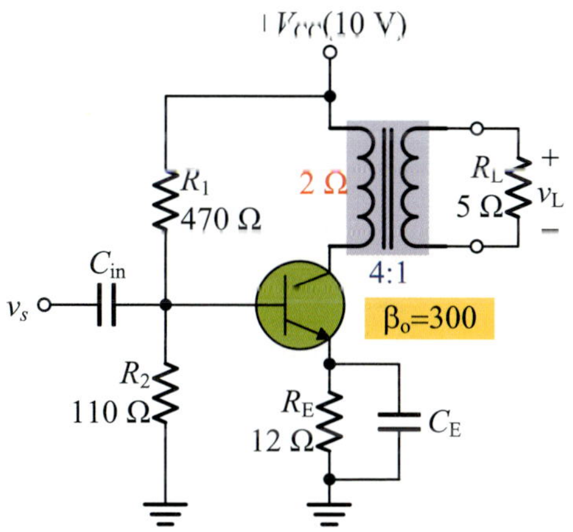

그림 M9-2
예제 M9-2의 그림.

```
>> Rbias=[0.47, 0.11, 2e-3, 12e-3];    Rext=[0, 5e-3];
>> [Q, PP, power]=powerA(10, 300, Rbias, Rext, 4, 't')
Q=
   96.9879    8.6422
PP=
   15.5181
power=
   1.0e+003*
    1.1423    6.0203    0.8382    0.5270    0.0001
```

부하선은 그림 M9-3과 같다.

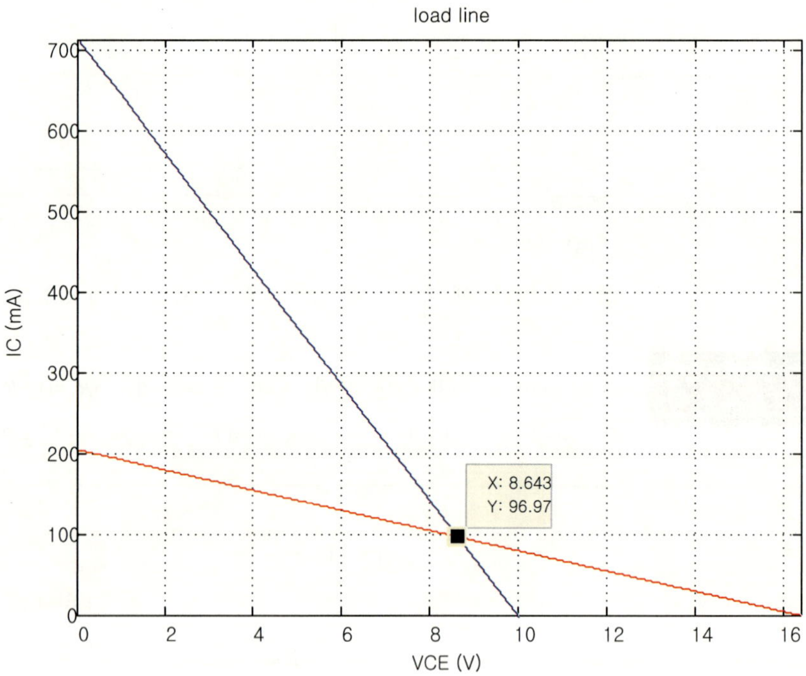

그림 M9-3 그림 M9-2의 부하선

AB급 증폭기

함수 powerAB.m은 변압기 결합(그림 9-21), 상보형(그림 9-23), 단일 전원 상보형(그림9-25) AB급 푸시-풀 증폭기를 해석한다.

```
function  [Q, PP, power]=powerAB(VCC, N, RL, type)
% [AB급 전력 증폭기(변압기 결합/상보형)]
% <입력 변수>
%      VCC; 전원
%      N; 변압기 권선비(상보형일 때는 임의의 값)
%      RL; 부하 저항(k Ohm)
%      type='t'; 변압기 결합 push-pull
%          ='c1'; 상보형1 push-pull(+VCC, -VCC)
%          ='c2'; 상보형2 push-pull(+VCC 단일 전원)
% <출력 변수>
%      Q=[ICQ, VCEQ]; 동작점
%      PP; 출력의 peak-to-peak (V)
%      power=[PS, PLmax, PTmax, Peff, Pindex];
%             PS; 전원 공급 전력(mW)
%             PLmax; 부하 최대 소비전력(mW)
%             PTmax; 트랜지스터 최대 소비전력(mW)
%             Peff; 전력 효율(%)
%             Pindex; 성능 지수
% 동작점
ICQ=0;  VCEQ=VCC;
if type=='c2'  VCC=VCC/2;  VCEQ=VCC; % 상보형2 push-pull
elseif type=='t'   RL=N^2*RL;                % 변압기 결합 push-pull
end
Q=[ICQ, VCEQ];  PP=2*VCC;
if type=='t'  PP=PP/N;  end
% 직류 부하신
clf
Imax=VCC/RL;
if  type=='t'  line([VCC, VCC], [0, Imax]);  end
hold on
```

```
% 교류 부하선
VCE=0:VCC/1000:VCC;
plot(VCE, Imax-VCE/RL, 'r');
VCE=VCC:VCC/1000:2*VCC;
IC=zeros(1, length(VCE));
plot(VCE, IC, 'r');
hold off,   grid
% 전력 관계
PSmax=(2/pi)*VCC^2/RL;      % 전원 최대 공급 전력(mW)
PLmax=VCC^2/(2*RL);         % 부하 최대 소비전력(mW)
PTmax=VCC^2/(pi^2*RL);      % 트랜지스터 최대 소비전력(mW)
Peff=pi/4;                  % 전력 효율(%)
Pindex=(2/pi^2);            % 성능 지수
power=[PSmax, PLmax, PTmax, Peff, Pindex]; % 모든 전력 관계
```

예제 M9-3

예제 9-4를 powerAB.m으로 해석해 보자. VCC는 20이며 RL은 8e-3이다. 단일 전원을 사용하는 상보형이므로 type='c2'이다. 그리고 변압기 권선비 N은 임의이므로 1로 한다.

```
>> [Q, PP, power]=powerAB(20, 1, 8e-3, 'c2')
Q=
  0 10
PP=
   20
power=
  1.0e+003*
     7.9577    6.2500    1.2655   0.0008    0.0002
```

즉 $(P_S)_{max}$=7.95 W, $(P_L)_{max}$=6.25 W, $(P_T)_{max}$=1.26 W이다. 그리고 부하선은 그림 M9-4와 같으며 $I_{C(P)}=i_{C(sat)}$=1.25 A, $V_{CE(P)}=v_{CE(cut)}$=10 V임을 알 수 있다.

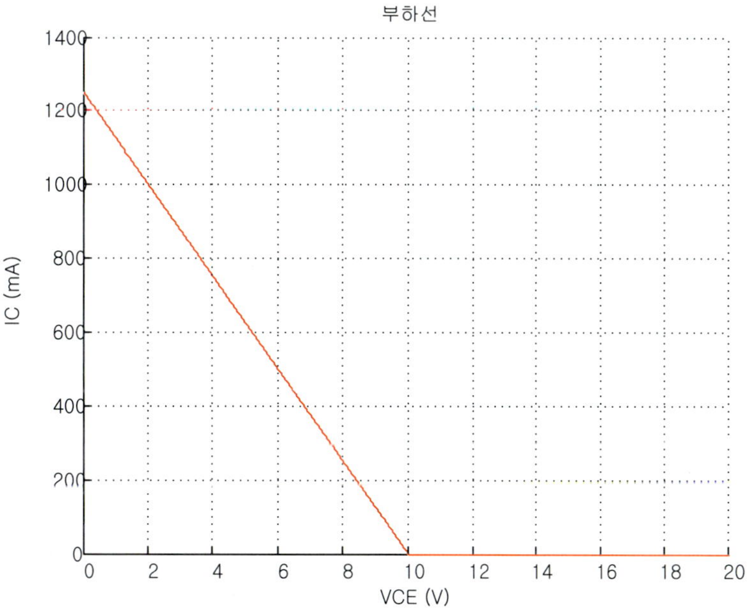

그림 M9-4
예제 M9-3의 부하선.

B급 드라이버 그림 9-30(a)의 B급 드라이버에 대한 함수가 Bdrive.m이다. 트랜지스터 사양은 Tspec=[betao, beta]이며 저항은 Rbias=[R1, R2, R3, R4]이다. VCC와 RL은 전원과 부하 저항이다.

```
function  [Q, PP]=Bdriver(VCC, Tspec, Rbias, RL)
% [B급 드라이버]
% <입력 변수>
%     VCC; 전원
%     Tspec=[betao, beta]; 트랜지스터 사양
%     Rbias=[R1, R2, R3, R4]; 바이어스 저항(k Ohm)
%     RL; 부하 저항(k Ohm)
% <출력 변수>
%     Q=[ICQ(mA), VCEQ(V)]; 드라이버(A급)의 동작점
%     PP; 출력의 peak-to-peak (V)
betao=Tspec(1);  beta=Tspec(2);
R1=Rbias(1);  R2=Rbias(2);  R3=Rbias(3);  R4=Rbias(4);
```

```
% 동작점
RB=R1*R2/(R1+R2);
VBB=VCC*R2/(R1+R2);
IBQ=(VBB-0.7)/(RB+(betao+1)*R4);
ICQ=betao*IBQ;
VCEQ=VCC-(R3+R4)*ICQ-1.4;
Q=[ICQ, VCEQ];  % 드라이버 A급의 동작점
rpi=26/ICQ ;  % 입력 저항
% 직류 등가 저항 RDC 및 교류 등가 저항 rac
RDC=R3+R4;                   % 직류 등가 저항
ri=rpi+(beta+1)*RL;          % 이미터-폴로 입력 저항
rac=ri*R3/(ri+R3)+R4;        % 교류 등가 저항
% 부하선
VCEcut=VCC-1.4;              % 직류 차단 전압
ICsat=(VCC-1.4)/RDC;         % 직류 포화 전류
vCEcut=VCEQ+rac*ICQ;  % 교류 차단 전압
iCsat=ICQ+VCEQ/rac;          % 교류 포화 전류
PP=min(VCEQ, vCEcut-VCEQ)*2; % 출력의 pp
% 부하선 그래프
Vmax=max(VCEcut, vCEcut);   Imax=max(ICsat, iCsat);
VCE=0:Vmax/1000:Vmax;
clf
line([0, VCEcut], [ICsat, 0])  % 직류 부하선
hold on
plot(VCE, iCsat-VCE/rac, 'r');  % 교류 부하선
axis([0 Vmax 0 Imax]),   grid
title(['부하선']),   xlabel('VCE (V)'),   ylabel('IC (mA)')
```

예제 M9-4 그림 9-30(a)에서 각 소자의 값은 다음과 같다.

V_{CC}=17, β_o=β=80, R_1=33 kΩ, R_2=10 kΩ, R_3=330 Ω, R_4=56 Ω, R_L=8 Ω.

```
>> [Q, PP]=Bdrive(17, [80, 80], [33, 10, 330e-3, 56e-3], 8e-3)
Q=
   21.3161    7.3720
PP=
   14.3436
```

동작점은 I_{CQ}=21.3 mA, V_{CEQ}=7.37 V이며 출력의 PP는 14.34 V이고 부하선은 그림 M9-5이다.

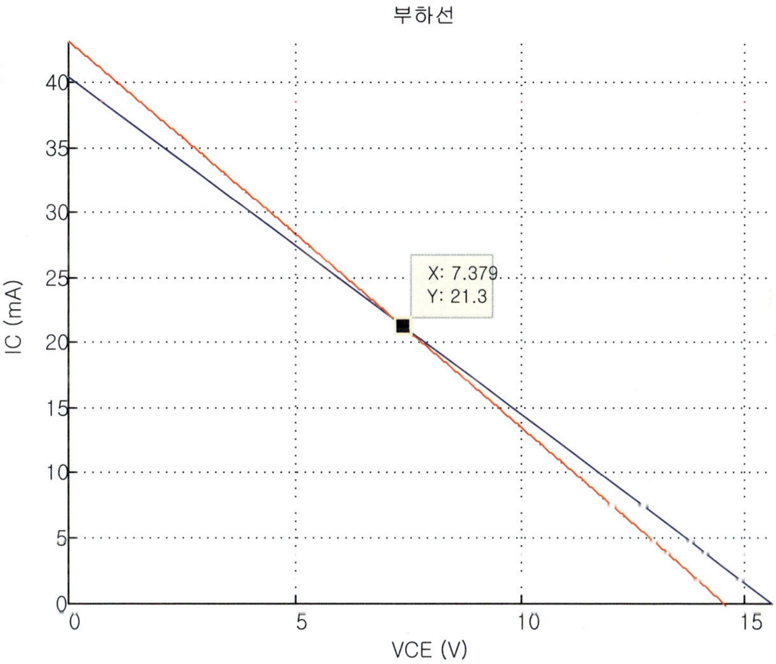

그림 M9-5
예제 M9-4의 부하선.

연습 문제

9-1 그림 P9-1에서

(a) 직류 및 교류 부하선을 그리고 출력 전압의 PP를 구하라.

(b) 출력의 최대 PP를 얻을 수 있도록 베이스 저항 R_B를 재조정하여 Q점의 위치를 옮겨라.

9-2 그림 P9-2에서 출력의 최대 PP를 얻기 위해 필요하다면 저항 R_B의 값을 수정하여 Q점의 위치를 재조정하라.

그림 P9-1

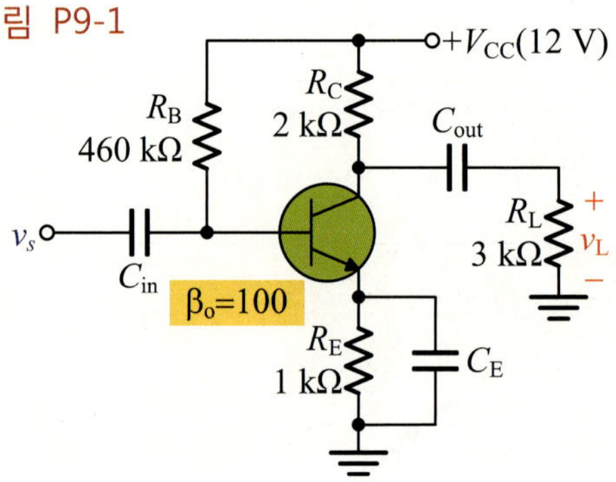

그림 P9-2

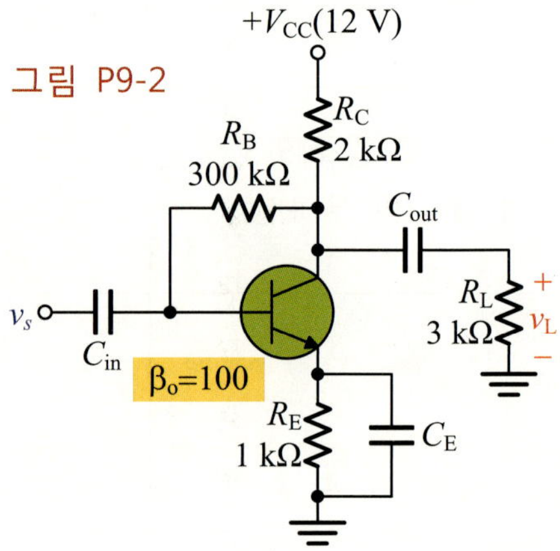

9-3 그림 P9-3의 회로에서

(a) 전원 V_{CC}로부터 공급되는 전류의 평균은 얼마인가?

(b) 전체 전압 이득을 구하고 왜곡 없이 증폭 가능한 입력 최대 PP를 구하라.

(c) 첫 번째 증폭단의 교류 부하선을 그리고 출력의 최대 PP를 구하라. 그리고 첫 번째 증폭단의 출력 PP를 늘릴 수 있는 방법에 대해 설명해 보아라.

9-4 그림 P9-3의 회로에서

(a) 전원 V_{CC}로부터 공급되는 전원 공급전력을 구하라.

(b) 최대 부하 소비전력 $(P_L)_{max}$를 구하라.

(c) 입력 v_s의 PP가 5 mV일 때 각 트랜지스터의 소비전력을 구하라. 또한 입력 v_s가 없는 상태에서 각 트랜지스터의 최대 소비전력을 구하라.

(d) 전력 효율을 계산하라.

그림 P9-3

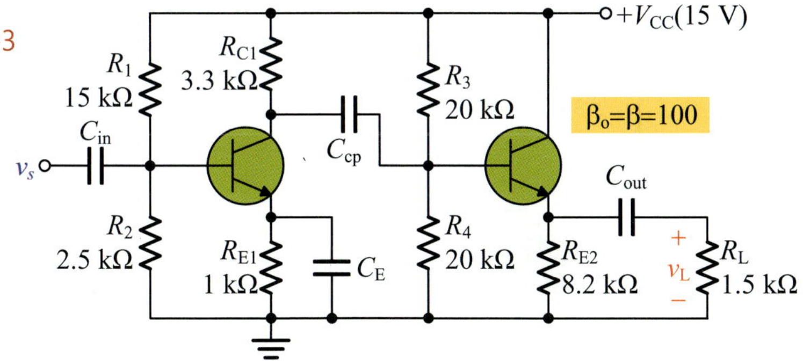

9-5 그림 P9-5의 인덕터 결합 전력 증폭기에서

(a) $R_E<<R_L$을 참고로 하여 직류 부하선과 교류 부하선을 그려보아라.

(b) 동작점이 교류 부하선의 정중앙에 위치하는지를 조사하라.

(c) 전원으로부터 공급되는 평균 전류를 구하라.

(d) 전원 공급전력, 최대 부하 소비전력, 최대 트랜지스터 소비전력, 전력 효율 등을 구하라.

9-6 그림 P9-6은 최대 약 1 W의 부하 전력을 공급해야 하는 A급 증폭기이다.

(a) 직류 바이어스 전류 I_{CQ}는 얼마이어야 하는가?

(b) (a)의 결과를 이용하여 저항 R_1과 R_2를 구하라.

(c) 전원 공급전력, 최대 부하 소비전력, 최대 트랜지스터 소비전력, 전력 효율 등을 구하라.

그림 P9-5

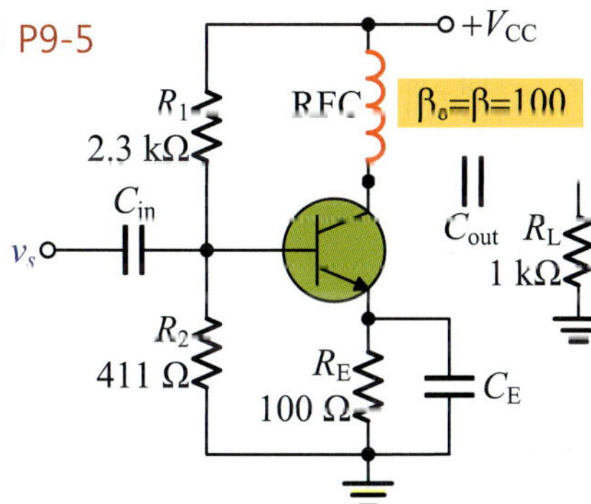

그림 P9-6

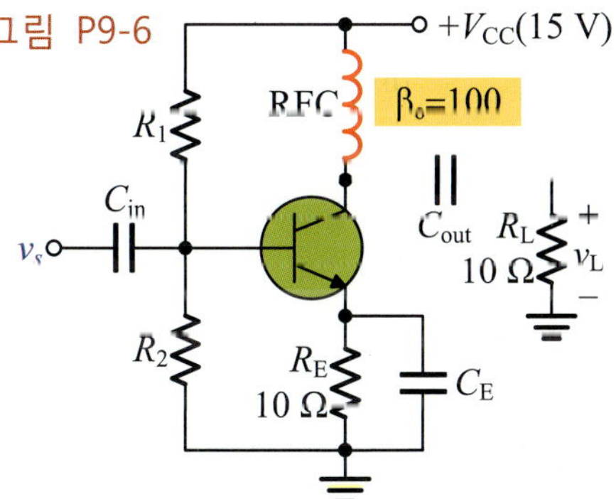

9-7 그림 P9-7의 변압기 결합 전력 증폭기에서 필요한 최대 부하 전력을 2 W라 하고 전원은 V_{CC}=20 V로 한다. 그리고 동작점은 교류 부하선의 중앙에 있다고 가정하고 R_E=10Ω으로 한다.

(a) 증폭기의 최대 효율이 50%가 되기 위한 I_{CQ}를 구하라.

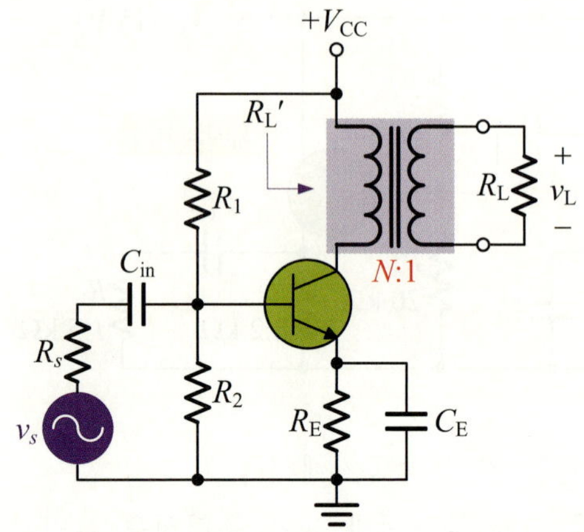

그림 P9-7

(b) (a)의 결과로부터 이 때의 최대 트랜지스터 소비전력을 구하라.

(c) 부하가 R_L=6.25Ω이라면 (a)의 I_{CQ}를 얻기 위한 권선비 N을 구하라.

(d) R_1과 R_2가 R_E에 비해 매우 크다고 가정할 때 (a)의 I_{CQ}를 얻기 위한 R_1과 R_2를 구하라. 단 β_o=50으로 한다.

9-8 그림 P9-7에서 각 소자들의 값을 다음과 같이 한다.

V_{CC}=10 V, β_o=100, R_1=51 Ω, R_2=9 Ω, R_E=1 Ω, R_L=8 Ω.

(a) 부하에 최대 전력이 전달될 수 있도록 권선비 N을 정하라.

(b) 전원 공급전력, 최대 부하 소비전력, 최대 트랜지스터 소비전력을 구하라.

9-9 그림 P9-9의 변압기 결합 푸시-풀 증폭기에서 V_{CC}=10 V, β_o=100, N=5일 때

(a) i_C, i_L, v_{CE}의 최대치를 각각 구하라.

(b) 최대 트랜지스터 소비전력과 최대 부하 소비전력을 구하라.

9-10 그림 P9-9의 증폭기로써 정격이 8Ω과 50mW인 스피커를 구동시킨다고 하자. V_{CC}=9 V로 할 때 부하에서 500 mW의 전력이 소비되도록 변압기의 권선비 N을 정하라.

그림 P9-9

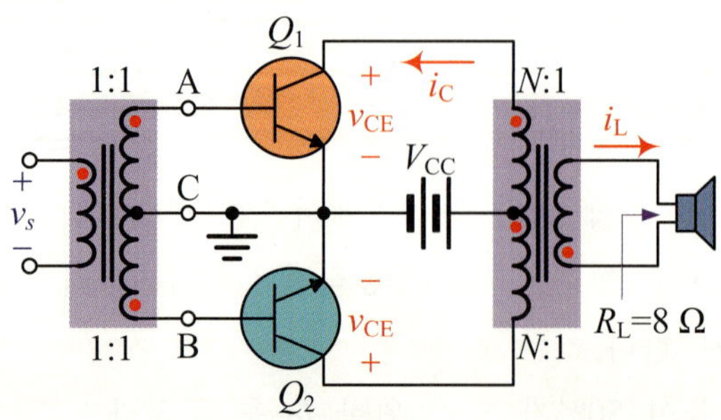

9-11 그림 P9-9에서 발생하는 교차 왜곡에 대해 설명하라.

9-12 그림 P7-12의 상보형 푸시-풀 증폭기에서

(a) 전원 공급전력, 트랜지스터 소비전력, 부하 소비전력의 최대치를 구하라.

(b) 교차 왜곡이 없도록 R_B와 R을 정하라. 단 $R_B+R=10\ k\Omega$으로 선택한다.

9-13 그림 P9-12에서 $V_{CC}=20\,V$, $\beta_o=\beta=150$, $R_L=10\,\Omega$으로 할 때 전원 공급전력, 트랜지스터 소비전력, 부하 소비전력의 최대치를 각각 구하라.

9-14 그림 P9-14에서 R이 조정된 후 $V_{BE}=0.65\,V$, $I_{CQ}=5\,mA$가 되었다면 트랜지스터의 온도가 25°C에서 55°C로 상승되면 새로운 I_{CQ}는 얼마가 되는가? 단 $\beta_o=100$이다.

그림 P9-12

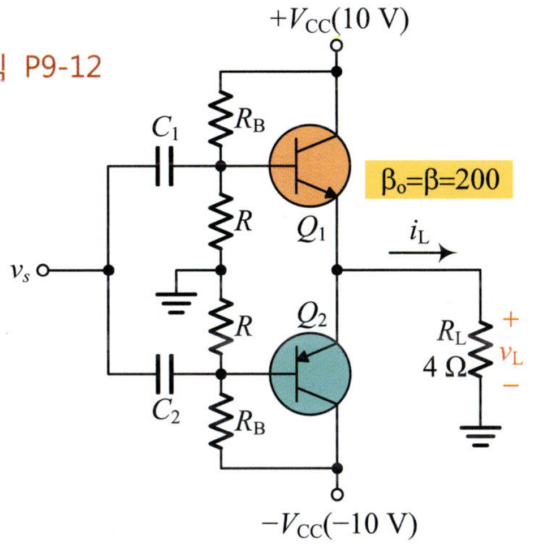

그림 P9-14

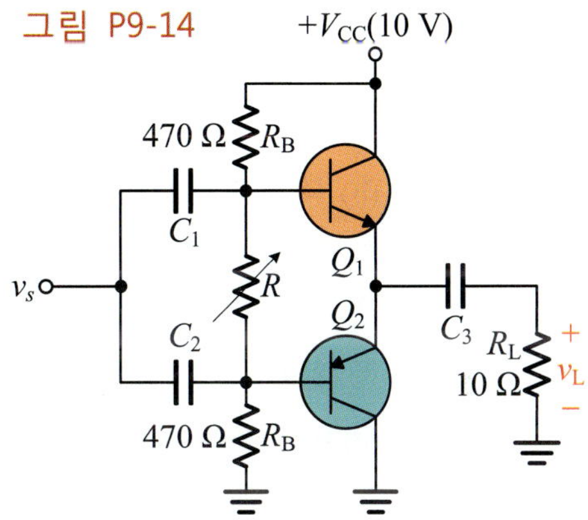

9-15 그림 P9-15에서 다이오드에 흐르는 전류 I_D는 얼마인가? 다이오드 특성 곡선과 트랜지스터의 V_{BE} 특성 곡선이 일치한다면 I_{CQ}는 얼마인가?

9-16 그림 P9-15에서 공급 전원이 15V에서 20V로 증가하면 I_{CQ}는 어떻게 되나?

9-17 그림 P9-17에서 모든 트랜지스터는 $\beta_o=\beta=100$, $V_{BE}=0.75\,V$로 한다.

(a) Q_1의 동작점을 구하고 Q_2, Q_3, Q_4의 V_{CEQ}가 10V가 되도록 R_2를 정하라.

(b) 각 단의 동작점을 구하고 전원이 공급하는 전체 직류 전류를 구하라.

9-18 문제 9-17의 결과를 이용하여 그림 P9-17에서 각 트랜지스터들의 r_π를 구하고 다음 사항들을 구하라.

(a) **소신호 A급 증폭단:**

입력 임피던스 r_i'를 구한 다음 소신호 A급 증폭단의 전압 이득을 구하라. 그리고 직류 부하선 및 교류 부하선을 그리고 A급 동작인가를 확인하라.

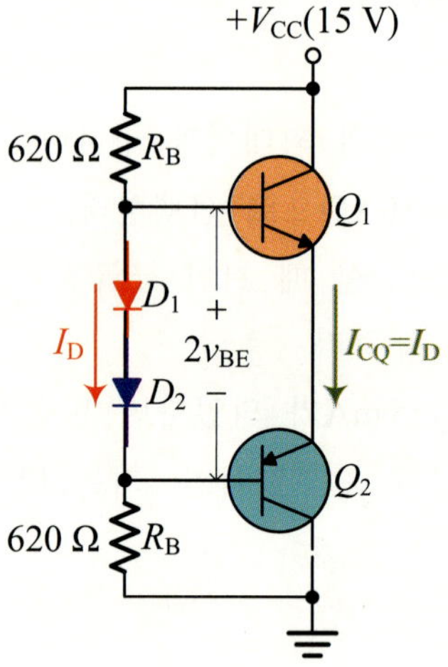

그림 P9-15

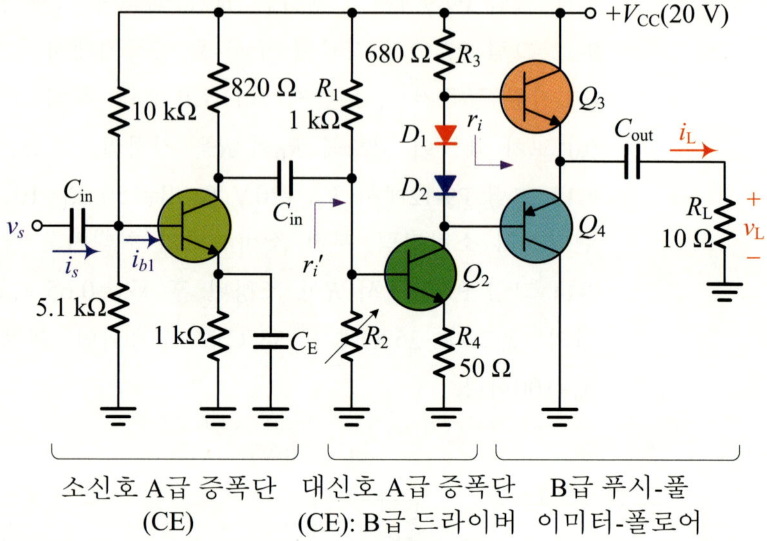

그림 P9-17

(b) **대신호 A급 증폭단:**

입력 임피던스 r_i를 구한 다음 대신호 A급 증폭단의 전압 이득을 구하고 직류 부하선 및 교류 부하선을 그려라. 이로부터 A급 동작인가를 확인하고 최대 PP를 얻을 수 있도록 Q점이 교류 부하선 중앙 부근에 있는지를 확인하라.

(c) **B급 푸시-풀 이미터 폴로어**:

직류 부하선과 교류 부하선을 그리고 Q_3, Q_4의 직류 바이어스 전류 $I_{CQ3}=I_{CQ4}$가 부하선에 미치는 영향에 대해 설명하라.

(d) 이상의 (a), (b), (c)의 결과를 종합하여 그림 P9-17의 전체 전압 이득과 최대 PP를 구하라.

(e) 전원으로부터 공급되는 최대 전력과 각 트랜지스터의 최대 소비전력 및 최대 부하 전력을 구하라.

10장 궤환 증폭기

궤환에 대한 생각은 지금까지 공부한 내용으로는 부정적이었다. 즉 BJT의 역전압 전달이나 내부 부유 용량에 의한 밀러 용량 등이 그 예이다. 그러나 외부 회로를 이용하여 의도적으로 궤환을 걸게 되면 대단히 유용한 효과를 얻을 수 있다. 상황에 맞추어 증폭기의 이득이나 대역폭을 적절히 조정해 사용할 수 있다면 매우 편리할 것이다. 그러나 일단 설계된 증폭기의 특성을 바꾼다는 것은 쉬운 작업이 아니다. 증폭기 자체는 그대로 두고 외부의 궤환 회로를 통해 출력의 일부를 입력으로 궤환시켜 줌으로써 증폭기의 실질적인 특성을 쉽게 조절할 수 있다. 뿐만 아니라 궤환 회로는 저항 한 개 또는 두 개 정도로 매우 간단하게 구성되기 때문에 여러모로 편리하다. 이러한 궤환 기능을 이용하면 기본 증폭기로는 얻을 수 없는 많은 이점이 있다.

목차

10-1 궤환의 개념

궤환 증폭기의 개념도는 그림 10-1과 같다. 즉 기본 증폭기는 그대로 두고 외부로부터 결합된 궤환 회로만 조정하여 전체 증폭기의 특성을 제어한다(궤환 회로는 매우 간단한 회로이다). 궤환 회로는 기본 증폭기의 출력 x_o에 비례하는 궤환 신호 x_f를 만들어 이를 입력 신호 x_s로부터 뺀 오차 신호 x_i를 증폭기에 입력시킨다. 이처럼 입력 신호로부터 궤환 신호를 빼는 방식을 부궤환(negative feedback)이라 하며 이와 반대로 두 신호를 합하는 방식을 정궤환(positive feedback)이라 한다. 이 장에서는 부궤환만 다루며 정궤환 방식은 11장에서 설명한다.

그림 10-1
궤환 증폭기의 구성.

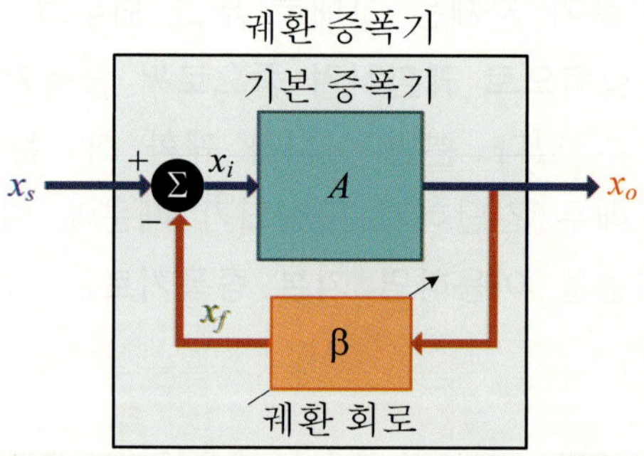

부궤환 (負饋還)

이상적인 궤환 증폭기의 기본 조건 중 하나는, 기본 증폭기는 입력으로부터 출력으로의 순방향 전달(feedforward) 기능만 담당하고 궤환 회로는 출력에서 입력으로의 궤환(feedback) 기능만 전적으로 담당하는 것이다. 물론 실제 상황에서는 이 조건을 완전히 만족할 수 없다. 그림 10-1 에서 궤환 신호 x_f 는 출력 x_o 에 비례하는 βx_o 이며 비례 상수 β를 궤환 이득(feedback gain)이라 한다(BJT 의 전류 증폭률 β와는 다른 것이다). 따라서 기본 증폭기의 입력 x_i 는

$$x_i = x_s - x_f = x_s - \beta x_o \quad \textbf{(10-1-1)}$$

이며 출력은 $x_o = Ax_i$ 이므로 전체 이득 $A_f = x_o/x_s$ 는 다음과 같이 구해짐을 알 수 있다.

$$A_f = \frac{A}{1+\beta A} \qquad \textbf{(10-1-2)}$$

궤환에 대한 자세한 설명에 들어가기 전에 부궤환으로부터 얻을 수 있는 유리한 점을 먼저 설명하도록 한다. 그림 10-1에서 기본 증폭기의 주파수 특성을 다음과 같이 일차 저역통과 특성으로 가정해 보자.

$$A(f) = \frac{x_o}{x_i} = \frac{A_{mid}}{1+j(f/f_H)} \qquad \textbf{(10-1-3)}$$

위의 식을 식 (10-1-2)의 A에 대입하면 $A_f(f)$는 다음과 같이 표현된다.

$$A_f(f) = \frac{\dfrac{A_{mid}}{1+j(f/f_H)}}{1+\beta\left(\dfrac{A_{mid}}{1+j(f/f_H)}\right)} = \frac{\dfrac{A_{mid}}{1+\beta A_{mid}}}{1+jf\left(\dfrac{1}{1+\beta A_{mid}}\right)} \qquad \textbf{(10-1-4)}$$

여기서

$$A_{midf} \equiv \frac{A_{mid}}{1+\beta A_{mid}}, \quad f_{Hf} = f_H(1+\beta A_{mid}) \qquad \textbf{(10-1-5)}$$

로 정의하면 $A_f(f)$는 다음과 같이 표현할 수 있다.

$$A_f(f) = \frac{A_{midf}}{1+j(f/f_{Hf})} \qquad \textbf{(10-1-6)}$$

즉 궤환이 있을 때의 중간대역 이득 A_{midf}는 기본 증폭기의 A_{mid}에 비해 $1/(1+\beta A_{mid})$로 감소한다. 반면에 궤환에 의한 차단 주파수 f_{Hf}, 즉 대역폭은 기본 증폭기의 차단 주파수 f_H의 $1+\beta A_{mid}$ 배도 늘어난다. 그러나 이득과 대역폭의 곱인 GBW_f는

$$GBW_f = A_{midf} f_{Hf} = A_{mid} f_H = GBW \qquad \textbf{(10-1-7)}$$

와 같이 궤환이 없을 때와 변함이 없다. 이상의 결과를 종합한 것이 그림 10-2이며 일정한 GBW하에서 궤환 이득 β를 조절하여 이득과 대역폭을 쉽게 조절할 수 있음을 알 수 있다. 안정되지 못한 증폭기는 여러 가지 이유로 이득이 변동한다. 이득이 A인 증폭기의 이득 감도(gain sensitivity)는 dA/A로 정의되며 감도가 낮을수록 안정된 증폭기이다. 이번에는 기본 증폭기가 이득이 A이며 감도가 dA/A일 때 궤환 이득이 β인 궤환 증폭기

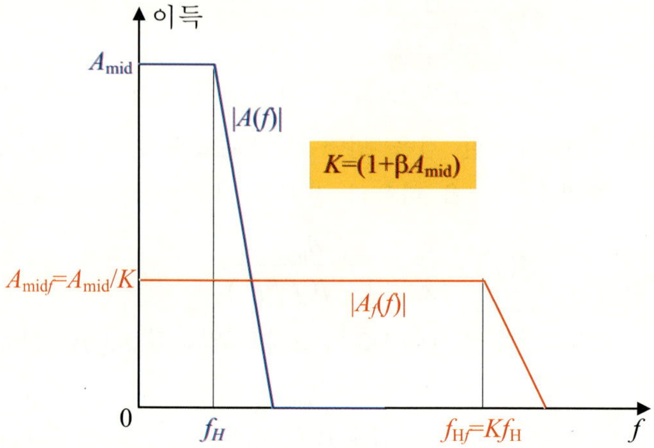

그림 10-2 부궤환에 의한 주파수 응답.

의 이득 감도에 대해 알아보자. 식 (10-1-2)를 A로 미분하면

$$\frac{dA_f}{dA}=\frac{(1+\beta A)-\beta A}{(1+\beta A)^2}=\frac{1}{(1+\beta A)^2} \tag{10-1-8}$$

위의 식과 식 (10-1-2)를 결합하면

$$\frac{dA_f}{dA}=\frac{1}{(1+\beta A)^2}=\left(\frac{1}{1+\beta A}\right)\frac{A_f}{A} \tag{10-1-9}$$

따라서 다음의 관계를 얻을 수 있다.

$$\frac{dA_f}{A_f}=\left(\frac{1}{1+\beta A}\right)\frac{dA}{A} \tag{10-1-10}$$

즉 궤환 증폭기의 감도는 기본 증폭기 감도의 1+βA 배로 줄어들며 그만큼 안정된다. 이상으로 부궤환의 전반적인 효과에 대해 알아보았다.

루프 이득

궤환 증폭기를 설계하거나 해석할 때 대단히 중요한 개념이 루프 이득(loop gain)이다. 루프 이득은 어떤 신호가 궤환 증폭기의 한 부분에서 시작하여 궤환에 의해 다시 같은 위치에 나타났을 때 처음 신호에 대한 비를 말하며 그림 10-3이 이를 보여준다. 입력을 고려하지 않으면 기본 증폭기와 궤환 회로는 하나의 루프를 이룬다. 루프 이득 T는 그림과 같이 신호가 루프를 일주하면서 얻는 이득으로 $-\beta A$가 된다. 즉

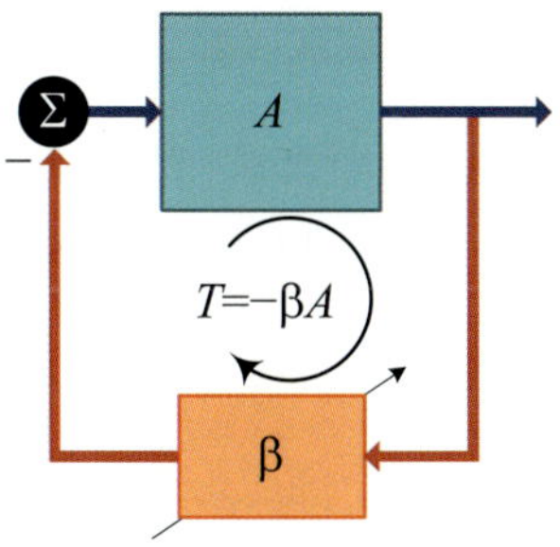

그림 10-3
루프 이득.

$$T = -\beta A \tag{10-1-11}$$

이므로 식 (10-1-2)를 루프 이득으로 나타내면

$$A_f = \frac{A}{1+\beta A} = \frac{A}{1-T} \tag{10-1-12}$$

실제 궤환 회로에서는 루프 이득을 구하기가 용이하다. 따라서 루프 이득을 구한 다음 식 (10-1-12)의 관계로부터 궤환이 있을 때의 이득을 간접적으로 구하면 훨씬 편리하다. 식 (10-1-10)의 이득 감도 역시 다음과 같이 루프 이득으로 나타낼 수 있다.

$$\frac{dA_f}{A_f} = \frac{dA/A}{1-T} \tag{10-1-13}$$

루프 이득은 식 (10-1-11)과 같이 부궤환일 때는 부호가 음이며 정궤환일 때는 양이므로 루프 이득의 부호로 궤환 형태를 파악할 수 있다.

그림 10-1에서 기본 증폭기 이득 A는 루프를 절단한 상태에서 구한 이득이므로 **개루프 이득(open-loop gain)**이라 하기도 한다. 그리고 루프가 닫힌 상태에서의 이득인 궤환 증폭기의 이득 A_f를 **폐루프 이득(closed-loop gain)**이라 하기도 한다. 이상으로 궤환 증폭기에서 정의한 네 가지 이득은 다음과 같다: 개루프 이득 A, 폐루프 이득 A_f, 궤환 이득 β, 루프 이득 T=–βA. 그러나 앞으로는 개루프 이득은 '궤환이 없을 때의 이득' 또는 '무궤환 이득'으로, 폐루프 이득은 '궤환이 있을 때의 이득'으로 부르기로 약속한다.

예제 10-1

이득이 A=200인 기본 증폭기가 출력의 1/4을 입력으로 궤환시키는 부궤환 회로와 연결되어 있다. 궤환 증폭기의 이득을 구하라. 그리고 기본 증폭기의 이득이 20% 감소할 경우 궤환 증폭기 이득의 변화율을 구하라.

풀이 궤환 이득이 β=1/4이므로

$$T = -\beta A = -200/4 = \mathbf{-50}$$

$$A_f = \frac{A}{1-T} = \frac{200}{1+50} = \mathbf{3.92}$$

기본 증폭기의 이득 A가 20% 감소하여 160이 되면 dA=40이다. 따라서

$$\frac{dA_f}{A_f} = \left(\frac{1}{1-T}\right)\frac{dA}{A} = \frac{1}{51}\times\frac{40}{200} = \mathbf{0.039}$$

$$dA_f = 0.039A_f = 0.039\times 3.92 = \mathbf{0.015}$$

즉 궤환 증폭기의 이득 변화율은 **0.4%**에 불과하다.

궤환 유형

그림 10-1에서 각 변수를 x로 표현한 이유는 그것이 전압인지 전류인지 아직 결정되지 않았기 때문이다. 즉 출력 x_o는 출력 전압 v_o가 될 수도 있고 전류 i_o도 될 수 있으며 입력 오차 신호 x_i 역시 오차 전압 v_o 또는 오차 전류 i_o가 될 수 있기 때문이다. 따라서 x_i와 x_o가 전압이냐 전류냐에 따라 그림 10-4와 같이 모두 네 가지의 궤환 유형이 생기게 된다.

그림 (a)는 출력의 전압을 궤환시켜 입력에서 전압 차를 만드는 전압 궤환-전압오차 방식이다. 여기서 전압 이득 A_v는 단위가 없으며 궤환 이득 β도 단위가 없다. 따라서 루프이득 T=–βA는 단위가 없는 상수가 된다.

그림 (b)는 출력의 전류를 궤환시켜 입력에서 전류 차를 만드는 전류 궤환-전류오차 방식이다. 전압 이득 A_i와 β가 단위가 없으므로 루프이득 T=–βA도 단위가 없는 상수가 된다.

그림 (c)는 출력의 전류를 궤환시켜 입력에서 전압 차를 만드는 전류 궤환-전압오차 방식이다. 전달컨덕턴스 G_m은 단위가 지멘스(S)이며 β의

그림 10-4
궤환 유형:
(a) 전압궤환-전압오차;
(b) 전류궤환-전류오차;
(c) 전류궤환-전압오차;
(d) 전압궤환-전류오차.

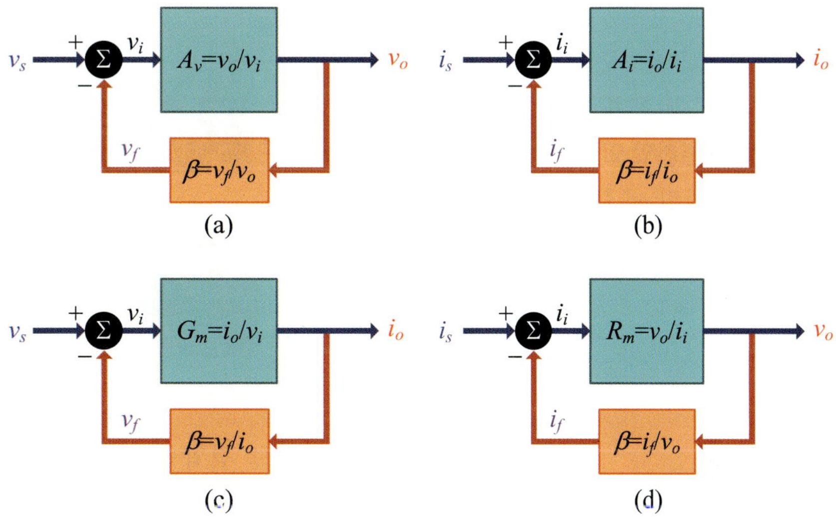

단위가 Ω이므로 루프이득 $T=-\beta A$는 단위가 없는 상수가 된다.

그림 (d)는 출력의 전압을 궤환시켜 입력에서 전류 차를 만드는 전압궤환-전류오차 방식이다. 전달컨덕턴스 R_m의 단위가 Ω이므로 β의 단위가 지멘스(S)이므로 루프이득 $T=-\beta A$는 단위가 없는 상수가 된다.

그림 10-4에서 기본 증폭기는 입력에서 출력으로만 신호를 전달하고 궤환 회로는 출력에서 입력으로만 신호를 전달하는 것으로 가정한 것이다. 그러나 실제 회로에서는 기본 증폭기 내부에도 궤환 성분이 있으며 궤환 회로 내부에도 순방향 전달이 있지만 다만 상대적으로 무시한다.

10-2 이상적인 궤환

전압궤환-전압오차

전압궤환-전류오차 방식의 결선 형태는 그림 10-5와 같다. 출력 전압을 궤환시키기 위해 기본 증폭기의 출력단과 궤환 회로의 출력단을 병렬로 결합한다(병렬 결합은 전압이 같다). 궤환 회로는 출력 전압 v_o에 비례하는 궤환 전압 v_f를 만들며 궤환 회로의 종속 전압원 βv_o가 이를 나타낸다. 궤환 전압이 입력 전압 v_s와 오차 전압 v_i를 만들기 위해 기본 증폭기와 궤

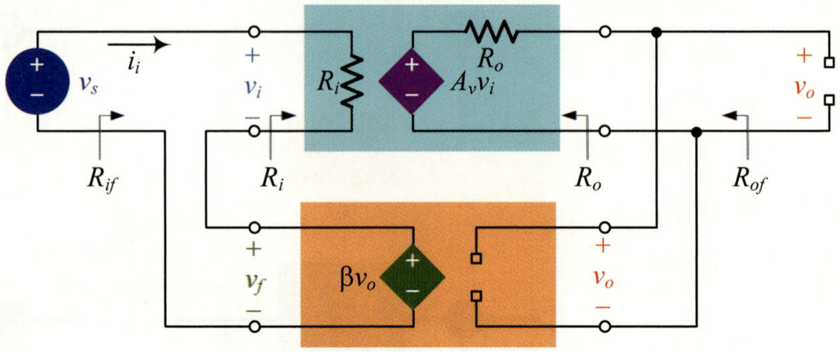

그림 10-5 이상적인 전압궤환-전압오차 방식(전압-직렬 궤환).

환 회로의 입력단은 직렬로 결합한다(직렬 결합에서는 전압이 합해지거나 빼지므로). 이상으로 전압궤환-전압오차 방식은 출력단은 병렬 결합, 입력단은 직렬 결합으로 결선된다는 것을 알 수 있다. 따라서 이 방식은 앞으로 보다 간단한 용어인 전압-직렬(voltage-shunt) 궤환이라 부르기로 한다. 그림 10-5에서 기본 증폭기의 출력이 개방 상태(부하가 무한대)임을 유의하여야 한다(부하가 유한한 경우는 차후에 설명한다). 그리고 궤환 회로는 등가회로에서 보는 바와 같이 입력 저항은 0이고 출력 저항은 무한대인 이상적인 경우로 가정하였다. 이제 그림 10-5의 각 특성을 해석해 보기로 한다.

전압 이득 궤환 증폭기의 개방 전압 이득 $A_{vf}=v_o/v_s$와 궤환이 없을 때의 이득, 즉 기본 증폭기의 개방 전압 이득 $A_v=v_o/v_i$과의 관계를 루프 이득 $T=-\beta A_v$로 표현한다. 먼저 v_s와 v_i의 관계를 구하면

$$v_s = v_i + v_f = v_i + \beta v_o \tag{10-2-1}$$

출력단이 개방이므로 $i_o=0$이 되어 $v_o=A_v v_i$이다. 따라서

$$v_s = v_i + \beta v_o = v_i + \beta A_v v_i = (1+\beta A_v) v_i \tag{10-2-2}$$

이로부터 개방 전압 이득은

$$A_{vf} = \frac{v_o}{v_s} = \frac{A_v v_i}{v_s} = \frac{A_v}{1+\beta A_v} \tag{10-2-3}$$

여기서 $T=-\beta A_v$이므로

$$A_v = \frac{A_v}{1-T} \quad (10\text{-}2\text{-}4)$$

전류 이득 그림 10-5의 입력단은 직렬 결합이다. 따라서 전류 오차가 일어나지 않으므로 전류 이득은 궤환에 영향을 받지 않는다. 즉 그림 10-5에서 입력 전압원 v_s를 전류원으로 대신한다고 생각하면 궤환 회로가 있을 때도 없을 때(β=0)와 마찬가지로 기본 증폭기 입력 전류는 변함이 없다. 즉 전압-직렬 궤환 방식의 전류 이득은 궤환이 없을 때와 같이

$$A_{if} = A_i \quad (10\text{-}2\text{-}5)$$

입력 저항 그림 10-5의 입력단에서 궤환 증폭기의 입력 저항 $R_{if}=v_s/i_i$와 궤환이 없을 때인 기본 증폭기의 입력 저항 $R_i=v_i/i_i$의 관계는 $v_s=(1-T)v_i$를 이용하면 다음과 같이 구해진다.

$$R_{if} = \frac{v_s}{i_i} = \frac{(1-T)v_i}{i_i} = (1-T)R_i \quad (10\text{-}2\text{-}6)$$

따라서 전압-직렬 궤환에서는 궤환에 의해 입력 저항이 증가한다($1-T>1$). 그 이유는 그림 10-5에서 보듯이 입력단이 직렬 결합이기 때문이다(저항은 직렬 결합하면 증가한다).

출력 저항 그림 10-5에서 궤환 증폭기의 출력단은 병렬 결합을 이루고 있으므로 궤환에 의해 출력 저항은 감소할 것임을 예상할 수 있다. 궤환 증폭기의 출력 저항 R_{of}는 입력 전원 v_s를 0으로 한 상태에서 그림 10-6과 같이 출력단에 가상의 전원 v_o를 연결한 후 전류 i_o를 구하여 다음과 같이 측정한다.

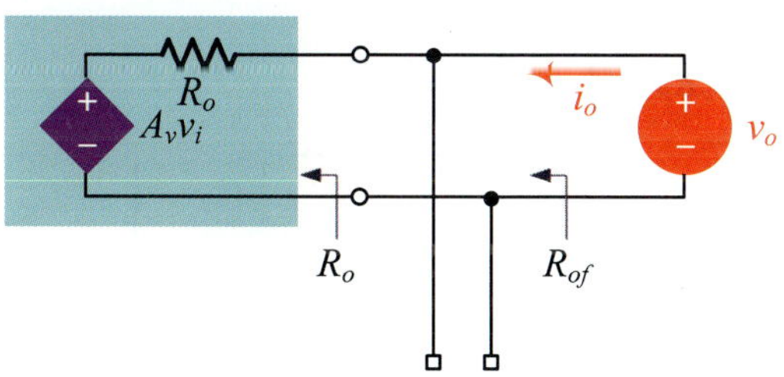

그림 10 6 그림 10-5의 출력 저항을 구하는 회로.

$$R_{of}=\left.\frac{v_o}{i_o}\right|_{v_s=0} \quad \textbf{(10-2-7)}$$

그림 10-5에서 v_s=0이면 $v_i=v_s-v_f=-v_f=-\beta v_o$가 된다. 그리고 출력단 전압 v_o와 전류 i_o의 관계는 그림 10-6으로부터 $v_o=R_oi_o+A_vv_i$임을 알 수 있다. 따라서 이 두 관계로부터

$$v_o=R_oi_o+A_vv_i=R_oi_o-\beta A_vv_o \quad \textbf{(10-2-8)}$$

이므로 다음의 관계를 얻을 수 있다.

$$R_{of}=\frac{R_o}{1+\beta A_v}=\frac{R_o}{1-T} \quad \textbf{(10-2-9)}$$

전류궤환-전류오차

그림 10-7은 전류궤환-전류오차 방식의 결선이다(출력단이 단락임을 유념할 것). 출력 전류를 가져오기 위해 궤환 회로의 출력단은 기본 증폭기의 출력단과 직렬로 결합한다(직렬 결합에서는 전류가 같다). 그리고 입력단끼리는 전류 오차를 발생시키기 위해 병렬로 결합한다(병렬 결합에서는 전류가 합해지거나 빼지므로). 따라서 이 방식은 앞으로 **전류-병렬(current-shunt) 궤환**으로 부르기로 한다. 이 방식은 전류 오차가 일어나므로 궤환에 의해 전류 이득은 변하지만 전압 이득은 변하지 않을 것임을 예상할 수 있다. 즉 그림 10-7에서 입력 전류원 i_s를 전압원 v_s로 대신할 경우 기본 증폭기의 입력 전압은 궤환 회로에 영향을 받지 않기 때문이다. 그리고 입력단은 병렬 결합이고 출력단은 직렬 결합이기 때문에 궤환

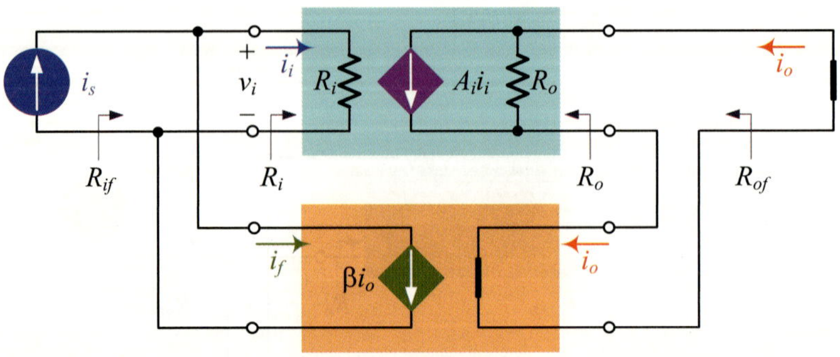

그림 10-7 이상적인 전류궤환-전류오차 방식(전류-병렬 궤환).

에 의해 입력 저항은 감소하고 출력 저항은 증가할 것이다.

전류 이득 궤환 증폭기의 전류 이득 $A_{if}=i_o/i_s$와 궤환이 없을 때인 기본 증폭기의 이득 $A_i=i_o/i_i$과의 관계를 루프 이득 $T=-\beta A_i$로 표현한다. 이를 위해 먼저 i_s와 i_i의 관계를 구하면

$$i_s = i_i + i_f = i_i + \beta i_o = i_i + \beta A_i i_i = (1+\beta A_i)i_i = (1-T)i_i \qquad \textbf{(10-2-10)}$$

따라서

$$A_{if} = \frac{i_o}{i_s} = \frac{i_o}{(1-T)i_i} = \frac{A_i}{1-T} \qquad \textbf{(10-2-11)}$$

전압 이득 전류-병렬 방식의 전압 이득은 궤환이 없을 때와 같으며

$$A_{vf} = A_v \qquad \textbf{(10-2-12)}$$

입력 저항 그림 10-7에서 궤환 증폭기의 입력 저항 $R_{if}=v_i/i_s$와 궤환이 없을 때인 기본 증폭기의 입력 저항 $R_i=v_i/i_i$의 관계는 $i_s=(1-T)i_i$를 이용하면 다음과 같이 구해진다.

$$R_{if} = \frac{v_i}{i_s} = \frac{v_i}{(1-T)i_i} = \frac{R_i}{1-T} \qquad \textbf{(10-2-13)}$$

출력 저항 그림 10-7에서 궤환 증폭기의 출력 저항 R_{of}는 입력 전원 i_s를 0으로 한 상태에서 그림 10-8의 회로에서 구한다.

$$R_{of} = \left.\frac{v_o}{i_o}\right|_{i_s=0} \qquad \textbf{(10-2-14)}$$

그림 10-8
그림 10-7의 출력 저항을 구하는 회로.

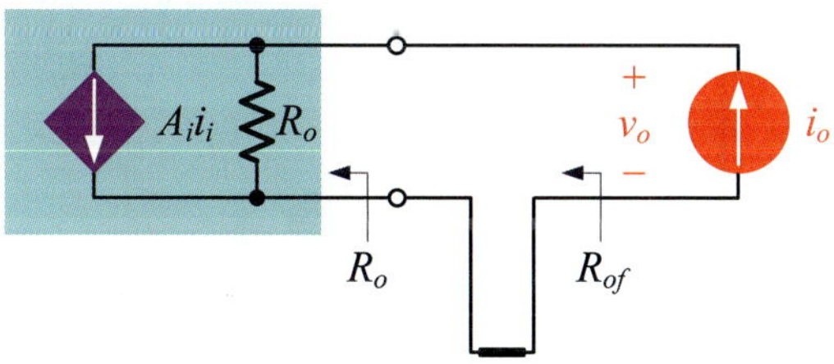

그림 10-7에서 i_s=0이면 $i_i=i_s-i_f=-i_f=-\beta i_o$가 된다. 그리고 출력단 전압 v_o와 전류 i_o의 관계는 그림 10-8을 참조하면 $i_o=v_o/R_o+A_i i_i$임을 알 수 있다. 따라서 이 두 관계로부터

$$i_o = \frac{v_o}{R_o} + A_i i_i = \frac{v_o}{R_o} - \beta A_i i_o \qquad \textbf{(10-2-15)}$$

이므로 다음의 관계를 얻을 수 있다.

$$R_{of} = (1+\beta A_i)R_o = (1-T)R_o \qquad \textbf{(10-2-16)}$$

전류궤환-전압오차

그림 10-9는 전류궤환-전압오차 방식이다. 입력과 출력단은 모두 직렬 결합을 이루며 궤환 회로는 출력단의 직렬 결합을 통해 출력 전류를 가져와 궤환 전압 v_f를 만들며 입력단의 직렬 결합을 통해 전압 오차를 만든다. 따라서 이 방식은 전류-직렬(current-series) 궤환이라 한다. 이 방식은 전압 오차를 일으키므로 전압 이득은 궤환의 영향을 받지만 전류 이득은 받지 않을 것이다. 그리고 입력과 출력이 모두 직렬 결합이므로 궤환 증폭기의 입력 및 출력 저항은 궤환이 없을 때에 비해 모두 증가할 것이다.

전달컨덕턴스 궤환 증폭기의 전달컨덕턴스 $G_{mf}=i_o/v_s$와 궤환이 없을 때의 전달컨덕턴스 $G_m=i_o/v_i$의 관계를 루프 이득 $T=-\beta G_m$으로 표현한다. 먼저 입력 전원 v_s와 v_i의 관계를 구하면

$$v_s = v_i + v_f = v_i + \beta i_o = v_i + \beta G_m v_i = (1+\beta G_m)v_i = (1-T)v_i \qquad \textbf{(10-2-17)}$$

따라서

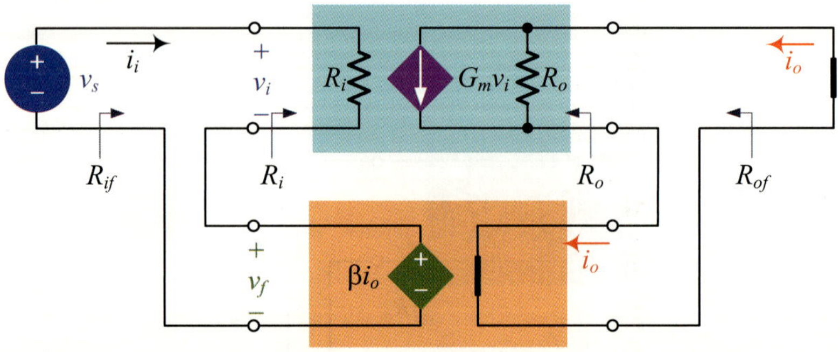

그림 10-9 이상적인 전류궤환-전압오차 방식(전류-직렬 궤환).

$$G_{mf}=\frac{i_o}{v_s}=\frac{i_o}{(1-T)v_i}=\frac{G_m}{1-T} \quad \textbf{(10-2-18)}$$

전압 이득 그림 10-9의 출력단에 단락 대신에 부하 R_L을 접속한다고 가정하면 출력 전압은 $v_o=-R_L i_o$이므로 전압 이득 $A_{vf}=v_o/v_s$는 전달컨덕턴스 $G_{mf}=i_o/v_s$와 다음과 같은 비례 관계가 있다.

$$A_{vf}=-G_{mf}R_L=-\frac{G_m R_L}{1-T} \quad \textbf{(10-2-19)}$$

여기서 $G_m R_L=-A_v$이므로

$$A_{vf}=\frac{A_v}{1-T} \quad \textbf{(10-2-20)}$$

전류 이득 그림 10-9의 입력단이 직렬 결합이므로 전류 이득은 궤환에 의해 영향을 받지 않는다. 따라서

$$A_{if}=A_i \quad \textbf{(10-2-21)}$$

입력 저항 그림 10-9에서 궤환 증폭기의 입력 저항 $R_{if}=v_s/i_i$와 기본 증폭기의 입력 저항 $R_i=v_i/i_i$의 관계는 $v_s=(1-T)v_i$를 이용하면 다음과 같이 구해진다.

$$R_{if}=\frac{v_s}{i_i}=\frac{(1-T)v_i}{i_i}=(1-T)R_i \quad \textbf{(10-2-22)}$$

출력 저항 그림 10-9에서 궤환 증폭기의 출력 저항 R_{of}는 입력 전원 v_s를 0으로 한 상태에서 그림 10-10의 회로에서 다음과 같이 구한다.

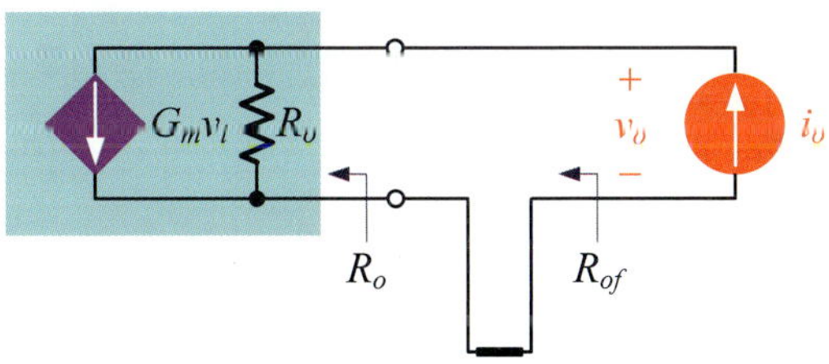

그림 10-10 그림 10-9의 출력 저항을 구하는 회로.

$$R_{of} = \frac{v_o}{i_o}\bigg|_{v_s=0} \qquad \textbf{(10-2-23)}$$

그림 10-9에서 v_s=0이면 $v_i=v_s-v_f=-v_f=-\beta i_o$가 된다. 그리고 출력단 전압 v_o와 전류 i_o의 관계는 그림 10-10으로부터 $i_o=v_o/R_o+G_m v_i$이므로 이 두 관계로부터

$$i_o = \frac{v_o}{R_o} + G_m v_i = \frac{v_o}{R_o} - \beta G_m i_o \qquad \textbf{(10-2-24)}$$

따라서

$$R_{of} = (1+\beta G_m)R_o = (1-T)R_o \qquad \textbf{(10-2-25)}$$

전압궤환-전류오차

그림 10-11은 전압궤환-전류오차 방식으로 입력과 출력단 모두 병렬로 결합된다. 궤환 회로는 출력단과의 병렬 결합을 통해 출력 전압를 가져와 궤환 전류 i_f를 만들며 입력단의 병렬 결합을 통해 전류 오차를 만든다. 따라서 이 방식은 전압-병렬(voltage-shunt) 궤환이라 한다. 이 방식은 전류 오차를 일으키므로 전류 이득은 궤환의 영향을 받지만 전압 이득은 받지 않는다. 그리고 입력과 출력이 모두 병렬 결합이므로 궤환 증폭기의 입력 및 출력 저항은 궤환이 없을 때에 비해 모두 감소한다.

전달저항 궤환 증폭기의 전달저항 $R_{mf}=v_o/i_s$와 궤환이 없을 때의 전달저항 $R_m=v_o/i_i$의 관계를 루프 이득 $T=-\beta R_m$으로 표현한다. 입력 전원 i_s와 i_i

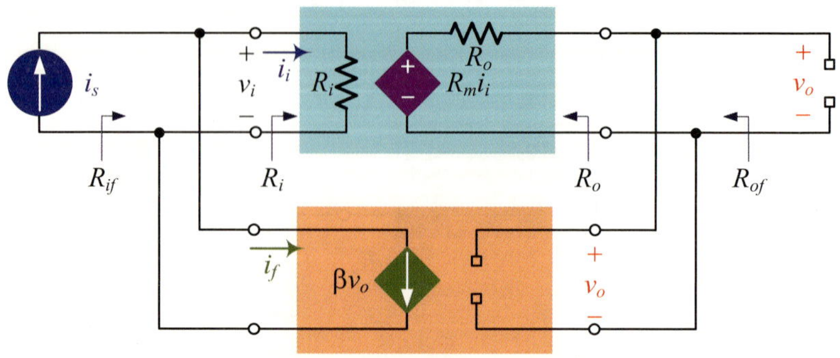

그림 10-11 이상적인 전압궤환-전류오차 방식(전압-병렬 궤환).

의 관계를 구하면 다음과 같다.

$$i_s = i_i + i_f = i_i + \beta v_o = i_i + \beta R_m i_i = (1+\beta R_m)i_i = (1-T)i_i \qquad \textbf{(10-2-26)}$$

따라서

$$R_{mf} = \frac{v_o}{i_s} = \frac{v_o}{(1-T)i_i} = \frac{R_m}{1-T} \qquad \textbf{(10-2-27)}$$

전류 이득 그림 10-11의 개방된 출력단에 부하 R_L을 연결했다면 $v_o=-R_L i_o$이므로 전류 이득은 전달저항과 다음과 같은 비례 관계가 있다.

$$A_i = \frac{i_o}{i_s} = \frac{-v_o/R_L}{i_s} = -\frac{R_m}{R_L}$$

따라서 궤환 증폭기의 전류 이득은 식 (10 2 27)을 이용하면

$$A_{if} = -\frac{R_{mf}}{R_L} = -\frac{R_m}{R_L(1-T)} = \frac{A_i}{1-T} \qquad \textbf{(10-2-28)}$$

전압 이득 그림 10-11의 입력단이 병렬 결합이므로 전압 이득은 궤환의 영향을 받지 않는다. 따라서

$$A_{vf} = A_v \qquad \textbf{(10-2-29)}$$

입력 저항 그림 10-11에서 궤환 증폭기의 입력 저항 $R_{if}=v_i/i_s$와 기본 증폭기의 입력 저항 $R_i=v_i/i_i$의 관계는 $i_s=(1-T)i_i$를 이용하면 다음과 같이 구해진다.

$$R_{if} = \frac{v_i}{i_s} = \frac{v_i}{(1-T)i_i} = \frac{R_i}{1-T} \qquad \textbf{(10-2-30)}$$

출력 저항 그림 10-11의 출력 저항 R_{of}는 입력 전원 i_s를 0으로 한 상태에서 $R_{of}=v_o/i_o$로 구한다. 그림 10-10에서 $i_s=0$이면 $i_i=i_s-i_f=-i_f=-\beta v_o$가 된다. 그리고 출력단 전압 v_o와 전류 i_o의 관계는 그림 10-12로부터 $v_o=R_o i_o+R_m i_i$임을 알 수 있다. 따라서

$$v_o = R_o i_o + R_m i_i = R_o i_o - \beta R_m v_o \qquad \textbf{(10-2-31)}$$

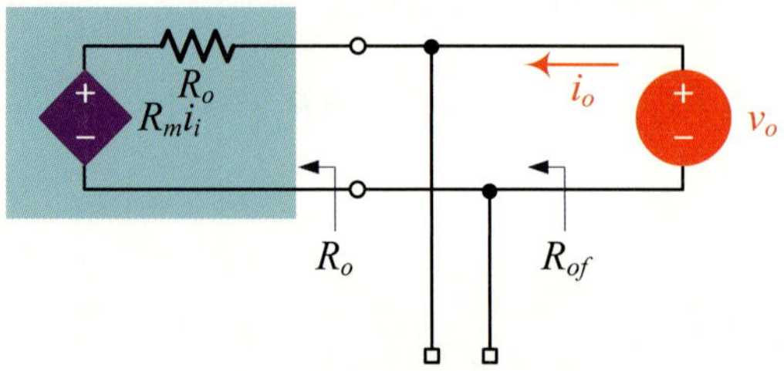

그림 10-12
그림 10-11의 출력 저항을 구하는 회로.

따라서 출력 저항은 다음과 같다.

$$R_{of} = \frac{R_o}{1+\beta R_m} = \frac{R_o}{1-T} \tag{10-2-32}$$

10-3 실질적인 궤환

10-2절에서 설명한 것은 이상적인 궤환 회로에 대한 내용이다. 그러나 실질적인 궤환 회로는 가능한 한 간단한 저항성 소자로 구성되므로 증폭기에 대해 부하 효과를 나타내지 않을 수 없다. 뿐만 아니라 10-2절에서 소개한 기본 증폭기들은 모두 전원의 내부 저항과 부하가 제외된 상태이다. 이 절에서는 전원의 내부 저항과 부하 및 궤환 회로의 부하 효과를 모두 감안한 실질적인 궤환에 대해 알아본다. 이 경우는 기본 증폭기의 개념과 무궤환 증폭기의 개념에 차이가 생기게 된다.

전압-직렬 (전압궤환-전압오차)

그림 10-13(a)의 전압-직렬 궤환에서는 기본 증폭기는 전원 내부 저항 R_s와 부하 저항 R_L을 고려하였으며, 궤환 회로는 입력 저항 $R_{i\beta}$와 출력 저항 $R_{o\beta}$을 고려한 형태이다. 그림 10-5에서 해석한 결과를 그림 10-13(a)에 그대로 적용할 수 있도록 그림 (a)의 내용을 재배치한 것이 그림 (b)이다. 물론 재배치한 후에도 그 전과 내용상 차이가 없다. 그림 (a)에서 궤환 회로의 입력 저항 $R_{i\beta}$를 기본 증폭기의 입력단에 직렬로 이동시키고 출력 저항 $R_{o\beta}$를 기본 증폭기의 출력단으로 병렬로 이동시켜도 내용상 변동이 없다. 나아가 전원 내부 저항 R_s를 궤환 루프 내부로 직렬로 이동시키고

그림 10-13
전압-직렬 궤환:
(a) 실질적인 형태;
(b) 이상적인 형태로
재배치된 형태.

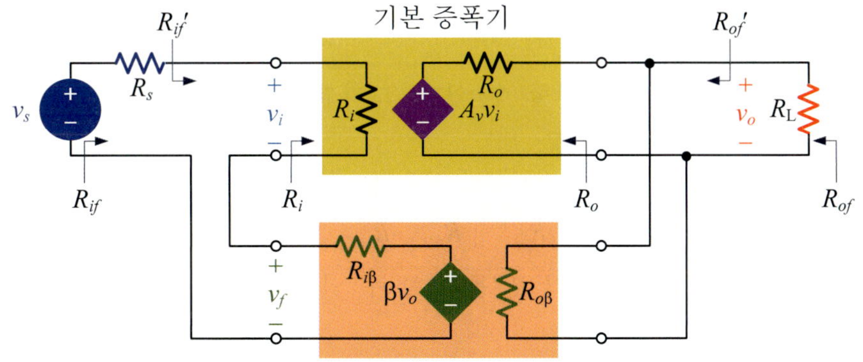

(a)

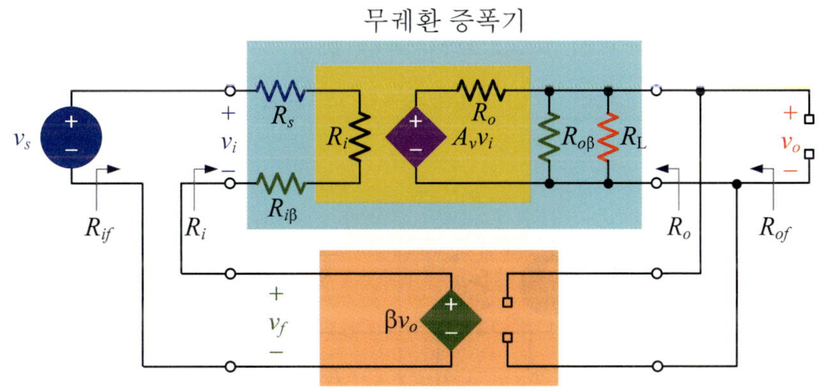

(b)

부하 저항 R_L을 궤환 루프 내부로 병렬로 이동시키면 그림 10-13(b)가 된다. 여기서 기본 증폭기에 저항들을 고려한 것이 무궤환 증폭기에 해당하며 이는 기본 증폭기는 다른 것이다. 그리고 궤환 회로는 이상적인 형태가 된다. 재배치한 결과 그림 (b)는 그림 (a)와 내용상 동일할 뿐 아니라 그림 10-5의 형태가 되어 식 (10-2-1)~(10-2-9)에 걸쳐 유도한 편리한 공식들을 그대로 적용할 수 있다. 다만 그림 10-13(a)에서 일반적으로 원하는 입력 및 출력 저항은 R_{if}, R_{of}가 아니라 R_{if}', R_{of}'이다. 왜냐하면 전원 저항 R_s는 전원 v_s의 내부 저항이므로 실제로는 v_s와 분리할 수 없기 때문이며, 출력 저항에 부하를 포함하게 되면 부하가 변할 때마다 새로 구해야 하므로 불편하기 때문이다. 그림 (a)의 입력단을 살펴보면 $R_{if}=R_s+R_{if}'$이므로

$$R_{if}' = R_{if} - R_s \tag{10-3-1}$$

로 구할 수 있다. 그리고 그림 10-13(a)의 출력단을 살펴보면 $R_{of} = R_L \| R_{of}'$ 이므로

$$\frac{1}{R_{of}'} = \frac{1}{R_{if}} - \frac{1}{R_L} \tag{10-3-2}$$

로부터 R_{of}'를 구할 수 있다.

전류-병렬 (전류궤환-전류오차)

그림 10-14(a)는 실질적인 전류-병렬 궤환이다. 궤환 회로의 $R_{i\beta}$와 전원 내부 저항 R_s를 기본 증폭기의 입력단을 향해 병렬로 이동시키고, 궤환 회로의 $R_{o\beta}$와 부하 저항 R_L를 기본 증폭기의 출력단을 향해 직렬로 이동시키면 그림 (b)와 같다. 그 결과 무궤환 증폭기와 기본 증폭기의 관계는 그

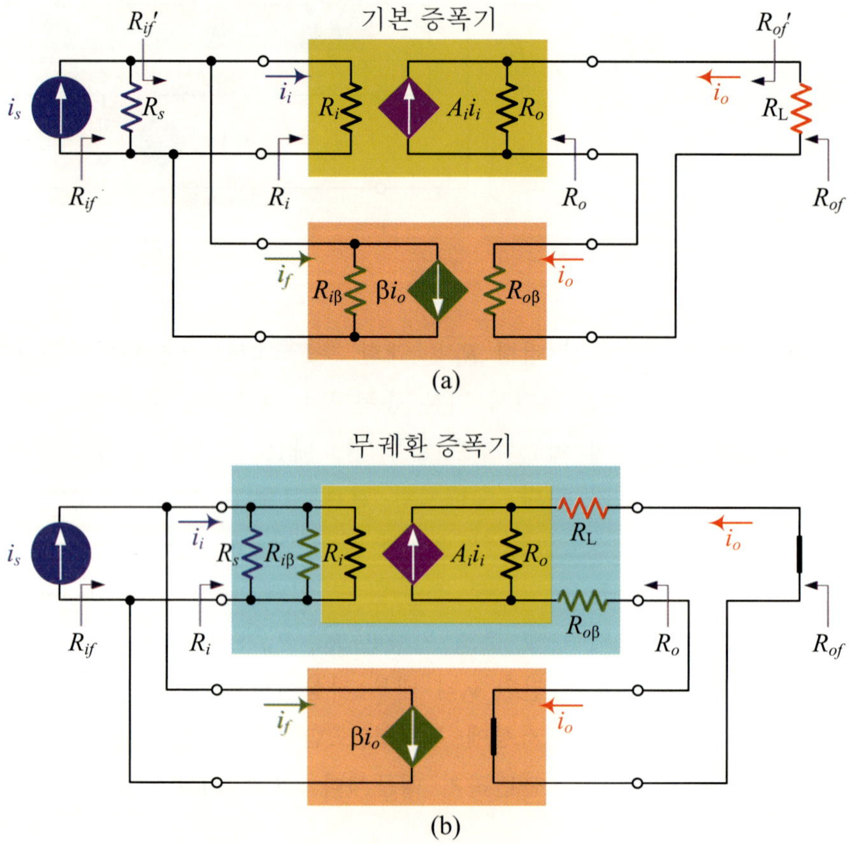

그림 10-14
전류-병렬 궤환: (a) 실질적인 형태; (b) 이상적인 형태로 재배치된 형태.

림에서 보는 바와 같고 궤환 회로는 이상적인 형태가 된다(그림 10-7 참조). 그림 10-14(a)에서 입력단을 살펴보면 $R_{if}=R_s\|R_{if}'$이므로

$$\frac{1}{R_{if}'}=\frac{1}{R_{if}}-\frac{1}{R_s} \qquad \textbf{(10-3-3)}$$

로 구할 수 있다. 그리고 출력단을 살펴보면 $R_{of}=R_L+R_{of}'$이므로

$$R_{of}'=R_{of}-R_L \qquad \textbf{(10-3-4)}$$

로부터 R_{of}'를 구할 수 있다.

전류-직렬 (전류궤환-전압오차)

그림 10-15(a)는 실질적인 전류-직렬 궤환이다. 궤환 회로의 $R_{i\beta}$와 전원 내부 저항 R_s를 기본 증폭기의 입력단을 향해 직렬로 이동시키고, 궤환 회

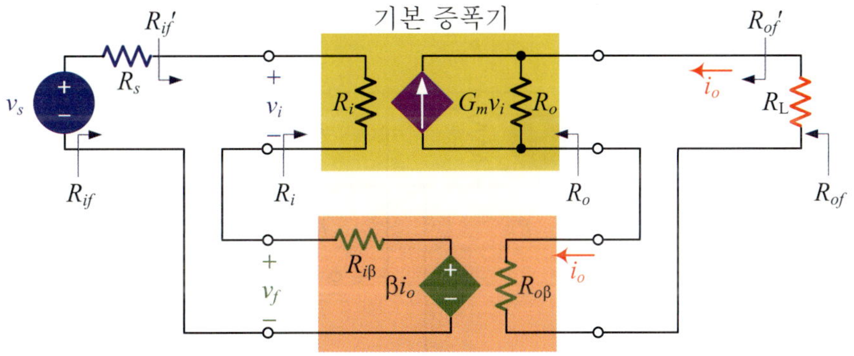

(a)

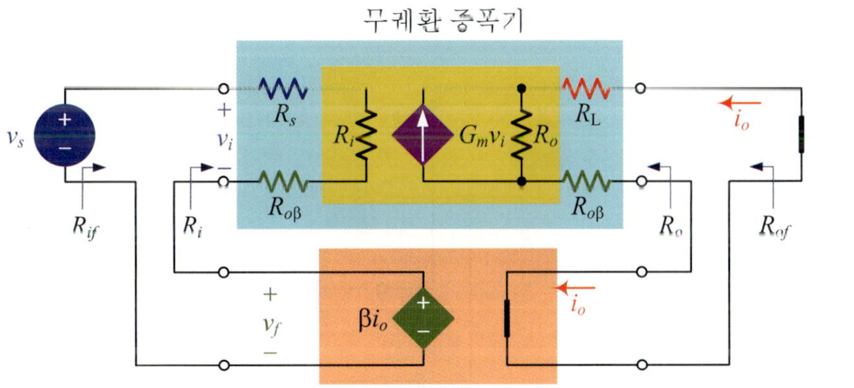

(b)

그림 10-15 전류-직렬 궤환: (a) 실질적인 형태; (b) 이상적인 형태로 재배치된 형태.

로의 $R_{o\beta}$와 부하 저항 R_L를 기본 증폭기의 출력단을 향해 직렬로 이동시키면 그림 10-14(b)와 같다. 그리고 (a)의 입력단에서 $R_{if}=R_s+R_{if}'$이므로

$$R_{if}' = R_{if} - R_s \quad \textbf{(10-3-5)}$$

로 구할 수 있으며 출력단에서 $R_{of}=R_L+R_{of}'$이므로

$$R_{of}' = R_{of} - R_L \quad \textbf{(10-3-6)}$$

로부터 R_{of}'를 구할 수 있다.

전압-병렬 (전압궤환-전류오차)

실질적인 전류-직렬 궤환은 그림 10-16(a)와 같다. 궤환 회로의 $R_{i\beta}$와 전원 내부 저항 R_s를 기본 증폭기의 입력단을 향해 병렬로 이동시키고, 궤환 회로의 $R_{o\beta}$와 부하 저항 R_L를 기본 증폭기의 출력단을 향해 병렬로 이동

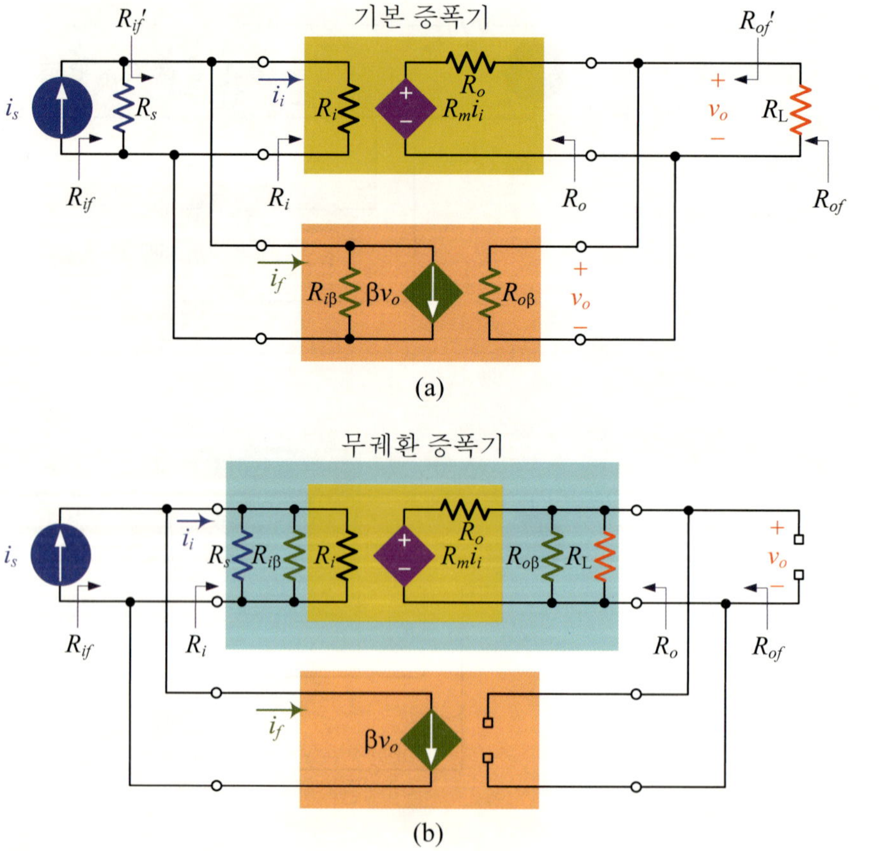

그림 10-16 전압-병렬 궤환: (a) 실질적인 형태; (b) 이상적인 형태로 재배치된 형태.

시키면 그림 10-15(b)와 같다. 그리고 (a)의 입력단에서 $R_{if}=R_s \| R_{if}'$이므로

$$\frac{1}{R_{if}'}=\frac{1}{R_{if}}-\frac{1}{R_s} \qquad \textbf{(10-3-7)}$$

로부터 R_{if}'를 구할 수 있고, 출력단을 살펴보면 $R_{of}=R_L \| R_{of}'$이므로

$$\frac{1}{R_{of}'}=\frac{1}{R_{if}}-\frac{1}{R_L} \qquad \textbf{(10-3-8)}$$

로부터 R_{of}'를 구할 수 있다.

10-4 전압-직렬 궤환

무궤환 회로

그림 10-13(a)에서 궤환을 없앤 무궤환 증폭기를 구해보면 그림 10-17과 같다. 여기서 궤환을 없앤다는 것은 궤환 회로의 부하 효과를 고려하면서 궤환 기능만 없앤다는 것이다. 그림에서 보듯이 먼저 전원 내부 저항 R_s와 부하 R_L을 궤환 루프 안으로 이동시킨다(직렬인지 병렬인지 잘 가려야 한다). 다음으로 병렬로 접속된 궤환 회로의 출력단을 단락시켜(v_o=0) 증폭기 입력단으로 부속시킨 것이 ①이다. 그 결과 종속 전압원이 βv_o=0으로 되어 단락 회로와 등가가 되어 $R_{i\beta}$의 부하 효과만 남게 된다. 다음으로 직렬로 접속된 궤환 회로의 입력단을 개방시켜 증폭기 출력단으로 부속시킨 것이 ②이다. 그 결과 $R_{o\beta}$의 부하 효과를 얻을 수 있을 뿐 아니라

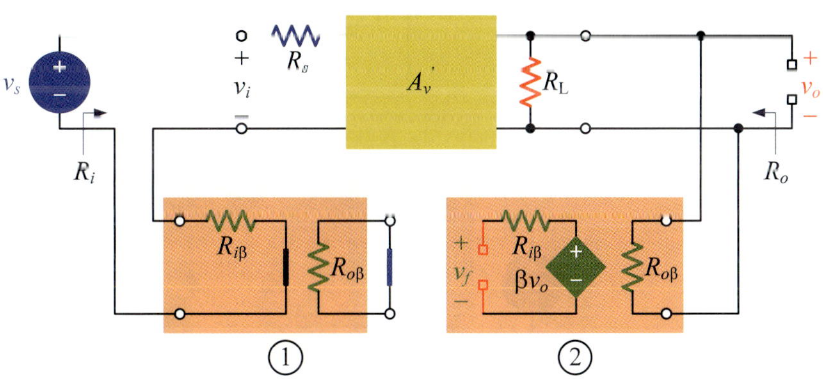

그림 10-17
진입-직렬 궤환의 무궤환 회로를 구하는 법.

$R_{i\beta}$에 전류가 흐르지 않아 $v_f=\beta v_o$이다. 즉

$$\frac{v_f}{v_o}=\beta \tag{10-4-1}$$

이므로 ②에서는 궤환 이득까지 구할 수 있다. 이상으로 그림 10-17의 무궤환 증폭기에서 R_i, R_o 및 $A_v=v_o/v_s$와 β를 구할 수 있으며 이로부터 $T=-\beta A_v$를 구하여 궤환시의 모든 특성 R_{if}, R_{of}, A_{vf}, A_{if}를 다음과 같이 구할 수 있다(식 (10-2-4), (10-2-5), (10-2-6), (10-2-9) 참조).

$$A_{vf}=\frac{A_v}{1-T},\quad R_{if}=(1-T)R_i,\quad R_{of}=\frac{R_o}{1-T},\quad A_{if}=A_i \tag{10-4-2}$$

다음의 그림 10-18(a)는 전형적인 전압-직렬 궤환의 모습이다. 궤환 회로는 R과 R_F로 구성된 전압 분배기 형태이며 출력 전압 v_o를 분배한 v_f를 궤환시킨다. R과 R_F가 이상적인 전압 분배기에 가깝도록 기본 증폭기의 입력 r_i가 $r_i>>R_F$를 만족하도록 R_F를 정한다. 그 결과 궤환 이득이

$$\beta=\frac{v_f}{v_o}=\frac{R_F}{R+R_F} \tag{10-4-3}$$

에 가깝도록 한다. 그림 10-18(a)의 무궤환 증폭기는 그림 (b)임을 알 수

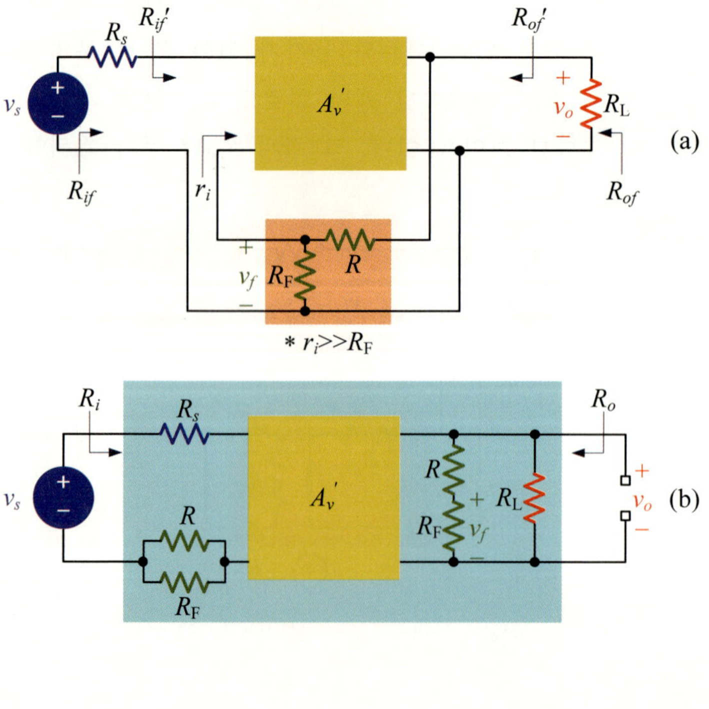

그림 10-18
(a) 전형적인 전압-직렬 궤환; (b) 무궤환 회로.

있다. 그리고 출력단에서 궤환 이득 $\beta = v_f / v_o$가 식 (10-4-3)과 같음을 알 수 있다.

예제 10-2

그림 10-19(a)의 이미터-폴로어를 궤환 이론으로 해석하라.

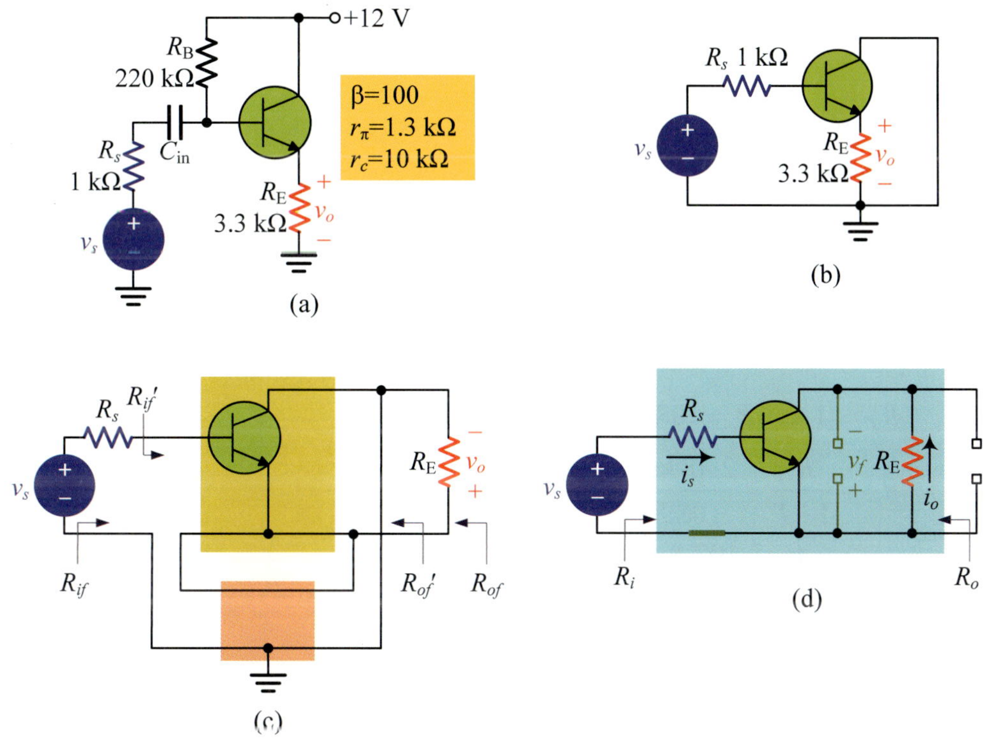

그림 10-19 (a) 예제 10-2의 그림; (b) 교류 회로; (c) 궤환 유형을 밝힌 교류 회로; (d) 무궤환 회로

풀이 그림 (a)의 교류 회로가 그림 (b)이며 궤환 유형이 드러나도록 다시 그리면 그림 (c)와 같음을 알 수 있다. 그리고 그림 (c)에서 궤환 기능을 없애면 그림 (d)가 된다. 이로부터 궤환이 없을 때의 입력 저항과 출력 저항은

$$R_i = R_s + r_\pi = 1\text{ k}\Omega + 1.3\text{ k}\Omega = \mathbf{2.3\text{ k}\Omega}$$

$$R_o = r_c \| R_E = 10\text{ k}\Omega \| 3.3\text{ k}\Omega = \mathbf{2.48\text{ k}\Omega}$$

그리고 궤환 이득은

$$\beta = \frac{v_f}{v_o} = 1$$

이며 전압 이득은

$$A_v = \frac{v_o}{v_s} = \frac{\beta R_o}{R_s + r_b} = \frac{100 \times 2.48}{1 + 1.3} = \mathbf{107.8}$$

따라서 루프 이득은

$$T = -\beta A_v = -107.8$$

그리고 10-19(d)에서 전류 이득 $A_i = i_o / i_s$는

$$i_s = v_s / R_i, \quad i_o = v_o / R_\mathrm{E}$$

의 관계를 이용하면

$$A_i = \frac{i_o}{i_s} = \frac{v_o / R_\mathrm{E}}{v_s / R_i} = A_i \frac{R_i}{R_\mathrm{E}} = 107.8 \times \frac{2.3}{3.3} = 75$$

이상으로 궤환이 있을 때의 특성은 다음과 같다.

$$R_{if} = (1 - T) R_i = 108.8 \times 2.3\ \mathrm{k\Omega} = \mathbf{250\ k\Omega}$$

$$R_{of} = \frac{R_o}{1 - T} = \frac{2.48\ \mathrm{k\Omega}}{108.8} = \mathbf{22.8\ \Omega}$$

$$A_{vf} = \frac{A_v}{1 - T} = \frac{107.8}{108.8} = \mathbf{0.99}$$

$$A_{if} = A_i = \mathbf{-75}$$

그리고 원하는 입력 저항 R_{if}'는

$$R_{if}' = R_{if} - R_s = 250 - 1\ \mathrm{k\Omega} = \mathbf{249\ k\Omega}$$

원하는 출력 저항 R_{of}'는

$$\frac{1}{R_{of}'} = \frac{1}{R_{of}} - \frac{1}{R_\mathrm{E}} = \frac{1}{22.8} - \frac{1}{3300} = 0.0436\ \mathrm{S}$$

$$\therefore R_{of}' = \mathbf{23\ \Omega}$$

예제 10-3

그림 11-20의 회로에 대한 궤환 방식을 밝히고 해석하라(R_L=4.7 kΩ). 단 두 트랜지스터는 특성이 동일하며 β=50, r_π=1 kΩ, r_c=∞으로 한다.

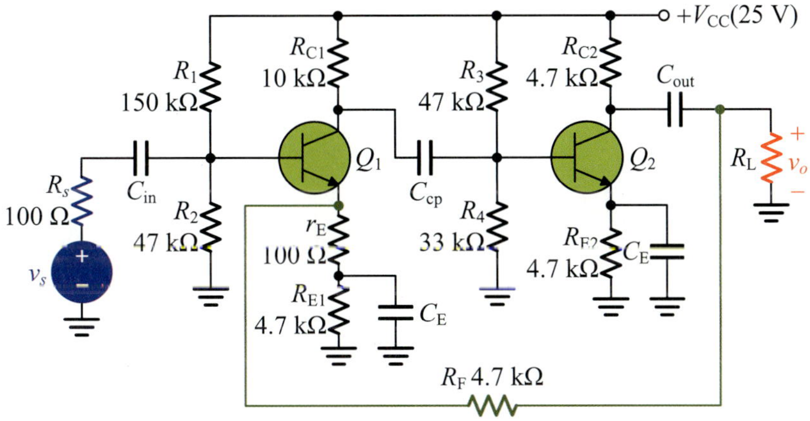

그림 10-20

예제 10-2의 그림

풀이 그림 10-20에 대한 교류 회로는 그림 10-21(a)이다. 여기서 $R_1 \| R_2 >> R_s$이므로 저항 R_1과 R_2는 무시하였으며 $r_{C1}=R_{C1}\|R_3\|R_4$이다. 그림 (b)는 그림 (a)의 궤환 형태를 강조하여 고쳐 그린 것으로 전압-직렬 궤환임을 알 수 있다. 그리고 r_E는 Q_1의 입력 저항인 r_b=1 kΩ에 비해 충분히 작도록 했음을 알 수 있다(그림 10-18(a) 참조). 끝으로 그림 (b)에서 궤환을 제거하면 그림 (c)와 같음을 알 수 있다. 그림 (c)에서 궤환이 없을 때의 입력 저항과 출력 저항을 구하면

$$R_i = R_s + r_\pi + (\beta+1)(r_E \| R_F) \doteq R_s + r_\pi + (\beta+1)r_E = \mathbf{6.2\ k\Omega}$$

$$R_o = R_{C2} \| R_L \| (R_F + r_E) = \mathbf{1.58\ k\Omega}$$

궤환 이득을 구하면

$$\beta = \frac{v_f}{v_o} = \frac{r_E}{R_F + r_E} = \frac{0.1}{4.7+0.1} = \mathbf{0.0208}$$

궤환이 없을 때의 전압 이득 A_v는

$$A_v = \left(\frac{-\beta(r_{C1}\|r_\pi)}{R_i}\right)\left(\frac{-\beta R_o}{r_b}\right) = \left(\frac{-50\times 0.868}{6.2}\right)\left(\frac{-50\times 1.58}{1}\right) = \mathbf{560}$$

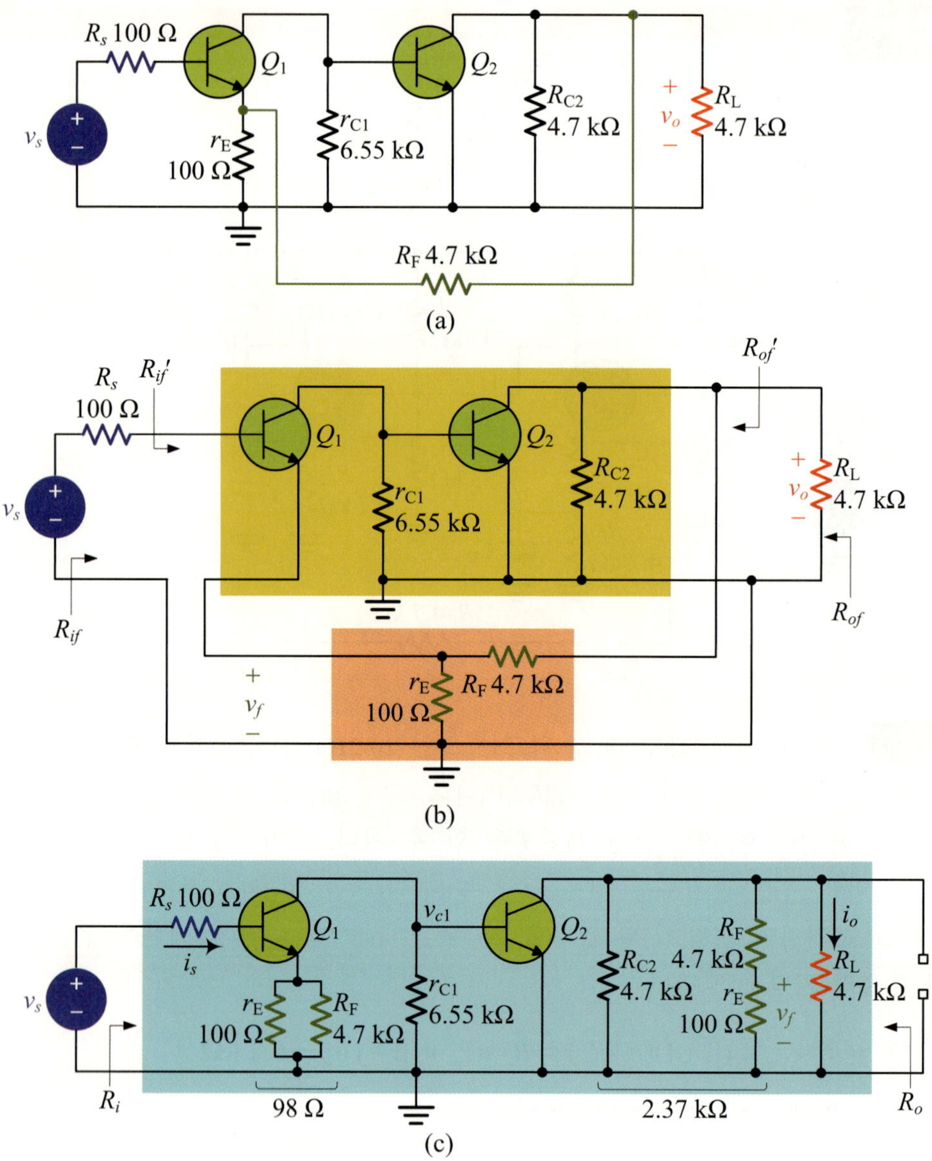

그림 10-21 그림 10-20의 (a) 교류 회로; (b) 궤환 유형을 강조하여 다시 그린 교류 회로; (c) 무궤환 회로.

궤환이 없을 때의 전류 이득 $A_i = i_o/i_s$는

$$i_s = v_s/R_i, \quad i_o = v_o/R_L$$

이므로 전압 이득을 이용하면

$$A_i = \frac{i_o}{i_s} = \frac{v_o/R_L}{v_s/R_i} = A_v \frac{R_i}{R_L} = -560 \times \frac{6.2}{4.7} = \mathbf{727}$$

루프 이득은

$$T = -\beta A_v = 0.0208 \times 533 = -11.1$$

이상으로 궤환이 있을 때의 특성은 다음과 같다.

$$R_{if} = (1-T)R_i = 12.1 \times 6.2\ \text{k}\Omega = \mathbf{75\ k\Omega}$$

$$R_{of} = \frac{R_o}{1-T} = \frac{1.58}{12.1}\ \text{k}\Omega \cong \mathbf{130\ \Omega}$$

$$A_{vf} = \frac{A_v}{1-T} = \frac{553}{12.1} = \mathbf{45.7}$$

$$A_{if} = A_i = \mathbf{723}$$

원하는 입력 저항은

$$R_{if}' = R_{if} - R_s = 75\ \text{k}\Omega - 100\ \Omega = \mathbf{74.9\ k\Omega}$$

원하는 출력 저항은 $1/R_{of}'=1/R_{of}-1/R_L$로부터

$$R_{of}' \cong \mathbf{134\ \Omega}$$

예제 10-4

그림 10-22(a)의 회로에서 모든 트랜지스터는 β=100으로 하고 정속 전류원들의 내부 저항은 무한대로 한다. 출력 전압 v_o의 직류 성분이 0임을 보이고 전체 전압 이득과 입력 및 출력 저항을 구하라.

풀이 그림 10-22(a)에 대한 교류 회로는 직류 전압원을 단락시키고 전류원을 개방시키면 그림 (b)와 같다. 따라서 궤환 형태는 전압-직렬 방식이며 이로부터 궤환을 없앤 회로는 그림 (c)와 같다. Q_1과 Q_3는 컬렉터-공통이며 Q_2는 베이스 저항이 있는 베이스-공통이다. 그림 (a)에서 Q_1, Q_2의 이미터 바이어스 전류가 0.93/2=0.465 mA이므로 v_o의 직류 성분 V_o는

$$V_o = 10\ \text{V} - R_{C2} \times 0.465\ \text{mA} - 0.7 = 10 - 20 \times 0.465 - 0.7 = \mathbf{0\ V}$$

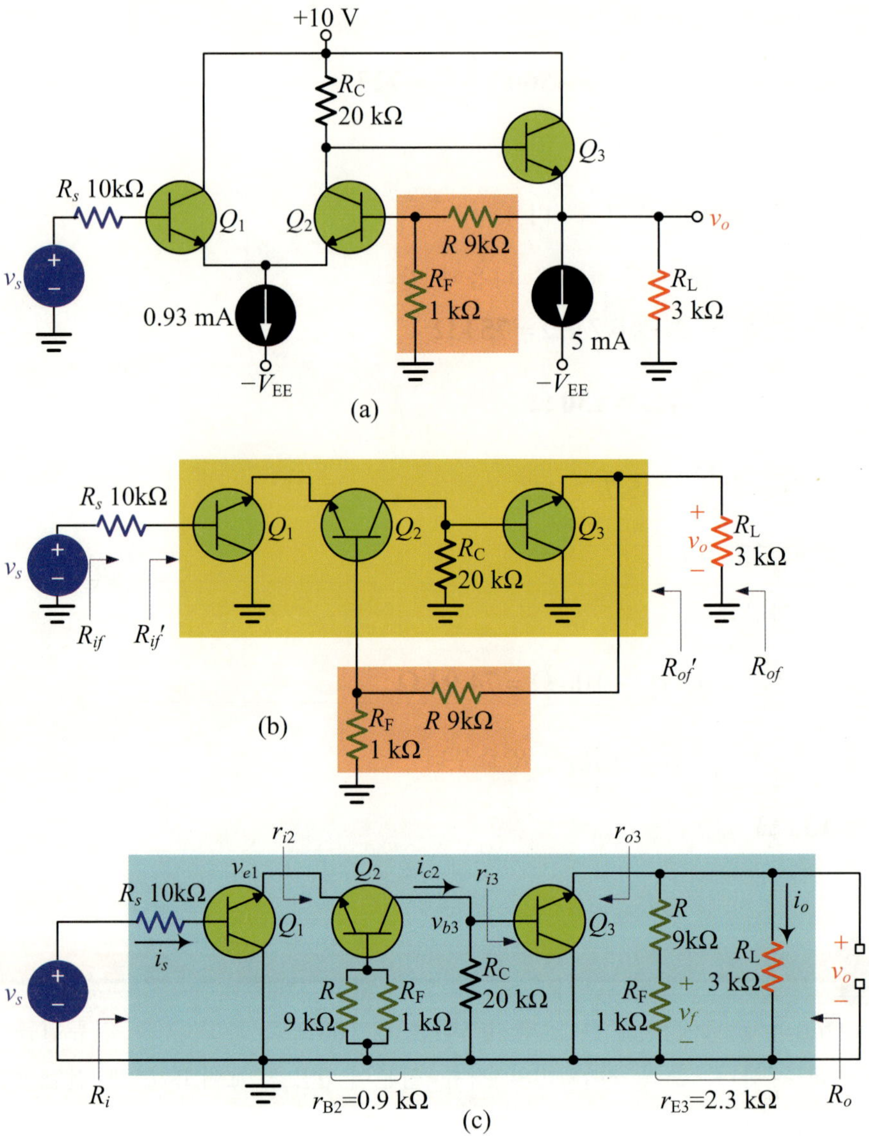

그림 10-22 (a) 예제 10-4의 그림; (b) 교류 회로; (c) 궤환을 없앤 회로.

따라서 R_1, R_2, R_L의 직류 전류는 0이므로 Q_3의 이미터 직류 전류는 5 mA이다. 이상으로부터 각 트랜지스터의 r_π는 다음과 같이 구해진다.

$$r_{\pi 1} = r_{\pi 2} = \frac{26\text{ mV}}{0.465\text{ mA}} \times 100 = \mathbf{5.6\ k\Omega}, \qquad r_{\pi 3} = \frac{26\text{ mV}}{5\text{ mA}} \times 100 = \mathbf{0.52\ k\Omega}$$

그림 10-22(c)에서 궤환이 없을 때의 입력 저항과 출력 저항은 임피던스 반사로 인해

$$r_{i2} = \frac{r_{\pi 2} + r_{\text{B2}}}{\beta + 1} = \frac{5.6\ \text{k}\Omega + 0.9\ \text{k}\Omega}{101} = \mathbf{64\ \Omega}$$

$$\therefore R_i = R_s + r_{\pi 1} + (\beta + 1) r_{i2} = 10\ \text{k}\Omega + 5.6\ \text{k}\Omega + 101 \times 64\ \Omega \cong \mathbf{22.1\ k\Omega}$$

$$r_{o3} = \frac{r_{\pi 3} + R_{\text{C}}}{\beta + 1} = \frac{0.52\ \text{k}\Omega + 20\ \text{k}\Omega}{101} = \mathbf{0.2\ k\Omega}$$

$$\therefore R_o = r_{o3} \| R_{\text{L}} \| (R + R_{\text{F}}) = 0.2\ \text{k}\Omega \| 3\ \text{k}\Omega \| 10\ \text{k}\Omega \cong \mathbf{0.18\ k\Omega}$$

그림 (c)에서 Q_1의 이미터 전압 v_{e1}과 Q_2의 컬렉터 전류 i_{c2}는

$$\frac{v_{e1}}{v_s} = \frac{(\beta + 1) r_{i2}}{R_i} = \frac{101 \times 64\ \Omega}{22.1\ \text{k}\Omega} = 0.3$$

$$i_{c2} \cong \frac{v_{e1}}{r_{i2}} = \frac{0.3 v_s}{64} = (4.7 \times 10^{-3}) v_s$$

Q_3의 입력 저항 r_{i3}는

$$r_{i3} = r_{\pi 3} + (\beta + 1) r_{\text{E3}} = 0.52 + 101 \times 2.3 = \mathbf{233\ k\Omega}$$

따라서 Q_3의 베이스 전압 v_{b3}와 출력 전압 v_o는

$$v_{b3} = i_{c2} (R_{\text{C}} \| r_{i3}) = (4.7 \times 10^{-3}) v_s \times (20\ \text{k}\Omega \| 233\ \text{k}\Omega) = 86.5 v_s$$

$$v_o = \frac{(\beta + 1) r_{\text{E3}}}{r_{\pi 3} + (\beta + 1) r_{\text{E3}}} v_{b3} = \frac{101 \times 2.3}{0.52 + 101 \times 2.3} (86.5 v_s) = 86 v_s$$

따라서 궤환이 없을 때의 전압 이득은

$$A_v = \frac{v_o}{v_s} = \mathbf{86}$$

전류 이득은

$$A_i = \frac{i_o}{i_s} = \frac{v_o / R_{\text{L}}}{v_s / R_i} = A_v \frac{R_i}{R_{\text{L}}} = 86 \times \frac{22.1}{3} = \mathbf{633}$$

궤환 이득은

$$\beta = \frac{v_f}{v_o} = \frac{R_{\text{F}}}{R + R_{\text{F}}} = \frac{1}{9 + 1} = \mathbf{0.1}$$

이로부터 루프 이득은

$$T = -\beta A_v = \mathbf{-8.6}$$

이상으로 궤환이 있을 때의 특성은 다음과 같다.

$$R_{if} = (1-T)R_i = 9.6 \times 22.1\ \text{k}\Omega = \mathbf{212\ k\Omega}$$

$$R_{of} = \frac{R_o}{1-T} = \frac{0.18\ \text{k}\Omega}{9.6} = \mathbf{19\ \Omega}$$

$$A_{vf} = \frac{A_v}{1-T} = \frac{86}{9.6} \cong \mathbf{9}$$

$$A_{if} = A_i = 633$$

원하는 입력 저항은

$$R_{if}' = R_{if} - R_s = 212\ \text{k}\Omega - 10\ \text{k}\Omega = \mathbf{202\ k\Omega}$$

원하는 출력 저항은 $1/R_{of}'=1/R_{of}-1/R_L$로부터

$$R_{of}' = \mathbf{19.1\ \Omega}$$

10-5 전류-병렬 궤환

무궤환 회로 그림 10-14(a)에서 궤환을 없앤 무궤환 증폭기를 구해보면 그림 10-23과 같다. 먼저 그림과 같이 전원 내부 저항 R_s를 병렬로, 부하 R_L을 직렬로 궤환 루프 안으로 이동시킨다. 다음으로 직렬로 접속된 궤환 회로의 출력

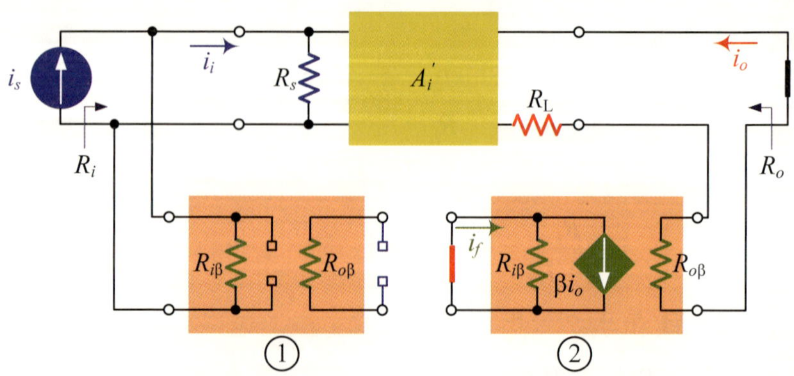

그림 10-23
전압-직렬 궤환의 무궤환 회로를 구하는 법.

단을 개방시켜(i_o=0) 증폭기 입력단으로 부속시킨 것이 ①이다. 그 결과 종속 전류원이 βi_o=0로 되어 개방되므로 $R_{i\beta}$의 부하 효과만 남게 된다. 다음으로 병렬로 접속된 궤환 회로의 입력단을 단락시켜 증폭기 출력단으로 부속시킨 것이 ②이다. 그 결과 $R_{o\beta}$의 부하 효과를 얻을 수 있으며 나아가 $R_{i\beta}$에 전류가 흐르지 않으므로 $i_f=\beta i_o$이다. 즉

$$\frac{i_f}{i_o}=\beta \qquad \textbf{(10-5-1)}$$

이므로 ②에서는 궤환 이득까지 구할 수 있다. 이상으로 그림 10-23의 무궤환 증폭기에서 R_i, R_o 및 $A_i=i_o/i_s$와 β를 구할 수 있으며 이로부터 $T=-\beta A_i$를 구하여 궤환시의 모든 특성 R_{if}, R_{of}, A_{if}, A_{vf}를 다음과 같이 구할 수 있다(식 (10-2-11), (10-2-12), (10-2-13), (10-2-16) 참조).

$$A_{if}=\frac{A_i}{1-T},\quad R_{if}=\frac{R_i}{1-T},\quad R_{of}=(1-T)R_o,\quad A_{vf}=A_v \qquad \textbf{(10-5-2)}$$

다음의 그림 10-24(a)는 전형적인 전류-병렬 궤환의 모습이다. 궤환 회로는 R과 R_F로 구성된 전류 분배기 형태이며 출력 전류 i_o를 분배한 i_f를 궤환시킨다. R과 R_F가 이상적인 전압 분배기에 가깝도록 기본 증폭기의

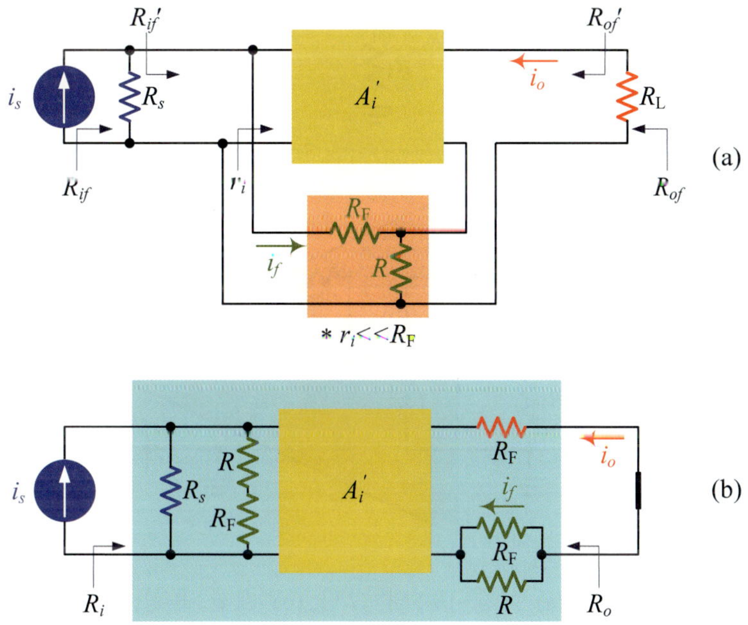

그림 10-24
(a) 전형적인 전류-병렬 궤환; (b) 부궤환 회로.

입력 r_i가 $r_i << R_F$를 만족하도록 R_F를 정한다. 그 결과 궤환 이득이

$$\beta = \frac{i_f}{i_o} = -\frac{R}{R + R_F} \tag{10-5-3}$$

에 가깝도록 한다. 그림 10-24(a)의 무궤환 증폭기는 그림 (b)이며 출력단에서 궤환 이득 $\beta = i_f / i_o$를 구해보면 식 (10-5-3)과 같음을 알 수 있다. 이 경우는 궤환 이득의 부호가 음이므로 부궤환이 되기 위해서는 궤환이 없을 때의 전류 이득은 부호가 음이어야 한다.

예제 10-5

그림 10-25(a)의 회로에서 전류 이득과 입력 저항 및 출력 저항을 구하라.

풀이 그림 (a)를 궤환 형태로 고쳐 그리면 그림 (b)의 전류-병렬 궤환이 된다. 그림 (b)

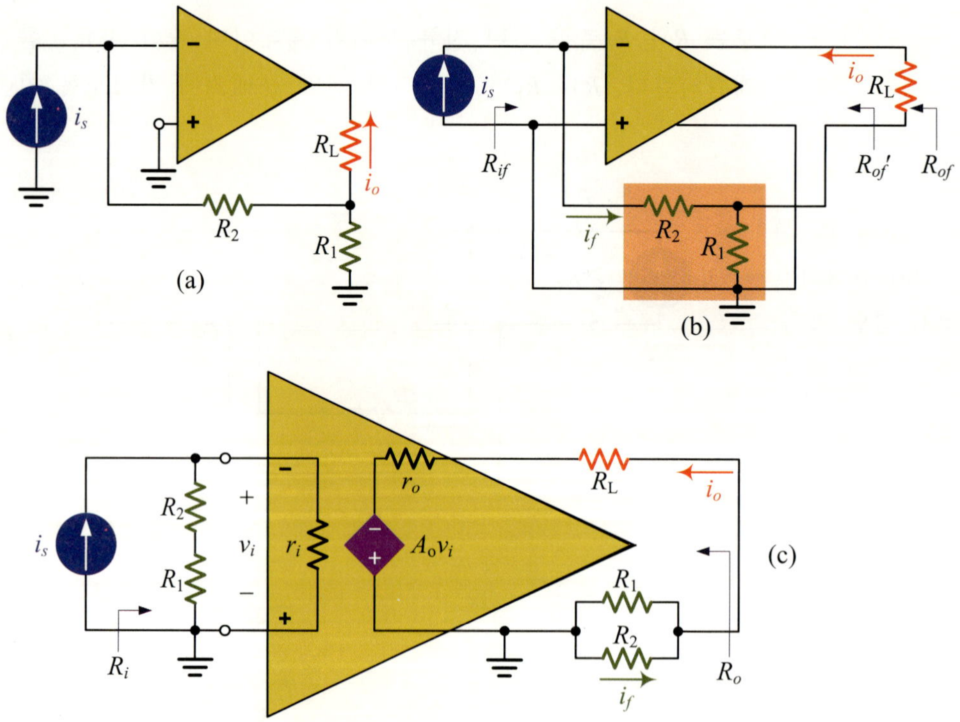

그림 10-25 (a) 예제 10-5의 그림; (b) 궤환 유형; (c) 무궤환 회로.

의 무궤환 회로는 그림 (c)이다. 연산 증폭기의 입력 저항 r_i가 매우 크고 출력 저항 r_o는 매우 작다는 것을 이용하면

$$R_i = (R_1 + R_2)\|r_i \cong R_1 + R_2$$
$$R_o = r_o + R_L + (R_1\|R_2) \cong R_L + R_1\|R_2$$

궤환 이득은

$$\beta = \frac{i_f}{i_o} = \frac{R_1}{R_1 + R_2}$$

궤환이 없을 때의 전류 이득은

$$A_i = \frac{i_o}{i_s} = \left(\frac{v_i}{i_s}\right)\left(\frac{i_o}{v_i}\right) = R_i\left(\frac{A_o}{R_o}\right) \cong \frac{A_o(R_1 + R_2)}{(R_1\|R_2) + R_L}$$

따라서 루프 이득은

$$T = -\beta A_i = -\left(\frac{R_1}{R_1 + R_2}\right)\frac{A_o(R_1 + R_2)}{(R_1\|R_2) + R_L} = -\frac{A_o R_1}{(R_1\|R_2) + R_L}$$

연산 증폭기의 개루프 이득 A_o가 매우 크므로 $|T|>>1$이다. 따라서

$$1 - T \cong -T = \frac{A_o R_1}{(R_1\|R_2) + R_L}$$

이상으로 궤환이 있을 때의 전류 이득과 입력 및 출력 저항은 다음과 같다.

$$A_{if} = \frac{A_i}{1-T} \cong \left(\frac{A_o(R_1 + R_2)}{(R_1\|R_2) + R_L}\right)\left(\frac{(R_1\|R_2) + R_L}{A_o R_1}\right) = \frac{R_1 + R_2}{R_1}$$

$$R_{if} = \frac{R_i}{1-T} \cong (R_1 + R_2)\left(\frac{(R_1\|R_2) + R_L}{A_o R_1}\right) = \frac{R_1 R_2 + R_L(R_1 + R_2)}{A_o R_1}$$

$$R_{of} = (1-T)R_o \cong \left(\frac{A_o R_1}{(R_1\|R_2) + R_L}\right)(R_L + R_1\|R_2) = A_o R_1$$

예제 10-6

그림 10-26 궤환 증폭기에서 $R_B >> R_s$이며 두 트랜지스터는 동일하고 $\beta=50$, $r_\pi=1$ kΩ, $r_c=30$ kΩ다. 전압 이득과 입력 저항 및 출력 저항을 구하라.

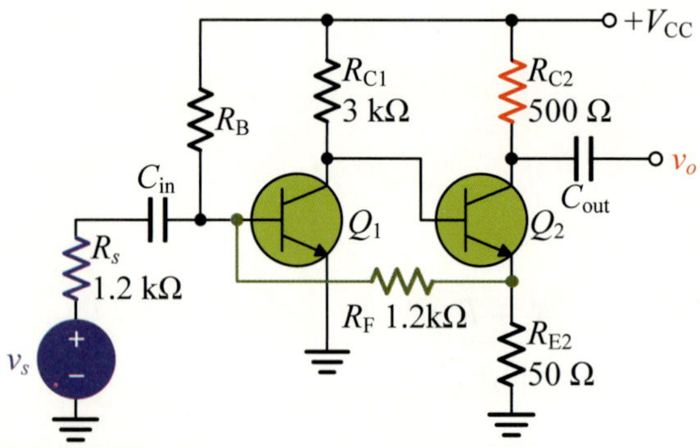

그림 10-26

예제 10-6의 그림

풀이 그림 10-26은 출력의 전류를 궤환시켜 입력에 전류 오차를 만드는 전류-병렬 궤환임을 알 수 있다. 따라서 궤환 형태에 맞도록 전압원 v_s를 전류원으로 전원 변환시켜 구한 교류 회로가 그림 10-27(a)와 같으며 $i_s=v_s/R_s$이다. 그림 (a)를 궤환 형태로 표현한 것이 그림 (b)이며 여기서 궤환을 없애면 그림 (c)가 된다. 입력 저항은

$$R_i = R_s \| (R_F + R_{E2}) \| r_\pi = 1.2\text{ k}\Omega \| 1.25\text{ k}\Omega \| 1\text{ k}\Omega = \mathbf{380\ \Omega}$$

그리고 출력 저항 R_o는 그림 3-27(a)를 참조하면

$$R_o = r_c + \frac{\beta r_c}{1+\dfrac{r_\pi}{R_F \| R_{E2}}} + R_{C2} = 30 + \frac{50\times 30}{1+1000/48} + 0.5 = \mathbf{99\ k\Omega}$$

Q_2의 입력 저항 r_{i2}는

$$r_{i2} = r_\pi + (\beta+1)(R_F \| R_{E2}) = 1 + 51\times 0.048 = 3.45\text{ k}\Omega$$

이로부터 전류 이득 $A_i=i_o/i_s$는

$$A_i = \left(\beta\frac{0.612}{0.612+r_\pi}\right)\left(-\beta\frac{R_{C1}}{R_{C1}+r_{i2}}\right) = \left(50\frac{0.612}{0.612+1}\right)\left(-50\frac{3}{3+3.45}\right) = \mathbf{-420}$$

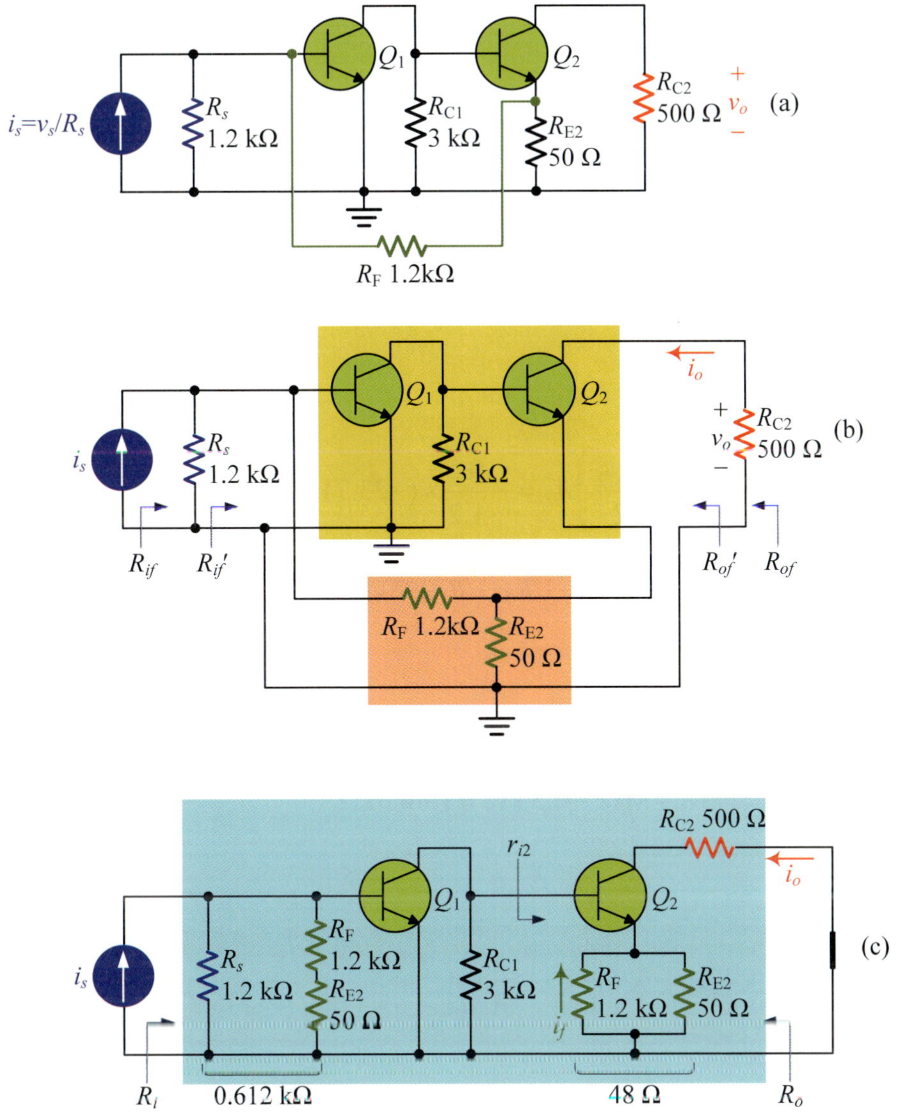

그림 10-27 그림 10-26의 (a) 교류 회로; (b) 궤환 형태의 교류 회로; (c) 무궤환 회로.

Q_2의 이미터 전류는 컬렉터 전류 i_o와 거의 같으므로 궤환 이득은

$$\beta = \frac{i_f}{i_o} = -\frac{R_{E2}}{R_F + R_{E2}} = -\frac{50\ \Omega}{1.25\ \text{k}\Omega} = \mathbf{-0.04}$$

따라서 루프 이득은

$$T = -\beta A_i = -(-0.04)(-441) = \mathbf{-17.6}$$

따라서 궤환이 있을 때의 전류 이득과 입력 및 출력 저항은 다음과 같다.

$$A_{if}=\frac{A_i}{1-T}=-\frac{441}{18.6}=\mathbf{-23.7}$$

$$R_{if}=\frac{R_i}{1-T}=\frac{380\ \Omega}{18.6}\cong\mathbf{21\ \Omega}$$

$$R_{of}=(1-T)R_o=18.6\times 99\ \text{k}\Omega=\mathbf{1.84\ M\Omega}$$

여기서 우리가 최종적으로 구하고자 하는 것은 $A_{vf}=v_o/v_s$이며

$$v_s=R_s i_s,\quad v_o=-R_{C2}i_o$$

이므로

$$A_{vf}=\frac{v_o}{v_s}=-\frac{R_{C2}i_o}{R_s i_s}=-\left(\frac{R_{C2}}{R_s}\right)A_{if}=-\frac{0.5}{1.2}\times(-23.7)\cong\mathbf{9.8}$$

그리고 원하는 입력 저항은 $1/R_{if}'=1/R_{if}-1/R_s$로부터

$$R_{if}'=\mathbf{21.4\ \Omega}$$

원하는 출력 저항은

$$R_{of}'=R_{of}-R_{C2}=18.4\ \text{M}\Omega-0.5\ \text{k}\Omega=\mathbf{1.84\ M\Omega}$$

10-6 전류-직렬 궤환

무궤환 회로 그림 10-15(a)에서 궤환을 없앤 무궤환 증폭기를 구해보면 그림 10-28과 같다. 전원 내부 저항 R_s와 부하 R_L을 모두 궤환 루프 안으로 직렬로 이동시킨다. 그리고 직렬로 접속된 궤환 회로의 출력단을 개방시켜(i_o=0) 증폭기 입력단으로 부속시킨 것이 ①이다. 그 결과 종속 전류원이 $\beta i_o=0$이 되어 개방되므로 $R_{i\beta}$의 부하 효과만 남게 된다. 그리고 역시 직렬로 접속된 궤환 회로의 입력단을 개방시켜 증폭기 출력단으로 부속시킨 것이 ② 이다. 그 결과 $R_{o\beta}$의 부하 효과를 얻을 수 있다. 또한 $R_{i\beta}$에 전류가 흐르지 않으므로 $v_f=\beta i_o$이다. 즉

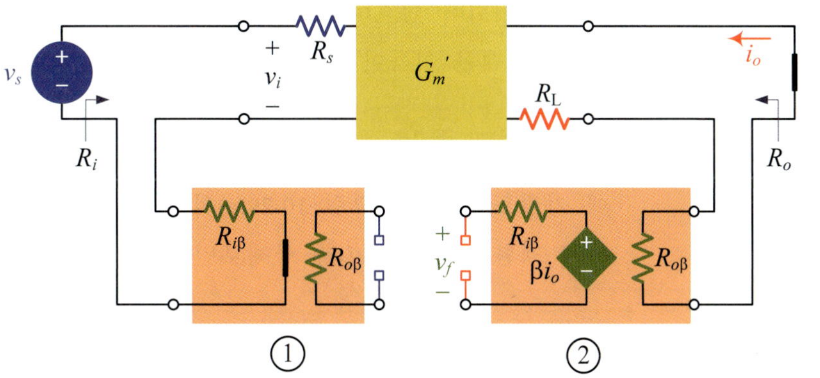

그림 10-28 전류-직렬 궤환의 무궤환 회로를 구하는 법.

$$\frac{v_f}{i_o} = \beta \qquad \textbf{(10-6-1)}$$

이며 단위는 Ω이다. 이상으로 그림 10-28의 무궤환 증폭기에서 R_i, R_o 및 $G_m=i_o/v_s$와 β를 구할 수 있으며 $T=-\beta G_m$을 구하여 궤환시의 모든 특성 $R_{if}, R_{of}, A_{vf}, A_{if}$를 다음과 같이 구할 수 있다(식 (10-2-18)~(10-2-25)).

$$A_{vf} = \frac{A_v}{1-T}, \quad R_{if} = (1-T)R_i, \quad R_{of} = (1-T)R_o, \quad A_{if} = A_i \qquad \textbf{(10-6-2)}$$

그림 10-29(a)는 전형적인 전류-직렬 궤환의 모습이다. 궤환 회로는 R_F 하

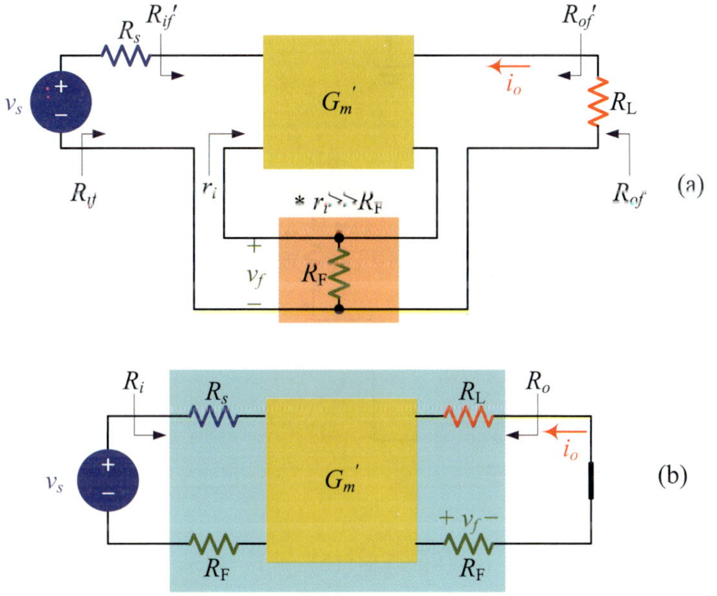

그림 10-29 (a) 전형적인 전류-직렬 궤환; (b) 무궤환 회로.

나로 구성되어 있으며 $r_i >> R_F$를 만족하도록 R_F를 정한다. 그 결과 $v_f \cong R_F i_o$가 되어 궤환 이득이

$$\beta = \frac{v_f}{i_o} = R_F \tag{10-6-3}$$

에 가깝도록 한다. 그림 10-29(a)의 무궤환 증폭기는 그림 (b)이며 출력단에서 궤환 이득 $\beta = v_f / i_o$를 구해보면 식 (10-6-3)과 같음을 알 수 있다.

예제 10-7

그림 10-30(a)의 스왐핑 CE 증폭기를 궤환 원리를 적용하여 해석하라. 단 R_1과 R_2는 R_s에 비해 충분히 큰 것으로 가정한다.

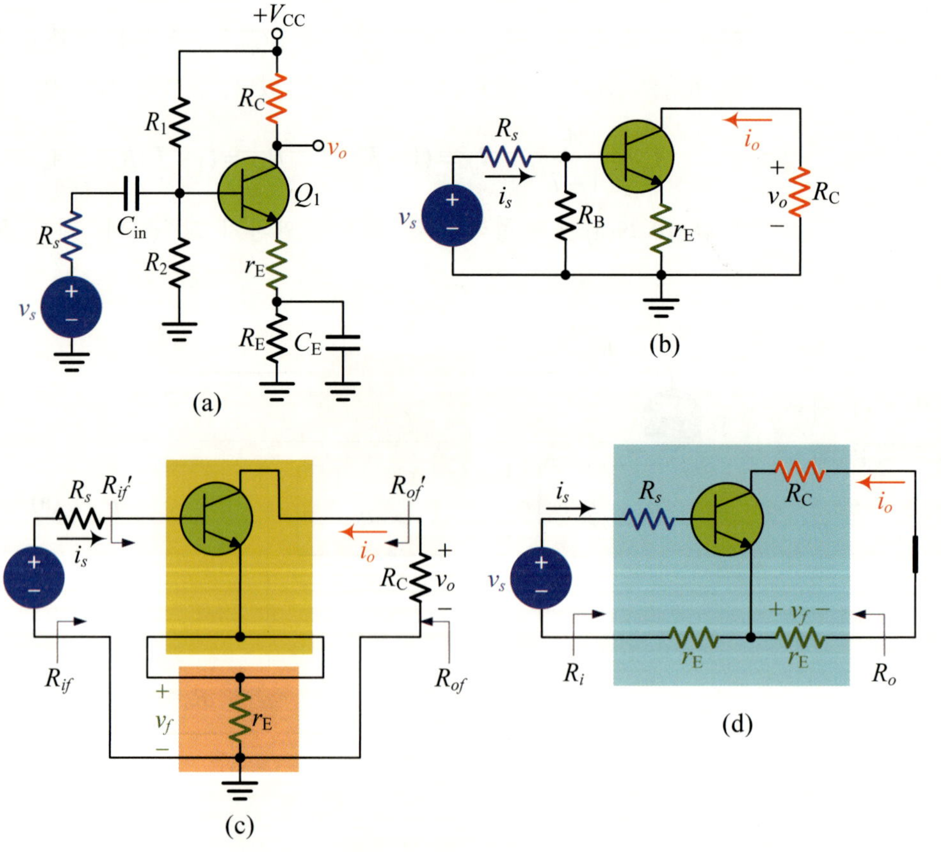

그림 10-30 (a) 예제 10-7의 그림; (b) 교류 회로; (b) 궤환 유형; (d) 무궤환 회로.

풀이 그림 10-30(a)의 교류 회로는 그림 (b)이며 여기서 $R_B=R_1\|R_2>>R_s$이므로 상대적으로 무시한다(개방 회로로 간주). 궤환 유형을 강조하여 그린 교류 회로는 그림 (c)이며 궤환을 없애면 그림 (d)가 된다. 이 그림으로부터 궤환이 없을 때의 특성은 다음과 같다.

$$R_i = R_s + r_\pi + r_E$$

$$R_o = r_c + R_C + r_E$$

$$G_m = \frac{i_o}{v_s} = \left(\frac{i_s}{v_s}\right)\left(\frac{i_o}{i_s}\right) = \frac{\beta}{R_i} = \frac{\beta}{R_s + r_\pi + r_E}$$

$$A_i = \frac{i_o}{i_s} = \beta$$

그리고 궤환 이득이

$$\beta = \frac{v_f}{i_o} = r_E$$

이므로 루프 이득은

$$T = -\beta G_m = -\frac{\beta r_E}{R_i} = -\frac{\beta r_E}{R_s + r_\pi + r_E}$$

$$\therefore 1 - T = 1 + \frac{\beta r_E}{R_s + r_\pi + r_E} = \frac{R_s + r_\pi + (\beta+1) r_E}{R_s + r_\pi + r_E}$$

이상으로부터 궤환이 있을 때의 특성은 다음과 같다.

$$G_{mf} = \frac{G_m}{1-T} = \frac{\beta}{R_s + r_\pi + (\beta+1) r_E}$$

$$A_{vf} = -R_C G_{mf} = -\frac{\beta R_C}{R_s + r_\pi + (\beta+1) r_E}$$

$$A_{if} = A_i = \beta$$

$$R_{if} = (1-T) R_i = R_s + r_\pi + (\beta+1) r_E$$

$$R_{of} = (1-T) R_o = \frac{\{R_s + r_\pi + (\beta+1) r_E\}(r_c + R_C + r_E)}{R_s + r_\pi + r_E}$$

원하는 출력 저항은 $R_{of}'=R_{of}-R_C$으로 구할 수 있으며 원하는 입력 저항은 다음과 같다.

$$R_{if}' = R_{if} - R_s = r_\pi + (\beta+1) r_E$$

예제 10-8

그림 10-31(a)의 교류 회로에서 트랜지스터의 전류 증폭률은 모두 β=100이며, $r_{\pi1}$=1.5 kΩ, $r_{\pi2}$=2.5 kΩ, $r_{\pi3}$=0.6 kΩ으로 한다(r_c=∞). 입력 저항, 출력 저항 및 전압 이득을 해석하라.

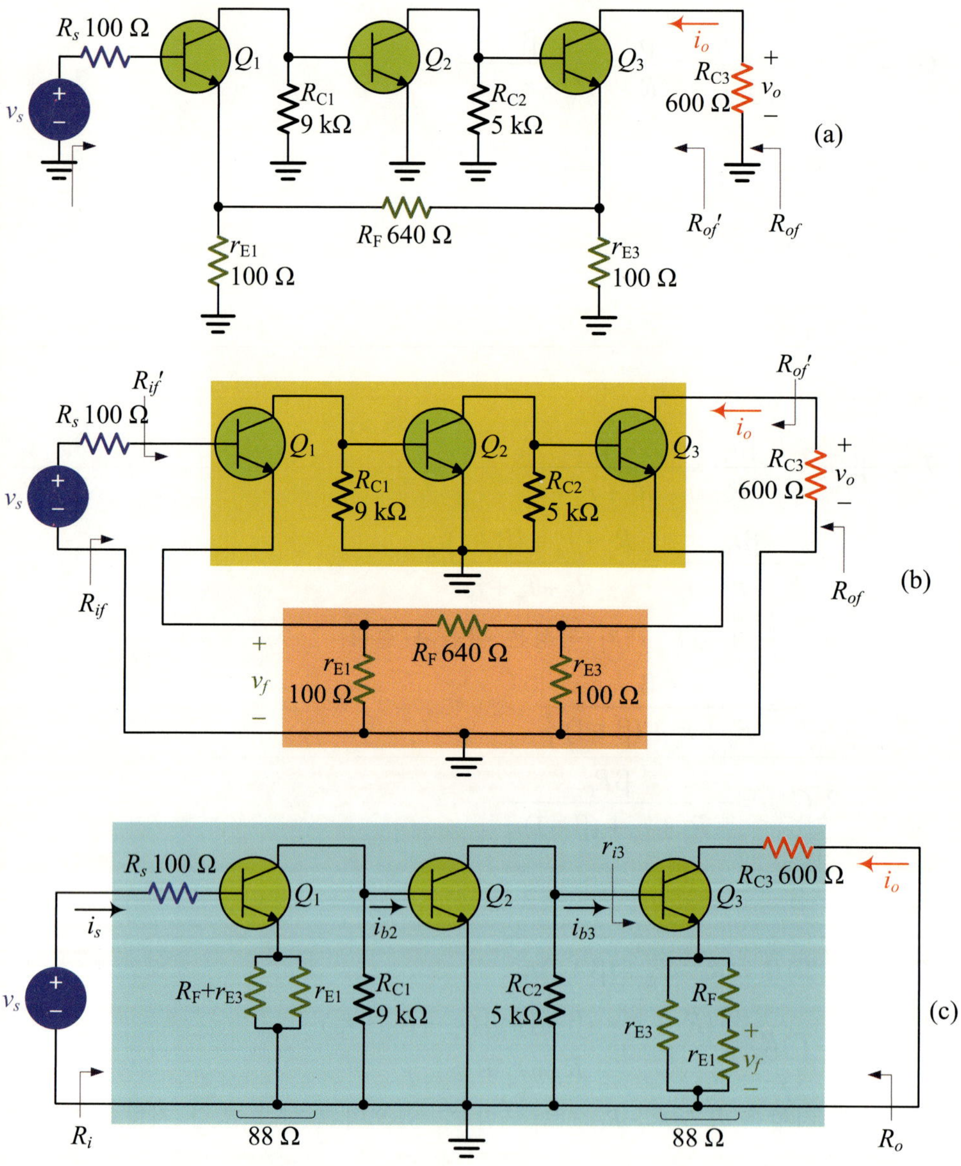

그림 10-31 (a) 예제 10-8의 그림 (b) 궤환의 유형; (c) 무궤환 회로.

풀이 그림 10-30(a)의 궤환 유형을 드러낸 회로가 그림 (b)이며 이에 대한 무궤환 회로는 그림 (c)임을 알 수 있다. 입력 저항과 출력 저항은

$$R_i = R_s + r_{\pi1} + (\beta+1)\{(R_F + r_{E3})\|r_{E1}\} = 0.1 + 1.5 + 101\times(0.088) = \mathbf{10.5\ k\Omega}$$

$$R_o = \infty$$

궤환 이득은

$$\beta = \frac{v_f}{i_o} = \frac{r_{E3}}{R_F + r_{E1} + r_{E3}} \times r_{E1} = \frac{100\times100}{640+100+100} = \mathbf{11.9}$$

궤환이 없을 때의 전달컨덕턴스를 구하면

$$G_m = \frac{i_o}{v_s} = \left(\frac{i_s}{v_s}\right)\left(\frac{i_o}{i_s}\right) = \left(\frac{1}{R_i}\right)\left(\frac{i_o}{i_s}\right) = \frac{A_i}{10.5\times10^3}$$

전류 이득 $A_i = i_o/i_s$를 구하면

$$A_i = \frac{i_o}{i_s} = \left(\frac{i_{b2}}{v_s}\right)\left(\frac{i_{b3}}{i_{b2}}\right)\left(\frac{i_o}{i_{b3}}\right) = \left(-\beta\frac{R_{C1}}{R_{C1}+r_{\pi2}}\right)\left(-\beta\frac{R_{C2}}{R_{C2}+r_{i3}}\right)\times\beta$$

여기서 Q_3의 입력 저항 r_{i3}는

$$r_{i3} = r_{\pi3} + (\beta+1)\{r_{E3}\|(R_F + r_{E1})\} = 0.6 + 101\times0.088 = 9.5\ k\Omega$$

이로부터 전류 이득이

$$A_i = \left(-100\times\frac{9}{9+2.5}\right)\left(-100\times\frac{5}{5+9.5}\right)\times100 = \mathbf{2.7\times10^5}$$

따라서

$$G_m = \frac{A_i}{10.5\times10^3} = \frac{2.7\times10^5}{10.5\times10^3} = \mathbf{25.7}$$

루프 이득은

$$T = -\beta G_m = -11.9\times25.7 = \mathbf{-306}$$

이상으로 궤환이 있을 때의 특성은 다음과 같다.

$$R_{if} = (1-T)R_i = 307\times10.5\ k\Omega = \mathbf{3.2\ M\Omega}$$

$$R_{of} = (1-T)R_o = \infty$$

$$G_{mf} = \frac{G_m}{1-T} = \frac{25.7}{307} = 0.0837$$

$$A_{vf} = -G_{mf} R_{C3} = -0.0837 \times 600 = -50$$

$$A_i = A_{if} = \mathbf{2.7 \times 10^5}$$

원하는 입력 저항은

$$R_{if}' = R_{if} - R_s = 3.2\ \text{M}\Omega - 100\ \Omega \cong \mathbf{3.2\ M\Omega}$$

10-7 전압-병렬 궤환

무궤환 회로 그림 10-16(a)에서 궤환을 없앤 무궤환 증폭기를 구해보면 그림 10-32와 같다. 전원 내부 저항 R_s와 부하 R_L을 모두 궤환 루프 안으로 병렬로 이동시킨다. 그리고 병렬로 접속된 궤환 회로의 출력단을 단락시켜(v_o=0) 증폭기 입력단으로 부속시킨 것이 ①이다. 그 결과 종속 전류원이 βv_o=0이 되어 개방되므로 $R_{i\beta}$의 부하 효과만 남게 된다. 그리고 역시 병렬로 접속된 궤환 회로의 입력단을 단락시켜 증폭기 출력단으로 부속시킨 것이 ② 이다. 그 결과 $R_{o\beta}$의 부하 효과를 얻을 수 있으며 또한 $R_{i\beta}$에 전류가 흐르지 않으므로 i_f=βv_o이다. 즉

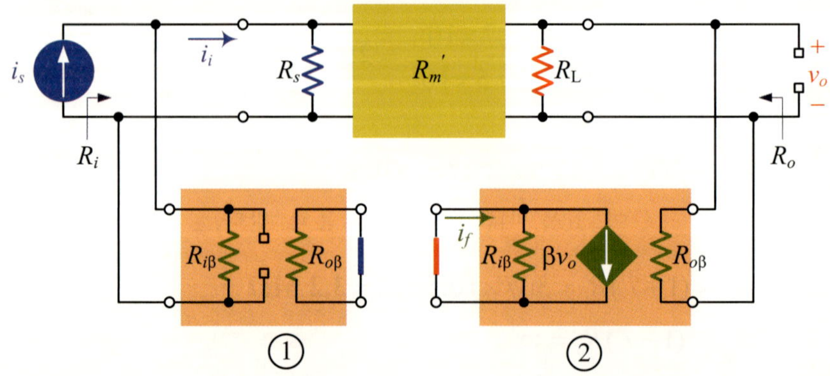

그림 10-32 전압-병렬 궤환의 무궤환 회로를 구하는 법.

$$\frac{i_f}{v_o} = \beta \qquad \textbf{(10-7-1)}$$

이며 단위는 S이다. 이상으로 그림 10-32의 무궤환 증폭기에서 R_i, R_o 및 $R_m = v_o/i_s$와 β를 구할 수 있으며 $T = -\beta R_m$을 구하여 궤환시의 모든 특성 R_{if}, R_{of}, A_{vf}, A_{if}를 다음과 같이 구할 수 있다(식 (10-2-27)~(10-2-32)).

$$A_{if} = \frac{A_i}{1-T}, \quad R_{if} = \frac{R_i}{1-T}, \quad R_{of} = \frac{R_o}{1-T}, \quad A_{vf} = A_v \qquad \textbf{(10-7-2)}$$

그림 10-33(a)는 전형적인 전압-병렬 궤환의 모습이다. 궤환 회로는 R_F 하나로 구성되어 있으며 $r_i \ll R_F$를 만족하도록 R_F를 정한다. 그 결과 $i_f \cong -v_o/R_F$가 되어 궤환 이득이

$$\beta = \frac{i_f}{v_o} = -\frac{1}{R_F} \qquad \textbf{(10-7-3)}$$

에 가깝도록 한다. 그림 10-33(a)의 무궤환 증폭기는 그림 (b)이며 출력단에서 궤환 이득 $\beta = i_f/v_o$를 구해보면 식 (10-7-3)과 같음을 알 수 있다. 궤환 이득의 부호가 음이므로 전달저항의 부호도 음이어야 부궤환이 된다.

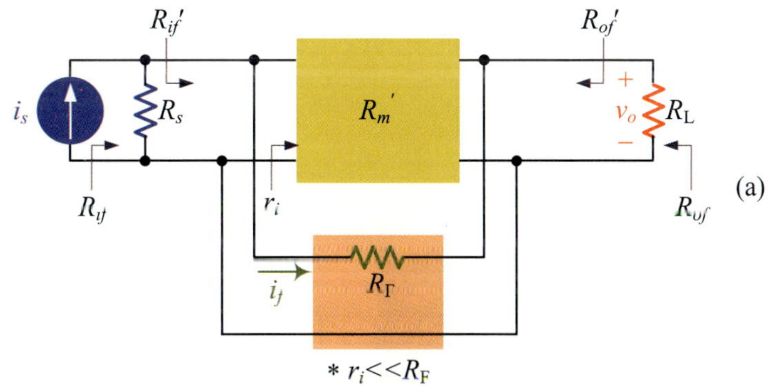

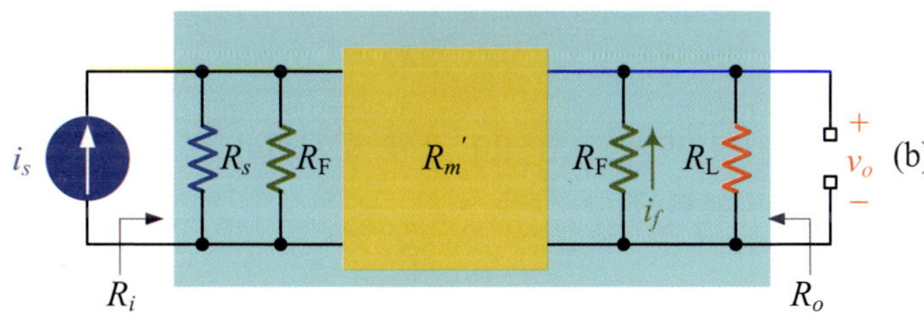

그림 10-33
(a) 전형적인 전압-병렬 궤환;
(b) 무궤환 회로.

예제 10-9

그림 10-34(a)는 컬렉터 궤환 바이어스를 이용한 CE 증폭기이다. 궤환 원리를 적용하여 해석하라. 단 $\beta=100$, $r_\pi=1\ \text{k}\Omega$으로 한다.

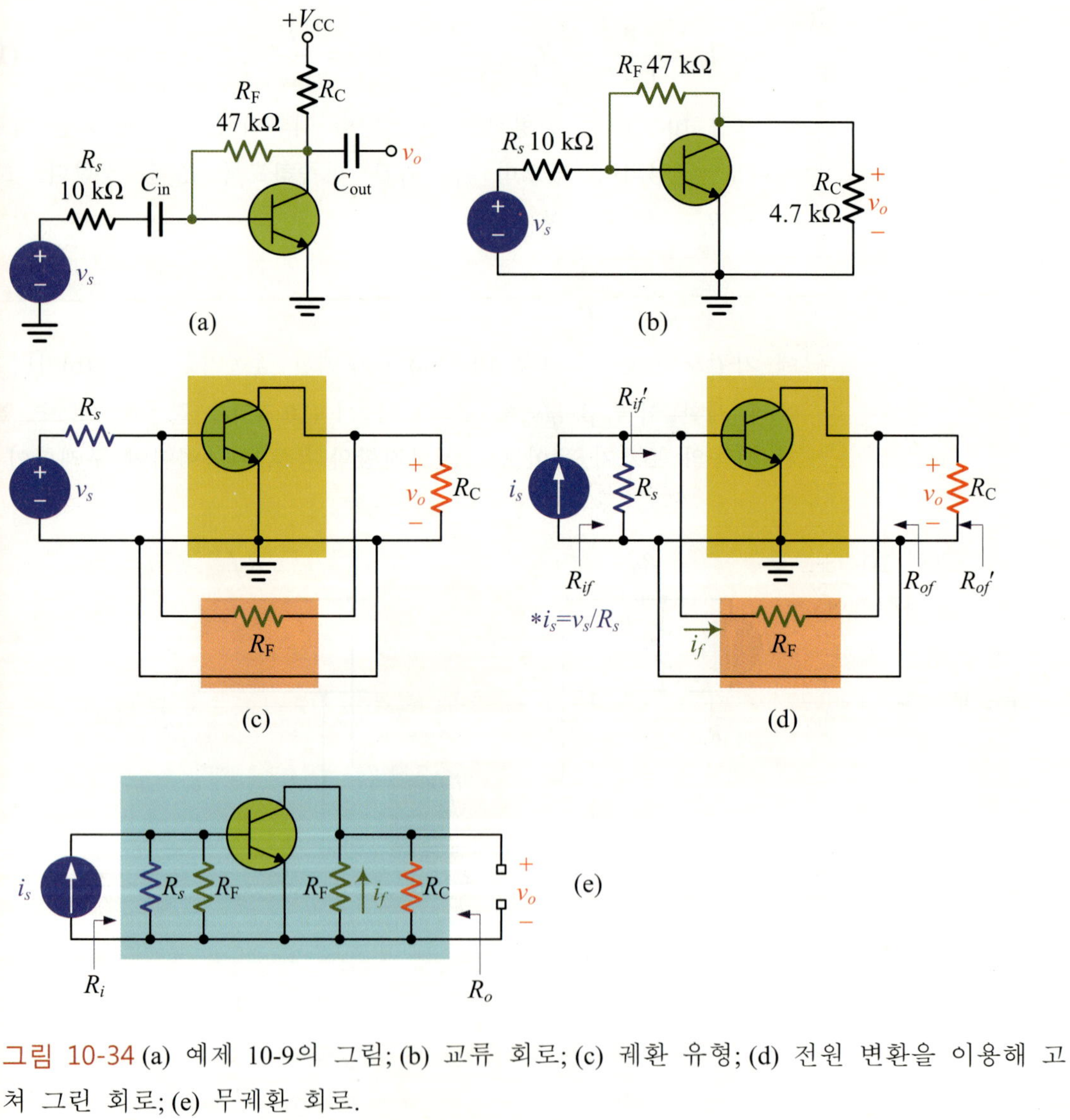

그림 10-34 (a) 예제 10-9의 그림; (b) 교류 회로; (c) 궤환 유형; (d) 전원 변환을 이용해 고쳐 그린 회로; (e) 무궤환 회로.

풀이 그림 10-34(a)의 교류 회로가 그림 (b)이며 궤환 유형이 나타나도록 그린 그림이 (c)이다. 그림 (c)는 전압-병렬 궤환이므로 전원을 전류원으로 변경시키는 것이 유리하다. 따라서 전원 변환을 통해 그림 (d)를 얻을 수 있으며 이에 대한 무궤환 회로는 그림 (e)와 같다. 여기서

$$R_i = R_F \| R_s \| r_\pi = 47 \| 10 \| 1\ \text{k}\Omega = \mathbf{0.89\ k\Omega}$$

$$R_o = R_C \| R_F = 4.7 \| 47\ \text{k}\Omega = \mathbf{4.3\ k\Omega}$$

궤환 이득은

$$\beta = \frac{i_f}{v_o} = -\frac{1}{R_F} = -\frac{1}{47\times 10^3} = -2.13\times 10^{-5}$$

진달 지항은

$$R_m = \frac{v_o}{i_s} = -\frac{\beta R_i}{r_\pi}\times R_o = -\frac{100\times 890}{1000}\times 4300 = \mathbf{-3.8\times 10^5}$$

따라서 루프 이득은

$$T = -\beta R_m = -8.09$$

이로부터 궤환이 있을 때의 특성은 다음과 같다.

$$R_{if} = \frac{R_i}{1-T} = \frac{0.89\ \text{k}\Omega}{9.09} = \mathbf{98\ \Omega}$$

$$R_{of} = \frac{R_o}{1-T} = \frac{4.3\ \text{k}\Omega}{9.09} = \mathbf{473\ \Omega}$$

$$R_{mf} = \frac{R_m}{1-T} = -\frac{3.8\times 10^5}{9.09} = \mathbf{-4.18\times 10^4}$$

그리고 전압 이득은

$$A_{vf} = \frac{v_o}{v_s} = \frac{v_o}{R_s i_s} = \frac{R_{mf}}{R_s} = -\frac{4.18\times 10^4}{10^4} = -4.18$$

원하는 입력 저항은 $1/R_{if}' = 1/R_{if} - /R_s$, 원하는 출력 저항은 $1/R_{of}' = 1/R_{of} - /R_C$,

$$R_{if}' = \mathbf{99\ \Omega},\quad R_{of}' = \mathbf{526\ \Omega},$$

10-8 궤환 증폭기의 안정성

증폭기에서 중요한 문제 중 하나가 안정성이다. 일반적으로 증폭기의 대역폭이 넓을수록 안정되며 대역폭을 넓히기 위해서는 이득을 줄여야 한다. 따라서 부궤환은 증폭기를 안정시키는 효과가 있다. 이 절에서는 증폭기의 안정성에 대한 의미와 안정성을 높이는 방법에 대해 알아본다.

발진

그림 10-35의 궤환 증폭기에서 기본 증폭기가 주파수에 따라 특성이 변하는 것으로 하여 이득을 $\mathbf{A}(f)$로 표현한다. 그리고 궤환 이득 β는 상수로 한다. 그림 11.32는 입력 신호로 일단 궤환 증폭기를 구동시킨 연후에 입력을 제거시킨 상태이다. 따라서 x_o는 입력이 제거된 후 남아 있는 출력 신호이며 편의상 주파수 f_o의 단일 정현파로 가정한다. 이제 x_o가 궤환 루프를 일주하여 다시 출력으로 돌아온 신호를 x_o'라 하고 x_o와 x_o'의 페이저(phasor)를 각각 $\mathbf{X}_o$와 $\mathbf{X}_o'$라 한다. 그러면 $\mathbf{X}_o$와 $\mathbf{X}_o'$는 주파수 f_o에서의 루프 이득에 의해 다음과 같은 관계가 있다.

$$\frac{\mathbf{X}_o'}{\mathbf{X}_o} = -\beta\mathbf{A}(f_o) = \mathbf{T}(f_o) \tag{10-8-1}$$

식 (10-8-1)에서 만일 $\mathbf{T}(f_o)$=1이 되면 입력이 없어도 출력에서는 주파수 f_o의 정현파가 지속적으로 유지되며 이러한 현상을 발진(發振; oscillation)이라 한다(발진에 대해서는 다음 장에서 자세히 설명한다). 더 나아가 $\mathbf{T}(f_o)$>1이 되면 증폭기의 출력은 루프를 일주하면서 지속적으로 증가하게 되며 이를 발산이라 한다. 발산은 증폭기의 포화에 의해 제한될 때까지 계속된다. 따라서 궤환 증폭기의 루프 이득의 크기가 1이상이 되면 발진

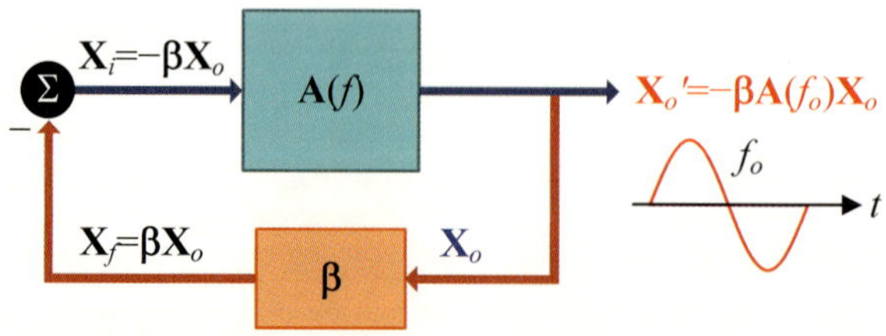

그림 10-35 궤환 증폭기의 발진.

이나 발산하게 되므로 증폭기로서의 기능이 상실된다. 따라서 증폭기의 상태가 발진 조건으로부터 멀어질수록 증폭기는 안정되다고 말하는 것이다. 발진 조건은 $\mathbf{T}(f_o)=1$이므로 식 (10-8-1)로부터 다음과 같이 쓸 수 있다.

$$\mathbf{T}(f_o)=1$$
$$(|\mathbf{T}(f_o)|=1, \quad \angle\mathbf{T}(f_o)=0°) \qquad \textbf{(10-8-2)}$$

또는

$$\beta\mathbf{A}(f_o)=1\angle-180°$$
$$(|\beta\mathbf{A}(f_o)|=1, \quad \angle\beta\mathbf{A}(f_o)=-180°) \qquad \textbf{(10-8-3)}$$

증폭기가 위의 발진 조건으로부터 먼 정도가 증폭기의 안정도이며 이는 이득 여유(gain margain)와 위상 여유(phase margain)로 나타낸다.

이득 여유

그림 10-35에서 x_o의 주파수가 f_p일 때 이 주파수에서

$$\angle\mathbf{T}(f_p)=0° \qquad \textbf{(10-8-4)}$$

를 만족한다면 x_o'와 x_o의 위상이 일치한다. 이 경우 짧은 순간의 파형을 상상해 보면 그림 10-36(a)와 같으며 x_o의 진폭을 X_m이라 하면 x_o'의 진폭

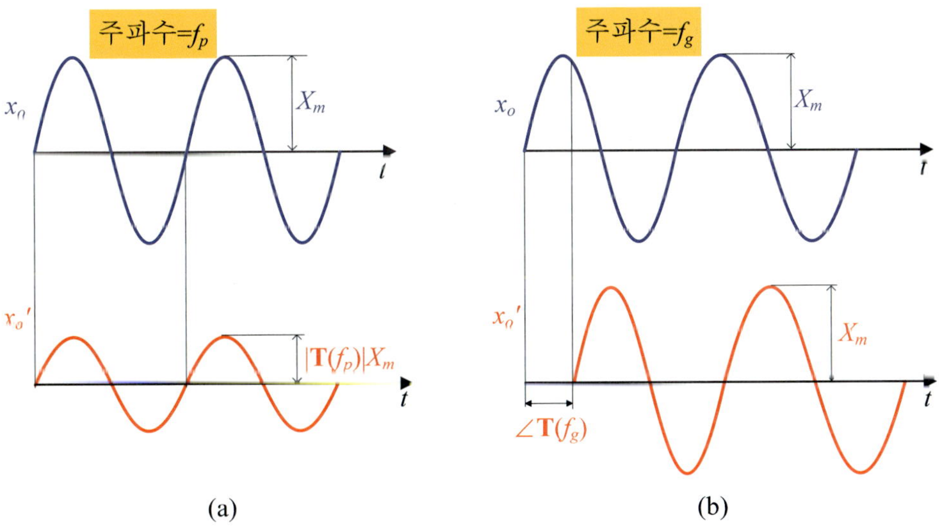

그림 10-36 궤환 증폭기의 안정도 판별: (a) 이득 여유; (b) 위상 여유.

은 $|\mathbf{T}(f_p)|X_m$이 된다. 여기서 $|\mathbf{T}(f_p)|<1$이면 x_o가 루프를 일주할 때마다 진폭이 감쇠하므로 결국 출력 정현파는 사라지게 된다. 그러나 $|\mathbf{T}(f_p)|$가 1에 가까울수록 감쇠 속도는 늦어질 것이며 $|\mathbf{T}(f_p)|=1$이 되면 감쇠 없이 발진하게 된다. 따라서 식 (10-8-4)의 조건에서는 $|\mathbf{T}(f_p)|$가 1보다 작을수록 발진 상태로부터 멀어지므로 증폭기의 안정도는 증가한다. 이상의 개념으로부터 이득 여유(GM)는 다음과 같이 정의된다.

$$\mathrm{GM} = -20\log_{10}\left|\mathbf{T}(f_p)\right|, \quad \angle\mathbf{T}(f_p) = 0°$$
또는
$$\mathrm{GM} = -20\log_{10}\left|\beta\mathbf{A}(f_p)\right|, \quad \angle\beta\mathbf{A}(f_p) = -180° \qquad \textbf{(10-8-5)}$$

위상 여유

이번에는 반대로 x_o의 주파수가 f_g일 때 이 주파수에서

$$\left|\beta\mathbf{A}(f_g)\right| = \left|\mathbf{T}(f_g)\right| = 1 \qquad \textbf{(10-8-6)}$$

를 만족한다면 x_o'와 x_o는 진폭이 일치하며 그림 10-36(b)가 이를 보여준다. 이 경우는 $\angle\mathbf{T}(f_g)=0°$ 즉 $\angle\beta\mathbf{A}(f_g)=-180°$가 되면 x_o'와 x_o는 진폭과 위상이 모두 같으므로 발진하게 된다. 따라서 $\angle\mathbf{T}(f_g)$가 0°로부터 멀어질수록, 즉 $\angle\beta\mathbf{A}(f_g)$가 −180°로부터 멀어질수록 발진할 가능성이 낮아지므로 안정도가 증가한다. 이상의 개념에 의해 위상 여유(PM)는 다음과 같이 정의된다.

$$\mathrm{PM} = 0° - \left|\mathbf{T}(f_g)\right|, \quad \left|\mathbf{T}(f_g)\right| = 1$$
또는
$$\mathrm{PM} = 180° - \left|\angle\beta\mathbf{A}(f_g)\right|, \quad \left|\angle\beta\mathbf{A}(f_g)\right| = 1 \qquad \textbf{(10-8-7)}$$

이득 여유와 위상 여유를 보드 선도로 설명하면 그림 10-37(a)와 같다. 이득 여유와 위상 여유가 클수록 안정되며 이는 주파수 f_g와 f_p가 서로 멀리 떨어져 있다는 것과 같다. 따라서 그림 10-37(b)와 같이 $\mathbf{A}(f)$의 상위 차단 주파수는 낮게 할수록, 위상 지연은 크게 할수록 궤환 증폭기를 안정되게 하는 방법이다. 즉 그림 10-37(b)에서 $\mathbf{A}(f)$의 주파수 특성이 그래프 (1)인 경우에 비해 그래프 (2)인 경우가 이득 여유 및 위상 여유가 많아진다.

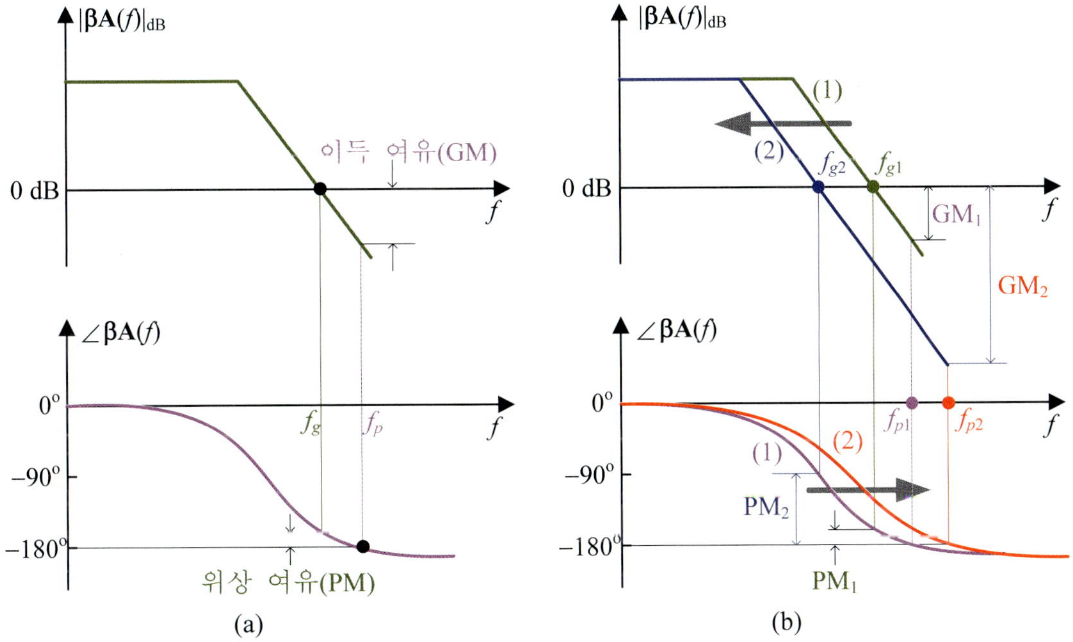

그림 10-37 (a) 보드선도로 표시한 이득 여유와 위상 여유; (b) 이득 여유와 위상 여유의 개선.

보상

그림 10-37(b)와 같이 이득 여유와 위상 여유가 증가하도록 궤환 증폭기의 주파수 특성을 보정하는 작업을 보상(compensation)이라 한다. 그러나 실제로는 기본 증폭기 **A**(f)의 특성은 그대로 두고 외부 결합 회로를 이용하여 보상시키며 가장 간단한 방법이 저역통과 필터를 이용하는 것이다.

위상지연 회로 그림 10-38은 RC 저역통과 필터이며 출력은 입력에 비해 위상이 지연되므로 위상지연(phase-lag) 회로라 한다. 즉 그림의 위상 지연 회로는 전달 함수 **H**(f)가 다음과 같다.

그림 10-38 위상지연 회로.

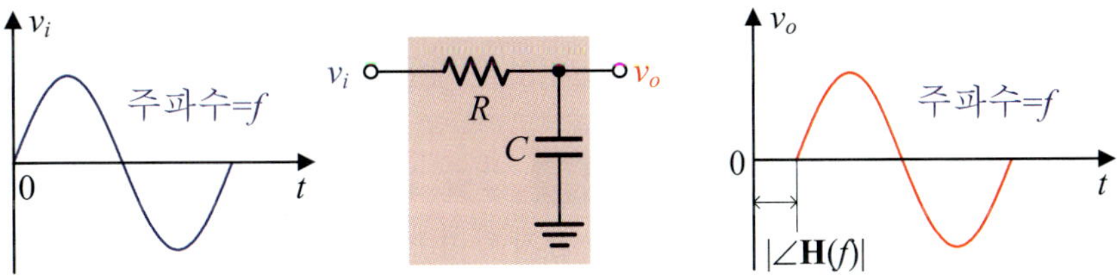

$$\mathbf{H}(f)=\frac{1}{1+jf/f_{\mathrm{H}}},\quad f_{\mathrm{H}}=\frac{1}{2\pi RC} \tag{10-8-8}$$

이로부터 크기 및 위상 특성은 다음과 같다.

$$\left.\begin{aligned}|\mathbf{H}(f)|&=\frac{1}{\sqrt{1+(f/f_{\mathrm{H}})^2}}\\ \angle\mathbf{H}(f)&=-\tan^{-1}\left(\frac{f}{f_{\mathrm{H}}}\right)\end{aligned}\right\} \tag{10-8-9}$$

따라서 출력 정현파는 입력 정현파에 비해 위상이 $|\angle\mathbf{H}(f)|$만큼 늦어진다.

우세극점 보상 그림 10-38의 위상지연 회로를 그림 10-39(a)와 같이 기본 증폭기와 직렬로 결합하면 전체 전달 함수가 **H**(*f*)**A**(*f*)가 된다. 따라서 전체 위상은 **A**(*f*)에 의한 위상 지연과 **H**(*f*)에 의한 지연이 합해지므로 그림 (b)와 같은 위상 보상 효과를 얻을 수 있다. 그리고 **A**(*f*)의 극점에 **H**(*f*)의 극점($f=f_{\mathrm{H}}$)이 더 첨가되므로 크기 특성도 그림 (b)와 같이 변한다. 이 때 **H**(*f*)의 극점 f_{H}가 기존의 **A**(*f*)의 극점 f_{Z}에 비해 충분히 낮게 하면 크기 특성은 f_{H}에 의해 주도된다. 따라서 그림 10-39와 같은 방식을 우세 극점 보상(dominant pole compensation)이라 한다.

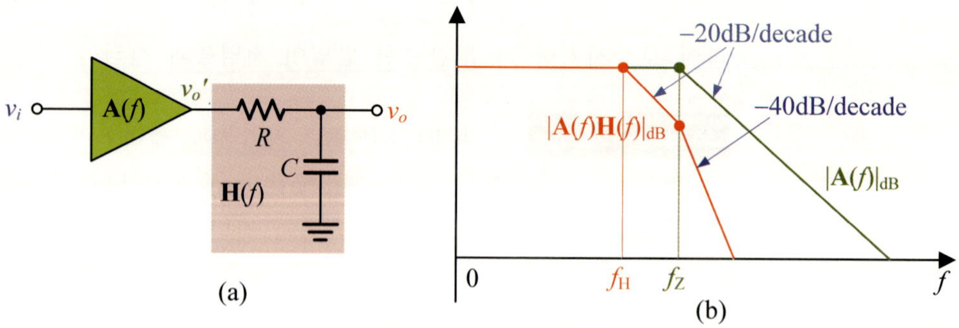

그림 10-39 (a) 우세 극점 보상; (b) 크기 특성.

극-영점 보상 그림 10-39의 우세 극점 보상은 결과적으로 새로운 극점이 하나 더 첨가되며 극점의 첨가는 안정성 면에서 결코 바람직한 일이 아니다. 보상 회로에 의한 새로운 극점의 도입을 막기 위해서는 그림 10-40과 같이 극점과 영점이 함께 있는 보상 회로를 사용하여야 하며 이를 극-영점(pole-zero) 보상이라 한다. 그림 10-40 회로의 전달 함수는 다음과 같다.

$$\mathbf{H}(f) = \frac{1 + jf/f_Z}{1 + jf/f_P}$$
$$\left(f_Z = \frac{1}{2\pi R_2 C}, \quad f_P = \frac{1}{2\pi(R_1 + R_2)C} \right) \tag{10-8-10}$$

여기서 기본 증폭기가 다음과 같이 두 개의 극점을 갖는다고 하고 $f_1 < f_2$로 한다.

$$\mathbf{A}(f) = \frac{A_{mid}}{(1 + jf/f_1)(1 + jf/f_2)} \tag{10-8-11}$$

그 결과 전체 전달 함수는 다음과 같다.

$$\mathbf{A}(f)\mathbf{H}(f) = \frac{A_{mid}(1 + jf/f_Z)}{(1 + jf/f_1)(1 + jf/f_2)(1 + jf/f_P)} \tag{10-8-12}$$

여기서 $\mathbf{H}(f)$의 영점인 f_Z가 $\mathbf{A}(f)$의 우세 극점인 f_1과 같도록 정하면 전체 전달 함수는

$$\mathbf{A}(f)\mathbf{H}(f) = \frac{A_{mid}}{(1 + jf/f_P)(1 + jf/f_2)} \tag{10-8-13}$$

따라서 위의 식을 식 (10-8-11)과 비교해 보면 기존의 우세 극점인 f_1이 새로운 우세 극점 f_P로 대체되면서 극점의 수는 그대로임을 알 수 있다. 그리고 식 (10-8-10)에 의해 새로운 우세 극점 f_P를 원하는 곳에 둘 수 있다.

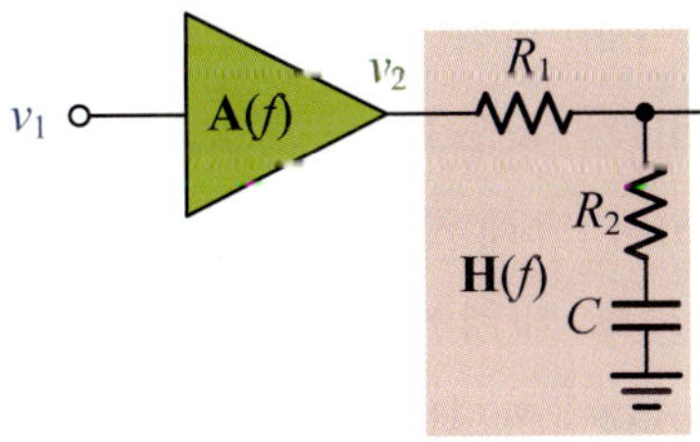

그림 10-40
극-영점 보상.

밀러 보상 그림 10-39의 우세 극점 보상이나 그림 10-40의 극-영점 보상에서 우세 극점을 낮은 주파수에 두기 위해서는 커패시터의 용량이 커야 한다. 그러나 집적 회로에서와 같이 큰 용량을 사용하기 어려운 경우에는 그림 10-41과 같이 밀러 용량을 의도적으로 이용한다. 그림 10-41(a)는 BJT의 주파수 특성을 보상하기 위해 베이스-컬렉터간의 내부 용량을 이용하거나 또는 작은 용량 C_F를 의도적으로 연결한 것이며 그 결과 밀러 효과에 의해 그림 (b)와 같은 효과를 얻을 수 있다. BJT의 전압비 K가 1보다 충분히 크면 출력단의 밀러 용량 C_{M2}는 거의 C_F와 같지만 입력단 밀러 용량 C_{M1}은 $C_{M1} \cong KC_F$로 K배 증가한 용량이 된다.

그림 10-41
밀러 보상.

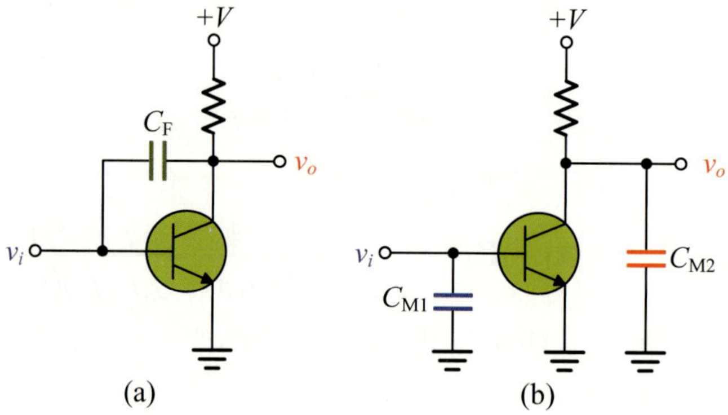

밀러 보상 방법은 집적 회로에 많이 활용되며 그림 10-42(a)가 한 예를 보여준다. 외부 커패시터 C_F는 LM101A 연산 증폭기의 1번 핀과 8번 핀 사이에 연결되며 회로 구성은 반전 증폭기이다. 그림 10-42(b)에서 그래프 (1)과 (2)는 각각 C_F=3 pF일 때와 C_F=30 pF일 때 개루프 이득 A_o의 주파수 특성을 보여준다. C_F가 3 pF일 때는 대역폭이 100 Hz이며 약 10 MHz 부근에서 이득이 1이 된다. 그리고 C_F가 30 pF일 때는 대역폭이 10 Hz이며 1 MHz에서 이득이 1이 된다. 그림 10-42(a)에서 폐루프 중간대역 이득 A_{mid}가 예를 들어 40 dB가 되도록 저항 R_1과 R_2를 정하면 폐루프 이득의 주파수 특성은 그림 (b)의 그래프 (3)과 같다. 즉 개루프 이득에 비해 –60 dB, 즉 1/1000배가 되므로 대역폭은 1000배로 증가한다. 따라서 C_F=3 pF일 때는 대역폭이 100 Hz에서 100 kHz로 확장되며, C_F=30 pF일 때는 대역폭이 10 Hz에서 10 kHz로 확장된다.

10-9 매트랩

무궤환 증폭기가 다단 증폭기인 경우는 5장에서 설명한 함수 multiA.m을 이용하면 편리하다. 그림 5-43(b)에서 R_2가 없을 때는 단락이므로 R2=0으로 한다. 반면 입력의 R_1이나 출력의 R_3가 없으면 개방이므로 R1=1/eps 또는 R2=1/eps로 한다.

예제 M10-1

그림 10-21(c)의 무궤환 회로에서 전압 이득을 구해보자. 그림 10-21(c)를 그림 5-43(b)에 맞추어 그려보면 그림 M10-1과 같다. 여기서 ∞의 저항은 개방 회로이므로 회로에 영향을 주지 않고 다만 그림 5-43(b)의 틀에 맞추는 역할을 한다. 두 트랜지스터 특성이 $\beta=50$, $r_\pi=1\ \text{k}\Omega$, $r_c=\infty$이므로

```
>> Tspec=[50/1, 1, 1/eps;   50/1, 1, 1/eps ];
```

그리고 바이어스 저항은 그림 M10-1에 맞추면

```
>> Rbias=[1/eps, 98e-3, 6.55;   1/eps, 0, 2.73 ];
```

그리고 전원 저항 R_s=100 Ω 및 부하 저항 R_L=4.7 kΩ으로부터

```
>> Rext=[0.1, 4.7 ];
```

그리고 두 증폭기 모두 이미터-공통이므로

```
>> type=['e', 'e' ];
```

이상으로 multiA.m을 실행하면

```
>> [Avi, Rio ]=multiA(Tspec, Rbias, Rext, type)
Avi=
   560.36    727.04
```

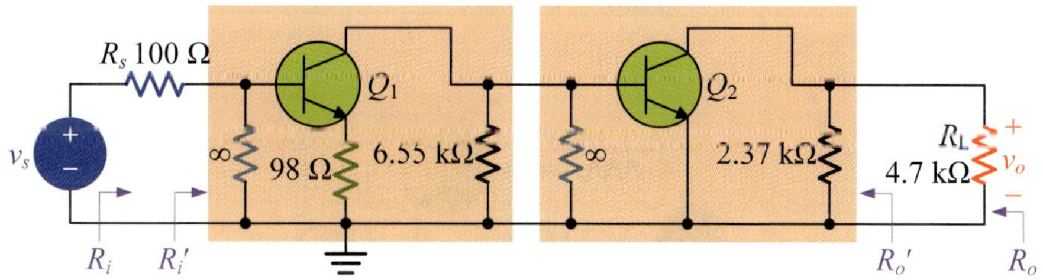

그림 M10-1
예제 M10-1의 그림: 그림 10-21(c)를 정리한 그림

Rio=

5.998 2.37

즉 전압 이득은 A_v=560이며 그림 M10-1의 $R_i' \cong 6$ kΩ, $R_o' \cong 2.37$ kΩ이다. 따라서

$$R_i = R_i' + R_s = 6 + 0.1 = 6.1\,\text{k}\Omega$$

및

$$R_o = R_o' \| R_C = 2.36 \| 4.7 = 1.58\,\text{k}\Omega$$

예제 M10-2

그림 10-27(c)의 무궤환 회로를 그림 5-43(b)에 맞추어 그려보면 그림 M10-2와 같다. 여기서 전압원 v_s와 저항 R_s의 직렬 결합은 그림 10-27(c)의 전류원 i_s와 저항 R_s의 병렬 결합을 전원 변환시킨 것으로 $v_s=R_s i_s$이다. 이 회로에서 전압 이득 $A_v=v_o/v_s$를 구해보자. 트랜지스터 특성이 β=50, r_π=1 kΩ, r_c=30 kΩ이므로

```
>> Tspec=[50/1, 1, 30;   50/1, 1, 30 ];
```

그리고 바이어스 저항은 그림 M10-2에 맞추면

```
>> Rbias=[1.25, 0, 3;   1/eps, 48e-3, 1/eps ];
```

그리고 전원 저항 R_s=1.2 kΩ 및 부하 저항 R_{C2}=500 Ω으로부터

```
>> Rext=[1.2, 0.5 ];
```

그리고 두 증폭기 모두 이미터-공통이므로

```
>> type=['e', 'e' ];
```

이상으로 multiA.m을 실행하면

```
>> [Avi, Rio ]=multiA(Tspec, Rbias, Rext, type)
```

Avi=

173.8 610.3

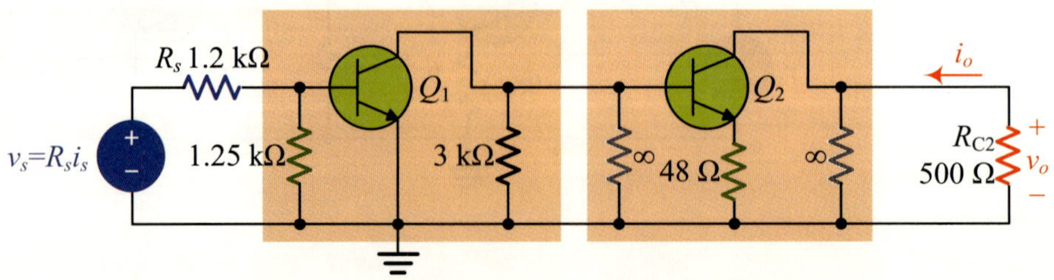

그림 M10-2
예제 M10-2의 그림.

```
Rio=
    0.5556    98.7023
```

전압 이득은 $A_v \cong 174$이며 이로부터 전류 이득을 구하면($v_s=R_s i_s$, $i_o=-v_o/R_{C2}$)

$$A_i = \frac{i_o}{i_s} = -\frac{v_o/R_{C2}}{v_s/R_s} = -A_v\left(\frac{R_s}{R_{C2}}\right) = -174 \times \frac{1.2}{0.5} = -420$$

예제 M10-3 그림 10-31(c)을 정리한 그림 M10-3에서 전달컨덕턴스 $G_m=i_o/v_s$를 구한다. 트랜지스터의 전류 증폭률은 모두 β=100이며 $r_c=\infty$이다. 그리고 $r_{\pi1}=1.5$ kΩ, $r_{\pi2}=2.5$ kΩ, $r_{\pi3}=0.6$ kΩ이므로

```
>> Tspec=[100/1.5, 1.5, 1/eps;   100/2.5, 2.5, 1/eps;   100/0.6, 0.6, 1/eps];
```

그리고 바이어스 저항은 그림 M10 3에 맞추면

```
>> Rbias=[1/eps, 88e-3, 9;   1/eps, 0, 5;   1/eps, 88e-3, 1/eps];
```

그리고 전원 저항 R_s=100 Ω 및 부하 저항 R_{C3}=600 Ω으로부터

```
>> Rext=[0.1, 0.6 ];
```

그리고 세 증폭기 모두 이미터-공통이므로

```
>> type=['e', 'e', 'e' ];
```

이상으로 multiA.m을 실행하면

```
>> [Avi, Rio ]=multiA(Tspec, Rbias, Rext, type)
Avi=
   1.0e+005*
      -0.1545    -2.7000
```

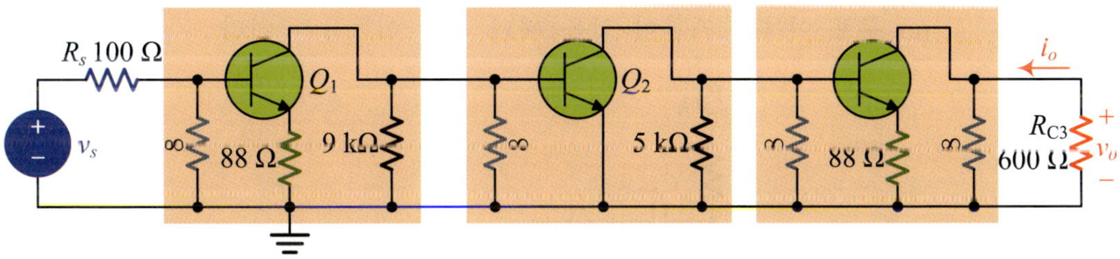

그림 M10-3 예제 M10-3의 그림

Rio=

1.0e+015*

0.0000 4.1991

전압 이득이 $A_v \cong -1.545\times10^4$이므로 전달컨덕턴스는

$$G_m = -\frac{A_v}{R_{C3}} = \frac{1.5\times10^4}{600} = 25.7$$

연습 문제

10-1 부궤환을 통해 얻을 수 있는 효과를 설명하라.

10-2 다음 각 이득들을 비교 설명하라.

(a) 궤환 이득; (b) 루프 이득; (c) 개루프 이득; (d) 폐루프 이득.

10-3 궤환 방식에 대해 설명하라.

10-4 루프 이득은 단위가 없는 상수임을 설명하라.

10-5 각 궤환 방식에서 이상적인 궤환 회로의 조건을 설명하라.

10-6 실제 궤환 회로의 부하 효과를 설명하라.

10-7 그림 P10-7의 회로에서

(a) 교류 회로를 구하고 궤환 방식이 전압-직렬 궤환임을 보여라.

(b) 궤환 이득과 궤환이 없을 때의 전압 이득이 다음과 같음을 보여라.

$$\beta = -\frac{R_F}{R+R_F},\quad A_v = -g_m\{R_D \| R_L \| (R+R_F)\}$$

(c) 루프 이득과 궤환이 있을 때의 전압 이득을 구하라.

그림 P10-7

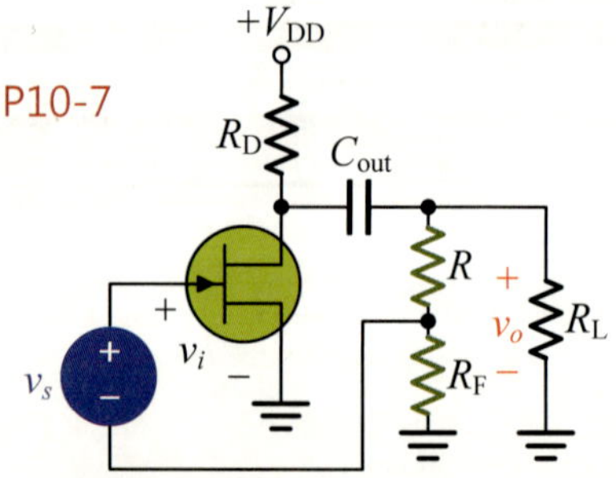

10-8 그림 P10-8은 부하가 결합된 비반전 증폭기이다. 궤환 방식을 밝히고 전압 이득, 입력 저항 및 출력 저항을 구하라.

그림 P10-8

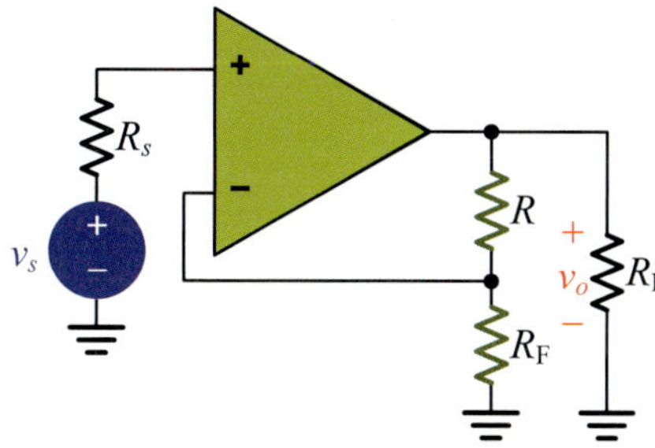

10-9 그림 P10-9의 궤환 증폭기에서 두 트랜지스터는 동일하다.

(a) 교류 회로를 그리고 궤환 방식을 분류하라. (b) A_v, A_i, R_i, R_o를 구하라.

(c) 루프 이득을 구하라. (d) A_{vf}, A_{if}, R_{if}, R_{of}를 구하라.

그림 P10-9

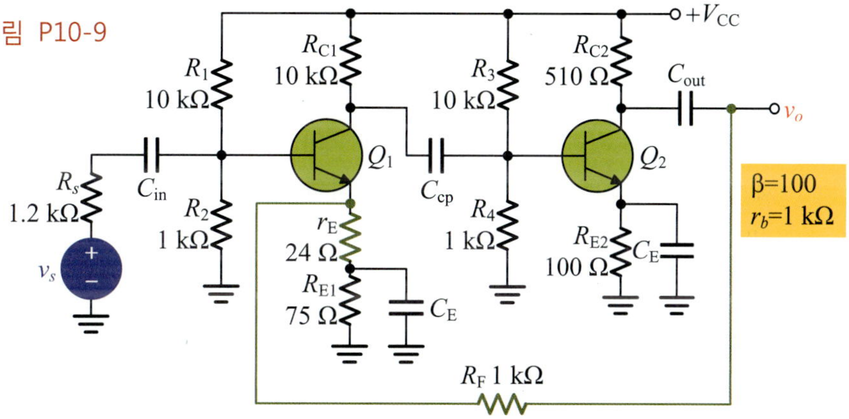

10-10 그림 P10-10(a)의 궤환 증폭기에서 각 저항 값은 다음과 같다.

R_D=50 kΩ, R_G=1 MΩ, $R+R_F$=1 MΩ, R_F=40 kΩ

(a) 교류 회로를 궤환 형태로 표현하면 그림 P10-10(b)와 같음을 보여라.

(b) A_v, R_i, R_o를 구하라. (c) 루프 이득을 구하라.

(d) 궤환이 있을 때의 A_{vf}, R_{if}, R_{of}를 구하라.

10-11 그림 P10-11의 궤환 증폭기에서 모든 트랜지스터는 β_o=β=100이다.

(a) 동작점을 구하라.

(b) (a)의 결과로부터 $r_{\pi1}$, $r_{\pi2}$, $r_{\pi3}$를 구하라(상온에서).

(c) 교류 회로를 그려 보아라(힌트: R_B=1 MΩ은 직류에 대해서는 부궤환을 일으

그림 P10-10

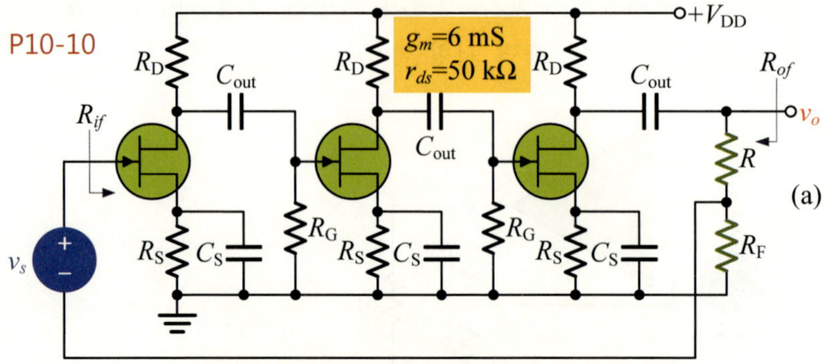

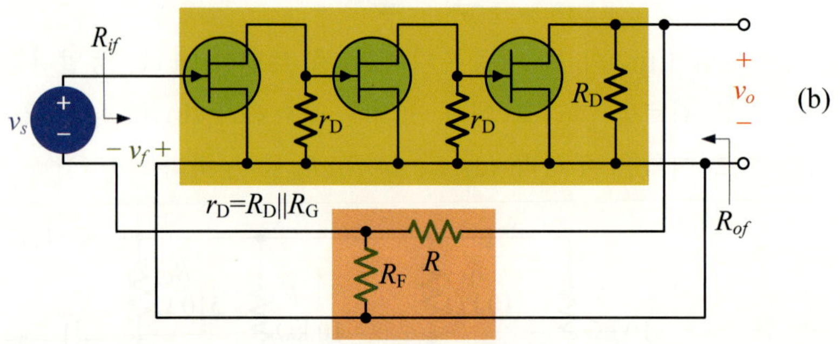

키지만 측로 커페시터 C_{E2}에 의해 교류적으로는 한쪽이 접지되므로 교류에 대해서는 궤환을 일으키지 않음을 유의하라).

(d) 루프 이득을 구하라. (e) A_{vf}, R_{if}, R_{of}를 구하라.

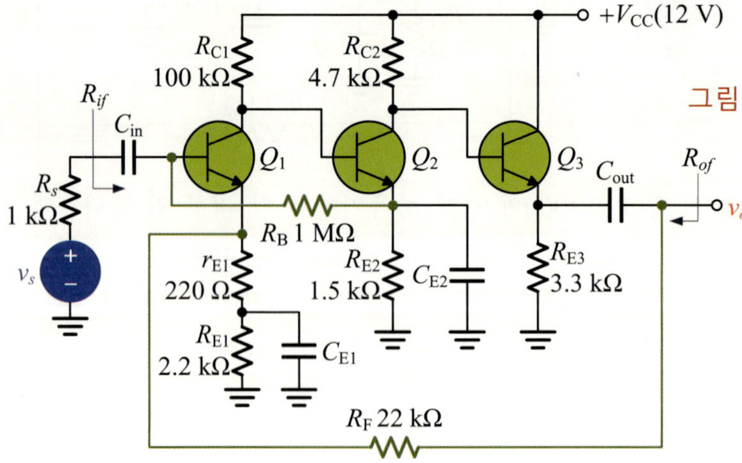

그림 P10-11

10-12 그림 P10-12의 궤환 증폭기에서 두 트랜지스터는 특성이 동일하며 β=50, r_π=1 kΩ이다.

(a) 궤환 방식을 밝혀라. (b) A_i, R_i, R_o를 구하라.

그림 P10-12

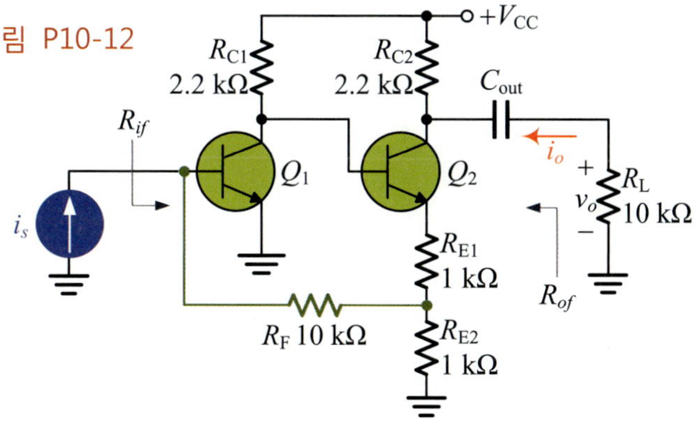

(c) 루프 이득을 구하라. (d) A_{if}, R_{if}, R_{of}를 구하라.

10-13 그림 P10-13의 궤환 증폭기에서 두 트랜지스터는 특성이 동일하며 $\beta=50$, $r_\pi=1\ k\Omega$이다. 단 C_{cp}는 직류 차단용이며 용량은 무한대로 한다.

(a) 궤환 방식을 밝혀라. (b) A_i, R_i를 구하라.

(c) 루프 이득을 구하라. (d) A_{if}, R_{if}를 구하라.

(힌트: 전원 변환을 이용하여 입력 전압원 v_s를 전류원으로 변환하고 할 것)

그림 P10-13

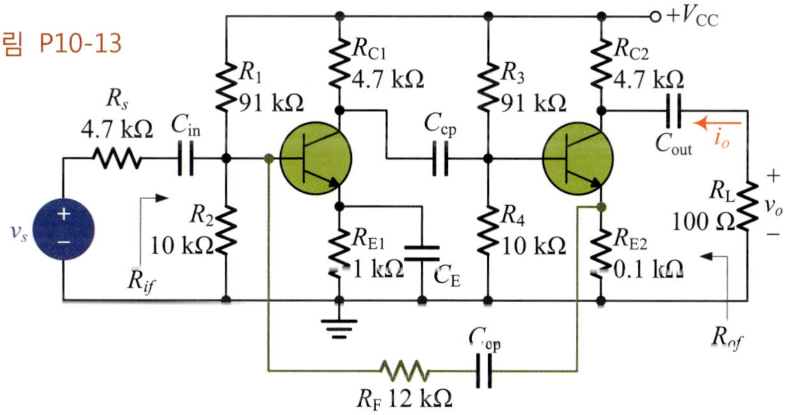

10-14 그림 P10-14(a)의 궤환 증폭기에서 두 트랜지스터는 특성이 동일하며 $\beta=50$, $r_\pi=2\ k\Omega$이다.

(a) 교류 회로가 그림 P10-14(b)와 같음을 보이고 궤환 방식을 밝혀라.

(b) A_i, R_i, R_o를 구하라. (c) 루프 이득을 구하라. (d) A_{if}, R_{if}, R_{of}를 구하라.

10-15 그림 P10-15의 궤환 증폭기에서 $\beta=120$, $r_\pi=1\ k\Omega$일 때

(a) 교류 회로를 그리고 궤환 방식을 밝혀라.

그림 P10-14

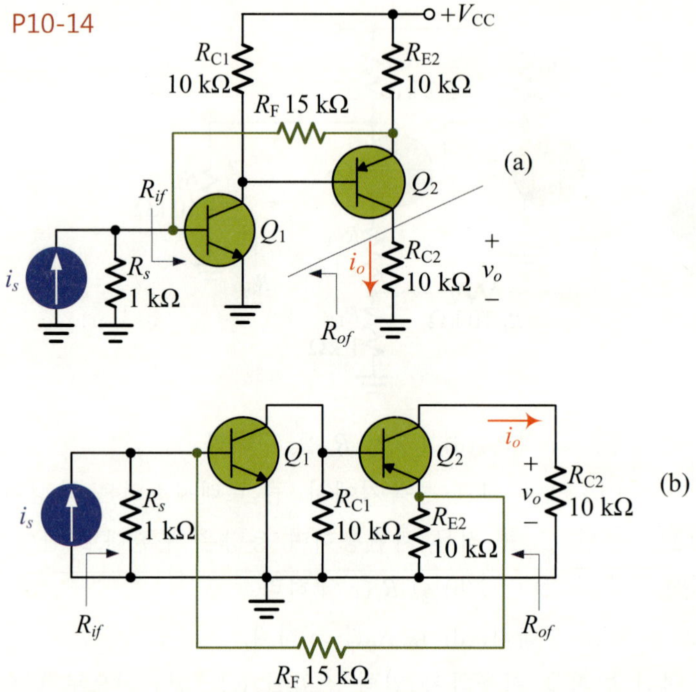

(b) A_v, A_i, R_i, R_o를 구하라.

(c) 루프 이득을 구하라.

(d) A_{vf}, A_{if}, R_{if}, R_{of}를 구하라.

10-16 그림 P10-15에서

$$\beta=80,\ r_\pi=1.3\ \text{k}\Omega,\ R_B=600\ \text{k}\Omega,\ R_E=1\ \text{k}\Omega,\ R_C=4.7\ \text{k}\Omega$$

일 때 문제 문제 10-15를 반복하라.

10-17 그림 P10-17의 궤환 방식을 밝히고 전압 이득, 입력 저항 및 출력 저항을 구하라.

그림 P10-15

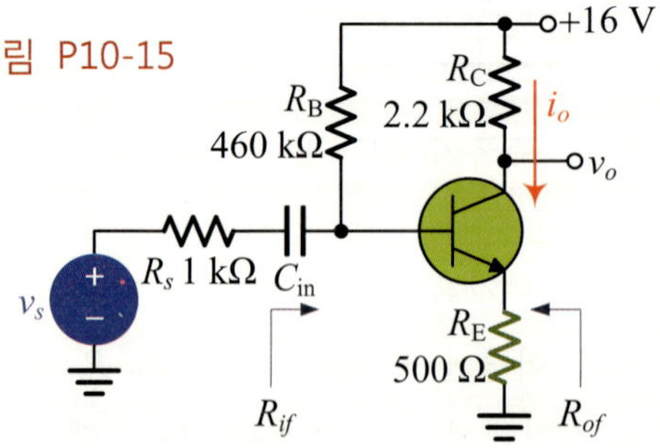

그림 P10-17

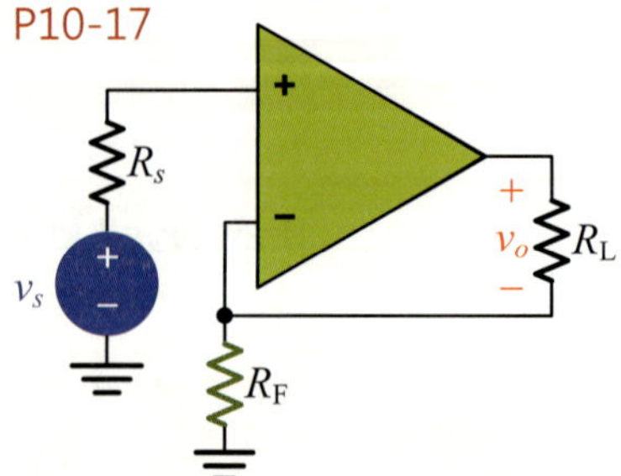

10-18 그림 P10-18(a)는 두 개의 궤환 회로로 이루어져 있다. 하나는 저항 R_E를 통한 궤환이며 또 하나는 저항 R_F를 통한 궤환이다. $R_B >> R_s$, $R_F >> R_C$로 할 때

(a) 그림 P11-18(a)의 교류 회로를 궤환 형태로 표현하면 그림 (b)임을 보여라.

(b) 저항 R_E와 R_F에 의한 각각의 궤환 방식을 설명하라.

(c) 그림 P11-18(b)에서 기본 증폭기 A'와 궤환 회로 β'로 구성된 궤환 증폭기 A를 해석하여 증폭기 A의 $G_{mf}' = i_o/v_i'$와 R_{if}', R_{of}'를 먼저 구하라.

(d) (c)의 결과를 이용하여 증폭기 A와 궤환 회로 β로 이루어진 전체 궤환 증폭기를 해석하여 $A_{vf} = v_o/v_s$를 구하라.

그림 P10-18

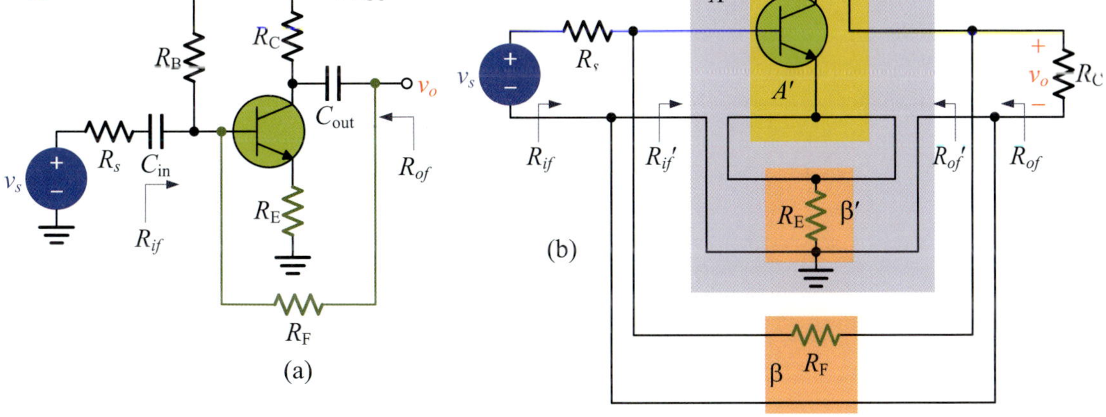

10-19 그림 P10-19는 캐스코드 증폭기에 궤환을 가한 궤환 증폭기이다. 두 트랜지스터의 특성은 같으며 $r_c = \infty$로 할 때

(a) 궤환을 제거하였을 때의 전압 이득과 전류 이득, 입력 임피던스와 출력 임피던스에 관한 식을 구하라.

(b) 궤환이 있을 때의 전압 이득과 전류 이득, 입력 임피던스와 출력 임피던스에 관한 식을 구하라.

10-20 다음 용어를 정의하라: (a) 이득 여유; (b) 위상 여유; (c) 보상.

10-21 궤환 증폭기의 안정성을 확보하기 위한 보상 방법들에 대해 설명하라.

그림 P10-19

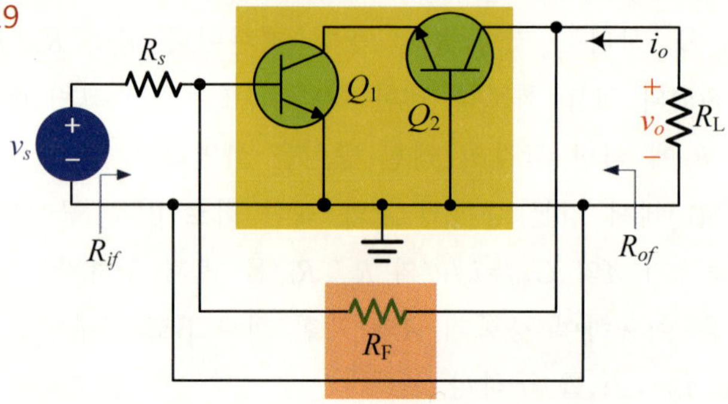

11장 발진기

증폭기는 주어진 신호를 증폭하여 출력하는데 반해 발진기는 외부로부터 주어지는 입력이 없어도 자체적으로 주기적인 전기적인 진동을 출력한다. 발진기의 이러한 특성으로 신호 발생기로 사용되며, 특히 무선 통신에서는 없어서는 안되는 중요한 장비이다. 발생되는 주기적인 신호가 정현파일 경우는 정현파 발진기라 하며 그 외는 비정현파 발진기로서 펄스 발진기 등이 이에 속한다. 발진기는 외부로부터의 어떠한 신호도 입력되지 않으므로 자체적으로 입력을 공급하지 않으면 안된다. 따라서 발진기는 자신의 출력을 자신의 입력으로 공급하는 궤환 회로를 사용하다. 10장에서 설명한 궤환 방식은 부궤환으로서 출력을 입력으로 궤환시키되 전체 이득을 감소시키는 대가로 시스템의 안정도를 높이는 것이 목적이었다. 그러나 발진기는 출력이 출력 자신을 증가시키는 방향으로 궤환되며 이러한 방식을 정궤환이라 한다. 이 장에서는 정궤환을 바탕으로 하는 여러 가지 유형의 발진기에 대해 설명한다.

목차

11-1 정궤환

정궤환

증폭기는 외부로부터 입력된 교류를 증폭하는 것이다. 그러나 발진기는 그림 11-1이 보여주는 바와 같이 외부 입력 없이 단순히 직류 공급 전압 V만으로 정현파를 발생시키는 장치이다. 따라서 출력을 입력으로 궤환시킨 다음 이를 증폭하여 다시 출력으로 삼는 정궤환(positive feedback)이 필수적이다. 발진기에서는 특정 주파수에서만 정궤환이 일어나도록 궤환 회로도 주파수 선택성 소자를 사용한다. 따라서 궤환 이득도 주파수 함수이므로 $\boldsymbol{\beta}(f)$로 표현한다. 그림 11-1에서 루프 이득은

$$\mathbf{T}(f) = \boldsymbol{\beta}(f)\mathbf{A}(f) \tag{11-1-1}$$

이며 특정 주파수 f_o에서 발진이 지속되기 위해서는

$$\mathbf{T}(f_o) = \boldsymbol{\beta}(f_o)\mathbf{A}(f_o) = 1\angle 0^\circ \tag{11-1-2}$$

를 만족하여야 하며 이를 바우크하우젠(Baukhausen) 판별이라 한다. 일상생활에서 접할 수 있는 발진 현상 중 한 예가 그림 11-2(a)이다. 스피커는 증폭기의 출력단이며 마이크는 입력단이다. 출력인 스피커 음향이 마이크로 입력될 경우 회로적으로 그림 (b)와 같이 표현할 수 있다. 이 때 스피크 음향이 충분한 크기로 마이크에 입력될 경우 특정 주파수에서 바우크하우젠 조건이 만족될 수 있으며 그 경우 '삐'하는 단일 음조(single tone)가 발생한다. 이는 단 하나의 주파수에서만 발진이 일어나기 때문이다.

그림 11-1
정궤환 회로.

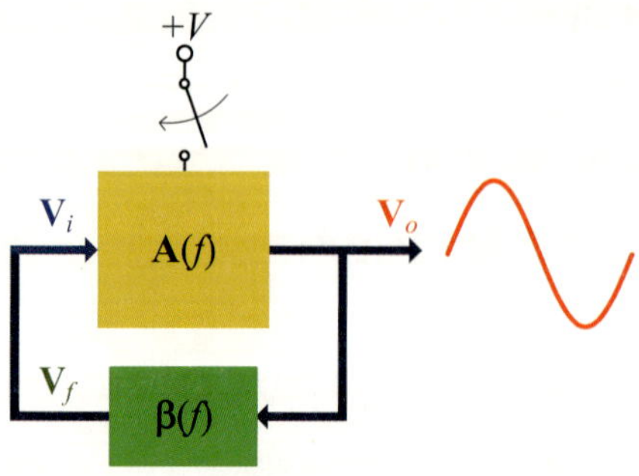

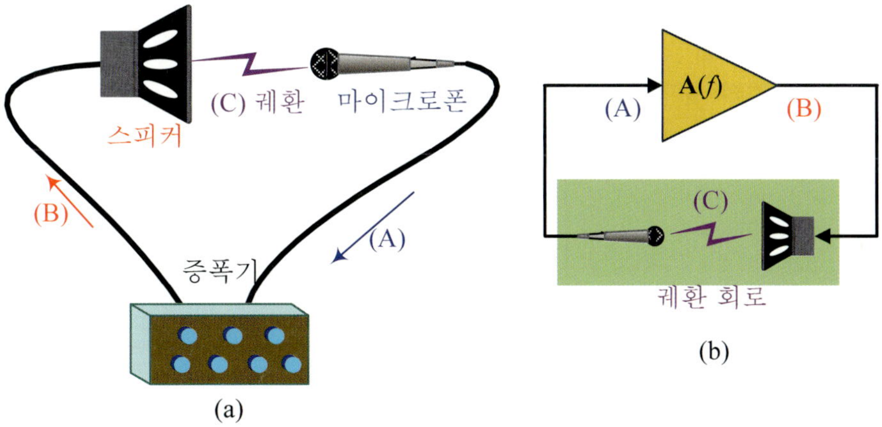

그림 11-2
(a) 발진의 예;
(b) 회로적 표현.

발진 이제 발진 현상을 수식적으로 설명해 보자. 그림 11-1에서 발진기의 전달 함수는 다음과 같다.

$$\mathbf{A}_f(f)=\frac{\mathbf{A}(f)}{1-\mathbf{T}(f)}=\frac{\mathbf{A}(f)}{1-\boldsymbol{\beta}(f)\mathbf{A}(f)} \quad \textbf{(11-1-3)}$$

따라서 특정 주파수 f_o에서 식 (11-1-2)를 만족하면 이 주파수에서의 이득은 다음과 같이 무한대가 되며 f_o를 발진 주파수라 한다.

$$\mathbf{A}_f(f_o)=\frac{\mathbf{A}(f_o)}{1-\mathbf{T}(f_o)}=\infty \quad \textbf{(11-1-4)}$$

그러면 증폭기의 이득이 무한대란 것은 무슨 뜻일까? 무한대 이득의 증폭기에 크기가 유한한 신호를 입력시키면 출력의 크기는 무한대가 될 것이다. 그러나 입력이 0일 때 유한한 출력이 나오면 이 역시 이득은 무한대이다. 실제로 식 (11-1-4)는 주지의 상태를 의미하는 것이다. 그러면 발진기는 이론상 왜 하나의 주파수에서만 발진하는가? 증폭기의 대역폭과 이득은 상쇄 관계이다. 따라서 이득이 무한대가 되면 대역폭은 0이 될 수밖에 없으며 이는 단 하나의 주파수에서만 이득이 무한대가 되는 이유이다. 그림 11-3은 이러한 관계를 그림으로 보여준다. 그림 11-1에서 궤환 회로를 주파수 선택성 소자를 사용하는 이유도 단 하나의 주파수에서만 발진이 일어나도록 의도적으로 유도하기 위함이다.

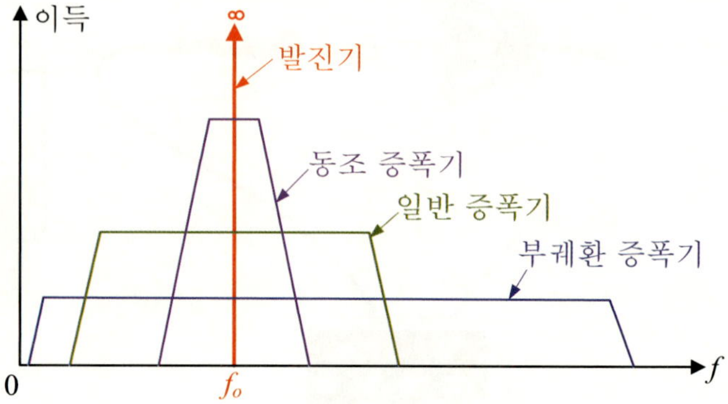

그림 11-3
증폭기의 유형에 따른 이득과 대역폭 관계.

발진기의 시동

실제 발진기에서는 발진기 시동을 위해 발진 주파수의 루프 이득을 1 이상으로 하며 그림 11-4가 이를 설명한다. 그림 11-4(a)와 같이 발진기의 전원 스위치를 닫는 순간 발진기에는 그림 (b)와 같이 계단 형태의 전압이 입력되는 것과 같다. 이러한 계단파의 스펙트럼은 그림 (c)와 같이 직류 성분뿐 아니라 매우 높은 주파수 성분까지 포함되어 있다. 따라서 전원 스위치를 닫는 동작은 그림 11-4(c)와 같이 많은 주파수 성분을 발진기에 입력시키는 것과 같다. 이 중에는 발진 주파수 f_o 성분이 어떤 크기로 들어 있을 것이다. 만일 루프 이득이 정확히 1이라면 f_o 성분의 크기는 늘지도 줄지도 않고 초기 크기 그대로 유지될 수 밖에 없으며 이는 발진 정현파의 진폭을 조절할 수 없다는 것을 의미한다. 그러나 f_o에서 $\mathbf{T}(f_o)>1$ 이면 출력 정현파의 진폭은 그림 11-4(a)와 같이 점점 증가하게 되며 이는 증폭기의 포화에 의해 제한될 때까지 계속된다. 어느 순간 포화 상태에 이르면 출력 파형은 찌그러지기 시작하면서 왜곡될 것이다. 출력이 왜곡되면 기본 주파수 f_o 외에 그 고조파 들인 $2f_o$, $3f_o$, …등의 성분이 생기게 된다. 그러나 그림 11-3에서 보인 바와 같이 발진기는 f_o 외의 주파수 성분에 대해서는 이득이 0이므로 고조파들은 생기는 순간 궤환 루프에 의해 즉시 제거된다. 따라서 포화 이후에는 실제로는 주파수 f_o의 단일 정현파만 일정한 진폭으로 지속되게 되는 것이다. 이 밖에도 발진기 시동에 기여하는 것으로 모든 증폭기에 내재하는 열잡음이 있다. 열잡음은 매우 높은 주파수까지 균일한 스펙트럼을 가지고 있으므로 백색 잡음이라 한다. 백색 잡음 중에 발진 주파수 f_o 성분도 당연히 포함되어 있다.

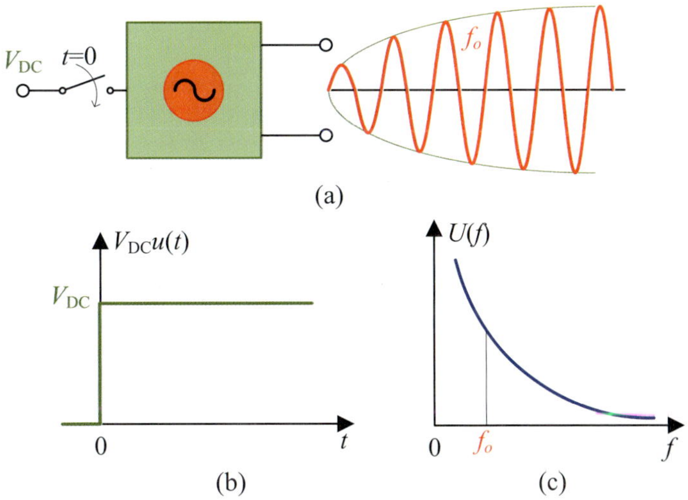

그림 11-4
발진기의 시동 원리:
(a) 전원 공급;
(b) 전원의 함수;
(c) 전원의 스펙트럼.

11-2 RC 발진기

RC 발진기는 R과 C로만 구성된 궤환 회로를 사용하며 여기에는 빈-브리지(Wien bridge) 발진기와 이상(移相; phase-shift) 발진기 두 종류가 있다.

빈-브리지 발진기

그림 11-5(a)는 위상-선행 회로와 위상-지연 회로를 합한 위상 선행-지연 회로이다. 기페시디 C의 리액턴스를 X_C라 하면 전달 특성 $\mathbf{H}(f)=\mathbf{X}_o/\mathbf{X}_i$는 다음과 같다.

$$\begin{cases} \mathbf{H}(f) = \dfrac{1\angle\theta(f)}{\sqrt{9+\left(\dfrac{X_C}{R}-\dfrac{R}{X_C}\right)^2}}, \\ \theta(f) = \tan^{-1}\left(\dfrac{X_C/R-R/X_C}{3}\right) \end{cases} \tag{11-2-1}$$

식 (11-2-1)의 크기 특성과 위상 특성은 각각 그림 11-5(b), (c)와 같으며 $R=X_C$에서 크기는 1/3로 최대이고 위상은 0°이다. 또 $R=X_C$인 주파수는

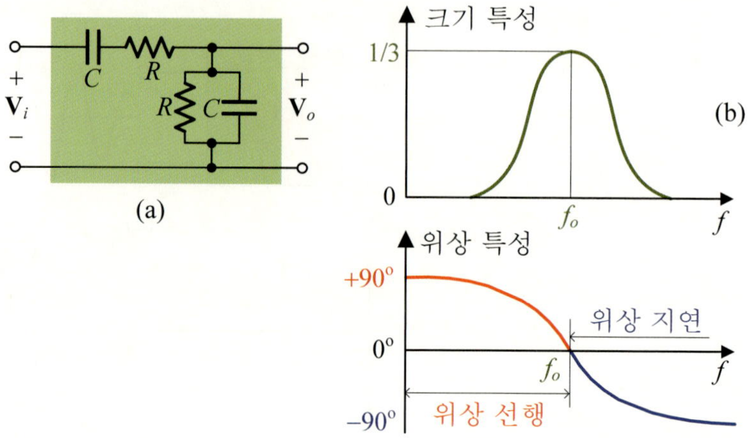

그림 11-5
위상 선행-지연 회로:
(a) 구성;
(b) 크기 특성;
(c) 위상 특성.

$$f_o = \frac{1}{2\pi RC} \tag{11-2-2}$$

이며 발진 가능한 주파수이다.

그림 11-6(a)는 위상 선행-지연 회로를 궤환 회로로 사용하는 빈-브리지 발진기이다. 기본 증폭기는 비반전 증폭기로서 이득은

$$A = 1 + \frac{R_2}{R_1} \tag{11-2-3}$$

이다. 따라서 A=3이면 식 (11-2-2)의 주파수 f_o에서의 루프 이득은

$$\mathbf{T}(f_o) = A\boldsymbol{\beta}(f_o) = 1\angle 0° \tag{11-2-4}$$

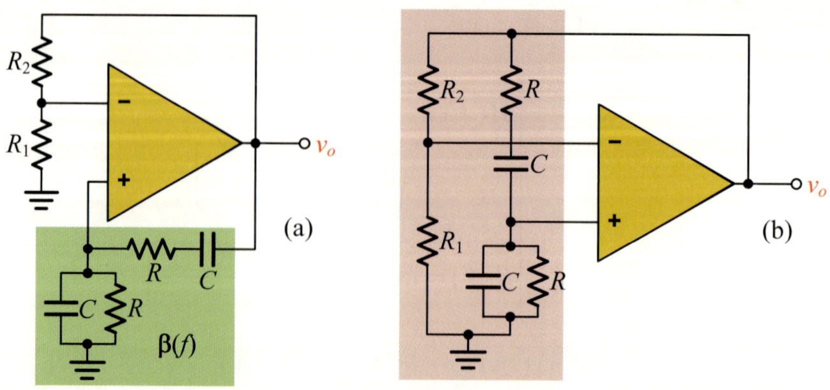

그림 11-6
빈-브리지 발진기:
(a) 구성;
(b) 브리지 형태;
(c) 궤환 형태.

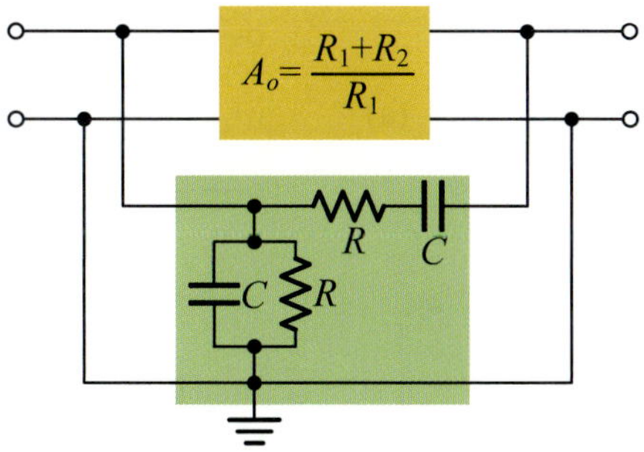

(c)

그림 11-6
(계속)

이 되어 발진된다. 그림 11-6의 (a)는 다시 그림 (b)처럼 빈-브리지 형태를 빌어 나타낼 수 있으므로 발진기 이름을 빈-브리지 발진기라 한다. 그리고 그림 (a)를 궤환 형태로 고쳐 그리면 그림 (c)와 같으며 이는 전압-병렬 궤환 방식임을 알 수 있다.

이상 발진기

그림 11-7(a)는 차단 주파수가 $f_L=1/(2\pi RC)$인 고역통과 필터이며 이 회로는 출력이 입력보다 위상이 앞서므로 위상-선행 회로라 한다. 이 회로의 전달 특성은 $\mathbf{H}(f)=j/(j+f_L/f)$이며 크기 및 위상 특성은 다음과 같다.

$$\begin{cases} |\mathbf{H}(f)| = \dfrac{2\pi fRC}{\sqrt{(2\pi fRC)^2+1}} \\ \theta(f) = 90° - \tan^{-1}(2\pi RC) > 0 \end{cases} \tag{11-2-5}$$

만일 그림 11-7(a)의 회로가 특정 주파수 f_o에 대한 위상 선행이 θ=60°가 된다면 그림 (b)처럼 3단으로 결합하면 f_o에 대한 전체 위상 선행은 180°가 된다. 그리고 크기는 더 작아진다. 따라서 그림 11-7(b)의 회로를 적절한 이득을 갖는 반전 증폭기와 결합하면 주파수 f_o에서의 루프 이득이 $\mathbf{T}(f_o)=1$을 만족하게 할 수 있다. 이와 같은 원리를 이용한 발진기가 그림 (c)의 이상 발진기이다. 그림 (b)의 위상-선행 회로에서 위상 선행이 θ=60°인 주파수 f_o는 다음과 같이 주어진다(부록 D 참조).

$$f_o = \frac{1}{2\pi\sqrt{6}RC} \tag{11-2-6}$$

이상으로 그림 11-7(c)에서 주파수 f_o에서 궤환 이득 $\beta(f_o)$는 다음과 같다(부록 D 참조).

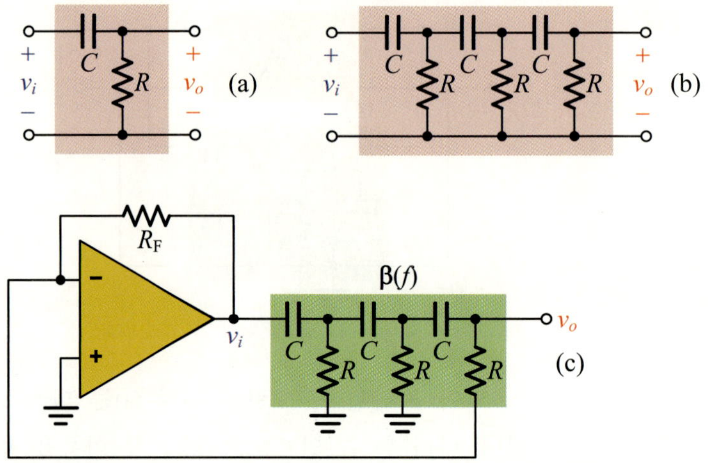

그림 11-7
이상 발진기:
(a) 위상-선행 회로;
(b) 3단 위상-선행 회로;
(c) 이상 발진기.

$$\boldsymbol{\beta}(f_o) = \frac{1}{29}\angle 180^\circ \tag{11-2-7}$$

그리고 그림 11-7(c)에서 기본 증폭기인 반전 증폭기의 이득이

$$\frac{v_o}{v_i} = -\frac{R_F}{R} \tag{11-2-8}$$

이므로 발진 가능 주파수 f_o에서의 루프 이득 $\mathbf{T}(f_o)$는 다음과 같다.

$$\mathbf{T}(f_o) = \frac{R_F}{29R} \tag{11-2-9}$$

이상으로 그림 11-7(c)의 발진 조건 및 주파수는 다음과 같다.

$$\frac{R_F}{R} = \frac{1}{29}, \quad f_o = \frac{1}{2\pi\sqrt{6}RC} \tag{11-2-10}$$

예제 11-1

그림 11-8은 JFET 이상 발진기이며 g_m=10 mS, r_d=40 kΩ, R=10 kΩ이다. 주파수 f_o=1 kHz에서 발진이 일어나도록 C와 R_D의 값을 정하라.

풀이 식 (11-2-10)으로부터 C의 값은

$$C = \frac{1}{2\pi\sqrt{6}Rf_o} = \frac{1}{2\pi\sqrt{6}\times 10^4 \times 10^3} = \mathbf{6.5\ nF}$$

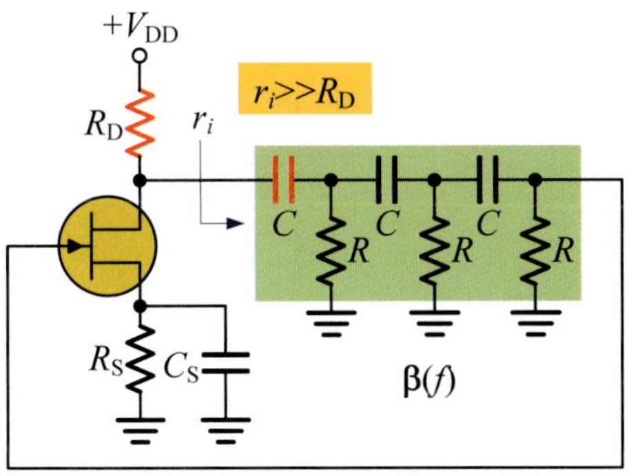

그림 11-8
예제 11-1의 그림.

위상-선행 회로의 입력 저항 R_i가 FET의 드레인에 미치는 부하 효과가 R_D에 비해 무시할 수 있다고 보면 FET 증폭기의 이득은 29이어야 한다. 그러나 루프 이득의 크기가 1 이상이 되도록 증폭기 이득을 40으로 정하기로 한다. 따라서 증폭기의 이득이

$$|A_v| \cong g_m(r_d \| R_D) = 10^{-2}(r_d \| R_D) = 40$$

을 만족해야 하므로

$$r_d \| R_D = 4\ \mathrm{k\Omega} \quad \therefore R_D \cong \mathbf{4.5\ k\Omega}$$

이장 발진기

발진기의 전기적 진동이 정현파가 아닌 구형파나 톱니파 등인 경우가 있으며 이를 비정현파 발진기라 한다. 비정현파 발진기는 대부분 커패시터의 충전과 방전을 번갈아 일으키는 이장(弛張) 발진기를 기본으로 한다. 이장 발진기의 가장 쉬운 예가 그림 11-9이다. 그림 11-9(a)에서 연산 증폭기의 반전 입력은 커패시터 양단 전압 v_C이며 비반전 입력은 저항 R_1과 R_2를 통한 궤환 전압 v_f이다. 그리고 연산 증폭기의 출력 v_o는 항상 $+V_{max}$ 또는 $-V_{max}$의 포화 상태로만 동작한다. 회로가 켜지는 순간에 커패시터의 충전 전압은 없으며(v_C=0) 출력은 $v_o=+V_{max}$로 포화되어 있다고 하자. 그러면 반전 입력은 0이며 비반전 입력은 다음과 같다.

$$v_f = \left(\frac{R_2}{R_1+R_2}\right)V_{max} = V_f \qquad \textbf{(11-2-11)}$$

커패시터 C는 저항 R을 $v_o=+V_{max}$를 향해 충전되며 시정수는 $\tau=RC$이다.

그림 11-9
이장 발진기:
(a) 구성;
(b) 파형.

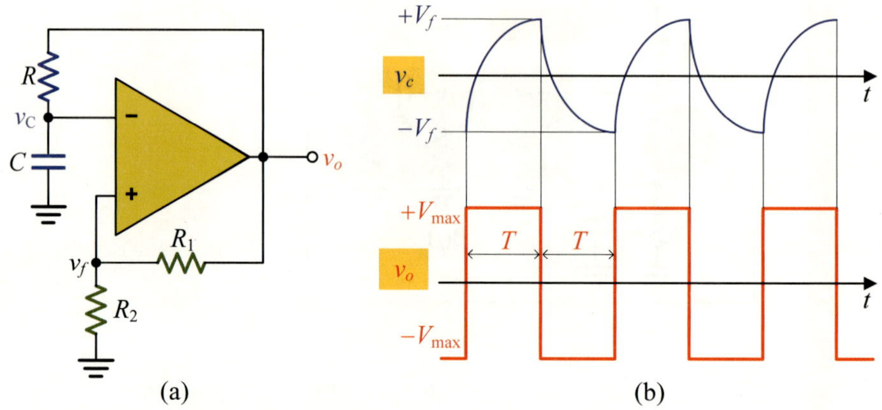

충전에 의해 C의 전압 v_C가 전압 V_f를 넘어서는 순간 출력 v_o는 곧 바로 $+V_{max}$에서 $-V_{max}$으로 전환된다. 따라서 이 순간 이후로는 v_C는 V_f로부터 $-V_{max}$을 향해 방전되기 시작하며 그 동안 궤환 전압 v_f는 다음 상태로 유지된다.

$$v_f = -\left(\frac{R_2}{R_1 + R_2}\right)V_{max} = -V_f \tag{11-2-12}$$

그리고 또한 방전 과정에서 v_C가 $-V_f$보다 낮아지는 순간 상황은 다시 반전된다. 즉 v_C는 $-V_f$로부터 $+V_{max}$을 향해 충전되기 시작하며 v_C는 $+V_{max}$로 유지되고 v_f는 $+V_f$로 유지된다. 이와 같은 충방전 과정이 무한히 지속되므로 커페시터 전압과 출력 전압의 파형은 그림 11-9(b)의 형태가 된다. 커패시터의 충방전 시정수가 τ=RC이므로 주기 T는 다음과 같이 정해진다(연습 문제).

$$T = \tau\left(\frac{R_1 + 2R_2}{R_1}\right) = RC\left(\frac{R_1 + 2R_2}{R_1}\right) \tag{11-2-13}$$

따라서 그림 11-9의 발진 주파수 f_o=1/(2T)은 다음과 같다.

$$f_o = \frac{1}{2\tau \ln\left(\frac{R_1 + 2R_2}{R_1}\right)} \tag{11-2-14}$$

11-3 동조 발진기

동조 증폭기에서 LC 동조 회로의 출력을 입력으로 정궤환시켜 발진을 유도하는 것을 동조 발진기(tuned oscillator)라 하며 동조 회로의 공진 주파수가 발진 주파수가 된다. 그림 11-10은 동조 발진기의 기본 회로들이며 LC 동조 회로를 궤환 회로로 사용하고 결합은 변압기 결합이다. 그림 11-10(a)의 경우는 증폭기의 전압 이득이 양인 경우의 결선이며 그림 (b)는 음인 경우의 결선이다. 먼저 그림 11-10(a)의 경우는 증폭기 이득이 양이므로 정궤환이 되기 위해서는 궤환 이득도 양이 되어야 한다. 따라서 그림에 표시된 극성의 전압 v_i와 v_o는 극성이 같으며 변압기의 점표식(dot)이 이를 나타낸다. 이에 반해 그림 11-10(b)는 증폭기 이득이 음이므로 정궤환이 되기 위해 궤환 이득도 음이 되어야 한다. 따라서 그림에 표시된 극성의 전압 v_i와 v_o는 극성이 반대이며 변압기의 점표식이 이를 나타낸다. LC 병렬 공진 회로는 공진 주파수에서 리액턴스 성분이 상쇄되고 저항 성분만 남는다. 따라서 그림 11-10의 두 회로는 공진 주파수에서만 루프 이득의 위상이 0이 되므로 발진한다. 그리고 그림 11-10에서 변압기의 일차측에 공진 회로를 둘 수도 있다.

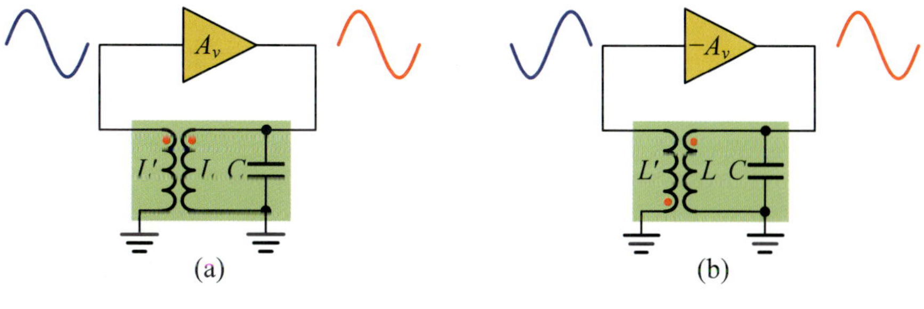

그림 11-10
동조 발진기:
(a) 양의 이득;
(b) 음의 이득.

그림 11-11은 BJT 증폭기에 따른 동조 발진기의 세 가지 유형을 보여준다. 먼저 그림 11-11(a)는 기본 증폭기가 이미터-공통인 경우이다. 이미터-공통 증폭기는 전압 이득이 음이므로 변압기의 점표식 위치는 그림에 표시된 것과 같이 반대가 되어야 한다. 이 회로는 공진 회로가 컬렉터에

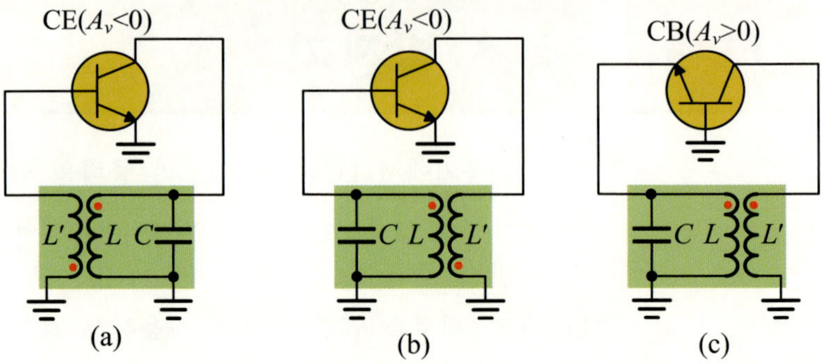

그림 11-11
동조 발진기:
(a) 컬렉터-동조 발진기;
(b) 베이스-동조 발진기;
(c) 이미터-동조 발진기.

있으므로 컬렉터-동조 발진기라 한다. 그림 (b)는 (a)와 공진 회로의 위치가 바뀌었으며 그 결과 베이스에 공진 회로가 있게 되어 베이스-동조 발진기라 한다. 그리고 그림 (c)는 기본 증폭기가 베이스-공통이며 베이스-공통 증폭기는 전압 이득이 양이다. 따라서 변압기의 점표식은 그림과 같이 같은 위치가 되어야 한다. 이 회로는 공진 회로가 이미터에 있으므로 이미터-동조 발진기라 한다.

컬렉터-동조 발진기

컬렉터-동조 발진기의 기본 회로와 이에 대한 등가회로는 그림 11-12에서 보인 바와 같다(전압을 페이저 형태로 표현하였다). 그림 (b)에서 베이스 전압 $\mathbf{V}_b$가 루프를 일주하여 다시 나타난 것을 $\mathbf{V}_b'$라 하면 루프 이득은 $\mathbf{T}=\mathbf{V}_b'/\mathbf{V}_b$이다. 그림 11-12에서 코일 L과 L'의 변압기는 완전 결합(k=1)을 이룬다고 가정하면 그림 8-7(a)의 등가회로를 이용할 수 있다. 따라서 그림 11-12(b)의 컬렉터측에 대한 등가회로는 그림 11-13(a)의 왼쪽 그림과 같다. 단 여기서 유의할 것은 점표식의 위치가 반대이므로 이상적인 변압

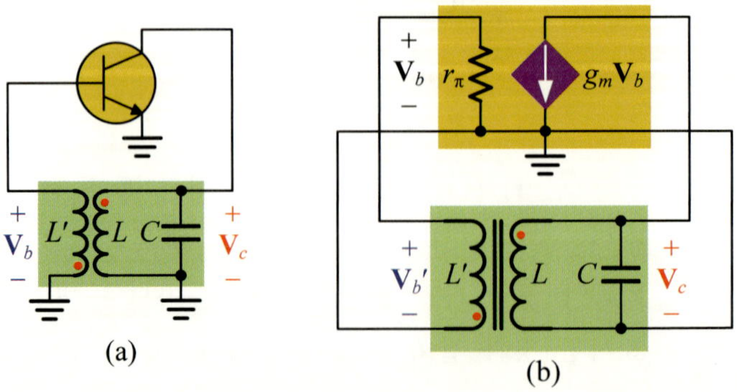

그림 11-12
컬렉터-동조 발진기의
(a) 기본 회로;
(b) 등가 회로.

기의 권선비는 $-N$으로 음이 되며 N은 다음과 같다.

$$N = \sqrt{\frac{L}{L'}} \tag{11-3-1}$$

그림 11-13(a)에 임피던스 반사를 적용하면 그림 (b)와 등가이며 공진 주파수(발진 주파수)인

$$f_o = \frac{1}{2\pi\sqrt{LC}} \tag{11-3-2}$$

에서는 LC 병렬 회로가 개방과 같다. 따라서 그림 11-13(b)에서 공진 주파수에서의 $\mathbf{V}_c$는 다음과 같이 주어진다.

$$\mathbf{V}_c = -N^2 g_m r_\pi \mathbf{V}_b \tag{11-3-3}$$

다음으로 그림 11-13(c)는 그림 11-12(b)의 베이스측에 대한 등가회로이며 $\mathbf{V}_b' = -\mathbf{V}_c/N$이다. 따라서 이 결과와 식 (11-3-3)을 이용하면 공진 주파수에서의 루프 이득 $\mathbf{T}(f_o) = \mathbf{V}_b'/\mathbf{V}_b$는 다음과 같다($\beta = g_m h r_\pi$).

$$\mathbf{T}(f_o) = \frac{\mathbf{V}_b'}{\mathbf{V}_b} = N g_m r_\pi = N\beta \tag{11-3-4}$$

발진이 일어나기 위해서는 $\mathbf{T}(f_o) > 1$이 되어야 하므로 발진 조건은

$$\beta > \frac{1}{N} = \sqrt{\frac{L'}{L}} \quad \text{(컬렉터-동조 발진기)} \tag{11-3-5}$$

컬렉터-동조 발진기의 전체 회로에 대한 구성 예가 그림 11-14(a)이며 바이어스는 전압분배 바이어스이고 증폭기는 이미터-공통이다. 그리고 커페

그림 11-13
그림 11-12(b)의
(a) 컬렉터측에 대한 등가 회로;
(b) 베이스측에 대한 등가 회로.

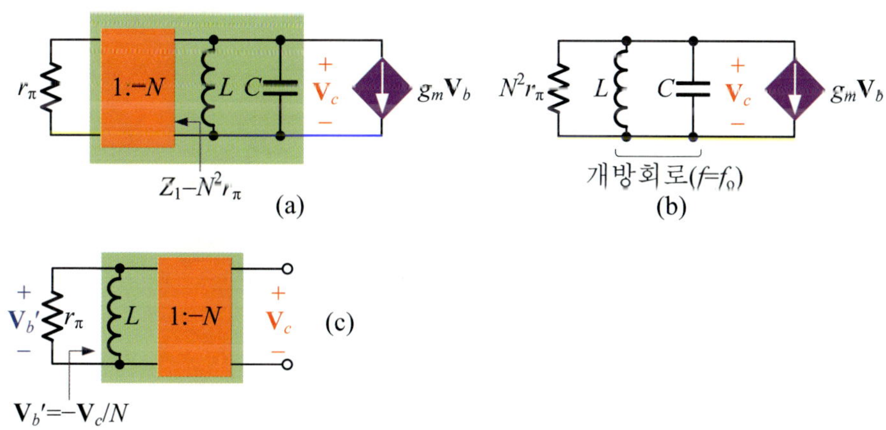

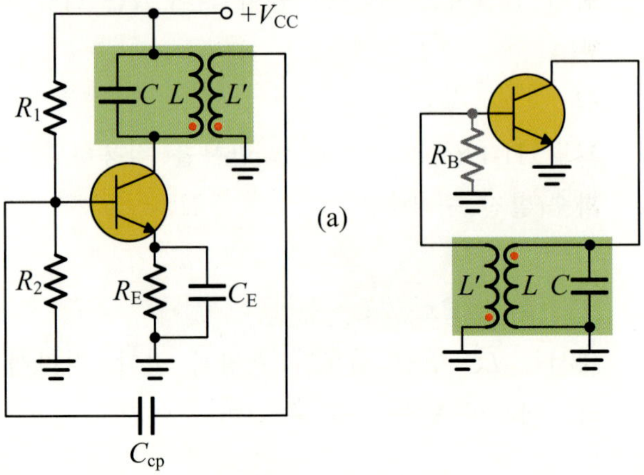

그림 11-14
컬렉터-동조 발진기의
(a) 전체 회로;
(b) 교류 회로.

시터 C_{cp}는 베이스가 L'에 의해 접지와 연결되는 것을 막아주는 직류차단용이다. 이상으로 교류 회로는 그림 11-14(b)와 같다. 베이스 저항 R_B는 R_1과 R_2의 병렬 결합이며 상대적으로 무시되는 경우가 많다.

베이스-동조 발진기

그림 11-11(b)의 베이스-동조 발진기에 대한 전체 회로의 예는 그림 11-15(a)와 같다. 코일은 직류에 대해 단락으로 보면 전압분배 바이어스가 되며 C_E와 C_B는 측로 커패시터들이다. 따라서 교류 회로는 그림 11-15(b)가 되며 이는 컬렉터-동조 발진기에서 코일의 위치를 맞바꾼 형태이다. 따라서 베이스-동조 발진기의 발진 조건은 식 (11-3-5)에서 N을 $1/N$로 바꾸면 되므로 다음과 같다.

$$\beta > N = \sqrt{\frac{L}{L'}} \quad \text{(베이스-동조 발진기)} \qquad \textbf{(11-3-6)}$$

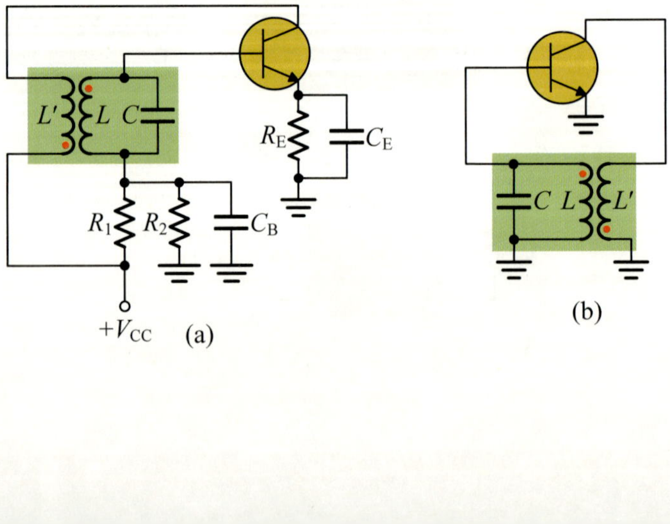

그림 11-15
베이스-동조 발진기의
(a) 전체 회로;
(b) 교류 회로.

이미터-동조 발진기

그림 11-16(a)는 이미터-동조 발진기(그림 11-11(c))에 대한 전체 회로의 예이다. 코일은 직류에 대해 단락이므로 전압분배 바이어스가 되며 C_E와 C_B는 측로 커패시터들이다. 따라서 교류 회로는 그림 11-16(b)와 같으며 이는 베이스-동조 발진기인 그림 11-15(b)와 비교하면 권선비의 부호는 반대이고 증폭기는 이미터-공통 대신 베이스-공통이다. 즉 이미터-동조 발진기의 발진 조건은 식 (11-3-6)에서 N 대신 $-N$으로 하고 β 대신에 $\alpha \cong -1$로 대체하면 되므로

$$1 > N = \sqrt{\frac{L}{L'}} \qquad \text{(이미터-동조 발진기)} \qquad \textbf{(11-3-7)}$$

따라서 $L'>L$이면 발진한다.

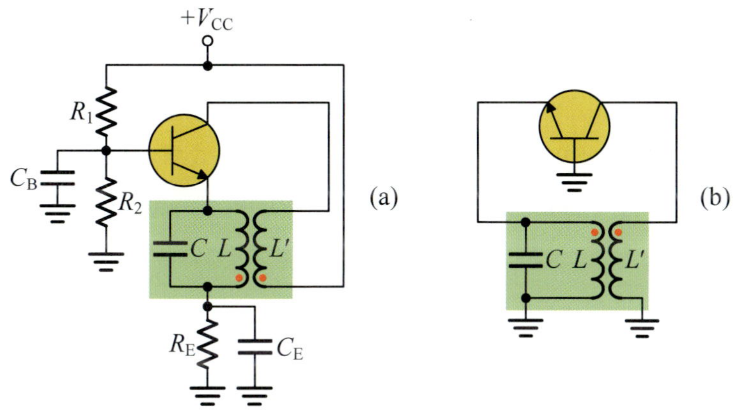

그림 11-16
이미터-동조 발진기의
(a) 전체 회로;
(b) 교류 회로.

11-4 LC 3소자 발진기

기본 개념

LC 3소자 발진기의 기본 구성은 그림 11-17(a)와 같다. 궤환 회로는 세 개의 소자 $\mathbf{Z}_1$, $\mathbf{Z}_2$ 및 $\mathbf{Z}_3$로 이루어지며 이 세 소자는 모두 L 또는 C의 리액턴스 소자이다. 그리고 $\mathbf{Z}_1$은 증폭기 입력에 연결되고 $\mathbf{Z}_2$는 출력에 연결되며 $\mathbf{Z}_3$는 입력과 출력 사이에 연결되어 궤환을 일으킨다. 그림 11-17(a)에 대해 궤환 방식을 강조하여 그린 것이 그림 (b)이며 전압-병렬 궤환 방식이다. 그림 (b)에서의 루프 이득 $\mathbf{T}(f)=\mathbf{V}_i'/\mathbf{V}_i$는 그림 (c)의 등가회로로부터

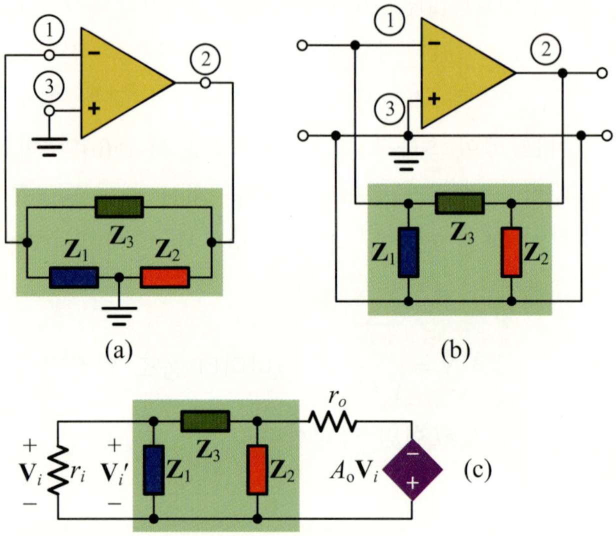

그림 11-17
LC 3소자 발진기의
(a) 기본 회로;
(b) 궤환 방식;
(c) 등가 회로.

구할 수 있다. 그림 (c)의 등가회로에서 A_o는 연산 증폭기의 개루프 이득이며 r_i와 r_o는 각각 입력 및 출력 저항이다. 여기서 연산 증폭기의 출력 저항 r_i가 임피던스 $\mathbf{Z}_1$에 비해 무한대와 같다고 가정하면 $\mathbf{T}(f)=\mathbf{V}_i'/\mathbf{V}_i$는 다음과 같이 표현됨을 알 수 있다.

$$\mathbf{T}(f) = -A_o\left(\frac{(\mathbf{Z}_1+\mathbf{Z}_3)\|\mathbf{Z}_2}{\{(\mathbf{Z}_1+\mathbf{Z}_3)\|\mathbf{Z}_2\}+r_o}\right)\left(\frac{\mathbf{Z}_1}{\mathbf{Z}_1+\mathbf{Z}_3}\right) \tag{11-4-1}$$

위의 식을 정리하면 루프 이득은 다음과 같다.

$$\mathbf{T}(f) = -\frac{A_o\mathbf{Z}_1\mathbf{Z}_2}{r_o(\mathbf{Z}_1+\mathbf{Z}_2+\mathbf{Z}_3)+\mathbf{Z}_2(\mathbf{Z}_1+\mathbf{Z}_3)} \tag{11-4-2}$$

소자 $\mathbf{Z}_1$, $\mathbf{Z}_2$, $\mathbf{Z}_3$는 모두 리액턴스 소자이므로 $\mathbf{Z}_1=jX_1$, $\mathbf{Z}_2=jX_2$, $\mathbf{Z}_3=jX_3$로 표현할 수 있으며 각 리액턴스 X는 유도성인 경우는 $X=\omega L$로, 용량성인 경우는 $X=-1/\omega C$로 주어진다. 따라서 식 (11-4-2)의 루프 이득은

$$\mathbf{T}(f) = -\frac{A_o X_1 X_2}{jr_o(X_1+X_2+X_3)-X_2(X_1+X_3)} \tag{11-4-3}$$

위의 식에서 루프 이득의 위상이 0이 되기 위해서는 분모의 허수부가 0이 되어야 하므로

$$X_1+X_2+X_3=0 \tag{11-4-4}$$

위의 조건을 식 (11-4-3)에 대입하여 루프 이득의 크기가 1보다 클 조건을 구해보면 다음과 같다.

$$\mathbf{T}(f) = -\frac{A_o X_1 X_2}{X_2(X_1+X_3)} = -\frac{A_o X_1}{X_1+X_3} = \frac{A_o X_1}{X_2} > 1 \qquad \textbf{(11-4-5)}$$

이상으로 그림 11-17(a)의 회로가 발진할 조건은 위의 두 식으로부터

$$\begin{cases} X_1+X_2+X_3=0 \\ A_o > \dfrac{X_2}{X_1} \end{cases} \qquad \textbf{(11-4-6)}$$

이다. 위의 식 두 번째 조건에서 개루프 이득인 A_o는 0보다 큰 상수이므로 X_1과 X_2는 부호가 같아야 한다. 즉 임피던스 $\mathbf{Z}_1$과 $\mathbf{Z}_2$는 같이 유도성이든지 용량성이든지 해야 한다. 그 결과 위의 식 첫 번째 조건을 만족하기 위해 X_3는 X_1 및 X_2와 부호가 달라야 하므로 X_3만 리액턴스의 종류가 다르게 된다. 이 때 X_1과 X_2가 용량성이고 X_3가 유도성인 경우를 콜피츠(Colpitts) 발진기라 하고 그림 11-18(a)가 이를 보여준다. 이와 반대로 X_1과 X_2가 유도성이고 X_3가 용량성인 경우를 하틀리(Hartley) 발진기라 하며 그림 11-18(b)와 같다.

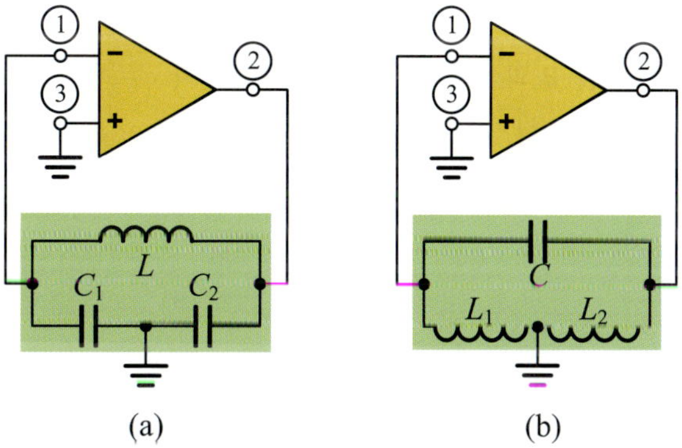

그림 11-18
LC 3소자 발진기:
(a) 콜피츠 발진기;
(b) 하틀리 발진기.

에너지 펌핑

그림 11-18(a)에서 $X_1=-1/\omega C_1$, $X_2=-1/\omega C_2$, $X_3=\omega L$이다. 따라서 식 (11-4-6)의 첫 번째 조건에 대입하여 발진 주파수를 구하고 두 번째 조건으로부터 발진 조건을 구하면 다음과 같다.

$$\begin{cases} \omega_o = \dfrac{1}{\sqrt{LC}}, & \left(C = \dfrac{C_1 C_2}{C_1 + C_2} \right) \\ A_o > \dfrac{C_1}{C_2} \end{cases} \tag{11-4-7}$$

그림 11-18(b)의 하틀리 발진기에서는 $X_1=\omega L_1$, $X_2=\omega L_2$, $X_3=-1/\omega C$이므로 식 (11-4-6)으로부터 발진 주파수와 발진 조건은 다음과 같이 주어진다.

$$\begin{cases} \omega_o = \dfrac{1}{\sqrt{LC}}, & \left(L = L_1 + L_2 \right) \\ A_o > \dfrac{L_2}{L_1} \end{cases} \tag{11-4-8}$$

실제 LC 회로는 저항 성분이 포함된 손실이 있는(lossy) LC 회로이다. 따라서 증폭기의 도움이 없다면 LC 회로의 전기적 진동은 점차 감쇄되어 발진이 멈추게 된다. 그러나 그림 11-19(a)의 콜피츠 발진기가 보여주는 바와 같이 LC 회로의 에너지 손실이 증폭기에 의해 지속적으로 보충됨으로써 발진이 지속될 수 있는 것이며 증폭기의 이러한 작용을 에너지 펌핑(pumping)이라 한다. 따라서 그림 11-19(a)의 손실이 있는 LC 회로는 증폭기의 도움으로 그림 (b)와 같이 손실이 없는(lossless) LC 회로와 등가가 된다. 그 결과 C_1과 C_2가 직렬이므로 전체 용량은 $C=C_1C_2(C_1+C_2)$가 되며 이는 L과 더불어 식 (11-4-7)의 주파수로 발진하는 것이다. 하틀리 발진기도 이와 마찬가지이며 그림 11-20(a)가 이를 나타낸다. 따라서 하틀리 발진기는 그림 11-20(b)와 같이 손실이 없는 LC 회로와 등가가 되며

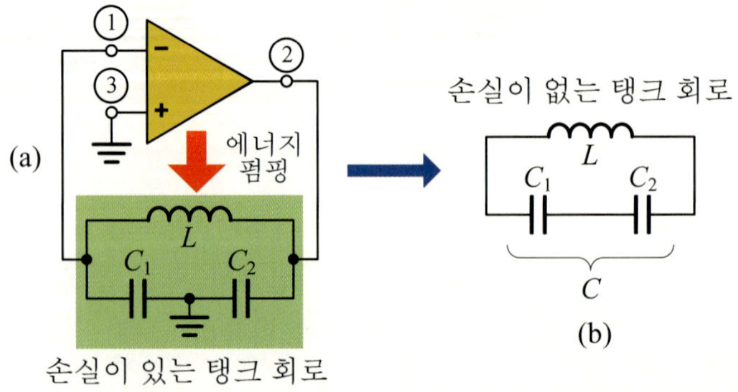

그림 11-19
콜피츠 발진기에서 증폭기의 에너지 펌핑.

그림 11-20
하틀리 발진기에서 증폭기의 에너지 펌핑.

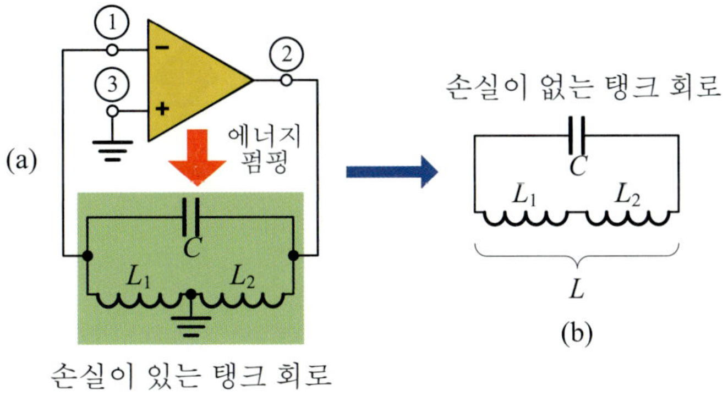

L_1과 L_2가 직렬이므로 전체 인덕턴스는 $L=L_1+L_2$이다. 따라서 L은 C와 더불어 (11-4-8)의 주파수로 발진한다.

발진 조건

BJT와 FET는 모두 전달컨덕턴스 증폭기로 표현할 수 있으며 그림 11-21은 LC 3소자 발진기의 증폭기를 전달 컨덕턴스 형으로 나타낸 경우이다. 여기서 FET 경우는 $r_i \cong \infty$이므로 무시할 수 있으며, BJT 경우는 $r_o=r_c$가 충분히 크므로 무시할 수 있다. 먼저 BJT의 경우와 같이 출력 저항 r_o를 무한대로 가정한 등가회로가 그림 11-22(a)이다. 그림 11-22(a)에서 $\mathbf{Z}_2$와 전류원 $g_m\mathbf{V}_i$의 병렬 결합을 전압원으로 전원 변환하면 그림 (b)의 등가회로를 얻을 수 있다. 따라서 전압 분배 법칙에 의해 루프 이득 $\mathbf{T}(f)=\mathbf{V}_i'/\mathbf{V}_i$는 다음과 같이 표현됨을 알 수 있다.

그림 11-21
전달컨덕턴스 증폭기의 LC 3소자 발진기

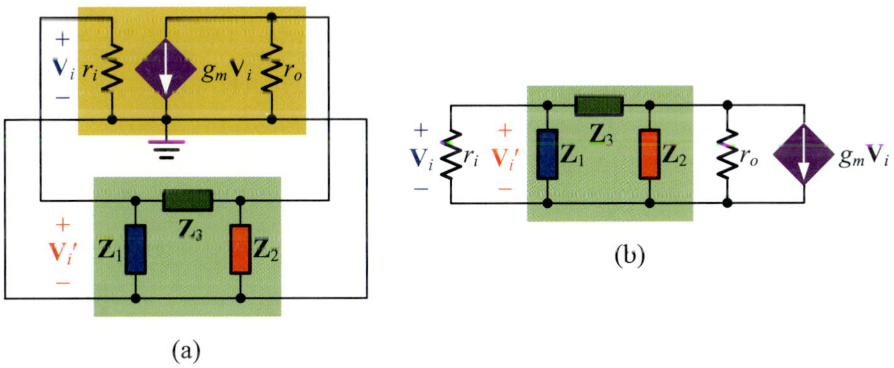

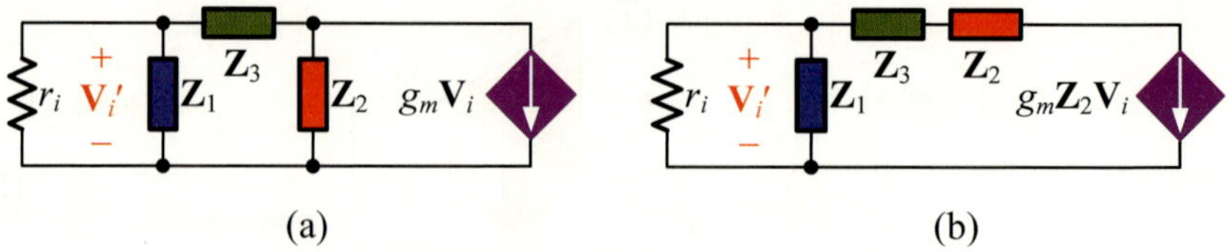

그림 11-22
(a) 그림 11-21에서 r_o=∞로 한 회로;
(b) 전원 변환 적용.

$$\mathbf{T}(f) = -g_m\mathbf{Z}_2\left(\frac{\mathbf{Z}_1 \| r_i}{\mathbf{Z}_1 \| r_i + (\mathbf{Z}_2 + \mathbf{Z}_3)}\right) \quad \text{(11-4-9)}$$

위의 식을 정리하면

$$\mathbf{T}(f) = -\frac{g_m r_i \mathbf{Z}_1\mathbf{Z}_2}{r_i(\mathbf{Z}_1 + \mathbf{Z}_2 + \mathbf{Z}_3) + \mathbf{Z}_1(\mathbf{Z}_2 + \mathbf{Z}_3)} \quad \text{(11-4-10)}$$

위의 식에서 $\mathbf{Z}_1 = jX_1$, $\mathbf{Z}_2 = jX_2$, $\mathbf{Z}_3 = jX_3$로 하면 발진을 위한 첫 번째 조건은 역시 $X_1+X_2+X_3=0$이다. 이를 식 (11-4-10)에 다시 대입하여 루프 이득의 크기가 1보다 클 조건을 구해보면 다음과 같다.

$$\mathbf{T}(f) = -\frac{g_m r_i X_1 X_2}{X_1(X_2 + X_3)} = -\frac{g_m r_i X_2}{X_2 + X_3} = \frac{g_m r_i X_2}{X_1} > 1 \quad \text{(11-4-11)}$$

이상으로 발진 조건은

$$g_m > \left(\frac{X_1}{X_2}\right)\frac{1}{r_i} \quad (r_o=\infty) \quad \text{(11-4-12)}$$

이번에는 FET와 같이 출력 저항 r_i를 무한대로 가정한 등가회로가 그림 11-23(a)이며 r_o와 전류원 $g_m\mathbf{V}_i$의 병렬 결합을 전원 변환하면 그림 (b)와 같다. 그 결과 그림 11-23(b)는 그림 11-17(c)에서 $r_i=\infty$, $A_o=g_m r_o$로 한 것과 같다. 따라서 발진 조건은 식 (11-4-6)의 두 번째 조건에서 $A_o=g_m r_o$로 대입하면 다음과 같이 구할 수 있다.

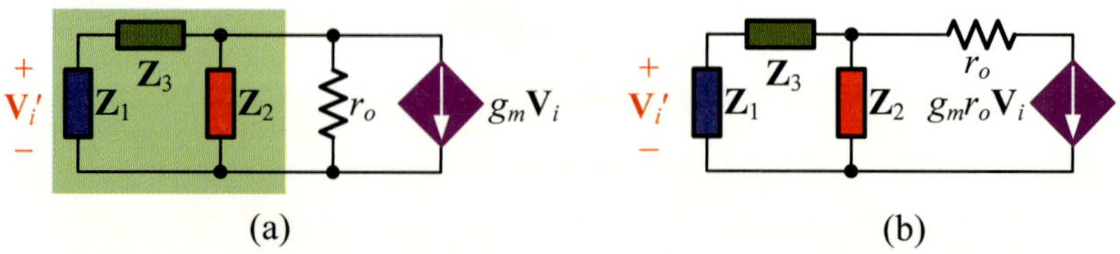

그림 11-23
(a) 그림 11-21에서 r_i=∞로 한 회로;
(b) 전원 변환 적용.

$$g_m > \left(\frac{X_2}{X_1}\right)\frac{1}{r_o} \quad (r_i=\infty) \tag{11-4-13}$$

이제 그림 11-21에서 r_i와 r_o를 모두 고려하면 식 (11-4-12), (11-4-13)을 종합하여 다음과 같이 유추할 수 있다.

$$g_m > \left(\frac{X_1}{X_2}\right)\frac{1}{r_i} + \left(\frac{X_2}{X_1}\right)\frac{1}{r_o} \tag{11-4-14}$$

위의 식은 보다 엄밀하한 과정을 거쳐 유도한 결과와 거의 일치한다.

콜피츠 발진기

그림 11-24(a)는 이미터-공통 콜피츠 발진기 회로이며 증폭기와 LC 탱크 회로는 인덕디 결합을 이루고 있다. 그리고 커패시터 C_{cp}는 인덕터 L에 의해 베이스와 컬렉터가 직류적으로 단락되는 것을 막아준다. 그림 11-24(a)에 대한 교류 회로는 그림 (b)이며 $R_B=R_1\|R_2$와 RFC는 무시하도록 한다. 그림 11-24(b)의 증폭기를 그림 11-21에 맞추면 $r_i=r_\pi$, $r_o=r_c$, $g_m=\beta/r_\pi$ 이므로 발진 조건은 식 (11-4-14)로부터 다음과 같이 주어진다.

$$\beta > \left(\frac{X_1}{X_2}\right) + \left(\frac{X_2}{X_1}\right)\frac{r_\pi}{r_c} = \left(\frac{C_2}{C_1}\right) + \left(\frac{C_1}{C_2}\right)\frac{r_\pi}{r_c} \tag{11-4-15}$$

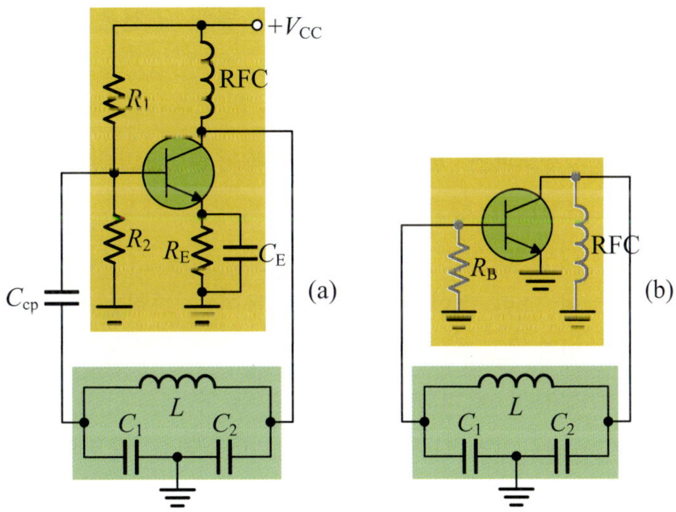

그림 11-24 이미디-공통 콜피츠 발진기 (a) 전체 회로; (b) 교류 회로.

그림 11-25(a)는 소스-공통 콜피츠 발진기이다. 교류 회로는 그림 (b)이며 게이트 저항 R_G는 무시할 수 있다. 그림 (b)의 등가회로를 그림 11-21에 맞추면 $r_i=R_G=\infty$, $r_o=r_d$이므로 발진 조건은 다음과 같다.

$$g_m > \left(\frac{X_2}{X_1}\right)\frac{1}{r_d} = \left(\frac{C_1}{C_2}\right)\frac{1}{r_d} \tag{11-4-16}$$

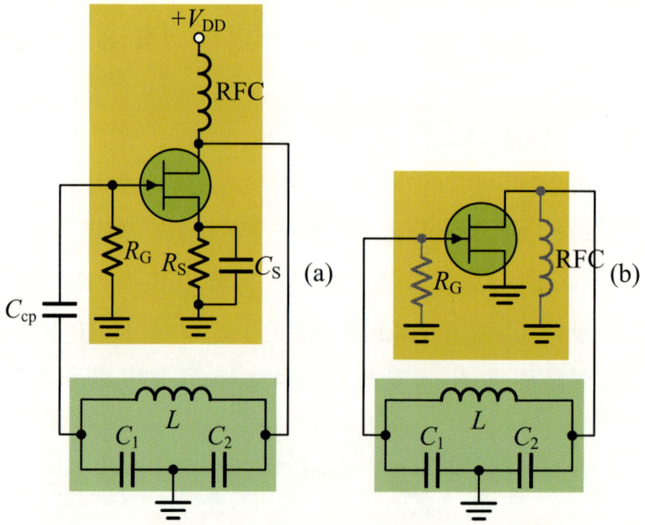

그림 11-25 소스-공통 콜피츠 발진기 (a) 전체 회로; (b) 교류 회로.

위의 식에서 $\mu=g_m r_d$로 하면 발진 조건은 다음과 같다.

$$\mu > \frac{C_1}{C_2} \tag{11-4-17}$$

콜피츠 발진기에서 증폭기를 이미터-공통(CE)뿐 아니라 베이스-공통(CB) 및 컬렉터-공통(CC) 방식을 사용할 수 있으며 이들을 종합한 것이 그림 11-26이다. 그림 (a), (b), (c)의 각 위쪽 그림에서 궤환 형태를 강조하여 그린 것이 아래쪽 그림들이며 그림 (a)는 CE 콜피츠 발진기 교류 회로임을 알 수 있다(그림 11-24 참조). 먼저 위쪽 그림들을 비교해 보면 단지 접지의 위치만 바뀐 것을 알 수 있다. 그러나 이들을 궤환 형태로 고쳐 그린 아래쪽 그림들에서는 LC 궤환 회로의 형태가 사뭇 달라짐을 알 수 있다. 이제 각 그림의 아래쪽 그림들을 비교해보자.

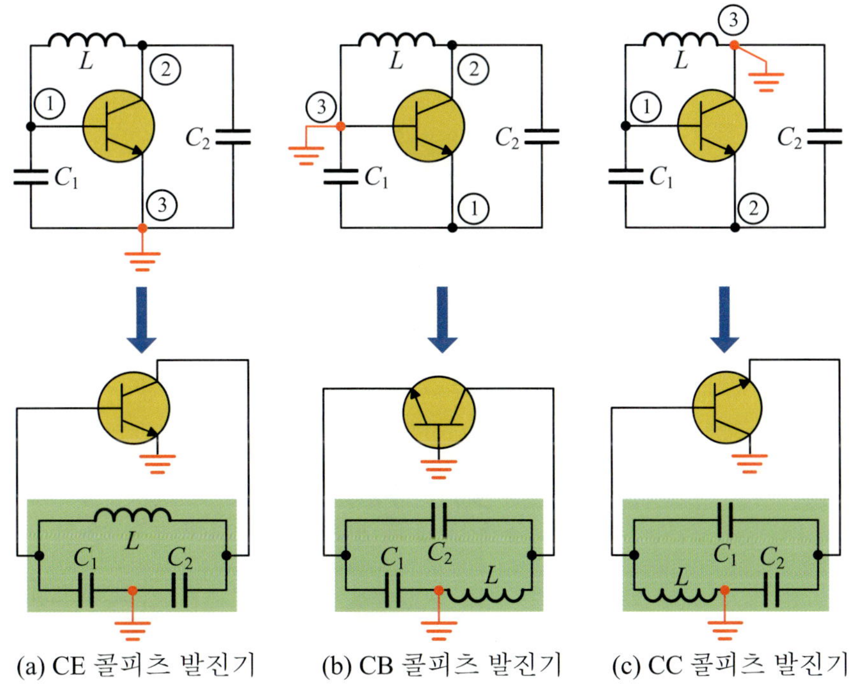

그림 11-26 증폭기 유형에 따라 분류한 콜피츠 발진기.

그림 11-26(b)의 베이스-공통 경우는 입력 저항이 $r_i = r_e = r_\pi/(\beta+1)$이며 전달컨덕턴스는 $-g_m = -\beta/r_\pi = -\alpha/r_e$이다. 그리고 출력 저항은 $r_o = (\beta+1)r_c \cong \infty$로 무시할 수 있다. 그리고 그림 (a)의 이미터-공통 경우와 비교하면 $C_2(X_2)$와 $L(X_3)$의 위치가 맞바뀐 것과 같다. 따라서 베이스-공통의 발진 조건은 식 (11-4-14)에서 X_2를 $X_3 = -(X_1+X_2)$로 대체하고 베이스-공통의 파라미터들을 대입하면 다음과 같다.

$$\alpha > \frac{C_2}{C_1 + C_2} \tag{11-4-18}$$

다음으로 그림 11-26(c)의 컬렉터-공통 경우는 그림 (a)의 이미터-공통 경우와 비교해 $C_1(X_1)$과 $L(X_3)$의 위치를 맞바꾼 것과 같다. 이에 대한 발진 조건은 연습 문제로 한다. 물론 FET 증폭기 역시 그림 11-26과 같은 원리로 구성할 수 있으며 이에 대한 내용도 연습 문제로 돌린다. 그림 11-27은 베이스-공통 콜피츠 발진기의 전체 회로 몇 가지를 예로 든 것이다. 모두 공통점이 없는 것 같지만 교류 회로를 구해보면 모두 베이스-공통 콜피츠 발진기임을 알 수 있다. 그림 (a)에서 C_{cp}는 직류 차단용이다.

그림 11-27
베이스-공통
콜피츠 발진기의
전체 회로 예.

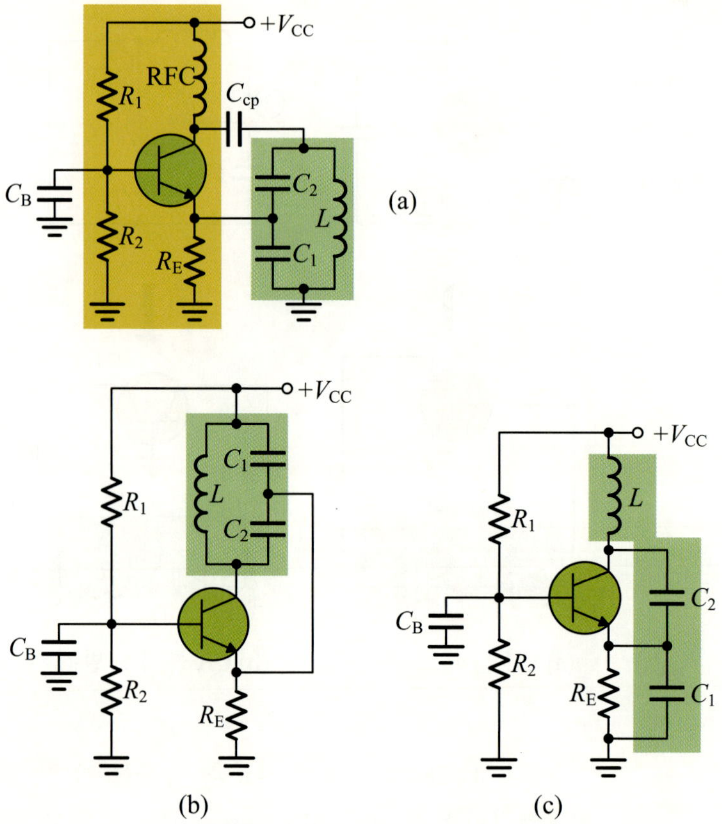

그림 11-28은 컬렉터-공통 발진기 전체 회로의 예이며 C_{cp} 역시 직류 차단용이다.

그림 11-28
컬렉터-공통
콜피츠 발진기의
전체 회로 예.

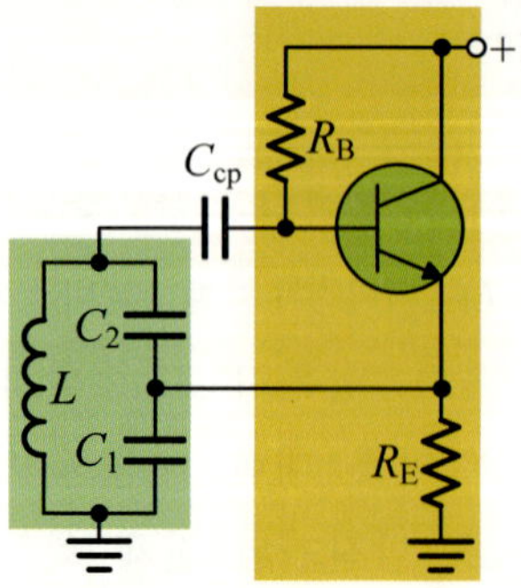

예제 11-2

그림 11-24에서 L=50 mH, C_1=0.1 μF, C_2=0.01 μF이다.
(a) 발진 주파수를 구하라. (b) r_π=1 kΩ, r_c=10 kΩ으로 할 때 발진 조건을 구하라.
(c) C_1과 C_2의 위치를 바꾸면 발진 조건은 어떻게 변하는가?

풀이 전체 용량은

$$C = \frac{C_1 C_2}{C_1 + C_2} = \frac{(0.1\,\mu\text{F})(0.01\,\mu\text{F})}{(0.11\,\mu\text{F})} = \mathbf{0.0091\,\mu F}$$

(a) $$f_o = \frac{1}{2\pi\sqrt{LC}} = \frac{1}{2\pi\sqrt{(0.1\,\text{mH})(0.0091\,\mu\text{F})}} = \mathbf{7.46\,kHz}$$

(b) $$\beta > \frac{C_2}{C_1} + \frac{C_1}{C_2} \times \frac{r_\pi}{r_c} = 0.1 + 10 \times (10^3\,\Omega)(10^{-4}\,\text{S}) = \mathbf{1.1}$$

(c) $$\beta > \frac{C_2}{C_1} + \frac{C_1}{C_2} \times \frac{r_\pi}{r_c} = 10 + 0.1 \times (10^3\,\Omega)(10^{-4}\,\text{S}) \cong \mathbf{10}$$

C_1과 C_2의 위치를 바꾸면 발진 주파수는 변함없으나 발진 조건 면에서는 불리하다.

하틀리 발진기

그림 11-29(a)는 이미터-공통 하틀리 발진기 회로이며 교류 회로는 그림 (b)이다. 발진 조건은 식 (11-4-15)에서 $X_1=\omega L_1$, $X_2=\omega L_2$를 대입하면 다음과 같다.

$$\beta > \left(\frac{X_1}{X_2}\right) + \left(\frac{X_2}{X_1}\right)\frac{r_\pi}{r_c} = \left(\frac{L_1}{L_2}\right) + \left(\frac{L_2}{L_1}\right)\frac{r_\pi}{r_c} \tag{11-4-19}$$

그림 11-30(a)는 소스-공통 하틀리 발진기이며 그림 (b)는 교류 회로이다. 발진 조건은 식 (11-4-16)에서 $X_1=\omega L_1$, $X_2=\omega L_2$를 대입하면 다음과 같다.

$$g_m > \left(\frac{X_2}{X_1}\right)\frac{1}{r_d} - \left(\frac{L_2}{L_1}\right)\frac{1}{r_d} \tag{11-4-20}$$

위의 식에서 $\mu=g_m r_d$로 하면 발진 조건은

$$\mu > \frac{L_2}{L_1} \tag{11-4-21}$$

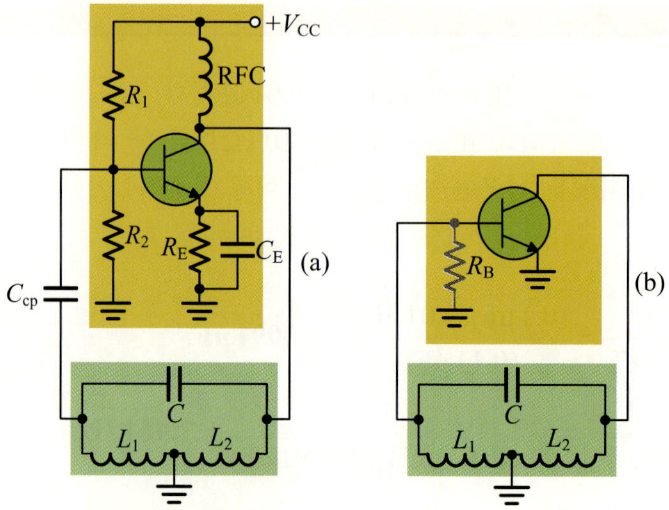

그림 11-29
이미터-공통 하틀리 발진기 (a) 전체 회로; (b) 교류 회로.

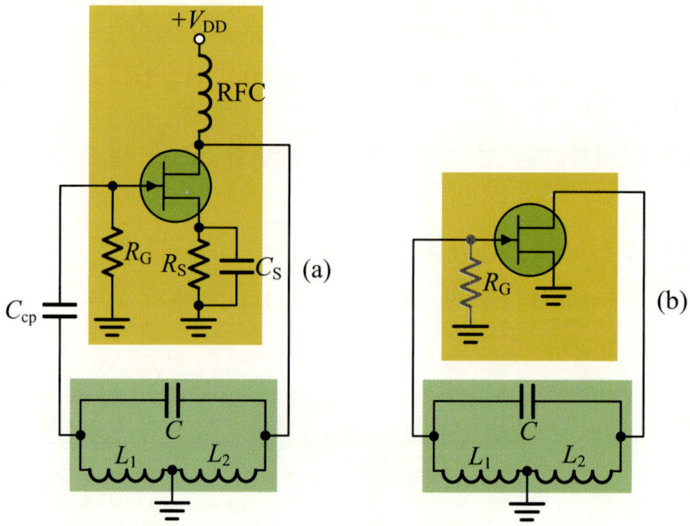

그림 11-30
소스-공통 하틀리 발진기 (a) 전체 회로; (b) 교류 회로.

그림 11-31은 증폭기 유형에 따른 하틀리 발진기의 기본 회로들이며 의미하는 바는 그림 11-26과 동일하다. 즉 각 그림의 위쪽은 단지 접지의 위치만 바뀐 것이지만 궤환 형태로 고쳐 그린 아래쪽 그림들은 궤환 회로의 형태가 달라지게 된다. 그림 (b)의 베이스-공통 하틀리 발진기 경우 발진 조건은 식 (11-4-18)에서 $X_1=\omega L_1, X_2=\omega L_2$를 대입하면 다음과 같다.

$$\alpha > \frac{L_1}{L_1 + L_2} \tag{11-4-22}$$

그림 11-31 증폭기 유형에 따라 분류한 하틀리 발진기.

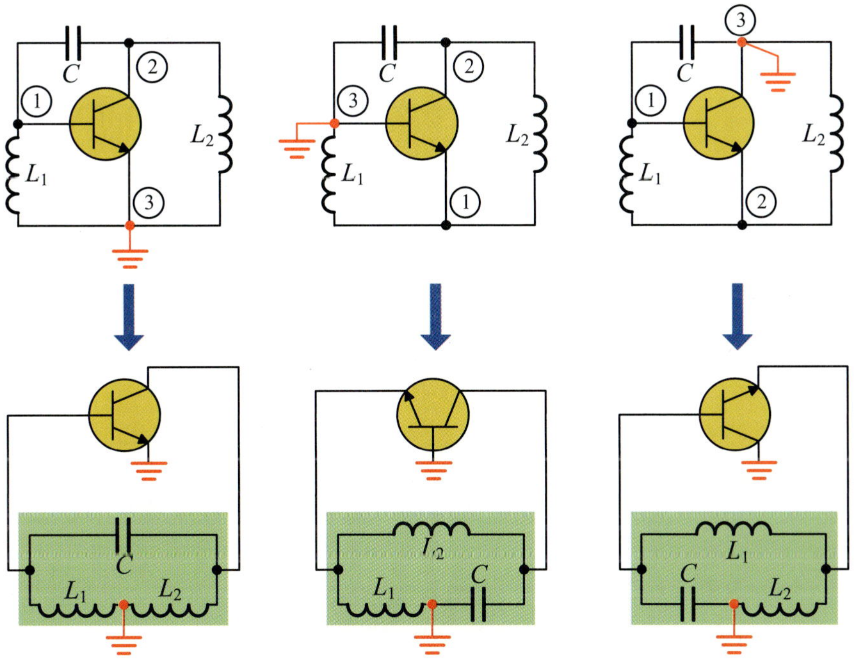

(a) CE 하틀리 발진기 (b) CB 하틀리 발진기 (c) CC 하틀리 발진기

그리고 그림 11-31(c)의 컬렉터-공통 하틀리 발진기에 대한 해석은 연습 문제로 한다. 아울러 FET 증폭기 역시 그림 11-31의 원리와 같이 구성할 수 있으며 이 역시 연습 문제로 돌린다. 그림 11-32는 베이스-공통 및 컬렉터-공통 하틀리 발진기의 실제 회로를 예로 든 것이다.

그림 11-32 하틀리 발진기. (a) 베이스-공통; (b) 컬렉터-공통.

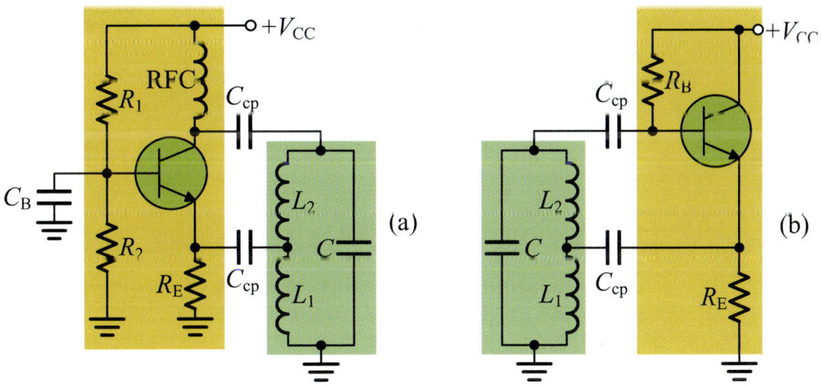

부하 결합

그림 11-33(a)는 이미터-공통 콜피츠 발진기에 부하를 결합한 모습이다. 이 회로에 대한 교류 회로를 구해보면 그림 (b)이며 R_L에 의해 증폭기의 출력 저항이 감소됨을 알 수 있다. 따라서 발진 조건 식 (11-4-15)에서

$$r_c \to r_c \| R_L$$

을 대입하면 발진 조건은 다음과 같이 수정된다.

$$\beta > \left(\frac{C_2}{C_1}\right) + \left(\frac{C_1}{C_2}\right)\frac{r_\pi}{r_c \| R_L} \tag{11-4-23}$$

위의 식 우변은 R_L이 작아질수록 커지므로 β에 대한 부담이 늘어난다. 뿐만 아니라 부하에 의해서 발진 주파수 변동도 생기게 된다.

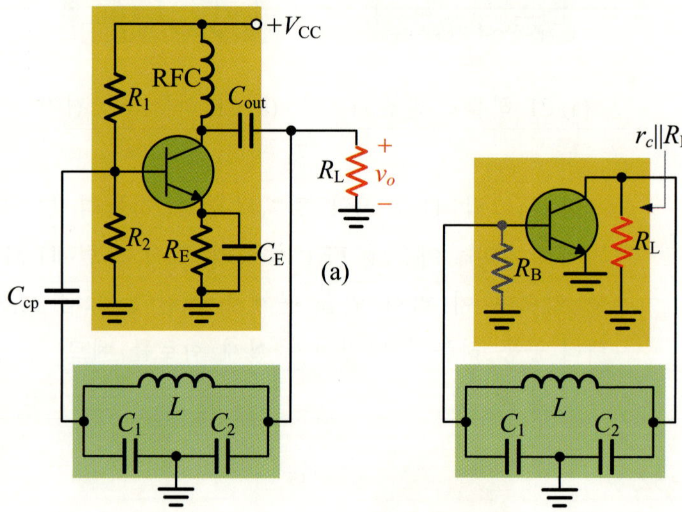

그림 11-33
(a) 부하를 결합한 콜피츠 발진기;
(b) 교류 회로.

그림 11-34는 변압기를 통해 부하를 결합함으로써 발진기에 대한 부하 효과를 줄이는 회로이다. 인덕터 L을 통해 바라본 부하가 N^2R_L이므로 권선비 N을 조절하여 부하를 증가시키는 효과를 얻을 수 있다. 대신에 일차측 전압이 변압기를 통해 부하로 전달될 때 $1/N$의 전압 감소는 감수해야 한다.

그림 11-34
변압기를 통한 부하 결합.

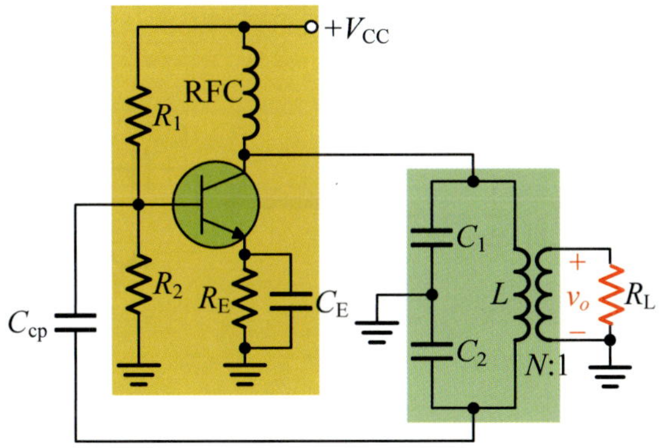

클랩 발진기

발신 주파수가 높을 경우는 발진기 드랜지스터의 내부 부유 용량이 LC 회로와 결합히여 발진 주파수에 영향을 줄 수 있으며 그림 11-35가 이를 보여준다. 그림 11-35(a)에서 C_{M1}과 C_{M2}는 내부 용량과 밀러 용량에 의해 입력단과 출력단에 형성되는 전체 부유 용량이며 특히 용량이 큰 C_{M1}이 문제가 된다. 그림에서 알 수 있듯이 C_{M1}은 C_1과 병렬로 결합되고 C_{M2}는 C_2와 병렬로 결합된다. 따라서 그림 11-35(a)는 그림 (b)와 등가이며 C_{M1}과 C_{M2}는 결과적으로 C_1과 C_2의 용량을 변화시키는 효과를 낸다. 특히 입력단에는 밀러 용량이 크므로 C_{M1}에 의한 영향은 무시할 수 없다.

콜피츠 발진기에서 밀러 용량에 의한 주파수 변동을 완화하도록 개선한 것이 그림 11-36의 클랩(clapp) 발진기이다. 그림 (a)는 클랩 발진기의 기본 회로이며 콜피츠 발진기에서 L에 직렬로 커패시터 C_3를 결합한 형태이다. 따라서 등가회로인 그림 11-36(b)에서 세 용량의 직렬 결합인 전체 용량은 다음과 같다($C_1' = C_1 + C_{M1}$, $C_2' = C_2 + C_{M2}$).

그림 11-35
콜피츠 발진기에서 부유 용량의 영향.

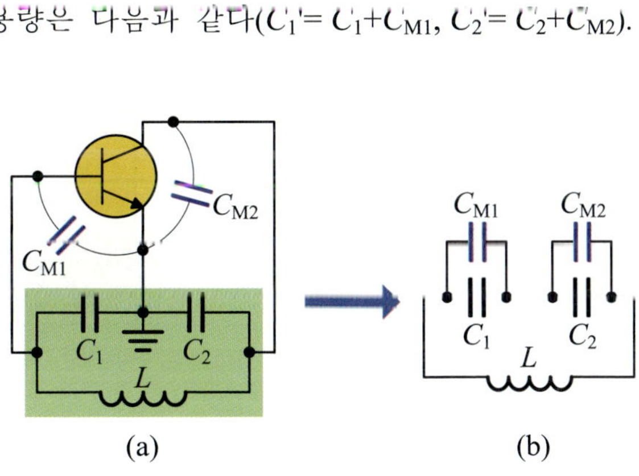

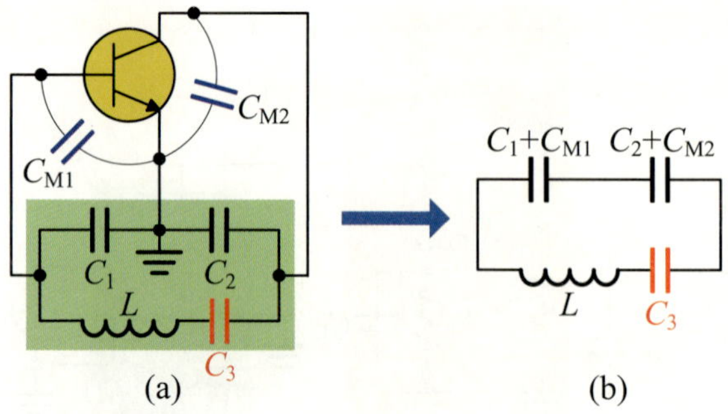

그림 11-36
클랩 발진기 원리:
(a) 기본 회로;
(b) 등가 회로.

$$C = \frac{1}{1/C_1' + 1/C_2' + 1/C_3} \tag{11-4-24}$$

여기서 C_3를 C_1과 C_2에 비해 충분히 작도록 하면 전체 용량은 $C \cong C_3$로 C_3에 의해서만 결정된다. 따라서 발진 주파수는

$$f_o \cong \frac{1}{2\pi\sqrt{LC_3}} \tag{11-4-25}$$

와 같이 부유 용량의 영향을 받지 않는다. 그림 11-37은 클랩 발진기 회로이며 특히 베이스-공통의 경우는 밀러 용량이 거의 무시되므로 보다 유리하다.

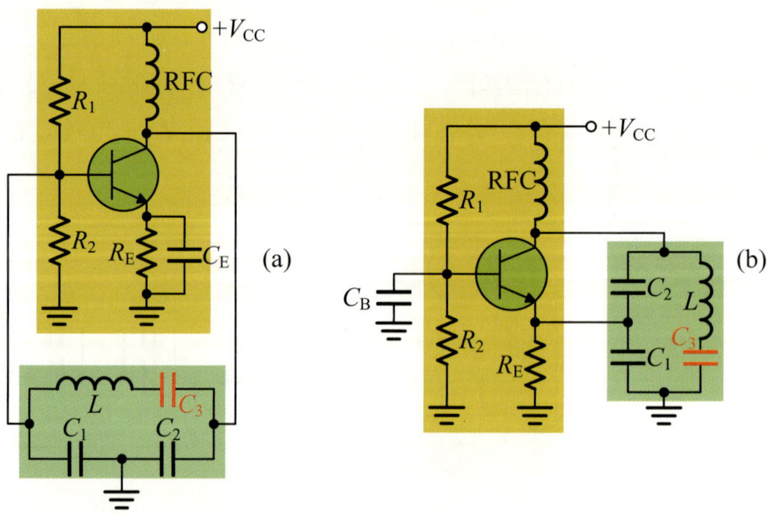

그림 11-37
클랩 발진기:
(a) 이미터-공통;
(b) 베이스-공통.

11-5 수정 발진기

수정 진동자

높은 대역에서 정확한 발진 주파수를 얻는데는 LC 소자로서는 한계가 있으며 그 대용으로 사용되는 소자가 수정 진동자이다. 수정 진동자는 그림 11-38(a)와 같이 적절한 형태로 절단된 수정 조각(수정편)의 양단에 전극을 부착한 것이다. 그림 (b)는 수정 진동자에 케이스를 씌운 모습이며 그림 (c)는 수정 진동자의 기호이다. 수정 진동자에 대한 전기적 등가회로는 그림 (d)이며 직렬 및 병렬 공진이 결합된 형태이다.

수정 진동자의 원리는 압전(piezoelectric) 효과이다. 즉 수정편에 기계적인 힘을 가하면 특정한 방향으로 기전력이 유도되며, 역으로 특정 방향으로 기전력을 가하면 수정편에 기계적인 진동이 유발된다. 수정 진동자는 수정 결정체를 절단할 때의 크기와 방향에 따라 기계적으로 가장 잘 진동하는 고유 주파수가 있다. 따라서 수정 진동자의 전극 양단에 교류 전압을 가하여 기계적인 진동을 유발시킬 때 전기적 주파수가 수정 진동자의 기계적 고유 주파수와 일치할 때 압전 효과가 최대가 된다. 이상은 LC 회로의 공진 현상과 같으므로 그림 11-38(d)와 같이 나타낼 수 있는 것이다. 그림 (d)에서 L_x, C_x, R_x는 수정편에 대한 등가회로이며 C_p는 수정

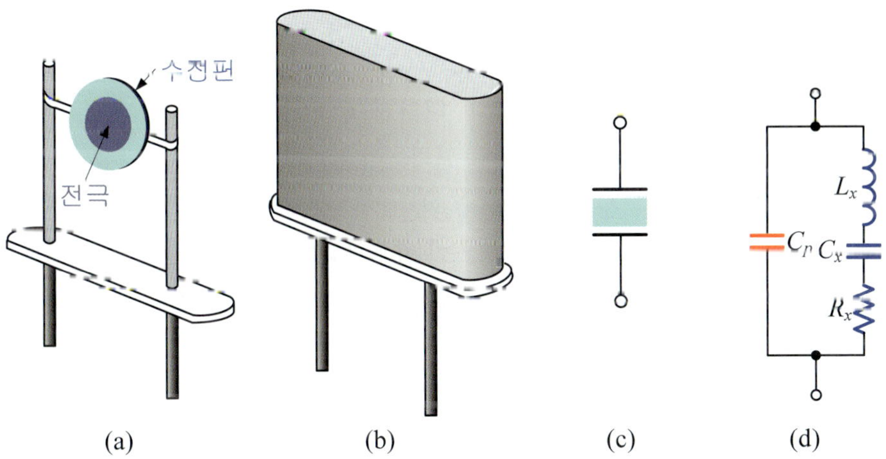

그림 11-38 수정 진동자: (a) 구조; (b) 패키지; (c) 기호; (d) 전기적 특성.

편을 끼우는 전극간의 정전 용량으로 $C_p>>C_x$이다. 그림 11-38(d)에서 R_x=0으로 할 때의 수정 진동자 임피던스는 순수 리액턴스로서 다음과 같이 주어진다.

$$jX = -\frac{j}{\omega C_p}\left(\frac{\omega^2-\omega_s^2}{\omega^2-\omega_p^2}\right) \tag{11-5-1}$$

여기서 ω_s와 ω_p는 각각 수정 진동자의 직렬공진 주파수 및 병렬공진 주파수로서 다음과 같이 정의된다.

$$\omega_s = \frac{1}{\sqrt{L_x C_x}},\quad \omega_p = \frac{1}{\sqrt{L_x\left(\frac{C_x C_p}{C_x+C_p}\right)}} \tag{11-5-2}$$

이상으로 식 (11-5-1)의 리액턴스 X를 주파수에 따라 그려보면 그림 11-39(a)와 같으며 주파수에 따라 유도성이 되기도 하고 용량성이 되기도 한다. 여기서 특이하면서도 중요한 점은 직렬공진 주파수 f_s와 병렬공진 주파수 f_p와의 관계이다. 일반적으로 전극간의 정전 용량 C_p는 $C_p>>C_x$이므로 f_s와 f_p는 다음과 같은 관계가 있다.

$$\omega_p = \frac{1}{\sqrt{L_x C_x}}\sqrt{1+\frac{C_x}{C_p}} = \omega_s\sqrt{1+\frac{C_x}{C_p}} \cong \omega_s\left(1+\frac{C_x}{2C_p}\right) \tag{11-5-3}$$

식 (11-5-3)에서 $C_p>>C_x$이므로 $f_p \cong f_s$이다. 한 가지 실제적인 예를 들어 C_p=3.5 pF, C_x=0.0235 pF이라면 $f_p=1.00336f_s$가 된다. 따라서 수정 진동자는 매우 좁은 대역인 $f_s<f<f_p$에서만 유도성이 되며 그 밖의 대역에서는 모두 용량성이 된다. 이를 좀 더 단적으로 표현하면 다음과 같다: 수정 진동자는 $f_o \cong f_s \cong f_p$의 오직 한 주파수에서만 유도성이 되며 이 주파수에서는 유효 인덕턴스가 0에서 무한대까지 가변될 수 있다.

수정 진동자의 f_p와 f_s의 간격을 더욱 좁힐 필요가 있을 때는 그림 11-39(b)와 같이 수정 진동자를 커패시터와 직렬로 결합하여 사용한다. 반대로 경우에 따라 f_p와 f_s의 간격을 넓힐 필요가 있으며 이 때는 그림 (c)와 같이 수정 진동자를 인덕터와 직렬로 결합하여 사용한다.

그림 11-39 수정 진동자의 리액턴스 특성.

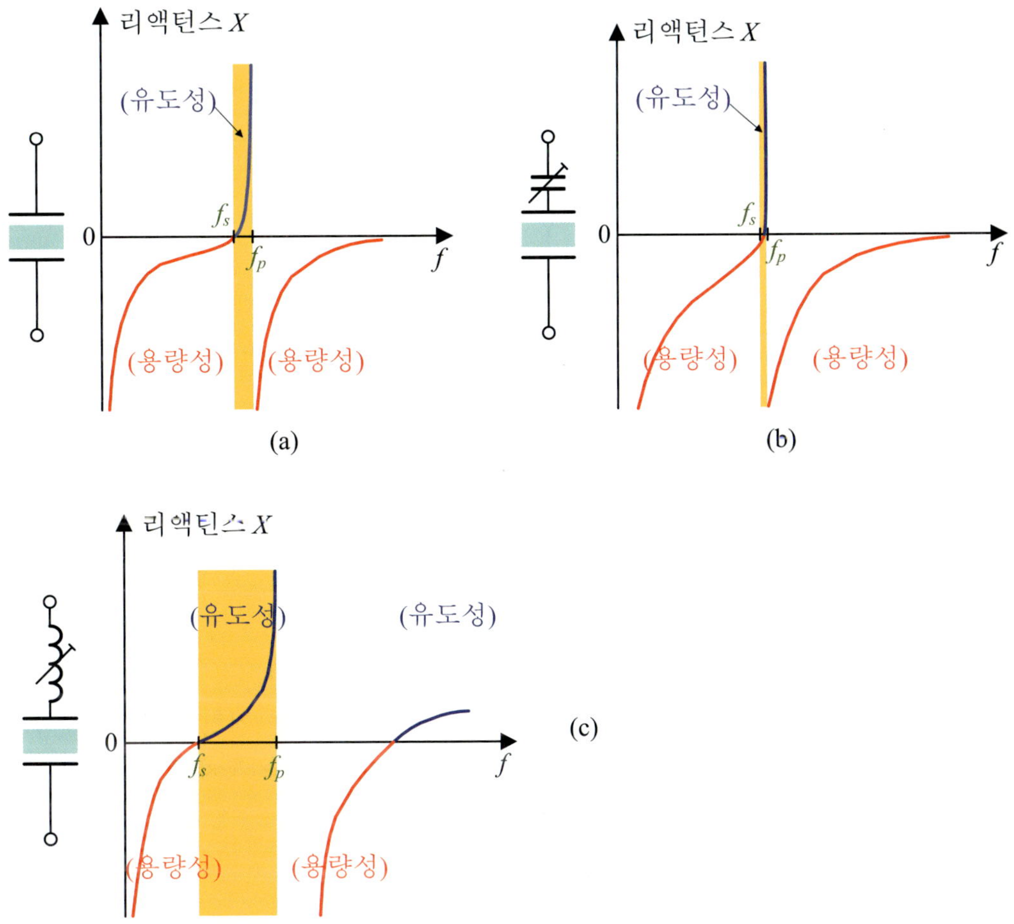

수정 진동자의 특징은 그림 11-40을 통해 쉽게 설명될 수 있다. 그림 11-40(a) 경우는 일반적인 인덕터가 커패시터와 공진 회로를 이루는 경우이며 L은 고정되며 공진 주파수 f_o는 C에 따라 변한다. 그러나 수정 진동자를 인덕터로 사용한 그림 (b)의 경우는 C에 무관하게 공진 주파수 f_o는 수정 진동자 고유 주파수로 고정된다. 대신 수정 진동자의 유효 인덕턴스 L은 변할 수 있으므로 C가 변하더라도 공진 주파수가 f_o로 고정되도록 L이 맞추어 주는 것이다. 이상으로 수정 진동자를 발진기로 사용하면 주위의 여건에 거의 무관하게 발진 주파수가 안정될 것임을 알 수 있다.

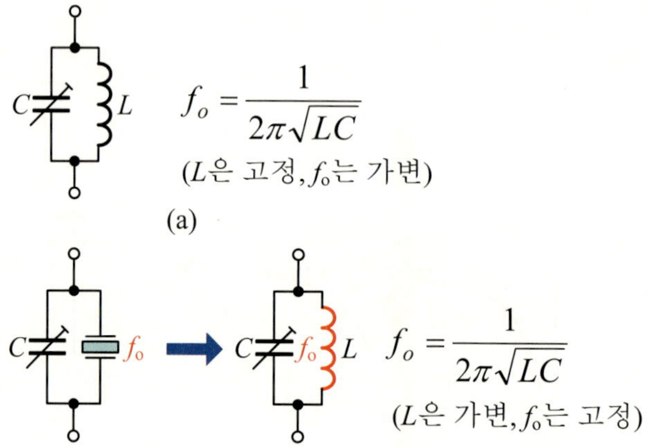

그림 11-40
공진 특성:
(a) 일반 인덕터;
(b) 수정 진동자.

수정제어 발진기

수정 진동자를 이용하면 매우 안정된 발진기를 구성할 수 있다. 이 때 수정 진동자는 궤환 루프에서 보조적으로 사용되거나 탱크 회로 내에서 하나의 유도성 소자로서 사용될 수 있다. 그 중 전자의 방법이 그림 11-41 이며 이를 수정제어 발진기라 한다. 그림이 보여주는 바와 같이 수정제어 발진기에서는 LC 탱크 회로와 기본 증폭기가 연결되는 부분에 수정 진동자가 위치한다. 수정 진동자는 직렬공진 주파수 f_s에서 리액턴스가 0이 되므로 주파수 f_s 성분만 수정 진동자에 의해 탱크 회로로 궤환되고 그 외의 성분은 차단된다. 즉 수정 진동자는 매우 날카로운 대역통과 필터 역할을 한다.

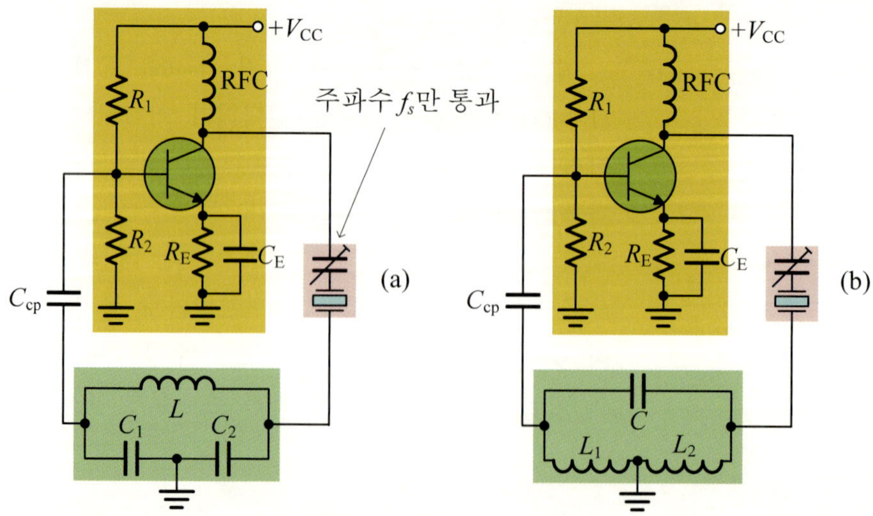

그림 11-41
수정제어 발진기:
(a) 콜피츠 형;
(b) 하틀리 형.

수정 발진기

그림 11-42는 수정 진동자를 LC 탱크 회로내에 설치하여 공진 회로의 인덕터 소자로 사용하는 방법들이다. 물론 탱크 회로의 발진 주파수는 오직 수정 진동자의 고유 주파수에 의해서 결정되며 다른 소자들은 발진 주파수에 관여하지 않는다. 그림 11-42(a)는 이미터-공통 콜피츠 발진기에서 L 대신 수정 진동자를 사용한 형태이다. 이 경우는 진동자가 베이스-컬렉터간에 연결되므로 간단히 B-C 발진기라 한다. 그림 (b)는 이미터-공통 하틀리 발진기에서 L_1대신 수정 진동자를 사용한 형태이며 수정 진동자가 베이스-이미터간에 있으므로 B-E 발진기라 한다. 그리고 그림 (c)는 베이스-공통 하틀리 발진기에서 L_2 대신 수정 진동자를 사용한 것으로 수정 진동자가 컬렉터-이미터간에 있으므로 C-E 발진기라 한다.

실제 발진기는 루프 이득이 1보다 크게 동작하므로 증폭기의 포화에 따른 고조파 발생이 문제가 될 수 있다. 그림 11-43은 그림 11-42의 각 회로에서 고조파 발생을 억제하기 위해 탱크 회로 내에 또 다른 공진 회로를 둔 형태이다. 병렬 LC 공진 회로는 공진 주파수에서는 저항 성분만 남지만 공진 주파수보다 높은 주파수에서는 용량성을 띄고 공진 주파수보다 낮은 주파수에서는 유도성을 띈다. 따라서 그림 11-43(a)의 경우는 $L_2'C_2'$의 공진 주파수 f_r을 수정 진동자에 의한 발진 주파수 f_o보다 낮게 함으로써 f_o에서 $L_2'C_2'$ 병렬 회로는 용량성이 되도록 한다. 그 결과 그림 11-43(a)는 그림 11-42(a)와 같아진다. 한편 f_r을 f_o보다 약간 낮게 하면 f_o의 고조파들인 $2f_o$, $3f_o$ …등은 f_r에서 충분히 멀리 떨어져 있으므로 이 주파수들에 대해 $L_2'C_2'$ 병렬 회로는 거의 단락 회로와 같다. 따라서 f_o의 고조파들에 대한 발진은 거의 억제되게 된다. 이상으로 $L_2'C_2'$ 병렬 회로

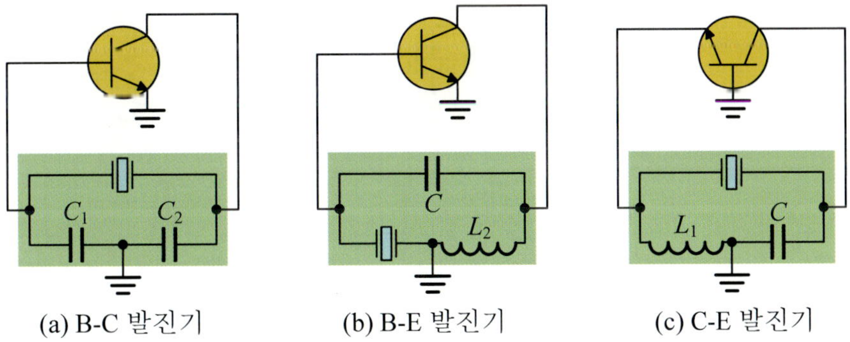

그림 11-42 수정 발진기의 기본 회로.

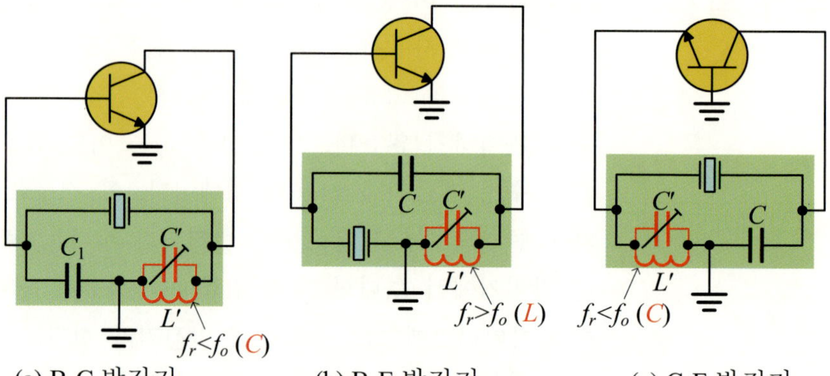

그림 11-43 개선된 수정 발진기.

는 발진 주파수에 대해서는 용량성으로 동작하면서 고조파들에 대해서는 필터 역할을 겸하는 것이다. 그림 11-43(b)의 경우는 f_r을 f_o보다 약간 높게 하여 $L_2'C_2'$ 병렬 회로가 주파수 f_o에서는 유도성으로 동작하게 하며 고조파들에 대해서는 필터 역할을 하도록 한다. 그 결과는 그림 11-42(b)와 같다. 그리고 그림 11-43(c)에서는 $L'C'$ 병렬 회로가 주파수 f_o에 대해 용량성이 되도록 공진 주파수는 $f_r<f_o$이 되게 정한다. 그 결과 그림 11-42(c)와 같아진다. 그림 11-43의 각 기본 회로를 구현한 전체 회로를 예로 들면 그림 11-44와 같다. 즉 그림 11-44의 (a), (b) 및 (c)의 교류 회로는 각각 그림 11-42의 (a), (b) 및 (c)와 같음을 알 수 있다.

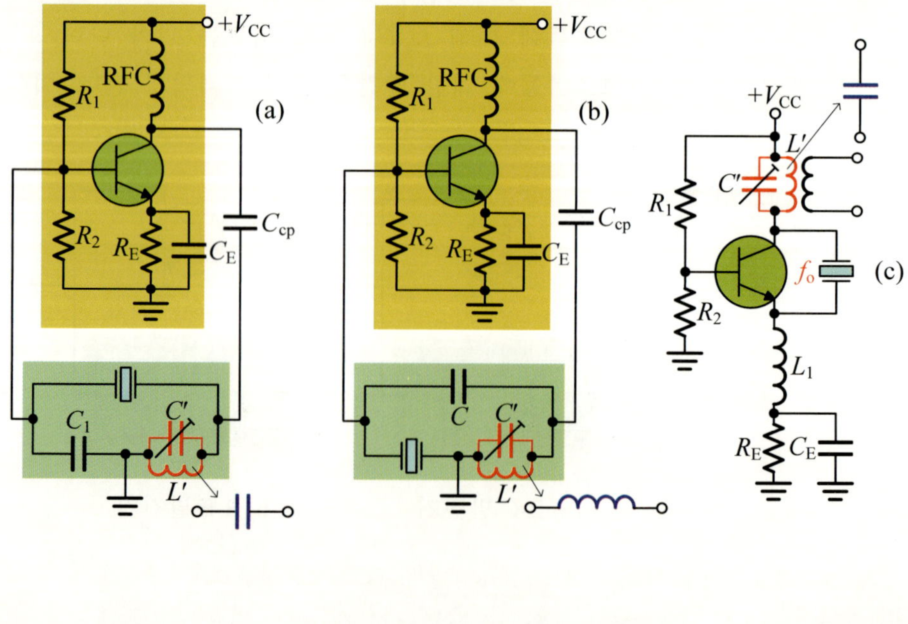

그림 11-44 전체 회로 예: (a) B-C 발진기; (b) B-E 발진기; (c) C-E 발진기.

수정 발진기에서는 탱크 회로 내의 다른 리액턴스 소자들은 발진 조건에만 영향을 주며 발진 주파수와는 무관하다. 따라서 트랜지스터의 내부 용량을 의도적으로 이용함으로써 소자 수를 줄일 수 있으며 그림 11-45가 한 예이다. 그림 11-45(a)는 소스-공통 수정 발진기이며 수정 진동자는 인덕터 L 과 FET의 내부 용량 C_{gd}와 결합하여 탱크 회로를 구성한다. 따라서 그림 11-45(a)의 교류 회로는 그림 (b)와 같으며 이는 그림 11-42(b)의 B-E 발진기와 같은 유형임을 알 수 있다.

그림 11-45
부유 용량을 이용한 수정 발진기의 예:
(a) 회로;
(b) 교류 회로.

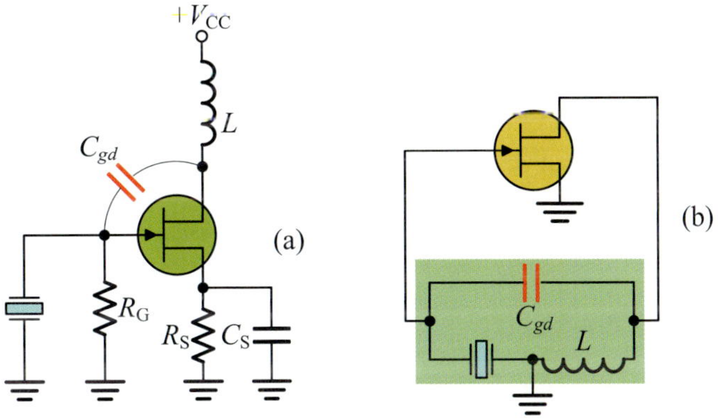

11-6 전압제어 발진기(VCO)

발진기 탱크 회로 내의 C나 L을 수동으로 조정하여 발진 주파수를 제어할 수 있으며 다이얼이 그 한 예이다. 이에 비해 전압으로써 탱크 회로의 리액턴스 소자를 가변시켜 전사적으로 발신 주파수를 제어하는 장치를 전압제어 발진기(VCO, voltage-controlled oscillator)라 한다. VCO는 현대 무선 통신에서는 필수적인 장치이며 날로 그 역할이 중요해지고 있다.

바랙터 다이오드

전압으로써 용량을 제어할 수 있는 전자동조용 가변용량의 대표격이 바랙터(varactor; *var*iable re*actor*)이며 이는 *pn* 접합 다이오드의 공간전하 영역의 용량을 이용하는 것이다. 그림 11-46(a)와 같이 다이오드 양단에

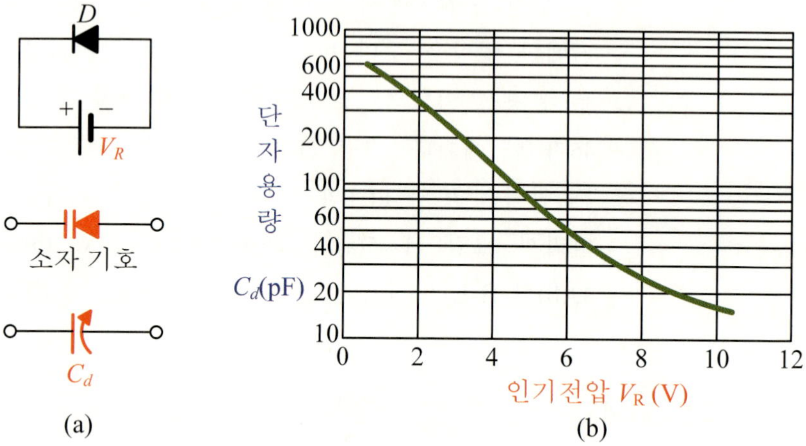

그림 11-46
바락터 다이오드:
(a) 원리 및 기호;
(b) 전기적 특성.

바이어스 전압 V_{CTRL}을 가하면 전압의 크기에 따라 다이오드의 용량 C_d는 그림 (b)와 같이 변한다. 따라서 이와 같은 가변용량 다이오드를 발진기의 탱크 회로에 접속함으로써 전압을 이용한 주파수 제어가 가능하게 된다.

VCO 그림 11-47은 컬렉터-동조 발진기로 구성한 VCO 및 그 교류 회로이다. 바락터 다이오드의 용량 C_d는 RFC를 통해 인가되는 제어전압 v_{CTRL}에 의해 가변된다. 일반적으로 제어전압 v_{CTRL}은 발진 정현파에 비해 주파수가 매우 낮다. 이를 이용하여 RFC는 v_{CTRL}에 대해서는 리액턴스가 무시되고 발진 정현파에 대해서는 리액턴스가 매우 크도록 함으로써 v_{CTRL}은 발진

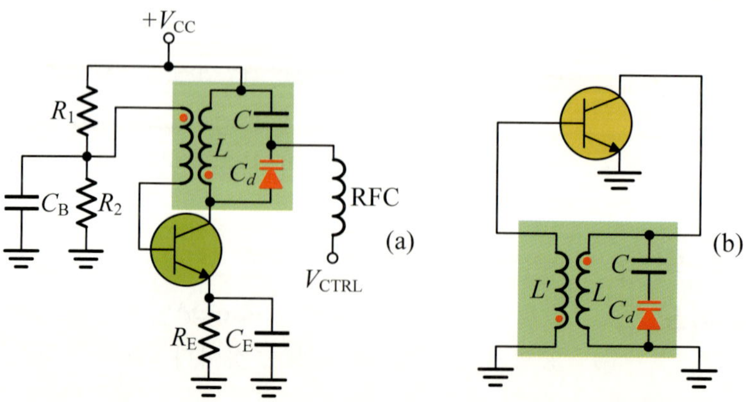

그림 11-47
컬렉터-동조 형 VCO:
(a) 전체 회로;
(b) 교류 회로.

기에 입력되지만 발진기의 정현파는 RFC를 통해 흘러나오지 못하도록 한다. 발진 탱크의 전체 용량은 C와 C_d의 직렬이다. 따라서 $C_d \ll C$로 하면 발진 주파수는 C_d와 L에 의해 결정되므로 v_{CTRL}에 의해 제어된다.

그림 11-48(a)는 이미터-공통 하틀리형 VCO이며 가변 용량성인 마이크로폰을 통해 입력되는 신호로써 발진 주파수를 제어한다. 그리고 그림 (b)는 베이스-공통 클랩형 VCO이며 RFC2를 통해 인가되는 v_{CTRL}에 의해 제어된다. 그림 (b)에서 용량 C_1, C_2에 비해 C_3와 C_d를 충분히 작게 하면

$$C \cong \frac{C_3 C_d}{C_3 + C_d} \tag{11-6-1}$$

로 주어진다.

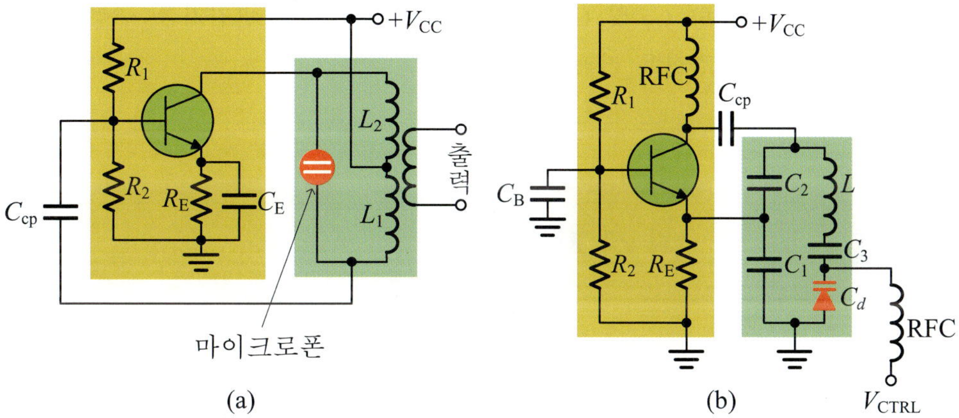

그림 11-48 VCO 회로의 예: (a) 이미터-공통 하틀리형; (b) 베이스-공통 클랩형.

전압제어 수정 발진기를 VCXO(voltage-controlled X-tal oscillator)라 하며 그림 11-49는 실제 구성의 예를 보여준다. 앞서 언급한 바와 같이 수정 진동자는 직렬공진 주파수 f_s와 병렬공진 주파수 f_p 사이의 매우 좁은 범위 내에서만 유도성이 된다. 그러나 VCXO에서는 수정 진동자가 유도성 리액턴스가 되는 대역이 넓어야 하므로 그림 11-49와 수정 진동자와 직렬로 인덕터를 결합하여 사용한다(그림 11-39(c) 참조). 그림 11-49는 증폭기가 컬렉터-공통으로 동작하므로 컬렉터-공통 클랩형 VCXO이다. 그리고 가변 저항 VR_1에 의해 바락터 다이오드 D 양단에 인가되는 전압에 의해 C_d가 조절된다. 따라서 인덕터 L과 결합된 수정 진동자는 가변 용

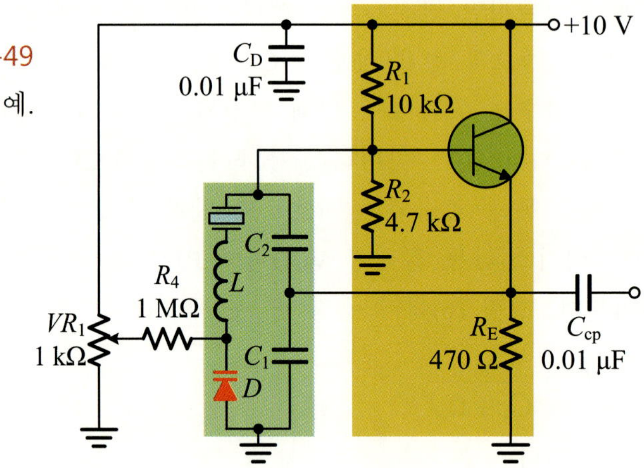

그림 11-49
VCXO 구성의 예.

량 C_d 및 C_1, C_2와 결합하여 클랩형 발진기를 구성한다. 그리고 C_D는 감결합용 커패시터이다.

11-7 변조기

발진기의 사용되는 대표적인 분야는 신호 발생기와 위상동기 루프(PLL) 및 변조기이다. 특히 변조기는 무선 통신에서는 필수적이며 대표적인 변조 방식으로 진폭 변조(AM)와 주파수 변조(FM)가 있다. 이 절에서는 변조기로 사용되는 발진기에 대해 알아본다.

진폭 변조기

무선으로 전송하고자 하는 신호 $x(t)$는 특정 주파수의 정현파 $\cos\omega_c t$의 도움을 필요로 하며 이 정현파를 반송파(搬送波; carrier)라 한다. 반송파의 주파수 ω_c를 반송 주파수 혹은 무선 주파수(radio frequency; RF)라 부르며 각 국(局)마다 RF를 다르게 함으로써 주파수 분할 다중 통신을 가능하게 한다. 신호 $x(t)$로 반송파 $\cos\omega_c t$의 진폭을 직접 변조하는 방식을 진폭 변조(AM; amplitude modulation)라 하며 AM 신호 $\phi_{AM}(t)$는

$$\phi_{AM}(t) = x(t)\cos\omega_c t \tag{11-7-1}$$

와 같다. 신호 $x(t)$는 반송파의 진폭을 변조시키므로 변조 신호라 하고 AM 신호를 피변조 신호라 한다. AM 신호를 발생시키는 진폭 변조기에는 식 (11-7-1)에서 알 수 있듯이 곱셈기와 발진기가 필요하다. 곱셈기는 집적 회로로 구성된 아날로그 곱셈기가 있다. 그러나 실제로는 송신기와 수신기의 단가를 낮추기 위해 간단한 비선형 소자를 이용해 곱셈기 효과를 얻으며 이를 혼합기(mixer)라 한다. 혼합기의 기본 원리는 비선형 소자를 이용해 덧셈을 곱셈의 효과로 나타나게 하는 것이며 대표적인 비선형 소자가 그림 11-50(a)의 다이오드이다. 다이오드는 전압과 전류의 관계가 직선적이지 않고 지수적인 비선형성이 있다. 다이오드의 비선형적인 전압-전류 특성을 다음과 같이 테일러 급수 전개로 전개할 수 있다(a_i는 모두 상수).

$$i = a_0 + a_1 v + a_2 v^2 + \cdots \tag{11-7-2}$$

단 해석의 편의를 위해 자승 항 이상은 무시하기로 한다. 이제 그림 11-50(b와 같이 다이오드 전압을 $v(t)=x(t)+\cos\omega_c t$로 하면 전류는

$$\begin{aligned} i(t) &= a_0 + a_1(x(t) + \cos\omega_c t) + a_2(x(t) + \cos\omega_c t)^2 \\ &= a_0 + a_1 x(t) + a_2 x^2(t) + (2a_2 x(t) + a_1)\cos\omega_c t + a_2 \cos\omega_c^2 t \end{aligned} \tag{11-7-3}$$

위의 식에서 $\cos\omega_c^2 t=0.5+0.5\cos 2\omega_c t$의 관계를 이용하여 정리하면 다음과 같이 세 성분의 합으로 표현된다.

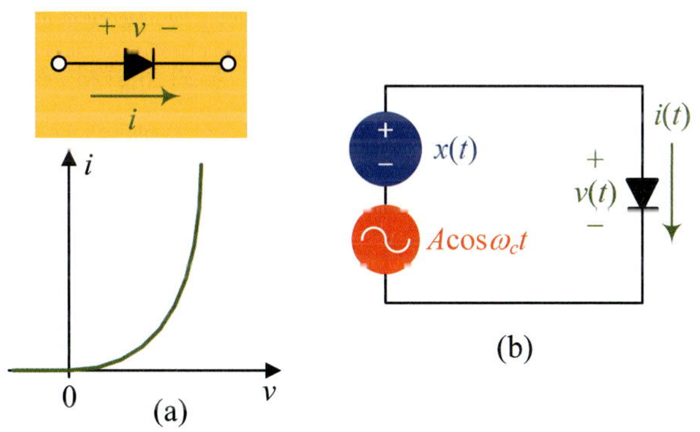

그림 11-50
(a) 다이오드의 비선형성;
(b) 다이오드 혼합기.

$$i(t) = \underbrace{a_0 + 0.5a_2 + a_1 x(t) + a_2 x^2(t)}_{\text{중심주파수}=0} + \underbrace{[2a_2 x(t) + a_1]\cos\omega_c t}_{\text{중심주파수}=\omega_c} + \underbrace{0.5a_2 \cos 2\omega_c t}_{\text{중심주파수}=2\omega_c} \quad \textbf{(11-7-4)}$$

그 결과 세 성분들은 서로 다른 대역에 자리잡게 되므로 스펙트럼이 서로 분리된다. 따라서 전류를 중심 주파수가 ω_c인 대역통과 필터를 통과시키면 원하는 성분 $2a_2x(t)\cos\omega_c t$만 추출할 수 있으며 이는 바로 식 (11-7-1)의 AM 신호에 해당한다. 즉 그림 11-50(b)에서 전압은 $x(t)+\cos\omega_c t$로 두 성분의 합이지만 전류는 곱의 성분 $x(t)\cos\omega_c t$가 나타나는 것이다. 그러나 그림 11-50(b)의 문제점은 다이오드 전류를 감지하여 필터링하기 위해 외부 단자를 접속하기 어렵다는 것이다. 따라서 다이오드 대신 트랜지스터를 사용하면 이 문제를 해결할 수 있을 뿐 아니라 증폭 기능도 겸할 수 있다.

혼합기와 같이 서로 다른 두 주파수를 곱하는 기능을 헤테로다인(heterodyne)이라 한다. 그림 11-51(a)는 트랜지스터 혼합기의 기본 회로이며 발진기는 외부로부터 공급된다. 그림 (b)는 (a)의 등가회로이며 베이스-이미터 루프는 그림 11-50(b)와 같다. 즉 베이스-이미터 다이오드의 양단 전압이 $v_{BE}=x(t)+A\cos\omega_c t$이다. 따라서 베이스 전류 i_B는 식 (11-7-4)과 같으며 이를 증폭한 βi_B가 컬렉터 전류로 나타난다. 그리고 컬렉터에 설치된 LC 공진 회로는 중심 주파수가 ω_c인 대역통과 필터 역할을 한다. 따라서 컬렉터 전류가 LC 공진 회로를 통과하면서 식 (11-7-4)의 두 번째 성분만 전압으로 나타나며 나머지 전류 성분에 대한 전압은 없어진다. 즉 LC 공진 회로의 양단 전압이 AM 신호 $\phi_{AM}(t)$이다. 그림 11-51(c)는 (a)에 대한 전체 회로이며 발진기 출력은 변압기 T_1을 통해 외부로부터 주입되며 변조 신호는 변압기 T_2를 통해 혼합기에 주입된다. 특히 그림 (c)와 같이 반송파가 외부의 발진기로부터 공급되는 방식을 타려(他勵) 헤테로다인 방식이라 한다. 타려 헤테로다인 방식은 혼합기와 발진기가 따로 구성되어야 하는 단점이 있다. 이에 비해 자려(自勵) 헤테로다인 방식은 발진기를 혼합기로 겸용하는 방식으로 회로 구성상 유리하다.

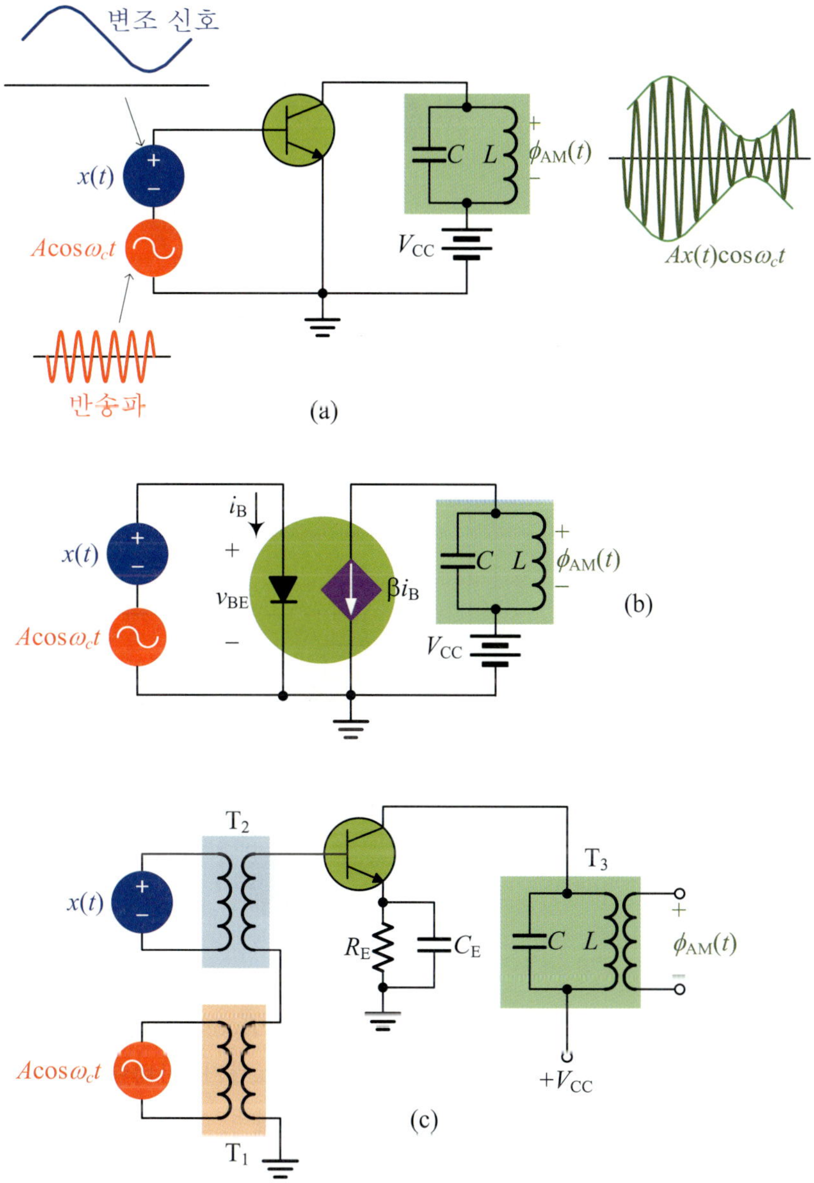

그림 11-51
트랜지스터 혼합기:
(a) 기본 회로;
(b) 등가 회로;
(c) 전체 회로.

그림 11-52(a)는 바탕이 베이스-동조 발진기이면서 혼합기 역할을 겸하는 자려 헤테로다인 방식이다. 즉 외부로부터 주입되는 변조 신호 $x(t)$가 0일 경우 회로는 순수한 발진기가 된다. 그 이유는 공진 회로 T_3는 중심 주파수가 발진 주파수 ω_c와 같은 대역통과 필터이기 때문에 발진에는 아무런 영향을 주지 않는다. 이 상태에서 $x(t)$가 주입되면 트랜지스터의 베

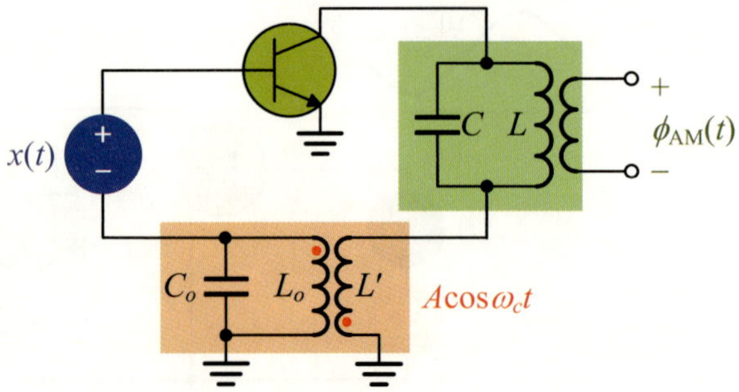

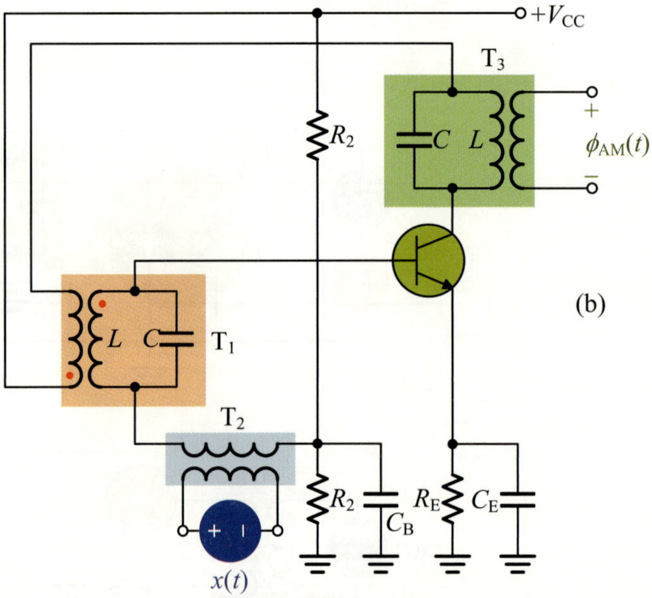

그림 11-52 베이스-동조 발진기로 구성된 자려 헤테로다인 방식의 진폭 변조기: (a) 기본 회로; (b) 전체 회로.

이스-이미터 전압은 $x(t)+K\cos\omega_c t$가 되므로 베이스-이미터 다이오드의 비선형성에 의해 혼합기 효과가 나타나게 된다. 따라서 컬렉터 전류는 식(11-7-3)과 같은 형태가 되며 이 중에서 $x(t)\cos\omega_c t$의 성분만 필터 T_3에 의해 선택되는 것이다. 그림 11-52(a)에 대한 실제 회로가 그림 (b)이다. 즉 그림 (b)의 교류 회로를 구해보면 그림 (a)와 같다. 그림 11-53은 이미터-동조 발진기로 구성한 자려 헤테로다인 방식의 기본 회로 및 전체 회로를 보여주며 원리는 그림 11-52를 통해 설명한 바와 같다.

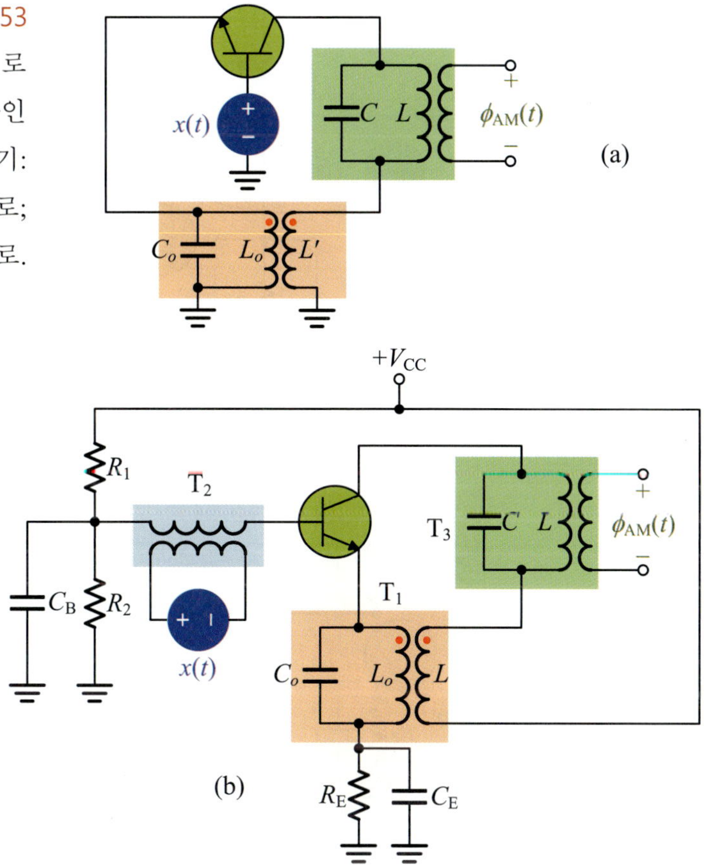

그림 11-53
이미터-동조 발진기로 구성된 자려 헤테로다인 방식의 진폭 변조기: (a) 기본 회로; (b) 전체 회로.

주파수 변조기

주파수 변조 방식은 변조 신호 $x(t)$로써 반송파 $\cos\omega_c t$의 주파수를 변조시킨다. 즉 반송파의 순시 주파수 $\omega_i(t)$는

$$\omega_i(t) = \omega_c + k_f x(t) \tag{11-7-5}$$

이며 주파수 편이는 $x(t)$에 비례한다(k_f는 상수). 즉 FM 신호 $\phi_{FM}(t)$는

$$\phi_{FM}(t) = \cos\left[\omega_c t + k_f \int_{-\infty}^{t} x(\lambda) d\lambda\right] \tag{11-7-6}$$

와 같다. FM 변조기는 식 (11-7-5)와 같이 발진 주파수가 전압 $x(t)$에 의해 제어되므로 바로 VCO에 해당한다.

그림 11-54는 몇 가지 유형의 주파수 변조기를 보여준다. 그림 (a)는 컬렉터-동조 발진기에 바락터 다이오드를 이용한 VCO이다. 다음으로 그

그림 11-54
주파수 변조기로 사용되는 VCO 회로의 예:
(a) 컬렉터-동조 발진기형;
(b) 하틀리 발진기형;
(c) 클랩 발진기형

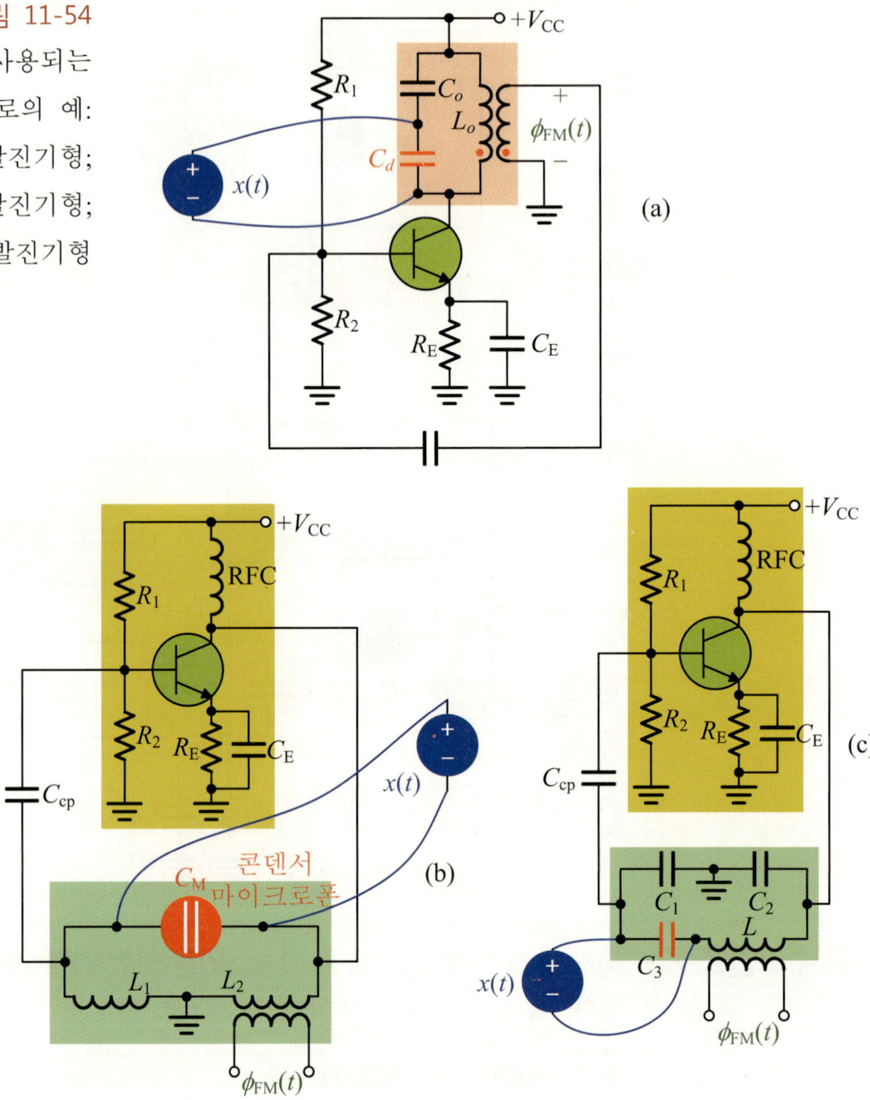

림 (b)는 이미터-공통 하틀리 발진기에 콘덴서 마이크로폰을 사용하여 주파수를 제어하는 VCO이다. 그리고 그림 (c)는 클랩 발진기에 바락터 다이오드를 사용한 VCO이다. 바락터 다이오드의 용량 C_d를 C_1과 C_2의 용량에 비해 충분히 작게 하여 발진 주파수가 C_d, 즉 변조 신호 $x(t)$에 의해 제어되도록 한다.

연습 문제

11-1 바우크하우젠 판별에 대해 설명하라.

11-2 발진이 일어날 실제 조건으로 루프 이득의 크기가 1 이상이 되게 하는 이유를 설명하라.

11-3 발진기의 시동 원리에 대해 설명하라.

11-4 주위에서 접할 수 있는 발진 현상을 찾아 열거해 보아라.

11-5 그림 P11-5(a)는 BJT 이상 발진기이다. $R_B >> r_\pi$이며 $R' + r_\pi = R$을 만족할 때 발진 조건과 발진 주파수를 구하라(단 $r_c = \infty$로 한다).

참고: 그림 P11-5(a)의 교류 등가회로는 그림 (b)이며 $Z_i >> R_C$로 가정한다.

그림 P11-5

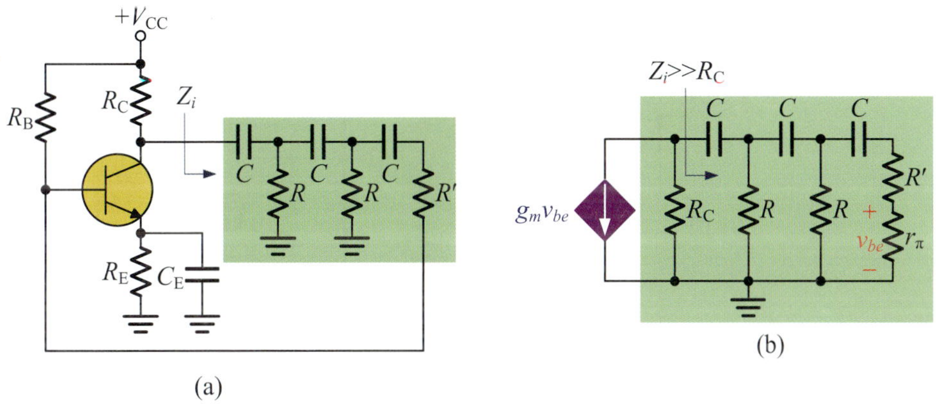

11-6 그림 P11-6(a)는 FET 이상 발진기이다. $R' + R_1 \| R_2 = R$을 만족할 때 발진 조건과 발진 주파수를 구하라.

참고: 그림 P11-6(a)의 교류 등가회로는 그림 (b)이며 $Z_i >> R_D$로 가정한다.

11-7 그림 11-6의 발진기에서 $R = 51\ \text{k}\Omega$, $C = 0.001\ \mu\text{F}$일 때 발진 주파수를 구하라.

11-8 그림 11-6의 발진 주파수가 10 kHz가 되도록 저항과 용량의 값을 정하라.

11-9 그림 P11-9는 가변 저항을 사용한 빈브리지 발진기와 전압에 따른 램프의 저항 특성을 나타낸 것이다.

(a) 빈브리지 발진기의 최소 발진 주파수와 최대 발진 주파수를 구하라.

(b) 출력 전압의 rms를 구하라.

11-10 식 (11-2-13)을 증명하라.

11-11 동조 발진기의 유형을 설명하라.

그림 P11-6

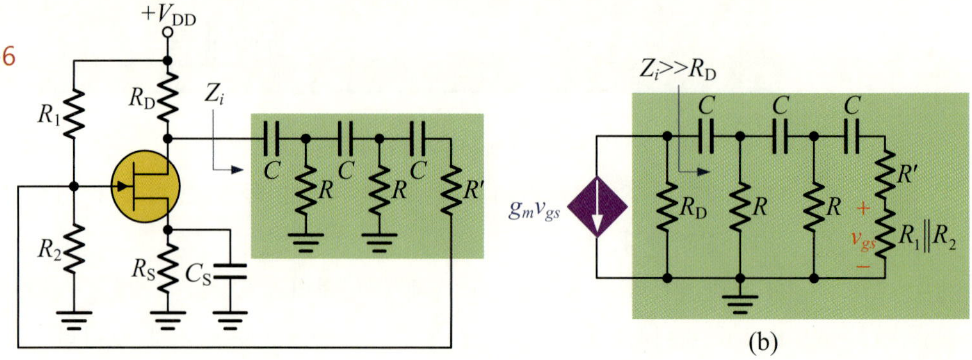

(a) (b)

그림 P11-9

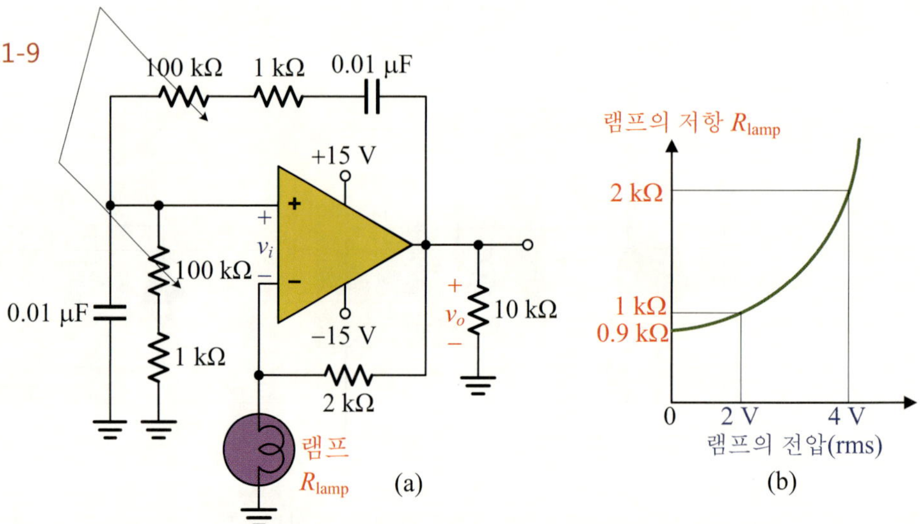

(a) (b)

11-12 그림 P11-12는 컬렉터-동조 발진기이다.

(a) 교류 회로를 그려보아라.

(b) 발진 조건을 구하라.

11-13 그림 P11-13은 드레인-동조 발진기이다.

(a) 교류 회로를 그려보아라.

(b) 발진 조건을 구하라.

11-14 그림 P11-14(a)는 차동 증폭기로 구성한 동조-발진기이며 두 트랜지스터의 특성은 동일하다.

(a) 그림 P11-14(a)의 교류 회로가 그림 (b)임을 보여라.

(b) 발진 조건을 구하라.

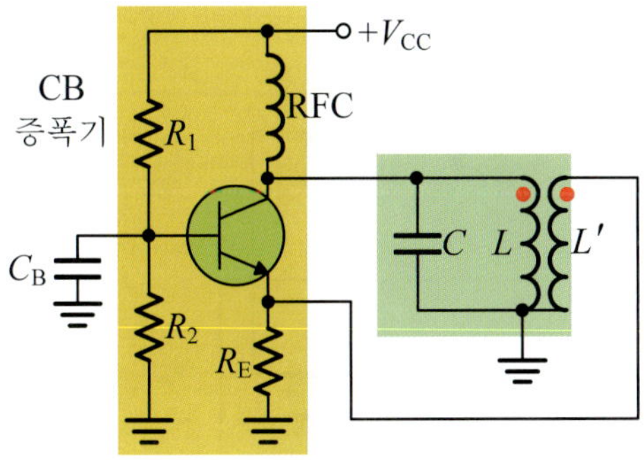

그림 P11-12

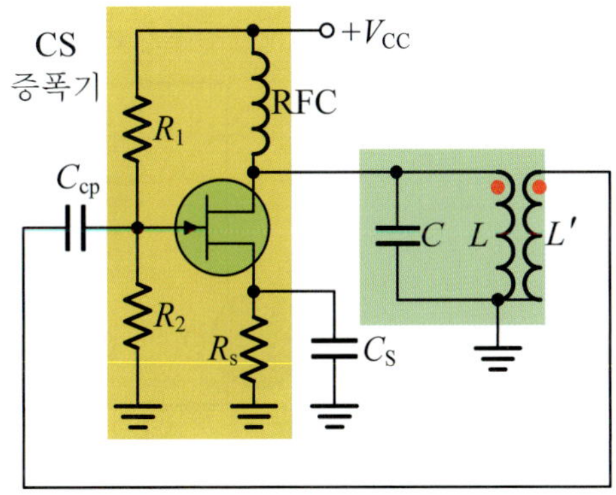

그림 P11-13

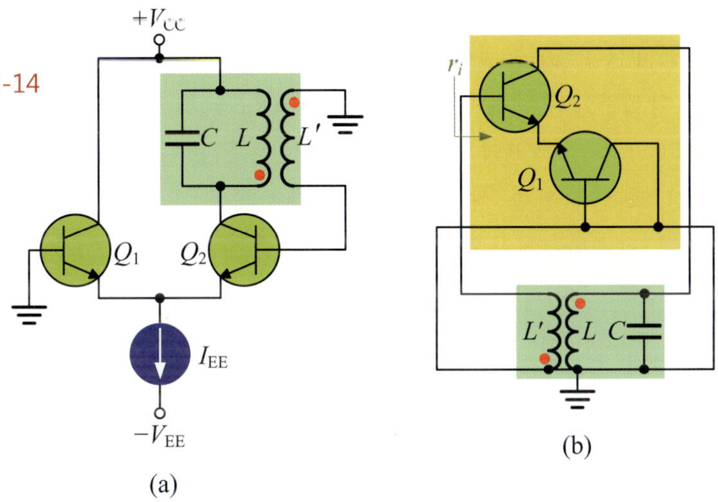

그림 P11-14

11-15 그림 P11-15(a)는 그림 P11-14(a)의 변형이다.

(a) 교류 회로가 그림 11-15(b)임을 보여라.

(b) 발진 조건을 구하라.

11-16 그림 11-24의 콜피츠 발진기의 사양은 다음과 같다.

$R_1 \| R_2$=10 kΩ, r_π=1 kΩ, r_c=100 kΩ, L=100 μH, C_1=0.01 μF, C_2=0.05 μF.

(a) 발진이 일어나기 위한 β의 최소값을 구하라.

(b) 발진 주파수를 구하라.

11-17 그림 11-25의 콜피츠 발진기의 사양은 다음과 같다.

$R_1 \| R_2$=10 MΩ, r_d=50 kΩ, L=50 μH, C_1=2500 pF, C_2=750 pF.

(a) 발진이 일어나기 위한 g_m의 최소값을 구하라. (b) 발진 주파수를 구하라.

그림 P11-15

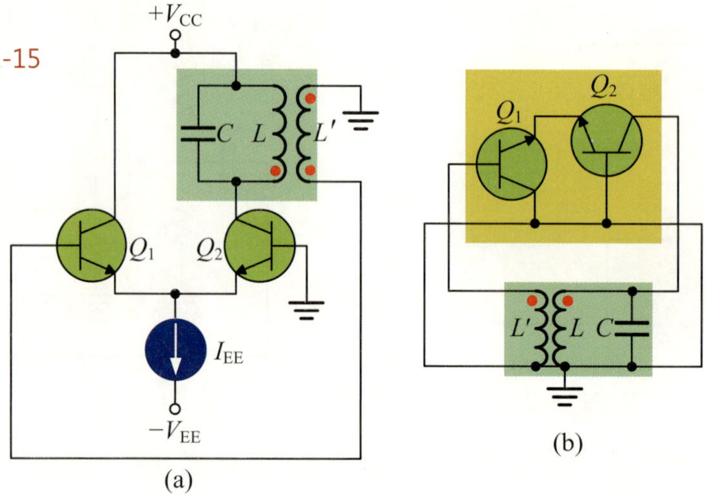

11-18 그림 P11-18(a)는 컬렉터-공통 콜피츠 발진기 회로이다.

(a) 교류 회로가 그림 (b)와 같음을 보여라(R_B는 무시한다).

(b) 컬렉터-공통 증폭기의 입력 저항 r_i가 매우 크다고 가정하고 r_o만 발진 주파수와 발진 조건에 관한 식을 구해 보아라.

참고: 그림 11-17(c)의 등가회로에서 $\mathbf{Z}_1$과 $\mathbf{Z}_3$를 바꾼 것과 같으며 개방 전압 이득은 A_o=−1로 하면 된다.

그림 P11-18

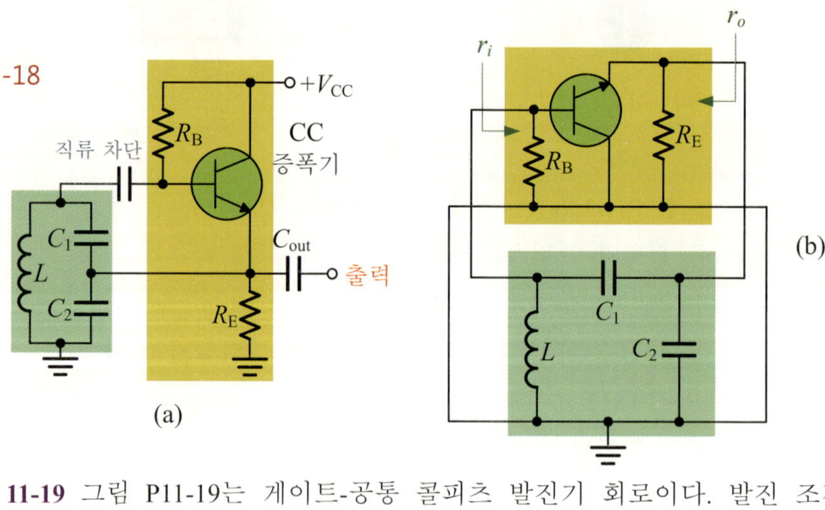

11-19 그림 P11-19는 게이트-공통 콜피츠 발진기 회로이다. 발진 조건식을 구해 보아라(r_d는 무한대).

참고: 베이스-공통 콜피츠 발진기의 해석을 이용할 것.

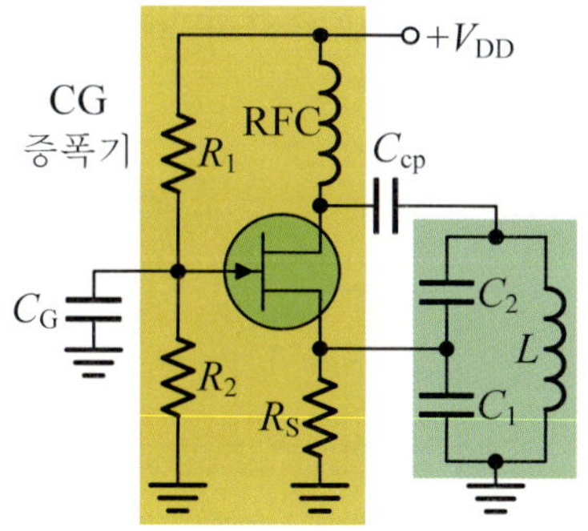

그림 P11-19

11-20 그림 P11-20(a)는 드레인-공통 콜피츠 발진기 회로이다. 발진 조건식을 구해 보아라($g_m R_S$>>1).

참고: 그림 P11-20(b)의 교류 회로를 참조할 것.

그림 P11-20

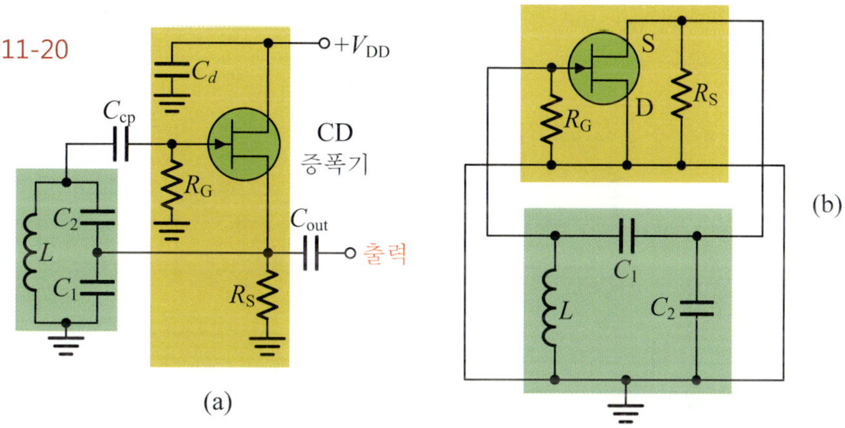

11-21 그림 P11-21(a)는 차동 증폭기로 구성한 콜피츠 발진기이다.

(a) 그림 (a)의 교류 회로가 그림 (b)인을 보여라.

(b) 발진 조건식을 구하라.

11-22 그림 P11-22(a)는 컬렉터-공통 하틀리 발진기 회로이다.

(a) 교류 회로가 그림 (b)와 같음을 보여라(R_B는 무시한다).

(b) 컬렉터-공통 증폭기의 입력 저항 r_i가 매우 크다고 가정하고 r_o만 발진 주파수와 발진 조건에 관한 식을 구해 보아라.

참고: 문제 11-18의 해석 결과를 이용할 것.

11-23 그림 P11-23은 게이트-공통 하틀리 발진기 회로이다. 발진 조건식을 구해 보아라(r_{ds}는 무한대). **참고:** 베이스-공통 하틀리 발진기의 해석을 이용할 것.

11-24 그림 P11-24는 드레인-공통 하틀리 발진기 회로이다. 발진 조건식을 구해

보아라($g_m R_S$>>1). **참고:** 컬렉터-공통 하틀리 발진기의 해석을 이용할 것.

그림 P11-21

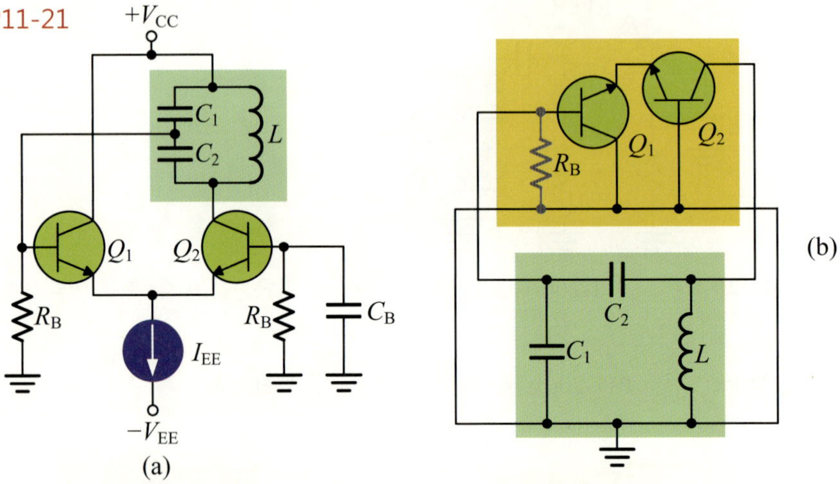

그림 P11-22

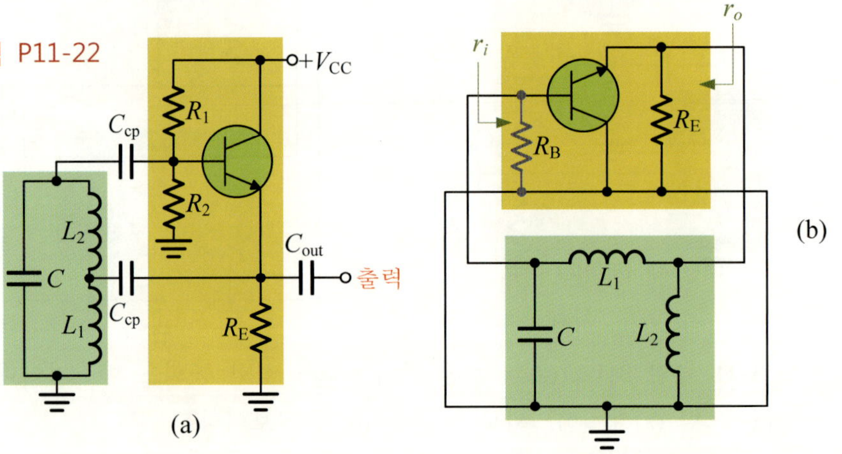

그림 P11-23

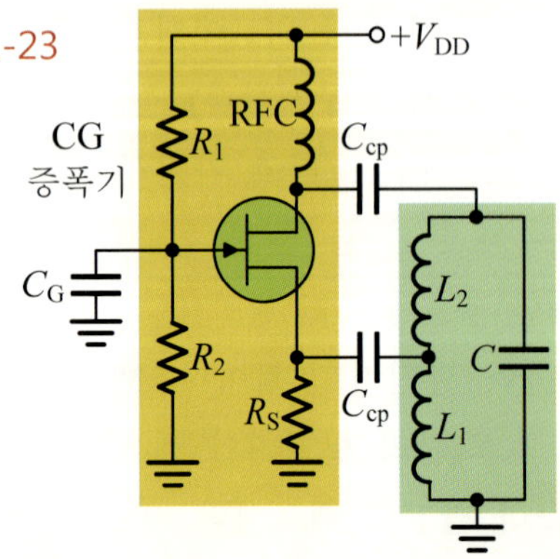

그림 P11-24

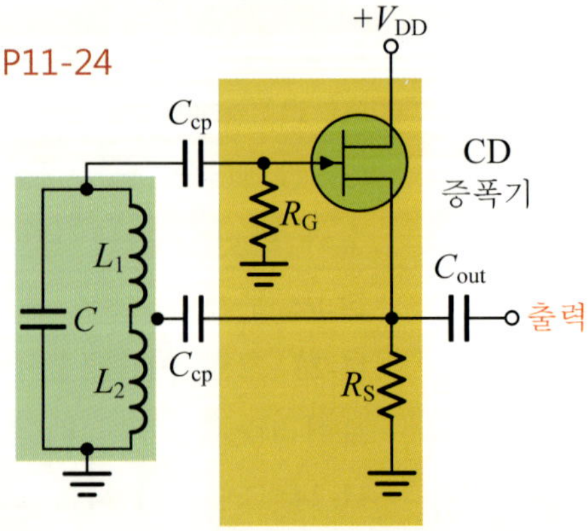

11-25 그림 P11-25는 클랩 발진기 회로들이다. 회로의 동작에 대해 설명하라.

그림 P11-25

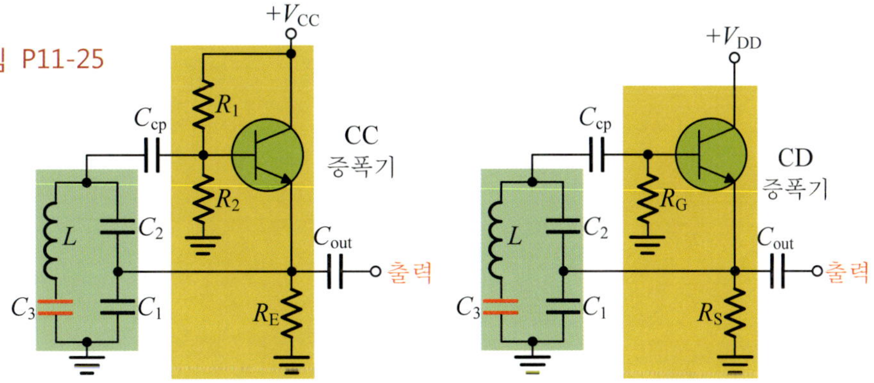

11-26 수정 진동자의 파라미터가 다음과 같을 때 직렬공진 및 병렬공진 주파수를 구하라: L_x=0.33 H, C_x=0.065 pF, C_p=1 pF.

11-27 그림 P11-27은 B-C 수정 발진기로서 발진 주파수는 1 MHz이다. 트랜지스터의 r_c를 ∞로 하고 r_π에 비해 R_B는 매우 큰 것으로 하고 무시한다.

(a) 이 회로에서 수정 진동자는 몇 H의 인덕터와 같은 역할을 하는가?

(b) 발진 조건을 구하라(교류 회로를 구해볼 것).

11-28 그림 P11-28은 발진 주파수가 1 MHz인 하틀리형 수정 발진기이다. 발진을 위한 용량은 게이트-드레인간의 부유 용량 C_{gd}를 이용하며 L과 C로 구성된 병렬 공진회로는 유도성이 되도록 한다. 1 MHz 발진 주파수에서 L과 C의 병렬 공진회로가 유도성이 되기 위한 L의 범위를 구하라.

그림 P11-27

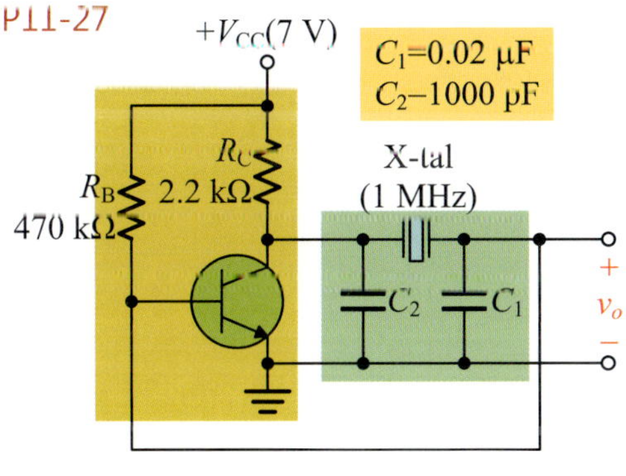

그림 P11-28

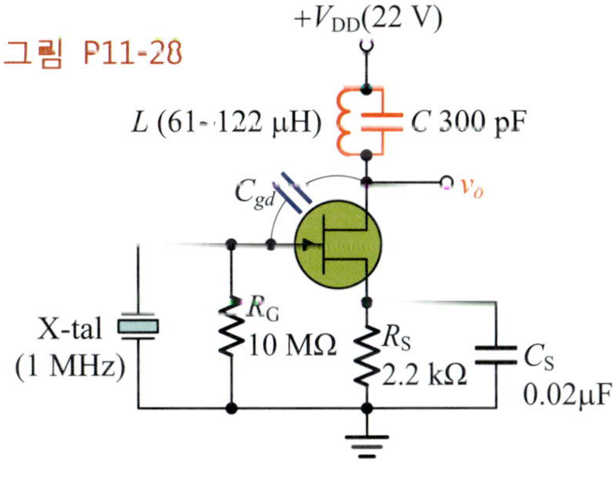

12장 전원 공급기

전자 기기는 대부분 전원 공급원으로서 안정된 직류 전원을 필요로 한다. 그리고 직류 전원은 현실적으로 직류 전압원이며 전지(battery)가 대표적인 예이다. 그러나 이러한 전원은 휴대하기는 용이하지만 수명이 짧을 뿐 아니라 충분한 전력을 얻기에는 역부족이다. 특히 집적 회로의 발달로 전자 기기는 소형화되었지만 오히려 내장된 회로가 더 많아지고 있기 때문에 전력 소모도 증가하고 있다. 따라서 발전소로부터 가정이나 공장 등에 공급되는 교류 전원을 직류로 변환시키는 방법이 절실하며 이에 대해서는 1장에서 간단히 설명한 바 있다. 그러나 회로가 더 섬세해지고 정교해질수록 더욱 안정된 고품위의 직류 전원이 필요하며 이을 얻기 위해서는 보다 정교한 전원공급 회로가 요구된다. 이 장에서는 안정될 뿐 아니라 쉽게 조정할 수 있는 직류 전원을 얻는 구체적인 방법들에 대해 알아본다.

목차

12-1 제너 조정기

1-4절을 통해 교류 전원으로부터 직류를 얻는 방법에 대해 설명한 바 있다. 그 결과 그림 12-1과 같이 정류기 출력에는 직류 V_{DC}와 리플 성분 v_r이 포함되며 이들은 다음과 같이 주어진다(식 (1-20)).

$$\begin{cases} V_{DC} \cong \left(\dfrac{4fCR_L}{4fCR_L+1}\right)V_p \\ V_{rms} \cong \dfrac{V_{DC}}{4\sqrt{3}fCR_L} \\ r \cong \dfrac{1}{4\sqrt{3}fCR_L} \end{cases} \qquad \textbf{(12-1-1)}$$

따라서 직류 전압 V_{DC}는 입력 교류 전원의 크기 V_p에 의존하므로 입력 전원의 변동은 곧바로 출력 직류 전압의 변동으로 이어지며 리플 계수 r이 부하 R_L의 영향을 받는다. 이처럼 입력 교류 전압의 변동과 부하의 변동에 의해 출력 전압이 영향을 받는 전원을 미조정(unregulated) 전원이라 한다. 따라서 보다 고품위의 전원 공급기를 구현하기 위해서는 입력 전원과 부하의 변동에 의한 영향을 최소화시켜주는 조정기(regulator)가 필요하다.

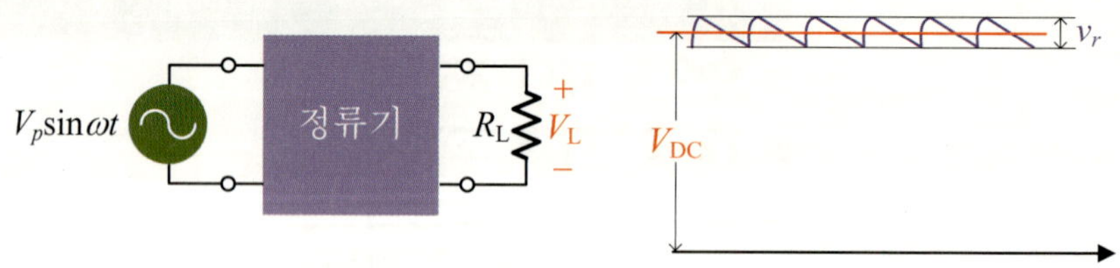

그림 12-1 정류기의 출력 전압.

제너 다이오드 제너 다이오드는 큰 전류 변동폭에도 전압 변동은 매우 작기 때문에 정전압원으로 적합한 소자이며 그림 12-2(a)는 제너 다이오드의 실제 특성이다. 제너 영역에서 약간의 기울기가 있으므로 제너 다이오드의 저항 R_Z는

그림 12-2
제너 다이오드의
(a) 전기적 특성;
(b) 기호;
(c) 등가 회로.

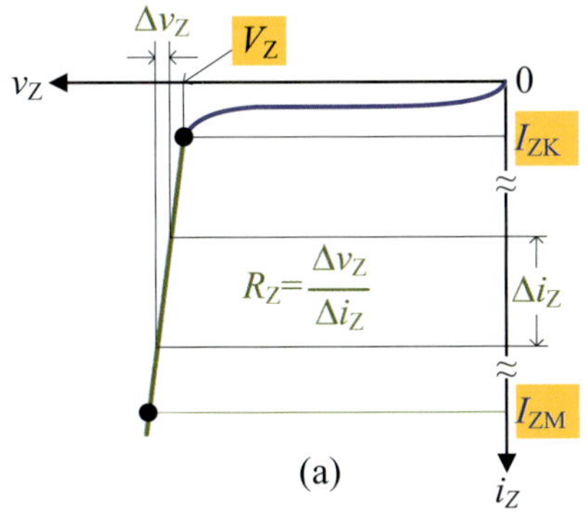

$$R_Z = \frac{\Delta v_Z}{\Delta i_Z} \qquad \textbf{(12-1-2)}$$

로 정의되며 R_Z는 보통 10 Ω 이내이다. 이상으로 제너 다이오드는 그림 12-2(c)와 같이 등가적으로 표현할 수 있으며 제너 영역에서 동작하기 위해서는 전류 i_Z가 제너 무릎 전류(knee current) I_{ZK}보다 커야 한다.

제너 조정기

그림 12-3(a)는 가장 간단한 전압 조정기인 제너 조정기(Zener regulator)이며 V_U는 미조정 전압원을 나타낸다. 제너 다이오드가 제너 영역을 벗어나지 않기 위해서는 $V_L>V_Z$, $I_Z>I_{ZK}$이어야 하므로 이를 만족시키는 조건들을 구해 보자. 먼저 제너 다이오드 양단에 대한 테브닌 등가 전압, 즉 제너 다이오드를 개방시켰을 때의 양단 전압 V_{TH}가 $V_{TH}>V_Z$를 만족해야 하므로

$$V_{TH} = \left(\frac{R_L}{R_s + R_L}\right) V_i > V_Z \qquad \textbf{(12-1-3)}$$

그리고 전류 관계를 알아보면

그림 12-3
(a) 제너 조정기;
(b) 등가 회로.

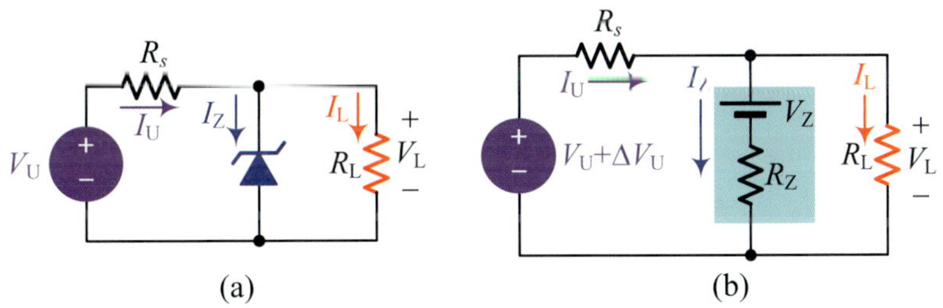

$$I_{\mathrm{U}} = \frac{V_{\mathrm{U}} - V_{\mathrm{Z}}}{R_s}, \quad I_{\mathrm{L}} \cong \frac{V_{\mathrm{Z}}}{R_{\mathrm{L}}} \tag{12-1-4}$$

이므로 제너 다이오드 전류가 $I_Z>I_{ZK}$를 만족하기 위해서는

$$I_{\mathrm{Z}} = I_{\mathrm{U}} - I_{\mathrm{L}} = \frac{V_{\mathrm{U}} - V_{\mathrm{Z}}}{R_s} - \frac{V_{\mathrm{Z}}}{R_{\mathrm{L}}} > I_{\mathrm{ZK}} \tag{12-1-5}$$

이상의 식 (12-1-3)과 (12-1-5)를 만족해야 제너 다니오드는 제너 영역을 이탈하지 않는다.

그림 12-3(b)는 (a)의 등가회로이며 입력 전원의 리플 ΔV_U에 의한 출력 전압의 변동 ΔV_Z를 알아보기 위한 것이다. 여기서 V_U와 ΔV_U는 그림 12-1의 출력에서 V_{DC}와 리플 v_r에 각각 해당된다. 따라서 그림 1-37을 참조하면서 그림 12-3(b)의 저항 R_s를 통해 흐르는 전류의 최대와 최소를 구해본다. 저항 R_s의 최대 전류는 그림 1-37(b)에서와 같이 정류기의 다이오드가 차단되어 커패시터 C의 방전이 막 시작될 순간의 전류이므로

$$I_{\mathrm{U(max)}} = \frac{V_{\mathrm{U(max)}} - V_{\mathrm{Z}}}{R_s} \tag{12-1-6}$$

그리고 R_s의 최소 전류는 그림 1-37(c)와 같이 방전이 막 끝나는 순간의 전류이므로

$$I_{\mathrm{U(min)}} = \frac{V_{\mathrm{U(min)}} - V_{\mathrm{Z}}}{R_s} \tag{12-1-7}$$

따라서 그림 12-3(b)에서 전류 I_U의 리플 성분 $\Delta I_U=I_{U(max)}-I_{U(min)}$은

$$\Delta I_{\mathrm{U}} = \frac{V_{\mathrm{U(max)}} - V_{\mathrm{U(min)}}}{R_s} = \frac{\Delta V_{\mathrm{U}}}{R_s} \tag{12-1-8}$$

일정한 부하에서는 부하 전류 I_L이 일정하다고 볼 수 있다. 즉 $\Delta I_U \cong \Delta I_Z$가 되므로 제너 전압의 리플 성분 ΔV_Z는 다음과 같이 표현된다.

$$\Delta V_{\mathrm{Z}} = R_{\mathrm{Z}} \Delta I_{\mathrm{Z}} \cong R_{\mathrm{Z}} \Delta I_{\mathrm{U}} \tag{12-1-9}$$

이상 위의 두 식으로부터 입력 리플에 대한 출력 리플의 비를 구하면

$$\frac{\Delta V_{\mathrm{Z}}}{\Delta V_{\mathrm{U}}} = \frac{R_{\mathrm{Z}}}{R_s} \tag{12-1-10}$$

처럼 저항 R_s에 대한 제너 저항 R_Z의 비로 주어진다. 예를 들어 R_Z=10 Ω, R_s=1 kΩ이면 리플비는 1/100이므로 입력 리플의 1%만 출력에 나타난다.

제너-폴로어

이제 그림 12-3(b)에서 부하의 변동이 제너 다이오드에 미치는 영향을 생각해 보자. 전류 관계가 $I_U=I_Z+I_L$이며 I_U는 식 (12-1-4)와 같이 거의 고정된 값으로 한다. 이 경우 부하 R_L에 따른 I_L의 변화량은 모두 제너 다이오드에 의해 흡수되어야 하므로 제너 다이오드의 전류 변화폭이 커지게 된다. 따라서 I_L이 매우 커지면 I_Z가 무릎 전류 I_{ZK} 이하로 떨어져 제너 영역에서 벗어날 수 있다. 반대로 I_L이 매우 작아지면 I_Z가 정격 전류 I_{ZM} 이상이 되어 제너 다이오드가 파괴될 수 있다. 이와 같이 부하 전류의 변동폭이 제너 다이오드에 의해 제한되는 것을 전류조절 기능이라 한다.

제너 조정기의 전류조절 능력을 향상시킨 회로가 그림 12-4(a)이며 트랜지스터가 이미터-폴로어로 동작하므로 제너-폴로어(Zener follower)라 한다. 그림 12-4(a)를 보다 알기 쉽도록 고쳐 그리면 그림 (b)와 같다. 즉 제너 조정기에서는 부하 전류의 변동을 모두 제너 다이오드가 흡수했지만 그림 12-4(b)의 경우는 트랜지스터의 전류 증폭 기능으로 제너 다이오드가 감당해야 할 전류 변동폭이 크게 축소된다. 즉 I_U는 제너 조정기 경우와 같이 식 (12-1-4)로 거의 고정되지만 $I_U=I_Z+I_B$이며 $I_B=I_L/(\beta_o+1)\cong I_L/\beta_o$이므로

$$I_U = I_Z + \frac{I_L}{\beta_o} \tag{12-1-11}$$

이다. 따라서 부하 전류 I_L 변동폭의 $1/\beta_o$만 제너 다이오드가 담당하면 되므로 전류조절 기능은 제너 조정기에 비해 훨씬 향상된다. 특히 제너-폴로어에서는 부하 전류가 모두 트랜지스터를 통해 공급되므로 Q를 통과 트랜지스터(pass transistor)라 한다. 그리고 그림 12-4에서 출력 전압은 다

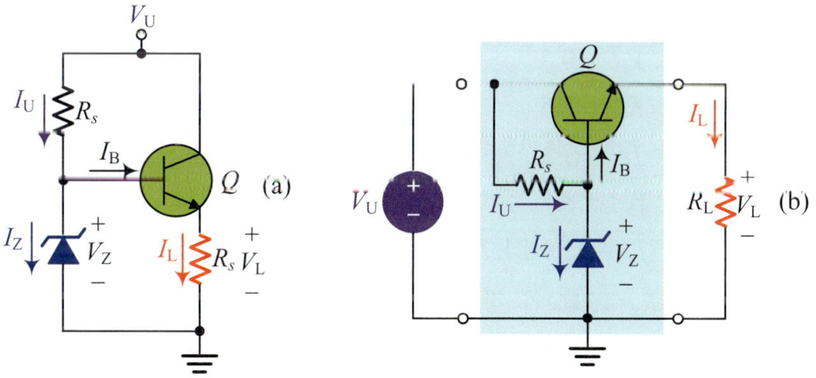

그림 12-4
(a) 제너-폴로어;
(b) 통과 트랜지스터를 강조하여 그린 그림.

음과 같이 일정하게 유지된다.

$$V_L = V_Z - V_{BE} = V_Z - 0.7\text{ V} \quad \textbf{(12-1-12)}$$

이상적인 정전압원의 조건은 출력 전압이 부하에 무관하게 일정하다는 것 외에 출력 저항이 0에 가까워야 한다는 것이다. 제너-폴로어는 이미터-폴로어의 특성에 의해 출력 저항이 매우 낮기 때문에 또한 유리하다. 즉 그림 12-4(b)에서 부하에서 들여다 본 출력 저항은 $R_Z << R_s$에 의해

$$R_o = \frac{r_\pi + (R_s \| R_Z)}{\beta + 1} \cong r_e + \frac{R_Z}{\beta} \quad \textbf{(12-1-13)}$$

로 매우 작다. 이상으로 제너-폴로어는 일반 제너 조정기에 비해 전류 조절 기능이 높고 출력 저항이 매우 낮기 때문에 안정된 전압 조정기를 설계할 수 있다. 따라서 그림 12-4(b)의 회로가 앞으로 설명하고자 할 더욱 복잡하고 고기능의 전압 조정기에 대한 기본 회로가 된다. 특히 이 회로는 트랜지스터와 부하가 직렬로 연결되므로 직렬 조정기라 한다.

예제 12-1

그림 13-4에서 V_U=20 V, β_o=80, R_s=680 Ω, V_Z=10 V이다. 부하 저항이 R_L=1.5 kΩ 및 R_L=15 Ω일 경우 각각에 대해 I_U, I_B, I_Z, I_L을 구하라.

풀이 부하에 관계없이 일정한 것은

$$I_U = \frac{V_U - V_Z}{R_s} = \frac{20-10}{680} = \mathbf{14.7\ mA},$$

$$V_L = V_Z - 0.7 = 10 - 0.7 = \mathbf{9.3\ V}$$

따라서 R_L=1.5 kΩ인 경우는

$$I_L = \frac{V_L}{R_L} = \frac{9.3}{1.5}\text{mA} = \mathbf{6.2\ mA}$$

$$I_B = \frac{I_L}{\beta_o} = \frac{6.2}{80}\text{mA} = \mathbf{77.5\ \mu A}$$

$$I_Z = I_U - I_B = 14.7\text{ mA} - 77.5\ \mu\text{A} = \mathbf{14.62\ mA}$$

그리고 R_L=15 kΩ인 경우는

$$I_L = \frac{V_L}{R_L} = \frac{9.3}{15}\,\text{A} = \mathbf{0.62\ A}$$

$$I_B = \frac{I_L}{\beta_o} = \frac{0.62}{80}\,\text{A} = \mathbf{7.75\ mA}$$

$$I_Z = I_U - I_B = 14.7\ \text{mA} - 7.75\ \text{mA} = \mathbf{6.95\ mA}$$

이상으로 부하 전류의 변화폭이 약 100 배인데 비해 제너 다이오드 전류의 변화폭은 그보다 훨씬 적은 약 2 배임을 알 수 있다.

12-2 직렬 조정기

그림 12-5는 연산 증폭기를 이용한 부궤환으로 제너-폴로어를 개선한 회로이다. 일반적으로 부궤환은 시스템의 감도를 낮추어 안정성을 높여주며 그림 12-5의 경우는 전압-직렬 궤환 방식이다. 즉 저항 R_1과 R_2의 전압 분배기를 통해 출력 전압의 일부가 궤환되며 궤환 전압 V_F는 제너 다이오드에 의한 기준 전압 V_Z와 비교된다. 연산 증폭기는 비교기로서 이 두 전압을 비교하여 출력 전압이 항상 일정하게 유지되도록 한다. 즉 연산 증폭기의 가상 단락 성질에 의해 기준 전압과 궤환 전압이 같아지므로 출력 전압은

그림 12 5
연산 증폭기를 이용하여 개선시킨 직렬 조정기.

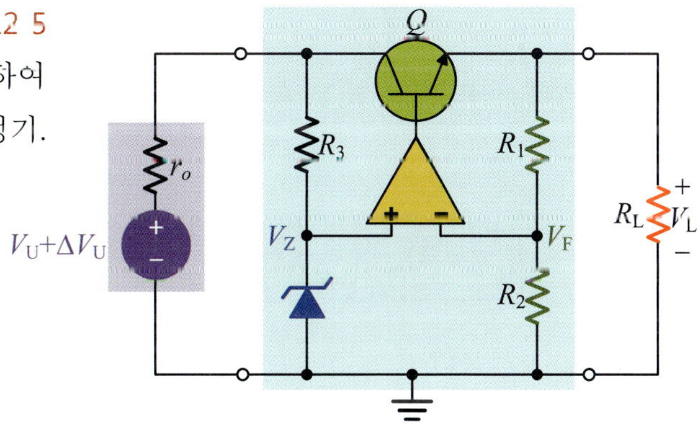

$$V_Z = \beta_f V_L \quad \left(\beta_f = \frac{R_2}{R_1 + R_2} \right) \tag{12-2-1}$$

를 만족해야 하므로 다음과 같이 고정된다.

$$V_L = \frac{V_Z}{\beta_f} = \left(1 + \frac{R_1}{R_2} \right) V_Z \tag{12-2-2}$$

만일 전압 V_L이 순간적으로 증가하면 연산 증폭기의 반전 입력이 상승하여 통과 트랜지스터의 베이스 전압을 하강시키므로 이미터 전류가 감소하여 부하 전압이 다시 낮아지게 된다. 그림 12-5에서 연산 증폭기를 단일 트랜지스터로 대신하여 구성한 것이 그림 12-6(a)이며 Q_2는 전류조절 기능도 겸한다. 여기서 Q_2의 베이스 전류 I_{B2}를 I_1에 비해 무시하면

$$V_Z + V_{BE2} = \beta_f V_L \tag{12-2-3}$$

이므로 출력 전압은 다음으로 결정된다.

$$V_L = \frac{V_Z + V_{BE2}}{\beta_f} = \frac{V_Z + 0.7}{\beta_f} \tag{12-2-4}$$

그림 12-6(a)에서 Ⓐ 부분과 Ⓑ 부분에서 각각 들여다 본 등가회로를 이용하면 그림 (a) 전체는 그림 (b)와 같이 등가적으로 표현할 수 있다. 따라서 Q_2의 컬렉터 전류 I_{C2}는 다음과 같이 주어짐을 알 수 있다.

$$I_{C2} = \beta_{o2} \left(\frac{\beta_f V_L - V_Z - 0.7}{R_{B2}} \right) \tag{12-2-5}$$

그리고 Q_1의 이미터 전류는 $I_1 + I_L$이므로 Q_1의 베이스 전류 I_{B1}은 다음과 같이 표현된다.

$$I_{B1} = \frac{I_1 + I_L}{\beta_{o1}} \cong \frac{1}{\beta_{o1}} \left(\frac{V_L}{R_1 + R_2} + \frac{V_L}{R_L} \right) \tag{12-2-6}$$

위의 식을 정리하면

$$I_{B1} = \frac{V_L}{\beta_{o1} \{ (R_1 + R_2) \| R_L \}} \tag{12-2-7}$$

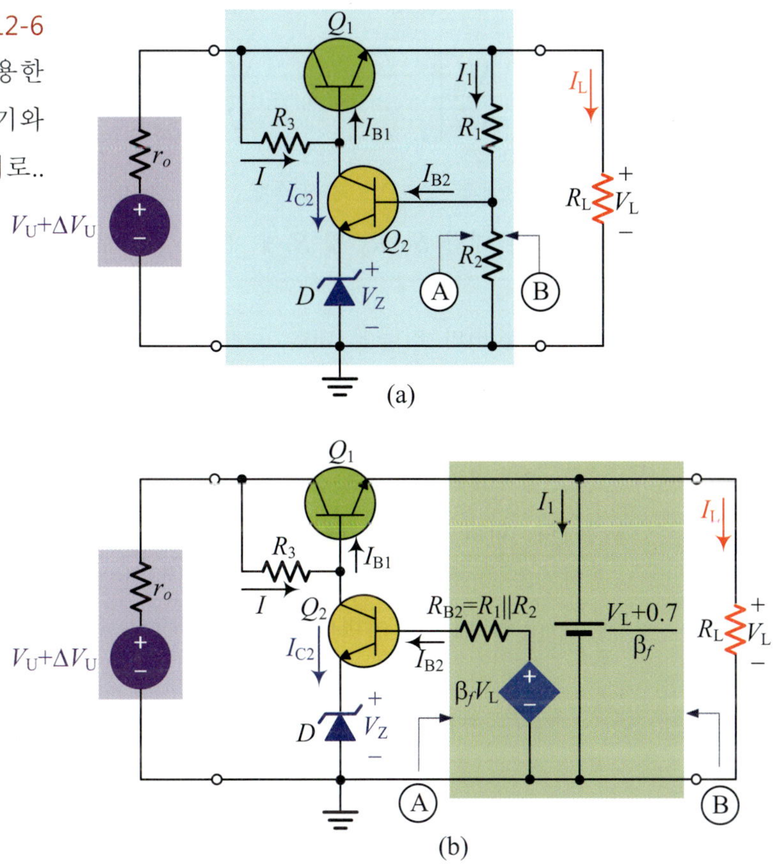

그림 12-6
트랜지스터를 활용한
(a) 직렬 조정기와
(b) 등가 회로..

따라서 R_3에 흐르는 전류 $I=I_{B1}+I_{C2}$는 식 (12-2-5)과 (12-2-7)으로부터 다음과 같이 정해진다.

$$I = \frac{V_L}{\beta_{o1}\{(R_1+R_2)\|R_L\}} + \beta_{o2}\left(\frac{\beta_f V_L - V_Z - 0.7}{R_{B2}}\right) \qquad \textbf{(12-2-8)}$$

그림 12 6(b)에서 출력 전압 리플 ΔV_L을 인으키는 원인에는 입력 전압 리플 ΔV_U, 부하 전류의 리플 ΔI_L 및 온도 변화 ΔT 등이 있으며 이들이 영향은 다음과 같은 식으로 표현할 수 있다.

$$\begin{aligned}\Delta V_L &= \left(\frac{\partial V_L}{\partial V_U}\right)\Delta V_U + \left(\frac{\partial V_L}{\partial I_L}\right)\Delta I_L + \left(\frac{\partial V_L}{\partial T}\right)\Delta T \\ &= S_V \Delta V_U + R_o \Delta L_L + S_T \Delta T\end{aligned} \qquad \textbf{(12-2-9)}$$

여기서 계수 S_V, R_o 및 S_T는 다음과 같이 정의된다.

$$S_V = \frac{\Delta V_L}{\Delta V_U}\bigg|_{\Delta I_L = \Delta T = 0}, \quad R_o = \frac{\Delta V_L}{\Delta I_L}\bigg|_{\Delta V_U = \Delta T = 0}, \quad S_T = \frac{\Delta V_L}{\Delta T}\bigg|_{\Delta V_U = \Delta I_L = 0} \qquad \textbf{(12-2-10)}$$

위의 각 계수 값들이 작을수록 전압 조정이 잘 된다는 뜻이다. 이제 그림 12-6(b)에 대한 S_V, R_o 및 S_T에 관한 식을 유도해 보기로 한다.

입력 리플의 영향

그림 12-6(b)의 리플에 대한 등가회로는 그림 12-7과 같으며 R_Z는 제너 다이오드 저항이다. 계수 S_V는 ΔI_L=0인 상태에서 구하며 그림 12-7에서 ΔI_L=0이면 $\Delta I \cong 0$으로 볼 수 있으므로 ΔI_{B1}=0이 된다. 또한 전압 조정 능력이 우수하다면 입력 리플 ΔV_U에 비해 출력 리플 ΔV_L이 충분히 작을 것이다. 따라서 그림 12-7의 S_V를 해석할 때 ΔI_{B1}=0 및 $\Delta V_L \ll \Delta V_U$로 가정하기로 하며 나아가 전원 저항 r_o 양단의 전압 강하도 무시하기로 한다. 먼저 Q_2의 베이스-이미터 루프로부터 ΔI_{C2}는 다음과 같이 구해진다.

$$\Delta I_{C2} = \beta_f \Delta V_L \left(\frac{\beta_2}{R_{B2} + r_{\pi 2} + (\beta_2 + 1) R_Z} \right) = G_m \Delta V_L \qquad \textbf{(12-2-11)}$$

단 여기서

$$G_m = \frac{\beta_f \beta_2}{R_{B2} + r_{\pi 2} + (\beta_2 + 1) R_Z} \qquad \textbf{(12-2-12)}$$

그리고 ΔI_{B1}=0 및 $\Delta V_L \ll \Delta V_U$의 가정으로부터 ΔI_{C2}와 ΔV_U의 관계는

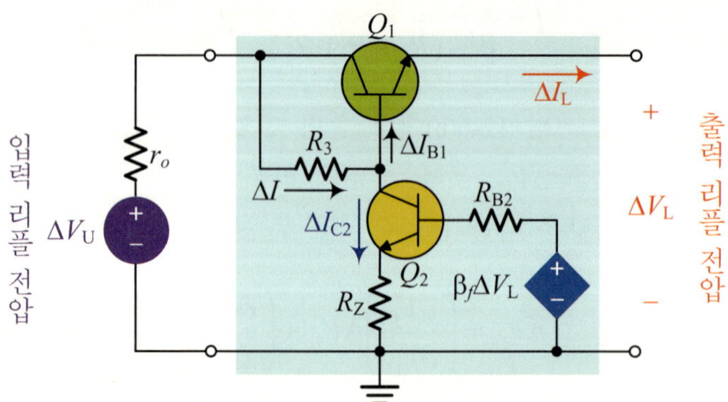

그림 12-7
그림 12-6(b)에서 리플에 대한 등가 회로.

$$\Delta I_{C2} = \Delta I = \frac{\Delta V_U - \Delta V_L}{R_3} \cong \frac{\Delta V_U}{R_3} \qquad \textbf{(12-2-13)}$$

따라서 식 (12-2-13)과 (12-2-11)로부터 계수 S_V는

$$S_V = \left.\frac{\Delta V_L}{\Delta V_U}\right|_{\Delta I_L=0} \cong \frac{1}{G_m R_3} \qquad \textbf{(12-2-14)}$$

이며 "저항 R_3가 클수록 출력 리플이 감소한다"는 것을 알 수 있다.

부하 전류의 영향

식 (12-2-10)에서 정의된 계수 R_o는 그림 12-7의 출력 저항임을 알 수 있으며 이를 구하는 회로가 그림 12-8(a)이다. 그림 12-8(a)의 등가회로가 그림 (b)임을 쉽게 알 수 있으며 G_m은 식 (12-2-12)와 같다. 그림 12-8(b)에서 ΔI_{B1}을 매개 변수로 삼아 R_o를 구하면 다음과 같다(연습문제).

$$R_o = \left.\frac{\Delta V_L}{\Delta I_L}\right|_{\Delta V_U=0} = \frac{r_o + \left(\dfrac{R_3 + r_{\pi 1}}{\beta_1 + 1}\right)}{1 + G_m(r_o + R_3)} \qquad \textbf{(12-2-15)}$$

따라서 Q_1의 전류 증폭률 β_1이 클수록 R_o가 작아져 전압 조정이 잘된다.

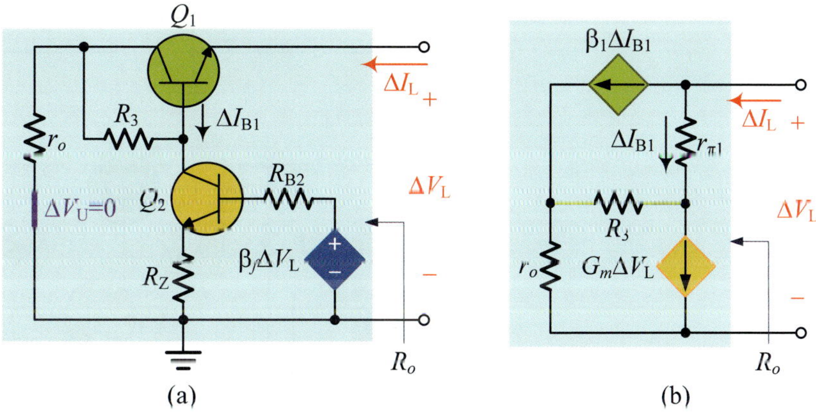

그림 12-8 그림 12-7에서 (a) 출력 저항 R_o를 구하는 회로; (b) 등가 회로.

온도 영향

출력 리플 전압 ΔV_L에 대한 온도의 영향은 식 (12-2-4)로부터 다음과 같이 표현된다.

$$S_T = \frac{\Delta V_L}{\Delta T} = \frac{1}{\beta_f}\left(\frac{\Delta V_Z}{\Delta T} + \frac{\Delta V_{BE2}}{\Delta T}\right) \quad \textbf{(12-2-16)}$$

제너 다이오드의 온도 계수와 일반 다이오드의 온도 계수는 서로 부호가 다르므로 위의 식 우변은 서로 상쇄된다. 따라서 S_T는 S_V나 R_o에 비해 무시할 수 있다. 이상을 종합하면 직렬 조정기에서는 저항 R_3와 Q_1의 β_1이 클수록 전압 조정이 우수해진다.

제너 다이오드가 제너 영역에 동작하기 위해서는 최저 수준의 전류 I_{ZK} 이상이 항상 흘러야 한다. 이를 보장하는 방법이 그림 12-9(a)와 (b)이며 두 회로 모두 저항 R_D를 통해 고정적인 전류 I_D를 제너 다이오드에 공급해 준다. 이 때 R_D는 제너 저항 R_Z에 비해 매우 크게 하여 R_D가 식 (12-2-12)의 G_m에 영향을 미치지 않도록 한다.

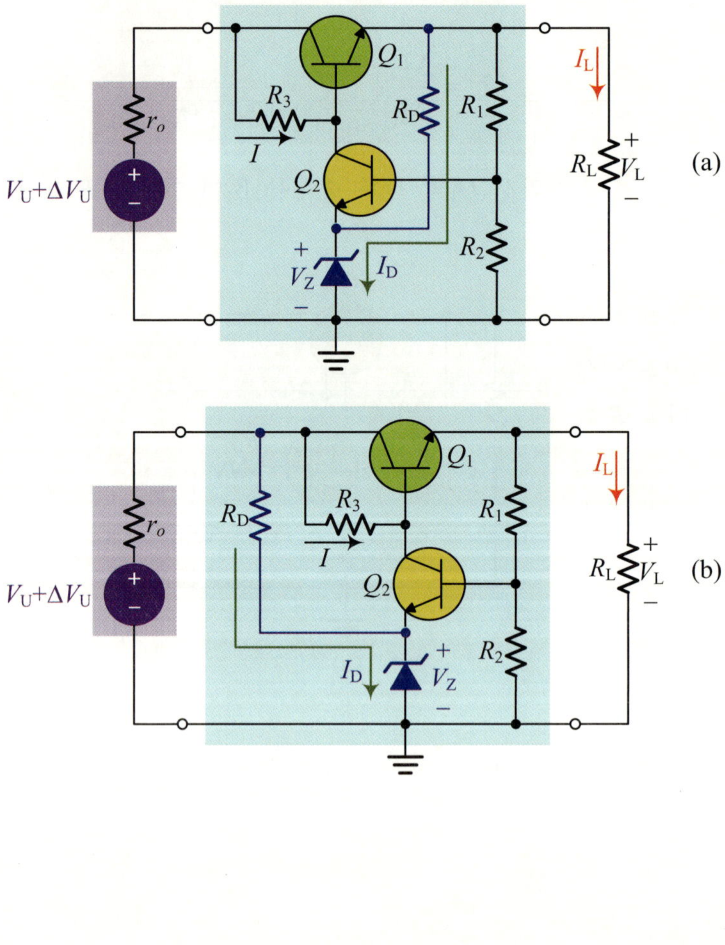

그림 12-9 제너 다이오드가 제너 영역에서 동작하도록 보장하는 회로.

예제 12-2

그림 12-10의 직렬 조정기 조건은 다음과 같다:

Q_1 : V_{BE1}=0.7 V, β_{o1}=125, β_1=100, $r_{\pi 1}$=20 Ω

Q_2 : V_{BE2}=0.7 V, β_{o2}=220, β_2=100, $r_{\pi 2}$=800 Ω

최대 부하 공급전류는 I_L=1 A이며 제너 저항이 R_Z=12 Ω일 때 직류를 해석하고 S_V, R_o 및 부하 전압 V_L의 최대 변동폭을 구하라.

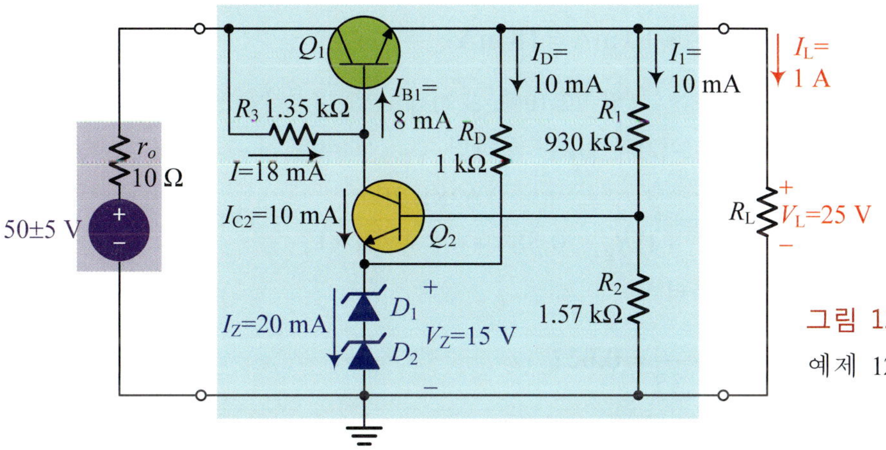

그림 12-10
예제 12-2의 그림.

풀이 저항 R_{B2}와 궤환 이득 β_f는

$$R_{B2} = R_1 \| R_2 = (0.93 \| 1.57)\text{ k}\Omega = 584\ \Omega$$

$$\beta_f = \frac{R_2}{R_1 + R_2} = \frac{1.57}{0.93 + 1.57} = 0.628$$

식 (12-2-4)로부터

$$V_L = \frac{V_Z + 0.7}{\beta_f} = \frac{15 + 0.7}{0.628} = \mathbf{25\ V}$$

식 (12-2-5)로부터

$$I_{C2} = \beta_{o2}\left(\frac{\beta_f V_L - V_Z - 0.7}{R_{B2}}\right) = 220 \times \frac{0.628 \times 25 - 15 - 0.7}{584} = \mathbf{10\ mA}$$

$$I_1 \cong \frac{V_L}{R_1 + R_2} = \frac{25}{2.5}\text{ mA} = \mathbf{10\ mA}$$

$$I_D = \frac{V_L - V_Z}{R_D} = \frac{25-15}{1}\,\text{mA} = \mathbf{10\ mA}$$

$$I_Z = I_D + I_{C2} = 10\ \text{mA} + 10\ \text{mA} = \mathbf{20\ mA}$$

부하 전류 I_L이 1 A일 때 Q_1의 이미터 전류 I_{E1}과 베이스 전류 I_{B1}은

$$I_{E1} = I_D + I_1 + I_L = 10\ \text{mA} + 10\ \text{mA} + 1000\ \text{mA} = \mathbf{1020\ mA}$$

$$I_{B1} \cong \frac{I_{E1}}{\beta_{o1}} = \frac{1020}{125}\,\text{mA} = \mathbf{8mA}$$

따라서 저항 R_3에 흐르는 전류 I는

$$I = I_{B1} + I_{C2} = 8\ \text{mA} + 10\ \text{mA} = \mathbf{18\ mA}$$

이상의 각 전압과 전류는 그림 12-10에 표시해 놓았다. 다음으로 $\Delta V_U = \pm 5\text{V}$에 대한 ΔV_L을 구하기 위해 식 (12-2-12)의 G_m을 구하면

$$G_m = \frac{\beta_f \beta_2}{R_{B2} + r_{\pi 2} + (\beta_2 + 1)R_Z} = \frac{0.628 \times 200}{0.584 + 0.8 + 201 \times 12} = \mathbf{33\ mS}$$

따라서 식 (12-2-14)로부터

$$S_V \cong \frac{1}{G_m R_3} = \frac{1}{33 \times 1.35} = \mathbf{0.022}$$

또한 부하 전류 리플 ΔI_L에 의한 ΔV_L을 구하기 위한 식 (12-2-15)의 R_o는

$$R_o = \frac{r_o + \left(\dfrac{R_3 + r_{\pi 1}}{\beta_1 + 1}\right)}{1 + G_m(r_o + R_3)} = \frac{10 + \dfrac{1.35 + 0.02}{101}}{1 + 33 \times (0.01 + 1.35)} = \mathbf{0.51\ \Omega}$$

부하 전류 I_L의 최대 변동폭이 1 A이므로 ΔI_L=1이다. 따라서 부하 전압의 최대 변동폭은

$$\Delta V_L = S_V \Delta V_U + R_o \Delta I_L = 0.022 \times 10 + 0.51 \times 1 = \mathbf{0.73\ V}$$

그림 12-9의 두 회로에서 β_1과 R_3가 클수록 전류조정 능력이 향상되므로 그림 12-11과 같이 회로를 개선할 수 있다. 즉 그림 12-9의 저항 R_3를 정전류원의 출력 저항 r_{c4}로 대신하므로 충분히 큰 등가 저항을 얻을 수 있으며 다링턴쌍 Q_1과 Q_2로써 전류 증폭률을 향상시킨다. 따라서 위에서 유도한 S_V와 R_o의 식에서 R_3 대신 r_{c4}를, β_1 대신에 $\beta_1\beta_2$를 각각 대입하면 그림 12-11의 리플 특성을 구할 수 있다. 그리고 그림 12-11에서 커패시터 C는 고주파에서의 발진을 방지하는 밀러 보상이다(그림 10-41 참조).

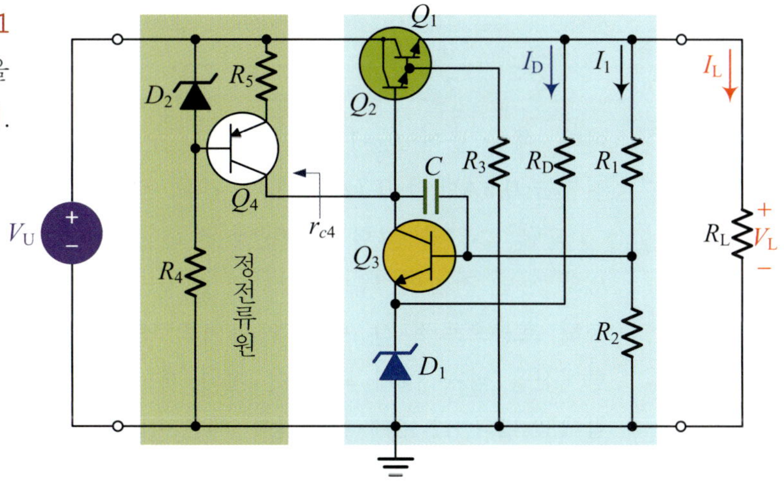

그림 12-11
그림 12-9(a)의 특성을 개선시킨 직렬 조정기.

전류 제한기

직렬 조정기는 부하 전류가 모두 통과 트랜지스터를 통해 공급되므로 부하가 갑자기 단락되어 과부하 전류가 흐를 경우 통과 트랜지스터가 파괴될 수 있다. 이런 사태를 방지하기 위해 통과 트랜지스터에 흐르는 전류를 감지하여 어느 한도 이상일 때는 전류를 제한시키는 과부하 방지가 필요하다. 그림 12-12는 그림 12-5에 전류 제한 기능을 갖춘 조정기이다. 트랜지스터 Q_2는 과부하가 걸리기 전에는 차단 상태에 있지만 과부하 전류로 인해 감지 저항 R_4의 양단 전압이 0.7 V에 이르게 되면 Q_2의 베이스-이미터 전압이 문턱 전압을 넘게 되어 도통된다. 따라서 Q_1의 베이스 전류가 Q_2의 컬렉터 전류에 의해 분류되므로 Q_1의 이미터 전류, 즉 부하 전류는 최대 값으로 제한된다. 부하가 단락될 때의 부하 전류를 I_{SL}이라 하

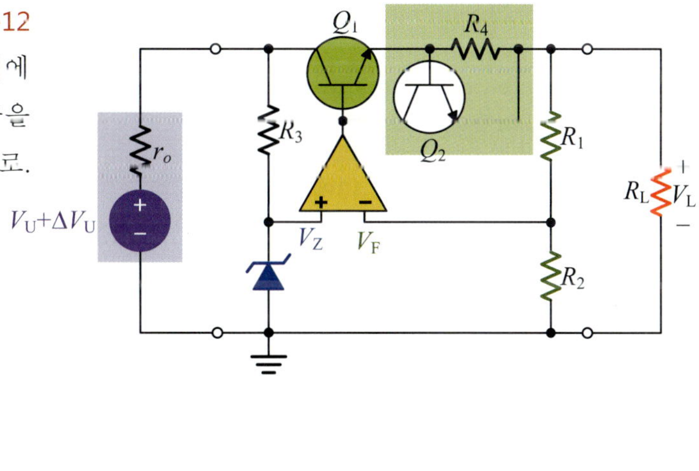

그림 12-12
그림 12-5의 직렬 조정기에 전류 제한 기능을 더한 회로.

면 R_4의 양단 전압이 V_{BE}이므로

$$I_{SL} = \frac{V_{BE}}{R_4} \quad \textbf{(12-2-17)}$$

이다. 예를 들어 R_4=1 Ω이라면 V_{BE}가 0.6 V에서 0.7 V 사이이므로 단락 전류는 0.6A에서 0.7A 사이가 된다.

그림 12-13은 그림 12-9(b)에 전류 제한기를 부가한 회로이다. 이 역시 R_4의 양단 전압이 V_{BE}에 이르면 Q_4가 도통되어 Q_4의 컬렉터 전류가 R_3를 통해 흐름으로써 Q_2와 Q_1의 베이스 전압을 낮춘다. 따라서 부하 전류가 한계선을 넘지 않게 되며 이 때의 제한 전류 역시 식 (1-2-17)과 같다. 그림 132-12와 12-13에서는 전류 제한 기능이 있지만 한 가지 문제가 있다. 즉 부하가 단락될 때는 V_L=0이므로 거의 모든 입력 전압이 통과 트랜지스터의 컬렉터-이미터 전압으로 가해지므로 통과 트랜지스터는 큰 전력 소비를 감내해야 한다. 이 때의 소비 전력은

$$P_T \cong (V_U - V_{BE})I_{SL} \quad \textbf{(12-2-18)}$$

로 주어지며 V_{BE}는 감지 저항의 양단 전압이다. 한 예로 V_U=20 V와 V_{BE}=0.7 V 및 I_{SL}=6 A일 경우 P_T=116 W에 이르게 된다.

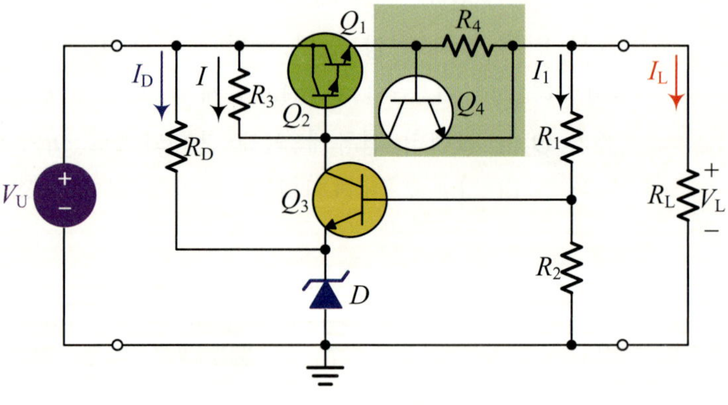

그림 12-13
그림 12-9(b)의 직렬 조정기에 전류 제한기를 더한 회로.

폴드백 전류 제한

그림 12-12와 12-13에서 문제가 되는 통과 트랜지스터의 전력 과소비를 방지할 수 있도록 한 것이 그림 12-14의 두 회로이다. 먼저 그림 12-14(a)에서 Q_1의 이미터 전압 V_{E1}은 $V_{E1}=R_4I+V_L$이므로 Q_2의 베이스 전압 V_{B2}는 전압 분배기 저항 R_5, R_6에 의해 다음과 같이 결정된다.

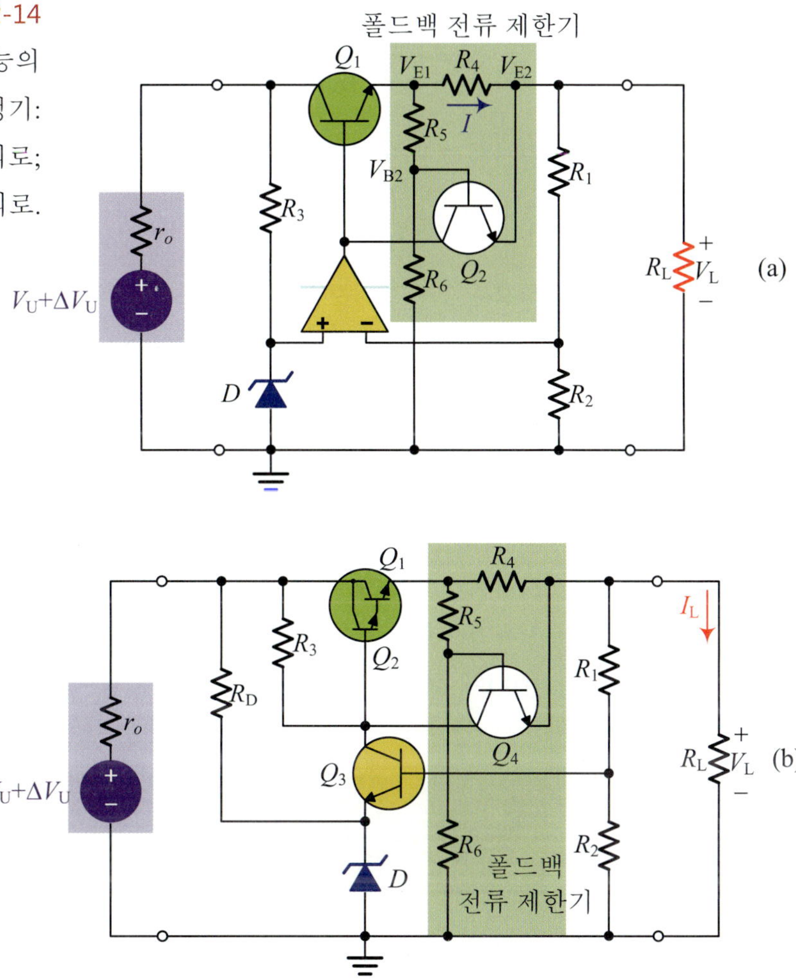

그림 12-14
폴드백 전류제한기능의
직렬 조정기:
(a) 연산 증폭기 회로;
(b) 트랜지스터 회로.

$$V_{B2}=\frac{R_6}{R_5+R_6}(R_4I+V_L)=\beta_f(R_4I+V_L) \tag{12-2-19}$$

된

$$\beta_f=\frac{R_6}{R_5+R_6} \tag{12-2-20}$$

또한 Q_2의 이미터 전압은 $V_{E2}=V_L$이므로 Q_2의 베이스-이미터 전압 V_{BE2}는

$$V_{BE2}=V_{B2}-V_{E2}=\beta_f(R_4I+V_L)-V_L=\beta_fR_4I+(\beta_f-1)V_L \tag{12-2-21}$$

위의 식을 I에 대해 풀면 다음과 같다.

$$I = \frac{V_{BE2} + (1-\beta_f)V_L}{\beta_f R_4} \tag{12-2-22}$$

여기서는 부하가 단락되면 V_L=0, I=I_{SL}이 되므로 단락 전류는

$$I_{SL} = \frac{V_{BE2}}{\beta_f R_4} \tag{12-2-23}$$

이상으로 전압 조정기가 자신의 최대 부하 전류 내에서 정상적으로 동작하면 위의 두 식으로부터 최대 부하 전류는

$$I_{max} = I_{SL} + \frac{(1-\beta_f)V_L}{\beta_f R_4} \tag{12-2-24}$$

로 항상 단락 전류보다 크게 된다. 따라서 부하가 갑자기 단락될 때 통과 트랜지스터의 소비 전력은 오히려 줄어든다. 그리고 상수 β_f는 최대 부하 전류가 단락 전류의 2~3 배가 되도록 정하는 것이 보통이다. 그림 12-14(b)의 전류 제한 기능 역시 그림 (a)와 동일하다.

12-3 병렬 조정기

그림 12-15의 조정기는 조정용 트랜지스터 Q가 부하와 병렬로 결합되므로 **병렬 조정기**라 한다. 병렬 조정기에서는 Q에 흐르는 전류를 조절함으로써 부하 전압에 대한 조정이 이루어진다. 그림 12-15에서 부하 전압은

$$V_L = V_Z + V_{BE} \tag{12-3-1}$$

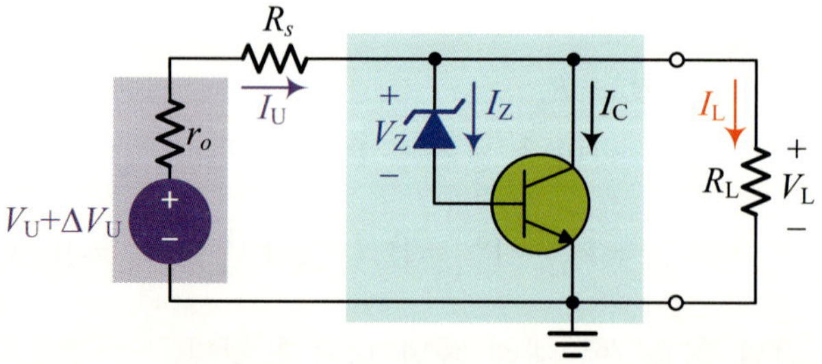

그림 12-15 기본적인 병렬 조정기.

로 일정하게 유지되므로 저항 R_s를 통해 공급되는 전류 I_U는 다음과 같다.

$$I_U = \frac{V_U - V_L}{R_s} = \frac{V_U - V_Z - V_{BE}}{R_s} \qquad \textbf{(12-3-2)}$$

그리고 제너 다이오드 전류 I_Z는 Q의 베이스 전류로서 $I_Z = I_C/\beta_o$이므로

$$I_U = I_Z + I_C + I_L \cong I_C + I_L \qquad \textbf{(12-3-3)}$$

와 같이 Q의 컬렉터 전류 I_C는 부하 전류에 대해 분류 기능을 한다. 따라서 부하 저항이 낮아지면 I_C가 감소하여 부하 전류 I_L을 증가시켜 줌으로써 부하 전압을 일정하게 유지시켜 준다.

예제 12-3

그림 12-15의 병렬 조정기 조건은 다음과 같다: V_U=22 V, V_Z=8.2 V, R_s=120 Ω, R_L=100 Ω. 출력 전압과 각 부분의 전류를 구하라.

풀이 식 (12-3-1)과 (12-3-2)로부터

$$V_L = V_Z + V_{BE} = 8.2 + 0.7 = \mathbf{8.9\ V}$$

$$I_U = \frac{V_U - V_Z - V_{BE}}{R_s} = \frac{22 - 8.9}{120} = \mathbf{109\ mA}$$

부하 전류와 컬렉터 전류는

$$I_L = \frac{V_L}{R_L} = \frac{8.9}{100} = \mathbf{89\ mA}$$

따라서 식 (12-3-3)으로부터

$$I_C = I_U - I_L = 109 - 89 = \mathbf{20\ mA}$$

병렬 조정기를 개선한 형태가 그림 12-16이다. 먼저 그림 (a)에서 제너 다이오드는 R_1의 양단 전압이 출력 전압의 크기를 감지할 수 있도록 기준 전압을 제공한다. 즉 출력 전압의 변화는 바로 R_1의 양단 전압 변화로 이어지며 이는 부하 전류에 대한 분류기인 Q_1의 컬렉터 전류 I_{C1}을 조정해 줌으로써 출력 전압이 일정하게 유지되도록 한다. 그리고 출력 전압은 다음과 같다.

그림 12-16
개선된 병렬 조정기:
(a) 트랜지스터 회로;
(b) 연산 증폭기 회로.

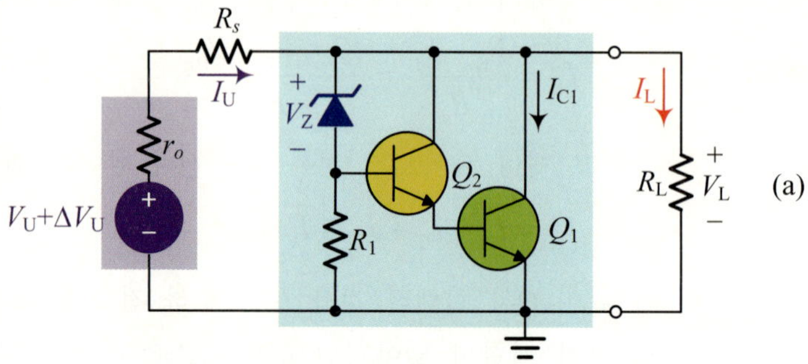

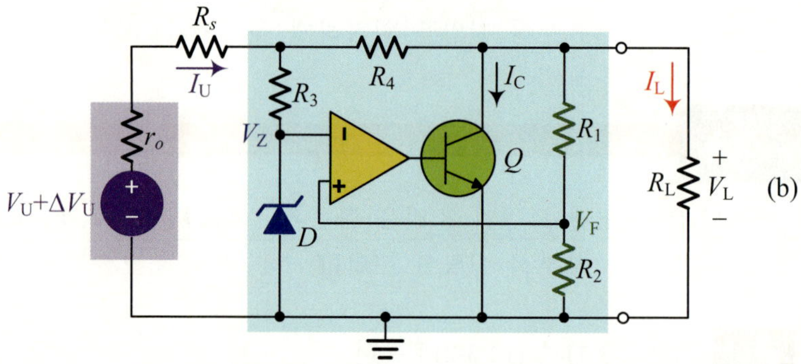

$$V_L = V_Z + V_{BE1} + V_{BE2} \cong V_Z + 1.4 \tag{12-3-4}$$

그림 12-16(b)는 연산 증폭기를 비교기로 사용하는 병렬 조정기이다. 출력 전압은 분배기 저항 R_1, R_2에 의해 비교기인 연산 증폭기의 비반전 입력으로 궤환된다. 이 궤환 전압 V_F는 기준 전압인 V_Z와 비교됨으로써 Q의 컬렉터 전류를 조절하여 부하 전압이

$$V_L = \left(1 + \frac{R_1}{R_2}\right) V_Z \tag{12-3-5}$$

와 같이 유지되도록 한다.

12-4 스위칭 조정기

앞서 설명한 조정기 중에서 직렬 조정기는 전원 및 부하에 대한 우수한 조정 능력과 부하 전압을 쉽게 조절할 수 있는 기능 등 전압 조정기로서 필요한 요건을 거의 갖춘 보편화된 전압 조정기이다. 그러나 직렬 조정기는 모든 부하 전류를 통과 트랜지스터를 통해 공급하므로 통과 트랜지스터의 높은 전력 소비가 단점이다. 따라서 부하 전류가 증가함에 따라 통과 트랜지스터에서 큰 전력이 소비되며 이에 따라 발생하는 열을 제거하기 위해 큰 방열판과 팬까지 필요한 경우가 많고 부피 또한 커진다. 직렬 조정기의 이런 단점을 해결하기 위해 고안된 것이 스위칭 조정기이다. 스위칭 조정기는 트랜지스터를 스위치로 동작시키기 때문에 조정기의 트랜지스터에서 큰 전력 소비가 없으면서도 큰 부하 전력을 공급할 수 있다.

그림 12-17(a)는 스위칭 조정기의 구성도이다. 이상적인 스위치는 닫힌 상태에서는 전압이 0이며 열린 상태에서는 전류가 0이므로 소비 전력은 항상 0이 된다. 따라서 그림 12-17(a)의 스위칭 조정기에서는 트랜지스터 Q가 스위칭 동작하게 하여 트랜지스터의 소비 전력을 대폭 줄이고자 하는 것이며 그림 12-17(a)를 간단한 등가회로로 나타내면 그림 (b)와 같다. 트랜지스터의 베이스는 펄스열로 구동되며 트랜지스터는 펄스가 “HIGH”일 때는 ON(포화)되며 펄스가 “LOW”인 경우는 OFF(차단)된다. 트랜지스터가 ON될 때 포화 전압 $V_{CE(sat)}$가 약 0.2 V 정도이지만 주위의 전압 수준에 비해 0으로 무시하고 해석한다. 이미터 전압의 고주파 성분은 인덕터 L에 의해 차단되고 직류 성분만 통과된다. 따라서 출력에는 이미터 펄스 전압의 직류 성분만 나타나며 L과 C는 필터 역할을 한다. 트랜지스터가 포화 상태에서 갑자기 차단 상태로 전이되는 순간 인덕터 L에는 역기전력이 유도될 수 있으며 이 전압은 큰 역방향 바이어스로 작용하여 트랜지스터를 파괴시킬 수 있다. 다이오드 D_1은 이러한 문제를 방지하는 역할을 하며 트랜지스터가 갑자기 차단될 때 L의 전류에 대한 퇴로를 만들어 준다.

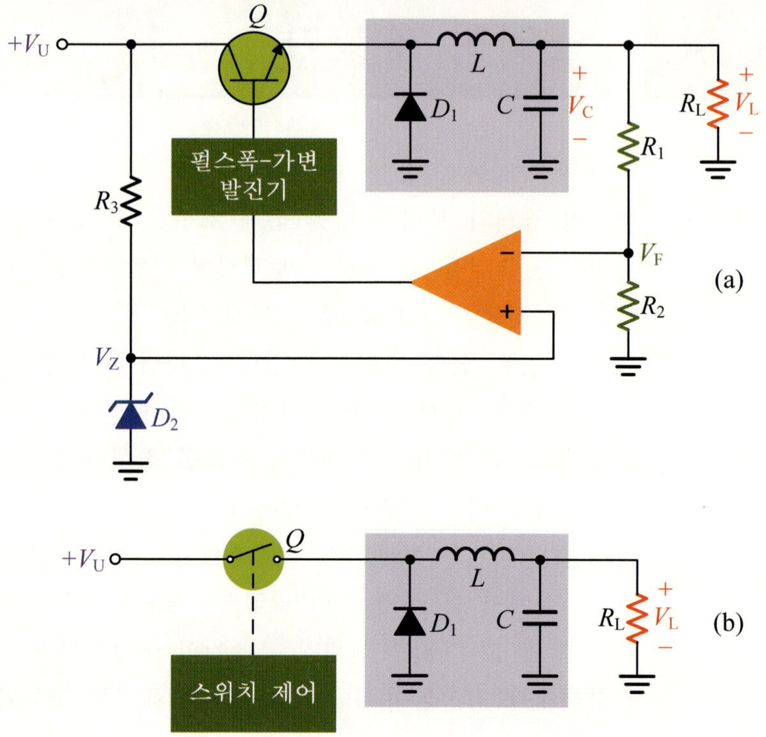

그림 12-17 스위칭 조정기의 (a) 구성; (b) 등가 회로.

트랜지스터 Q의 ON, OFF 기간 동안의 파형은 그림 13-18(a)와 같다. 즉 Q이 ON인 t_{on} 동안에는 커패시터 C가 충전되며 OFF 기간인 t_{off} 동안에는 방전한다. 따라서 충전 기간인 t_{on}이 방전 기간인 t_{off}보다 길면 커페시터의 충전 전압이 상대적으로 증가하므로 출력 전압이 증가하여 그림 (b)와 같이 된다. 이와 반대로 방전 기간이 충전 기간에 비해 상대적으로 증가하면 커패시터는 덜 충전되므로 출력 전압은 그림 (c)와 같이 감소한다. 이상으로써 트랜지스터 Q의 베이스에 가해지는 펄스열의 듀티-사이클(duty-cycle)인 $t_{on}/(t_{on}+t_{off})$를 조절함으로써 출력 전압의 크기를 조정할 수 있음을 알 수 있다. 인덕터 L은 커패시터의 충방전으로 인해 생기는 출력 전압의 리플을 완화시켜 준다. 먼저 펄스열의 주기 T와 듀티-사이클 D는

$$T = t_{on} + t_{off}, \quad D = \frac{t_{on}}{T} \tag{12-4-1}$$

이며 이로부터 출력 전압의 직류 성분은

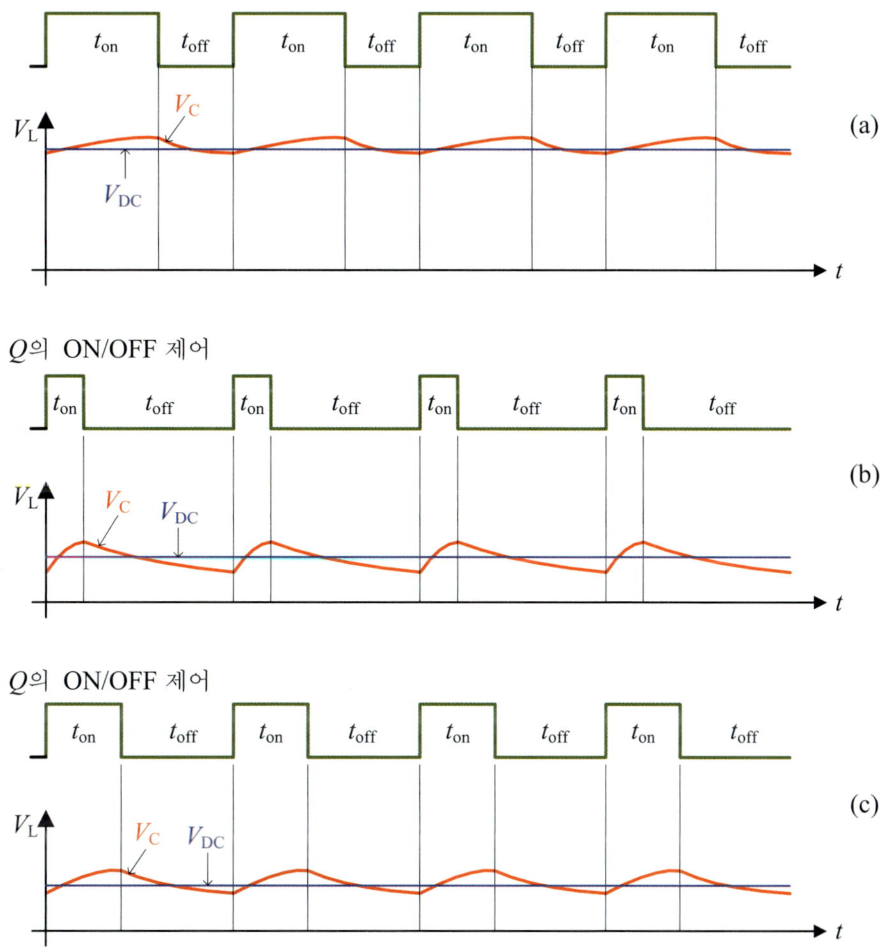

그림 12-18 스위칭 조정기의 파형.

$$V_{DC} = \frac{t_{on}}{T} V_U = DV_U \tag{12-4-2}$$

로 주어진다. 이와 같이 스위칭 조정기는 펄스 발생기의 듀티-사이클을 변화시켜줌으로써 조정된 직류 출력 전압을 얻을 수 있다. 물론 출력에는 직류 성분인 V_{DC} 외에도 LC 필터에서도 여파되지 않는 리플들이 나타날 것이다. 트랜지스터가 차단될 때의 소비 전력은 물론 0이며 포화될 때 소비 전력은

$$P_T = V_{CE(sat)} I_{DC} \quad \textbf{(12-4-3)}$$

이지만 $V_{CE(sat)}$가 거의 0이므로 전력 소비가 매우 작다. 이 점이 바로 직렬 조정기에 비해 스위칭 조정기의 장점이다.

그림 12-19는 스위칭 조정기의 조정 기능을 보여준다. 먼저 그림 12-19(a)의 경우는 출력 전압이 감소하려고 하는 상황을 보여준다. 이 경우 분배기 저항 R_1과 R_2에 의해 비교기인 연산 증폭기의 반전 입력으로 궤환되는 전압 V_F가 감소하므로 비교기 출력인 V_o는 증가하며, V_o의 증가는 펄스 발생기의 듀티-사이클을 증가시켜 t_{on}이 증가하도록 한다. 따라서 커패시터의 충전 전압이 증가하여 출력 전압의 감소를 상쇄시켜 버린다. 이와 반대로 출력 전압이 증가하려고 할 경우는 그림 12-19(b)와 같은 궤환 과정을 거쳐 t_{on}이 감소한다. 따라서 커패시터의 충전 전압이 감소하므로 출력 전압의 증가분이 상쇄되어 안정되게 유지된다.

그림 12-19
스위칭 조정기의 조정 기능: 출력 전압이 (a) 감소하려고 할 때; (b) 증가하려고 할 때.

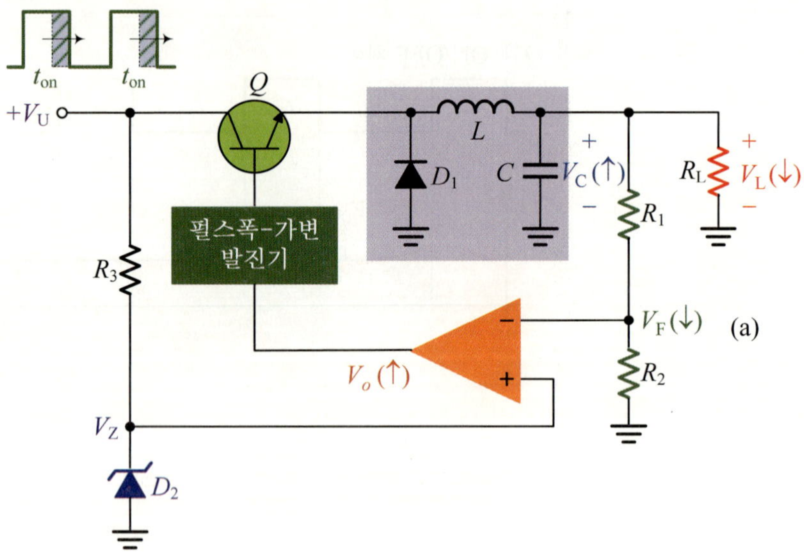

그림 12-19
(계속)

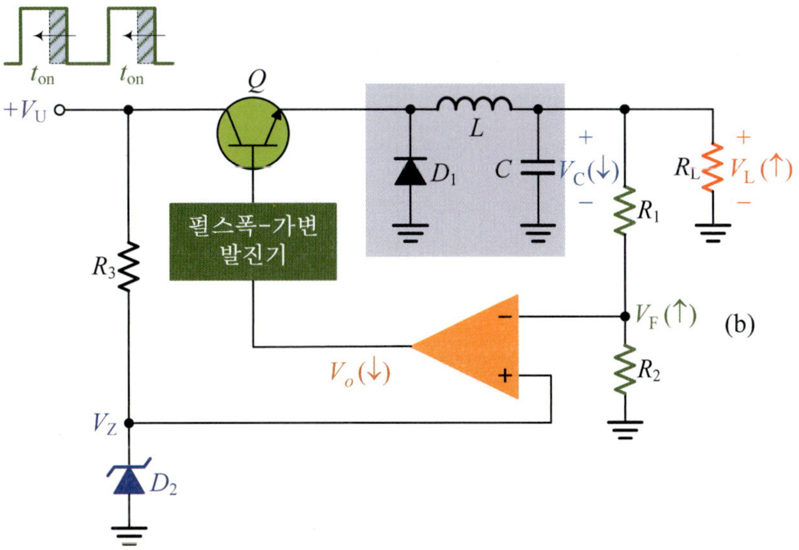

그림 12-20(a)는 부궤환에 의한 스위칭 조정기의 구성을 예로 보여준다. 비교기 1은 출력 전압의 일부인

$$V_F = \left(\frac{R_2}{R_1 + R_2}\right)V_L = \beta_f V_L, \quad \beta_f = \frac{R_2}{R_1 + R_2} \tag{12-4-4}$$

그림 12-20
(a) 스위칭 조정기의 예;
(b) 펄스열 형성의 원리.

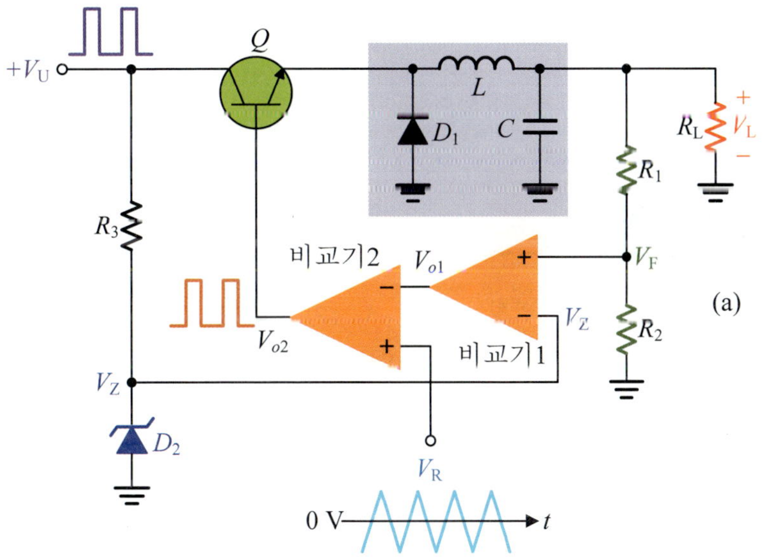

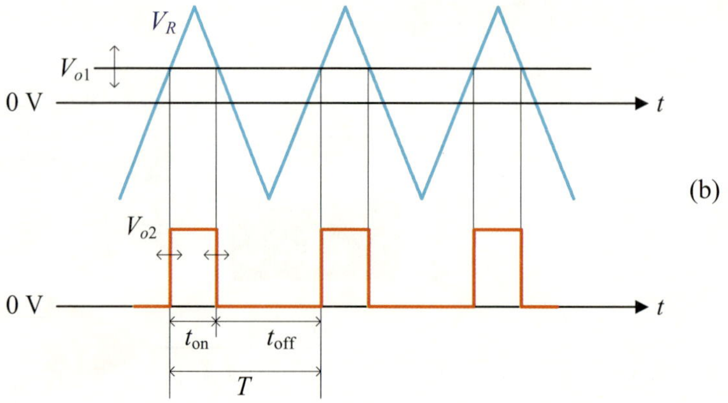

그림 12-20 (계속)

와 기준 전압 V_R의 크기를 비교하여 전압 V_{o1}을 발생시키다. 전압 V_{o1}은 다시 삼각파와 함께 비교기 2의 입력으로 인가됨으로써 비교기 2는 전압 V_{o1} 이상의 삼각파 부분만 통과시켜 또 하나의 펄스열 V_{o2}를 발생시킨다. 따라서 펄스의 t_{on} 기간은 V_{o1}의 크기에 의해 조정되게 된다. 만일 출력 V_L이 증가하게 되면 비교기 1의 출력 V_{o1}은 양의 값이 되며 그림 12-20(b)에서 보는 바와 같이 삼각파의 클리핑 레벨이 증가되어 비교기 2는 t_{on}이 감소된 펄스열을 발생하게 된다. 따라서 LC 필터 출력의 직류 성분인 V_L은 다시 감소하여 안정되게 된다. 출력 전압이 감소할 때는 위와 반대 과정을 거쳐 안정된다. 출력 전압이 $\beta_f V_R$과 같아질 때 부궤환은 중지되며 출력은 다음으로 조정된다.

$$V_L = \frac{V_R}{\beta_f} = \left(1 + \frac{R_1}{R_2}\right) V_R \quad \textbf{(12-4-5)}$$

예제 12-4

그림 12-17의 스위칭 조정기 조건이 다음과 같을 때 출력 전압을 구하라:
V_U=15 V, t_{on}=10 μS, T=50 μS, L=10 mH, C=1.5 μF.

풀이 듀티 사이클과 펄스열의 기본 주파수는

$$D = \frac{t_{on}}{T} = \frac{10}{50} = \mathbf{0.2}$$

$$f_o = \frac{1}{T} = \frac{1}{50\,\mu\text{s}} = \mathbf{20\,kHz}$$

이 주파수에서의 L과 C의 리액턴스는

$$X_L = 2\pi(20\,\text{kHz})(10\,\text{mH}) = 1.26\,\text{k}\Omega$$

$$X_C = \frac{1}{2\pi(20\,\text{kHz})(1.5\,\mu\text{F})} = 5.31\,\Omega$$

따라서 X_C가 X_L에 비해 매우 적기 때문에 교류 전압은 인덕터 양단의 전압 강하로 다 사용되고 커패시터 양단에는 거의 나타나지 않는다. 그리고 기본 주파수 20 kHz의 펄스열은 20 kHz에 대한 수많은 고조파들의 합으로 구성되며 고조파가 높을수록 X_L이 X_C에 비해 증가하므로 인덕터 L에 의한 감쇠 정도가 기본 주파수에 비해 커진다. 따라서 출력 전압은 리플이 아주 작은 직류 전압으로 나타나며 그 크기는 다음과 같다.

$$V_{DC} = DV_U = 0.2 \times 15 = \mathbf{3\,V}$$

12-5 IC 조정기

저전력 스위칭 조정기를 한 개의 칩으로 구현한 IC 스위칭 조정기를 사용할 수 있으며 IC 전압 조정기도 대표적인 IC 회로들 중의 하나이다. 조정기 IC는 칩 내부에 기준 전압원, 비교 증폭기, 제어 장치 및 과부하 방지 회로 등을 포함하고 있으며 고정된 양의 전압이나 고정된 음의 전압 및 조정할 수 있는 전압 등을 제공한다. 대표적 조정기 IC로는 Fairchild의 μA78S40을 예로 들 수 있다. 이 칩은 내부에는 발진기, 비교기, 통과 트랜지스터, 기준 전압 회로, 연산 증폭기 및 AND 게이트와 SR 플립-플롭과 같은 디지털 회로 등이 포함되어 있으며 만능 스위칭 조정기로 잘 알려져 있다.

IC 조정기를 사용한 전원 공급 장치는 먼저 선전압으로부터 교류를 원하는 크기로 승압 또는 감압시키기 위해 교류 전원선에 연결된 변압기를 사용할 수 있으며, 다음 단계로 정류 및 커패시터 필터를 거친 미조정 전압을 IC 조정기의 입력단에 연결하여 IC 조정기의 출력 직류 전압을 조정한다. 이러한 IC 조정기는 수백 mA에서 수십 A의 부하 전류에서 동작할 수 있도록 설계되어 있다.

3단자 IC 조정기

최근에 제작된 IC 조정기는 많은 외부 단자를 생략하고, 정류기로부터 제공되는 미조정 입력을 연결하는 입력 단자와 조정된 출력을 얻는 출력 단자 및 접지 단자의 오직 3 단자만 있는 소자로 제공된다. LM340 시리즈는 새로 운 3단자 전압 조정기의 형태이며 그림 12-21이 기능별 블록선도를 보여주고 있다. 증폭기의 비반전 입력단은 기준 전압으로 구동되며 궤환 전압은 칩에 내장된 분배기로부터 제공되어 5, 6, 8, 10, 12, 15, 18, 24 V 중 원하는 출력 전압을 자유롭게 사용할 수 있도록 하고 있다. 예를 들어 LM3450-5는 5 V의 조정된 출력 전압을 제공하며 LM3450-18은 18 V의 조정된 출력 전압을 제공한다. 열차단 회로는 칩의 내부 온도가 175°C 이상에 이르면 자동적으로 동작하는 장치이며 과부하에 대한 전류 제한 기능도 포함되어 있다.

그림 12-21
3단자 IC 전압 조정기의 기능별 블록선도.

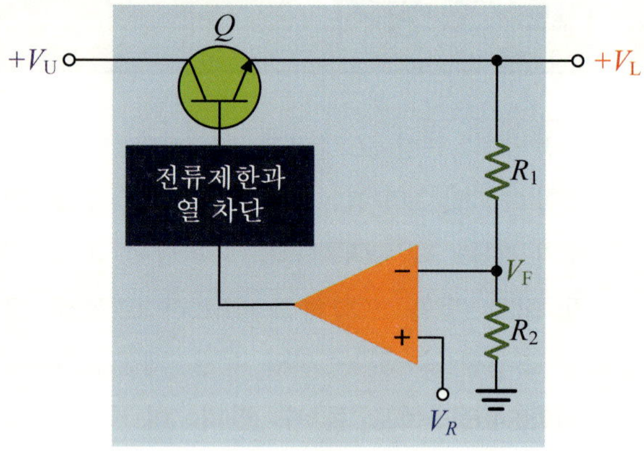

고정 전압 조정기

IC 전압 조정기의 출력이 일정한 양의 전압과 음의 전압으로 고정되어 있는 전압 조정기가 있다. LM340 시리즈는 5, 6, 8, 10, 12, 15, 18, 24 V 중 하나로 고정된 조정 전압을 제공하는 양의 전압 조정기이며 LM320 시리즈는 –5, –6, –8, –10, –12, –15, –18, –24V 중 하나를 갖는 음의 전압 조정기이다. 그림 12-22는 LM340 시리즈의 전형적인 결선도이다. 입력 단자 1에는 미조정 전압이 공급되며 조정되지 않은 전원의 필터 커패시터로부터 IC가 일정 거리 이상 떨어져 있을 경우 선 내부의 분포 인덕턴스가 IC 내부에 발진을 야기시킬 수 있으므로 1번 단자에 측로 커패시터 C_1을 연결한다. 출력단인 2번 단자에서는 조정된 출력 전압을 얻으며 조정된 출력 응답을 개선하기 위해 측로 커패시터 C_2가 출력단에 연결되기도 한다. LM340의 규격집에는 입력 커패시터가 0.022 μF이고 출력 커패시터가 0.1 μF이다.

그림 12-22
LM340의 결선도.

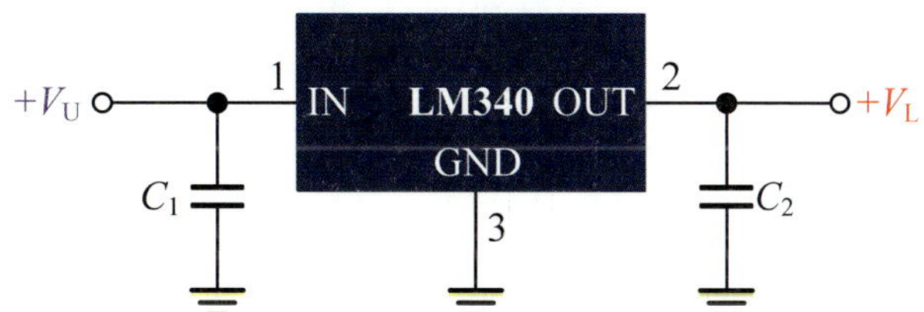

가변 전압 조정기

IC 전압 조정기 중에서 LM317 등은 사용자가 원하는 값으로 조정 전압을 변경할 수 있으며 조정 방법은 그림 12-23과 같다. 그림에서 전류 I_{ADJ}는 저항 R_2를 통해 흐르게 하며 R_1과 R_2는 출력을 조정 범위 내(1.2V~37V)의 임의의 값으로 설정해 준다. 원하는 출력 전압은 다음의 식으로 주어진다.

$$V_L = \left(1 + \frac{R_1}{R_2}\right)V_R + I_{ADJ}R_2 \qquad \textbf{(12-5-1)}$$

여기서 V_R과 I_{ADJ}의 전형적인 값은 V_R=1.25 V, I_{ADJ}=100 μA이다.

그림 12-23
LM317의 결선도.

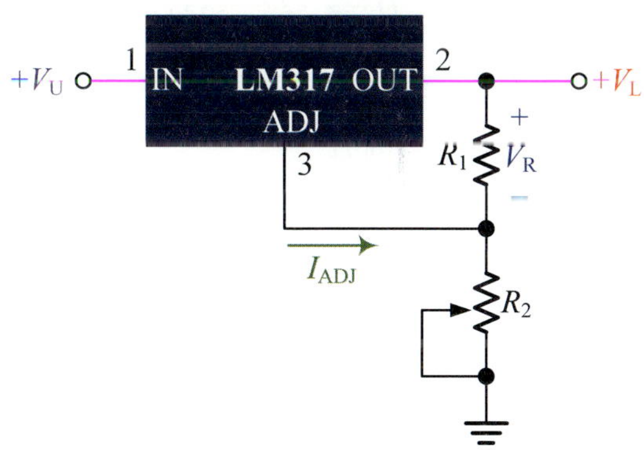

이중 트랙 조정기

회로상에서 종종 음과 양의 이중으로 분리된 전원이 필요한 경우가 있으며 이런 환경에 적합한 IC 전압 조정기로 RC4194와 RC4195가 있다. 이러한 이중 트랙 조정기는 같은 크기의 음과 양의 전압을 제공하며 RC4194는 ±0.05 V에서 ±32 V까지 조절이 가능하며 그림 12-24의 RC4195는 ±15 V의 고정된 출력 전압을 제공한다.

그림 12-24 이중 트랙 전압 조정기.

연습 문제

12-1 전파 정류기에서 f=60 Hz, R_L=6 kΩ, C=100 μF일 때 부하 전압의 맥동률을 구하라.

12-2 그림 P12-2에서 미조정 입력 전압이 40 V에서 60 V 사이로 변할 때 출력 전압 V_L의 리플을 구하라. 단 제너 다이오드 D_1의 전압은 V_{Z1}=20 V이며 제너 저항은 25Ω이고 D_2의 전압은 V_{Z2}=10V이며 제너 저항은 10Ω이다.

그림 P12-2

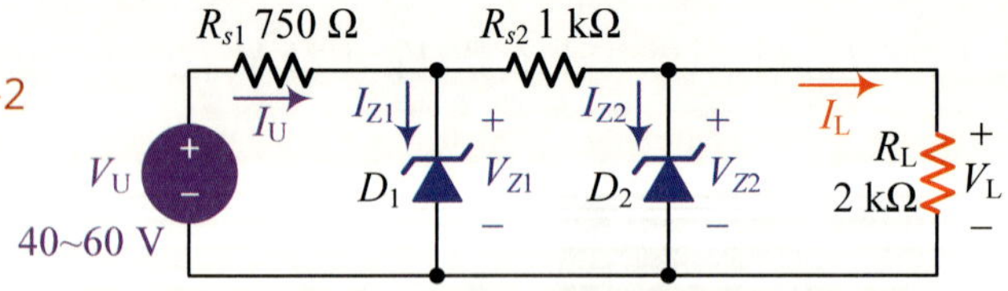

12-3 그림 P12-3의 제너 폴로어에서

(a) 제너 다이오드의 전류 I_Z는 얼마인가?

(b) 트랜지스터의 소비 전력은 얼마인가?

(c) 제너 다이오드의 저항이 10 Ω이라면 상온에서 부하에서 바라본 출력 저항은 얼마인가(β=80)?

그림 P12-3

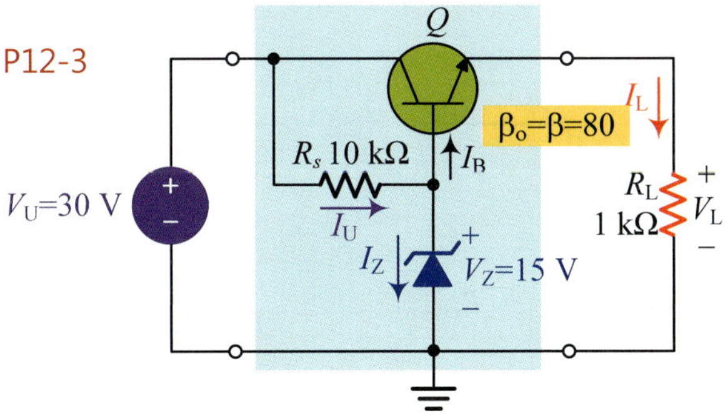

12-4 그림 P12-4의 제너 폴로어에서 출력 전압과 제너 다이오드의 전류를 구하라.

그림 P12-4

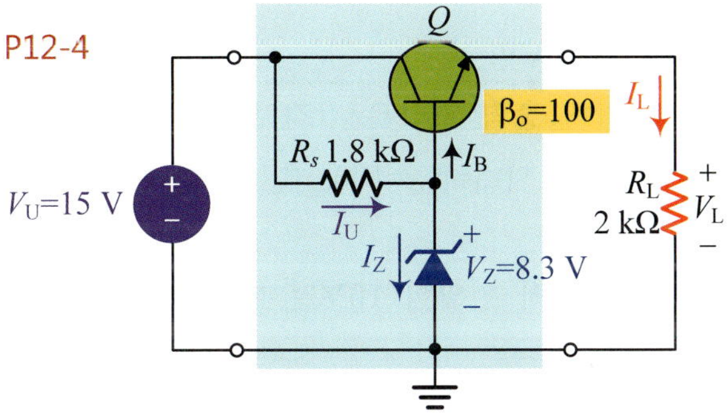

12-5 식 (12-2-15)를 증명하라.

12-6 그림 P12-6은 직렬 조정기 회로이다. 조정된 출력 전압은 얼마인가?

그림 P12-6

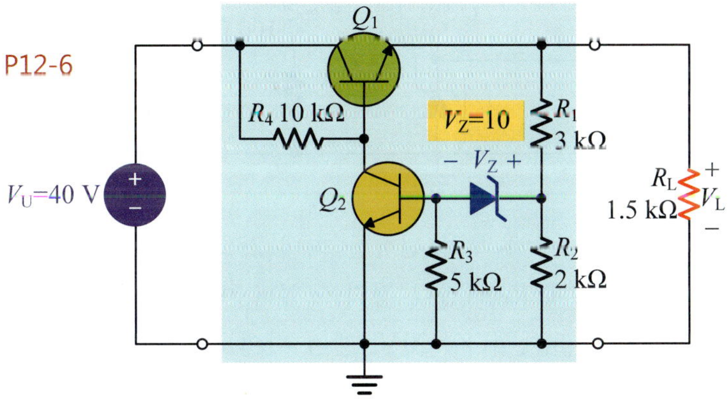

12-7 그림 12-9의 두 회로에서 저항 R_D가 제너 다이오드의 동저항에 비해 매우 크면 R_D가 식 (12-2-12)의 G_m에 미치는 영향이 거의 무시될 수 있음을 보여라.

12-8 그림 P12-8의 (a)와 (b) 조정기에서 조정된 출력 전압을 구하라.

그림 P12-8

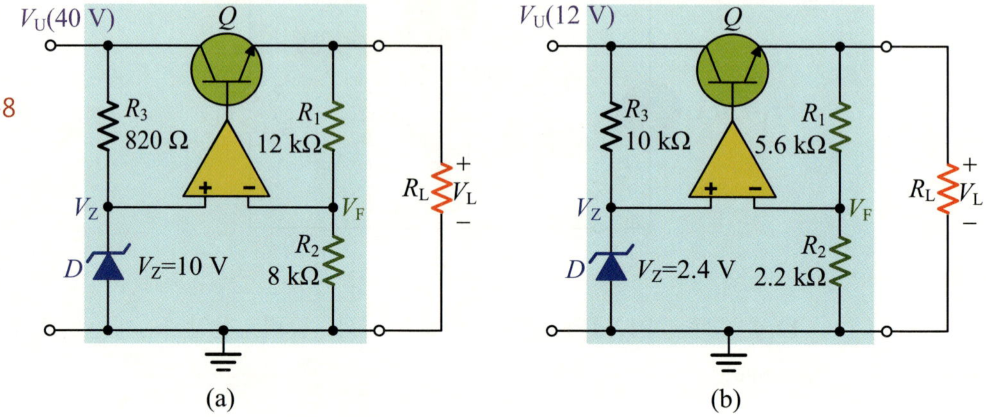

12-9 그림 P12-9에서 V_U=20V일 때

(a) 최소 출력 전압과 최대 출력 전압은 각각 얼마인가?

(b) V_L=10 V, R_L=10 Ω이며 $\beta_{o1}=\beta_{o2}=100$, $\beta_{o3}=50$이라면 제너 다이오드를 통해 흐르는 전류는 얼마인가?

(c) 부하 전류가 2A이고 부하 전압이 10V일 때 Q_2의 소비 전력을 구하라.

그림 P12-9

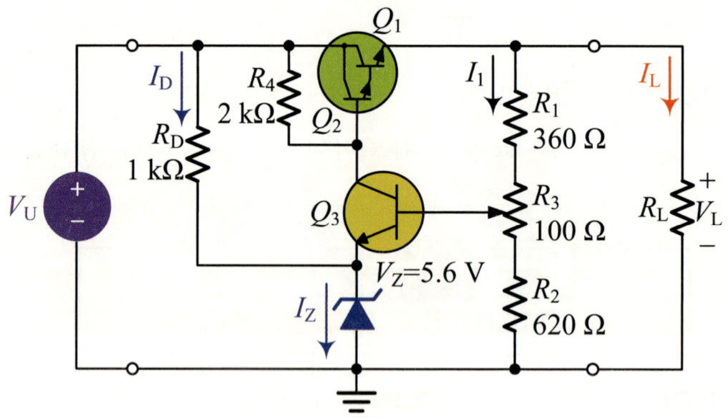

12-10 그림 P12-10에서 부하 전류를 최대 250 mA로 제한시키기 위한 저항 R_4의 값을 구하라. 이 때 R_4의 전력 정격은 얼마 이상이어야 하는가?

12-11 그림 12-14(b)에서 V_U=20 V, 제너 다이오드의 전압 V_Z=6 V 및 다음과 같은 조건에서 출력 전압이 10 V로 조정되어 있다. 최대 부하 전류와 단락 전류는 얼마인가? 부하가 단락되었을 때 통과 트랜지스터의 소비 전력을 구하라.

그림 P12-10

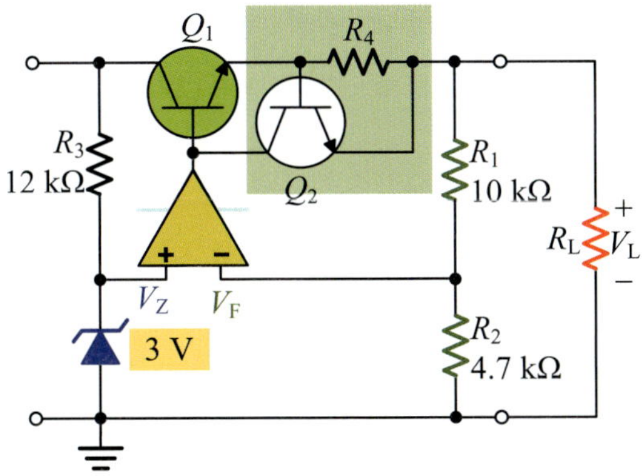

$$R_1 = 360\ \Omega,\quad R_2 = 620\ \Omega,\quad R_3 = 2\ \text{k}\Omega,$$
$$R_4 = 1\ \Omega,\quad R_5 = 20\ \Omega,\quad R_6 = 180\ \Omega,\quad R_D = 1\ \text{k}\Omega$$

12-12 그림 P12-12의 병렬 조정기에서 조정된 출력 전압과 각 전류를 구하다.

12-13 그림 P12-13의 연산 증폭기 병렬 조정기에서

(a) 부하 전류가 감소하면 Q의 컬렉터 전류가 증가하는가 또는 감소하는가?

(b) 부하 전류 I_L이 일정하게 고정된 상태에서 입력 V_U가 1 V 증가하게 되면 Q의 컬렉터 전류의 변화는 얼마인가?

그림 P12-12

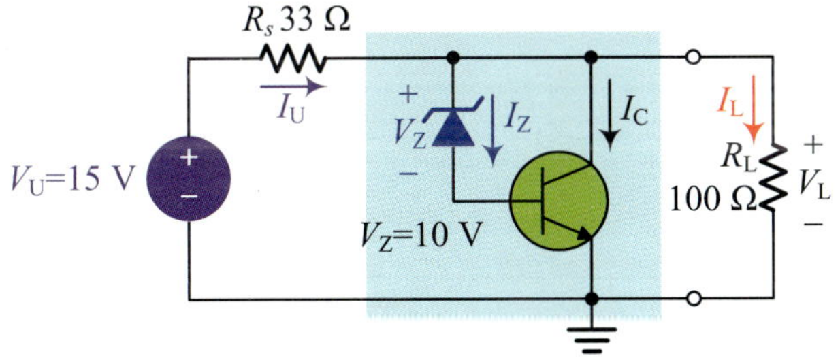

그림 P12-13

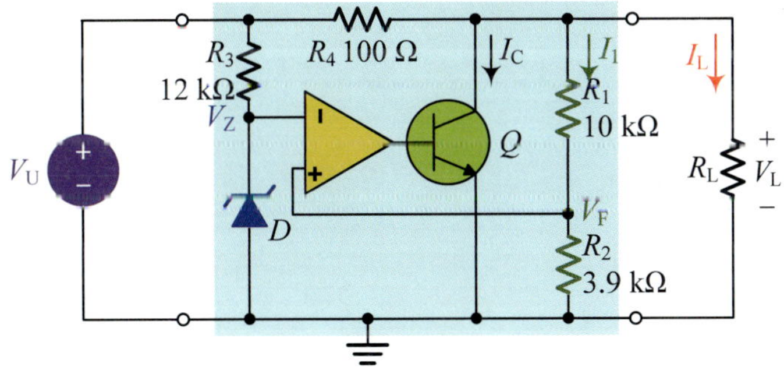

(c) 입력 V_U가 16 V로 고정되어 있고 부하 전압 역시 변동이 없는 상태에서 부하 저항 R_L이 1 kΩ에서 2 kΩ으로 변할 때 Q의 컬렉터 전류의 변화량을 구하라.

12-14 그림 P12-14의 스위칭 조정기에서 펄스의 주기가 f_o=100 Hz이며 t_{on}=5 ms이다. (a) 펄스의 듀티-사이클을 구하라. (b) 출력 직류 전압은 얼마인가?

그림 P12-14

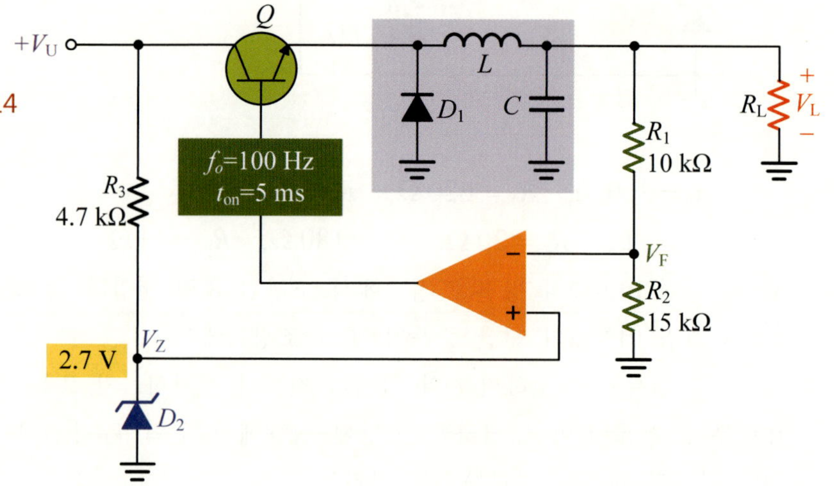

13장 펄스 및 스위칭 회로

지금까지는 아날로그 신호를 취급하는 아날로그 시스템에 대해 설명하였으며 아날로그 시스템에서는 BJT나 FET 등이 선형 영역에서 동작하여야 하므로 포화나 차단 영역을 피해 활성 영역에서 동작하여야 한다. 이에 반해 디지털 시스템에서는 처리하는 신호가 두 가지밖에 없으므로 반도체 소자들의 동작 역시 ON, OFF의 두 기능에만 국한된다. 따라서 디지털 시스템에서는 ON, OFF의 극단적인 두 상태를 이루기 위해 트랜지스터는 포화와 차단 영역을 이용한 스위칭 동작이 주가 되며 활성 영역은 이 두 영역 사이의 천이 과정에서 잠시 머무는 중간 과정일 뿐이다. 디지털 시스템은 ON, OFF 기능을 수행하는 많은 스위칭 소자들의 결합으로 볼 수 있으며 이들을 논리 게이트(logic gate)라 한다. 논리 게이트가 다루는 2진 신호를 논리 변수라 하여 **1**과 **0**으로 나타내며 **1**과 **0**의 논리 변수는 스위칭 관점에서는 ON, OFF 동작에 해당한다. 디지털 회로에는 게이트 외에도 정보를 저장할 수 있는 플립-플롭이 있다. 이 장에서는 스위칭 회로의 기본 원리와 게이트에 대해 설명하며 아울러 펄스 발진기인 다중 바이브레이터와 블로킹 발진기 등의 원리에 대해서 설명한다.

목차

13-1 스위칭 회로

아날로그 회로에서는 모든 신호 및 시스템의 상태를 연속적인 양(아날로그 양)으로 표현하므로 무한대의 경우 수가 있는 반면에 논리(디지털) 회로에서는 신호 및 회로의 상태를 두 가지 경우 수로만 표현하므로 2진법의 수리가 사용된다. 이 두 가지 경우 수는 신호의 측면에서는 신호가 있다(**1**) 또는 신호가 없다(**0**)이거나 신호 레벨이 높다(**1**) 또는 신호 레벨이 낮다(**0**)와 같이 해석될 수 있으며, 기능적인(논리적인) 측면에서는 맞다(**1**) 또는 틀리다(**0**)의 상태로 해석될 수 있다. 특히 논리적인 측면에서 봤을 때의 **1**과 **0**는 아날로그 개념의 수치와는 다른 의미를 갖기 때문에 구분하여 논리 값이라 한다. 아날로그 개념의 수치를 취급하는 기존의 함수와는 달리 논리 변수를 취급하는 논리 함수는 입력과 출력이 두 종류의 값만 가지며 논리 함수에는 NOT, AND, OR, NAND, NOR, Exclusive OR 등이 있다. 논리 함수는 두 가지 상태만을 판별하고 처리하므로 스위칭 소자로 구현할 수 있으며 이를 논리 게이트(gate), 간단히 게이트라 한다.

펄스 응답

디지털 신호는 파형이 펄스 형태이며 상승 모서리(rising edge) 및 하강 모서리(falling edge)에는 고주파수 성분이 주로 포함돼 있고 평탄부에는 직류를 포함한 저주파 성분이 주로 포함돼 있다. 그림 13-1은 일차 회로의 펄스 입력에 대한 응답을 보여주며 이는 디지털 회로의 특성을 이해하는데 기초가 된다. 먼저 그림 13-1(a)의 RC 회로는 저역통과 필터이다. 따라서 주파수가 높은 펄스의 상승 모서리에서 왜곡이 생기며 커패시터 전압은 다음과 같이 연속적으로 변한다.

$$v_C = V(1-e^{-t/\tau}), \quad \tau = RC \qquad \textbf{(13-1-1)}$$

한편 그림 13-1(b)의 일차 RL 회로에서는 인덕터의 전류가 다음과 같다.

$$i_L = I(1-e^{-t/\tau}), \quad \tau = L/R \qquad \textbf{(13-1-2)}$$

이상으로 회로에 C나 L의 리액턴스 소자가 포함되면 회로가 펄스의

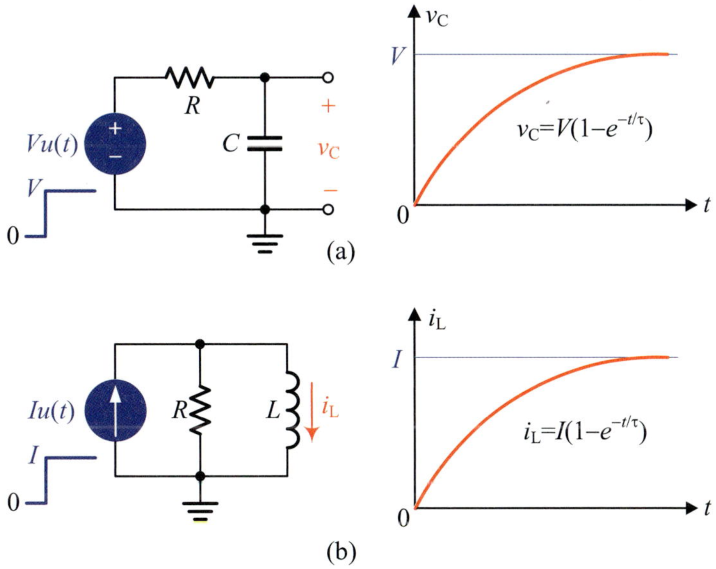

그림 13-1 펄스에 대한 일차 회로의 응답: (a) RC 회로; (b) RL 회로.

급격한 변화에 응답하는 데는 시간이 걸린다. 이러한 지연 시간은 스위칭 회로의 동작 속도를 제한하는 결정적인 요인이 된다.

램프(ramp)

그림 13-2(a)와 같이 C에 직류 전류를 흘려주거나 그림 (b)와 같이 L에 직류 전압을 가해주면 시간에 따라 직선적으로 비례하는 전압이나 전류 파형을 얻을 수 있으며 이러한 파형을 램프라 한다. 그림 13-2에서 일정한 시간이 지난 후 전원의 극성을 반대로 하면 C의 전압과 L의 전류는

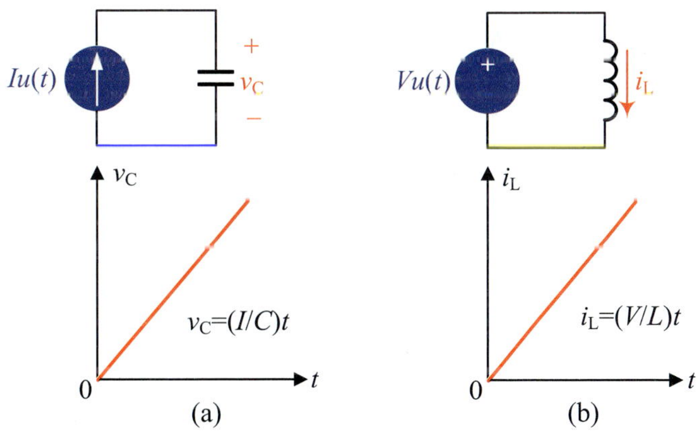

그림 13-2 램프 발생기.

직선적으로 하강하게 된다. 따라서 전원의 극성을 주기적으로 바꿔주면 톱니파를 만들 수 있다. 램프 파형은 파형 조성기나 펄스 발진기 및 오실로스코프의 소인(sweep) 전압 등으로 널리 사용된다. 특히 펄스 발진기와 오실로스코프에 대해서는 뒤에서 자세히 설명한다.

스위칭 동작

다이오드가 대표적인 스위칭 소자이지만 트랜지스터를 이용하면 보다 강력한 스위칭 소자를 만들 수 있다. 지금까지는 트랜지스터의 동작을 활성 영역으로 국한하여 설명하였으며 이는 증폭기능에서는 필수적이다. 반면에 트랜지스터가 스위칭 소자로 동작하기 위해서는 포화와 차단의 두 영역에서만 동작하여야 하며 그림 13-3이 이를 설명해 준다. 그림 13-3(a)는 이미터-공통 증폭기이며 동작 영역, 즉 Q점의 위치에 따른 이 회로의 기능은 그림 (b)와 같다. 동작점이 부하선의 중간 부분인 C점에 있을 때가 증폭기로서 동작할 때이며 $i_C=\beta i_B$의 비례 관계가 성립한다. 반면에 포화

그림 13-3
BJT의 동작 영역과 기능:
(a) 이미터-공통 BJT;
(b) 동작 영역별 기능.

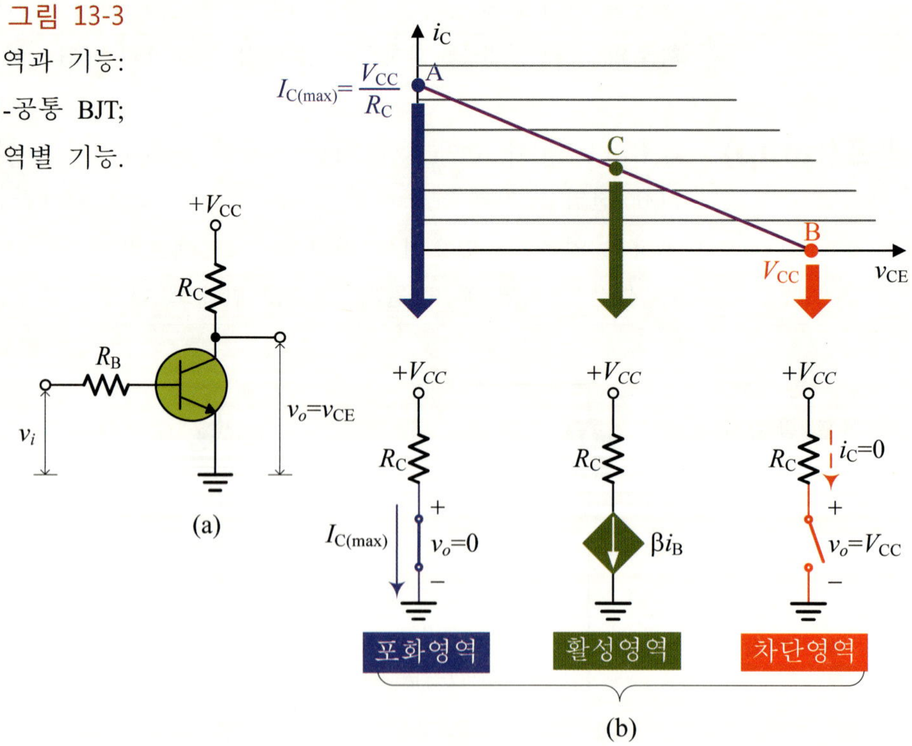

영역인 A점에서 동작할 때는 $v_o=v_{CE}=0$이며 전류는 최대가 되므로 트랜지스터의 컬렉터-이미터는 그림에 표시된 바와 같이 단락 스위치와 같다. 그리고 차단 영역인 B점에서는 $i_C=0$, $v_o=v_{CE}=V_{CC}$이므로 그림과 같이 개방 스위치로 표현할 수 있다. 이상으로 스위칭 소자로 동작하는 BJT는 그림 13-4와 같이 표현할 수 있다. 단 V_σ는 베이스-이미터의 포화 전압으로서 약 0.8 V 정도이다. 그림 13-4의 등가회로는 이상적인 경우이다. 포화 영역에서의 보다 실제적인 특성을 그림 13-5를 통해 살펴보도록 한다. 그림 13-5(a)는 포화 영역에서의 베이스-이미터 특성 곡선이며 그림 (b)는 출력 특성 곡선이다. 베이스-이미터 포화 전압은 $V_\sigma \cong 0.8$ V이며 컬렉터-이미터 포화 전압은 $V_{CE(sat)} \cong 0.2$ V이다. 그리고 두 특성 곡선 모두 Q점에서의 기울기가 수직이 아니므로 약간의 동저항이 존재한다. 그림 (a)의 r_σ는 포화 영역에서의 베이스-이미터 동저항이며 그림 (b)의 $r_{(sat)}$는 포화 영역에서의 컬렉터-이미터 동저항을 나타낸다. 이상으로 BJT의 스위칭 동작에 대한

그림 13-4
BJT의 스위칭 기능:
(a) 단락(포화);
(b) 개방(차단).

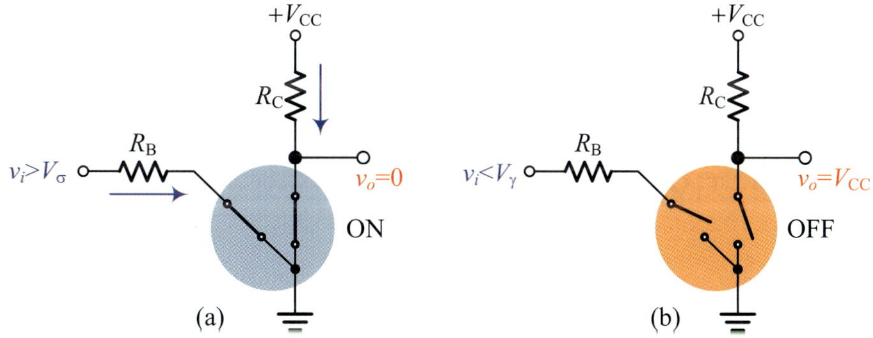

그림 13-5
포화 상태에서의 특성.

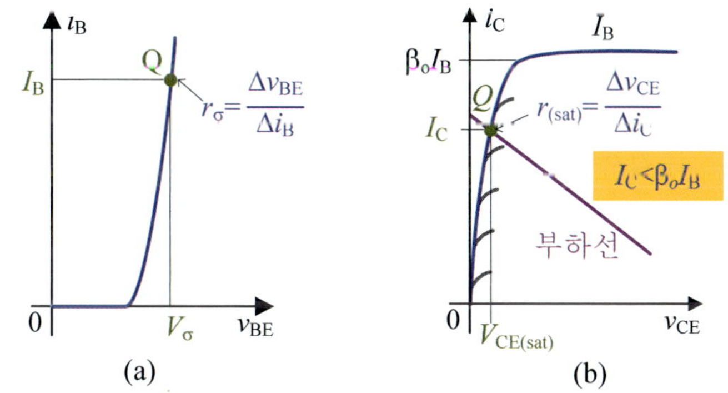

보다 정확한 등가회로는 그림 13-6과 같으며 그림 (a)는 직류에 대한 것이고 그림 (b)는 교류에 대한 것이다. 그러나 V_σ와 $V_{CE(sat)}$는 주위의 전압 수준에 비하면 거의 0으로 무시되며 두 동저항 r_σ와 $r_{(sat)}$ 역시 매우 작으므로 0으로 무시할 수 있다. 다만 상황에 따라 이들을 고려하는 경우가 있지만 대부분 무시해도 상관 없으므로 앞으로는 그림 13-4의 등가회로를 사용하도록 한다. 이상으로 포화 영역의 특징을 요약하면 다음과 같다.

$$v_{BE} = V_\sigma \cong 0.8, \quad v_{CE} = V_{CE(sat)} \cong 0.2, \quad i_C < \beta_o i_B \qquad \textbf{(13-1-3)}$$

특히 $i_C < \beta_o i_B$의 관계는 BJT의 포화 여부를 판단하는 중요한 기준이 된다.

그림 13-6
BJT의 포화 상태 등가 회로:
(a) 직류; (b) 교류.

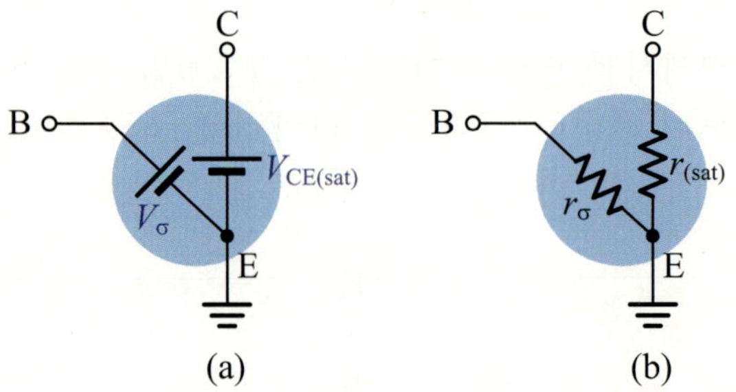

전달 지연

그림 13-1과 같이 C의 전압과 L의 전류는 급격한 변화를 보이지 못하므로 펄스에 대해 반응을 보이는 데는 시간이 걸린다. 이러한 작용을 하는 대표적인 소자가 트랜지스터의 내부 용량이며 그림 13-7이 이를 보여준다. 그림 13-7(a)는 내부 용량을 고려한 스위칭 회로이며 C_i는 입력 밀러 용량이고 C_o는 출력 밀러 용량과 다음 단 회로의 입력 용량을 함께 고려한 것이다. 그림 (b)는 스위칭 회로의 입력에 양의 펄스 V_i를 가하여 트랜지스터를 차단 상태에서 포화 상태로 전환시키는 과정을 보여준다. 베이스 전압 V_B는 용량 C_i의 영향으로 급격히 증가하지 못하고 그림과 같이 지수적으로 증가하며 시정수는 $\tau = R_B C_i$이다(그림 14-1(a) 참조). 따라서 트랜지스터가 활성화되는 데는 t_{d1}이라는 시간이 걸린다. 즉 스위칭 회로는 입력 펄스가 있은 후 t_{d1}이 지난 후에 반응을 보이며 이를 전달 지연이라 한다. 또한 그림 (c)는 트랜지스터가 차단된 후 출력 전압이 V_{CC}로 상승하는데도 시간이 걸린다는 것을 보여주며 이 때의 시정수는 $\tau = R_C C_o$이다.

그림 13-7
스위칭 회로의 전달 지연:
(a) 내부 용량을 고려;
(b) 입력 전날 지연;
(c) 출력 전달 지연

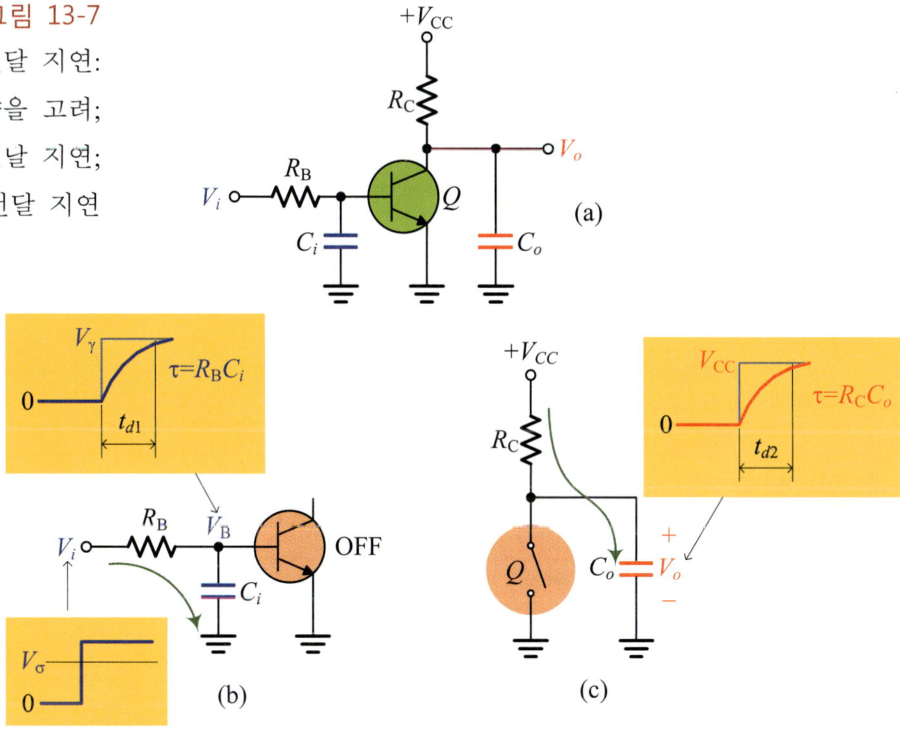

그림 13-7(b)의 입력 전달 지연 t_{d1}은 그림 13-8과 같이 베이스 저항 R_B와 병렬로 적절한 용량의 C_S를 결합함으로써 없앨 수 있다. 펄스가 상승하는 순간에는 매우 높은 고주파로 볼 수 있으므로 커패시터 C_S와 C_i는 저항에 비해 단락과 같다. 따라서 펄스가 상승하는 순간의 전류는 모

그림 13-8
반전 커패시터.

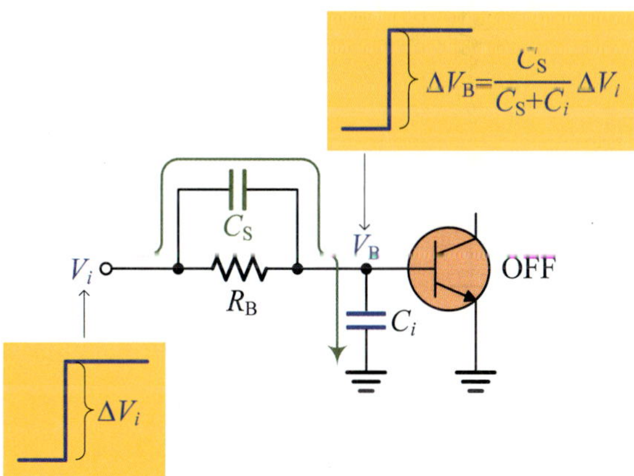

두 C_S와 C_i를 통해서만 흐르게 된다. 커패시터의 리액턴스는 용량에 반비례하므로 전압 분배 법칙에 의해 베이스 전압 상승폭 ΔV_B는 다음과 같다.

$$\Delta V_B = \left(\frac{C_S}{C_S + C_i}\right)\Delta V_i \tag{13-1-4}$$

즉 C_S와 C_i의 용량 관계를 잘 조절하면 원하는 ΔV_B를 이룰 수 있으며 C_S는 반전(commutating) 커패시터 또는 스피드-업(speed-up) 커패시터라 한다.

RC 충전 회로와 스위칭 소자의 결합

RC 충전 회로와 스위칭 소자를 결합하면 다양한 용도로 사용할 수 있다. 먼저 그림 13-9는 BJT 스위치로 RC 충전 회로를 제어하는 것을 보여준다. 그림 13-9(a)에서 입력이 LOW일 경우는 그림 (b)와 같이 스위치가 개방되어 RC 회로는 충전 회로가 된다. 반대로 입력이 HIGH일 경우는 그림 (c)와 같으며 스위치가 단락되어 커패시터는 급속히 방전한다. 그림 13-9와 반대로 RC 충전 회로로써 BJT 스위치를 제어하는 것이 그림 13-10(a)이다. 트랜지스터가 차단일 때는 그림 (b)와 같이 C는 충전되며 충전 전압이 베이스 포화 전압 V_σ에 이르는 순간 그림 (c)와 같이 닫힌 스위치가 된다. 그림 13-9와 13-10의 두 방법을 결합하면 대단히 효율적인 펄스 발진기를 구성할 수 있다.

그림 13-9
BJT 스위치를 이용한 충전/방전 제어.

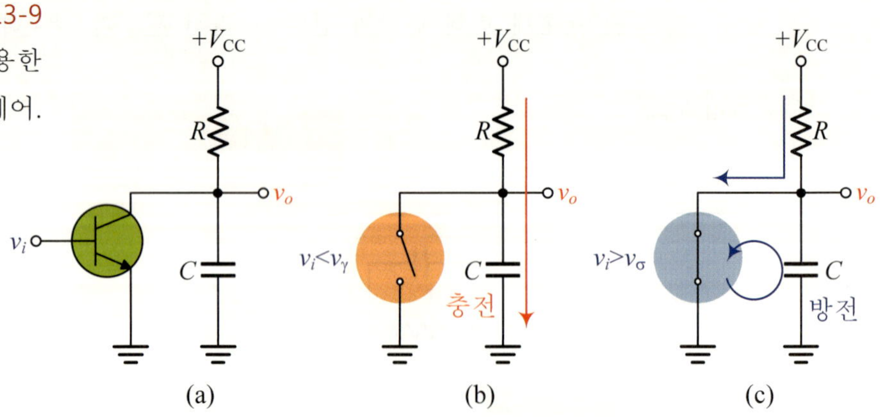

그림 13-10

RC충전 회로를 이용한 BJT 스위칭 동작 제어.

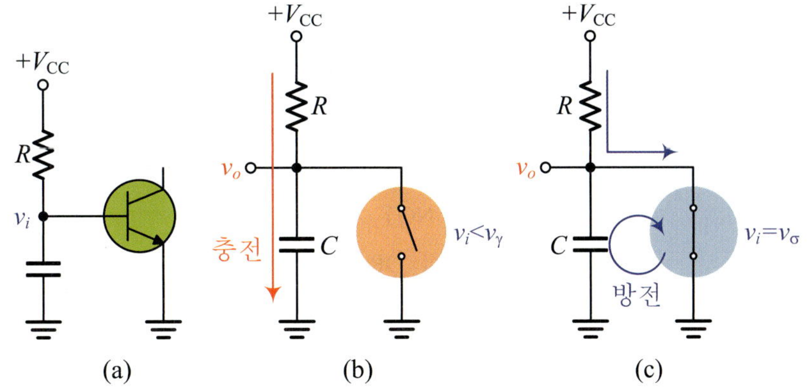

그림 13-8의 BJT 스위치 회로를 보다 완성시킨 모습은 그림 13-11(a)와 같다. 커패시터 C_S는 반진 커패시터로 스위치 절환 속도를 빠르게 한다. 그리고 저항 R_2와 바이어스 전압원 $-V_{EE}$는 입력 V_i가 LOW일 때 BJT가 보다 안정된 차단 상태에 있도록 해준다. 즉 입력 V_i, 전압원 $-V_{EE}$ 및 저항 R_1, R_2는 베이스에 대해 그림 (b)의 테브닌 등가회로와 같으며 등가 전압 V_B와 등가 저항 R_B는 그림에 표시된 바와 같다. 따라서 입력 V_i의 LOW 전압이 0에 가까울 때도(실제로 이런 경우가 많다) V_B는 충분한 음의 전압으로써 트랜지스터를 안정적으로 차단시킨다.

그림 13-11

(a) 보다 완전한 BJT 스위치 회로; (b) 바이어스에 대한 등가 회로.

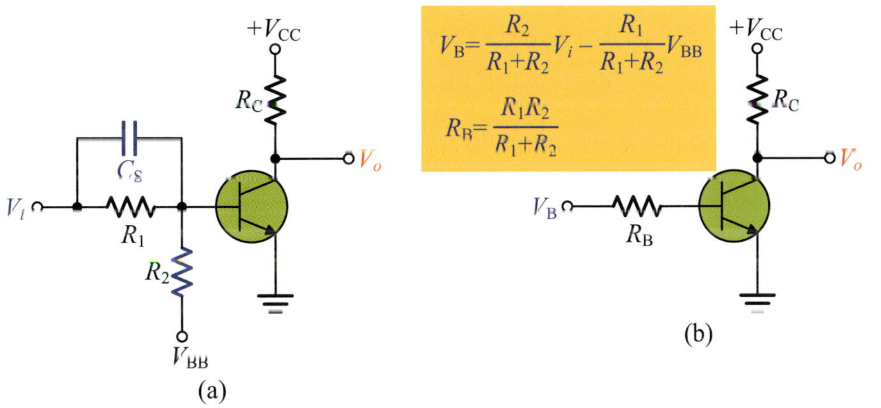

13-2 게이트

게이트는 논리 함수를 구현하는 하드웨어이며 여기에는 다음과 같은 종류가 있다: NOT 게이트, AND 게이트, OR 게이트, NAND 게이트, NOR 게이트, 배타적 OR 게이트. 이 중 기본이 되는 것이 NOT 게이트이며 흔히 인버터(inverter)라 부른다. 인버터는 입력과 출력의 논리 상태가 반대이며 그림 13-11(a)가 그 기본 구조이다. 즉 입력이 HIGH($v_i > V_\sigma$)일 때는 BJT가 포화되어 출력은 LOW($v_o = V_{CE(sat)} \cong 0$)이며 반대로 입력이 LOW($v_i < V_\gamma$)일 때는 차단에 의해 출력은 HIGH($v_o = V_{CC}$)가 된다. 그림 13-11(a)는 저항과 트랜지스터로 구성되므로 RTL(resistor-transistor logic)이라 하며 이를 기본으로 하여 DTL(diode-transistor logic), TTL(transistor-transistor logic) 등의 순서로 개선되어 나간다.

TTL 그림 13-11(a)의 RTL에서는 반전 커패시터 C_S를 이용하여 스위치의 절환 속도를 개선시켰지만 보다 적극적인 방법으로 속도를 개선시킨 것이 그림 13-12의 TTL이다. 그림 13-12(a)의 TTL 기본 회로에서 특이한 것은 Q_1의 동작이다. 트랜지스터 Q_1은 상황에 따라 혼자서 두 종류의 상반된 기능을 수행한다. 그 첫 번째는 입력이 $V_i = \mathbf{0}$(LOW)인 경우로서 베이스-이미터가 순방향으로 바이어스되고 컬렉터-베이스는 역방향으로 바이어스되는 활성 모드이며 그림 (b)가 이를 보여준다. 활성 모드에서는 전류 증폭률이 정상적인 h_{FE}가 된다. 두 번째로는 입력이 $V_i = \mathbf{1}$(HIGH)인 경우에 베이스-이미터가 역방향으로 바이어스되고 컬렉터-베이스가 순방향으로 바이어스되어 이미터와 컬렉터의 기능이 서로 전도되는 역활성 모드이며 그림 (c)가 이를 보여준다. 다만 역활성 모드에서의 전류 증폭률 h_{FC}는 활성 모드의 h_{FE}에 비해 충분히 작도록 제조한다. 이를 위해 역할성 모드에서는 이미터 전류에 대한 컬렉터 전류의 비인 α_I가 매우 작도록 Q_1을 제조한다. 그 결과 역할성 모드의 h_{FC}는

$$h_{FC} = \frac{\alpha_I}{1 - \alpha_I} \tag{13-2-1}$$

그림 13-12
TTL 게이트:
(a) 기본 회로;
(b) 활성 모드(V_i=**0**);
(b) 역활성 모드(V_i=**1**);

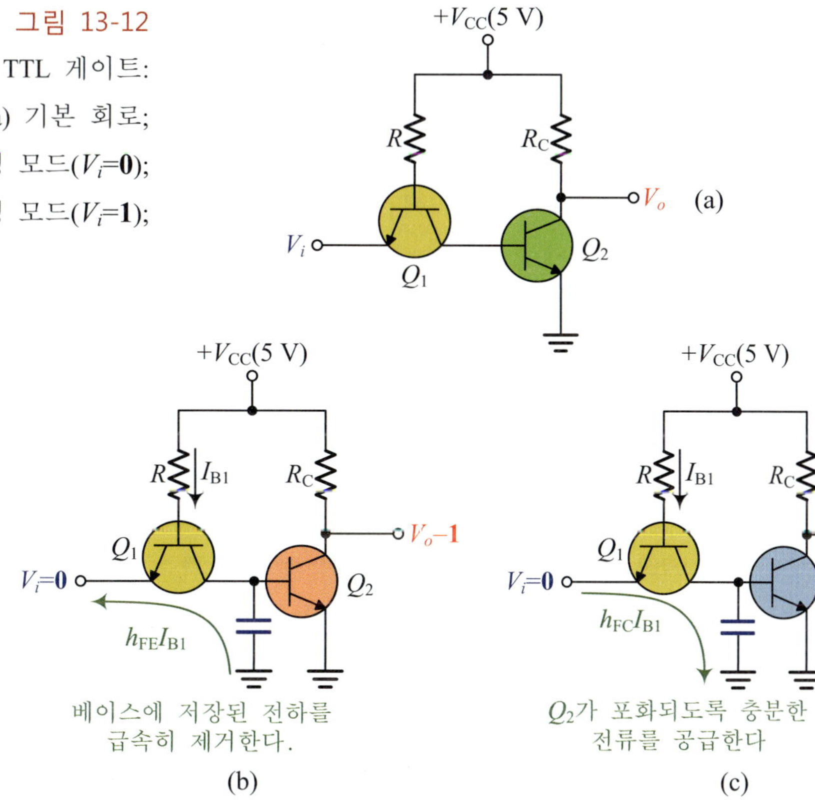

이며 α_I가 1보다 충분히 작도록 하여 h_{FC}를 h_{FE}보다 충분히 작게 할 수 있다(활성 모드에서의 α는 1에 매우 가깝다). 예를 들어 α_I=0.02로 하면 h_{FC}≅0.02가 된다.

입력이 V_i=**1**인 그림 13-12(c)의 역활성 모드부터 먼저 알아보자. 트랜지스터가 Q_2가 포화 영역에 깊이 들어간 상태라 하면 V_{BE1}≃0.8 V이므로 Q_1의 베이스 전압 V_{B1}과 베이스 전류 I_{B1}은 각각

$$V_{B1} = V_{BE1} + V_{BE2} = 0.7 + 0.8 = 1.5\ \text{V} \tag{13-2-2}$$

및

$$I_{B1} = \frac{V_{CC} - V_{B1}}{R} = \frac{5 - 1.5}{R} = \frac{3.5}{R} \tag{13-2-3}$$

그리고 h_{FC}가 매우 작기 때문에 1+h_{FC}≅1이므로 I_{B1}의 대부분이 Q_1의 이미터를 통해 Q_2의 베이스로 강력히 주입되어 Q_2를 빠른 시간 내에 충분히

포화시켜 준다.

다음으로 입력이 V_i=**1**에서 V_i=**0**(0.2 V)로 전환되는 그림 13-12(b)를 살펴보자. 입력이 순간적으로 0.2 V로 강하하지만 Q_2의 베이스 용량에 충전되어 있는 전압 0.8 V는 순간적으로 변할 수 없다. 따라서 입력이 **1**에서 **0**으로 전이되는 초기에는 Q_1의 컬렉터-이미터 전압은 0.6 V이므로 활성 상태에 있게 된다. 이 때 Q_1의 베이스 전압 V_{B1}과 베이스 전류 I_{B1}은

$$V_{B1} = 0.2 + 0.7 = 0.9\ \text{V} \qquad \textbf{(13-2-4)}$$

및

$$I_{B1} = \frac{V_{CC} - V_{B1}}{R} = \frac{5 - 0.9}{R} = \frac{4.1}{R} \qquad \textbf{(13-2-5)}$$

따라서 전이 초기에 Q_1의 컬렉터에 흐르는 전류는 $h_{FE}I_{B1}$으로서 충분히 크므로 Q_1의 베이스에 저장된 전하를 빠른 속도로 뽑아내게 된다. 이와 같이 TTL에서는 큰 전류를 이용하여 베이스 전하를 제거하기 때문에 RTL보다 전달 지연이 큰 폭으로 줄어든다. 그림 13-12에서는 입력이 하나이지만 TTL에서는 그림 13-13과 같이 다중 이미터(multiple emitter) 구조를 이용하여 여러 개의 입력을 연결할 수 있다. 그림 13-13(a)는 다중 이미터의 구성 원리를 보여준다. 그리고 그림 (b)는 기호를 나타내며 그림 (c)는 등가 병렬 결합 트랜지스터를 보여주고 있다. 이로부터 다중 이미터 트랜지스터는 여러 개의 트랜지스터를 컬렉터와 베이스를 공통으로 하여 병렬로 접속한 결과와 같음을 알 수 있다.

그림 13-13
(a) 다중 이미터 TTL;
(b) 다중 이미터 BJT.

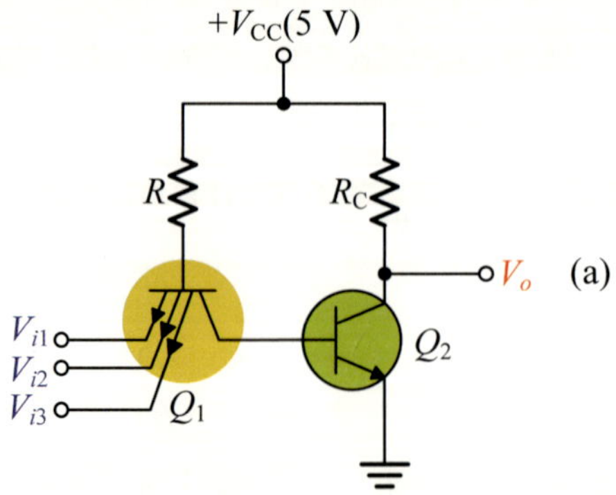

그림 13-13
(계속)

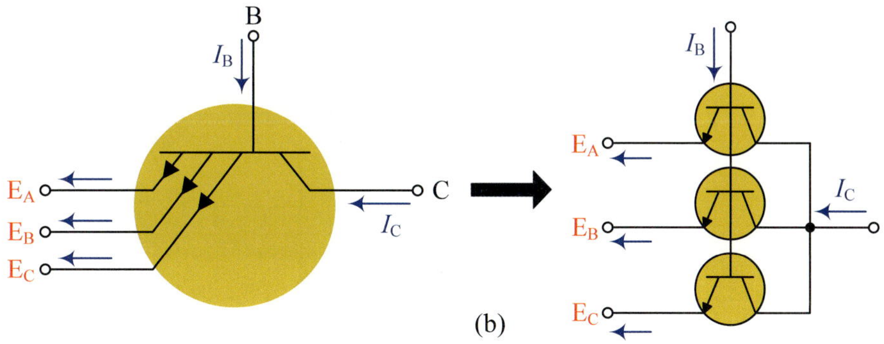

(b)

능동 풀업 TTL

TTL 게이트는 그림 13-12(b)와 같이 포화 상태에서 베이스에 축적된 전하를 빠르게 제거하므로 전달 지연 시간을 단축시킬 수 있다. 그러나 그림 13-12(c)와 같이 트랜지스터 Q_2가 차단에서 포화 상태로 전이될 때 Q_2의 출력 용량의 전압을 풀업 저항 R_C를 통해 **1**으로 끌어올릴 때의 시간 지연은 여전히 해결되지 않고 있다. 이를 해결하기 위해 단순한 풀업 저항 대신 그림 13-14와 같이 능동 풀업을 이용하며 능동 풀업은 트랜지스터 Q_2 및 저항 R_{C4}와 R_{C2}로 구성되어 있다. 그림 13-14에서 트랜지스터 Q_2의 베이스는 Q_4의 컬렉터에, Q_3의 베이스는 Q_4의 이미터에 각각 각각 연결되어 있으며 BJT의 이미터와 컬렉터 전압은 위상이 반전된 관계이므로 Q_2와 Q_3의 베이스 전압의 논리 레벨은 항상 반대가 된다. 따라서 트랜지스터 Q_4는 Q_2와 Q_3가 항상 반대로 동작하게 하는 소위 위상 분할기 역할을 하며 Q_2와 Q_3는 토템-폴(totem-pole) 형태이다.

입력 트랜지스터 Q_1의 입력들 중 하나 이상이 **1**이면 Q_4의 베이스 전압과 이미터 전압 및 Q_3의 베이스 전압은 모두 상승하며 Q_4와 Q_3가 모두 포화 영역에 머물도록 소자 값들을 설정한다. 물론 Q_2는 Q_3와 반대로 동작하므로 차단 상태에 있게 된다. 따라서 출력은 **0**이 되며 Q_3이 컬렉터 전류는 구동되는 다른 게이트들의 입력으로부터 전류를 끌어들이는 싱크(sink) 기능을 한다. 다이오드 D의 기능은 Q_3가 포화될 때 Q_2는 확실히 차단되도록 하는데 있다. 이상과 반대로 모든 입력이 **0**이면 Q_4의 베이스 및 이미터 전압과 Q_3의 베이스 전압이 모두 하강하여 Q_4와 Q_3가 차단되며 반대로 Q_2는 ON 상태가 되어 활성 영역(포화 영역이 아니다)에서 동

그림 13-14
능동 풀업 TTL 게이트.

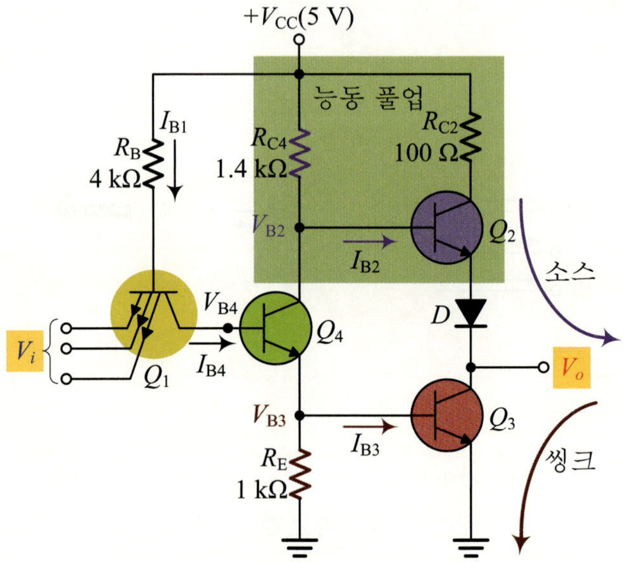

작할 수 있도록 소자들을 결정한다. 이 경우 출력은 **1**이 되며 Q_2는 구동되는 다른 게이트들의 입력에 전류를 공급하는 소스(source) 역할을 한다. 이때 Q_2는 활성 영역에 있으면서 증폭 기능을 통해 충분한 전류를 공급함으로써 출력단과 접지간의 부유 용량 전압을 신속히 **1**로 끌어올릴 수 있는 능동 풀업 기능을 수행하게 된다.

CMOS 논리

CMOS 소자의 구조 및 논리 소자로서의 기능에 대해서는 4-3절에서 설명한 바 있다. CMOS 논리 소자는 TTL에 비해 동작 속도가 상당히 느린 단점이 있지만 구조가 간단하여 상대적으로 높은 집적화가 가능하기 때문에 초대규모 집적화를 이끌어내게 되었다. 뿐만 아니라 MOSFET는 게이트가 절연된 상태이기 때문에 직류 소비 전력이 매우 적은 이점이 있으므로 탁상용 계산기나 전자 시계 등에 널리 사용되고 있다.

인버터 그림 13-15(a)는 CMOS 인버터(NOT 게이트)이다. 입력 V_i가 n-채널 E-MOSFET의 문턱 전압 이상의 **1** 상태에서는 그림 (b)와 같이 Q_1의 n-채널은 형성되지만 Q_2의 p-채널은 차단되므로 출력 전압 V_o는 0 V(**0**)가 된다. 반대로 V_i가 p-채널 E-MOSFET의 문턱 전압 이하의 **0** 상태에서는

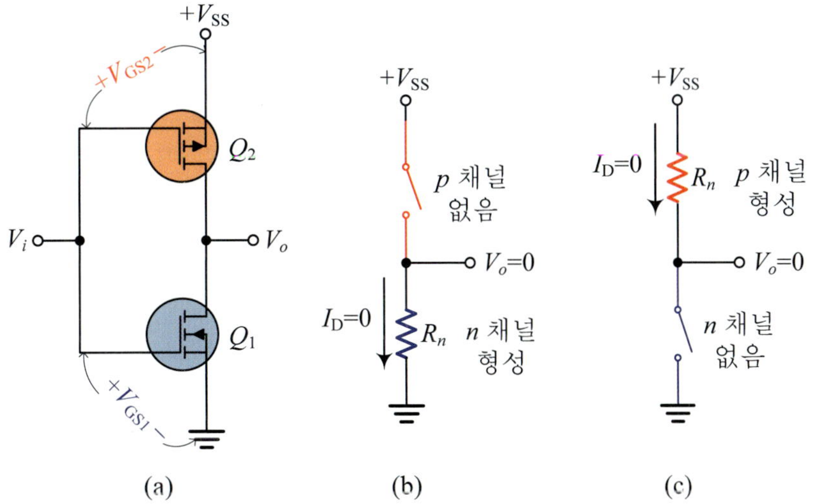

그림 13-15
(a) CMOS 인버터;
(b) 입력이 **1**;
(c) 입력이 **0**.

그림 (c)와 같이 Q_2의 p-채널이 형성되고 Q_1의 n-채널은 차단되므로 출력 전압 V_o는 V_{CC}(**1**)이 된다. E-MOSFET에서 형성된 채널은 수백 Ω 수준의 저항으로 보면 된다.

NAND 게이트 그림 13-16(a)는 입력이 두 개인 CMOS NAND 게이트 회로로서 두 개의 직렬 연결된 n-채널 구동 트랜지스터 Q_{D1}과 Q_{D2} 및 두 개

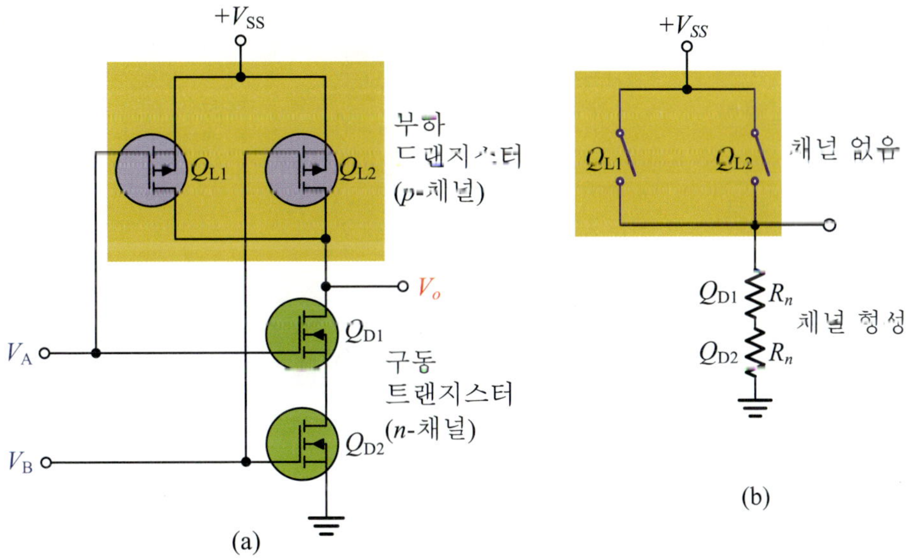

그림 13-16
(a) CMOS NAND 게이트;
(b) 두 입력이 모두 **1**일 때의 등가 회로.

의 병렬 연결된 p-채널의 구동 트랜지스터로 구성되어 있다. 이 회로는 두 입력 V_A와 V_B가 모두 **1**일 때만 출력이 **0**이 되도록 동작하며 그림 (b)가 이를 등가적으로 나타낸다. 즉 두 입력이 모두 **1**이 되면 구동 트랜지스터에는 모두 n-채널이 형성되기 때문에 저항과 같지만 부하 트랜지스터에는 p-채널이 형성되지 않기 때문에 개방 회로와 같아 출력 전압은 0 V(**0**)이 된다. 만일 두 입력 중 하나라도 **0**이 되면 해당 구동 트랜지스터는 개방 회로가 되고 해당 부하 트랜지스터는 저항과 같으므로 출력 전압은 V_{CC}(**1**)이 된다. 따라서 그림 13-16(a)는 NAND 게이트로 동작함을 알 수 있다.

NOR 게이트 그림 13-17(a)는 입력이 두 개인 CMOS NOR 게이트 회로이며 구동 트랜지스터는 병렬로, 부하 트랜지스터는 직렬로 결합되어 있다. 이 경우는 두 입력이 모두 **0**이면 그림 (b)와 같이 구동 트랜지스터는 모두 개방과 같고 부하 트랜지스터만 채널이 형성되므로 출력 전압은 V_{CC}(**1**)이 된다. 그리고 입력 중 하나만 **1**이 되어도 해당 구동 트랜지스터는 저항이 되고 해당 부하 트랜지스터는 개방과 같으므로 출력 전압은 0 V(**0**)이 된다. 이상으로 그림 13-17(a)는 NOR 게이트로 동작함을 알 수 있

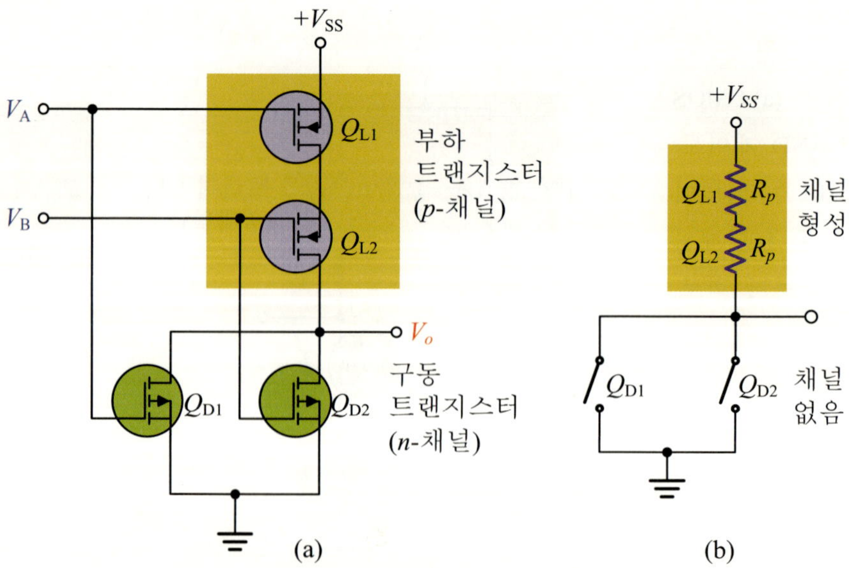

그림 13-17
(a) CMOS NOR 게이트; (b) 두 입력이 모두 **0**일 때의 등가 회로.

다. 이상의 CMOS NOT 게이트나 NAND 및 NOR 게이트에서는 어느 논리 상태에서나 전류가 흐르지 않으므로 소비 전력이 거의 없음을 알 수 있다. 그러나 논리 상태가 전이되는 과도 상태에서는 약간의 전류가 흐르므로 실제로는 전력 소비가 아주 없지는 않다.

13-3 다중 바이브레이터

게이트는 디지털 펄스에 대한 논리 함수를 구현하지만 펄스, 즉 정보를 저장하는 능력이 없다. 이에 비해 다중 바이브레이터(multivibrator; MV)는 펄스를 저장하는 기억 능력이 있으며 또한 스스로 주기적인 펄스를 생산하는 발진기 역할도 할 수 있다. 따라서 논리 함수를 구현하는 게이트와 펄스를 저장하거나 생산하는 다중 바이브레이터가 결합할 때 비로소 완전한 디지털 회로가 구현된다. 단순한 논리 게이트의 조합으로만 구성된 회로를 조합 논리회로라 하고 기억 소자를 포함한 논리 회로를 순차 논리회로라 한다.

쌍안정 MV

그림 13-18(a)는 그림 13-11(a)의 인버터 두 개를 정궤환이 일어나도록 결합한 것이다. 즉 인버터 Q_1의 출력은 인버터 Q_2의 입력으로 궤환되며 Q_2의 출력은 다시 Q_1의 입력으로 궤환되며 도식적으로 표현하면 그림 14-18(b)와 같다. Q_1의 논리 출력을 Q라 하면 Q_2의 논리 출력은 항상 $\overline{Q}$로서 반대로 동작하며 그림 (b)에서는 Q=**0**인 경우를 보여준다. 따라서 이 회로는 Q=**0** 및 Q=**1**인 안정된 두 상태를 갖기 때문에 쌍안정(bistable) 다중 바이브레이터라 한다. 여기서 안정 상태란 전원이 차단되거나 외부로부터의 전기적인 자극에 의해 현 상태를 강제적으로 바꾸지 않는 한 그대로 현상 유지됨을 의미한다.

안정 상태 그림 13-18(a)에서 Q_1이 ON이고 Q_2가 OFF인 안정 상태(Q=**0**)를 등가적으로 나타내면 그림 13-19와 같다. 먼저 전류 I_1, I_2, I_3, I_4를 구하면

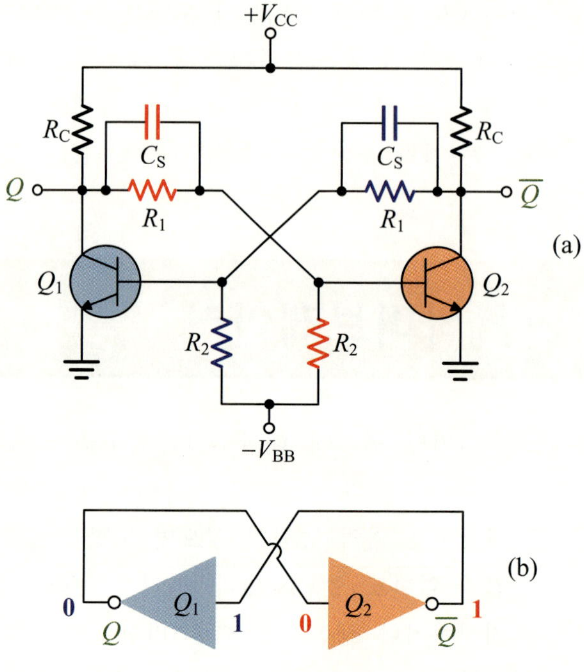

그림 13-18
쌍안정 MV:
(a) 회로 구성;
(b) 도식적 표현.

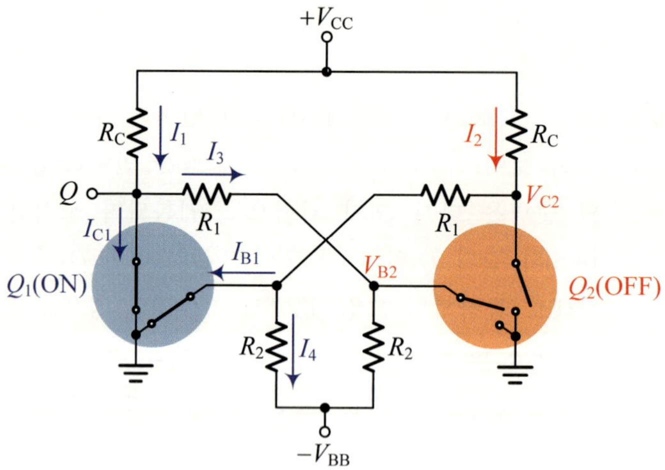

그림 13-19
그림 13-18에서
Q_1이 ON, Q_2가 OFF인
상태(Q=0)

$$I_1 = \frac{V_{CC}}{R_C}, \quad I_2 = \frac{V_{CC}}{R_1 + R_C}, \quad I_3 = \frac{V_{BB}}{R_1 + R_2}, \quad I_4 = \frac{V_{BB}}{R_2} \qquad \textbf{(13-3-1)}$$

이로부터 $I_{C1}=I_1-I_3$ 및 $I_{B1}=I_2-I_4$를 구하면 다음과 같다.

$$I_{C1}=\frac{V_{CC}}{R_C}-\frac{V_{BB}}{R_1+R_2},\quad I_{B1}=\frac{V_{CC}}{R_1+R_C}-\frac{V_{BB}}{R_2} \tag{13-3-2}$$

이상으로 Q_1이 ON, 즉 포화 상태에 있기 위해서는 $I_{C1}<\beta_o I_{B1}$을 만족해야 하므로 위의 식에서 다음 관계를 구할 수 있다.

$$\frac{V_{CC}}{R_C}-\frac{V_{BB}}{R_1+R_2}<\beta_o\left(\frac{V_{CC}}{R_1+R_C}-\frac{V_{BB}}{R_2}\right) \tag{13-3-3}$$

여기서 $R_2>>R_1$, $R_2>>R_C$ 및 $V_{BB}=V_{CC}$로 하면 Q_1이 포화될 조건은 다음과 같이 주어진다.

$$\beta_o>\frac{R_C+R_1}{R_C}\quad (R_2>>R_1,\ R_2>>R_C,\ V_{BB}=V_{CC}) \tag{13-3-4}$$

그리고 Q_1이 포화되면 Q_2의 베이스 전압 V_{B2}는

$$V_{B2}=-R_1I_3=-\left(\frac{R_1}{R_1+R_2}\right)V_{BB}<0 \tag{13-3-5}$$

따라서 Q_2는 당연히 차단된다.

트리거 안정 상태에 있는 쌍안정 다중바이브레이터를 또 다른 상태로 반전시키기 위해 외부로부터 가하는 전기적인 자극을 **트리거 신호**, 간단히 트리거라 하며 그림 13-20이 이를 보여준다. 그림에서 Q_1은 ON이고 Q_2는 OFF인 상태에서 Q_1의 베이스에 연결된 다이오드 D_1을 통해 음의 펄스, 즉 트리거를 가한다. 트리거 신호에 의해 순차적으로 일어나는 전압의 상승 또는 하강을 그림 13-20에서는 번호와 함께 화살표로 표현하였다('↑'는 상승, '↓'는 하강). 먼저 트리거 펄스에 의해 다이오드 D_1의 캐소드 전압이 낮아지므로 D_1이 도통되어 음의 펄스는 Q_1의 베이스로 전달된다. 따라서 Q_1 베이스 전압 하강(1) → Q_1 컬렉터 전압 상승(2)의 순으로 유도된다. 이어서 Q_1의 컬렉터 전압 상승은 반전 커페시터를 통해 Q_2의 베이스로 전달되므로 Q_2 베이스 전압 상승(3) → Q_2 컬렉터 전압 하강(4)의 순으로 유도된다. 그리고 Q_2의 컬렉터 전압 하강은 반전 커패시터를 통해 Q_1의 베이스로 전달되어 다시 Q_1 베이스 전압을 더욱 하강시키므로(5) 정궤환 루프가 형성된다. 그 결과 낮아진 전압은 더욱 낮아지고 높아진 전

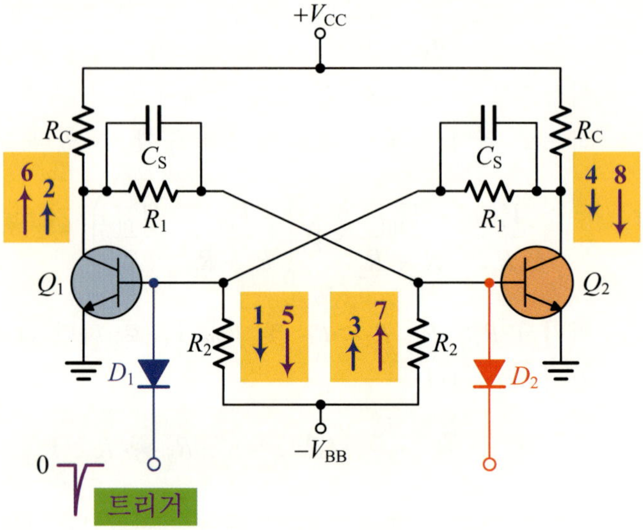

그림 13-20 쌍안정 MV의 트리거.

압은 더욱 높아지므로 결국 Q_1은 차단되고 Q_2는 포화되어 상태가 전이된다. 물론 이러한 궤환 과정은 순간적으로 일어나며 이를 재생 동작이라 한다. 재생 동작에서는 주파수가 매우 높으므로 반전 커패시터 C_S는 단락 회로로 동작한다.

정궤환 루프에 의한 재생 동작으로 상태가 반전되기 위해서는 궤환 이득이 1 이상이어야 한다. 그림 13-21은 재생 동작이 일어나는 동안의 교류 회로이며 R_1은 C_S에 의해 단락되고 R_2는 매우 크게 하므로 r_π에 비해 무시한다(식 (13-3-4)). 그림 13-21(a)에 대한 등가회로는 그림 (b)이며 $r_{\pi1}=r_{\pi2}$, $g_{m1}=g_{m2}$로 하면 루프 이득 $T=v_1'/v_1$은 다음과 같이 주어진다.

$$T = g_m^2 r_C^2 \quad (r_C = R_C \| r_\pi) \tag{13-3-6}$$

식 (13-3-6)에서 $g_m=\beta/r_\pi$를 이용하여 $T>1$의 조건을 표현하면

$$\beta > \frac{R_C + r_\pi}{R_C} \tag{13-3-7}$$

이며 R_C가 클수록 유리함을 알 수 있다. 이상으로 쌍안정 다중바이브레이터의 안정 상태와 재생 동작을 보장하는 조건은 식 (13-3-4)와 (13-3-7)이다.

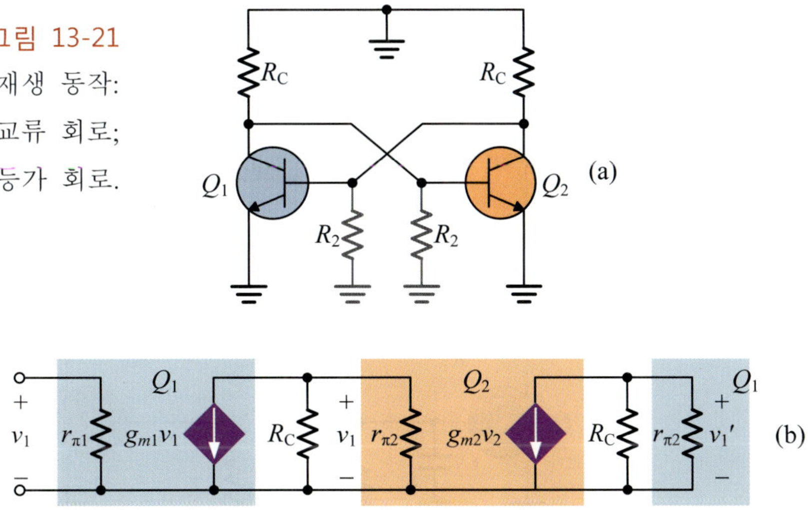

그림 13-21
쌍안정 MV의 재생 동작:
(a) 교류 회로;
(b) 등가 회로.

예제 13-1

그림 13-18(a)에서 $V_{CC}=V_{BB}=12\text{ V}$, $R_C=2.2\text{ k}\Omega$, $R_1=15\text{ k}\Omega$, $R_2=100\text{ k}\Omega$, $r_\pi=1\text{ k}\Omega$일 때 안정 상태와 재생 동작이 함께 보장되는 β_o와 β의 조건을 구하라.

풀이 $R_2 >> R_1$, $R_2 >> R_C$ 및 $V_{CC}=V_{BB}$이므로 식 (13-3-4)와 (13-3-7)로부터

$$\beta_o > \frac{R_C + R_1}{R_C} = \frac{2.2+15}{2.2} = \mathbf{7.8}$$

$$\beta > \frac{R_C + r_\pi}{R_C} = \frac{2.2+1}{2.2} = \mathbf{1.45}$$

쌍안성 멀티바이브레이터의 트리거 방법에는 그림 13-22와 같은 토글(toggle) 방식이 있다. 이 회로는 회로가 어떤 상태에 있든지 간에 트리거 신호가 가해질 때마다 이전 상태와 무조건 반대 상태로 전이되는 성질이 있다. 그림에서 커패시터 C_T와 저항 R_T는 구형 트리거 펄스에 대한 미분기 역할을 하며 미분된 파형 중에서 부의 방향으로 하강하는 부분만 다이오드 D_1 혹은 D_2를 통해 전도된다. 다이오드를 통해 전도되는 음의 펄스는 ON 상태에 있는 트랜지스터(그림에서는 Q_1)의 베이스에 축적된 과잉 전하를 순간적으로 뽑아냄으로써 재생 동작에 의한 상태 전이를 야기

그림 13-22
쌍안정 MV의
토글 트리거 방식.

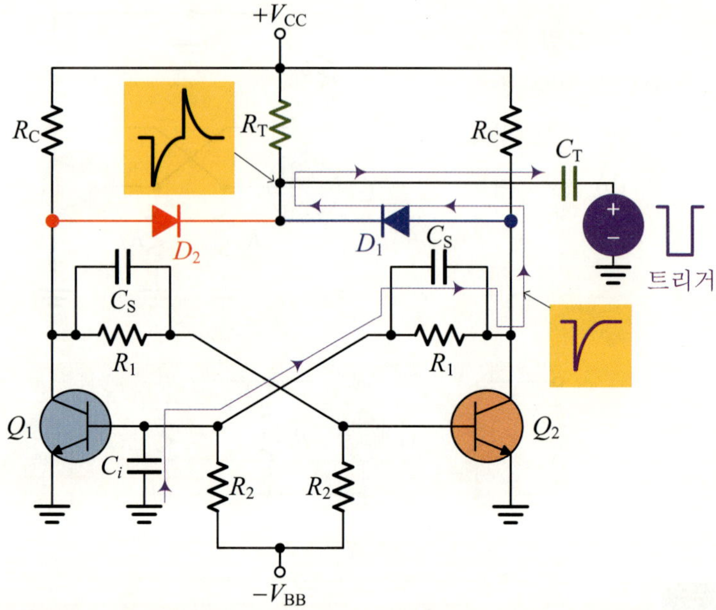

시킨다. 그림 13-22에서는 Q_1이 ON에서 OFF 상태로 전이되는 과정을 보여준다. 물론 이와 반대로 Q_2가 ON에서 OFF 상태로 전이될 때는 다이오드 D_1을 통해 트리거 신호가 전달된다.

인버터는 그림 13-23(a)와 같이 D-MOSFET와 E-MOSFET를 이용하여 구성할 수 있다. 구동 트랜지스터 Q_1은 D-MOSFET이며 E-MOSFET인 Q_2는 게이트-소스 전압이 0으로 정전류원을 구성하며 능동 부하 역할을 한다. 따라서 그림 13-23의 (a)는 (b)와 등가이다. 그림 13-23의 인버터를 이

그림 13-23
(a) MOSFET 인버터;
(b) 등가 회로.

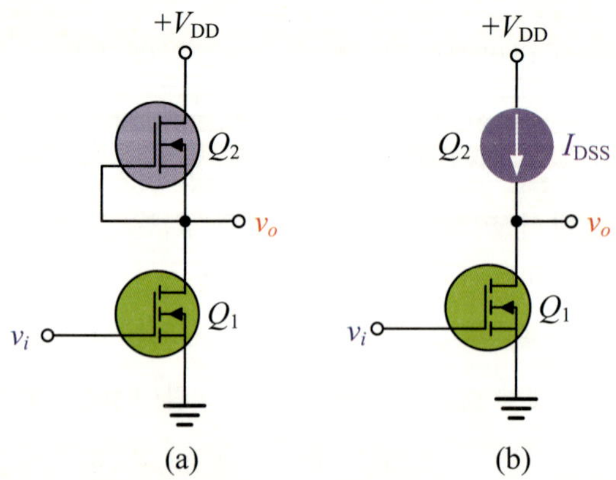

용하면 FET 쌍안정 다중바이브레이터를 그림 13-24(a)와 같이 구성할 수 있으며 이에 대한 등가회로는 그림 (b)이다.

그림 13-24
MOSFET 쌍안정 MV:
(a) 구성;
(b) 등가 회로.

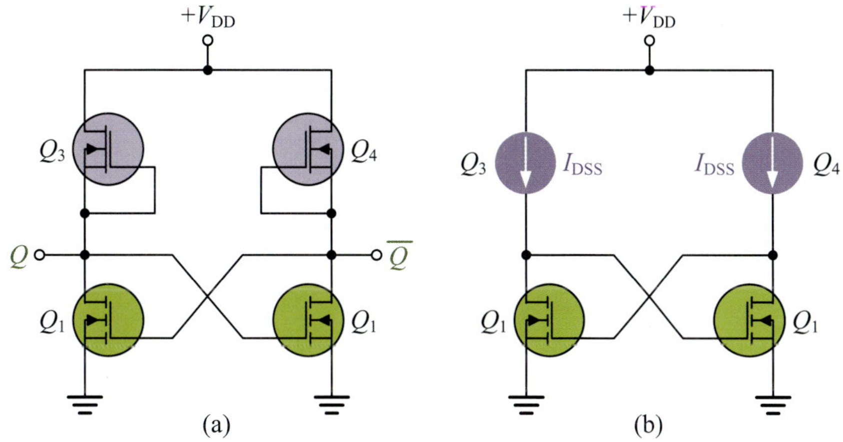

단안정 MV

그림 13-25(a)의 회로에서 인버터 Q_1의 입력은 Q_2의 출력과 연결되지만 인버터 Q_2의 입력은 R과 C로 이루어진 충전 회로를 통해 전원 V_{CC}와 연결되어 있다. 이 회로는 Q_1이 차단되고 Q_2가 포화되는 단 하나의 안정 상태뿐이므로 단안정(monostable) 다중바이브레이터라 한다. 즉 강제적으로 Q_2를 차단시켜도 Q_2의 베이스 전압이 RC 충전 회로에 의해 상승하므로 어느 순간에는 도통 전압에 이르게 된다. 그리고 재생 동작에 의해 Q_1은 차단되고 Q_2는 포화되는 안전 상태로 복귀하게 된다. 이상을 설명하는 것이 그림 13-25(b)이며 트리거로써 포화 상태인 Q_2를 차단 상태로 돌아놓은 후의 모습이다.

그림 13-25(a)에서 Q_1이 ON(Q_2 OFF)인 상태에서는 Q_1의 컬렉터 전압이 거의 0이 되므로 커패시터 C의 왼쪽 단자는 접지된 상태이다. 따라서 Q_2에 대한 회로는 그림 (b)의 오른쪽 그림과 같으며 Q_2의 베이스 전압 V_{B2}, 즉 C의 전압 V_C는 시정수 $\tau=RC$로써 최종치인 $+V_{CC}$를 향해 상승한다. 그림 (a)에서 트리거가 가해지는 순간을 $t=0$이라 하면 $t=0^-$에서 C에 충전되어 있던 전압의 초기치는 그림에 표시된 바와 같이 $V_C(0^-)\cong -V_{CC}$이다. 따라서 그림 (b)의 충전 회로에서 전압 V_C는 다음과 같은 식으로 주어진다.

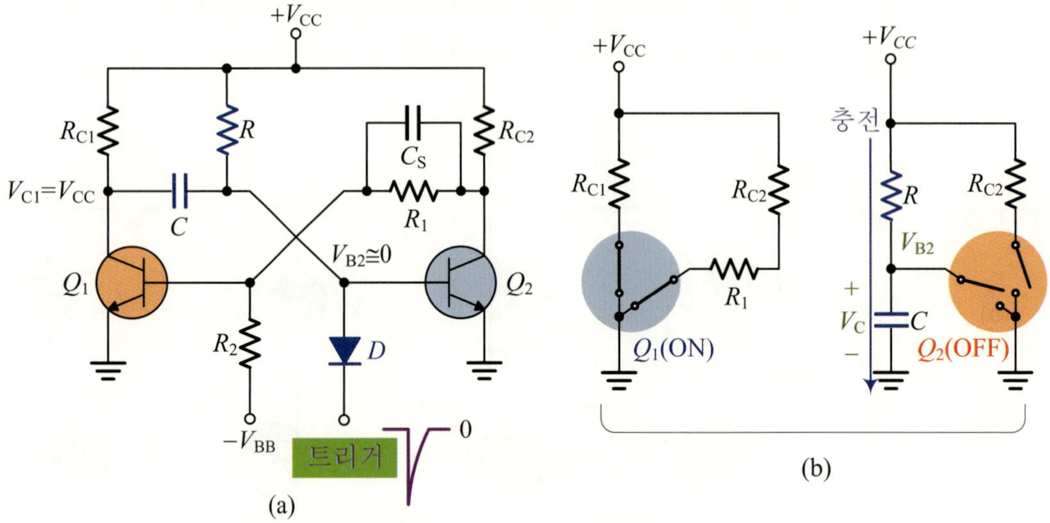

그림 13-25 단안정 MV: (a) 구성; (b) 트리거 펄스가 인가된 후의 등가 회로.

$$V_C(t) = \underbrace{-V_{CC}}_{\text{초기치}} e^{-t/\tau} + \underbrace{V_{CC}}_{\text{최종치}}(1-e^{-t/\tau}) = V_{CC}(1-2e^{-t/\tau}) \qquad \textbf{(13-3-8)}$$

위의 식에서 V_C가 V_γ에 이르면 차단되었던 Q_2가 활성 영역에 들어선다. 이후 곧 바로 재생 동작이 일어나 Q_2는 ON되고 Q_1은 OFF되는 안정 상태에 들어간다. 따라서 V_C가 V_γ에 이르는 시간을 T라 하면($V_C >> V_\gamma$로 가정)

$$e^{-T/\tau} = 1 - \frac{V_{CC}+V_\gamma}{2V_{CC}} \cong \frac{1}{2} \qquad \textbf{(13-3-9)}$$

이므로

$$T \cong \tau \ln 2 = 0.693RC \qquad \textbf{(13-3-10)}$$

이상으로 그림 13-25의 단안정 다중바이브레이터의 파형은 그림 13-26과 같다. 단안정 다중바이브레이터는 트리거에 의해 단 한번의 펄스만 발생시키므로 원샷(one-shot) 바이브레이터라 하기도 하며 펄스 폭 T를 쉽게 조절할 수 있다.

그림 13-26
단안정 MV의 파형.

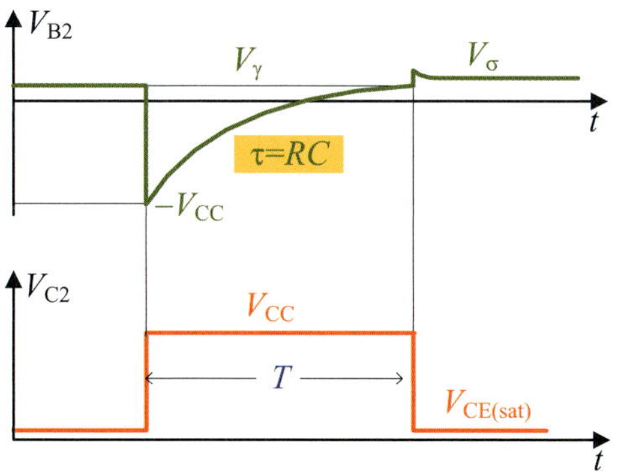

비안정 MV

그림 13-27(a)는 두 인버터 모두 입력단이 RC 충전 회로와 결합되어 있으므로 어느 한 쪽도 안정된 상태에 머물 수 없는 비안정(astable) 다중바이브레이터이다. 즉 Q_1이 OFF, Q_2가 ON인 상태를 나타내는 그림 (b)의 경우

그림 13-27
(a) 비안정 MV의 구성: (b) Q_1이 OFF, Q_2가 ON일 때; (c) Q_1이 ON, Q_2가 OFF일 때;

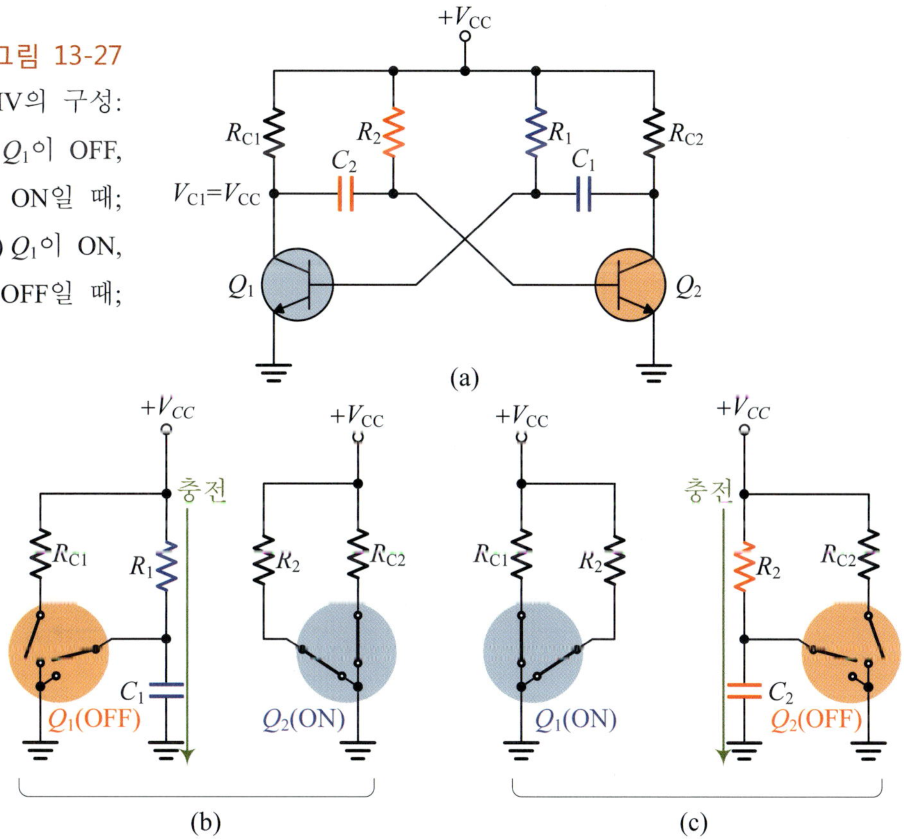

는 R_1C_1 충전 회로에 의해 일정한 시간이 지나면 Q_1이 ON, Q_2가 OFF인 상태로 전이된다. 그 결과 회로 상태는 그림 (c)가 되며 이번에는 R_2C_2 충전 회로에 의해 일정한 시간이 지나면 Q_1이 OFF, Q_2가 ON인 그림 (b)의 상태로 돌아간다. 따라서 그림 13-27(a)는 (b)와 (c)의 상태가 무한히 반복되므로 파형은 그림 13-28과 같다. 그림 13-27(b)에서 Q_1이 차단 상태에 머무는 시간을 T_1이라 하고 그림 (c)에서 Q_2가 차단 상태에 머무는 시간을 T_2라 하면 식 (13-3-10)에 의해 다음과 같이 결정된다.

$$T_1 = 0.693R_1C_1, \quad T_2 = 0.693R_2C_2 \tag{13-3-11}$$

따라서 그림 13-27의 비안정 다중바이브레이터는 발진 주기 T_o는

$$T_o = T_1 + T_2 = 0.693(R_1C_1 + R_2C_2) \tag{13-3-12}$$

이며 발진 주파수는 f_o=1/T_o이다.

그림 13-28
그림 13-27 그림의 파형.

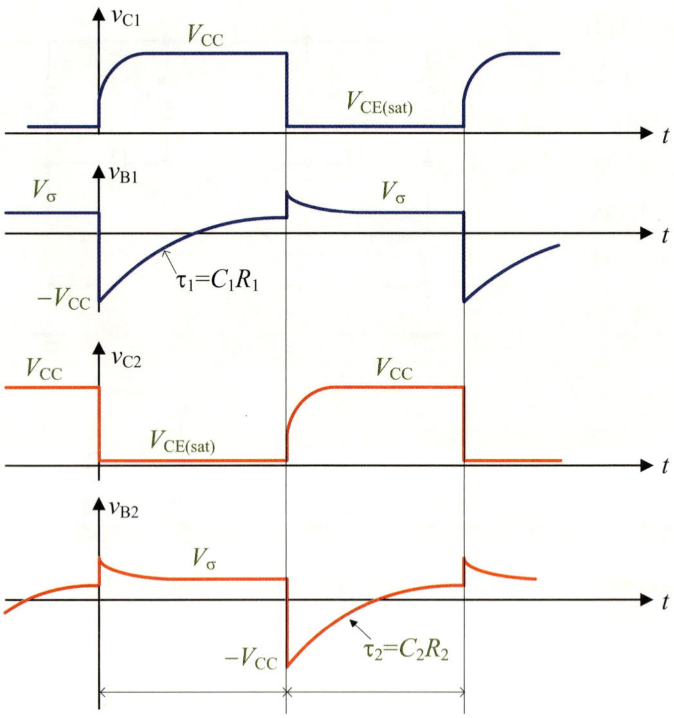

13-4 펄스 발진기

정현파를 생산하는 정현파 발진기는 LC 탱크 회로를 위주로 구성된다. 이에 비해 주기적인 펄스를 생산하는 펄스 발진기는 그림 13-27의 비안정 다중바이브레이터의 예와 같이 주로 RC 충전 회로와 트랜지스터의 스위칭 기능을 결합하여 구성하고 있다(그림 13-9, 13-10 참조).

이장 발진기

그림 13-29(a)는 비안정 멀티바이브레이터를 응용한 이장형 VCO이다. 이는 트랜지스터의 스위칭 동작과 커페시터 C의 충방전 기능을 이용하는 비정현파 VCO의 대표적인 형태이다. 트랜지스터 Q_1과 Q_2는 한 쌍을 이루며 이는 또 다른 한 쌍인 Q_3와 Q_4에 의해 정궤환으로 교차 결합되어 있으므로 서로 역상으로 교대로 동작하게 된다. 그리고 커페시터 C는 사용자에 의해 외부로부터 접속되며, 전류원 I_{CTRL}에 의해 C에 충전되는 전압에 의해 Q_1과 Q_2의 도통과 차단이 결정된다. 따라서 C가 일정한 전압에 이르는 시간을 조절함으로써 발진 주파수를 가변시킬 수 있게 된다. 즉 충전 시간은 C에 흐르는 전류 I_{CTRL}의 크기에 의해 결정되며 또한

그림 13-29
(a) 이장형 VCO의 구성;
(b) Q_1 차단, Q_2 도통

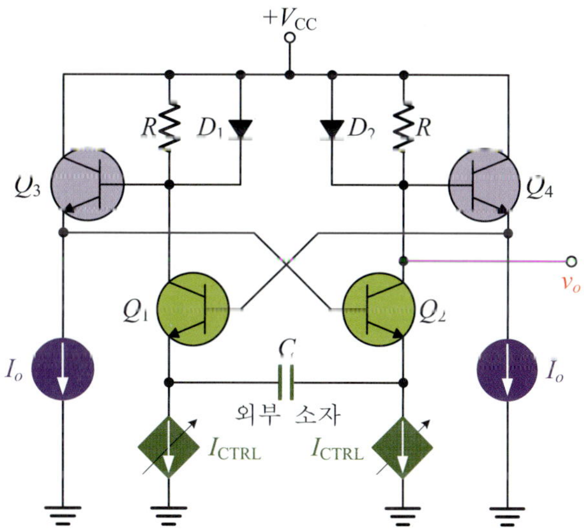

(a)

그림 13-29
(계속)

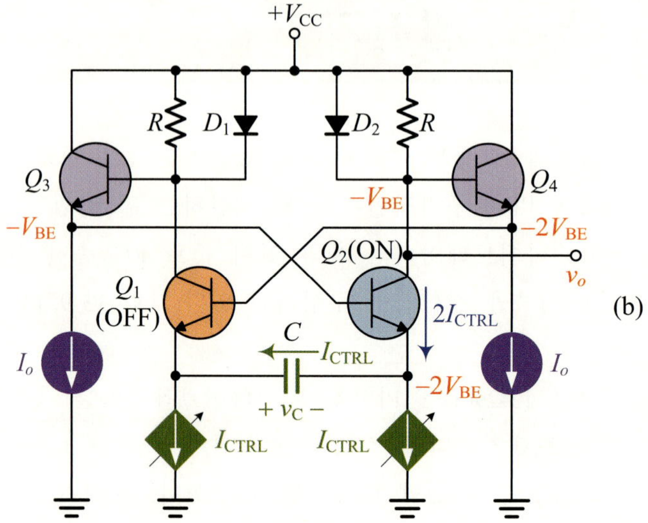

I_{CTRL}은 외부의 제어 전압에 의해 조절되므로 결국 제어전압에 의해 발진 주파수가 가변되는 것이다.

그림 13-29(a)에서 알 수 있듯이 트랜지스터 Q_1과 Q_2는 한 쪽의 출력이 다른 한 쪽의 입력으로 정궤환되는 형태이므로 두 트랜지스터는 동시에 활성 영역에서 동작할 수 없다. 지금 Q_1이 어느 순간에 막 차단 영역으로 들어갔다고 생각해 보면 그림 13-29(b)가 이런 상태를 보여준다. 단 이 그림에서 굵은 글씨체로 표시된 전압은 절대적인 값이 아니라 전원 V_{CC}에 대한 각 점의 상대적인 전압차를 의미한다. 즉 $-V_{BE}$는 V_{CC}에 비해 V_{BE}만큼 전압이 낮다는 뜻이니 실제 전압은 $V_{CC}-V_{BE}$이다. 그리고 전압 V_{BE}는 활성 상태에서의 베이스-이미터간의 전압을 나타내며 아울러 모든 베이스 전류는 이미터나 컬렉터 전류에 비해 상대적으로 무시한다.

그림 13-29(b)에서 Q_1이 차단 상태이므로 두 종속 전류원의 합인 $2I_{CTRL}$은 모두 Q_2의 이미터 전류가 된다. 따라서 Q_4의 베이스 전류를 무시하면 Q_2의 컬렉터 저항 R에는 충분한 전류가 흐르게 되며 그 결과 R의 양단 전압으로써 다이오드 D_2가 도통된다. 이에 따라 Q_4의 베이스 전압은 V_{CC} 대비 $-V_{BE}$가 되며 Q_4의 이미터(Q_2의 베이스) 전압은 $-2V_{BE}$가 된다. 그리고 Q_3의 베이스 전류를 무시하면 Q_3의 베이스 전압은 V_{CC} 대비 $-V_{BE}$가 되며 이에 따라 Q_2의 이미터 전압은 $-2V_{BE}$가 된다.

트랜지스터 Q_1이 차단 상태에 있는 동안은 I_{CTRL}의 전류가 커패시터 C를 통해 그림에서 표시된 방향으로 흐르기 때문에 Q_1의 이미터 전압은 지속적으로 하강하게 된다. 따라서 C의 양단 전압 v_C가 $-V_{BE}$에 이르게 되면 Q_1의 이미터 전압은 $-3V_{BE}$가 되어 베이스 전압에 비해 V_{BE}만큼 낮아지게 된다. 그 결과로 Q_1은 차단 영역에서 활성 영역으로 접어들기 시작하며 정궤환 작용에 의해 순간적으로 포화 상태에 머물게 된다. 이제 상태 전이가 일어난 이후로는 Q_2가 차단되므로 커패시터 C에는 그림에서 표시된 방향과 반대 방향으로 전류 I_{CTRL}이 흐르기 시작한다. 이와 같은 상태 전이 과정이 끝없이 반복됨으로써 발진이 지속되는 것이며 이상의 동작 결과를 파형으로 나타내면 그림 13-30과 같다. 회로가 대칭이므로 반주기 동안 전류 I_{CTRL}에 의해 C에 충전된 전하량이

$$Q = C\Delta V = 2CV_{BE} \tag{13-4-1}$$

이다. 따라서 발진 주기 T의 1/2이

$$\frac{T}{2} = \frac{Q}{I_{CTRL}} = \frac{2CV_{BE}}{I_{CTRL}} \tag{13-4-2}$$

이므로 발진 주파수 f_o=1/T 다음과 같다.

$$f_o = \frac{I_{CTRL}}{4CV_{BE}} \tag{13-4-3}$$

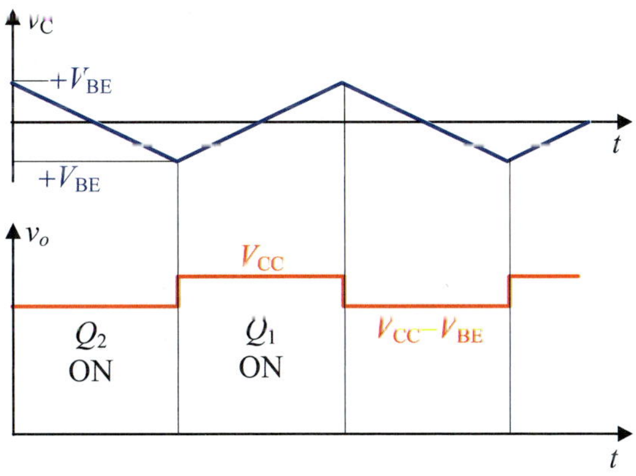

그림 13-30
그림 13-29의 파형.

그림 13-29와 같이 구성된 VCO는 트랜지스터가 포화 영역에서 동작하지 않으며 또한 회로 각 부분의 전압 스윙폭이 최대 $2V_{BE} \cong 1.2\,V$ 정도로 작기 때문에 거의 100 MHz까지 이르는 높은 주파수에서 동작할 수 있다는 특징이 있다. 한 예로 I_{CTRL}=10 mA, V_{BE}=0.6 V, C=100 pF이면 발진 주파수는

$$f_o = \frac{I_{CTRL}}{4CV_{BE}} = \frac{10^{-2}}{4 \times 10^{-10} \times 0.6} = 41.6\,\text{MHz}$$

그림 13-29에서 I_{CTRL}의 제어를 구체적으로 나타낸 것이 그림 13-31의 두 회로이다. 그림 13-31(a)에서는 Q_5와 Q_6이 정전류원으로서 제어전압 V_{CTRL}에 비례하는 I_{CTRL}을 형성한다. 그리고 그림 (b)의 경우는 정전류원은 그대로 두고 다중 트랜지스터의 컬렉터 전류 I_x를 V_{CTRL}로 가변시킴으로써 I_{CTRL}을 조정한다.

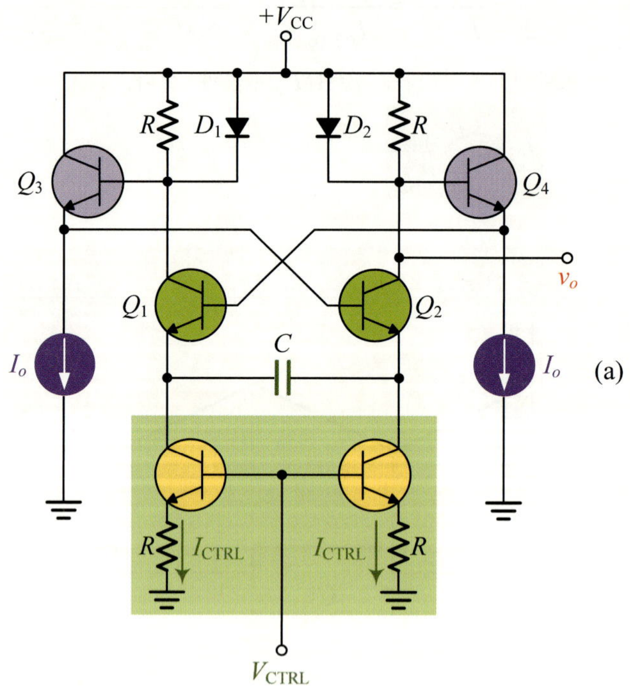

그림 13-31
그림 13-29에서 제어전류 I_{CTRL}을 가변시키는 방법.

그림 13-31
(계속)

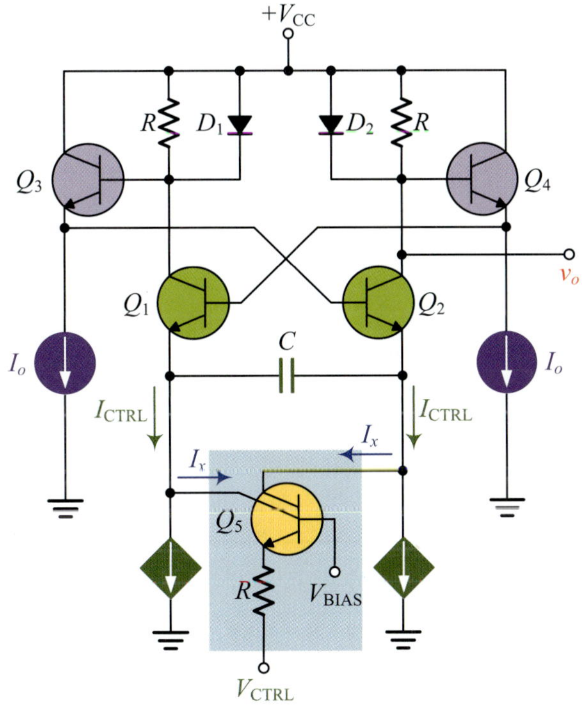

(b)

오실로스코프

그림 13-32는 대표적인 전자 계측 장비인 오실로스코프의 외형이다. 오실로스코프는 신호의 파형을 실시간적으로 보여주는 대단히 중요한 장비이다. 음극선관(CRT; cathode-ray tube)의 스크린상에서 수평축은 시간축이며 수직축은 파형의 크기를 나타낸다. 텔레비전의 브라운관과 거의 비슷한 CRT의 구조는 그림 13-33(a)와 같으며 톱니파 발진기가 사용된다. CRT는 오실로스코프의 중심 부분으로서 입력 신호의 파형을 시각적으로 표시해주며 다음과 같은 4개의 기본 부분으로 이루어진다.

1. 전자빔을 만들어 내는 전자총
2. 전자빔의 초점을 맞추어주며 또한 가속시키는 가속 소자
3. 전자빔의 경로를 제어하는 수직 및 수평 편향판
4. 전자빔을 빛으로 변환시켜주도록 형광체가 도포된 유리 덮개

그림 13-33(a)에서 튜브관은 내부의 필라멘트에 의해 간접적으로 가열됨으로써 음극(캐소드)의 표면으로부터 전자를 방출한다. 제어 그리드에 가해지는 전압은 방출된 전자들의 관쪽으로 향하는 수가 제어된다. 제어 그

그림 13-32
오실로스코프

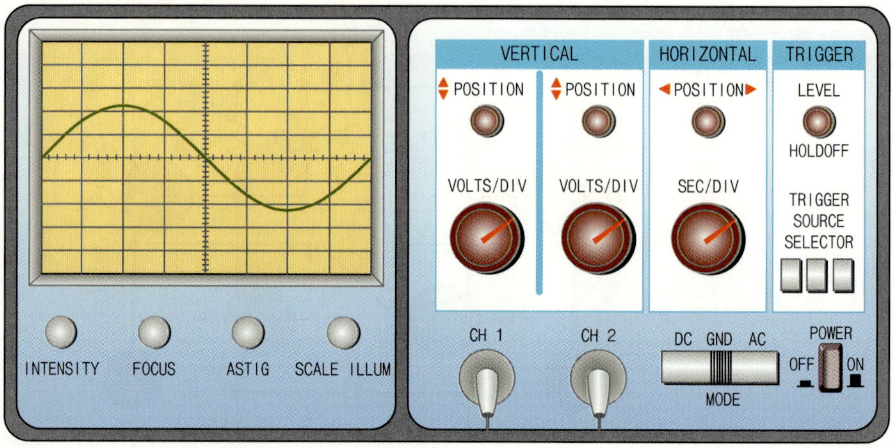

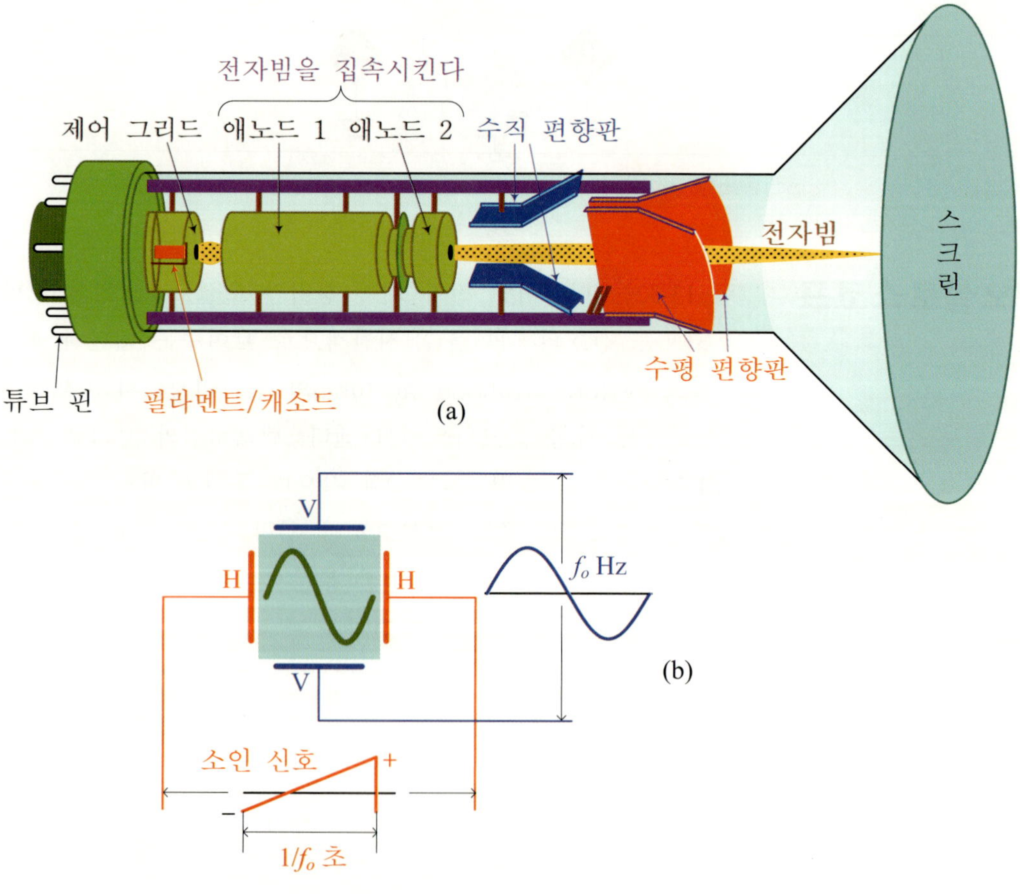

그림 13-33 (a) CRT의 구조; (b) 편향판의 작용.

리드를 통과한 전자빔은 두 개의 애노드에 의해 가속되고 또한 초점도 맞추어진다. 이상의 과정으로 정밀해진 전자빔은 두 종류의 편향판을 통과하면서 진로가 제어된다. 전자빔의 진로는 수직 편향판에 의해 상하로 제어되고 수평 편향판에 의해 좌우로 제어되며 이를 보여주는 것이 그림 13-33(b)이다. 그림 (b)가 보여주는 바와 같이 수직 편향판 양단에는 입력 신호의 전압이 인가되며 그림에서는 정현파로 하고 있다. 그리고 수평 편향판에 인가되는 전압은 주기적인 톱니파이며 이를 소인(sweep) 신호라 한다. 수평 편향판에 인가되는 소인 전압의 주기에 의해 시간축의 척도가 제어된다. 즉 그림과 같이 입력 신호가 주파수가 f_o인 정현파일 경우 소인 신호의 주기가 $1/f_o$ 초이면 화면상에는 한 주기만의 정현파가 나타난다. 만일 소인 신호의 주기를 $1/2f_o$ 초로 하면 화면상에서는 반 주기의 정현파만 나타나는 것이다. 즉 소인 신호의 주기를 줄일수록 시간축 척도가 더욱 정밀해진다.

단안정 블로킹 발진기

그림 13-34(a)의 이미터-공통 구성 회로는 입력인 베이스와 출력인 컬렉터가 변압기를 통해 결합되어 있다. 따라서 변압기는 궤환 회로 역할을 하며 정궤환이 일어나도록 그림과 같이 권선 방향을 정하며 완전 결합(k=1)을 이루고 있는 것으로 한다. 이 회로는 외부로부터 트리거가 없는 한 차단 상태에 머물며 단안정 블록킹(blocking) 발진기라 한다. 그리고 전압 V_{BB}는 트랜지스터를 더 확실하게 차단시키기 위한 것뿐이므로 0으로 무

그림 13 34
단안정 블로킹 발진기:
(a) 구성; (b) 재생 동작에 대한 교류 회로.

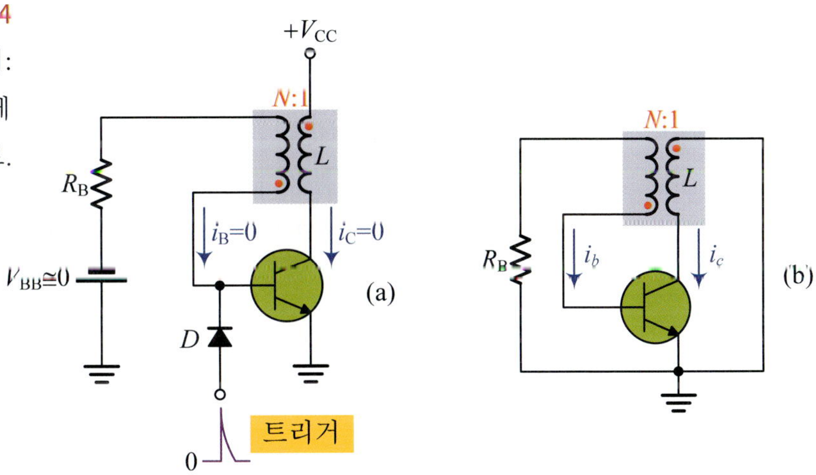

시하고 해석하도록 한다. 그림 13-34(a)에서 다이오드를 통해 베이스에 양의 펄스를 가해주면 트랜지스터는 활성 영역에 들어선다. 이로부터 정궤환 루프에 의한 재생 동작이 일어나며 재생 동작이 일어나는 동안의 교류 회로는 그림 (b)와 같다.

그림 13-34(b)의 등가회로는 그림 13-35(a)이며 이를 고쳐 그린 것이 그림 (b)이다. 그림 13-35(b)에서 전류 i_b'는 베이스 전류 i_b가 궤환 루프를 통해 다시 돌아온 전류이며 루프 이득은 $T=i_b'/i_b$이다. 변압기를 이상적인 변압기로 등가화하면 그림 (b)는 그림 (c)와 같다. 재생 동작은 순간적인 고주파 동작이다. 따라서 그림 (c)에서 L은 리액턴스가 매우 높아 개방 회로로 간주하면 $Ni_b'=\beta i_b$이다. 따라서 루프 이득 $T=i_b'/i_b$는

$$T=\frac{\beta}{N}>1 \tag{13-4-4}$$

을 만족하면 재생 동작이 이루어진다. 재생 동작에 의해 차단에서 포화 상태로 전이되면 단안정 블록킹 발진기의 상태는 그림 13-36(a)와 같다.

그림 13-36(a)는 변압기 등가회로를 이용하면 그림 (b)와 같다. 여기서 인덕터 L은 양단 전압이 V_{CC}로 직류이기 때문에 램프 전류가 흐른다는 사실이 중요하다(그림 13-2(b) 참조). 이 때 L에 흐르는 램프 전류 i_m은

$$i_m=(V_{CC}/L)t \tag{13-4-5}$$

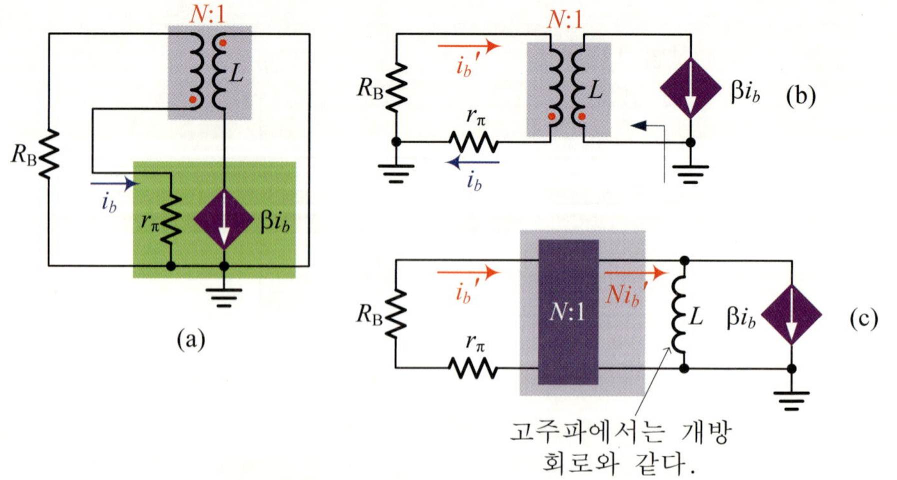

그림 13-35
그림 13-34(b)의 재생 동작에 대한 등가회로.

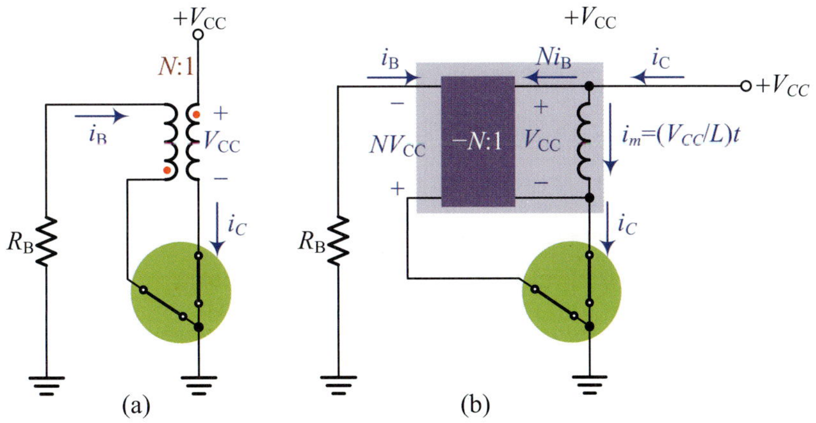

그림 13-36
그림 13-34(a)의 포화 상태에서의 (a) 등가 회로; (b) 변압기를 등가화한 그림.

그리고 베이스 전류 i_B는 다음과 같다.

$$i_B = \frac{NV_{CC}}{R_B} \tag{13-4-6}$$

컬렉터 전류는 $i_C = Ni_B + i_m$이므로 식 (13-4-5)와 (13-4-6)으로부터

$$i_C = \frac{N^2 V_{CC}}{R_B} + \left(\frac{V_{CC}}{L}\right)t \tag{13-4-7}$$

이상으로 포화 상태에서의 베이스 전류와 컬렉터 전류 파형은 그림 13-37과 같으며 베이스 전류는 일정하고 컬렉터 전류는 직선적으로 증가한다. 트랜지스터의 포화 조건은 $i_C < \beta_o i_B$이다. 따라서 t=0일 때는 식 (13-4-7)에 의해

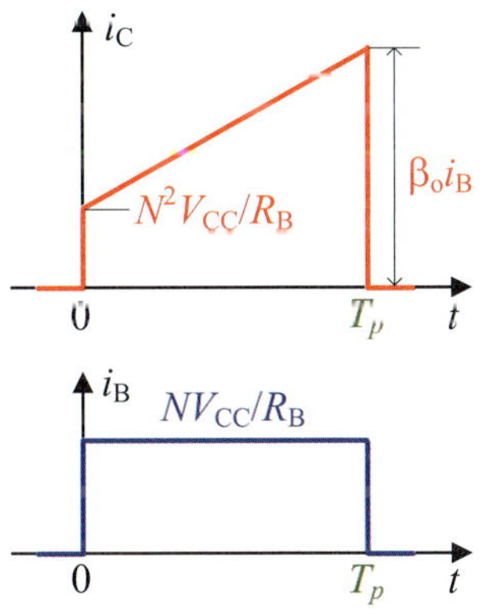

그림 13-37
단안정 블로킹 발진기가 포화상태에 있을 때의 전류 파형

$$i_C(0) = \frac{N^2 V_{CC}}{R_B} = N i_B < \beta_o i_B \tag{13-4-8}$$

를 만족하므로 포화 상태에 있다. 그러나 시간이 갈수록 컬렉터 전류가 증가하므로 T_p 시간 후에 $i_C=\beta_o i_B$가 된다고 하자. 그러면 트랜지스터는 포화 상태에서 활성 상태로 들어서며 재생 동작에 의해 순간적으로 차단 상태로 전이된다. 포화 상태에 머무는 시간 T_p는 식 (13-4-6)과 (13-4-7)로부터 다음의 관계를 만족하여야 한다.

$$i_C(T_p) = \frac{N^2 V_{CC}}{R_B} + \left(\frac{V_{CC}}{L}\right) T_p = \beta_o i_B = \beta_o \left(\frac{N V_{CC}}{R_B}\right) \tag{13-4-9}$$

따라서 $\beta_o >> N$으로 하면 T_p는 다음과 같이 정해진다.

$$T_p = \frac{NL}{R_B}(\beta_o - N) \cong \frac{N\beta_o L}{R_B} \tag{13-4-10}$$

이상으로 그림 13-34(a)의 단안정 블록킹 발진기는 차단 상태가 안정 상태인 단안정이며 트리거에 의해 포화 상태가 되어도 T_p 시간 후에는 차단 상태로 복귀한다.

식 (13-4-10)에서 β_o는 온도나 전류의 크기에 따라 변동이 심하므로 포화 시간 T_p는 안정되지 못하다. 따라서 그림 13-34(a)의 단안정 블록킹 발진기는 실제로는 매우 불안정한 회로이며 이를 개선한 회로가 그림 13-38(a)이다. 그림 13-34(a)는 베이스에 저항 R_B가 있으므로 베이스-타이밍 단안정 블록킹 발진기라 하며 그림 13-38(a)의 경우는 이미터에 저항 R_E가 있으므로 이미터-타이밍 단안정 블록킹 발진기라 한다. 그림 13-38(a)가 활성 상태에 있을 때의 등가회로는 그림 (b)이며 이로부터 재생 동작 조건을 구하면 식 (13-4-4)와 같다(연습문제).

그림 13-38(a)의 발진기가 포화 상태에 있을 때는 그림 13-39(a)와 같다. 여기서 컬렉터 단자 코일의 양단 전압을 V_x라 하면 베이스 단자 코일의 양단 전압이 NV_x이므로 이미터 저항 R_E의 양단 전압 역시 NV_x가 된다. 따라서 컬렉터-이미터 루프에서 KVL에 의해 $V_x+NV_x=V_{CC}$이므로

$$V_x = \frac{V_{CC}}{N+1} \tag{13-4-11}$$

이다. 따라서 이미터 전류 i_E는

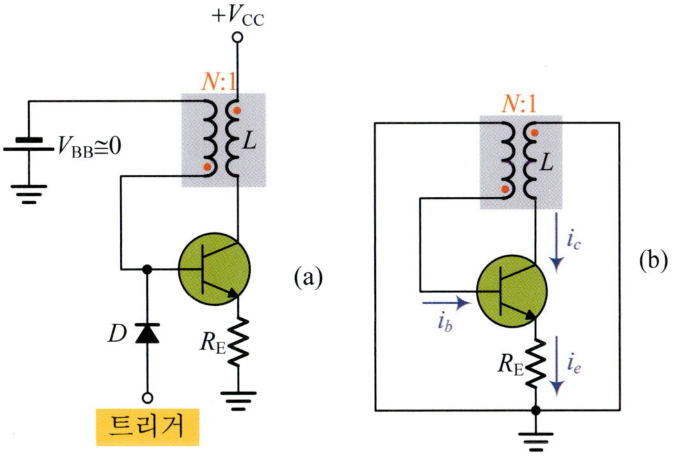

그림 13-38
이미터-타이밍 단안정 블로킹 발진기: (a) 구성; (b) 재생 동작시의 등가회로.

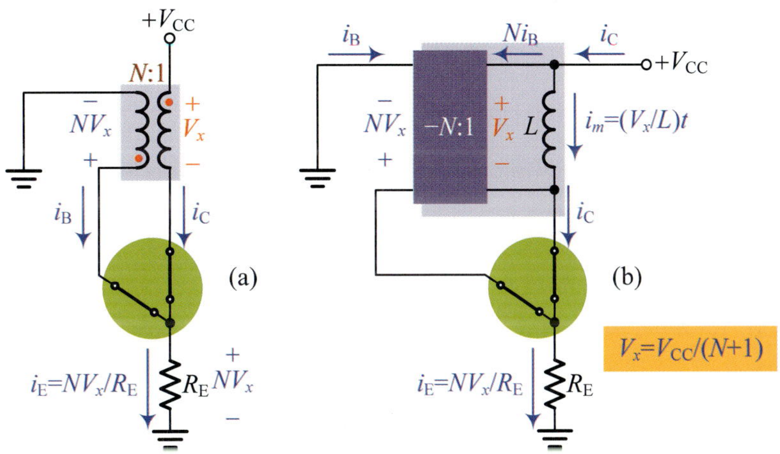

그림 13-39
그림 13-38(a)의 포화 상태에서의 (a) 등가회로; (b) 변압기를 등기화한 그림.

$$i_E = i_B + i_C = \frac{NV_x}{R_E} = \left(\frac{N}{N+1}\right)\frac{V_{CC}}{R_E} \qquad \textbf{(13-4-12)}$$

로 일정하다. 즉 베이스-타이밍 단안정 블록킹 발진기에서는 포화시에 베이스 전류 i_B가 일정하게 유지되지만 이미터-타이밍의 경우는 이미터 전류 i_E가 일정하게 유지된다. 그림 13-39(a)에서 변압기를 등가회로로 고치면 그림 (b)와 같으며 이로부터 컬렉터 전류 i_C는 다음과 같이 표현된다.

$$i_C = Ni_B + i_m = Ni_B + \frac{V_x}{L}t = Ni_B + \left(\frac{V_{CC}}{(N+1)L}\right)t \qquad \textbf{(13-4-13)}$$

이상의 식 (13-4-12)와 (13-4-13)을 연립하여 풀면 포화시의 베이스, 이미터 및 컬렉터 전류는 각각 다음과 같음을 알 수 있다.

$$\begin{cases} i_B = \dfrac{V_{CC}}{(N+1)^2}\left[\dfrac{N}{R_E} - \dfrac{1}{L}t\right] \\ i_C = \dfrac{V_{CC}}{(N+1)^2}\left[\dfrac{N^2}{R_E} + \dfrac{1}{L}t\right] \\ i_E = i_B + i_C = \left(\dfrac{N}{N+1}\right)\dfrac{V_{CC}}{R_E} \end{cases} \tag{13-4-14}$$

위의 결과를 파형으로 나타내면 그림 13-40과 같으며 포화 상태에 머무는 시간 T_p는 $i_C(T_p)=\beta_o i_B(T_p)$로부터 다음과 같이 구해진다.

$$T_p = \left(\frac{\beta_o - N}{\beta_o + 1}\right)\frac{NL}{R_E} \cong \frac{NL}{R_E} \quad (N < 1 << \beta_o) \tag{13-4-15}$$

식 (13-4-15)의 T_p는 β_o의 영향을 받지 않고 R, L 및 권선비 N에 의해서만 결정되므로 식 (13-4-10)의 T_p보다 훨씬 안정적이다.

그림 13-40
그림 13-39 회로의 파형.

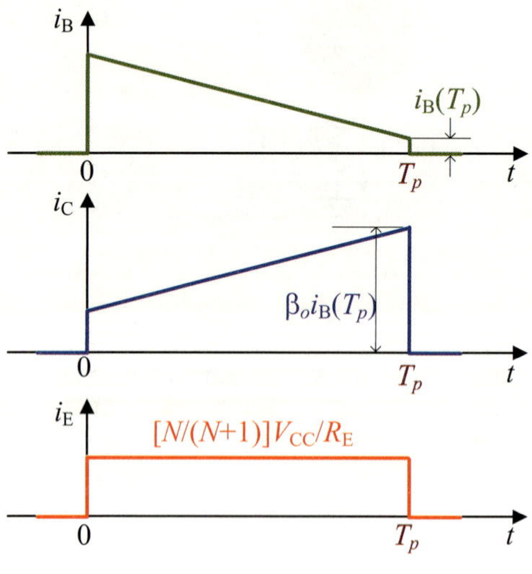

비안정 블로킹 발진기

단안정 블록킹 발진기는 차단 상태가 안정 상태이다. 그림 13-41(a)는 블록킹 발진기의 베이스를 RC 충전 회로와 연결하였기 때문에 차단 후 일정한 시간이 지나면 활성 영역에서의 재생 동작이 일어나 포화 상태로 전이된다. 그러나 포화 상태에서는 인덕터의 램프 전류 작용에 의해 컬렉터 전류가 증가하므로 다시 활성 영역에서의 재생 동작이 일어나 차단 상태로 전이된다. 따라서 그림 13-41(a)를 비안정 블록킹 발진기라 한다. 그리고 인덕터와 결합된 다이오드 D는 인덕터 전류가 갑자기 차단될 때 발생하는 매우 큰 역기전력에 대한 퇴로를 만들어 주며 이 작용을 백스윙(back swing)이라 한다.

그림 13-41(a)가 차단 상태에 있을 때의 등가 회로는 그림 (b)와 같다. 그리고 활성 영역에서의 재생 동작은 고주파 동작이므로 충전 커패시터 C는 단락 회로와 같다. 즉 재생 동작시의 등가회로는 그림 (c)와 같으며 이는 다시 그림 13-34(b)와 같으므로 재생 동작의 조건은 식 (13-4-4)와 같다. 트랜지스터가 그림 13-41(b)의 차단 상태에서 활성 상태로 진입하는 순간에 커패시터 C의 전압은 $V_A = -V_\gamma$이다. 이 후 재생 동작에 의해 회로가 포화될 때의 등가회로는 그림 13-42(a)와 같으며 베이스-이미터 동저항

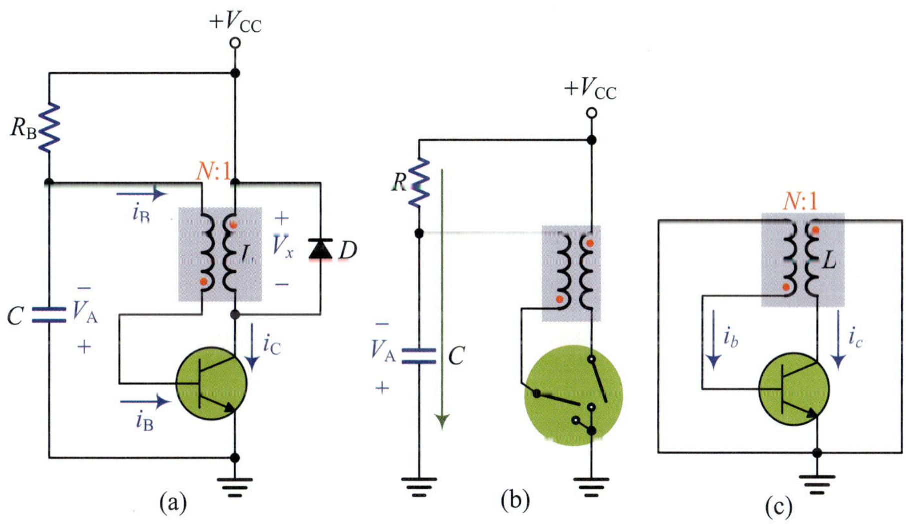

그림 13-41 비안정 블로킹 발진기: (a) 구성; (b) 차단 상태; (c) 활성 상태 (재생 동작).

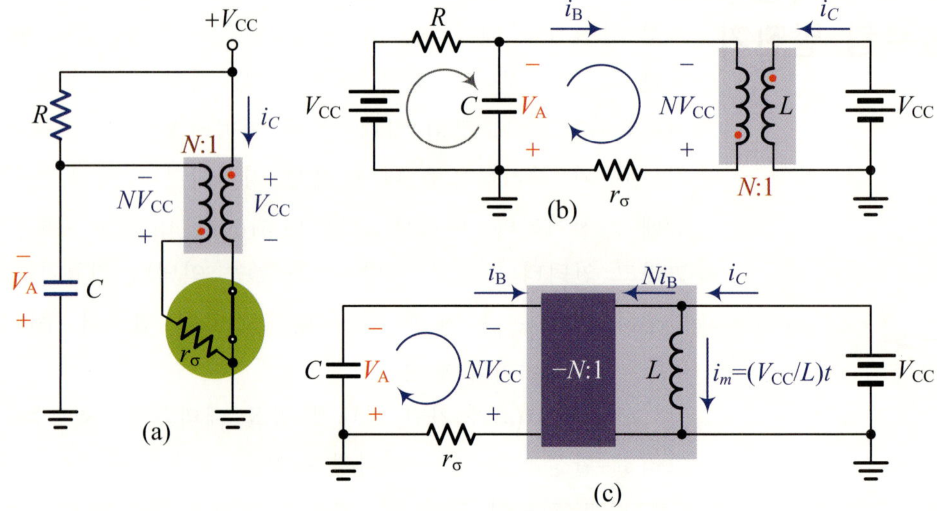

그림 13-42 그림 13-41(a)의 회로가 포화상태에 있을 때의 등가 회로들.

r_σ를 고려한다. 그림 13-42(a)는 그림 (b)와 같으며 커패시터 C에 대한 충전로는 두 개 있다. 하나는 저항 R을 통한 전압 V_{CC}이며 또 하나는 저항 r_σ를 통한 NV_{CC}이다. 그러나 R은 r_σ에 매우 크기 때문에 R을 전압 V_{CC}로 충전되는 양은 r_σ를 통해 NV_{CC}로 충전되는 양에 비해 무시할 수 있다. 따라서 그림 13-42(b)에서 R을 통한 충전 회로를 무시하면 그림 (c)의 등가회로를 구할 수 있다. 여기서 커패시터 전압 V_A는 초기치인 $-V_\gamma$로부터 최종치인 NV_{CC}를 향해 충전되며 시정수가 $\tau=r_\sigma C$이다. 따라서 V_A는

$$V_A = NV_{CC} + (-V_\gamma - NV_{CC})e^{-t/\tau} \quad \textbf{(13-4-16)}$$

그러나 $NV_{CC} >> V_\gamma$이므로

$$V_A \cong NV_{CC}(1 - e^{-t/\tau}), \quad (\tau = r_\sigma C) \quad \text{(포화상태)} \quad \textbf{(13-4-17)}$$

따라서 베이스 전류 i_B는

$$i_B = C\frac{dV_A}{dt} = \frac{NV_{CC}}{r_\sigma}e^{-t/\tau} \quad \textbf{(13-4-18)}$$

이며 이를 이용하면 컬렉터 전류 $i_C=Ni_B+i_m$은 다음과 같다.

$$i_{\rm C} = Ni_{\rm B} + i_m = \frac{N^2 V_{\rm CC}}{r_\sigma} e^{-t/\tau} + \frac{V_{\rm CC}}{L} t \tag{13-4-19}$$

이상으로 베이스 전류는 식 (13-4-18)과 같이 줄어들고 있는 동안 컬렉터 전류는 식 (13-4-19)와 같이 증가하므로 시간 T_p 후에는 $i_{\rm C}=\beta_o I_{\rm B}$가 되어 활성 영역으로 진입하면서 순간적인 재생 동작에 의해 차단 상태로 전이된다. 여기서 포화 상태에 머무는 시간 T_p는 차단 상태에 머무는 시간에 비해 매우 짧기 때문에 상대적으로 무시할 수 있다. 그리고 포화 상태에 있을 때는 시정수 $\tau=r_\sigma C$가 매우 작기 때문에 식 (13-4-17)의 $V_{\rm A}$는 T_p 동안 거의 $NV_{\rm CC}$로 충전된다. 따라서 차단 상태로 전이되면 그림 13-41(b)의 회로에서 $V_{\rm A}$는 초기치 $NV_{\rm CC}$로부터 최종치 $-V_{\rm CC}$를 향해 충전되며 시정수는 $\tau=RC$이다. 따라서 차단 직후부터 $V_{\rm A}$는 다음과 같이 변한다.

$$\begin{aligned} V_{\rm A} &= -V_{\rm CC} + (NV_{\rm CC} + V_{\rm CC})e^{-t/\tau} \\ &= -V_{\rm CC} + (N+1)V_{\rm CC}e^{-t/RC} \end{aligned} \quad \text{(차단상태)} \tag{13-4-20}$$

위의 식에 의해 $V_{\rm A}$가 $-V_\gamma$에 이르면 재생 동작이 일어나 다시 포화 상태가 되므로 차단 상태에 머무는 시간을 T_s라 하면

$$e^{-T_s/RC} = \frac{V_{\rm CC} - V_\gamma}{(N+1)V_{\rm CC}} \cong \frac{1}{N+1} \tag{13-4-21}$$

로부터 다음과 같다.

$$T_s \cong RC\ln(N+1) \tag{13-4-22}$$

따라서 발진 주기는 T는 다음과 같이 주어진다.

$$T = T_p + T_s \cong T_s = RC\ln(N+1) \tag{13-4-23}$$

이상으로 비안정 블록킹 발진기의 파형은 그림 13-43과 같다. 블록킹 발진기는 변압기를 통해 정궤환을 일으키며 다중 바이브레이터 회로에 비해 펄스의 상승 및 하강 시간이 매우 짧고 펄스 폭(T_p)을 매우 좁게 할 수 있다. 그리고 회로 구성이 매우 간단하기 때문에 텔레비전, 레이다(radar) 등 여러 분야에서 사용되고 있다.

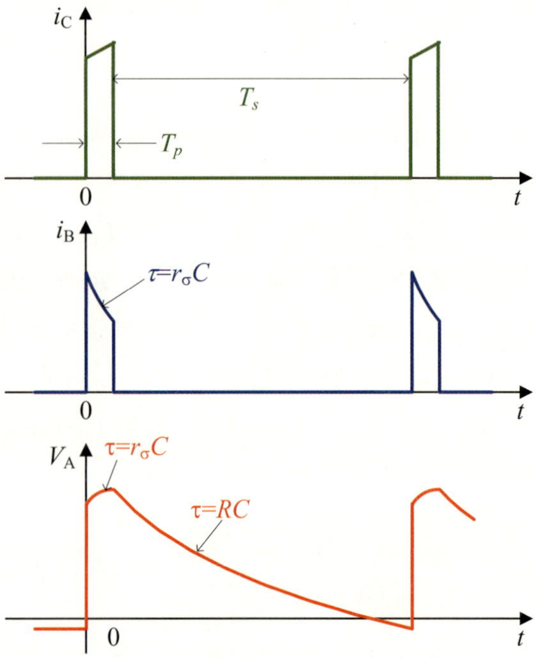

그림 13-43
그림 13-41(a)의 파형.

13-5 555 IC 타이머

그림 13-44는 디지털 IC의 하나인 555 타이머의 내부 블록선도이다. 그림에서와 같이 555 타이머는 기본적으로 두 개의 비교기와 하나의 플립-플롭, 하나의 방전 트랜지스터 및 전압 분배 저항으로 이루어진다. 전압 분배기를 구성하는 저항 R_1과 R_2 및 R_3는 두 비교기에 대한 기준 전압을 제공하며 저항치가 모두 같다. 따라서 비교기 1에 대해서는 $2V_{CC}/3$의 기준 전압을 제공하고 비교기 2에 대해서는 기준 전압 $V_{CC}/3$을 제공하며 두 비교기의 출력에 의해 플립-플롭의 상태가 제어된다. 즉 6번 핀을 통해 외부로부터 공급되는 문턱 전압이 $2V_{CC}/3$를 초과하면 비교기 1의 출력이 HIGH가 되어 플립-플롭을 리셋시키며 비교기 2의 2번 핀을 통해 입력되는 트리거 전압이 $V_{CC}/3$ 이하로 내려가면 비교기 2의 출력이 HIGH

그림 13-44
555 IC 타이머의 내부 블록선도.

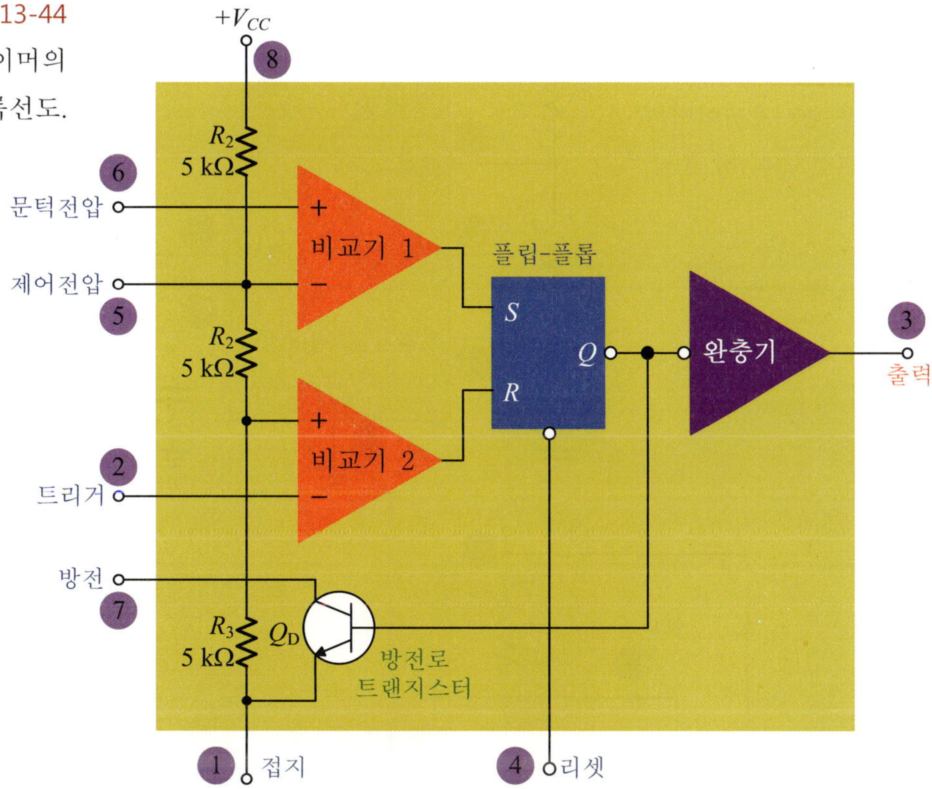

가 되어 플립-플롭을 세트시킨다. 그리고 방전 트랜지스터 Q_D의 베이스는 플립-플롭의 상보적인 출력에 의해 구동되므로 플립-플롭의 상태가 LOW일 경우는 방전 트랜지스터가 포화되어 7번 핀에 연결되는 외부 소자인 타이밍 커패시터가 급속히 방전되도록 방전로를 제공한다. 이와 같은 동작은 555 타이머가 적절한 외부 소자와의 결합을 통해 비안정 다중바이브레이터(발진기)나 단안정 다중바이브레이터 또는 시간 지연 소자로서 활용될 수 있게 한다.

비안정 동작

그림 13-45(a)는 555 타이머를 비안정 다중바이브레이터로 구성하여 비정현파 발진기로 활용할 수 있도록 한 회로이며 문턱 전압 단자가 트리거 단자와 연결된 점을 유의하여야 한다. 그리고 외부 소자 R_A와 R_B 및 C_{OSC}는 발진 주파수를 결정하는 타이밍 소자이며 제어 전압 단자 5에 연결된 0.01 μF의 커패시터는 감결합용으로서 회로의 동작에는 영향을 미

그림 13-45
555를 이용한 비안정 다중 바이브레이터의 (a) 결선도와 (b) 동작.

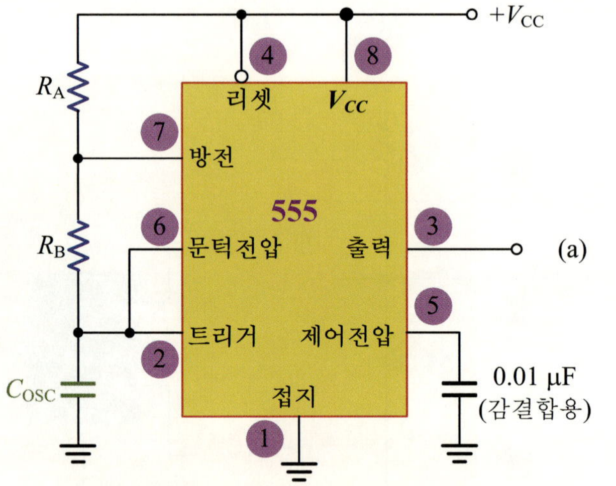

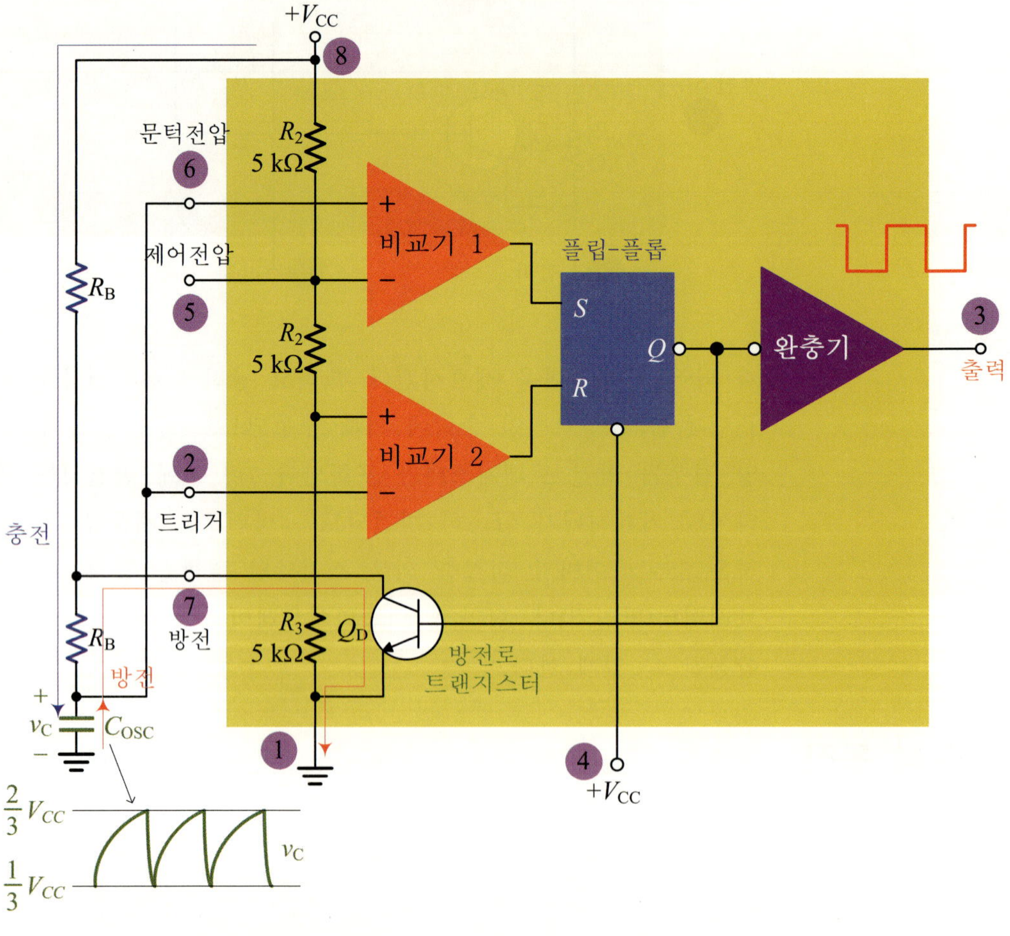

치지 않으므로 때로는 개방 상태로 두기도 한다. 커페시터 C_{OSC}는 초기 전압이 0인 상태에서 전원을 켜는 순간 2번 단자의 트리거 전압과 6번 단자의 문턱 전압은 0V이므로 비교기 2의 출력은 HIGH가 되고 비교기 1의 출력은 LOW가 된다. 따라서 플립-플롭의 출력은 HIGH가 되고 방전 트랜지스터 Q_D의 베이스 전압이 LOW가 되어 Q_D는 차단된다. 이 상태에서는 그림 13-45(b)가 보이는 바와 같이 C_{OSC}는 저항 R_A와 R_B를 통해 V_{CC}를 향해 충전되기 시작한다. 충전 과정에서 C_{OSC}의 전압이 $V_{CC}/3$에 이르는 순간 비교기 2의 출력은 LOW 상태로 전환되며, C_{OSC}의 전압이 $2V_{CC}/3$에 이르는 순간에는 비교기 1의 출력이 HIGH로 전환된다. 따라서 C_{OSC}의 전압이 $2V_{CC}/3$를 초과하는 순간 플립-플롭은 입력이 R=**1**, S=**0**이 되어 리셋되므로 방전 트랜지스터 Q_D는 베이스 전압이 HIGH가 되어 포화된다. 일단 Q_D가 포화되면 R_B와 Q_D를 통해 커패시터 C_{OSC}에 방전로가 형성되므로 C_{OSC}는 방전 동작으로 접어들게 된다.

방전 과정에서 C_{OSC}의 전압이 $V_{CC}/3$ 이하가 되는 순간 비교기 2의 출력이 이전의 LOW에서 HIGH 상태로 전환되므로 R=**0**, S=**1**이 된다. 따라서 플립-플롭의 출력은 HIGH가 되고 상보 출력은 LOW가 되어 방전 트랜지스터가 차단되므로 다시 충전 동작이 개시된다. 이상의 과정이 계속 반복됨으로써 출력에서는 구형파 발진이 지속되며 이 때의 발진 주파수와 듀티-사이클은 R_A와 R_B 및 C_{OSC}에 의해 결정된다.

출력이 HIGH인 기간을 t_H라 하면 이는 C_{OSC}가 $V_{CC}/3$에서 $2V_{CC}/3$까지 충전되는데 걸리는 시간이므로

$$t_H = 0.693(R_A + R_B)C_{OSC} \tag{13-5-1}$$

로 주어진다. 한편 출력이 LOW인 기간을 t_L이라 하면 이는 C_{OSC}가 $2V_{CC}/3$에서 $V_{CC}/3$까지 방전되는데 걸리는 시간이므로

$$t_L = 0.693R_BC_{OSC} \tag{13-5-2}$$

로 결정된다. 따라서 출력의 주기 T 및 주파수 f_o는

$$\begin{cases} T = t_H + t_L = 0.693(R_A + 2R_B)C_{OSC} \\ f_o = \dfrac{1.44}{(R_A + 2R_B)C_{OSC}} \end{cases} \tag{13-5-3}$$

그리고 듀티-사이클은

$$듀티\text{-}사이클 = \frac{t_H}{T} = \frac{R_A + R_B}{R_A + 2R_B} \times 100\% \quad \textbf{(13-5-4)}$$

이므로 $R_B >> R_A$일 경우 최소 50%의 듀티-사이클에 가까워진다.

VCO 동작 외부 전압에 의해 커패시터의 충방전 시간을 제어함으로써 발진기의 주파수를 가변시킬 수 있는 전압제어 발진기(VCO)에 대해서는 11장에서 설명한 바 있다. VCO 역시 555 타이머를 이용하여 간단히 구성할 수 있으며 그림 13-46이 이를 보여준다. 그림 13-46(a)의 회로가 그림 13-45(a)와 다른 점은 5번 핀의 제어 전압 단자에 가변 제어전압을 입력시킨다는 것이며, 제어 전압 V_{CTRL}은 555 타이머의 내부 비교기에 대한 문턱 전압인 $2V_{CC}/3$와 $V_{CC}/3$를 변화시켜 주는 역할을 한다. 즉 그림 13-46(b)에서 보는 바와 같이 제어 전압에 의해 $2V_{CC}/3$가 V_{CTRL}로 바뀌고 $V_{CC}/3$가 $V_{CTRL}/2$로 바뀌며 이는 그림 13-44의 내부 구조를 살펴보면 쉽게 이해될 수 있다. 따라서 그림 13-46(b)에서 제어 전압의 변화에 의해 출력의 발진 주파수가 변함을 알 수 있다. 즉 제어 전압 V_{CTRL}이 커지면 커패시터 C_{OSC}의 충전 및 방전 시간이 길어지므로 발진 주파수는 낮아지게 되고 반대로 V_{CTRL}이 작아지면 C_{OSC}의 충방전 시간이 단축되므로 발진 주파수는 높아지게 된다.

그림 13-46
555 타이머 VCO의 (a) 결선도와 (b) 파형.

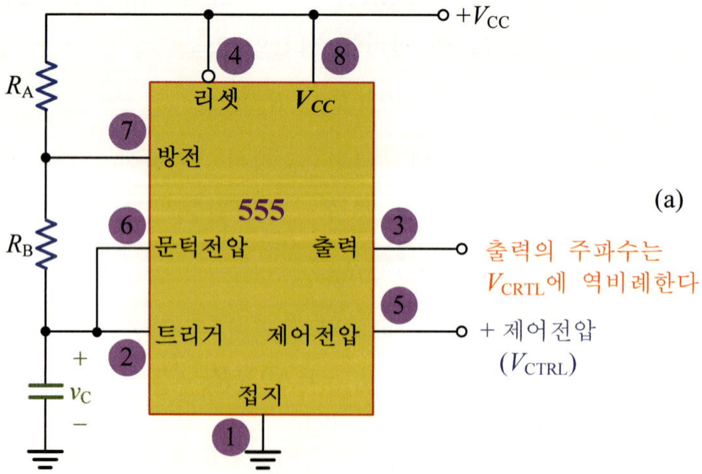

그림 13-46
(계속)

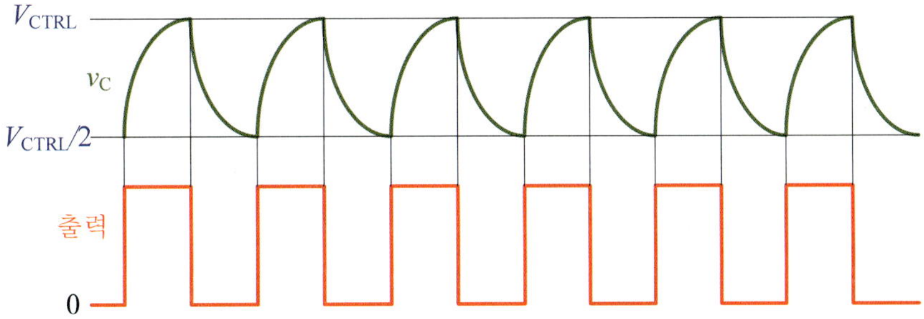

(b)

연습 문제

13-1 이미터-공통 증폭기가 선형 증폭기로 사용될 때와 논리 게이트로 사용될 때의 동작상 차이에 대해 설명하라.

13-2 트랜지스터 스위치의 동작 속도에 한계가 있는 원인을 설명하라.

13-3 그림 P13-3의 인버터에서

(a) 입력이 5 V일 때 출력 전압을 구하고 포화 여부를 알아보라.

(b) 입력이 0 V일 때 V_{BE}와 출력 전압을 구하고 동작 상태를 알아보라.

그림 P13-3

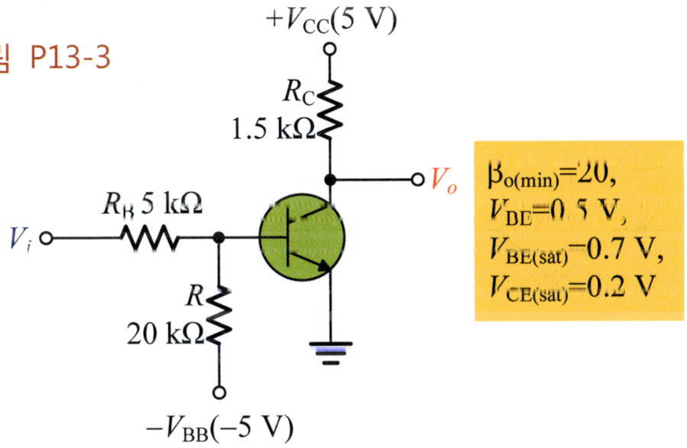

13-4 TTL 게이트의 능동 풀업에 대해 설명하라.

13-5 CMOS 계열이 다른 계열의 게이트에 비해 유리한 점을 설명하라.

13-6 쌍안정 다중바이브레이터가 기억 소자로 사용할 수 있는 이유를 설명하라.

13-7 그림 P13-7은 자기 바이어스를 이용한 쌍안정 다중바이브레이터이다.

그림 P13-7

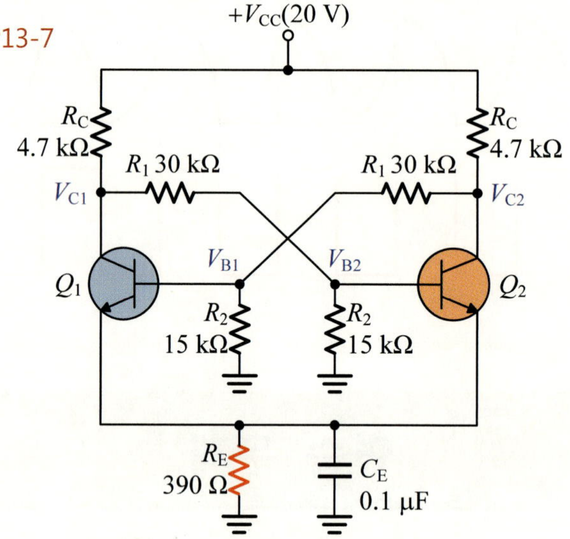

(a) 안정 상태에서의 전압과 전류를 구하라.

(b) 한쪽이 차단될 때 다른 쪽이 포화되기 위한 β_o의 최소값을 구하라.

(c) 재생 동작이 일어나기 위해 β는 얼마 이상이어야 하는가?

13-8 그림 P13-7에서 V_{CC}=12 V, R_C=4 kΩ, R_1=30 kΩ, R_2=10 kΩ, R_E=500 Ω일 때 문제 13-7을 반복하라.

13-9 그림 P13-9는 트리거 펄스를 트랜지스터의 컬렉터에 가함으로써 상태

그림 P13-9

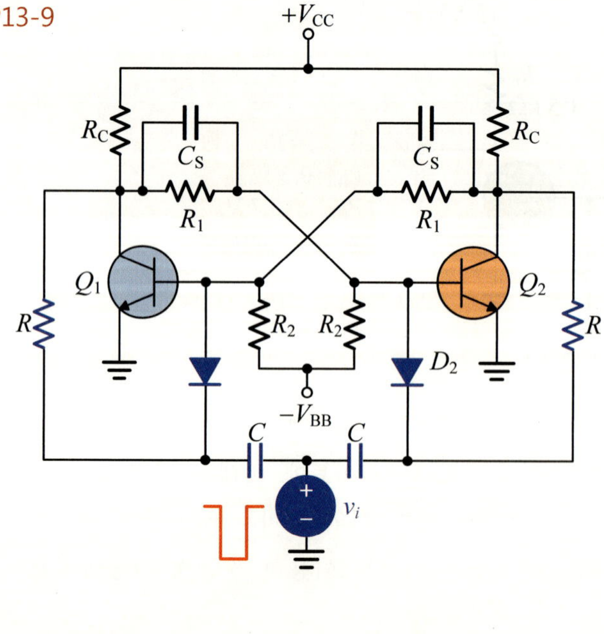

전이를 일으키는 회로이다. 이 회로의 트리거 작용에 대해 설명하라.

13-10 그림 13-25(a)에서 각 소자 값들이 다음과 같을 때 회로의 직류 전압과 전류를 계산하라: β_o=30, V_{CC}=6 V, R_{C1}=R_{C2}=1 kΩ, R_1=10 kΩ, R_2=20 kΩ, R=10 kΩ.

13-11 이장 발진기의 유리한 점을 설명하라.

13-12 이장 발진기와 블록킹 발진기의 근본적인 차이는 무엇인가?

13-13 블록킹 발진기에서 컬렉터 전류가 램프 파형이 되는 원리를 설명하라.

13-14 그림 13-45(a)에서 R_A=7.5 kΩ, R_B=7.5 kΩ, C_{OSC}=0.05 μF일 때 발진 주파수를 구하라.

13-15 문제 13-14에서 C_{OSC}를 바꾸어 발진 주파수를 350 kHz로 하고자 할 때 C_{OSC}를 구하라.

14장 집적 회로(IC)

집적 회로(integrated circuit: IC)는 현대 전자 공학의 결정판이라 할 수 있으며 50 mils×50 mils(1 mils=10^{-3} 인치)의 좁은 실리콘 단결정 칩(chip) 내에 많은 능동 소자 및 수동 소자들이 집적되고 연결되어 있는 회로이다. 이 모든 소자들의 집적과 연결이 모두 다음과 같은 동일한 공정 과정을 거쳐 이루어진다: 에피층(epitaxial layer) 형성, 마스크(mask)를 이용한 불순물 확산, 산화막 형성, 사진식각(photolithography)을 이용한 산화막 에칭(etching). 이러한 공정 과정은 모든 소자들에게 동일하게 가해지므로 집적 회로는 개별 소자 회로에 비해 높은 신뢰성과 정합성이 생기게 되었다. 특히 집적도가 날이 갈수록 증가하므로 아닐로그 및 디지털 전자 시스템의 상품화는 최종적으로 집적화를 거치지 않으면 안되게끔 되어가고 있다. 이 장에서는 집적 회로의 기본 구성에 대해 간단히 설명한 다음 대표적인 연산 증폭기인 741과 MC1530에 대해 해석해 본다. 그리고 마지막으로 연산 증폭기 못지 않게 범용화된 위상동기 루프(PLL)에 대해 설명한다.

목차

14-1 집적 회로

집적 회로를 이해하기 위해서는 능동 및 수동 소자들이 칩 상에서 어떻게 구현되는지 알아야 하며 이는 개별 소자와는 약간 다른 특성이 있을 수 있다. 모든 소자들은 웨이퍼(wafer) 상에서 동일한 공정 과정을 거쳐 집적화된다. 그림 14-1은 웨이퍼 상에서 만들어진 트랜지스터와 다이오드 및 1kΩ 짜리 저항의 크기를 비교해 보여주며 특히 1kΩ의 저항이 차지하는 면적이 다른 소자들에 비해 큰 것을 유의하여야 한다.

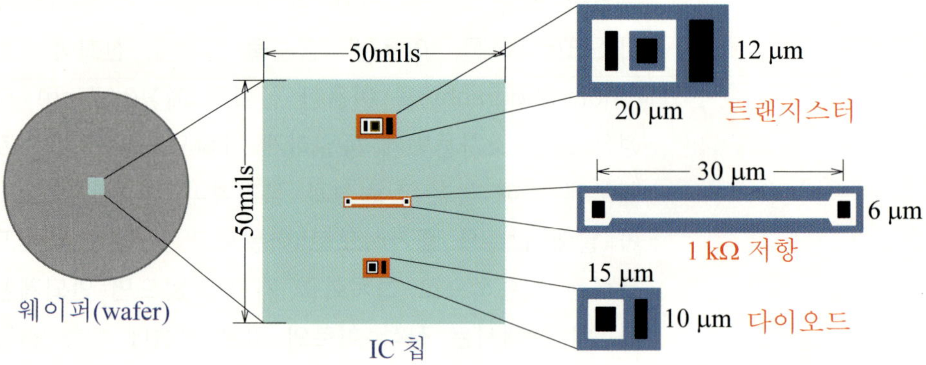

그림 14-1 웨이퍼 상에서 여러 소자들의 상대적인 크기를 보여주는 그림.

웨이퍼 다결정 실리콘으로부터 단결정 성장이라는 공정을 거쳐 단결정 실리콘을 만든 다음 이를 적절한 크기로 절단한 것이 웨이퍼이며 구조는 그림 14-2(a)와 같다. 웨이퍼는 단결정을 성장시킬 때 적절한 불순물을 가하여 p형 웨이퍼로 제조된다. 이러한 웨이퍼를 기판(基板, substrate)으로 삼아 그 위에 다시 얇은 n형의 실리콘 결정을 형성시키는데 이 층을 에피층(epitaxial layer)이라 한다. 기판 보다는 에피층 상에서 전기적인 특성이 좀 더 잘 조절되기 때문에 소자들은 에피층 위에서 형성되고 결합된다. 그리고 에피층 위에는 절연체인 산화막(SiO_2)이 입혀지며 이는 전기적 절연을 위한 것이다.

그림 14-2(b)는 웨이퍼의 단면도이다. 에피층에서 소자를 구성할 때 각 소자들간을 전기적으로 절연시키는 것이 중요하다. 이를 위해 산화막의

그림 14-2
(a) 웨이퍼 모습;
(b) 웨이퍼 단면도;
(c) 고도 형성.

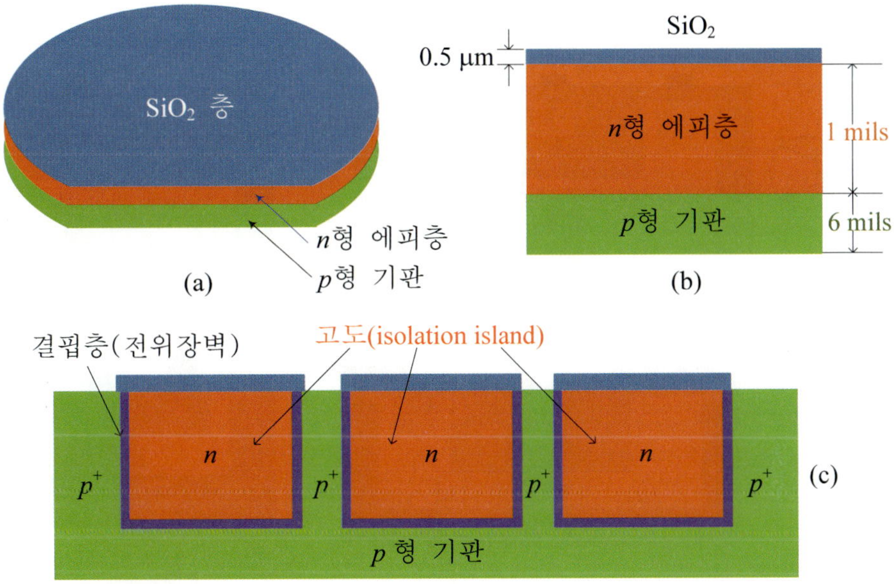

적절한 부분들을 제거한 다음 억셉터 불순물을 확산시켜 그림 (c)와 같은 형태로 만든다. 그 결과 n형인 에피층과 p^+형 반도체 사이에는 전위 장벽이 형성되므로 분리된 에피층들은 서로 전기적으로 절연되며 이들을 고도(isolation island)라 한다. 물론 p^+ 영역에 비해 n형인 에피층의 전위가 높도록 역방향 바이어스를 걸어주어야 하며 각 고도에는 하나씩의 소자들이 성형된다.

소자

그림 14-3은 고도 내에 형성된 소자들의 구성을 보여주며 그 중 그림 (a)는 npn BJT이다. 첫번째 단계로 n형 에피층 위에 p형 영역을 확산시켜 베이스로 삼으며 이 단계를 베이스 확산이라 한다. 그리고 두 번째 단계로 확산된 n^+형 영역 중 p형 영역 내에 형성된 것은 이미터가 되고(이미터 확산) n형 에피층 위에 형성된 것은 컬렉터가 된다. 물론 이러한 과정에는 마스크를 이용한 불순물 확산, 산화막 형성 및 사진식각에 의한 산화막 에칭 등이 포함된다. 다이오드는 그림 14-3(b)와 같이 트랜지스터의 베이스와 컬렉터를 결합시킨 BC-E 형태로 제조하는 것이 보통이다. 그 이유는 IC 제조는 일괄 공정을 거쳐 이루어지므로 회로의 대다수를 차지하는 트랜지스터에 대한 공정을 기준으로 하는 것이 바람직하기 때문이다.

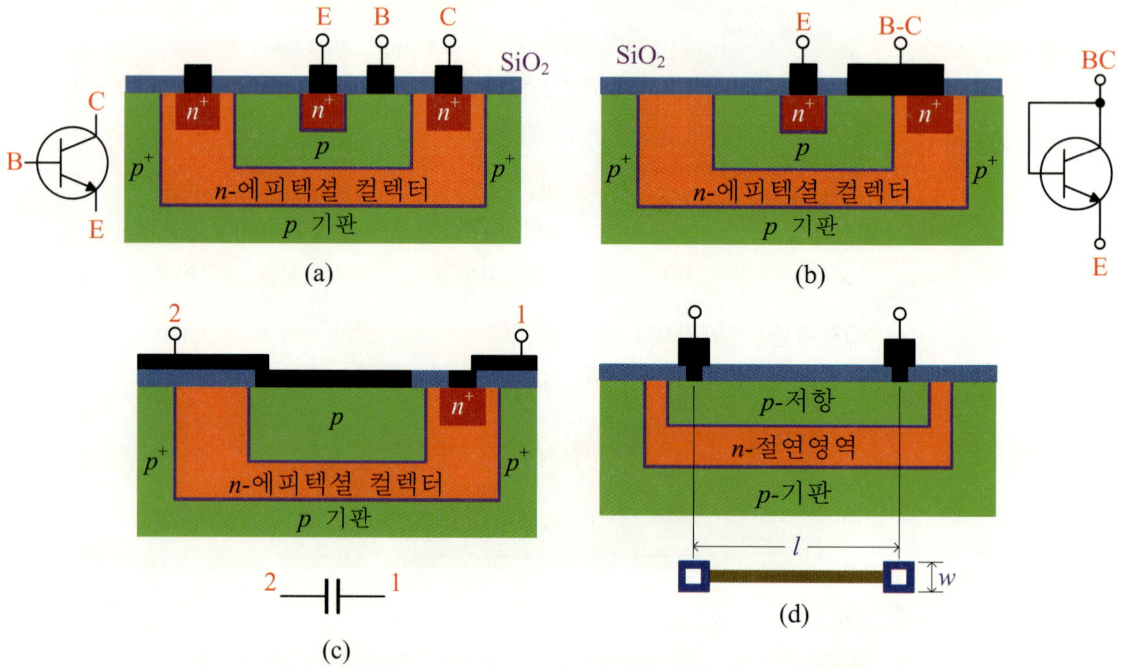

그림 14-3 웨이퍼상의 소자: (a) *npn* BJT; (b) 다이오드; (c) 용량; (d) 저항.

그림 14-3(c)는 집적 회로상의 커패시터로서 *pn* 접합부의 공간전하 영역의 용량을 이용하며 크기는 pF 수준이다. 집적 회로상에서 구현할 수 있는 용량의 한계는 1000 pF 수준이며 그 이상은 외부로부터 연결하여 사용하여야 한다. 집적 회로상의 저항은 구조가 그림 14-3(d)와 같으며 *p*-저항은 *p*형 반도체로 된 벌크 저항(bulk resistance)이다. 그리고 벌크 저항으로 *p*형 반도체를 사용하는 이유는 *p*형 반도체의 저항성이 *n*형 반도체보다 높기 때문이다. 그림 (d)에서 벌크 저항은 길이 l에 비례하고 폭 w에 반비례한다. 따라서 동일한 면적에서 최대 길이를 얻기 위해서는 그림 14-4와 같은 형태로 만든다.

그림 14-4
저항을 높인 형태.

14-2 정전류원과 출력단

IC는 개별 소자 회로와는 달리 여러 가지 다양한 기법을 활용한다. 그 이유는 높은 집적도 덕분에 소자 수가 좀 증가하더라도 안정성을 확보하기 위해 다양한 보상 회로를 자유롭게 사용할 수 있기 때문이다. 뿐만 아니라 일괄 공정으로 얻을 수 있는 소자들간의 높은 정합도와 제조상의 자유도가 높기 때문이다. 특히 IC는 공정면에서 트랜지스터가 주가 되기 때문에 트랜지스터를 특수하게 결합하는 여러 가지 방법이 활용되고 있다. 여기서는 IC만의 독특한 결합에 대해 몇 가지 설명한 다음 정전류원과 AB급 증폭기의 출력단에 대해 알아본다.

특수 결합

그림 14-5는 IC에서 자주 사용되는 몇 가지 결합들을 보여준다.

BC-E 다이오드 그림 14-5(a)의 왼쪽은 베이스와 컬렉터 단자를 하나로 묶어 다이오드로 사용하는 BC-E 다이오드를 응용한 형태이다. 즉 저항 R이 개방이면 BC-E 다이오드이다. 그림 14-5(a)는 트랜지스터와 저항을 이용하여 저항과 다이오드를 병렬 결합한 회로와 같은 효과를 얻는 방법이다. 그림에서 저항 R에 흐르는 전류에 비해 트랜지스터의 베이스 전류를 무시하면 저항 양단의 전압 강하는 $V=IR$이 되며 이 전압이 곧 트랜지스터의 베이스-이미터 전압이 된다. 따라서 전류 I가 작아 V가 0.6 V 이하가 되면 트랜지스터는 차단되어 회로는 하나의 저항 R과 같아진다. 그러나 전류가 증가하여 V가 0.6 V 이상이 되면 트랜지스터가 도통되어 BC-E 다이오드가 된다. 따라서 그림 14-5(a)의 왼쪽은 오른쪽과 등가이다.

V_{BE}-증배기 그림 14-5(b)는 V_{BE}의 정수배가 아닌 정전압원을 만들어 주는 V_{BE}-증배기이며 전압 V는 다음과 같다(식 (6-4-5) 참조).

$$V_{CE} = \left(1 + \frac{R_1}{R_2}\right) V_{BE} \tag{14-2-1}$$

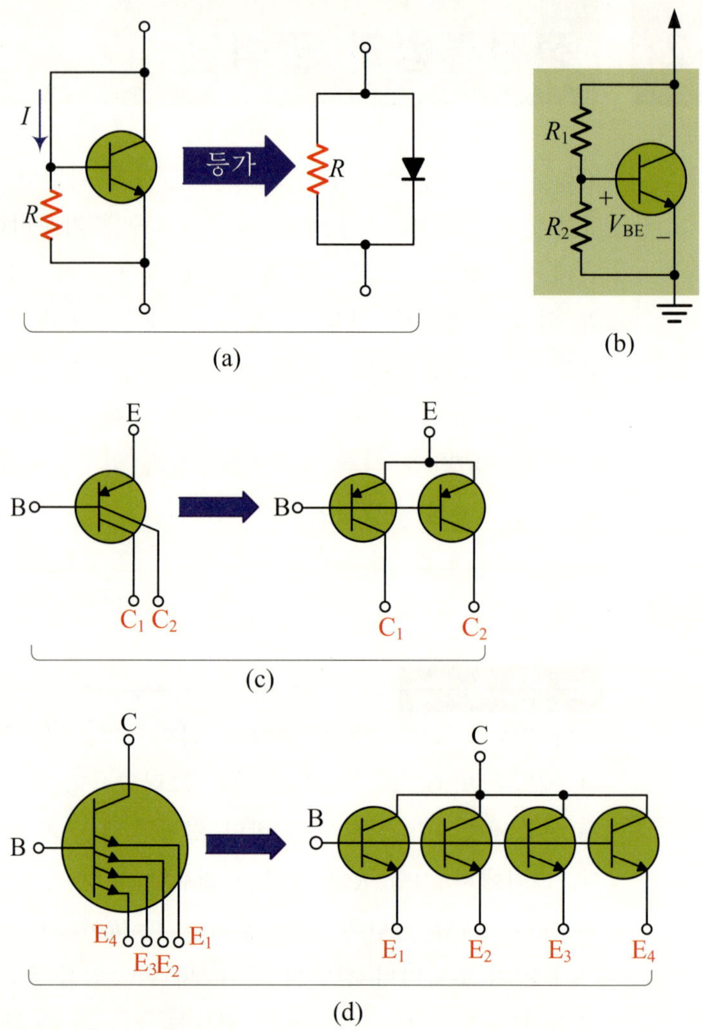

그림 14-5
IC에서 사용되는 특수 결합들: (a) BC-E 다이오드; (b) V_{BE}-증배기; (c) 다중 컬렉터; (d) 다중 이미터.

다중 컬렉터(이미터) 그림 14-5(c)는 트랜지스터 하나에 컬렉터가 두 개인 다중 컬렉터 트랜지스터와 그 등가 구조를 보여준다. 두 컬렉터 영역의 면적을 달리하여 컬렉터 전류의 비를 조절할 수 있다. 즉 만일 컬렉터 C_1의 면적을 C_2의 3배로 한다면 $I_{C1}=3I_{C2}$가 된다. 물론 컬렉터는 두 개 이상이 될 수 있다. 그림 14-5(d)는 다중 이미터 트랜지스터에 대한 예와 그 등가 구조를 보여준다. 다중 이미터 트랜지스터는 다수 입력의 TTL 논리 회로에서 사용되며 아날로그 IC에서는 정전류원 등에 많이 활용되고 있다.

정전류원

정전류원에 대해서는 3-8 절에서 설명한 바 있으며 여기서는 좀 더 개선된 정전류원에 대해 알아본다. 개별 소자 회로와 구별되는 IC 회로의 가장 큰 특징 중 하나가 정전류원을 많이 활용한다는 점이다. 정전류원에 의한 바이어스 전류 제공과 능동 부하 등은 개별 소자 회로에서는 누릴 수 없는 IC 회로만의 특징이며 6장의 차동 증폭기에서 설명한 바 있다. 특히 전류 거울의 경우는 하나의 전류원을 여러 개로 복제할 수 있으며 이를 위해서는 트랜지스터간의 높은 정합도가 요구된다.

BJT의 r_π는 바이어스 전류에 반비례하므로 높은 입력 임피던스를 얻기 위해서는 바이어스 전류가 낮아야 한다. 특히 연산 증폭기에서는 매우 높은 입력 임피던스가 요구되므로 입력단의 차동 증폭기는 바이어스 전류가 가능한 한 낮을수록 유리하며 전형적인 컬렉터 바이어스 전류는 5 μA 정도의 수준이다. 이와 같이 매우 낮은 바이어스 전류를 정전류원이 공급하기 위해서는 3장의 그림 3-43의 정전류원에서 저항 R_O가 매우 커야 하며(식 (3.80) 참조) 이러한 큰 값의 저항은 IC 칩의 면적을 많이 차지하게 된다. 이러한 문제를 해결하여 매우 낮은 정전류를 얻을 수 있는 회로가 그림 14-6이다. 그림 14-6(a)의 Widlar 전류원은 Q_2의 이미터 저항 R_2에 의해 I_{C1}과 I_{C2}의 비를 조절할 수 있다. 베이스 전류를 무시하고 두 트랜지스터 Q_1과 Q_2가 동일할 경우로 가정하면(식 (6-4-18) 참조)

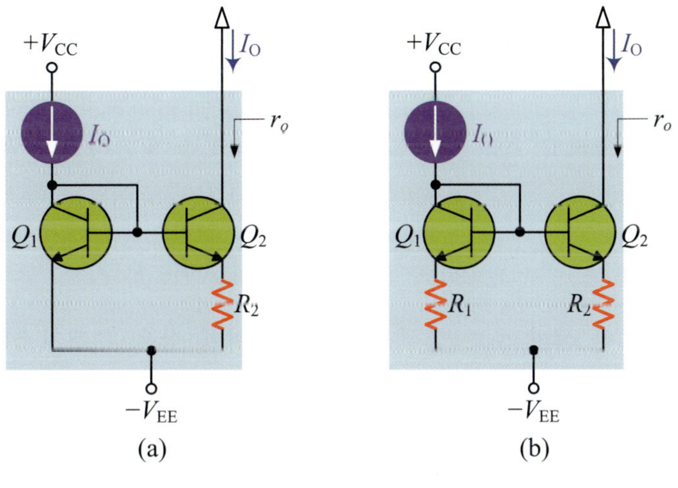

그림 14-6 전류비를 조절할 수 있는 전류거울: (a) Widlar 전류원; (b) 개선된 형태.

$$V_T \ln\frac{I_{C1}}{I_{C2}} = R_2 I_{C2} \tag{14-2-2}$$

위의 방정식은 비선형 방정식이므로 시행 착오법(try and error)에 의해 풀어야 하며 만일 R_2와 I_{C1}이 알려져 있으면 I_{C2}를 구해야 한다. 설계를 목적으로 할 때는 I_{C1}, I_{C2}를 미리 정한 상태에서 R_2를 구하는 것이 보통이며 전압 V_T는 상온에서 약 26 mV이다. Widlar 전류원의 출력 저항은 식 (6-4-19)로부터

$$r_o = r_c\{1 + g_m(r_\pi \| R_2)\} \tag{14-2-3}$$

그림 14-6(a)에서 전류 I_{C1}과 I_{C2}가 서로 근사적인 선형 관계가 되도록 개선한 것이 그림 (b)이다. 이 회로에서도 베이스 전류를 상대적으로 무시하고 Q_1과 Q_2의 베이스-이미터 및 저항 R_1과 R_2가 형성하는 루프에 KVL을 적용시킨 결과인

$$I_O R_1 - I_{C2} R_2 + V_{BE1} - V_{BE2} = 0 \tag{14-2-4}$$

및

$$I_O \cong I_{S1} e^{V_{BE1}/V_T}, \quad I_{C2} \cong I_{S2} e^{V_{BE2}/V_T} \tag{14-2-5}$$

을 연립하면 다음과 같은 관계를 구할 수 있다.

$$R_1 I_O - R_2 I_{C2} + V_T \ln\left(\frac{I_{S2}}{I_{S1}}\right)\left(\frac{I_O}{I_{C2}}\right) = 0 \tag{14-2-6}$$

그리고 위의 식을 I_{C2}에 관한 식으로 표현하면 다음과 같다.

$$I_{C2} = \frac{1}{R_2}\left\{R_1 I_O + V_T \ln\left(\frac{I_{S2}}{I_{S1}}\right)\left(\frac{I_O}{I_{C2}}\right)\right\} \tag{14-2-7}$$

위 식의 우변 중괄호 안의 두 번째 항은 트랜지스터 Q_1과 Q_2의 베이스-이미터 전압차를 나타내는 항이며 I_O와 I_{C2}의 비가 100까지 이르더라도 단지 10 mV에서 150 mV 정도에 불과하므로 대괄호 안의 첫 번째 항인 $R_1 I_O$에 비해 무시할 수 있다. 즉 식 (14-2-7)에서 I_{C2}에 관한 다음의 근사식을 구할 수 있다.

$$I_{C2} \cong I_O\left(\frac{R_1}{R_2}\right) \tag{14-2-8}$$

이상으로 그림 14-6(b)의 전류 거울은 I_O와 I_{C2}의 비를 저항 R_1과 R_2의 비로써 선형적으로 조절할 수 있으며 하나의 전류원으로부터 크기가 다른 전류원들을 쉽게 복제해 낼 수 있다. 그림 (b) 전류원의 출력 저항 역시 식 (14-2-3)과 같다. IC에서는 종종 그림 14-8과 같은 다중 컬렉터 구조로 정전류원을 제조하며 그림 (b)는 그림 (a)의 정밀도를 개선시킨 형태로서 Wilson 전류원이다.

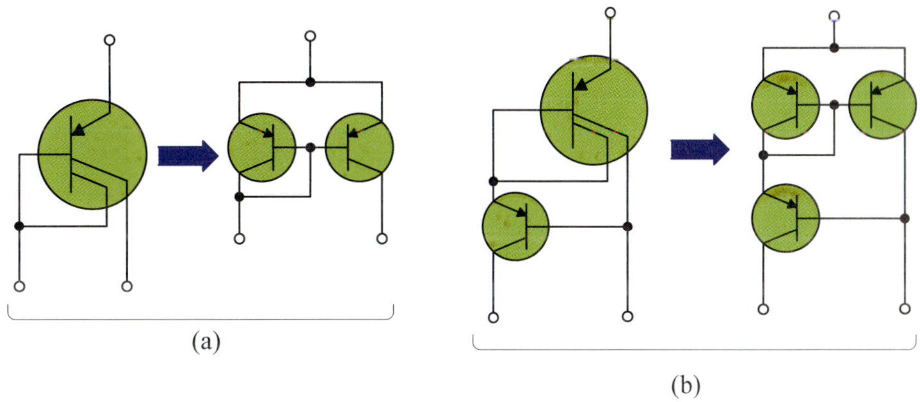

그림 14-7 다중 컬렉터 정전류원과 등가적인 구조.

그림 14-8은 IC에서 다양하게 응용되는 정전류원의 쓰임새를 보여준다. 그림 14-8(a)는 A급 이미터-공통 증폭기이며 정전류원에 의해 컬렉터 바이어스 전류가 결정된다. 그리고 교류에 대해서는 정전류원은 매우 큰 컬렉터 저항 역할을 하므로 전압 이득과 전류 이득이 증가한다. 그림 (b)의 이미터-폴로어에서는 정전류원에 의해 이미터 바이어스 전류가 정해지며 교류에 대해서는 매우 큰 이미터 저항 역할을 한다. 그리고 그림 (c)의 차동 증폭기 경우는 이미터에 있는 정전류원의 크기가 컬렉터에 있는 정전류원의 두 배가 되도록 하며 특히 컬렉터 정전류원은 능동 부하 역할을 한다.

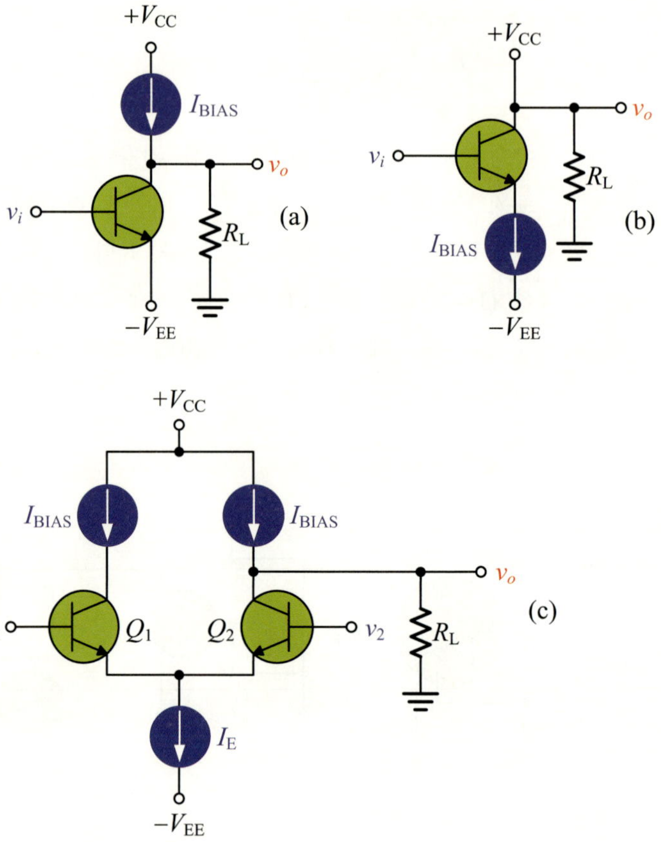

그림 14-8
다양한 형태의 정전류원 바이어스: (a) 이미터-공통 증폭기; (b) 이미터-폴로어; (c) 차동 증폭기.

AB급 출력단

IC 증폭기의 최종 출력단은 이득 손실 없이 부하를 구동하기 위해서는 출력 저항이 작아야 한다. 그리고 출력단은 증폭기의 최종단이므로 상대적으로 큰 신호, 즉 대신호를 취급하게 된다. 이러한 특성들을 만족시키기 위해 IC 증폭기는 다양한 출력단을 사용하고 있으며 대표적인 것이 그림 14-9의 AB급 푸시-풀 증폭기들이다(그림 9-30 참조). 그림 (a)는 다이오드를 이용한 바이어스이면서 다이오드 D_1과 D_2는 BC-E 트랜지스터이다. 따라서 D_1과 Q_1 및 D_2와 Q_2는 각각 전류 거울을 형성하여 온도에 의한 열폭주 현상을 막아주는 안정된 바이어스를 제공한다. 그림 (a)에서 다이오드 대신 V_{BE}-증배기를 이용한 회로가 그림 (b)이다. 그리고 그림 (c)는 *npn* 트랜지스터 대신에 다링턴쌍을, *pnp* 트랜지스터 대신에 궤환쌍을 사용하여 전류 증폭률을 크게 높인 회로이다.

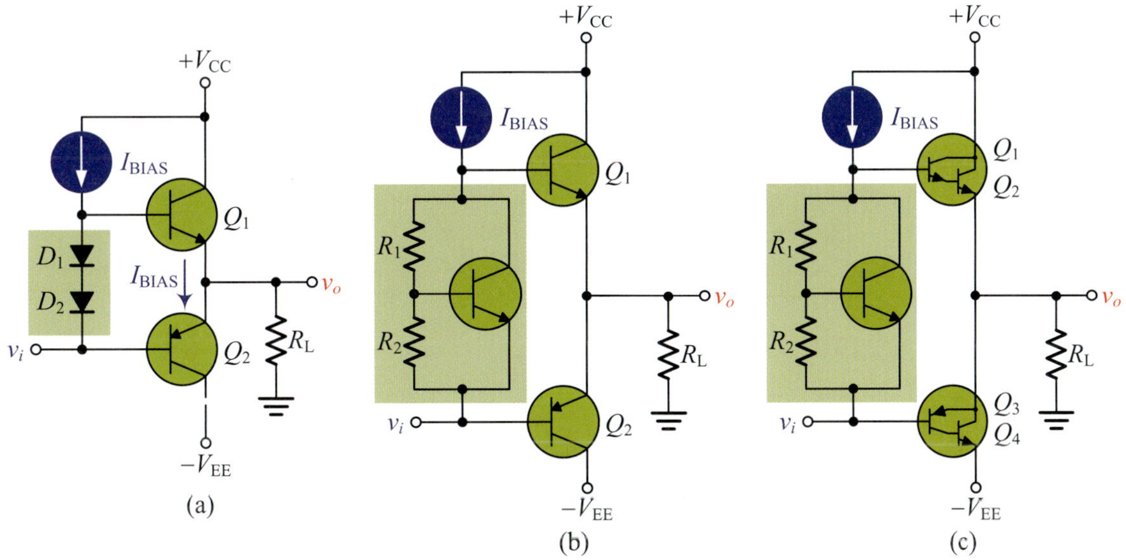

그림 14-9 IC 증폭기의 대표적인 AB급 출력단 회로.

과부하 방지회로

집적회로에서는 회로를 구성하는 소자들 중 하나라도 기능에 문제가 생기면 이를 보수하거나 대체하기가 거의 불가능하다는 취약점이 있다. 따라서 가능한 모든 경우에 대해 회로를 보호할 수 있도록 보호 회로가 많이 삽입된다. 이 외에도 좁은 면적에 많은 소자가 집적됨으로써 면적당 많은 열이 발생할 수 있으므로 온도에 대한 보상 회로도 많이 첨가된다. 이상과 같은 이유로 집적회로는 자연히 구성이 복잡해지는 게 사실이다.

IC의 출력단이 돌발적인 사태로 인해 순간적으로 단락될 경우 과부하 전류로부터 회로를 보호하는 것이 그림 14-10의 과부하 방지 회로이다. 그림의 회로가 정상적인 부하에서 동작할 때는 Q_2는 차단 상태로 있으며 저항 R에 흐르는 전류의 전부 또는 일부가 외부의 부하로 전달된다. 만일 부하가 단락되어 저항 R에 과도한 전류가 흐르고자 할 경우 Q_2의 베이스-이미터 전 압인 저항 R의 양단 전압이 도통 전압을 넘게 되어 Q_2의 컬렉터에 전류가 흐르기 시작한다. 그 결과 Q_2의 컬렉터 전류는 Q_1의 베이스 전류에 대해 분류(shunt) 전류가 되어 Q_1의 베이스 전류를 감소시키므로 부하에 공급되는 Q_1의 이미터 전류가 안정된 수준으로 줄게 된다. 따라서 부하가 단락되는 경우에도 Q_1의 이미터 전류는 어느 한계를 넘어설 수 없으며 저항 R은 과부하 전류를 감지하여 Q_2의 분류 기능을 활성화시

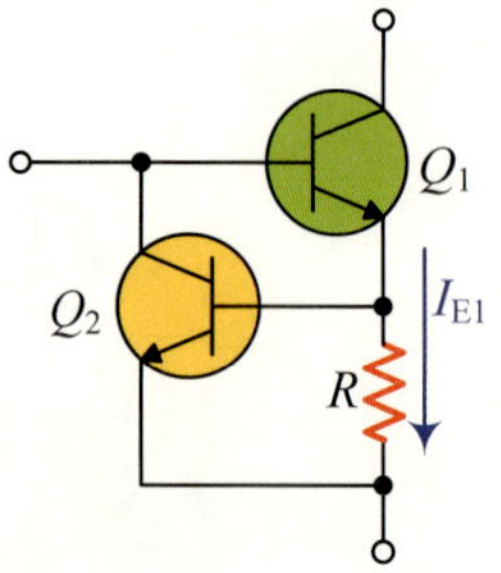

그림 14-10
과부하 방지회로

켜주므로 감지 저항이라 한다.

14-3 741 연산 증폭기

정성적 해석

그림 14-11은 가장 널리 사용되고 있는 741 연산 증폭기의 회로도이며 회로의 구성은 크게 정전류원 회로, 입력단, 두번째 단 및 출력단의 네 부분으로 되어 있다. 이들 각 부분에 대한 정성적 해석은 다음과 같다.

정전류원 회로 전체 회로에 필요한 모든 정전류를 제공하는 회로는 트랜지스터 Q_8, Q_9, Q_{10}, Q_{11}, Q_{12} 및 다중 컬렉터 트랜지스터 Q_{13}으로 구성되어 있으며 저항 R_5에 흐르는 전류가 기준이 된다.

입력단 트랜지스터 Q_1과 Q_3가 한 조가 되고 Q_2와 Q_4가 한 조가 되어 불평형 차동 증폭기를 이루고 있으며 Q_1의 베이스가 비반전 입력단, Q_2의 베이스가 반전 입력단이다. Q_1과 Q_2는 높은 입력 저항을 얻기 위한 이미터 폴로어이며 Q_3와 Q_4는 차동 입력에 대해 베이스-공통 증폭기로 동작한다. 그리고 특히 *pnp* 트랜지스터인 Q_3와 Q_4는 베이스-이미터의 항복 전압이 약 50 V이며 이는 *npn* 트랜지스터 경우에서의 약 7 V에 비해 훨씬 높다. 그리고 $Q_1(Q_2)$와 $Q_3(Q_4)$는 직렬로 결합되 있으므로 741의 입력에 대한 항복 전압은 *pnp* 트랜지스터의 항복 전압과 *npn* 트랜지스터의 항복 전압을 합한 것과 같다. 즉 Q_3와 Q_4는 입력 트랜지스터 Q_1과 Q_2를 항복으로부터 막아준다. 또한 Q_3와 Q_4는 베이스-공통으로 동작하므로 밀러 효과가

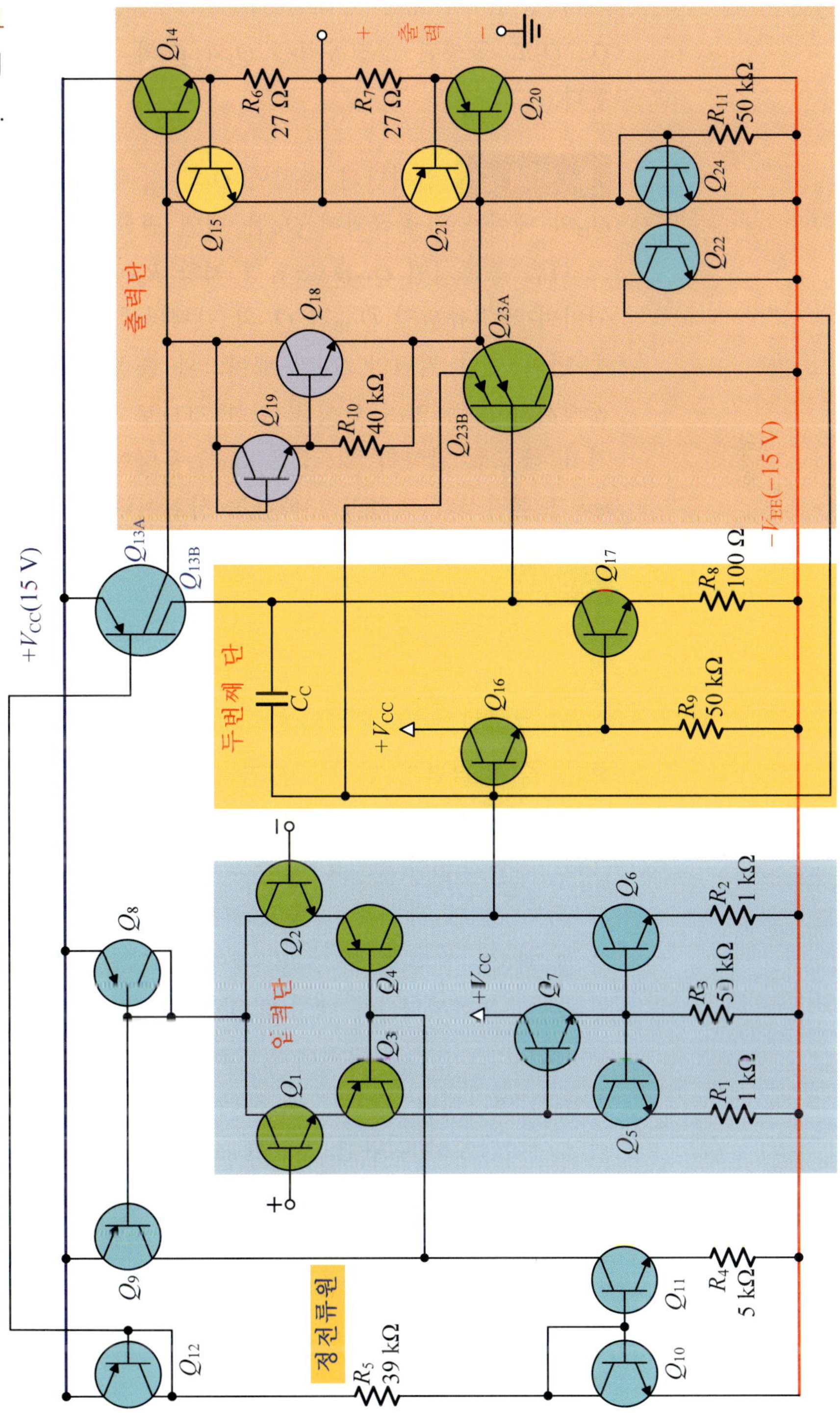

그림 14-11
741 연산 증폭기의 내부 회로도.

거의 일어나지 않는 광대역 특성을 가질 수 있다. 끝으로 트랜지스터 Q_5, Q_6, Q_7로 구성된 정전류원은 Q_3와 Q_4의 컬렉터에 대해 능동부하 역할을 한다.

두 번째 단 입력단의 출력인 Q_4의 컬렉터 전압은 두 번째 단의 입력인 Q_{16}의 베이스로 공급되며 Q_{16}은 레벨 변환기를 겸하는 이미터-폴로어이다. 그 다음 증폭기인 Q_{17}은 스왐핑 저항 R_8=100 Ω이 있는 이미터-공통 증폭기이며 정전류원인 Q_{13B}가 Q_{17}의 컬렉터에 대해 능동 부하 역할을 겸한다. 두 번째 단의 입력인 Q_{16}의 베이스와 출력인 Q_{17}의 컬렉터 사이에 결합된 커패시터 C_c는 밀러 보상을 위한 것으로 30 pF 정도이다(그림 참조). 여기서 참고로 알아야 할 것은 C_c는 용량이 작지만 차지하는 면적이 표준 *npn* 트랜지스터 면적의 13배라는 사실이다.

출력단 트랜지스터 Q_{23A}와 Q_{23B}는 *pnp* 다중 이미터 트랜지스터이며 그 중 하나인 Q_{23A}는 이미터 폴로어로서 CE 증폭기 Q_{17}과 출력단간의 임피던스 정합을 목적으로 한다. 또 다른 하나의 이미터인 Q_{23B}는 증폭기의 Q_{16}이 포화됨으로써 CE 증폭기 Q_{17}에 과다한 전력이 소모되는 것을 막아준다. 즉 입력단의 반전 단자가 비반전 단자에 비해 양의 전압으로 과구동될 경우 Q_1과 Q_3가 차단되어 능동 부하 역할을 하는 정전류원(Q_5, Q_6, Q_7)의 전류가 0이 될 것이며 그 결과 반전 입력 Q_3와 Q_4의 컬렉터 전류가 모두 Q_{16}의 베이스로 유입된다. 이로 인해 과다한 Q_{16}의 베이스 전류가 Q_{16}과 Q_{17}에 의해 약 $\beta_{16}\beta_{17}$배에 이르는 높은 전류 증폭률을 거치게 되면 Q_{17}이 포화된다. 이 때 100 Ω에 불과한 스왐핑 저항 R_8의 양단 전압을 무시하더라도 Q_{17}의 컬렉터-이미터 전압은 거의 $V_{CC}+V_{EE}\cong 30$ V 수준에 육박한다. 여기에다 포화된 Q_{17}의 높은 컬렉터 전류까지 감안하면 Q_{17}의 컬렉터-이미터에서 과다한 전력이 소비될 것이며 이는 트랜지스터의 파괴로까지 이어질 수 있는 것이다. 그러나 Q_{23B}가 이러한 문제를 방지한다. 즉 Q_{23B}의 베이스-이미터 전압이 Q_{17}의 컬렉터-베이스 전압(V_{CB})과 Q_{16}의 베이스-이미터 전압(0.7 V)의 합이므로 Q_{17}의 V_{CB}가 0 V가 되면(V_{CE}=0.7 V) Q_{23B}의 베이스-이미터 전압이 약 0.7 V가 되어 Q_{23B}가 도통하기 시작한다. 따라서 Q_{17}의 컬렉터-베이스 전압이 0 V에 이르면 Q_{23B}가 도통되어 Q_{16}의 베이스 전류를 뽑아냄으로써(분류 기능) Q_{17}이 포화되는 것을 방지한다. 이상으로 Q_{23B}는 평소에는 차단 상태로 있다가 Q_{17}의 컬렉터-이미터간 전압이 0.7 V 이상 되는 순간 도통하여 분류기 역할로써 Q_{16}과 Q_{17}이 포화되는 것을 방지하는 것이다.

트랜지스터 Q_{14}와 Q_{20}은 상보형 AB급 푸시-풀 증폭기이다. Q_{14}는 소스(source), Q_{20}은 싱크(sink) 역할을 하며 Q_{18}과 Q_{19}는 V_{BE}-증배기로서 Q_{14}와 Q_{20}의 교차 왜곡을 막아준다. 그리고 Q_{15}와 감지 저항 R_6는 Q_{14}에 대한 과부하 방지 회로이며 Q_{21}과 감지 저항 R_7은 Q_{20}에 대한 과부하 방지 회로이다. 즉 Q_{15}는 적정 부하 수준에서는 차단되어 동작하지 않지만 Q_{14}가 20 mA를 초과하는 전류를 부하에 공급해야 할 경우 27 Ω인 R_6의 양단 전압이 0.55 V를 초과함으로써 Q_{15}가 도통하여 Q_{14}의 베이스 전류에 대한 분류 작용으로 Q_{14}의 이미터 전류를 제한시킨다. 마찬가지로 Q_{20}이 부하로부터 과전류를 받아들여야 할 경우 Q_{21}, Q_{22}, Q_{24}는 Q_{20}에 대해 Q_{15}가 Q_{14}에 하는 기능과 같이 과부하 전류를 방지한다.

직류 해석

그림 14-11에서 정전류원에 관한 회로만 따로 모은 것이 그림 14-12이다. 앞으로 741의 모든 *npn* 및 *pnp* 트랜지스터의 전류 증폭률과 얼리 전압은 다음과 같다고 약속하기로 한다. 단 첨자 (n)은 *npn*을 의미하고 첨자 (p)는 *pnp*를 의미한다.

$$\boxed{\begin{aligned}\beta_{o(n)} &= \beta_{(n)} = 250, \quad V_{A(n)} = 100\text{ V} \\ \beta_{o(p)} &= \beta_{(p)} = 50, \quad V_{A(p)} = 50\text{ V}\end{aligned}} \tag{14-3-1}$$

그림 14-12에서 기준이 되는 정전류원 Q_{10}과 Q_{11}의 I_{REF}는 나음과 같다.

$$I_{REF} = \frac{V_{CC} + V_{EE} - 2V_{BE}}{R_5} = \frac{30\text{ V} - 1.4\text{ V}}{39\text{ k}\Omega} = 0.73\text{ mA} \tag{14-3-2}$$

정전류원 Q_{10}과 Q_{11}은 Widlar 정전류원이므로 식 (14-2-2)를 이용하면 Q_{10}의 컬렉터 전류 I_{10}은

$$V_T \ln\frac{I_{REF}}{I_{C10}} = I_{C10}R_4 = I_{C10} \times 5\text{ k}\Omega \tag{14-3-3}$$

로부터 시행 착오법에 의해 다음과 같이 구해진다.

$$I_{C10} = 19\ \mu\text{A} \tag{14-3-4}$$

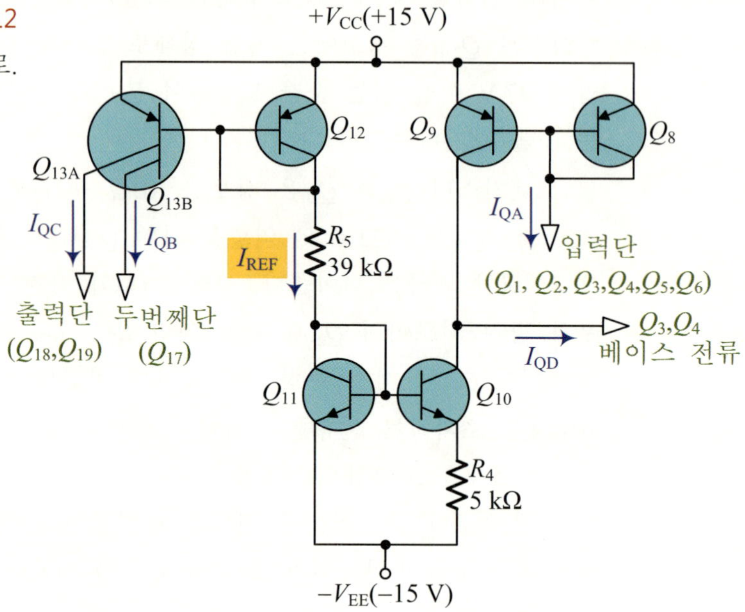

그림 14-12
741의 정전류원 회로.

또한 Q_{12}는 Q_{13A} 및 Q_{13B}와 전류 거울을 이루며 Q_{13A}의 컬렉터 면적을 Q_{13B}의 세배로 한다. 따라서 각각의 컬렉터 전류는 다음과 같다.

$$I_{QB} = \frac{3}{4} I_{REF} = 0.55\ \text{mA}, \quad I_{QC} = \frac{1}{4} I_{REF} = 0.18\ \text{mA} \qquad \textbf{(14-3-5)}$$

그리고 전류 거울 Q_8과 Q_9에서 Q_9의 컬렉터 전류를 I_{C9}라 하면

$$I_{QA} = I_{C9} \cong I_{C10} = 19\ \mu\text{A} \qquad \textbf{(14-3-6)}$$

로 주어지며 이는 Q_3, Q_4의 베이스 전류를 무시한 결과이다.

그림 14-11에서 Q_{16}의 바이어스에 대해 알아보자. 먼저 Q_{17}의 컬렉터 바이어스 전류는 Q_{13B}로부터 공급되며 이는 그림 14-12의 I_{BQ}이고 I_{BQ}=0.55mA이므로 전원 $-V_{EE}$에 대한 Q_{17}의 베이스 전압 V_{B17}은

$$\begin{aligned} V_{B17} &= I_{QB} R_8 + V_{BE} \\ &= (5.5 \times 10^{-4}\ \text{A} \times 100\ \Omega) + 0.7\ \text{V} = 0.755\ \text{V} \end{aligned} \qquad \textbf{(14-3-7)}$$

그러면 Q_{17}의 베이스 전류 I_{B17}은

$$I_{B17} = \frac{I_{QB}}{\beta_{o(n)}} = \frac{0.55\text{ mA}}{250} = 2.2\text{ μA} \tag{14-3-8}$$

이로부터 Q_{16}의 컬렉터 전류 I_{C16}은 다음과 같다.

$$I_{C16} = \frac{V_{B17}}{R_9} + I_{B17} = \frac{0.755\text{ V}}{50\text{ k}\Omega} + 2.2\text{ μA} = 17.3\text{ μA} \tag{14-3-9}$$

이상의 정전류에 대한 해석을 바탕으로 하면 741의 개요도는 그림 14-13과 같다. 그리고 각 정전류원의 괄호 안에 표시한 것은 교류에 대한 정전류원의 등가 저항, 즉 정전류원의 출력 저항을 나타낸다. 다만 정상 상태에서는 동작하지 않는 궤환 바이어스용 Q_{23B} 및 과부하 방지 회로(Q_{15}, Q_{21}, Q_{22}, Q_{24}, R_6, R_7)는 개요도에서 생략하였다. 그리고 V_{BE}-증배기인 Q_{18}과 Q_{19}는 다이오드 역할을 하므로 개요도에서는 다이오드로 표현하였다. 여기서 한 가지 유의할 것은 그림 14-11에서 Q_5와 Q_6는 능동 부하로 사용되는 전류 거울이므로 Q_6의 컬렉터 전류는 Q_5의 컬렉터 전류, 즉 Q_3의 컬렉터 전류와 같다. 다시 말해서 Q_5와 Q_6는 바이어스 전류뿐 아니라 교류 전류에

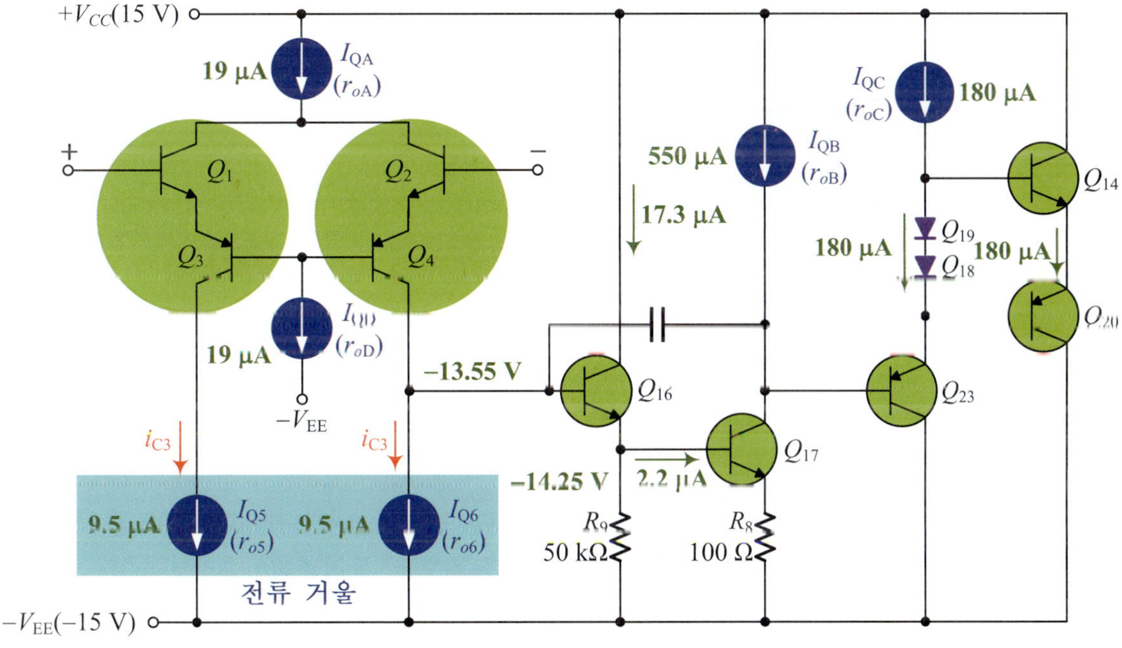

그림 14-13 741의 개요도.

대해서도 전류 거울이 형성된다. 따라서 그림 14-13의 개요도에서 Q_6는 컬렉터 전류 i_{C3}에 대한 종속 전류원으로 표현하였다.

741에 대한 교류 회로는 그림 14-13의 개요도에서 각 정전류원을 등가 저항으로 대체하면 쉽게 얻을 수 있으며 그 결과 그림 14-14와 같다. 여기서 r_{o5}와 r_{o6}는 그림 14-11에서 각각 Q_5와 Q_6의 컬렉터에서 본 출력 저항이며 r_{i7}은 Q_7의 베이스에서 들여다 본 입력 저항이다. 그리고 r_{d18}과 r_{d19}는 다이오드로 사용되는 Q_{18}과 Q_{19}의 동저항을 나타낸다.

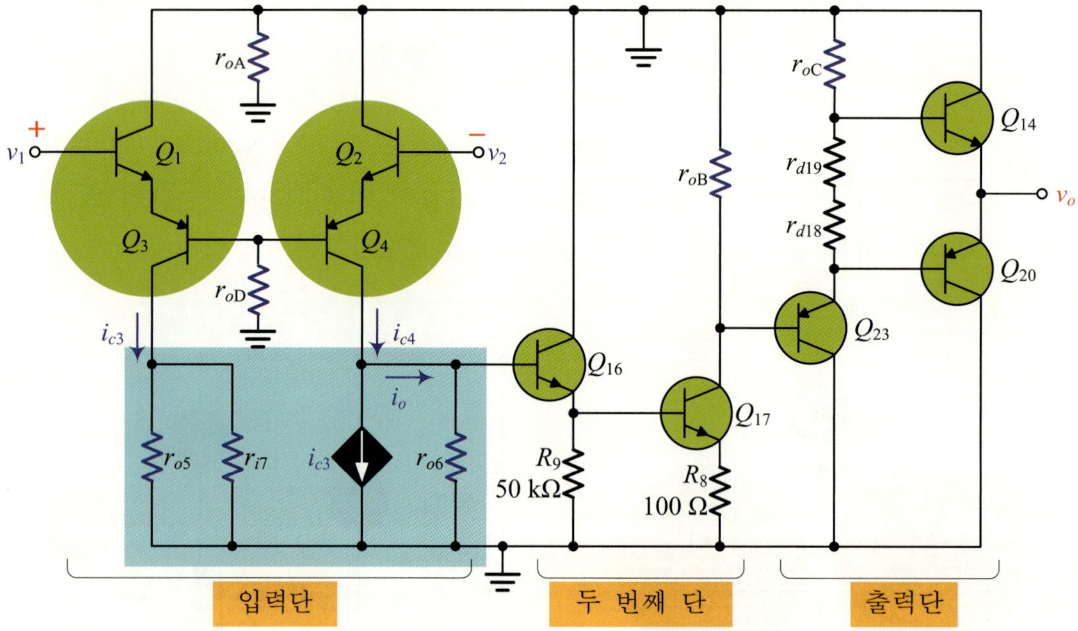

그림 14-14 741의 교류 회로.

입력단 그림 14-14의 입력단에 대한 교류 회로는 그림 14-15(a)이다. 차동 증폭기의 대칭성에 의해 차동 입력에 대해 r_{oA}와 r_{oD}는 단락 회로와 같다. 따라서 차동 모드에 대한 교류 회로는 그림 (b)와 같으며 Q_1과 Q_2는 이미터 폴로어이고 Q_3와 Q_4는 베이스-공통으로 동작한다. 그리고 r_{i7}은 그림 14-11에서 Q_7의 베이스에서 들여다 본 입력 저항이므로 임피던스 반사에 의해 다음과 같이 구해진다.

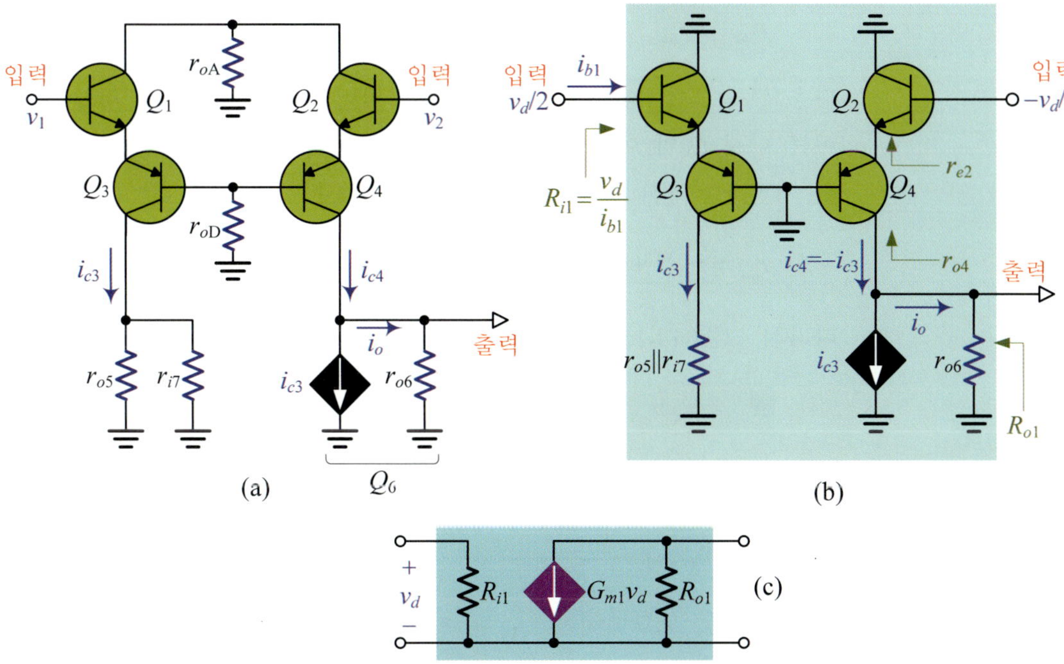

그림 14-15 그림 14-14의 입력단의 (a) 교류 회로; (b) 차동 모드 교류 회로; (c) 그림 (b)의 등가 회로.

$$r_{i7} \cong \beta_{(n)}[R_3 \| \{\beta_{(n)}(R_1 \| R_2)\}] \tag{14-3-10}$$

그리고 r_{o5}와 r_{o6}는 그림 14-11에서 각각 Q_5와 Q_6의 컬렉터에서 본 출력 저항이므로 식 (14-2-3)으로부터 다음과 같이 구할 수 있다.

$$\begin{cases} r_{o5} = r_{c5}\{1 + g_{m5}(r_{\pi1} \| R_1)\} \\ r_{o6} = r_{c6}\{1 + g_{m6}(r_{\pi2} \| R_2)\} \end{cases} \tag{14-3-11}$$

그림 14-15(b)에서 베이스 전류 i_{b1}은 다음과 같다.

$$i_{b1} = \frac{v_d/2}{r_{\pi1} + \beta_{(n)} r_{e3}} = \frac{v_d/2}{r_{\pi1} + r_{\pi3}} \tag{14-3-12}$$

그리고 Q_1과 Q_2의 바이어스 전류가 같기 때문에 $r_{\pi1}=r_{\pi3}$이다. 따라서 입력단의 입력 저항 $R_{i1}=v_d/i_b$는 다음과 같이 주어진다.

$$R_{i1} = 4r_{\pi 1} \quad \text{(14-3-13)}$$

다음으로 그림 14-15(b)에서 Q_2의 이미터에서 들여다 본 저항은 r_{e2}이며 이는 다시 Q_4의 이미터 저항이 된다. 따라서 Q_4의 컬렉터에서 바라 본 출력 저항 r_{o4} 역시 식 (14-2-3)에 의해 다음과 같다.

$$r_{o4} = r_{c4}\{1 + g_{m4}(r_{\pi 4} \| r_{e2})\} \quad \text{(14-3-14)}$$

따라서 그림 14-15(b)에서 입력단의 출력 저항 R_{o1}은 다음과 같다.

$$R_{o1} = r_{o4} \| r_{o6} \quad \text{(14-3-15)}$$

또한 Q_3의 컬렉터 전류 i_{c3}는 Q_1의 컬렉터 전류와 같으므로

$$i_{c3} = \beta_{(n)} i_{b1} = \frac{\beta_{(n)} v_d}{R_{i1}} \quad \text{(14-3-15)}$$

그리고 차동 모드에서는 i_{c4}=$-i_{c3}$이므로 출력 전류 i_o는

$$i_o = -2i_{b3} = -\left(\frac{\beta_{(n)}}{2r_{\pi 1}}\right) v_d \quad \text{(14-3-16)}$$

따라서 입력단을 그림 14-15(c)와 같이 등가화하면 전달 컨덕턴스 G_{m1}은

$$G_{m1} = \frac{\beta_{(n)}}{2r_{\pi 1}} = \frac{g_{m1}}{2} \quad \text{(14-3-17)}$$

이며 입력 저항 R_{i1}과 출력 저항 R_{o1}은 각각 식 (14-3-13), (14-3-15)와 같다.

예제 14-1

그림 14-15에서 트랜지스터의 특성을 식 (14-3-1)로 할 때 $R_{i1}, R_{o1},$ 및 G_{m1}을 구하라.

풀이 트랜지스터 Q_1~Q_7 중에서 Q_7을 제외한 나머지 트랜지스터는 컬렉터 바이어스 전류가 9.5 μA로 동일하므로 *npn* 트랜지스터의 r_π를 모두 $r_{\pi(n)}$이라 하고 *pnp* 트랜지스터의 r_π를 모두 $r_{\pi(p)}$라 하면 다음과 같다.

$$r_{\pi(n)} = \frac{V_T}{I_C}\beta_{(n)} = \frac{26\text{ mV}}{9.5\ \mu\text{A}} \times 250 = 684\text{ k}\Omega$$

$$r_{\pi(\mathrm{p})} = \frac{V_{\mathrm{T}}}{I_{\mathrm{C}}}\beta_{(\mathrm{p})} = \frac{26\ \mathrm{mV}}{9.5\ \mu\mathrm{A}} \times 50 = 137\ \mathrm{k\Omega}$$

그리고 트랜지스터의 전달 컨덕턴스는

$$g_m = \frac{\beta_{(\mathrm{p})}}{r_{\pi(\mathrm{p})}} = \frac{\beta_{(\mathrm{n})}}{r_{\pi(\mathrm{n})}} = \frac{250}{684\ \mathrm{k\Omega}} = 3.65 \times 10^{-4}\ \mathrm{S}$$

컬렉터 출력 저항은 얼리 전압으로부터

$$r_{c(\mathrm{n})} = \frac{V_{\mathrm{A(n)}}}{I_{\mathrm{C}}} = \frac{100\ \mathrm{V}}{9.5\ \mu\mathrm{A}} = 10.53\ \mathrm{M\Omega}$$

$$r_{c(\mathrm{p})} = \frac{V_{\mathrm{A(p)}}}{I_{\mathrm{C}}} = \frac{50\ \mathrm{V}}{9.5\ \mu\mathrm{A}} = 5.26\ \mathrm{M\Omega}$$

이상으로 입력 저항과 전달 컨덕턴스는

$$R_{i1} = 4r_{\pi 1} = 4r_{\pi(\mathrm{n})} = 4 \times 684\ \mathrm{k\Omega} = \mathbf{2.73\ M\Omega} \quad (\text{식 } (14\text{-}3\text{-}13))$$

$$G_{m1} = \frac{g_m}{2} = \frac{3.65 \times 10^{-4}\ \mathrm{S}}{2} = \mathbf{8.13 \times 10^{-4}\ S} \quad (\text{식 } (14\text{-}3\text{-}17))$$

R_{o1}을 구하기 위해 r_{e2}를 먼저 구하면

$$r_{e2} = \frac{r_{\pi(\mathrm{n})}}{\beta_{(\mathrm{n})}} = \frac{1}{g_m} = 2.74\ \mathrm{k\Omega}$$

따라서 식 (14-3-14)로부터

$$r_{o4} = r_{c(\mathrm{p})}\{1 + g_m(r_{\pi(\mathrm{p})} \| r_{e2})\} \simeq 2r_{c(\mathrm{p})} = 10.53\ \mathrm{M\Omega}$$

$$r_{o6} = r_{c(\mathrm{n})}\{1 + g_m(r_{\pi(\mathrm{n})} \| R_2)\} \cong 1.36r_{c(\mathrm{n})} = 14.3\ \mathrm{M\Omega}$$

따라서 출력 저항은

$$R_{o1} = r_{o4} \| r_{o6} = 10.53\ \mathrm{M\Omega} \| 14.3\ \mathrm{M\Omega} \cong \mathbf{6.1\ M\Omega} \quad (\text{식 } (14\text{-}3\text{-}15))$$

이상으로 입력단의 특성을 종합하면 다음과 같다.

$$\boxed{G_{m1} = \mathbf{8.13 \times 10^{-4}\ S}, \quad R_{i1} = \mathbf{2.73\ M\Omega}, \quad R_{o1} = \mathbf{6.1\ M\Omega}}$$

두 번째 단

그림 14-14에서 두 번째 단의 교류 회로는 그림 14-16(a)와 같으며 Q_{16}은 이미터-폴로어이고 Q_{17}은 스왐핑 이미터-공통 증폭기이다. 그림에서 Q_{17}의 입력 저항 r_{i17}은 임피던스 반사에 의해 $r_{i17}=r_{\pi 17}+\beta_{17}R_8$이므로 두 번째 단의 입력 저항 R_{i2}는 다음과 같이 구할 수 있다.

$$\begin{cases} R_{i2} = r_{\pi 16} + \beta_{16}(R_9 \| r_{i17}) \\ r_{i17} = r_{\pi 17} + \beta_{17}R_8 \end{cases} \tag{14-3-18}$$

그림 14-16(a)에서 Q_{17}의 출력 저항 r_{o17}은 식 (14-2-3)으로부터 구할 수 있으므로 두 번째 단의 출력 저항 R_{o2}는 다음과 같이 구해진다.

$$\begin{cases} R_{o2} = r_{o17} \| r_{oB} \\ r_{o17} = r_{c17}\{1 + g_{m17}(r_{\pi 17} \| R_8)\} \end{cases} \tag{14-3-19}$$

그림 14-16(a)에서 Q_{16}은 이미터 폴로어이므로 Q_{17}의 베이스 전압은 Q_{16}의 베이스 전압인 입력 v_{i2}와 거의 같다. 따라서 입력 전압 v_{i2}와 Q_{17}의 컬렉터 전류 i_{c17}의 관계는 다음과 같다.

$$\frac{i_{c17}}{v_{i2}} = -\frac{\beta_{17}}{r_{\pi 17} + \beta_{17}R_8} = -\frac{g_{m17}}{1 + g_{m17}R_8} \tag{14-3-20}$$

이상으로 그림 14-16(a)를 그림 (b)로 등가화하면 전달 컨덕턴스 G_{m2}는

$$G_{m2} = \frac{g_{m17}}{1 + g_{m17}R_8} \tag{14-3-21}$$

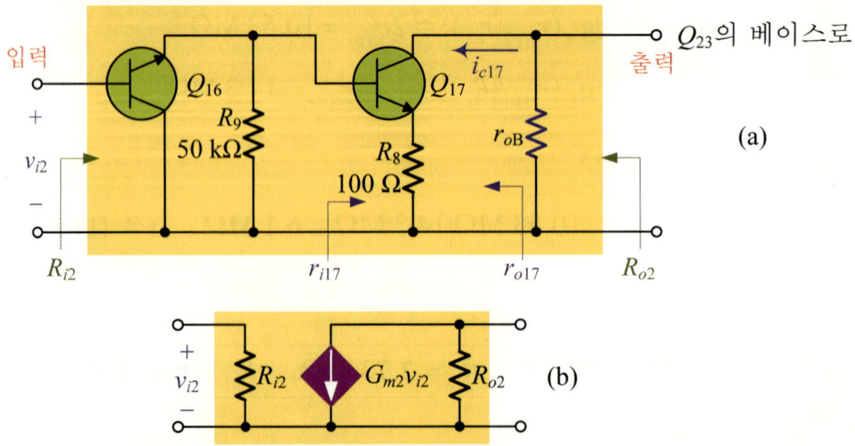

그림 14-16 그림 14-14의 두 번째 단: (a) 교류 회로; (b) 등가 회로.

예제 14-2

그림 14-16(a)에서 트랜지스터의 특성을 식 (14-3-1)로 할 때 $R_{i2}, R_{o2},$ 및 G_m을 구하라.

풀이 트랜지스터 Q_{16}과 Q_{17}의 컬렉터 바이어스 전류는 그림 14-13으로부터 I_{C16}=17.3 μA, I_{C17}=500 μA이다. 따라서 Q_{16}의 r_π, g_m, r_c는

$$r_{\pi 16} = \frac{V_T}{I_{C16}}\beta_{(n)} = \frac{26\text{ mV}}{17.3\ \mu\text{A}} \times 250 = 375\text{ k}\Omega$$

$$g_{m16} = \frac{\beta_{(n)}}{r_{\pi 16}} = \frac{250}{375\text{ k}\Omega} = 6.67 \times 10^{-4}\text{ S}$$

$$r_{c16} = \frac{V_{A(n)}}{I_{C16}} = \frac{100\text{ V}}{17.3\ \mu\text{A}} = 5.78\text{ M}\Omega$$

Q_{17}의 r_π, g_m, r_c는

$$r_{\pi 17} = \frac{V_T}{I_{C17}}\beta_{(n)} = \frac{26\text{ mV}}{550\ \mu\text{A}} \times 250 = 11\text{ k}\Omega$$

$$g_{m17} = \frac{\beta_{(n)}}{r_{\pi 17}} = \frac{250}{11\text{ k}\Omega} = 22.7 \times 10^{-3}\text{ S}$$

$$r_{c17} = \frac{V_{A(n)}}{I_{C17}} = \frac{100\text{ V}}{550\ \mu\text{A}} = 181\text{ k}\Omega$$

그리고 r_{oB}는 그림 14-13에서 *pnp*인 Q_{13B}의 출력 저항이며 Q_{13B}의 컬렉터 바이어스 전류가 I_{CB}=550 μA이므로

$$r_{oB} = r_{c13B} = \frac{V_{A(p)}}{I_{QB}} = \frac{50\text{ V}}{550\ \mu\text{A}} = 91\text{ k}\Omega$$

이상을 바탕으로 식 (14-3-18)로부터

$$r_{i17} = r_{\pi 17} + \beta_{(n)}R_8 = 11\text{ k}\Omega + 250 \times 100\ \Omega = 36\text{ k}\Omega$$

$$R_{i2} = r_{\pi 16} + \beta_{(n)}(R_9 \| r_{i17}) = 375\text{ k}\Omega + 250(50\text{ k}\Omega \| 36\text{ k}\Omega) \cong \mathbf{5.65\ M\Omega}$$

식 (14-3-19)로부터

$$r_{o17} = r_{c17}\{1 + g_{m17}(r_{\pi 17} \| R_8)\} = 181\text{ k}\Omega\{1 + 22.7 \times 10^{-3}(11\text{ k}\Omega \| 100\ \Omega)\} = 590\text{ k}\Omega$$

$$R_{o2} = r_{o17} \| r_{oB} = 590\text{ k}\Omega \| 91\text{ k}\Omega = \mathbf{79\ k\Omega}$$

식 (14-3-21)로부터

$$G_{m2} = \frac{g_{m17}}{1 + g_{m17} R_8} = \frac{22.7 \times 10^{-3}}{1 + 22.7 \times 10^{-3} \times 100} = \mathbf{6.94 \times 10^{-3}\ S}$$

이상으로 두프번째 단의 특성을 종합하면 다음과 같다.

$$\boxed{G_{m2} = \mathbf{6.94 \times 10^{-3}\ S}, \quad R_{i2} = \mathbf{5.65\ M\Omega}, \quad R_{o2} = \mathbf{79\ k\Omega}}$$

출력단 그림 14-14의 출력단은 그림 14-17(a)와 같으며 이미터-폴로어인 *pnp* 트랜지스터 Q_{23}과 상보형 AB급 증폭기를 이루고 있는 *npn* 트랜지스터 Q_{14}와 *pnp* 트랜지스터 Q_{20}으로 구성된다. 저항 r_{d18}과 r_{d19}는 각각 다이오드 역할을 하는 Q_{18}과 Q_{19}의 동저항으로 다른 저항에 비해 충분히 낮으므로 무시하고 감지 저항 R_6와 R_7은 고려한다. 트랜지스터 Q_{23}은 이미터 폴로어이므로 입력 전압 v_{i3}는 거의 그대로 Q_{23}의 컬렉터로 전달되며 저항 r_{oC}에 비해 다이오드 동저항 r_{d18}과 r_{d19}에 의한 전압 강하를 무시하면 Q_{14}와 Q_{20}의 베이스에 v_{i3}가 거의 그대로 전달된다. 따라서 v_{i3}의 양의 반주기 동안에는 Q_{20}은 차단되고 Q_{14}의 이미터 폴로어 기능으로 v_{i3}가 그대로 출력에 전달된다. 반대로 v_{i3}의 음의 반주기 동안에는 Q_{14}는 차단되고 Q_{20}의 이미터 폴로어 기능으로 v_{i3}가 그대로 출력에 전달된다. 이와 같이 이미터 폴로어 Q_{14}와 Q_{20}의 상보적인 동작에 의해 입력 전압 v_{i3}가 그대로 출력에

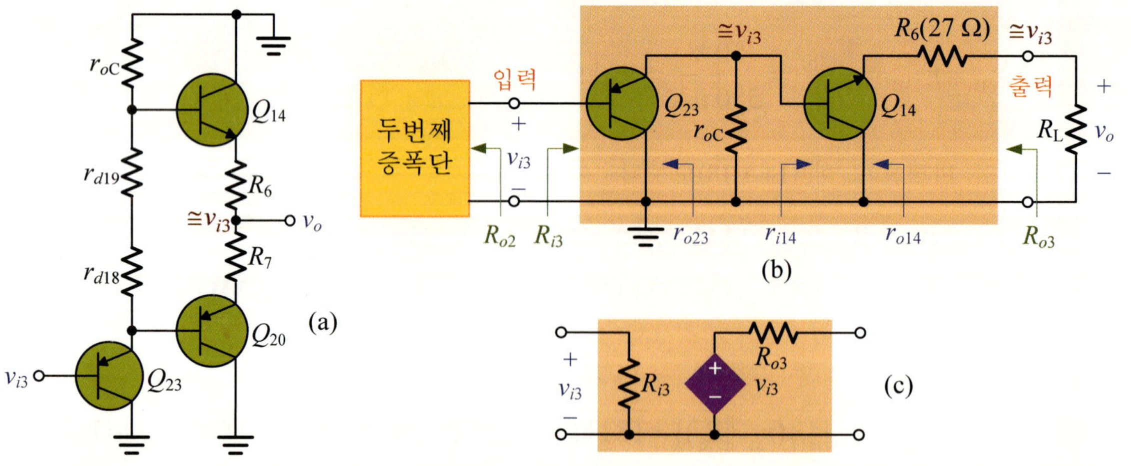

그림 14-17 그림 14-14 출력단의 (a) 전체 교류 회로; (b) 양의 반주기 회로; (c) 등가 회로.

전달되므로 전압 이득은 1에 불과하지만 전류 이득은 충분하다. 그림 14-17(a)에서 Q_{20}이 차단되고 Q_{14}가 동작하는 양의 반주기에 대한 교류 회로는 그림 (b)이다(r_{d18}과 r_{d19}는 무시). 만약 정전류원 I_{QC}의 출력 저항인 r_{oC}를 상대적으로 무한대로 가정하면 입력 전류인 Q_{23}의 베이스 전류와 출력 전류인 Q_{14}의 컬렉터 전류의 비는 $\beta_{23}\beta_{14}$로 매우 크다. 따라서 출력단의 전압 이득은 거의 1이지만 전류 이득은 충분히 높다. 출력단의 부하가 작은 경우에는 부하에 충분한 전력을 공급하기 위해 전류가 충분히 공급되어야 한다. 따라서 연산 증폭기의 출력단은 FET에 비해 전류 증폭률이 상대적으로 우수한 BJT를 사용하는 것이 유리하다. 그림 14-17(b)에서 r_{i14}와 R_{i3}는 임피던스 반사에 의해 다음과 같다.

$$\begin{cases} R_{i3} = r_{\pi 23} + \beta_{23}(r_{oC} \| r_{i14}) \\ r_{i14} = r_{\pi 14} + \beta_{14}(R_6 + R_L) \end{cases} \qquad \textbf{(14-3-22)}$$

그리고 r_{o23}, r_{o14} 및 R_{o3} 역시 임피던스 반사를 이용하면 다음과 같다.

$$\begin{cases} R_{o3} = r_{o14} + R_6 \\ r_{o14} = \dfrac{r_{\pi 14} + (r_{o23} \| r_{oC})}{\beta_{14}}, \quad r_{o23} = \dfrac{r_{\pi 23} + R_{o2}}{\beta_{23}} \end{cases} \qquad \textbf{(14-3-23)}$$

이상으로 출력단은 그림 14-17(c)와 같이 최종적으로 등가화할 수 있으며 전압 이득은 1이며 입력 저항 및 출력 저항은 위의 두 식으로 주어진다.

에제 14 3

그림 14-17(a)에서 트랜지스터 특성을 식 (14-3-1)로 할 때 R_{i3}, R_{o3}를 구하라. 단 부하는 R_L=2 kΩ이며 부하에 공급되는 전류는 2 mA로 한다.

풀이 그림 14-12와 14-13에서 Q_{13A}의 컬렉터 전류가 0.18 mA이므로 r_{oC}는

$$r_{oC} = r_{c13A} = \frac{V_{A(p)}}{I_{QC}} = \frac{50\text{ V}}{0.18\text{ mA}} = 278\text{ k}\Omega$$

Q_{23}의 컬렉터 전류는 0.18 mA이며 Q_{14}는 부하 전류 2 mA를 공급하므로 Q_{14}는 컬렉터

전류 2 mA이다. 따라서 Q_{23}과 Q_{14}의 r_π를 구하면 다음과 같다.

$$r_{\pi 23} = \frac{V_T}{I_{C23}}\beta_{(p)} = \frac{26\text{ mV}}{0.18\text{ mA}} \times 50 = 7.2\text{ k}\Omega$$

$$r_{\pi 14} = \frac{V_T}{I_{C14}}\beta_{(n)} = \frac{26\text{ mV}}{2\text{ mA}} \times 250 = 3.25\text{ k}\Omega$$

식 (14-3-22)로부터

$$r_{i14} = r_{\pi 14} + \beta_{14}(R_6 + R_L) = 3.25\text{ k}\Omega + 250 \times (27\ \Omega + 2\text{ k}\Omega) = 510\text{ k}\Omega$$

$$R_{i3} = r_{\pi 23} + \beta_{23}(r_{oC} \| r_{i14}) = 7.2\text{ k}\Omega + 50 \times (278\text{ k}\Omega \| 510\text{ k}\Omega) = \mathbf{9.1\ M\Omega}$$

식 (14-3-23)으로부터

$$r_{o23} = \frac{r_{\pi 23} + R_{o2}}{\beta_{23}} = \frac{7.2\text{ k}\Omega + 79\text{ k}\Omega}{50} = 1.72\text{ k}\Omega$$

$$r_{o14} = \frac{r_{\pi 14} + (r_{o23} \| r_{oC})}{\beta_{14}} = \frac{3.25\text{ k}\Omega + (1.72\text{ k}\Omega \| 278\text{ k}\Omega)}{250} = 21\,\Omega$$

$$R_{o3} = r_{o14} + R_6 = 21\,\Omega + 27\ \Omega = \mathbf{48\ \Omega}$$

이상으로 출력단은 다음과 같이 입력 저항이 매우 높고 출력 저항은 매우 낮다.

$$\boxed{R_{i3} = \mathbf{9.1\ M\Omega}, \quad R_{o3} = \mathbf{48\ \Omega}}$$

앞의 예제 14-1, 14-2, 14-3의 결과를 종합하면 741의 전체 차동 모드 등가회로는 그림 14-18(a)와 같으며 출력단을 개방한 개루프 이득 $A_o = v_o/v_d$는 다음과 같음을 알 수 있다.

$$A_o = G_{m1}(R_{o1} \| R_{i2}) \times G_{m2}(R_{o2} \| R_{i3}) \cong 290{,}000 \qquad \textbf{(14-3-24)}$$

이상으로 그림 14-18(a)를 단일 등가회로로 표현하면 그림 (b)와 같다. 이로부터 741 연산 증폭기는 높은 입력 저항, 높은 개루프 이득, 낮은 출력 저항으로 이상적인 연산 증폭기에 근사함을 알 수 있다.

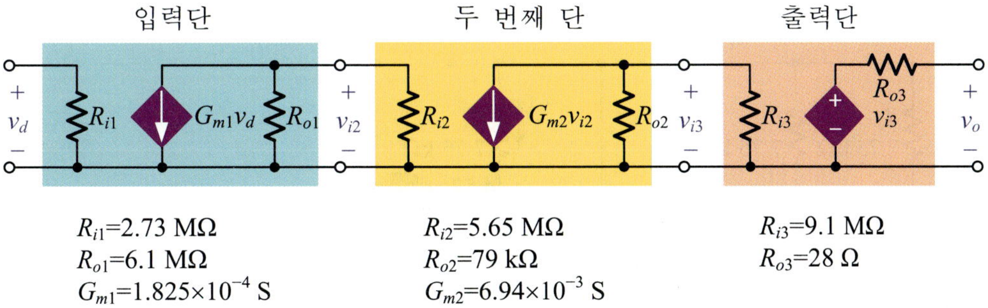

(a)

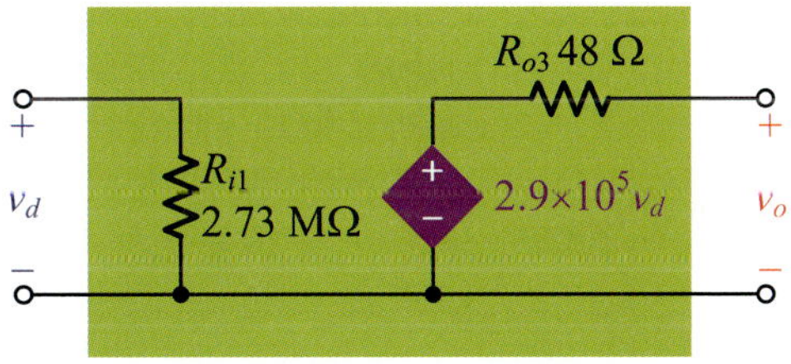

(b)

그림 14-18 741 연산 증폭기의 (a) 부분별 등가 회로; (b) 전체 등가 회로.

14-4 MC1530 연산 증폭기

정성적 해석

그림 14-19는 모토롤라 MC1530 연산 증폭기이다. 입력단은 평형 차동 증폭기이며 두 번째 단의 불평형 차동 증폭기와 출력단인 AB급 증폭기로 구성되어 있다. 트랜시스터 Q_1은 D_1, D_2와 정전류원을 이루며 Q_7은 D_4와 정전류원을 이루고 있다. 입력단은 Q_2와 Q_3의 쌍으로 된 평형 차동 증폭기이며 Q_4와 Q_5 쌍은 두 번째 단을 이루고 있는 불평형 차동 증폭기이다. 그리고 두 번째 단의 출력은 이미터-폴로어인 Q_6를 통해 출력단으로 전달되어 이미터-공통 증폭기인 Q_8에 의해 증폭된다. 증폭된 신호는 토템-폴(totem-pole)을 형성하고 있는 Q_9와 Q_{10}에 의해 각각 양의 반주기와 음의 반주기 전압이 부하로 공급된다. 차동 증폭기 Q_4와 Q_5의 입력에는 앞 단의 평형 차동 증폭기에 의해 차동 신호만 존재하므로 CMRR을 높이기 위해 이미터에 굳이 정전류원을 사용하지 않고 저항 R_6를 이용한다.

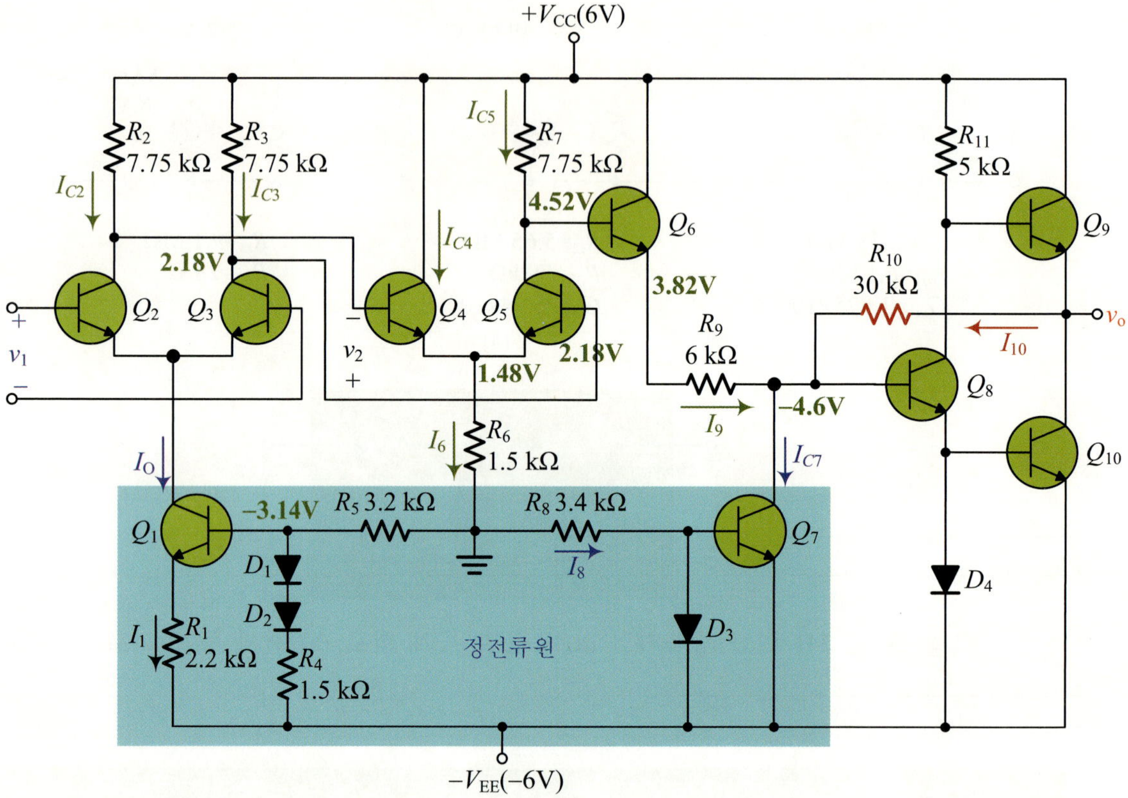

그림 14-19 MC1530 연산 증폭기.

직류 해석

그림 14-19에서 모든 베이스 바이어스 전류를 상대적으로 무시하고 바이어스를 해석해보기로 한다. 먼저 정전류원 Q_1에서 접지에 대한 Q_1의 베이스의 전압 V_{B1}은

$$V_{B1} = \frac{(-V_{EE} + 2V_{BE})R_5}{R_4 + R_5} = \frac{(-6 + 1.4)\text{V} \times 3.2}{1.5 + 3.2} = -3.14\ \text{V} \tag{14-4-1}$$

이므로 정전류 I_O는 다음으로 주어진다.

$$I_O \cong I_1 = \frac{V_{EE} + (V_{B1} - V_{BE})}{R_1} = \frac{6 - 3.84}{2.2}\ \text{mA} = 0.99\ \text{mA} \tag{14-4-2}$$

여기서 트랜지스터 Q_2와 Q_3가 정합되면 각 트랜지스터에는 $I_O/2$씩의 바이어스 전류가 흐르므로

$$I_{C2} = I_{C3} = 0.495\ \text{mA} \tag{14-4-3}$$

이로부터 Q_4와 Q_5의 베이스(Q_2와 Q_3의 컬렉터) 전압은

$$V_{B4} = V_{B5} = V_{CC} - I_{C3}R_3 = 6 - 0.495 \times 7.75 \cong 2.18\ \text{V} \tag{14-4-4}$$

따라서 Q_4와 Q_5의 이미터 전압이

$$V_{E4} = V_{B4} - V_{BE} = 2.18 - 0.7 \cong 1.48\ \text{V} \tag{14-4-5}$$

이므로 저항 R_6의 전류 I_6는

$$I_6 = \frac{V_{E4}}{R_6} = \frac{1.48}{1.5}\ \text{mA} = 0.986\ \text{mA} \tag{14-4-6}$$

트랜지스터 Q_4와 Q_5가 동일하면 두 컬렉터 전류는 모두

$$I_{C4} = I_{C5} = \frac{I_6}{2} = 0.493\ \text{mA} \tag{14-4-7}$$

이 되므로 Q_5의 컬렉터(Q_6의 베이스) 전압은

$$V_{C5} = V_{B6} = V_{CC} - I_{C5}R_7 = 6 - 0.493 \times 3 = 4.52\ \text{V} \tag{14-4-8}$$

이로부터 이미터-폴로어 Q_6의 이미터 전압은

$$V_{E6} = V_{B6} - V_{BE} = 4.52 - 0.7 = 3.82\ \text{V} \tag{14-4-9}$$

로 주어진다. 이상을 바탕으로 그림 14-19의 출력단에 대한 개요도를 그리면 그림 14-20과 같다. 출력단은 접지에 대해 0 V의 직류 전압을 이루기 위해 레벨 변환 회로를 사용하고 있으며, 교류의 양의 반주기 및 음의 반주기에 대한 대칭적인 스윙을 얻기 위해 토템-폴 구조를 이용하고 있다. 그림 14-20에서 먼저 직류에 대한 레벨 변환 원리에 대해 살펴보자. 그림 14-19에서 D_3와 Q_7은 전류 거울을 형성하고 있으므로

$$I_{C7} = I_{C8} = \frac{V_{EE} + V_{D3}}{R_8} = \frac{6 - 0.7}{3.4}\ \text{mA} = 1.56\ \text{mA} \tag{14-4-10}$$

그리고 그림 14-19에서 Q_8의 베이스 전압이

$$V_{B8} = 2V_{BE} - V_{EE} = 1.4 - 6 = -4.6\ \text{V} \tag{14-4-11}$$

이므로 저항 R_9와 R_{10}에 흐르는 전류 I_9과 I_{10}은 각각 다음과 같다.

그림 14-20
MC1530의 출력단 개요도.

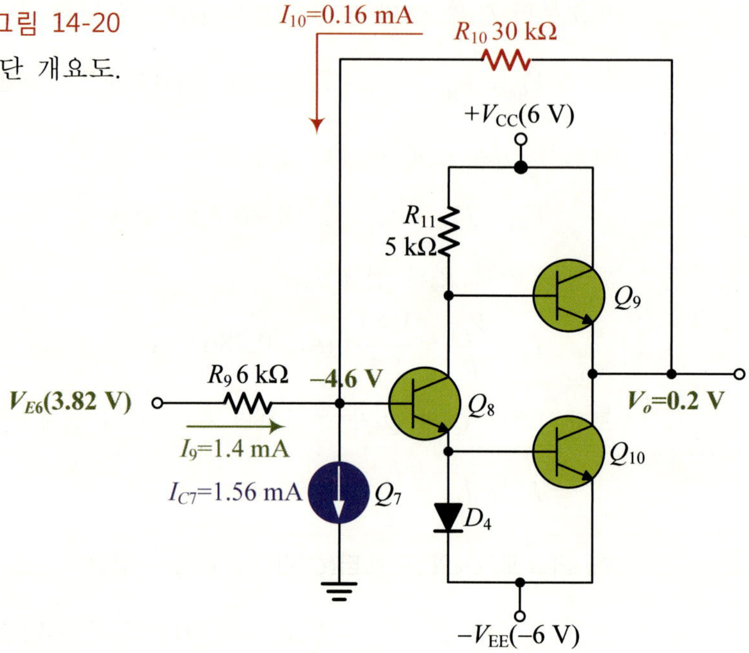

$$I_9 = \frac{V_{E6} - V_{B8}}{R_9} = \frac{3.82 + 4.6}{6}\,\text{mA} = 1.4\,\text{mA} \tag{14-4-12}$$

및

$$I_{10} = I_{C7} - I_9 = 1.56 - 1.4 = 0.16\,\text{mA} \tag{14-4-13}$$

따라서 최종적인 출력 전압은

$$V_o = V_{B8} - I_{10}R_{10} = -4.6 - 0.16 \times 30 = 0.2\,\text{V} \tag{14-4-14}$$

로서 거의 0 V에 가깝게 만들어진다. 따라서 정전류원 I_{C7}의 역할은 R_{10}에 흐르는 직류 전류를 조절하여 출력의 직류 전압이 0 V에 가깝게 만드는 것임을 알 수 있다. 이상으로써 그림 14-19의 전체 개요도는 그림 14-21과 같다. 그림 14-21의 개요도에서 출력단의 Q_9의 베이스-이미터 전압은 0.8 V이며 Q_{10}의 베이스-이미터 전압은 D_4에 의해 0.7 V이므로 AB급으로 동작함을 알 수 있다. 그리고 Q_9는 Q_8의 컬렉터에, Q_{10}은 Q_8의 이미터에 연결되므로 Q_8은 위상 분할기 역할을 한다. 따라서 Q_8의 베이스에 양의 교류 전압이 가해지면 Q_9는 차단되고 Q_{10}만 도통하여 부하에 대해 싱크 역

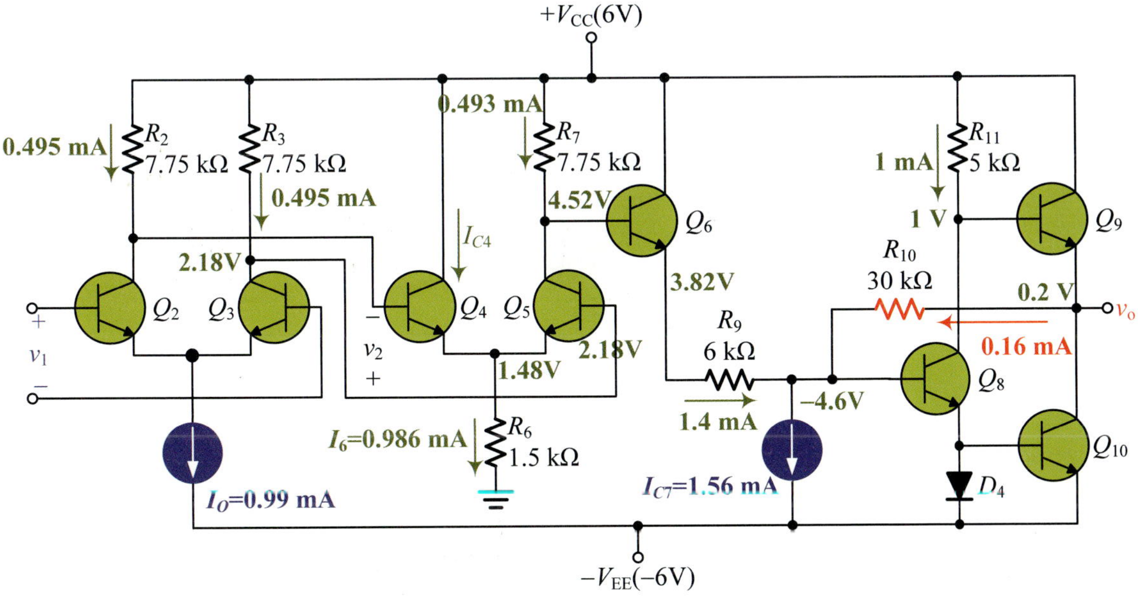

그림 14-21 MC1530의 전체 개요도.

할을 한다. 이 때 출력의 최소 전압은 Q_{10}이 포화될 때이므로

$$v_{o(\min)} = V_{EE} + V_{CE10(sat)} = -6 + 0.2 = -5.8\ \text{V} \tag{14-4-15}$$

반대로 Q_8의 베이스에 음의 교류 전압이 가해지면 Q_{10}은 차단되고 Q_9만 도통하여 부하에 전류를 공급하는 소스 역할을 하며 이 때 출력의 최대 전압은 Q_9가 포화될 때이므로

$$v_{o(\max)} = V_{CC} - V_{CE9(sat)} = 6 - 0.2 = 5.8\ \text{V} \tag{14-4-16}$$

따라서 출력단의 최대 스윙폭은 PP=11.6 V임을 알 수 있다.

교류 해석 그림 14-21에서 차동 입력 v_1에 대한 입력단과 두 번째 단의 교류 회로는 그림 14-22(a)와 같다(이미터 저항은 단락). 앞으로 MC1530에서는 트랜지스터의 전류 증폭률을 모두 β=100으로 통일하면 그림 14-21에서 각 트랜지스터의 r_π는 다음과 같이 주어짐을 알 수 있다.

$$\boxed{r_{\pi 2} = r_{\pi 3} = r_{\pi 4} = 5.2\ \text{k}\Omega, \quad r_{\pi 6} = 1.86\ \text{k}\Omega, \quad r_{\pi 8} = 2.6\ \text{k}\Omega} \tag{14-4-17}$$

그림 14-22
그림 14-21의 입력단과 두 번째 단에 대한
(a) 교류 회로;
(b) 등가 회로.

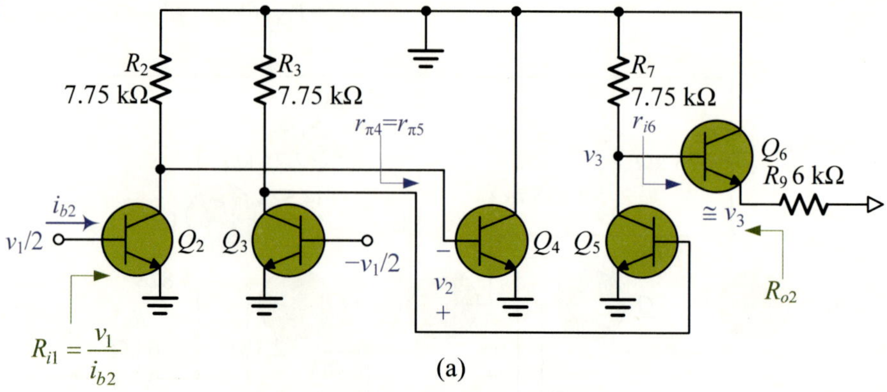

(a)

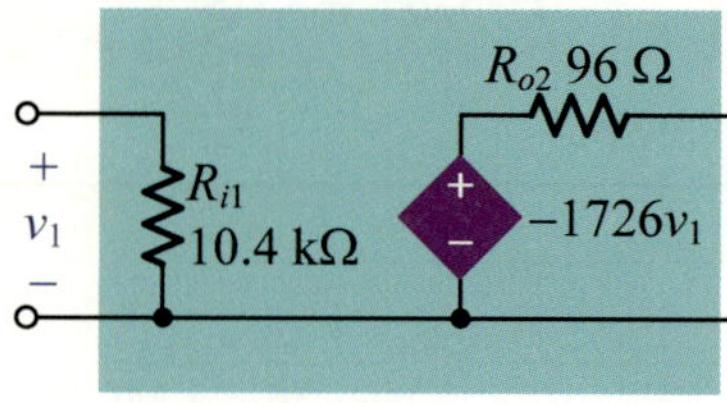

(b)

그림 14-22(a)에서 입력 저항 R_{i1}은

$$R_{i1} = \frac{v_1}{i_{b2}} = 2r_{\pi 2} = 10.4\ \text{k}\Omega \qquad \textbf{(14-4-18)}$$

그리고 출력 저항 R_{o2}는 임피던스 반사에 의해

$$R_{o2} = \frac{r_{\pi 6} + R_7}{\beta} = \frac{1.86 + 7.75}{100}\ \text{k}\Omega = 96\ \Omega \qquad \textbf{(14-4-19)}$$

평형 차동 증폭기 Q_2, Q_3에 의한 전압 이득은 Q_4, Q_5의 부하 효과를 고려하면

$$\frac{v_2}{v_1} = \frac{\beta(R_2 \| r_{\pi 4})}{r_{\pi 2}} \qquad \textbf{(14-4-20)}$$

따라서 입력단과 두 번째 단에 의한 전체 전압 이득은 식 (14-4-18), (14-4-19) 및 식 (14-4-17)로부터 다음과 같이 구할 수 있다.

$$\frac{v_3}{v_1} = -\frac{\beta^2 R_2 R_7}{2r_{\pi 2}(R_2 + r_{\pi 4})} = -\frac{100^2 \times 7.75^2}{2 \times 5.2 \times (7.75 + 5.2)} = -1726 \qquad \textbf{(14-4-21)}$$

이상으로 그림 14-22(a)의 등가회로는 그림 (b)와 같다.

이미터 폴로어 Q_6의 이미터 전압 역시 v_3이므로 그림 14-21의 출력단에 대한 교류 회로는 그림 14-23(a)와 같다. 여기서 역시 Q_9가 이미터-폴로어이므로 개방 전압 이득은 다음과 같다.

$$A_v = \frac{v_o}{v_4} \cong -\frac{\beta R_{11}}{r_{\pi 8}} = -\frac{100 \times 5}{2.6} = -192 \quad \textbf{(14-4-22)}$$

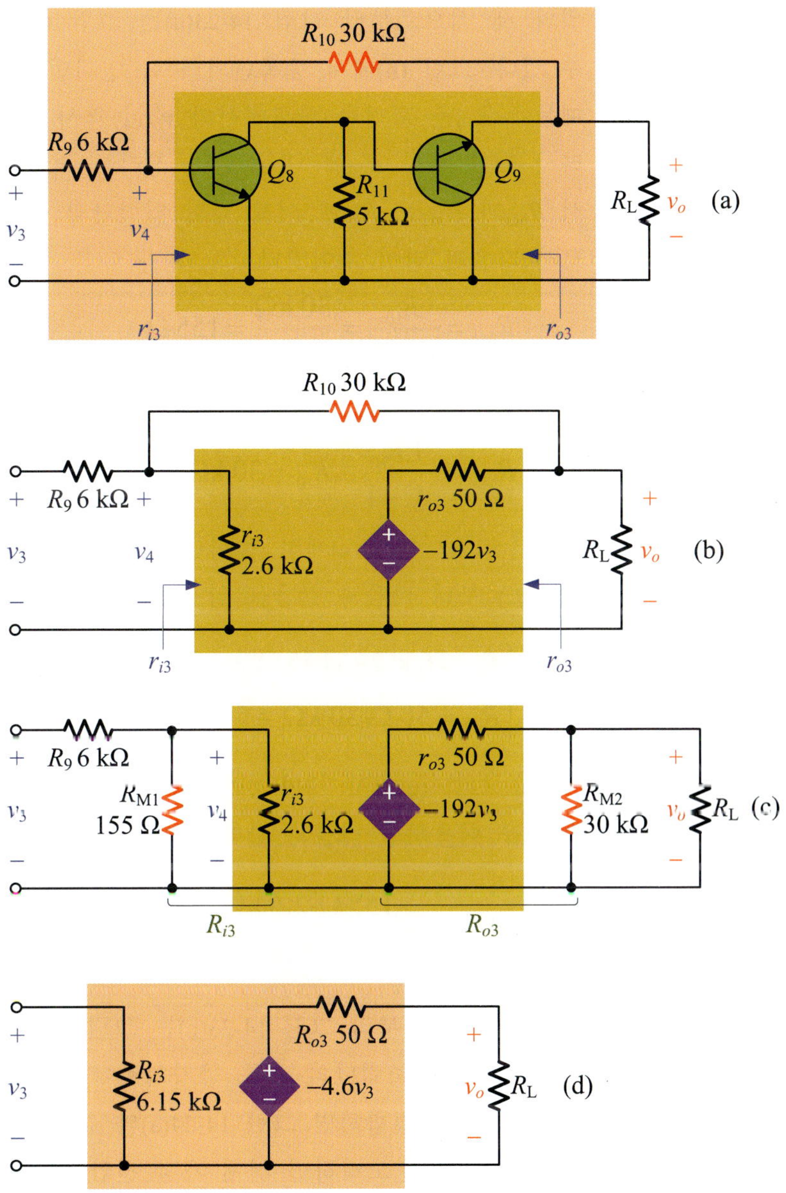

그림 14-23
그림 14-21의 출력단에 대한
(a) 교류 회로;
(b) 등가 회로;
(c) 밀러 효과;
(d) 최종 등가회로.

그리고 입력 저항 r_{i3}와 r_{o3}는

$$r_{i3} = r_{\pi 8} = 2.6\,\text{k}\Omega \tag{14-4-23}$$

및

$$r_{o3} = \frac{r_{\pi 9} + R_{11}}{\beta} \cong \frac{R_{11}}{\beta} = \frac{5\,\text{k}\Omega}{100} = 50\,\Omega \tag{14-4-24}$$

위의 세 식으로부터 그림 14-23(a)는 그림 (b)로 등가화할 수 있음을 알 수 있다. 그림 (b)에서 증폭단의 출력 임피던스 r_{o3}가 50 Ω으로 매우 작기 때문에 R_{10}을 고려한 상황에서의 v_o/v_4 역시 식 (14-4-22)와 거의 같다. 따라서 궤환 저항 R_{10}에 대해 밀러 정리를 적용하면 그림 (c)와 같다. 여기서 R_{M1}과 R_{M2}는 R_{10}에 의해 각각 입력단과 출력단에 형성된 밀러 저항들로서 다음과 같이 주어진다.

$$R_{M1} = \frac{R_{10}}{1 - A_v} = \frac{30\,\text{k}\Omega}{193} = 155\,\Omega \tag{14-4-25}$$

및

$$R_{M2} = \frac{A_v R_{10}}{A_v - 1} \cong R_{10} = 30\,\text{k}\Omega \tag{14-4-26}$$

따라서 그림 14-23(c)에서 출력단의 입력 저항을 R_{i3}와 출력 저항 R_{o3}는 그림으로부터 다음과 같음을 알 수 있다.

$$\begin{cases} R_{i3} = 6\,\text{k}\Omega + (155\,\Omega \| 2.6\,\text{k}\Omega) = 6.15\,\text{k}\Omega \\ R_{o3} = 50\,\Omega \| 30\,\text{k}\Omega \cong 50\,\Omega \end{cases} \tag{14-4-27}$$

그리고 그림 (c)에서 개방 전압 이득 v_o/v_3는 r_{o3}가 R_{M3}에 비해 충분히 작은 것을 이용하면 다음과 같이 주어진다.

$$\frac{v_o}{v_3} \cong \frac{155\,\Omega \| 2.6\,\text{k}\Omega}{6\,\text{k}\Omega + (155\,\Omega \| 2.6\,\text{k}\Omega)} \times (-192) \cong -4.6 \tag{14-4-28}$$

위의 두 식으로부터 그림 14-23(c)는 그림 (d)로 등가화할 수 있으며 이것이 MC1530의 출력단의 최종 등가회로이다. 이상으로 그림 14-22(b)와 그림 14-23(d)를 결합하면 그림 14-24(a)와 같다. 여기서 R_{o2}가 R_{i3}에 비해 충분히 작은 것을 고려하면 전체 개방 전압 이득은

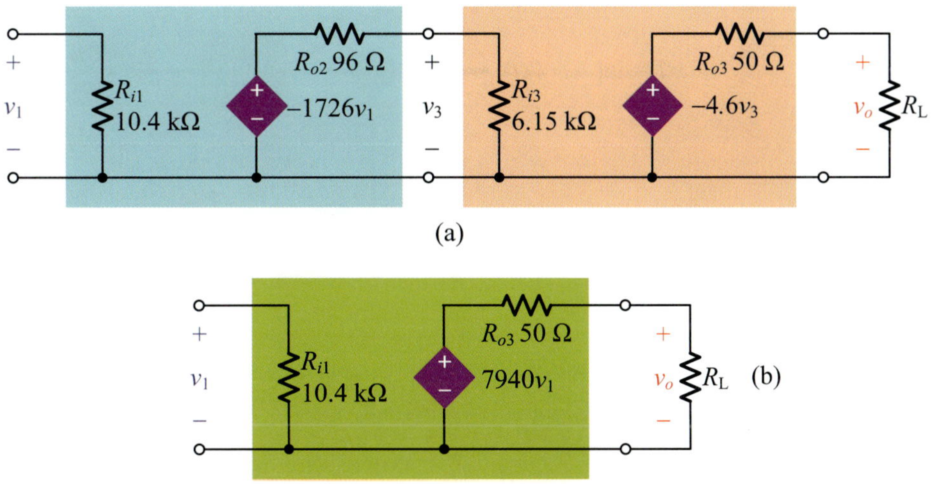

그림 14-24 MC1530의 (a) 전체 등가회로; (b) 최종 등가회로.

$$A_o \cong (-1726)\times(-4.6) = 7940 \qquad \textbf{(14-4-29)}$$

이다. 따라서 그림 14-24(a)는 최종적으로 그림 (b)로 등가화할 수 있으며 전압 이득이 양인 것은 입력 v_1은 반전 입력단에 대한 비반전 입력단의 전압이기 때문이다. 이상으로 MC1530 역시 비교적 입력 저항이 높으며 출력 저항은 낮고 개방 전압 이득도 높은 편이다.

14-5 위상동기 루프(PLL)

위상동기 루프(phase-locked loop: PLL)는 현대의 통신 장비에서 빠질 수 없는 중요한 시스템으로 연산 증폭기와 같은 차원으로 범용 IC화되어 있다. 그림 14-25는 PLL의 구성도이며 위상 검출기, 저역통과 필터(LPF), 증폭기 및 VCO로 구성된다. VCO는 11-6절에서 설명한 바와 같이 입력 전압 $v_o(t)$에 의해 발진 주파수가 제어되며 입력 전압이 0일 때의 주파수를 자주(自走) 주파수라 한다. 자주 주파수 ω_o를 중심으로 한 주파수 변동량

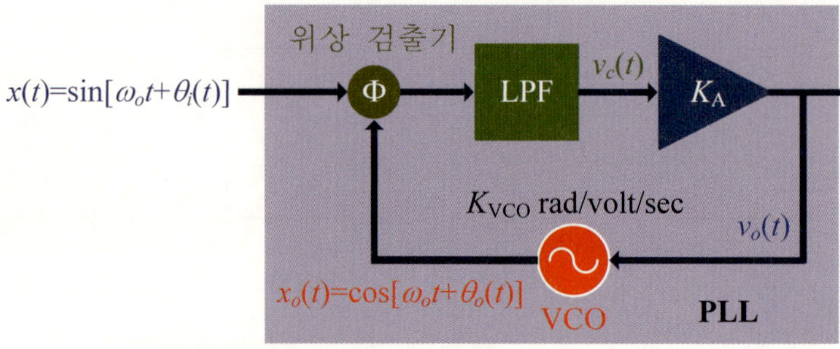

그림 14-25
PLL의 구성.

$\Delta\omega$는 입력 전압 $v_o(t)$에 비례하여

$$\Delta\omega = \frac{d\theta_o(t)}{dt} = K_{\text{VCO}} v_o(t) \tag{14-5-1}$$

로 주어진다. 여기서 상수 K_{VCO}는 VCO의 이득으로 단위는 rad/volt/sec이다. 위상 검출기는 PLL의 입력 $x(t)$와 VCO의 출력 $x_o(t)$와의 위상차를 검출하여 이에 비례하는 전압 $v_c(t)$를 만든다. 이를 위해 위상 검출기의 실제 구성은 곱셈기로 구성되며 $x(t)$와 $x_o(t)$를 곱한 결과로 나타나는 두 주파수의 합과 차의 성분 중에서 차의 성분만 저역통과 필터로써 택한다. 즉 그림 14-25에서

$$\begin{aligned}\sin[\omega_o t + \theta_i(t)]\cos[\omega_o t + \theta_o(t)] \\ = \frac{1}{2}\sin[2\omega_o t + \theta_i(t) + \theta_o(t)] + \frac{1}{2}\sin[\theta_i(t) - \theta_o(t)]\end{aligned} \tag{14-5-2}$$

위의 식 우변 두 번째 성분만 저역통과 필터에 의해 선택되므로

$$v_c(t) = \frac{1}{2}\sin[\theta_i(t) - \theta_o(t)] \tag{14-5-3}$$

따라서 PLL 궤환 루프에 의해 $\theta_o(t)=\theta_i(t)$로 동기되면 $v_c(t)$ 및 $v_o(t)$는 0이 되어 더 이상 VCO의 주파수와 위상은 변하지 않고 고정된다. 만일 식 (14-5-3)에서 위상차 $\theta_i(t)-\theta_o(t) \ll 1$ rad이면 위상 검출기의 출력 전압은

$$v_c(t) \cong \frac{\theta_i(t) - \theta_o(t)}{2} \tag{14-5-4}$$

로서 위상차에 직접 비례한다.

아날로그 곱셈기

두 아날로그 신호를 곱하는 기능을 하는 아날로그 곱셈기는 BJT 또는 다이오드의 전압과 전류간의 지수 함수 관계를 이용한 것으로 그림 14-26(a)의 차동 증폭기가 그 기본 구조이다. 그림에서

$$I_{C1} + I_{C2} = I_O \tag{14-5-5}$$

이며 또한 베이스-이미터 전압과 컬렉터 전류 관계가

$$I_{C1} = I_S \exp(V_{BE1}/V_T), \quad I_{C2} = I_S \exp(V_{BE1}/V_T) \tag{14-5-6}$$

따라서 위의 두 식에서 그림 14-26(a)의 $V_1=V_{BE1}-V_{BE2}$의 관계를 이용하면 다음과 같은 관계식을 얻을 수 있다.

$$I_{C1} = \frac{I_O}{1+\mathrm{cxp}(-V_1/V_T)}, \quad I_{C2} = \frac{I_O}{1+\mathrm{cxp}(V_1/V_T)} \tag{14-5-7}$$

이로부터 두 컬렉터 전류의 차를 구하면

$$\Delta I_C = I_{C1} - I_{C2} = I_O \tanh\left(\frac{V_1}{2V_T}\right) \tag{14-5-8}$$

이며 이를 그림으로 나타내면 그림 14-26(b)와 같다. 여기서 $V_1 << 2V_T$이면

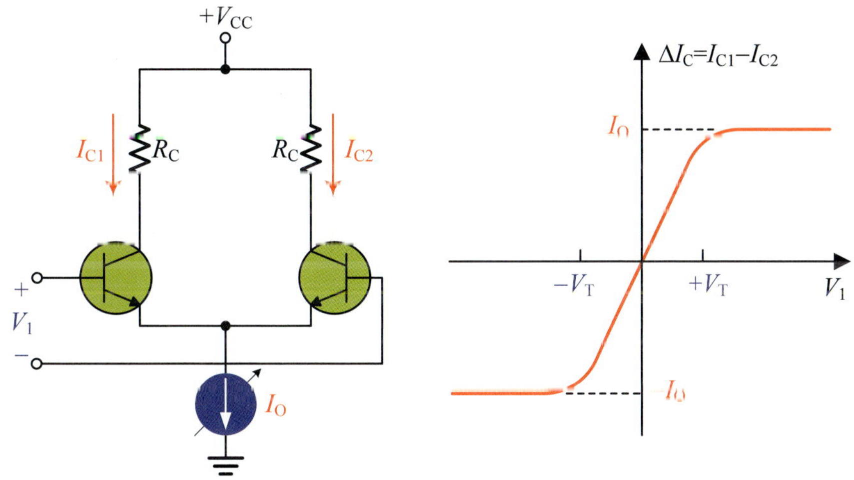

(a) (b)

그림 14-26 아날로그 곱셈기의 기본 구조: (a) 차동 증폭기; (b) 전달 특성.

$$\tanh\left(\frac{V_1}{2V_T}\right) \cong \frac{V_1}{2V_T}, \quad (V_1 >> 2V_T) \tag{14-5-9}$$

로 근사화할 수 있으므로 식 (14-5-8)은 다음과 같이 근사화된다.

$$\Delta I_C \cong I_O\left(\frac{V_1}{2V_T}\right), \quad (V_1 >> 2V_T) \tag{14-5-10}$$

따라서 그림 14-26(a)에서 전류원의 전류 I_O가 또 다른 전압 V_2에 비례하여 $I_O = K_O V_2$가 되도록 외부 회로를 구성하면 식 (14-5-10)의 ΔI_C는

$$\Delta I_C = KV_1V_2, \quad K = \frac{K_O}{2V_T} \tag{14-5-11}$$

와 같이 두 전압의 곱에 비례하는 형태가 된다. 그러나 여기서는 회로 구성상 I_O는 0보다 커야 하므로 $V_2 = I_O/K_O > 0$와 같이 V_2는 양의 값만 가질 수 있다. 따라서 V_1-V_2 평면상의 이분면(two quadrant)에서만 아날로그 곱셈기가 동작하므로 이 회로를 이분면 곱셈기라 한다.

이분면 곱셈기를 개선시켜 사분면에서 곱셈이 가능하도록 한 사분면 곱셈기는 그림 14-27과 같이 구성된다. 모든 트랜지스터는 정합되어야 하며 베이스 전류를 무시하면 식 (14-5-7)로부터 Q_1, Q_2의 컬렉터 전류는

$$I_{C1} = \frac{I_O}{1+\exp(-V_2/V_T)} \tag{14-5-12}$$

및

$$I_{C2} = \frac{I_O}{1+\exp(V_2/V_T)} \tag{14-5-13}$$

이로부터 Q_3, Q_4, Q_5, Q_6의 컬렉터 전류는 다음과 같다.

$$I_{C3} = \frac{I_{C1}}{1+\exp(-V_1/V_T)}, \quad I_{C4} = \frac{I_{C1}}{1+\exp(V_1/V_T)} \tag{14-5-14}$$

및

$$I_{C5} = \frac{I_{C2}}{1+\exp(V_1/V_T)}, \quad I_{C6} = \frac{I_{C2}}{1+\exp(-V_1/V_T)} \tag{14-5-15}$$

식 (14-5-12)~(14-5-15)를 결합하면 각 컬렉터 전류를 다음과 같이 V_1과 V_2의 함수로 표현할 수 있다.

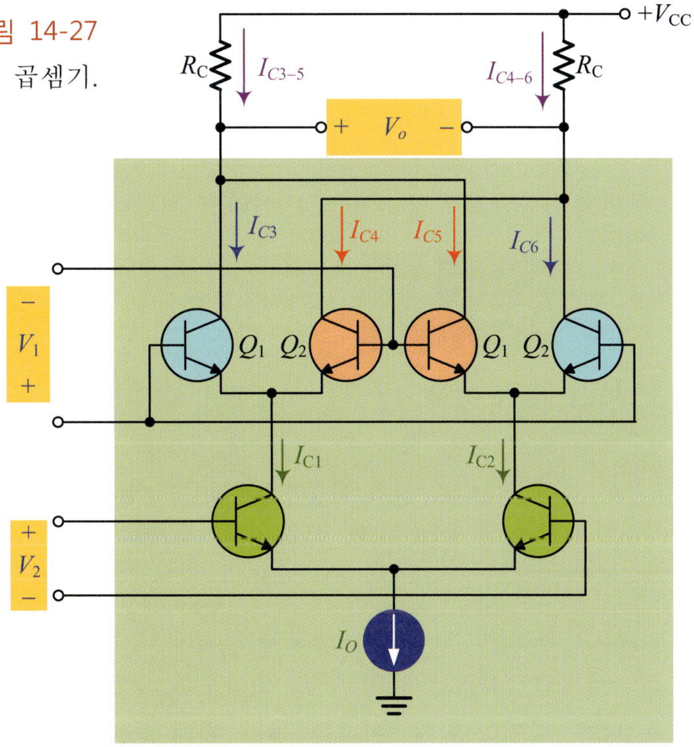

그림 14-27
아날로그 사분면 곱셈기.

$$\begin{cases} I_{C3} = \dfrac{I_O}{[1+\exp(-V_1/V_T)][1+\exp(-V_2/V_T)]} \\ I_{C4} = \dfrac{I_O}{[1+\exp(V_1/V_T)][1+\exp(-V_2/V_T)]} \\ I_{C5} = \dfrac{I_O}{[1+\exp(V_1/V_T)][1+\exp(V_2/V_T)]} \\ I_{C6} = \dfrac{I_O}{[1+\exp(-V_1/V_T)][1+\exp(V_2/V_T)]} \end{cases} \tag{14-5-16}$$

여기서

$$I_{C3-5} \equiv I_{C3} + I_{C5}, \quad I_{C4-6} \equiv I_{C4} + I_{C6} \tag{14-5-17}$$

로 정의하고 최종 출력 전류를 $I_o = I_{C3-5} - I_{C4-6}$로 삼으면 위의 식들로부터 다음과 같이 주어짐을 알 수 있다.

$$I_o = (I_{C3} - I_{C6}) - (I_{C4} - I_{C5})$$
$$= I_O \tanh\left(\frac{V_1}{2V_T}\right)\tanh\left(\frac{V_2}{2V_T}\right) \qquad (14\text{-}5\text{-}18)$$

만일 $|V_1| << 2V_T$ 및 $|V_2| << 2V_T$이라면 위의 식은

$$I_o \cong \left(\frac{I_O}{4V_T^2}\right)V_1V_2 \qquad (14\text{-}5\text{-}19)$$

와 같이 두 신호의 곱에 비례한다. 그리고 그림 14-27에서는 V_1과 V_2가 모두 음과 양의 값을 다 가질 수 있으므로 식 (14-5-19)는 사분면 곱셈기의 식이 되는 것이다. 사분면 곱셈기는 실제 아날로그 회로에서 아날로그 곱셈기, 변조기 등 여러 가지로 사용된다.

위상 검출기

그림 14-27의 위상 검출기로서의 동작을 알아보기 위해 두 입력 V_1과 V_2는 그림 14-28과 같이 같은 주파수의 구형파이며 위상만 ϕ 만큼 차이가 나는 것으로 한다. 이해를 돕기 위해 두 입력의 전압 레벨이 충분히 커 모든 트랜지스터가 포화와 차단 영역에서만 동작하는 스위치로 본다. 따라서 트랜지스터를 스위치로 묘사한 그림 14-29를 참고로 하면 동작을 쉽게 이해할 수 있다.

그림 14-29에서 두 입력 전압의 극성이 서로 같을 경우에 대한 등가회로가 그림 (a)이며 극성이 반대일 경우가 그림 (b)임을 쉽게 이해할 수 있을 것이다. 두 입력의 극성이 같을 때인 그림 (a)는 출력 전압 V_o는

$$V_o = (V_{CC} - I_O R_C) - V_{CC} = -I_O R_C < 0 \qquad (14\text{-}5\text{-}20)$$

와 같이 음이 된다. 그리고 극성이 반대인 그림 (b)에서는 출력 전압이

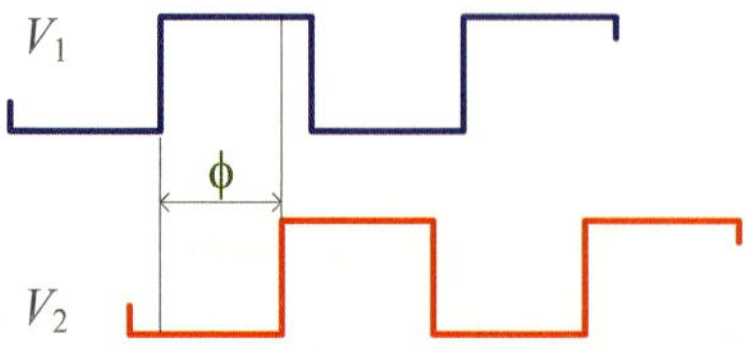

그림 14-28
사분면 곱셈기의 두 입력.

그림 14-29
입력의 부호에 따른 등가적인 동작.

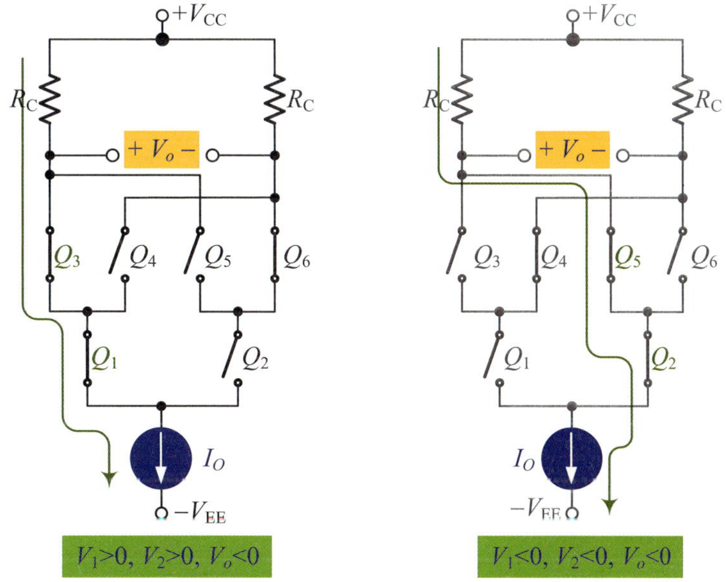

(a) 두 입력의 극성이 같은 경우

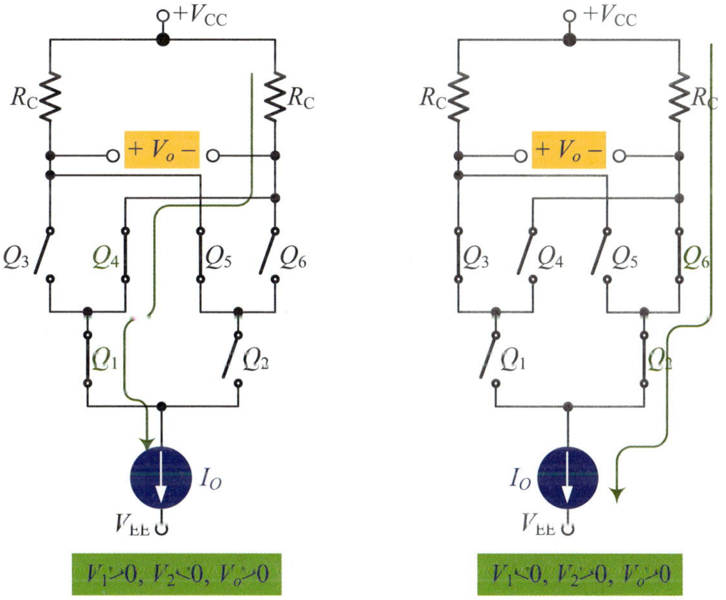

(b) 두 입력의 극성이 서로 다를 경우

$$V_o = V_{CC} - (V_{CC} - I_O R_C) = I_O R_C > 0 \quad \textbf{(14-5-21)}$$

로 양이 된다. 따라서 두 입력의 위상차와 출력 전압의 관계를 예를 들어 보면 그림 14-30(a)와 같으며 출력의 평균치 V_{DC}는 다음과 같이 주어진다.

$$V_{DC} = \frac{A_+ - A_-}{\pi} = R_C I_O \left(\frac{2\phi}{\pi} - 1 \right) \quad \textbf{(14-5-22)}$$

위의 식으로부터 위상차가 ϕ=90°이면 V_{DC}=0, ϕ>90°이면 V_{DC}>0, ϕ<90°이면 V_{DC}<0이므로 위상차 ϕ와 V_{DC}는 그림 14-30(b)와 같이 선형적인 관계가 된다.

그림 14-30
위상 검출기의
(a) 입력과 출력 파형;
(b) 위상차와 출력 전압.

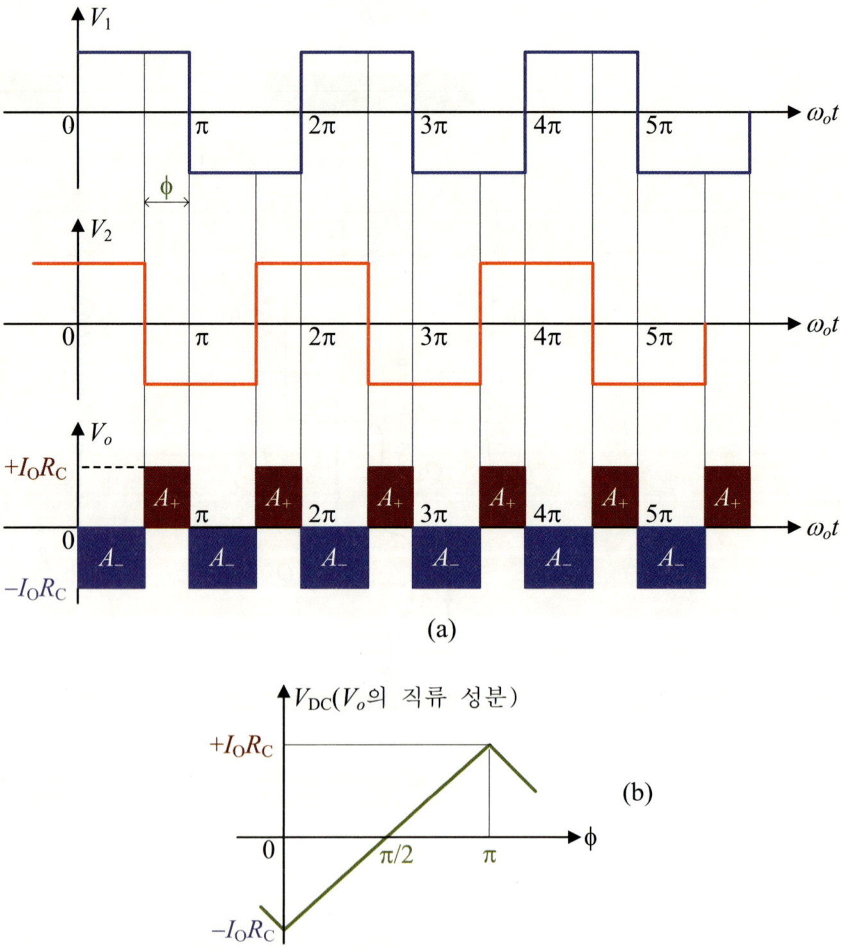

위상동기 루프 (PLL)

그림 14-31은 560 PLL IC의 칩 내부 회로에 대한 개요도이다. 트랜지스터 Q_{15}, Q_{16}, Q_{17}, Q_{18}, Q_{19}, Q_{20}은 위상 검출기 역할을 하는 사분면 아날로그 곱셈기이며 위상 검출기의 출력단에 있는 루프 필터는 사용자가 설계하여 사용할 수 있도록 외부 단자로 내고 있다. 트랜지스터 Q_{35}, Q_{36}, Q_{37}, Q_{38}, Q_{39}는 차동 증폭기로서 루프 필터의 출력을 증폭시켜 VCO의 입력으로 제공한다. 그리고 트랜지스터 Q_{23}, Q_{24}, Q_{25}, Q_{26}, Q_{27}, Q_{28}은 이장 VCO이며(그림 13-29 참조) 트랜지스터 Q_{25}와 저항 R_{22} 및 트랜지스터 Q_{26}과 저항 R_{22}는 그림 14-5(a)와 같이 저항과 다이오드의 병렬 결합과 등가이므로 그림 13-29(a)의 D_1과 R 및 D_2와 R의 쌍과 같다. 증폭기의 출력, 즉 두 입력의 위상차에 비례하는 전압에 의해 VCO의 출력 주파수(더불어 위상)이 제어되며 VCO의 출력은 위상 검출기의 한 쪽 입력단인 Q_{15}와 Q_{18} 및 Q_{16}과 Q_{17}의 베이스로 선날되어 입력(기준 신호)의 위상과 비교된다. 따라서 VCO 출력의 위상과 입력의 위상차가 90°가 되면 PLL은 동기되어 루프 필터의 출력 전압이 0이 되므로 VCO는 더 이상 가변되지 않는다. 트랜지스터 Q_{37}과 Q_{38}의 컬렉터 전류는 $I_{O2}/4$=500 μA/4=125 μA이므로 Q_{23}과 Q_{24}의 이미터에는 총 500 μA+125 μA=625 μA의 전류가 흘러 들어간다. 따라서 VCO의 입력 전압이 0인 상태, 즉 동기된 상태에서의 자주 주파수 f_o는 식 (13-4-3)으로부터 다음과 같이 주어진다.

$$f_o = \frac{I_{\text{CTRL}}}{4CV_{\text{BE}}} = \frac{625\times10^{-6}}{4C\times0.6} = \frac{0.26\times10^{-3}}{C} \qquad \textbf{(14-5-23)}$$

따라서 원하는 자주 주파수가 정해지면 이를 얻기 위한 커패시터 C는

$$C = \frac{260}{f_o}\ \mu\text{F} \qquad \textbf{(14-5-24)}$$

로 구해진다

그림 14-31

560 PLL의 개요도

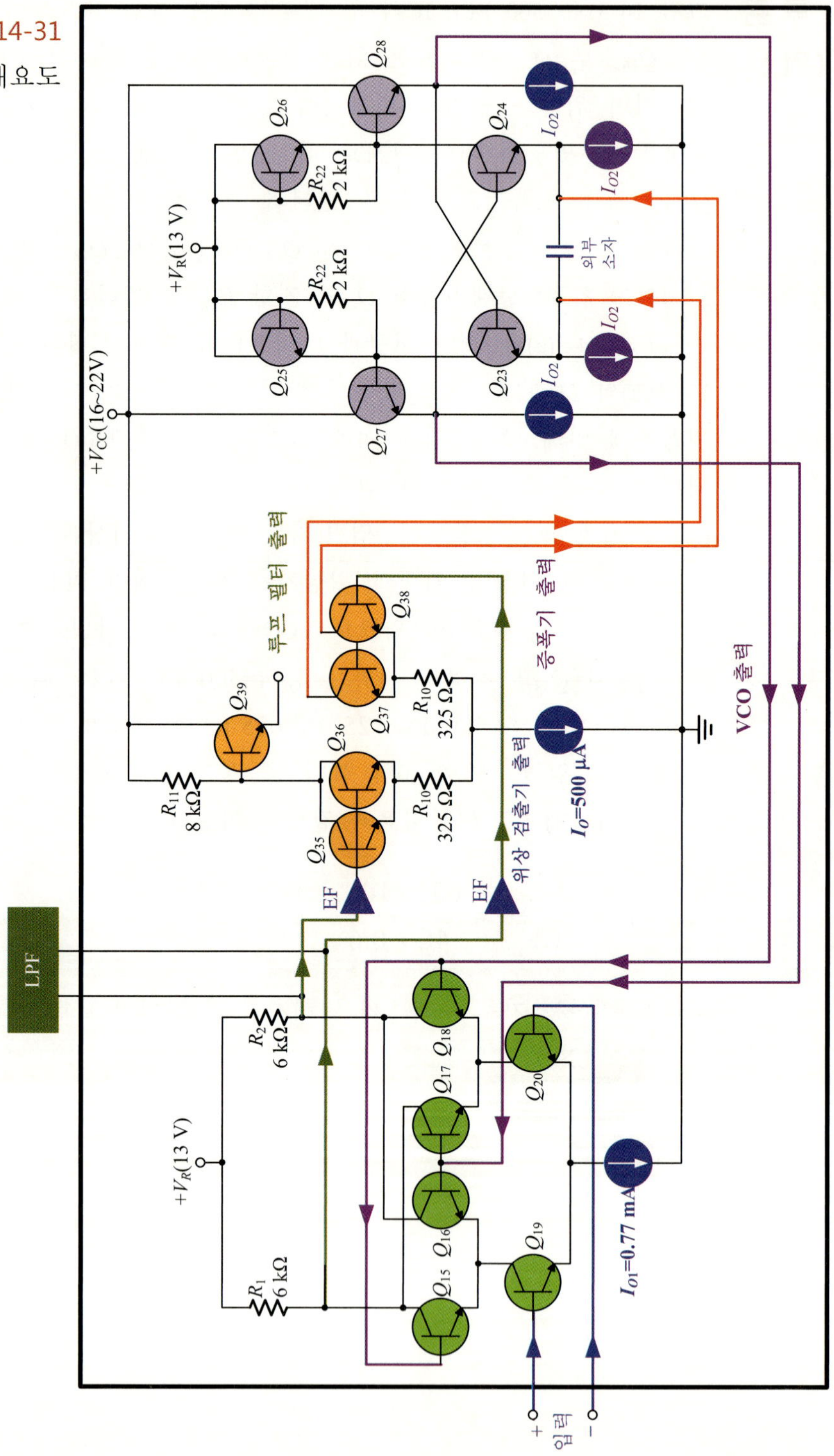

연습 문제

14-1 IC 칩상에서 트랜지스터, 다이오드, 저항 및 커페시터의 구성에 대해 간단히 비교 설명하라.

14-2 고도의 역할에 대해 알아보아라.

14-3 그림 14-5(b)의 V_{BE}-증배기의 전압과 전류 특성을 그림으로 나타내면 그림 P14-3과 같음을 보여라.

그림 P14-3

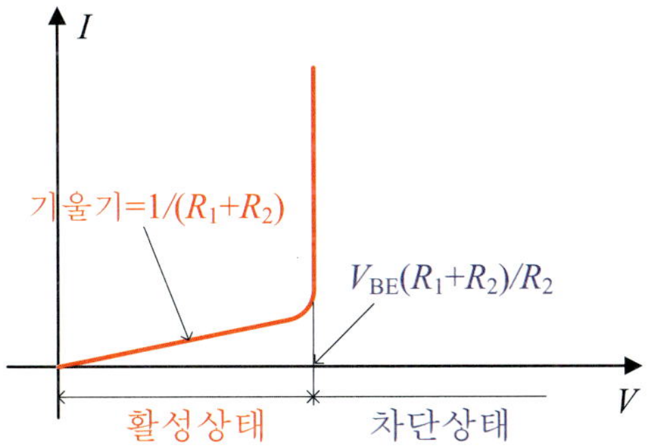

14-4 그림 14-6(b)에서 V_{CC}=12 V, R_1=20 kΩ, R_2=10 kΩ일 경우 Q_2의 컬렉터 전류를 구하라.

14-5 그림 P14-5(a)의 회로는 상온에서 동작하며 각 파라미터 값은 다음과 같다:

$$\beta_1 = \beta_2 = 150, \quad r_{c1} = r_{c2} = \infty,$$

$$\beta_3 = \beta_4 = 100, \quad r_{c3} = r_{c4} = 10\ \text{k}\Omega$$

Q_3와 Q_4는 능동 부하이며 전류원 I_O는 이상적인 전류원으로 가정한다.

(a) 그림 14-5(a)에 대한 등가 교류 회로가 그림 (b)와 같음을 보이고 등가 저항 r_d와 r_{o4}를 구하라.

(b) 출력 저항 R_o를 구하라.

(c) 출력단과 접지간에 10kΩ의 부하를 연결하였을 때 전압 이득을 구하라.

14-6 그림 P14-6은 741의 입력단에 대한 또 다른 바이어스 방법을 나타내고 있다. 모든 *npn* 트랜지스터들은 *npn* 트랜지스터대, 모든 *pnp* 트랜지스터들은 *pnp* 트랜지스터대로 특성이 동일하며 전류 증폭률은 각각 $\beta_{o(n)}$, $\beta_{o(p)}$로 한다. 그리고 V_{CC}=V_{EE}=10 V이며 V_{EE}=0.7 V로 한다.

(a) I_{ref}에 관한 식을 구하라.

그림 P14-5

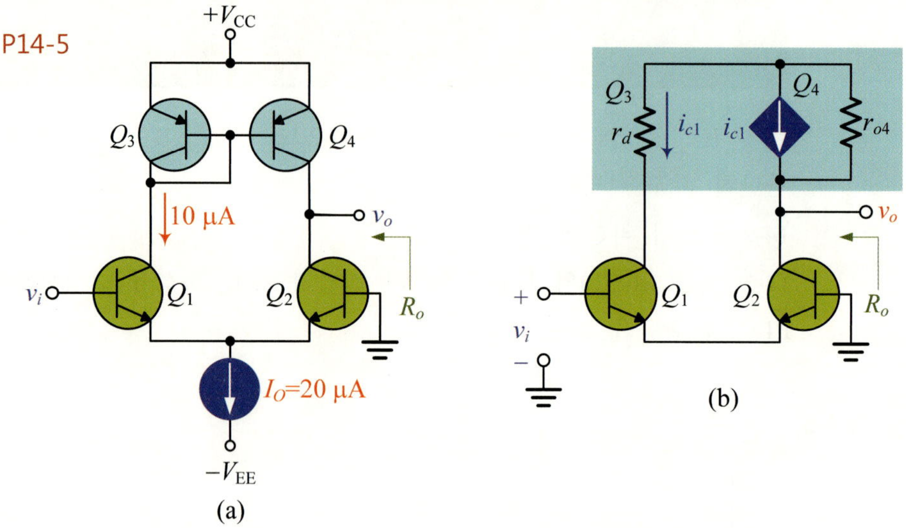

그림 P14-6

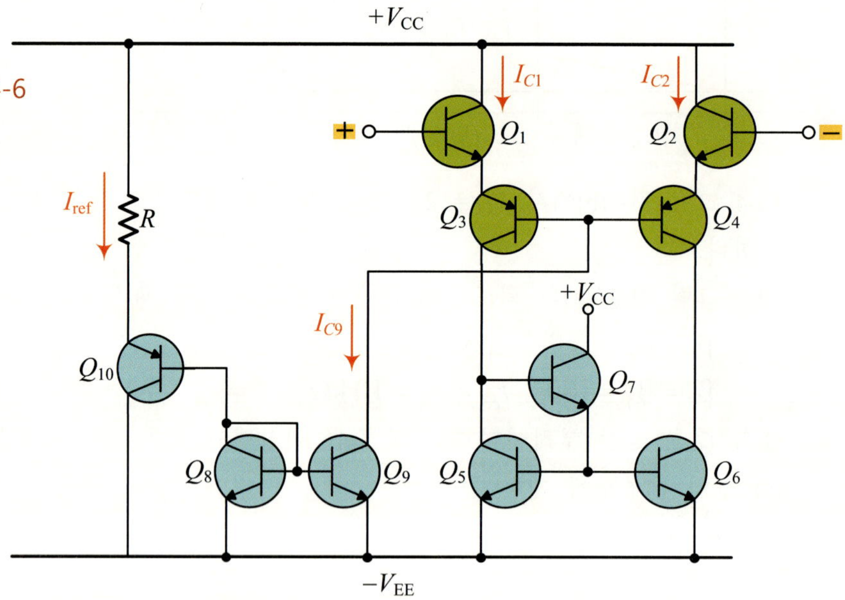

(a) I_{C9}를 I_{ref}로 나타내어라.

(b) Q_1과 Q_2의 컬렉터 바이어스 전류가 10 μA가 되도록 I_{ref}를 결정하라.

14-7 그림 P14-7은 출력단의 바이어스 회로에 V_{BE}-증배기를 이용한 예이다. 전류 I_{QC} 중에서 R_1과 R_2에 흘러 들어가는 전류 및 베이스 전류를 무시하고 트랜지스터의 역포화 전류를 $I_S=10^{-15}$ A로 가정할 때

(a) 바이어스 전류 I_{BIAS}를 저항 R_1과 R_2의 비인 R_2/R_1의 함수로 표시하여라.

그림 P14-7

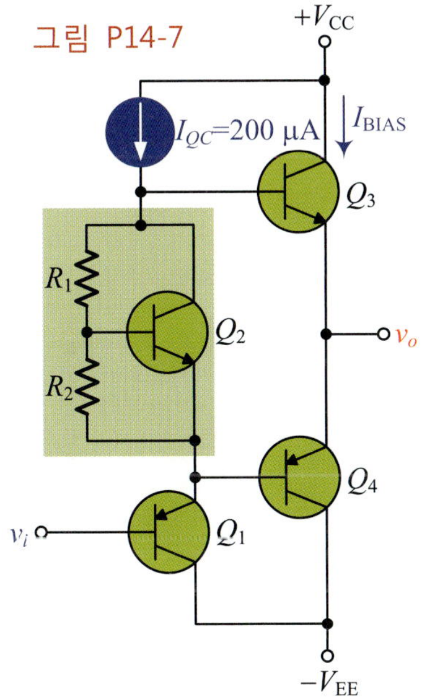

그림 P14-8

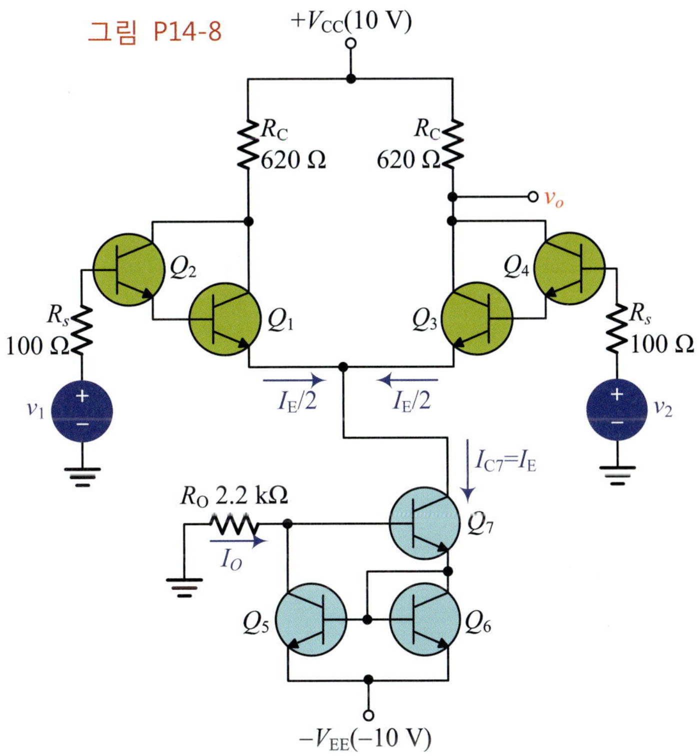

(b) I_{BIAS}가 60 μA가 되도록 R_2/R_1를 결정하라.

14-8 그림 P14-8은 다링턴쌍을 이용한 불평형 차동 증폭기이며 Wilson 전류원을 사용하고 있다. 모든 트랜지스터는 동일하며 $\beta_o=\beta=100$, V_{BE}=0.7 V로 한다. 차동 전압 이득 및 CMRR을 구하라. 단 Q_7의 r_c만 r_{c7}=240 kΩ으로 한다.

14-9 741의 입력단에 대한 교류 회로인 그림 14-15(a)에서 공통 모드에 대한 이득을 구하고자 한다.

(a) 그림 14-15(a)의 공통 모드에 대한 등가회로가 그림 P14-9(a)임을 보여라.

(b) 그림 P14-9(a)를 그림 (b)와 같이 등가화할 때 전달 컨덕턴스 G_{m1}'를 구하라. 단 필요한 소자 값들은 예제 14-1의 결과를 이용한다.

(c) (b)의 결과와 예제 14-1의 G_{m1}을 비교하여 741의 CMRR을 계산하라.

참고 : 741의 증폭단과 출력단은 공통 신호와 차동 신호에 대해 이득이 같다.

14-10 그림 P14-10은 모토롤라 MC1435 연산 증폭기이다. 모든 트랜지스터는 동일하며 $\beta_o=\beta=150$, V_{BE}=0.7V로 한다.

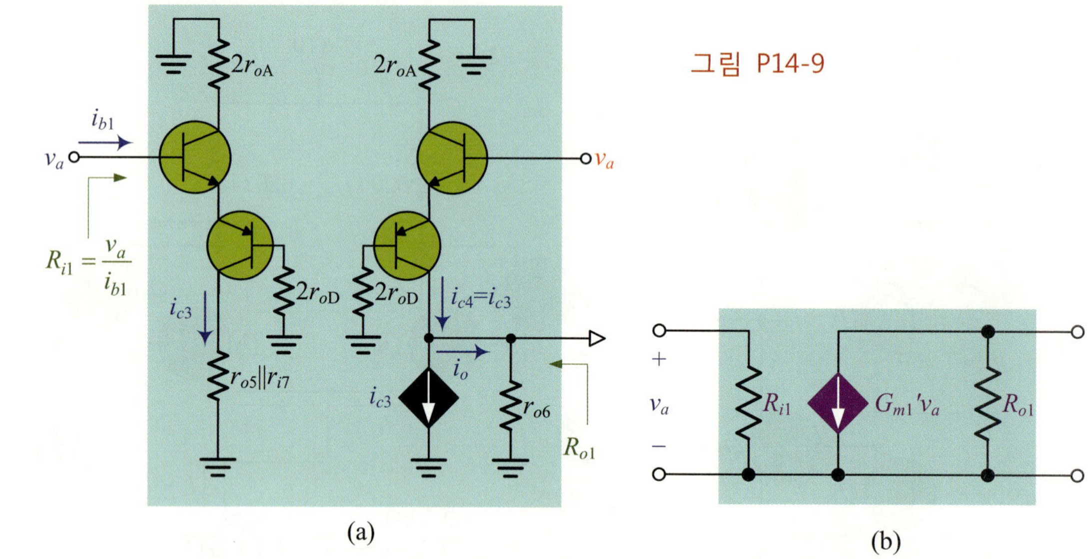

그림 P14-9

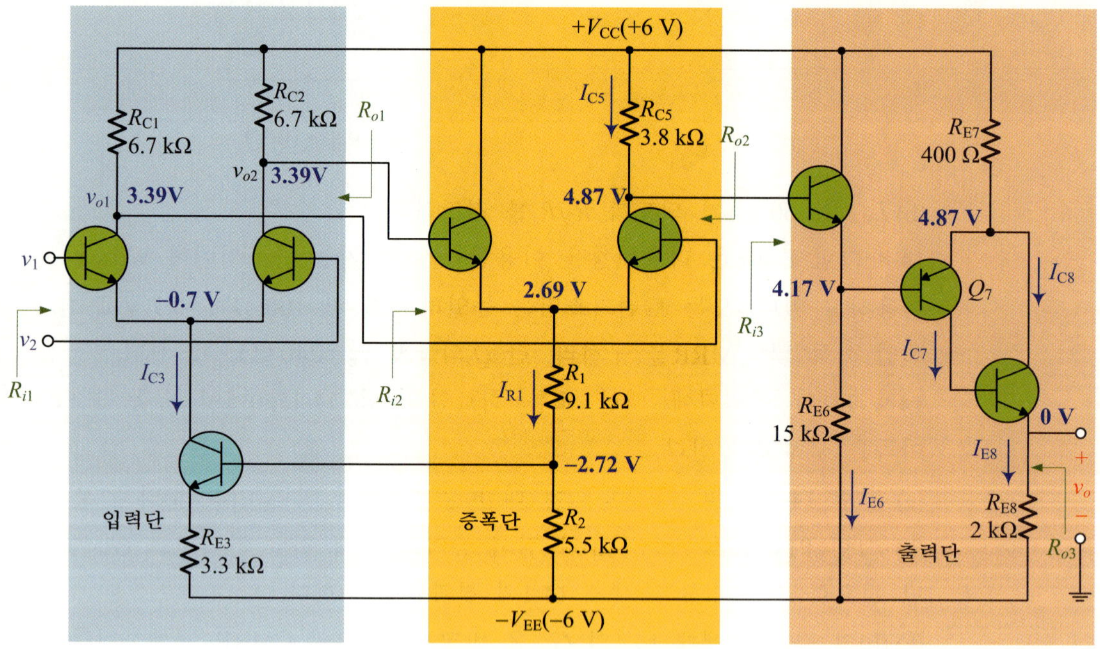

그림 P14-10

(a) 굵은 글씨로 표시된 전압은 각 부분의 바이어스 전압이다. 이를 검정하고 각 부분의 바이어스 전류를 구하라.

(b) (a)의 결과를 이용하여 상온에서 각 트랜지스터의 r_π와 Q_3의 컬렉터에서 들여다 본 출력 저항을 구하라. 단 Q_3의 얼리 전압은 V_A=100 V로 한다.

(c) 입력단의 입력 임피던스 R_{i1}과 출력 임피던스 R_{o1} 및 전압 이득을 구하라.

(d) 증폭단의 입력 임피던스 R_{i2}와 출력 임피던스 R_{o2} 및 전압 이득을 구하라.

(e) 출력단의 입력 임피던스 R_{i3}와 출력 임피던스 R_{o3} 및 전압 이득을 구하라.

(f) 전체 전압 이득을 구하라.

(g) $V_{CE(sat)}$=0.2V로 할 때 출력에 왜곡이 없는 입력의 최대 스윙폭을 구하라.

(h) 각 단의 교류 부하선을 그리고 동작의 급을 판단하라. 그리고 교류 신호의 왜곡이 없는가를 동작점 및 신호의 스윙폭으로써 검정하라.

14-11 그림 P14-11은 LH0005 연산 증폭기이다. β_o=β=100, V_{BE}=0.7V로 할 때

(a) 각 트랜지스터의 동작점을 구하라.

(b) 차동 전압 이득 및 입력 임피던스 R_i와 출력 임피던스 R_o를 구하라.

(c) 각 트랜지스터의 교류 부하선을 그리고 동작급을 판단하라.

(d) 출력단(Q_7, Q_8)에서 발생할 수 있는 교차 왜곡에 대해 설명하라.

그림 P14-11

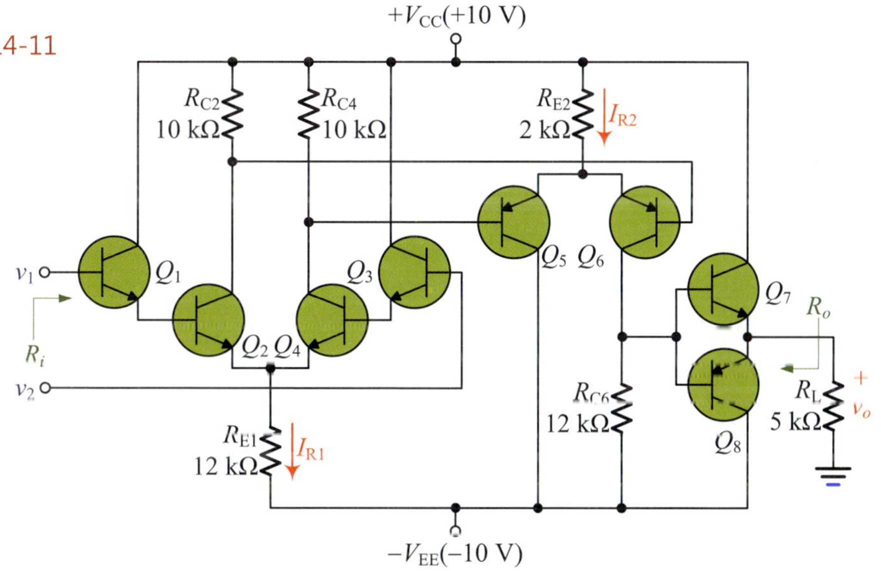

14-12 그림 P14-12는 723 IC 전압 조정기 회로에서 정전류원 바이어스 회로 부분만 따로 그린 것이다. 제너 다이오드 D_1과 D_2의 전압은 각각 6.2 V이며 V_{BE}=0.7 V, V_A=100 V로서 상온에서 동작한다. 그리고 모두 β_o=β=100으로 한다.

(a) 제너 다이오드의 전압을 이용하여 Q_2의 컬렉터 전류 I_{C2}를 구하라.

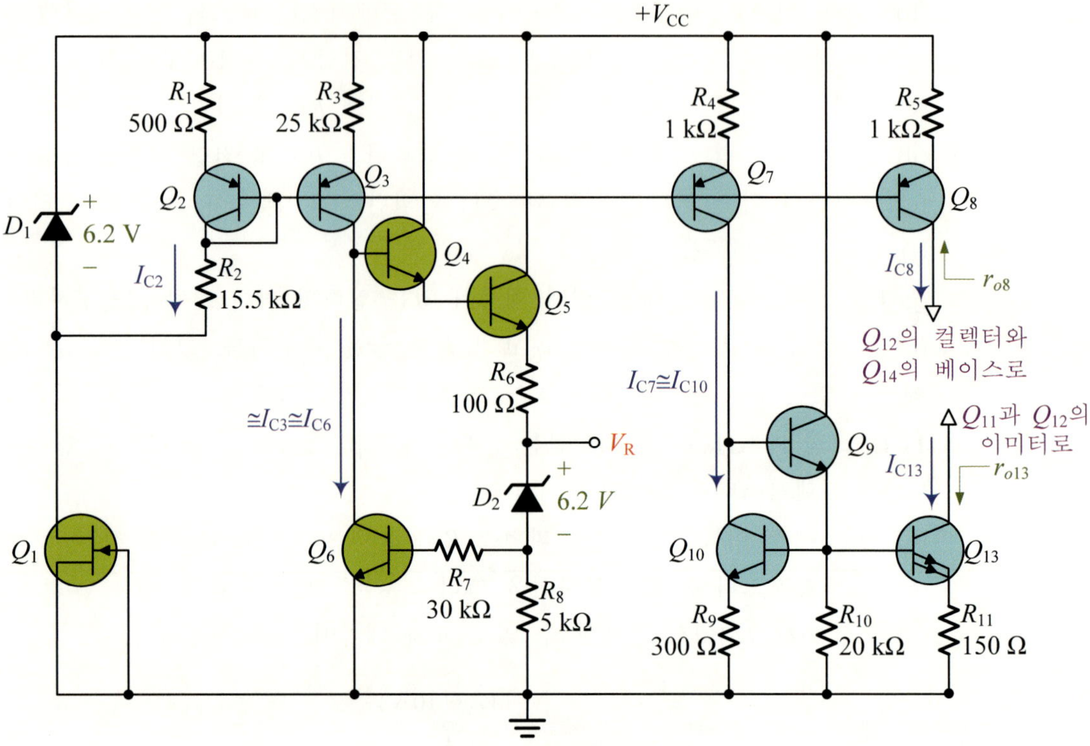

그림 P14-12

(b) Q_3와 Q_7, Q_8의 컬렉터 전류 I_{C3}, I_{C7}, I_{C8}을 구하라.

(c) $I_{C10} \cong I_{C7}$의 관계로부터 I_{C13}을 구하라. 단 Q_{13}의 이미터 면적은 Q_{10}의 이미터 면적의 두 배이다.

(d) Q_4와 Q_5의 베이스 바이어스 전류를 무시할 때 I_{C6}를 구하라.

(e) Q_6의 베이스 바이어스 전류를 무시하면 기준 전압 V_R은 얼마인가?

(f) Q_8의 컬렉터를 들여다 본 출력 저항 r_{o8}과 Q_{13}의 컬렉터를 들여다 본 출력 저항 r_{o13}을 구하라.

14-13 PLL의 원리에 대해 설명하라.

14-13 PLL에서 저역통과 필터가 필요한 이유는 무엇인가?

14-13 2분면 곱셈기와 4분면 곱셈기의 차이에 대해 설명하라.

부록 A

식 (1-4-6)의 증명

해석을 간단히 하기 위해 정현파를 그림 A-1(a)과 같은 삼각파로 근사화함으로써 맥동 전압을 삼각파 전압으로 선형화하여 해석한다. 그림 A-1(a)에서 리플 v_r의 폭을 V_r이라 하면 직류 전압 V_{DC}는

$$V_{DC} = V_p - V_r/2 \tag{A-1}$$

이 되며 커페시터의 방전이 지속되는 동안 C 양단의 전압 변화는

$$V_r = I_{DC}T_2/C \tag{A-2}$$

로 주어진다. 따라서 리플 v_r의 실효치 $V_{r(rms)}$는 그림 A-1(b)로부터

$$V_{r(rms)} = \frac{V_r}{2\sqrt{3}} \tag{A-3}$$

그리고 그림 A-1(c)의 더 자세한 파형을 이용하면

$$\frac{V_r}{T_1} = \frac{V_p}{T/4}$$

이므로 다이오드 도통 기간인 T_1과 정현파의 주기 T와의 관계는

$$T_1 = (V_r/4V_p)T$$

와 같다. 따라서 다이오드가 차단되는 기간인 T_2는

$$T_2 = \frac{T}{2} - T_1 = \frac{T}{2} - \left(\frac{V_r}{4V_p}\right)T$$

이므로 위의 식으로부터

$$T_2 = \left(\frac{2V_p - V_r}{V_p}\right)\frac{T}{4} \tag{A-4}$$

식 (A-1)과 (A-4)를 결합하면 식 (A-4)는 최종적으로

$$T_2 = \frac{V_{DC}}{V_p}\frac{T}{2} \tag{A-5}$$

그림 A-1

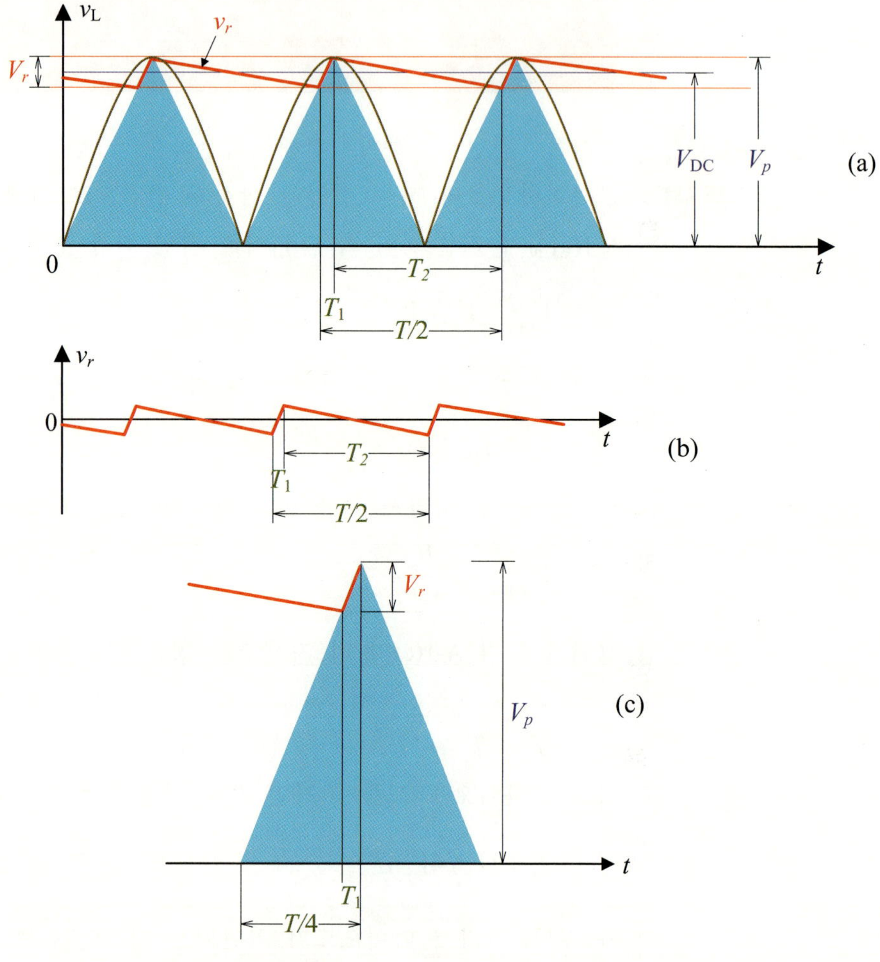

로 표현할 수 있다. 식 (A-5)를 식 (A-2)에 대입하면

$$V_r = \frac{I_{DC}T}{2C} \times \frac{V_{DC}}{V_p} = \frac{I_{DC}}{2fC} \times \frac{V_{DC}}{V_p} \tag{A-6}$$

이며 또한 위의 식과 식 (A-3)을 결합하면

$$V_{r(\text{rms})} = \frac{V_r}{2\sqrt{3}} = \frac{I_{DC}}{4\sqrt{3}fC} \times \frac{V_{DC}}{V_p} \tag{A-7}$$

일반적으로 $V_{DC} \cong V_p$로 근사화할 수 있으므로 식 (A-6)과 (A-7)은 각각 다음과 같이 근사화할 수 있다.

$$V_r \cong \frac{I_{DC}}{2fC} = \frac{V_{DC}}{2fR_L C} \tag{A-8}$$

$$V_{r(\text{rms})} \cong \frac{I_{\text{DC}}}{4\sqrt{3}fC} = \frac{V_{\text{DC}}}{4\sqrt{3}fCR_{\text{L}}} \qquad \textbf{(A-9)}$$

따라서 식 (A-8)을 (A-1)에 대입하여 V_{DC}에 관해 정리하면

$$V_{\text{DC}} = \left(\frac{4fCR_{\text{L}}}{4fCR_{\text{L}}+1}\right)V_p \qquad \textbf{(A-10)}$$

전원 변환

다음 그림 A-2에서 전압원 v_s와 전류원 i_s의 관계가

$$v_s = R_s i_s \qquad \textbf{(A-11)}$$

를 만족하면 두 회로 (a), (b)는 단자 a, b에 대해 서로 등가이다. 먼저 그림 (a)에서 임의의 부하 R_{L} 양단의 전압 v_{L}을 구하면

$$v_{\text{L}} = \frac{R_{\text{L}}}{R_s + R_{\text{L}}} v_s \qquad \textbf{(A-12)}$$

그리고 그림 (b)에서의 부하 전압 v_{L}을 구하면

$$v_{\text{L}} = \frac{R_s R_{\text{L}}}{R_s + R_{\text{L}}} i_s \qquad \textbf{(A-13)}$$

이므로 식 (A-11)의 관계에 의해

$$v_{\text{L}} = \frac{R_s R_{\text{L}}}{R_s + R_{\text{L}}}\left(\frac{v_s}{R_s}\right) = \frac{R_{\text{L}}}{R_s + R_{\text{L}}} v_s \qquad \textbf{(A-14)}$$

로 식 (A-12)와 같다. 따라서 그림 (a)와 (b)는 단자 a, b에 대해 서로 등가이며 이를 전원 변환이라 한다.

그림 A-2

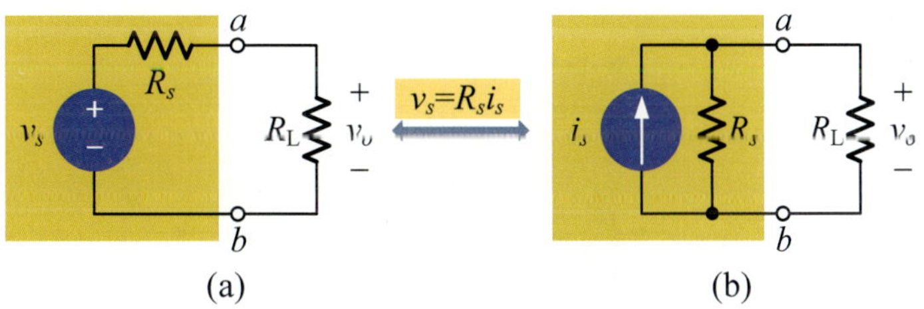

부록 B

그림 3-27(a) 증명

그림 3-37(a)의 등가회로는 그림 B-1(a)와 같으며 대부분의 경우 $r_c >> R_E$, $r_c >> R_C$이다. 그림 (a)의 전류원 βi_b와 저항 r_c의 병렬 결합을 전원 변환시키면 그림 (b)가 되며 두 폐로(loop)에 KVL을 적용하면 다음의 두 연립 방정식을 구할 수 있다.

그림 B-1

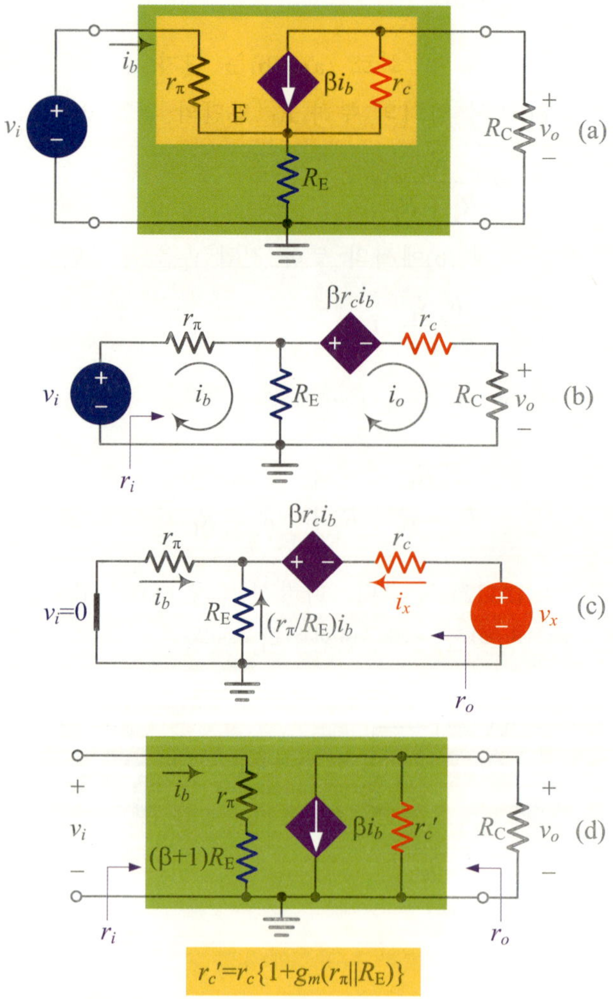

$$\begin{bmatrix} r_\pi + R_E & -R_E \\ -R_E & r_c + R_E + R_C \end{bmatrix} \begin{bmatrix} i_b \\ i_o \end{bmatrix} = \begin{bmatrix} v_i \\ -\beta r_c i_b \end{bmatrix} \quad \text{(B-1)}$$

위의 식 우변의 $-\beta r_c i_b$를 좌변으로 이동하여 정리하면

$$\begin{bmatrix} r_\pi + R_E & -R_E \\ -R_E + \beta r_c & r_c + R_E + R_C \end{bmatrix} \begin{bmatrix} i_b \\ i_o \end{bmatrix} = \begin{bmatrix} v_i \\ 0 \end{bmatrix} \quad \text{(B-2)}$$

여기서 $r_c >> R_E, r_c >> R_C$를 이용하면 행렬식이

$$\begin{aligned} \Delta &= (r_\pi + R_E)(r_c + R_E + R_E) - R_E(R_E - \beta r_c) \\ &= \{(\beta+1)r_c + R_C + r_\pi\}R_E + r_\pi(r_c + R_C) \\ &\cong (\beta+1)r_c R_E + r_\pi r_c \\ &- \{(\beta+1)R_E + r_\pi\}r_c \end{aligned} \quad \text{(B-3)}$$

전류 i_b가

$$\begin{aligned} i_b &= \frac{\begin{bmatrix} v_i & -R_E \\ 0 & r_c + R_E + R_C \end{bmatrix}}{\Delta} = \frac{r_c + R_E + R_C}{\{(\beta+1)R_E + r_\pi\}r_c} v_i \\ &\cong \frac{r_c}{\{(\beta+1)R_E + r_\pi\}r_c} v_i \\ &= \frac{1}{(\beta+1)R_E + r_\pi} v_i \end{aligned} \quad \text{(B-4)}$$

따라서 입력 저항 r_i는

$$r_i = \frac{v_i}{i_b} \cong r_\pi + (\beta+1)R_E \quad \text{(B-5)}$$

전압 이득을 구하기 위해 전류 i_o를 먼저 구하면 식 (B-2)로부터

$$\begin{aligned} i_o &= \frac{\begin{bmatrix} r_\pi + R_E & v_i \\ -R_E + \beta r_c & 0 \end{bmatrix}}{\Delta} = \frac{R_E - \beta r_c}{\{(\beta+1)R_E + r_\pi\}r_c} v_i \\ &\cong \frac{-\beta r_c}{\{(\beta+1)R_E + r_\pi\}r_c} v_i \\ &= -\frac{\beta}{(\beta+1)R_E + r_\pi} v_i \end{aligned} \quad \text{(B-6)}$$

출력 전압이 $v_o=R_C i_o$이므로 전압 이득 $A_v=v_o/v_s$은

$$A_v = -\frac{\beta R_C}{r_\pi + (\beta+1)R_E} \qquad \textbf{(B-7)}$$

출력 저항 r_o를 구하는 회로는 그림 B-1의 (c)이다. 여기서

$$i_x = -i_b - \frac{r_\pi}{R_E} i_b = -\left(1 - \frac{r_\pi}{R_E}\right) i_b \qquad \textbf{(B-8)}$$

및

$$v_x = -r_\pi i_b - \beta r_c i_b + r_c i_x \qquad \textbf{(B-9)}$$

위의 두 식으로부터 i_b를 소거하여 출력 저항 $r_o=v_x/i_x$를 구하면

$$r_o = r_c + \frac{\beta r_c + r_\pi}{1+(r_\pi/R_E)} \cong r_c + \frac{\beta r_c}{1+(r_\pi/R_E)} \qquad \textbf{(B-10)}$$

위의 식에서 두 번째 등식의 두 번째 항은 $\beta=g_m r_\pi$의 관계를 이용하면

$$\frac{\beta r_c}{1+(r_\pi/R_E)} = r_c \frac{\beta R_E}{R_E + r_\pi} = r_c \frac{g_m r_\pi R_E}{R_E + r_\pi} = r_c g_m (r_\pi \| R_E) \qquad \textbf{(B-11)}$$

따라서

$$r_o \cong r_c\left(1 + \frac{\beta}{1+(r_\pi/R_E)}\right) = r_c\{1 + g_m(r_\pi \| R_E)\} = r_c' \qquad \textbf{(B-12)}$$

이상의 식 (B-5), (B-7), (B-12)를 종합하면 그림 B-1(a)는 그림 (d)로 요약할 수 있음을 알 수 있다. 그림 (d)에서 전압 이득은 $r_c' >> R_C$를 이용하면

$$v_o \cong -\beta i_b R_C = -\beta\left(\frac{v_i}{r_i}\right) R_C = -\frac{\beta R_C}{r_\pi + (\beta+1)R_E} \qquad \textbf{(B-13)}$$

이며 이는 그림 (b)의 전압 이득인 식 (B-7)과 일치한다.

그림 3-27(b) 증명

그림 3-27(b)의 등가 회로는 그림 B-2(a)이며 전원 변환을 적용하면 그림 (b)와 같다. 전류 i_b는

$$i_b = -\frac{v_i}{r_\pi + R_B} \qquad \textbf{(B-14)}$$

이며 출력 전류 i_o는

그림 B-2

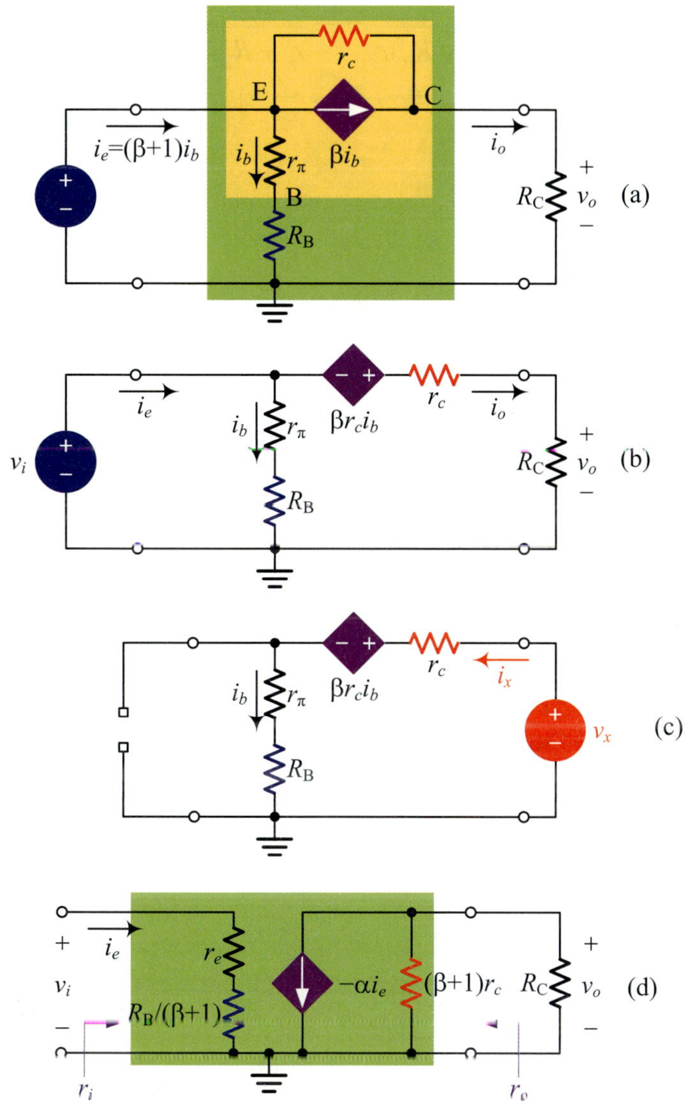

$$i_o = \frac{v_i + \beta r_c i_b}{r_c + R_C} = \frac{v_i}{r_c + R_C} + \frac{\beta r_c}{r_c + R_C} i_b \quad \textbf{(B-15)}$$

식 (B-15)에 식 (B-14)를 대입하여 정리하면

$$i_o = \frac{v_i}{r_c + R_C} + \frac{\beta r_c}{(r_\pi + R_B)(r_c + R_C)} v_i = \frac{r_\pi + R_B + \beta r_c}{(r_\pi + R_B)(r_c + R_C)} v_i \quad \textbf{(B-16)}$$

여기서 $r_c \gg R_E$, $r_c \gg R_C$이므로 βr_c는 R_E, R_C, r_π등에 비해 당연히 충분히 크다. 따라서

$$i_o \cong \frac{\beta r_c}{(r_\pi + R_\mathrm{B})r_c} v_i = \frac{\beta}{r_\pi + R_\mathrm{B}} v_i \qquad \textbf{(B-17)}$$

그림 (b)에서 전류 $i_e=i_b+i_o$는 식 (B-14)와 식 (B-17)으로부터 다음과 같이 주어진다.

$$i_e = \frac{1}{r_\pi + R_\mathrm{B}} v_i + \frac{\beta}{r_\pi + R_\mathrm{B}} v_i = \frac{\beta+1}{r_\pi + R_\mathrm{B}} v_i \qquad \textbf{(B-17)}$$

따라서 입력 저항 $r_i=v_i/i_e$는

$$r_i = \frac{r_\pi + R_\mathrm{B}}{\beta+1} = r_e + \frac{R_\mathrm{B}}{\beta+1} \qquad \textbf{(B-18)}$$

출력 전압이 $v_o=i_oR_\mathrm{C}$이므로 전압 이득은 식 (B-17)로부터

$$A_v = \frac{\beta R_\mathrm{C}}{r_\pi + R_\mathrm{B}} \qquad \textbf{(B-19)}$$

이제 그림 B-2(c)로부터 출력 저항 $r_o=v_x/i_x$를 구한다. 전류 $i_b=i_x$이므로

$$v_x = (r_\pi + R_\mathrm{B})i_x + \beta r_c i_x + r_c i_x = \{(\beta+1)r_c + r_\pi + R_\mathrm{B}\}i_x \qquad \textbf{(B-20)}$$

따라서

$$r_o = (\beta+1)r_c + r_\pi + R_\mathrm{B} \cong (\beta+1)r_c \qquad \textbf{(B-21)}$$

이상으로 식 (B-18), (B-19), (B-20)을 종합하면 그림 (a)는 그림 (d)처럼 정리할 수 있다. 그림 (d)에서 출력 전압은

$$v_o \cong \alpha i_e R_\mathrm{C} \qquad \textbf{(B-22)}$$

이며 i_e는 식 (B-17)과 같다. 따라서 그림 (d)의 전압 이득 $A_v=v_o/v_i$는

$$A_v = \frac{\alpha(\beta+1)R_\mathrm{C}}{r_\pi + R_\mathrm{B}} \qquad \textbf{(B-23)}$$

이며 $\alpha=\beta/(\beta+1)$이므로

$$A_v = \frac{\beta R_\mathrm{C}}{r_\pi + R_\mathrm{B}} \qquad \textbf{(B-24)}$$

로서 그림 (b)의 전압 이득인 식 (B-19)와 같다.

부록 C

식 (8-1-9)의 증명

먼저 그림 C-1(b)의 합성 임피던스를 구하면

$$\frac{j\omega L R_p}{j\omega L + R_p} = j\omega\left(\frac{LR_p^2}{R_p^2 + (\omega L)^2}\right) + \left(\frac{(\omega L)^2 R_p}{R_p^2 + (\omega L)^2}\right) = j\omega L_{\mathrm{eq}} + R_{\mathrm{eq}} \quad \textbf{(C-1)}$$

여기서 $r_s << \omega L$ 및 $R_p >> \omega L$의 관계를 이용하면

$$L_{\mathrm{eq}} = \frac{LR_p^2}{R_p^2 + (\omega L)^2} \cong L \quad \textbf{(C-2)}$$

및

$$R_{\mathrm{eq}} = \frac{(\omega L)^2 R_p}{R_p^2 + (\omega L)^2} \cong \frac{(\omega L)^2}{R_p} = \frac{X_{\mathrm{L}}^2}{R_p} = r_s \quad \textbf{(C-3)}$$

따라서 그림 C-1(b)는 (a)와 근사적으로 등가이다. 그러나 r_s가 상수가 아니라 변수 ω의 함수라는 점이다. 그러나 그림 C-2와 같이 L이 C와 공진회로를 이루고 있는 경우는 $\omega \cong \omega_o$로 고정시켜

$$r_s = \frac{(\omega_o L)^2}{R_p} = \frac{X_o^2}{R_p} \quad \textbf{(C-4)}$$

로 근사화할 수 있어 편리하다.

그림 C-1

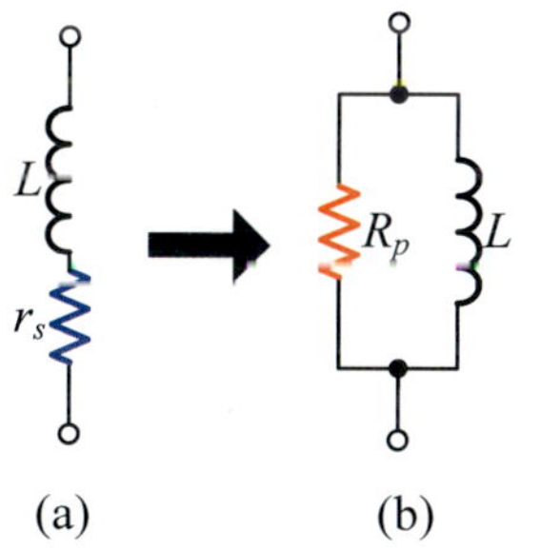

그림 C-2

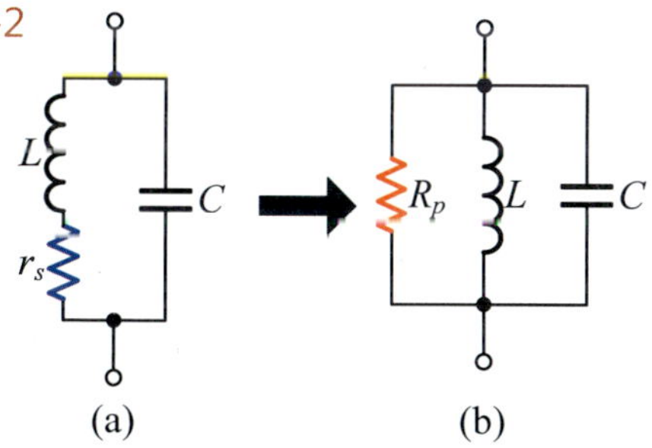

식 (8-2-5)의 증명

그림 C-3(a)에서 $R_L >> \omega L_2$이므로

$$\frac{\mathbf{V}_2}{\mathbf{V}_1} \cong \frac{L_2}{L_1 + L_2} = \frac{L_2}{L}, \quad L = L_1 + L_2 \tag{C-5}$$

다음으로 R_L이 L_2의 리액턴스에 비해 매우 크므로 L_2와 R_L의 병렬 결합은 그림 C-3(b)와 같이 L_2와 r_L의 직렬 결합으로 변환할 수 있으며(그림 C-1)

$$r_L \cong \frac{(\omega L_2)^2}{R_L} \tag{C-6}$$

이다. 따라서 그림 C-3(b)에서 r_L과 $L=L_1+L_2$의 리액턴스 관계는

$$\frac{\omega L}{r_L} = \frac{\omega L}{(\omega L_2)^2/R_L} = \frac{L}{L_2}\left(\frac{R_L}{\omega L_2}\right) \tag{C-7}$$

여기서 또한 $\omega L >> r_L$을 만족하므로 역시 그림 C-1의 관계에 의해 그림 C-3(b)는 그림 (c)로 변환할 수 있으며 R_L'는 다음과 같이 주어진다.

$$R_L' = \frac{(\omega L)^2}{r_L} = \left(\frac{\omega L}{\omega L_2}\right)^2 R_L = \left(\frac{L}{L_2}\right)^2 R_L \tag{C-8}$$

이상으로

$$N \equiv \frac{L}{L_2} \tag{C-9}$$

로 정의하면 다음과 같은 변압기 효과를 얻을 수 있다.

$$\frac{\mathbf{V}_2}{\mathbf{V}_1} = \frac{1}{N}, \quad R_L' = N^2 R_L \tag{C-10}$$

그림 C-3

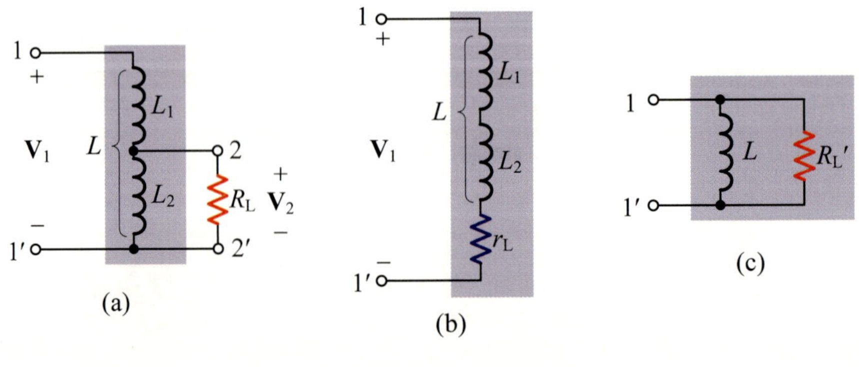

식 (8-2-6)의 증명

그림 C-4(a)에서 $R_L >> 1/(\omega C_2)$이므로

$$\frac{\mathbf{V}_2}{\mathbf{V}_1} \cong \frac{C_1}{C_1+C_2} = \frac{C}{C_2}, \quad C = \frac{C_1 C_2}{C_1+C_2} \tag{C-11}$$

다음으로 $G_L=1/R_L$로 하고 단자 1-1′의 구동 어드미턴스 $\mathbf{Y}$를 구하면

$$\begin{aligned}\mathbf{Y} &= \frac{j\omega C_1(G_L + j\omega C_2)}{j\omega C_1 + G_L + j\omega C_2} \\ &= \frac{G_L(\omega C_1)^2}{G_L^2 + \omega^2(C_1+C_2)^2} + j\left[\frac{\omega C_1\{G_L^2 + \omega^2 C_2(C_1+C_2)\}}{G_L^2+\omega^2(C_1+C_2)^2}\right]\end{aligned} \tag{C-12}$$

식 (C-12)는 $R_L >> 1/(\omega C_2)$의 조건에 의해 다음과 같이 근사화된다.

$$\mathbf{Y} \cong \left(\frac{C_1}{C_1+C_2}\right)^2 G_L + j\omega\left(\frac{C_1C_2}{C_1+C_2}\right) = \left(\frac{C}{C_2}\right)^2 G_L + j\omega C \tag{C-13}$$

이상으로

$$N \equiv \frac{C_2}{C} \tag{C-14}$$

로 정의하면 식 (C-11)와 (C-13)에 의해 다음과 같은 변압기 효과를 얻을 수 있다.

$$\frac{\mathbf{V}_2}{\mathbf{V}_1} = \frac{1}{N}, \quad R_L' = N^2 R_L \tag{C-15}$$

그림 C-4

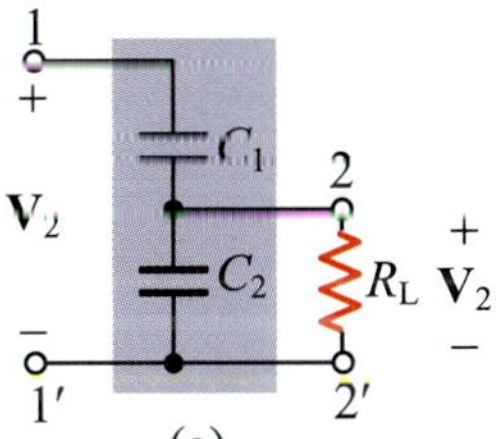

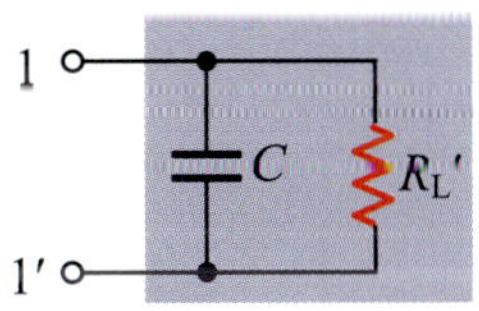

부록 D

식 (11-2-6)의 증명

그림 D-1에서 KVL을 적용하면 다음과 같다.

$$\begin{cases} \left(R - j\dfrac{1}{2\pi fC}\right)\mathbf{I}_1 - R\mathbf{I}_2 = \mathbf{V}_i \\ -R\mathbf{I}_1 + \left(2R - j\dfrac{1}{2\pi fC}\right)\mathbf{I}_2 - R\mathbf{I}_3 = 0 \\ -R\mathbf{I}_2 + \left(2R - j\dfrac{1}{2\pi fC}\right)\mathbf{I}_3 = 0 \end{cases} \tag{D-1}$$

위의 연립 방정식을 행렬 방정식으로 표현하면 다음과 같다.

$$\begin{bmatrix} R - j\dfrac{1}{2\pi fC} & -R & 0 \\ -R & 2R - j\dfrac{1}{2\pi fC} & -R \\ 0 & -R & 2R - j\dfrac{1}{2\pi fC} \end{bmatrix} \begin{bmatrix} \mathbf{I}_1 \\ \mathbf{I}_2 \\ \mathbf{I}_3 \end{bmatrix} = \begin{bmatrix} \mathbf{V}_i \\ 0 \\ 0 \end{bmatrix} \tag{D-2}$$

출력 전압 $\mathbf{V}_o$를 구하기 위해 $\mathbf{I}_3$를 구하면 다음과 같다.

$$\mathbf{I}_3 = \frac{\begin{vmatrix} R - j/2\pi fC & -R & \mathbf{V}_i \\ -R & 2R - j/2\pi fC & 0 \\ 0 & -R & 0 \end{vmatrix}}{\begin{vmatrix} R - j/2\pi fC & -R & 0 \\ -R & 2R - j/2\pi fC & -R \\ 0 & -R & 2R - j/2\pi fC \end{vmatrix}} \tag{D-3}$$

그림 D-1

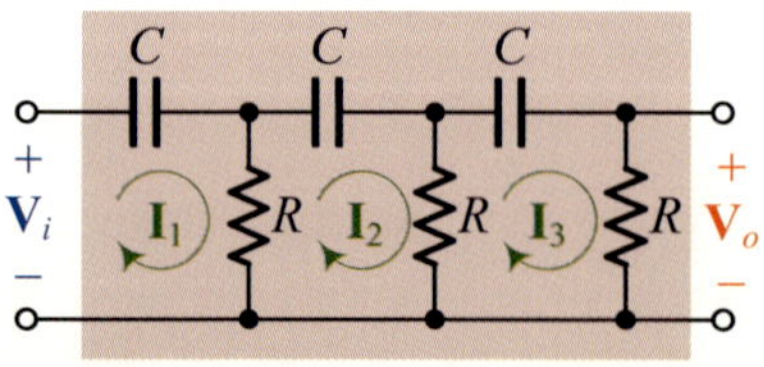

식 (D-3)로부터

$$\mathbf{I}_3 = \frac{R^2\mathbf{V}_i}{(R - j/2\pi fC)(2R - j/2\pi fC)^2 - R^3(2R - j/2\pi fC) - R^2(R - j/2\pi fC)} \quad \textbf{(D-4)}$$

따라서

$$\begin{aligned}\frac{\mathbf{V}_o}{\mathbf{V}_i} &= \frac{R\mathbf{I}_3}{\mathbf{V}_i} \\ &= \frac{R^3}{(R - j/2\pi fC)(2R - j/2\pi fC)^2 - R^3(2R - j/2\pi fC) - R^2(R - j/2\pi fC)} \\ &= \frac{R^3}{R^3(1 - j/2\pi fRC)(2 - j/2\pi fRC)^2 - R^3(3 - j/2\pi fRC)} \\ &= \frac{1}{(1 - j/2\pi fRC)(2 - j/2\pi fRC)^2 - (3 - j/2\pi fRC)}\end{aligned} \quad \textbf{(D-5)}$$

식 (D-5)를 실수부와 허수부로 나누면

$$\frac{\mathbf{V}_o}{\mathbf{V}_i} = \frac{1}{\left(1 - \frac{5}{4\pi^2 f^2 R^2 C^2}\right) - j\left(\frac{6}{2\pi fRC} - \frac{1}{(2\pi f)^3 R^3 C^3}\right)} \quad \textbf{(D-6)}$$

발진 조건은 허수부가 0이 되는 것이므로

$$\frac{6}{2\pi fRC} - \frac{1}{(2\pi f)^3 R^3 C^3} = 0 \quad \textbf{(D-7)}$$

$$\frac{6(2\pi)^2 f^2 R^2 C^2 - 1}{(2\pi)^3 f^3 R^3 C^3} = 0 \quad \textbf{(D-8)}$$

따라서 발진 주파수는

$$f_o = \frac{1}{2\pi\sqrt{6}RC} \quad \textbf{(D-9)}$$

식 (11-2-7)의 증명

식 (D-9)를 식 (D-6)에 대입하면

$$\left.\frac{\mathbf{V}_o}{\mathbf{V}_i}\right|_{f=f_o} = \frac{1}{1 - \frac{5}{4\pi^2 f_o^2 R^2 C^2}} = \frac{1}{1 - \frac{5}{\left(\frac{1}{\sqrt{6}RC}\right)^2 R^2 C^2}} = -\frac{1}{29} \quad \textbf{(D-10)}$$

찾아보기

ㄱ

ㄴ

ㄷ

찾아보기

찾아보기

ㅌ

ㅍ

ㅎ

저자약력 : 신윤기

- 서울대학교 공과대학 전자공학과 졸업
- 서울대학교 공과대학 전자공학과 석사
- 서울대학교 공과대학 전자공학과 박사
- 前)부산대학교 전자공학과 교수
- 現)대진대학교 전자공학과 교수

매트랩과 함께하는 전자회로(3판)

2005년 5월 10일 2판 발행
2015년 3월 5일 3판 발행

저 자 신윤기
발 행 인 송기수
발 행 처 **도서출판 GS인터비전**
편 집 처 **도서출판 GS인터비전**
인 쇄 **토탈프로세스**
등록번호 제 313-2011-120 호
I S B N 979-11-5576-071-0(93560)

주 소 서울 마포구 신수동 448-6
전 화 02-976-7898, 02-3272-7898
팩 스 02-6468-7898
홈페이지 gsintervision.co.kr
E-Mail gsinter7@gmail.com

정가 35,000원